Kompaktlexikon der Biologie

1

Kompaktlexikon der Biologie

in drei Bänden

Erster Band
A bis Fotom

Spektrum Akademischer Verlag Heidelberg · Berlin

Die Deutsche Bibliothek – CIP-Einheitsaufnahme

Kompaktlexikon der Biologie: in drei Bänden / [Red.: Elke Brechner]. –
Heidelberg; Berlin: Spektrum, Akad. Verl.

Bd. 1. A bis Fotom. – (2001)

ISBN 978-3-8274-1041-2 (Hardcover)
ISBN 978-3-8274-3067-0 (Softcover)

Redaktion: Elke Brechner
Produktion: Detlef Mädje
Grafiken: Christian Schura, Mannheim (Reinzeichnungen)
Umschlaggestaltung: WSP Design, Heidelberg
Satz: TypoDesign Hecker, Leimen

Mitarbeiter des ersten Bandes

Redaktion
Elke Brechner (Projektleitung)
Dr. Barbara Dinkelaker
Dr. Daniel Dreesmann

Wissenschaftliche Fachberater
Professor Dr. Helmut König, Institut für Mikrobiologie und Weinforschung,
    Johannes-Gutenberg-Universität Mainz
Dr. Siegbert Melzer, Institute for Plant Sciences, ETH Zürich
Professor Dr. Walter Sudhaus, Institut für Zoologie, Freie Universität Berlin
Professor Dr. Wilfried Wichard, Institut für Biologie und ihre Didaktik, Universität zu Köln

Essayautoren
Thomas Birus, Kulmbach (Der globale Mensch und seine Ernährung)
Dr. Oliver Larbolette, Freiburg (Allergien auf dem Vormarsch)
Dr. Theres Lüthi, Zürich (Die Forschung an embryonalen Stammzellen)
Professor Dr. Wilfried Wichard, Köln (Bernsteinforschung)

Vorwort

„Man muss kein Schriftsteller sein, um einen Roman zu genießen; man muss nicht malen können, damit ein Gemälde auf einen wirkt, aber man braucht erhebliches Wissen, wenn man Wissenschaft und Technologie verstehen und würdigen will."

(Prof. Dr. Hans Mohr, Universität Freiburg)

Die Biologie hat in den letzten Jahrzehnten eine Ausweitung ihres Wissensbestandes erfahren wie kaum eine andere naturwissenschaftliche Disziplin. Sie ist die Leitwissenschaft des 21. Jahrhunderts. Viele moderne Disziplinen der Biologie beeinflussen zunehmend unser Leben. Dies gilt insbesondere für die Gebiete Gentechnologie, Biotechnologie und Mikrobiologie, die Neurobiologie, die Entwicklungsbiologie, die Fortpflanzungsbiologie und die daraus entstandene Reproduktionsmedizin, für Biochemie und Molekularbiologie, Ökologie und Umweltschutz, den Tierschutz sowie Biotechnik und Bionik.

Welchen Nutzen kann ein Biologielexikon angesichts des ständigen Kenntniszuwachses überhaupt haben? Schließlich kann aktuelles Wissen zu einem Thema oder Stichwort jederzeit mit Hilfe der modernen Informationstechnologie z.B. über das Internet abgerufen werden.

Leitgedanke bei der Konzeption des *Kompaktlexikon der Biologie* war die Überlegung, dass die auf den Einzelnen einwirkende Informationsflut in vielen Fällen eine Überforderung darstellt und dass erst eine solide Basis einem das Wissen an die Hand gibt, aus dieser Informationsflut gezielt auswählen zu können. Die Stärke eines alphabetisch geordneten Lexikons liegt ja zudem gerade darin, jederzeit Zugriff auf knappe, prägnante und weitgehend als gesichert geltende Erkenntnisse zu haben, ohne dass gleich eine umfangreiche Recherche notwendig ist.

Bei der Auswahl der Stichwörter und der Erarbeitung der Texte standen dem aus drei Biologen unterschiedlicher Fachrichtungen bestehenden Redaktionsteam vier Fachwissenschaftler beratend zur Seite, die mit ihrem in langjähriger Tätigkeit in Forschung und Lehre erworbenen Wissen und ihren Erfahrungen dazu beitragen, dass das *Kompaktlexikon der Biologie* ein fundiertes, didaktisch gut aufbereitetes und möglichst breites Wissen der Biologie vermittelt.

Das *Kompaktlexikon der Biologie* gibt grundlegende und aktuelle Informationen zu den klassischen Disziplinen der Biologie, so zur Systematik der verschiedenen Organismengruppen, ihren Bauplänen und ihrer Lebensweise wie auch zu brandaktuellen Entwicklungen in den modernen Disziplinen. Eine Reihe von Essays befasst sich – ergänzend zu einem umfassend informierenden Lexikonartikel – mit ausgewählten Aspekten eines Themenbereichs. Die von ausgewiesenen Wissenschaftlern und Wissenschaftsjournalisten verfassten Essays sollen neue Perspektiven vermitteln und helfen, einen eigenen Standpunkt zu finden. Darüber hinaus informieren Methodenseiten über wichtige Techniken und gängige Arbeitsverfahren ausgewählter Forschungsrichtungen. Ein ausgeklügeltes Verweissystem ermöglicht eine Einordnung einzelner Sachverhalte in einen Gesamtzusammenhang. Weitere nützliche „Werkzeuge" sind Literaturangaben. Zu speziellen Themen finden sich die Literaturzitate direkt beim Artikel. Zusätzlich wird es am Ende des dritten Bandes eine Sammlung von Literaturangaben zu Standardwerken der Biologie geben, ergänzt durch Hinweise auf Zeitschriften, Filme u.a. Medien. Zwei Poster, jeweils zur botanischen und zoologischen Systematik, ergänzen die „Werkzeugliste".

Unser Ziel war es, mit dem *Kompaktlexikon der Biologie* ein Werk für eine möglichst breite Leserschaft zu schaffen. Bei der Auswahl der Stichwörter wurde Wert darauf gelegt, neben dem unabdingbaren Basiswissen der Biologie diejenigen Bereiche und Stichwörter aufzunehmen, die sowohl für die Schule als auch für das Studium sowie biologienahe Berufe und Fachbereiche wichtig sind. Darüber hinaus wurden Themen und Schlagworte berücksichtigt, mit denen jeder über die Medien konfrontiert wird, oft jedoch ohne die nötigen Hintergrundinformationen. Dadurch bildet das *Kompaktlexikon der Biologie* auch für den interessierten Laien eine wertvolle Informationsquelle und unverzichtbare Hilfe bei der Beantwortung von Fragen.

Anregungen, Kommentare und Verbesserungsvorschläge nehmen wir gerne entgegen. Unser Wunsch ist, dass das *Kompaktlexikon der Biologie* die Leser dazu anregt, tiefer in die faszinierende Welt der Biologie einzudringen.

Die Redaktion

Hinweise für den Benutzer

Die fett gedruckten Stichwörter sind nach dem Alphabet geordnet. Die Umlaute ä, ö. ü sind in alphabetischer Reihenfolge wie die einzelnen Buchstaben a, o, u sortiert, ß wie ss. Bindestriche, Leerzeichen und Klammern werden dabei ignoriert. Zahlen, Klein- oder Großbuchstaben, griechische Buchstaben und Strukturbezeichnungen (wie cis, trans usw.), die dem Namen einer chemischen Verbindung vorangestellt sind, bleiben im Alphabet unberücksichtigt. So erscheint in der alphabetischen Reihenfolge z.B. γ-Aminobuttersäure unter Aminobuttersäure, D-Glucose unter Glucose, N-Acetyl-Glucosamin unter Acetyl-Glucosamin. Vorgesetzte nomenklaturgerechte Abkürzungen sowie Buchstaben, die Teil eines Begriffes sind, werden hingegen berücksichtigt, so sind z.B. DNA-Reparatur unter D zu finden, RGT-Regel und RNA-Polymerasen unter R.

Wird ein zusammengesetztes Wort nicht gefunden, empfiehlt es sich, unter dem Hauptbegriff nachzuschlagen.

Für die Schreibung der Namen und Begriffe gilt die in neueren deutschen Lehrbüchern am häufigsten vorgefundene fachwissenschaftliche Schreibweise unter weitgehender Berücksichtigung der vorliegenden wissenschaftlichen Nomenklaturen und mit der Tendenz, sich der internationalen Schreibweise anzupassen (z.B. Calcium statt Kalzium, Cytologie statt Zytologie, Nucleus statt Nukleus). Da es für die Schreibung nicht in jedem Fall allgemein gültige Regelungen gibt, gilt: Bei C vermisste Wörter suche man bei K, Sch, Tsch oder Z; bei V nicht geführte Wörter unter W, bei D fehlende unter T und jeweils umgekehrt. Entsprechendes gilt sinngemäß für die Schreibung von Umlauten (ä und ae, ö und oe, ü und ue). Der Text steht in der neuen deutschen Rechtschreibung, wobei Abweichungen in der Schreibung von Fachbegriffen möglich sind.

Die chemische Nomenklatur folgt den Empfehlungen der Internationalen Union für Reine und Angewandte Chemie (IUPAC), die EC-Nummern der Enzyme entsprechen den Empfehlungen der Enzyme Commission der IUPAC und der International Union of Biochemistry (IUB).

Die lexikalisch erfassten Pflanzen-, Tier-, Pilz- und Bakteriennamen sowie auch andere biologische Begriffe sind meist sowohl unter dem lateinischen als auch unter dem deutschen Namen (Trivialnamen) ins Alphabet aufgenommen. Für viele Organismen existiert eine Vielzahl synonymer Bezeichnungen, die jedoch nur zum Teil berücksichtigt wurden.

Bei den wissenschaftlichen Namen der Pflanzen, Tiere, Pilze, Bakterien und Archaebakterien stehen die Gattungs- und Artnamen generell in kursiver Schrift, außer es handelt sich um ein Verweisstichwort. Namen höherer Taxa sowie Fachbegriffe sind dann kursiv gedruckt, wenn sie bedeutsam für das Verständnis des Artikels sind, bzw. sie besonders hervorgehoben werden sollen.

Bei den höheren Taxa (bis hinunter zur Familie) findet sich der Text unter dem wissenschaftlichen Namen und von dem deutschen Namen wird dorthin verwiesen. Arten und Gattungen werden unter dem (meist geläufigeren) deutschen Namen beschrieben, wobei vom wissenschaftlichen Namen dorthin verwiesen wird. Von dieser Regel wurde nur abgewichen, wenn der wissenschaftliche Name allgemein geläufiger ist (z.B. wird *Arabidopsis thaliana* unter dem wissenschaftlichen Namen beschrieben und von Ackerschmalwand nur dorthin verwiesen).

Abkürzungen wurden der besseren Lesbarkeit der Texte wegen nur sparsam verwendet und sind in einem gesonderten Abkürzungsverzeichnis zusammengestellt, soweit sie nicht im Text erläutert werden.

Abkürzungen

a	= Jahr	Jh.	= Jahrhundert
Abb.	= Abbildung	Jt.	= Jahrtausend
Abk.	= Abkürzung	Kunstw.	= Kunstwort
Abt.	= Abteilung	latein.	= lateinisch
afrikan.	= afrikanisch	m	= männlich
allg.	= allgemein	min	= Minute
amerikan.	= amerikanisch	Mio.	= Millionen
arab.	= arabisch	Mrd.	= Milliarden
Aufl.	= Auflage	n.Br.	= nördliche Breite
austral.	= australisch	n.Chr.	= nach Christi Geburt
Bd., Bde.	= Band, Bände	niederländ	= niederländisch
belg.	= belgisch	Ord.	= Ordnung(en)
Bez.	= Bezeichnung	österr.	= österreichisch
brit.	= britisch	port.	= portugiesisch
bzw.	= beziehungsweise	Prof.	= Professor
ca.	= circa	s	= Sekunde
dän.	= dänisch	S.	= Seite
d.h.	= das heißt	s.Br.	= südliche Breite
ed.	= editor (Herausgeber)	schwed.	= schwedisch
engl.	= Englisch	schweizer.	= schweizerisch
f., ff.	= folgendes, folgende	s.o.	= siehe oben
Fam.	= Familie(n)	span.	= spanisch
franz.	= französisch	s.u.	= siehe unten
Gatt.	= Gattung(en)	syn., Syn.	= synonym, Synonym
griech.	= griechisch	Tab.	= Tabelle
h	= Stunde	u.a.	= und andere, unter anderem
Hg.	= Herausgeber	Univ.	= Universität
i.Allg.	= im Allgemeinen	usw.	= und so weiter
i.e.S.	= im engeren Sinne	v.Chr.	= Vor Christi Geburt
ital.	= italienisch	vgl.	= vergleiche
i.ü.S.	= im übertragenen Sinne	w	= weiblich
i.w.S.	= im weiteren Sinne	z.B.	= zum Beispiel
japan.	= japanisch	z.T.	= zum Teil

A, Ein-Buchstaben-Symbol für die Aminosäure ⌐ Alanin (⌐ Aminosäuren).

Aale, *Anguilloidei*, Unterordn. der ⌐ Anguilliformes (⌐ Flussaal).

Aalmolche, die Fam. ⌐ Amphiumidae.

Aalmuttern, die Fam. ⌐ Zoarcidae.

AAM, Abk. für angeborener ⌐ Auslösemechanismus.

Aasblumen, Blüten, die durch ihren Aasgeruch bestimmte Insekten, vor allem Fliegen und Käfer, zur ⌐ Bestäubung anlocken. Dazu gehören u. a. Arten von *Arum* (⌐ Araceae), *Aristolochia* (⌐ Aristolochiaceae) und *Stapelia* (⌐ Asclepiadaceae).

Aaskäfer, die Fam. ⌐ Silphidae.

Aaskrähe, Art der Fam. ⌐ Corvidae.

ABO-System, ⌐ Blutgruppen.

ABA, Abk. für ⌐ Abscisinsäure.

abakteriell, nicht durch bakterielle Erreger hervorgerufen. (⌐ Bakterien)

A-Bande, im polarisierten Licht stark doppelbrechender (anisotroper) und daher dunkler Teil des quer gestreiften ⌐ Muskels.

Abart, in der Literatur uneinheitlich gebrauchte Bez. für Pflanzen und Tiere, die sich von den übrigen Angehörigen derselben Art durch geringfügige Abänderungen in einigen Merkmalen unterscheiden. A. wird z. B. auch synonym mit ⌐ Varietät gebraucht.

abaxial, auf der Seite gelegen, die von der ⌐ Abstammungsachse abgewandt ist. Gegensatz: ⌐ adaxial

Abbau, 1) *biologischer Abbau*, Zerlegen von organischen Substanzen und Makromolekülen in ihre Grundbausteine bis hin zu anorganischen Molekülen. Beim Abbau innerhalb der Zelle wird z. B. ⌐ Stärke in Zucker umgewandelt, Eiweiß (⌐ Proteine) in ⌐ Aminosäuren. Beispiele für Abbauprozesse durch ⌐ Mikroorganismen sind ⌐ Fäulnis, ⌐ Gärung, ⌐ Mineralisation, ⌐ Celluloseabbau und ⌐ Ligninabbau. Beim aeroben Abbau von Polysacchariden (in zwei Stufen) entsteht als Endprodukt Kohlenstoffdioxid (CO_2), beim anaeroben Abbau (in drei Stufen) entstehen Methan (CH_4) und CO_2. Meist geht dem mikrobiellen Abbau ein mechanischer Abbau voraus, z. B. durch ⌐ Bodenorganismen wie Schnecken, Regenwürmer und Asseln. ⌐ Zersetzung. 2) *chemischer Abbau*, Zerlegen von Molekülen in einfachere Bausteine, z. B. durch ⌐ Oxidation, ⌐ Reduktion, Chlorierung u. a., oft unter Anwesenheit von Katalysatoren.

Abbaubarkeit, Eigenschaft chemischer Verbindungen, sich durch biologische, chemische und/oder physikalische Prozesse in andere Stoffe (Metabolite) oder bei vollständiger ⌐ Mineralisierung in CO_2, H_2O, H_2S, PO_4^{3-} und NH_3 umzuwandeln. Biologisch leicht abbaubare Naturstoffe sind Proteine, Stärke und Zucker, schwer abbaubar sind dagegen ⌐ Gerbstoffe, ⌐ Harze, ⌐ Wachse, Cellulose (⌐ Celluloseabbau), Lignin (⌐ Ligninabbau) und Xenobiotika (z. B. chlorierte Aromaten). Zu den kaum biologisch abbaubaren Stoffen gehören ⌐ PCB und ⌐ Dioxin. Diese Stoffe können sich in der ⌐ Nahrungskette anreichern und Schädigungen der beteiligten Organismen hervorrufen.

Abbreviation, Bez. für die Erscheinung, dass die Individualentwicklung durch Wegfall einzelner Entwicklungsstadien verkürzt ist. (⌐ Neotenie)

ABC-Modell, ⌐ Blütenbildung.

ABC-Transporter, Gruppe von meist in der Cytoplasmamembran lokalisierten Proteinen, die Transporterfunktion haben. Substrate der ABC-Transporter sind Aminosäuren, anorganische Ionen, Mono- und Polysaccharide, Peptide und Proteide. Alle ABC-Transporter bestehen aus vier Kerndomänen, von denen zwei je sechs die Membran durchdringende Bereiche aufweisen, die anderen beiden sind ATP-bindende Domänen (*ATP-Bindungscasetten*; daher: ABC). Diese sind die Grundlage für den energiegekoppelten Substrattransport gegen einen Konzentrationsgradienten. ABC-Transporter sind u. a. verantwortlich für die ⌐ Multi-Drug-Resistenz von Parasiten und Tumorzellen und die Antibiotika-Resistenz mancher Bakterien. So pumpt bei dem Bakterium *Lactococcus lactis* ein solcher Transporter Antibiotika aus der Zelle heraus.

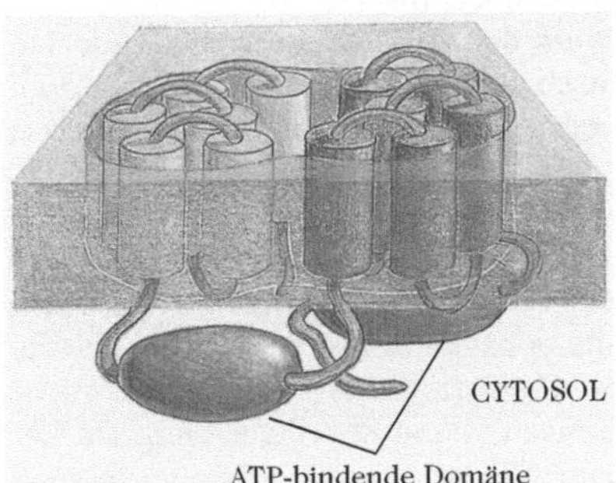

ABC-Transporter

ABC-Waffen, *ABC-Kampfstoffe*, Sammelbez. für atomare, biologische und chemische Kampfstoffe.

Abderhalden, *Emil*, schweizerischer Physiologe und Biochemiker, ✱ 9.3.1877 Ober-Uzwyl (St. Gallen), † 5.8.1950 Zürich; zunächst Assistent bei E.H. ⌐ Fischer, später Professor in Berlin, Halle (1911-45) und Zürich; grundlegende Arbeiten über Stoffwechsel, Aminosäuren, Proteinchemie und

Hormone, Begründer der modernen Ernährungswissenschaft. Nach ihm und dem schweizerischen Pädiater Guido Fanconi ist die Cystinose oder Cystinspeicherkrankheit (*Abderhalden-Fanconi-Krankheit*) benannt.

Abdomen, 1) der *Hinterleib* der Gliederfüßer (↗ Arthropoda), der aus mehreren, gegen den Vorderkörper deutlich abgegrenzten Segmenten (*Abdominalsegmente*) besteht.

2) *Bauch, Unterleib*, bei Wirbeltieren (↗ Vertebrata) der zwischen ↗ Brust und ↗ Becken gelegene Körperteil. Das A. enthält in der großen ↗ Bauchhöhle den größten Teil des Verdauungstrakts sowie ↗ Niere, ↗ Leber und ↗ Gonaden.

Abdominalgravidität, ↗ Extrauteringravidität.

Abduktoren, Bez. für Muskeln, die ↗ Extremitäten vom Körper wegbewegen, z.B. einen Arm seitlich anheben (↗ Muskulatur). Gegensatz: ↗ Adduktoren

Abel, *John Jacob*, amerikanischer Biochemiker, * 19.5.1857 Cleveland (Ohio), † 26.5.1938 Baltimore (Maryland); ab 1891 Professor für Medizin und Therapeutik an der University of Michigan in Ann Arbor, seit 1893 Professor für Pharmakologie an der Medical School der Johns Hopkins University in Baltimore. A. isolierte 1897 das ↗ Adrenalin in Form des Benzoylderivats. Um 1912 konstruierte er die erste im Tierversuch angewandte Apparatur zur extrakorporalen Dialyse („künstliche Niere") und stellte 1926 das Hormon ↗ Insulin kristallin dar.

Abendsegler, Name zweier Fledermausarten aus der Familie der Glattnasen (↗ Vespertilionidae).

Aberration, 1) in der *Genetik* Bez. für eine erhebliche strukturelle Änderung eines Chromosoms (↗ Chromosomenaberrationen).

2) In der *Optik* die Abweichung von der idealen Abbildung durch lichtoptische Systeme aufgrund von Abbildungsfehlern. Man unterscheidet u.a. ↗ Astigmatismus, die *sphärische Aberration* (Öffnungsfehler), die bei nicht korrigierten, einfachen Linsen vorkommt, die im Randbereich andere Brechungsindizes bzw. Brennweiten als im zentralen Bereich um die optische Achse besitzen, sowie die *chromatische Aberration* bei chromatisch nicht korrigierten Linsen, die kurzwelliges Licht stärker brechen als langwelliges.

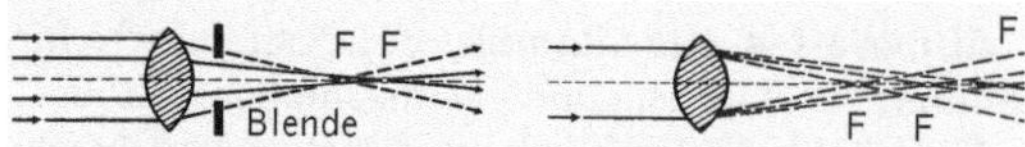

Aberration   (Optik) a *sphärische Aberration:* Der Brennpunkt für Randstrahlen liegt näher an der Linse als der für achsennahe Strahlen; b *chromatische Aberration:* Der Brennpunkt für blaues (kurzwelliges) Licht liegt näher, der für rotes (langwelliges) Licht weiter von der Linse entfernt als der für gelbes Licht

3) In der *biologischen Systematik* 1894 zusammen mit dem Begriff Unterart eingeführte Bez., um den Begriff Varietät abzulösen. Einer A. zugerechnet werden Individuen einer ↗ Art, die durch öfter wiederkehrende morphologische Unterschiede vom Arttypus über die zugestandene Variationsbreite hinaus abweichen. (↗ Polymorphismus)

Abfall, umgangssprachlich *Müll*, im Sinne des Abfallgesetzes bewegliche Sachen, deren sich der Besitzer entledigen will oder deren geordnete Entsorgung zur Wahrung des Allgemeinwohls, insbesondere zum Schutz der Umwelt, geboten ist. Man unterscheidet zwischen Haus-, Gewerbe-, Industrie- und Sonderabfall. Ein großer Teil der Abfälle wird heute wiederverwertet (z.B. über ↗ Recycling und ↗ Kompostierung), der übrige Teil wird auf ↗ Deponien gelagert oder verbrannt (↗ Müllverbrennung).

Abfallwiederverwertung, ↗ Recycling.

Abfluss, Menge des atmosphärischen ↗ Niederschlags, der an Hängen, in Flüssen und Gletschern oder im ↗ Grundwasser in tiefer gelegene Sammelbecken (die Meere oder abflusslose Senken) abfließt.

Abhärtung, ↗ Akklimatisierung.

Abies, ↗ Pinaceae.

Abimpfung, Anlegen einer ↗ Subkultur von ↗ Mikroorganismen durch Übertragung (Abnehmen, Abimpfen, z.B. mit einer ↗ Impföse) von einer ↗ Kultur auf ein frisches ↗ Nährmedium.

Abiogenese, *Abiogenesis*, die autonome Entstehung lebender Organismen aus unbelebter Materie (↗ chemische Evolution, ↗ Urzeugung).

abiotische Umweltfaktoren, die auf Organismen einwirkenden ↗ Umweltfaktoren der unbelebten Umwelt. Dazu gehören klimatische Umweltfaktoren wie ↗ Wärme, ↗ Licht, und ↗ Feuchtigkeit, chemische Umweltfaktoren wie ↗ Sauerstoff, ↗ Kohlenstoffdioxid, ↗ Wasser und ↗ Nährstoffe sowie mechanische Umweltfaktoren wie z.B. ↗ Feuer oder ↗ Wind. Gegensatz: ↗ biotische Umweltfaktoren.

Ableger, i.e.S. bewurzelte Jungpflanzen aus in die Erde gelegten Seitentrieben einer Mutterpflanze. I.w.S. auch wurzelbildende Seitensprosse, die direkt an der Mutterpflanze entstehen, z.B. bei Bromelien (↗ Bromeliaceae). ↗ Absenker

Abomasus, der Labmagen (↗ Wiederkäuer).

Abort, ↗ Abortus.

Abortus, 1) *Abort, Fehlgeburt*, das Ausstoßen der menschlichen Leibesfrucht vor Ablauf der ersten 28 Schwangerschaftswochen bzw. bevor der Fetus 35 cm lang ist. In der *Veterinärmedizin* das *Verwerfen* der tierischen Frucht. Mittel, die dem Herbeiführen eines A. dienen werden *Abortiva* genannt.

2) In der *Phylogenetik* der Ausfall eines ursprünglichen Organs bei weiter entwickelten Organismen.

3) In der *Botanik* das Absterben von Samenanlagen aufgrund einer genetischen Störung der Samenentwicklung.

Abriss, bewurzelte Jungpflanze, die aus einem einjährigen Trieb gewonnen wird. Dazu wird der Trieb über der Entstehungsstelle abgerissen oder abgetrennt und mit Erde angehäufelt.

Abscheidung, passive und aktive Abgabe von Stoffwechselprodukten. (↗ Absonderungsgewebe, ↗ Ausscheidungsgewebe)

Abschlussgewebe, Bez. für pflanzliche ↗ Gewebe, die äußere oder innere Grenzschichten bilden. Sie schützen durch Imprägnierung und ↗ Akkrustierung mit ↗ Cutin oder ↗ Suberin vor größerem Wasserverlust und durch besondere mechanische, Pilze und Bakterien abweisende Eigenschaften (↗ Abwehr) vor äußeren Schadwirkungen. Dem Ursprung nach unterscheidet man primäres A., das aus dem primären ↗ Meristem hervorgeht, sekundäres A., das aus dem sekundären Meristem (↗ Phellogen) hervorgeht, und tertiäres A., das sich aus abgelösten Korklagen bildet. Primäre A. sind insbesondere ↗ Epidermis, ↗ Rhizodermis und ↗ Endodermis, zu den sekundären A. gehören die ↗ Exodermis und der ↗ Kork. Als tertiäres Abschlussgewebe wird die ↗ Borke bezeichnet.

Abschreckstoff, ↗ Repellent.

Abscisinsäure, Abk. *ABA*, Pflanzenhormon, das für die Steuerung des Pflanzenwachstums und die ↗ Samenruhe verantwortlich ist. A. spielt zudem eine wichtige Rolle beim Wasserhaushalt der Pflanzen, indem es das Öffnen und Schließen der Spaltöffnungen reguliert. A. wurde erstmals als Substanz isoliert, mit der sich die ↗ Abscission von Baumwollfrüchten induzieren ließ. Trotz seiner Bezeichnung ist nicht A., sondern das Pflanzenhormon ↗ Ethylen für die Abscission hauptverantwortlich. A. ist jedoch in der Lage, die Produktion von Ethylen im Gewebe zu fördern.

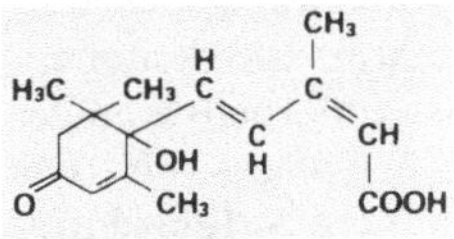

Abscisinsäure

A. kommt bei allen Gefäßpflanzen in allen lebenden Geweben und größeren Organen vor und ist bei einer Reihe von Pilzgattungen nachgewiesen worden. Die Biosynthese von A. erfolgt in ↗ Chloroplasten oder anderen ↗ Plastiden. Chemisch gesehen handelt es sich bei dem C_{15}-Körper A. um ein *Sesquiterpen*, das über den *Terpenoidweg* synthetisiert wird (↗ Carotinoide). Dabei wird in einer Reihe von aufeinander folgenden Reaktionen das Xanthophyll *Violaxanthin* oxidativ gespalten. Die unmittelbare Vorstufe, das A.-Aldehyd, wird im Cytosol in A. umgewandelt. Einige Pilze sind in der Lage, A. direkt aus C_{15}-Terpenoiden zu synthetisieren.

Die physiologische Aktivität von A. wird durch deren chemische Struktur vorgegeben. Natürlich vorkommende A. liegt fast ausschließlich in der *cis*-Form vor. Von den beiden möglichen chiralen Formen (↗ Chiralität) ist die S-Form die natürliche, wohingegen die R-Form biologisch inaktiv ist. Die cytosolische Konzentration an A. wird nicht allein durch die Biosynthese gesteuert, sondern auch

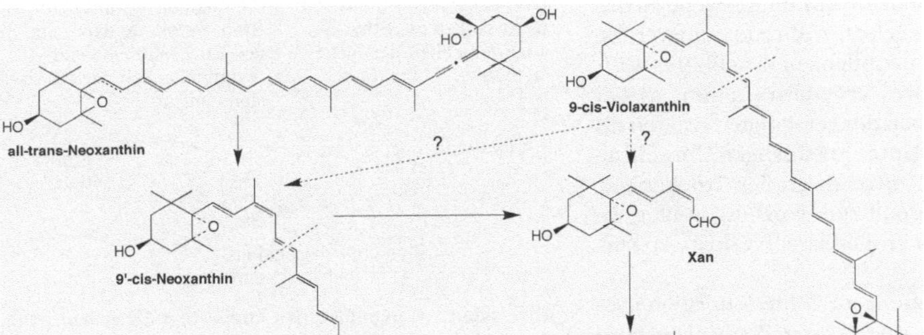

Abscisinsäure Schema der Biosynthese von Abscisinsäure in höheren Pflanzen. Die Beteiligung von 9-cis-Violaxanthin ist bisher rein hypothetisch. ABA-ald = ABA-Aldehyd; Xan = Xanthosin

durch Transportprozesse, ↗ Kompartimentierung sowie Inaktivierung reguliert. Hierbei spielen Oxidations- und Konjugationsprozesse eine Rolle. Auf diese Weise sind kurzfristig große Konzentrationsschwankungen zu beobachten. Während der Samenentwicklung kann es innerhalb weniger Tage zu einem A.-Anstieg um den Faktor 100 kommen. ↗ Dürrestress führt dazu, dass innerhalb weniger Stunden der intrazelluläre A.-Spiegel um das 50fache ansteigen kann. Da höhere A.-Konzentrationen zu einem Schließen der Spaltöffnungen führen, ist A. an der Vermeidung von Wasserstress beteiligt (↗ Welken). Die Wirkung von A. ist auf zellulärer und molekularer Ebene gut untersucht. A. löst intrazelluläre Signalketten aus, wobei Calcium und ↗ IP$_3$ als ↗ second messenger fungieren. Im Falle des Schließens der Spaltöffnungen kommt es dabei zu einer vorübergehenden Depolarisierung der Zellmembran der Schließzellen. Dies hat ein Öffnen bestimmter Ionenkanäle und eine damit verbundene Abnahme des ↗ Turgors zur Folge. Auf molekularer Ebene ließ sich zeigen, dass die ↗ Promotoren einiger stressinduzierter Gene so genannte *ABA-Response-Elemente* besitzen, über die eine A.-induzierte Genexpression gesteuert wird.

Abscission, Abwurf von Blättern, Blüten und Früchten, gelegentlich auch von Zweigen (z. B. bei Pappeln), wodurch eine Beseitigung von nicht mehr erforderlichen, funktionsunfähigen Organen erreicht wird. Die A. wird durch die Ausbildung eines *Trennungsgewebes* (der *A.-zone*) ermöglicht, wobei sich die dort vorhandenen Zellen morphologisch und biochemisch verändern. *Cellulasen* und *Pektinasen* führen zu einem Aufweichen der Zellwände, indem sie Bestandteile der Zellwand abbauen. Beim *Blattfall* wird das Trennungsgewebe an der Basis des Blattstiels angelegt. Während immergrüne Holzpflanzen und Tropenpflanzen ihre Blätter während des ganzen Jahres erneuern, kommt es bei sommergrünen Pflanzen der gemäßigten Breiten im Herbst zum Blattfall. Unter ungünstigen Umweltbedingungen wie dem Auftreten großer Trockenheit oder Kälte kann es jedoch zum vorzeitigen Blattabwurf kommen, um zu große Wasserverluste zu vermeiden.

Die A. wird durch mehrere ↗ Phytohormone reguliert, wobei ↗ Ethylen, das mit ↗ Abscisinsäure und ↗ Auxinen antagonistisch interagiert, die größte Bedeutung zukommt. Die hormonelle Kontrolle des Blattabwurfs beginnt mit einem sich abschwächenden Auxingradienten im Blatt, wodurch die Sensitivität der A.-zone gegenüber Ethylen erhöht wird. Dadurch wird die Synthese der die A.-Zone abbauenden Enzyme induziert. Sehr hohe Auxinmengen im Blatt führen allerdings zu einer verstärkten Bildung von Ethylen, sodass auxinanaloge Verbindungen auch als Entlaubungsmittel zum Einsatz kommen. Das im Vietnamkrieg verwendete *Agent Orange* enthielt als aktive Verbindung ein solches *Auxinanalog.*

Die A. von Blüten und Früchten wird hormonell in ähnlicher Weise gesteuert, wobei die A.-zone analog an der Basis der Blüten- und Fruchtstiele ausgebildet wird. Auf diese Weise können Blüten, die nicht bestäubt und befruchtet wurden, abgeworfen werden. Beim Fruchtfall werden vielfach nicht nur die reifen Früchte entfernt, um die in ihnen enthaltenen Samen zu verbreiten. Die A. von heranreifenden Früchten lässt sich z. B. beim Apfel beobachten und kann eine Verdünnung des Fruchtansatzes bewirken, wodurch die Ausbildung von zu kleinen Früchten umgangen wird.

Im Zusammenhang mit der ↗ Domestikation vieler Nutzpflanzen haben viele Arten die Fähigkeit zur A. ihrer Früchte weitestgehend verloren. Während die Ähren der wilden Vorfahren des Weizens nach Erreichen der Samenreifen zerfallen und sich die Karyopsen somit verbreiten können, zeichnen sich moderne Weizenarten durch eine feste Ährenachse aus. Dadurch lassen sich die Getreidekörner leichter und relativ unabhängig vom Zeitpunkt der Samenreife abernten.

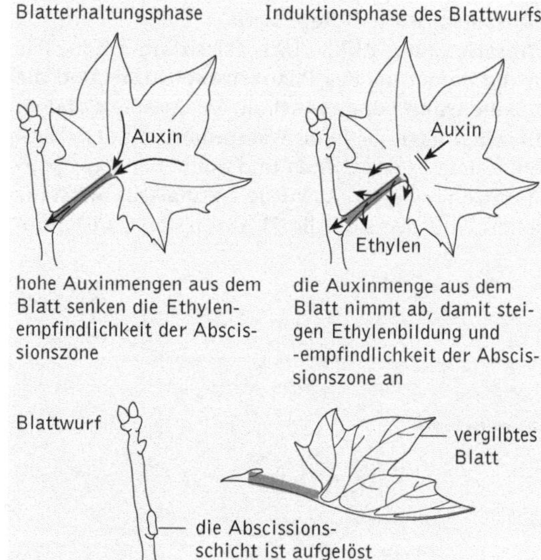

Abscission Darstellung der Auxin- und Ethylenwirkung während der Abscission

Absenker, bewurzelte Jungpflanzen aus Seitentrieben, die von der Mutterpflanze bogenförmig in den Boden eingesenkt werden, wobei die Triebspitze aus dem Boden herausragt.

Absinth, ↗ Wermut.

Absonderungsgewebe, pflanzliche Zellen (*Absonderungsidioblasten*) und Zellverbände, die auszuscheidende Stoffwechselprodukte (↗ Exkrete und ↗ Sekrete) in ihren ↗ Vakuolen speichern und ausscheiden. Die Stoffwechselprodukte werden dabei passiv durch Abstoßung des A. abgeschieden. Bei einer aktiven und kontinuierlichen Abscheidung spricht man dagegen von einem ↗ Ausscheidungsgewebe. Die Abscheidungsprodukte werden vom ↗ endoplasmatischen Reticulum und vom ↗ Golgi-Apparat gebildet. Es sind u. a. Schleime, Milchsäfte (↗ Milchsaft), ↗ Harze, ↗ etherische Öle, ↗ Alkaloide, ↗ Gerbstoffe und Calciumoxalat-Kristalle. (↗ Exkretion)

Absonderungsidioblasten, Zellen des ↗ Absonderungsgewebes.

Absorption, 1) Aufnahme und Auflösen von i. Allg. gasförmigen Stoffen in anderen Stoffen. Ein Gase oder Dämpfe absorbierender Stoff wird *Absorbens* genannt.

2) Schwächung bzw. Aufnahme einer Strahlung (Licht, ionisierende Strahlung) beim Durchdringen von Materie. Dabei kann die Strahlungsenergie in Wärmeenergie, chemische Energie, Fluoreszenz oder Phosphoreszenz umgewandelt werden (↗ Absorptionsspektrum).

3) Aufnahme von Flüssigkeiten oder Gasen durch tierische (z. B. ↗ Haut) oder pflanzliche Gewebe (↗ Absorptionsgewebe). ↗ Resorption

4) Eliminierung bestimmter Substanzen (↗ Antigene oder Antikörper, ↗ Immunglobuline) aus einem Gemisch unter Ausnutzung der Antigen-Antikörper-Reaktion, z. B. um ein Serum von unerwünschten Substanzen zu reinigen.

Absorptionsgewebe, pflanzliche ↗ Gewebe, die hauptsächlich der Aufnahme von Wasser (↗ Wasseraufnahme) und der darin gelösten ↗ Nährstoffe (↗ Nährstoffaufnahme) dienen. Sie bestehen meist aus großen, dünnwandigen Zellen mit starker osmotischer Saugkraft. Das wichtigste A. der Landpflanzen ist die ↗ Rhizodermis, die nicht cutinisierte (↗ Cutin) und auch nicht von einer ↗ Cuticula überzogene ↗ Epidermis von jungen Wurzeln. Die absorbierende Oberfläche ist bei vielen Pflanzen durch die Ausbildung von ↗ Wurzelhaaren vergrößert. Viele ↗ Epiphyten besitzen ↗ Luftwurzeln oder schuppenförmige *Absorptionshaare*, die Wasser aus Niederschlägen und bei hoher Luftfeuchtigkeit auch aus der Luft aufnehmen. An den Blättern untergetauchter Wasserpflanzen (↗ Hydrophyten) finden sich häufig epidermale Absorptionsorgane (*Hydropoten*), die der Aufnahme von Nährstoffen aus dem Wasser dienen. Ein A. ist auch die ↗ Ligula der Moosfarne (↗ Selaginellales) und Brachsenkräuter (↗ Brachsenkraut).

Absorptionshaare, ↗ Absorptionsgewebe.

Absorptionsspektrum, Darstellung der Absorption von Licht durch ein Molekül in Abhängigkeit von der Wellenlänge. Ihren chemischen Eigenschaften entsprechend, unterscheiden sich die A. wichtiger Biomoleküle deutlich voneinander, sodass sie zur Charakterisierung und Identifizierung herangezogen werden können (↗ Spektroskopie). Nucleinsäuren absorbieren Licht maximal im UV-Bereich bei 260 nm, wohingegen das A. von Proteinen ein Maximum um 280 nm aufweist. Der Übergang von NADH zu NAD^+ lässt sich ebenfalls im A. durch die Verschiebung der Maxima von 340 nm nach 260 nm beobachten. (↗ Aktionsspektrum)

Abstammungsachse, Sprossachse (Mutterachse) in Verzweigungssystemen von Pflanzen, aus der Seitenachsen (Tochterachsen) hervorgehen.

Abstammungsgemeinschaft, das ↗ Monophylum.

Abstraktionsvermögen, die Fähigkeit, wesentliche gemeinsame Merkmale verschiedener Reizangebote zu erkennen und gleich zu beantworten. Voraussetzung für das A. ist das ↗ Lernen. Beim Lernen werden nur einige Merkmale einer Situation mit einer Reaktion verknüpft (↗ Assoziation), unwesentliche andere Merkmale aber durch Auslöschung von Verknüpfungen abgeschaltet.

Abstrich, die Entnahme von Material von der Haut- oder Schleimhautoberfläche für bakteriologische und cytologische Untersuchungen, z. B. vom Rachen oder von der Cervix (↗ Gebärmutter).

Abteilung, in der *biologischen Systematik* eine höhere taxonomische Kategorie, die sich in Unterabteilungen bzw. Stämme (↗ Stamm) gliedert. Mehrere Abteilungen bilden zusammen ein Unterreich bzw. ein ↗ Reich.

Abundanz, Anzahl von Organismen pro Flächen- oder Raumeinheit. Dabei wird unterschieden zwischen *Individuenabundanz* (*Individuendichte*), welche die Anzahl von Individuen einer ↗ Art pro Flächen- oder Raumeinheit angibt, und *Artenabundanz* (*Artendichte*), die sich auf die Artenzahl pro Flächen- oder Raumeinheit bezieht. Meist ist mit Abundanz die Individuendichte gemeint.

Abundanzregel, ein ökologisches Prinzip: Die höchste ↗ Abundanz erreichen in vielseitigen Lebensräumen die Arten mit großer Reaktionsbreite (↗ ökologische Potenz), in einseitigen und extrem gelagerten Biotopen dagegen die Arten mit geringer, aber spezifischer Reaktionsbreite (↗ Spezialisten).

Abwasser, nach Gebrauch anfallendes Wasser, das gelöste oder aufgeschwemmte Abfälle enthält, sowie jedes in die Kanalisation gelangende Wasser. Je nach der Herkunft unterteilt man grob in häusliches Abwasser, gewerbliches und industrielles Abwasser und kommunales Abwasser, womit das in der Kanalisation gesammelte Abwasser von Haushalten und Gewerbebetrieben bezeichnet wird. Die tägliche Abwassermenge beträgt in Deutschland ca. 130 l. Normalerweise ist die Belastung der Abwässer mit organischen Substanzen, Nährstoffen und Schadstoffen so hoch, dass eine ↗ Selbstreinigung nicht möglich ist. ↗ Abwasserreinigung

Abwasserbiologie, Teilgebiet verschiedener Fachrichtungen der angewandten ↗ Biologie, das sich mit den biologischen und hygienischen Verhältnissen des ↗ Abwassers sowie mit den ↗ Mikroorganismen befasst, die an der ↗ Selbstreinigung des Abwassers oder verunreinigter biologischer Gewässer beteiligt sind.

Abwasserfischteich, ↗ Abwasserteich.

Abwasserpilz, Bez. für fädige Pilze und fädig ausgebildete Bakterien, die auf Substraten in Abwässern (↗ Abwasser) massenhaft vorkommen können und niedermolekulare organische Verbindungen verwerten. Zu den Mycel bildenden (↗ Mycel) echten A. gehören z. B. *Leptomitus lacteus* und *Fusarium aquaeductuum*. Irreführend, aber üblich, ist die Bez. A. für das Scheidenbakterium (↗ Scheidenbakterien) *Sphaerotilus natans*. Es kommt nur in Bereichen hoher ↗ Saprobie vor und ist daher ein idealer ↗ Bioindikator für das Ausmaß von Gewässerverunreinigungen.

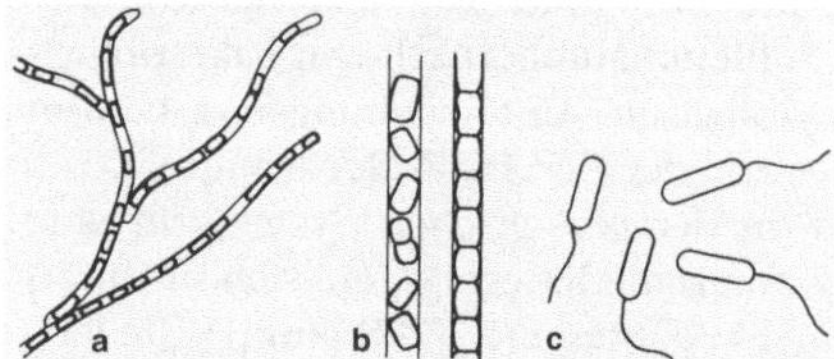

Abwasserpilz *Sphaerotilus natans*; a zusammenhängende Bakterienfäden, b Zellen in den Scheiden, c frei bewegliche Zellen

Abwasserreinigung, Entfernung schädlicher Inhaltsstoffe aus dem Abwasser. Die A. wird heutzutage meist in mehreren Stufen durchgeführt, im Wesentlichen durch mechanische, physikalische, biologische und teilweise auch chemische Verfahren in ↗ Kläranlagen. Veraltete Verfahren sind die Abwasserverrieselung und Abwasserverregnung.

Abwasserteich, flacher, etwa 1,2 - 1,8 m tiefer ↗ Teich zur biologischen Abwasserreinigung. Die organischen Stoffe werden von ↗ Mikroorganismen abgebaut, die mineralisierten Stoffe (↗ Mineralisation) von den Pflanzen der lichtdurchfluteten Zone aufgenommen. Bei *Abwasserfischteichen* werden Fische als Endkonsumenten der ↗ Nahrungskette eingesetzt.

Abwehr, Schutzanpassungen bei Tieren, Menschen und Pflanzen sowie Verhaltensweisen, die dem Schutz vor Feinden, Krankheitserregern und Fremdstoffen dienen. *Schutzanpassungen* sind strukturelle, physiologische und ethologische (↗ Ethologie) Anpassungen, die sich im Verlauf der Evolution entwickelt haben.

Abwehr bei Tieren. Zu den *passiven* Mechanismen der A. gehören Schutzeinrichtungen wie Chitinpanzer, ↗ Stacheln, Nesselkapseln, ↗ Giftzähne, ↗ Geweih, Gehörn oder Stinkdrüsen. Antikörper (↗ Immunglobuline), die als spezifische Reaktion auf ein ↗ Antigen gebildet werden, schützen vor ↗ Pathogenen (↗ Immunreaktion). Schutzanpassungen, die ein Abschrecken des Feindes bewirken sollen, sind die *Schreck-* und *Warntrachten*, die auch als *aposematische Tracht* oder *aposematische Färbung* bezeichnet werden, und oft mit *Schrecklauten* und *Schreckstellungen* verbunden sind. Diese Trachten wirken durch ungewöhnliche, oft auffällige Färbung oder Farbmuster (z. B. die Augenflecke vieler Falter) meist abschreckend auf Feinde. Die direkte Konfrontation mit dem Feind wird durch zahlreiche Varianten der *Tarnung* verhindert. Dabei wird z. B. die körperliche Gestalt durch eine bestimmte Zeichnung oder Färbung „aufgelöst" (*Verbergetracht* oder *kryptische Tracht*). Bei im Wasser lebenden Tieren ist die Durchsichtigkeit eine typische Tarnung. Schneehase, Schneehuhn u. a. tragen ein weißes Winterkleid, das sie in der schneebedeckten Landschaft tarnt (*Saisondimorphismus*). Bekannt ist auch das Wandelnde Blatt, eine Heuschreckenart, bei der alle Körperteile die Form eines Blattes angenommen haben. Durch eine Farbangleichung innerhalb kurzer Zeit passen sich Chamäleon und ↗ Scholle an wechselnde Umgebungen an. Ein Sonderfall der Tarnung ist die *Mimese*, bei der bestimmte Strukturen der unbelebten und belebten Welt nachgeahmt werden. Die Nachahmung der *Warntracht* anderer Arten bezeichnet man als *Mimikry*. Tarnung durch *Maskierung* ist eine weitere Möglichkeit: Die Wollkrabbe (*Dromia vulgaris*) hält mit ihren Beinpaaren Schwammstücke oder Muscheln über dem Rücken fest. Weit verbreitet ist auch die chemische Abwehr. Die Abwehrsubstanzen werden entweder selbst synthetisiert oder mit der Nahrung aufgenommen. Die Raupe des nordamerikanischen Monarchfalters z. B. nimmt aus *Asclepias*-Arten (↗ Schwalbenwurz) Herzglykoside auf, die auch dem adulten Schmetterling einen bitteren Geschmack verleihen. Andere Monarchfalter mit ähnlichem Aussehen sind dadurch ebenfalls geschützt (Mimikry, s. o.), auch wenn sie keine Giftstoffe aufnehmen und eigentlich genießbar wären. Auf andere Weise schützen sich Tintenfische vor ihren Verfolgern: Sie sondern ein dunkles ↗ Sekret ab und können dadurch nicht mehr gesehen werden. Einige Arthropoden (↗ Arthropoda) können in Gefahrensituationen auch ↗ Wehrsekrete abgeben. Bei der *aktiven* Abwehr werden oft Verhaltensweisen gezeigt, die zur Vergrößerung der Distanz zwischen den Konfliktpartnern führen. Dazu gehören ↗ Vermeidungsverhalten und ↗ Fluchtverhalten, ↗ Beschwichtigungsverhalten und ↗ Demutsgebärden, aber auch ↗ Warnverhalten und ↗ Drohverhalten. Gegensätzlich hierzu ist die aktive Selbstverteidigung (↗ Aggression).

Abwehr bei Pflanzen. Hier sind die Möglichkeiten der A. auf passive Mechanismen beschränkt. Zu den mechanischen Schutzeinrichtungen gehören eine widerstandsfähige ↗ Epidermis mit dicker ↗ Cuticula, ↗ Dornen, ↗ Stacheln, ↗ Brennhaare oder andere ↗ Pflanzenhaare (Trichome). Die Cuticula bildet eine Barriere gegen das Eindringen von Bakterien und Pilzen. Bei der Grau-Erle (↗ Erle), *Alnus incana*, führt starker Blattfraß durch Erlenblattkäfer dazu, dass die nachwachsenden Blätter zahlreiche Trichome ausbilden und dadurch vor Käferfraß geschützt sind. Schutz durch Tarnung haben die Lebenden Steine (↗ Aizoaceae), die durch ihr steinähnliches Aussehen nicht als Pflanzen wahrgenommen werden. Zentrale Bedeutung hat die chemische A., die auch für die ↗ Resistenz vieler Pflanzen verantwortlich sein dürfte. Vor Tierfraß schützen ↗ sekundäre Pflanzenstoffe, die auf Tiere toxisch wirken können, z. B. ↗ Alkaloide, Senfölglykoside, cyanogene ↗ Glykoside, Herzglykoside (↗ Digitalis-Glykoside), Terpene und ↗ Tannine. Ein Derivat der Terpene ist das ↗ Pyrethrin, das als natürliches ↗ Insektizid in *Chrysanthemum*-Arten (↗ Chrysanthemen) vorkommt. Ein hochwirksames Insektizid ist auch das in Blättern des ↗ Niembaumes enthaltene Terpen Azadirachtin. In der ↗ Eibe (*Taxus baccata*) und anderen nacktsamigen Pflanzen (↗ Gymnospermae) und bei Farnen treten Sterole auf, die die gleiche Grundstruktur wie die Häutungshormone (↗ Ecdyson) der Insekten haben. Diese so genannten Phytoecdysone stören bei einigen Insektenarten den Häutungsverlauf. Oft werden Abwehrstoffe erst neu oder vermehrt gebildet (↗ Phytoalexine), wenn Phytophagen an der Pflanze fressen oder saugen. Zum Beispiel führt bei einigen Pflanzen Tierfraß zu einer verstärkten Bildung von Proteaseinhibitoren sogar in unverletzten Bereichen, die weit weg von der Fraßstelle liegen. Proteaseinhibitoren verhindern im Verdauungsapparat der Pflanzenfresser den Abbau von Proteinen. Die in Pflanzen gebildeten Substanzen können nicht nur gegen Fraßfeinde wirksam sein, sondern auch gegen konkurrierende Pflanzen. Durch Freisetzung bestimmter Substanzen aus Pflanzenmaterial können in der Nähe wachsende

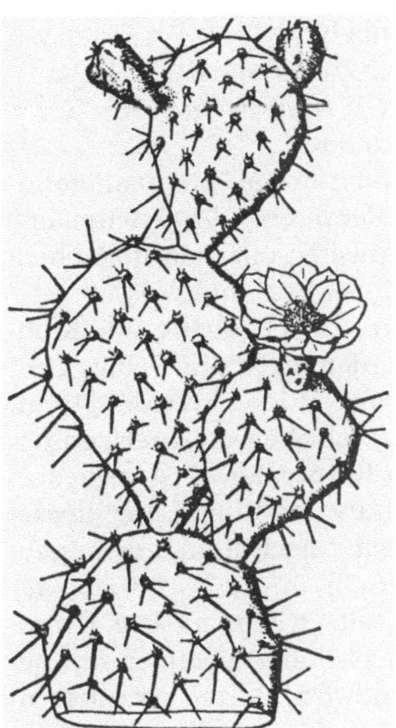

Abwehr Schutzeinrichtungen des Feigenkaktus (*Opuntia*)

andere Pflanzen negativ beeinflusst werden (↗ Allelopathie).

Literatur: Begon, Michael u. a.: Ökologie, Heidelberg 1998; Harborne, J. B.: Ökologische Biochemie: Eine Einführung, Heidelberg 1995; Odum, Eugene, P.: Ökologie. Grundlagen, Standorte, Anwendungen, Stuttgart ³1999.

Abwehrstoffe 1) bei Mensch und Tier Stoffe, die in das Blut gelangte körperfremde Proteine angreifen. A. sind im Körper natürlich vorhanden (natürliche ↗ Resistenz) oder werden als Reaktion auf ↗ Antigene in Form sehr spezifischer Antikörper (↗ Immunglobuline) gebildet (erworbene Resistenz).

2) bei Pflanzen bestimmte Inhaltsstoffe, die u. a. der Abwehr von Fraßfeinden dienen und die teilweise erst als Reaktion auf einen Schädlingsbefall neu oder vermehrt gebildet werden (↗ Abwehr, ↗ Phytoalexine).

3) von Tieren abgegebene ↗ Wehrsekrete. (↗ Abwehr)

Abyssal, *Tiefseetafel*, Bodenregion der ↗ Tiefsee ab etwa 1000 bis 7000 m Tiefe. Das A. ist lichtlos und ohne Pflanzenleben und wird von Schwämmen, Hohltieren, Würmern, Krebsen und Stachelhäutern bewohnt (↗ Meer). Stellenweise wird das A. von Tiefseegräben durchzogen, die mehr als 6000 m tief sind (ultraabyssale Zonen). Die Tiefseezone der tiefen Binnenseen heißt ↗ Profundal. ↗ Gewässerregionen.

Acacia, Gatt. der ↗ Mimosaceae.

Acanthaceae, *Akanthusgewächse*, Fam. der ↗ Scrophulariales mit ca. 4300 meist tropischen krautigen Arten. Die bekannteste Gatt. *Acanthus* sowie die Gatt. *Thunbergia* und *Fittonia* werden auch als Zierpflanzen kultiviert.

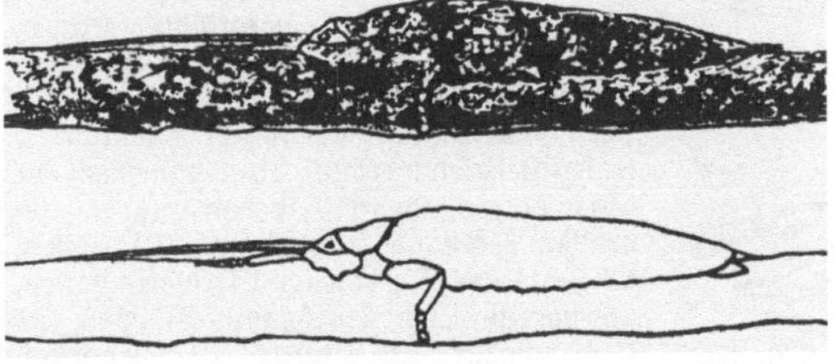

Abwehr Die Heuschrecke *Satrophyllia femorata* auf einem von Flechten bewachsenen Zweig; die untere Abbildung zeigt die Umrisszeichnung der Heuschrecke

Acanthamoeba, ↗ Amoebina.
Acanthaster, Gatt. der ↗ Asteroida.
Acanthella, Larve der ↗ Acanthocephala.
Acanthobdella, ↗ Hirudinea.
Acanthocephala, *Kratzer*, zu den ↗ Nemathelminthes gestellte Gruppe, deren etwa 1100 Arten ausschließlich als Darmparasiten mit obligatorischem Wirtswechsel leben. Endwirte sind wasser- und landlebende Wirbeltiere, Zwischenwirte sind Krebse und Insekten. A. werden meist nur wenige Zentimeter lang (größte Art, Riesenkratzer, 70 cm, kleinste Art 2 mm), die Weibchen sind meist größer als die Männchen. Der Körper der A. ist gegliedert in Rüssel (*Rostrum*), Hals und Rumpf. Der Rüssel ist ausstülpbar und besitzt nach hinten gerichtete Haken, die der Anheftung an die Darmwand des Wirtes dienen. Die A. besitzen keinen Darm, Exkretionsorgane (↗ Protonephridien) kommen nur bei Arten vor, die bei Landwirbeltieren parasitieren. Zahl und Anordnung der Körperzellen sind konstant (*Eutelie*), die Zahl der Geschlechtszellen nimmt zeitlebens zu. Die A. sind getrenntgeschlechtlich, bei den Weibchen lösen sich die Ovarien frühzeitig auf und bilden *Ovarialballen*, die aus je zwei Syncytien bestehen und frei in der Leibeshöhle flottieren. Entsprechend der parasitischen Lebensweise ist die Eiproduktion sehr hoch (bis zu mehrere Mio. Eier beim Riesenkratzer). Die Eier werden nach Ablage vom Zwischenwirt aufgenommen. Dort schlüpft die Larve (*Acanthor*) und dringt in die Darmwand ein. Sie wird vom Wirt mit einer Cystenhülle umgeben, in der sie sich weiter zur *Acanthella* mit ausstülpbarem Rüssel entwickelt und am Ende dieser Entwicklung als *Cystacanthus* bezeichnet wird. Um in den Endwirt zu gelangen, muss der Zwischenwirt von diesem gefressen werden. In dessen Darm schlüpft der Cystacanthus aus seiner Cyste und heftet sich an die Darmwand.

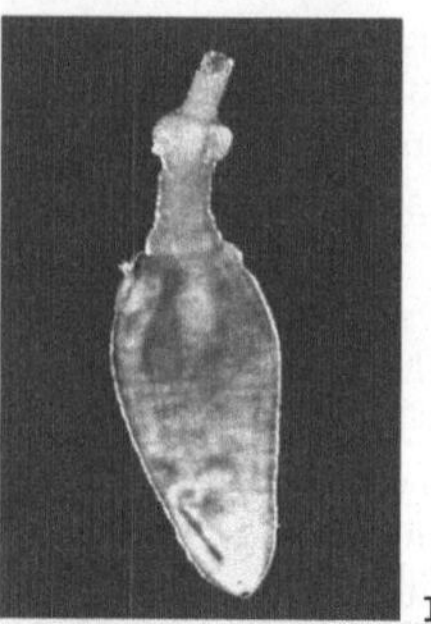

Acanthocephala   1 Art der A., die im Fischdarm parasitiert; 2 Halsregion eines A. mit ausgestülptem Rüssel

Acanthodii, *Stachelhaie*, Klasse primitiver Fische mit Knochenschuppen, einem Stachel vor jeder Flosse und einem Skelett aus echten Knochen; meist kleiner als 20 cm, größte Art 2,5 m lang. Sie sind die ältesten bekannten ↗ Gnathostomata und kamen vom ↗ Silur bis ↗ Perm vor.

Acanthor, Larve der ↗ Acanthocephala.

Acanthuridae, *Doktorfische*, *Chirurgenfische*, *Seebader*, farbenprächtige, schmal und hochrückig gebaute Fische, die vorwiegend Korallenriffe des Indopazifik bewohnen und Algen abweiden. Charakteristisches Merkmal ist ein scharfer, skapellartiger, aufrichtbarer Dorn auf jeder Seite des Schwanzstiels. A. sind z. T. geschätzte Speisefische und Aquarienfische.

Acari, *Acarina*, *Milben*, mit rund 35000 beschriebenen, vermutlich aber 100000 existierenden Arten das ökologisch erfolgreichste Taxon der ↗ Arachnida. Milben finden sich in allen Lebensräumen, sogar in der Antarktis. Viele sind Parasiten bei Tieren und dem Menschen, sie übertragen z. T. Infektionskrankheiten, andere sind wirtschaftlich bedeutende Pflanzen- und Vorratsschädlinge. Die Arten sind i. Allg. nur wenige Millimeter groß, die

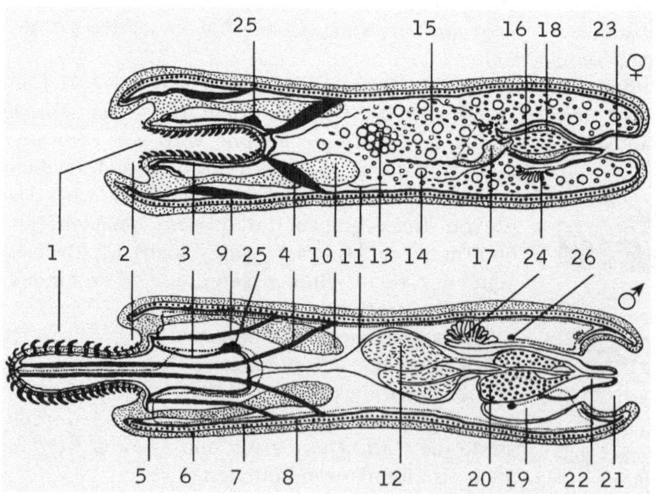

Acanthocephala   Bauplan eines Männchens (unten) und eines Weibchens (oben); 1 ausgestülpter bzw. eingestülpter Rüssel, 2 Halsregion, 3 Rüsselscheide, 4 Rüsselrückziehmuskeln, 5 Cuticula, 6 Epidermis, 7 Ringmuskulatur, 8 Längsmuskulatur, 9 Hals-Rückziehmuskeln, 10 Lemnisken, 11 Ligamentsack (beim Weibchen aufgrund der prallen Eifüllung aufgeplatzt), 12 Hoden, 13 Reste des Eierstocks, 14 Ovarialballen, 15 unreife Eier, 16 Acanthor-Cysten, 17 Uterusglocke, 18 Uterus, 19 Klebdrüse, 20 Zementdrüsen, 21 Bursa, 22 Penis, 23 Vagina, 24 Protonephridienkomplex, 25 Gehirn, 26 Genitalganglien

kleinste Art, eine Gallmilbe, sogar nur 80 µm. Gemeinsame Merkmale dieser außerordentlich vielgestaltigen Gruppe sind: Die Zusammenfassung von Mundgebiet, Cheliceren und Pedipalpen zum *Gnathosoma*, das gegen den übrigen Körper (*Idiosoma*) beweglich ist. Weiterhin die weitgehende Verschmelzung von Prosoma und Opisthosoma sowie ein gemeinsames Grundschema der Entwicklung, bei der auf eine Larve mit nur drei Beinpaaren drei Nymphenstadien mit voller Beinzahl folgen (Protonymphe, Deutonymphe und Tritonymphe). Viele Milben laufen auf drei Beinpaaren und benutzen das erste Beinpaar zum Tasten. Sinnesorgane sind Borsten, Trichobothrien (↗ Tastsinn), ↗ Spaltsinnesorgane, Seitenaugen oder, seltener, ein Paar ↗ Medianaugen. Milben ernähren sich vorwiegend von kleinen Arthropoden, Nematoden, Aas, Pilzen, verrottenden Pflanzenteilen, Parasiten von Hautsekreten, Hautteilen, Haaren, Federteilen. Atmungsorgane sind Tracheen. Die Gonaden sind oft U-förmig verwachsen, manchmal sogar zu einer einzigen Gonade geworden. Die Samenübertragung erfolgt entweder durch ↗ Spermatophoren (Anactinotrichida) oder durch modifizierte ↗ Cheliceren, die in die weibliche Geschlechtsöffnung eingeführt werden. Außerdem ist ↗ Parthenogenese verbreitet. I. Allg. werden zwei große Gruppen, die Anactinotrichida und die Actinotrichida, unterschieden, wobei z. T. angenommen wird, dass diese Gruppen nicht miteinander verwandt, die A. also poly- oder diphyletisch sind. Zu den *Anactinotrichida* gehören u. a. die ↗ Varroamilbe und die Zecken (↗ Ixodides). Zu den *Actinotrichida* zählen u. a. die Haarbalgmilbe (↗ Demodicidae), die Gallmilben (↗ Eryophyidae), die ↗ Mehlmilbe, die Spinnmilben (↗ Tetranychidae), die ↗ Hausstaubmilbe, die ↗ Krätzmilben und die Erntemilbe (↗ Trombiculidae).

Acarina, die Milben (↗ Acari).

Accipiter, die Gattung ↗ Habichte.

Accipitridae, *Habichtartige*, Familie der Vögel (↗ Aves), die die Mehrheit der Greifvögel (↗ Falconiformes) umfasst. Zu den A. zählen rund 220 Arten von 23 - 117 cm Länge. Sie sind weltweit verbreitet und in Aussehen und Lebensweise sehr verschiedenartig. I. Allg. sind die A. Fleisch- oder Aasfresser, es gibt aber auch eine Reihe Nahrungsspezialisten. Die meisten Arten bauen eigene Nester, die oft sehr groß sind. Von den Falken (↗ Falconidae) unterscheiden sie sich u. a. durch unverwachsene Brustwirbel, das Fehlen des Falkenzahns am Schnabel und die Angewohnheit, den Kot nach hinten wegzuspritzen. Zu den A. gehören u. a. ↗ Milane, ↗ Geier, ↗ Weihen, ↗ Habichte, ↗ Bussarde, ↗ Adler.

Aceraceae, *Ahorngewächse*, Fam. der ↗ Sapindales mit 113 Arten und zwei Gatt., die überwiegend in den außertropischen gebirgigen Gebieten der Nordhalbkugel vorkommen. Die meisten A. sind Bäume, selten auch Sträucher. Kennzeichnend für die Fam. ist die Ausbildung von geflügelten Spaltfrüchten (↗ Frucht); die Blätter sind meist handförmig gelappt und gegenständig (↗ Blattstellung). Die Blüten sind regelmäßig, vier- bis fünfzählig, meist grünlich-gelb und werden von Insekten oder durch den Wind bestäubt. Eine Besonderheit ist die Tendenz, eingeschlechtliche und teilweise stark reduzierte Blüten auszubilden, die mit einem Übergang von Insekten- zu Windbestäubung (↗ Bestäubung) in Zusammenhang stehen. Die in Dolden, Trauben, Ähren oder Rispen (↗ Blütenstand) angeordneten Blüten sind in der Regel zwittrig (↗ Zwitterblüte), jedoch entsteht durch Reduktion des ↗ Fruchtknotens oder Verkümmerung der Staubgefäße vielfach Scheinzwittrigkeit. Der zweifächerige Fruchtknoten entwickelt sich zu einer Spaltfrucht. Die beiden Gatt. der A. unterscheiden sich vor allem durch den Bau der geflügelten Früchte. Die Vertreter der Gatt. Ahorn, *Acer*, haben nur einseitig geflügelte Teilfrüchte. Der früh blühende Spitzahorn, *Acer platanoides*, hat doldig-traubige, aufrecht stehende Blütenstände, der Bergahorn, *Acer pseudoplatanus*, rispige, hängende Blütenstände. Beide werden 20-35 m hoch, ihr Holz wird vielfältig genutzt.

Der meist strauchförmige Feldahorn, *Acer campestre*, wird nur 3-15 m hoch und hat kleine,

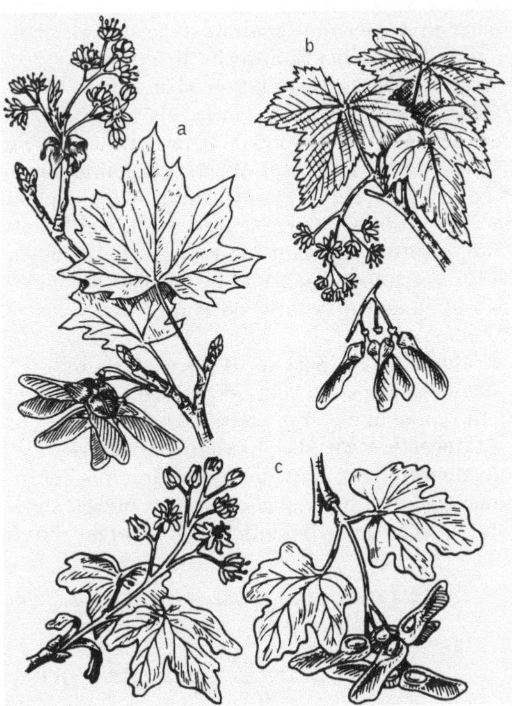

Aceraceae a Spitzahorn (*Acer platanoides*), b Bergahorn (*Acer pseudoplatanus*), c Feldahorn (*Acer campestre*)

dreilappige Blätter. Weiterhin gehören zu dieser Gatt. der aus Nordamerika stammende Eschenahorn, *Acer negundo*, und der ebenfalls in Nordamerika heimische Silber- oder ↗ Zuckerahorn (*Acer saccharinum*).

Die zweite Gatt. der Fam., *Dipteronia*, umfasst nur zwei in China beheimatete Arten, die rings um den mittig gelagerten Samen geflügelt sind.

Acetabulum, Plural: *Acetabula*, 1) Haftorgan in Form eines schüsselförmig eingesenkten, stark muskulösen Saugnapfes am ↗ Scolex bestimmter Bandwürmer, z. B. beim Rinder- und Schweinebandwurm (↗ Taenia).

2) Gelenkfläche des Oberschenkelknochens (Femur) auf dem ↗ Becken der Wirbeltiere.

Acetaldehyd, *Ethanal*, *Äthanal*, CH_3CHO, ein ↗ Aldehyd, der als Zwischenprodukt bei der ↗ alkoholischen Gärung durch CO_2-Abspaltung aus ↗ Brenztraubensäure entsteht und anschließend durch ↗ Hydrierung in ↗ Ethanol umgewandelt wird. A. bildet sich bei der ↗ Glykolyse in aktivierter, an Thiaminpyrophosphat gebundener Form als Zwischenprodukt beim Abbau von ↗ Milchsäure zu ↗ Acetyl-Coenzym A sowie beim Abbau von ↗ Threonin.

Acetate, Salze und Ester der ↗ Essigsäure. A. entstehen, wenn bei der Essigsäure H_3C-COOH das H der COOH-Gruppe durch Metalle, kationische Reste oder Reste von ↗ Alkoholen ersetzt wird. Aktiviertes Acetat in Form von ↗ Acetyl-Coenzym A spielt eine zentrale Rolle als Zwischenprodukt zahlreicher Stoffwechselreaktionen.

Acetessigsäure, *β-Ketobuttersäure*, H_3C-CO-CH_2-COOH, in aktivierter Form als *Acetoacetyl-Coenzym A* Zwischenprodukt beim Fettsäureabbau (↗ Fettsäuren) und beim Abbau der Aminosäuren ↗ Leucin, ↗ Lysin, ↗ Phenylalanin, ↗ Tryptophan und ↗ Tyrosin. Größere Mengen der A. werden als ↗ Ketonkörper in Blut und Harn bei Hunger (↗ Hungerstoffwechsel) und bei ↗ Diabetes mellitus angehäuft. Die Decarboxylierung von A. führt zu ↗ Aceton.

Acetoacetat, das Salz der ↗ Acetessigsäure.

Acetobacter, Gatt. der ↗ Essigsäurebakterien; nicht synonym mit ↗ Acetobacterium.

Acetobacteraceae, die ↗ Essigsäurebakterien.

Acetobacterium, Gatt. mit unbestimmter Zuordnung; grampositive, stäbchenförmige, obligat anaerobe, ↗ acetogene Bakterien, die Energie durch ↗ Homoacetatgärung und z. T. auch durch ↗ Carbonatatmung gewinnen.

acetogene Bakterien, bilden unter anaeroben Bedingungen als einziges organisches Endprodukt ↗ Essigsäure (Acetat). Dies geschieht auf zwei Wegen: chemolithotroph mit H_2 als Elektronendonator und CO_2 als Elektronenakzeptor oder chemoorganotroph (↗ Chemotrophie). Zu den acetogenen Bakterien gehören z. B. Arten der Gatt. *Acetobacterium* wie *A. woodii*, und *Clostridium aceticum* (↗ Clostridien). Acetogene Bakterien kommen im Schlamm von Gewässern sowie in Faultürmen von ↗ Kläranlagen vor und haben eine wichtige Funktion in der anaeroben Nahrungskette.

Acetomorphin, das ↗ Heroin.

Aceton, *Dimethylketon*, CH_3COCH_3, farblose, aromatisch riechende Flüssigkeit, das einfachste ↗ Keton. In der Chemie ein wichtiges Lösungs-, Extraktions- und Fällungsmittel. A. entsteht in der Zelle durch ↗ Decarboxylierung von ↗ Acetessigsäure und gehört zu den bei ↗ Hungerstoffwechsel oder ↗ Diabetes mellitus vermehrt gebildeten ↗ Ketonkörpern.

Acetylcholin, Abk. *Ach*, im Tierreich allgemein vorkommender Überträgerstoff, der an der Erregungsleitung im ↗ vegetativen Nervensystem (↗ Parasympathikus) und an der ↗ motorischen Endplatte freigesetzt wird. Bei Wirbeltieren wird A. von dem Enzym *Cholinacetyl-Transferase* aus ↗ Cholin und ↗ Acetyl-Coenzym A gebildet. Die Synthese findet in vielen Nervengeweben statt, wobei A. in synaptischen Vesikeln (↗ Synapse) von 30 - 60 nm Durchmesser in cholinergen Nervenendigungen gespeichert und durch ↗ Exocytose in den synaptischen Spalt freigesetzt wird. A. wirkt als Überträgerstoff der cholinergen Neuronen und bindet an zwei Rezeptortypen, wobei die Reaktion von A. mit diesen Rezeptoren zum Anstieg der Leitfähigkeit für kleine Ionen durch die Membranen und damit zu postsynaptischen Potenzialen führt. Man unterscheidet die in den vegetativen Ganglien gelegenen *nicotinergen* A.-Rezeptoren, auf die ↗ Nicotin die gleiche Wirkung hat wie A. von den muscarinergen A.-Rezeptoren, die in den Effektororganen (glatte Muskeln, Drüsen) liegen und an denen die A.-Wirkung durch ↗ Muscarin initiiert werden kann. Die Übertragung von A. in den vegetativen Ganglien und somit auch die Wirkung von Nicotin lässt sich gezielt durch *Ganglienblocker* hemmen,

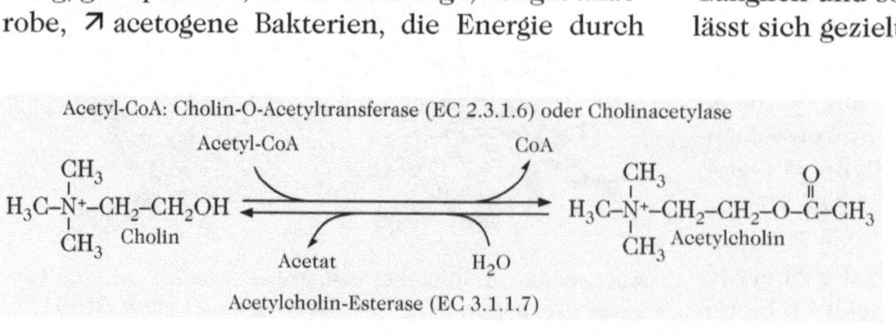

Acetyl-CoA: Cholin-O-Acetyltransferase (EC 2.3.1.6) oder Cholinacetylase

$$H_3C-\underset{\underset{CH_3}{|}}{\overset{\overset{CH_3}{|}}{N^+}}-CH_2-CH_2OH \;\; \underset{Acetat \qquad H_2O}{\overset{Acetyl\text{-}CoA \qquad CoA}{\rightleftharpoons}} \;\; H_3C-\underset{\underset{CH_3}{|}}{\overset{\overset{CH_3}{|}}{N^+}}-CH_2-CH_2-O-\overset{\overset{O}{\|}}{C}-CH_3$$

Cholin · · · Acetylcholin

Acetylcholin-Esterase (EC 3.1.1.7)

Acetylcholin Das Reaktionsschema zeigt die in der Nervenendigung stattfindende Synthese und den im synaptischen Spalt erfolgenden Abbau von Acetylcholin die Übertragung von A. auf die Erfolgsorgane und damit auch die Wirkung von Muscarin kann selektiv durch ↗ Atropin gehemmt werden. Im synaptischen Spalt wird A. durch die ↗ Acetylcholinesterase gespalten. Daher können Hemmstoffe der Acetylcholinesterase (z. B. E 605) die physiologische Wirkung von A. steigern. Als Hormon hat A. durch Erweiterung der peripheren Gefäße eine Blutdruck senkende Wirkung. Außerdem bewirkt es eine Verlangsamung des Herzschlags und eine Beschleunigung der Peristaltik im Magen-Darm-Trakt.

Acetylcholinesterase, zu den ↗ Hydrolasen gehörendes Enzym, das im synaptischen Spalt (↗ Synapse) ↗ Acetylcholin in Cholin und Essigsäure spaltet und dadurch die Wirkung von Acetylcholin als Neurotransmitter aufhebt.

Acetyl-CoA, Kurzform für ↗ Acetyl-Coenzym A.

Acetyl-CoA-Carboxylase, Kurzform für ↗ Acetyl-Coenzym A-Carboxylase.

Acetyl-Coenzym A, *Acetyl-CoA*, *aktivierte Essigsäure*, energiereiche Verbindung, die durch Veresterung der ↗ Sulfhydrylgruppe (SH-Gruppe) von ↗ Coenzym A mit ↗ Essigsäure entsteht. Acetyl-Coenzym A hat aufgrund seines hohen Gruppenübertragungspotenzials (↗ Gruppenübertragungs-Reaktionen) eine Schlüsselrolle bei zahlreichen Stoffwechselreaktionen inne, bei denen C_2-Bruchstücke (Acetateinheiten) umgesetzt werden. Zudem ist sie der Grundbaustein aller ↗ Lipide.

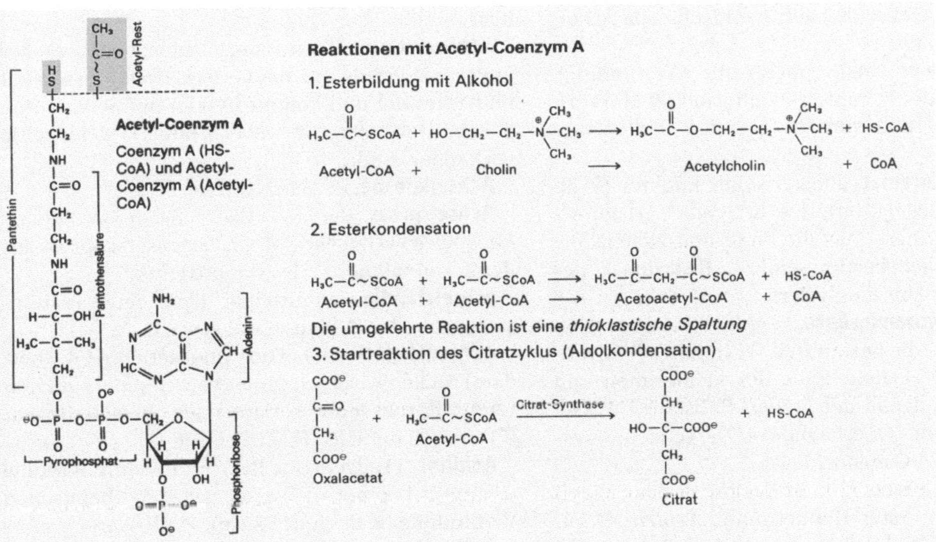

Acetyl-Coenzym A Links die Formel von Acetyl-Coenzy A, rechts einige wichtige Stoffwechselreaktionen, an denen Acetyl-Coenzym A beteiligt ist

Acetyl-Coenzym A Acetyl-Coenzym A synthetisierende Reaktionen

Enzym	Reaktion	Vorkommen/Bedeutung
Acetyl-CoA-Synthetase (EC 6.2.1.1)	$CH_3COO^- + ATP + CoA \rightleftharpoons CH_3CO-CoA + AMP + PP_i$	Hefen, Tiere, höhere Pflanzen
Acyl-CoA-Synthetase (GDP-bildend) (EC 6.2.1.10)	$CH_3COO^- + GTP + CoA \rightleftharpoons CH_3CO-CoA + GDP + P_i$	Leber
Phosphat-Acetyltransferase (EC 2.3.1.8)	$CH_3CO-O-PO_3H_2 + CoA \rightleftharpoons H_3CO-CoA + P_i$	Mikroorganismen
ATP-Citrat-(pro-3S)-Lyase (EC 4.1.3.8)	$Citrat + ATP + CoA \rightleftharpoons CH_3CO-CoA + Oxalacetat + ADP + P_i$	außerhalb der Mitochondrien
Pyruvat-Dehydrogenase-Komplex (EC 1.2.4.1; 2.3.1.12; 1.6.4.3)	$Pyruvat + NAD^+ + CoA \rightleftharpoons CH_3CO-CoA + CO_2 + NADH + H^+$	Mitochondrienpartikel; beteiligt TPP, $LipS_2$
Acetyl-CoA-Transacetylase (EC 2.3.1.9)	$Acetoacetyl-CoA + CoA \rightleftharpoons 2\,CH_3CO-CoA$	Fettsäureabbau

Acetyl-Coenzym A-Carboxylase, Abk. *Acetyl-CoA-Carboxylase*, ein Enzymkomplex, der die Synthese von ↗ Malonyl-Coenzym A aus ↗ Acetyl-Coenzym A katalysiert. Diese irreversible Reaktion ist der entscheidende Schritt der Fettsäuresynthese (↗ Fettsäuren).

Acetylcystein, *N-Acetyl-L-Cystein*, Abk. *NAC*, eine als Mittel zur Schleimlösung (*Mucolytikum*) eingesetzte Substanz, die durch die Spaltung von Disulfidbrücken der ↗ Mucoproteine die Viskosität von zähem Bronchialsekret verringert. Außerdem wird A. als Gegenmittel (Antidot) bei Vergiftungen mit ↗ Paracetamol eingesetzt.

N-Acetyl-Galactosamin, chemische Verbindung, die ein wichtiger Baustein von ↗ Glykolipiden (z. B. ↗ Ganglioside) und von ↗ Glykoproteinen der Zellmembran ist sowie von ↗ Hyaluronsäure u. a. ↗ Mucopolysacchariden der Grundsubstanz des Interzellularraums.

N-Acetyl-Glucosamin, chemische Verbindung, die Baustein der ↗ Bakterienzellwand (↗ Murein), von ↗ Chitin und von Blutgruppen-Glykoproteinen ist.

N-Acetyl-Glutamat, allosterischer Effektor (↗ allosterische Regulation) des Enzyms Carbamoylphosphat-Synthase, das die erste und gleichzeitig geschwindigkeitsbestimmende Reaktion des ↗ Harnstoffzyklus katalysiert.

N-Acetyl-Neuraminsäure, Abk. *NANA*, eine ↗ Sialinsäure, die Bestandteil zahlreicher ↗ Glykoproteine und ↗ Glykolipide der Membranen und insbesondere der in der grauen Substanz des Gehirns und an der Oberfläche von Nervenzellen vorkommenden ↗ Ganglioside ist.

Acetylsalicylsäure, Abk. *ASS*, Derivat der Salicylsäure, dessen erster Handelsname *Aspirin* © ist. Bedeutendes Analgetikum (schmerzstillendes Mittel) bei schwachen bis mittelstarken Schmerzen, mit fiebersenkender Wirkung bei infektiös ausgelöstem Fieber sowie antirheumatischer und entzündungshemmender Wirkung. Alle diese Wirkungen beruhen auf der irreversiblen Hemmung der ↗ Cyclooxygenasen im Syntheseweg der ↗ Prostaglandine, jedoch wird auch eine zentrale analgetische Wirkung diskutiert.

Acetylsalicylsäure

Ach, Abk. für ↗ Acetylcholin.

Achäne, einsamige Schließfrucht (↗ Frucht), bei der Fruchtwand (↗ Perikarp) und ↗ Samenschale (Testa) eng aneinander liegen. Diese Fruchtform ist z. B. bei den ↗ Asteraceae verbreitet, eine Doppelachäne kommt bei den ↗ Apiaceae vor.

Achatina, *Achatschnecke* (↗ Stylommatophora).

Achatschnecke, *Achatina* (↗ Stylommatophora).

achlamydeisch, Bez. für ↗ Blüten ohne Blütenhüllen (↗ Perianth); sie bestehen nur aus den der Fortpflanzung dienenden Blütenorganen.

Acheuléen, nach einer archäologischen Fundstelle bei St. Acheul in Nordfrankreich benannte Steinbearbeitungstechnologie, die eng mit Homo erectus (↗ Homo) verbunden ist. Sie zeichnet sich aus durch relativ große, ovale oder zugespitzte, beidseitig behauene Faustkeile. Die ältesten bisher nachgewiesenen Steinwerkzeuge des A. stammen aus rund 1,4 Mio. Jahre alten Ablagerungen aus Ostafrika.

Achillea, ↗ Asteraceae.

Achromasie, eine Form der ↗ Farbenfehlsichtigkeit.

Achromatium, Gatt. der Thiotrichaceae der ↗ Proteobacteria. A. oxidiert Schwefelwasserstoff und Schwefel und kommt in oder auf Sedimenten flacher Gewässer vor, wo H_2S und O_2 gleichzeitig vorhanden sind.

Achselknospe, ↗ Achselspross.

Achselspross, der in ↗ Blattachseln aus *Achselknospen* gewachsene Spross. Gegensatz: Spross aus der Terminalknospe des Haupttriebes.

achselständig, unmittelbar über einer Blattansatzstelle oder ↗ Blattachsel gewachsen.

Achsenskelett, ein bei den Chordatieren (↗ Chordata) rückenwärts gelegenes, vom Kopfpol zum hinteren Körperende verlaufendes Skelettelement (↗ Chorda dorsalis, ↗ Wirbelsäule).

Acidität, 1) allgemeine Bez. für die saure Wirkung (Säuregrad) einer in Wasser gelösten chemischen Verbindung (z. B. einer Säure). ↗ pH-Wert

2) Kenngröße zur Beurteilung von Versauerungsprozessen in Gewässern (↗ Gewässerversauerung).

acidophil, *säureliebend*, Bez. für Organismen, die saure Bedingungen (↗ pH-Wert) bevorzugen oder obligat auf sie angewiesen sind. A. sind vor allem viele Mikroorganismen (↗ acidophile Mikroorganismen), jedoch auch zahlreiche Pflanzen (↗ Acidophyten). Gegensatz: ↗ acidophob.

acidophile Mikroorganismen, ↗ Mikroorganismen, die für ihr Wachstum saure Bedingungen bevorzugen oder benötigen. Dazu gehören vor allem die Pilze und eine Reihe acidophiler oder sogar obligat acidophiler Bakterien- und Archaebakterienarten. Pilze wachsen normalerweise unter leicht sauren Bedingungen um pH 5 bis zu einem ↗ pH-Wert von unter 2. Zu den acidophilen Bakterien gehören die ↗ Essigsäurebakterien, die bei einem pH-Wert von ca. 3 bis 4 wachsen, zahlreiche ↗ Schwefel oxidierende Bakterien (z. B. ↗ Thiobacillus) und ↗ Archaebakterien der Gatt. ↗ Sulfolobus mit einem Wachstumsoptimum bei pH 2. Extrem säureliebend sind auch die *Picrophilus*-Arten (Archaebakterien), die bis pH 0 (entspricht 1 N Salzsäure) wachsen können. Acidophile Bakterien leben in sauren Gewässern (*Gewässerversauerung*) oder in schwefelhaltigen Gesteinen oder Sedimenten.

Acidophilus, Kurzbez. für *Lactobacillus acidophilus* (↗ Lactobacillaceae).

acidophob, *säuremeidend*. Gegensatz: ↗ acidophil.

Acidophyten, Pflanzen, die auf oder in saurem Substrat (bis zu einem ↗ pH-Wert von ca. 3,5) wachsen können. Dazu gehören viele Heidekrautgewächse (↗ Ericaceae), Sauergräser (↗ Cyperaceae) und Torfmoose (↗ Sphagnidae). Gegensatz: ↗ Basiphyten

Acidose, *Azidose*, *Blutübersäuerung*, die Senkung des Blut-pH-Wertes auf Werte unter 7,37 infolge einer Störung des Säure-Base-Gleichgewichtes, wobei zwischen metabolischer (stoffwechselbedingter) und respiratorischer (lungenfunktionsbedingter) A. unterschieden wird. Die *metabolische* A. beruht auf einer Zunahme der so genannten fixen, nicht flüchtigen Säuren im Blut, so z. B. Ketosäuren (bei ↗ Diabetes mellitus) oder Milchsäure bei anaerober Muskelarbeit, auf vermehrten Bicarbonatverlusten, z. B. bei bestimmten Darmerkrankungen oder auch auf einer Unterfunktion der Niere und der damit verminderten Ausscheidung von H^+-Ionen. Eine Störung der Lungenfunktion kann zum Anstieg des CO_2-Partialdrucks im Blut und damit zur *respiratorischen A.* führen. Mögliche Ursachen hierfür sind Vergiftungen, Verletzungen, Störungen im Atemzentrum. (↗ Alkalose)

acidotolerant, *säuretolerant*, Bez. für Organismen, die auch unter sauren Bedingungen (↗ pH-Wert) vorkommen können, deren Wachstumsoptimum (↗ Optimum) jedoch nicht im sauren Bereich liegt. ↗ acidophil, ↗ acidophob.

Acinetobacter, Gatt. der Moraxellaceae der ↗ Proteobacteria; sporenlose, unbegeißelte Zellen, die zunächst als Kurzstäbchen wachsen, später mehr kokkoide Formen annehmen. Arten von A. sind weit verbreitet im Boden (↗ Bodenbakterien) und im Wasser und besitzen einen saprobischen, oxidativen, chemoorganotrophen (↗ Chemotrophie) Stoffwechsel. Viele Stämme speichern große Mengen von ↗ Polyphosphat, das als Energiereserve dient. Einige Arten sind Krankheitserreger.

Acinonyx jubatus, der ↗ Gepard.

Acipenser, ↗ Stör.

Acipenseriformes, *Störe und Löffelstöre*, zu den ↗ Chondrostei gehörende Gruppe der Strahlenflosser (↗ Actinopterygii). A. bewohnen die Süßgewässer und die Meere der Nordhalbkugel. Primitive Merkmale sind die heterozerke Schwanzflosse (↗ Flossen) das Spritzloch sowie die Gonaden mit ihren Ausführungsgängen (Urnierengang und ↗ Müller'scher Gang). Die Schnauze ist zu einem ↗ Rostrum ausgezogen, der Mund ist unterständig. A. besitzen eine unpaare ↗ Schwimmblase. Die Schuppen sind weitgehend reduziert, bei manchen Arten finden sich stattdessen Reihen von Knochenplatten. Die Zähne sind bei adulten Tieren ebenfalls reduziert. Rezente Familien sind die *Acipenseridae* u. a. mit ↗ Stör und ↗ Hausen sowie die *Polyodontidae* (Löffelstöre).

Ackerbau, *Agrikultur*, Anbau und Gewinnung von ↗ Kulturpflanzen in der ↗ Landwirtschaft. Ein wichtiges Kennzeichen des A. ist die Bodenbearbeitung vor der Aussaat. Unter dem Begriff A. werden im weitesten Sinne alle Verfahren und Techniken des ↗ Pflanzenbaus zusammengefasst. (↗ Boden, ↗ Pflanzenernährung, ↗ Düngung, ↗ Pflanzenschutz)

Ackerbaugrenze, die natürliche Grenze für den ↗ Ackerbau. Zu den begrenzenden Faktoren zählen vor allem die ↗ Temperatur, ↗ Niederschläge sowie die Bodenbeschaffenheit (↗ Boden).

Ackerbohne, *Dicke Bohne*, *Pferdebohne*, *Saubohne*, *Puffbohne*, *Vicia faba*, einjährige Futterpflanze aus der Fam. der ↗ Fabaceae. Die kleinsamigen Sorten dienen als Viehfutter, die großsamigen Sorten der menschlichen Ernährung. Die Samen enthalten 20-30 % Protein.

Ackernetzschnecke, ↗ Stylommatophora.

Ackerschmalwand, ↗ Arabidopsis thaliana.

Ackerunkräuter, ↗ Unkraut.

acoel, 1) *acoelomat*, Bez. für vielzellige Tiere, denen primär oder sekundär ein Coelom (sekundäre ↗ Leibeshöhle) fehlt (*Acoelomata*).

2) Bez. für an der vorderen und hinteren Gelenkfläche abgeplattete ↗ Wirbel (acoele Wirbel).

Acoela, ↗ Acoelomorpha.

acoelomat, ↗ acoel.

Acoelomorpha, Gruppe der ↗ Plathelminthes, in der eine Reihe von marinen Arten zusammengefasst sind, die früher zu den ↗ Turbellaria gestellt wurden. A. besitzen fast keine extrazelluläre Matrix, was einmalig unter den ↗ Bilateria ist. Sie bewegen sich mit Hilfe von Cilien und eines Hautmuskelschlauchs fort. Das Nervensystem ist ein Nervennetz, als Sinnesorgan besitzen sie ein Frontalorgan und außerdem ciliäre Sinneszellen. Charakteristisch ist eine Mundöffnung ohne Pharynx und ein zentrales verdauendes ↗ Parenchym statt eines Darms, das bei vielen Arten ein ↗ Syncytium ist. Sie besitzen keine Protonephridien, möglicherweise übernehmen modifizierte Drüsenzellen eine Osmoregulations- und Exkretionsfunktion. Die meisten Arten zeigen geschlechtliche Fortpflanzung, bei einigen Arten gibt es jedoch auch asexuelle Fortpflanzung durch Knospung oder Paratomie (↗ Fortpflanzung). Zwei monophyletische Gruppen werden unterschieden, die *Nemertodermatida* mit weniger als 10 Arten und die *Acoela* mit einigen 100 meist nur millimetergroßen Arten.

Aconitase, *Aconit-Hydratase*, ein Enzym, das zwei Teilschritte des ↗ Citratzyklus katalysiert, nämlich die beiden reversiblen Reaktionen Citronensäure → cis-Aconitsäure → Isocitronensäure. Isocitronensäure weist im Gegensatz zu ↗ Citronensäure ein ↗ asymmetrisches Kohlenstoffatom auf, dessen Konfiguration durch das ebenfalls asymmetrische aktive Zentrum von A. bestimmt wird. Die A., die durch ↗ Stickstoffmonooxid (NO) und durch Fluoressigsäure gehemmt wird, kommt besonders im Herzmuskel, in der Leber und der Niere vor. Die Untersuchungen zum Mechanismus der Aconitase-Reaktion sind von historischer Bedeutung, da durch sie erstmals der Chemismus der in biologischen Systemen weit verbreiteten asymmetrischen Synthese aufgeklärt werden konnte.

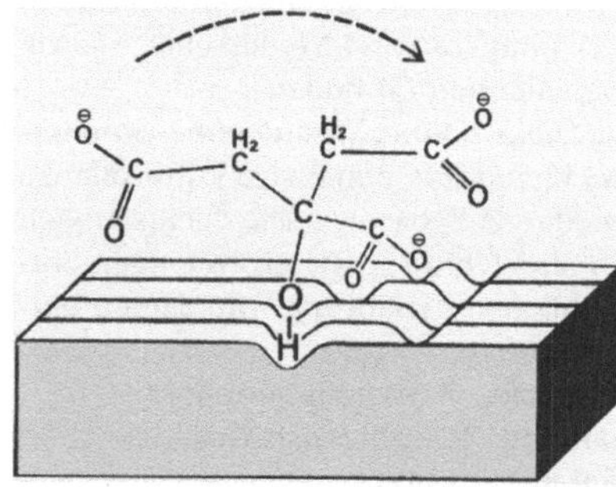

Aconitase *Aconitase-Reaktion:* Die asymmetrisch gebaute Enzymoberfläche prägt dem symmetrisch gebauten Substratmolekül seine eigene Asymmetrie auf (asymmetrische Synthese)

Aconit-Hydratase, die ↗ Aconitase.

Aconitum, Gatt. der ↗ Ranunculaceae.

Acoraceae, einzige Fam. der Ord. Acorales mit nur drei Arten. Charakteristisch sind Ölzellen und lineale Blätter. In Europa eingebürgert ist der aus Ostasien stammende ↗ Kalmus (*Acorus calmus*), der als Heilpflanze verwendet wird.

Acorales, Ord. der ↗ Liliopsida mit der einzigen Fam. ↗ Acoraceae.

Acorus, Gatt. der ↗ Acoraceae.

ACP, Abk. für *Acyl-Carrier-Protein* (↗ Fettsäure-Synthase).

Acrania, *Schädellose*, *Leptocardia*, *Cephalochordata*, lanzettförmige, etwa 6 cm lange marine Chordaten (↗ Chordata), die vor allem in gut durchströmten Sanden von Flachwassergebieten vorkommen. Meist sind sie im Sand eingegraben, bei schlammreichen Böden liegen sie seitlich auf der Oberfläche. In groben Sanden können 5000 bis 8000 Individuen pro halbem Quadratmeter vorkommen. Zu den A. gehören drei Gatt. mit insgesamt 25 Arten, von denen eine Art in China wirtschaftlich genutzt (gegessen) wird. Mit den Wirbeltieren (↗ Vertebrata) zeigen sie enge Gemeinsamkeiten in der Muskulatur, dem Gefäßsystem und der Lage eines Darmblindsacks (Leber). Im Unterschied zu den Vertebrata besitzen die A. eine einschichtige Epidermis. Charakteristischstes Merkmal ist wohl die den gesamten Körper durchziehende *Chorda dorsalis*. Sie besteht aus 20 bis 40 scheibenförmigen Chordaplatten aus quer gestreiften Muskeln, die innerhalb einer Chordascheibe liegen, und ein Versteifen der Chorda ermöglichen. Das Nervensystem besteht aus dem dorsalen Neuralrohr, das den ganzen Körper durchzieht. Am Vorderende befindet sich eine bewimperte Grube (*Kölliker-Grube*) und darunter das einschichtige *Stirnbläschen*, von dem bislang nicht klar ist, ob es der Rest eines Gehirns ist; steuernde oder assoziative Neuronen konnten nicht nachgewiesen werden. Das *Neuralrohr* ist dem ↗ Rückenmark der Wirbeltiere homolog. An Sinnesorganen finden sich über den ganzen Körper verstreut Cilien tragende primäre Sinneszellen unbekannter Funktion und rund 1500 Pigmentbecherocellen (↗ Lichtsinnesorgane), die im Neuralrohr der Kiemen- und Schwanzregion liegen. Der Mund ist von beweglichen Mundcirren umgeben und enthält im Innern das aus bewimperten Epidermiszellen aufgebaute *Räderorgan*; dieses bildet im Munddach eine tiefe Grube, die *Hatschek-Grube (Geißelorgan)*, die das angesaugte Wasser mit einem Wirbel in den *Kiemendarm* befördert. Dieser besteht aus einem feinen Gitterkorb, der von ca. 180 eng stehenden Kiemenbögen durchbrochen ist, deren Zahl linear mit der Körpergröße zunimmt. Die Kiemenspalten münden in einen *Peribranchialraum*, der ventral medial mit einem Atrioporus nach außen führt. Ventral befindet sich im Kiemendarm das *Endostyl (Hypobranchialrinne)*, das einen Schleimfilm absondert, der die eingestrudelten Nahrungspartikel festhält. Nach einem kurzen Ösophagus folgt der *Nährdarm* mit dem Leberblindsack, der Verdauungsenzyme bildet, Fett und Glykogen speichert und vermutlich auch an der Nährstoffresorption beteiligt ist; außerdem bildet er Hormone. Das Blutgefäßsystem entspricht dem der Wirbeltiere, jedoch fehlt ein echtes Herz. Das Coelom ist bei adulten Tieren auf Spalträume und Kanäle reduziert, es lassen sich jedoch fünf verschiedene Coelomräume unterscheiden. Die dorsal des Kiemendarms liegenden Exkretionsorgane bestehen aus Nierenkanälchen (*Nephridien*) und besonderen *Reusengeißelzellen* (Cyrtopodocyten), die knäuelähnlichen Blutgefäßen anliegen. Es wird vermutet, dass in den Cyrtopodocyten ↗ Ultrafiltration stattfindet. Ebenfalls der Exkretion dient das im Rostralbereich gelegene *Hatschek-Nephridium*. A. sind getrenntgeschlechtlich. Die Befruchtung der Eier findet im freien Wasser statt. Die zum Plankton gehörenden Larven sind asymmetrisch gebaut und durchlaufen in der Metamorphose eine starke Veränderung. Bekannteste Art ist das *Lanzettfischchen (Branchiostoma lanceolatum)*, das die Meere von Norwegen bis Ostafrika besiedelt.

Acrasiomycetes, *zelluläre Schleimpilze*, einzige Klasse der Acrasiomycota (↗ Schleimpilze), deren Vertreter *Aggregationsplasmodien* (Pseudoplasmodien) bilden, ohne miteinander zu verschmelzen (im Unterschied zu den ↗ Myxomycota). Solange genügend Nahrung (vorwiegend Bakterien) vorhanden ist, leben die A. als Einzelzellen (Amöben) und vermehren sich vegetativ durch Teilung. Wird das Nahrungsangebot knapp, bildet sich das Aggregationsplasmodium. Die Amöben locken sich dabei gegenseitig durch *Acrasin* an. Das Plasmodium kann sich kriechend fortbewegen und bildet einen Fruchtkörper aus, der haploide Sporen freisetzt. Die Gattung ↗ Dictyostelium ist ein bekanntes Forschungsobjekt.

Acrasiomycota, Abteilung der ↗ Schleimpilze mit der einzigen Klasse ↗ Acrasiomycetes.

Acridinfarbstoffe, aromatische Verbindungen (*Acridinorange*, *Quinacrin*), die aufgrund ihrer chemischen Eigenschaften ↗ Leseraster-Mutationen hervorrufen. A. *interkalieren* mit der ↗ DNA-Doppelhelix, indem sie sich zwischen zwei Basenpaare schieben (↗ Ethidiumbromid).

Acrocephalus, die Gatt. ↗ Rohrsänger.

Acron, *Akron*, *Prostomium*, der vor dem Mund gelegene Körperabschnitt der Gliedertiere (↗ Articulata). Ein dem A. entsprechender Körperteil ist schon bei den Larvenformen der Articulata vorhanden und wird als *Episphäre* beziechnet. Da er im Lauf der Entwicklung nicht von der Bildung des ↗ Mesoderms erfasst wird und daher weder eine sekundäre Leibeshöhle noch die vom Mesoderm abzuleitenden Organe enthält, ist es kein echtes Segment.

Acropora, *Baumkorallen*, Gattung der Steinkorallen (↗ Madreporaria) mit ca 125 rezenten Arten. Ihre schnellwüchsigen , verästelten Kolonien sind zu 25 % an der Riffbildung (Korallenriff) beteiligt.

ACTH, Abk. für ↗ adrenocorticotropes Hormon.

Actin, *Aktin*, in allen eukaryotischen Zellen vorkommendes Strukturprotein. Eigentlich sind die *Actine* eine ganze Familie überaus einheitlicher Proteine, die entsprechend ihrer Funktionen in der Zelle in zwei Gruppen unterteilt werden: die am Aufbau der Muskulatur (↗ Muskel) beteiligten α-Actine und die cytoplasmatischen β-Actine und γ-Actine. In den meisten Organismen und Zelltypen werden mehrere dieser Actine gleichzeitig ausgebildet, codiert durch eine ganze Familie von Actingenen (↗ Multigenfamilie), die durch Genduplikation auseinander hervorgegangen sind.

Das Actinmolekül wird als monomeres *G-Actin* (*globuläres A.*) synthetisiert und besteht aus einer einzigen Polypeptidkette mit einer relativen Molekülmasse von 40000-45000 (je nach Art und Actin). Die G-Actin-Monomere zeigen eine deutliche Polarität: An ihrer Plus-Seite können sie mit hoher Affinität Ca^{2+}, ATP oder ADP binden. Bei Anwesenheit von K^+ oder Mg^{2+}-Ionen polymerisieren die Monomere spontan zu perlschnurartigen Ketten aus *F-Actin* (*filamentäres Actin*). Dabei wird pro angefügtem G-Actin ein Molekül ATP zu ADP und Phosphat (Pi) hydrolisiert. Das entstehende ADP bleibt an die Kette gebunden. I.d.R. winden sich dann zwei derartige Ketten zu einem Doppelfilament (*Actinfilament*) umeinander, wobei der Grad der Polymerisation unter physiologischen Bedingungen durch eine Reihe *Actin-bindender Proteine* gesteuert wird.

In pflanzlichen wie tierischen Zellen sind Actine, gewöhnlich im Zusammenwirken mit Myosinen (↗ Myosin) entscheidend an der Erzeugung intrazellulärer Bewegungsvorgänge beteiligt, wie Plasmaströmung und amöboider Bewegung. Zudem spielen sie bei der Bildung von Kontaktstrukturen zwischen Zellen und bei der Adhäsion an Substrate eine wichtige Rolle. Im Muskel bilden sie zusammen mit Myosinfilamenten den Motor der Muskelkontraktion. In Pflanzen wird darüber hinaus z. B. die Durchlässigkeit der Plasmodesmen über A. gesteuert, Actine sind für die Festlegung der Zellteilungsachse wichtig und spielen auch bei der auxinabhängigen Zellstreckung eine Rolle. Einige Pflanzenviren benutzen das Actingerüst der Wirtszelle, um sich dadurch über die Plasmodesmen von Zelle

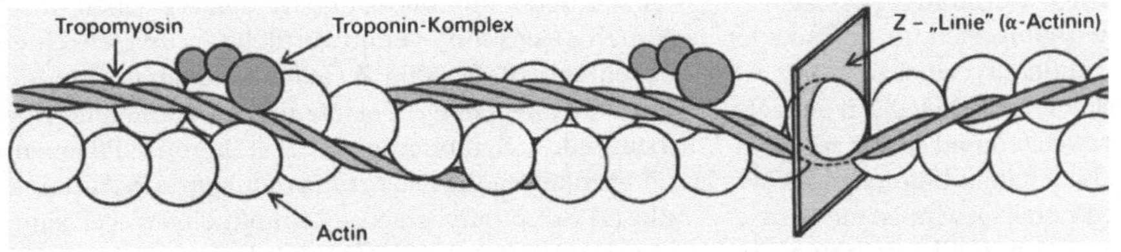

Actin   Ausschnitt eines Actinfilaments aus dem Sarkomer des quer gestreiften ↗ Muskels. Zwei „Perlenketten" aus G-Actinen winden sich umeinander. In die Rinne zwischen beiden Ketten schmiegen sich kürzere Doppelhelices des ↗ Tropomyosins und ↗ Troponin-Komplexe als Regel- bzw. Sperrproteine. Die Actinfilamente haben über die Z-Linie hinaus Kontakt mit den Actinfilamenten der benachbarten Sarkomerhälfte

zu Zelle fortzubewegen und sich so in der Pflanze auszubreiten.

Actinia, ↗ Actiniaria.

Actiniaria, *Seeanemonen, Seerosen, Aktinien*, zu den ↗ Hexacorallia gehörende Blumentiere (↗ Anthozoa), die in allen, besonders den wärmeren Meeren vorkommen. Sie besitzen kein Skelett, der Körper besteht aus Mundscheibe mit Mund und Tentakeln, dem Körperstamm und der Fußscheibe. Die wenige Millimeter bis 1,5 m Durchmesser aufweisenden A. sind meist solitär und mit einer Fußscheibe auf dem Substrat festsitzend, können aber den angestammten Platz verlassen. Sie sind oft lebhaft gefärbt. Die Fortpflanzungsmodi sind vielfältig, es gibt getrenntgeschlechtliche ovipare (↗ Oviparie), zwittrige vivipare (↗ Viviparie) und vivipare parthenogenetische (↗ Parthenogenese) Arten.

In europäischen Meeren kommt die bis 7 cm große *Purpurrose* oder *Pferdeaktinie* (*Actinia equina*) in vielen Farbvarianten vor. Die *Wachsrose* (*Anemonia sulcata* (= *viridis*)) lebt in Atlantik und Mittelmeer häufig direkt unter der Wasseroberfläche. Die bis 12 cm Durchmesser aufweisenden Individuen können mit ihren leuchtend grünen Tentakeln für den Menschen spürbar nesseln. Die tropische *Riesenaktinie* (*Stoichactis kenti*) mit einem Mundscheibendurchmesser von bis 1,5 m lebt in Symbiose mit Anemonenfischen, die nicht genesselt werden, weil sie von den Tentakeln der Aktinie einen schützenden Schleim übernehmen.

Actinidiaceae, *Strahlengriffelgewächse*, Fam. der ↗ Theales mit ca. 350 Arten, die in der ↗ Paläotropis verbreitet sind; sie besitzen eine porenförmige Antherenöffnung und z. T. Pollentetraden. Zu den A. gehört auch die ↗ Kiwi.

Actinistia, Gruppe der Quastenflosser (↗ Crosopterygii).

Actinobacillus, Gatt. der gramnegativen, fakultativ anaeroben Stäbchenbakterien (Fam. ↗ Pasteurellaceae); sporenlose, unbewegliche Kokken bis Stäbchen. Der Erreger der Pferdekrankheit ↗ Rotz wurde früher mit *Actinobacillus mallei* bezeichnet, inzwischen findet man ihn jedoch unter den Namen *Pseudomonas mallei* oder *Burgholderia mallei*.

Actinobacteria, neuere Bez. für die ↗ Actinomyceten und verwandte Organismen.

Actinomyces, Gatt. der ↗ Actinomycetaceae.

Actinomycetaceae, *Actinomyceten* i. e. S., Fam. der ↗ Actinomycetales (Actinomycetaceae i. w. S.); grampositive, unbewegliche, morphologisch einfache Actinomyceten mit verzweigten und später zerfallenden ↗ Filamenten. Sie bilden kein Luftmycel (↗ Mycel) und keine Sporen, Energie gewinnen sie vorwiegend aus der Vergärung von Kohlenhydraten. Sie wachsen mikroaerophil, fakultativ oder obligat anaerob. Zur Gatt. *Actinomyces* gehören zahlreiche Krankheitserreger, z. B. *A. bovis* und *A. israelii* (↗ Aktinomykose). Zu den A. gehören auch die Gatt. *Actinobacterium*, *Acranobacterium* und *Mobiluncus*.

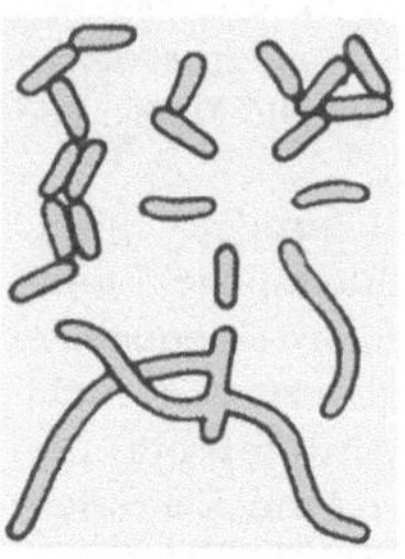

Actinomycetaceae Kurzzelliges (diphteroides) Wachstum von *Actinomyces israelii*

Actinomycetales, *Actinomyceten i. w. S.*, Ord. der ↗ grampositiven Bakterien mit hohem ↗ GC-Gehalt. Charakteristisch für die überwiegende Zahl der A. ist die Bildung verzweigter Filamente, deren Netzwerk Ähnlichkeit mit dem ↗ Mycel der Pilze hat und daher auch als Mycel bezeichnet wird. Daraus leitet sich die Bez. „Strahlenpilze" für diese Arten ab. Die meisten A. bilden Sporen. Die Art und Weise der Sporenbildung ist ein wichtiges Unterscheidungsmerkmal für die einzelnen Gruppen. Einige Arten sind säurefest (Mycobacteriaceae). Die A. waren früher eine künstliche taxonomische Ord., die hauptsächlich nach morphologischen Kriterien aufgestellt wurde. Nach der bisherigen Einteilung umfassten die A. die Fam. Actinomycetaceae, Actinoplanaceae, Dermatophilaceae, Frankiaceae, Micromonosporaceae, Mycobacteriaceae, Nocardiaceae und Streptomycetaceae. Nach neuester Systematik, die auf der 16S-rDNA-Analyse basiert, gehören im Wesentlichen folgene Fam. zu den A.: ↗ Actinomycetaceae, ↗ Micrococcaceae, Brevibacteraceae, Cellulomonadaceae, Microbacteriaceae, Corynebacteriaceae (*Corynebacterium*), Mycobacteriaceae, ↗ Nocardiaceae, Pseudonocardiaceae, ↗ Micromonosporaceae, Propionibacteriaceae (↗ Propionsäurebakterien), Streptomycetaceae (↗ Streptomyces), Streptosporangiaceae, Thermomonosporaceae, Frankiaceae (↗ Frankia), Acidothermaceae und Bifidobacteriaceae (↗ Bifidobacterium). Die meisten Arten leben saprophytisch, einige als Parasiten in Mensch, Tieren und Pflanzen. Sie sind ein wesentlicher Bestandteil der Bodenmikroflora und für den typischen Erdgeruch (Geosmin) verantwortlich. A. spielen eine bedeutende Rolle beim ↗ Celluloseabbau und anderen Vorgängen der ↗ Zersetzung. Einige A. sind N_2-fixierende Symbionten in höheren Pflanzen (↗ Frankiaceae); viele Arten produzieren ↗ Antibiotika (↗ Streptomycetaceae). Krankheitserreger sind u. a. *Actinomyces israelii* und *Actinomyces bovis* (↗ Aktinomykose), *Mycobacterium tuberculosis* (↗ Tuberkulose), *Mycobacterium leprae* (↗ Lepra), *Streptomyces scabies* (Kartoffelschorf).

Actinomyceten, Bez. für die ↗ Actinomyceten und verwandte Organismen und die ↗ Actinomycetaceae.

Actinomyceten und verwandte Organismen, *Actinobacteria*, *Actinomycetes*, *Actinomyceten*, zweite Linie bzw. Unterabteilung der ↗ grampositiven Bakterien, die im Unterschied zur ersten Linie einen hohen Gehalt an Guanin und Cytosin in der DNA aufweisen. Die Arten werden nach einer neueren taxonomischen Unterteilung (1989) nach der Zusammensetzung der Untereinheiten der ribosomalen RNA (rRNA) in sieben Hauptgruppen eingeteilt: *Actinobacteria*, nocardioforme Actinomyceten (*Nocardiaceae*), Actinoplaneten (*Actinoplanaceae*), Thermomonosporas, Maduromyceten, Streptomyceten (*Streptomycetaceae*) und die Gruppe mit mehrzelligen Sporangien (*Frankiaceae*). 1997 wurde hauptsächlich nach der Ähnlichkeit der (16S-)rDNA/rRNA eine zum Teil stark veränderte Klassifikation vorgeschlagen. Danach gehören u. a. folgende Ordnungen, Familien und Arten zu den A.: ↗ Actinomycetales, Micromonosporaceae, ↗ Frankiaceae, ↗ Pseudonocardia, ↗ Streptomycetaceae, ↗ corynefome Bakterien, (Nocardiaceae), ↗ Mykobakterien, *Brevibacterium*, Micrococcaceae, *Microbacterium*, ↗ Actinomycetaceae, ↗ Propionsäurebakterien, *Streptosporangium* und ↗ Bifidobacterium.

Actinomycetes, *Actinomyceten*, 1) i. w. S. die ↗ Actinomyceten und verwandten Arten. 2) i. e. S. Bez. für die mycelbildenden Formen der Actinomyceten.

Actinomycine, ↗ Peptid-Antibiotika.

Actinomykose, ↗ Aktinomykose.

Actinoplanes, Gatt. der ↗ Micromonosporaceae der ↗ Actinomycetales.Diese Strahlenpilze wachsen mit typischem verzweigtem Substratmycel und bilden meist mehrere bewegliche Sporen in Sporangien. A.-Arten bilden den in der Diabetes-Behandlung eingesetzten α-Glukose-Inhibitor *Acarbose*.

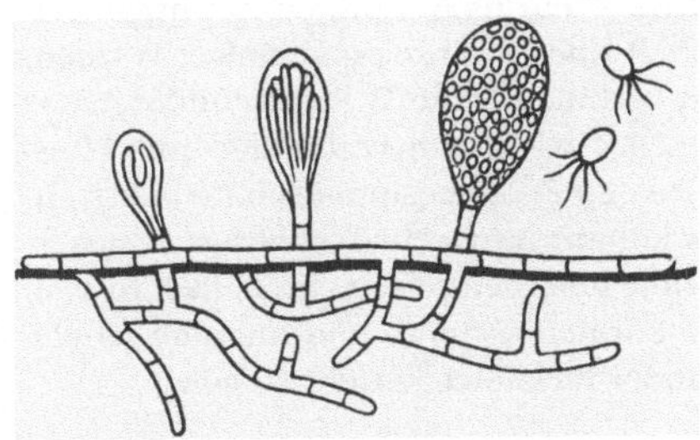

Actinoplanes Mycel von *Actinoplanes*, einer typischen vielsporigen Form der *Micromonosporaceae*, in und auf einem Agarmedium mit Sporangien in unterschiedlichen Entwicklungsstadien und beweglichen Sporen (schematisiert, nicht maßstabsgerecht)

Actinopterygii, *Strahlenflosser*, Gruppe der Knochenfische, die über 99% der heutigen Fische umfasst. A. bewohnen fast alle Lebensräume des Meeres und des Süßwassers. Sie besitzen eine ↗ Schwimmblase und überwiegend häutige ↗ Flossen, die von Flossenstrahlen gestützt sind. Der Rumpf ist meist von Schuppen bedeckt. Bei ursprünglichen Formen findet sich eine Ganoinschicht als Außenschicht, die allmählich reduziert wird und bei den Teleosteern fehlt. Die A. zeigen eine riesige Formenfülle. Die systematische Einteilung wird unterschiedlich gehandhabt, die Einteilung in ↗ Chondrostei, ↗ Holostei und ↗ Teleostei kann am ehesten als Entsprechung aufeinander folgender Entwicklungsstadien verstanden werden, deren Grenzen fließend sind. Die A. sind seit dem ↗ Devon nachgewiesen.

Actinotrocha, Larve der ↗ Phoronida.

Actinula, freischwimmende, bewimperte Larvenform mancher ↗ Hydrozoa, die bereits Tentakel besitzt. Aus einer A. kann sich je nach Art entweder eine Meduse oder ein Polyp entwickeln.

Aculeata, *Stechimmen*, *Stechwespen*, zu den ↗ Apocrita gehörende Gruppe der Hautflügler (↗ Hymenoptera), deren Vertreter einen Giftstachel besitzen.

Acyl-Carrier-Protein, ↗ Fettsäure-Synthase.

Acylrest, *Acylgruppe*, *Acyl-*, Bez. für die Gruppe R–CO– (R = organischer Rest), die von ↗ Carbonsäuren durch Entfernung der Hydroxylgruppe (OH-Gruppe) abgeleitet ist.

Adamsapfel, umgangssprachliche Bez. für den beim Mann stärker als bei der Frau hervortretenden Schildknorpel am ↗ Kehlkopf.

Adansonia, Gatt. der ↗ Bombacaceae.

Adaptation, *Anpassung*, 1) allgemeine Bez. für die Anpassung von Organismen an die jeweiligen Umweltbedingungen. Teilweise werden auch die Begriffe Adaption und ↗ Akklimatisierung als Synonyme verwendet, wobei *Adaption* die Anpassung an einen einzelnen Faktor bedeutet und Akklimatisierung die Anpasssung an mehrere saisonale oder klimatische ↗ Umweltfaktoren.

2) *Evolution*: ein Evolutionprozess, bei dem sich Organismen in Abhängigkeit von ihrer genetischen Ausstattung an ihre Umweltgegebenheiten anpassen. Die Angepasstheit ist damit ein Ergebnis der Adaptation. Der deutsche Begriff Anpassung ist verwirrend, da er sowohl für den Evolutionsprozess als auch für das Ergebnis, nämlich die Angepasstheit, benutzt wird.

3) *Individuelle Anpassung* an Veränderungen in der Form oder im Verhalten eines Organismus während seines Lebens, z. B. der Erwerb von ↗ Kältetoleranz durch vorausgegangene niedrige Temperaturen.

4) *Sinnesphysiologie*: Änderungen der Erregbarkeit eines ↗ Sinnesorgans infolge stetiger Stimulierung, wobei der Zustand des reagierenden Systems nur vorübergehend verändert wird. Beispiele sind

die Anpassungen von Rezeptoren an konstante Reizintensität und Reizdauer, bei denen das anfänglich hohe Rezeptorpotenzial in Abhängigkeit von den Rezeptoreigenschaften auf ein niedrigeres Niveau eingestellt wird.

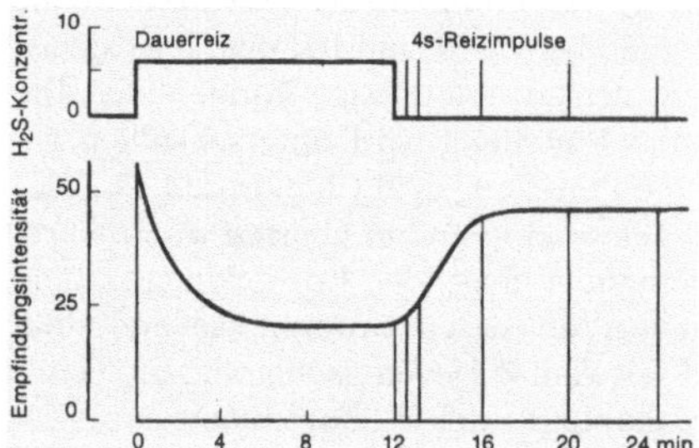

Adaptation *Sinnesphysiologie*: Adaptation einer Geruchsempfindung. Die obere Abb. zeigt die Reizamplitude (Schwefelwasserstoffkonzentration von 6,5 x 10 $^{-6}$ Volumenanteilen), die untere die Empfindungsintensität, angegeben in willkürlichen Einheiten, ermittelt aus den Schätzungen von vier Personen in je 10 Versuchen

Adaption, ↗ Adaptation.

adaptive Radiation, das meist relativ rasche Aufspalten einer Art in verschiedene Arten, die unterschiedlichen Umweltbedingungen angepasst sind oder verschiedene Ressourcen einer Umwelt nutzen. So waren ursprünglich vermutlich den Beutelratten ähnliche Beuteltiere, die von Südamerika nach Australien auswanderten, Ausgangspunkt für die dortige Entstehung zahlreicher neuer Arten der Beuteltiere (↗ Marsupialia). Ein anderes Beispiel ist die Auffächerung in rund 530 *Eucalyptus*-Arten (↗ Eukalyptus) in der australischen Region infolge a. R. Adaptive Radiation findet z. B. statt bei der Neubesiedlung von Inseln, wobei sich auf neu entstandenen vulkanischen Inseln oft eine Reihe ↗ endemischer Arten herausbildet. Ein bekanntes Beispiel sind die ↗ Darwinfinken auf den Galápagos-Inseln. Ein anderer Ausgangspunkt für eine a. R. ist das Vorhandensein von Umweltlizenzen zur ↗ Nischenbildung und die Abwesenheit von wirksamen Konkurrenten. In beiden geschilderten Fällen geht der a. R. eine Kolonisation voraus. Adaptive Radiationen, die nicht durch Kolonisation herbeigeführt wurden, bilden sich, wenn die Nische einer Stammart die Bildung neuer Nischen zulässt, die in bestimmten Dimensionen übereinstimmen. Dadurch können wesentliche Merkmale der Stammart bei den sich im Verlauf der Radiation bildenden Folgearten beibehalten werden (↗ ökologische Zone).

adaptive Zone, ↗ ökologische Zone.

adaxial, auf der Seite gelegen, die der ↗ Abstammungsachse zugewandt ist. Gegensatz: ↗ abaxial

Addison, *Thomas*, britischer Mediziner, * April 1793 Long Benton (Northumberland), † 29.6.1860

Brighton (Sussex); 1820-57 Arzt und Lehrer am Guy's Hospital in London; hervorragender Diagnostiker. A. erkannte als Erster die Bedeutung der inneren Sekretion. Er beschrieb 1839 die Appendicitis, 1849 die perniziöse Anämie und 1855 als Erster die Addison'sche Krankheit, deren Symptome durch den Mangel an Nebennierenrinden-Hormonen (↗ Cortisol und ↗ Aldosteron) hervorgerufen werden.

Addition, ein Reaktionstyp der organischen Chemie, der durch Anlagerung von Atomen oder Molekülen an ungesättigte Kohlenstoffverbindungen charakterisiert ist. Die Produkte von A.-Reaktionen (*Addukte*) sind überwiegend gesättigte Moleküle. (↗ Hydrierung)

additive Polygenie, Bez. für das Zusammenspiel mehrerer Gene bei der Ausbildung eines ↗ Merkmals, wobei jedes der beteiligten Gene daran beteiligt ist und sich diese in ihrer Wirkung addieren. a. P. liegt bei der genetischen Kontrolle der ↗ Hautfarbe und der *Haarfarbe* vor. Die Pigmentierung wird im Falle der Haut durch vier Allelpaare reguliert. Je mehr Pigmentallele ausgeprägt sind, desto dunkler ist die Haut gefärbt. Bei Pflanzen können Unterschiede in Größe und Färbung von Blüten durch a. P. verursacht werden.

additive Typogenese, von G. ↗ Heberer aufgestellte Theorie, nach der die Bildung neuer Typen im Verlauf der Evolution durch die Summation vieler kleiner Mutationen geschieht (↗ Typogenese).

Adduktoren, Bez. für Muskeln, die Extremitäten zur Körperachse hin anziehen. Gegensatz: ↗ Abduktoren

Adelphogamie, *Geschwisterbestäubung*, 1) allgemein: die gleichwertige Verschmelzung von zwei bei derselben ↗ Mitose entstandenen Geschwisterkernen; häufig bei Pilzen.

2) Bei Samenpflanzen die ↗ Bestäubung zwischen Pflanzen eines Klons.

Adelphotaxon, das ↗ Schwestertaxon.

Adenin, eine ↗ Purinbase, die ein wichtiger Bestandteil der ↗ Nucleinsäuren und einiger ↗ Coenzyme ist. In Verbindung mit ↗ Ribose bildet A. das ↗ Adenosin, das wiederum verbunden mit Phosphatresten zu den ↗ Adenosinphosphaten führt. In freier Form kommt A. u. a. in Teeblättern, Zuckerrübensaft, Hefe und Steinpilzen vor. A. liegt in zwei tautomeren Formen (Amino- und Iminoform) vor, die miteinander im Gleichgewicht stehen.

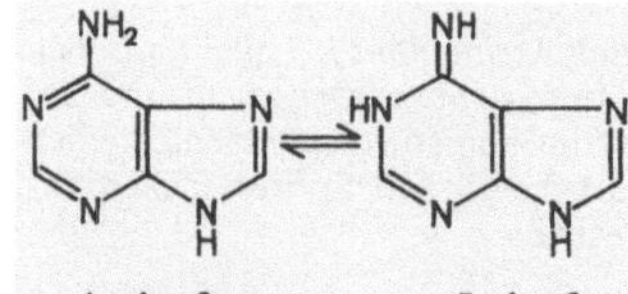

Adenin Tautomere Formen des Adenins

Adenohypophyse, der Hypophysenvorderlappen (↗ Hypophyse).

adenoid, *lymphoid*, drüsig, drüsenähnlich, lymphknotenähnlich.

Adenophorea, nicht-monophyletische Gruppe der ↗ Nematoda mit meist frei in marinen Sedimenten lebenden, aber auch limnischen, terrestrischen sowie tier- oder pflanzenparasitischen Arten. Sie ernähren sich überwiegend von Bakterien oder deren Produkten, wobei eine Art Kooperation (die teilweise bis zur ↗ Symbiose geht) besteht: Die A. geben Schleim, Exkrete und Kot ab, die die Bakterien für den Abbau organischer Substanz brauchen und die Bakterien liefern den A. Nahrung. Manche Arten sind fast lückenlos von symbiontischen Bakterien besiedelt.

Adenosin, ein ↗ Nucleosid, das aus ↗ Adenin und β-D-Ribose aufgebaut ist. Ist 2-Desoxyribose die Zuckerkomponente, so entsteht *2-Desoxyadenosin (dA)*. A. und Desoxyadenosin sind u. a. wichtige Bestandteile der Nucleinsäuren und von Coenzymen. (↗ Adenosinphosphate)

Adenosin-5-diphosphat, Abk. *ADP*, Verbindung aus ↗ Adenosin und zwei Phosphatresten (↗ Adenosinphosphate).

Adenosin-5-monophosphat, Abk. *AMP*, das Salz der *Adenylsäure*, einer Verbindung aus ↗ Adenosin und einem Phosphorsäuremolekül (↗ Adenosinphosphate).

Adenosinphosphate, eine Reihe von chemischen Verbindungen, die aus ↗ Adenin, ↗ Ribose und ein bis drei Phosphorsäureresten bestehen und Bausteine der ↗ Nucleinsäuren sowie von ↗ Coenzymen sind. *Adenosin-5-monophosphat (AMP)* wirkt in freier Form als allosterisches Effektor-Molekül (↗ allosterische Regulation), z. B. bei der durch die ↗ Phosphofructokinase katalysierten Reaktion (↗ Glykolyse). In gebundener Form ist es einer der vier Hauptbestandteile der ↗ Ribonucleinsäure. AMP bildet sich aus ATP bei einigen Aktivierungsreaktionen, wie z. B. der Übertragung des Pyrophosphatrestes von ATP auf Phosphoribosylphosphat. Durch Phosphorylierungsreaktionen wird AMP in der Zelle in ADP und ATP umgewandelt. Das *zyklische Adenosin-3,5-monophosphat (cyclo-AMP, cAMP)* entsteht aus ATP durch das Enzym *Adenylat-Cyclase* unter Abspaltung von Pyrophosphat, die Inaktivierung des cAMP erfolgt durch eine spezielle Phosphodiesterase. cAMP ist ein universeller Effektor zur Regulation von Genaktivitäten und Enzymsystemen. Es wirkt als intrazellulärer chemischer Botenstoff (↗ second messenger) durch allosterische Regulation von Proteinkinasen.

Adenosin-5-diphosphat (ADP) entsteht entweder durch Phosphorylierung von AMP oder bei der Hydrolyse von ATP im Zuge der Übertragung des endständigen Phosphatrestes auf Glucose, Kreatin u. a. Verbindungen. Durch Phosphorylierungsreaktionen im Verlauf Energie liefernder Reaktionen in der Zelle (z. B. Glykolyse, ↗ Atmungskette, fotosynthetische Phosphorylierung) wird ADP in ATP überführt. ADP ist allosterischer Effektor der Isocitrat-Dehydrogenase, wodurch hohe ADP-Konzentrationen den Ablauf des ↗ Citratzyklus beschleunigen und damit die verstärkte Umwandlung von ADP in ATP bewirken.

Adenosin-5-triphosphat (ATP) ist die wichtigste energiereiche Verbindung des Zellstoffwechsels und hat eine universelle biologische Bedeutung im intrazellulären Energiestoffwechsel als temporärer Speicher chemischer Energie. Es entsteht im Zellstoffwechsel bei vielen Energie liefernden Reaktionen (u. a. bei Fotosynthese, Glykolyse, Gärung, Atmungskette) und dient in der Zelle zur Aktivierung von Aminosäuren, Fettsäuren u. a. Verbindungen sowie der Übertragung der endständigen Phos-

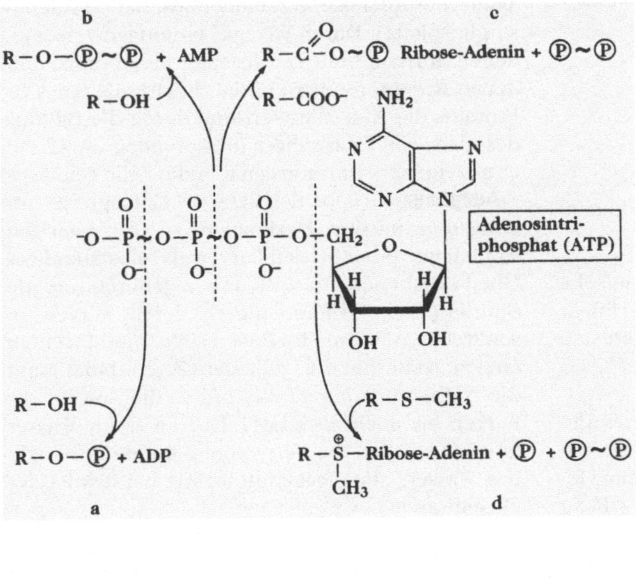

Adenosinphosphate Spaltungsreaktionen des Adenosin-5-triphosphats

phatgruppe auf verschiedenste Substrate. Das eigentlich wirksame Coenzym ist i. Allg. ein Komplex von ATP mit einem Magnesium-Ion (Mg^{2+}), das koordinativ an die α- und β-Phosphatgruppe gebunden ist. Die relative Instabilität der Anhydridbindungen zwischen den Phosphatresten, die durch die gegenseitige Abstoßung zwischen den negativ geladenen Sauerstoff-Atome der Phosphatgruppen bewirkt wird, ist einer der Hauptgründe dafür, dass die Abspaltung eines Phosphatrestes stark exergonisch (und damit Energie liefernd) ist; denn durch die Abspaltung eines Phosphatrestes wird diese Abstoßung teilweise aufgehoben. Zudem ist das entstehende freie Phosphat-Anion besser hydratisiert und damit auch besser mesomeriestabilisiert als der gleiche Rest im ATP-Molekül.

Neueren Erkenntnissen zufolge ist ATP auch als Neurotransmitter (↗ Transmittersubstanzen) im Gehirn wirksam. Es kann dabei sowohl als eigenständiger Transmitter wirken, als auch die Freisetzung von Neurotransmittern wie ↗ Acetylcholin und ↗ Noradrenalin bewirken. Bislang sind zwei Typen von ATP-bindenden Rezeptoren bekannt. Die Neurotransmitterwirkung von ATP wird durch eine im synaptischen Spalt (↗ Synapse) aktive Enzymkaskade beendet, die die sukzessive Abspaltung der Phosphatreste unter Bildung von Adenosin katalysiert.

Adenosinphosphate Synthese von zyklischem Adenosin-3,5-monophosphat

Adenosin-5-triphosphat, Abk. *ATP*, chemische Verbindung aus ↗ Adenin, ↗ Ribose und drei linear aneinander gereihten Phosphorsäureresten (↗ Adenosinphosphate).

Adenosintriphosphatasen, die ↗ ATPasen.

S-Adenosyl-Methionin, Abk. *SAM*, *aktiviertes Methyl*, eine zu den ↗ aktivierten Metaboliten zählende Verbindung, die neben ↗ Tetrahydrofolat an vielen Methylierungsreaktionen beteiligt ist, so z. B. an

der Umwandlung von Noradrenalin in Adrenalin. SAM entsteht beim Abbau der Aminosäure ↗ Methionin, auf die der aktivierte Adenosylrest eines ATP-Moleküls übertragen wird.

Adenoviren, früher als *APC-Viren* bezeichnete Fam. von DNA-Viren. Sie sind hüllenlos, ↗ ikosaedrisch und besitzen eine lineare dsDNS. A. kommen bei Säugetieren und Vögeln vor und verursachen akute Infektionen der Atemwege, der Augen und des Magen-Darm-Traktes, wobei die meisten Infektionen jedoch unauffällig verlaufen. Viele A. induzieren Tumoren in Versuchstieren, die nicht ihr natürlicher ↗ Wirt sind, oder können Zellen in vitro transformieren (↗ Tumorviren). Aufgrund ihrer onkogenen Eigenschaften und da sie sich leicht in ↗ Zellkulturen vermehren lassen, wurden A. in der ↗ Molekularbiologie sehr intensiv erforscht. Heute werden sie als ↗ Vektoren in der ↗ Gentherapie genutzt.

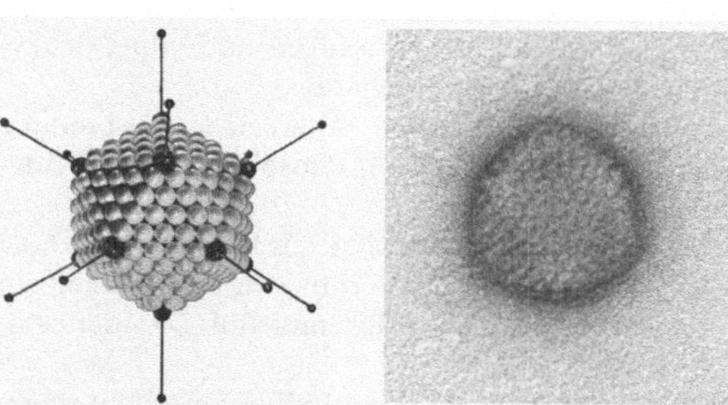

Adenoviren Links Modell des Adenovirus. Die ikosaederförmige Schale besteht aus 252 Capsomeren; an den zwölf Ecken des Nucleocapsids stehen Proteinfibern heraus; rechts ein Virion in 200000facher Vergrößerung

Adenylat-Cyclase, in der Plasmamembran lokalisiertes Enzym, bzw. eine ganze Familie von Enzymen, deren aktives Zentrum auf der Cytosolseite liegt. A.-C. katalysiert die Umwandlung von ATP in zyklisches Adenosin-3,5-monophosphat (↗ Adenosinphosphate). Durch Wechselwirkungen verschiedener Hormone mit spezifischen membrangebundenen Rezeptoren wird unter Mitwirkung eines G-Proteins die A.-C. aktiviert und durch die Bildung des als second messenger fungierenden cAMP ein extrazelluläres Hormonsignal in die Zelle geleitet.

Adephaga, Gruppe der Käfer (↗ Coleoptera) mit einigen primitiven Merkmalen, so u. a. paarigen Krallen und einer bei den Larven als selbstständiges Glied erhaltenen Tibia. Zu den A. gehören u. a. die *Sandlaufkäfer (Cicindelidae)*, deren Larven in senkrechten Röhren im Boden sitzen und Insekten fangen, weiterhin die Laufkäfer (↗ Carabidae) und die *Schwimmkäfer (Dytiscidae)*, die sowohl als Larven als auch als (flugfähige) Käfer im Wasser leben. Lediglich die Verpuppung findet außerhalb des Wassers statt; bekannteste Art bei uns ist der ↗ Gelbrandkäfer.

Adern, 1) *Botanik:* die ↗ Blattnerven.
2) *Zoologie:* die ↗ Blutgefäße.
ADH, 1) Abk. für ↗ Alkohol-Dehydrogenase.
2) Abk. für *anti*diuretisches *H*ormon (↗ Adiuretin).
Adhäsion, die Haftung von Molekülen an Teilchen oder die gegenseitige Haftung von Teilchen. Ursache für die Haftung sind schwache Bindungskräfte aufgrund elektrischer Ladungen oder durch Dispersionskräfte (z. B. ↗ Van-der-Waals-Kräfte).
Adhäsionsmoleküle, *Adhesine,* in den Plasmamembranen von Eukaryoten enthaltene Glykoproteine, die als Bindeproteine die Verbindungen zwischen Zellen und der extrazellulären Matrix sowie dem Cytoskelett bewerkstelligen. Auf diese Weise sind sie an der Adhäsion zwischen Zellen (↗ Adhering Junction) und an der Ausbildung von ↗ Zell-Zell-Verbindungen beteiligt. Den A. kommt bei einer Reihe von Prozessen eine wichtige Bedeutung zu. So spielen die *Cadherine* eine entscheidende Rolle bei morphogenetischen Prozessen der Embryogenese. Ihre verminderte Expression oder Mutationen bestimmter Cadherine stehen in direktem Zusammenhang mit der Metastasenbildung bestimmter menschlicher Tumoren (↗ Krebs). Im Gegensatz dazu sind die *Integrine* an der Kontrolle der Morphogenese, Proliferation, Differenzierung und bei Wanderungsbewegungen von Zellen beteiligt. Ihre cytoplasmatischen Bereiche können mit Komponenten intrazellulärer Signalketten interagieren, sodass die Bindung an Matrixkomponenten durch die Zellen wahrgenommen werden. Dies erklärt auch, warum Säugerzellen in vitro immer auf einer dünnen Schicht von extrazellulärer Matrix kultiviert werden müssen.
Zu den *bakteriellen* A. zählen neben ↗ Glykoproteinen auch ↗ Proteine und ↗ Lipoproteine, die beim Ablauf von Infektionen die Anheftung der Erreger an die Wirtszellen vermitteln.
Adhäsionsorgane, die ↗ Haftorgane.
Adhering Junction, *Zonula adhaerens.* Typ von ↗ Zell-Zell-Verbindungen, die den Zusammenhalt von Zellen und Zellverbänden gewährleisten und diese mechanisch stabilisieren. Im Elektronenmikroskop sind sie als bandförmige Strukturen zu erkennen. (↗ Adhäsionsmoleküle)
Adhesine, ↗ Adhäsionsmoleküle.
Adipocyten, die Fettzellen (↗ Fettgewebe).
Adipositas, ↗ Fettsucht.
Adiuretin, *antidiuretisches Hormon,* Abk. *ADH, Vasopressin,* ein zyklisches, aus neun Aminosäuren bestehendes Peptidhormon, das im ↗ Hypothalamus gebildet wird und im Hypophysenhinterlappen (↗ Hypophyse) wie in einem ↗ Neurohämalorgan in Sekretgranula gespeichert und bei Erregung der neusekretorischen Zellen direkt in den Körper-

kreislauf freigesetzt wird. Ausgelöst wird die Ausschüttung von A. durch die Erregung von Osmorezeptoren, die z. T. identisch mit den Neuronen des Hypothalamus, z. T. in der Leber lokalisiert sind. A. bewirkt durch Erhöhung des Spannungszustandes der glatten Muskulatur eine anhaltende Blutdrucksteigerung, regt die Dünndarmmuskulatur an und erhöht die Wasserresorption in der Niere, was zu einer Harnkonzentrierung führt. Bei Unterproduktion von A. werden sehr große Mengen sehr dünnen Harns ausgeschieden (↗ Diabetes insipidus), eine Erkrankung, die durch A.-Gaben behandelt werden kann. A. soll auch eine Bedeutung bei der Gehirnentwicklung, der Gedächtnisleistung (Transmitterwirkung) und im Zusammenhang mit dem ↗ Schlaf-Wach-Rhythmus haben.

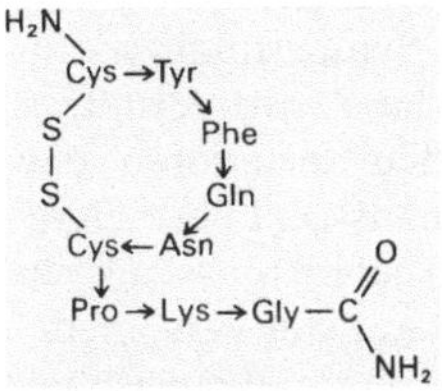

Adiuretin

ADI-Wert, Abk. von engl. *acceptable daily intake,* tägliche Höchstmenge eines vom Menschen mit der Nahrung aufgenommenen Stoffes in mg/kg Körpergewicht, die nach dem Stand der Wissenschaft auch bei lebenslanger Aufnahme nicht zu gesundheitlichen Schädigungen führt. (↗ MAK-Wert, ↗ Toxizität, ↗ Bioakkumulation)
Adler, große bis sehr große Greifvögel (↗ Falconiformes), mit breiten, langen Flügeln und breitem Schwanz, kräftigen Schnäbeln und befiederten Läufen. Die Geschlechter sind gleich gefärbt, das Adultkleid ist erst nach 2-3 Jahren ausgebildet. Charakteristisch ist der majestätisch kreisende Segelflug, wobei die Federn an den Flügelenden fingerartig gespreizt sind. Zwei Gattungen: *Hieraaetus* mit *Habichtsadler (Hieraaetus fasciatus)* und *Zwergadler (Hieraaetus pennatus)* sowie *Aquila* mit insgesamt neun, vorwiegend in der Alten Welt verbreiteten Arten. Die größte Art ist der *Steinadler (Aquila chrysaetos)* mit einer Spannweite von bis zu 2,30 m. Er ist in Eurasien, Nordafrika und Nordamerika verbreitet. Der etwas *kleinere Kaiseradler (Aquila heliaca)* lebt im Mittelmeerraum, auf der Balkanhalbinsel und in Asien bis zur Mongolei.
Adlerfarn, *Pteridium aquilinum;* kosmopolitisch (↗ Kosmopoliten) vorkommender Vertreter der ↗ Pteridales mit zwei bis vierfach gefiederten bis zu 2 m großen ↗ Wedeln, die randständige Sori (↗ Sorus) aufweisen. Das stärkehaltige ↗ Rhizom wird in manchen Ländern als Nahrungsmittel genutzt.

Adlerrochen, die Fam. ↗ Myliobatidae.

Adnate, Bez. für die ↗ Thallophyten, die auf lebendenden und nichtlebenden Substraten festhaften. ↗ Lebensformen.

Adonis, ↗ Ranunculaceae.

Adoxaceae, Fam. der Überordnung ↗ Dipsacanae, die nur drei krautige Arten aufweist, darunter das in feuchten Wäldern vorkommende Moschuskraut (*Adoxa moschatellina*). Die 5 - 10 cm hohe Pflanze besitzt nach Moschus duftende Blätter.

Adrenalin, *Epinephrin*, *Suprarenin*, *Vasotonin*, im Nebennierenmark (↗ Nebenniere) gebildetes Hormon, das chemisch zu den Catecholaminen gehört. Es kommt in allen Wirbeltieren und einigen Wirbellosen vor. Die Biosynthese erfolgt über ↗ Tyrosin aus der Nahrung oder durch Hydroxylierung von ↗ Phenylalanin in der Leber. Die Ausschüttung von A. wird durch Reize des ↗ Sympathikus veranlasst. Die Wirkung auf die Organe wird vermittelt durch Interaktion mit speziellen Rezeptoren, den *Adrenozeptoren*, die das Hormonsignal über cAMP (↗ Adenosinphosphate) als ↗ second messenger in die Zelle weiterleiten. A. wirkt auf vier verschiedene Rezeptortypen, die (nach pharmakologischen Kriterien) mit α_1-, α_2-, β_1- und β_2-*Adrenozeptoren* (adrenerge Rezeptoren) bezeichnet werden. Sie finden sich in unterschiedlichen Zielgeweben und sorgen für unterschiedliche Reaktionen auf Adrenalin. α- und β-Adrenozeptoren vermitteln bei Reaktion mit A. und Noradrenalin meist entgegengesetzte Wirkungen. Insgesamt hängt die Antwort eines Organs auf A. oder Noradrenalin jedoch davon ab, ob die α- oder β-rezeptorische Wirkung überwiegt. Die Wirkungen der α- und β-Adrenozeptoren können selektiv durch Medikamente verhindert werden, die entsprechend als α- und *β-Blocker* bezeichnet werden.

A. steigert den Glykogenabbau in der Leber und den Fettabbau im Fettgewebe und verbessert über die damit verbundene Erhöhung des Blutzuckerspiegels die Versorgung des Körpers mit Glucose. Die Ausschüttung von A. wird direkt vom ↗ Hypothalamus kontrolliert. Sie wird deutlich erhöht, wenn Reize mit Stresscharakter auf den Körper einwirken (eine vergleichbare Wirkung kann auch durch Verabreichung von Acetylcholin erreicht werden, da die die Nebennierenrinde versorgenden Sympathikusfasern cholinerg sind). Unter solchermaßen erhöhter A.-Freisetzung zeigt das Lebewesen Anzeichen starker Erregung, wie erhöhte Herzfrequenz, tiefere Atmung, reduzierte Durchblutung, Peristaltik und Funktion des Verdauungstrakts, Schweißsekretion, erhöhte Muskeldurchblutung und Erhöhung des Blutzuckerspiegels. Alles dies sind Notfallreaktionen, die den Körper für Angriff und Flucht vorbereiten. Wiederholte Reizung der Nebennierenrinde durch Adrenalin infolge von Langzeitstress, bewirkt die Freisetzung von ↗ Cortisol und ↗ Cortison (↗ Stress, ↗ Angst). ↗ Noradrenalin

$$HO \rightleftharpoons \text{CH} - \text{CH}_2 - \text{NH} - \text{CH}_3$$

Adrenalin

adrenerg, *adrenergisch*, 1) die neuronale und hormonale Steuerung der Organe durch ↗ Adrenalin, d. h. durch Fasern, deren ↗ Transmittersubstanz Adrenalin ist. Pharmakologisch schließt der Begriff die Wirkung von ↗ Noradrenalin ein. (↗ Synapse)

2) das sympathische Nervensystem (↗ Sympathikus) betreffend.

adrenergisch, ↗ adrenerg.

adrenocorticotropes Hormon, Abk. *ACTH*, *Corticotropin*, ein Hormon des Hypophysenvorderlappens (↗ Hypophyse), das aus einer Polypeptidkette mit 39 Aminosäuren besteht, wobei die Aminosäuren 1 bis 24 bei allen Säugern gleich sind. ACTH wird in den β-Zellen der Adenohypophyse gebildet, seine Ausschüttung wird über das *Corticotropin-Releasing-Hormon (CRH)* aus dem ↗ Hypothalamus gesteuert. Synthese und Sekretion sind eng mit der des ↗ Melanocyten stimulierenden Hormons und des β-Endorphins (↗ Endorphine) gekoppelt. ACTH steuert die Synthese und Sekretion der ↗ Glucocorticoide (insbesondere des ↗ Cortisols) in der Nebennierenrinde. Außerdem wirkt es direkt auf das Fettgewebe ein, wo es die intrazellulären ↗ Lipasen und damit den Fettabbau aktiviert und auf die Leber, in der es den Abbau von Cortisol beeinflusst. Überproduktion von ACTH bewirkt eine Hyperplasie der Nebennierenrinde sowie u. a. eine Stimulierung der Hautpigmentierung (*Addison'sche Krankheit*). Ein Ausfall des Hormons führt zu einer Atrophie der Nebennierenrinde und einer Senkung des Glucocorticoidspiegels im Blut.

adrenogenitales Syndrom, Abk. *AGS*, eine endokrine, d. h. von Hormondrüsen ausgehende Erkrankung, die durch eine Hormonbehandlung der Mutter während der Schwangerschaft (*kongenitales AGS*) oder durch übermäßige Produktion von Androgenen durch eine erkrankte Nebennierenrinde verursacht wird. Durch einen oder mehrere Enzymdefekte ist die Biosynthese des ↗ Cortisols in der Nebennierenrinde nicht möglich oder stark vermindert und durch den Cortisolmangel die Ausscheidung von ACTH nicht gehemmt. Die anhaltende Überstimulierung lässt vermehrt Zwischenprodukte der Cortisolsynthese und ↗ Androgene entstehen. In den meisten Fällen handelt es sich um ein kongenitales AGS. Ein weiblicher Embryo oder

Fetus vermännlicht, ein männlicher kann sich nicht normal entwickeln. Das Wachstum im Kindesalter ist beschleunigt und es tritt – bei unterentwickelten ↗ Gonaden – eine stark verfrühte Pubertät ein (*Pseudopubertas praecox*). Infolge des mit der frühen Pubertät verbundenen Wachstumsstillstands bleibt die Körpergröße weit unter der Norm. Bei Frauen bleiben Körpergestalt und Geschlechtsorgane vermännlicht, oft mit starker männlicher Behaarung und übergroßem Kitzler.

Adrian, *Edgar Douglas*, englischer Physiologe, ✳ 30.11.1889 London, † 4.8.1977 Cambridge; ab 1929 Foulerton Research Professor der Royal Society in Cambridge; bedeutende Arbeiten zur Elektro- und Sinnesphysiologie sowie zur Hirnstromaktivität. A. formulierte bereits 1912 das ↗ Alles-oder-Nichts-Gesetz. Er erhielt 1932 (zusammen mit C.S. ↗ Sherrington) für seinen Beitrag zur Aufklärung der Funktion von Nervenzellen den Nobelpreis für Physiologie oder Medizin.

adult, Bez. für einen Organismus ab dem Beginn der ↗ Geschlechtsreife.

Adultation, Bez. für das Phänomen, dass Merkmale des adulten Organismus auf ein früheres Stadium vorverlegt werden und schon in Funktion treten. Beispiele sind u. a. die Veliger-Larven mancher mariner Nacktschnecken, die eine Schale anlegen, die später abgeworfen wird, die Einbeziehung von Keimblättern in die ↗ Sukkulenz bei bestimmten Opuntienarten oder auch bestimmte Verhaltensweisen wie z. B. bei der Teichralle das Füttern von Jungen der zweiten Brut durch die Geschwister der ersten Brut. (↗ Fötalisation)

Adventivbildung, Entstehen von Pflanzenorganen oder -teilen an einer anderen Stelle als ihrem normalen Entstehungsort. Die A. wird häufig durch eine Verletzung ausgelöst. (↗ Adventivknospen, ↗ Adventivspross, ↗ Adventivwurzel)

Adventivembryonie, das Entstehen von ↗ Embryonen auf asexuellem Weg, d. h. nicht aus der ↗ Eizelle, sondern aus ↗ somatischen Zellen der ↗ Samenanlage, z. B. des ↗ Nucellus oder der ↗ Integumente. A. ist z. B. von *Citrus*-Samen bekannt, in denen neben einem normal entstandenen Embryo mehrere Adventivembryonen vorkommen können.

Adventivknospe, nicht an Sprossspitzen oder in Blattachseln, sondern an anderen Stellen der ↗ Sprossachse entstehende ↗ Knospen, die spontan oder nach Verletzung der Pflanze gebildet werden.

Adventivpflanzen, *Ansiedler*, Pflanzen, die unbeeinflusst oder beeinflusst durch den Menschen in ein Gebiet eingewandert sind, in dem sie ursprünglich nicht beheimatet sind. Man unterscheidet drei Gruppen: a) Die *Archäophyten* (*Altbürger*) wurden bereits sehr früh, z. T. in vorgeschichtlicher Zeit,

eingebürgert. Sie bilden einen beachtlichen Teil der heutigen Vegetation. b) *Neophyten* (*Neubürger*) bürgerten sich nach der Entdeckung der Neuen Welt in Europa ein. Aus Nordamerika stammen z. B. die ↗ Robinie, die ↗ Nachtkerze und die Goldrute (↗ Asteraceae); aus Asien stammen der Riesenbärenklau (↗ Bärenklau), das Kleinblütige ↗ Springkraut, das Drüsige Springkraut, der Japanische Staudenknöterich und der Sacchalin-Staudenknöterich (↗ Knöterich). Einige Neophyten haben sich zu großen Beständen ausgeweitet und verdrängen die ursprüngliche Flora. c) *Ephemerophyten* (*Ankömmlinge*, *Passanten*) treten in einem Gebiet nur gelegentlich oder vorübergehend auf.

Adventivspross, aus einer ↗ Adventivknospe hervorgegangener Spross. A. entstehen oft an ungewöhnlichen Stellen, vor allem an Wurzeln. Häufig treten A. bei Verletzungen auf, z. B. als Stockausschlag an Stümpfen gefällter Bäume.

Adventivwurzel, sprossbürtige Wurzeln, die meist aus ↗ Sprossachsen hervorgehen, gelegentlich auch aus Blättern. Sprossbürtige A. bilden sich z. B. bei Pflanzen, die durch ↗ Stecklinge oder ↗ Absenker vermehrt worden sind.

Aecidiosporen, *Äzidiosporen*, eine Sporenart der Rostpilze (↗ Uredinales), die im ↗ Aecidium gebildet werden.

Aecidium, *Äzidium*, becherförmiges Sporenlager, in dem die ↗ Aecidiosporen der Rostpilze (↗ Uredinales) gebildet werden. Die A. sitzen an der Unterseite der Blätter der Wirtspflanze (z. B. Berberitze).

aer-, aero-, in Zusammensetzungen: Luft, Gas, Sauerstoff.

Aerenchym, *Durchlüftungsgewebe*, durch große ↗ Interzellularen ausgezeichnetes, Luft führendes Parenchymgewebe (↗ Parenchym), das vor allem bei Wasserpflanzen (↗ Hydrophyten) und Sumpfpflanzen (↗ Helophyten) auftritt und dem Gasaustausch der untergetauchten Organe dient. Dabei entfallen bis über 70 % des Gewebevolumens auf Gasräume zwischen den Zellen.

aerob, Bez. für Stoffwechselprozesse, die in Gegenwart von Luftsauerstoff (↗ Sauerstoff) ablaufen. Gegensatz: ↗ anaerob

aerobe Atmung, Typ der ↗ Atmung, bei der organische Substrate (Zucker, Säuren, aromatische Verbindungen u. a.) unter Verbrauch von Sauerstoff abgebaut werden. Sauerstoff fungiert dabei als terminaler Elektronenakzeptor. (↗ anaerobe Atmung, ↗ Gärung)

Aerobionten, die ↗ Aerobier.

Aerobier, *Aerobionten*, Organismen, die in Gegenwart von ↗ Sauerstoff wachsen. Zu den obligaten A. gehören fast alle ↗ Tiere, die meisten ↗ Pilze und viele ↗ Bakterien. Fakultativ anaerobe ↗ Arten können auch in Abwesenheit von Sauerstoff existieren. Auch die wegen ihres geringen Sauerstoffbedarfs als *mikroaerophil* bezeichneten ↗ Mikroorganismen sind A. Sie tolerieren nur einen geringen Sauerstoffdruck. Gegensatz: ↗ Anaerobier

Aerophyten, ↗ Epiphyten.

Aerosol, Luft- bzw. Gasgemische mit feinst verteilten Schwebstoffen (Teilchengröße 10^{-8} bis 10^{-4} cm). Bei festen Schwebstoffen entsteht Rauch, bei flüssigen Schwebstoffen Nebel.

Aerotaxis, Sonderfall der ↗ Chemotaxis, bei dem sich die Richtung von frei beweglichen Organismen nach dem Sauerstoffgradienten der Umgebung richtet. Stark aerobe Bakterien zeigen eine positive A. (↗ Engelmann-Versuch), Anaerobier hingegen eine negative Aerotaxis.

aerotolerant, Bez. für Mikroorganismen, die in Gegenwart von Luftsauerstoff wachsen können, ihn aber nicht nutzen. Sie gewinnen Energie z. B. durch Gärung. A. sind z. B. die ↗ Milchsäurebakterien.

Aerotropismus, Sonderfall des ↗ Chemotropismus, der sich bei Pflanzen dadurch äußert, dass ihre Wurzeln Krümmungsbewegungen weg von sauerstoffarmen hin zu besser durchlüfteten Bodenbereichen durchführen. A. lässt sich auch bei Pilzhyphen beobachten.

Aeschna, Gattung der Edellibellen (Aeschnidae; ↗ Anisoptera).

Aesculus, ↗ Hippocastanaceae.

Aesthetasken, *Ästhetasken*, als Chemorezeptoren dienende Haarsensillen (↗ Sensillen) bei den Krebstieren (↗ Crustacea) mit poröser ↗ Cuticula, auch als „Riechschläuche" bezeichnet.

Aestheten, *Ästheten*, in die äußere Schalenschicht eingebettete Sinnesorgane der Käferschnecken (↗ Polyplacophora).

Aestivation, die ↗ Sommerruhe.

Aethalium, Äthalium, Bez. für den Sammelfruchtkörper der ↗ Myxomycetes. Die Sporangien sind zu Gruppen in rundlichen, polsterförmigen Lagern vereinigt, die verschiedenartig gefärbt sein können.

Affekt, meist nur kurz anhaltender Zustand starker Erregung, der mit ausgeprägten vegetativen Reaktionen (Puls- und Blutdruckanstieg, Änderung der Gesichtsfarbe) einhergeht. Zu den dabei erlebten Gefühlen gehören Angst, Begeisterung, Freude, Schrecken, Trauer und Wut. Meist enthalten A. auch Antriebsimpulse (z. B. Tendenz zu Flucht oder Angriff). A. sind bei den meisten Säugern nachweisbar. (↗ Affekthandlung)

Affekthandlung, *Kurzschlusshandlung*, Handlung, die durch einen ↗ Affekt ausgelöst wird. Dabei sind Vernunft und freie Willensentscheidung vorübergehend ausgeschaltet.

Affen, *Anthropoidea*, ↗ Simiae

Affenbrotbaum, *Baobab*, *Adansonia digitata*, Gatt. der ↗ Bombacaceae (Abb. siehe dort); in Afrika beheimateter Baum mit bis zu 18 m Höhe. Der Wasser speichernde Stamm hat einen Durchmesser von bis zu 12 m. Das Mark der herabhängenden, gurkenähnlichen Früchte und die ölhaltigen Samen werden als Nahrungsmittel genutzt.

Affenlücke, ↗ Diastema.

afferent, Begriff der *Neurowissenschaften* zur Klassifizierung der Leitungsrichtung von Nervenfasern. *Afferente Nervenfasern (Afferenzen)* übertragen von Rezeptoren aufgenommene Informationen zum Zentralnervensystem. Kommen die Nervenfasern von Sinnesorganen, werden sie auch als *sensible Afferenzen* bezeichnet, kommen sie von den Eingeweiden, heißen sie *viscerale Afferenzen* und kommen sie von Rezeptoren, die über die Körperoberfläche verteilt sind, spricht man von *somatischen Afferenzen*. (↗ efferent)

Affinität, 1) in der *Chemie* die chemische Triebkraft, mit der sich Elemente oder Moleküle zu neuen Stoffen verbinden.

2) In der *Biochemie* die Neigung von Molekülen zum Zusammenschluss, z. B. die A. eines ↗ Enzyms zu seinem Substrat (Michaelis-Menten-Gleichung).

3) In der *Ökologie* das gemeinsame Auftreten bestimmter Arten in einer ↗ Biozönose aufgrund ähnlicher Umweltansprüche oder aufgrund gegenseitiger Abhängigkeit.

4) In der *Phytopathologie* und Parasitologie die Anfälligkeit eines Wirtes für einen Krankheitserreger oder Parasiten.

Aflastatin A, ↗ Aflatoxine.

Aflatoxine, hochgiftige und Krebs erregende Stoffwechselprodukte von ↗ Schimmelpilzen (ca. 30 % der Stämme von *Aspergillus flavus* und *Penicillium puberulum*). Grundgerüst der A. ist ein Cumarinringgerüst mit angehängtem Dihydro- oder Tetrahydrofuran. Aus den Schimmelpilzen selbst werden vier verschiedene A. isoliert, die nach ihrer Fluoreszenz im UV-Licht mit B_1 bzw. B_2 (= blau) und G_1 bzw. G_2 (=grün) bezeichnet werden. Alle weiteren A. werden aus diesen vier Toxinen gebildet, u. a. im mikrobiellen und tierischen Stoffwechsel. Die zu den stärksten Pilzgiften (↗ Mykotoxine) gehörenden A. verursachen bei Tier und Mensch toxische Leberschädigungen und Leberkrebs. Die giftige Wirkung ist auf ihre durch Leberenzyme katalysierte Umwandlung in ein Epoxid zurückzuführen. Dieses reagiert spezifisch mit den Guaninbasen (↗ Guanin) der DNA und führt so zu DNA-Schädigungen. A. kommen in verschimmelten bzw. angeschimmelten pflanzlichen Lebensmitteln, insbesondere in den stark fetthaltigen Nüssen (Erdnüsse, Pistazien), in Lebensmitteln, die aus angeschimmelten Rohprodukten (z. B. Getreide) hergestellt wurden, sowie in Milch von Kühen vor, die A.-

Aflatoxin G_1
(fluoresziert grün im UV)

Aflatoxin M_1
(isoliert aus Kuhmilch,
nach Fütterung einer
giftigen Mahlzeit)

Aflatoxin B_1
(fluoresziert blau im UV)

O_2 + NADPH + H^+

Cytochrom P450 (Leber)

H_2O + NADP

Guaninrest von DNA

DNA-Aflatoxin-Komplex
(Inhibitor der
RNA-Polymerase)

8,9-Epoxid des Aflatoxins B_1

Aflatoxine   Aflatoxine und ihre Umwandlung in karzinogene und toxische Derivate

haltiges Futter bekamen. A. dringen tiefer in die Nahrungsmittel ein als der Schimmelpilz selber. Deshalb sollten angeschimmelte Speisen nicht verzehrt werden. Bisher kamen zur Vernichtung der A.-produzierenden Schimmelpilze in der Landwirtschaft ↗ Fungizide zum Einsatz, die auch für Säugetiere giftig sind und zudem zur Entwicklung resistenter Pilze beitragen. Inzwischen konnte aus einem Bakterium der Gattung *Streptomyces* ein nur gegen A. wirksames Gegengift isoliert werden, das *Aflastatin A.* Da dieses nur die Bildung der A., nicht aber das Wachstum der Schimmelpilze hemmt, ist die Gefahr der Resistenzbildung verringert.

A-Form, seltenere Konfiguration der DNA-Doppelhelix, die sich von der häufigen ↗ B-Form durch ihre kompaktere Struktur unterscheidet. (↗ Z-DNA)

AFS, Abk. für apparent free space, ↗ Innerer Raum.

After, Anus, der Darmausgang (↗ Darm), der bei frei beweglichen Tieren i. d. R. an dem dem Mund abgewandten Körperende liegt.

Afterskorpione, die Pseudoskorpione (↗ Pseudoscorpiones).

Agamen, die Fam. ↗ Agamidae.

Agameten, sexuell undifferenzierte Zellen, die der Reproduktion dienen. Die A. werden als ↗ Sporen bezeichnet, wenn sie im Inneren von Behältern

(↗ Sporangium) gebildet werden, und als ↗ Konidien oder Exosporen bzw. Konidiosporen (↗ Sporen), wenn sie exogen gebildet werden.

Agamidae, *Agamen*, Fam. meist kleiner bis mittelgroßer Echsen (↗ Squamata) mit über 300 Arten in der Alten Welt (vor allem Tropen) sowie Australien, eine Art in Südosteuropa. A. sind terrestrisch oder auf Bäumen lebend, es gibt aber auch ausgesprochene Wassertiere: die in Südostasien und Australien verbreiteten Gatt. *Hydrosaurus* und *Physignathus*. A. ernähren sich hauptsächlich von Insekten, größere Tiere auch oft von Pflanzenteilen. Sie sind

Agamidae   Die Kragenechse (*Chlamydosaurus kingii*) besitzt am Hals eine große, durch Knorpelstäbe gestützte Hautfalte, die bei Erregung kragenartig hochgestellt wird

Tagtiere mit gut entwickelten Gliedmaßen, einem oft breiten Kopf und rundlichem, abgeflachtem Körper sowie einem langen Schwanz. Körper und Schwanz sind von starken Schuppen bedeckt. Die Weibchen sind fast ausnahmslos ovipar. Vor allem die Männchen zeigen auffällige Verhaltensweisen als Drohgebärden oder während der Balz: Kopfnikken, Farbwechsel, aufrichtbarer Halskragen (z. B. bei der Kragenechse, *Chlamydosaurus kingii*) und aufblähbarer Kehlsack. Die *Flugdrachen* (Gatt. *Draco*) besitzen zwei große flügelartige Hautlappen an den Flanken, mit denen sie durch die Luft gleiten. Einzige Art seiner Gatt. ist der in australischen Wüsten lebende *Dornteufel (Moloch horridus)* mit zwei großen Stacheln am Kopf und einem stacheligen Fettbuckel im Nacken, der vermutlich der Wassergewinnung in Trockenzeiten dient.

Agamogonie, ⁊ Fortpflanzung ohne Befruchtung.

Agamospezies, Bez. für Arten mit asexueller oder parthenogenetischer Fortpflanzung, auf die der biologische Artbegriff (⁊ Art) nicht anwendbar ist. Die Individuen und ihre Nachkommen sind in Bezug auf ihre Fortpflanzung isoliert; daher kann man bei A. nicht von ⁊ Populationen sprechen. Da Arten nicht nur genetische, sondern auch ökologische Einheiten sind, wird das Merkmalsgefüge einer A. ausschließlich durch die u. a. von den Dimensionen der ⁊ ökologischen Nische ausgehende stabilisierende ⁊ Selektion zusammengehalten und dadurch zu große ⁊ Variation verhindert.

Agar, *Agar-Agar*, ein pektinähnliches gelierfähiges Polysaccharid, das aus der Zellwand von Rotalgen (⁊ Rhodophyta) gewonnen wird. Es besteht aus ⁊ Agarose und Agaropektin und wird u. a. für mikrobielle ⁊ Nährböden verwendet.

Agar-Agar, ⁊ Agar.

Agardiffusionsmethode, *Plattendiffusionstest*, Test zur quantitativen Wirkung eines ⁊ Antibiotikums. Dazu benutzt man Agarplatten (⁊ Nährböden), die in gleichmäßiger Verteilung einen Testorganismus enthalten. An bestimmten Stellen werden antibiotikahaltige Lösungen ausgebracht, z. B., indem antibiotikahaltige Filterpapierscheibchen aufgelegt werden. Bei positiver Reaktion bilden sich nach ⁊ Bebrütung Hemmhöfe (⁊ Hemmhof, ⁊ minimale Hemmkonzentration) um diese Plättchen, innerhalb derer der Testorganismus nicht wächst.

Agaricales, *Blätterpilze*, derzeit von ihrer Abgrenzung her provisorische Ordnung der ⁊ Basidiomycetes mit etwa 2000 Arten in Mitteleuropa. Vertreter der A. kommen in allen Klimazonen vor. Sie sind meist in zentralen Stiel und hutförmigen ⁊ Fruchtkörper gegliedert und besitzen als gemeinsames Merkmal an der Unterseite des Hutes radial verlaufende *Lamellen (Blätter)*. Im Inneren der Lamellen befindet sich ein lockeres Hyphengeflecht,

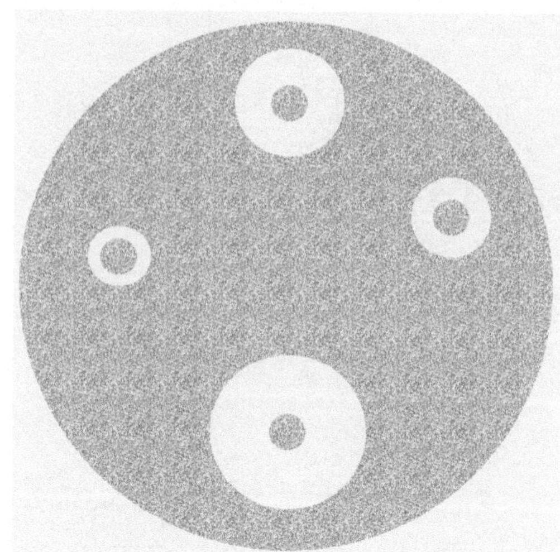

Agardiffusionsmethode Test zur quantitativen Wirkung eines Antibiotikums (helle Bereiche sind Hemmhöfe)

die *Trama*. Beide Außenseiten der Blätter sind von einem *Hymenium* bedeckt, das sich hauptsächlich aus Basidien (⁊ Basidium) unterschiedlicher Reife zusammensetzt. Bei vielen Gattungen wird das junge Hymenium durch eine besondere Schutzhülle, das *Velum*, geschützt, das oft als Ring oder faserige Ringzone am Stiel zurückbleibt. Umschließt es den ganzen jungen Fruchtkörper, so bleiben beim Strecken des Fruchtkörpers die Reste des Hymeniums oft als Hautfetzen auf dem Hut (z. B. beim Knollenblätterpilz) und als Ring am Stiel zurück (z. B. bei einigen Champignonartigen Pilzen wie Schirmlingen oder Ritterlingen). Die Teilhülle kann aber auch fädig (z. B. bei Schleierlingen) sein oder eine dicke Schleimschicht zwischen Hut und Stiel bilden.

Unter den A. gibt es zahlreiche essbare Arten mit wohlschmeckenden Fruchtkörpern (u. a. ⁊ Champignon, ⁊ Austernseitling, ⁊ Stockschwämmchen), aber auch tödliche Giftpilze (z. B. ⁊ Knollenblätterpilz, ⁊ Fliegenpilz) oder auch Rauschpilze

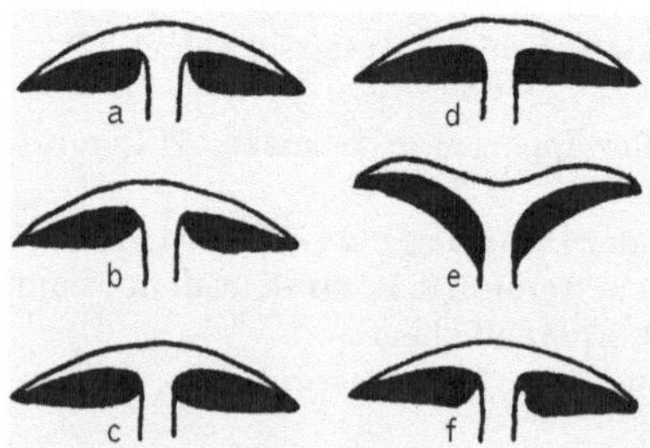

Agaricales Einige Anheftungen der Lamellen (Blätter) bei Blätterpilzen: a abgesetzt, b frei, nicht am Stiel befestigt, c angewachsen (abgerundet), d flächig (breit) angewachsen, e herablaufend, f ausgebuchtet mit Zahn angewachsen

(↗ Psilocybe). Viele A. leben als Fäulnisbewohner, ebenfalls viele als Mykorrhiza-Pilze (↗ Mykorrhiza) z. B. mit Waldbäumen, auch gibt es Parasiten an Holz (z. B. ↗ Hallimasch) oder auf Blättern. Wichtige Bestimmungsmerkmale sind Sporenfarbe, Hutform, Stielform, Lamellenansatz, Fruchtkörpertyp und Form der Hüllreste.

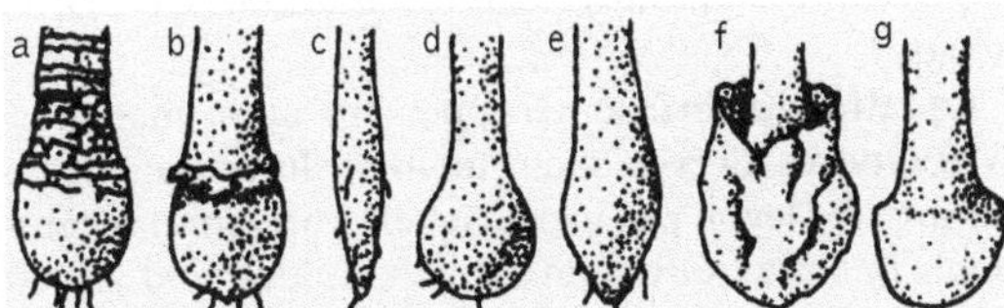

Agaricales Einige Stielformen bei Blätterpilzen: a ringförmig gebändert (gegürtelt), b knollig verdickt mit Ring, c spindelartig, d kugelförmig verdickt, e rübenförmig, f mit lappiger Scheide, g abgesetzt oder gerandet knollig

Agaricus, ↗ Champignon.

Agarose, aus alternierenden D-Galactose- und 3,6-Anhydro-L-Galactose-Einheiten bestehendes Polysaccharid, das zusammen mit dem Polysaccharid *Agaropektin* das Heteropolysaccharid ↗ Agar bildet. A. ist ein wichtiges Trägermaterial für ↗ Gelchromatographie und ↗ Elektrophorese.

Agarose

Agavaceae, *Agavengewächse*, Fam. der ↗ Asparagales mit ca. 300 Arten; die hauptsächlich in Trockengebieten der Tropen und Subtropen verbreitete Fam. ist gekennzeichnet durch ↗ Schopfbäume (z. B. bei *Yucca*) oder riesige Rosettenblätter (z. B. bei *Agave*) sowie Blattsukkulenz (↗ Sukkulenz). Die mehrjährigen, oft verholzenden Arten haben ↗ Rhizome und können auch baumförmig wachsen, wobei ein anomales sekundäres ↗ Dickenwachstum auftritt. Die ↗ Bestäubung erfolgt durch Insekten, seltener durch Vögel. Aus dem ober- oder unterständigen ↗ Fruchtknoten entwickeln sich Beeren- oder Kapselfrüchte (↗ Frucht). Die Hauptgattungen sind *Agave* und *Yucca*. Die wirtschaftlich bedeutendste Agavenart ist die Sisalagave (Agave). Daneben haben auch Arten der Gatt. *Furcraea* Bedeutung als ↗ Faserpflanzen, z. B. der ↗ Mauritiushanf, *Furcraea foetida*. Die im

südlichen Nordamerika und Mittelamerika beheimateten Arten der Gatt. Palmlilie, *Yucca*, werden als Zierpflanzen kultiviert. Die früher ebenfalls zu den A. gestellte Gatt. *Dracaena* (Drachenbaum) zählt nach der neueren Systematik zur Fam. ↗ Dracaenaceae.

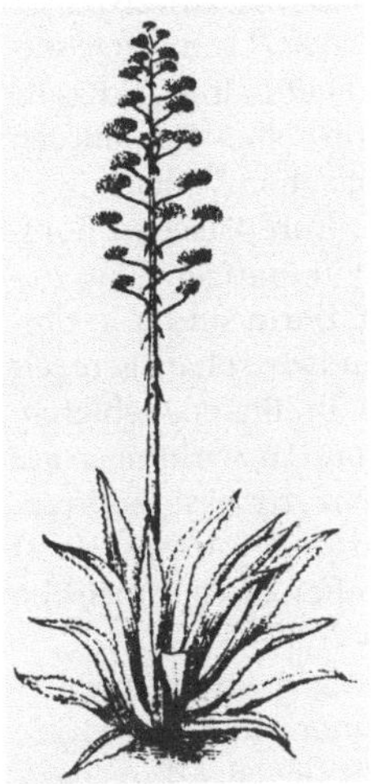

Agavaceae Amerikanische Agave (*Agave americana*)

Agave, Gatt. der ↗ Agavaceae mit Verbreitung im südlichen Nordamerika, in Mittelamerika und im nördlichen Südamerika. A. besitzen sukkulente (↗ Sukkulenz) Rosettenblätter (↗ Rosette) und bis zu 7 m hohe Blütenstände (↗ Blütenstand). Die Blütenstände bilden sich erst nach sieben bis 15 Jahren (bei manchen Arten noch später), die Pflanzen sterben nach der Fruchtbildung ab. Viele Arten werden als ↗ Faserpflanzen genutzt, wobei die *Sisalagave*, *Agave sisalana*, die wirtschaftlich bedeutendste ist. Sie hat lanzettförmige, 1 bis 2 m lange, starre und faserreiche Rosettenblätter. Die als Sisalhanf bezeichneten Hartfasern werden vielseitig genutzt. Die Pflanze vermehrt sich meist nicht generativ, sondern erzeugt nach der Fruchtreife ↗ Schösslinge und gelegentlich anstelle von Blüten bewurzelte ↗ Brutknospen, die abfallen und sich zu neuen Pflanzen entwickeln. Auf Mexiko beschränkt ist die Gewinnung des zuckerhaltigen Saftes der Amerikanischen Agave, *A. americana* (Abb. ↗ Agavaceae), und anderer Arten. Der Saft wird frisch getrunken oder zur so genannten *Pulque* vergoren.

Agavengewächse, die ↗ Agavaceae.

Agelenidae, *Trichterspinnen*, Fam. der ↗ Araneae mit rund 600 weltweit verbreiteten, kleinen bis mittelgroßen Spinnen. A. bauen auffällige Deckennetze, die meist in Röhren übergehen (Name). In Mitteleuropa leben 29 Arten, u. a. die bis 18 mm große, langbeinige *Hausspinne* (*Tegenaria atrica*). Die in Afrika beheimatete Art *Agelena consociata* bildet riesige Gemeinschaftsnetze und kooperiert beim Beutefang.

Agenda 21, Arbeitsprogramm für das 21. Jh., das aus der Konferenz der Vereinten Nationen über Umwelt und Entwicklung in Rio de Janeiro 1992 hervorgegangen ist. Die A. wurde von 179 Staaten unterzeichnet und enthält Handlungsanweisungen für alle wesentlichen Bereiche des ↗ Umweltschutzes. Ziel ist dabei u. a. eine nachhaltige Nutzung (↗ Nachhaltigkeit) von ↗ natürlichen Ressourcen sowie die Erhaltung der biologischen Vielfalt.

Agenda 2000, Mitteilung der Europäischen Kommission vom 16.7.1997 zur zukünftigen Erweiterung der Europäischen Union. Darin sind u. a. Umweltmaßnahmen in der ↗ Landwirtschaft geregelt sowie die Förderung von benachteiligten Gebieten. Die Maßnahmen haben vor allem Auswirkungen auf die Bewirtschaftung von Grenzertragsstandorten, die oft reich an gefährdeten Arten (↗ Artenschutz) sind. Weitere Regelungen betreffen das europäische Schutzgebietsystem ↗ Natura 2000.

Agglutination, durch die Antigen-Antikörper-Reaktion (↗ spezifische Immunantwort) bewirkte Verklumpung partikulärer ↗ Antigene. (↗ unspezifische Immunantwort)

Aggregation, 1) *Zellbiologie*: *Aggregationsverband*, Zusammenlagerung von Einzelzellen zu Verbänden (↗ Verband); Vorkommen vor allem bei Grünalgen (↗ Chlorophyta), ↗ Schleimpilzen, und ↗ Bakterien.

2) *Ethologie*: einfachste Form einer Tiergesellschaft, die zufällig entstanden ist, z. B. die Ansammlung von Schmetterlingen an attraktiven Blüten.

Aggregationsverband, ↗ Aggregation 1).

Aggression, feindseliges Verhalten gegenüber Lebewesen der gleichen (*intraspezifische A.*) oder einer anderen (*interspezifische A.*) Art. Aggressives Verhalten besteht aus einer Vielzahl agonistischer Handlungen (↗ agonistisches Verhalten), die von Drohung (↗ Drohverhalten) und Einschüchterung, Vertreibung, Schmerzzufügung und Verletzung bis hin zur Tötung reichen. Hinter diesem Verhalten können unterschiedliche Motivationen stehen: Der *Feindabwehr* dient A. bei einem Gegenangriff nach einem Angriff, bei verhinderter Flucht oder wenn ein Tier in die Enge getrieben ist. Der A. beim Fang von Beutetieren liegt *Hunger* zugrunde, der A. zwischen männlichen Tieren der gleichen Art oft *sexuelle Rivalität*. A. kann der *Revierverteidigung* (↗ Territorialverhalten) und der Verteidigung einer Stellung in der *Rangordnung* (↗ Rangordnungsverhalten) dienen. Dabei ist der Kampf unter Angehörigen der gleichen Art häufiger ein ↗ Kommentkampf als ein ↗ Beschädigungskampf. *Gruppenaggression* ist die A. einer gesamten Tiergruppe und wird meist zur Revierverteidigung eingesetzt. Sie kommt z. B.

bei der Fleckenhyäne und bei Staaten bildenden Insekten vor.

Aggressivität, 1) Bereitschaft oder Tendenz zu aggressivem Verhalten, umgangssprachlich auch synonym mit ↗ Aggression.

2) Die ↗ Pathogenität von Krankheitserregern.

Aglykon, Bez. für die zuckerfreie Komponente von glykosidisch aufgebauten Naturstoffen (↗ Glykoside).

Agnatha, *Kieferlose*, Gruppe sehr ursprünglicher Wirbeltiere, die vor allem im ↗ Ordovizium, ↗ Silur und ↗ Devon reich entwickelt waren und rezent noch mit zwei Gruppen (↗ Myxinoidea und ↗ Petromyzonta) vertreten sind. Sie besitzen keine aus Kiemenbögen entstandene Kiefer (Name), der Mund ist ein Saug- oder Schluckmund mit einem Hornzähnchen tragenden Zungenapparat; Brustflossen und Bauchflossen fehlen.

Agonisten, 1) in der *Physiologie* Bez. für Organe, Gewebe oder auch chemische Stoffe (z. B. Hormone), die im Sinne der Synergie zusammenwirken. Gegensatz: ↗ Antagonisten.

agonistisches Verhalten, Verhaltensweisen in der kämpferischen Auseinandersetzung mit Sozialpartnern. Das Ziel ist dabei die Sicherung bestimmter Ressourcen, z. B. Nahrung oder Geschlechtspartner. A. Verhalten kann sich äußern als ↗ Aggression, ↗ Vermeidungsverhalten, ↗ Territorialverhalten und Flucht (↗ Fluchtverhalten).

Agrarbiologie, Wissenschaft, die sich mit den biologischen Zusammenhängen in der ↗ Landwirtschaft, im Gartenbau und in der Forstwirtschaft befasst.

Agrarökologie, Wissenschaft, die sich mit den ökologischen (↗ Ökologie) Zusammenhängen der landwirtschaftlich genutzten Landschaftsteile befasst. Untersucht wird dabei z. B. der Einfluss von ↗ Düngung und Pflanzenschutzmaßnahmen (↗ Pflanzenschutz) auf die ↗ Umwelt.

Agrarökosystem, ↗ Ökosystem, das der Mensch zur Produktion von ↗ Kulturpflanzen und ↗ Nutztieren gestaltet. In einem A. steuert der Mensch den Organismenbestand, den ↗ Energiefluss und den ↗ Stoffkreislauf.

Agrikultur, ↗ Ackerbau.

Agrikulturchemie, ↗ Pflanzenernährung.

Agrobacterium, Gatt. der ↗ Rhizobiaceae aus der Gruppe der gramnegativen aeroben Stäbchen und Kokken. Die Bakterien besitzen zwei bis sechs ↗ Geißeln und gewinnen Energie durch ↗ Chemoorganotrophie. Sie leben hauptsächlich im Boden (↗ Bodenbakterien), insbesondere im Wurzelbereich (↗ Rhizosphäre) und in Pflanzengallen. In der Rhizosphäre kann ihre Konzentration um den Faktor 1000 gegenüber der Umgebung erhöht sein. Obwohl A. mit den Rhizobien (↗ Rhizobium) verwandt ist, ist es nicht zur biologischen Stickstoff-Fixierung in der Lage. Viele Arten rufen Wucherungen an Kulturpflanzen hervor, z. B. *Agrobacterium rhizogenes*, der Erreger der Haarwurzelkrankheit. Die wichtigste phytopathogene und vor allem für die Gentechnik bedeutsame Art ist jedoch ⌐ Agrobacterium tumefaciens, der Erreger von Wurzelhalsgallen und anderen Tumoren an vielen Kulturpflanzen.

Agrobacterium tumefaciens, phytopathogenes gramnegatives Bodenbakterium aus der Familie ⌐ Rhizobiaceae, das bei infizierten Pflanzen die Bildung von ⌐ Wurzelhalsgallenkrebs verursacht. Modifizierte Stämme von A. t. sind ein wichtiges Werkzeug zur Erzeugung transgener Pflanzen (⌐ Pflanzentransformation).

A. t. ist in der Lage, Pflanzen genetisch so zu verändern, dass diese die für die chemoorganotrophe Ernährungsweise der Agrobakterien erforderlichen ⌐ Opine synthetisieren. Virulente A. t.-Stämme enthalten ein großes extrachromosomales DNA-Element, das ⌐ Ti-Plasmid, mit dessen Hilfe die Infektion von Pflanzen erst möglich ist. Die Bakterien werden von *phenolischen Verbindungen* chemotaktisch angelockt, die aus verwundetem Pflanzengewebe austreten. Im Verlauf der Infektion übertragen sie einen Abschnitt ihres Ti-Plasmid, die so genannte ⌐ T-DNA, in das Genom der verwundeten Pflanzenzellen. Die Tumorbildung lässt sich zu diesem Zeitpunkt nicht mehr durch das Abtöten der Agrobakterien unterbinden. Auf der T-DNA sind neben Genen, die für Enzyme der Opin-Biosynthese codieren, auch Gene lokalisiert, die den ⌐ Cytokinin- und ⌐ Auxin-Haushalt der Pflanzenzellen verändern. Die erhöhten Konzentrationen dieser Pflanzenhormone bewirken, dass durch vermehrte Zellteilungen Pflanzentumoren entstehen, die den Bakterien als Lebensraum dienen. Dabei reagieren die auf der T-DNA codierten Gene nicht wie die pflanzlichen Gene auf hohe Hormonkonzentrationen, bei denen die Biosynthese von Auxinen und Cytokininen herunterreguliert wird.

Die für die Integration der T-DNA in das Genom der Wirtspflanze benötigten Proteine werden ebenfalls auf dem Ti-Plasmid codiert. Diese als *vir-Gene* (*Virulenz-Gene*) bezeichneten Gene liegen gemeinsam in der so genannten *vir-Region* und sind zusammen mit Genen des Bakterienchromomosoms an der Wahrnehmung der pflanzlichen Phenole und der erfolgreichen Übertragung der T-DNA in die Pflanzenzelle beteiligt.

Die Fähigkeit von A. t., pflanzenfremdes Erbgut fest in das Genom von Pflanzen einzubauen, wird seit längerer Zeit zu gentechnischen Zwecken benutzt. Anstelle der natürlich vorkommenden Gene der T-DNA können beliebige Gene übertragen werden. Eine Vielzahl modifizierter Ti-Plasmide stehen heute als *Transformationsvektoren* zur Verfügung (⌐ Pflanzentransformation).

Eng verwandt mit A. t. ist *Agrobacterium rhizogenes*, das verwundete Wurzeln infiziert und dort zu einer vermehrten Wurzelbildung führt.

Agrochemikalien, in der ⌐ Landwirtschaft verwendete Chemikalien wie synthetische Düngemittel (⌐ Dünger) und Pflanzenschutzmittel (⌐ Pestizide).

Agropyron, Gatt. der ⌐ Poaceae.

Agrostemma, Gatt. der ⌐ Caryophyllaceae.

Agrostis, Gatt. der ⌐ Poaceae.

Agrumen, Sammelbez. für Früchte der Gatt. *Citrus* (⌐ Rutaceae).

AGS, Abk. für ⌐ adrenogenitales Syndrom.

Agutis, *Dasyproctidae,* zu den ⌐ Caviomorpha gehörende Fam. der zu den Nagetieren (⌐ Rodentia) gehörenden Meerschweinchenverwandten.

Ahnenlinie, in der *phylogenetischen Systematik* Bez. für die Kette der direkt aufeinander folgenden Stammarten, einschließlich der letzten Stammart, in der alle abgeleiteten (⌐ Apomorphie) Grundmustermerkmale einer geschlossenen Abstammungsgemeinschaft (⌐ Monophylum) enthalten sind. Die Grundmustermerkmale wurden innerhalb der A. durch additive ⌐ Typogenese erworben. (⌐ Stammlinie)

Ahorngewächse, die Fam. ⌐ Aceraceae.

A-Horizont, ein Bodenhorizont (⌐ Boden).

Ährchen, in sich geschlossener, aus ein oder mehreren Einzelblüten bestehender Teilblütenstand (⌐ Blütenstand) bei Süßgräsern (⌐ Poaceae) und Riedgräsern (⌐ Cyperaceae).

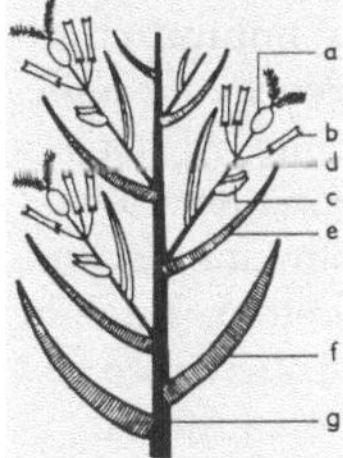

Ährchen Schema eines Grasährchens mit drei Blüten. a Fruchtknoten mit zwei fedrigen Narben, b Staubblätter, c Schwellkörper oder Lodiculae, d Vorspelze, e Granne, f innere Hüllspelze, g äußere Hüllspelze

Ähre, ⌐ Blütenstand mit gestreckter Hauptachse, an der ungestielte Einzelblüten oder bei den Süßgräsern (⌐ Poaceae) ⌐ Ährchen sitzen (siehe Abb. auf Seite 30).

Ährenfische, die Fam. ⌐ Atherinidae.

Ährenspindel, Achse einer ⌐ Ähre der Süßgräser (⌐ Poaceae).

Aids , *AIDS,* Abk. für engl. *acquired immunodeficiency syndrome* (= erworbenes Immundefizienz-Syndrom), eine chronisch fortschreitende Erkrankung des zellulären ⌐ Immunsystems mit ausgeprägter Minderung der T-Helferzellen (⌐ T-Lym-

Ähre 1 Einfache Ähre, bei der Einzelblüten an der gestreckten Hauptachse sitzen; 2 zusammengesetzte Ähre (rechts), bei der Teilblütenstände (Ährchen, links) an der gestreckten Hauptachse sitzen

phocyten). Aids ist gemäß der „Arbeitsgruppe Aids" des Centers for Disease Control (CDC) wie folgt definiert: „erworbenes Immundefektsyndrom, charakterisiert durch das Auftreten von persistierenden (andauernden) oder rezidivierenden (wiederkehrenden) Krankheiten, welche auf Defekte im zellulären Immunsystem hinweisen, wobei keine anderen bekannten Ursachen dieser Immundefektsymptomatik nachzuweisen sind." Aids wurde erstmals 1981 in den USA als Erkrankung beschrieben. 1983 wurde das als humanes Immundefizienz-Virus (HIV) bezeichnete Retrovirus (↗ Retroviren) isoliert, das die Ursache von Aids ist. Untersuchungen über ein afrikanisches "Vorläufer-Virus", das genetisch zwischen HIV-2-Viren und den Immunschwächeviren der Affen (SIV) steht, legen heute nahe, dass Aids eine alte, ursprünglich auf Afrika beschränkte Krankheit ist. Nur aufgrund der modernen Lebensweise und des Massentourismus konnte sich A. über die ganze Welt ausbreiten. Im Jahr 1999 betrug die Zahl der HIV-Infizierten ca. 34 Mio., mit einem Anteil von etwa 70 % in Afrika.

Erreger. Das *humane Immundefizienz-Virus (HIV)* ist ein Retrovirus aus der Gruppe der Lentiviren. Es ist ein Partikel von ca. 100 nm Durchmesser, dessen innerer Teil (Nucleocapsid; ↗ Viren) die virale ↗ Nucleinsäure enthält. Man unterscheidet zwei Typen: HIV-1 (der häufigste HIV-Typ) und HIV-2.

Übertragung. Die Übertragung von A. ist an Sexualkontakt, das Einbringen des Virus in die Blutbahn oder in die Schleimhaut bzw. verletzte Haut gebunden. Am häufigsten wird A. durch infektiöse Körperflüssigkeiten wie Blut, Sperma und Vaginalsekret bei Sexualkontakten (homosexuell und heterosexuell) übertragen. Gefährdet sind auch intravenös Drogenabhängige, wenn Spritzbesteck getauscht wird. Die Gefahr einer Ansteckung durch Bluttransfusion und Blutprodukte ist in den Indu-

strieländern inzwischen gering, da die Blutprodukte auf Virusfreiheit kontrolliert werden. Bei HIV-infizierten Schwangeren kann das Virus bei der Geburt auf das Kind übertragen werden. Auch durch das Stillen ist eine Übertragung möglich. Bei normalen sozialen Kontakten mit Aids-Kranken besteht keine Ansteckungsgefahr, da das Virus außerhalb des Körpers nicht überlebensfähig ist (außer in Körperflüssigkeiten).

Infektion der Zellen und Vermehrung des Virus. Das Virus entsteht durch ↗ Knospung an der äußeren Membran der Zelle. Zu den infizierten Zellen gehören T-Lymphocyten, also Zellen des spezifischen Immunsystems, aber auch Monocyten (↗ Leukocyten) und ↗ Makrophagen des unspezifischen Immunsystems. Wie alle Retroviren besitzt HIV als Erbmaterial RNA, die nach der Infektion der Zellen durch ein eigenes Enzym, die *reverse Transkriptase*, in DNA umgeschrieben wird. Nach ihrer Umschreibung wandert die virale DNA in den Zellkern und wird dort wieder durch ein Virus-Enzym, die Integrase, in die Chromosomen der Zelle eingebaut. Sie kann dort entweder, wie auch normale Zellgene, als stumme Erbinformation verbleiben oder wird auf DNA-Ebene bei jeder Zellteilung an die Tochterzellen weitergegeben. Oder sie wird abgelesen, wobei verschiedene Boten-RNA-Moleküle (↗ messenger-RNA), neue virale Proteine und neue infektiöse Viren entstehen.

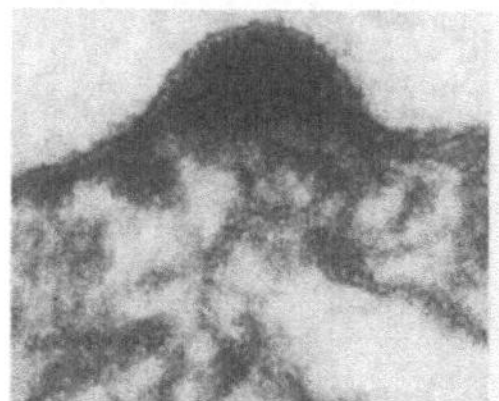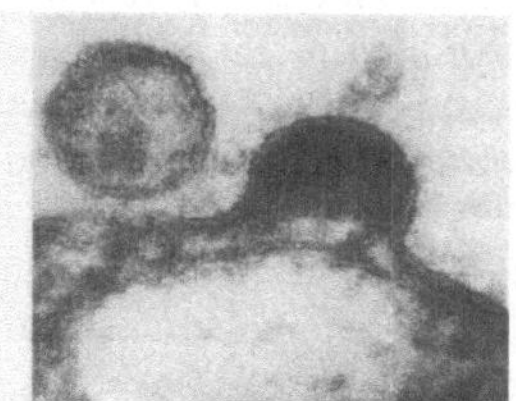

Aids Das Aids-Virus unter dem Elektronenmikroskop im Ultradünnschnitt; die Abb. zeigen die Knospung des Virus an der Zellmembran

Krankheitsverlauf. Nach einer Infektion mit HIV folgt meist eine asymptotische Phase (Latenzphase), in der über Jahre keine sichtbaren Symptome einer Erkrankung auftreten. In dieser Phase bleiben jedoch die HIV-spezifischen Antikörper (↗ Immunglobuline) nachweisbar. Erst als Endstadium der HIV-Infektion tritt Aids auf. Diese chronische Phase beginnt mit dem Auftreten von Symptomen des *Aids-related complex (ARC)* wie Fieber, Leistungsabfall, Nachtschweiß, Gewichtverlust und Durchfällen, bis sich das Vollbild von A. entwickelt hat. Dieses Stadium ist charakterisiert durch das Auftreten von so genannten opportunistischen Infektionen (Infektionen, die ein intaktes Immunsystem normalerweise abwehren kann) und seltenen Tumoren (*Kaposi-Sarkom*, B-Zell-Lymphom). Zu

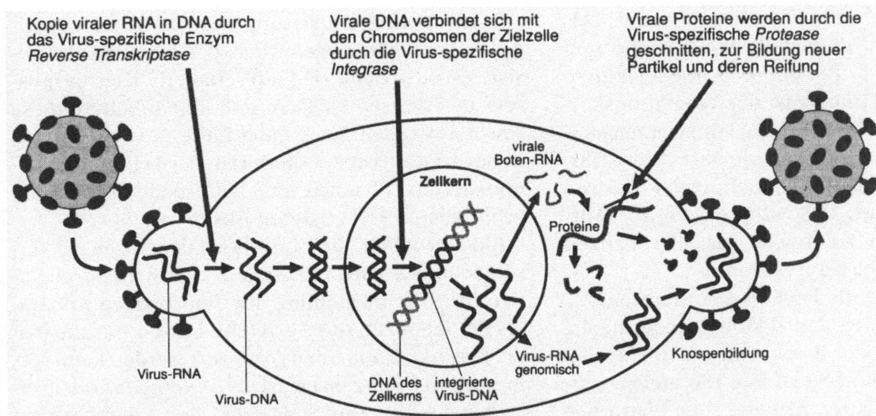

Aids Die Vermehrung von HIV und die Angriffspunkte der HIV-Chemotherapie

den Infektionen gehören u. a. massive Candida-Infektionen, Tuberkulose, Lungenentzündung, Haut- und Darminfektionen. Nach Ausbildung des A.-Vollbildes überleben nur 60-70 % der Patienten das folgende Jahr.

Therapie. Zur Zeit ist A. nicht heilbar. Bei bereits HIV-Infizierten erscheint eine das Virus eliminierende Behandlung mit Medikamenten sehr unwahrscheinlich, da das virale ↗ Genom in die Chromosomen der befallenen Wirtszelle eingebaut ist. Bei jeder Zellteilung wird HIV von den Zellen wie die eigenen Gene mit kopiert und an die Tochterzellen weitergegeben. Das Problem besteht darin, Medikamente zu entwickeln, die die Viren treffen, ohne die gesunden Zellen zu schädigen. Das erste antivirale Medikament war *Azidothymidin (AZT)*. Es hemmt das viruseigene Enzym reverse Transkriptase. Da das Medikament schnell zur Bildung resistenter Virusmutanten führte, verwendet man heute Kombinationen mehrerer Medikamente (Kombinations-Chemotherapie). Viele der heute verwendeten Medikamente können das Leben von A.-Kranken verlängern, indem sie die opportunistischen Infektionen bekämpfen, doch das Virus können sie nicht beseitigen.

Prävention. Das Risiko einer HIV-Infektion wird erheblich reduziert, wenn beim Geschlechtsverkehr (vaginal, oral, anal) Kondome verwendet werden. Ganz beseitigt ist das Risiko damit aber nicht. (↗ sexuell übertragbare Krankheiten).

Literatur: Brockmeyer, N.H. (Hg): HIV-Infekt, Heidelberg 2000. – Brodt, H.-R. et al.: Aids 2000 – Diagnostik und Therapie, Wuppertal 2000. – L'age-Stehr, J. u. Helm, E.B. (Hg): Aids und die Vorstadien. Ein Leitfaden für Praxis und Klinik, Heidelberg 2000.

Ailuridae, *Katzenbären*, zu den Raubtieren gehörende Fam. mit nur einer Art, dem *Katzenbär* (Kleiner Panda, Roter Panda, *Ailurus fulgens*). Der vorwiegend glänzend rot gefärbte Katzenbär lebt in den Bergwäldern Südwestchinas bevorzugt in dickichtbewachsenen Steilhängen in 2200 bis 4800 m Höhe. Er ist dämmerungs- und nachtaktiv und ernährt sich von Bambus, Eicheln, Wurzeln, Beeren und gelegentlich Jungvögeln und Eiern. Die genaue Bestandsdichte ist unbekannt, der Katzenbär gilt jedoch als gefährdet und steht unter Schutz.

Ailuropodidae, *Bambusbären*, Fam. der Raubtiere mit nur einer Art, dem *Bambusbär* (Großer Panda, Riesenpanda, *Ailuropoda melanoleuca*), der nur noch in einem kleinen Gebiet Chinas in steilem, felsigem Bambusdschungel in 1500 bis 4000 m Höhe lebt. Der auffallend schwarz-weiß gezeichnete Bambusbär ist ein ausgesprochener Nahrungsspezialist, der sich ausschließlich von Bambusschösslingen und -stängeln ernährt. Da diese sehr nährstoffarm sind, muss er täglich große Mengen vertilgen. Insgesamt weiß man sehr wenig über die Lebensweise dieser vom Aussterben stark bedrohten Art, die Wappentier des ↗ World Wide Fund for Nature ist.

aitionom, durch äußere Faktoren induziert oder erzwungen. Gegensatz: ↗ autonom

Aizoaceae, *Mittagsblumengewächse*, Fam. der ↗ Caryophyllales mit ca. 2500 Arten, die besonders in den südafrikanischen Trockengebieten vorkommen, aber auch in Australien, Amerika und Asien. Die blattsukkulenten (↗ Sukkulenz) Kräuter haben meist große, auffällig gefärbte Blüten, die von Insekten bestäubt werden. Die Früchte sind zwei- bis

Aizoaceae „Lebende Steine": 1 *Pleiospilos bolusii*, 2 *Pleiospilos hilmarii*

vielfächerige, verholzende Kapseln (↗ Frucht). Als Transpirationsschutz dienen Wachsüberzüge und verstärkte Behaarung. Bei den *Lebenden Steinen*, vor allem der Gatt. *Lithops*, ist der Vegetationskörper zum Schutz vor Verdunstung auf zwei fleischige, z. T. verwachsene Blätter reduziert. Diese Tarnung als Stein dient auch dem Schutz vor Tierfraß (↗ Abwehr). Zur Gatt. *Mesembryanthemum* (Mittagsblume) gehören zahlreiche als Zierpflanzen kultivierte Arten. (↗ Dürreresistenz)

Akanthusgewächse, die Fam. ↗ Acanthaceae.

Akazie, *Acacia*, Gatt. der ↗ Mimosaceae; häufig bedornte Sträucher oder Bäume mit ca. 700 bis 800 Arten in Australien und Südafrika. Die meisten Arten besitzen Fiederblätter, manche auch blattartige Phyllodien (↗ Phyllodium), die Nebenblätter (↗ Nebenblatt) sind oft als ↗ Dornen ausgebildet. Die Köpfchen- oder Rispenblüten besitzen zahlreiche gelbliche und weißliche Staubfäden. In den hohlen Dornen vieler Arten können Ameisen leben (↗ Myrmekophyten). Einige Arten, besonders die nordafrikan. *Acacia senegal*, liefern Gummi arabicum, südasiatische Arten Katechu, ein Färbe- und Gerbemittel. Aus vielen Arten werden ↗ etherische Öle für die Kosmetikindustrie gewonnen. Ein wertvolles Holz liefert die austral. Art *Acacia melanoxylon*. Die als „Mimosen" erhältlichen gelben Blütenzweige sind im Mittelmeergebiet gezüchtete A.-Arten. Oft wird die ↗ Robinie fälschlich als A. bezeichnet.

Akelei, *Aquilegia*, Gatt. der ↗ Ranunculaceae mit ca. 70 Arten. Die Blüten, die aus fünf Kronblättern (↗ Kronblatt) im Wechsel mit fünf gespornten Honigblättern stehen, werden von Hummeln bestäubt.

Akinese, *Bewegungslosigkeit*, reflektorisch (↗ Reflex) ausgelöste Hemmung der Beweglichkeit, vor allem bei Gliederfüßern und Wirbeltieren. Formen der A. sind z. B. das Sichtotstellen und die Starre von Insekten bei Erschütterungen sowie das Erstarren in Schrecksituationen bei Tieren und beim Menschen. (↗ Abwehr)

Akklimatisierung, 1) allgemein die kurz- oder langfristige Adaptation von Organismen an sich ändernde klimatische Lebensbedingungen, also z. B. an veränderte Temperaturen, ein verringertes Angebot an Sauerstoff, veränderte Luftfeuchtigkeit, Zeitverschiebungen.

2) Bei *homoiothermen Tieren* erfolgt A. beispielsweise durch Änderungen der Temperaturregulation, so z. B. durch ein dichteres Haarkleid, Fettpolster oder verstärkte Wärmeproduktion. Die Anpassung z. B. an niedrigere Temperaturen beruht auch darauf, dass die Temperaturschwelle des Körpers für den Zustand des Frierens herabgesetzt wird, bzw. bei höherer Umgebungstemperatur die Schwitzschwelle steigt. *Poikilotherme Tiere* verändern ihre (letale) Grenztemperatur, ihren thermischen Aktivitätsbereich oder z. B. die Eiablage.

3) *Abhärtung*, Anpassung von *Pflanzen* an widrige Umweltbedingungen wie z. B. Dürre (↗ Dürreresistenz) oder Kälte (↗ Kälteschäden). Hierfür müssen die Pflanzen langsam und allmählich an diese gewöhnt werden. Nach einer Kälte-A. sind Pflanzen in der Lage, Frost zu tolerieren, der bei nicht akklimatisierten Pflanzen zu Kälteschäden und im schlimmsten Fall zu deren Absterben führt.

Akkomodation, die Einstellung des Auges auf verschiedene Gegenstandsweiten. Dies wird durch aktive Brechkrafterhöhung des dioptrischen Apparates (↗ Sehen, ↗ Auge) erreicht. Der Betrag, um den die Brechkraft maximal gesteigert werden kann (gemessen in *Dioptrien*) wird als *Akkomodationsbreite* bezeichnet. Die Steigerung der Brechkraft ist prinzipiell auf zwei Wegen möglich: Der Abstand zwischen starrer Linse und Netzhaut (Retina) wird entweder verkleinert oder vergrößert oder der Krümmungsradius der elastischen Linse wird verändert. Das erste Prinzip ist bei Wirbellosen, Rundmäulern (↗ Cyclostomata), ↗ Fischen, ↗ Amphibia und Schlangen (↗ Serpentes) verwirklicht. Die Linsenverschiebung kann durch direkt an der Linse ansetzende Muskeln erreicht werden, die bei Kontraktion eine Formveränderung des Glaskörpers bewirken (↗ Cephalopoda) oder die Linse direkt

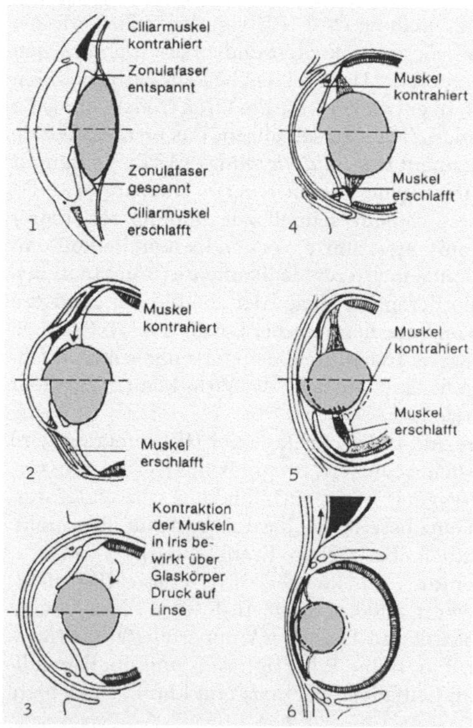

Akkomodation Akkomodationsformen bei Wirbeltieren: 1 Mensch, 2 Eidechse, 3 Schlange, 4 Frosch, 5 Knochenfisch, 6 Neunauge. Die obere Augenhälfte (oberhalb der gestrichelten Linie) zeigt jeweils den akkomodierten, die untere Hälfte den akkomodationslosen Zustand

vor in Richtung Cornea ($\nearrow$ Elasmobranchia, Amphibien, Schlangen) bzw. zurück in Richtung Retina (Knochenfische; $\nearrow$ Osteichthyes) verschieben. Das zweite Prinzip findet sich bei Reptilien (außer Schlangen), Vögeln ($\nearrow$ Aves) und Säugetieren ($\nearrow$ Mammalia). Der Ciliarkörper des Reptilien- und Vogelauges berührt direkt den verdickten Linsenrand und bewirkt durch Kontraktion eine verstärkte Krümmung der Linse. Im Säugerauge ist die Linse durch die Zonulafasern mit dem Ciliarkörper verbunden. Die elastischen, nicht kontraktilen Zonulafasern üben im akkomodationslosen Zustand einen Zug auf die Linse aus, der diese abflacht. Durch Kontraktion der Ciliarmuskulatur, die antagonistisch zur Elastizität der Zonulafasern wirkt, wird der Ciliarkörper dem Linsenrand genähert. Demzufolge lässt der Zug der Zonulafasern nach, und die Linse nimmt aufgrund ihrer Eigenelastizität eine stark gewölbte Form an, was eine Erhöhung ihrer Brechkraft zur Folge hat. Das menschliche Auge ist im akkomodationslosen Zustand auf die Ferne eingestellt. Im Alter tritt, bedingt durch Wasserverlust, eine Elastizitätsabnahme der Linse auf, die deren Brechkraft und damit Akkomodationsbreite verringert (Altersweitsichtigkeit; $\nearrow$ Weitsichtigkeit).

Akkrustierung, die Auflagerung von lipophilem, wasserunlöslichem Material auf Zellwandschichten. Eine A. von innerhalb der Zelle kommt z.B. vor bei der Korkbildung ($\nearrow$ Kork), eine Auflagerung von außen bei Bildung der $\nearrow$ Cuticula. (Inkrustierung)

Akkumulation, Anreicherung von Stoffen in Organismen ($\nearrow$ Bioakkumulation) oder abiotischen ($\nearrow$ abiotische Umweltfaktoren) Komponenten (Geoakkumulation) eines $\nearrow$ Ökosystems oder anderer Bereiche.

Akkumulatorpflanzen, Pflanzen, die bestimmte Elemente anreichern. Einige Vertreter der $\nearrow$ Proteaceae und der Teestrauch, *Camellia sinensis*, weisen z.B. sehr hohe Mengen an Aluminium in den Blättern auf. *Astragalus*-Arten ($\nearrow$ Tragant) reichern Selen an.

Akne, meist mit der Pubertät beginnende und bis etwa zum 25. Lebensjahr andauernde Hauterkrankung, die mit der Bildung von eitrigen Pusteln in talgdrüsenreichen Hautbezirken wie Gesicht, Rükken, Nacken und Brust einhergeht. Ursache der Pustelbildung ist eine verstärkte Verhornung, die zu einer Verstopfung der Haarbälge und Talgdrüsen führt und die durch ein Überwiegen der männlichen Hormone ($\nearrow$ Androgene) hervorgerufen wird. Durch Reiben, Drücken und Kratzen der betroffenen Hautstellen und dadurch eindringende Bakterien (insbesondere *Propionibacterium acnes* zusammen mit anderen Arten wie z.B. *Staphylococcus epidermidis*) kommt es zu den eitrigen

Entzündungen. Begünstigend wirken neben genetischen und psychischen Faktoren manche Nahrungsmittel sowie verschiedene chemische Stoffe. Die Behandlung erfolgt i.d.R. äußerlich und/oder systemisch mit $\nearrow$ Antibiotika.

Akonta, Bez. für Algen, die keine durch Geißeln beweglichen Zellen besitzen. Hierzu gehören z.B. die Rotalgen ($\nearrow$ Rhodophyta).

akro-, als Wortteil: am Ende befindlich, am Scheitel gelegen, zur Spitze auslaufend.

akrodont, Bez. für die oben auf dem Kieferrand befestigten Zähne der $\nearrow$ Fische, der $\nearrow$ Amphibia sowie mancher $\nearrow$ Reptilia. ($\nearrow$ pleurodont, $\nearrow$ thekodont)

akrokarp, Bez. für Laubmoose ($\nearrow$ Bryopsida) mit endständigen $\nearrow$ Sporogonen. Gegensatz: $\nearrow$ pleurokarp

Akromegalie, die Vergrößerung der Finger, Füße, Nase, Lippen, des Unterkiefers und der Zunge als Folge einer krankhaften Überproduktion des $\nearrow$ somatotropen Hormons.

Akron, $\nearrow$ Acron.

akropetal, wörtlich: der Spitze zustrebend, Bez. für eine typische Reihenfolge, wie sie z.B. bei der Blattbildung auftritt: Die jüngsten Blattanlagen liegen dem $\nearrow$ Sprossscheitel am nächsten, die älteren weiter von ihm entfernt. Gegensatz: $\nearrow$ basipetal

Akrosom, spezielles $\nearrow$ Lysosom im Kopfstück von Spermien ($\nearrow$ Spermium).

Akrosomreaktion, $\nearrow$ Befruchtung.

Akrotonie, Förderung des Spitzenbereichs in einem Verzweigungssystem (z.B. bei Bäumen) oder eines Organs (z.B. bei einem Fiederblatt). Gegensatz: $\nearrow$ Basitonie

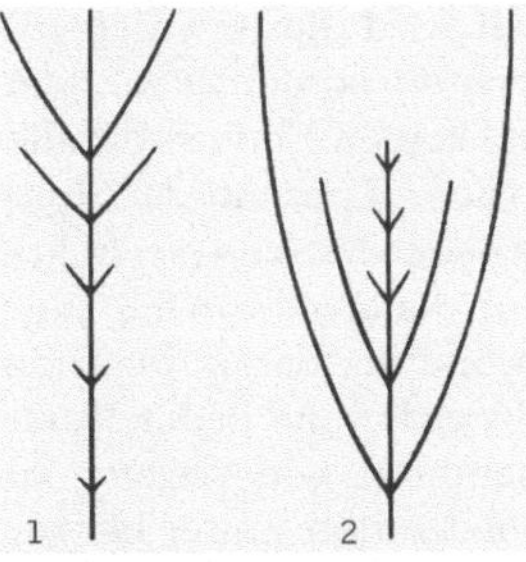

Akrotonie Akrotonie und Basitonie: Bei *Akrotonie* (1) werden die peripheren, bei *Basitonie* (2) vor allem die basalen Achselknospen im weiteren Wachstum gefördert

akrozentrisch, *einschenkelig*, Bez. für Chromosomen, deren $\nearrow$ Centromer nicht mittig, sondern an einem Ende lokalisiert ist. Akrozentrische Chromosomen lassen sich z.B. während der $\nearrow$ Mitose gut erkennen.

aktinomorph, *strahlig*, *radiärsymmetrisch*, nennt man Blüten und andere Organe, die sich durch mindestens zwei rechtwinklig zur Längsachse durchgeführte Schnitte in spiegelbildlich gleiche Teile zerlegen lassen. Gegensatz: ↗ zygomorph.

aktinomorph aktinomorphe (links) und zygomorphe Blüte

Aktinomykose, *Actinomykose*, *Strahlenpilzkrankheit*, durch Actinomyceten hervorgerufene, nicht ansteckende, meist chronische Infektionskrankheit bei Tier und Mensch. Die Erreger sind hauptsächlich Vertreter von *Actinomyces* (↗ Actinomycetaceae), beim Menschen hauptsächlich *Actinomyces israelii* und beim Rind *Actinomyces bovis*. Als Symptome treten granulomatöse bis eitrige Entzündungen, harte Schwellungen, Abszesse und Fisteln auf.

Aktinostele, ↗ Stele.

Aktionskatalog, ↗ Ethogramm.

Aktionspotenzial, *Nervenimpuls*, (gelegentliche nicht korrekte Bez. Spike), die schnelle, vom ↗ Ruhepotenzial ausgehende Änderung des ↗ Membranpotenzials erregbarer Zellen, das Werte um bis zu + 30 mV erreichen kann und nach der Auslösung mit einem konstanten Zeitverlauf abläuft, um schließlich selbsttätig wieder zum Ruhepotenzial zurückzukehren. Diese Potenzialänderung heißt A., weil mit ihr Aktivität (z. B. Muskelarbeit) verbunden ist. Der Zeitverlauf für A. ist jeweils typisch für die verschiedenen Zelltypen. Ein A. dauert z. B. bei Neuronen insgesamt weniger als 1 ms, bei Muskelzellen etwas länger und bei Herzmuskelzellen bis zu 150-300 ms. Ein A. tritt immer automatisch ein, wenn durch Depolarisierung der Zellmembran ein Schwellenwert erreicht wird, der etwa 20 mV positiver ist als das Ruhepotenzial der Zelle. Sein absoluter Betrag hat i. Allg. keinen Einfluss auf die Amplitudenhöhe des A. Diese Tatsache der Konstanz des A. wird als *Alles-oder-Nichts-Gesetz* bezeichnet. Die Depolarisation der Membran führt zur Öffnung von Na^+-Kanälen und der darauf folgende Einstrom von Na^+-Ionen bewirkt eine Ladungsumkehr der inneren Zellmembran von negativ zu positiv, wodurch die Depolarisation weiter bis zur

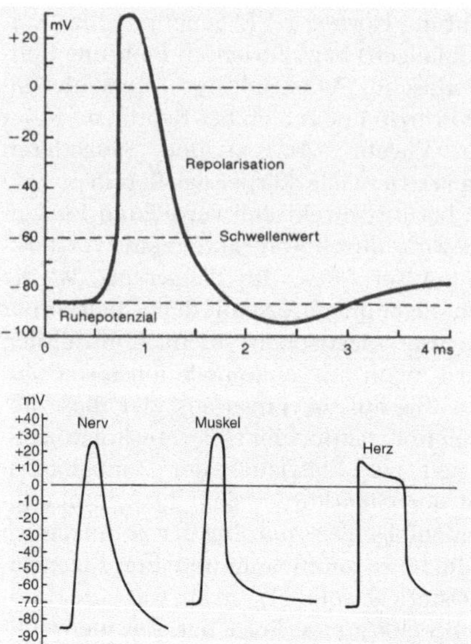

Aktionspotenzial Oben Phasen des Aktionspotenzials; unten Verlauf des Aktionspotenzials bei verschiedenen Zelltypen von Warmblütern (mV = Millivolt; ms = Millisekunden)

Spitze des A. getrieben wird. Da das Zellinnere an diesem Punkt positiv ist, schließen die Na-Kanäle sofort wieder und die im Zellinneren vorhandenen K^+-Ionen verlassen, dem Diffusionsdruck folgend und von der positiven Spannung in der Zelle angetrieben, den Zellinnenraum, bis das Ruhepotenzial wieder erreicht ist. In der Umgebung der Stelle, an der das A. stattfand, findet durch die Ausgleichsströme der Ionen eine leichte Depolarisation statt, die bewirkt, dass die direkt benachbarten Na^+-Kanäle sich öffnen und das Aktionspotenzial dort ausgelöst wird usw.; dies ist der Mechanismus der *Weiterleitung des A.* Direkt im Anschluss an ein A. lassen sich die betroffenen Na^+-Kanäle auch durch Depolarisation nicht öffnen. Diese kurze Zeitspanne, in der die Zelle nicht erregbar ist, wird *Refraktärzeit* genannt und sie bewirkt, dass das A. entlang der Nervenfaser in einer Richtung läuft und nicht zurücklaufen kann. Der Zeitverlauf für das einzelne

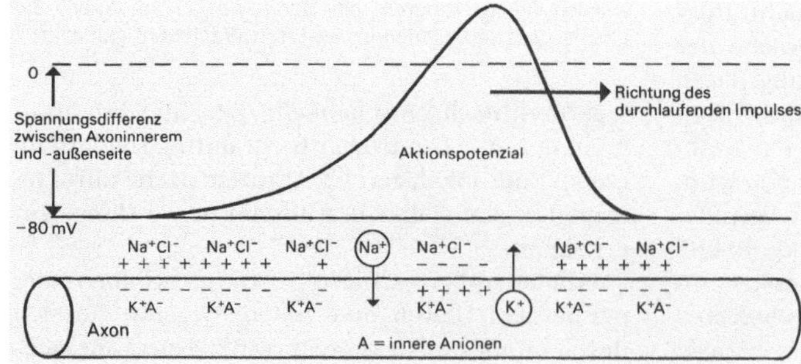

Aktionspotenzial Das Schema für eine Impulsfortleitung zeigt die Na^+- und die K^+-Ionen-Beweglichkeit durch die Axonmembran während des Durchlaufs eines Impulses

A. gibt die Frequenz vor, in der die Zelle „feuert", also A. erzeugt. In dieser Frequenz wiederum ist Information codiert, die dann jeweils typisch für den Zelltyp (Sinnes-, Nerven- oder Muskelzelle) ist; man spricht hier von *Frequenzmodulation*. (↗ Erregung, ↗ Erregungsleitung, ↗ Neuron, ↗ Reiz, ↗ Rezeptor, ↗ Synapse)

Aktionsraum, Gebiet, in dem ein Tier (oder eine Tierfamilie) vorzugsweise agiert und seine Bedürfnisse befriedigen kann. Dieser Raum umschließt Territorien, Aufenthaltsgebiete und Wanderwege.

Aktionsspektrum, *Wirkungsspektrum*, stellt die Größe eines biologischen Effektes in Abhängigkeit der Wellenlänge des Lichtes dar. Ein A. kann durch Vergleich mit dem ↗ Absorptionsspektrum z. B. die Bedeutung unterschiedlicher ↗ Fotosynthesepigmente für die Fotosynthese verdeutlichen.

Aktionszentrum, *Biochorion*, der eng begrenzte Lebensraum innerhalb eines ↗ Biotops, z. B. ein Moospolster oder ein Baumstumpf. (↗ Choriozönose)

    aktive Immunisierung, *aktive Schutzimpfung*, Erzeugung von ↗ Immunität gegen eine Krankheit, indem man ↗ Impfstoffe verabreicht, die eine Immunantwort des Körpers auslösen. Die verwendeten Impfstoffe werden so modifiziert, dass sie zwar noch als ↗ Antigen wirken können, jedoch nicht in der Lage sind, die entsprechende Krankheit hervorzurufen.

    aktive Schutzimpfung, ↗ aktive Immunisierung.

    aktiver Transport, ↗ Transport.

    aktives Sulfat, *Phosphoadenosin-Phosphosulfat*, Abk. *PAPS*, zu den ↗ aktivierten Metaboliten zählende Substanz, die eine wichtige Rolle bei der ↗ Biotransformation inne hat.

    aktives Zentrum, bei ↗ Enzymen derjenige Bereich, an dem das mit Hilfe des Enzyms umzusetzende Molekül (Substrat) gebunden und umgesetzt wird.

    aktivierte Essigsäure, das ↗ Acetyl-Coenzym A.

    aktivierte Metabolite, Bez. für im Stoffwechsel entstehende Verbindungen (Metabolite) die an sich wenig reaktionsfähig sind und daher von Coenzymen (z. B. ATP und weitere Nucleosid-triphosphat-Coenzyme) aktiviert, d. h. in reaktionsfähigere Zwischenprodukte überführt werden, um dann in einer exergonischen Reaktion auf andere Moleküle übertragen zu werden. Beispiele für a. M. sind u. a. ↗ Uridindiphosphat-Glucose, ↗ Cytidindiphosphat-Cholin, ↗ Phosphoadenosin-Phosphosulfat, ↗ S-Adenosyl-Methionin.

    aktiviertes Methyl, ↗ S-Adenosyl-Methionin.

    Aktivierungsenergie, der Energiebetrag in Form von Wärme oder chemischer Energie, der notwendig ist, um eine an sich freiwillig, aber sehr langsam ablaufende chemische Reaktion in Gang zu bringen. Die Wirkung von Enzymen (wie allgemein von

Katalysatoren) beruht auf der Erniedrigung der A., wodurch die Reaktionen des Stoffwechsels schon bei physiologischen Temperaturen die erforderliche Reaktionsgeschwindigkeit erreichen. (↗ Reaktionskinetik, ↗ Katalyse)

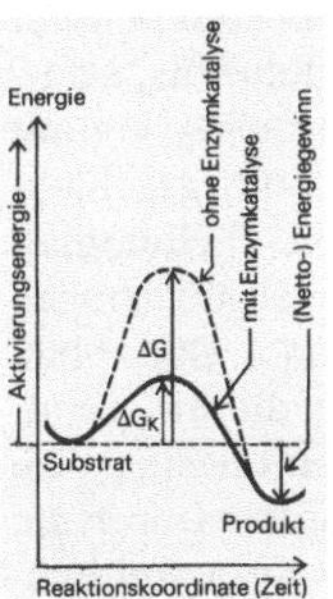

Aktivierungsenergie Energiediagramm einer Enzymkatalyse: Durch Vorgänge wie die Substratbindung unter konformativer Spannung (↗ Enzyme) wird in der Enzymkatalyse die im Reaktionsablauf am Substrat benötigte Aktivierungsenergie gegenüber der Reaktion ohne Enzym entscheidend abgesenkt. Die Rest-Aktivierungsenergie (δG_K) wird von der Wärmebewegung aufgebracht

Aktivin, ↗ transformierender Wachstumsfaktor.

Aktualismus, ↗ Aktualitätsprinzip.

Aktualitätsprinzip, *Aktualismus*, Bez. für eine Methode, die zur Deutung der unbekannten geologischen Vergangenheit bekannte Vorgänge aus der Gegenwart heranzieht und versucht, die früheren Veränderungen der Erdoberfläche durch noch heute wirksame Ursachen zu erklären. Demgemäß dürfen in der Evolution als in der Vergangenheit wirksame Evolutionsfaktoren nur diejenigen gelten, die, wie z. B. ↗ Selektion und ↗ Mutation, auch heute noch wirksam sind. Begründer des in der Geologie und Paläontologie entwickelten A. ist insbesondere C. ↗ Lyell („Die Gegenwart ist der Schlüssel zur Vergangenheit"). Der A. löste die ↗ Katastrophentheorie von G. de ↗ Cuvier ab. (↗ Uniformismus)

Akzeleration, der durchschnittlich schnellere Ablauf der körperlichen Entwicklung des Menschen während der Kindheit und Jugend im Vergleich zu den vorangegangenen Generationen (*säkulare A.*) sowie die Entwicklungsbeschleunigung eines Individuums gegenüber Gleichaltrigen (*individuelle A.*). Die säkulare A. ist seit dem 19. Jh. insbesondere in den Industrieländern zu beobachten. So sind Schulkinder heute um ca. 12 cm größer als ihre Altersgenossen vor 100 Jahren, auch sind Zahndurchbruch, Zahnwechsel und auch das Auftreten altersspezifischer Krankheiten vorverlegt. Eine eindeutige Ursache für die A. konnte bisher nicht benannt werden, diskutiert werden u. a. der verbesserte Lebensstandard (z. B. erhöhte Eiweißzufuhr, verbesserte Hygiene, Änderung der Arbeitsbedingungen) infolge der Industrialisierung und Urbanisierung. Mittlerweile gibt es jedoch Anzeichen dafür, dass der Prozess der A. zurzeit in den Industrieländern langsamer verläuft.

akzessorische Pigmente, ↗ Antennenpigmente.

Ala, Abk. für ↗ Alanin.

Alanin, Abk. *Ala* oder *A*, α-*Aminopropionsäure*, wichtige Aminosäure, als L-Alanin Bestandteil der meisten Proteine, besonders des ↗ Fibroins, als D-Alanin Bestandteil des ↗ Mureins. Freies A. kommt im ↗ Blutplasma vor. Die Synthese von A. geschieht durch eine ↗ Transaminierung von ↗ Glutamat, wobei die Aminogruppe auf Pyruvat übertragen wird. Es entstehen α-Ketoglutarat und A. Der Abbau von A. erfolgt durch die Umkehrung dieser Reaktion oder durch oxidative Desaminierung zu ↗ Brenztraubensäure und ↗ Ammoniak. Durch die leichte Umwandelbarkeit von A. zu Brenztraubensäure wirkt A. gluconeogenetisch (↗ Gluconeogenese).

Alant, *Inula*, Gatt. der ↗ Asteraceae mit ca. 120 Arten. Der Wurzelstock (↗ Rhizom) des Echten Alants, *Inula helenium*, enthält das etherische Alantöl (↗ etherische Öle), das harntreibend, husten- und krampflösend wirkt (↗ Heilpflanzen).

Alarmstoffe, auf den Geruchssinn wirkende Stoffe (↗ Pheromone), die bei Artgenossen Fluchtverhalten oder Angriff auslösen. Sie sind in ihrer chemischen Struktur uneinheitlich und kommen insbesondere bei sozialen Insekten (Ameisen, Bienen) vor, sind aber z. B. auch bei Elritzen (Süßwasserschwarmfische) nachgewiesen.

Alaudidae, *Lerchen*, Fam. der Singvögel (↗ Passeriformes) mit etwa 75 hauptsächlich in der Alten Welt verbreiteten Arten. Lerchen sind Bodenvögel, die in offenen Landschaften leben und mit ihrem erd- bis sandfarbenem Gefieder diesem Lebensraum sehr gut angepasst sind. Die Nahrung besteht aus Insekten und kleinen Sämereien, dementsprechend sind die Schnäbel der A. klein und spitz. Lerchen singen meist im Flug. In Mitteleuropa vorkommende Arten sind die in offenem, baumlosen Gelände lebende *Feldlerche* (*Alauda arvensis*), mit charakteristischem, anhaltend trillerndem Gesang beim Flug. Sie ist ein Teilzieher mit Überwinterungsgebieten im Mittelmeerraum. Die *Heidelerche* (*Lullula arborea*) ist mit 15 cm Größe etwas kleiner als die Feldlerche und wirkt etwas kurzschwänzig; ebenfalls Teilzieher, der in West- und Südeuropa überwintert. Typisches Kennzeichen der *Haubenlerche* (*Galerida cristata*) ist die spitze Haube. Sie ist ein Standvogel, der trockenes Ödland, aber auch z. B. Fabrikgelände, Flughäfen, Pferderennbahnen bewohnt.

Albatrosse, *Diomedeidae*, Fam. der Röhrennasen (↗ Procellariiformes).

Albinismus, 1) bei *Menschen* und *Tieren* auftretendes, erblich bedingtes Fehlen der Pigmentierung von Haaren, Haut und Augen. Ursache von A. ist ein Defekt in der Biosynthese des Farbstoffs ↗ Melanin, das im Phenylalanin-Stoffwechsel aus der Aminosäure ↗ Tyrosin synthetisiert wird. Fehlt das Enzym *Tyronase*, kann die Hydroxylierung von Tyrosin zur Melaninvorstufe ↗ Dopa nicht mehr ablaufen. Deshalb erscheinen die Haut von so genannten *Albinos* blass und die Haare weißlich. Aufgrund der fehlenden Pigmentierung der Augen lassen die dort durchscheinenden Blutgefässe diese rötlich aussehen. A. hat zudem den Verlust des Schutzes der Haut gegenüber intensiven Sonnenstrahlen zur Folge und führt aus demselben Grund zur *Schwachsichtigkeit* der Betroffenen.

Vollständiger A. ist autosomal rezessiv vererbt, wohingegen die Scheckung des Fells, wie sie bei Rindern, Pferden oder Meerschweinchen vorkommt, einem autosomal dominanten Erbgang folgt (*partieller A.*). In einigen Fällen kann Proteinmangel zu Symptomen führen, die vor allem bei Kleinkindern dem Erscheinungsbild von A. ähneln (↗ Phänokopie).

2) bei *Pflanzen* das Fehlen von Chlorophyll, das durch genetisch bedingte Enzymdefekte oder aber Nährstoffmangel verursacht werden kann (↗ Chlorose).

Albumine, Sammelbez. für Proteine aus Körperflüssigkeiten oder Pflanzensamen, die im Unterschied zu den ↗ Globulinen in reinem Wasser löslich sind. *Albumin* ist das mengenmäßig wichtigste Protein im menschlichen Blutplasma (↗ Plasmaproteine). Es trägt wesentlich zur Aufrechterhaltung des kolloidosmotischen Drucks des Blutes bei und ist darüber hinaus eine wichtige Aminosäure-Reserve für den Körper. Es besitzt Bindungsstellen für ↗ lipophile Substanzen und fungiert als ↗ Carrier für langkettige Fettsäuren, einige Steroidhormone, Bilirubin, Pharmaka sowie Vitamine und darüber hinaus auch Ca^{2+}- und Mg^{2+}-Ionen.

Alcaligenes, Gatt. der β-Untergruppe der ↗ Proteobacteria. A.-Arten sind peritrich begeißelt (↗ Flagellen) und haben einen streng aeroben Stoffwechsel. Sie kommen als Saprobier im Boden, Wasser, Belebtschlamm von ↗ Kläranlagen und im Darm von Wirbeltieren vor. A. *xylooxidans* gehört zu den Wasserstoff oxidierenden Bakterien (↗ Wasserstoffbakterien) A. *faecalis* findet man im Darmtrakt des Menschen und in Milchprodukten.

Alcedinidae, *Eisvögel*, zu den ↗ Coraciiformes gehörende Familie.

Alcelaphinae, *Kuhantilopen*, Unterfam. hochbeiniger Antilopen in Steppen und Savannen Afrikas (↗ Bovidae).

Alces, die Gatt. ↗ Elche.

Alcidae, *Alken*, eine Familie meerbewohnender Schwimmvögel, die auf der Nordhalbkugel verbreitet sind. An Land sitzen sie hoch aufgerichtet oder watscheln, unter Wasser benutzen sie zum

Schwimmen ihre kurzen Flügel. Sie fliegen schnell, meist niedrig über dem Wasser mit schwirrendem Flügelschlag und nach hinten gestreckten Beinen. Alken brüten an Klippen und felsigen Ufern, außerhalb der Brutzeit leben sie auf dem offenen Meer. Regelmäßig kommen in Nordsee und Ostatlantik folgende Arten vor: *Tordalk (Alca torda)*, ein Wintergast, leicht zu erkennen am hohen, seitlich abgeflachten Schnabel mit weißer vertikaler Linie. Die *Trottellumme (Uria aalge)* ist in unseren Gewässern der häufigste Alk und z. B. Brutvogel auf Helgoland. Leicht an seinem hohen, dreifarbigen Schnabel zu erkennen ist der *Papageitaucher (Fratercula arctica)*, ebenfalls ein Wintergast in Nordsee und Nordatlantik. Papageitaucher brüten in selbstgegrabenen Höhlen an Steilwänden, oft in großen Kolonien. Bei allen Felsbrütern unter den Alken sind die Eier birnenförmig, sodass sie nicht so leicht wegrollen können.

Alchemilla, Gatt. der ↗ Rosaceae.

Älchen, kleine Fadenwürmer, Benennung nach der schlängelnden (aalähnlichen) Bewegung; einige sind bedeutende Schädlinge in der Landwirtschaft, z. B. ↗ Rübennematode und ↗ Kartoffelnematode. (↗ Secernentea)

Alcyonaria, *Lederkorallen*, zu den ↗ Octocorallia gehörende Gruppe der Blumentiere (↗ Anthozoa) mit etwa 800 Arten. Die fleischigen Kolonien können durch Wasseraufnahme bzw. -abgabe mittels spezialisierter Polypen (*Siphonozooide*) an- und abschwellen. Häufiger Beifang der Nordseefischer ist die *Tote Mannshand (Alcyonium digitatum)*, die früher aufgrund ihres Gehalts an Natrium, Kalium und Phosphor getrocknet als Dünger (*Meerhand-Guano*) verwendet wurde.

Aldehyde, organische Verbindungen, die eine *Aldehyd-* oder *Formylgruppe* –CHO als funktionelle Gruppe tragen. Sie entstehen bei der Oxidation primärer Alkohole und ihre Hydrierung (z. B. bei der ↗ alkoholischen Gärung) führt auch wieder zu primären ↗ Alkoholen. A. sind funktionelle Gruppen z. B. vieler Zuckermoleküle (↗ Aldosen).

Aldimin, allgemein Bez. für eine ↗ Schiff'sche Base, die aus einer Aminosäure und ↗ Pyridoxalphosphat besteht, der ↗ prosthetischen Gruppe aller ↗ Transaminasen. Bei der ↗ Transaminierung geht Pyridoxalphosphat mit dem Aminosäure-Substrat eine Bindung ein und das entstehende Zwischenprodukt (eben das A.) geht unter Übertragung der Aminogruppe auf das Enzym in eine Ketosäure über, die vom Enzym freigesetzt wird.

Aldohexosen, Bez. für ↗ Monosaccharide mit einem Gerüst aus sechs C-Atomen (*Hexose*) und einer Aldehydgruppe.

Aldolase, zu den ↗ Lyasen gehörendes Enzym, das die Spaltung von Fructose-1,6-bisphosphat in Dihydroxyacetonphosphat und Glycerinaldehyd-3-phosphat (↗ Glykolyse) katalysiert. In Leber und Niere gibt es auch eine Form, die Fructose-1-phosphat spaltet. A. hat ihre höchste Aktivität im Skelettmuskel. Erhöhte A.-Werte im Blut haben diagnostische Bedeutung vor allem bei Leber- und Muskelerkrankungen.

Aldopentosen, Bez. für ↗ Monosaccharide mit einem Gerüst aus fünf C-Atomen (*Pentose*) und einer Aldehydgruppe.

Aldosen, Bez. für ↗ Monosaccharide, die eine Aldehydgruppe tragen. (↗ Ketosen)

Aldosteron, in der ↗ Nebenniere gebildetes, zu den ↗ Mineralocorticoiden gehörendes ↗ Hormon, das im Dienst der Homöostase des Elektrolyt- und Wasserhaushaltes der Nieren sowie der Schweiß-, Speichel- und Verdauungsdrüsen steht. Hauptwirkung des A. ist die Förderung der Natriumrückresorption durch die Epithelien der Nierentubuli (↗ Niere). Dadurch vermindert es den Verlust von Natrium (Na^+) und seinen Begleitionen (Chloridionen, Bicarbonationen) und spielt damit eine Schlüsselrolle bei der Aufrechterhaltung des extrazellulären Flüssigkeitsvolumens im Organismus. Im Gegenzug fördert es die Sekretion von Kaliumionen (K^+) und Protonen (H^+). Die A.-bedingte Zunahme des extrazellulären Flüssigkeitsvolumens geht einher mit einer Erhöhung der Nierendurchblutung und einer arteriellen Blutdrucksteigerung. Die A.-Abgabe wird über das ↗ Renin-Angiotensin-System gesteuert, wobei die Erregung des ↗ Sympathikus eine wichtige Rolle spielt.

Aldrovandi, *Ulisse*, italienischer Arzt und Naturforscher, * 11.9.1522 Bologna, † 4.5.1605 Bologna; ab 1560 Professor in Bologna, wo er 1568 den Botanischen Garten begründete, einen der ersten seiner Art. Neben C. ↗ Gesner ist A. einer der „Väter der Zoologie". Er wurde berühmt durch seine genauen systematischen Beobachtungen von Pflanzen, Tieren und Mineralien, die in mehreren bebilderten Werken niedergelegt sind.

alecithal, Bez. für Eier ohne Dottervorrat (↗ Dotter, ↗ Furchung).

Aleurites, Gatt. der ↗ Euphorbiaceae.

Aleuron, durch Wasserentzug ausgefälltes Speicherprotein, das besonders in Samen und Fruchtwänden vorkommt. Die Aleuronkörner bestehen aus vielen kleinen proteinreichen ↗ Vakuolen, die durch Wasserentzug starr und rundlich geworden sind. Die A.-Körner können auch quellbare Eiweißkristalle enthalten. Die aleuronreiche Schicht im Getreidekorn bezeichnet man als *Aleuronschicht*. Diese Schicht bleibt beim Mahlen in der Kleie zurück (siehe Abb. auf Seite 38).

Aleuronschicht, ↗ Aleuron.

Aleyrodina, *Mottenschildläuse*, *Weiße Fliegen*, Gruppe der Pflanzenläuse (↗ Stenorrhyncha) mit

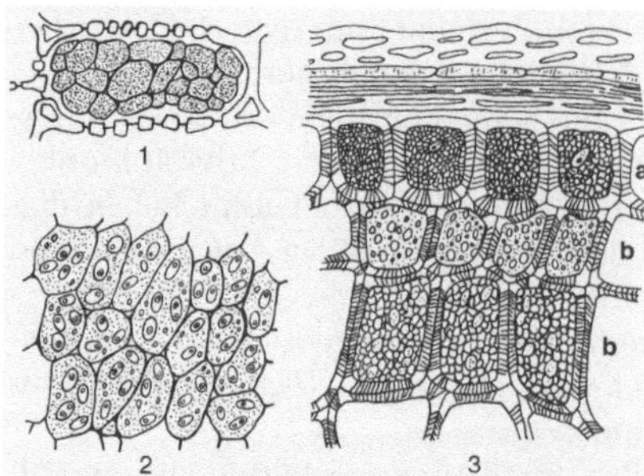

Aleuron Aleuronkörner 1 bei der Lupine, 2 beim Leinsamen mit Proteinkristallen, 3 beim Getreidekorn; a Aleuronschicht, b Stärkezellen

insgesamt 1100 geflügelten Arten, darunter 17 in Mitteleuropa. Körper und Flügel sind mit einem mehlähnlichen Wachsstaub bedeckt, der von ventral am Abdomen liegenden Drüsen abgesondert wird. Die Hinterbeine sind als Sprungbeine ausgebildet. Das Tracheensystem ist stark reduziert. Die Eier werden mit einem Stiel am Pflanzengewebe befestigt, es treten vier Larvenstadien auf. A. werden mitunter schädlich an ↗ Kulturpflanzen durch Saugen und Honigtaubildung.

Algarrobobaum, der ↗ Mesquitebaum.

Algen, *Phycobionta*, nach der bisherigen Systematik eine Abteilung des Pflanzenreiches mit zwölf bis 15 Klassen, nach der neueren Systematik ein Organisationstyp des Pflanzenreiches mit neun Abteilungen, die ca. 26000 Arten umfassen; ein- bis vielzellige, eukaryotische (↗ Eucarya), primär fotoautotrophe (↗ Autotrophie, ↗ Fototrophie) Pflanzen mit meist thallophytischer (↗ Thallophyten) Organisation. Sie wachsen vorwiegend im Wasser (Meer- und Süßwasser), z. T. auch an feuchten ↗ Standorten an Land. Im Wasser schweben sie entweder als ↗ Plankton oder sind als ↗ Benthos an

Gestein, Sand usw. festgewachsen. Die ↗ Plastiden nahezu aller A. enthalten Chlorophyll a (↗ Chlorophyll), daneben meist eine weitere Chlorophyllkomponente (↗ Algenpigmente) sowie ↗ akzessorische Pigmente. Nach der ↗ Endosymbiontentheorie sind die Plastiden durch ↗ Endosymbiosen in Wirtszellen eingebracht worden.

Die meisten A. können sich sowohl vegetativ (asexuell) als auch sexuell fortpflanzen. Bei der vegetativen Fortpflanzung, deren Grundlage die ↗ Mitose ist, unterscheidet man die Zweiteilung (Schizotomie), die Bildung mehrerer Tochterzellen (Schizogonie) und den Zerfall mehrzelliger A. in wenigerzellige Teile. Viele A. vollziehen einen so genannten ↗ Generationswechsel, bei dem sich sexuelle und vegetative Vermehrung abwechseln. Die ↗ Sporen bildenden Organe sind stets einzellig, das Gleiche gilt meist für die ↗ Gametangien. Die männlichen Gametangien der A. werden im Unterschied zu denen der Moose und Farne als Spermatogonien (mit begeißelten Spermatozoiden) bzw. Spermatangien (mit unbegeißelten Spermatien) bezeichnet, die weiblichen Gametangien als Oogonien (mit Eizelle) bzw. Karpogonien (mit besonderer Entwicklung nach der ↗ Befruchtung). Bei den meisten A. sind die Fortpflanzungszellen (↗ Gameten, ↗ Sporen) begeißelt.

Die Vielfalt der A. reicht von einfachen Einzellern über fädige, unverzweigte und verzweigte Formen bis hin zu hoch organisierten Meeresalgen von mehreren Metern Größe.

Nach der neueren Systematik umfassen die A. neun Abteilungen: ↗ Glaucophyta, ↗ Euglenophyta, ↗ Cryptophyta, ↗ Chlorarachniophyta, ↗ Dinophyta sowie ↗ Haptophyta, ↗ Heterokontophyta, ↗ Rhodophyta und ↗ Chlorophyta. Diese Abteilungen entsprechen vielfach den früheren Klassen. Nach der früheren Systematik wurden auch die als Blaualgen bezeichneten ↗ Cyanobakterien und die

Algen Vorkommen und relative Verteilung der wichtigsten Algen-Abteilungen bzw. -klassen

Abteilung Klasse	ungefähre Artenzahl	Vorkommen im Süßwasser und auf dem Festland	Vorkommen im Meerwasser
Euglenophyta (Schönaugengeißler)	800	+ + + +	+
Chlorarachniophyta	>100	–	+ + + +
Cryptophyta (Schlundgeißler)	100	+	+
Dinophyta (Panzergeißler)	2 000	+	+ + + +
Heterokontophyta *Bacillariophyceae* (Kieselalgen) *Phaeophyceae* (Braunalgen) *Chrysophyceae* (Goldalgen) *Xanthophyceae* (Gelbgrünalgen)	20 000 1500 1000 600	+ + + (+) + + + + + +	+ + + + + + + + + + + +
Rhodophyta (Rotalgen)	5 000	+	+ + + +
Chlorophyta (Grünalgen)	8 250	+ + + +	+

↗ Prochlorobakterien (früher: Prochlorophyta) zu den Algen gerechnet.

A. dienen vielen Wassertieren als Hauptnahrungsquelle. Auch der Mensch nutzt A. in vielfältiger Weise (↗ Algenkultur).

Algenblüte, ↗ Wasserblüte.

Algenfarn, die Gatt. ↗ Azolla.

Algenkultur, einerseits die Kultur von ↗ Algen für wissenschaftliche Zwecke; andererseits die Kultur von Algen zur wirtschaftlichen Nutzung. Letztere ist vor allem in Asien weit verbreitet. Arten der zu den Rotalgen (↗ Rhodophyta) gehörenden Gattung *Nori* sowie Algen verschiedener Braunalgengattungen (↗ Phaeophyceae) werden traditionsgemäß in Japan und China für die Ernährung verwendet. Einige Arten werden in großen marinen Farmen kultiviert. Aus Rot- und Braunalgen werden Gelier- und Schleimstoffe gewonnen, die als Stabilisatoren bei der Herstellung von Nahrungsmitteln und in der Kosmetikindustrie Verwendung finden. Aus Rotalgen wird Agar-Agar (↗ Agar) gewonnen, der für die Herstellung von ↗ Nährböden für die ↗ Mikrobiologie unentbehrlich ist. Aus Braunalgen lassen sich Alginsäure und Algenmehl gewinnen.

Algenpilze, die ↗ Oomycota.

Alginat, Salz der ↗ Alginsäure.

Alginsäure, ein Polysaccharid, das aus den Zellwänden bestimmter Braunalgen (↗ Laminariales) gewonnen wird und chemisch aus wechselnden Anteilen von Mannuronsäure und Guluronsäure besteht. In Form von Salzen (*Alginate*) wird A. aufgrund seiner gelierenden Eigenschaften in der Lebensmittel- und Pharmaindustrie eingesetzt. (↗ Algenkultur)

Alginsäure Alginsäure

Alismataceae, *Froschlöffelgewächse*, Fam. der ↗ Alismatales mit ca. 95 Arten. Kennzeichnend sind wenig- bis einsamige Nussfrüchte (↗ Frucht), quirlig-rispige Blütenstände (↗ Blütenstand) und Pollenkörner mit mehreren Öffnungen. Vielfach werden auch Schwimm- und Wasserblätter gebildet. Zu dieser Fam. gehören u. a. die Gatt. *Alisma* (Froschlöffel) und *Sagittaria* (Pfeilkraut).

Alismatales, Ord. der ↗ Liliopsida mit den Fam. Butomaceae und ↗ Alismataceae. Die meisten Arten dieser krautigen Sumpf- und Wasserpflanzen

besitzen ein auffälliges zweikreisiges ↗ Perianth und einen oberständigen ↗ Fruchtknoten.

Alkalipflanzen, ↗ Basiphyten.

Alkaloide, überwiegend in Pflanzen (z. B. ↗ Solanaceae, ↗ Ranunculaceae, ↗ Papaveraceae, ↗ Fabaceae) vorkommende, meist heterozyklische organische Verbindungen mit einem oder mehreren Stickstoffatomen. Sie sind basisch (*alkalisch*, daher der Name) und verbinden sich mit Säuren zu Salzen. Sie gehören den unterschiedlichsten Stoffklassen an und sind meist farblos und kristallin. Auch Mikroorganismen und manche Tiere (z. B. Salamander, Kröten) synthetisieren A., letzteres ist jedoch äußerst selten und die A. sind meist in Hautdrüsen lokalisiert, da A. auf den tierischen Organismus meist als Nervengifte wirken.

A. sind oft nur in bestimmten Teilen der Pflanzen zu finden, wobei Synthese- und Speicherort nicht identisch sein müssen (z. B. *Nicotiana*: Synthese in den Wurzeln, Speicherung in den Blättern). Eine Selbstvergiftung durch A. verhindern die Pflanzen durch besondere Exkretzellen, wie z. B. die ↗ Milchröhren der Papaveraceae (Mohngewächse), deren ↗ Milchsaft viele Alkaloide (u. a. Morphin) enthält. A. sind Produkte des Sekundärstoffwechsels und entstehen über eine Vielzahl von Biosynthesewegen. Ihre Funktion ist weitgehend unbekannt, sie scheinen in einigen Fällen jedoch als Schutz gegen Fraßfeinde zu dienen.

A. zählen zu den ältesten ↗ Drogen der Menschheit (z. B. ↗ Opium). Die meisten A. sind starke Gifte, die spezifisch auf bestimmte Zentren des Nervensystems wirken (z. B. ↗ Strychnin, ↗ Nicotin). Sie können in geeigneter Dosierung jedoch auch als Heilmittel dienen (z. B. ↗ Morphin, ↗ Chinin, ↗ Atropin oder auch *Vincaalkaloide* mit zytostatischen Eigenschaften). Andere A. werden als Anregungsmittel z. B. in Kaffee (↗ Coffein), Tee (*Theophyllin*) oder Kakao (*Theobromin*) genossen. Zu den A. zählen auch Halluzinogene (↗ LSD, ↗ Psilocybin) und Betäubungsmittel. Die euphorisierende Wirkung mancher A. (Morphin, ↗ Cocain) kann zu Gewöhnung und ↗ Sucht führen. (siehe Tabelle auf Seite 40)

alkalophil, Bez. für Organismen, die zum Wachstum den alkalischen pH-Bereich (↗ pH-Wert) bevorzugen oder obligat benötigen. Zu den alkalophilen Pflanzen gehören die ↗ Basiphyten und ↗ Kalkpflanzen. Alkalophile ↗ Mikroorganismen bevorzugen pH-Bereiche von 8,0 bis 11,5. Alkalophile Stämme gibt es bei allen Mikroorganismengruppen (Bakterien bis Pilze). Alkalophil sind z. B. *Bacillus*- und *Streptomyces*-Arten. Beipiele für a. Pilze sind *Fusarium* und *Penicillium*.

Alkalose, die Anhebung des Blut-pH-Wertes über einen Wert von 7,43 infolge eines gestörten Säure-Base-Gleichgewichtes. Wie bei der ↗ Acidose wird

Alkaloidgruppe	Strukturtyp (hauptsächliche Vorstufen hervorgehoben)	biogenetische Vorstufen
Pyrrolidinalkaloide	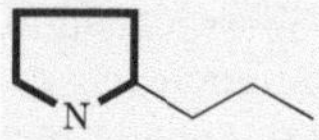	Ornithin, Acetat
Pyrrolizidinalkaloide	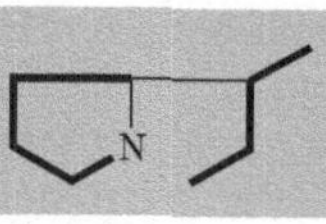	Ornithin
Tropanalkaloide	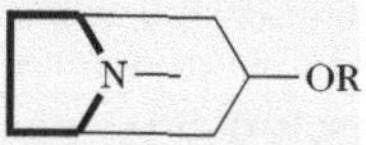	Ornithin, Acetat
Piperidinalkaloide (*Conium*)	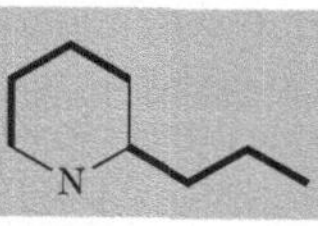	Acetat
Piperidinalkaloide (*Punica, Sedum, Lobelia*)	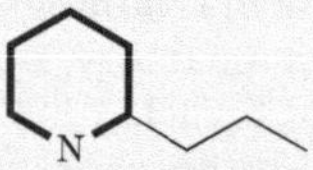	Lysin, Acetat oder Phenylalanin
Chinolizidinalkaloide	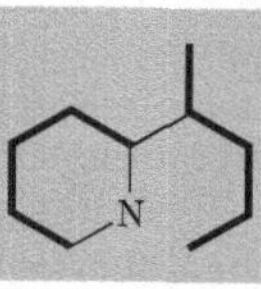	Lysin
Isochinolinalkaloide	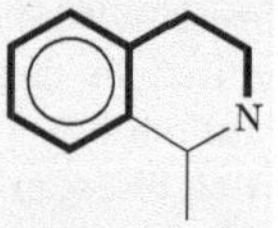	Phenylalanin oder Tyrosin
Indolalkaloide	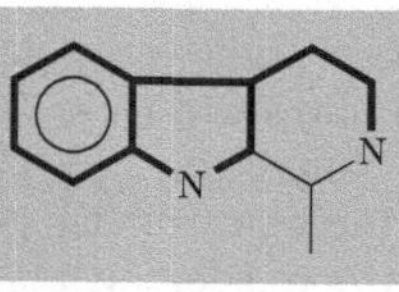	Tryptophan
Chinolin (*Rutaceae*)	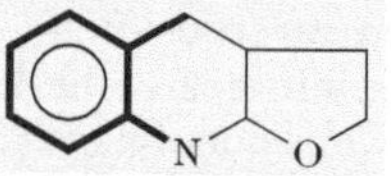	Anthranilsäure
Terpenalkaloide	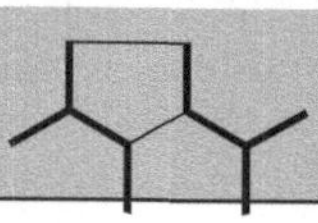	Mevalonsäure

Alkaloide Strukturtypen und biogenetische Vorstufen der häufigsten Alkaloidgruppen

unterschieden zwischen metabolischer und respiratorischer Alkalose. Ursachen für eine *metabolische A.* können u. a. sein: übermäßige Basenzufuhr (Bicarbonat, Laktat, Citrat z. B. bei Transfusion großer Volumen) oder Verlust an Wasserstoffionen, z. B. durch Magensaftverlust, bei Kaliummangel, bei hormonellen Störungen (zu hohe Aldosteronproduktion in der Nebenniere) oder Therapie mit Corticoiden. Die *respiratorische A.* beruht auf einer ↗ Hyperventilation, wodurch der CO_2-Partialdruck im Blut gesenkt wird. Als Folge einer A. kann u. a. eine ↗ Tetanie auftreten.

Alkaptonurie, durch einen genetischen Effekt des Enzyms Homogentisinsäure-Oxidase bedingte Anomalie des menschlichen Stoffwechsels. Aufgrund des Defekts kann ↗ Homogentisinsäure, ein Zwischenprodukt beim Abbau von ↗ Phenylalanin und ↗ Tyrosin, im Körper nicht abgebaut werden und wird daher im Urin ausgeschieden. Erkennbar ist A. an der Dunkelfärbung (durch Melanine) des Urins nach Alkalizusatz oder Einwirkung von Luftsauerstoff. Die Alkaptonurie verursacht i. Allg. keine Beschwerden.

Alken, ↗ Alcidae.

Alkohol-Dehydrogenase, Abk. *ADH*, zu den ↗ Oxidoreduktasen gehörendes Enzym, das in ↗ Hefen als letzten Schritt der ↗ alkoholischen Gärung ↗ Acetaldehyd zu ↗ Ethanol hydriert, wobei NADH+H⁺ die Reduktionsäquivalente liefert. ADH katalysiert auch die Umkehrreaktion mit NAD⁺ als Wasserstoffakzeptor. ADH kommt außer in Hefen in vielen Organismen vor. In der Leber katalysiert sie den Abbau von Ethanol, in der Netzhaut des Auges ist sie an der Regenerierung von Retinal zu Retinol beteiligt. Die Geschwindigkeit des Ethanolabbaus in der Leber wird durch die ADH-Aktivität bzw. die verfügbare Menge an NAD⁺ begrenzt. Daher wird eine maximale Abbaugeschwindigkeit schon bei kleinen Ethanolkonzentrationen erreicht und der weitere Abbau verläuft mit konstanter Geschwindigkeit (Reaktion 0. Ordnung; ↗ Reaktionskinetik).

Alkohole, organische Verbindungen, in denen eine oder mehrere *Hydroxygruppen* (OH-Gruppe) an gesättigte C-Atome gebunden sind. Einwertige A. haben eine OH-Gruppe, mehrwertige Alkohole weisen zwei oder mehr OH-Gruppen auf (z. B. ist ↗ Glycerin ein dreiwertiger Alkohol, da es drei OH-Gruppen besitzt). Befinden sich an dem C-Atom, an dem die OH-Gruppe hängt noch zwei Wasserstoffatome, handelt es sich um einen *primären A.* Ist eines der Wasserstoffatome durch einen Kohlenstoffrest ersetzt, liegt ein *sekundärer A.* vor, bei einem *tertiären A.* sind beide Wasserstoffatome durch Kohlenstoffreste ersetzt. Alkoholische Gruppen kommen in zahlreichen Verbindungen vor, besonders in den Zuckern und den Hydroxysäuren (u. a. ↗ Milchsäure, Äpfelsäure, ↗ Citronensäure) in Carotinoiden (z. B. ↗ Retinol) und in ↗ Steroiden. ↗ Ethanol und Propanol werden zur Fällung von Nucleinsäuren und zur Trocknung und ↗ Konservierung von tierischen und pflanzlichen Stoffen eingesetzt. Ethanol ist außerdem wohl das verbreitetste Genussmittel (↗ Sucht).

alkoholische Gärung, *Ethanolgärung, Äthanolgärung*, Umwandlung von ↗ Glucose in ↗ Ethanol und ↗ Kohlenstoffdioxid im anaeroben Stoffwechsel vieler Organismen. An dieser Vergärung (↗ Gärung) von Zucker sind hauptsächlich ↗ Hefen beteiligt, besonders Stämme von *Saccharomyces cerevisiae* (↗ Saccharomycetaceae). Auch bei verschiedenen anaeroben und fakultativ aeroben Bakterien entsteht Alkohol als Haupt- oder Nebenprodukt der Vergärung von Zuckern. Zur Alkoholproduktion sind auch Pilze fähig, z. B. *Aspergillus*, *Fusarium* und *Mucor*.

Bei der alkoholischen Gärung wird zunächst Glucose wie in der ↗ Glykolyse (oder bei der ↗ Milchsäuregärung) bis zum Pyruvat (↗ Brenztraubensäure) abgebaut. Von Pyruvat wird anschließend Kohlenstoffdioxid abgespalten. Dabei entsteht Acetaldehyd, der durch NADH (aus der Glykolyse) zu

Ethanol reduziert wird. Das oxidierte NAD⁺ (↗ Nicotinamid-Adenin-Dinucleotid) steht dann wieder als Wasserstoffakzeptor in der Glykolyse zur Verfügung. Die summarische Gleichung der alkoholischen Gärung durch Hefe wurde bereits von J.L. ↗ Gay-Lussac (1815) in ihrer heutigen Form aufgestellt: $C_6H_{12}O6 \rightarrow 2\ CO_2 + 2\ C_2H_5OH$.

Die optimale Gärtemperatur liegt zwischen 30 und 37 °C, der optimale Zuckergehalt bei max. 20 bis 25 %. Die Gärung läuft optimal ab, wenn anaerobe Bedingungen bestehen. Bei Belüftung geht die Gärung zugunsten der Atmung zurück und lässt sich bei einigen Hefen fast völlig unterdrücken. Dieses Phänomen, das L. ↗ Pasteur bereits vor über 100 Jahren beobachtete, wird als *Pasteur-Effekt* bezeichnet.

Die alkoholische Gärung ist die wirtschaftlich bedeutsamste aller ↗ Gärungen. Ethanol wird als Grundstoff für die chemische Industrie, als Kraftfahrzeugtreibstoff und als Genussmittel (↗ Bier, ↗ Wein) in großem Umfang produziert.

Als Ethanolproduzenten könnten in Zukunft auch Bakterien eine Rolle spielen, die sich durch höhere Produktivität oder Thermophilie (Gärung um 70 °C) auszeichnen. Dazu gehören die nicht thermophile Gatt. ↗ Zymomonas und thermophile Arten der ↗ Clostridien. Durch die Suche nach alternativen, erneuerbaren Energieträgern hat in neuerer Zeit die Umwandlung von ↗ Biomasse in Ethanol verstärkt an Bedeutung gewonnen (↗ Bioenergie). Von wirtschaftlicher Bedeutung ist auch die Gewinnung von ↗ Glycerin, das als Nebenprodukt einer modifizierten Hefegärung entsteht.

Allantoin, *5-Ureidohydantoin*, in Blut und Harn von Tieren, aber auch in Zellsäften von Pflanzen vorkommendes Abbauprodukt der ↗ Harnsäure. Bei den meisten Säugern, Insekten und Schnecken ist A. das Endprodukt des Purinabbaus (↗ Purin), das aus Harnsäure in einem Schritt in Gegenwart von Uricase entsteht und im Harn ausgeschieden wird. Bei manchen Tieren und Mikroorganismen wird A. zu *Allantoinsäure* weiter abgebaut und bei anderen zu *Harnstoff*. In bestimmten Pflanzen (*Ureidpflanzen*) ist A. zusammen mit Allantoinsäure Bestandteil des löslichen Stickstoffpools.

Allantoin

Allantoinsäure, Abbauprodukt des ↗ Allantoin.

Allantois, *Harnhaut*, bei Reptilien und Vögeln zunächst ein embryonaler *Harnsack*, der in seinem Lumen wasserunlösliche Exkrete speichert. Mit zunehmender Größe legt sich die A. mit ihrer gefäßreichen Wand innen an das Chorion (↗ Embryonalhüllen) an und dient sekundär als Atemorgan dem Gasaustausch durch die poröse Eischale. Bei Säugetieren (außer ↗ Monotremata und ↗ Marsupialia) verliert sie ihre Funktion als Exkretspeicher und trägt mit den Blutgefäßen wesentlich zur Durchblutung der ↗ Placenta bei.

Allele, Versionen eines Gens, die auf der durch natürliche Mutationsereignisse hervorgerufenen Variabilität des Genoms basieren. Sie liegen auf identischen Abschnitten homologer Chromosomen. Auf molekularer Ebene unterscheiden sich A. in ihrer Basensequenz, was zu abgewandelten Proteinprodukten führen kann. Vielfach haben diese dann verschiedene Phänotypen (z. B. Farbe von Körperbehaarung und Blütenblättern) zur Folge. Bei diploiden Organismen spricht man im Falle derselben A. von ↗ Homozygotie, wohingegen ↗ Heterozygotie durch unterschiedliche A. gekennzeichnet wird. So genannte Allelfrequenzen geben an, wie hoch der Anteil bestimmter A. in einer Population ist (↗ Genfrequenz). Durch ↗ Selektion verursachte Veränderungen der Häufigkeiten von A. sind eine der Hauptursachen der Evolution (↗ multiple Allelie, ↗ Multigenfamilie).

Allelfrequenz, *Allelhäufigkeit*, ↗ Genfrequenz.

allelomimetisches Verhalten, die ↗ Stimmungsübertragung.

Allelopathie, Wechselwirkungen zwischen einer Pflanze und Nachbarpflanzen derselben oder anderer Arten, die deren Wachstum und Entwicklung behindern. Durch A. hat diese Pflanze an ihrem Standort einen Vorteil, weil die allelopathisch beeinflussten Pflanzen im Wettbewerb um Wasser, Nährstoffe und Licht benachteiligt sind. A. schließt i. w. S. auch positive Effekte ein.

Das Interesse an A. gilt nicht nur der Erforschung bei Wildpflanzen, sondern vor allem dem wechselseitigen Einfluss von Wild- und Kulturpflanzen oder mehreren Kulturpflanzenarten untereinander. A. äußert sich bei einer Reihe von *Baumarten* (Walnuss, Eukalyptusarten, Koniferenarten) in der Tatsache, dass in ihrer unmittelbaren Umgebung wenige oder überhaupt keine anderen Baumarten als Unterwuchs vorkommen. Ähnliche A.-Effekte lassen sich auch bei amerikanischen *Salvia*-Arten beobachten.

Als Signale werden eine Vielzahl von Verbindungen des primären und sekundären Stoffwechsels der Pflanzen (↗ sekundäre Pflanzenstoffe) diskutiert (so genannte *Allelopathika*). Sie können als flüchtige Verbindungen über die Blätter oder aber von den Wurzeln durch Exsudation in das Bodenwasser abgegeben werden. Verbindungen mit allelopathischer Wirkung werden auch durch Verrottungsprozesse freigesetzt. Einfache ↗ Phenole wie *Kaffeesäure* und ↗ Ferulasäure sind Substanzen, die sich im Boden in großen Mengen nachweisen lassen. In Laborversuchen zeichnen sie sich durch eine Hemmung von Keimung und Wachstum zahlreicher Pflanzenarten aus. Die Übertragung solcher Ergebnisse auf die Situation im Feld ist jedoch schwierig. In welchem Umfang A. zu Wechselwirkungen zwischen Pflanzenarten beiträgt, ist deshalb noch unklar, weil über die Konzentration bestimmter Substanzen im Boden und deren Verfügbarkeit in Abhängigkeit von bodenchemischen und mikrobiellen Prozessen wenig bekannt ist. Dennoch ist A. für die Landwirtschaft von Interesse, um den Einfluss von Wildpflanzen auf Kulturpflanzen sowie die Bedeutung von Ernterückständen auf den Anbau im Folgejahr genauer zu untersuchen.

Allen-Regel, Regel, die besagt, dass bei verwandten Säugetierarten oder -rassen die Tiere in kälteren Gebieten kleinere Körperanhänge (Ohren, Schwänze) haben als ihre Verwandten in wärmeren Gebieten. ↗ Klimaregeln.

Allergie, *Überempfindlichkeit, allergische Reaktion*, eine Fehlreaktion des Immunsystems, die durch einen Zustand abnormer Reaktivität gegen ein Fremdantigen gekennzeichnet ist; i. e. S. gebräuchlich für die von IgE-Antikörpern (↗ Immunglobuline) vermittelte Überempfindlichkeit vom Soforttyp (*Atopie*). Funktionell entspricht der Ablauf einer allergischen Reaktion einer Entzündungsreaktion (↗ Entzündung), die das ↗ Immunsystem im Normalfall gegen eingedrungene Erreger

Allen-Regel unterschiedliche Länge der Ohren bei fuchsartigen Raubtieren in verschiedenen Klimaten

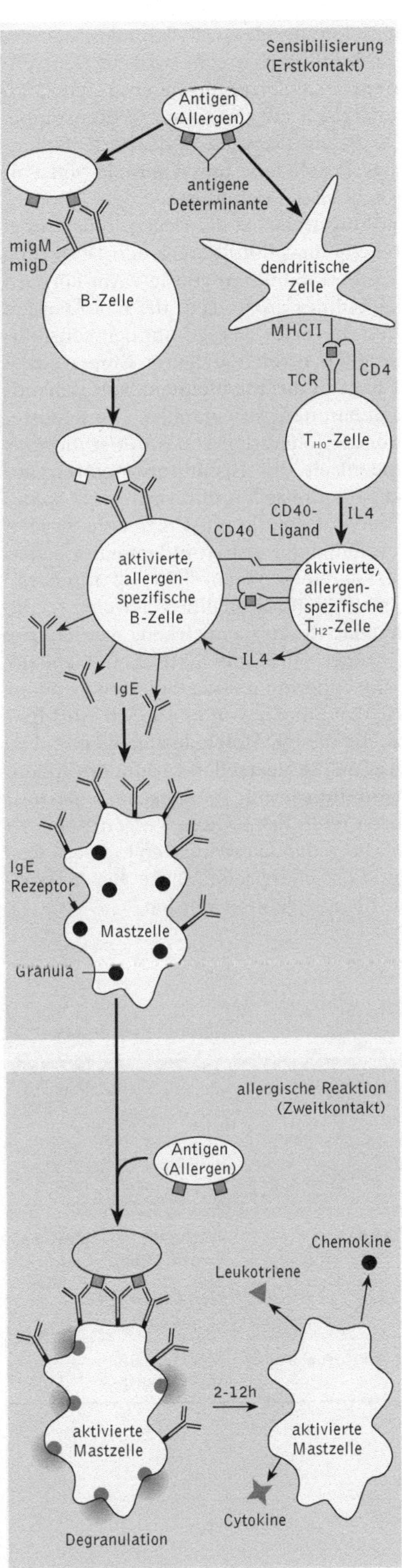

einleitet. Bei einer A. ist das auslösende Agens jedoch ein unschädliches ↗ Antigen bzw. *Allergen*. Allergene sind in der Regel selbst Proteine oder sie sind in der Lage, körpereigene Proteine zu verändern. Häufig kommen sie als suspendierte Staubpartikel vor, die bereits in sehr geringen Mengen wirksam sind. Der Erstkontakt mit dem Allergen führt normalerweise zu keiner Symptomatik, löst jedoch die *Sensibilisierung* des betroffenen Individuums aus. Durch zelluläre Interaktionen zwischen ↗ B-Lymphocyten und ↗ T-Lymphocyten unter dem Einfluss von Interleukin 4 (↗ Interleukine), kommt es zur Bildung von großen Mengen gegen das Allergen gerichteter IgE-Antikörper. Diese werden überall im Körper von spezifischen Rezeptoren auf der Oberfläche von Mastzellen und basophilen Granulocyten (↗ Leukocyten) gebunden. Zahlreiche Granula im Innern der Mastzellen enthalten aggressive Vermittlersubstanzen (Mediatoren), die bei der nachfolgenden pathophysiologischen Reaktion auf das Allergen eine wichtige Rolle spielen. Solche Mediatorsubstanzen sind ↗ Histamin, ↗ Heparin, ↗ Bradykinin und ↗ Serotonin. Auf die Phase der Sensibilisierung, während der bei einem potentiellen Allergiker besonders viele solcher Mastzellen angelegt werden, folgt die eigentliche allergische Reaktion. Sie beginnt damit, dass neu eindringende Allergene durch die entsprechenden IgE-Rezeptorkomplexe auf der Zelloberfläche der Mastzellen gebunden werden. Dadurch werden die IgE-Rezeptorkomplexe vernetzt und die Mastzellen

Allergie Beim *Erstkontakt* wird das Allergen von ↗ dendritischen Zellen aufgenommen. Diese spalten das Allergen in Peptide und präsentieren es durch ↗ Histokompatibilitäts-Antigene (MHCII-Moleküle) auf der Zelloberfläche. Wenn eine T_HO-Zelle einen solchen Komplex aus Peptid und MHCII-Molekül erkennt, wird sie aktiviert und verwandelt sich unter Einfluss von Interleukin 4 in eine T_H2-Zelle. Gleichzeitig bindet das Allergen an die Rezeptoren einer allergiespezifischen reifen B-Zelle, die dadurch aktiviert wird, das Allergen aufnimmt und nun ebenfalls Allergen-Peptide durch MHCII-Moleküle präsentiert. Dies führt dazu, dass die durch den Allergenkontakt entstandenen T_H2-Zellen sowohl an den Peptid-MHCII-Komplex als auch an ein spezielles B-Zell-Oberflächenmolekül (CD40) bindet. Aufgrund dieser Reaktion kommt es bei der B-Zelle zum ↗ Klassensprung zu IgE (↗ Immunglobuline) und sie sezerniert in der Folge große Mengen von IgE-Molekülen, die überall im Körper von ↗ Mastzellen an speziellen Rezeptoren auf ihrer Oberfläche gebunden werden. Beim *Zweitkontakt* bindet das Allergen an die IgE-/IgE-Rezeptorkomplexe der Mastzellen und vernetzt sie. Innerhalb weniger Sekunden setzen die so aktivierten Mastzellen Entzündungs-Mediatoren wie ↗ Histamin, ↗ Serotonin, ↗ Heparin oder ↗ Bradykinin frei. Dadurch wird lokal die Gefäßdurchlässigkeit erhöht, die glatte Muskulatur kontrahiert, und es kommt zu vielfältigen Symptomen. Aufrecht erhalten wird die allergische Reaktion durch die zeitlich verzögerte Freisetzung von ↗ Cytokinen, ↗ Chemokinen und ↗ Leukotrienen durch die Mastzellen aktiviert. Innerhalb von Sekunden kommt es zur Degranulation der Mastzellen, d. h., sie schütten die in den Granula gespeicherten Mediatorstoffe über Exocytose aus und setzen damit die allergische Reaktion in Gang. Die Mediatoren bewirken eine lokale Erweiterung der kapillaren Blutgefäße. Abhängig vom Eintrittsweg des Allergens treten weitere in der Tabelle aufgeführte Symptome auf. Die allergische Reaktion wird durch die Bildung von ↗ Leukotrienen und die Rekrutierung akzessorischer Zellen an die Kontaktstelle mit dem Allergen aufrecht erhalten. Eine gelegentliche Allergen-Exposition führt zu einer sich selbst begrenzenden Reaktion, die innerhalb weniger Tage abklingt. Bei wiederholter oder kontinuierlicher Exposition kann es jedoch zu chronischen Entzündungen (z. B. Asthma) und einer bleibenden Schädigung des betroffenen Organs kommen. Etwa 40 % der westlichen Bevölkerung leidet unter Allergien, ca. ein Drittel aller chronischen Erkrankungen bei Kindern unter 17 Jahren ist auf sie zurückzuführen; die Tendenz ist steigend. – Die Ursachen für das Auftreten von Allergien bei bestimmten Personen sind vielschichtig. Neben Umweltfaktoren (Luftverschmutzung) oder Ernährung, sind auch die Krankenvorgeschichte (Prägung der T-Zellen durch überstandene Infektionen) und genetische Veranlagung in der Diskussion (siehe Essay) Eine gezielte Vorbeugung und Behandlung des Allergikers setzt die genaue Kenntnis des Allergens voraus, das durch spezielle Hauttests ermittelt wird. Die nächstliegende Möglichkeit zur Beseitigung der Beschwerden ist die Vermeidung des Allergenkontakts, was bei Allergie gegen z. B. Hundehaare mög-

lich, für jemanden, der gegen Pollen allergisch ist, jedoch kaum durchführbar sein wird. In Deutschland reagieren nach Schätzungen etwa acht Mio. Menschen allergisch auf die feinen Blütenstäube, wobei durch die mittlerweile praktizierte Pollenflugvorhersage Prophylaxe und Therapie von Pollenallergien erheblich erleichtert werden. Die häufigste Behandlungsweise ist die Desensibilisierung. Hierbei versucht man durch steigende Dosierung des Allergens die Produktion von IgG-Antikörpern (↗ Gammaglobuline) anzuregen, die das Allergen bereits binden, bevor es das IgE auf den sensibilisierten Mastzellen erreichen kann. Eine weitere Möglichkeit liegt in der medikamentösen Behandlung mit so genannten Antiallergika. Die neueste, nicht sedierende Generation von *Antihistaminika* blockiert spezifisch die Histaminrezeptoren auf Muskel- und Endothelzellen und verhindert so die Symptome der Sofortreaktion. Corticoide werden bei der Behandlung der späten inflammatorischen Reaktion erfolgreich verabreicht, β-adrenerge Wirkstoffe (so z. B. ↗ Adrenalin; ↗ adrenerg), die auf die Adenylat-Cyclase einwirken, werden zur Behandlung eines ↗ anaphylaktischen Schocks eingesetzt. Im experimentellen Stadium befindet sich zur Zeit der Einsatz von speziellen Anti-IgE-Antikörpern, die die IgE-Moleküle abfangen und so deren Bindung an die Mastzellen verhindern sollen. Durch DNA-Immunisierung (*genetische Impfung*), bei der Mäusen nicht das Proteinallergen, sondern das für dieses Protein codierende Gen injiziert wurde, konnten sonst allergische Mäuse gegen Hausstaubmilben-Allergie geimpft werden.

Allergie Ausbildungsformen allergischer Reaktionen

Aufnahme des Allergens	Lokalisation der allergischen Reaktion	Symptomatik	verbreitete Allergene
inhaliert	Schleimhäute, obere Atemwege	allergische Rhinitis (Heuschnupfen; Schleimbildung, Niesreiz)	Pollen, Staubmilbenkot
	Bronchien, untere Atemwege	Asthma (Schleimbildung, Kontraktion der Bronchien, entzündliche Reizungen)	
subkutan	Bindegewebe	erythematöse Quaddelbildung, Ödeme	Tierhaare, Ni^{2+}-haltige Gegenstände,
oral	Darmepithel	Erbrechen, Durchfall, Nesselkrankheit (Urticaria)	Nahrungsmittel, Medikamente
intravenös	Blutgefäßsystem	generalisierte Gefäßerweiterung, Blutdruckabfall, anaphylaktischer Schock	Medikamente, Insektengifte

Allergien auf dem Vormarsch

Dr. Oliver Larbolette, Freiburg

Im Laufe der letzten Jahrzehnte haben sich Allergien in all ihren verschiedenen Ausprägungen zu echten Volkskrankheiten entwickelt. Dies liegt zum einen an einer gewachsenen Aufmerksamkeit der Bevölkerung gegenüber Symptomen allergischer Erkrankungen, zum anderen jedoch auch an einer tatsächlichen Zunahme von Allergien. Studienergebnisse aus Europa, Australien, Afrika und Nordamerika belegen weltweit eine deutliche Zunahme an allergischen Erkrankungen. So leiden z. B. heute über 30 % der erwachsenen Bevölkerung in England und den USA an Heuschnupfen, während diese Erkrankung dort noch vor 200 Jahren praktisch unbekannt war. Noch deutlicher ist der Trend bei ↗ Asthma. Hier hat sich die Zahl der Erkrankungen innerhalb der letzten 20 Jahre mehr als verdoppelt, so dass Asthma heute die häufigste chronische Erkrankung im Kindesalter ist. Interessanterweise ist der Zuwachs an Allergien jedoch nicht überall gleichmäßig, sondern steht in starker Abhängigkeit von Lebensart und Lebensraum. So sind z. B. Heuschnupfen und Asthma in ländlichen Gegenden von Afrika, Russland oder von Entwicklungsländern deutlich seltener als in entwickelten Industrieländern mit „westlichem" Lebensstil. Weltweit werden großangelegte epidemiologische Studien betrieben, um die Ursachen von Allergien und ihrer Zunahme herauszufinden. Ziel ist es, über Vergleiche mögliche allergieauslösende oder -fördernde Risikofaktoren in der Umwelt zu identifizieren.

Physiologische Grundlagen von Allergien

Allergien sind gekennzeichnet durch verschiedene Symptome (Tab. ↗ Allergie), die in Verbindung mit einem erhöhten Spiegel an IgE-Antikörpern (↗ Immunglobuline) im Serum der Patienten stehen. Hierauf sind chronische allergische Erkrankungen, wie z. B. Asthma, zurückzuführen. Sie werden jedoch durch den Einfluss weiterer Faktoren, wie z. B. anhaltender Infektionen, auf das allergisch reagierende Immunsystem verstärkt und erweitert. Demgegenüber bezeichnet der Begriff *Atopie* das vermehrte Auftreten von IgE-Antikörpern (nachzuweisen im Haut- oder Prick-Test), ohne dass zwingend allergische Symptome auftreten. In verschiedenen Studien an Tier und Mensch wurde eine allgemeine Wirkkette bestätigt, die das Auftreten von Allergien und Atopien auf die vermehrte Produktion einer bestimmten Klasse von ↗ Cytokinen

zurückführt. Diese Cytokine werden von so genannten T-Helferzellen (↗ T-Lymphocyten) der Klasse 2 hergestellt und freigesetzt. Es handelt sich dabei vor allem um die ↗ Interleukine 4, 5, 6, 9, 10 und 13, sowie um Makrophagen-assoziierte Cytokine und GM-CSF (↗ Kolonie stimulierende Faktoren). Ihre Wirkungen sind direkt oder indirekt für die meisten pathophysiologischen Aspekte allergischer Erkrankungen verantwortlich. Sie führen zu einer verstärkten Produktion von IgE-Antikörpern durch ↗ B-Lymphocyten, zur Vorbereitung und Aktivierung von ↗ Mastzellen sowie basophiler und eosinophiler ↗ Granulocyten oder zu veränderten Reaktionen von Epithel- und Bindegewebszellen. Darüber hinaus nehmen sie Einfluss auf die ↗ Homöostase aller anderen Cytokine indem sie ihre eigene Produktion fördern und die Produktion gegenläufiger Cytokine hemmen. Bei normalen Infektionen ist es nun genau diese Homöostase, die zum Abklingen von Immunreaktionen führt, oder die Aktivierung von Immunzellen durch ungefährliche Fremdkörper wie z. B. Gräserpollen verhindert. In allergisch reagierenden Individuen ist diese Regulation offensichtlich gestört.

Es ist nach wie vor weitgehend unbekannt, was ein Allergen von den Elementen der gleichen Stoffklasse unterscheidet. Viele Allergien wie z. B. die Nickel- oder die Penicillin-Allergien sind auf direkte Veränderungen von Proteinen zurückzuführen. Ähnliche modifizierende Mechanismen sind für eine ganze Reihe von Stoffen in unserer Umwelt denkbar. In den letzten Jahren steigt nicht nur die Häufigkeit allergischer Erkrankungen insgesamt, sondern auch die Anzahl von Patienten mit so genannten multiplen Allergien. Diese multiplen Allergien sind zum einen auf ein bereits allergisch geprägtes Immunsystem zurückzuführen, zum anderen spielt jedoch auch die Kreuzreaktivität bereits vorhandener IgE-Antikörper eine Rolle. So reagieren IgE-Antikörper, die ursprünglich gegen definierte Latex-Allergene gebildet wurden, auch mit Proteinen aus verschiedenen Früchten. Somit werden diese Proteine ebenfalls zu potentiellen Allergenen und können unter Umständen zur Entwicklung weiterer Allergien beitragen.

Umweltfaktoren und Allergien

Eine Vielzahl epidemiologischer Studien bemüht sich seit Jahren auf verschiedenen Ebenen, Korrelationen zwischen bestimmten Umweltfaktoren und dem Auftreten von Allergien zu finden. Von besonderem Interesse sind dabei vor allem Faktoren, die auf wachsende Schadstoffbelastungen der Umwelt zurückzuführen sind. Unmittelbar nach der Wiedervereinigung wurden z. B. in verschiedenen Studien Kinder und Erwachsene aus west- und ostdeutschen Großstädten auf die Häufigkeit allergischer Erkrankungen hin untersucht. In Ostdeutschland wurde dabei aufgrund stärkerer Umweltbelastungen (vor allem durch Hausbrand) eine erhöhte Allergierate erwartet. Die Ergebnisse belegten jedoch das genaue Gegenteil: Sowohl die Anzahl als auch die Vielfalt der allergischen Erkrankungen in Westdeutschland waren signifikant höher als in Ostdeutschland. Seit der Wiedervereinigung hat dagegen die Häufigkeit von Asthma im Kindesalter in den neuen Bundesländern stetig zugenommen. Ähnliche Studien aus anderen Ländern bestätigten eine Korrelation zwischen „westlichem" Lebensstil und dem vermehrten Auftreten von Allergien.

Solche Studien konnten bisher nur wenige Hinweise auf Allergie-auslösende Faktoren liefern, sie zeigten jedoch Faktoren auf, die möglicherweise einen Schutz vor Allergien vermitteln. So wurde bestätigt, dass eine gesunde, möglichst naturbelassene Ernährung die ordnungsgemäße Funktion des Immunsystems unterstützt. Darüber hinaus zeichnet sich ab, dass Infektionen in den ersten Lebensjahren dem Auftreten von Allergien entgegenwirken. Umweltfaktoren, die solche Infektionen fördern, wie z. B. das Aufwachsen unter unterdurchschnittlichen hygienischen Bedingungen sowie mit mehreren Geschwistern, oder auch der Kontakt mit Natur und Tieren, sind mit dem Auftreten von Allergien negativ korreliert, d. h. unter solchen Bedingungen treten weniger Allergien auf. Zwei Mechanismen sind möglicherweise für den schützenden Effekt früher Infektionen verantwortlich: Virale Infektionen wie Masern oder bakterielle Infektionen wie Tuberkulose werden vom Immunsystem durch eine Reaktion beseitigt, die wesentlich von T-Helferzellen der Klasse 1 getragen wird. Die Cytokine, die von diesen Zellen produziert werden, wirken jedoch denen der T-Helferzellen der Klasse 2 entgegen und treiben so das gesamte ↗ Immunsystem in eine anti-allergische Prägung. Auch Infektionen mit Parasiten und Würmern scheinen vor dem Auftreten von Allergien zu schützen. Dies lässt sich möglicherweise dadurch erklären, dass das Immunsystem hierbei gegen „echte" Antigene geprägt wird und nicht gegen an sich harmlose Allergene. Die Entwicklung wirksamer Kontrollmechanismen am Ende der Infektionen spielt dabei ebenfalls eine mögliche Rolle.

Ursachen für die Zunahme von Allergien

Auf den ersten Blick könnten genetische Veränderungen für die Zunahme der Allergiehäufigkeit verantwortlich sein. Der rasante Anstieg der Zahl der Erkrankungen, sowie die räumlichen Unterschiede der Allergie-Häufigkeiten (bei gleichem ethnischem Hintergrund) lassen sich jedoch durch genetische Faktoren allein nicht erklären. Studien mit Familien allergischer Individuen belegen darüber hinaus eine nur geringe genetische Kopplung von Allergien. Die Komplexität der physiologischen Regelkreise und die Vielzahl der beteiligten Genprodukte erlauben keinen eindeutigen Rückschluss auf ein oder mehrere Allergie-auslösende Gene. Dennoch geht man heute davon aus, dass eine Vielzahl möglicher Mutationen zu einer Deregulation des Immunsystems und damit zu einer genetischen Prädisposition für Allergien führen kann. Als die entscheidenden Auslöser für das Ausbrechen allergischer Symptome werden jedoch Risikofaktoren der Umwelt angesehen.

Die plausibelste Erklärung für die stark gestiegene Häufigkeit allergischer Erkrankung ist daher eine Zunahme Allergie-unterstützender Umweltfaktoren, bzw. eine Abnahme Allergie-vermindernder Faktoren. Zurzeit wird die oben beschriebene „infektiöse" Theorie der Allergie-Entwicklung am meisten diskutiert. In der Tat sind durch den „westlichen" Lebenstil die hygienischen und medizinischen Verhältnisse so verändert worden, dass viele der potentiell Allergie-schützenden Infektionen in der Kindheit verhindert werden. Vor allem Impfungen und Antibiotika haben dazu beigetragen. Das kindliche Immunsystem ist daher „untrainiert" und neigt möglicherweise verstärkt zu allergischen Reaktionen. Die Prägung des Immunsystems in früher und frühester Kindheit scheint in der Tat einen größeren Einfluss auf die Allergie-Wahrscheinlichkeit zu haben als etwa der Allergen-Kontakt in späteren Jahren. Bereits in der Schwangerschaft kann das Immunsystem des Fetus durch eine Allergie oder Infektion der Mutter pro-allergisch geprägt werden.

Eine zweite Möglichkeit ist eine direkte allergische Prägung des Immunsystems durch Umweltfaktoren. Die klassischen Elemente der „Umweltverschmutzung", vor allem die Schadstoffbelastung von Luft, Wasser und Boden, scheinen jedoch direkt keinen wesentlichen Beitrag zur Entwicklung von Allergien zu leisten. Anders verhält es sich möglicherweise mit der veränderten Kontakthäufigkeit zu potenziellen Allergenen. Das Beispiel der Latex-Allergien zeigt, dass ein direkter Zusammenhang zwischen der Kontakthäufigkeit mit dem Allergen (z. B. in chirurgischen Handschuhen) und der Entwicklung allergischer Symptome bestehen kann. Der verstärkte Kontakt mit Fremdstoffen (synthetischer und natürlicher Art) von potenziell immunmodulierendem Charakter ist somit zumindest theoretisch ein denkbarer Auslöser verstärkter Allergien.

Die dargestellten Forschungs- und Studienergebnisse zeigen, dass die Entstehung und Ausprägung von Allergien auf einem Zusammenwirken verschiedenster Faktoren beruht. Eine genetische Prädisposition ist dabei wohl unterstützend, jedoch nicht notwendig oder gar ausreichend. Eine einfache, allgemeingültige Prognose der Allergiewahrscheinlichkeit einzelner Personen oder ganzer Völker wird dadurch ebenso erschwert, wie die Entwicklung von effektiven Therapieformen. Es gilt daher weiterhin durch epidemiologische Studien potenzielle Risikofaktoren aus der Umwelt möglichst eng einzugrenzen und sie experimentell auf ihre physiologischen Mechanismen zu untersuchen. Dieser Ansatz sollte es erlauben individuelle Therapien zu erleichtern und langfristig mögliche Präventionsmaßnahmen zu entwickeln.

Alles-oder-Nichts-Gesetz, ↗ Aktionspotenzial.

Alliaceae, *Lauchgewächse*, Fam. der ↗ Asparagales mit ca. 750 Arten. Die Fam. wurde nach der früheren Systematik den ↗ Liliaceae zugeordnet. Typisch sind die scheindoldigen Blütenstände (↗ Blütenstand) und der Geruch der schwefelhaltigen Lauchöle (Allicin). Die größte und wichtigste Gatt. ist Lauch, *Allium*. Zu dieser Gatt. gehören Gemüse-, Gewürz- und Arneipflanzen, u. a. die aus Westasien stammende ↗ Zwiebel oder Küchenzwiebel, *A. cepa*, der ursprünglich aus Zentralasien kommende ↗ Knoblauch, *A. sativum*, der ↗ Porree oder Winterlauch, *A. porrum*, der *Schnittlauch, A. schoenoprasum*, und die *Schalotte, A. ascalonicium*. Das in allen A.-Arten enthaltene ↗ Allicin ist bakteriostatisch (↗ Bakteriostatika) wirksam und wird pharmazeutisch verwendet.

Allianz, 1) ↗ Verband.

2) Form der ↗ Symbiose, bei der nur eine lockere Bindung mit gegenseitigem Vorteil besteht. So leben z. B. Antilopen und Strauße beieinander, um besser geschützt zu sein; die Madenhacker sammeln Nahrung von Großsäugern ab und befreien sie dabei gleichzeitig von Parasiten. (↗ Wechselbeziehungen zwischen Lebewesen.)

Allicin, Inhaltsstoff des ↗ Knoblauchs (*Allium sativum*) und für dessen typischen Geruch verantwortlich. A. schützt die Pflanze vor Bodenparasiten und Pilzen. Die Substanz ist aus mehreren Gründen medizinisch von Interesse. Sie zeigt antimikrobielle Wirkung durch Hemmung von zwei Enzymgruppen, die für die infektiösen Organismen von Bedeutung sind und sie bewirkt eine Herabsetzung des Cholesterin-Spiegels durch Reaktion mit Sulfhydryl-Gruppen (SH-Gruppen) im aktiven Zentrum von Enzymen des Cholesterin-Biosyntheseswegs.

Alligator, Gattung der ↗ Alligatoridae.

Alligatoridae, *Alligatoren*, Fam. der Krokodile (↗ Crocodylia) mit vier Gattungen und insgesamt sieben überwiegend in der Neuen Welt verbreiteten Arten. Die A. unterscheiden sich von den übrigen Krokodilen in ihrer Bezahnung. Sie ernähren sich von Fischen und bis mittelgroßen Säugetieren. Außer dem *China-Alligator (Alligator sinensis)* sind alle Arten im tropischen und subtropischen Amerika beheimatet. Zur Gattung Alligator gehört außerdem noch der *Mississippi-Alligator (Alligator mississippiensis)* mit 3 - 6 m Länge. Er ist durch Bejagung (Lederherstellung) selten geworden und wird vielfach in Farmen gehalten. Bei den beiden Arten der Gattung *Caiman (Brillenkaimane)* ist die Nasenöffnung im Unterschied zur Gattung Alligator nicht durch eine Knochenspange unterteilt. Der bis 4,6 m lange, im Amazonas- und Orinocogebiet verbreitete *Mohrenkaiman (Melanosuchus niger)* frisst auch größere Säugetiere.

Allium, Gatt. der ↗ Alliaceae.

allo-, in Zusammensetzungen: anders, fremd, anomal.

Allochorie, Ausbreitung von Samen und Früchten (↗ Samenausbreitung) durch Kräfte, die außerhalb der Mutterpflanze liegen (z. B. Wind, Wasser, Tiere). Gegensatz: ↗ Autochorie

allochthon, nicht am ↗ Fundort beheimatet oder entstanden; gilt für Gesteine und Lebewesen. Gegensatz: ↗ autochthon

Allogamie, *Xenogamie, Fremdbestäubung*, Form der ↗ Bestäubung, bei der der ↗ Pollen auf die Narbe einer anderen Blüte oder auf die einer anderen Pflanze derselben Art gelangt. Gegensatz: ↗ Autogamie. (↗ Kreuzbestäubung)

Allometrie, in der *Biologie* Bez. für den Vergleich von Proportionen, also der Beziehung zweier beliebig wählbarer Größen eines Organismus wie z. B. der Größe eines Organs in Bezug zur Körpergröße (↗ allometrisches Wachstum)

allometrisches Wachstum, Bez. für das Phänomen, dass sich während der ↗ Ontogenese die Körperproportionen infolge verschiedener Wachstumsgeschwindigkeit von Körperteilen verändern. Wächst ein kleineres Teilstück schneller als ein größeres, so wird das Wachstum als *positiv allome-*

trisch bezeichnet, umgekehrt spricht man von *negativer A.* In Experimenten erhobene Befunde lassen sich durch die *Allometrieformel* $y = b\, x^a$ beschreiben, wobei x ein Maß für die Körpergröße (auch Länge, Gewicht usw.) und y ein Maß für die kleinere Teilgröße (z. B. Kopfgröße) ist; b beinhaltet alle Faktoren, die die kleinere Teilgröße unabhängig von der Körpergröße beeinflussen, während der Allometrieexponent a den von der Körpergröße abhängigen Teil bestimmt. Für positive A. ist $a>1$, für negative A. gilt entsprechend $a<1$ und für ↗ isometrisches Wachstum gilt $a=1$.

Allopatrie, Bezeichnung für das Vorkommen nahe verwandter Sippen oder ↗ Populationen in getrennten Gebieten. Gegensatz: ↗ Sympatrie

Allopolyploidie, Form der ↗ Polyplodie, die aus der Kreuzung zweier verschiedener Arten hervorgeht. A. ist im Pflanzenreich z. B. bei den Gattungen Nicotiana (↗ Solanaceae) und Triticum (↗ Poaceae) häufig zu beobachten. (↗ Autoploidie)

Allorhizie, wenig gebräuchliche Schreibung für ↗ Allorrhizie.

Allorrhizie, *Allorhizie, Verschiedenwurzeligkeit*, liegt vor, wenn beim ↗ Wurzelsystem einer Pflanze die Primärwurzel (Hauptwurzel) der Keimpflanze erhalten bleibt. Meist wächst sie zu einer kräftigen Wurzel heran. Von der Primärwurzel aus bilden sich Seitenwurzeln. (↗ Wurzel)

allosterische Regulation, Form der Regulation der Enzymaktivität, die bei bestimmten, fast immer aus mehreren Untereinheiten zusammengesetzten ↗ Enzymen (*allosterische Enzyme*) vorkommt, die in mehr als einer stabilen ↗ Konformation der Gesamtstruktur vorliegen können. Die Umwandlung von einer zur anderen Konformation wird als *allosterische Umwandlung* oder *allosterischer Effekt* bezeichnet. Sie wird durch niedermolekulare Stoffe, die *allosterischen Effektoren* bewirkt, die nicht identisch mit dem Substrat des Enzyms sind und nicht im aktiven Zentrum des Enzyms binden (wie das Substrat), sondern an anderer Stelle, dem *allosterischen Zentrum*. Die dadurch bedingte Konformationsänderung des Enzyms bewirkt eine Aktivierung oder Inaktivierung des aktiven Zentrums und damit eine Aktivierung bzw. Hemmung des entsprechenden Enzyms (Vergleichbares gilt z. B. auch für Transportproteine oder Regulatorproteine). Die Aktivierung eines allosterischen Proteins durch einen allosterischen Effektor wird als *allosterische Aktivierung* oder *positiver allosterischer Effekt* bezeichnet, die Hemmung des Proteins durch einen allosterischen Effektor hingegen als *allosterische Hemmung* bzw. *negativer allosterischer Effekt*.

Allgemein können über allosterische Effekte die Aktivitäten von Proteinen (Enzymaktivitäten, Bindeaktivitäten von Transportproteinen oder Regulatorproteinen) durch Kleinmoleküle reguliert werden, die stereochemisch nicht mit den entsprechenden Substratmolekülen und damit auch nicht mit den entsprechenden aktiven Zentren der betreffenden Proteine verwandt sind. Allosterisch re-

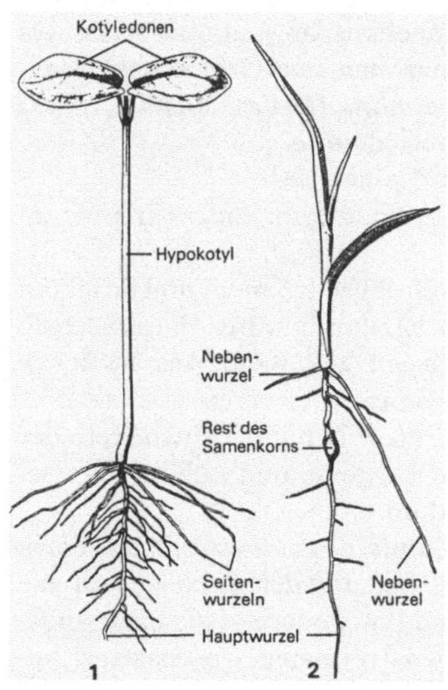

Allorhizie 1 *Allorrhizie* am Beispiel der *Ricinus*-Keimpflanze. Die am Embryo gebildete Hauptwurzel bleibt auch später erhalten und bildet endogen Seitenwurzeln. Vorkommen: Dikotyle. 2 *Homorrhizie* am Beispiel einer Keimpflanze von *Echinochloa* (Hühnerhirse). Hier sind sämtliche Wurzeln der (adulten) Pflanze morphologisch gleichwertige Nebenwurzeln. Man unterscheidet eine *primäre Homorrhizie* (nicht abgebildet), bei der nur sprossbürtige Wurzeln gebildet werden, und eine *sekundäre Homorrhizie* (abgebildetes Beispiel), bei der die Hauptwurzel nach dem Keimlingsstadium abstirbt und durch sprossbürtige Wurzeln ersetzt wird. Die primäre Homorrhizie kommt bei Pteridophyten (Farnpflanzen) vor, die sekundäre bei Monokotylen

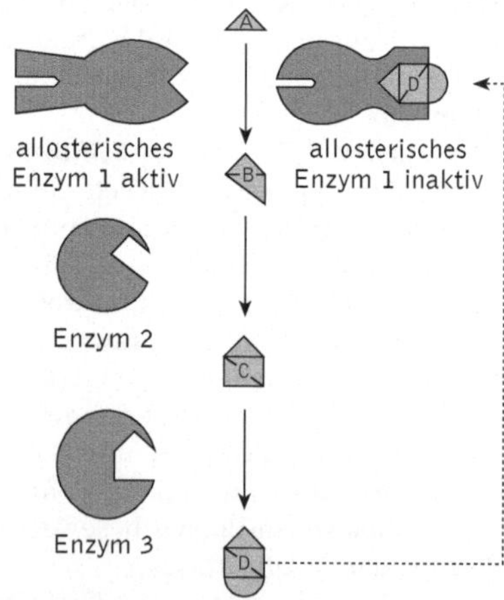

allosterische Regulation Schema der allosterischen Endprodukthemmung. Das erste Enzym einer Reaktionskette, ein allosterisches Enzym, wird von dem Endprodukt der gesamten Reaktionskette gehemmt

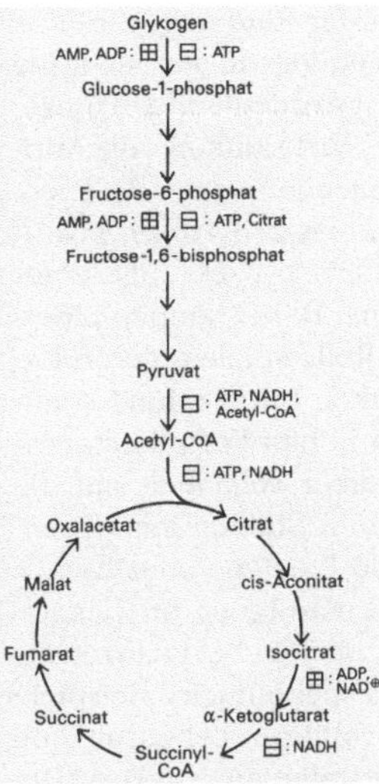

allosterische Regulation Allosterische Regulationen im Energiestoffwechsel: Aktivierung (Plus-Zeichen im Kästchen) und Hemmung (Minus-Zeichen im Kästchen) von Reaktionsschritten durch ADP, NAD$^+$ und ATP, NADH

gulierte Proteine sind daher im Stoffwechsel der Zelle weit verbreitet und von großer Bedeutung. Häufig katalysieren allosterische Enzyme den ersten Schritt einer Biosynthesekette und werden durch das Endprodukt der entsprechenden Biosynthesekette allosterisch gehemmt (*allosterische Endprodukthemmung*). Endprodukte paralleler Stoffwechselwege können dieser Hemmung entgegenwirken, indem sie als positive allosterische Effektoren die entsprechenden Enzymaktivitäten stimulieren. Ein durch Sauerstoffbindung an Hämoglobin induzierter allosterischer Effekt liegt z. B. dem ↗ Bohr-Effekt zugrunde. Bei Membranproteinen, z. B. der ↗ Adenylat-Cyclase konnten allosterische Umwandlungen beobachtet werden und bei der Regulation von Genaktivitäten (↗ Genregulation) unterliegt die Bindestärke von Regulatorproteinen (Repressoren bzw. Aktivatoren) an die entsprechenden DNA-Signalstrukturen einer allosterischen Regulation. Im Unterschied zu *isosterischen* (normalen) Enzymen zeigen allosterische Enzyme eine *s-förmige* (*sigmoidale*) *Substratsättigungskurve*. Da bei allosterischen Enzymen die Affinität des Enzyms zum Substrat nicht konstant,

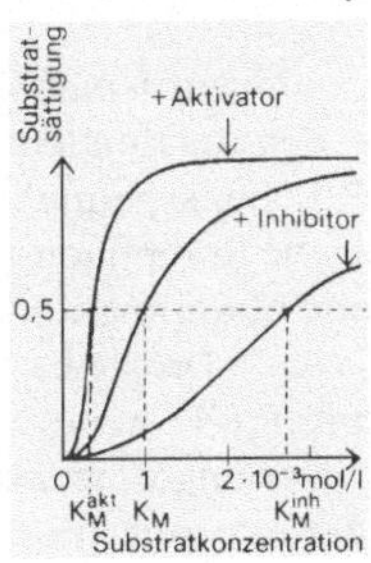

allosterische Regulation: typische s-förmige Substratsättigungkurven nach Zugabe eines allosterischen Aktivators oder Inhibitors

sondern von der Substratkonzentration abhängig ist, gibt man statt der Michaelis-Konstanten (↗ Michaelis-Menten-Gleichung) die Substratkonzentration bei halbmaximaler Geschwindigkeit an.

Alnus, Gatt. der ↗ Betulaceae.

Aloe, Gatt. der ↗ Asphodelaceae (früher: ↗ Liliaceae) mit ca. 250 Arten. Die in den Trockengebieten Afrikas und der arabischen Halbinsel beheimateten Pflanzen besitzen sukkulente Blätter (↗ Sukkulenz), die meist in ↗ Rosetten angeordnet sind und an ↗ Agaven erinnern. Verschiedene Bitterstoffe der A. werden als Abführmittel eingesetzt.

Alopecurus, Gatt. der ↗ Poaceae.

Alopex lagopus, der ↗ Eisfuchs.

Alopiidae, *Drescherhaie*, Fam. der Haie (↗ Selachimorpha) mit drei Arten, die vor allem in der tropischen und gemäßigten Hochsee leben und durch einen sehr langen oberen Schwanzflügel gekennzeichnet sind. Zu den A. gehört der bereits im Jahre 1544 wissenschaftlich beschriebene, bis 5,5 m lange *Fuchshai* oder *Drescherhai* (*Alopias vulpinus*), der mit seinem langen Schwanz Schwarmfische zusammentreibt.

Alpaka, Haustierform des Guanaco (↗ Lamas).

Alpenkrähe, Art der Rabenvögel (↗ Corvidae).

Alpenrose, Gatt. der ↗ Ericaceae.

Alpensalamander, *Salamandra atra*, naher Verwandter des ↗ Feuersalamanders, aber kleiner als dieser und mit ganz schwarzer, glänzender Haut mit Querfurchen an den Seiten. Der A. lebt in den Alpen in 700 bis 3000 m Höhe, tagsüber meist unter Steinen verborgen. Die Paarung erfolgt an Land, die Tragzeit beträgt zwei bis drei Jahre. Es entwickeln sich stets nur zwei Embryonen, in jedem Uterus einer, die als vollentwickelte Jungtiere geboren werden.

Alpenschneehuhn, Art der Raufußhühner (↗ Tetraoninae).

Alpenstrandläufer, zu den Schnepfenvögeln (↗ Scolopacidae) gehörender Watvogel (↗ Limicolae).

Alpha-Rezeptoren, *α-Rezeptoren*, ↗ Adrenalin.

Alphatier, ↗ Rangordnung.

alpin, die Hochgebirge betreffend, im Hochgebirge vorkommend.

alpine Stufe, ↗ Höhenstufen.

Alraune, *Mandragora*, Gatt. der ↗ Solanaceae. Die in Europa und dem nahen Osten heimische Art *M. officinarum* enthält ↗ Alkaloide mit narkotisierender, Halluzinationen hervorrufender und sexuell stimulierender (Aphrodisiakum) Wirkung. Die oft menschenähnlich gestalteten A.-Wurzeln wurden in der Magie als Abwehrmittel gegen böse Geister angesehen.

Altbürger, *Archäophyten*, ↗ Adventivpflanzen.

Altern, eine irreversible zeitabhängige Veränderung von Struktur und Funktion lebender Systeme, die allgemein geprägt ist durch die Abnahme der Adaptationsfähigkeit des Organismus gegenüber Umwelteinflüssen. Physiologische Mechanismen, die der Aufrechterhaltung des inneren Milieus dienen, laufen nicht mehr mit genügender Schnelligkeit und Präzision ab, die ↗ Homöostase ist gestört. Als Konsequenz des A. steigt die Mortalitätsrate und die Vitalität (wird z. T. mit „biologischem Alter" gleichgesetzt) sinkt. Grundsätzlich sollte der Begriff Altern in seiner Definition von Krankheit getrennt werden. Ein verwandter, aber auch von A. definitorisch zu trennender Begriff ist der der Seneszenz. Bei *tierischen Organismen* wird darunter der Prozess einer graduellen und langsamen Akkumulierung schädlicher Effekte beschrieben. A. kann also von Seneszenz begleitet sein, wie dies bei Säugetieren generell der Fall ist, wenn sie überhaupt den entsprechenden Lebensabschnitt erreichen. Sowohl Wirbeltiere als auch Wirbellose zeigen Seneszenzerscheinungen (z. B. Anhäufung des Alterungspigments Lipofuscin lange vor Ende der Fortpflanzungszeit), wobei diese nicht unbedingt mit dem Ende der Fortpflanzungszeit gekoppelt sind. So zeigen Wasserflöhe Seneszenz, legen aber bis zu ihrem Lebensende fruchtbare Eier. Im Unterschied ↗ zur Seneszenz bei Tieren, handelt es sich bei der ↗ Seneszenz (dem Altern) bei *Pflanzen* um einen klar definierten Prozess, der durch ein spezifisches Seneszenzsignal ausgelöst wird.

Max Bürger (1885-1966), der Begründer der medizinischen Alternsforschung in Deutschland, hatte erstmalig erkannt, dass Entwicklung und Altern eine Einheit bilden und dass Altern das Ende der Entwicklung eines Lebewesens einleitet, ohne dass klar abgrenzbar wäre, wann dieser Prozess beginnt. Er definierte A. als jede irreversible Veränderung lebender Substanz als Funktion der Zeit und führte auf den Menschen bezogen den Begriff der *Biomorphose* ein, als eine Folge von dauernden Veränderungen, denen Körper, Geist und Seele des Menschen unterliegen.

Zurzeit existieren mehr als 300 verschiedene *Alternstheorien*, die in folgenden Gruppen zusammengefasst werden können: 1) Theorien, die auf der *Beschreibung von Alternsveränderungen* basieren und versuchen, daraus den Alternsprozess zu erklären. Beispiele sind post-translationale Modifikationen der Struktur und Funktion von Enzymen u. a. Proteinen sowie ihre quantitativen Veränderungen oder auch ganz spezifische Organ- und Gewebeveränderungen wie z. B. die der Augenlinsenproteine oder der Knochen- und Zahnverfall. 2) Theorien, die A. auf wenige *endogene und exogene Faktoren* zurückführen und die beobachteten irreversiblen Veränderungen im Alter als die Folgen derartiger Schädigungen ansehen. Ein Beispiel ist die Theorie, dass die Alternsrate eines Lebewesens direkt zusammenhängt mit der Rate unreparierter Molekülschäden, die durch endogene oder exogene freie Radikale hervorgerufen werden und die umgekehrt korreliert ist mit der Wirksamkeit von Antioxidations- und Reparaturmechanismen. 3) Theorien, die ein *genetisches Alternsprogramm* postulieren, sprechen vom Alternsprozess als einer Fortsetzung der Entwicklung. Dabei können einerseits pleiotrope Gene eine Rolle spielen, deren Expression die Vitalität in frühen Entwicklungsstadien erhöht und damit einen hohen Fortpflanzungserfolg garantiert, die sich aber schädlich auf die Überlebenschance in späteren Stadien auswirken. Es wird aber auch über die Existenz spezifischer Gene diskutiert, die als Regulatorgene für Langlebigkeit verantwortlich sind. Sowohl bei Pflanzen als auch bei Tieren finden sich spektakuläre Beispiele für streng genetisch kontrollierte Lebensabläufe (↗ annuelle Pflanzen; ↗ Fortpflanzungstod). 4) Die *mathematischen Theorien* erarbeiten Modelle, die den Einfluss verschiedener exogener und endogener Faktoren auf die Alternsstruktur und die Dynamik von Populationen beschreiben und prognostizieren. Die einzelnen Stoffwechselvorgänge sind netzartig miteinander verknüpft und es ist zunächst unmöglich zu sagen, dass ein Teilaspekt wichtiger sei als ein anderer. A. wird hier als ein sehr komplexer Prozess beschrieben, der sich aus vielen verschiedenen, die Lebenszeit begrenzenden Ereignissen, zusammensetzt und daher in seiner ganzen Komplexität erfasst werden muss. 5) Die *Evolutionstheorien des A.* beschäftigen sich mit der Frage, welche Möglichkeiten es gibt, unter verschiedenen Umweltbedingungen (biotischen und abiotischen Faktoren) eine möglichst hohe reproduktive ↗ Fitness zu erlangen, d. h. möglichst häufig im Genpool der nächsten Generation vertreten zu sein.

Inzwischen ist den meisten Gerontologen bewusst, dass das A. nicht auf eine einzige Ursache zurückzuführen ist. Die verschiedenen Theorien beschreiben verschiedene Prozesse des A. Theorien, die versuchen, die einzelnen Prozesse zu einem Gesamtbild zu fügen, können derzeit nicht mehr leisten, als die Überschneidungsbereiche der Einzeltheorien zu charakterisieren und Methoden zu formulieren, nach denen dieser oder jener Aspekt getestet werden kann.

Alternsmechanismen tierischer Organismen: Aus der unterschiedlichen Länge der maximalen Lebensdauer von Organismen (↗ Lebensspanne) ergibt sich, dass dem A. eine genetische Komponente zugrunde liegt. Durch genetische Manipulation kann die maximale Lebensspanne von ↗ Drosophila melanogaster und Fadenwürmern (↗ Caenorhabditis elegans) um mehr als 40 % verlängert werden. Besonders gut untersucht ist der Alterungsprozess von ↗ Fibroblasten. Sie teilen sich etwa 50 mal und durchlaufen dabei auffällige morphologische Veränderungen, die in definierte Stadien eingeteilt werden können. Nach Stillstand der Zellteilungen überleben die Zellen als „postmitotische" Zellen noch etwa drei Monate und sterben dann ab. Dieser Zelltod ist ebenfalls streng programmiert (programmierter Selbstmord; ↗ Apoptose). Mit der genauen Untersuchung der genfreien Schutzkappen an den Enden der Chromosomen, die als Telomere bezeichnet werden, wurde ein Zugang zur Antwort auf die Frage gewonnen, wie die Anzahl der Zellteilungen im Organismus registriert wird. Bei jeder Zellteilung verkürzen sich die Telomere um ein definiertes Stück. Sind sie weit genug verkürzt, erhält die Zelle das Signal zur Apoptose. Diese Telomerverkürzung kann nur durch das Enzym ↗ Telomerase rückgängig gemacht werden, das aber normalerweise nur in embryonalen Zellen aktiv ist. Klone von Fibroblastenzellen, die aktive Telomerasen besitzen, durchlaufen mindestens 20 weitere Teilungsschritte und behalten eine Zellstruktur wie die einer jugendlichen Zelle – und nicht etwa einer Krebszelle.

Im Mittelpunkt der Frage nach molekularen Schädigungen im Verlauf des Alternsprozesses und ihrer Reparatur stehen die freien Sauerstoffradikale, die für zahlreiche degenerative Erkrankungen und den Alternsprozess mit verantwortlich sind. Endogen entstehen freie Radikale spontan häufig als instabile Zwischenprodukte des normalen aeroben Zellstoffwechsels (besonders in der Atmungskette). Die exogenen Quellen reichen von ionisierenden Strahlen über Tabakrauch bis hin zu zahlreichen Nahrungsinhaltsstoffen. Insgesamt führen freie Radikale mit zunehmendem Alter zu einer vermehrten Sauerstoffbelastung. Hierbei sind die ↗ Mitochondrien in der Zelle besonders betroffen, da in ihnen die ↗ Atmungskette abläuft und somit eine lokal relativ hohe Konzentration an freien Radikalen vorliegt. Dazu kommt, dass Mitochondrien-DNA im Unterschied zur Kern-DNA keine funktionslosen Bereiche aufweist und darüber hinaus keine DNA-Reparatursysteme besitzt. Tatsächlich scheinen die mitochondrialen Enzymaktivitäten mit steigendem Alter des Untersuchungsobjekts stark abzunehmen, wie Messungen ergaben. Im Zellmilieu zeigt sich der oxidative Stress in einer Verschiebung des Redoxzustandes zur mehr oxidierten Seite hin, was die Stabilität von Zellproteinen ebenso beeinflusst wie die allosterische Regulation von Enzymen und somit den gesamten Zellstoffwechsel. Zudem verändert sich im Alter das in der jugendlichen Zelle sehr fein ausbalancierte System von enzymatischen und nicht-enzymatischen Antioxidantien (z. B. ↗ Superoxid-Dismutase, ↗ Katalasen, ↗ Glutathion) so, dass die Aktivität der genannten Enzyme i. d. R.

sinkt und der Anteil an Substanzen, die auf zunehmende Oxidationsprozesse schließen lassen, ansteigt.

Zahlreiche *hormonelle Veränderungen* begleiten den Alternsprozess oder sind für ihn verantwortlich. Besonders spektakulär ist dies beim Fortpflanzungstod von Lachsen und australischen Beutelmäusen. In beiden Fällen stellt die Fortpflanzung einen derartigen Stress dar, dass die Tiere große Mengen an ↗ Cortison produzieren, was voraussagbar zur Bildung von Geschwüren und zum Zusammenbruch des Immunsystems führt. Im Bereich der humoralen Regulation von Alternsprozessen des Menschen lag das Augenmerk zunächst vornehmlich auf den ↗ Geschlechtshormonen. Beim gesunden männlichen Individuum kann keine ausgeprägte Abnahme des Plasma-Testosteronspiegels (↗ Testosteron), wohl aber von Nebennierenrinden-Androgenen, festgestellt werden. Außerdem verringert sich die Hemmung der Geschlechtshormone auf den Hypophysenvorderlappen, sodass ↗ luteinisierendes Hormon und ↗ Follikel stimulierendes Hormon vermehrt produziert werden. Im weiblichen Geschlecht vermindert sich die Sekretionsrate von ↗ Estrogen im Zusammenhang mit dem Funktionsverlust der Ovarien und leitet damit die Menopause (↗ Wechseljahre) ein. Der Estrogenmangel wird, neben Ursachen im Calciumstoffwechsel selbst, mitverantwortlich gemacht für die bei Frauen im Alter verstärkt auftretende ↗ Osteoporose. Veränderungen der hormonalen Regulation finden sich auch bei den Bauchspeicheldrüsenhormonen (Abnahme der Glucosetoleranz) und den Mineralocorticoiden. Letzteres führt zu einer Störung der Homöostase des Wasser- und Mineralhaushaltes mit einem erhöhten Natrium- und Wasserverlust, dem durch vermehrtes Trinken begegnet werden muss.

Das A. des *Immunsystems* geht einher mit einer Verlangsamung der Selbstreplikation und der Differenzierung der Stammzellen (Blutbildung). Dies hat zur Folge, dass Infektionen erst verzögert mit einer adäquaten Immunantwort bekämpft werden. Auch spielen Autoimmunprozesse in höherem Alter eine nicht zu unterschätzende Rolle.

Literatur: Ahlert, G.: Altern. Ergebnis ökologischer Anpassung, Freiburg 1996. – Funkkolleg Altern, Bd. 1 u. 2, Wiesbaden 1999. – Höpflinger, F. u. Stuckelberger, A.: Demographische Alterung und individuelles Altern. Ergebnisse aus dem Nationalen Forschungsprogramm „Alter/Viellesse/Anziani", Genf 1999. – Ricklefs, R.E. u. Caleb, E.F.: Altern. Evolutionsbiologie und medizinische Forschung, Heidelberg 1995.

Alternanz, Wechsel in der Ertragshöhe bei Reben und Obstbäumen, der durch genetische Faktoren und äußere Faktoren bedingt ist. Ein hoher Ertrag kann z. B. dazu führen, dass infolge Assimilatmangel weniger Blütenknospen angelegt werden und im Folgejahr der Ertrag verringert ist.

Alternanzregel, Regel nach der bei aufeinander folgenden Blattwirteln (↗ Blattstellung) die Blätter stets über den Blattlücken des vorhergehenden Wirtels stehen.

Alternaria, Formgattung der Moniliales (↗ Deuteromycetes). Die Stämme mit geschlechtlicher Fortpflanzung werden als *Pleospora*-Arten in der Überordnung ↗ Dothideales eingeordnet. Die etwa 50 Arten sind Saprobier und Parasiten vorwiegend auf Pflanzen. A. bildet ein unscheinbares Substratmycel und lockere, schmutzigbraune, olivgrüne oder schwarze Lufthyphen. Wichtige parasitische Arten sind: *Alternaria solani*, Erreger der Dürrfleckenkrankheit oder Alternariafäule an Kartoffel und Tomate und *Alternaria brassicae*, der Verursacher von Kohl- und Rapsschwärze.

alternative Oxidase, bei Pflanzen ein Enzym in der mitochondrialen ↗ Atmungskette, das die cyanidresistente Atmung ermöglicht.

alternativer Landbau, ↗ ökologischer Landbau.

Altersbestimmung, unter dem Begriff A. lassen sich eine Reihe von unterschiedlichen Methoden zusammenfassen, die dazu dienen, das unbekannte Alter von lebendem oder bereits abgestorbenem biologischem Material möglichst genau zu bestimmen.

1) Die A. einzelner Organismen kann durch den Vergleich von Merkmalen erfolgen, die für die jeweiligen Altersstadien typisch sind. Beispiele hierfür sind bei Menschen und Tieren der Grad der *Abnutzung des Gebisses* sowie *altersbedingter Knochenabbau*, bei Fischen die *Schuppenringe* oder bei Muscheln und Schnecken die *Zuwachsstreifen ihrer Schalen*. Bei Bäumen lässt sich in den gemäßigten Breiten ihr Alter anhand der *Jahresringe* feststellen.

2) A. in Paläontologie, Geologie und Archäologie (siehe Sondertext Methoden: Altersbestimmung)

METHODEN

Altersbestimmung

Nicht nur in Paläontologie, Geologie oder Archäologie, sondern auch in einigen Teilbereichen der Biologie (*Palökologie, Archäobotanik*) stellt sich häufig die Frage nach dem Alter eines Untersuchungsobjektes bzw. wie sich dieses erdgeschichtlich einordnen lässt. Hierzu stehen eine Reihe von Analyseverfahren zur Verfügung, mit deren Hilfe sowohl *relative Datierungen*, die ein zeitliches Ereignis in Beziehung zu einem anderen zeitlichen Ereignis setzen, als auch *absolute Datierungen* durchgeführt werden können, bei denen ein Ereignis in eine Zeitskala eingeordnet wird. Dabei bestimmen Art und Beschaffenheit des Materials die Wahl der Methode, die sich u. a. danach richtet, welche Zeitspanne und mit welcher Genauigkeit datiert werden soll. Vielfach werden mehrere Methoden miteinander kombiniert, um das Alter verlässlich bestimmen zu können.

Wichtig für die Altersbestimmung sind eine Reihe von *radiometrischen Verfahren*, von denen die *Radiokarbonmethode* (^{14}C-*Methode*) sowohl bei geologischen als auch biologischen Proben auf vielfältige Weise zur Anwendung kommt. Sie wurde in den 1940er-Jahren von Willard F. Libby (1908-1980) entwickelt, der hierfür 1960 den Nobelpreis für Chemie erhielt. Bei allen radiometrischen Verfahren wird die Tatsache ausgenutzt, dass in geologischem und organischem Material natürlich auftretende radioaktive Isotope vorhanden sind, deren Restkonzentrationen messbar sind. Da diese von den Ausgangskonzentrationen abhängen, kann bei Kenntnis der Halbwertzeit des radioaktiven Zerfalls das Alter einer Probe ermittelt werden.

Grundlage der Radiokarbonmethode ist die Tatsache, dass Kohlenstoff natürlicherweise in Form der beiden stabilen Isotope ^{12}C und ^{13}C sowie des radioaktiven ^{14}C vorkommt, das in der oberen Atmosphäre durch Einwirkung der Höhenstrahlung auf Stickstoff entsteht. Im CO_2 (Kohlenstoffdioxid) der Luft sind die drei Isotope wie folgt enthalten: $^{12}C = 98{,}98\,\%$, $^{13}C = 1{,}11\,\%$ und $^{14}C = 10^{-12}\,\%$. Während der Fotosynthese und durch die Aufnahme organischer Nahrung werden alle Lebewesen in gleicher Weise mit ^{14}C „radioaktiv markiert"; nach ihrem Tod kommt es zu keiner weiteren Zufuhr, sodass aufgrund des radioaktiven Zerfalls von ^{14}C in das stabile ^{14}N-Stickstoffisotop der Gehalt an ^{14}C kontinuierlich abnimmt. Basierend auf der Halbwertszeit von 5730 ± 40 Jahren lässt sich das Alter einer Probe genau bestimmen. Die ursprüngliche Annahme, dass der ^{14}C-Gehalt der Atmosphäre während der vergangenen 100000 Jahre konstant war, hat sich, wie man heute weiß, nicht bestätigt. Langfristigen und kurzfristigen Schwankungen des ^{14}C-Gehaltes tragen deshalb *Kalibrierungskurven* Rechnung, mit deren Hilfe die Datierungsergebnisse präzisiert werden können. Methodisch kann der ^{14}C-Gehalt indirekt mit Hilfe eines *Zählrohrs* bestimmt werden, das die radioaktiven Zerfälle pro Zeiteinheit erfasst, oder aber direkt mittels *Teilchenbeschleunigern*. Die Radiokarbonmethode ist für

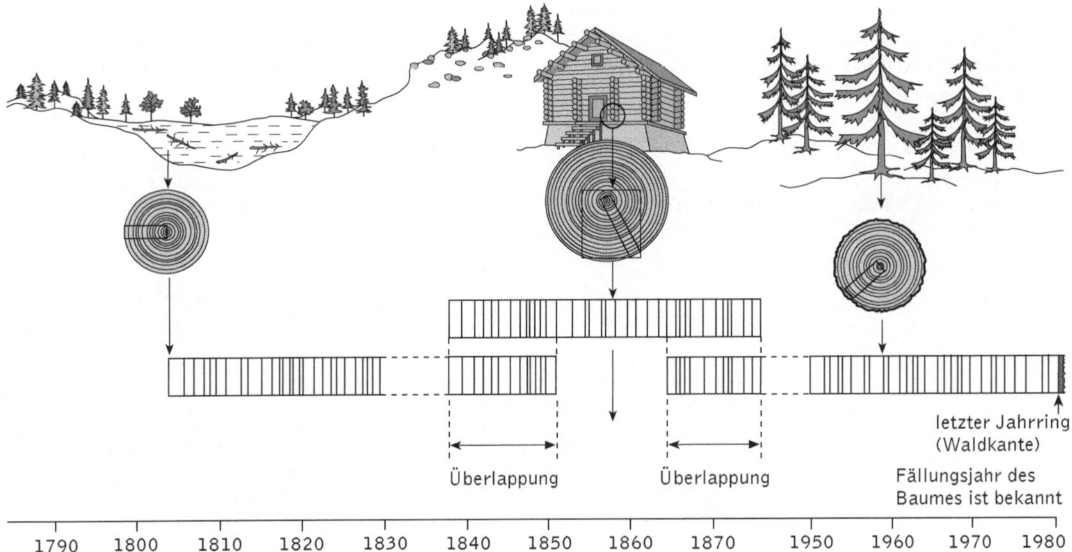

Altersbestimmung   Bei einer Altersbestimmung durch Dendrochronologie lässt sich nicht nur das Alter einzelner Bäume bzw. Holzstücke zum Zeitpunkt ihrer Fällung ermitteln, sondern durch fortschreitende Überlappungen der typischen Ringmuster von unterschiedlichen Fundstücken auch deren tatsächliches Alter bestimmen

Alterbestimmungen von 300 bis ca. 50000 Jahre geeignet. Andere radiometrische Verfahren, wie die *Kalium-Argon*- und die *Uran-Thorium-Methode* dienen der Bestimmung wesentlich älteren Materials.

Neben der Bestimmung radioaktiver Isotope kommt bei bestimmten Fragestellungen auch die Untersuchung stabiler Isotope zum Einsatz. In der *Paläoklimaforschung* können mit Hilfe des in Abhängigkeit von der Wassertemperatur veränderten Verhältnisses der Sauerstoffisotopen ^{18}O und ^{16}O z. B. in *Eisbohrkernen* und *Sedimentbohrungen* Klimaschwankungen erfasst werden.

Von großer Bedeutung ist bei der Altersbestimmung auch fossiles und konserviertes biologisches Material. *Leitfossilien* sind nur für eine bestimmte Gesteins- bzw. Sedimentschicht charakteristisch, sodass deren Fehlen oder Anwesenheit es erlauben, z. B. fossile Fundstücke in ein zeitliches Gefüge einzuordnen. Dies ist immer dann möglich, wenn Leitfossilien zusammen mit anderen fossilen Tieren oder Pflanzenteilen in so genannten Grabgemeinschaften (*Taphozönosen*) vorkommen. Wichtige Leitfossilien sind z. B. Ammoniten (↗ Ammonoidea).

Ein weiteres wichtiges Verfahren zur relativen Altersbestimmung von jüngeren, wenige Tausend Jahre alten Proben ist die *Pollenanalyse* (*Palynologie*), bei der aufgrund von quantitativen und qualitativen Auswertungen der in einer Probe vorhandenen Pollen (und Sporen) Rückschlüsse auf deren relatives Alter möglich sind. Die widerstandsfähige Beschaffenheit der Pollenwand (*Exine*) sorgt dafür, dass Pollenkörner gut erhalten bleiben und gewährleistet zusammen mit morphologischen Merkmalen eine gute Bestimmung. In wachsenden Ablagerungen (Mooren, Sedimenten) wird Pollen eingebettet, sodass Analysen von Bohrproben Rückschlüsse auf die Vegetationsveränderungen zulassen.

Bei der *Dendrochronologie* werden die Breiten der aufgrund von sommerlichem Wachstum und winterlicher Wachstumspause erzeugten Jahresringe zur Altersbestimmung verwendet. Da davon auszugehen ist, dass innerhalb ein- und desselben Klimagebietes bei verschiedenen Bäumen dieselben Muster auftreten, kann anhand von Überlappungen der Jahrringabfolgen in

Der mathematische Zusammenhang, der den radioaktiven Zerfall mit der geologischen Zeit in Verbindung bringt heißt Altersgleichung: $$t = \frac{1}{\lambda} \ln\left(1 + \frac{D}{P}\right)$$ t = Alter des Gesteins; D = Anzahl der Atome des Produkts heute P = Anzahl der Atome des Isotops heute λ = Zerfallskonstante Die Halbwertszeit eines Isotops ist: $$t_{1/2} = \frac{\ln 2}{\lambda}$$ $t_{1/2}$ von ^{14}C = 5730±40a	Radioaktiver Zerfall von ^{14}C	
	Jahre seit dem Tod	verbleibendes ^{14}C pro 1.0×10^{8} ^{12}C-Atom
	0	10 000
	5 700	5 000
	11 400	2 500
	17 100	1 250
	22 800	625
	28 500	312
	34 200	156
	39 900	78
	45 600	39
	51 300	20
	57 000	10

Stirbt der Organismus ab, findet nur noch der Zerfall des instabilen Isotops nach dem Zerfallsgesetz statt. Aus dem heute noch vorhandenen Anteil an ^{14}C kann auf das Alter der Probe geschlossen werden.

Altersbestimmung   anhand der Radiokarbonmethode

Stammscheiben oder Bohrkernen von heute lebenden und bereits verarbeiteten oder bei Grabungen gefundenen Bäumen deren Alter bestimmt werden. Mit Hilfe der Eichenchronologie kann z. B. Material bis in das Jahr 8480 v. Chr. zurückverfolgt werden. Eine vergleichende Analyse von Holz mittels Dendrochronologie und ^{14}C-Methode dient auch der Korrektur von Fehlern der Radiokarbondaten.

Altersbestimmung Auswahl der wichtigsten Methoden zur Altersbestimmung

Datierungsmethode	Kurzbeschreibung	Datierungszeitraum
Radiometrische Methoden	Anhand der Restkonzentration eines radioaktiven Isotops wird das Alter mit Hilfe der Halbwertzeit des radioaktiven Zerfalls berechnet. Uran-Thorium-Methode, Radiokarbonmethode (^{14}C-Methode)	> 100 000-Mio Jahre 300–70 000 Jahre
Warvenchronologie	Durch saisonale Schwankungen der Sedimentation in stehenden Gewässern entstehen geschichtete Ablagerungen, die z. B. in Bohrkernen sichtbar werden	ca. 20 000 Jahre
Dendrochronologie	Altersbestimmung anhand von Anzahl und Breite der Jahresringe von Bäumen. Überlappungen im Ringmuster können zur Datierung von Holz unbekannten Alters herangezogen werden.	bis ca. 10 000 Jahre
Pollenanalyse	Artenspektrum und Häufigkeit von Pollen in Sedimentproben erlaubt Rückschlüsse auf Vegetation und Klima	ca. 20 000 Jahre
Leitfossilien	Bestimmte Fossilien kommen nur in bestimmten Gesteinsschichten vor und erlauben somit eine relative Datierung.	Mio Jahre
Tephrochronologie	Basiert auf dem Fehlen oder Vorhandensein vulkanischer Aschen und anderer Lockerstoffe	ca. 10 000 Jahre
Eisbohrkerne	Erlauben Rückschlüsse auf klimatische Gegebenheiten anhand des 180/160-Verhältnisses	bis ca. 100 000 Jahre
Aminosäure-Racemisierung	Bestimmung des Alters einer Probe aufgrund des Verhältnisses von L- und D-Aminosäuren	
Lumineszenz	Nutzt die Tatsache aus, dass natürliche Radioaktivität und kosmische Strahlung in Festkörpern Ladungsträger freisetzen, die z. T. im Kristallgitter gespeichert werden. Ihre Anzahl wächst mit der Zeit, sodass die Intensität des Lumineszenzsignals bei Erwärmung (Thermolumineszenz) oder radioaktiver Bestrahlung (Radiolumineszenz) verwendet wird. Anwendbar bei Keramiken und bestimmten Bodenmineralien	1000–1 Mio Jahre
Elektronenspinresonanz	Gleiche dosimetrische Basis wie die Lumineszenz, wobei nur paramagnetische Zentren ausgewertet werden. Analyse von Hydroxylapatit (Knochen, Zahnschmelz), biogenen Carbonaten, Quarzen	10 000–1 Mio Jahre

Alterspigment, gelblich-braunes Pigment, das in vielen nicht mehr teilungsfähigen Zellen nachgewiesen werden kann. Inwieweit A. das tatsächliche Alter eines Organismus angeben, ist unklar. (↗ Residualkörper)

Altersweitsichtigkeit, ↗ Weitsichtigkeit.

Althaea, Gatt. der ↗ Malvaceae.

Altman, *Sidney*, kanadischer Biochemiker; ✳ 8.5.1939 Montreal (Kanada); seit 1980 Professor an der Yale University in New Haven (Connecticut). A. wies 1977 mit seiner Arbeitsgruppe an einem aus ↗ Escherichia coli gewonnenen Enzym (Ribonuclease P) nach, dass es Enzyme gibt, die aus einem Protein- und einem RNA-Anteil bestehen und er zeigte 1983, dass in einigen Fällen die RNA-Komponente allein die katalytische Spaltung des Substrats hervorrufen kann; solche katalytisch wirksamen Ribonucleinsäuren wurden als ↗ Ribozyme bezeichnet. A. erhielt 1989 zusammen mit T.R. ↗ Cech den Nobelpreis für Chemie.

Altmünder, *Altmundtiere*, die ↗ Protostomia.

Altruismus, uneigennütziges Verhalten eines Individuums (= Geber) zum Wohle anderer (= Empfänger). Dabei erhöhen sich bei Tieren die Fortpflanzungschancen des Empfängers auf Kosten des Gebers. Das klassische Beispiel ist der Verzicht auf eigene Nachkommen bei Arbeiterinnen in Insektenstaaten (↗ Tierstaaten), die auf Kosten ihres eigenen Fortpflanzungserfolges ihre Schwestern großziehen.

Altschnecken, die ↗ Archaeogastropoda.

Altwasser, ein Wasser führender, aber strömungsloser Teil eines alten Flussbettes. Viele A. sind wertvolle Feuchtgebiete und enthalten seltene und schutzwürdige ↗ Biotope.

Altweltaffen, *Schmalnasen*, ↗ Catarrhini.

Altweltgeier, ↗ Geier.

Alu-Familie, nach dem ↗ Restriktionsenzym *Alu I* benannte ↗ repetitive DNA, die aus einer Reihe ähnlicher so genannter *Alu-Elemente* mit einer Länge von ca. 280 bp besteht. Im menschlichen Genom sind sie mehrere Millionen mal vorhanden.

Alveolen, die Lungenbläschen (↗ Lunge).

Alytes obstetricans, die ↗ Geburtshelferkröte.

AM, Abk. für den ↗ Auslösemechanismus.

Amanita, Gattung der ↗ Agaricales, zu der die ↗ Knollenblätterpilze und der ↗ Fliegenpilz gehören.

Amaranth, *Fuchsschwanz*, *Amaranthus*; aus dem tropischen Amerika stammende Gatt. der ↗ Amaranthaceae. Die stärkereichen Samen vieler Arten werden ähnlich wie ↗ Getreide genutzt, die Blätter als spinatartiges Gemüse.

Amaranthaceae, *Fuchsschwanzgewächse*, Fam. der ↗ Caryophyllales mit ca. 800 Arten; überwiegend Sträucher sowie einige Kräuter mit Verbreitung in der gemäßigten Zone, den Tropen und Subtropen. Die Fam. umfasst verschiedene Zier- und Nutzpflanzen der Gatt. *Amaranthus* (↗ Amaranth).

Amaranthus, Gatt. der ↗ Amaranthaceae.

Amaryllidaceae, *Amaryllisgewächse*, *Narzissengewächse*, Fam. der ↗ Asparagales mit ca. 860 Arten, die über die gesamte Erde verbreitet sind. Die meisten Arten besitzen eine ↗ Zwiebel, nur wenige ein ↗ Rhizom. Aus der Blattrosette (↗ Rosette), die von schwertförmigen Blättern gebildet wird, ragt ein blattloser Blütenschaft mit meist lilienähnlichen Blüten. Die ↗ Frucht ist eine Kapsel oder eine Beere. Sie sind den ↗ Liliaceae sehr ähnlich und von diesen hauptsächlich durch den unterständigen ↗ Fruchtknoten sowie das Fehlen von Saponinen zu unterscheiden. Viele Arten sind beliebte Zierpflanzen wie das Schneeglöckchen (*Galanthus*), die Narzissen (*Narcissus*), der unter Naturschutz stehende Märzenbecher (*Leucojum vernum*), die Amaryllis oder Ritterstern (*Hippeastrum*), die Klivie (*Clivia*) und das Elefantenohr (*Haemanthus albiflos*). Die Zwiebel der Belladonnalilie, *Amaryllis belladonna*, enthält das giftige ↗ Alkaloid Bellamarin.

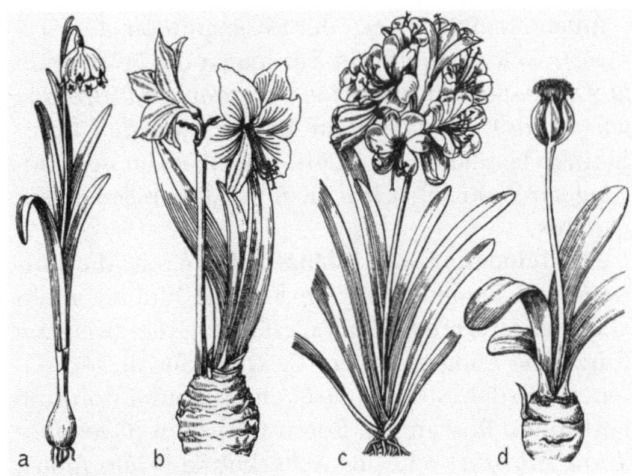

Amaryllidaceae a Märzenbecher (*Leucojum vernum*), b Amaryllis (*Hippeastrum*), c Klivie (*Clivia*), d Elefantenohr (*Haemanthus albiflos*)

Amaryllisgewächse, die Fam. ↗ Amaryllidaceae.

Amatoxine, Gruppe von chemischen Verbindungen, die neben den ↗ Phallotoxinen die wichtigsten Giftstoffe des Grünen und des Weißen Knollenblätterpilzes sowie einiger Schirmlinge und Häublinge sind. Die einzelnen Vertreter der A., wie α-, β- und γ-Amanitin, Amanin und Amanullin leiten sich von einem gemeinsamen dizyklischen Octapeptid durch Variation funktioneller Seitengruppen ab. Die Toxine enthalten die erstmals in den *Amanitinen*, einer Untergruppe der A. entdeckte Aminosäure *Dihydroxyisoleucin*. Ihre Toxizität ist außerordentlich hoch und das Gift wird weder durch Kochen noch durch Proteasen des Verdauungstrakts zersetzt. A. hemmen spezifisch das Enzym RNA-Polymerase II (↗ RNA-Polymerasen) der Eukaryoten und damit die Synthese von ↗ messenger-RNA, folglich die Proteinbiosynthese in der Leber. Charakteristisch für die Giftwirkung ist die verzögerte Wirkung, der Tod tritt auch bei tödlicher Dosis erst 15 Stunden nach Giftaufnahme ein.

	R_1	R_2	R_3	R_4
α-Amanitin	OH	OH	NH_2	OH
β-Amanitin	OH	OH	OH	OH
γ-Amanitin	OH	H	NH_2	OH
Amanin	OH	OH	OH	H
Amanullin	H	H	NH_2	OH

Amatoxine Strukturformel der verschiedenen Vertreter der Amatoxine

Amaurobiidae, Fam. der Webspinnen (↗ Araneae). Weit verbreitet in Europa ist die etwa 9 mm große, dunkel gefärbte *Finsterspinne (Amaurobius fenestralis)*. Sie spinnt in Mauerritzen und unter Steinen bläulich schimmernde Netze. Um den Eingang zur Wohnröhre legt sie unregelmäßige Fangfäden aus.

ambifotoperiodische Pflanzen, Pflanzen, die entweder im Langtag oder im Kurztag blühen, nicht aber bei intermediären Tageslängen, die zwischen Kurz- und Langtag liegen. Beispiele für diesen seltenen Typ der fotoperiodischen Blühinduktion sind bestimmte Rassen des Roten Gänsefuß (*Chenopodium rubrum*) und der Ackerbohne (*Vicia faba*). ↗ Fotoperiodismus

ambivalentes Verhalten, Verhalten, dem gleichzeitig zwei verschiedenartige Bereitschaften zugrunde liegen, z. B. Angriffsbereitschaft und Fluchtbereitschaft. Es besteht also ein Konflikt (↗ Konfliktverhalten) zwischen verschiedenen Verhaltenstendenzen. Bei vielen Tierarten haben sich typische Signalbewegungen entwickelt, die unter dem Begriff „Drohen" (↗ Drohverhalten) zusammengefasst werden. Es handelt sich dabei um ein agonistisches Nahverhalten (↗ agonistisches Verhalten).

Amblypygi, *Geißelspinnen*, Taxon der ↗ Arachnida mit etwa hundert 10 - 45 mm großen subtropischen und tropischen Arten, vor allem in Regenwäldern. A. haben einen flachen Körper mit einem Stiel (*Petiolus*) zwischen Pro- und Opisthosoma. Die Pedipalpen sind als mächtiger Fangapparat ausgebildet und das erste Beinpaar ist extrem verlängert (bis zu 30 cm), mit erhöhter Gliederzahl, und dient als Fühlerbein, um die Umgebung zu ertasten. Bei der Flucht rennen sie seitwärts davon. A. ernähren sich von Arthropoden. Exkretionsorgane sind Coxaldrüsen, ein Paar Malpighi-Schläuche und Nephrocyten. Als Atmungsorgane dienen zwei Paar Lungen.

Amblyrhynchos, Gatt. der Leguane (↗ Iguanidae).

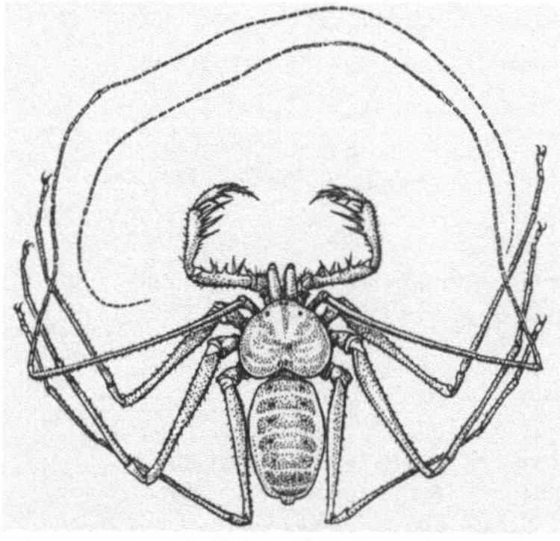

Amblypygi Art der Geißelspinnen. Gut zu erkennen ist das stark verlängerte und als Fühlerbein ausgebildete erste Beinpaar

Amboss, *Incus*, eines der Gehörknöchelchen (↗ Ohr).

Ambulakralsystem, *Ambulacralsystem, Ambulakralgefäßsystem*, flüssigkeitsgefülltes Röhrensystem der Stachelhäuter (↗ Echinodermata).

Ambystomatidae, *Querzahnmolche*, in Nordamerika verbreitete Gruppe der Schwanzlurche (↗ Urodela), mit breitem Kopf, deutlichen Rippenfurchen und seitlich abgeflachtem Schwanz. Die adulten Tiere halten sich meist an Land auf und gehen nur zu Paarung und Eiablage ins Wasser. Bei manchen Arten kommt ↗ Neotenie vor, so bei dem freilebenden nur in der Stadt Mexiko vorkommenden *Axolotl (Ambystoma mexicanum)*, der i. d. R. als wasserbewohnende Larvenform mit ca. 29 cm Länge geschlechtsreif wird.

Ameisen, die Fam. ↗ Formicidae.

Ameisenbären, die Fam. ↗ Myrmecophagidae.

Ameisenbeutler, die Fam. ↗ Myrmecobiidae.

Ameisengäste, *Myrmekophilen*, Tiere (besonders Insekten), die in einem mutualistischen (↗ Mutualismus) Verhältnis zu Ameisen stehen. Bekannt sind ca. 3000 Arten, die in drei Gruppen unterteilt werden: a) Die räuberischen A. (*Synechtren*) ernähren sich von Ameisen und deren Brut. Hierzu gehören viele Spinnen und Käfer. b) Die geduldeten Einmieter (↗ Synökie) leben in der Regel von den Abfällen, Exkrementen und Leichen des Ameisenstaates. Dazu gehören einige Silberfischchen, Springschwänze, Fliegenlarven, Ameisengrillen und besonders Käfer. c) Die echten A. (↗ Symphilie) bieten den Ameisen ölhaltige oder zuckerhaltige Ausscheidungen an, die oft an besonderen Organen gebildet werden. Hierzu gehören die Fühlerkäfer und die Raupen einiger Bläulinge.

Ameisenigel, *Tachyglossidae*, Fam. der Kloakentiere (↗ Monotremata).

Ameisenlöwe, Larve der Ameisenjungfern, einer Fam. der Netzflügler (↗ Planipennia).

Ameisenpflanzen, die ↗ Myrmekophyten.

Ameisenvögel, *Formicariidae*, Fam. der Sperlingsvögel (Passeriformes; ↗ Tyranni)

Ameisensäure, *Methansäure, HCOOH*, die einfachste Carbonsäure. Eine farblose, stechend riechende und ätzende Flüssigkeit, die zu den stärksten organischen Säuren gehört und in der Natur weit verbreitet ist; sie befindet sich z. B. im Giftsekret der Ameisen und Bienen und in Brennnesseln.

Ameisensäuregärung, Form der ↗ Gärung, bei der als charakteristisches Produkt Formiat (↗ Ameisensäure) auftritt. Dabei ist Ameisensäure nicht das Hauptprodukt der Gärung, sondern wird neben anderen Säuren produziert. Zu den Bakterien mit A. gehören viele Vertreter der ↗ Enterobacteriaceae, z. B. ↗ *Escherichia coli*. Bei der A. wird zunächst Glucose zu Pyruvat (↗ Brenztraubensäure) abgebaut. Dieses wird in ↗ Acetyl-Coenzym A und

Formiat gespalten, das sich anhäufen kann, meist jedoch weiter in CO_2 und H_2 umgewandelt wird.

Amenorrhoe, das Ausbleiben der Menstruation (↗ Menstruationszyklus). Sie wird als *primäre A.* bezeichnet, wenn die erste Menstruation (*Menarche*) nicht eintritt und als *sekundäre A.*, wenn die Menstruation bei einer geschlechtsreifen Frau ausbleibt. Ursachen für die sekundäre A. können neben einer ↗ Schwangerschaft, hormonelle Störungen, psychische Belastungen, Medikamente und starkes Untergewicht (z. B. bei ↗ Magersucht) sein.

Amensalismus, ↗ Parabiose.

Ames-Test, von Bruce Nathan Ames (✻ 1928) in den 1970er-Jahren entwickelter einfacher und zudem preiswerter bakterieller ↗ Mutagenitätstest. Hierbei wird die Rückmutationsrate eines histidinauxotrophen (↗ Auxotrophie) Stammes von *Salmonella typhimurium* in Anwesenheit eines potentiellen Mutagens analysiert. Die Bakterien werden auf Agarplatten ausplattiert, die kein Histidin und die Testchemikalie enthalten. Die Anzahl der durch die *Rückmutationen* zum ↗ Wildtyp gewordenen Bakterienkolonien dient als Maß für die Mutagenität der Testsubstanz. (↗ Mutagenitätsforschung)

Amia, ↗ Schlammfisch.

Amide, allgemein chemische Verbindungen, in denen ein Wasserstoffatom des ↗ Ammoniaks (NH_3) entweder durch ein Metallatom (*Metallamide*) oder ein, zwei oder drei Wasserstoffatome durch einen Acylrest (*Säureamide*) ersetzt sind. In biologischen Systemen kommen nur die Säureamide vor und zwar bevorzugt die durch Ersatz eines Wasserstoffatoms entstandenen *primären Amide*.

amiktisch, Bez. für ↗ Seen, in denen keine Zirkulation des Wassers stattfindet.

Amine, aus ↗ Ammoniak (NH_3) durch Ersatz von einem, zwei oder drei Wasserstoffatomen entstandene Verbindungen. Nach Zahl der ersetzten Wasserstoffatome unterscheidet man zwischen *primären A.*, *sekundären A.* und *tertiären A.* In der Natur sind Amine u. a. in Form von ↗ biogenen Aminen, ↗ Aminosäuren, ↗ Nucleinsäurebasen, vielen ↗ Vitaminen und ↗ Alkaloiden verbreitet.

Aminoacyl-Stelle, *A-Stelle*, Stelle auf dem Ribosom, an der es zur Anlagerung der Aminoacyl-tRNA kommt. (↗ Translation)

Aminoacyl-Synthetasen, *Aminoacyl-tRNA-Synthetasen*, Gruppe von Enzymen, die die *Aminoacylierung* („Beladung") der tRNA-Moleküle mit ihren spezifischen ↗ Aminosäuren katalysieren, wobei für jede Aminosäure ein eigenes Enzym vorhanden ist. Die A. sind für die Spezifität der Beladung verantwortlich, die unter Verwendung von ATP über eine aktivierte Aminosäurezwischenstufe in zwei Schritten erfolgt. (↗ Translation)

p-Aminobenzoesäure, *4-Aminobenzoesäure*, Abk. *PAB*, Bestandteil bzw. Vorstufe der ↗ Folsäure. Die wachstumshemmende Wirkung von *Sulfonamiden* auf Bakterien beruht darauf, dass sie Strukturanaloge der p-Aminobenzoesäure sind und durch kompetitive Hemmung deren Einbau in die Folsäure verhindern. Da höhere Organismen Folsäure nicht selber synthetisieren, sondern mit der Nahrung zuführen müssen, sind Sulfonamide für die Zellen höherer Organismen ohne schädliche Wirkung.

Aminobernsteinsäure, die ↗ Asparaginsäure.

γ-Aminobuttersäure, Abk. *GABA*, $H_2N\text{-}CH_2\text{-}CH_2\text{-}CH_2\text{-}COOH$, eine nicht proteinogene Aminosäure, die neben Glycin der wichtigste inhibitorische Neurotransmitter (↗ Transmittersubstanzen) an Synapsen im Zentralnervensystem, bei ↗ Crustacea auch an neuromuskulären Synapsen ist. GABA entsteht in einem Nebenweg des ↗ Citratzyklus (γ-Aminobuttersäure-Weg) durch Decarboxylierung von ↗ Glutamat und wird durch Transaminierung und anschließende Oxidation wieder abgebaut.

Aminogruppe, die chemisch einwertige, basisch reagierende Gruppe $-NH_2$, die charakteristisch für primäre ↗ Amine und ↗ Amide ist. Unter physiologischen Bedingungen (pH-Wert 7 - 8) liegen Aminogruppen in protonierter Form, d. h. als $-NH_3^+$ (*Ammoniumgruppe*) vor.

p-Aminohippursäure, Abk. *PAH*, chemische Verbindung, die zur Überprüfung der Nierenfunktion als Natriumsalz, gepuffert mit Citronensäure, intravenös injiziert wird (↗ Clearance).

Aminopeptidasen, Bez. für ↗ Peptidasen, die am N-terminalen Ende eines Proteins ansetzen.

Aminopropanol, zu den ↗ biogenen Aminen gehörende Verbindung, die aus ↗ Threonin gebildet wird und Baustein des Vitamins B_{12} (↗ Cobalamin) ist.

Aminosäure-Decarboxylasen, zur Gruppe der ↗ Lyasen gehörende Enzyme, die die Bildung von ↗ biogenen Aminen durch ↗ Decarboxylierung von Aminosäuren katalysieren.

Aminosäuren, *Aminocarbonsäuren*, Carbonsäuren mit einer oder mehreren Aminogruppen, die entsprechend ihrer Position zur Carboxylgruppe als α-, β-, γ- usw. -Aminosäuren bezeichnet werden. Von wenigen Ausnahmen abgesehen, sind A. in Wasser gut löslich und liegen in wässrigen Lösungen zwischen pH 4 und 9 als ↗ Zwitterionen vor. Bisher sind aus der belebten Natur über 260 verschiedene

Aminosäuren　Struktur einer α-Aminosäure, die als Zwitterion vorliegt

Aminosäuren *Proteinogene Aminosäuren.* Die Dreibuchstabenabkürzungen sind allgemein anerkannt und werden routinemäßig für Darstellungen von Protein- und Peptidsequenzen verwendet. Die Einbuchstabenbezeichnungen (vorgeschlagen von der IUPAC-IUB-Kommission für Biochemische Nomenklatur) sollte für Veröffentlichungen von Sequenzen nicht verwendet werden. Es ist jedoch beabsichtigt, diese einzusetzen, um die Speicherung von Sequenzinformationen und die Durchführung von Sequenzvergleichen mit Hilfe des Computers zu erleichtern

Aminosäure	Abk.	Abk.	Klasse
L-Alanin	Ala	A	I
L-Arginin	Arg	R	IV
L-Asparagin	Asn	N	II
L-Asparaginsäure	Asp	D	III
L-Cystein	Cys	C	II
L-Glutamin	Gln	Q	II
L-Glutaminsäure	Glu	E	III
Glycin	Gly	G	I
L-Histidin	His	H	IV
L-Isoleucin	Ile	I	I
L-Leucin	Leu	L	I
L-Lysin	Lys	K	IV
L-Methionin	Met	M	I
L-Phenylalanin	Phe	F	I
L-Prolin	Pro	P	I
L-Serin	Ser	S	II
L-Threonin	Thr	T	II
L-Tryptophan	Trp	W	I
L-Tyrosin	Tyr	Y	II
L-Valin	Val	V	I

A. bekannt, wobei den 20 in Proteinen vorkommenden A. (*proteinogene A.*) besondere Bedeutung zukommt. Diese sind α-A. und besitzen am α-Kohlenstoffatom, mit Ausnahme von Glycin, ein asymmetrisches Zentrum mit L-Konfiguration (↗ asymmetrisches Kohlenstoffatom). Jeder proteinogenen A. sind durch den ↗ genetischen Code mindestens ein ↗ Codon, meist jedoch mehrere Codonen zugeordnet. Dadurch kann die Sequenz der Codonen von mRNS, die letztlich durch die Nucleotidsequenz der entsprechenden Gene bestimmt wird, in die Reihenfolge der A. (*Aminosäuresequenz*) der entsprechenden Proteine übersetzt werden (↗ Translation). Die Aktivierung der proteinogenen A. zum Einbau in Proteine erfolgt durch Überführung in die 20 verschiedenen Aminoacyl-Adenylsäuren und Aminoacyl-tRNAs.

Aminosäuren
Die 20 *proteinogenen Aminosäuren* mit ihren physikalischen Eigenschaften (relative Molekülmasse M_r, Titrationspunkt pKa der funktionellen Gruppen, Extinktionskoeffizient ε_M [$M^{-1}cm^{-1}$] bei 280 nm). Die Polarität wird halbquantitiv durch die Zahl der Sternchen ausgedrückt. Die Zeilen $-NH_2$ und $-COOH$ beziehen sich auf alle Aminosäuren. Wasser ist zum Vergleich aufgeführt

Typ	M_r bei pH 7	pK_a	ε_M	Polarität
Alanin	89,09			*
Cystein	121,16	10,28	120	*
Asparaginsäure	132,10	3,65		***
Glutaminsäure	146,13	4,25		***
Phenylalanin	165,19			*
Glycin	75,07			*
Histidin	155,16	6,00		***
Isoleucin	131,17			*
Lysin	147,19	10,53		***
Leucin	131,17			*
Methionin	149,21			*
Asparagin	132,12			**
Prolin	115,13			*
Glutamin	146,15			**
Arginin	175,20	12,48		***
Serin	105,20			**
Threonin	119,02			**
Valin	117,15			*
Tryptophan	204,22		5690	*
Tyrosin	181,19	10,07	1280	**
Wasser	18,01			**
$-NH_2$		8,56		***
$-COOH$		3,56		***

Die proteinogenen A. werden in *neutrale A.* (keine Ladung in der Seitenkette), *saure A.* (negative Ladung in der Seitenkette) und *basische A.* (positive Ladung in der Seitenkette) eingeteilt. Innerhalb der neutralen A. wird die Klasse der A. mit hydrophiler (↗ hydrophil) bzw. polarer Seitenkette (Cystein, Serin, Threonin, Tyrosin, Asparagin, Glutamin) von der Klasse der A. mit hydrophober (↗ hydrophob) bzw. apolarer Seitenkette (Alanin, Glycin, Isoleucin, Leucin, Methionin, Phenylalanin, Prolin, Tryptophan, Valin) unterschieden. Phenylalanin, Tryptophan und Tyrosin werden unter dem Begriff der *aromatischen A.* zusammengefasst. Diese zeigen frei oder gebunden in Proteinen cha-

Aminosäuren   Stoffwechselreaktionen der Aminosäuren

Art der Reaktion	Reaktionsablauf
Transaminierung	$\underset{NH_2}{RCHCOOH} + \underset{O}{R'CCOOH} \rightleftharpoons \underset{O}{RCCOOH} + \underset{NH_2}{R'CHCOOH}$
Decarboxylierung	$\underset{NH_2}{RCHCOOH} \longrightarrow RCH_2NH_2 + CO_2$
Aminierung	$\underset{O}{RCCOOH} + NH_3 + NAD(P)H_2 \longrightarrow \underset{NH_2}{RCHCOOH} + NAD(P)$
Desaminierung	$\underset{NH_2}{RCHCOOH} \xrightarrow{-2[H]} \underset{NH}{RCCOOH} \xrightarrow{+H_2O} \underset{O}{RCCOOH} + NH_3$
Modifizierung der Seitenkette α-Hydroxygruppe	$R-OH \xrightarrow{ATP} R-O \sim PO_3H_2$ (Phosphorylierung)
α-Aminogruppe	$R-NH_2 \longrightarrow R-NH-COCH_3$ (Acetylierung)
α-Carboxylgruppe	$R-COOH \xrightarrow[NH_3]{ATP} R-CONH_2$ (Säureamidbildung)
Peptidbildung	$\underset{NH_2}{RCHCOOH} + \underset{NH_2}{R'CHCOOH} \xrightarrow{-H_2O} \underset{NH_2}{RCHCO}-\underset{R'}{NHCHCOO}$
Aminosäureaktivierung	$\underset{NH_2}{\overset{O}{RCH\overset{\|}{C}}-OH} + AMP \sim P \sim P \xrightarrow{Enz.} Enz.\ AMP \sim \underset{NH_2}{\overset{O}{\overset{\|}{C}CHR}} + P$
Aminosäuretransfer (Proteinbiosynthese) (Bildung von Aminoacyl-tRNA, aatRNA)	$Enz.\ AMP \sim \underset{NH_2}{\overset{O}{\overset{\|}{C}CHR}} + tRNS-OH \longrightarrow AMP + Enz. + tRNS-O \underset{NH_2}{\overset{O}{\overset{\|}{C}CHR}}$
Gramicidin-S-Synthese (Thioesterbildung)	$Enz.\ AMP \sim \underset{NH_2}{\overset{O}{\overset{\|}{C}CHR}} + E^{-SH} \longrightarrow AMP + Enz. + E^{-S} \sim \underset{NH_2}{COCHR}$

Enz. = Enzym; E = Protein II der Gramicidin-S-Synthetase.

rakteristische UV-Absorption ($\nearrow$ Absorptionsspektrum) bei 280 nm und bilden damit die Grundlage zur qualitativen bzw. halbquantitativen Bestimmung von Proteinen über die Messung der UV-Absorption. Der Nachweis einzelner freier A. erfolgt besonders durch die Farbreaktion mit Ninhydrin. Diese Reaktion ist spezifisch für α-A. und führt zur Bildung eines blauen Farbstoffs mit für die jeweilige A. charakteristischer Tönung.

Der Mensch und Säugetiere können nicht alle proteinogenen A. selbst aufbauen, sodass ein Teil, die Gruppe der *essentiellen A.*, durch die Nahrung aufgenommen werden muss. Die Synthese der proteinogenen A. erfolgt durch Transaminierung der entsprechenden α-Ketosäuren mit Glutamat als Aminogruppen-Donor ($\nearrow$ Aminogruppe). Glutamat selbst entsteht durch direkte reduktive Aminierung von α-Ketoglutarat mit $\nearrow$ Ammoniak. Beim Abbau werden die proteinogenen A. in einem ersten transaminierenden Schritt zu den entsprechenden α-Ketosäuren umgewandelt, wobei der Aminostickstoff auf α-Ketoglutarat unter Bildung von Glutamat übertragen wird. Letzteres kann durch dehydrierende Desaminierung unter der Wirkung von Glut-

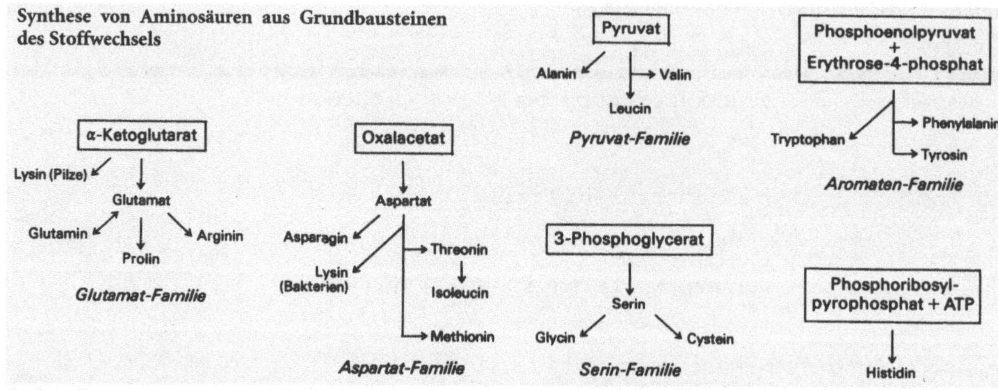

Aminosäuren   Synthese von Aminosäuren aus Grundbausteinen des Stoffwechsel

amat-Dehydrogenase zu Ammoniak und α-Ketoglutarat gespalten werden. Das Gleichgewicht
nimmt daher eine Schlüsselstellung bei Aus- und
Einschleusung von Ammoniak in die Aminogruppen der A. ein.

Die A. Alanin, Aspartat und Glutamat stehen über
ihre Ketosäuren (Pyruvat, Oxalacetat, α-Ketoglutarat) direkt mit dem ↗ Citratzyklus in Verbindung.
Dazu gehören auch Asparagin und Glutamin, da diese durch Hydrolyse der Säureamidgruppe (↗ Amide) in Aspartat und Glutamat überführt werden können. Die α-Ketosäuren weiterer A. werden durch
zusätzliche, zum Teil komplizierte Folgereaktionen
in den Citratzyklus eingeschleust und können über
den Weg der ↗ Gluconeogenese letztlich in Kohlenhydrate (↗ Glucose, ↗ Glykogen) umgewandelt
werden. Diese Gruppe von Aminosäuren wird daher
unter dem Begriff der *glucogenen A.* oder *glucoplas-
tischen A.* zusammengefasst. Ihnen gegenüber stehen A., die ebenfalls in Folgereaktionen, ausgehend
von den entsprechenden α-Ketosäuren, zu Acetoacetyl-Coenzym A und ↗ Acetyl-Coenzym A abgebaut werden und auf diesem Wege in Fettsäuren
umgewandelt werden können. Sie können im Zuge
dieser Reaktionen auch zu ↗ Ketonkörpern wie Acetoacetat (↗ Acetessigsäure) und dessen Decarboxylierungsprodukt ↗ Aceton umgesetzt werden und
werden deshalb unter dem Begriff der *ketogenen A.*
oder *ketoplastischen A.* zusammengefasst.Die *nichtproteinogenen A.* bilden mit den über 240 bisher
nachgewiesenen Vertretern die zahlenmäßig größte
Gruppe. Sie werden besonders zahlreich in Pflanzen
gefunden. Ihre Strukturen sind sehr unterschiedlich.
Die L-α -A. überwiegen, jedoch enthält z.B. das
Murein-Gerüst (↗ Murein) der Bakterienzellwand
die D-α -A. D-Alanin und D-Glutamat, und unter den
Nicht-α -Formen sind besonders das β-Alanin und
die ↗ γ-Aminobuttersäure zu nennen. In vielen Fällen sind nichtproteinogene A. Analoge von proteinogenen A. Aufgrund dieser strukturellen Ähnlichkeit
können nichtproteinogene A. als *Aminosäurean-*

tagonisten wirken und dadurch zu spezifischen
Stoffwechselstörungen führen. Auch der bakterio-
statischen und Antitumorwirkung des Azaserins (ein
von *Streptomyces*-Stämmen gebildetes cytotoxi-
sches Antibiotikum) liegt ein Aminosäureantagonis-
mus zugrunde. Einige nichtproteinogene A. fungieren als Zwischenprodukte bei Synthese oder Abbau
der proteinogenen A. oder als Zwischenprodukte bei
der Bildung von Purinen und Harnstoff. Speziell in
menschlichen und tierischen Organismen üben einige nichtproteinogene A. spezifische Funktionen
aus, wie Dihydroxyphenylalanin und 5-Hydroxy-
tryptophan als Zwischenstufen bei der Bildung von
Hormonen und γ-Aminobuttersäure als Neurotransmitter. Insgesamt jedoch sind die physiologischen
Funktionen der nichtproteinogenen A. nicht wirklich verstanden. Neben der Schutzwirkung der giftigen, nichtproteinogenen pflanzlichen A. gegenüber
Fressfeinden, die jedoch in Einzelfällen durch spezielle biochemische Mechanismen der jeweiligen
Fressfeinde aufgehoben sein kann, werden vor allem
Depotfunktionen in Betracht gezogen. Nichtproteinogene A. treten in bestimmten Pflanzenfamilien
gehäuft auf und eignen sich daher als taxonomische
Marker.

Aminosäure-Oxidasen, zu den Flavinenzymen gehörende Gruppe von ↗ Oxidoreduktasen, die die
(irreversible) oxidative ↗ Desaminierung von
↗ Aminosäuren unter Bildung von α-Ketosäuren
und ↗ Ammoniak katalysieren.

Aminozucker, ↗ Monosaccharide, in denen eine
↗ Hydroxygruppe durch die Aminogruppe ersetzt
ist. Die wichtigsten Vertreter sind Glucosamin, Ga-
lactosamin und das in Neuraminsäure enthaltene
Mannosamin.

Amitose, Kernteilung ohne Ausbildung der typischen Mitose-Merkmale wie ↗ Chromosomen und
↗ Spindelapparat, bei der der Zellkern durchge-
schnürt wird. A. kommt beim Macronucleus der
↗ Ciliata vor und tritt in hochdifferenzierten Geweben wie ↗ Leber und ↗ Niere auf.

Ammenhaie, Fam. der Haie ($\nearrow$ Selachimorpha).

Ammern, die Fam. $\nearrow$ Emberizidae.

Ammodytidae, *Sandaale*, *Sandspierlinge*, Fam. der Barschfische ($\nearrow$ Perciformes), deren Arten in den Gezeitenzonen leben. A. sind bis 30 cm lang, langestreckt und Schwarm bildend. Bei Ebbe graben sie sich im Sand ein. An deutschen Küsten kommen zwei Arten vor: *Großer Sandspierling* (*Ammodytes lanceolatus*) und *Kleiner Sandspierling* (*Ammodytes tobianus*); beide Arten werden auch *Tobiasfisch* genannt

Ammoniak, *NH$_3$*, farbloses Gas von charakteristischem stechendem Geruch, das sich in Wasser unter Bildung des Gleichgewichts $NH_3 + H_2O \rightleftharpoons NH_4^+ + OH^-$ löst. Dieses liegt weitgehend auf der linken Seite, weshalb A. zu den schwachen Basen gehört. In neutralen und sauren Lösungen wird dieses Gleichgewicht durch Abfangen der OH^--Ionen auf die rechte Seite verschoben, weshalb A. in zellulären System fast ausschließlich als NH_4^+-Kation vorliegt. A. entsteht bei der Fäulnis stickstoffhaltiger Verbindungen, als Endprodukt der biologischen Nitratreduktion und der Stickstoff-Fixierung sowie als Ausscheidungsprodukt des Stickstoffs bei ammonotelischen Tieren. In den Nierentubuli von Säugern wird A. zur Neutralisation auszuscheidender Säuren besonders aus $\nearrow$ Glutamin, aber auch aus anderen $\nearrow$ Aminosäuren gebildet. In den meisten Organen, insbesondere im Zentralnervensystem wirkt A. als starkes Zellgift, da es mit α-Ketoglutarat zu Glutamat reagiert und dadurch α-Ketoglutarat dem $\nearrow$ Citratzyklus entzieht, was zur Störung des Energiestoffwechsels führt. Die Giftigkeit von A. beruht zudem auf Verschiebungen des pH-Wertes und Schädigungen der Zellmembran. Durch Überführung von A. in die Speicher- bzw. Transportformen $\nearrow$ Asparagin und Glutamin oder durch Überführung in die Ausscheidungsformen $\nearrow$ Harnstoff, $\nearrow$ Harnsäure und $\nearrow$ Allantoin wird die Giftwirkung von A. verhindert (*Ammoniak-Entgiftung*). $\nearrow$ Ammoniumassimilation

Ammonifikation, biologische Freisetzung von Ammonium beim Abbau organischer Stickstoffverbindungen (z. B. Proteine) durch zahlreiche Pilze und Bakterien. Dieser Prozess findet vor allem im Boden statt. Durch diesen Schritt im $\nearrow$ Stickstoffkreislauf steht der Stickstoff wieder für $\nearrow$ Produzenten zur Verfügung.

Ammoniten, die $\nearrow$ Ammonoidea.

Ammoniumassimilation, der bei *Pflanzen* und bei den meisten *Mikroorganismen* erfolgende Einbau von Ammonium (NH_4^+) in organische Stickstoffverbindungen. Dieser Vorgang ist für Pflanzen von Bedeutung, da hierdurch das für Pflanzenzellen toxische Ammonium entgiftet wird. NH_4^+ entsteht bei der $\nearrow$ Nitratassimilation und $\nearrow$ Fotorespiration und kann aus dem Boden aufgenommen werden.

NH_4^+ ist zudem das Produkt der biologischen Stickstoff-Fixierung. In größerer Konzentration führt es zur *Zerstörung von Protonengradienten* der Thylakoidmembranen, inneren Mitochondrienmembranen und Membranen der Vakuolen. Pflanzen schützen sich, indem die A. unmittelbar am Ort der Aufnahme bzw. Entstehung von NH_4^+ abläuft. Die A. kann über unterschiedliche Prozesse erfolgen: a) Das Enzym *Glutaminsynthetase* verknüpft unter Hydrolyse von ATP NH_4^+ mit $\nearrow$ Glutamat zu $\nearrow$ Glutamin, das bei hohen Glutaminkonzentrationen durch das Enzym *Glutamatsynthase* (GOGAT) mit 2-Oxoglutarat in einer Transaminierungsreaktion ($\nearrow$ Transaminierung) zur Bildung von zwei Molekülen Glutamat reagiert. b) Alternativ katalysiert die $\nearrow$ Glutamatdehydrogenase die Synthese von Glutamat aus 2-Oxoglutarat und NH_4^+. Die A. kann jedoch nicht ausschließlich über diese Reaktion erfolgen, da Mutanten mit defekter Glutaminsynthetase oder Glutamatsynthase nur im Labor überleben, wenn ihre $\nearrow$ Fotorespiration unterbunden wird. Die Inhibition der A. durch das Herbizid *Glufosinate* führt zum raschen Absterben behandelter Pflanzen.

Ammonoidea, *Ammoniten*, eine Gruppe ausschließlich fossil überlieferter Kopffüßer ($\nearrow$ Cephalopoda) mit gekammerter, ventral meist gekielter Außenschale von überwiegend planspiralem und bilateralsymmetrischem Bau. Die am Rand gewellten Kammerscheidewände (*Septen*) werden von einem randständigen, dünnen *Sipho* durchzogen; an den Durchtrittsstellen bilden die Septen trichterartige, meist nach vorn gerichtete Ausstülpungen (*Siphonalduten*). Die Anfangskammer ist mit bis 1,5 mm Durchmesser klein, hocheiförmig oder queroval und ohne Narbe.

Der Weichkörper der A. ist weitgehend unbekannt. Aus Einzelfunden wird geschlossen, dass sie zehn Tentakel besaßen und somit eher den $\nearrow$ Dibranchiata ähnlich waren, als $\nearrow$ Nautilus, denen sie wegen ihrer äußeren Schale am ähnlichsten sehen. Ein Trichter zum Ausstoßen von Wasser dürfte vor-

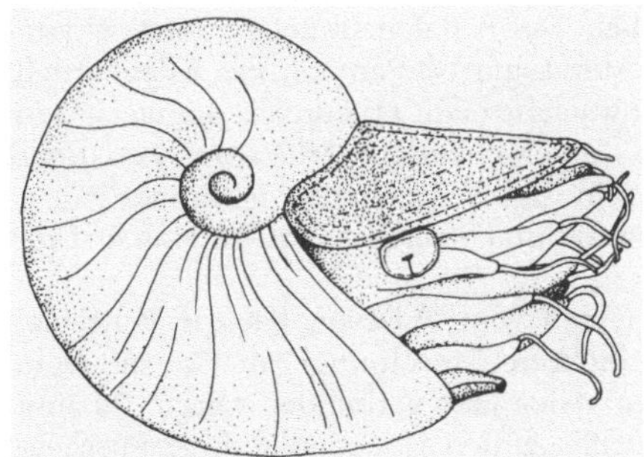

Ammonoidea   Auf dem rezenten *Nautilus* basierende Rekonstruktion eines Ammoniten

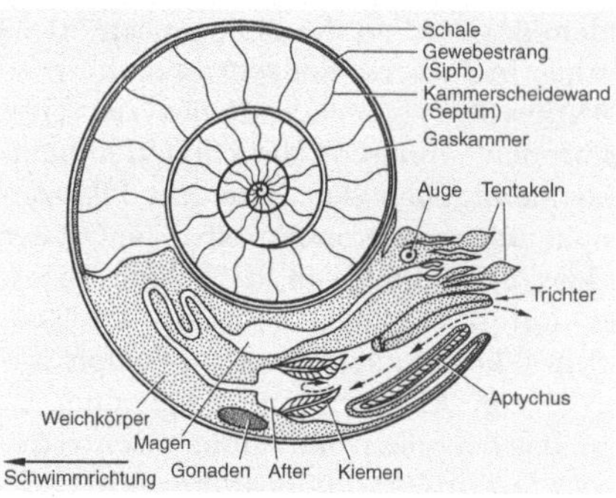

Ammonoidea Schematische Rekonstruktion eines Ammoniten der Gattun *Aspidoceras* (nach Trauth)

handen gewesen sein, denn er gehört zum Grundmuster der Kopffüßer. Spuren von zwei federartigen Kiemen sind nachgewiesen. Die ↗ Radula der A. trug sieben Zähnchen und zwei Randelemente in jeder Reihe wie die Dibranchiata. Im Zusammenhang mit den Gehäusen finden sich oft unpaare oder paarige schalenartige Plättchen, die als *Anaptychus* bzw. als *Aptychus* bezeichnet werden. Sie werden neuerdings als Kieferapparat und Deckel interpretiert und sollen statt einer beißenden, eine schaufelartige und zugleich schützende Funktion gehabt haben. Ein Ösophagus mit Drüsenanhang sowie Kropf und Magen gelten als fossil belegt. Für den Besitz eines Tintenbeutels hingegen gibt es keine Hinweise. Der Weichkörper war länger und „wurmförmiger" als bei Nautilus und mit kräftigen Rückziehmuskeln ausgestattet. Die Septen und die innere Schalenwand waren mit organischen Membranen ausgekleidet. Die Kammern waren vermutlich veränderbar mit Gas und/oder Flüssigkeit erfüllt. Dem Sipho wird eine den Auftrieb regulierende Funktion zugeschrieben.

Die Schale der A. war leichter gebaut als die von Nautilus. Sie bestand ursprünglich wohl aus Aragonit, ist aber durch Diagenese (↗ Fossilisation) oft in Calcit umgewandelt. Sie gliedert sich in das organische Periostracum sowie eine äußere und eine innere Prismenschicht, die eine Perlmutterschicht (↗ Perlmutter) einschließen, aus der auch die Septen bestehen. Der Schalenzuwachs erfolgte rhythmisch am Mundsaum (↗ Peristom); er ist äußerlich an den Anwachsstreifen erkennbar, die meist den Verlauf des selten unverletzt erhaltenen Peristoms widerspiegeln. Die Wohnkammer ist immer länger als bei Nautilus und erreicht bis zu eineinhalb Umgänge.

Die A. lebten vom ↗ Devon bis zur ↗ Kreide, wobei es mehrere Einschnitte gab, die mit dem Aussterben vieler Taxa verbunden waren. Im Jura erreichten die A. den Höhepunkt ihrer Entwicklung. Die A. besiedelten sowohl offene Ozeane als auch flache Epikontinentalmeere. Es gab offen-

sichtlich Arten, die in großem Maße vertikale Wanderungen vornahmen, aber auch solche, die sehr standorttreu nahe dem Boden lebten. Die Fortbewegung dürfte nach dem Rückstoßprinzip erfolgt sein. Untersuchungen fossiler Mageninhalte lassen erkennen, dass vor allem ↗ Foraminifera, ↗ Ostracoda, ↗ Crinoida, aber auch ↗ Brachiopoda, Krebstiere, Fische und vermutlich sogar auch kleinere Artgenossen gefressen wurden.

Durch ihren großen Formenreichtumg (über 3000 Gattungen), eine hohe Evolutionsgeschwindigkeit und die morphologische Vielfalt sind die A. wichtige ↗ Leitfossilien.

Literatur: Keupp, H.: Ammoniten – Paläobiologische Erfolgsspiralen, Stuttgart 2000

ammonotelische Tiere, *ammoniotelische Tiere, Ammoniakausscheider,* Tiere aquatischer oder feuchter Biotope, die das aus dem Proteinstoffwechsel anfallende primäre Endprodukt Ammoniak in Verbindung mit verschiedenen Anionen ausscheiden. Zu den a. T. gehören u. a. Schwämme, Einzeller, fast alle Weichtiere, Krebstiere, Stachelhäuter, Knochenfische, Amphibienlarven. (↗ ureotelische Tiere, ↗ uricotelische Tiere)

Ammotragus, ↗ Mähnenschaf.

Amniocentese, die ↗ Fruchtwasseruntersuchung.

Amnion, *Schafhaut,* eine der ↗ Embryonalhüllen.

Amnionflüssigkeit, das ↗ Fruchtwasser.

Amnionhöhle, ↗ Embryonalentwicklung.

Amnionsack, die ↗ Fruchtblase.

Amniota, *Amniontiere,* Gruppe von Wirbeltieren, bei denen der sich entwickelnde Embryo schützende ↗ Embryonalhüllen bildet und sich in einer mit Amnionflüssigkeit gefüllten Amnionhöhle entwickelt. Dadurch wurden die A. in ihrer Entwicklung unabhängig vom Wasser. Zu den A. gehören die Reptilien (↗ Reptilia), die Vögel (↗ Aves) und die Säugetiere (↗ Mammalia). Gegensatz: ↗ Anamnia

Amoeba proteus, ↗ Amoebina.

Amöben, ↗ Amoebina.

Amöbenruhr, ↗ Entamoeba histolytica.

Amoebina, *Amöben,* in der herkömmlichen Systematik Ord. der Wurzelfüßer (↗ Rhizopoda), deren Vertreter in der phylogenetischen Systematik im Wesentlichen der polyphyletischen Gruppe der *Amoebozoa* zugeordnet sind, heterotrophen Einzellern mit Pseudopodien, die nach derzeitigem Kenntnisstand keine Mikrotubuli als stabilisierende und bewegungsaktive Elemente enthalten. Außerdem fehlen Geißeln und Centriolen. Diese Einteilung ist vorläufig, da sich die Amoebozoa, ebenso wie eine Reihe anderer Organismengruppen zurzeit nicht sicher zuordnen lassen (↗ Einzeller). Die beschalten Amöben werden herkömmlich in eine eigene Ordnung gestellt (↗ Testacea), stehen jedoch in der phylogenetischen Systematik vorerst bei den Amoebozoa (als *Testacealobosea*).

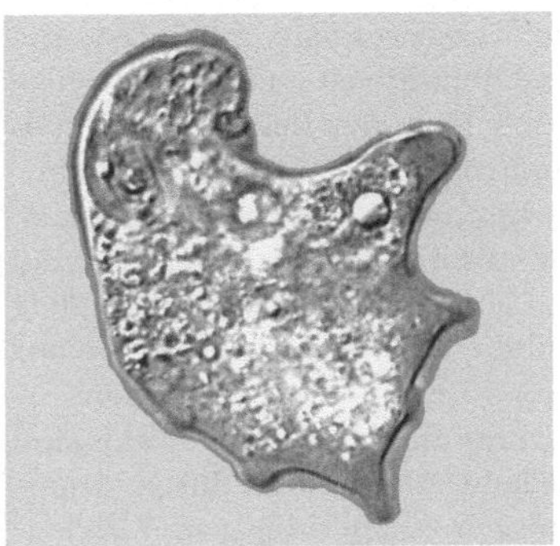

Amoebina   Amöbe aus Klärschlamm; gut zu erkennen sind die Pseudopodien

Amöben haben keine feste Gestalt, die Pseudopodien können innerhalb von Sekunden oder Minuten gebildet werden und dienen sowohl der Fortbewegung als auch der Nahrungsaufnahme (durch Umfließen der Nahrungspartikel oder Beutetiere und anschließende Phagocytose). Das Cytoplasma ist oft in Ekto- und Endoplasma geteilt und enthält häufig mehrere Zellkerne. Bei ungünstigen Umweltbedingungen bilden manche Formen Cysten (↗ Dauerstadien), wobei einige A. feuchter Lebensräume vor der Encystierung Aggregate bilden. Geschlechtliche Fortpflanzung ist nur in wenigen Fällen nachgewiesen, meist erfolgt Vermehrung durch Zwei- oder Vielfachteilung. Viele Arten leben im Darmkanal höherer Tiere und des Menschen, i.d.R. als harmlose Kommensalen. Ein mitunter gefährlicher Krankheitserreger ist ↗ Entamoeba histolytica, der Erreger der Amöbenruhr. Auch können einige frei lebende Amöben (Gatt. *Acanthamoeba*) fakultativ parasitisch werden und vor allem bei Personen mit geschwächtem Immunsystem tödlich verlaufende Hirnhautentzündungen verursachen. *Amoeba gingivalis* ist ein häufiger Bewohner des Mundes, insbesondere zwischen den Zähnen. Die bekannteste und bestuntersuchte Art der A. ist wohl *Amoeba proteus*, ein bis 600 µm großer Allesfresser, der sich bevorzugt von Bakterien und Pantoffeltierchen ernährt und dementsprechen in leicht fauligen, bakterienreichen Tümpeln lebt.

Amöbocyten, *Wanderzellen*, freibewegliche, der Verdauung und dem Nahrungstransport dienende Zellen insbesondere bei den Schwämmen (↗ Porifera).

Amoebozoa, ↗ Amoebina.

Amomum, ↗ Zingiberaceae.

AMP, Abk. für ↗ Adenosin-5-monophosphat.

Ampfer, *Rumex*, Gatt. der ↗ Polygonaceae mit ca. 200 Arten. Die ein-, zwei- oder mehrjährigen Kräuter haben eine tiefe Pfahlwurzel und treten häufig als lästige Unkräuter (↗ Unkraut) auf. Viele Arten werden als Salat oder Gemüse genutzt, z.B. der Sauerampfer, *Rumex acetosa*. Andere Arten werden als Zierpflanzen kultiviert.

Amphetamine, chemisch mit ↗ Adrenalin und ↗ Ephedrin verwandte Psychopharmaka, die an noradrenergen und dopaminergen Nervenendigungen die Freisetzung von ↗ Noradrenalin bzw. ↗ Dopamin stimulieren und deren Wiederaufnahme hemmen. A. wirken antidepressiv, regen die Herztätigkeit an und führen eine begrenzte Zeit zu einer Steigerung der geistigen und körperlichen Leistungsfähigkeit. Die euphorisierende Wirkung kann zur Abhängigkeit (↗ Sucht) führen.

Amphibia, *Amphibien*, *Lurche*, Klasse der Wirbeltiere (↗ Vertebrata) mit drei rezenten Ordnungen: Schwanzlurche (↗ Urodela), Blindwühlen (↗ Gymnophiona) und Froschlurche (↗ Anura). Die A. sind die ursprünglichsten Tetrapoda. Sie haben viele Primitivmerkmale und können aufgrund ihrer Embryonalentwicklung zusammen mit den Fischen als ↗ Anamnia den ↗ Amniota gegenüber gestellt werden.

Anatomie und Physiologie: Die Haut der A. ist warzig, rau und trocken oder häufiger glatt und feucht, niemals mit Schuppen (Ausnahme Gymnophiona), Haaren oder Federn bedeckt. Die äußere Schicht wird regelmäßig gehäutet. Charakteristisch sind zahlreiche Drüsen, z.B. Schleimdrüsen, die die Haut feucht halten und Giftdrüsen, deren Sekrete Infektionen verhindern bzw. Schutz gegen Feinde gewähren. Die Hautalkaloide z.B. der Pfeilgiftfrösche, Kröten und Salamander sind hochwirksame Neurotoxine. Die Drüsen liegen in der Haut verteilt oder an besonderen Stellen (Hautleisten, Drüsenfeldern) konzentriert. Die Cutis enthält zahlreiche Pigmentzellen. Manche A. gehören zu den farbenprächtigsten Wirbeltieren und viele Arten sind zu raschem Farbwechsel fähig. Die Haut der A. ist so dünn und gut durchblutet, dass sie für den Gasaustausch eine große Bedeutung hat. Außerdem ist sie wichtigstes Organ für den Wasserhaushalt. A. verdunsten an der Luft ständig Wasser. Sie trinken nicht, sondern ersetzen verlorenes Wasser, indem sie an nassen Stellen oder im Wasser dieses über die Haut aufnehmen. Wasser kann in Lymphsäcken unter der Haut und vor allem in der Harnblase gespeichert und durch die Harnblasenwand wieder in den Körper aufgenommen werden, ein Prozess, der durch Hormone der Neurohypophyse (↗ Hypophyse) gesteigert wird. A. sind i. Allg. empfindlich gegenüber Meerwasser. – Der ↗ Blutkreislauf der A. ist ursprünglicher als der der höheren Wirbeltiere. Das ↗ Herz hat zwei Vorhöfe, die Kammer ist noch nicht durch eine Scheidewand geteilt, Lungen- und Körperkreislauf sind nur teilweise getrennt. – Im ↗ Skelett unterscheiden sich rezente A. von fossilen. Der ↗ Schädel fossiler A. (*Stegocephalia*) war kompakt, ähnlich dem der

↗ Crossopterygii, ihrer wasserlebenden Vorfahren. Bei rezenten A. ist der Schädel abgeflacht und vereinfacht, viele Knochen sind reduziert. Die Wirbel der rezenten A. entstehen auf unterschiedliche Weise. Die hülsenartigen Wirbel der Schwanzlurche und der Blindwühlen werden durch Verknöcherung des die Chorda umgebenden Bindegewebes gebildet, die der Froschlurche werden knorpelig vorgebildet. Je nach der Lage der Gelenkpfannen aufeinanderfolgender Wirbel unterscheidet man acoele, procoele, opisthocoele und amphicoeleWirbel, ihr Vorkommen hat eine große Bedeutung für das System, vor allem der Froschlurche. Die Rippen sind reduziert und am besten bei den Blindwühlen erhalten geblieben. Bei diesen fehlen jedoch Schulter- und Beckengürtel. Rezente A. haben an der Hand maximal vier Finger. – Da die Rippen und ein Diaphragma zwischen Brust- und Bauchhöhle fehlen, müssen die ↗ Lungen dadurch ventiliert werden, dass Luft vom Mundraum bei geschlossenen Nasenlöchern in die Lunge gepresst wird. Amphibienlarven und neotene Schwanzlurche atmen mit Kiemen, Lungen, mit der Mundhöhle und über die Haut, adulte A. nur über die letzten drei Organe. Bei tiefen Temperaturen kann auf die Lungenatmung verzichtet werden. – Sinnesorgane sind gut entwickelte Augen und, vor allem bei den Schwanzlurchen, die Geruchsorgane. Wasserlebende A. und ihre Larven besitzen ↗ Seitenlinienorgane, die bei einigen (z. B. Krallenfrosch) wichtiger sind als der Gesichtssinn. Froschlurche, bei denen die akustische Kommunikation wichtig ist, haben Gehörorgane mit einem äußeren Trommelfell und zwei Mittelohrknochen, der Columella und dem Operculum, das nur bei Amphibien vorkommt. Schwanzlurche besitzen kein Trommelfell.

Fortpflanzung und Entwicklung: Der Lebenslauf der A. wird durch ihre ans Wasser gebundene Fortpflanzung bestimmt. Die Geschlechter treffen sich zur Eiablage am oder im Wasser. Die von einer Gallerthülle umgebenen Eier werden primär und bei den meisten Froschlurchen äußerlich, im Wasser besamt. Ihnen entschlüpfen fischähnliche, beinlose Larven mit äußeren Kiemen. Erst spät werden in der Metamorphose die Kiemenspalten geschlossen.

Verbreitung und Ökologie: A. haben wegen ihrer Empfindlichkeit gegenüber Meerwasser eine beschränkte Ausbreitungsfähigkeit. Nur wenige Arten u. a. die einheimischen Kreuz- und Wechselkröten tolerieren Brackwasser, da sie den osmotischen Druck ihrer Körperflüssigkeiten durch Anreicherung mit Harnstoff bzw. Natriumchlorid (NaCl) variieren und den intrazellulären osmotischen Druck konstant halten können. Gleiches gilt für A. trockener Biotope, ihr Wasserverlust ist i. Allg. so hoch wie bei Arten aus feuchten Lebensräumen, sie können aber stärkere Wasserverluste tolerieren. Die Schwanzlurche sind holarktisch und bis auf wenige Ausnahmen auf kühle Regionen beschränkt. Blindwühlen sind circumtropisch verbreitet, Froschlurche besiedeln alle Kontinente und viele Inseln. A. sind unvollständig ans Landleben angepasst und meist auf feuchte Lebensräume beschränkt. Viele leben nachtaktiv und entziehen sich so der Gefahr einer Austrocknung. Nur einige wasserlebende Arten und solche des immerfeuchten Regenwalds sind tagaktiv. Verschiedene Arten sind durch unterschiedliche Brutpflegemethoden bis zur ↗ Viviparie in der Fortpflanzung unabhängig vom Wasser geworden, andere A. sind zum permanenten Wasserleben übergegangen.

Verwandtschaft und Systematik: Über die Verwandtschaft der rezenten A. untereinander wird derzeit noch diskutiert. Als sicher gilt, dass Blindwühlen und Froschlurche jeweils monophyletische Gruppen sind, während dies bei den Schwanzlurchen nicht so sicher ist. Der Anschluss der rezenten an die fossilen A. ist unvollständig belegt. Aufgrund der Wirbelentstehung werden die Schwanzlurche und Blindwühlen von einigen Autoren an die ausgestorbenen *Lepospondyli*, die Froschlurche hingegen an einen Seitenzweig der ausgestorbenen *Labyrinthodontia* angeschlossen. Danach wären die rezenten A. polyphyletisch. Die meisten Autoren bewerten die gemeinsamen Merkmale (u. a. Zahnbau, Hand mit vier Fingern, zwei Gehörknöchelchen) stärker und stellen die rezenten Ordnungen als *Lissamphibia* allen fossilen gegenüber. Allerdings werden die Blindwühlen als die Schwestergruppe den übrigen A. gegenübergestellt.

amphibisch, im Wasser und auf dem Land lebend.

amphibische Pflanzen, ↗ Amphiphyten.

amphibische Tiere, ↗ Amphibia, ↗ Wasserinsekten.

Amphiblastula, Larventyp der ↗ Porifera.

amphibol, Bez. für Stoffwechselwege, die sowohl katabolisch den vollständigen Abbau kleiner Moleküle vornehmen können, aber auch anabolisch wirksam sein können und dann kleine Moleküle als Vorläufer biosynthetischer Reaktionen liefern. Ein Beispiel ist der ↗ Citratzyklus.

Amphiden, die Seitenorgane (Chemorezeptoren) der ↗ Nematoda.

Amphioxus, das Lanzettfischchen (↗ Acrania).

amphipathisch, *amphiphil*, Bez. für Moleküle, die aus zwei funktionellen Teilen aufgebaut sind. So setzen sich z. B. die ↗ Phospholipide aus einem hydrophilen Kopf und einem hydrophoben Schwanzteil zusammen. Amphipathische Moleküle ordnen sich als Lipiddoppelschicht immer so an, dass die hydrophilen Gruppen nach außen und die hydrophoben nach innen orientiert sind.

amphiphil, ↗ amphipathisch.

Amphiphyten, *amphibische Pflanzen*, Pflanzen, die bei hohem Wasserstand als ↗ Wasserpflanzen leben können und ohne Wasser als Landpflanzen, z. B. der Wasserknöterich, *Polygonum amphibium* (↗ Polygonaceae).

Amphipoda, *Flohkrebse*, zu den ↗ Peracarida (↗ Malacostraca) gehörende Krebse, die mit rund 6000 Arten weltweit verbreitet sind. Der Körper der A. ist seitlich zusammengedrückt und gliedert sich in einen ↗ Cephalothorax, ein *Peraeon* (*Mesosoma*) mit sieben Segmenten, ein *Pleon* mit sechs Segmenten und ein *Telson* am Hinterende, das gekerbt oder völlig gespalten sein kann. Am Pleon werden die ersten drei Segmente als *Pleosoma* und die letzten drei Segmente als *Urosoma* zusammengefasst. Der Name A. leitet sich ab von der Stellung der Peraeopoden: Die vorderen vier Paar sind nach vorne gerichtet, die hinteren drei Paar nach hinten. Ein Carapax fehlt. Die erste ist die längere der beiden Antennen. Die *Mundwerkzeuge*, zu denen als Maxillipeden die ersten Gliedmaßen des ersten Thoracomers gehören, sind der Ernährungsweise angepasst. A. ernähren sich, je nach Art, räuberisch oder von Aas, von Algen oder von Detritus, es gibt Sandlecker, Sedimentfresser und Filtrierer. Das *Nervensystem* der A. besteht aus segmentalen Ganglien, die durch Konnektive verbunden sind, sowie einem Unterschlundganglion, das aus den verschmolzenen Ganglien der Mundwerkzeuge und der Maxillipeden besteht und einem aus den Urosomaganglien verschmolzenen Ganglion im ersten Urosomasegment. Der *Darmtrakt* besitzt einen, je nach Ernährungsweise, sehr unterschiedlichen Kaumagen sowie Blindschläuche und Blindsäcke. Der *Exkretion* dienen Antennennephridien und paarige Blindschläuche vom Ende des Mitteldarms. Das Herz hat drei Ostienpaare und liegt im Peraeon. Die A. sind getrenntgeschlechtlich, die Männchen sind häufig größer als die Weibchen. Die Entwicklung ist direkt. Bekannte Arten der A. sind der etwa

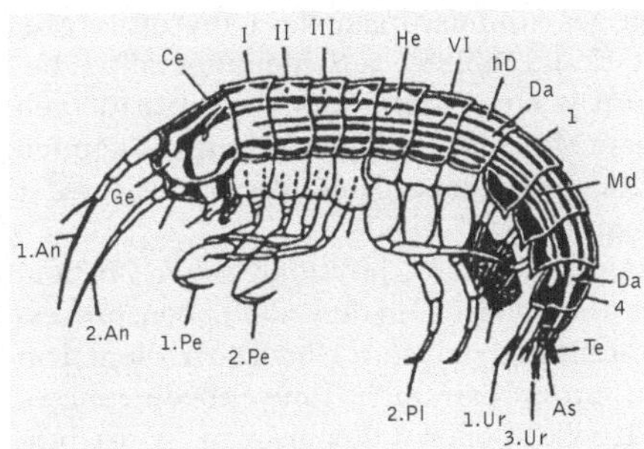

Amphipoda Bauplan eines Flohkrebses (*Gammarus spec.*).
Ad Antennendrüse, An Antenne, As Anus, Ce Cephalothorax, Co Coxalplatte, Da Darm, Ge Gehirn, hD hinterer Darmblindsack, He Herz, Ma Mandibel, Md Mitteldarmdrüse, Pe Peraeopode, Pl Pleopode, Te Telson, Ur Uropode

2,4 cm große *Bachflohkrebs* (*Rivulogammarus pulex*, *Gammarus pulex*), der in Fließgewässern nördlich der Donau verbreitet ist und z. B. im Rhein ganz wesentlich am Abbau organischen Materials beteiligt ist sowie der etwa 1 cm große *Wattkrebs* (*Corophium volutator*), der in riesigen Mengen im Watt zu finden ist und für viele Fische und Krebse Nahrungsgrundlage ist.

Amphisbaenia, *Doppelschleichen*, Fam.-Gruppe der Echsen, die wegen ihrer umstrittenen systematischen Stellung auch neben die Unterordnungen Echsen und Schlangen als dritte Unterordnung zu den Schuppenkriechtieren (↗ Squamata) gestellt wird. Sie umfasst vier Familien mit rund 150 Arten, die vor allem in Afrika südlich der Sahara, in Südwestasien und im tropischen Südamerika beheimatet sind. Es sind im Boden wühlende oder Gänge grabende, weitgehend gliedmaßenlose, meist um 25 cm lange, wurmartige Echsen mit langem, zylindrischem, an Kopf und Schwanz stumpf auslaufendem Körper. Das Maul ist unterständig, der Körper mit Schuppen bedeckt. A. ernähren sich im wesentlichen von Kleintieren.

amphistomatisch, Bez. für Blätter, die auf der Unterseite und der Oberseite Spaltöffnungen (↗ Stomata) haben. Gegensatz: ↗ epistomatisch, ↗ hypostomatisch

amphitrich, Form der Begeißelung mit Geißelbüscheln an den Zellenden (↗ peritrich).

Amphiumidae, *Aalmolche*, Familie der Schwanzlurche (↗ Urodela) mit einer Gattung und drei rezenten Arten im Südosten Nordamerikas. A. sind aalähnliche, bis 1 m lange Tiere mit winzigen, funktionslosen Gliedmaßen und höchstens drei Zehen. Sie leben im Wasser und sind tagsüber im Schlamm verborgen. Als Nahrung dienen Würmer, Fische, Krebse, Schlangen, Frösche. Bei der Paarung wird eine Spermatophore direkt von Kloake zu Kloake übertragen. Das Weibchen legt ca. 150 Eier im flachen Wasser. Die Larven haben äußere Kiemen. Die Verwandlung ist unvollständig, Aalmolche behalten zeitlebens ein Paar Kiemenspalten.

Amplifikation, 1) Mechanismus der Aktivierung von ↗ Onkogenen (↗ Krebs), die zu einer qualitativen und/oder quantitativen Veränderung von Onkogenprodukten führt (↗ Genamplifikation).

2) Bei der ↗ Polymerasekettenreaktion die selektive Vervielfältigung eines bestimmten DNA-Abschnitts.

3) Bei bestimmten Plasmiden (↗ Klonierungsvektoren) eine durch die Zugabe des Antibiotikums *Chloramphenicol* verursachte Erhöhung der Kopienzahl pro Bakterium.

Ampulle, 1) sackartige Auftreibung eines jeden Bogengangs im Labyrinth (↗ Ohr) der Wirbeltiere.

2) Sternförmige Ausstülpungen der ↗ kontraktilen Vakuolen des Pantoffeltierchens (↗ Paramecium).

3) Kontraktile Gefäße am Ende der Füßchenkanäle in der Leibeshöhle der ↗ Echinodermata.

4) Kontraktile Gefäße in Kopf und Thorax von Insekten (↗ Insecta), durch die die gerichtete Hämolymphzirkulation unterstützt wird.

5) Bei lebendgebärenden Säugetieren (↗ Mammalia) das abdominale Ende des ↗ Eileiters.

Ampullenorgan, die ↗ Lorenzini-Ampullen.

Amsel, *Turdus merula*, in Mitteleuropa wohl bekannteste Art der Drosseln (↗ Turdidae). A. sind etwa 25 cm groß, die Männchen sind schwarz mit gelbem Schnabel, die Weibchen und Jungvögel braun mit schwacher Fleckung. Früher ein Waldvogel, ist die A. heute auch in Dörfern und Städten häufig. Das Männchen trägt einen abwechslungsreichen, melodisch flötenden Gesang von erhöhter Stelle aus vor. Im Winterhalbjahr sammeln sich A. an gemeinsamen Schlafplätzen. Die Nahrung besteht aus Würmern, Schnecken, Insekten und reifem Obst. Das Nest wird auf Bäumen, in Sträuchern und oft auch an Gebäuden errichtet.

Amygdala, *Corpus amygdaloideum*, der ↗ Mandelkern.

Amygdalin, ein besonders in bitteren Mandeln, aber auch in den Kernen vieler Steinobstarten sowie von Äpfeln vorkommenes ↗ Glykosid, das durch verdünnte Salzsäure (Magensaft) in ↗ Glucose, Benzaldehyd und Blausäure (↗ Cyanid) gespalten wird; dies bewirkt, dass der Genuss von etwa 60 Bittermandelkernen für einen Erwachsenen und von sechs bis zehn Bittermandelkernen für ein Kind tödlich sein kann.

Amylasen, Verdauungsenzyme, die ↗ Oligosaccharide der Kettenlänge drei und größer sowie ↗ Polysaccharide an α-1,4-glykosidischen Bindungen hydrolytisch spalten. Weit verbreitet im Tier- und Pflanzenreich sind *Endo-A.*, die an allen Positionen der Polysaccharidkette spalten, während vor allem in Pflanzensamen *Exo-A.* vorkommen, die vom Ende her spalten. Immer sind die Endprodukte Disaccharid-Einheiten, die von A. nicht weiter gespalten werden können. Die physiologische Bedeutung liegt bei Mensch und Tieren vor allem im Abbau von Nahrungspolysacchariden und im Pflanzensamen im Abbau von Speicherkohlenhydraten während der Samenkeimung. Beim Menschen finden sich A. vor allem im Speichel und im Bauchspeicheldrüsensekret.

Amylopektin, verzweigtes Polysaccharid, das neben Amylose der Hauptbestandteil der ↗ Stärke ist.

Amyloplasten, Auf Stärkebildung spezialisierte farblose Plastiden (↗ Leukoplasten), die in Wurzeln, Speicherorganen und Samen vorkommen und dort osmotisch aktive Monosaccharide in Stärke umwandeln. A. sind als *Statolithen* auch am ↗ Gravitropismus beteiligt.

Amylose, unverzweigtes Polysaccharid, das neben Amylopektin der Hauptbestandteil der ↗ Stärke ist.

Anabaena, *Schnurfaden*, Gatt. fadenförmiger Cyanobakterien (Fam. ↗ Nostocaceae) mit perlschnurförmig aufgereihten Zellen. Die Fäden können schraubig gewunden sein (*A. spiroides*) oder schnurgerade wachsen (*A. elliptica*). Wenn kein organischer Stickstoff vorhanden ist, entwickelt A. Heterocysten (↗ Cysten) zur Stickstoff-Fixierung (↗ Stickstoff fixierende Bakterien). *A. oryzae* hat ökonomische Bedeutung für die Stickstoffversorgung von bewässerten Reisfeldern (↗ Reis). *A. azollae* lebt symbiontisch in Blatthöhlungen des Wasserfarns ↗ Azolla. In eutrophierten Seen (↗ Eutrophierung) kommt es häufig zu einer Massenvermehrung der blaugrün gefärbten Bakterien (↗ Wasserblüte).

Anabantidae, *Labyrinthfische*, Fam. der Barschfische (↗ Perciformes), die überwiegend in ganz oder teilweise austrocknenden Süßgewässern warmer Gebiete der Alten Welt beheimatet sind. Als Anpassung an diese Lebensräume besitzen sie ein zusätzliches paariges Atmungsorgan, das Labyrinthorgan, das aus stark durchbluteten Schleimhautfalten besteht, die in je einen Hohlraum über den Kiemen hineinragen. Mit Hilfe des Labyrinthorgans können die A. an der Wasseroberfläche Sauerstoff aus der Luft aufnehmen.

Anabiose, *Kryptobiose*, physiologischer Zustand bei Tieren und Pflanzen, in dem alle Lebensprozesse auf ein Minimum reduziert sind. Die A. dient dem Überleben unter extremen Umweltbedingungen, z. B. bei Trocken- oder Kälteperioden. A. ist u. a. bekannt bei Fadenwürmern, Rädertierchen, Geißeltierchen, Bärtierchen (↗ Tardigrada), Moosen (↗ Bryophyta), ↗ Pilzen, ↗ Algen sowie bei ↗ Sporen und ↗ Samen verschiedener Pflanzen. (↗ Überlebensstrategien)

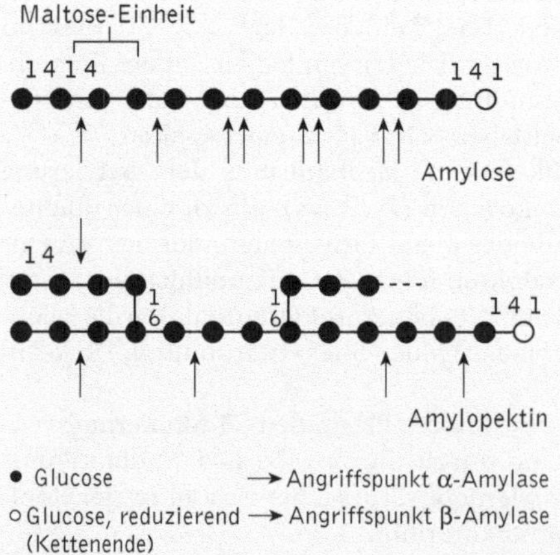

Amylasen Schema des Abbaus von Amylose und Amylopektin durch α-bzw. β-Amylase. Die Ziffern bezeichnen die an den glykosidischen Bindungen beteiligten C-Atome bzw. das freie C1 am Kettenende

Anablepidae, *Vieraugenfische*, *Vieraugen*, Fam. der Kleinkärpflinge (↗ Cyprinodontiformes) mit nur drei Arten in einer Gattung (*Anableps*), die in Süßgewässern Mittelamerikas und des nördl. Südamerikas leben. Charakteristisch ist eine besondere Augenkonstruktion: Ihre Pupille ist durch ein horizontales Hautband in ein oberes und ein unteres Sehloch geteilt, wobei das obere über der Wasseroberfläche in den Luftraum sieht und das untere unter Wasser. Die Cornea ist über dem Hautband pigmentiert und dicker. Das *Vierauge (Anableps anableps)* ist ein Warmwasseraquarienfisch.

anabole Steroide, *Anabolika*, synthetische Derivate des ↗ Testosterons mit eingeschränkter androgener und statt dessen verstärkter anaboler Wirkung. Die damit verbundene Erhöhung der Proteinsynthese und des Muskelaufbaus wird pharmakologisch u. a. bei Proteinmangelzuständen, Kachexie (Auszehrung), Knochenschwund oder in der Tierzucht zur Mast genutzt. Als Dopingmittel werden a. S. zur Steigerung der körperlichen Leistungsfähigkeit missbraucht.

Anabolika, ↗ anabole Steroide.

Anabolismus, die Gesamtheit der aufbauenden Stoffwechselreaktionen bzw. Biosynthesen. Gegensatz: ↗ Katabolismus

Anacardiaceae, *Sumachgewächse*, Fam. der ↗ Anacardiales mit ca. 850 Arten, die fast ausschließlich in den Subtropen und Tropen vorkommen. Es sind Holzgewächse, meist Bäume, mit wechselständigen, einfachen oder unpaarig gefiederten Blättern ohne ↗ Nebenblätter. Die kleinen, fünfzähligen Blüten sind zwittrig oder einge-

schlechtig, der ↗ Fruchtknoten ist meist dreifächerig. Charakteristisch ist das Vorhandensein von Harzgängen (↗ Harzkanal), die ↗ Balsame mit ↗ etherischen Ölen, z. T. auch ↗ Milchsaft, enthalten. Als Obstbäume in tropischen Gebieten weit verbreitet sind der ↗ Mangobaum, *Mangifera indica*, und der ↗ Kaschubaum, *Anacardium occidentale*, der die Cashew-Nüsse liefert. Nutzpflanzen findet man auch bei der Gatt. *Pistacia*, u. a. den ↗ Mastixstrauch, *P. lentiscus*, und die Echte Pistazie, *P. vera* (↗ Pistazie). Zur Gatt. Sumach, *Rhus*, gehört der als Zierbaum bekannte, aus Nordamerika stammende Essigbaum oder Hirschkolbensumach (*Rhus typhina*). Weitere Arten dieser Gatt. werden zur Gewinnung von Gerbstoffen, Harzen und Ölen genutzt (↗ Sumach).

Anacardiales, Ord. der ↗ Rosopsida mit zwei Fam., den ↗ Anacardiaceae und den ↗ Burseraceae.

Anacardium, Gatt. der ↗ Anacardiaceae.

Anacharis, Gatt. der ↗ Hydrocharitaceae.

Anacondas, *Anakondas*, Gatt. der Boaschlangen (↗ Boidae).

anaerob, Bez. für Stoffwechselprozesse, die unter Abwesenheit von Luftsauerstoff (↗ Sauerstoff) ablaufen. Gegensatz: ↗ aerob

anaerobe Atmung, Typ der ↗ Atmung, bei der es zu einer vollständigen Oxidation organischer Substrate zu CO_2 und H_2O unter anaeroben Bedingungen durch bestimmte Bakteriengruppen kommt. Als Elektronenakzeptoren dienen dabei u. a. Nitrat, Sulfat, Carbonat sowie Fumarat. Die Typen der anaeroben Atmung werden nach den jeweiligen

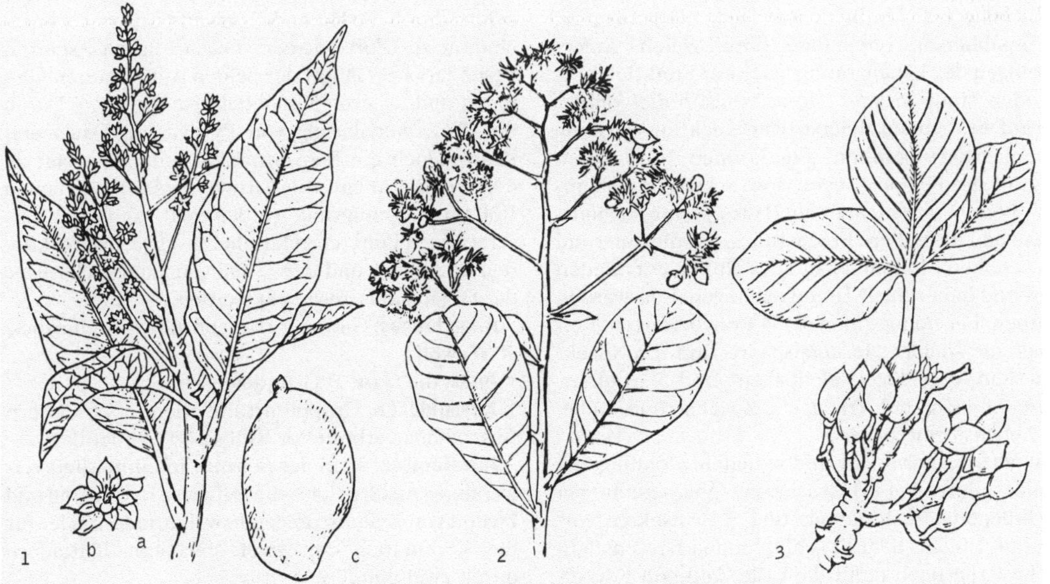

Anacardiaceae 1 Mangobaum (*Mangifera indica*): a blühender Zweig, b Blüte, c Frucht. 2 Kaschubaum (*Anacardium occidentale*): Zweig mit Blüten und jungen Früchten. 3 Echte Pistazie (*Pistacia vera*): Zweig mit Blättern und Früchten

Akzeptoren benannt mit ↗ Nitratatmung, ↗ Sulfatatmung, Schwefelatmung, ↗ Carbonatatmung und ↗ Fumaratatmung. Der Energiegewinn für die Zelle ist bei der anaeroben Zellatmung höher als bei einem reinen Gärungsstoffwechsel (↗ Gärung, ↗ aerobe Atmung).

Anaerobenkultur, ↗ Kultur.

Anaerobier, *Anaerobionten*, Organismen, die in Abwesenheit von ↗ Sauerstoff leben können. Dabei unterscheidet man obligate und fakultative A. Die meisten obligat anaeroben Mikroorganismen werden durch Sauerstoff geschädigt oder getötet; einige Arten sind jedoch in der Lage, Sauerstoff aus ihrer Umgebung zu entfernen (z. B. ↗ Desulfovibrio). In der ↗ Zoologie gehören zu den obligaten A. auch Organismen, die Sauerstoff tolerieren, ihre Energie aber ausschließlich anaerob gewinnen. Beispiele hierfür sind der Spulwurm und der Große Leberegel. Gegensatz: ↗ Aerobier

Anaerobionten, die ↗ Anaerobier.

Anaerobiose, *Anoxibiose*, Bez. für ein Leben ohne ↗ Sauerstoff bei Mikroorganismen und Tieren. Sie kommt hauptsächlich in sauerstoffarmen und sauerstofffreien ↗ Biotopen vor, wie z. B. im Schlamm von Gewässern, in ↗ Seen in der Hypolimnion-Schicht (↗ Hypolimnion), in Faultürmen von ↗ Kläranlagen sowie im ↗ Darm und ↗ Pansen von Tieren. (↗ anaerobe Atmung, ↗ Gärung)

Anagenese, Bez. für jeden Wandel der Eigenschaften einer Art durch Änderung, Reduktion oder Neuauftreten von Merkmalen im Verlauf aufeinander folgender Generationen, ohne dass es dabei zur Artaufspaltung und somit zur Entstehung neuer Arten (↗ Kladogenese) kommt.

Analogie, jede Ähnlichkeit zwischen Organismen, die unabhängig voneinander durch gleiche Anforderungen des Lebensraums oder der Funktion entstanden sind. A. sind *Anpassungsähnlichkeiten*, die auf weitgehend gleichartiger Selektionswirkung (↗ Selektion) beruhen. Sie können Strukturen, physiologische Leistungen sowie Verhaltenskomponenten betreffen, aber auch die gesamte Lebensweise und die äußere Erscheinung. A., die aufgrund eines hohen Ähnlichkeitsgrades einmal entstanden sind und daher für ↗ Homologien gehalten werden können, bezeichnet man als ↗ Konvergenzen. Beispiele für analoge Merkmalspaare sind u. a. Insekten- und Vogelflügel, Mollusken- und Wirbeltierherz, Lungen und Tracheen, Zwiebel und Rübe. (↗ Lebensformtypen)

Anamerie, Form der Individualentwicklung die insbesondere bei ↗ Crustacea, aber auch bei ↗ Chilopoda, ↗ Myriapoda und ↗ Urinsekten vorkommt. Die aus dem Ei schlüpfenden Larvenstadien besitzen noch nicht die volle Zahl von Körpersegmenten. Fehlende Segmente werden bei der postembryonalen Entwicklung ausgebildet.

Anamnia, Bez. für Wirbeltiere, deren Embryonen die ↗ Embryonalhüllen fehlen; zu den A. gehören die ↗ Agnatha, die ↗ Fische sowie die ↗ Amphibia.

Anamorphe, die asexuelle Nebenfruchtform der ↗ Pilze (↗ Pleomorphismus).

Ananas, Gatt. der ↗ Bromeliaceae. Die wichtigste Art ist *A. comosus*, deren Fruchtstände (↗ Fruchtstand) als aromatisches Obst roh gegessen werden. Aus A. gewinnt man auch das verdauungsfördernde Bromelin.

Ananasgewächse, die Fam. ↗ Bromeliaceae.

Anaphase, ↗ Mitose, ↗ Meiose.

anaphylaktischer Schock, *Anaphylaxie*, selten auftretende allergische Reaktion (↗ Allergie), die häufig durch Medikamente (z. B. Penicillin), aber auch durch Bienen- oder Wespenstiche verursacht sein kann. Die zellulären Ereignisse zur Auslösung des a. S. sind denen beim Heuschnupfen vergleichbar: Produktion von IgE-Antikörpern (↗ Immunglobuline), deren Anheftung an Mastzellen und nach erneutem Kontakt mit demselben ↗ Antigen explosive Degranulation der ↗ Mastzellen unter Freisetzung von ↗ Mediatoren. Bei deren massiver Ausschüttung kommt es zum a. S., der sich in einer Verengung der Bronchialmuskulatur, Erbrechen, heftigen Hautrötungen, Ödemen im Nasen-Rachen-Bereich und in sehr schweren Fällen in manchmal tödlich verlaufendem Gefäßkollaps äußert.

Anaphylaxie, ↗ anaphylaktischer Schock.

anaplerotische Reaktionen, *Auffüllreaktionen*, die Neusynthese von Stoffen, die innerhalb zyklischer Stoffwechselreaktionen in bestimmten Konzentrationen erforderlich sind. So käme z. B. der ↗ Citratzyklus durch die laufende Umwandlung von α-Ketoglutarat zu Glutamat oder Oxalacetat zu Aspartat, besonders bei Mangel der beiden Aminosäuren Glutamat und Aspartat allmählich zum Erliegen. Durch die ↗ Carboxylierung von Pyruvat zu Oxalacetat kann jedoch die Konzentration von Oxalacetat zu der für den Ablauf des Citratzyklus erforderlichen Höhe ständig aufgefüllt werden. A. R. können an verschiedenen Punkten zyklischer Stoffwechselreaktionen eingreifen und der jeweiligen Stoffwechsellage des Organismus angepasst werden.

Anarrhichas, Gatt. der Barschfische (Perciformes; ↗ Seewolf).

Anas, die Gatt. ↗ Gründelenten.

Anaspidacea, Gruppe urtümlicher, in Gewässern Australiens verbreiteter Krebse (↗ Syncarida).

Anastomose, 1) in der *Botanik* uneinheitlich verwendeter Ausdruck für die teilweise Berührung und Fusion von Xylemsträngen bzw. Blattadern oder für die Verbindung von zwei stärkeren Blattadern durch zwei dünnere.

2) Bei *Pilzen* Bez. für die Verbindung zweier Hyphen der gleichen Pilzart sowie für die Verbin-

dung zwischen den radial verlaufenden Lamellen an der Hutunterseite von Blätterpilzen (↗ Agaricales).

3) In der *zoologischen Anatomie* die Verbindung zwischen Nerven, Muskelfasern oder Blutgefäßen bzw. Lymphgefäßen, insbesondere die *arteriovenöse A.*, die direkte Verbindung zwischen kleinen ↗ Arterien und ↗ Venen in Haut, Lunge, Niere und verschiedenen Hormondrüsen, durch die der Blutstrom kurzgeschlossen wird.

Anatidae, *Entenvögel*, eine Fam. der Gänsevögel (↗ Anseriformes).

Anatinae, *Enten*, eine Unterfam. der Gänsevögel (↗ Anseriformes).

Anatomie, die Wissenschaft vom Bau der lebenden Organismen. Aus der Untersuchung der Strukturen des Körpers, der Organe, Gewebe und Zellen wird versucht, ihr Zusammenspiel und ihre Funktion zu erschließen. Die A. wird i. Allg. als Teilgebiet der ↗ Morphologie angesehen, jedoch ist die Abgrenzung fließend und wird in ↗ Botanik und ↗ Zoologie nicht gleich gehandhabt. Innerhalb der A. werden mehrere Teildisziplinen unterschieden. So werden neben der ↗ Human-A. die ↗ Pflanzen-A. und die ↗ Tier-A. unterschieden. Die ↗ pathologische A. beschäftigt sich mit den krankhaften Veränderungen der Körperteile. Der ↗ makroskopischen A. steht die Lupe, Lichtmikroskop und Elektronenmikroskop einsetzende ↗ mikroskopische A. gegenüber. Die ↗ topographische A. befasst sich mit den Lageverhältnissen der Organsysteme, Organe und Körperteile zueinander. Die ↗ vergleichende A. versucht die Verschiedenheiten, Gleichwertigkeiten, Funktionsänderungen und die damit einhergehenden Abwandlungen und Übergänge der Organe, Organsysteme und Gewebe im Vergleich verschiedener Organismengruppen herauszuarbeiten und ist daher eine wichtige Teildisziplin der ↗ Evolutionsbiologie. In der anatomischen Wissenschaft hat man sich bereits 1895 auf eine international einheitliche ↗ Nomenklatur festgelegt, die jeweils entsprechend den Bedürfnissen und Fortschritten dieses Wissenschaftszweiges angepasst und ausgebaut wird.

Anax, Gatt. der Großlibellen (↗ Anisoptera).

Anchitherium, Ende des Oligozäns in Nordamerika verbreitete ausgestorbene Gattung der Pferde (↗ Equidae).

ancient DNA, ↗ antike DNA.

Ancylostoma, Gatt. der ↗ Nematoda (↗ Hakenwurm).

Ancylus, Gatt. der Wasserlungenschnecken (↗ Basommatophora).

Andreaeidae, Unterklasse der Laubmoose (↗ Bryopsida) mit der einzigen Fam Andreaeaceae. Das *Klaffmoos, Andreaea* bildet kleine, dunkelbraune Rasen und lebt in 120 Arten auf kalkreichen Felsen der Hochgebirge, der Arktis und der Antarktis. Das ↗ Sporogon wird wie bei *Sphagnum* auf einem ↗ Pseudopodium emporgehoben. Der Gatt. *Andreaeobryum* fehlt dagegen ein Pseudopodium.

Androdiözie, Auftreten von ↗ Zwitterblüten und männlichen Blüten auf verschiedenen Pflanzen. Gegensatz: ↗ Andromonözie

Androeceum, ↗ Andrözeum.

Androgene, die männlichen Geschlechtshormone. Sie gehören chemisch zu den C_{19}-Steroiden (Steroide). Die wichtigsten A. sind ↗ Testosteron und ↗ Androstendion. Die Biosynthese der A. findet in den ↗ Leydig-Zwischenzellen der Hoden und in der Nebennierenrinde (↗ Nebenniere) statt. Sie geht von ↗ Cholesterin aus, das zu Pregnenolon abgebaut wird. Von diesem aus sind zwei parallele Wege zum Testosteron möglich, die im Organismus beide beschritten werden (↗ Steroidhormone). Die Bildung der A. wird durch die ↗ Hypophyse gesteuert. Abgebaut werden die A. in der Leber zu Androsteran, 3-Hydroxy-3ß-androsteran-17-on und 5ß-Androstan-3,17-dion, die als Glucuronide (↗ Glucuronsäure) oder ↗ Sulfate ausgeschieden werden. A. bewirken die Ausbildung der männlichen ↗ Geschlechtsorgane und der sekundären ↗ Geschlechtsmerkmale sowie die Prägung des „psychischen" ↗ Geschlechts. Eine kontinuierliche A.-Produktion ist unerlässlich für die Reifung der Spermien (↗ Spermiogenese) und die Tätigkeit der akzessorischen Drüsen (↗ Prostata, ↗ Bläschendrüsen). Außerdem haben sie eine anabole Wirkung, d. h. sie stimulieren die Proteinsynthese.

androgene Drüse, Geschlechtsdrüse bei den ↗ Malacostraca.

Androgenese, experimentell induzierte Entwicklung eines Embryos, der ausschließlich väterliche Erbanlagen besitzt, aus einer besamten Eizelle, deren eigener Kern entfernt wurde.

Androgynie, 1) Ausbildung von Staubblättern (↗ Staubblatt) und Fruchtblättern (↗ Fruchtblatt) in derselben Blüte. (↗ Zwitterblüte)

2) die männliche Form des ↗ Pseudohermaphroditismus.

Andromonözie, Auftreten von ↗ Zwitterblüten und männlichen Blüten auf derselben Pflanze. Gegensatz: ↗ Androdiözie

Androsporen, ↗ Zoosporen einiger Arten der Algengattung *Oedogonium* (↗ Oedogoniales), die nicht zur ↗ Befruchtung befähigt sind; sie wachsen zu Fäden aus wenigen Zellen (so genannte Zwergmännchen) und bilden dann erst befruchtungsfähige männliche Geschlechtszellen.

Androstan, Grundkörper der männlichen ↗ Geschlechtshormone.

Androstendion, in geringen Mengen von der Nebennierenrinde, den Hoden sowie dem Ovar freigesetztes Androgen. Die Biosynthese erfolgt aus Pregnenolon über Progesteron und 17α-Hydroxyprogesteron. A. ist die unmittelbare Vorstufe des ↗ Testosterons sowie des ↗ Estrogens Estron.

Androstenolon, das ↗ Dehydroepiandrosteron.

Andrözeum, *Androeceum*, Gesamtheit der Staubblätter (↗ Staubblatt) einer ↗ Blüte.

Anemochorie, *Windausbreitung*, Ausbreitung von Samen und Früchten (↗ Samenausbreitung) durch den Wind.

Anemogamie, *Anemophilie*, *Windblütigkeit*, *Windbestäubung*, ↗ Bestäubung durch den Wind. Da die Bestäubung ungezielt erfolgt, ist die Produktion großer Pollenmengen (↗ Pollen) Voraussetzung für eine erfolgreiche Bestäubung. Ein ↗ Kätzchen eines Haselstrauchs (↗ Hasel) produziert ca. 200 Mio. Pollenkörner. Windblütige Pflanzen stehen meist in großen, individuenreichen Beständen, z. B. Nadelhölzer (↗ Pinopsida), ↗ Eiche, ↗ Buche, ↗ Birke und die ↗ Gräser.

Anemone, Gatt. der ↗ Ranunculaceae.

Anemonia, Gatt. der Seeanemonen (↗ Actiniaria).

Anemophilie, die ↗ Anemogamie.

Anethol, p-Methoxypropenylbenzol, wichtigster Bestandteil der etherischen Öle aus Anis, Sternanis und Fenchel. Neben der Verwendung in der Parfümerie und Likörfabrikation ist es Bestandteil vieler Hustenmittel.

Anethum, Gatt. der ↗ Apiaceae.

Aneuploidie, Form der ↗ Genommutation, bei der ein einzelnes Chromosom eines Chromosomensatzes fehlt (*Hypoploidie*) oder überzählig vorliegt (*Hyperploidie*). Ursache für A. ist eine während der Meiose auftretende ↗ Non-Disjunction. Als Konsequenz von A. kommt es zu den meist letalen *Monosomien*, wohingegen Träger überzähliger Chromosomen überleben können. Beim Menschen ist A. sowohl bei Autosomen, als auch bei Geschlechtschromosomen zu finden (↗ Turner-Syndrom, ↗ Klinefelter-Syndrom). Autosomale A. verursachen eine Reihe von Krankheiten wie das durch ↗ Trisomie hervorgerufene ↗ Down-Syndrom.

Im Pflanzenreich ist Aneuploidie z. B. beim ↗ Stechapfel vorhanden, bei dem Trisomie für alle der zwölf Chromosomen des haploiden Chromosomensatzes und damit verbundene phänotypische Unterschiede beobachtet wurden.

ANF, Abk. für ↗ atrialer natriuretischer Faktor.

Anfinsen, *Christian Boehmer*, amerikanischer Biochemiker, ✳ 26.3.1916 Monessen (Pennsylvania), † 14.5.1995 Randallstown (Maryland); ab 1947 Prof. für Biochemie an der Harvard Medical School in Cambridge (Massachusetts), ab 1950 Leiter des Laboratoriums für Zellphysiologie und Stoffwechsel am National Institute of Health in Bethesda (Maryland), ab 1963 des Laboratoriums für chemische Biologie am National Institute of Arthritis &

Metabolic Diseases. A. klärte die molekulare Struktur und die Wirkungsweise des Enzyms ↗ Ribonuclease auf. Er erhielt dafür 1972 zusammen mit S. ↗ Moore und W.H. ↗ Stein den Nobelpreis für Chemie.

angeborener Auslösemechanismus, ↗ Auslösemechanismus.

Angelica, Gatt. der ↗ Apiaceae.

Angina pectoris, ↗ Herz-Kreislauf-Erkrankungen.

Angiospermae, *Magnoliophytina*, *Bedecktsamer*, Unterabteilung der Samenpflanzen (↗ Spermatophyta), deren ↗ Samenanlage immer in einem von Fruchtblättern (↗ Fruchtblatt) gebildeten Gehäuse, dem ↗ Fruchtknoten, eingeschlossen ist. Der ↗ Pollen gelangt auf die Narbe (↗ Blüte), eine charakteristische Bildung der A., und wächst mit dem ↗ Pollenschlauch in die Samenanlage hinein, wo die ↗ Befruchtung stattfindet. Typisch für die A. ist eine meist von Tieren bestäubte, fast immer mit einer Blütenhülle (↗ Perianth) ausgestattete ↗ Zwitterblüte.

Die Staubblätter (↗ Staubblatt) der A. bestehen fast immer aus dem Staubfaden (↗ Filament) und dem Staubbeutel (↗ Anthere). Der Staubbeutel ist aus zwei Theken (↗ Theka) mit je zwei ↗ Pollensäcken aufgebaut. Jeder Fruchtknoten kann eine oder mehrere Samenanlagen enthalten, aus denen ein- bis vielsamige Früchte (↗ Frucht) entstehen. Die Samenanlagen bestehen in den meisten Fällen aus zwei ↗ Integumenten, dem ↗ Nucellus und dem ↗ Embryosack. Im Embryosack erfolgt die Ausbildung des noch stärker als bei den Nacktsamern (↗ Gymnospermae) zurückgebildeten weiblichen ↗ Gametophyten. Er besteht aus einer ↗ Eizelle, den beiden an die Eizelle angrenzenden ↗ Synergiden, den drei ↗ Antipoden und der dazwischen liegenden Embryosackzelle mit dem aus zwei Kernen hervorgegangenen sekundären ↗ Embryosackkern. Die Ausbildung des männlichen Gametophyten erfolgt im Pollenkorn durch Teilung des Kerns, wodurch eine vegetative und eine generative Zelle entstehen; die generative teilt sich nochmals in die zwei Spermazellen. Das sekundäre ↗ Endosperm (triploid), das dem ↗ Embryo im ↗ Samen als Nährgewebe dient, entsteht bei den A. erst nach der Befruchtung (doppelte Befruchtung). Die Integumente bilden sich zur ↗ Samenschale (Testa) um, aus der ganzen Samenanlage entsteht der Samen. Dieser ist bei den A. stets in einer Hülle eingeschlossen, die sich aus dem Fruchtknoten unter Beteiligung anderer Blüten- oder sogar Blatteile bildet. Das Ganze bildet die Frucht.

Die Wasser leitenden Gewebe der A. bestehen in den meisten Fällen aus Tracheen (↗ Xylem). Im Siebteil (↗ Phloem) der Leitgewebe treten hier erstmalig im Pflanzenreich ↗ Geleitzellen auf. Eine weitere Besonderheit der A. ist die Vielgestaltigkeit ihrer Laubblätter. Es ist jedoch noch nicht geklärt, ob die Ursprungsform das zusammengesetzte oder das ungeteilte Blatt ist.

Die A. übertreffen im Hinblick auf ihre Mannigfaltigkeit alle anderen Gruppen der Samenpflanzen. Als Ausgangspunkt für die Entwicklung werden niedrige und wenig verzweigte immergrüne Bäumchen angenommen. Daraus haben sich offensichtlich stärker verzweigte immer- und sommergrüne Bäume und Sträucher, Lianen, Zwerg- und Halbsträucher, Stauden und einjährige Kräuter herausgebildet.

Aus Fossilfunden kann man schließen, dass die A. von Gymnospermae aus dem Umkreis der ↗ Cycadophytina hervorgegangen sind. Um welche Vorfahren es sich dabei handelt, ist jedoch noch unsicher. Wahrscheinlich begann die Entstehung der A. schon im Mesozoikum, vor über 130 Mio. Jahren. Man geht heute davon aus, dass die A. nicht aus verschiedenen gymnospermischen Vorfahren entstanden sind, sondern eine natürliche Abstammungsgemeinschaft (monophyletische Gruppe) sind.

Mit 250000 bis 350000 Arten sind die A. die umfangreichste Pflanzengruppe. Sie gliedern sich in einkeimblättrige (↗ Liliopsida) und zweikeimblättrige Arten (↗ Magnoliopsida und ↗ Rosopsida).

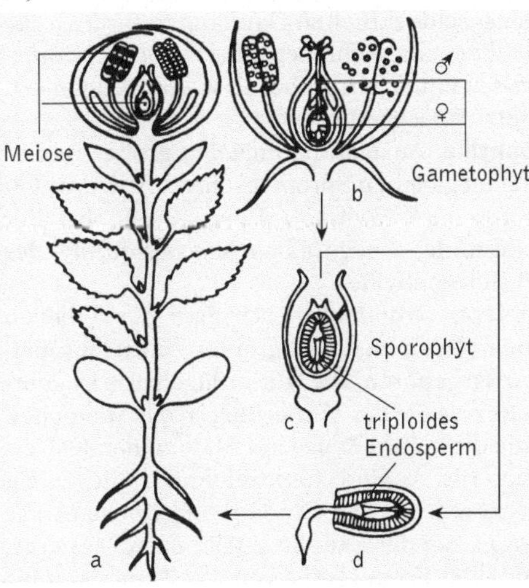

Angiospermae Entwicklungsschema eines Angiospermen: a Pflanze mit Blütenknospe, b offene Blüte vor der Befruchtung, c sich aus der Frucht lösender Samen, d keimender Samen

Angiospermenblüte, ↗ Blüte.

Angiotensin, sehr stark wirksame vasokonstriktorische (Gefäß verengende) Substanz, die einen Anstieg des arteriellen Blutdrucks bewirkt. Außerdem stimuliert A. in der Nebennierenrinde die Freisetzung von ↗ Aldosteron und hat möglicherweise auch noch Neurotransmitter-Funktion. A. ist ein Octapeptid und entsteht im Blut aus *Angiotensinogen* durch enzymatische Einwirkung des in der Niere gebildeten ↗ Renins. (↗ Renin-Angiotensin-System)

Anglerfische, ↗ Lophiiformes.

Angst, Gefühlserlebnis hoher Fluchtbereitschaft bei Tier und Mensch. Dass Tiere bedrohliche Situationen auch subjektiv als Gefahr erleben, also „Angst" im menschlichen Sinne haben, lässt sich zwar nicht letztendlich beweisen, jedoch zeigen Tiere bei Konditionierung auf Angst (z. B. durch das Verabreichen schwacher elektrischer Schläge) Reaktionen, die auch beim Menschen zu beobachten sind: Sie erstarren, Blutdruck und Puls steigen an und sie geraten schon bei geringsten Anlässen in Panik. Angst-Konditionierung lässt sich in fast allen Tiergruppen erreichen, sowohl bei Taufliegen und Meeresschnecken, als auch bei Fischen, Reptilien und Vögeln und natürlich bei Säugetieren. Beim *Menschen* äußert sich A. als Stimmung oder Gefühl der Beengtheit und Bedrohung, das mit einer Verminderung oder Aufhebung der willens- und verhaltensmäßigen Steuerung der eigenen Persönlichkeit einhergeht. Körperliche Symptome der A. sind neben individuellen Besonderheiten vor allem schnelle Atmung, Herzklopfen, Magenverstimmung, Schwindelgefühl, Durchfall, Harndrang, Atemnot, Erröten, Schwitzen, Zittern und Schwäche. Diese physiologischen Reaktionen sind Folge einer Aktivierung neuronaler Netzwerke der Großhirnrinde, die sich ins ↗ limbische System ausweitet und zur Aktivierung des zentralen und peripheren noradrenergen Systems führt. Die Ausschüttung von ↗ Noradrenalin fördert diese Reaktion weiter. In der Folge kann ein sich aufschaukelndes Erregungsmuster entstehen, das über den ↗ Hypothalamus zur vermehrten Ausschüttung von Vasopressin (↗ antidiuretisches Hormon) und Corticotropin Releasing Hormon zur Freisetzung von ↗ adrenocorticotropem Hormon (ACTH) und β-Endorphin führt. ACTH wiederum stimuliert die Cortisol-Produktion der Nebennierenrinde und ↗ Cortisol wirkt seinerseits hemmend auf einzelne Schritte dieser Reaktionsfolge. Grundsätzlich hilft diese Reaktion bei der Bahnung neuer Bewältigungsstrategien in wie auch immer gearteten Stressreaktionen. Erst wenn alle Bewältigungsstrategien eines Individuums versagen und somit der Stress bzw. die daraus entstehende Angst unkontrollierbar werden, setzt eine dauerhaft vermehrte Cortisol-Produktion ein, die dazu beiträgt, Bewältigungsstrategien im Gedächtnis zu löschen, was auch den positiven Effekt haben kann, dass nach neuen Strategien gesucht wird. Ergebnisse von Experimenten weisen darauf hin, dass der ↗ Mandelkern eine herausragende Rolle bei der Angst-Konditionierung und der Speicherung von mit A. besetzten Gedächtnisinhalten inne hat. (↗ Depression)

Literatur: Hüther, G.: Biologie der Angst. Wie aus Stress Gefühle werden, Göttingen 1997. – Spektrum der Wissenschaft Dossier: Neurobiologie der Angst, Heidelberg 1999.

Anguidae, *Schleichen*, Fam. der Echsen (↗ Squamata) mit etwa 80 Arten, die überwiegend im tropischen Amerika beheimatet sind. Die ursprünglichen Arten besitzen voll ausgebildete Gliedmaßen, daneben kommen verschiedene Übergänge bis hin zu Formen ohne Gliedmaßen vor. In Südeuropa ist der bis 1 m lange *Scheltopusik (Ophiosaurus apodus)*, der noch Hinterbeinrudimente trägt, beheimatet. Bekannteste Art bei uns ist die ↗ Blindschleiche (*Anguis fragilis*).

Anguilla, Gatt. der Aale (↗ Flussaal).

Anguilliformes, *Aalartige Fische*, Ord. der Knochenfische (↗ Osteichthyes) mit den beiden Unterordnungen Aale (*Anguilloidei*) mit 16 Fam. und über 700 Arten sowie den Pelikanaalen (*Saccopharyngoidei*, oft auch eigene Ordnung Saccopharyngiformes) mit drei Fam. und 24 Arten. Die Arten der A. haben einen langgestreckten, schlangenförmigen Körper mit weichstrahligem Flossensaum und ein Schädelskelett mit zahlreichen Knochenrückbildungen. *Pelikanaale* sind die Tiefseeformen der A. Charakteristisch ist ein riesiges, sackartiges Maul, bei dem der große Unterkiefer mit einem weit nach hinten ragenden Kieferstiel aus umgebildeten Schädelknochen gelenkig verbunden ist. Auf dem Rücken befinden sich oft Leuchtorgane. Pelikanaale leben in Tiefen zwischen 2000 und 5000 m und benutzen ihre Mäuler vermutlich wie Fangnetze. Die *Aale* haben einen schlangenförmigen, drehrunden oder seitlich abgeflachten Körper mit langem, durchgehendem Flossensaum aus Rücken-, Schwanz- und Afterflosse. Die Haut ist meist schuppenlos und stark schleimig. Der Schultergürteln hat keine Verbindung zum Schädel; die stark schlängelnde Bewegung wird durch bis zu 270 Wirbel ermöglichet. Aale sind bestens angepasst, um sich durch enge Spalten zu zwängen und in weichen Untergrund einzugraben. Sie haben viele hochspezialisierte Merkmale und sind eine alte, bereits in der Kreidezeit vorkommende Knochenfischgruppe, deren fossile Vertreter noch Bauchflossen hatten. Sie leben marin, vorwiegend am Boden oder in Felsspalten warmer Meere, nur die Flussaale halten sich mit Ausnahme der Larven- und Fortpflanzungszeit im Süßwasser auf und machen weite Laichwanderungen. Fast alle erwachsenen Aale sind Raubfische und nachtaktiv; ihre Beute spüren sie mit ihrem ausgezeichneten Geruchssinn auf. – Zu den A. gehören u. a. die Meeraale (↗ Congridae), die Muränen (↗ Muraenidae), die Schlangenaale (↗ Ophichthidae) sowie die *Echten Aale (Anguillidae)* mit dem

↗ Flussaal als bekanntester und wirtschaftlich wichtigster Art.

Anguis, Gatt. der Schleichen (↗ Anguidae; ↗ Blindschleiche).

Anhimidae, *Wehrvögel*, in Sümpfen Südamerikas lebende Fam. der Gänsevögel (↗ Anseriformes) mit truthahngroßen, hühnerähnlichen Arten.

Anhydrobiose, die Fähigkeit von Tieren, Pflanzen und Pilzen, Phasen nahezu vollständiger Austrocknung zu überdauern und nach Wiederzufuhr von Wasser die ursprünglichen Lebensfunktionen wieder aufzunehmen.

animaler Pol, der Pol der ↗ Eizelle, an dem die Richtungskörper in der ↗ Meiose entstehen. Bei telolecithalen Eiern ist der a. P. dotterarm und liefert die Zellen für die meisten Organanlagen. (↗ Furchung)

Anion, ein einfach oder mehrfach negativ geladenes und daher im elektrischen Feld zur Anode (positive Elektrode) wanderndes ↗ Ion, z. B. das Chlorid-Anion (Cl⁻, ↗ Chlorid), das Sulfat-Anion (SO_4^{2-}, ↗ Sulfat) oder die Anionen der organischen ↗ Säuren.

Anis, *Pimpinella anisum*, aus dem östlichen Mittelmeerraum stammende Gewürzpflanze der Fam. ↗ Apiaceae.

Anisogameten, ↗ Anisogamie.

Anisogamie, sexuelle Fortpflanzung, bei der sich die gegengeschlechtlichen Gameten in ihrer Größe voneinander unterscheiden. Der *größere, unbeweglichere* Gamet wird dabei als *weiblich* definiert. Gegensatz: ↗ Isogamie

Anisophyllie, Ausbildung ungleich großer Blätter (↗ Blatt) im gleichen Sprossabschnitt bzw. am gleichen Knoten (↗ Nodium). Dies ist z. B. bei der ↗ Rosskastanie, *Aesculus hippocastanum*, der Fall. (↗ Heterophyllie)

Anisoptera, *Großlibellen*, Gruppe der Libellen (↗ Odonata), zu der die größten mitteleuropäischen Arten gehören. Die Hinterflügelbasis ist deutlich breiter als die des Vorderflügels; das Männchen trägt eine dreiteilige Zange am Abdomenende, Cerci fehlen. Die A. sind ausgezeichnete Flieger. Zu ihnen gehören u. a. die *Große Königslibelle (Anax imperator)* aus der Familie Edellibellen (*Aeschnidae*) mit einer Körpergröße von 60 - 70 mm und bis ca. 11 cm Flügelspannweite die größte Art Mitteleuropas sowie die etwa gleich große *Blaugrüne Mosaikjungfer (Aeschna cyanea)*, eine der häufigsten Arten der Aeschnidae.

Anisozygoptera, Gruppe der Libellen (↗ Odonata) mit zwei Arten, die in Japan und Nordindien in kalten Bächen leben und ein ↗ Stridulationsorgan besitzen. Die Entwicklung dauert acht Jahre, wobei die letzten Monate an Land stattfinden. Die A. gelten als ↗ lebende Fossilien, ihre Blütezeit hatten sie im ↗ Jura.

Ankömmlinge, *Ephemerophyten*, ⬈ Adventivpflanzen.

Anlageplan, auf den Resultaten von Vitalfärbungen bzw. entwicklungsphysiologischen Experimenten basierender Plan vor allem für das Blastula- oder Gastrulastadium eines Organismus. Der A. gibt das künftige Entwicklungschicksal bestimmter Embryobereiche an. A. können sich im weiteren auch z. B. auf Furchungsstadien oder Organanlagen beziehen. (⬈ Embryonalentwicklung)

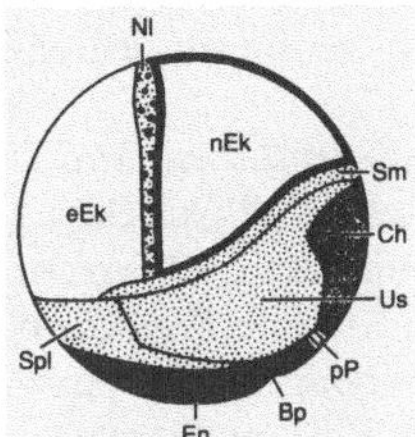

Anlageplan Anlageplan der holoblastischen Wirbeltiere am Beispiel der Blastula der Schwanzlurche (Lateralansicht). eEk epidermales Ektoderm, nEK neurales Ektoderm, Nl Neuralleiste, Sm Schwanzmyotom, Ch Chorda, Us Ursegment (Somit), pP prächordale Platte, Bp Blastoporus (Urmund), En Entoderm, Spl Seitenplatte

Anlaufphase, ⬈ lag-Phase.

Annelida, *Ringelwürmer*, *Gliederwürmer*, rund 18000 Arten umfassende Stammgruppe der Gliedertiere (⬈ Articulata). A. sind i. d. R. zwischen 0,2 und 10 cm groß (die größte Art wird 3 m lang) und leben vor allem in Meer und Süßwasser, seltener terrestrisch. A. besitzen einen wurmförmigen Körper, der metamer (⬈ Metamerie) gebaut ist. Die einzelnen Segmente (bis über 1000 bei der größten Art, dem Polychaeten *Eunice aphroditois*) sind durch die Wände der hintereinander liegenden Coelomsäcke (*Dissepimente*) getrennt. Der Mund liegt im ersten Segment, vor dem sich noch ein anders gebauter Abschnitt findet, das *Prostomium*, in dem sich das Gehirn (*Cerebralganglion*) und wichtige Sinnesorgane befinden. Am Körperende befindet sich ebenfalls ein anders gebauter Abschnitt, das *Pygidium*, in dem sich der After befindet. Die Bildung der Segmente erfolgt in einer Sprossungszone vor dem Pygidium. Jedes Segment trägt primär ein Paar seitlicher, beweglicher Anhänge, die *Parapodien*. Charakteristisch für die A. sind die aus Chitin bestehenden *Borsten*, die einer Hauttasche entspringen. Die Borsten können eingezogen oder vorgestreckt werden und dienen der Fortbewegung, als Schwebeborsten, als Grabschaufeln, als Penisborsten oder auch der Verteidigung. Die Epidermis, die i. d. R. von einer aus Kollagenfibrillen bestehenden Cuticula aufgebaut ist, trägt Drüsenzellen (oft in Drüsenfeldern); bei den Oligochaeta und den Hirudinea ist ein gürtelförmiger Körperbereich (*Clitellum*) besonders drüsenreich und steht im Dienste der Fortpflanzung. Das Nervensystem ist ein *Strickleiternervensystem* mit einem Cerebralganglion und zwei ventralen Hauptnerven, die vom Gehirn aus ventral am Bauch entlang laufen. Pro Segment befindet sich ein Ganglion (*Bauchganglienkette*) und die Ganglien sind durch Querverbindungen (*Kommissuren*) miteinander verbunden. In der Epidermis befinden sich viele verschiedene Sinneszellen, bei Sand bewohnenden und Röhren bauenden Arten kommen ⬈ Statocysten vor. Von einfachen Lichtsinneszellen bis zu Linsenaugen mit ⬈ Akkomodation und einfachen Komplexaugen finden sich die verschiedensten ⬈ Lichtsinnesorgane. Der Atmung dienen i. d. R. segmental angelegte Kiemen. Der Darm ist ein meist gerades Rohr unterschiedlichster Bauart, Anhangsdrüsen sind Speicheldrüsen, Mitteldarmdrüsen oder seitliche Blindsäcke. Die ⬈ Leibeshöhle ist ein Coelom, wobei jedes Segment einen rechten und einen linken Coelomsack enthält. Die Coelomräume sind mit einer Flüssigkeit gefüllt, in der Zellen frei flottieren (*Coelomocyten*), die sehr unterschiedliche Funktion haben können (z. B. Träger von Hämoglobin oder von Exkreten). Das Coelomepithel bildet einen starken *Hautmuskelschlauch* unter der Epidermis, außerdem kommt bei den A. *schräggestreifte Muskulatur* vor, die in den Segmenten von der Körperseite zur Ventralseite zieht und charakteristisch für Organismen mit ⬈ Hydroskelett ist. Sie ermöglicht eine besonders starke Kontraktion der Zellen, wie sie für die peristaltische Bewegung erforderlich ist. Ein Teil des Coelomepithels belädt sich bei Clitellata und manchen Polychaeta an der Darmwand mit Exkreten (*Chloragoggewebe*). Der Blutkreislauf ist meist geschlossen, an verschiedenen Stellen können besondere kontraktile Herzen ausgebildet sein; Blutfarbstoff ist oft ⬈ Hämoglobin, aber auch ⬈ Chlorocruorin. Der Exkretion dienen meist ⬈ Metanephridien mit einem Wimpertrichter (*Nephrostom*), jeweils ein Paar pro Segment. Die Geschlechtsorgane sind überwiegend auf bestimmte Körperregionen beschränkt, die Gameten gelangen von hier aus in die Coelomhöhle und von dort aus über die Nephrostome nach außen. Die meisten A. sind getrenntgeschlechtlich, die Clitellata sind ⬈ Zwitter und bei wenigen Familien kommt Querteilung, z. T. verbunden mit einem ⬈ Generationswechsel vor. Die Entwicklung verläuft über eine Spiralfurchung (⬈ Spiralia), die Entwicklung verläuft meist über eine Trochophora-Larve (⬈ Trochophora). Besonders hoch entwickelt ist die Fähigkeit der A. zur Regeneration. – Fossilien von A. sind vergleichsweise selten, Polychaeta, von denen die meisten A.-Fossilien stammen, sind schon im Kambrium nachgewiesen. Die

A. werden zurzeit in zwei große Gruppen unterteilt, die Borstenwürmer oder ↗ Oligochaeta und die Gürtelwürmer oder ↗ Clitellata.

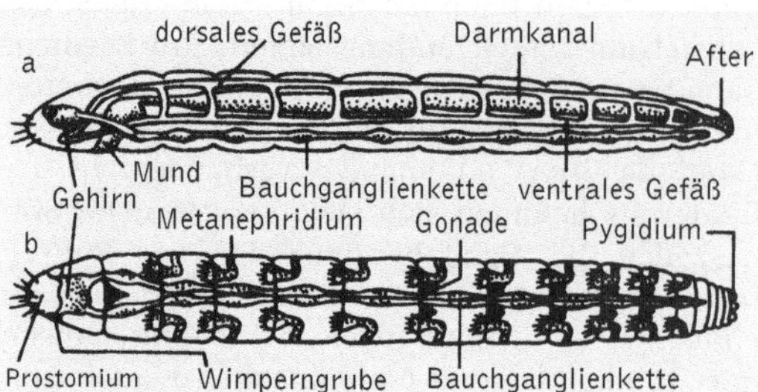

Annelida Bauplan der Annelida, a Lateralansicht, b Ventralansicht

Annidation, *Einnischung*, *Ludwig-Effekt*, Vorgang, der die Koexistenz von ↗ Mutanten oder von Arten erklären könnte. Wird die Individuenzahl einer Art innerhalb eines ↗ Areals durch einen Minimumfaktor (z. B. die Nahrung) begrenzt, so kann eine Mutante, die eine weitere Existenzgrundlage (↗ ökologische Nische, z. B. eine neue Nahrungsquelle) nutzt, nicht wieder verdrängt werden, auch wenn sie dem ursprünglichen Genotyp anderweitig stark unterlegen ist. Entsprechende Gleichgewichte ermöglichen die Koexistenz von nahe miteinander verwandten Arten.

annuelle Pflanzen, *einjährige Pflanzen*, *monozyklisch-hapaxanthe Pflanzen*, Pflanzen, bei denen sich der gesamte Lebenslauf von der Keimung bis zur Fruchtreife und zum Absterben innerhalb von zwölf Monaten vollzieht. Dabei unterscheidet man zwischen sommerannuellen und winterannuellen Pflanzen: *Sommerannuelle* keimen im Frühjahr und blühen und fruchten im Sommer desselben Jahres; *Winterannuelle* keimen im Herbst und blühen und fruchten im nächsten Jahr. Gegensatz: ↗ plurienne Pflanzen, ↗ botanische Zeichen

Anobiidae, *Pochkäfer*, *Klopfkäfer*, zu den ↗ Polyphaga gehörende, rund 1500 Arten zählende Fam. der Käfer (↗ Coleoptera). Die A. sind walzenförmig, meist dunkel gefärbt und 2 - 6 mm lang. Die Larven („*Holzwürmer*") bohren in Holz, Baumschwämmen und trockenen pflanzlichen Substanzen, sowie die Larve des *Klopfkäfers* oder *Gemeinen Holzwurms* (*Anobius punctatum*), die in Bohrgängen im Holz (auch Möbel) lebt; die Käfer schlüpfen im Holz aus den Puppen und werfen dabei kleine Holzmehlhäufchen aus den Bohrgängen. Sie erzeugen durch Schlagen des Kopfes gegen das Holz Klopfgeräusche (Name!), die in Zusammenhang mit der Fortpflanzung stehen.

Anodonta, zu den ↗ Palaeoheterodonta gehörende Gatt. der Muscheln (↗ Bivalvia).

Anomalodesmata, Gruppe meist kleiner, mariner Muscheln (↗ Bivalvia) mit verschieden gestalteten Schalen. Die Mantelränder sind bis auf Öffnungen für den Fuß sowie die Ein- und Ausströmöffnungen verschmolzen. Die A. sind meist Zwitter.

Anomaluridae, *Dornschwanzhörnchen*, im trop. Afrika lebende Fam. der Nagetiere (↗ Rodentia) mit drei Gatt. Die A. haben ein den Eichhörnchen ähnliches Erscheinungsbild. Der lange, buschige Schwanz trägt Hornschuppen an der Unterseite der Schwanzbasis (Name!). Außer bei einer Art besitzen die A. eine Hautmembran entlang der Körperseite zwischen den Vorder- und Hinterfüßen, die ihnen einen Gleitflug von Baum zu Baum ermöglicht.

Anopheles, *Fiebermücken*, *Gabelmücken*, *Malariamücken*, Gatt. der Stechmücken (↗ Culicidae) mit rund 200 Arten, von denen etwa 50 Arten Überträger der ↗ Malaria sind. Nur die Weibchen saugen Blut und sind damit Überträger, die Männchen nehmen nur Wasser oder Blütennektar auf. Die Weibchen sind dämmerungsaktiv. Beim Blutsaugen nehmen sie eine charakteristische Haltung ein, bei der Rüssel, Körper und das hintere, nach oben hinten gerichtete Beinpaar eine gerade Linie bilden. Die Eier werden ins Wasser abgelegt und bilden oft charakteristische Muster auf der Wasseroberfläche, die Larven strudeln, unter der Wasseroberfläche hängend, Nahrung herbei. Die Bekämpfung erfolgt u. a. durch Beseitigung der Brutplätze, Aussetzung sterilisierter Männchen, Einsetzen bestimmter Fische in die Brutgewässer. Neue Hoffnung setzt man in gentechnisch veränderte Bakterien, die für die A.-Larven giftige Stoffe produzieren.

Anopla, ↗ Nemertini.

Anoplura, *Läuse*, Gruppe der Tierläuse (↗ Phthiraptera), deren Arten nur auf Säugetieren saugen. Ihre Mundwerkzeuge sind stechend-saugend, die Mandibeln bilden zusammengelegt ein Rohr, das zum Blutsaugen dient. An der Kopfspitze befinden sich Zähnchen zum Anraspeln der Haut. Zu den A. gehören u. a. ↗ Filzlaus, ↗ Kopflaus und ↗ Kleiderlaus.

Anorexia nervosa, die ↗ Magersucht.

Anorexie, *Appetitlosigkeit*, der verminderte Trieb zur Nahrungsaufnahme bei organischen und psychischen Erkrankungen (z. B. ↗ Magersucht) sowie Proteinmangelsyndrom (↗ Kwashiorkor).

anorganisches Phosphat, das ↗ Phosphorsäure-Anion.

Anosmaten, *Anosmatiker*, Bez. für Tiere, deren Geruchssinn verkümmert ist; hierzu gehören z. B. die meisten Vögel). ↗ Makrosmaten, ↗ Mikrosmaten

Anosmie, das Fehlen des ↗ Geruchssinns (↗ Anosmaten).

Anostraca, *Kiemenfüßer*, *Kiemenfußkrebse*, teils zu den ↗ Branchiopoda gestellte, teils als eigene

Unterklasse der ↗ Crustacea aufgefasste Gruppe mit 175 Arten. A. sind urtümliche, weichhäutige Tiere mit langgestrecktem Körper ohne ↗ Carapax Die meisten Arten sind ein bis wenige Zentimeter lang. A. schwimmen mit dem Rücken nach unten und erzeugen mit den Blattfüßen der Thorakalsegmente einen Wasserstrom, aus dem sie Plankton filtrieren. Alle A. bewohnen Extrembiotope. Bekannteste Art ist das Salinenkrebschen, *Artemia salina* (↗ Artemia).

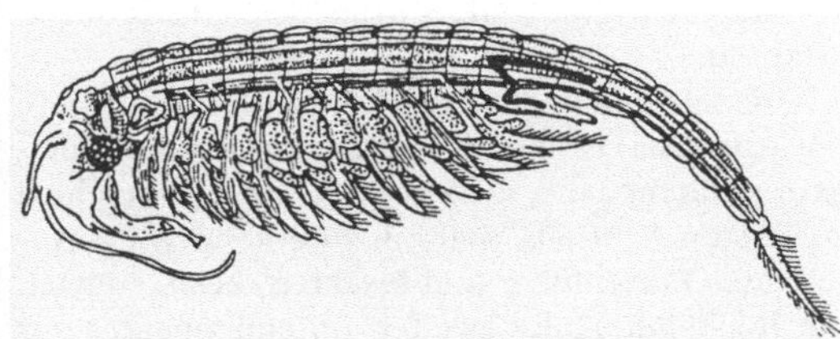

Anostraca   Die bis 2,3 cm große Art *Branchipus stagnalis* (hier ein Männchen) lebt von April bis September in Tümpeln und Gräben im offenen Gelände

Anoxibiose, die ↗ Anaerobiose.

Anoxie, *Sauerstoffmangel*, 1) *Botanik*: Zustand der Unterversorgung mit Sauerstoff, dem Pflanzen z. B. nach Überschwemmungen ausgesetzt sind. Dabei kommt es in den Wurzeln zum Absterben von Zellen, da der Wechsel vom aeroben zum anaeroben Stoffwechsel mit einer *Ansäuerung* des Cytoplasmas einhergeht und dadurch wichtige Stoffwechselwege irreversibel gehemmt werden. Das für die Aufnahme von Nährelementen benötigte ATP ist bei A. in geringerer Konzentration vorhanden, wodurch die Energie für die notwendigen Transportwege von der Wurzel in den Spross fehlen. Daher wirkt sich A. auch auf den Spross aus, dessen ältere Blätter früher als üblich *Seneszenzmerkmale* aufweisen. Die von den geschädigten Wurzeln verursachte Unterversorgung mit Wasser führt zudem zu einem Welken der Blätter, dem Pflanzen z. T. durch Schließen der ↗ Stomata entgegenwirken. Auch die Wurzeln von Sumpf- und Wasserpflanzen sind gegenüber A. sehr empfindlich. Allerdings verfügen Pflanzen wie Reis über ein speziell ausgebildetes ↗ Aerenchym (Durchlüftungsgewebe), mit dessen Hilfe alle unter Wasser befindlichen Pflanzenorgane mit Sauerstoff versorgt werden. Bei monokotylen und dikotylen Landpflanzen führt A. an der Sprossbasis und in der Wurzelspitze zu einer gesteigerten Synthese des Pflanzenhormons ↗ Ethylen, das zum selektiven Absterben von Zellen und so zur Ausbildung von Interzellularräumen führt, über die die Sauerstoffaufnahme leichter erfolgen kann. Allerdings überleben die meisten Pflanzengewebe nicht lange unter anaeroben Bedingungen, sodass die Wurzelspitzen wie im Falle von Mais bereits nach 20–24 Stunden absterben.

2) *Zoologie*: Da insbesondere Gehirn- und Herzstoffwechsel ihre Energie überwiegend aus oxidativen Abbauprozessen beziehen, führt eine Unterbrechung der Zufuhr von Sauerstoff infolge Mangels an energiereichen Phosphaten rasch zu Funktionsstörungen. Im ↗ Gehirn wird z. B. die Übertragung der Speicherinhalte vom Kurzzeitgedächtnis zum Langzeitgedächtnis verhindert. Im ↗ Herz treten bei normaler Körpertemperatur nach 30 Minuten andauernder Anoxie irreversible Strukturveränderungen des Myokards auf.

Anpassung, die ↗ Adaptation.

Anreicherung, ↗ Akkumulation.

Anreicherungskultur, *Elektivkultur*, Kultur von Mikroorganismen unter bestimmten Bedingungen, wobei der am besten an diese Bedingungen angepasste Bakterientyp angereichert wird. Bei den Anreicherungsbedingungen können z. B. folgende Faktoren variiert werden: Energie-, Kohlenstoff- oder Stickstoffquelle, Wasserstoff-Akzeptor, Licht, Temperatur und pH-Wert. In die Anreicherungsnährlösung impft man eine gemischte Population, z. B. eine Erdprobe. In der Nährlösung setzt sich der am besten angepasste Typ durch und überwächst alle Begleitorganismen. Nach weiteren ↗ Subkulturen erfolgt ein Ausstrich auf feste ↗ Nährböden, von denen sich die angereicherten Organismen als ↗ Reinkultur isolieren lassen.

Anser, Gatt. der ↗ Gänse.

Anseriformes, *Gänsevögel*, Ordnung der Vögel (↗ Aves) mit insgesamt 150 Arten. Die A. sind meist Tauch- und Schwimmvögel mit Schwimmhäuten zwischen den Zehen, die jedoch z. B. bei den Wehrvögeln (↗ Anhimidae) zurückgebildet sind. Zu den A. gehören die Entenvögel (↗ Anatidae) mit der (Gattungsgruppe *Anserini*), zu der die ↗ Schwäne, ↗ Gänse und ↗ Meergänse gestellt werden sowie die Unterfam. Enten (*Anatinae*) u. a. mit der ↗ Brandgans (*Tadorna tadorna*), den ↗ Gründelenten (Gatt. *Anas*), den ↗ Tauchenten (Gatt. *Aythya*), den ↗ Eiderenten (Gatt. *Somateria*) und den ↗ Sägern (Gatt. *Mergus*).

Anserinae, die Gänse und Schwäne (↗ Anseriformes).

Ansiedler, ↗ Adventivpflanzen.

Ansteckung, ↗ Infektion.

Antagonisten, *Gegenspieler*, Bez. für Substanzen, Gewebe oder Organe, die gegen eine andere Komponente wirken. So sind bei der Muskulatur z. B. Strecker und Beuger eines Gelenks Antagonisten. (↗ Agonisten)

Antarktis, 1) geografische Bez. für das Südpolargebiet, die den Südpol umgebende Landmasse und die benachbarten Meeresteile.

2) ↗ biogeografische Region, die neben der geografischen A. auch den südlichsten Teil Südamerikas und die südpazifischen und südatlan-

tischen Inseln umfasst. In Randgebieten des eisbedeckten antarktischen Kontinents gedeihen zahlreiche Moose, Flechten und Landalgen, aber nur wenige Blütenpflanzen. Auf der Südinsel von Neuseeland kommt die ↗ Südbuche *Nothofagus* (↗ Notofagaceae) vor. Der antarktische Raum ist das Entstehungszentrum der Pinguine (↗ Spheniciformes). Einige Pinguinarten besiedeln die Antarktis selbst, andere Arten sind nach Australien, Südafrika und an die Westküste Südamerikas vorgedrungen. Die A. ist das südliche Gegenstück zur ↗ Holarktis.

Antedon, Gatt. der Haarsterne (↗ Comatulida).

Antelaea, Gatt. der ↗ Meliaceae.

Antennariidae, ↗ Lophiiformes.

Antennata, *Tracheata, Monantennata*, Taxon der ↗ Arthropoda, zu dem die Insekten (↗ Insecta) sowie die herkömmlich als Tausendfüßer (*Myriapoda, Progoneata*) zusammengefassten Gruppen Hundertfüßer (↗ Chilopoda), Zwergfüßer (↗ Symphyla), Wenigfüßer (↗ Pauropoda) und Doppelfüßer (↗ Diplopoda) gehören. Da allein die Insekten auf viele Mio. Arten geschätzt werden, ist die Artenzahl dieses Taxons außerordentlich hoch. Die A. besiedeln alle Lebensräume des Landes und die Luft. Im Süßwasser und auch im Brackwasser leben nur einige wenige Insekten und deren Larven und im offenen Meer gibt es nur eine Fam. der Wanzen. Charakteristisch für die A. ist, dass der Kopf zusammen mit den Segmenten der Mandibeln und der ersten und zweiten Maxillen eine einheitliche Kapsel bildet, die deutlich gegen den Rumpf abgesetzt und gegen ihn beweglich ist. Es gibt nur ein Paar Antennen, die zweiten Antennen fehlen. Exkretionsorgane sind Malpghi-Schläuche, die hauptsächlich Harnsäure ausscheiden. Die Rückresorption von Wasser und Ionen geschieht über den Enddarm. Nephridien existieren bei primitiven Formen noch als Maxillarnephridien oder sind zu Speicheldrüsen umgewandelt bzw. reduziert.

Antennen, fühlerförmige Anhänge am zweiten Kopfsegment des Grundbauplans der Euarthropoda. Aufgrund serialer ↗ Homologie mit den Extremitäten der nachfolgenden Segmente (Ontogenese, Innervierung, Muskulatur) können die A. von echten Beinen abgeleitet werden. Die Umwandlung des vordersten Extremitätenpaares zu A. ist phylogenetisch im Zusammenhang mit der Kopfbildung zu sehen. Aufgrund der Ausbildung eines vordersten Körperpols, der bei der gerichteten Fortbewegung des Tieres als erstes Kontakt mit der Umwelt aufnimmt, werden *die* Sinnesorgane an dieses Körperende verlagert, die zur Aufnahme von Umweltinformationen geeignet sind. Dazu gehört auch die Ausbildung des ersten Beinpaares zu tastenden Sinnesorganen, den Antennen. Die A. werden embryonal als hinter dem Mund gelegene Extremitätenknospen angelegt, im Verlauf der Individualentwicklung jedoch an die Frontseite des Kopfes verlagert. Dem Grundbauplan der Euarthropoda am nächsten stehen die ausgestorbenen ↗ Trilobita, deren Antennen, aus gleichförmigen Gliedern aufgebaut, bei halbvergrabener Lebensweise dem Substrat auflagern. Während die ↗ Chelicerata keine A. mehr besitzen, sind bei den ↗ Mandibulata die A. Träger wichtiger Sinnesorgane (Mechano- und Chemorezeptoren), haben aber z. T. auch extreme andersartige Spezialisierungen erfahren.

Kennzeichnend für die Gruppe der Krebstiere (↗ Crustacea) ist die Ausbildung des zweiten Kopfextremitätenpaares als zweite A. (im Unterschied zur ersten A. oft als Spaltfuß zu erkennen). ↗ Antennata (Tausenfüßer und Insekten) besitzen nach der Rückbildung des zweiten Antennenpaares nur noch die ersten A. Dabei sind Tausendfüßer (↗ Myriapoda), Springschwänze (↗ Collembola) und Doppelschwänze (↗ Diplura) durch einen ursprünglicheren Bau der A., die Gliederantenne, gekennzeichnet. Bei dieser enthalten alle Antennenglieder eigene Muskulatur, die sie gegeneinander beweglich macht. Felsenspringer (↗ Archaeognatha), Silberfischchen (↗ Zygentoma) und geflügelte Insekten besitzen als gemeinsames abgeleitetes Merkmal die Geißelantenne. Nur das erste Antennenglied, der *Scapus* oder Fühlerschaft, besitzt hier Muskulatur, die am zweiten Antennenglied, dem *Pedicellus* angreift und diesen gegenüber dem Scapus bewegen kann. Alle anderen Antennenglieder, die *Flagellomeren*, sind frei von Muskulatur und als Geißel nur passiv gegen die ersten beiden Antennenglieder beweglich.

Die Form der A. spielt in der Systematik vor allem der Insekten eine große Rolle. Nach der Form der Antennenglieder bzw. der ganzen Antenne unterscheidet man *setiforme* (borstenförmige), *filiforme* (fadenförmige), *moniliforme* (perlschnurartige), *serrate* (gezähnte), *pektinate* (einseitig gekämmte), *bipektinate* (doppelseitig gekämmte), *clavate* (gekeulte), *gekniete* und *lamellate* (blätterförmige) Antennen.

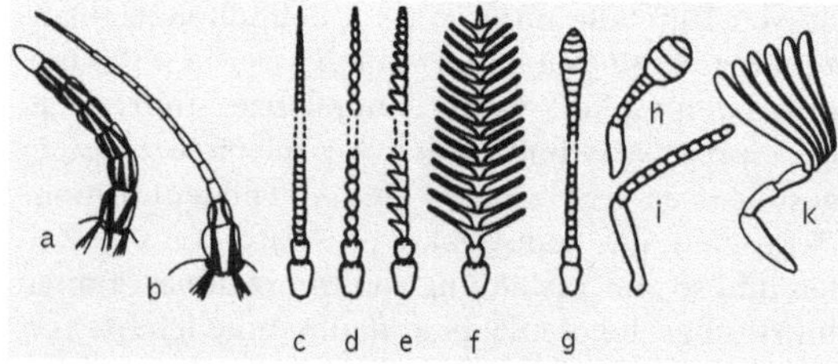

Antennen a Gliederantenne der Insekten, b Geißelantenne der Insekten. c–k Grundformen der Insekten-Antenne: c setiform, d moniliform, e pektinat, f bipektinat, g und h clavat, i gekniet, k lamellat

Antennendrüse, der Exkretion dienendes umgebildetes Metanephridium bei manchen Krebstieren (z. B. ↗ Decapoda, ↗ Amphipoda, ↗ Eucarida).

Antennenpigmente, *akzessorische Pigmente*, Farbstoffmoleküle in den Thylakoidmembranen der ↗ Chloroplasten, die Licht absorbieren und dessen Energie zu den fotosynthetischen Reaktionszentren weiterleiten. Die A. der höheren Pflanzen sind neben dem ↗ Chlorophyll die ↗ Carotinoide, bei Cyanobakterien und Rotalgen übernehmen *Phycocyane* und *Phycoerythrine* diese Funktion (↗ Phycobiliproteide). Durch ihre A. sind diese Organismen auch in größeren Wassertiefen noch zur Fotosynthese fähig, in denen das Lichtspektrum stark eingeschränkt ist.

anterior, vorne gelegen, nach vorne zu; bezogen auf den Körper eines bilateralsymmetrischen Tieres: Kopfseitig, nahe am Kopf.

Anthere, *Staubbeutel*, der Teil des ↗ Staubblattes, der die beiden Theken (↗ Theka) enthält. Diese sind durch ein Zwischenstück (Konnektiv) miteinander verbunden. (↗ Blüte)

Antheridium, Plural: *Antheridien*, männliches *Gametangium* der Moose (*Bryophyta*) und Farnpflanzen (*Pteridophyta*), das die männlichen ↗ Keimzellen bzw. ↗ Spermatozoiden enthält. Es hat meist kugel- bis keulenförmige Gestalt und ist von einer Hülle steriler Zellen umgeben. (↗ Archegonium)

Anthocerotales, einzige Ord. der Hornmoose (↗ Anthocerotopsida) mit nur zwei Fam., den Anthocerotaceae und den Notothylaceae. Der ↗ Gametophyt ist ein scheibenförmiger, gelappter, einige Zentimeter großer, am Boden mittels ↗ Rhizoiden festgewachsener ↗ Thallus. Das ↗ Sporogon ist eine ungestielte, hornförmige (daher der Name Hornmoos), ein bis mehrere Zentimeter lange Kapsel. Anders als bei allen übrigen Moosen reift der als Kapsel angelegte Teil des ↗ Sporophyten nicht gleichmäßig heran, sondern wird durch eine meristematische Zone an der Kapselbasis dauernd verlängert. Zu den A. gehören u. a. die Gatt. *Anthoceros*, *Phaeoceros* und *Dendroceros*.

Anthocerotopsida, *Hornmoose*, Klasse der Moose (↗ Bryophyta) mit der Ord. ↗ Anthocerotales.

Anthocyane, farbige ↗ Flavonoide, die im Unterschied zu anderen pflanzlichen Phenolen Blütenbestäuber anlocken und aufgrund ihrer roten, blauen und violetten Färbung auch an der Verbreitung von Samen und Früchten beteiligt sind. Bei A. handelt es sich um Glykoside aus Mono-, Di- und Trisacchariden und dem *Anthocyanidin* genannten Flavonoid. Im Unterschied zu den lipophilen ↗ Carotinoiden, die im Pflanzenreich für die Farben Gelb und Orange verantwortlich sind (↗ Chromoplast), werden die hydrophilen A. vielfach in der Vakuole gespeichert. Je nach Substitution an einem der aromatischen Ringe sowie dem ↗ pH-Wert der Vakuole erscheinen die A. unterschiedlich gefärbt. Natürliche, altersbedingte Veränderungen der Blütenfarbe von Purpur nach Blau, wie sie sich bei manchen Platterbsen (Gattung *Lathyrus*) beobachten lassen, sind hierauf zurückzuführen. Die Farbgebung und somit die Farbenfülle wird ferner dadurch beeinflusst, dass A. als supramolekulare Komplexe mit anderen Flavonoiden und Metallionen vorkommen können.

Eine A.-Bildung ist bei vielen Pflanzen als Reaktion auf Umweltstress zu beobachten. Charakteristische *Rotfärbungen* von Keimlingen und am Spross treten u. a. bei Kälte, bestimmten Arten von Nährstoffmangel, Trockenheit sowie bei Veränderungen der Lichtintensität wie einem Wechsel von schwacher zu starker Beleuchtung auf. Stressbedingt kommt es hierbei zu einem Ungleichgewicht zwischen den fotosynthetischen Licht- und Dunkelreaktionen, sodass die anfallenden Reduktionsäquivalente auf andere Verbindungen übertragen werden müssen, um fotooxidative Schäden zu vermeiden. Bei intensiver UV-Einstrahlung kommt es ebenfalls zu einer vermehrten Synthese von Anthocyanen. (↗ Phenylalanin-Ammoniak-Lyase)

Anthocyane Glykosylierung der markierten Orte mit Mono- oder Oligosacchariden ergibt die Anthocyane

Anthomedusae, *Athecata*, ↗ Hydroida.

Anthophyta, ↗ Blütenpflanzen.

Anthozoa, *Blumentiere*, mit rund 5600 marinen Arten die artenreichste Gruppe der ↗ Cnidaria. A. sind stets solitäre oder stockbildende Polypen, eine Medusengeneration tritt nicht auf. Alle Arten sind sessil. Der größte Polyp erreicht einen Durchmesser von 1,5 m. Der Gastralraum der A. ist durch Trennwände (*Sarkosepten*) in *Gastraltaschen* geteilt, die oral an einem nach innen ragenden schlitzförmigen Mundrohr enden. Im Mundrohr schlagen ein bis zwei Wimperstraßen, die zusammen mit den Flimmerepithelien der Septen einen stetigen Wasserstrom durch den Polypen erzeugen. Die Beute wird mit den Tentakeln gefangen, dem Mund zugeführt und in den Gastraltaschen verdaut. Dabei spielen die gekräuselten, frei beweglichen Ränder der Sarkosepten als Produzenten der Verdauungsenzyme eine wichtige Rolle. Die Geschlechtsprodukte liegen in der ↗ Mesogloea der

Sarkosepten. Sie gelangen bei der Reife in den Gastralraum und von dort nach außen. Bei manchen Arten findet im Gastralraum Brutpflege statt. Ungeschlechtliche Fortpflanzung durch Knospung ist häufig bei den A. anzutreffen. Viele A. sind Skelett bildend und tragen zum Entstehen von Korallenriffen (↗ Korallenriff) bei. Nach der Ausbildung von acht oder sechs Septen unterscheidet man ↗ Octocorallia und ↗ Hexacorallia. Die A. sind innerhalb der Cnidaria wahrscheinlich das ursprünglichste Taxon.

Anthrax, ↗ Milzbrand.

Anthriscus, Gatt. der ↗ Apiaceae.

Anthropochorie, ↗ Samenausbreitung durch den Menschen.

anthropogen, durch den Menschen beeinflusst oder verursacht.

Anthropogenese, *Anthropogenie*, die Entwicklungsgeschichte des Menschen, i. w. S. auch die ontogenetische (↗ Embryonalentwicklung) Entwicklung mit einbeziehend, i. e. S. die Entwicklungsgeschichte des Menschen (Hominisation, Menschwerdung) von den Anfängen der Hominiden bis zum Jetztmenschen (Homo sapiens sapiens).

Die Wissenschaft, die sich mit der A. beschäftigt, ist die *Paläanthropologie*. Sie basiert auf der Evolutionstheorie und bewegt sich innerhalb der Grenzen von Biologie und Geologie. Wenn auch Fossilien erlauben, die Evolution des Menschen nachzuzeichnen, so fehlen doch für eine vollständig belegte Herkunftsgeschichte mehr als 99 % der Teile des Ganzen. Interpretiert werden Fossilienfunde durch Vergleiche mit dem heutigen Menschen. Als Hilfsmittel zur Klassifizierung dient die biologische ↗ Systematik, insbesondere die ↗ phylogenetische Systematik, die hilft, die Verwandtschaftsbeziehungen zwischen den einzelnen Taxa aufzuklären. Aufschluss über Zeiträume von Entwicklungen geben zum einen die Methoden der ↗ Altersbestimmung und zum anderen die ↗ molekulare Uhr, d. h. Ähnlichkeitsvergleiche der Aminosäuresequenzen von Proteinen. Letzteres erlaubt eine Bestimmung des Zeitpunktes, zu dem sich zwei Gruppen getrennt haben. Auf diese Weise konnte ermittelt werden, dass der letzte gemeinsame Vorfahre von Schimpanse und Mensch vor etwa 6 Mio. Jahren lebte.

Erste Hinweise für eine Existenz der Anthropoidea (↗ Simiae) finden sich bereits im Eozän, also vor rund 55 Mio. Jahren, nach molekulargenetischen Untersuchungen sind sie sogar schon seit mehr als 70 Mio. Jahren von den Halbaffen getrennt Die Stammgruppe an der Gabelung von Menschenaffen und Hominiden bilden die *Dryopithecinen*, die im Unterschied zu den Altweltaffen keinen Schwanz hatten, lange Arme für schwinghangelnde Fortbewegung besaßen und deren Backenzähne das so genannte *Dryopithecus-Muster*, d. h. fünf Höcker

und eine Y-Furche, aufwiesen, das auch bei Menschenaffen und Hominiden vorhanden ist und diese von den Tieraffen unterscheidet. Bekanntestes hierher gehörendes Fossil ist *Proconsul africanus*. Aus den Dryopithecinen haben sich vermutlich die heutigen ↗ Gibbons entwickelt. In El-Faijum in Ägypten entdeckte Primatenfossilien, die zwischen 35 und 25 Mio. Jahren alt sind, stehen vermutlich der gemeinsamen Ursprungsgruppe von Altweltaffen und Menschenaffen noch sehr nahe. Die modernen Menschenaffen entstanden vor ungefähr 10 Mio. Jahren.

Umstritten ist, ob *Ardipithecus ramidus*, der 1992 bei Aramis in Äthiopien entdeckt wurde, als der älteste Hominide angesehen werden kann. Er steht dem letzten gemeinsamen Vorfahren von Menschenaffen und Hominiden sehr nahe. Unterschiede zu den Menschenaffen sind u. a. relativ kleine Eckzähne und weniger scharfkantige Vorbackenzähne. Außerdem liegt das Foramen ovale, die Austrittsstelle des Rückenmarks im Schädel, tiefer als bei den Menschenaffen, ein Hinweis für den aufrechten Gang. Von den Australopithecinen unterscheiden ihn u. a. relativ kleine und einfach gebaute Backenzähne, Ähnlichkeiten bestehen in einer Reihe von Skelettmerkmalen. Ardipithecus lebte in der Randzone des tropischen Regenwalds und bewegte sich hangelnd, aber eben auch teilweise zweibeinig am Boden fort, was von manchen Autoren als der Beginn des aufrechten Gangs ange-

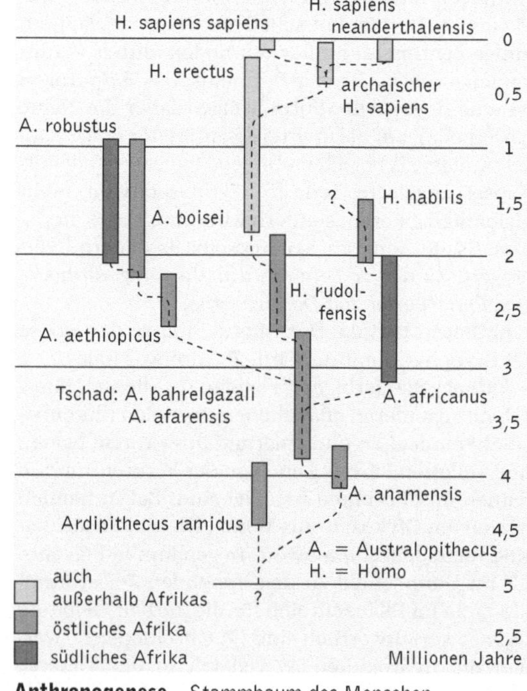

Anthropogenese Stammbaum des Menschen

sehen wird. Über die Zugehörigkeit der verschiedenen Arten der Gattung ↗ Australopithecus zu den Hominidae besteht hingegen kein Zweifel. Ihr ältester Vertreter *Australopithecus anamensis* (Fundort Kenia) wird auf 3,9 bis 4,2 Mio. Jahre geschätzt. Die Australopithecinen gingen sicher aufrecht, was erstmals anhand eines recht vollständigen, etwa 3,18 Mio. Jahre alten Skeletts der Art Australopithecus afarensis („Lucy"; Fundort Äthiopien) und später anhand von Fußspuren in erhärteter Vulkanasche sicher nachgewiesen werden konnte. Diese Art lebte vermutlich in sozialen Verbänden und kannte schon Werkzeuggebrauch. *Australopithecus africanus* lebte vor 2 - 3 Mio. Jahren und hatte ein größeres Gehirn und andere Schädelproportionen als Australopithecus afarensis. Eine von Australopithecus africanus ausgehende Linie führte zur Gattung ↗ Homo, in der sich mit *Homo rudolfensis* die älteste echte Menschenart findet. Er lebte in Ostafrika vor 2,5-1,8 Mio. Jahren, hatte ein Gehirnvolumen von 600 - 800 cm^3 und entwickelte erste Steinwerkzeuge. Diese Art wurde relativ rasch von *Homo erectus* abgelöst, der eine Körpergröße von über 150 cm hatte mit einem Gehirnvolumen von 800 - 1300 cm^3 und dessen Körperproportionen an diejenigen des heutigen Menschen erinnern. Die ältesten Funde (ca. 2 Mio. Jahre alt) stammen aus Ost- und Südafrika. Homo erectus nutzte das Feuer und stellte Faustkeile her. Er war der erste Hominide, der sich von Afrika nach Europa und Asien ausbreitete (vor rund 1,6 bis 1,8 Mio. Jahren). Aus Homo erectus ging vor 400000 Jahren *Homo sapiens* hervor, der ein größeres Gehirnvolumen, ein größeres Hinterhaupt und kleinere Zähne hatte als Homo erectus. In Europa führte eine Linie von

Homo sapiens zum ↗ Neandertaler *(Homo sapiens neanderthalensis)*, der vor 75000 - 35000 Jahren während der Würm-Eiszeit lebte. Das Gehirnvolumen der Neandertaler lag bei etwa 1500 cm^3. Sie lebten in Höhlen und jagten auch Großwild. Die Neandertaler wurden vor etwa 32000 Jahren von Formen des *Homo sapiens sapiens* verdrängt, die vor etwa 35000 Jahren, ausgehend von Afrika, über den nahen Osten und den Balkan einwanderten.

Bereits vor 300000 Jahren gab es in Afrika Populationen des Homo sapiens, die an der Schwelle zum *Jetztmenschen* (Neanthropinen) *Homo sapiens sapiens* standen und und 150000 Jahre alte Schädelfunde gleichen denen des heutigen Menschen. Homo sapiens sapiens lebte im Nahen Osten vor 100000 Jahren, in Ostasien vor 30000-40000 Jahren, und ist in Südostasien und Australien seit mindestens 40000 Jahren und auch in Europa seit 40000 Jahren nachgewiesen. Die zeitliche Abfolge dieser Funde führte zu der *Out-of-Africa-Theorie*, nach der sich der moderne Mensch in Afrika entwickelt und von dort aus in kleinen Gründerpopulationen über die Erde ausgebreitet und archaische Formen wie z. B. den Neanderthaler verdrängt hat. Diese Annahme wird durch molekularbiologische Untersuchungen rezenter Bevölkerungsgruppen und durch DNA-Analysen von Fossilien unterstützt. Ein Vergleich von Menschen verschiedener ethnischer Gruppen aus vier Kontinenten zeigte, dass die Variation der mitochondrialen DNA (mtDNA) innerhalb der Gruppen Afrikas größer ist, als im Vergleich der Gruppen der anderen Kontinente. Dies spricht dafür, dass die afrikanische Gruppe die älteste ist (*Eva-Hypothese*). Eine zweite Theorie geht davon aus, dass der moderne Mensch in verschiedenen Regionen der Welt aus Homo erec-

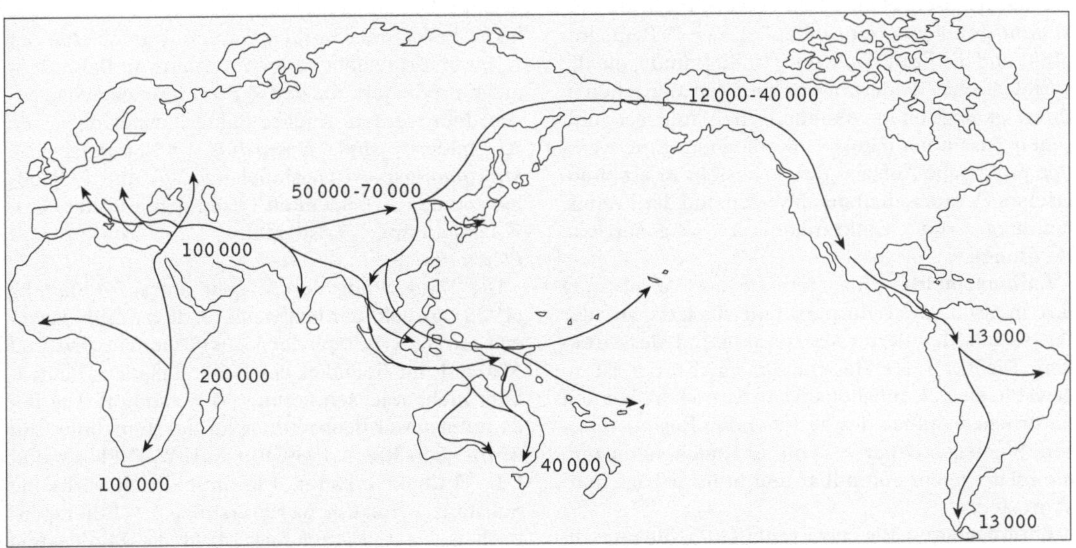

Anthropogenese Die Pfeile zeigen die nach der Out-of-Africa-Theorie postulierte Ausbreitung des Menschen. Die Jahresangaben sind Schätzungen aufgrund der genetischen Distanzen der Menschengruppen (Eva-Hypothese)

tus hervorgegangen ist (*multiregionales Entstehungsmodell*). Dieses Modell wird gestützt durch die anatomischen Merkmale, die zwischen heutigen und frühen Menschen in bestimmten Regionen übereinstimmen.

Literatur: Cavalli-Sforza, L.L. u. Cavalli-Sforza, F.: Verschieden und doch gleich. Ein Genetiker entzieht dem Rassismus die Grundlage, München 1996. – Henke, W. u. Rothe, H.: Stammesgeschichte des Menschen. Eine Einführung, Heidelberg 2000. – Johanson, D. u. Blake, E.: Lucy und ihre Kinder, Heidelberg 1998. – Leakey, R. u. Lewin, R.: Die ersten Spuren. Über den Ursprung des Menschen, München 1994. – Schrenk, F.: Die Frühzeit des Menschen. Der Weg zum Homo sapiens, München 1998. – Stringer, Chris u. McKie, R.: Afrika – Wiege der Menschheit. Die Entstehung, Entwicklung und Ausbreitung des Homo sapiens, München 1996. – Tattersall, I.: Neandertaler. Der Streit um unsere Ahnen, Basel 1998.

Anthropoidea, die Affen (↗ Simiae).

Anthropologie, die Wissenschaft, die sich mit dem Menschen befasst und zwar sowohl aus geisteswissenschaftlicher Sicht (Philosophische A., Psychologische A. Kulturanthropologie, theologische A., Pädagogische A.) als auch aus naturwissenschaftlich-biologischer Sicht.

Die *biologische A.* beschäftigt sich mit der körperlichen Konstitution und dem Verhalten (*Humanbiologie*), der Abstammung (↗ Paläoanthropologie) und der Erbbiologie des Menschen (↗ Humangenetik) sowie mit der Erforschung von Krankheiten, Heilmethoden und Operationstechniken aus der Frühzeit des Menschen (*Medizinische A.*). Zwischen der geisteswissenschaftlichen und der naturwissenschaftlichen A. vermitteln die *Sozialanthropologie* (einschließlich der ↗ Demographie) und die *Ethnologie* oder Völkerkunde, die die soziologische Gliederung der heutigen Menschen in ihren ökologischen, ökonomischen und geografischen Zusammenhängen untersuchen. Eine wichtige praktische Aufgabe der A. besteht in erbbiologischen ↗ Vaterschaftsnachweisen und der Früherkennung von Erbkrankheiten (↗ genetische Beratung).

Anthropometrie, eine Methode der Vermessung des menschlichen Körpers und Skeletts auf der Basis exakt definierter Messpunkte und Messstrecken. Die Lage der Messpunkte am Körper ist so gewählt, dass sie möglichst viele Aussagen über den natürlichen Aufbau der betreffenden Region zulassen. Sie liegen daher z. B. oft an Knochengrenzen, die relativ leicht auffindbar und in ihrer Lage konstant sind.

Anthroponosen, Bez. für Krankheiten, die nur von Mensch zu Mensch übertragen werden. (↗ Anthropozoonosen)

Anthropozönose, die direkt auf den Menschen bezogene Lebensgemeinschaft, die außer dem Menschen auch Haustiere, deren Parasiten sowie Zimmerpflanzen u. a. mit dem Menschen lebende Organismen einschließt.

Anthropozoonosen, i. w. S. Bez. für Krankheiten, die Mensch und Tier befallen können und wechselseitig übertragbar sind, i. e. S. Bez. für nur vom Menschen auf Wirbeltiere übertragene Infektionskrankheiten.

Antiandrogene, Bez. für synthetische ↗ Steroide, die die Wirkung der ↗ Androgene durch ↗ kompetitive Hemmung der Hormonrezeptoren in den Zielzellen aufheben.

Antibabypille, umgangssprachlich für Mittel zur hormonellen ↗ Empfängnisverhütung.

Antibiose, Beziehung, bei der ein Partner eindeutig geschädigt wird, während der andere einen erheblichen Nutzen erfährt. Hierher gehören der ↗ Parasitismus und das Räubertum (↗ Episitie). I. e. S. Wachstumshemmung einer Mikroorganismenart durch Stoffwechselprodukte (↗ Antibiotika) einer anderen Art. (↗ Wechselbeziehungen zwischen Lebewesen)

Antibiotika, i. e. S. niedermolekulare Stoffwechselprodukte von Mikroorganismen (Bakterien und Pilze), die in geringer Konzentration das Wachstum von Mikroorganismen hemmen oder diese abtöten. I. w. S. gehören dazu auch Substanzen, bei denen nur die Vorstufen von lebenden Zellen gebildet werden (*semisynthetische A.*) oder rein synthetische Substanzen. Auch antibiotisch wirkende Substanzen aus Pflanzen (↗ Phytoalexine) und Tieren (*Defensine*) werden als A. bezeichnet. Als weitere Gruppe werden die ↗ Peptid-Antibiotika zu den A. gezählt. Unklar ist bis jetzt, ob auch ↗ Bakteriocine als A. bezeichnet werden können. Die meisten der A. im ursprünglichen Sinne werden von Bakterienarten produziert, die den ↗ Streptomycetaceae zugeordnet werden. Andere Bakteriengattungen, die A. bilden, sind *Nocardia* (↗ Nocardiaceae), *Micromonospora* (Actinoplanaceae) und ↗ Bacillus. Zu den A. bildenden Pilzen gehören die Gatt. ↗ Penicillium, ↗ Aspergillus, *Acremonium* und *Pleurotus*.

Die Entdeckung der A. geht auf A. ↗ Fleming (1928) zurück, der beobachtete, dass *Staphylococcus aureus* (↗ Staphylococcus) in einem gewissen Abstand um Kolonien des Schimmelpilzes Penicillium nicht wachsen konnte (↗ Hemmhof). Die Bedeutung dieser Beobachtung für die Humanmedizin wurde jedoch erst 1939/40 von H.W. ↗ Florey und E.B. ↗ Chain erkannt. Die antibiotisch wirksame Substanz, *Penicillin*, wurde erstmals 1941 therapeutisch getestet. Darauf folgte bald die Entdeckung anderer A. Heute werden etwa 100 A. (einschließlich der semisynthetischen A.) in der Medizin verwendet.

Antibiotika   Wichtige Antibiotika, ihre chemische Zuordnung sowie ihre Produzenten (Auswahl)

Antibiotikum	Chemische Klasse	Subklasse	produzierende Spezies
Kanamycin	Kohlenhydrat-Antibiotika	Aminoglykosid	*Streptomyces kanamyceticus*
Lincomycin		Aminoglykosid	*Streptomyces lincolnensis*
Neomycin		Aminoglykosid	*Streptomyces fradiae*
Streptomycin		Aminoglykosid	*Streptomyces griseus*
Vancomycin		C-Glykosid	*Streptomyces orientalis*
Erythromycin	makrocyclische Lactone	Makrolid	*Streptomyces erythreus*
Rifamycine		Ansamycin	*Nocardia mediterranei*
Amphotericin B		Polyen	*Streptomyces nodosus*
Nystatin		Polyen	*Streptomyces noursei*
Tetracyclin	Chinone und Verwandte	Tetracycline	*Streptomyces rimosus*
Cycloserin	Aminosäure- und Peptid-Antibiotika	Aminosäure-Derivat	*Streptomyces orchidaceus*
Penicillin		β-Lactam	*Penicillium chrysogenum*
Cephalosporin		β-Lactam	*Cephalosporium* sp.
Bacitracin		Peptid	*Bacillus licheniformis*
Polymyxin B		Lipopeptid	*Bacillus polymyxa*
Nikkomycine	N-haltige Heterocyclen	Nucleoside	*Streptomyces tendae*
Polyoxine		Nucleoside	*Streptomyces cacaoi* var. *asoensis*
Monensin	O-haltige Heterocyclen	Polyether	*Streptomyces cinnamomensis*
Cycloheximid	alicyclische Antibiotika	Cycloalkan	*Streptomyces griseus*
Chloramphenicol	aromatische Antibiotika	Benzolderivate	*Streptomyces venezualae**
Griseofulvin		kondensierte Aromaten	*Penicillium griseofulvum*
Fosfomycin	aliphatische Antibiotika	Phosphorhaltige	*Streptomyces fradiae*

* Synthese heute rein chemisch

Klassifizierung. A. können nach ihrer chemischen Struktur eingeteilt werden in Kohlenhydrat-A. (z. B. Aminoglykoside), makrozyklische Lactone (z. B. Ansamycine), Chinone und verwandte A. (z. B. Tetracycline), Aminosäuren- und Peptid-Antibiotika (β-Lactam-A.), N-haltige heterozyklische A. (Nucleosid-A.), O-haltige heterozyklische A. (Polyether-A.), alizyklische A. (Cycloheximid, Steroid-A.), aromatische A. (Chloramphenicol) und aliphatische A. (Fosfomycine). *Anwendung.* A. werden hauptsächlich zur Bekämpfung bakterieller und pilzlicher Krankheitserreger, aber auch viraler Krankheitserreger von Mensch und Tier eingesetzt. Viele Infektionskrankheiten haben mit der Einführung der Antibiotika ihren Schrecken verloren. Darüber hinaus werden sie als Immunsuppressiva oder als ↗ Cytostatika bei der Behandlung von Tumorerkrankungen verwendet (↗ Krebs). In einzelnen Ländern sind A. zur Konservierung von Nahrungsmitteln zugelassen. A. als Pflanzenschutzmittel werden vorwiegend in Japan zur Pilzbekämpfung eingesetzt. In der Tierhaltung dienen A. der Infektionsprophylaxe und der schnelleren Gewichtszunahme bei Masttieren.

Je nach *Wirkungsspektrum* teilt man die A. ein in *Schmalbandantibiotika*, die nur eine begrenzte Gruppe der Erreger (z. B. nur grampositive Bakterien) beeinträchtigen, und *Breitbandantibiotika*, die ein breiteres Wirkungsspektrum haben.

Wirkungsmechanismen. Zu den wichtigsten Angriffspunkten der A. gehören: a) die Zellwand und ihre Synthese, b) die Struktur und Synthese der Cytoplasmamembran einschließlich der darin enthaltenen Funktionssysteme, c) die Struktur und Replikation des Chromosoms, d) die DNA-abhängige RNA-Synthese (↗ Transkription), e) die ribosomale Proteinsynthese (↗ Translation) und f) definierte metabolische Reaktionen (durch Antimetaboliten).

Viele A. beeinträchtigen nicht nur bestimmte Erreger, sondern können bei den zu therapierenden Organismen auch zu unerwünschten Nebenwirkungen führen. Dazu gehören Leber- und Nierenschäden (bei hohen Dosierungen), neurotoxische Schäden und allergische Reaktionen (unabhängig von der Dosis).

Industrielle Produktion. Die zur A.-Produktion verwendeten Bakterien und Pilze werden meist in Groß- ↗ Fermentern in ↗ statischer Kultur gehalten. Die Biosynthese wird bei einigen A. mit einer anschließenden chemischen Modifikation kombiniert (Semisynthese). Nur in Einzelfällen werden A. rein synthetisch hergestellt, z. B. Chloramphenicol. An der Spitze der Produktion liegen

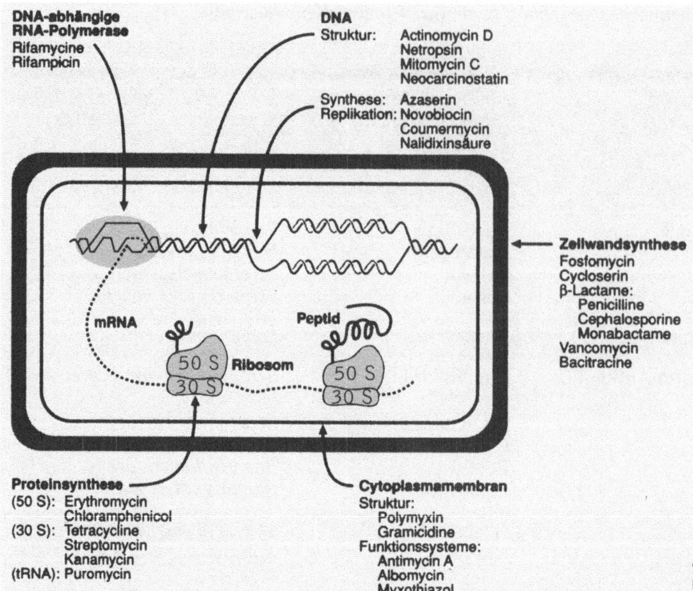

Antibiotika Bakterienzelle (schematisch) mit Angabe der Angriffsorte verschiedener Antibiotika

die Penicilline und Cephalosporine, gefolgt von den Tetracyclinen.

Antibiotika-Resistenz. Seit dem Einsatz von A. haben sich bei zahlreichen Mikroorganismen resistente Stämme gebildet, die durch A. nicht im Wachstum gehemmt oder getötet werden. Neben einer natürlichen Resistenz (chromosomal festgelegte Unempfindlichkeit) gibt es die durch spontane Chromosomenmutationen (↗ Mutation) entstandene Resistenz sowie die übertragene Resistenz, die durch Übertragung von Resistenzfaktoren (↗ Plasmide) auf andere Bakterien zustande kommt. Auf die letztgenannte Weise können Mehrfachresistenzen entstehen. Resistenzentwicklung und -ausbreitung treten vor allem dort auf, wo häufig A. eingesetzt werden, d. h. in Krankenhäusern (↗ Hospitalismus) oder auch in der Veterinärmedizin. Eine Rolle bei der Ausbreitung von Resistenzen spielt der allzu freizügige Einsatz von A. zur Prävention und Behandlung selbst harmloser Infektionskrankheiten sowie zur Anzucht von Masttieren. Man hat festgestellt, dass Antibiotika nicht nur gegen sich selbst Resistenzen auslösen können, sondern auch gegen andere Vertreter der chemischen Gruppe, der sie angehören. Im Gegensatz zu den USA gibt es in Europa starke Bestrebungen, die Tiermast weitestgehend frei von A.-Zusätzen zu halten.

Um zu prüfen, ob ein Erreger empfindlich oder resistent gegen ein A. ist, setzt man ihn in vitro verschiedenen Konzentrationen der Substanz aus (↗ Verdünnungsreihentest, ↗ Agardiffusionsmethode).

Antibiotika-Resistenz, ↗ Antibiotika.

Anticodon, Bei tRNA-Molekülen (↗ tRNA) das Nucleotidtriplett der so genannten *A.-Schleife*, das sich zu einem Basentriplett der ↗ mRNA komplementär verhält und mit diesem eine komplementäre Basenpaarung eingeht (↗ Translation). Der ↗ genetische Code führt dazu, dass jede tRNA ein für die jeweilige Aminosäure spezifisches A. besitzt.

antidiuretisches Hormon, das ↗ Adiuretin.

Antigen-Antikörper-Reaktion, ↗ spezifische Immunantwort.

Antigene, Bez. für Moleküle, die an jeweils spezifische Antikörper (↗ Immunglobuline) binden können. Vollständige A. (*Immunogene*) sind solche, die sowohl eine Immunantwort induzieren, als auch mit den Produkten dieser Antwort (den Antikörpern) reagieren. Unvollständige A. (*Haptene*) sind Substanzen von kleiner relativer Molekülmasse, die allein keine Immunantwort induzieren können, aber durch Kopplung an größere Moleküle oder inerte Partikel immunogen werden können. Die unterschiedlichsten chemischen Verbindungen wirken als A. Die am besten untersuchten A. sind ↗ Proteine und ↗ Polysaccharide, die in löslicher Form oder als Teil komplexer Strukturen stark immunogen wirken. ↗ Lipide und ↗ Nucleinsäuren hingegen sind i. A. schwache Antigene. Als *Alloantigen* bezeichnet man ein A., das von einem anderen Individuum derselben Art abstammt. Solche A. sind als Ergebnis des genetischen ↗ Polymorphismus aufzufassen. Beispiele für Alloantigene sind die Blutgruppenantigene des ABO-Systems und des RH-Systems (↗ Blutgruppen).

Antigen-Präsentation, ein Prozess, bei dem ein Antigen auf einer Zelle (der *Antigen präsentierenden Zelle*) in einer Form dargeboten wird, die von T-Zellen (↗ T-Lymphocyten) mittels ihres T-Zell-Rezeptors erkannt werden kann (↗ spezifische Immunantwort).

Antigen-Rezeptoren, Rezeptoren von außerordentlicher Vielfalt auf der Oberfläche von ↗ B-Lymphocyten und ↗ T-Lymphocyten, die ein breites Spektrum an ↗ Antigenen erkennen können. Jeder Lymphocyt trägt Rezeptoren einer einzigen Antigenspezifität.

antike DNA, *ancient DNA*, Sammelbez. für DNA, die sich aus abgestorbenem, auf unterschiedliche Weise konserviertem biologischen Material isolieren lässt, das mehrere Tausend bis Hunderttausend Jahre alt sein kann. Die Fortschritte bei der Erforschung von a. D. sind auf die ↗ Polymerasekettenreaktion (PCR) zurückzuführen, da diese gestattet, aus sehr geringen Ausgangsmengen genügend identische DNA-Moleküle herzustellen. In der Regel konzentriert sich die Analyse von a. D. auf ↗ Mitochondrien-DNA, nicht zuletzt, weil pro Zelle viele Tausend identische DNA-Moleküle vorkommen. Erste spektakuläre Fälle, wie die angebliche Isolierung und anschließende Analyse von DNA aus in bis zu 130 Millionen Jahre altem ↗ Bernstein eingeschlossenen Tieren und Pflanzen, werden von Fachleuten jedoch inzwischen angezweifelt, da die PCR auf geringste Verunreinigungen in den verwendeten Lösungen und der Umgebung empfindlich reagiert. Vielversprechend erscheint jedoch die Untersuchung von Knochenmaterial menschlichen oder tierischen Ursprungs. Mit Hilfe der DNA, die z. B. aus dem fast 30000 Jahre alten Knochen eines Neandertalers isoliert wurde, erhofft man sich neue Erkenntnisse über die menschliche Evolution zu gewinnen. a. D. ist auch zunehmend für Archäologen von Interesse, die mit Hilfe von über 20000 Jahre alten so genannten *Paläofäzes* Rückschlüsse über die Ernährungsweise prähistorischer Menschen erfahren wollen.

Antikörper, die ↗ Immunglobuline.

Antilocapridae, *Gabelhorntiere*, Fam. der Paarhufer (↗ Artiodactyla) mit nur einer Gattung und einer Art, dem *Gabelbock (Gabelhornantilope, Antilocapra americana)*. Er lebt in den Prairien Nordamerikas und ist mit einer Maximalgeschwindigkeit von 95 *Km/h* und einer Durchschnittsgeschwindigkeit von 40 *Km/h* eines der schnellsten Säugetiere. Gabelböcke sind etwa damhirschgroß, mit hellbraunem Fell mit weißer Unterseite und weißem Spiegel am Schwanz.

Antilopen, ursprünglich wurden unter A. alle Hornträger (↗ Bovidae) außer Rindern, Schafen und Ziegen zusammengefasst. Heute werden damit überwiegend die zur Unterfam. ↗ Antilopinae gerechneten Arten bezeichnet, zu der auch die Gattung *Antilope* gehört.

Antilopinae, *Springantilopen*, Antilopen, Unterfam. der Hornträger (↗ Bovidae) mit sechs Gattungen. Artenreichste Gattung sind die *Gazellen (Gazella)*, die mit 12 überwiegend braun gefärbten Arten in den Savannen und Wüsten Afrikas sowie in West- und Südwestasien vorkommen. Die in Indien beheimatete *Hirschziegenantilope (Antilope cervicapra)*, einzige Art ihrer Gattung ist durch Umweltzerstörung und Bejagung in ihren Beständen gefährdet. Charakteristisch sind die ungewöhnlich langen, schraubig gewundenen Hörner der Männchen. Unverwechselbares Kennzeichen des *Springbocks (Antidorcas marsupialis)* ist das *Prunken*, eine Art von hohen Prellsprüngen, bei denen der Springbock eine Haltung wie ein bockendes Pferd einnimmt. Der Springbock war in Südafrika fast ausgerottet, die Bestände konnten aber durch Auswildern gesichert werden.

antimorph, mutiertes ↗ Allel, das sich vom ↗ Wildtyp dadurch unterscheidet, dass der Mutantenphänotyp sich zum ursprünglichen Merkmal entgegengesetzt verhält (↗ hypermorph, ↗ hypomorph).

Antimykotika, gegen Pilze wirksame Substanzen (↗ Fungizide).

Antioxidantien, Bez. für sehr verschiedenartige chemische Verbindungen, die Oxidationsprozesse unterdrücken und als Radikalfänger (↗ Radikale) wirken. Hierzu gehören z. B. ↗ Vitamine wie ↗ Ascorbinsäure, ↗ Retinol, ↗ Tocopherol, Enzyme wie die ↗ Katalasen oder die ↗ Superoxid-Dismutase oder andere Substanzen wie die ↗ Harnsäure.

Antipatharia, *Dörnchenkorallen*, *Schwarze Edelkorallen*, Kolonie bildende ↗ Hexacorallia, die manchmal verzweigt sind und ein dunkelbraunes bis schwarzes, mit Dörnchen besetztes chitiniges Skelett bilden. Die Epidermis trägt Cilien, mit denen Nahrungsteilchen in Richtung Mundfeld befördert werden. A. sind im Indopazifik verbreitet. Ihr Skelett wird zu Schmuckgegenständen verarbeitet.

Antiperistaltik, ↗ peristaltische Bewegungen.

Antiport, Form des ↗ Transports von Molekülen durch Membranen, bei der ein gegenseitiger *Austausch* von zwei Molekülen erfolgt. Gut untersuchte A.-Systeme kommen in den Membranen der ↗ Mitochondrien und ↗ Chloroplasten vor.

antisense-RNA, RNA-Molekül, dessen Sequenz mit der Sequenz einer bestimmten mRNA weitestgehend übereinstimmt und im Idealfall die Expression des zugehörigen Gens verhindert. Damit kann die Funktion eines Gens völlig abgeschaltet werden. Bisher wurde davon ausgegangen, dass a.-RNA nur bei Prokaryoten und niederen Tieren der Regulation der Genexpression dient und als einzelsträngiges Molekül direkt mit der mRNA interagieren kann. Neuere Ergebnisse deuten im Zusammenhang mit *RNA-Interference* genannten Vorgängen darauf hin, dass *doppelsträngige RNA-Moleküle* bei den meisten Eukaryoten an einer posttranskriptionellen Regulation der Genexpression beteiligt sind.

Als molekularbiologische Arbeitsmethode (↗ antisense-Technik) dient a.‑RNA dazu, bei höheren Tieren und Pflanzen die Expression bestimmter Gene herunterzuregulieren oder abzuschalten.

antisense-Technik, molekularbiologisches Arbeitsverfahren, das dazu dient, mit Hilfe von ↗ antisense-RNA die Expression bestimmter Gene abzuschalten oder zumindest deutlich herunterzuregulieren, indem deren Transkription oder Translation verhindert wird. Dabei spielt wohl weniger eine sterische Beeinträchtigung dieser Replikationsprozesse eine Rolle, sondern eher der Abbau der Doppelstrang-Moleküle durch die zelleigene *Ribonuclease H*. Alternativ zur antisense-RNA können auch kürzere DNA-Moleküle (*Oligodesoxyribonucleotide*) im Rahmen der antisense-Technik eingesetzt werden. Sie müssen entweder direkt in die Zellen injiziert, oder aber im Anschluss an den Transfer des „antisense-Gens" von der zelleigenen Replikationsmaschinerie synthetisiert werden. Da die a.‑T. nicht immer erfolgreich ist, wird inzwischen versucht, mRNAs bestimmter Gene durch ↗ Ribozyme abzubauen.

Im medizinischen Bereich erhofft man sich, durch Einsatz der a.‑T. bestimmte Viruserkrankungen oder Krebs zu heilen, was mit *antisense-Medikamenten* im Tierversuch und in klinischen Studien inzwischen teilweise gelungen ist. In der *Pflanzenzüchtung* wird versucht, die Qualität transgener Nutzpflanzen zu verändern, indem z.B. Gene, die an der Kontrolle der Fruchtreife beteiligt sind, ausgeschaltet oder in ihrer Wirkung verzögert werden. Darüber hinaus ist die a.‑T. ein wichtiges Hilfsmittel, um die Funktion bekannter oder aber unbekannter Gene näher zu untersuchen. Gegensatz: ↗ Überexpression

Antiserum, die zellfreie, flüssige Phase geronnenen Blutes eines Organismus, die Antikörper (↗ Immunglobuline) verschiedenster Spezifität und andere Serumproteine enthält. Wurde der Organismus mit einem bestimmten Antigen immunisiert (↗ Immunisierung), finden sich Antikörper gegen alle immunogenen ↗ Epitope des Antigens im Serum.

Antitoxine, Bez. für eine Gruppe von Antikörpern (↗ Immunglobuline), die bestimmte Giftstoffe binden und dadurch unwirksam machen können (↗ Immunisierung).

Anulus, ringförmiges Gebilde in der Anatomie und Morphologie.

1) bei Pilzen die Reste der Hülle (↗ Velum) als ringförmiger Hautlappen am Stiel von Fruchtkörpern (↗ Agaricales).

2) Bei Laubmoosen (↗ Bryopsida) die zwischen ↗ Kapsel und Deckel liegende kranzförmige Zone.

3) Bei Farnen (↗ Pteridopsida) die ringförmige Zellreihe an der äußeren Wand des ↗ Sporangiums.

Anura, *Salientia*, *Ecaudata*, *Froschlurche*, mit etwa 4000 Arten die größte Ord. der rezenten Amphibien (↗ Amphibia). A. sind über alle Kontinente verbreitet und besiedeln sehr unterschiedliche Lebensräume. Ihr *Körperbau* ist in charakteristischer Weise an ihr Sprungvermögen angepasst: Die Hinterextremitäten sind verlängert, die Fußwurzel ist lang mit Intertarsalgelenk, der Schwanz ist reduziert und seine Wirbel sind zu einem Knochenstab (*Urostyl*) verschmolzen, die Darmbeine (Ilia) im Beckengürtel sind stabförmig und wirken wie eine Stoßstange. Bei den Kröten ist das typische Sprungvermögen wieder sekundär zurückgebildet. Rippen sind nur bei primitiven Formen der A. noch als kurze Elemente an den Querfortsätzen von Brustwirbeln erkennbar.

Fortpflanzung und Entwicklung: Die Eier werden meist in Klumpen oder Schnüren im Wasser abgelegt, bei manchen Arten kommen auch Eier mit Schwebeeinrichtungen vor. Viele Arten treiben Brutfürsorge, z.B. durch Schaumnester, oder das Tragen der Eier auf dem Rücken bzw. im Kehlsack des Männchens oder sogar im Magen. Die Larven (↗ Kaulquappen) der A. werden vier Haupttypen zugeordnet, die u.a. als Grundlage für die Systematik verwendet werden. Nach dem Larvenstadium durchlaufen die Kaulquappen eine ↗ Metamorphose, in deren Verlauf der Schwanz rückgebildet, der Darm umgebaut, die Kiemen reduziert und der Mund erweitert wird.

Im *Verhalten* der A. ist die akustische Kommunikation besonders wichtig. Froschlurche sind sehr stimmfreudig und quaken oft in großen Chören. Viele Arten haben arttypische Paarungs-, Befreiungs- Aggressions-, Werbe- und Schreckrufe. Die Lauterzeugung findet im Kehlkopf statt und wird z.T. durch Schallblasen verstärkt.

Systematik: Bislang gibt es kein natürliches System der A., entsprechend existieren viele verschiedene Klassifikationen. Wichtige Merkmale, die der Klassifizierung zugrunde gelegt werden, sind: Bau der Wirbelsäule und des Schultergürtels, die Anordnung der Muskelgruppen und wie bereits erwähnt, die Larventypen. Zurzeit teilt man die A. in 25 Familien auf, u.a. die Kröten (↗ Bufonidae), Pfeilgiftfrösche (↗ Dendrobatidae), Laubfrösche (↗ Hylidae) und Echte Frösche (↗ Ranidae).

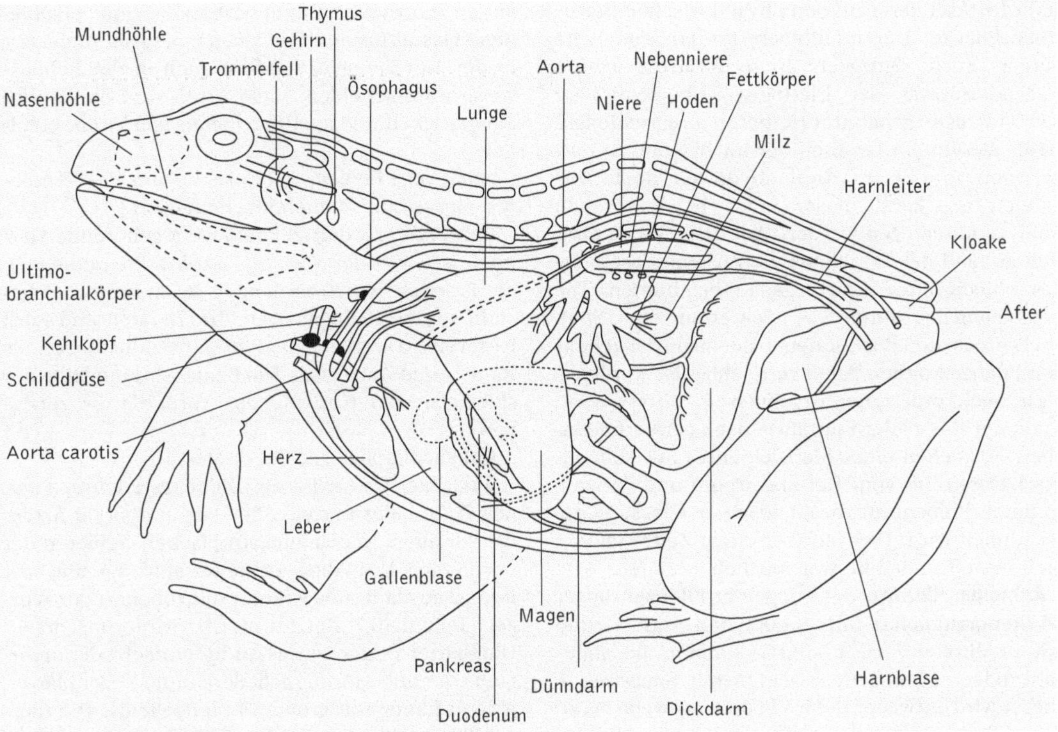

Anura　Bauplan eines Froschlurchs

Anus, der ↗ After.

Aorta, großes, vom Herzen wegführendes Gefäß, das den größten Teil aller anderen ↗ Arterien des Kreislaufsystems (↗ Blutkreislauf) versorgt.

Aortenbogen, *Arcus aortae*, jener Teilbereich der Aorta, der von dem zunächst kopfwärts gerichteten zu dem caudal führenden Abschnitt überleitet (↗ Blutkreislauf).

Aortenklappe, ↗ Herz.

Aotes, *Aotus*, die Gatt. Nachtaffen (↗ Cebidae).

APC-Viren, veraltete Bez. für ↗ Adenoviren.

Apex, der Scheitel- oder Spitzenbereich von ↗ Wurzel oder ↗ Sprossachse, der das Apikalmeristem (↗ Meristem) umfasst.

Apfelbaum, *Malus*, Gatt. der ↗ Rosaceae mit ca. 35 Arten. Der Apfel ist das bedeutendste Fruchtobst der gemäßigten Breiten. Durch ↗ Domestikation und ↗ Kreuzung zahlreicher Arten der gemäßigten und subtropischen Breiten sind die heutigen ↗ Sorten entstanden. Am Erbgut des kultivierten Apfels (*M. domestica* ssp. *domestica*, syn. *Pyrus malus* var. *tomentosa*) sind der in Europa vorkommende und mit Kurztriebdornen besetzte Holzapfel (*Malus sylvestris*) und viele andere Wildapfelarten beteiligt.

Apfelsine, *Orange*, *Citrus sinensis*; Gatt. der ↗ Rutaceae. Die aus China stammenden Pflanzen werden heute überall in den Subtropen kultiviert.

Aphidentechnik, experimentelles Verfahren zur Gewinnung von ↗ Phloemsaft, bei dem die Fähigkeit von Blattläusen (↗ Aphidina) ausgenutzt wird, mit ihrem Stechrüssel gezielt ein einziges Siebelement im ↗ Phloem einer Pflanze anstechen zu können. Die Analyse von im Phloem transportierten Zuckerverbindungen, Aminosäuren, organischen Verbindungen und Pflanzenhormonen er-

Aphidentechnik:　Links im Bild eine Blattlaus, die gerade im Begriff ist, ein Siebelement anzustechen. Die rechte Abb. zeigt den abgetrennten Saugrüssel mit austretendem Phloemtropfen (Mit freundlicher Genehmigung von Frau Dr. Gertrud Lohaus, Universität Göttingen)

laubt Rückschlüsse auf den physiologischen Status einer Pflanze. Der im Phloem vorhandene hohe Turgor drückt den Siebröhrensaft direkt in den Magendarmtrakt der Blattläuse. Überschüssiger Saft wird als so genannter *Honigtau* ausgeschieden. Da in diesem ein Großteil der im Phloemsaft enthaltenen Anteile an Kohlenhydraten noch vorhanden ist, kann dieser einer biochemischen Analyse unterzogen werden. Auf diese Weise lässt sich anhand des Honigtaus die Zusammensetzung des Phloemsaftes relativ genau bestimmen. Die gegebenenfalls durch die Sekretion von Speichel ausgelösten Reaktionen in der zu untersuchenden Pflanze können dabei vernachlässigt werden.

Zu noch präziseren Ergebnissen führt die A., wenn der Rüssel der Blattläuse nach dem erfolgreichen Anstechen eines Siebelementes mit Hilfe eines Laserstrahls vom Tier abgetrennt und der austretende Phloemsaft direkt in einer Glaskapillare gesammelt wird. Dies ist über einen Zeitraum von mehreren Stunden hinweg möglich.

Aphidina, *Blattläuse*, Gruppe der Pflanzensauger (↗ Stenorrhyncha) mit 3000 Arten, davon rund 850 in Mitteleuropa. A. sind 2-4 mm große, geflügelte oder ungeflügelte Insekten mit Saugrüsssel. Dieser wird entweder tief ins Pflanzengewebe bis zu den Parenchymzellen eingestochen (*Parenchymsauger*) oder in die Siebröhren versenkt (*Phloemsauger*). Bei der Fortpflanzung durchlaufen die A. einen Generationswechsel in Form eines Wechsels zwischen ↗ Parthenogenese und zweigeschlechtlicher Fortpflanzung (meist vor Beginn der

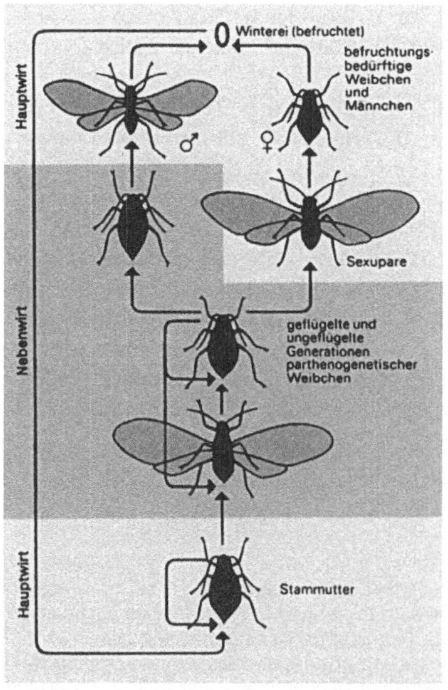

Aphidina Schema des Generationswechsels der Aphidina

kalten Jahreszeit). Damit verbunden sind verschiedene Gestaltformen (*Morphen*), die sich nicht nur in der Morphologie, sondern auch in der Lebensweise unterscheiden. Viele Arten sind durch ihre Saugtätigkeit und die Übertragung von Viren schädlich.

aphotische Region, lichtlose Region des ↗ Meeres. Gegensatz: ↗ euphotische Region

Aphrodite, zu den ↗ Polychaeta gehörende Gattung, u. a. mit der *Seemaus* (*Aphrodite aculeata*). Sie ist etwa 10-20 cm lang, 4-6 cm breit und besteht aus ca. 40 Segmenten. Ihre Borsten sind stark irisierend. Die Seemaus lebt auf Schlickboden als Räuber und Aasfresser. Die Beute wird mit Hilfe der sklerotisierten Cuticula des Vorderdarms zerrieben.

Aphyllophorales, die ↗ Poriales.

Apiaceae, *Umbelliferae*, *Doldengewächse*, Fam. der ↗ Araliales mit ca. 300 Gatt. und 3000 Arten, die vor allem in den außertropischen Gebieten der nördlichen Erdhälfte verbreitet sind. Es sind fast immer ausdauernde Kräuter mit rübenartiger Wurzel oder einem ↗ Rhizom als Überwinterungsorgan. Die Blätter sind wechselständig, einfach oder mehrfach oder fingerförmig gefiedert, ohne Nebenblätter, jedoch häufig mit großer ↗ Blattscheide. Die fünfzähligen weißen oder gelben Blüten sind in zusammengesetzten oder einfachen Dolden (↗ Blüte) angeordnet. Der unterständige ↗ Fruchtknoten trägt ein ↗ Nektar absonderndes Griffelpolster (Stylopodium), das Insekten anlockt. Die ↗ Frucht ist eine Doppelachäne, die bei der Reife in zwei einsamige Spaltfrüchte zerfällt. Alle Teile der Pflanzen enthalten in Sekretgängen (↗ Sekretgang) ↗ etherische Öle und Gummiharze (↗ Harz). Dazu gehören Mono- bzw. Sesquiterpene, Phenylpropanderivate, Cumarine, und Polyacetylenverbindungen, die für die hohe Giftigkeit einiger Apiaceae, z. B. des Wasserschierlings (↗ Schierling), verantwortlich sind.

Viele Arten werden als Gemüse genutzt, so die ↗ Möhre (*Daucus carota*), der ↗ Sellerie (*Apium graveolens*) und der ↗ Pastinak (*Pastinaca sativa*). Als Gemüse und Gewürzpflanze wird die ↗ Petersilie (*Petroselinum crispum*) verwendet. Die giftige Hundspetersilie (*Aethusa cynapium*) unterscheidet sich von der echten Petersilie durch

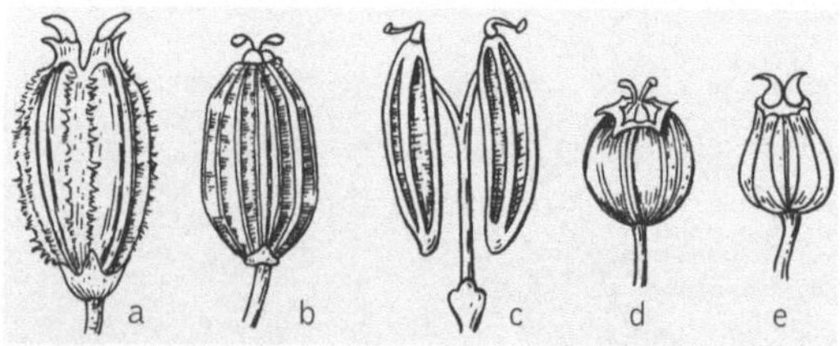

Apiaceae Früchte verschiedener Arten der Apiaceae: a Kreuzkümmel, b Dill, c Kümmel, d Koriander, e Petersilie

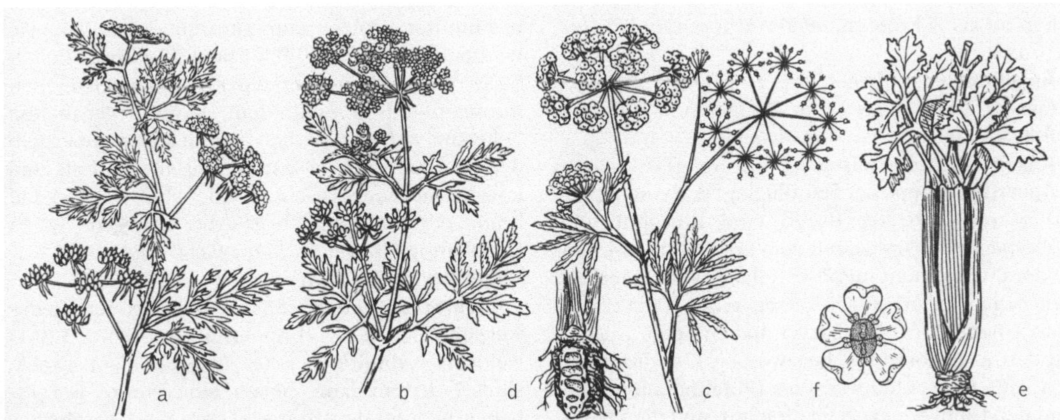

Apiaceae　a Hundspetersilie (*Aethusa cynapium*), b Gefleckter Schierling (*Conium maculatum*), c Wasserschierling (*Cicuta virosa*), d Wurzel von c, e Bleichsellerie (*Apium graveolens*), f Einzelblüte von e

einseitig ausgebildete zurückgeschlagene Hüllblätter (↗ Hüllblatt). Weitere Gewürzpflanzen sind der aus Osteuropa stammende Gartenkerbel (*Anthriscus cerefolium*), der ↗ Liebstöckel (*Levisticum officinale*) und der ↗ Dill (*Anethum graveolens*). Frucht-, Gewürz- und ↗ Heilpflanzen sind der ↗ Fenchel (*Foeniculum vulgare*), der ↗ Anis (*Pimpinella anisum*), der ↗ Koriander (*Coriandrum sativum*), der ↗ Kümmel (*Carum carvi*) sowie der ↗ Kreuzkümmel (*Cumimum cyminum*). Als Heilpflanze wird die ↗ Engelwurz (*Angelica*) genutzt. Gefährliche ↗ Giftpflanzen sind der Gefleckte Schierling (*Conium maculatum*) und der Wasserschierling (*Cicuta virosa*).

Apicomplexa, nach der phylogenetischen Systematik Gruppe der ↗ Alveolata, einer monophyletischen Teilgruppe der früheren ↗ Sporozoa; die Arten besitzen in speziellen Phasen ihres Lebenszyklus am Vorderende einen kompliziert gebauten, so genannten *Apikalkomplex*, der zum Eindringen in eine Wirtszelle dient. Die A. umfassen heute mindestens 2500 Arten, ihre systematische Untergliderung ist umstritten.

Apikaldominanz, bei Pflanzen die Hemmung der Entwicklung von Seitenknospen und somit seitlichen Trieben und Ästen durch die *Gipfelknospe*. A. kann je nach Pflanzenart unterschiedlich stark ausgeprägt sein und sich während der Entwicklung einer Pflanze verändern. Diese altersabhängige, zunächst stark und später schwach ausgeprägte A. lässt sich bei vielen Bäumen beobachten, die anfangs unverzweigt an Höhe gewinnen, bevor sie nach einigen Jahren Verzweigungen ausbilden. Zu den krautigen Pflanzen mit ausgeprägter A. zählen Mais und Sonnenblume, wohingegen es sich bei der Tomate um eine Pflanze mit ausgesprochen schwacher A. handelt, da Seitenverzweigungen nur wenige Zentimeter unterhalb der Sprossspitze vorhanden sind.

Die A. wird hormonell gesteuert, wobei vom *Gipfelmeristem* produzierte ↗ Auxine die Entwicklung der Seitenknospen hemmen. Hingegen fördern ↗ Cytokinine deren Ausbildung, sodass A. auf dem Konzentrationsverhältnis dieser beiden Pflanzenhormone basiert. Neuere Ergebnisse lassen jedoch vermuten, dass auch andere Hormone die A. regulieren.

Die Ausbildung von Seitentrieben kann verhindert werden, wenn nach Entfernen der Sprossspitze weiterhin Auxine zugeführt werden. Ansonsten kommt es zum raschen Wachstum von Seitentrieben. Bei Nadelbäumen lässt sich gut beobachten, wie eine der Seitenachsen die Funktion des Haupttriebes übernimmt, wenn dieser zuvor entfernt wurde.

Apikalmeristem, ↗ Meristem.

Apium, Gatt. der ↗ Apiaceae.

Aplacophora, *Wurmmollusken*, zu den Stachelweichtieren (*Aculifera*) gehörende Gruppe von Weichtieren (↗ Mollusca), die bilateralsymmetrisch sind und deren Fuß reduziert ist. In die ↗ Cuticula sind Kalkspicula eingelagert oder sie wird von Kalkschuppen bedeckt. Die etwa 250 Arten werden unterteilt in zwei Gruppen. Die erste Gruppe sind die *Schildfüßer (Caudofoveata)*, etwa 60 Arten meist unter 3 cm großer Tiere, die in der oberen Schicht weicher Meeresböden vom Sublitoral bis in etwa 2000 m Tiefe leben. Sie liegen kopfabwärts und schräg im Sediment, in das sie sich mit Hilfe ihres Hautmuskelschlauchs eingraben und entnehmen mit Hilfe ihrer Radula Detritus, Diatomeen, Foraminiferen als Nahrung. Ihr Fußschild (Name!) ist eine Grab- und Sinnesplatte. Die zweite Gruppe sind die *Furchenfüßer (Solenogastres)*, langsam auf ihrer Schleimspur gleitende oder sich durch das Sediment grabende Tiere, die wenige Millimeter bis ausnahmsweise 30 cm lang sind. Sie kommen vom Sublitoral bis in 4000 m Tiefe vor und leben oft als ↗ Epizoen auf ↗ Anthozoa und ↗ Hydrozoa.

Aplanosporen, unbegeißelte, einzellige Fortpflanzungskörper (↗ Sporen) der ↗ Algen und ↗ Pilze.

Aplysia, Gattung der ↗ Seehasen.

Apnoe, der Atemstillstand (↗ Atmung).

Apocrita, Gruppe der Hautflügler (↗ Hymenoptera), deren Vertreter durch eine Einschnürung („Wespentaille") zwischen dem ersten und zweiten Abdominalsegment mit ↗ Petiolus gekennzeichnet sind. Die Vorderbeine besitzen einen Putzkamm bzw. einen Sporn. Die Larven haben keine Augen. Zu den A. gehören die Legewespen (*Terebrantes*) u. a. mit den Schlupfwespen (↗ Ichneumonidae) und den Gallwespen (↗ Cynipidae), und die Stechwespen oder Stechimmen (*Aculeata*) u. a. mit den Ameisen (↗ Formicidae), den Bienen (↗ Apoidea) und den Sozialen Faltenwespen (↗ Vespidae).

Apocynaceae, *Hundsgiftgewächse*, Fam. der ↗ Gentianales mit ca. 2100 Arten, die überwiegend in den Tropen vorkommen. Es sind krautige oder holzige Pflanzen, oft ↗ Lianen, teilweise auch sukkulente (↗ Sukkulenz) Formen, mit ungegliederten ↗ Milchröhren, gegenständigen (↗ Blattstellung), einfachen Blättern und zwittrigen, vier- bis fünfzähligen Blüten, die einzeln oder in Blütenständen (↗ Blütenstand) den ↗ Blattachseln entspringen. Der meist oberständige ↗ Fruchtknoten entwickelt sich zu mehrsamigen, balg- oder kapselartigen Früchten (↗ Frucht). Chemisch ist die Fam. durch das verbreitete Vorkommen von Indol-Alkaloiden oder Cardenoliden charakterisiert. Der ↗ Milchsaft enthält meist Triterpene und ↗ Kautschuk. Zu den A. gehören viele Gift- (↗ Giftpflanzen) und ↗ Heilpflanzen, z.B. die afrikanischen Arten der Gatt. *Strophanthus*, die das Herz-Glykosid Strophanthin enthalten. Giftig ist auch der ↗ Oleander (*Nerium oleander*). Das ↗ Immergrün (*Vinca minor*) wird als Zier- und Heilpflanze verwendet.

Apoda, die Blindwühlen (↗ Gymniophiona).

Apodem, höckerförmig vorspringende und daher mit größerer Oberfläche versehene Muskelansatzstelle eines Hartteilskeletts; bei Gliederfüßern (↗ Arthropoda) röhrenförmige Einfaltungen des Außenskeletts. (↗ Cuticula)

Apodidae, die Fam. Segler (↗ Apodiformes).

Apodiformes, *Macrochires*, *Micropodiformes*, Ordnung der Vögel (↗ Aves) mit rund 430 Arten. A. haben sehr kurze Füße, einen kurzen Schnabel mit breiter Mundöffnung und Flügel mit kurzem Arm- und langem Handteil und sehr langen äußeren Handschwingen. Sie sind schnelle Dauerflieger. Zu den A. gehören u. a. die *Kolibris (Trochilidae)*, spezialisierte Blütenbesucher, oft mit metallisch glänzendem Gefieder. Kolibris besitzen die Fähigkeit zum Schwirrflug auf der Stelle. Sie ernähren sich von Nektar, Kleininsekten und Spinnen. Unterhalb

bestimmter Außentemperaturen verfallen sie nachts in Ruhestarre (↗ Torpor). Die *Eigentlichen Segler (Apodidae)* können dank der langen, sichelförmigen Flügel und dem kurzen gegabelten Schwanz außerordentlich gut fliegen. Außerhalb der Brutzeit sind sie fast ständig in der Luft und fangen fliegende Insekten. Sie sind vorwiegend braun oder schwärzlich gefärbt. Häufigste Art in Mitteleuropa ist *der Mauersegler (Apus apus)*.

Apoenzym, ↗ Enzyme.

Apoidea, *Bienen i.w.S.*, Überfamilie der Stechwespen (*Aculeata*; ↗ Apocrita) mit über 12000 weltweit verbreiteten Arten in sechs Fam. Die A. sind 2-40 mm lang, haben eine starke Körperbehaarung, an den Hinterbeinen ein verbreitertes erstes Fußglied und besitzen Haarbürsten zum Pollen sammeln. Die Oberkiefer der B. sind beißend, die Unterkiefer und die Unterlippe bilden ein Saugrohr. Die Weibchen haben einen Wehrstachel, der mit einer Giftdrüse in Verbindung steht; die Männchen stechen nicht. Die A. betreiben Brutpflege oder Brutfürsorge. Die Nester können unterirdisch, in hohlen Bäumen und Pflanzenstängeln oder als Freibauten angelegt sein. Die Baustoffe werden meist mit körpereigenen Substanzen oder mit Harzen vermischt. Nach der Art des Pollen sammelns unterscheidet man *Beinsammler* (z.B. Sandbienen, Hosenbienen, Honigbienen) und *Bauchsammler* (z.B. Mauerbienen, Wollbienen). Nach der Lebensweise wird unterschieden zwischen *Solitärbienen* (z.B. Mauerbienen, Pelzbienen, Grabbienen), *sozialen Bienen*, also Staaten bildenden Arten, (z.B. ↗ Honigbiene, ↗ Hummeln) sowie *Schmarotzer- oder Kuckucksbienen*, die keine Sammelapparate oder -instinkte haben und auch keine Arbeitsteilung zeigen. Alle Staaten bildenden A. gehören zur Fam. *Apidae* (Bienen i. e. S.) und werden in der Unterfamilie *Apinae* zusammengefasst.

Apolyse, ↗ Häutung.

Apomeiose, Entstehung des ↗ Gametophyten ohne ↗ Meiose. Bei höheren Pflanzen kann A. zur Bildung diploider Eizellen führen.

Apomixis, bei Pflanzen der Verlust der sexuellen Fortpflanzung, bei der sich der neue *Sporophyt* aus einer unbefruchteten Eizelle (↗ Parthenogenese) oder aus einer vegetativen Zelle des *Gametophyten* entwickelt. Dabei kommt es zum Verlust der genetischen Rekombination. Konkurrenzfähige Biotypen können sich durch A. jedoch unverändert über Generationen hinweg vermehren. A. kommt bei Pilzen, Farnen und Blütenpflanzen vor. Typische Angiospermenarten mit A. sind Brombeere (Gattung *Rubus*), Löwenzahn (Gattung *Taraxacum*) und Habichtskraut (Gattung *Hieracium*).

Apomorphie, im Sinne der phylogenetischen Systematik ein abgeleitetes (*apomorphes*) Merkmal.

A. sind evolutive Neuheiten, die eine ↗ Stammart erworben und an ihre Nachkommen weitergegeben hat. Abgeleitet sind sie jeweils gegenüber einer ursprünglichen oder plesiomorphen Merkmalsvariante (↗ Plesiomorphie). Apomorphien spielen in der phylogenetischen Systematik eine zentrale Rolle, weil nur mit ihrer Hilfe Taxa als Monophyla (↗ Monophylum) bzw. als ↗ Schwestergruppen begründet werden können. Eine wichtige Methode zur Unterscheidung zwischen apomorpher und plesiomorpher Merkmalsausprägung ist der ↗ Außengruppenvergleich.

Aponeurosen, Bez. für flächenhaft ausgebreitete ↗ Sehnen.

Apoplast, zusammenhängendes System von pflanzlichen Zellwänden und *Interzellularen*, das neben dem ↗ Symplasten dem Transport von Wasser und wasserlöslichen Molekülen dient. Dabei müssen die Substanzen nicht in die lebenden Zellen gelangen, um innerhalb der Pflanze transportiert zu werden. In den Wurzeln wird der Transport von aufgenommenen Nährstoffen im A. durch die ↗ Caspary-Streifen beendet, wo die Aufnahme in den Symplasten erfolgt. Messungen mit radioaktiv markierten Verbindungen haben ergeben, dass der Anteil des A. am Gewebevolumen bis zu 20 % ausmachen kann.

apoplastischer Transport, ↗ Assimilattransport.

Apoptose, *programmierter Zelltod*, kontrollierter „Selbstmord" von Zellen, der unter genetischer Kontrolle steht und somit einen aktiven Prozess darstellt, der bei vielzelligen Organismen für deren Entwicklung, Altern und den Erhalt der Gewebe und Organe von großer Bedeutung ist. Der ↗ Proliferation von Gewebezellen wirkt A. entgegen und sorgt dafür, die Größe der Gewebe und Organe aufrechtzuerhalten. A. steht damit im Gegensatz zur ↗ Nekrose, bei der Zellen platzen und die dadurch austretenden Zellbestandteile Nachbarzellen schädigen und im Gewebe zu Entzündungen führen. A. können innerhalb von Minuten bis wenigen Stunden ablaufen.

Beispiele für Prozesse, an der A. beteiligt ist, sind 1) die Entwicklung der *Finger* und *Zehen* an Händen und Füßen der Wirbeltiere, deren typische Form dadurch erreicht wird, dass sich die anfangs spatenförmigen Strukturen in die spätere Gestalt umwandeln, indem das Gewebe zwischen Fingern und Zehen durch A. entfernt wird; 2) die bei Froschlurchen beobachtete ↗ Metamorphose der Kaulquappen zum erwachsenen Frosch, bei der das Einschmelzen des Schwanzes durch apoptotischen Abbau der dort vorhandenen Zellen kontrolliert wird; 3) die Anpassung der bei Embryonen im Überschuss produzierten Anzahl der Nervenzellen an die tatsächliche Anzahl der Zielzellen während der Entwicklung des Nervensystems; 4) die Rück-

bildung der Gebärmutter im Anschluss an die Geburt sowie die Abstoßung der Gebärmutterschleimhaut (*Endometrium*) während der Menstruation.

Auch eine Reihe von *Krankheiten* wird inzwischen in Zusammenhang mit A. gesehen. Hierzu zählen Erkrankungen des Nervensystems (*Parkinson-Krankheit*), *Autoimmunkrankheiten*, *Osteoporose*, *Rheumatismus* und Herzerkrankungen (z. B. *Herzinfarkt*). Bei einigen Krebsarten kommt es zur Hemmung der A. und somit zu vermehrtem Zellwachstum (↗ Krebs).

Apoptotische Zellen sind im Mikroskop an einer Reihe von distinkten Merkmalen zu erkennen. Hierzu zählen Blasenbildungen an der Plasmamembran, Zerfall des Zellkerns, Vakuolisierung des Cytoplasmas und ein damit einhergehender Volumenverlust der apoptotischen Zellen. Durch Veränderungen an der Zelloberfläche wird die absterbende Zelle von Makrophagen oder Nachbarzellen erkannt und durch ↗ Phagocytose aufgenommen, bevor ihre Inhaltsstoffe nach außen gelangen können. Während der A. wird die DNA durch spezielle ↗ Endonucleasen zwischen den ↗ Nucleosomen gespalten, sodass Bruchstücke definierter Größe entstehen, die nach gelelektrophoretischer Trennung ein typisches „Strickleitermuster" aufweisen. Mit Hilfe einer Gelelektrophorese lassen sich apoptotische Zellen deshalb gut von nekrotischen Zellen unterscheiden, deren DNA zufällig abgebaut wird, und im Gel zu verschmierten Banden führt.

Neben internen Signalen wird A. durch eine Reihe externer Signale induziert, zu denen UV- und Röntgenstrahlen, Hitzeschock, Oxidationsprozesse und cytotoxische Substanzen zählen. Sie alle sorgen für die Aktivierung von bestimmten *Proteasen* (so genannte *Caspasen*), die in einer Signalkaskade zur Aktivierung weiterer Proteasen und Endonucleasen führt. Bei der apoptotischen Signaltransduktion scheinen Mitochondrien eine besondere Rolle zu spielen, deren zerstörtes Transmembranprotential relativ am Anfang der A. beobachtet wird. Die damit verbundene *Entkoppelung der Atmungskette* führt letztlich zur vermehrten Entstehung von schädigenden *Sauerstoffradikalen*.

A. bzw. programmierter Zelltod kommt nicht nur bei Tieren, sondern auch bei *Pflanzen* vor, bei denen die Zellen im Xylem und Kork absterben. Auch die Seneszenz von Blättern, Blüten und Früchten (↗ Abscission) sowie die Reaktion auf Pflanzenpathogene wird mit A.-ähnlichen Prozessen in Verbindung gebracht.

aposematische Färbung, ↗ Abwehr.

aposematische Tracht, ↗ Abwehr.

Apothecium, *Apothezium*, offener, becher- bis schüsselförmiger Fruchtkörper (↗ Ascoma) der Schlauchpilze (↗ Ascomycetes), bei dem das Sporenlager mit den Asci (↗ Ascus) zumindest bei der Sporenreife frei liegt.

apparente Fotosynthese, ↗ Nettofotosynthese.

apparent free space, Abk. *AFS*, ↗ Innerer Raum.

Appendicularia, *Larvacea, Copelata, geschwänzte Manteltiere*, Gruppe der Manteltiere (↗ Tunicata) mit drei Fam. und rund 60 Arten. Die A. werden 1 - 10 mm groß und bewohnen als pelagische Planktonorganismen weltweit alle Meere bis in rund 400 m Tiefe. Die A. besitzen einen sehr komplexen Filterapparat, der von einem Teil der Rumpfepidermis (*Oikoplastenepithel*) gebildet wird. Mit diesem Filterapparat filtrieren sie Nanoplankton aus dem Wasser. Die A. sind protandrische ↗ Zwitter. Die Spermien werden ins freie Wasser abgegeben, die Eier werden durch Platzen der Körperwand frei. Danach stirbt das Tier. Es findet äußere Besamung und Entwicklung über eine typische Schwanzlarve mit gerade nach hinten gerichtetem Schwanz statt. Die systematische Untergliederung basiert auf Unterschieden in der relativen Lage der Tiere zum Filtergehäuse sowie der Art seines Auf- und Abbaus.

Appendix, Bez. für ein blind endendes Anhängsel eines inneren Organs, z. B. der *A. vermiformis*, der Wurmfortsatz des Blinddarms (↗ Darm).

Appetenzverhalten, motiviertes Verhalten, bei dem die Suche nach Auslösern für ↗ Instinkthandlungen (↗ Erbkoordination) im Vordergrund steht und das der Befriedigung eines Antriebs dient. In der ersten Phase ist das Ziel des A. die Begegnung mit dem Antriebsobjekt oder -partner, bei einer Kreuzspinne z. B. der Bau eines Fangnetzes. Die zweite Phase des A., die Orientierungsbewegung, dient der Annäherung, z. B. die Annäherung der Kreuzspinne an die gefangene Beute. Falls die zweite Phase erfolgreich ist, kommt es zur instinktiven ↗ Endhandlung, im genannten Beipiel der Verzehr der Beute durch die Kreuzspinne.

Apposition, bei Pflanzen die Ausbildung sekundärer Wandverdickungen der pflanzlichen Zellwand im Anschluss an das Zellwachstum. Dabei werden schubweise *Cellulose-Mikrofibrillen* von außen an die Primärwand angelagert, sodass eine aus vielen Lamellen aufgebaute Sekundärwand entsteht. Gegensatz: ↗ Intussuszeption

Appositionsauge, ↗ Facettenauge.

Appressorien, Singular *Appressorium*, Bez. für Pflanzenteile, die sich dicht an Objekte anlegen.

1) Die Haftorgane parasitischer (↗ Parasitismus) und symbiontischer (↗ Symbiose) Pilze zur Anheftung an pflanzliche Oberflächen.

2) Pilzhypen (↗ Hyphen) im ↗ Thallus einiger Flechtenarten (↗ Lichenes).

3) Die sprossbürtigen Haftorgane bei ↗ Kletterpflanzen.

Aprikose, *Marille, Prunus armeniaca*, aus Mittelasien stammender Baum der ↗ Rosaceae. Die Früchte werden roh und getrocknet genutzt, die Samen gelegentlich als Mandelersatz verwendet.

Apterygidae, *Kiwis*, einzige rezente Fam. der ↗ Dinornithiformes.

Apterygota, *Urinsekten*, eine Gruppe, in der traditionell die primär flügellosen Insektengruppen (↗ Diplura, ↗ Protura, ↗ Collembola und Thysanura) zusammengefasst und den ↗ Pterygota (geflügelte Insekten) gegenübergestellt wurden. In der phylogenetischen Systematik werden Diplura, Collembola und Protura als ↗ Entognatha zusammengefasst und die übrigen Insekten als ↗ Ectognatha.

Aquakultur, *Wasserkultur*, die Kultur von aquatischen Pflanzen und Tieren. Von ökonomischer Bedeutung ist die Zucht bestimmter Rot- und Braunalgen (↗ Algenkultur) sowie die Zucht von Forellen, Karpfen, Lachsen, Aalen und Austern.

Aquarium, ein Wasserbehälter, der der Haltung bzw. Züchtung von Wassertieren und Wasserpflanzen dient. Nach der Wassertemperatur wird unterschieden zwischen *Kaltwasser-A.* (bis 20° C) und *Warmwasser-A.* (bis 28° C) und nach der Wasserbeschaffenheit zwischen *Süßwasser-A.* und *Seewasser-A.* oder *Meeres-A.* Nach diesen Gegebenheiten richtet sich der Besatz mit Aquarienpflanzen und Aquarientieren. Größere A. benötigen einen Filter zur Wasserreinhaltung und (insbesondere Meeres-A.) eine Belüftungseinrichtung zur Anreicherung mit Sauerstoff.

Äquationsteilung, die ↗ Mitose.

aquatische Entomologie, Zweig der ↗ Entomologie, der sich mit der Biologie der ↗ Wasserinsekten befasst.

aquatische Ökosysteme, ↗ Ökosysteme.

Äquatorialplatte,, Bereich der Zellmitte, in dem sich während der Metaphase der ↗ Mitose und ersten Reifeteilung der ↗ Meiose die Schwesterchromatiden bzw. Tetraden anordnen.

äquifazial, Bez. für Blätter mit im Querschnitt gleicher Ober- und Unterseite. Gegensatz: ↗ bifazial

Aquifoliaceae, *Stechhülsengewächse*, Fam. der ↗ Cornales mit ca. 420 Arten; kleine Bäume oder Sträucher mit meist immergrünen Blättern. Eine wichtige Gatt. ist *Ilex*. Zu den zahlreichen Arten dieser Gatt. gehören u. a. *Ilex paraguariensis* aus Südamerika, die den Mate-Tee liefert (↗ Mate), und *Ilex aquifolium*, die ↗ Stechpalme. Viele Ilex-Arten liefern ein hartes, weißes Holz.

Aquila, die Gatt. ↗ Adler.

Aquilegia, Gatt. der ↗ Ranunculaceae.

Arabidopsis-Mutanten, Mutanten des pflanzlichen Modellorganismus ↗ Arabidopsis thaliana, mit deren Hilfe genetische und molekulare Regulationsmechanismen physiologischer und biochemischer Prozesse untersucht werden. Während der vergangenen 25 Jahre wurden mehrere Tausend A.-M.

isoliert. Sie haben zu einem besseren Verständnis von so unterschiedlichen Phänomenen wie der *pflanzlichen Embryonalentwicklung*, der *Kontrolle der Blütenbildung*, der Biosynthese und Wirkung von Pflanzenhormonen oder aber der Funktion von ↗ Fotorezeptoren beigetragen. Zahlreiche offene Fragen konnten mit A.-M. beantwortet werden.

Ziel der Mutantenanalyse ist dabei, zunächst solche Pflanzen zu identifizieren, deren Phänotyp aufgrund eines Mutationsereignisses deutlich vom ↗ Wildtyp abweicht. In Abhängigkeit des verwendeten *Mutagenesesystems* können bei diesen Mutanten die betroffenen Gene direkt isoliert oder mit Hilfe von klassischen und molekularen Markern isoliert werden (↗ Genkartierung).

Arabidopsis-Mutanten Blüten vom Arabidopsis-Wildtyp (links) und der *APETALA2*-Mutante, bei der keine Kronblätter gebildet werden

Zur Erzeugung von A.-M. stehen mehrere Verfahren zur Verfügung, die sich in Anzahl und Art der hervorgerufenen Mutationen unterscheiden. Die *Mutagenese* wird i. d. R. bei reifen Samen durchgeführt, die dem Mutagen ausgesetzt und anschließend ausgesät werden. Die Pflanzen dieser so genannten M 1-Generation werden bis zur Samenreife herangezogen und das geerntete Saatgut (die M 2-Generation) für das *Mutanten-Screening*, d. h. die Identifikation von Mutanten, verwendet. Die Selbstung der M 1-Pflanzen ermöglicht, dass sich unter ihren Nachkommen auch rezessive Mutationsereignisse bemerkbar machen. Im Mutanten-Screening müssen die Pflanzen entweder einzeln in Bezug auf Mutantenphänotypen hin gesichtet oder bestimmten Selektionsbedingungen ausgesetzt werden. Die Identifizierung von A.-M., deren Embryonalentwicklung oder Blüten verändert ist, machte die Sichtung einzelner Samen bzw. Pflanzen erforderlich. Mutanten, bei denen Fotorezeptoren und Lichtwahrnehmung durch Mutationen verändert sind, ließen sich hingegen relativ einfach isolieren, indem die Samen z. B. bei völliger Dunkelheit ausgesät wurden und die Pflanzen unter diesen Bedingungen heranwuchsen. Nach einer bestimmten Zeit konnten dann solche Pflanzen, die atypisch auf Dunkelheit (↗ Etiolement) reagierten, sofort erkannt werden.

Klassischen Mutagenese-Verfahren wie die Bestrahlung mit ionisierenden Strahlen und die Behandlung mit der alkylierenden Chemikalie EMS stehen heute Methoden gegenüber, die auf der Verwendung von ↗ T-DNA und ↗ Transposons beruhen. Sie haben den Vorteil, dass Mutationen, die durch die *Insertion* der T-DNA oder eines Transposons hervorgerufen wurden, anhand der bekannten Sequenzen dieser DNA-Fragmente mit relativ geringem Aufwand unter Verwendung der ↗ Polymerasekettenreaktion (PCR) identifiziert werden können. Deletionen, die durch Bestrahlung, und Punktmutationen, die durch EMS erzeugt wurden, müssen hingegen mit größerem Aufwand kartiert werden.

Arabidopsis thaliana, *Ackerschmalwand*, Wildpflanze aus der Familie ↗ Brassicaceae mit Verbreitung in Europa, Asien und Nordamerika. Bei jungen Pflanzen bildet das apikale Sprossmeristem zunächst eine Blattrosette aus; es wird nach der ↗ Blühinduktion in ein Infloreszenzmeristem umgewandelt, welches die primäre Infloreszenz ausbildet. Dabei entstehen aus bereits gebildeten Blattprimordien an der Sprossachse kleine Tragblätter, aus deren Achselknospen sich später sekundäre Infloreszenzen bilden. Die nur 2 - 3 mm langen Blüten von A. t. sind selbstbestäubend, können jedoch für bestimmte Fragestellungen auch von Hand bestäubt werden.

Obwohl ihr Potenzial als genetischer Modellorganismus bereits in den 40er-Jahren des 20. Jahr-

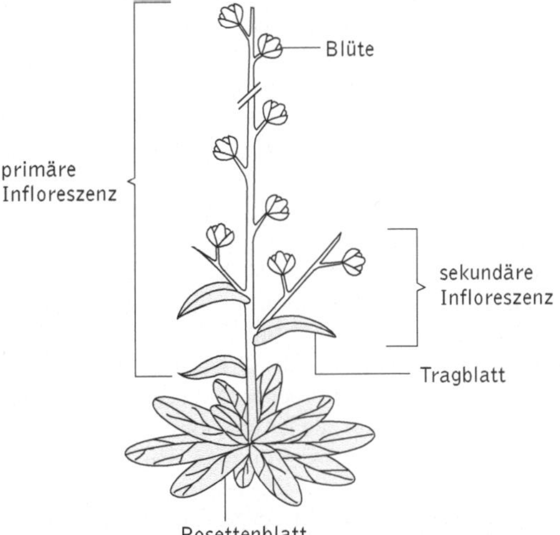

Arabidopsis Schematische Darstellung von *Arabidopsis thaliana*. Nach der Blühinduktion entsteht zunächst eine primäre Infloreszenz, später aus den Achseln der Tragblätter sekundäre Infloreszenzen. Deutlich erkennbar ist die Blattrosette

hunderts durch F. Laibach (1885–1966) erkannt wurde, hat sich A. t. vor allem mit Aufkommen der pflanzlichen Molekularbiologie in den vergangenen 20 Jahren zu deren wichtigster Modellpflanze entwickelt. A. t. spielt inzwischen dieselbe Rolle, die z. B. das Bakterium ⬈ Escherichia coli, die Taufliege ⬈ Drosophila melanogaster oder der Nematode ⬈ Caenorhabditis elegans bei der Erforschung von grundlegenden physiologischen und biochemischen Phänomenen und deren molekularer Kontrolle inne haben. Das *Arabidopsis-Genom* ist auf fünf Chromosomen verteilt und mit 1×10^8 Basen im Vergleich zu dem anderer Pflanzenarten und auch zu dem der oben genannten Modellorganismen relativ klein.

Zu den praktischen Vorteilen, die A. t. für die Laborarbeit bietet, zählen u. a. der kurze Entwicklungszyklus von lediglich sechs Wochen, die große Anzahl an mehreren Tausend Samen, die pro Pflanze geerntet werden können, und ihre mit einer Wuchshöhe von etwa 30 cm geringe Größe. Hinzu kommt, dass Keimlinge und junge Pflanzen auch in Petrischalen auf agarhaltigem Nährmedium gedeihen können. Auf diese Weise können viele Tausend Einzelpflanzen auf einmal untersucht werden. Vor allem die Tatsache, dass sich die Pflanze leicht gentechnisch verändern lässt (⬈ Pflanzentransformation) und es möglich ist, mit geringem Aufwand Mutationen erzeugen zu können (⬈ Mutagenese), sind wichtige Gründe für den Erfolg des eher unscheinbaren Ackerunkrauts als Untersuchungsobjekt. Bei der Transformation hat sich inzwischen die so genannte *in planta-Transformation* etabliert, bei der blühende Pflanzen kopfüber in eine speziell behandelte Agrobakterien-Lösung getaucht werden. Bei einem geringen Anteil von durchschnittlich 0,01 % der Nachkommenschaft lässt sich eine erfolgreiche Transformation nachweisen. Die Tatsache, dass nach der Transformation viele Tausend Samen geerntet und auf die Anwesenheit eines übertragenen Gens hin überprüft werden können, führt i. d. R. zu einer ausreichenden Anzahl an transgenen Pflanzen.

Von A. t. sind heute eine Vielzahl von Rassen (so genannte *Ökotypen*) bekannt, die sich in ihren physiologischen (z. B. ⬈ Blühbeginn) und genetischen Eigenschaften (z. B. ⬈ RFLP-Muster) deutlich voneinander unterscheiden können. A. t. ist deshalb vielseitig für die Untersuchung verschiedener Fragestellungen verwendbar. Die weltweiten Bemühungen, das Arabidopis-Genom komplett zu sequenzieren, wurden Ende 2000 erfolgreich abgeschlossen. A.t. besitzt demnach 25 498 Gene, die für Proteine aus ca. 11 000 unterschiedlichen Proteinfamilien codieren. Entgegen langjähriger Annahmen, die überwiegend von Einzelkopiegenen ausgingen, stellte sich heraus, dass im Verlauf der Evolution nahezu 60 Prozent des A.t.-Genoms dupliziert wurden. Außerdem besitzt die Pflanze zahlreiche Gene, die große Ähnlichkeiten zu Genen aufweisen, die beim Menschen Krankheiten wie Mukoviszidose oder Brustkrebs verursachen. Mit Hilfe der vorhandenen Sequenzinformation können Nutzpflanzen züchterisch und gentechnisch verbessert werden.

Arabinane, ⬈ Homoglykan aus ⬈ Arabinose, das in der Zellwand höherer Pflanzen vorkommt (⬈ Pektine).

Arabinose, Abk. *Ara*, zu den Aldosen gehörendes, sowohl in der D-Form als auch in der L-Form natürlich vorkommendes Monosaccharid mit fünf Kohlenstoffatomen.

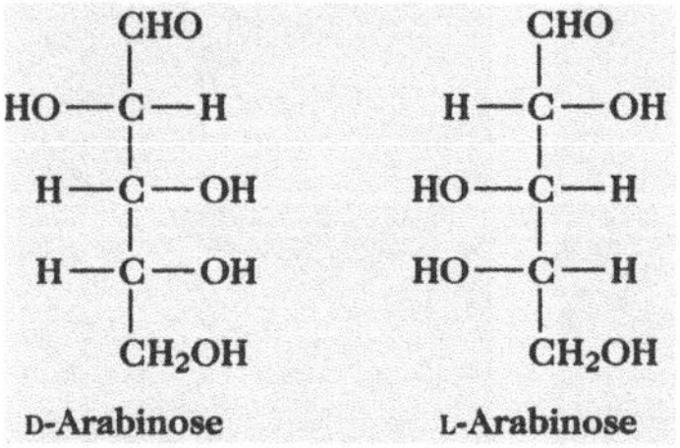

$$\begin{array}{cc} \text{CHO} & \text{CHO} \\ \text{HO—C—H} & \text{H—C—OH} \\ \text{H—C—OH} & \text{HO—C—H} \\ \text{H—C—OH} & \text{HO—C—H} \\ \text{CH}_2\text{OH} & \text{CH}_2\text{OH} \\ \text{D-Arabinose} & \text{L-Arabinose} \end{array}$$

Arabinose   D-Arabinose und L-Arabinose

Arabinose-Operon, *ara-Operon*, bei ⬈ Escherichia coli ein Abschnitt im Genom, der zusammen mit zwei weiteren Operons ein ⬈ Regulon bildet, das den Bakterien erst die Verwertung des Zuckers ⬈ Arabinose ermöglicht. Arabinose wird deshalb in den Zucker D-Xylulose-5-Phosphat umgewandelt, der für den bakteriellen Grundstoffwechsel geeignet ist. Das A.-O. selbst enthält drei ⬈ Strukturgene, welche die Enzyme *L-Ribulokinase* (araB), *L-Arabinose-Isomerase* (araA) und *L-Ribulose-5-phosphat-4-Epimerase* (araD) codieren, sowie ein ⬈ Regulatorgen (araC). Es wird in entgegengesetzter Richtung abgelesen und codiert das so genannte *Regulator-* oder *C-Protein*. Hinzu kommen als Kontrollregionen der *Arabinose-Operator* (araO), die Initiatorregion (Promotorbereich der Strukturgene) und der ara-C-Promotor.

Im Unterschied zum ⬈ lac-Repressor kommen dem Regulatorprotein des A.-O. vielfältigere Funktionen zu. In Abwesenheit von Arabinose wirkt es als Repressor, indem es an araO bindet und die Transkription der drei Strukturgene verhindert. Neben dieser negativen ⬈ Genregulation ist das C-Protein in Anwesenheit von Arabinose an der positiven Genregulation beteiligt, indem es als Zucker-Protein-Komplex in Zusammenspiel mit dem ⬈ CAP-cAMP-Komplex die Expression von araB, araA und araD induziert. Das Regulatorprotein kontrolliert seine Synthese selbst: Bei ausreichenden intrazellulären Konzentrationen bindet es an den

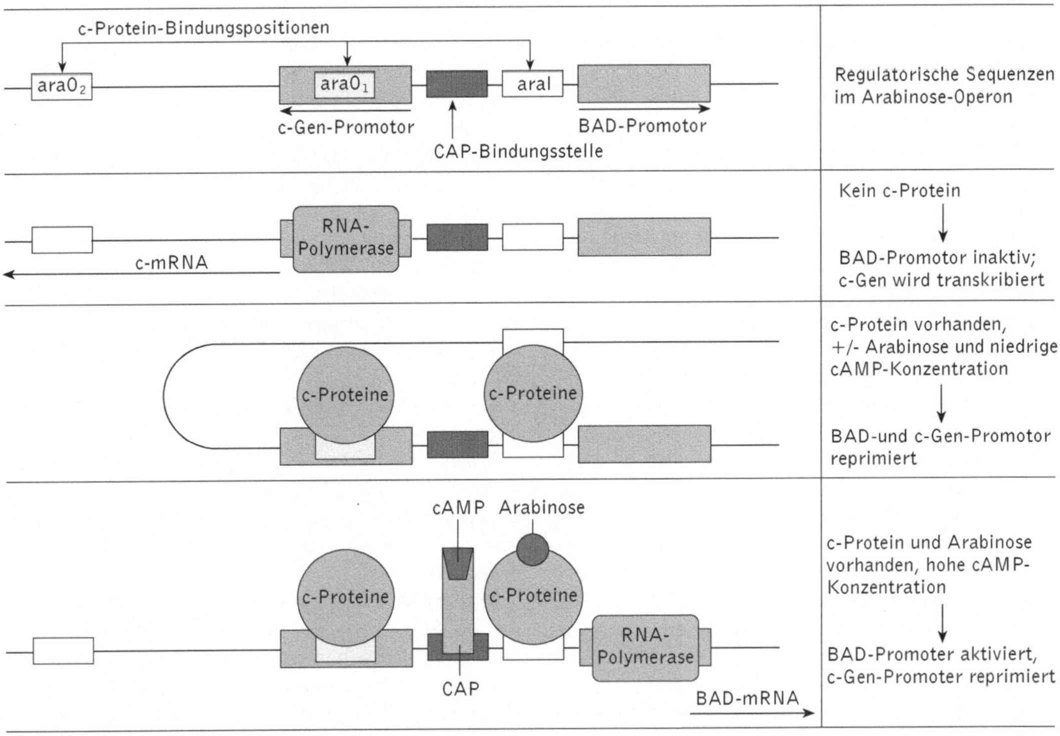

Arabinose-Operon   Aufbau und Funktionszustände des Arabinose-Operons. Das Regulatorprotein (C-Protein) kontrolliert seine eigene Synthese, fungiert in Abwesenheit von Arabinose unter Ausbildung einer DNA-Schleife als Repressor der BAD-Gene und induziert die Expression dieser für den Arabinose-Stoffwechsel erforderlichen Strukturgene in Anwesenheit des CAP-cAMP-Komplexes und Arabinose

araC-Promotor und stoppt so seine eigene Expression.

Araceae, *Aronstabgewächse*, Fam. der ⬀ Arales mit ca. 2900 Arten, die überwiegend in den Tropen verbreitet sind. Meist sind es ausdauernde Kräuter oder Sträucher mit ⬀ Rhizomen oder Rhizomknollen. Die A. spielen besonders in den Regenwäldern als großblättrige Rosettenpflanzen (⬀ Rosette) oder ⬀ Lianen eine große Rolle. Manche lappigen oder sogar durchlöcherten Blätter (z. B. bei der bekannten Zimmerpflanze *Monstera*) kommen durch das Absterben bestimmter Gewebebezirke der ⬀ Blattspreite zustande. Die vielgestaltigen Blüten sitzen tragblattlos (⬀ Braktee) an meist fleischigen ⬀ Kolben, die ⬀ Spatha ist meist auffällig gefärbt. Die Spatha fungiert häufig als ⬀ Gleitfalle, z. B. auch beim Aronstab (*Arum*). Der Kolben verströmt einen aasähnlichen Geruch, der Fliegen und Käfer (Aaskäfer, ⬀ Silphidae) zur ⬀ Bestäubung anlockt (⬀ Aasblumen). Die Früchte (⬀ Frucht) sind meistens Beeren.

Die stärkereichen Knollen vieler A. dienen als Nahrung. Von wirtschaftlicher Bedeutung ist hierbei ⬀ Taro (*Colocasia esculenta*). Zahlreiche Arten werden als Zierpflanzen kultiviert, z. B. *Anthurium* (mit grünen, weißen oder rot gefärbten Spatha), *Dieffenbachia*, *Monstera*, *Scindapus* und *Philodendron*. In Mitteleuropa kommen Aronstab (*Arum spec.*) und Drachen- oder Schlangenwurz (*Calla palustris*) wild vor.

Arachidonsäure, *Eikosatetraensäure*, eine vierfach ungesättigte, zum Teil essentielle Fettsäure (kann bei Vorhandensein von ⬀ Linolsäure synthetisiert werden) mit 20 C-Atomen. A. ist Ausgangssubstanz für die Synthese der ⬀ Eikosanoide: Über

Araceae   Blüte des Aronstabs (*Arum spec.*)

die Prostaglandin-Synthase werden ↗ Prostaglandine und ↗ Thromboxane gebildet, über die Lipoxygenasen die ↗ Leukotriene.

Arachis, Gatt. der ↗ Fabaceae.

Arachnida, *Spinnentiere*, ein Taxon, das alle Arten der ↗ Chelicerata umfasst, die landlebend sind; nur wenige Arten sind sekundär wieder zum Wasserleben übergegangen. Die A. zeigen im Vergleich zu den primär wasserlebenden Cheliceraten einige Anpassungen an das Landleben: Reduktion und Verlust der Extremitäten am Opisthosoma, Fächerlungen statt Buchkiemen, extraintestinale Verdauung, Malpighi-Schläuche zur Exkretion von Guanin und ähnlichen wassersparenden Exkreten, Einzelaugen statt Facettenaugen, Ausbildung von cuticulären Sinnesorganen und eine meist indirekte innere Besamung. Der Körper der A. ist im Vergleich zu den wasserlebenden Cheliceraten verkürzt und kompakt, bei Amblypygi, Araneae und Ricinulei wird das erste Opisthosomasegment zu einem Stiel (*Petiolus*) verengt, wodurch der Hinterkörper eine große Beweglichkeit erlangt. Die A. besitzen vier Laufbeinpaare, von denen das erste (Uropygi, Amblypygi und Solifugae) oder das 2. (bei manchen Opiliones und Ricinulei) als Fühlerbeinpaar spezialisiert sein kann. – Der *Mund* ist nach vorne verlagert und so eng, dass nur noch flüssige Nahrung aufgenommen werden kann, die A. verdauen extraintestinal. Die verdaute Nahrung wird in den Mitteldarmdrüsen oder im Fettkörper gespeichert, sodass viele A. nach einer reichen Mahlzeit monatelang ohne Nahrung leben können. Die Cheliceren sind kleine Scheren, Klauen oder Stilette. *Exkretionsorgane* sind (entodermale) Malpighi-Schläuche, deren Zellen ↗ Guanin, ↗ Adenin, ↗ Hypoxanthin und ↗ Harnsäure bilden. Daneben gibt es ein oder zwei Paar Coxaldrüsen und Nephrocyten. – Das *Zentralnervensystem* besteht aus Ober- und Unterschlundganglion. Im Gehirn liegen zwei Assoziationszentren, die ↗ Corpora pedunculata und der ↗ Zentralkörper, die Signale von den Augen empfangen. Charakteristische Sinnesorgane sind ↗ Trichobothrien und ↗ Spaltsinnesorgane. Die Seitenaugen der A. entstanden durch Zerfall der Facettenaugen in mehrere Teile, deren Ommatidien miteinander verschmolzen und eine gemeinsame Cornea bildeten; es sind also Linsenaugen. Die Medianaugen sind vor allem bei tagaktiven A. als Hauptaugen sehr groß und leistungsfähig. – Als *Atmungsorgane* dienen ↗ Fächerlungen oder ↗ Tracheen, A., die Lungen besitzen, haben ein gut ausgebildetes Kreislaufsystem. – Die *Fortpflanzung* ist i. d. R. geschlechtlich und erfolgt über innere Besamung, wobei die Spermatozoen z. T. auch indirekt übertragen werden können. Bei einigen wenigen Arten kommt ↗ Parthenogenese vor. Die meisten A. betreiben Brutpflege, bei Skorpionen und

einigen Milben kommt echte ↗ Viviparie vor. – Über die verwandtschaftlichen Beziehungen der A. zu den wasserlebenden ↗ Xiphosura sowie diejenigen der Arachniden-Taxa untereinander herrscht Uneinigkeit. Die Blütezeit der A. lag vermutlich im Paläozoikum, wobei die Vorfahren der A. wahrscheinlich im Silur zum Landleben übergegangen sind. – Zu den A. gehören die Skorpione (↗ Scorpiones), Geißelskorpione (↗ Uropygi), Geißelspinnen (↗ Amblypygi), Webspinnen (↗ Araneae), Palpenläufer (↗ Palpigradi), ↗ Pseudoscorpiones, Walzenspinnen (↗ Solifugae), Weberknechte (↗ Opiliones), Kaputzenspinnen (↗ Ricinulei), Milben (↗ Acari).

Arachnoidea, *Spinnwebhaut*, eine der ↗ Hirnhäute.

Arales, Ord. der ↗ Liliopsida mit den Fam. ↗ Araceae und ↗ Lemnaceae. Die vorwiegend krautigen Arten besitzen oft einen kolbigen ↗ Blütenstand, der von einem auffälligen ↗ Hochblatt umgeben ist.

Araliaceae, *Efeugewächse*, Fam. der ↗ Araliales mit ca. 800 Arten, die überwiegend in asiatischen und amerikanischen tropischen Waldgebieten vorkommen. Meist sind es Bäume, Sträucher oder ↗ Lianen, selten auch ausdauernde Kräuter. Die Blätter sind fast immer wechselständig (↗ Blattstellung), gelappt oder gefiedert. Die Blüten sind in fünfzähligen dolden-, köpfchen- oder ährenförmigen Blütenständen (↗ Blütenstand) angeordnet und werden von Insekten bestäubt. Die Früchte (↗ Frucht) sind Beeren oder Steinfrüchte. Als Inhaltsstoffe kommen Triterpen-Saponine vor. Einzige heimische Art ist der ↗ Efeu, *Hedera helix*. Als ↗ Nutzpflanzen von Bedeutung sind der ↗ Reispapierbaum, *Tetrapanax papyrifer*, und der ↗ Ginseng, *Panax ginseng*.

Araliales, Ord. der ↗ Rosopsida mit den Fam. ↗ Araliaceae und ↗ Apiaceae. Kennzeichnend sind zusammengesetzte bzw. gelappte Blätter, unansehnliche Blüten in doldigen Infloreszenzen (↗ Blütenstand), unterständige ↗ Fruchtknoten sowie der Übergang von krautigen zu holzigen Wuchsformen.

Araneae, *Webspinnen*, mit fast 34000 Arten in 105 Fam. neben den Milben (↗ Acari) die artenreichste Gruppe der ↗ Arachnida. A. besiedeln alle terrestrischen Lebensräume, nur die Wasserspinne, *Argyroneta aquatica*, lebt unter Wasser. Kennzeichnend für den *Körperbau* der A. sind vor allem das kurze, sackähnliche Opisthosoma, das mit einem Petiolus beweglich am Prosoma ansetzt, die gleichartigen Laufbeine und die bein- oder tasterartigen ↗ Pedipalpen. Viele Spinnen haben einen dicht beborsteten Körper. Die Beine werden durch Muskeln gebeugt, aber durch Hämolymphdruck gestreckt. Sie können bei vielen Arten im Gelenk

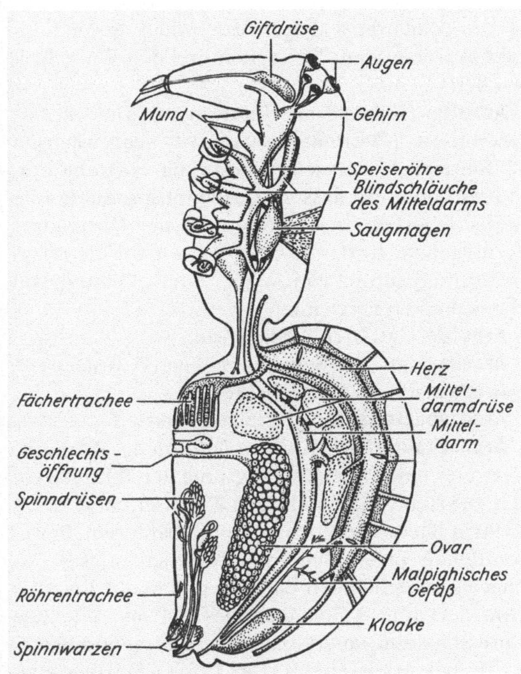

Araneae Bauplan der Webspinnen (Araneae)

zwischen Coxa und Trochanter autotomiert (↗ Autotomie) werden. A. besitzen Giftdrüsen in den Cheliceren, die wichtig für den Beutefang sind. Die Gifte, Neurotoxine oder cytotoxisch bzw. hämolytisch wirkende Substanzen, können z. T. auch dem Menschen gefährlich werden, wobei die Cheliceren der meisten Arten zu schwach sind, die menschliche Haut zu durchdringen. Das zweite wichtigste Hilfsmittel beim Beutefang ist das Netz, das mit Hilfe der ↗ Spinndrüsen im Opisthosoma angefertigt wird. Atmungsorgane der A. sind ursprünglich zwei Lungenpaare, die bei den *Neocribellatae* teilweise oder ganz durch Tracheen ersetzt sein können. Geschlechtsdimorphismus ist weit verbreitet, und zwar sowohl Unterschiede in der Färbung (z. B. Salticidae, Lycosidae) als auch in der Größe, wobei die Weibchen z. T. wesentlich größer sind als die Männchen. – *Klassifizierungen* der A. wurden nach unterschiedlichen Merkmalen vorgenommen. So werden nach Lage der Spinnwarzen *Mesothelae* und *Opisthothelae* unterschieden, nach Stellung der Cheliceren *Orthognathae* und *Labidognathae*, nach dem Bau der Geschlechtsorgane *Haplogynae* und *Entelegynae* und nach dem Vorhandensein eines Cribellums *Cribellatae* und *Ecribellatae*, wobei man heute annimmt, dass das ↗ Cribellum eine ↗ Autapomorphie der Stammart der A. war und bei verschiedenen Gruppen konvergent zurückgebildet wurde. Zu den A. gehören u. a. folgende Fam.: ↗ Agelenidae, ↗ Araneidae, ↗ Amaurobiidae, ↗ Clubionidae, ↗ Lycosidae, ↗ Salticidae, ↗ Theraphosidae.

Araneidae, *Radnetzspinnen*, *Kreuzspinnen*, Fam. der Webspinnen (↗ Araneae) mit rund 4000 weltweit verbreiteten Arten. Die Gatt. *Araneus* (Kreuzspinnen) ist in Mitteleuropa mit rund 50 Arten vertreten. Sehr häufig ist die *Gartenkreuzspinne*, *Araneus diadematus*. Sie wird etwa 17 mm lang (Weibchen) und trägt eine auffällige weiße Kreuzzeichnung (Guanin-Ablagerung) auf dem Rücken. Die *Wespenspinne (Zebraspinne, Argiope bruennichi)* ist durch ihre gelb-schwarz-weiße Bänderung eine der auffallendsten Spinnen in Mitteleuropa. Sie stammt ursprünglich aus dem Mittelmeerraum, hat sich aber in Mitteleuropa in den letzten Jahren ausgebreitet.

Araucariaceae, *Araukariengewächse*, Fam. der ↗ Pinales mit den Gatt. *Araucaria*, *Agathis* und *Wollemia* und insgesamt ca. 35 Arten, die auf der südlichen Erdhälfte verbreitet sind. Die einzige Art der Gatt. *Wollemia*, die baumförmige *Wollemia nobilis*, wurde erst 1994 in Australien entdeckt und gilt als lebendes Fossil (↗ lebende Fossilien). Anhand von ↗ Fossilien lässt sich die Gatt. mindestens 100 Mio. Jahre zurückverfolgen. Die A. sind immergrüne Bäume, die eine gesetzmäßige Verzweigung aufweisen. Die oft sehr kräftigen Nadeln sind spiralig angeordnet. Die einsamigen Komplexe aus ↗ Deckschuppen und ↗ Samenschuppen sind in holzigen Zapfen vereint. Die Tracheiden (↗ Xylem) des Sekundärholzes haben bienenwabenartig angeordnete Holztüpfel (↗ Tüpfel). Verschiedene Arten der Gatt. *Araucaria* liefern wertvolle Nutzhölzer. Bekannt ist vor allem die von der Insel Norfolk stammende Zimmertanne, *A. excelsa*. Auch Vertreter der Gatt. *Agathis* sind wertvolle Nutzholzlieferanten, z. B. die aus dem nördlichen Neuseeland stammende Kaurifichte, *A. australis*. Sie wächst bis 60 m hoch und erreicht einen Stammdurchmesser bis zu 10 m. Die *Agathis*-Arten liefern harte Kopalharze (↗ Harz).

Araukariengewächse, die Fam. ↗ Araucariaceae.

Arapaima, Gatt. der Knochenzüngler (↗ Osteoglossidae).

Arbeit, in der *Mechanik* das Produkt der an einem Körper angreifenden Kraft F und des von diesem unter Einfluss der Kraft zurückgelegten Weges s in Kraftrichtung *(W = F s)*. In *biologischen Systemen* ist nach den Gesetzen der Thermodynamik *die Arbeit* von wesentlicher Bedeutung, die von der freien Energie geleistet werden kann. Die freie ↗ Energie setzt sich aus der Gesamtenergie oder inneren Energie (↗ Enthalpie) abzüglich der ↗ Entropie zusammen. Energiereiche Verbindungen wie z. B. ATP (↗ Adenosinphosphate) besitzen eine hohe freie Energie, sie zerfallen leicht unter Freisetzung von Energie. Bei der ↗ Hydrolyse der Phosphatgruppen von ATP frei werdende Energie wird durch Kopplung mit anderen Stoffwechselreaktionen zur Verrichtung von Arbeit genutzt, unter anderem zu mechanischer Arbeit (Muskelkontraktion), chemischer Arbeit (Antreiben endergonischer Reaktionen) oder zur Transportarbeit (aktiver Transport).

Arbeitskern, ⤴ Interphasenkern.

Arbeitsteilung, Aufteilung der Arbeit, die insbesondere bei Staaten (⤴ Tierstaaten) oder Kolonien bildenden Tieren vorkommt. Bei Staaten bildenden Insekten (z. B. Termiten, Bienen, Wespen, Ameisen) verzichtet ein Teil der Mitglieder auf die Fortpflanzung und unterstützt die wenigen fortpflanzungsfähigen Tiere bei der ⤴ Brutfürsorge. Kolonien von Hohltieren (*Hydrozoa*) bestehen häufig aus morphologisch verschieden differenzierten Einzeltieren, die unterschiedliche Funktionen im ⤴ Tierstock erfüllen. Man unterscheidet Nährpolypen, die ausschließlich dem Nahrungserwerb dienen, Geschlechtspolypen, die der Erzeugung von Geschlechtsprodukten oder der Medusengeneration dienen, sowie Wehrpolypen mit nesselbestückten Tentakeln. Die höchste Form der Differenzierung zeigen die Staatsquallen. Man unterscheidet hier Schwimm-, Deck-, Tast-, Magen-, Gonaden- und Verbindungstiere.

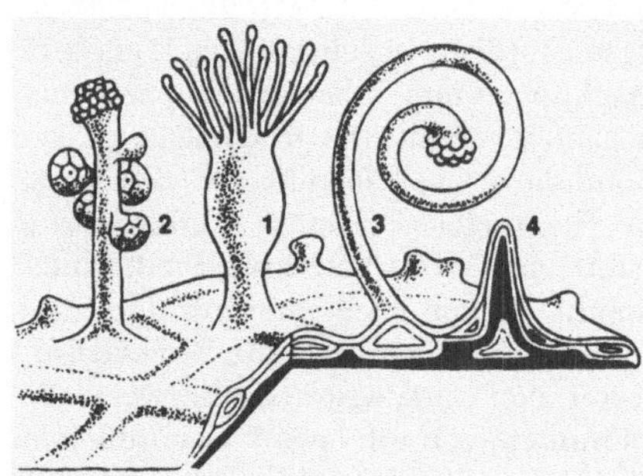

Arbeitsteilung Morphologisch verschieden differenzierte Tiere eines Tierstocks von *Hydractinia echinata* (Hydrozoa). 1 Nährpolyp, 2 Geschlechtspolyp, 3 Wehrpolyp. Die Polypen (Einzeltiere) stehen auf einer Grundplatte, der auch harte Stacheln (4) entspringen (Artname!)

Arber, *Werner*, schweizerischer Mikrobiologe, ✳ 3.6.1929 Gränichen; 1965-70 Prof. für Molekulargenetik in Genf, danach Prof. für Molekularbiologie in Berkeley (USA), seit 1971 Prof. für molekulare Mikrobiologie und Forschungsgruppenleiter am Biozentrum der Universität Basel. A. erhielt für seine Entdeckung der ⤴ Restriktionsenzyme zusammen mit D. ⤴ Nathans und H.O. ⤴ Smith 1978 den Nobelpreis für Physiologie oder Medizin.

Arboretum, Teil eines botanischen Gartens, in dem einheimische und ausländische Gehölze gezogen werden.

Arbuskel, bäumchenförmig verzweigte ⤴ Hyphen mit der Funktion von ⤴ Haustorien. Bei der vesiku-

lär-arbuskulären ⤴ Mykorrhiza stellen sie den Kontakt zwischen den Pilzhyphen und den Wurzelzellen her.

Arbutin, Glykosid aus Blättern von Heidekrautgewächsen (⤴ Ericaceae) und Rosengewächsen (⤴ Rosaceae). Bei seiner Spaltung entsteht u. a. ⤴ Hydrochinon, dessen Oxidationsprodukte die herbstliche Schwarzfärbung mancher Obstbäume verursachen. In der *Mikrobiologie* wird die enzymatische Spaltung von A. zur Unterscheidung von Hefestämmen verwendet.

Arbutus, Gatt. der ⤴ Ericaceae.

Arcella, Gatt. der Schalenamöben (⤴ Testacea).

Archaea, die ⤴ Archaebakterien.

Archaebacteria, die ⤴ Archaebakterien.

Archaebakterien, *Archaeobakterien*, *Archaea*, Vertreter einer Abstammungslinie der ⤴ Prokaryoten, die sich von den übrigen ⤴ Bakterien, den seit 1990 in Bacteria umbenannten Eubakterien, in wesentlichen Eigenschaften unterscheiden. Die Archaea sind neben den Bacteria und den ⤴ Eucarya eine der drei ⤴ Domänen des Lebens. Wichtige Unterscheidungsmerkmale zwischen A. und Bacteria (Eubakterien) sind: 1) Der Aufbau der ribosomalen RNA. 2) Der Aufbau der DNA-abhängigen RNA-Polymerase und von Komponenten der Translation. 3) Die Zellwände der A. enthalten kein ⤴ Murein und sind sehr unterschiedlich zusammengesetzt (z. B. Pseudomurein, Glykoproteine, Proteine). 4) Aufbau der Membranlipide. 5) A. weisen besondere Stoffwechselwege auf und enthalten zum Teil ungewöhnliche ⤴ Coenzyme.

Die Archaea werden in zwei Hauptlinien unterteilt: die *Euryarchaeota* und die *Crenarchaeota*. Eventuell gibt es auch noch ein dritte Abstammungslinie, die vorläufig mit *Korachaeota* bezeichnet wird.

A. wachsen meist unter ungewöhnlichen, extremen Lebensbedingungen. Diese Bedingungen ähneln denen, die in der Frühzeit der Erdentwicklung geherrscht haben müssen. Aus der archaischen Lebensweise der A. leitet sich auch ihr Name ab. Einige Formen wurden in vulkanisch aktiven Zonen gefunden, kochenden Schwefelquellen in „Schwarzen Rauchern" der Tiefsee (⤴ Schwefel oxidierende Bakterien, ⤴ thermophile Bakterien), und in brodelnden Schlammlöchern, in denen der ⤴ pH-Wert unter 2,0 liegt (z. B. ⤴ Sulfolobus, *Acidianus*, *Pyrodictium*; ⤴ acidophile Mikroorganismen). Andere Formen wachsen im Faulschlamm (⤴ Methanbakterien) oder auf glühenden Kohlehalden (z. B. *Thermoplasma*). In Salzseen und Salinen leben die ⤴ Halobakterien. Einige A. leben auch symbiontisch im Verdauungstrakt von Tieren (Methanbakterien). A. leben aerob, fakultativ anaerob oder obligat anaerob. Es gibt chemolithoautotrophe und chemoorganoheterotrophe Arten (⤴ Chemotrophie), bei den Halobakterien auch Arten mit einer einfachen Form der Fotosynthese.

Archaeobakterien, die ↗ Archaebakterien.

Archaeocalamitaceae, ausgestorbene Fam. der ↗ Equisetales. Die nur im Unterkarbon vorkommenden Arten trugen ↗ dichotom gegabelte Blättchen, die in Quirlen an der ↗ Sprossachse standen.

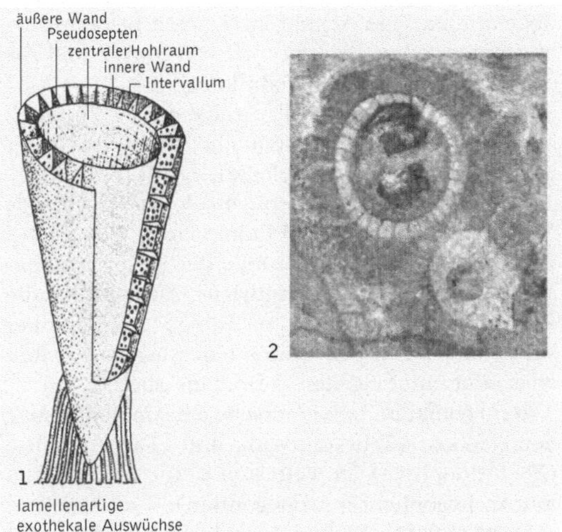

Archaeocyatha 1 Schematische Darstellung eines typischen Archaeocyathiden, zum Teil aufgeschnitten; 2 Querschnitt durch einen Vertreter der Archaeocyatha

Archaeocyatha, *Urbecher*, marine Tiergruppe von zweifelhafter systematischer Stellung, die von einigen Autoren zu den ↗ Porifera, von anderen in einen eigenen Stamm gestellt werden. Die heute erhaltenen Kalkskelette sind becherförmig, meist kleiner als 10 cm; zwischen den doppelten, perforierten Wänden befindet sich ein Lumen, das durch regelmäßige Schotten zwischen den beiden Wänden unterteilt ist. Die nur durch fossile Vertreter aus dem Kambrium bekannten A. kamen weltweit in tropischen Meeren in 20-30 m Wassertiefe vor und waren mit den Stromatolithen dominierende Riffbildner. A. sind wichtige Leitfossilien.

Archaeocyten, totipotente Zellen der Schwämme (↗ Porifera).

Archaeogastropoda, *Altschnecken*, Gruppe der Vorderkiemer (↗ Prosobranchia) mit folgenden Merkmalen: Oft zwei Herzvorhöfe, zwei beidseitig gefiederte Kiemen und zwei Nieren, Gehäuse napf- oder kegelförmig, innen mit einer Perlmutterschicht ausgekleidet. A. sind seit dem ↗ Kambrium bekannt. Die meisten paläozoischen Schnecken waren Altschnecken. Rezente Gattungen sind u. a. die *Seeohren* (*Abalone, Haliotis spec*), mit einer Lochreihe auf dem letzten Umgang des flachspiraligen Gehäuses als charakteristischem Kennzeichen und die *Napfschnecken* (*Patella spec.*), die weltweit in der Brandungszone der Felsküsten vorkommen. Sie sind ortstreue Weidegänger mit einem Radius von etwa 1 m. Neues Schalenmaterial wird am Gehäuse so eingelagert, dass dieses genau an die Unebenheiten des Ruheplatzes angepasst ist.

Archaeognatha, *Felsenspringer*, Gruppe der ectognathen Insekten (↗ Ectognatha) mit 450 flügellosen, dicht beschuppten Arten, von denen 15 in Mitteleuropa leben. Die meisten A. sind 9-18 mm lang und leben in der Spritzwasserzone der Meeresküsten oder montan in Moospolstern, Felsspalten und unter Baumrinde. Sie ernähren sich von Algen, Pilzen, Flechten und Detritus. A. haben ein außerordentlich gutes Sprungvermögen.

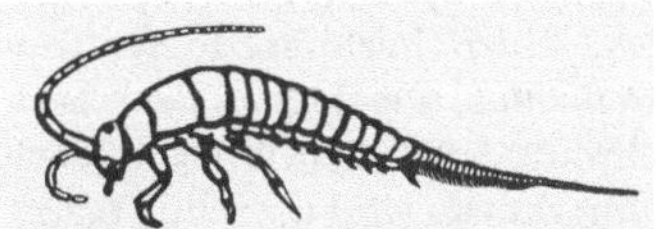

Archaeognatha Felsenspringer (*Machilis spec.*)

Archäophyten, *Altbürger*, ↗ Adventivpflanzen.

Archaeopteridales, ausgestorbene Ord. der Farne (↗ Pteridopsida) mit heterosporen Vertretern. Diese wiesen sowohl Merkmale von Farnen als auch von Nacktsamern (↗ Gymnospermae) auf. Von manchen Autoren werden sie gemeinsam mit den ↗ Protopteridiales als *Progymnospermae* bezeich-

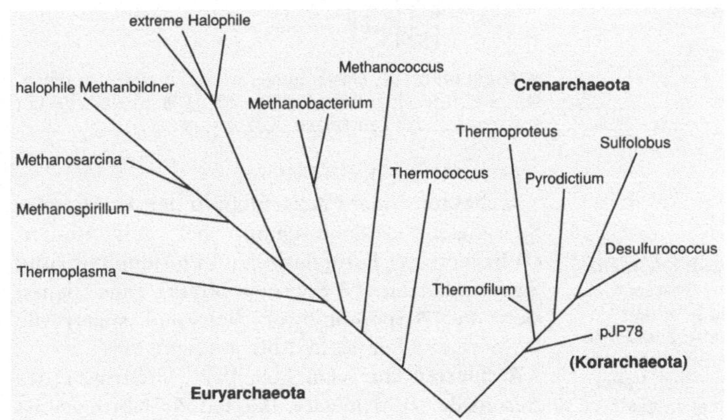

Archaebakterien Molekularer Stammbaum der Archaebakterien (*Archaea*) nach Ähnlichkeit in der 5S- und 16S-rRNA

net und gelten als Ausgangsgruppe für die sich entwickelnden Gymnospermae.

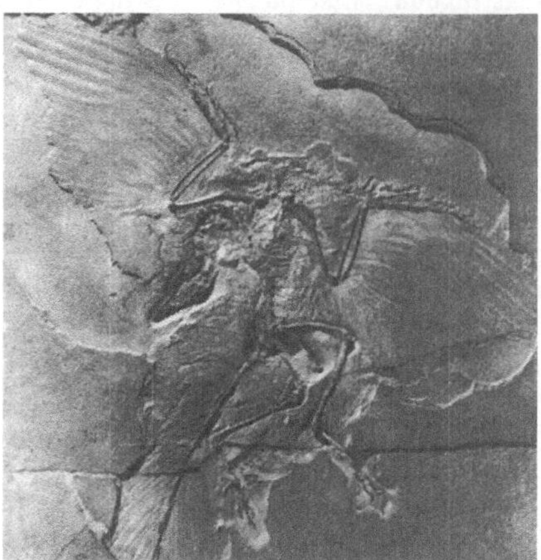

Archaeopteryx *Archaeopteryx lithographica* H.v.Meyer aus dem oberen Weißjura von Bayern

Archaeopteryx, *Urvogel*, der älteste Vogel, belegt in sieben Exemplaren aus dem lithographischen Schiefer von Solnhofen/Eichstätt (↗ Eichstätt) und seit 1997 einem achten Exemplar aus den Mörnsheimer Schichten der westlichen Altmühlalb bekannt. A. zeigt ein Mosaik aus Reptil- und Vogelmerkmalen und gilt deshalb als „Bindeglied" zwischen beiden Gruppen. Reptilienmerkmale sind u. a. ein reptilartiges Gehirn, bezahnte Kiefer, freie bekrallte Finger, ein flaches, ungekieltes Brustbein, ein langer Reptilschwanz aus freien Wirbeln sowie Bauchrippen. Vogelmerkmale sind u. a. die Federn, das Gabelbein, die nach hinten gerichtete Großzehe. Die spitzen, sichelartigen Krallen mit scharfen Innenkanten dürften A. befähigt haben, auf Bäume

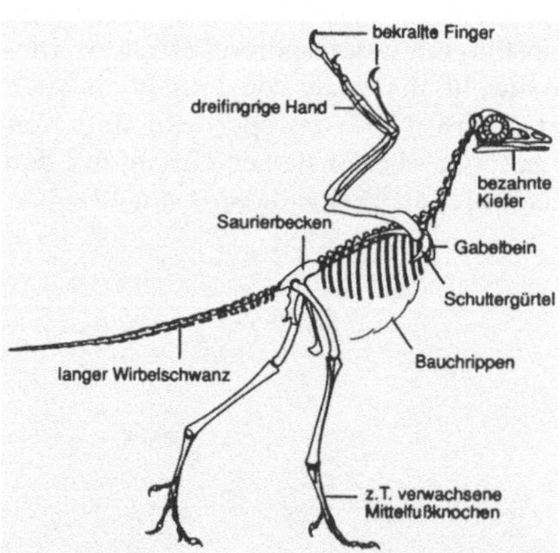

Archaeopteryx Skelett des *Archaeopteryx*. Im Vergleich zu theropoden Dinosauriern zeigt der Urvogel wesentlich längere Vorderextremitäten; gegenüber den heutigen Vögeln fehlen ihm im Brustschulterapparat die Anpassungen an den Schlagflug (z. B. das verknöcherte Brustbein mit hohem Kamm). Statt des Brustbeins besitzt er noch Bauchrippen, hat dafür aber bereits ein Gabelbein entwickelt

zu klettern und von dort zu Gleitflügen zu starten. Eine gängige Theorie sieht die Evolution des Vogelflugs über ein solches baumkletterndes, primär gleitfliegendes Stadium. Andererseits wird wegen der gut ausgeprägten Laufbeine des A. diskutiert, ob der Luftraum nicht von flinken Bodenläufern erschlossen wurde, die mit aufgespannten Vorderbeinen Insekten jagten und kurze Distanzen springend überwanden. Von A. sind zwei Arten bekannt: *Archaeopteryx lithographica* H. von Meyer und *Archaeopteryx bavarica* Wellnhofer.

Literatur: Wellnhofer, P.: Archaeopteryx, Heidelberg 1997. Urvögel – Themenheft 5 in Praxis der Naturwissenschaften (Biologie), 47 (5), Köln 1998.

Archaeopulmonata, *Altlungenschnecken*, Gruppe der Lungenschnecken (↗ Pulmonata).

Archaezoa, primitive Gruppe der Eukaryota (anaerob und ohne Mitochondrien), zu der z. B. die ↗ Diplomonadina gehören. Einige Systematiker sprechen den A. den Status eines eigenen ↗ Reiches oder einer eigenen ↗ Domäne zu.

Archegoniaten, taxonomische Zusammenfassung der Moose (↗ Bryophyta) und Farngewächse (↗ Pteridophyta) im weitesten Sinne als Pflanzen mit Archegonien (↗ Archegonium).

Archegonium, Plural *Archegonien*, das meist flaschenförmige weibliche ↗ Gametangium der Moose (↗ Bryophyta) und Farnpflanzen (↗ Pteridophyta), das die ↗ Eizelle enthält. Ein A. besteht aus einer äußeren sterilen Schicht und einer zentralen Schicht mit fertilen Zellen. (↗ Antheridium)

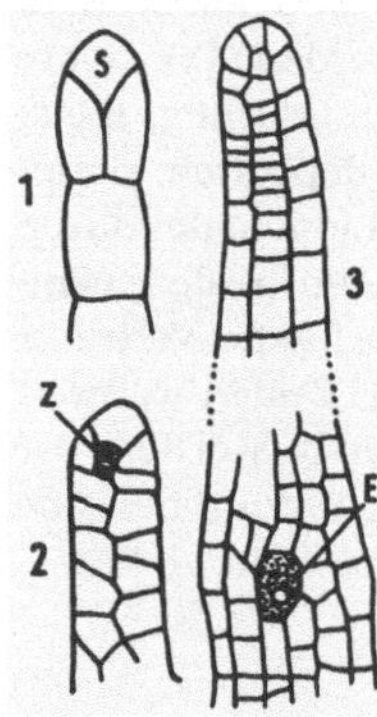

Archegonium Archegoniumentwicklung eines Laubmooses mit Hilfe einer Scheitelzelle (S). Die Einzelzelle (E) entsteht aus der Zentralzelle (Z)

Archenteron, der ↗ Urdarm.

Archespor, innere Zellschichten der Anlagen der Sporangien (↗ Sporangium) bei den Moosen (↗ Bryophyta), Farnpflanzen (↗ Pteridophyta) und Samenpflanzen (↗ Spermatophyta), aus denen sich die ↗ Sporenmutterzellen und später die ↗ Sporen bilden (siehe Abb. auf Seite 99).

Archicerebrum, Ganglion bzw. Gehirnteil des Acrons der ↗ Articulata. Bei den ↗ Arthropoda ist

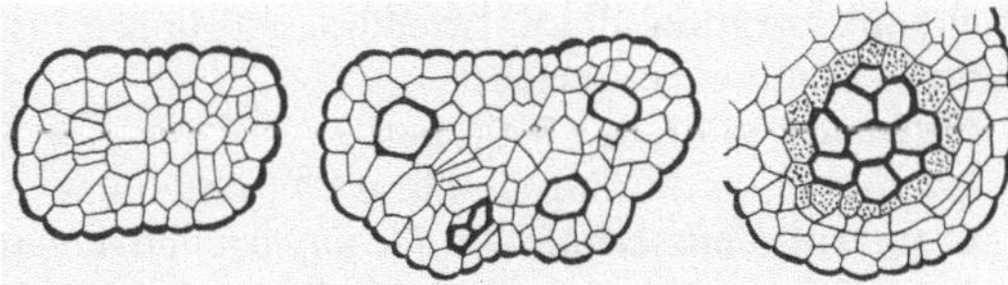

Archespor Entwicklung des Archespors (dick umrandet) von vier Pollensäcken einer Anthere; die Nährzellen (punktiert) dienen später der Ernährung der Pollen

es mit dem ersten Kopfsegment verschmolzen und bildet so den ersten Abschnitt des Oberschlundganglions (↗ Nervensystem). Es innerviert vor allem die ↗ Facettenaugen und die Medianaugen.

Architeuthis, ↗ Riesenkalmar.

Architomie, Form der ungeschlechtlichen Fortpflanzung, bei der das Muttertier in Tochterindividuen aufgeteilt wird und die Organe der Jungtiere erst nach der Abtrennung vom Muttertier entstehen.

Archostemata, Gruppe der Käfer (↗ Coleoptera).

Arctiidae, *Bärenspinner, Bären*, weltweit verbreitete Fam. der Schmetterlinge (↗ Lepidoptera) mit rund 8000 Arten, davon etwa 50 in Mitteleuropa. Kleine bis mittelgroße Falter, deren Hinterflügel oft bunt gelb oder rot mit schwarz gezeichnet sind (Schreck- oder Warntracht); die oft dunkelbraun mit weiß gemusterten Vorderflügel werden in Ruhe meist dachförmig über den Hinterleib gelegt. Mit die bekannteste Art der A. ist der *Braune Bär (Arctia caja)*. Er ist wie die meisten Bärenspinner nachtaktiv. Die stark und lang behaarte Raupe frisst u. a. an Beerensträuchern, Heidekraut, Schlehen. Sie überwintert und verpuppt sich im folgenden Jahr im Boden in einem Kokon.

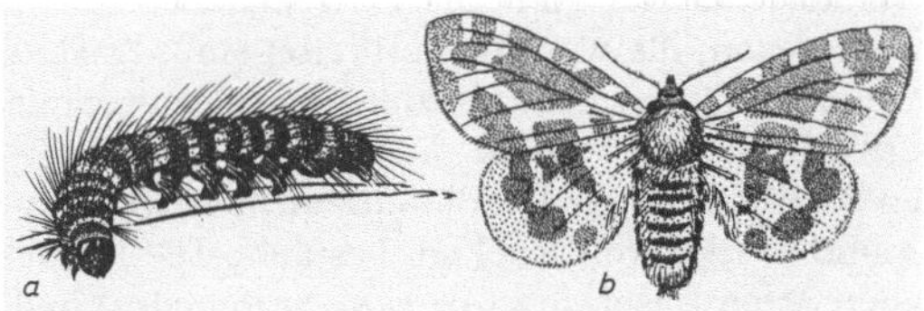

Arctiidae Brauner Bär (*Arctia caja* L.). a Raupe, b Falter

Arctostaphylos, Gatt. der ↗ Ericaceae.

Ardeidae, Fam. der Watvögel (↗ Limicolae), zu der die Reiher und die Dommeln gehören. Alle Arten der A. sind durch lange Beine, Schnäbel und Hälse an den Nahrungsfang in seichtem Wasser angepasst. Größere Arten fliegen mit großen, wuchtigen Flügelschlägen und haben im Unterschied z. B. zu Störchen und Kranichen den Kopf im Flug S-förmig zurückgelegt. In Mitteleuropa vorkommende Arten der Dommeln sind die *Rohrdommel (Botaurus stellaris)*, deren Gefieder fahlbraun mit dunkler Längsfleckung ist und die nur etwa halb so große *Zwergdommel (Ixobrychos minutus)*, die durch ein helles Flügelfeld auf den Armdecken ge-

kennzeichnet ist. Die häufigste Reiherart in Mitteleuropa ist der *Graureiher (Fischreiher, Ardea cinerea)* mit überwiegend grauem Gefieder, weißem Hals und Kopf und schwarzem Schopf. Bei der Nahrungssuche steht er oft stocksteif aufgerichtet und lauert auf seine Beute. Er nistet meist in Kolonien auf Bäumen. Seltenere Sommergäste sind der *Purpurreiher (Ardea purpurea)* und der Seidenreiher (*Egretta garzetta*).

Ardipithecus ramidus, mit einem Alter von 4,4 Mio. Jahren der bislang älteste Vormensch (↗ Anthropogenese).

Areal, Verbreitungsgebiet einer Pflanzen- oder Tiersippe, insbesondere das einer ↗ Art. A. können geschlossen oder kontinuierlich sein, d. h. eine zusammenhängende Fläche einnehmen, oder sie sind disjunkt bzw. diskontinuierlich, d. h., sie bestehen aus mehreren oft weit auseinander liegenden Teilgebieten, deren Populationen keinen Kontakt miteinander haben.

Arealkunde, *Chorologie*, Wissenschaft von der räumlichen Verbreitung der Pflanzen und Tiere.

Arecaceae, *Palmae, Palmen*, Fam. der ↗ Arecales mit ca. 2700 Arten, die nur in den Tropen und Subtropen verbreitet sind. Es handelt sich überwiegend um hohe, baumförmige Pflanzen, deren Stämme unverzweigt sind und an der Spitze einen Schopf von großen Blättern tragen, die entweder gefiedert (*Fiederpalmen*) oder fächerartig (*Fächerpalmen*) gestaltet sind. Der Stamm erhält noch vor Beginn des Längenwachstums fast seine endgültige Dicke. Die meist eingeschlechtlichen Blüten stehen in Blütenständen (↗ Blütenstand), die von großen, festen Hochblättern (↗ Hochblatt) umgeben sind. Die sechsteilige Blütenhülle (↗ Perianth) ist unscheinbar. Die ↗ Bestäubung erfolgt durch Insekten oder den Wind. Als Früchte (↗ Frucht) treten Steinfrüchte, Nüsse und Beeren auf.

Arecaceae Links Dattelpalme (*Phoenix dactylifera*), rechts Kokospalme (*Cocos nucifera*)

Chemische Inhaltsstoffe sind vor allem ↗ Gerbstoffe, Kohlenhydrate und Öle. Bedeutende ↗ Nutzpflanzen sind die ↗ Kokospalme (*Cocos nucifera*), die ↗ Ölpalme (*Elais guineensis*), die ↗ Dattelpalme (*Phoenix dactylifera*), die ↗ Betelnusspalme (*Areca catechu*), die ↗ Sagopalmen (*Metroxylon*-Arten und andere) und die ↗ Elfenbeinpalme (*Phytelephas macrocarpa*). Europäische Arten der A. sind die im westlichen Mittelmeergebiet vorkommende *Zwergpalme*, *Chamaerops humilis*, und *Phoenix theophrasti*, die auf Kreta beheimatet ist.

Arecales, Ord. der ↗ Liliopsida mit der einzigen Fam. ↗ Arecaceae.

Arenaviren, Fam. der RNA-Viren. Die Viruspartikel sind rund bis pleomorph (vielgestaltig), besitzen eine Lipoproteinhülle mit Glykoproteinstacheln und enthalten ↗ Ribosomen der Wirtszelle. Die A. sind in Afrika und Europa verbreitet. Die natürlichen Wirte der A. sind hauptsächlich Nagetiere. Durch Kontakt mit den virushaltigen Ausscheidungsprodukten oder Blut können Arenavirus-Infektionen auf den Menschen übertragen werden und Erkrankungen mit teilweise sehr schwerem bis tödlichem Verlauf verursachen, z. B. das ↗ Lassa-Fieber.

Arenicola, ↗ Wattwurm.

Areole, Bez. für das halbkugelförmige Haar- und/oder Dornenpolster der Kakteen (↗ Cactaceae). A. sind als reduzierte, in der Entwicklung gehemmte Seitensprosse anzusehen, die bei einsetzender Verzweigung auch zu Langtrieben (↗ Langspross) auswachsen können.

Arg, Abk. für ↗ Arginin.

Arginase, vor allem in der Leber ↗ ureotelischer Tiere vorkommende ↗ Hydrolase, die die Spaltung von ↗ Arginin in ↗ Ornithin und ↗ Harnstoff katalysiert (↗ Harnstoffzyklus). A. ist von Bedeutung für die Eliminierung von ↗ Ammoniak, der bei der ↗ Desaminierung von organischen Stickstoffverbindungen freigesetzt wird. Bei ureotelischen Tieren kommt A. außer in der Leber auch in anderen Organen vor und ermöglicht hier die Osmoregulation durch Erzeugung hoher Harnstoffkonzentrationen im Blut.

Arginin, Abk. *Arg* oder *R*, eine α-Aminosäure, die praktisch in allen Proteinen enthalten ist und Bestandteil des bei vielen Wirbellosen vorkommenden *Phosphagens (Argininphosphat)* ist, einer energiereichen Verbindung, die als schnell mobilisierbare Energiereserve dient, um ATP zu regenerieren. A. gehört zu den basischen Aminosäuren und entsteht als Zwischenprodukt im ↗ Harnstoffzyklus.

Arginin-Harnstoffzyklus, der ↗ Harnstoffzyklus.

Argininosuccinat-Lyase, ein Enzym, das im ↗ Harnstoffzyklus die β-Eliminierung von Argininosuccinat zu ↗ Arginin und Fumarat (↗ Fumarsäure) katalysiert. Fehlen des Enzyms hat *Argininosuccinurie* zur Folge, eine Stoffwechselstörung mit Anreicherung von Argininosuccinat in Urin und Plasma und erhöhter und damit toxischer Ammo-

niakkonzentration, die Entwicklungsstörungen bis hin zur Demenz verursacht.

Argonauta, Gatt. der ↗ Kraken.

Argulus, Gatt. der Karpfenläuse (↗ Branchiura).

Argumentationsschema, in der *phylogenetischen Systematik* ermöglicht ein durch ↗ Apomorphien begründeter ↗ Stammbaum zum einen die Formulierung von Erwartungen bezüglich der ↗ Merkmale eines ihm zugehörigen, bisher unbekannten ↗ Taxons; zum anderen lässt sich aus den Abzweigungen in einem Stammbaum die Reihenfolge der Merkmalsentstehung oder ihrer Umwandlung unmittelbar ablesen. Insofern dient ein solcher begründeter Stammbaum als Modell für die Stammesgeschichte einer Organismengruppe und die in ihm eingetragenen Merkmale können als A. dienen, um die Einordnung unbekannter Taxa vorzunehmen.

Argyroneta, Gattung der Webspinnen (↗ Araneae). Die in Eurasien beheimatete *Wasserspinne* (*Argyroneta aquatica*) ist die einzige wirklich wasserlebende Spinne. Sie baut unter Wasser ein glokkenförmiges, mit Luft gefülltes Netz. Ihr Biss ist sehr schmerzhaft.

arid, Bez. für Klimate (↗ Klima), in denen die Verdunstung die ↗ Niederschläge im Jahresdurchschnitt übertrifft. Man unterscheidet semiaride, aride und extrem aride Gebiete. In semiariden Gebieten kann in einigen Monaten der Niederschlag höher sein als die Verdunstung.

Arillus, *Samenmantel*, die fleischige oder trockenhäutige Hülle, die bei einigen Pflanzenarten am Grunde der ↗ Samenanlage entsteht und den ↗ Samen oft zum großen Teil umgibt. Der A. dient der ↗ Samenausbreitung.

Aristolochiaceae, Fam. der ↗ Aristolochiales mit ca. 50 Arten, die weltweit verbreitet sind. Es sind Sträucher, Lianen oder (ausdauernde) Kräuter mit verwachsenen ↗ Tepalen und einem unterständigen ↗ Fruchtknoten. Die Blüten sind meist dreizählig und werden von Insekten bestäubt. Die heimischen Arten Haselwurz (*Asarum europaeum*) und Osterluzei (*Aristolochia clematitis*) werden als ↗ Heilpflanzen verwendet.

Aristolochiales, Ord. der ↗ Magnoliopsida mit der Fam. ↗ Aristolochiaceae.

Aristoteles, griechischer Philosoph, neben Platon der bedeutendste Philosoph der Antike, * 384 v. Chr. Stagira, † 322 v. Chr. bei Chalkis. A. lebte vorwiegend in Athen und war 20 Jahre als Schüler Platons in der athenischen Akademie, 343 v. Chr. Lehrer Alexanders des Großen, gründete er 334 v. Chr. in Athen eine philosophische Schule. Aufbauend auf Platon gelingt A. von wenigen Grundbegriffen aus eine streng systematische Bewältigung des damaligen Wissens. Er gilt als Begründer von Zoologie und Physiologie, der Logik, insbesondere der Schlusslehre, der Psychologie, Poetik, Naturgeschichte und Metaphysik und ist Schöpfer der philosophischen Terminologie. Neben zahlreichen philosophischen Werken sind auch einige naturwissenschaftliche Schriften von ihm überliefert, darunter „Vom Leben der Tiere" (eine Beschreibung von über 400 Tierarten), „Über die Entstehung der Lebewesen" und „Über die Teile der Lebewesen".

Arktogaea, ↗ biogeografische Region, die nach neueren Kenntnissen in die ↗ Holarktis und die ↗ Paläotropis aufgeteilt wird.

Arm, *Brachium*, paarige Vorderextremität der Primaten, die eine Hand ausgebildet hat und außer der Fortbewegung auch als Halte- und Greiforgan dient (↗ Extremitäten).

Armflosser, die ↗ Lophiiformes.

Armfüßer, die ↗ Brachiopoda.

Armillaria, Gattung der ↗ Agaricales, ↗ Hallimasch.

Armleuchteralgen, die Fam. ↗ Charophyceae.

Armoratia, Gatt. der ↗ Brassicaceae.

Arnica, Gatt. der ↗ Asteraceae.

Arnika, *Wohlverleih*, *Arnica*, Gatt. der ↗ Asteraceae, die vor allem in Nordamerika beheimatet ist. Tinkturen aus A. wirken entzündungshemmend und wundheilend. (↗ Heilpflanzen)

Aronstabgewächse, die Fam. ↗ Araceae.

Arrhenatherum, Gatt. der ↗ Poaceae.

Arrhenotokie, Form der ↗ Parthenogenese.

Arrowroot, 1) Bez. für verschiedene tropische Pflanzen mit ↗ Stärke liefernden ↗ Rhizomen, z. B. *Canna edulis* (↗ Cannaceae) oder *Curcuma angustifolia* (↗ Zingiberaceae).

2) Bez. für die Stärke aus diesen Pflanzen.

Arsen, *As*, ein chemisches Element, das in Verbindung mit anderen Elementen in vielen Mineralien vorkommt und dessen Verbindungen giftig sind (A. greift als Kapillargift in den Gefäßzellen an).

Art, *Species*, *Spezies*, wichtigste, klar abgrenzbare Verallgemeinerungseinheit der Biologie und damit grundlegender Begriff in Systematik, Klassifikation und Taxonomie. Eine A. ist eine Gruppe von Individuen, die durch Abstammungsbande zwischen Eltern und Nachkommen gekennzeichnet ist und in Gestalt, Physiologie und Verhalten soweit übereinstimmt, dass sie sich von anderen Individuengruppen abgrenzen lässt. Bei Organismen mit zweigeschlechtlicher Fortpflanzung kommt als entscheidendes Kriterium die Fähigkeit hinzu, gemeinsam fertile Nachkommen zu erzeugen. Eingeschränkt auf zweigeschlechtliche Organismen kann die A. als geschlossene Fortpflanzungsgemeinschaft aufgefasst werden.

Biologische Arten weisen eine Vielzahl von Aspekten auf. Die bereits erwähnte Fortpflanzungsfähigkeit bildet den Kern des biologischen Artbegriffs oder der *Biospezies*. Eine Biospezies ist eine Gruppe sich tatsächlich oder potentiell kreu-

zender Individuen, die fruchtbare Nachkommen hervorbringen. Der genetische Zusammenhalt von Individuen einer Biospezies wird durch physiologische, ethologische, morphologische und genetische Eigenschaften gewährleistet, die gegenüber artfremden Individuen isolierend wirken (↗ Isolationsmechanismen), also verhindern, dass zwischenartliche ↗ Bastardierung stattfindet. Zwischen den Angehörigen einer Art besteht demnach ↗ Genfluss, sie haben Anteil an einem ↗ Genpool und sind somit die Einheit, in der evolutionärer Wandel stattfindet. Meist lassen sich die Individuen verschiedener Biospezies anhand äußerer Merkmale unterscheiden, doch allein die Fortpflanzungsbeziehungen sind das entscheidende Kriterium. Die Erkenntnis, dass Biospezies in Populationen organisiert sind, bedeutet für die Praxis, dass Arten unter Berücksichtigung der Merkmals-Variabilität als Stichprobe aus einer ↗ Population zu beschreiben sind und nicht wie früher anhand typischer Individuen festgelegt werden (*typologische Art*). Das Kriterium der Fortpflanzungsfähigkeit versagt bei den so genannten ↗ Agamospezies. Es lässt sich auch nicht befriedigend anwenden, sobald es zwischen klar unterscheidbaren, in allen anderen Aspekten als getrennte Arten anzusehenden Taxa zu gelegentlichen Bastardierungen (Artbastard) kommt. Diese führen zu ↗ Bastardschwärmen und unter Umständen zur Artbildung (insbesondere bei manchen Samenpflanzen, ↗ Allopolyploidie).

Die *Morphospezies* ist ein weiterer Artaspekt. Darunter versteht man eine Gruppe von Individuen, die in ihren wesentlichen Merkmalen (auch denen des Verhaltens und der Physiologie) untereinander und mit ihren Nachkommen übereinstimmen. Dabei müssen die zur Artabgrenzung verwendeten Merkmale eine Diskontinuität aufweisen, während sie zwischen den Individuen ein und derselben Art kontinuierlich variieren können.

Der ökologische Aspekt ergibt sich aus der Annahme, dass die morphologischen Strukturen, die als artspezifisch angesehen werden, Teil der organismischen Dimensionen sind, mit denen eine Art ihre ökologische Nische realisiert. Arten sind somit auch als ökologische Einheiten aufzufassen, als *Ökospezies*. Mit diesem Aspekt verbindet sich die durch viele Einzeluntersuchungen gestützte Vorstellung, dass Arten eine jeweils spezifische ökologische Nische bilden und nur miteinander koexistieren können, sobald sie sich in ihren Nischendimensionen hinreichend unterscheiden.

Aus evolutionärer Sicht ist eine Art eine ununterbrochene Kette sich fortpflanzender Individuen (Linie), die sich während ihrer jeweiligen Lebenszeit ihre genetische Eigenständigkeit bewahren und ökologisch behaupten. Eine *evolutionäre Art* beginnt mit der Aufspaltung einer ⁊ Stammart in Tochterarten und endet erst mit ihrer eigenen Aufspaltung oder mit dem ⁊ Aussterben. Vorfahren und Nachfahren nicht aufspaltender Linien werden folglich stets als artgleich angesehen – unabhängig davon, ob es in der Zeit zu einem deutlichen evolutiven Mangel gekommen ist oder nicht (⁊ Artbildung, ⁊ Anagenese).

In der systematischen Praxis ergibt sich oft die Notwendigkeit, Gruppen unterhalb des Artniveaus feiner zu kennzeichnen und als geografische oder ökologische ⁊ Unterarten zu beschreiben; solche Arten nennt man *polytypische Arten.*

Art-Areal-Kurve, grafische Darstellung der Beziehungen zwischen Probeflächen zunehmender Größe und den darin enthaltenen Arten.

Artaufspaltung, ⁊ Artbildung.

Artbastard, *Arthybrid*, Bez. für Nachkommen aus der Kreuzung unterschiedlicher, aber nahe verwandter Arten der gleichen Gattung.

Artbildung, *Artenbildung, Speziation*, ein Prozess, der zu einer Zunahme der Artenzahl führt und erst dann vollständig abgeschlossen ist, wenn die entstandenen Arten koexistieren können. Oftmals wird auch der Wandel innerhalb einer evolutionären Art (⁊ Art, ⁊ Anagenese) als A. angesehen, wenn sich zwischen zeitlich aufeinander folgenden Populationen deutliche Veränderungen feststellen lassen; dieser Vorgang wird besser als *Artumwandlung* bezeichnet.

Artbildung findet i. d. R. durch *Artaufspaltung* statt: Eine Ausgangsart (⁊ Stammart) löst sich dabei in ihre Tochterarten auf. Voraussetzung hierfür ist die Verhinderung des ⁊ Genflusses zwischen Teilpopulationen, was meist durch eine von außen auferlegte Trennung (Separation) geschieht. Bei der häufigen *allopatrischen A.* wirken geografische Barrieren (z. B. Gebirge, Wüste, Meer zwischen Inseln und Festland) separierend, so dass die Teilpo-

Artbildung Ein Beispiel für *Artumwandlung* sind die fünf Stadien aus einer kontinuierlichen evolutiven Abwandlungsreihe der Gehäuseform der Wasserschnecke *Viviparus*, wie sie fossil in übereinander liegenden Schichten des Pliozäns gefunden wurden. Das älteste Schneckenhaus (ganz links) sieht vollkommen anders aus als das jüngste (ganz rechts), die Zwischenformen aber stellen einen lückenlosen Zusammenhang zwischen den Extremformen her

pulationen in getrennten Gebieten, d. h. in *Allopatrie* vorkommen. Während der Separation kann es wegen ungleicher Allelenverteilung, unterschiedlicher Mutationen und verschiedener Selektionskräfte in den Teilpopulationen zu einer Merkmalsdivergenz kommen. Bei einem sekundären Kontakt zeigt sich, ob diese Unterschiede ausreichen, damit sich die zuvor getrennten Populationen auf Dauer als Arten etablieren können. Für eine Koexistenz in *Sympatrie* sind sowohl eine genetische Isolation (Isolationsmechanismen) wie auch eine ökologische Trennung nötig. Beides muss während der Allopatrie angebahnt worden sein, doch stehen die Partnererkennungssysteme, die eine Isolation bewirken, und die Fähigkeiten, unterschiedliche ökologische Dimensionen zu nutzen, bei sekundärem Kontakt unter neuem Selektionsdruck. Die für die Koexistenz notwendige Feinabstimmung führt oftmals dazu, dass sich die so entstandenen Arten im Überlappungsgebiet deutlicher voneinander unterscheiden als in den Gebieten, die sie allein besiedeln. Mit der dauerhaften Etablierung getrennter genetischer Systeme in Sympatrie ist der Prozess der Artbildung abgeschlossen.

Bei der *peripatrischen A.* spaltet sich eine kleine Teilpopulation von einer großen Stammpopulation ab, was insbesondere bei der Besiedlung von Inseln eine Rolle spielt. In solchen Fällen verhalten sich die separierten Populationen unterschiedlich: Während in der kleinen Population aufgrund von ⁊ Gendrift u. a. Faktoren eine rasche, tiefgreifende Evolution stattfinden kann (⁊ Gründereffekt), scheint sich die Ausgangspopulation kaum zu ändern, weshalb man sie immer wieder als „lebende Stammart" diskutiert.

Nicht immer bewirken äußere, separierende Faktoren eine Phase der Allopatrie. Für kleine, wenig mobile Organismen kann Separation auch in ein und demselben Vorkommensgebiet stattfinden, weshalb man im Zweifelsfall von A. infolge von Separation spricht, um sie gegen die eigentliche sympatrische A. (Artbildung infolge einer endogenen Barriere) abzugrenzen. Für die *sympatrische Artbildung* gibt es zwei Möglichkeiten: In vielen, gut belegten Fällen kommt es zur spontanen genetischen Isolation von einzelnen Individuen innerhalb einer ⁊ Population. Bei Pflanzen spielt spontane ⁊ Polyploidie eine wichtige Rolle, was im Tierreich wegen der dort verbreiteten genotypischen Geschlechtsbestimmungsmechanismen (⁊ Geschlechtsbestimmung) nur von geringer Bedeutung ist. Ferner können Einzelindividuen zweigeschlechtlicher Arten durch ⁊ Mutation zu einelterlicher Fortpflanzung übergehen und eine eigenständige Linie als ⁊ Agamospezies begründen (z. B. spontaner Wechsel zur Parthenogenese bei der Sackträgermotte *Solenobia* oder bei bestimmten

Eidechsen). Schließlich kann es zwischen nah verwandten Arten zu einer *Artbastardierung* kommen. Auf solche Weise entstandene Tiere pflanzen sich parthenogenetisch fort (z. B. einige Molche, Eidechsen), Angiospermen hingegen vegetativ. Recht häufig folgt bei Pflanzen im Anschluss an eine ↗ Bastardierung eine Polyploidisierung des Bastards (↗ Allopolyploidie). Solche Individuen können sich wiederum ungeschlechtlich fortpflanzen; sobald aber andere allopolyploide Individuen als Partner zur Verfügung stehen, ist auch eine geschlechtliche Fortpflanzung möglich.

Diskutiert wird auch die Möglichkeit, dass sich Populationen in Sympatrie zu unterschiedlichen Arten entwickeln können. Dies könnte u. a. bei phytophagen Insektenarten eine Rolle spielen, deren Larven auf unterschiedliche Futterpflanzen geprägt werden, die sie später als Paarungs- und Eiablageort aufsuchen.

Artefakt, 1) allgemein ein Sachverhalt, der auf einer Täuschung beruht.

2) Bez. für Steine, Knochen und andere Dinge aus urgeschichtlichen Perioden, an denen menschliche Bearbeitung erkennbar ist.

3) absichtlich oder unabsichtlich herbeigeführte Veränderung an einem biochemischen, cytologischen oder histologischen Präparat, die nicht den ursprünglich im Gewebe vorhandenen nativen Zustand wiedergibt.

4) Bez. für Krankheitserscheinungen, die sich jemand selbst beigebracht hat.

Artemia, Gatt. der ↗ Anostraca. Bekannteste Art ist das etwa 1,5 cm große *Salinenkrebschen (Artemia salina)*, das Salzseen und Salinen bewohnt und Salzgehalte von vier bis 20 % erträgt. Es pflanzt sich in Deutschland nur parthenogenetisch fort. Salinenkrebschen werden als Fischfutter für Aquarienfische verwendet.

Artenabundanz, *Artendichte,* ↗ Abundanz.

Artendichte, *Artenabundanz,* ↗ Abundanz.

Artendiversität, *species diversity, Artenmannigfaltigkeit,* Maßzahl, die sowohl die Artenzahl einer ↗ Biozönose als auch die Häufigkeit der einzelnen ↗ Arten berücksichtigt. Für die A. gibt es verschiedene Berechnungsformeln, z. B. von Shannon (1948). Die errechnete A. ist als Maßzahl nur dann aussagekräftig, wenn die Arten gleiche oder nur gering voneinander abweichende Körpergröße haben. Die A. dient als Kenngröße zur Beschreibung von Organismengemeinschaften.

Artenidentität, Maßzahl für die Übereinstimmung in der Artenzusammensetzung verschiedener ↗ Biotope.

Artenkombination, gemeinsames Auftreten bestimmter ↗ Arten, das durch ähnliche Standortansprüche (↗ Standort) bedingt ist.

Artenmannigfaltigkeit, die ↗ Artendiversität.

Artenrückgang, ↗ Artensterben.

Artenschutz, Schutz der vom Aussterben bedrohten Tier- und Pflanzenarten in der freien Natur. Bei den Maßnahmen und Instrumenten des A. unterscheidet man zwischen Maßnahmen, die der Arterhaltung in ihrem natürlichen Lebensraum dienen sollen und Maßnahmen, bei denen die Arterhaltung künstlich erfolgt, z. B. in Zoos oder ↗ Genbanken. Daneben dienen Handelsbeschränkungen und -verbote sowie die Ausweisung von Artenschutzgebieten dem A. Auf internationaler Ebene ist der Handel mit bedrohten Arten frei lebender Pflanzen und Tiere und den Produkten dieser Tiere durch das ↗ Washingtoner Artenschutzübereinkommen eingeschränkt. Die gefährdeten Tier- und Pflanzenarten sind international in den Red Data Books der International Union for the Conservation of Nature and Natural Resources (↗ IUCN) aufgeführt, in Deutschland übernimmt diese Funktion die Rote Liste der gefährdeten Tiere und Pflanzen Deutschlands (↗ Rote Liste). ↗ Artensterben, ↗ biologische Vielfalt, ↗ Biotopschutz.

Artenselektion, ↗ Evolution.

Artenspektrum, die Gesamtheit der Arten eines ↗ Biotops oder einer ↗ Biozönose.

Artensterben, ↗ Aussterben.

Artenvielfalt, Anzahl der ↗ Arten innerhalb einer geografischen Region oder einer Organismengemeinschaft. Die A. ist ein wesentliches Merkmal von ↗ Biodiversität. Die Schätzungen der globalen A. sind sehr ungenau und schwanken zwischen drei und 30 Mio. Die höchste A. beobachtet man bei den meisten Organismengruppen in tropischen Ökoystemen (↗ tropischer Regenwald). Zu einem Rückgang der A. kommt es vor allem durch Einwirkungen des Menschen (↗ Aussterben). ↗ Artenschutz, ↗ Rote Liste (siehe Abb. auf Seite 104).

Arterien, *Schlagadern,* Bez. für Gefäße, in denen das ↗ Blut oder die ↗ Hämolymphe vom Herzen (↗ Herz) in den Körper fließt (↗ Blutgefäße, ↗ Blutkreislauf).

Arteriolen, Bez. für die kleinsten ↗ Arterien, von denen unmittelbar die Kapillaren abgehen (↗ Blutgefäße, ↗ Blutkreislauf).

Arteriosklerose, die häufigste Erkrankung der Arterien und die häufigste Todesursache in der westlichen Welt. Bei der A. kommt es zu chronisch fortschreitenden, degenerativen Veränderungen an den Wänden arterieller Blutgefäße (*Atherosklerose*), die gekennzeichnet sind durch Verdickung, Verhärtung, Elastizitätsverlust sowie Einengung des Gefäßlumens durch Ablagerungen von ↗ Cholesterin, ↗ Fettsäuren, komplexen Kohlenhydraten, Blutbestandteilen, Kalk sowie Bindegewebswucherungen (↗ Herz-Kreislauf-Erkrankungen).

Arthrobacter, Gatt. der ↗ Micrococcaceae, früher den coryneformen Bakterien zugeordnet; obligat

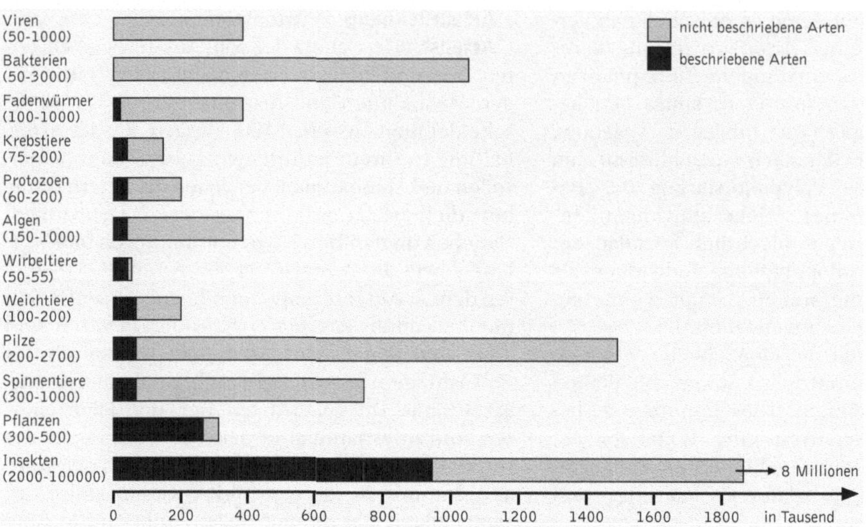

Artenvielfalt Anzahl der beschriebenen Arten und konservative Schätzung der Gesamtzahl. Die in Klammern angegebenen Zahlen (in Tausend) bei den Gruppen zeigen den teilweise sehr weiten und somit ungenauen Bereich der Abschätzungen. Besonders auffällig ist das Missverhältnis bei artenreichen Organismengruppen wie Milben (↗ Acari) oder Fadenwürmern (↗ Nematoda). Die letztgenannten Gruppen sind völlig ungenügend beschrieben, was vielfach auf einen Mangel an Spezialisten zurückzuführen ist

aerobe ↗ Bodenbakterien mit meist grampositiver Färbung. Die Gatt. ist durch eine starke Tendenz zu Zellverzweigungen und zur Kokkenbildung ausgezeichnet. Die meisten Arten verwerten organische Substrate im Atmungsstoffwechsel, einige oxidieren auch Methanol und molekularen Wasserstoff (↗ Wasserstoff oxidierende Bakterien). In vielen humusreichen Böden scheint A. der dominierende Vertreter der ↗ autochthonen Bodenflora zu sein. Einige Arten kommen auch im Wasser, auf Pflanzen und im Belebtschlamm von ↗ Kläranlagen vor.

Arthrocyten, die ↗ Exkretophoren.

Arthrodira, *Coccostei*, eine Ord. der ↗ Placodermi.

Arthropoda, *Gliederfüßer*, mit über einer Mio. Arten und somit drei Vierteln aller Tierarten, sind die A. das artenreichste Taxon überhaupt. Neuere Hochrechnungen gehen sogar davon aus, dass allein die Insekten bis zu 30 Mio. Arten umfassen. A. kommen in allen Lebensräumen vor und umfassen so verschiedene Tiergruppen wie die millimetergroßen Milben, die Hummer mit fast 60 cm Körperlänge oder die staatenbildenden Insekten. Eine ganze Reihe abgeleiteter Merkmale (↗ Autapomorphie) spricht dafür, dass die A. eine monophyletische Gruppe sind, gleichwohl wird die Frage ob die A. eine monophyletische oder polyphyletische Gruppe sind, kontrovers diskutiert.

Wichtigstes der abgeleiteten Merkmale ist die aus ↗ Chitin und Proteinen bestehende ↗ Cuticula, deren Aminosäurezusammensetzung bei allen Gruppen der A. sehr ähnlich und gleichzeitig verschieden ist von der der Annelida, die als Schwestergrup-

pe der A. angesehen werden. Die einmal abgeschiedene Cuticula kann nicht vergrößert werden, daher müssen sich A. so lange sie im Wachstum sind, regelmäßig häuten (↗ Häutung). Diese Häutung steht unter hormoneller Kontrolle (↗ Ecdyson); die Hormone werden in ektodermalen Drüsen (↗ Prothorakaldrüsen bei Insekten; ↗ Y-Organ bei Krebstieren) gebildet und sezerniert. Allen A. fehlen äußere Bewegungscilien, wahrscheinlich wegen der festen Cuticula. Der Körper zeigt bei den A. eine deutliche Gliederung in Kopf (*Caput*), Brustabschnitt (*Thorax*) und Hinterleib (*Abdomen* oder *Pygidium*), wobei Kopf und Thorax oft zum *Cephalothorax* oder zum *Prosoma* verschmolzen sind. Mit der Kopfbildung (*Cephalisation*) ist die Bildung eines zusammengesetzten Komplexgehirns (*Syncerebrum*) verbunden. Im Gehirn befinden sich *Assoziationszentren* (u. a. ↗ Corpora pedunculata; ↗ Zentralkörper). Ebenfalls ein Merkmal aller A. ist das aus der Vereinigung von primärer und sekundärer Leibeshöhle entstandene *Mixocoel* (↗ Coelom). Mit diesem funktionell gekoppelt ist das offene Blutgefäßsystem. Infolge der Auflösung des Coeloms vereinigen sich Blut und Coelomflüssigkeit zur ↗ Hämolymphe, die im Gefäßsystem und in Lakunen in der Leibeshöhle zirkuliert. Bei einigen Taxa ist ↗ Hämocyanin der Sauerstoff bindende Blutfarbstoff. Ein weiteres gemeinsames Merkmal ist die horizontale Unterteilung des Mixocoels durch zwei bis drei Diaphragmen; die entstehenden Räume werden als *Perikardialsinus* (Herzregion), *Perivisceralsinus* (umgibt innere Organe) und bei Insekten als *Perineuralsinus* (dort verläuft das ↗ Bauchmark) bezeichnet. Bei allen A. außer den Onychophora sind die ↗ Nephridien mit einem kleinen Coelomsack (*Sacculus*) verbunden. Anpassungen an das Landleben sind u. a. die ↗ Malpighi-Schläuche als ↗ Exkretionsorgane und spezielle Luftatmungsorgane wie ↗ Fächerlungen und ↗ Tracheen. Im Unterschied zu den Annelida fehlt bei den A. ungeschlechtliche Vermehrung völlig. Bei der Embryonalentwicklung ist allen A. die superfizielle ↗ Furchung gemeinsam.

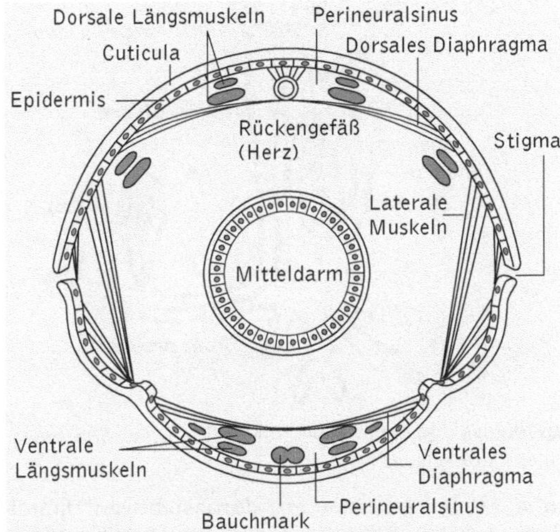

Arthropoda Schematischer Querschnitt durch das Abdomen eines A. (Insekt) mit den horizontalen Diaphragmen, die das Mixcoel unterteilen

Dank der sehr widerstandsfähigen Cuticula stellen die A. zahlreiche Fossilien, die ältesten stammen aus dem Kambrium. Zu den A. gehören die ↗ Onychophora und die ↗ Euarthropoda mit den ↗ Chelicerata und den ↗ Mandibulata, die sich wiederum in die ↗ Crustacea und die ↗ Antennata oder Tracheata mit ↗ Insecta, ↗ Chilopoda, ↗ Symphyla, ↗ Pauropoda und ↗ Diplopoda aufteilen.

Arthybrid, der ↗ Artbastard.

Articulamentum, die kalkige, innere Schalenschicht der Rückenplatten der Käferschnecken (↗ Polyplacophora).

Articulata, *Gliedertiere*, zu den ↗ Spiralia gehörendes Taxon, in dem ↗ Annelida und ↗ Arthropoda zusammengefasst sind und das mit etwa einer Mio. beschriebener Arten die artenreichste Tiergruppe überhaupt ist. A. besiedeln alle Lebensräume. Gemeinsame Merkmale aller A. sind die Gliederung des Körpers in gleichartige Segmente (Metamere), die identische Anatomie der Segmente und ein Strickleiternervensystem (↗ Nervensystem). Alle A. haben darüber hinaus einen biphasischen Lebenszyklus und entwickeln sich über eine Trochophora-Larve (↗ Trochophora).

Artiodactyla, *Paarhufer*, Ord. der Säugetiere mit rund 150 Arten in neun Familien. Die A. sind eine sehr einheitliche Gruppe, deren kennzeichnendes Merkmal eine hufartige Hornmasse ist, die die Endglieder der 3. und 4. Zehe der Vorder- und Hinterextremitäten verstärkt und die dem Auftreten auf dem Boden dient (Zehenspitzengänger). Die A. sind mehrheitlich Pflanzenfresser mit gekammerten Mägen. Die Herkunft der A. ist noch unsicher, z. T. werden sie von den ↗ Condylarthra abgeleitet, jedoch fehlen fossile Reihen, die dies belegen könnten. A. sind seit Beginn des ↗ Eozän nachgewiesen. Die Systematik der A. ist ebenfalls mit vielen Unsicherheiten behaftet. Meist werden sie in drei Unterordnungen gegliedert: *Suiformes* mit ↗ Suidae (Schweine) und ↗ Tayassuidae (Nabelschweine), *Tylopoda* (Schwielensohler) mit heute nur noch wenigen Arten (↗ Kamele, ↗ Lamas) und ↗ Ruminantia (Wiederkäuer) mit den Familien ↗ Cervidae, ↗ Giraffidae (Giraffen), Antilocapridae (Gabelböcke) und ↗ Bovidae (Rinderartige).

Artischocke, *Cynara scolymus*, zu den ↗ Asteraceae gehörende ↗ Kulturpflanze, die vor allem in den Mittelmeerländern angebaut wird. Die bis 2 m hohe Pflanze ist mit den ↗ Disteln verwandt. Genutzt werden die Böden der Blütenstände (↗ Blütenstand). Die A. enthält ↗ Cholesterin senkende Inhaltsstoffe. (Abb. ↗ Asteraceae)

Artocarpus, Gatt. der ↗ Moraceae.

Artumwandlung, ↗ Artbildung.

Arum, Gatt. der ↗ Araceae.

Arundinaria, Gatt. der ↗ Poaceae.

Arvicola, die Gatt. ↗ Schermäuse.

Arvicolidae, *Wühlmäuse*, z. T. auch als Unterfam. *Arvicolinae* in die Fam. Wühler (↗ Cricetidae) gestellte Gruppe der Nagetiere (↗ Rodentia) mit 110 Arten in etwa 17 Gattungen. Die A. sind über die gesamte ↗ Holarktis verbreitet. Sie besiedeln vor allem Wiesen und Steppen und ernähren sich vorzugsweise von Gräsern. Hohe Siedlungsdichte und daraus folgende Futterknappheit führen bei vielen Arten immer wieder zum Zusammenbruch der Bestände, die sich aufgrund der hohen Fortpflanzungsraten jedoch wieder schnell erholen. Manche Arten der A. können bei Massenauftreten schädlich werden. Zu den A. gehören u. a. ↗ Bisamratten, ↗ Feldmäuse, ↗ Lemminge und ↗ Schermäuse.

Arzneipflanzen, die ↗ Heilpflanzen.

As, chemisches Symbol für ↗ Arsen.

Asbest, ↗ Carzinogene.

Ascaridida, Gruppe der ↗ Secernentea (↗ Nematoda).

Ascaris lumbricoides, der ↗ Spulwurm.

Aschelminthes, die ↗ Nemathelminthes.

Äschen, *Thymallidae*, Fam. der Lachsverwandten (↗ Salmoniformes).

Äschenregion, untere Zone der Gebirgsbäche Mitteleuropas, in der die Äsche als Leitfisch auftritt. ↗ Fischregionen, ↗ Gewässerregionen

Aschoff, *Ludwig*, deutscher Pathologe, * 10.1.1866 Berlin, † 24.6.1942 Freiburg i. Br.; ab 1903 Prof. in Marburg, seit 1906 in Freiburg. A. entdeckte 1904 die rheumatischen Granulome des Herzmuskels (Aschoff-Knötchen) und leitete damit die moderne Erforschung der Morphologie des Gelenkrheumatismus ein. Im Jahr 1905 beschrieb er zusammen mit dem Japaner S. Tawara (1873-1952) erstmals das Reizleitungssystem des Herzens (Aschoff-Tawara-Knoten, ↗ Herz). Er entdeckte 1906 die Bedeutung der Cholesterinester und 1913 das ↗ retikuloendotheliale System und verfasste grundlegende Arbeiten über Appendicitis und Arteriosklerose.

Aschoff-Regel, von dem Verhaltensphysiologen J. Aschoff (1913-1998) in den 1960er-Jahren aufgestellte Regel, die die Verhaltensänderung von Tieren beschreibt, wenn der äußere Zeitgeber zur Synchronisation der inneren Uhr fehlt. Bei tagaktiven Tieren verkürzt sich dabei unter künstlichem Dauerlicht die Spontanperiode, die innere Uhr geht etwas schneller. Unter Dauerdunkelverhältnissen ist der Rhythmus dagegen verlangsamt. Bei nachtaktiven Tieren ist es umgekehrt. (↗ Biorhythmik)

Ascidiacea, *Seescheiden*, *Ascidien*, Gruppe der Manteltiere (↗ Tunicata) mit rund 1000 Arten von 0,1 bis über 30 cm Länge. A. leben sowohl in Schelfmeeren als auch in der Tiefsee, die kleinsten Arten finden sich im Sandlückensystem. Nach der Wuchsform wird zwischen einzeln lebenden *Solitärascidien*, sozialen Ascidien, die meist über Stolonen (↗ Stolon) verbunden sind und kolonialen *Synascidien*, mit gemeinsamem Mantel, Gefäßsystem und zu Gruppen zusammengefassten Ausströmöffnungen (Egestionsöffnung) unterschieden. Koloniale und solitär lebende Arten leben oft als Epizoen auf Algen, Seegräsern oder sessilen größeren Tieren. A. sind simultane Hermaphroditen (↗ Hermaphroditismus). Lage und Organisation der Gonaden sind sehr unterschiedlich und werden zur Klassifikation herangezogen. Meist liegt ↗ Ovoviviparie vor, selten echte ↗ Viviparie. Die Larve der A. ist eine Schwimmlarve mit Sinnesorganen und einem Ruderschwanz mit Chorda. Ungeschlechtliche Vermehrung durch Knospung ist weit verbreitet und dient vor allem der Kolonieausbreitung und dem Überwintern oder Übersommern. Vor allem nach dem Bau des Kiemendarms werden drei Subtaxa unterschieden. Bei den *Phlebobranchiata* besitzt der Kiemendarm innere Längsgefäße. Die Arten sind meist große Solitärascidien (bis 10 cm), viele kommen in Seichtwassergebieten vor. Weltweit in vielen Häfen sowie in Nord- und Ostsee und rund um den Nordpol verbreitet ist *Ciona intesti-*

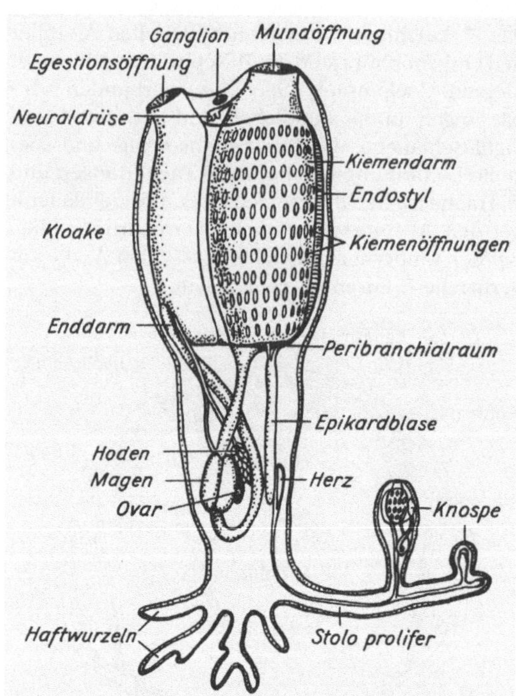

Ascidiacea Bauplan einer Seescheide (*Clavelina spec.*, Aplousobranchiata)

nalis. Sie besitzt einen fast durchsichtigen Mantel mit zinnoberrot durchscheinenden Eingeweiden. Bis 15 cm groß wird die im Mittelmeer und an der mitteleuropäischen Atlantikküste verbreitete *Phallusia mammilata*, mit weißlichem, knorpelig hartem Mantel. Die Kolonie bildenden *Aplousobranchiata* besitzen einen einfachen Kiemendarm ohne innere Differenzierung und bei den meist solitär lebenden *Stolidobranchiata* hat der Kiemendarm innere Längsgefäße und durchlaufende Längsfalten.

Asclepiadaceae, *Schwalbenwurzgewächse*, *Seidenpflanzengewächse*, Fam. der ↗ Gentianales mit ca. 2800 Arten mit überwiegend tropischer Verbreitung. Es sind krautige oder holzige Pflanzen, teilweise auch sukkulente (↗ Sukkulenz) Formen, mit ↗ Milchröhren, gegenständigen, einfachen Blättern und zwittrigen, regelmäßigen fünfzähligen Blüten, oft mit Nebenkrone und Pollen, der zu so genannten Pollinien verwachsen ist. Gewöhnlich werden je zwei dieser Pollinien durch Bildungen des Narbenkopfes („Klemmkörper") miteinander verbunden. In einer Rinne dieser Klemmkörper verfangen sich Insekten beim Aufsuchen des ↗ Nektars mit den Rüsseln oder Beinen, ziehen die Pollinien heraus und übertragen sie auf andere Blüten. Bei *Ceropegia* ist diese Bestäubungsart mit der Bildung von ↗ Gleitfallenblumen kombiniert. Bei Arten der Gatt. *Stapelia* wird die ↗ Bestäubung auf andere Weise sichergestellt: Die Pflanzen verströmen einen aasartigen Geruch und locken dadurch Insekten an (↗ Aasblumen). Schlauchartige Umbildungen der Blätter kennzeichnen die ↗ Urnenpflanze, *Dischidia rafflesia*. Zu den A. gehören aufgrund ihrer herzwirksamen Glykoside und Bitterstoffe mehrere Gift- und ↗ Heilpflanzen, u. a. die einheimische ↗ Schwalbenwurz, *Cynanchum vincotoxicum* (↗ carnivore Pflanzen).

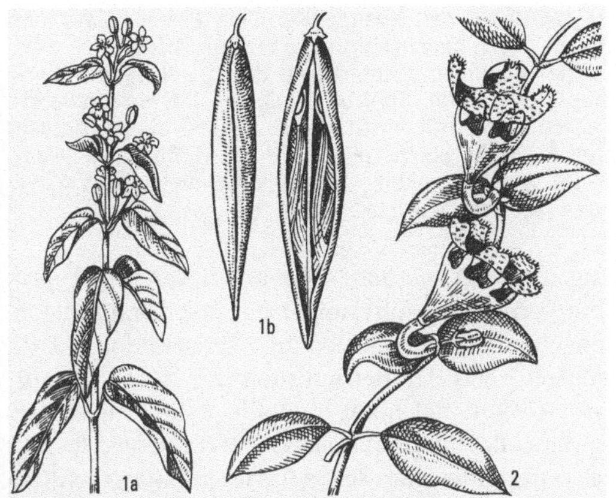

Asclepiadaceae   1 Schwalbenwurz (*Cyanchum*): a Blütenzweig, b Früchte, rechts geöffnet.
2 Blütenformen der Gattung *Ceropegia*

Asclepias, Gatt. der ↗ Asclepiadaceae.

Ascogon, *Ascogonium*, ein- oder mehrzelliges, vielkerniges, weibliches Geschlechtsorgan (↗ Gametangium) der Schlauchpilze (↗ Ascomycetes).

Ascogonium, das ↗ Ascogon.

Ascolichenes, Klasse der ↗ Lichenes mit acht Ordnungen.

Ascoma, der Fruchtkörper der Schlauchpilze (↗ Ascomycetes), in dem sich die Asci (↗ Ascus) entwickeln. Die Asci können unterschiedlich angelegt werden. Bei der *ascohymenialen Entwicklung* bauen haploide und ascogene (dikaryotische) Hyphen gleichzeitig den Fruchtkörper auf. Die Asci entwickeln sich dann in bereits vorhandenen Hohlräumen oder an der Oberfläche der Ascomata. Die Fruchtkörper können als *Kleistothecien, Apothecien* oder *Perithecien* ausgebildet sein. Bei der *ascolocularen Entwicklung* entstehen anfangs am haploiden Mycel rein vegetativ Hyphenknäuel, aus

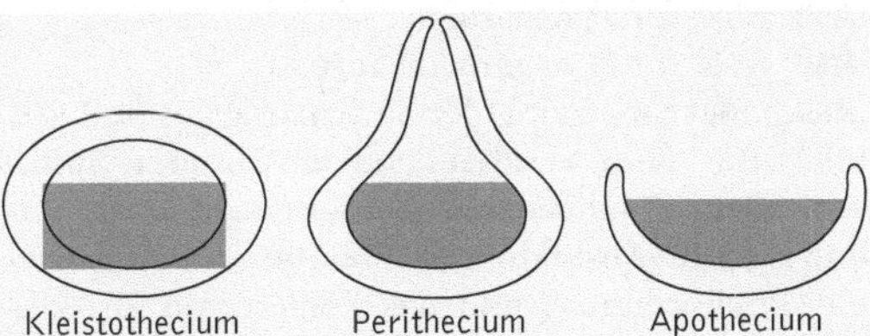

Kleistothecium   Perithecium   Apothecium

Ascoma   Die Haupttypen der Ascomyceten-Fruchtkörper sind *Kleistothecium* (allseits geschlossen), *Perithecium* (mit präformierter Öffnung) und *Apothecium* (offen, becher- bis schüsselförmig)

denen sich der Fruchtkörper aufbaut, erst dann wachsen nach der Befruchtung die ascogenen Hyphen oder Asci in sekundär entstehende Höhlungen (*Loculi*) hinein. Die Art und Entwicklung des Ascomas dienen zur systematischen Einteilung der ↗ Ascomycetidae, die Formähnlichkeit sagt aber nur bedingt etwas über die verwandtschaftlichen Beziehungen aus.

Ascomycetes, *Schlauchpilze*, mit rund 30000 Arten (das sind etwa 30 % aller bisher beschriebenen Pilze) die größte Klasse der Pilze. Sie sind weltweit verbreitet und leben überwiegend terrestrisch, einige Arten auch im Süßwasser oder im Meer. A. sind meist Pflanzenparasiten oder Saprophyten auf abgestorbenen pflanzlichen Geweben oder in Pflanzensäften. Der Thallus ist i.d.R. ein stark verzweigtes ↗ Mycel aus septierten ↗ Hyphen, deren Querwände von einem einfachen Porus durchbrochen sind. Manche Arten haben auch ein Sprossmycel wie die ↗ Hefen. Die Zellwände der A. bestehen aus ↗ Chitin und Glucanen. Die geschlechtliche Fortpflanzung führt zur Bildung des ↗ Ascus, einer meist schlauchförmigen Meiosporocyste. Die systematische Einteilung der A. gründet sich auf die unterschiedliche Entstehung der Asci im Lebenszyklus, auf ihren Bau und ihre Öffnungsweise und auf die Form und Entwicklung der Fruchtkörper. Zu den A. gehören u. a. die Unterklassen ↗ Taphrinomycetidae, ↗ Endomycetidae und ↗ Ascomycetidae.

Ascomycetidae, Unterklasse der ↗ Ascomycetes, deren Arten zu etwa einem Drittel als Flechtenpilze (Ascomyceten-Flechten) leben. Die übrigen sind Saprobien oder Parasiten auf Pflanzen, Tieren u. a. Pilzen. Die vegetative Phase der A. besteht aus einem haploiden ↗ Mycel, die sexuelle Hauptfruchtform entwickelt sich aus ascogenen Hyphen in Fruchtkörpern (↗ Ascoma); die dikaryotischen ↗ Hyphen werden dabei durch die vegetativen haploiden Hyphen ernährt. Zur Unterscheidung der über 20 Ordnungen der A. dienen die Entwicklung und der Aufbau der Ascomata, der Bau des ↗ Ascus, die Nebenfruchtform und das biologische Verhalten. Zu den A. gehören u. a. die Ordnungen ↗ Eurotiales mit den Gattungen ↗ Aspergillus und ↗ Penicillium, ↗ Microascales mit dem Erreger des Ulmensterbens (*Ophiostoma ulmi*), die Echten Mehltaupilze (↗ Erysiphales), die ↗ Pezizales mit ↗ Morcheln und ↗ Trüffel, die ↗ Leotiales mit ↗ Botrytis cinerea, dem Verursacher der Edelfäule beim Wein, die Lecanorales, die ↗ Sphaeriales mit ↗ Neurospora (Brotschimmel) sowie die ↗ Clavicipitales mit dem ↗ Mutterkornpilz.

Ascontyp, die einfachste der drei Organisationsformen der Schwämme (↗ Porifera).

Ascorbinsäure, *L-Ascorbinsäure, Vitamin C*, chemisch vom Gerüst der ↗ Hexosen abgeleitetes wasserlösliches Vitamin, das besonders in frischem Obst und Gemüse vorkommt. Die meisten Säuger können A., ausgehend von D-↗ Glucuronsäure, selbst aufbauen. Hierbei wird D-Glucuronsäure durch die Glucuronat-Reductase zu L-Gulonsäure reduziert, aus dem vermittels der Aldono-Lactonase Wasser abgespalten wird. Das entstehende L-Gulonolacton wird unter Bildung von H_2O_2 (Wasserstoffperoxid) von der Gulonolacton-Oxidase in L-A. umgewandelt. Dieses Enzym fehlt lediglich dem Menschen, den Menschenaffen und einigen anderen Säugern, sodass diese auf Zufuhr von A. durch die Nahrung angewiesen sind. Der tägliche Bedarf für den Menschen liegt mit 75 mg erheblich höher als für andere Vitamine. Mangel an A. verursacht *Skorbut*, eine ↗ Avitaminose, die durch Schädigung der Blutgefäße, Haut- und Schleimhautblutungen sowie schmerzhafte Gelenkschwellungen und Zahnfleischentzündungen gekennzeichnet ist. Auch ist die Abwehrkraft gegen Infektionskrankheiten herabgesetzt.

A. wirkt als Reduktionsmittel und geht in Gegenwart von Ascorbinsäure-Oxidase, einem kupferhaltigen Enzym, und Sauerstoff in die dehydrierte Form der *Dehydro-Ascorbinsäure* über. Diese Umwandlung ist im Stoffwechsel für bestimmte enzymatische Hydroxylierungen, z. B. für die Umwandlung von ↗ Prolin zu ↗ Hydroxyprolin im ↗ Kollagen, von Bedeutung. Aufgrund ihrer antioxidativen Wirkung spielt die A. in biologischen Systemen auch als Radikalfänger eine wichtige Rolle. In Pflanzen hat sie neben der Schutzwirkung gegen ↗ Ozon und ↗ ultraviolette Strahlung noch Bedeutung für die ↗ Fotosynthese und das Zellwachstum.

Ascosporen, der Vermehrung dienende Meiosporen der Schlauchpilze (↗ Ascomycetes), die nach einer Reduktionsteilung durch endogene freie Zellbildung im ↗ Ascus entstehen.

Ascothoracida, zu den ↗ Maxillopoda gestellte Gruppe der Krebse (↗ Crustacea) mit etwa 70 Arten, die als Endoparasiten in Stachelhäutern (↗ Echinodermata) und Blumentieren (↗ Anthozoa) weltweit und marin verbreitet sind. A. besitzen einen zweiklappigen Carapax, der bei den Weibchen den gesamten Körper einschließt. Die ersten Antennen tragen eine Schere, die zum Verankern am Wirt dient.

Ascus, *Askus*, *Sporenschlauch*, schlauchförmiges oder auch mehr kugeliges ↗ Sporangium der Schlauchpilze (↗ Ascomycetes), in dem die Ascosporen gebildet werden. Der A. kann sich unterschiedlich entwickeln. In einem üblichen Entwicklungsgang wachsen nach der ↗ Plasmogamie aus dem befruchteten weiblichen Geschlechtsorgan (↗ Ascogon) die *ascogenen Hyphen* aus, in die die gegengeschlechtlichen, haploiden Zellkerne paarweise einwandern und durch eine Querwandbil-

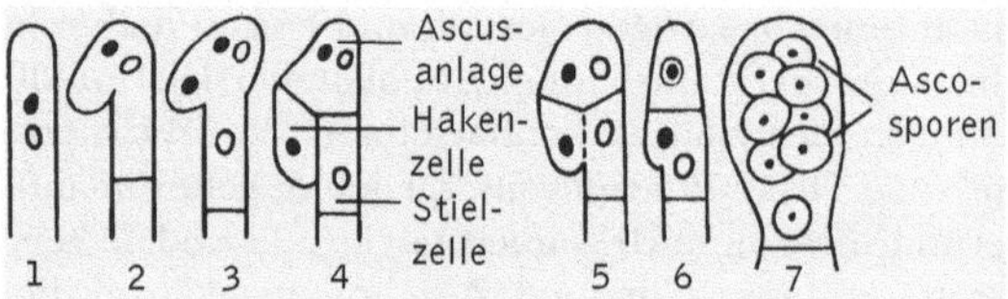

Ascus Schematische Darstellung der *Ascusbildung* bei den Schlauchpilzen: Im typischen Fall krümmt sich die dikaryotische Endzelle (1) mit der Spitze nach rückwärts (2), sodass für den zweiten Kern ein eigener Zellraum entsteht. Nach gleichzeitig ablaufenden Mitosen (3) werden die jeweiligen Tochterkerne durch Zellwände abgetrennt (*Hakenzelle, Stielzelle*) (4). Die Hakenzelle vereinigt sich wieder mit der Stielzelle zu einer dikaryotischen Zelle (5), in der Spitzenzelle, dem *Ascus*, findet *Karyogamie* (6), anschließend die Meiose statt, die zu acht *Ascosporen* (Meiosporen) führt (7)

dung abgeteilt werden. Erst an diesen dikaryotischen, ernährungsphysiologisch unselbstständigen ascogenen Hyphen werden die Asci gebildet. I. d. R. wachsen nach der Befruchtung des Ascogons aus dem Ascogonstiel noch haploide Zellen zu einem Hyphengeflecht aus, das sich zum ↗ Ascoma formt. Die Differenzierung der A. erfolgt hauptsächlich nach dem Hakentyp, abgewandelte Bildungen sind der Schnallen- (↗ Basidiomycetes), Ketten-, Knospen- und Stielzellentyp. Im A. finden die Verschmelzung der haploiden Kerne, die Reduktionsteilung in vier haploide Kerne sowie eine weitere mitotische Teilung und die Differenzierung der Ascosporen statt.

Asepsis, Gesamtheit aller Maßnahmen zur Erzielung von Keimfreiheit im medizinischen Bereich. (↗ Sterilisation)

asexuelle Fortpflanzung, die ungeschlechtliche ↗ Fortpflanzung.

Äskulapnatter, *Elaphe longissima*, bis 2 m lange, ungiftige Art der Nattern (↗ Colubridae), die oberseits glänzend braun und unterseits rahmfarben ist. Sie ist in Deutschland im Taunus, im südlichen Odenwald und im Donaugebiet bei Passau verbreitet, ansonsten in Südeuropa und Westasien. Die wärmebedürftige A. bevorzugt trockenes, steiniges, mit Gebüsch bewachsenes Gelände. Sie ernährt sich v. a. von Mäusen, in der Jugend von Eidechsen. Die A. ist in Deutschland vom Aussterben bedroht.

Asn, Abk. für ↗ Asparagin.

Asp, Abk. für ↗ Asparaginsäure.

Asparagaceae, Fam. der ↗ Asparagales mit ca. 300 Arten. Die A. wurden nach der früheren Systematik den ↗ Liliaceae zugerechnet. Kennzeichnend sind die Ausbildung von blattartigen Kurztrieben (Phyllocladien) und das Fehlen von ↗ Zwiebeln. Die Früchte (↗ Frucht) sind Beeren. Zu den A. gehören u. a. der ↗ Spargel, *Asparagus officinalis*, und der in den Mittelmeerländern vorkommende Mäusedorn, *Ruscus*.

Asparagales, Ord. der ↗ Liliopsida. Typisch für diese Ord. sind so genannte Septalnektarien, die im Grenzbereich zwischen den Fruchtblättern (↗ Fruchtblatt) eines ↗ Gynözeums ausgebildet werden. Weitere Kennzeichen sind fachspaltige Kapseln, Beeren, schwarz gefärbte Testa (↗ Samenschale) und die weite Verbreitung von Steroidsaponinen bzw. Herzglykosiden. Zu den A. gehören u. a. die Fam. ↗ Convallariaceae, ↗ Asparagaceae, ↗ Dracaenaceae, ↗ Phormiaceae, ↗ Agavaceae, ↗ Asphodelaceae, ↗ Iridaceae, ↗ Hyacinthaceae, ↗ Alliaceae, ↗ Amaryllidaceae.

Asparagin, Abk. *Asn* oder *N*, eine der 20 proteinogenen ↗ Aminosäuren. A. wurde ursprünglich im Spargel (Asparagus) entdeckt, kommt aber in den Proteinen aller Organismen vor. Es gibt zwei Synthesewege, wobei bei dem häufiger vorkommenden Weg das A. durch das Enzym *Asparagin-Synthase* und unter ATP-Spaltung aus ↗ Asparaginsäure und ↗ Ammoniak gebildet wird. Aus diesem Grund gehört A. bei Pflanzen zu den Speicherformen und bei Tieren zu den Entgiftungsprodukten des Ammoniaks.

Asparaginase, ein im Tier- und Pflanzenreich weit verbreitetes Enzym, das die Hydrolyse von ↗ Asparagin zu ↗ Asparaginsäure und ↗ Ammoniak katalysiert.

Asparaginsäure, *Aminobernsteinsäure*, Abk. *Asp* oder *D*, eine der 20 proteinogenen ↗ Aminosäuren, die aufgrund der Carbonsäure in der Seitenkette zu den sauren Aminosäuren gerechnet wird. Die Salze werden als *Aspartate* bezeichnet. A. wird aus ↗ Oxalacetat über eine ↗ Transaminierung gebildet. Die Umkehrreaktion führt zum Abbau von A. und damit zur Einschleusung des C4-Gerüsts in den ↗ Citratzyklus. Der Abbau erfolgt durch Spaltung vermittels des Enzyms Aspartase zu Fumarat und Ammoniak. A. ist ein wichtiger Aminogruppendonator im ↗ Harnstoffzyklus.

Asparagus, ↗ Asparagaceae.

Aspartat-Carbamoyltransferase, das Schlüsselenzym der Pyrimidinnucleotidsynthese (↗ Pyrimidinbasen).

Aspartat-Transaminase, neben der *Alanin-Transaminase* eine der wichtigen Transaminasen im Ammoniak-Stoffwechsel der ↗ Leber.

Aspektfolge, die Abfolge des jahreszeitlich bedingten Erscheinungsbildes und des Arteninventars eines Lebensraums.

Aspergillus, *Gießkannenschimmel*, *Kolbenschimmel*, Pilze der Formgattung Moniliales (↗ Deuteromycetes). Aufgrund molekularbiologischer Untersuchungen werden viele A.-Arten, auch wenn noch keine sexuelle Fruchtform bekannt ist, als Gruppe mit Mitosporen-Bildung der Familie Trichocomaceae in der Ordnung ↗ Eurotiales zugeordnet. In der *Biotechnologie* und *Phytopathologie* ist A. die nicht korrekte, aber übliche Bez. für Arten, deren Nebenfruchtformen (Anamorphe, ↗ Pleomorphismus) ↗ Konidien vom Aspergillus-Typ ausbilden, von denen aber bereits die Hauptfruchtform bekannt ist. Nach den Nomenklaturregeln müssen die Arten mit einer Hauptfruchtform eine gesonderte Gattungsbezeichnung erhalten.

Das Mycel der A.-Arten ist wattig-filzig, farblos bis lebhaft gefärbt, die Hyphen sind septiert. Die Konidien sind einzellig, meist kugelförmig mit stacheliger Oberfläche und verleihen oft durch ihre Farbe (z. B. schwarz, grün, oliv, braun) der Kolonie ihre typische Färbung. Die ca 150 A.-Arten sind weltweit verbreitet, vor allem im Boden. Sie zersetzen pflanzliche und tierische Produkte und sind auch am Abbau von ↗ Cellulose und ↗ Chitin beteiligt. Durch A.-Arten gebildete ↗ Mykotoxine in befallenem Futter können gefährliche bis tödliche Pilzvergiftungen (*Mykotoxikosen*) bei Haustieren hervorrufen. *A. flavus* und *A. parasiticus* bilden die auch für den Menschen gefährlichen ↗ Aflatoxine. *A. fumigatus* ist der wichtigste Erreger der *Aspergillose*, einer Infektionskrankheit, die bei Tieren und seltener auch beim Menschen vorkommt und vorwiegend zu Erkrankungen der Atmungsorgane führt; er kann auch ↗ Allergien auslösen.

A.-Arten werden aber auch seit Jahrtausenden zur Herstellung von Nahrungsmitteln genutzt und haben heute auch eine große Bedeutung in der ↗ Biotechnologie. Außerdem wird A. als Modellorganismus für genetische Untersuchungen in der ↗ Gentechnologie genutzt.

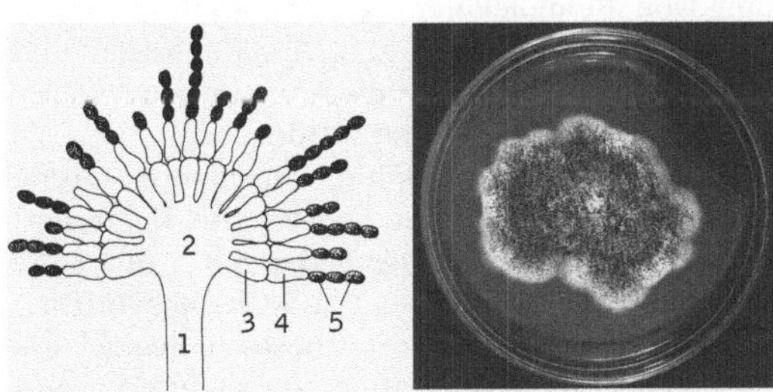

Aspergillus Links typischer *Konidienträger* (1) der Formgattung Aspergillus. Er bildet am Ende ein Bläschen (2), an der Oberfläche entspringen *Sterigmata* (3). Auf diesen primären Sterigmata können noch sekundäre Sterigmata (4) aufsitzen, von denen die *Konidien* (5) in Ketten abgeschnürt werden. Rechts eine Riesenkolonie von *Aspergillus niger*. Die Luftsporen (Konidien) sind schwarz gefärbt

Aspermie, das völlige Fehlen von ↗ Sperma, d. h. es findet trotz ↗ Orgasmus kein ↗ Samenerguss statt. Die Ursachen können u. a. eine Verengung der ↗ Harnsamenröhre oder ein Samenerguss rückwärts in die ↗ Harnblase sein.

Asphodelaceae, Fam. der ↗ Asparagales mit ca. 800 Arten; ausdauernde Rhizomstauden (↗ Rhizom, ↗ Staude) mit wenigen baumartigen Pflanzen.

Der Verbreitungsschwerpunkt liegt im südlichen Afrika. Die Blätter sind meist zu einer grundständigen ↗ Rosette vereinigt, bei baumartigen Vertretern, z. B. ↗ Aloe, schopfartig als endständige Rosette.

Aspidobothrii, Gruppe der ↗ Trematoda.

Aspirin, ↗ Acetylsalicylsäure.

Aspisviper, *Vipera aspis*, bis 75 cm lange Art der Vipern (↗ Viperidae), deren Gift auch für den Menschen gefährlich ist. Die A. ist oberseits grau- bis rötlichbraun mit dunklen Querbändern, die manchmal zu einem Zickzackband verschmelzen können. Die Schwanzspitze ist unterseits gelb bis orangerot, der Kopf breit, fast dreieckig. Die Wärme liebende A. lebt in den Pyrenäen, der Schweiz und im südlichen Schwarzwald. Sie ist in Deutschland vom Aussterben bedroht.

ASS, Abk. für ↗ Acetylsalicylsäure.

Asseln, die ↗ Isopoda.

Asselspinnen, die ↗ Pantopoda.

Assimilate, Produkte der ↗ Assimilation, bei Pflanzen vor allem die Produkte der ↗ CO_2-Fixierung (↗ Assimilattransport).

Assimilation, die Aufnahme von körperfremden Nährstoffen und deren meist anabolische, unter Einsatz von Energie ablaufende Umwandlung in körpereigene Biomasse. Bei heterotrophen Organismen werden organische Nährstoffe aufgenommen und umgewandelt, wohingegen autotrophe Lebewesen in der Lage sind, aus anorganischen Ausgangsverbindungen organische Produkte zu synthetisieren. Die Produkte der A. dienen der Bildung von Biomolekülen, die im Stoffwechsel in unterschiedlicher Weise z. B. für Wachstum und Vermehrung oder aber für die Anlage von Speicher- und Reservestoffen genutzt werden.

Autotrophe (↗ Autotrophie) Organismen (grüne Pflanzen, Cyanobakterien, bestimmte Bakterien) sind in der Lage, den Energiebedarf der A. durch die Umwandlung von chemischer (↗ Chemosynthese) oder Lichtenergie (↗ Fotosynthese) zu decken. Sie führen dabei die Assimilation von wichtigen anorganischen Verbindungen wie CO_2, NO_3^-, NH_4^+, SO_4^{2-} und PO_4^{3-} durch, sodass diese Form der A. für alle Lebewesen von Bedeutung ist (↗ Kohlenstoff-Fixierung, ↗ Nitratassimilation, ↗ Ammoniumassimilation, ↗ Schwefelassimilation, ↗ Phosphatassimilation).

Bei der A. *heterotropher* Organismen (Tiere, Pilze, überwiegende Mehrheit der Bakterien) wird der Energiebedarf hingegen durch den Abbau der Nahrung gedeckt, sodass neben anabolischen auch katabolische Prozesse erforderlich sind. Heterotrophe Lebewesen können zudem nicht alle im Stoffwechsel benötigten Substanzen selbst synthetisieren, sodass sie auf die Zufuhr dieser *essentiellen Nahrungsbestandteile* (bestimmte Vitamine und Aminosäuren)angewiesen sind. Gegensatz: ↗ Dissimilation

Assimilatstrom, ↗ Assimilattransport.

Assimilattransport, bei Pflanzen der Transport der durch die Fotosynthese bereitgestellten Assimilate zu den Orten des Verbrauches (↗ Sink-Gewebe). Dabei wird zwischen A. über kurze, mittlere und lange Strecken hinweg unterschieden, die nach unterschiedlichen Mechanismen ablaufen. Im Kurz- und Mittelstreckenbereich erfolgt A. ohne spezielle Leitbahnen mittels Diffusion und Translokatoren bzw. im ↗ Apoplasten und ↗ Symplasten. Der *Ferntransport* findet im ↗ Phloem statt, das zuvor über den Apoplasten beladen wird (↗ Druckstromtheorie).

assistierte Reproduktion, ↗ Reproduktionsmedizin.

assortative Paarung, *übereinstimmende Paarung*, eine Form der nicht zufälligen Partnerwahl, bei der die Geschlechtspartner einander in bestimmten phänotypischen Eigenschaften ähneln.

Assoziation, 1) in der *Tierökologie* die Ansammlung von Tieren unterschiedlicher Artzugehörigkeit an eng begrenzten Stellen.

2) In der *Pflanzensoziologie* die grundlegende Einheit der Pflanzengesellschaften. Sie ist allein aufgrund ihrer floristischen Artkombination gekennzeichnet (↗ Charakterarten). Die A. weist meist einheitliche Standortbedingungen und eine einheitliche Gestalt (Physiognomie) auf.

3) In der *Ethologie* die gedankliche Verknüpfung zweier Ereignisse, die ursprünglich nichts miteinander zu tun hatten. Die A. spielt u. a. beim assoziativen ↗ Lernen eine Rolle.

Astacus, Gatt. der ↗ Decapoda (↗ Flusskrebs).

Astalgen, ↗ Chladophorales.

Astaxanthin, zur Gruppe der ↗ Xanthophylle gehörender roter Farbstoff, der im Tierreich, insbesondere bei Krebstieren (↗ Crustacea) und Stachelhäutern (↗ Echinodermata), aber z. B. auch in der Beinhaut des ↗ Flamingos vorkommt. Durch Algen produziertes A. hat u. a. bei der Färbung von Lachsfleisch wirtschaftliche Bedeutung. Nativ liegt A. entweder in freier Form als roter Farbstoff, als Ester oder als blaues, grünes oder braunes Chromoprotein vor. Der im Panzer des ↗ Hummers enthaltene intensiv blauschwarze Farbstoff (*Crustacyanin*) besteht aus einem Astaxanthin-Protein-Komplex, aus dem bei Denaturierung des Proteins beim Kochen das A. freigesetzt und zum ebenfalls roten *Astacin* oxidiert wird.

Astaxanthin

A-Stelle, ↗ Aminoacyl-Stelle.

Asteren, Singular *Aster*, Bez. für die von den ↗ Centriolen sternförmig nach allen Richtungen ausstrahlenden Mikrotubuli. A.-Bildung kommt nur bei den Metazoa vor (↗ Mitose).

Asteraceae, *Compositae*, *Korbblütler*, Fam. der ↗ Asterales mit ca. 21000 Arten, die über die gesamte Erde verbreitet sind. Es sind überwiegend krautige Pflanzen, jedoch gibt es auch Sträucher oder kleine Bäume und ↗ Sukkulenten, besonders in tropischen Gebieten. Die Blätter sind meist wechselständig (↗ Blattstellung). Die Blüten sind fünfzählig, die ↗ Kronblätter verwachsen, entweder regelmäßig oder fünfspaltig (*Röhrenblüten*) oder zungenförmig nach einer Seite verlängert (*Zungenblüten*). Die Blüten sind zu charakteristischen Blütenständen (↗ Blütenstand), den Körbchen vereinigt, die aus Zungenblüten, aus Röhrenblüten oder aus beiden Formen bestehen. Die Blüten sind meist zwittrig (↗ Zwitterblüte), die Randblüten weiblich oder steril. Der ↗ Kelch ist oft vollständig zurückgebildet, manchmal ist er in einen Haar- oder Schuppenkranz (*Pappus*) umge-

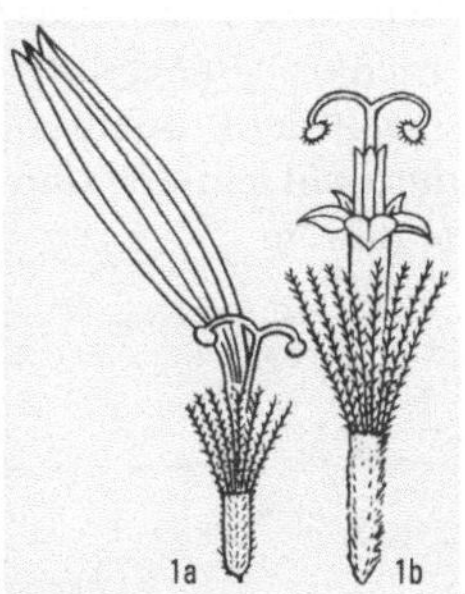

Asteraceae a Zungenblüte, b Röhrenblüte

wandelt, der als Flug- oder Klettapparat der Verbreitung der Früchte dient. Typisch ist auch die Vereinigung der Staubbeutel (↗ Anthere) zu einer Röhre. Der ↗ Griffel ist im oberen Teil gespalten und trägt zwei ↗ Narben. Die Blüten werden durch Insekten bestäubt (↗ Bestäubung), seltener durch den Wind, häufig kommt auch Selbstbestäubung (↗ Autogamie) vor. Der unterständige, einfächerige ↗ Fruchtknoten entwickelt sich zu einer Nuss, deren Fruchtwand mit dem Samen verwachsen ist (Achäne, ↗ Frucht). Die A. enthalten vor allem in den Wurzeln und ↗ Knollen als Reservestoff Inulin. Ein Teil führt ↗ Milchsaft in gegliederten Röhren.

Zu den A. gehören viele Nutz- und Zierpflanzen. Als Ölpflanzen sind ↗ Sonnenblume (*Helianthus annuus*) und ↗ Saflor (*Carthamus tinctorius*) von Bedeutung. Als Gemüse- und Futterpflanze wird der ↗ Topinambur (*Helianthus tuberosus*) angebaut. Weitere ↗ Kulturpflanzen sind ↗ Schwarzwurzel (*Scorconera hispanica*), ↗ Artischocke (*Cynara scolymus*), ↗ Kardone oder Spanische Ar-

Asteraceae Artischocke (*Cynara scolymus*): a blühendes Köpfchen, b junges erntereifes Köpfchen, c Längsschnitt durch b

tischocke (*Cynara cardunculus*), ↗ Grüner Salat (*Lactuca sativa*), Endivie (*Cichorium endivia*), ↗ Zichorie oder Chicorée (*Cichorium intybus*). Als ↗ Heilpflanzen werden Echte ↗ Kamille (*Matricaria chamomilla*), ↗ Wermut (*Artemisia absinthium*), ↗ Huflattich (*Tussilago farfara*), ↗ Arnika (*Arnica*), ↗ Ringelblume (*Calendula officinalis*) und Arten der Gatt. ↗ Echinacea genutzt. Als Gewürzpflanzen werden der ↗ Beifuß (*Artemisia vulgaris*) und der ↗ Estragon (*Artemisia dracunculus*) verwendet. Zu den Zierpflanzen gehören u. a. die einjährigen Gartenastern (*Callistephus chinensis*), die Herbstastern (*Aster*), die Zinnien (*Zinnia elegans*), Kosmeen (*Cosmos bipinnatus*), Studentenblumen (*Tagetes*), Dahlien (*Dahlia variabilis*)

Asteraceae a Huflattich (*Tussilago farfara*), b Arnika (*Arnica montana*)

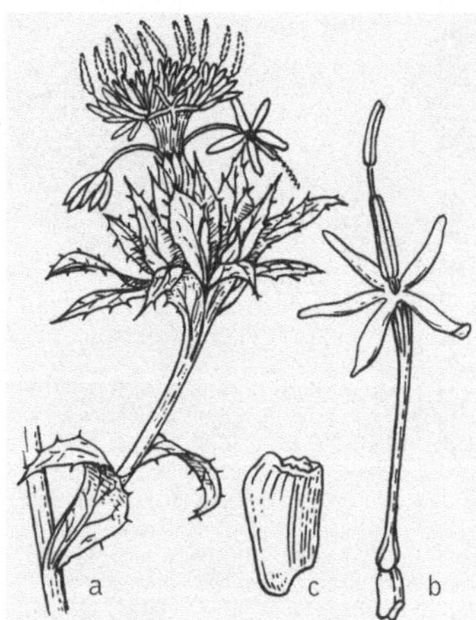

Asteraceae Saflor (*Carthamus tinctorius*): a Blütenkopf, b Einzelblüte, c Frucht (Achäne)

und ↗ Chrysanthemen. Verbreitete heimische Kräuter sind Löwenzahn *(Taraxacum officinale)* und Gänseblümchen *(Bellis perennis)*. Unter Naturschutz stehen Silberdistel *(Carlina acaulis)* und Edelweiß *(Leontopodium alpinum)*.

Asterales, Ord. der ↗ Rosopsida mit der sehr umfangreichen Fam. ↗ Asteraceae und den mit nur wenigen Arten vertretenen Fam. Goodeniaceae und Calyceraceae. Die Ord. ist gekennzeichnet durch unterständige, zweiblättrige, einfächerige ↗ Fruchtknoten, nur einer ↗ Samenanlage und der Zusammenfassung traubig-ähriger Blütenstände (↗ Blütenstand) zu Köpfchen. Die Goodeniaceae sind in Australien verbreitet, die Calyceraceae in Südamerika.

Asterias, Gatt. der ↗ Asteroida.

Asteroida, *Asteroidea*, *Seesterne*, mit rund 1600 Arten die zweitgrößte Gruppe der Stachelhäuter (↗ Echinodermata). A. leben in allen Bereichen des marinen Benthals von der Gezeitenzone bis in 10000 m Tiefe. Die Körpergröße liegt meist bei etwa 20 cm, die größte Art misst bis über 1 m, die kleinste etwa 1 cm. Die Körpergrundgestalt ist ein fünfarmiger Stern mit gleichmäßig zu den Spitzen hin dünner werdenden Armen. Mehrere Arten besitzen vier-, sechs- oder sieben Arme, beim Sonnenstern ist die Zahl der Arme altersabhängig. Im zentralen Körper der A. liegen die Gonaden sowie der kurze Darm mit dem Magen. Die Mundöffnung befindet sich auf der Unterseite, der After auf der Oberseite. In den Armen liegen Darmblindsäcke. Die Arme tragen auf der Oberseite Stacheln und Greifzangen *(Pedicellarien)* und auf der Unterseite hydraulisch bewegliche *Saugfüßchen*, die der Fortbewegung dienen. Die Beutetiere (z. B. Muscheln, Schnecken, Korallen) werden entweder verschlungen oder der Magen wird ausgestülpt und das Tier extraintestinal verdaut. A. sind meist getrenntgeschlechtlich und

geben Samen und Eizellen überwiegend ins freie Wasser ab. Die Entwicklung geht meist über zwei Larvenformen, erst eine *Bipinnaria* und bei fast allen A. anschließend eine *Brachiolaria*, die sich zur Metamorphose festsetzt. Ungeschlechtliche Fortpflanzung durch Zweiteilung oder Regeneration aus abgelösten Armen ist weit verbreitet.

A. sind seit dem Ordovizium bekannt. Wichtigste Merkmale zur Klassifizierung sind Art, Zahl und Anordnung der Skelettelemente und die Ausbildung von Pedicellarien und Füßchen. Je nach Systematik werden bei den A. drei bis sieben Subtaxa unterschieden. Häufigste Art der deutschen Küsten ist der *Gemeine Seestern (Asterias rubens)* mit vier bis neun, meist aber fünf Armen und variabler Färbung (von hellgelb über rot oder violett bis schwarz). Ebenfalls häufig in allen europäischen Meeren ist der *Kammseestern (Astropecten irregularis)* mit fünf Armen, gelb, braun oder grünlich gefärbt mit glatter Oberfläche. Bis zu 15 Arme besitzt der *Sonnenseestern (Crossaster papposus)*, der u. a. in den Gewässern um Helgoland vorkommt. Besonders lange, für den Menschen giftige Stacheln hat der im Indischen und Pazifischen Ozean vorkommende *Dornenkronen-Seestern (Acanthaster planci)*, der bis zu 40 cm Durchmesser haben kann. Bei Massenauftreten kann er zum Absterben ganzer Korallenriffe führen.

Asteroida 1 Habitus eines Seesterns (*Echinaster spec.*) von der oralen Seite; gut zu erkennen sind die Saugfüßchen. 2 Querschnitt durch einen Arm; die Skelettelemente sind schwarz gezeichnet

Asteroxylaceae, Fam. der ↗ Asteroxylales.

Asteroxylales, *Asteroxylaceae*, ausgestorbene Ord. der ↗ Lycopodiopsida. Die Triebe waren von nadel- oder stachelähnlichen Emergenzen besetzt, die den Pflanzen ein bärlappähnliches Aussehen verliehen.

Ästhetasken, ↗ Aesthetasken.

Ästheten, ↗ Aestheten.

Astigmatismus, ein Abbildungsfehler des Auges, der auf einer ungleichförmigen Wölbung der Hornhaut beruht (meist in vertikaler Richtung etwas stärker gekrümmt als in horizontaler); dadurch wird ein Punkt auf der Netzhaut als Strich abgebildet. Je nach Art der Wölbung kann der A. durch Zylinderlinsen korrigiert werden.

Ästivation, die ↗ Sommerruhe.

Astomocniden, Typ der ↗ Nematocysten.

Astragalus, Gatt. der ↗ Fabaceae.

Astrocyten, *Makroglia*, Hauptbestandteil der ↗ Gliazellen ektodermalen Ursprungs, die die ↗ Neuronen von Gehirn und Rückenmark als Nähr- und Stützzellen umgeben. Ferner wird ihnen eine Funktion bei der Aufrechterhaltung des extrazellulären Ionenmilieus, bei der Aufnahme von Neurotransmittern aus dem Extrazellularraum sowie eine Beteiligung bei der Ausbildung der ↗ Blut-Hirn-Schranke zugesprochen.

Astropecten, Gattung der Seesterne (↗ Asteroida).

Ästuar, meist trichterartig erweiterte Flussmündung an einer Gezeitenküste. Hier bilden sich spezifische Lebensgemeinschaften (↗ Biozönose) aus, die an den wechselnden Salzgehalt (↗ Salinität) des Wassers angepasst sind. (↗ Brackwasser)

asymmetrisches Kohlenstoffatom, Kohlenstoffatom, dessen vier Wertigkeiten durch vier verschiedene Radikale oder Atome abgesättigt sind und die daher in zwei zueinander spiegelbildlich verschiedenen Konfigurationen (*D- und L-Form*) vorkommen. A. K. sind in zahlreichen Naturstoffen, besonders in Aminosäuren, Zuckern, Proteinen, Polysacchariden und Nucleinsäuren weit verbreitet. Sie drehen die Ebene des polarisierten Lichtes um einen bestimmten Winkel, weisen also *optische Aktivität* auf.

asymmetrische Synthese, *stereospezifische Synthese*, *stereoselektive Synthese*, die Synthese von Verbindungen mit einem oder mehreren ↗ asymmetrischen Kohlenstoffatomen, wobei vorzugsweise oder ausschließlich eine der beiden möglichen (D- oder L-Konfiguration) des asymmetrischen Kohlenstoffatoms entsteht.

Ataktostele, ↗ Stele.

Atavismus, bei einzelnen Individuen innerhalb einer ↗ Art auftretende Abweichungen, die der Merkmalsausprägung von Ahnenformen entsprechen. Beispiele für morphologische Atavismen

sind: Entwicklung von Dreihufigkeit beim rezenten Pferd (↗ Equidae), das von dreizehigen Vorfahren abstammt; das Auftreten radiärsymmetrischer Blüten (↗ aktinomorph) bei Arten mit ↗ zygomorphen Blüten, so die Bildung von Pelorien (↗ Blüte) beim Löwenmaul; Atavismen beim Menschen sind u. a.: Ein kleiner, äußerlich hervortretender Schwanzfortsatz am Ende der Wirbelsäule, fellartige Ausbildung der Körperbehaarung, Ausbildung überzähliger Milchdrüsen entlang einer Linie, die von der Achselhöhle bis zur Leistenregion reicht.

Bezüglich der Entstehung können verschiedene Formen des A. unterschieden werden. Beim *mutativen A.* werden durch spontane Mutationen entweder eine genetische Situation wie bei einer Ahnenform wiederhergestellt (↗ Rückmutation) oder dadurch bislang reprimierte (latente) Gene wieder aktiviert (↗ Genregulation). Beim *Hybrid-A.* entstehen durch die ↗ Bastardierung nahe verwandter Arten Genkombinationen, die die Merkmalsausbildung von Ahnenformen bedingen. Atavismen in Form von *Hemmungsmissbildungen* entstehen durch Störungen in der ↗ Embryonalentwicklung. Dabei können nur vorübergehend auftretende Organbildungsstadien, die ursprüngliche Merkmale rekapitulieren (↗ Rekapitulation, ↗ Biogenetische Grundregel), an der weiteren Differenzierung gehindert werden und so am fertigen Organismus erhalten bleiben. Hierher gehören beim Menschen z. B. gelegentlich auftretende Halsfisteln, die den „Kiemenspalten" eines embryonal angelegten ↗ Kiemendarms entsprechen.

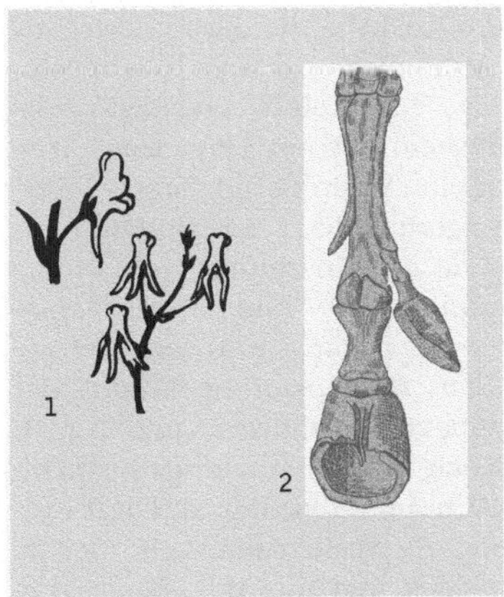

Atavismus   Die linke Abb. zeigt die Pelorienbildung beim Gemeinen Leinkraut (*Linaria vulgaris*), darüber eine normale Blüte; rechts daneben der linke Vorderfuß eines Hauspferdes, der anstelle eines Griffelbeins (Rudiment eines seitlichen Zehenstrahls) als Atavismus auf einer Seite eine wohlentwickelte Zehe mit einem kleinen Huf trägt

Neben Atavismen aus dem morphologischen Bereich kommen auch *Verhaltens-A.* vor, die den Hybrid-A. zugeordnet werden. Hierbei treten bei

Artbastarden Verhaltensweisen auf, die bei den jeweiligen Elternarten nicht vorkommen, sondern von ursprünglicheren, verwandten Arten gezeigt werden. Verhaltens-A. sind z. B. bei Haussperlingen bekannt: Diese bauen ihre Nester normalerweise in Nischen, können aber auch zum Bau von Kugelnestern übergehen, einer Bauweise, die von ursprünglicheren Arten der Webervögel genutzt wird.

atelische Bildungen, *Exzessivbildungen*, *Luxusbildungen*, Bez. für Strukturen, deren funktionelle Bedeutung für einen Organismus unklar geblieben ist, die also keinen Anpassungscharakter zu besitzen bzw. in manchen Fällen z. B. wegen ihrer Größe sogar zweckwidrig zu sein scheinen (*hypertelische Bildungen*). Beispiele sind mächtig entwickelte Eckzähne bei verschiedenen fossilen Säugetieren wie z. B. dem Säbelzahntiger oder das eine Spannweite von mehr als 3 m aufweisende Geweih des Riesenhirschs (↗ Megaloceros). Atelische Bildungen sind auch die extrem entwickelten Prachtkleider bei männlichen Paradiesvögeln und Hühnervögeln. Diese stehen im Dienste der Fortpflanzung und sollen als „übernormale Reize" den Geschlechtspartner fortpflanzungsbereit machen, indem sie stärkere Reaktionen hervorrufen.

Atemgifte, sowohl Bez. für Hemmstoffe der ↗ Atmungskette als auch für Hämoglobingifte wie z. B. ↗ Kohlenstoffmonooxid.

Atemminutenvolumen, Abk. *AMV*, das Produkt aus dem *Atemvolumen*, d. h. dem bei einem normalen Atemzug ausgewechselten Luftvolumen und der *Atemfrequenz*. (↗ Atmung)

Atemmuskeln, die Muskeln, die durch Bewegung des Thorax die ↗ Atmung ermöglichen. Wichtigster Atemmuskel ist das ↗ Zwerchfell und dann folgt eine Reihe von Muskeln, die am Thorax ansetzen und bei Einatmung eine Vergrößerung und bei Ausatmung eine Verringerung des Thoraxinnenraums bewirken. Wichtig für die Einatmung sind u. a. die *äußere Intercostalmuskulatur* und die *Mm. (Musculi) serrati posteriores*. Für die Ausatmung zuständig sind die *innere Intercostalmuskulatur*, der *M. (Musculus) transversus thoracis* und der *M. subcostalis*. Daneben gibt es *Atemhilfsmuskeln*, die bei forcierter Atmung willkürlich aktiviert werden; bei Einatmung die Scalenusmuskeln, der M. sternocleidomastoideus und die Mm. Pectorales, bei Ausatmung vor allem die äußere Bauchmuskulatur und im Stehen auch der M. latissimus dorsi („Hustenmuskel").

Atemschutzreflexe, ↗ Reflexe, die die Atmung vor schädlichen Einflüssen bewahren. Die rezeptorischen Felder der A. befinden sich im Nasen-Rachen-Raum, in den oberen Lungenwegen und im Lungenkreislauf. Zu den A. gehören u. a. der ↗ Niesreflex und der ↗ Hustenreflex.

Atemwurzeln, *Pneumatophoren*, bei tropischen Sumpfpflanzen auftretende, aus dem Schlamm emporwachsende ↗ Wurzeln, die ein reich entwickeltes Durchlüftungsgewebe mit verschieden gebauten Ausgängen besitzen. A. kommen bei vielen Pflanzen der ↗ Mangrove vor, z. B. bei den ↗ Rhizophoraceae. Bemerkenswert ist, dass diese Wurzeln negativ geotrop (↗ Geotropismus) wachsen, also von unten nach oben.

Atemzentrum, im verlängerten Mark (↗ Medulla oblongata) des ↗ Gehirns der Säugetiere und des

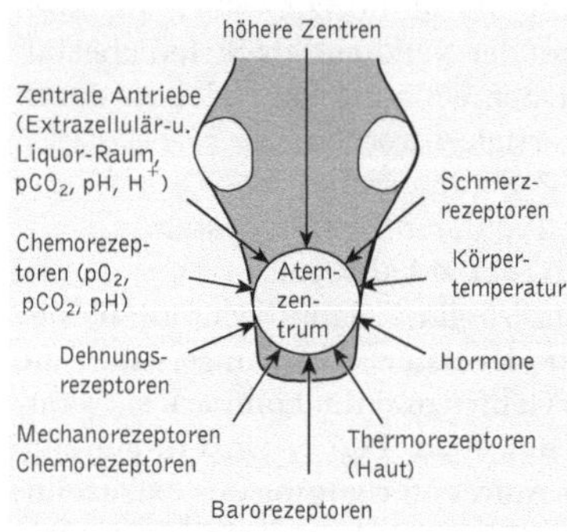

Atemzentrum Spezifische und unspezifische Reize wirken auf das Atemzentrum und beeinflussen Atemfrequenz und -tiefe

Menschen liegendes, der *Atmungsregulation* dienendes nervöses Zentrum. Neurone für die Einatmung (Inspiration) befinden sich beim Menschen im Mittelfeld der unteren Medulla, diejenigen für die Ausatmung (Expiration) weiter dorsal und lateral. Im ↗ Pons befinden sich übergeordnete Schaltstellen für Hemmung und Erregung der Atmung. Da die inspiratorischen und die expiratorischen Neu-

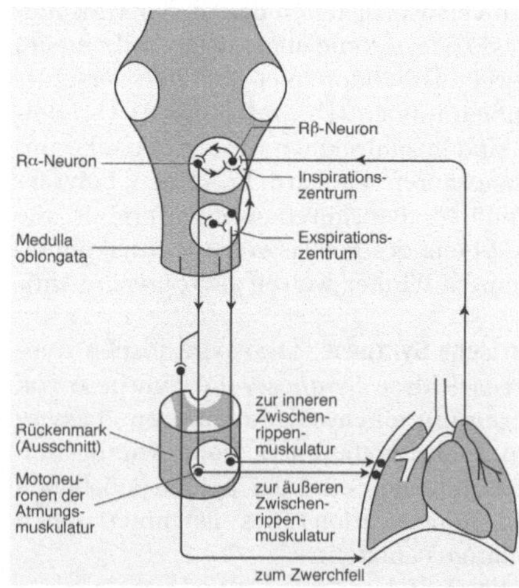

Atemzentrum Verschaltung der hemmenden und erregenden Neuronen im Inspirations- und Exspirationszentrum mit dem Regelkreis des Hering-Breuer-Reflexes. (Rα-Neuron = inspiratorisches Neuron; Rβ-Neuron = zwischengeschaltetes Interneuron)

ronen verstreut in der Medulla liegen, spricht man allerdings besser von einem Rhythmusgenerator als einem Zentrum. Die inspiratorischen Neuronen sind spontanaktiv. Sie regeln Atemtiefe, Atemfrequenz und Atemform (z. B. bei der Lauterzeugung), wobei periphere Rezeptoren (an der Arteria carotis und den großen Lungenaorten), die vor allem auf Erniedrigung des Sauerstoffpartialdrucks (pO_2) ansprechen und Strukturen in der Medulla, die vor allem auf den Kohlenstoffdioxidpartialdruck (pCO_2) oder die Wasserstoffionen-(H^+-)Konzentration reagieren, eine wichtige Rolle spielen. Für die Atmungsregulation der Säugetiere gilt, dass der zentrale Atemrhythmus durch eine wechselseitige Entladung inspiratorischer und expiratorischer Neuronen, die sich gegenseitig hemmen, hervorgerufen wird. Zusätzlich wird durch Dehnung der Lungen die Atmung gehemmt (*Hering-Breuer-Reflex*) und dadurch sowohl die Atemtiefe gesteuert, als auch eine Überdehnung der Lunge verhindert.

Atentaculata, *Beroida*, Gruppe der Rippenquallen (↗ Ctenophora).

Äthalium, das ↗ Aethalium.

Äthanal, ältere Bez. für den ↗ Acetaldehyd.

Äthanolgärung, ↗ alkoholische Gärung.

Athecata, *Anthomedusae*, Gruppe der ↗ Hydroida.

Atherinidae, *Ährenfische*, Fam. der Atheriniformes (Ährenfischverwandten), die meist als Schwarmfische in tropischen und gemäßigten Meeren leben. Der *Kalifornische Ährenfisch* (*Leuresthes tenuis*) zeigt ein besonderes Laichverhalten: Bei Springflut kriechen die Weibchen in großer Zahl auf den Sandstrand und die Männchen winden sich um die Weibchen und besamen die Eier. Die Jungen schlüpfen dann zur nächsten Springflut.

ätherische Öle, bisherige Schreibung für ↗ etherische Öle.

Atherosklerose, ↗ Arteriosklerose.

Äthiopis, Unterregion der ↗ Paläotropis.

Atlas, der 1. Halswirbel der Landwirbeltiere (↗ Wirbelsäule).

Atmobios, die Gesamtheit der oberirdisch lebenden Organismen. Der Begriff umfasst die Bewohner der Bodenoberfläche und der Vegetation. Gegensatz: ↗ Edaphon

Atmosphäre, die überwiegend gasförmige Hülle von Himmelskörpern, i. e. S. die Lufthülle der Erde. Den Hauptbestandteil der heutigen Erdatmosphäre macht mit rund 78 Vol-% ↗ Stickstoff aus, gefolgt von ↗ Sauerstoff mit rund 21 Vol-%. Argon hat einen Anteil von rund 0,9 Vol-%, während alle anderen Gase (↗ Kohlenstoffdioxid, Neon, Helium, ↗ Ozon) Konzentrationen unter 1 ‰ aufweisen. Die A. ist gegliedert in die *Troposphäre*, die eine Höhe von 8 bis etwa 18 km aufweist und in der sich das Wettergeschehen und die Luftbewegungen abspie-

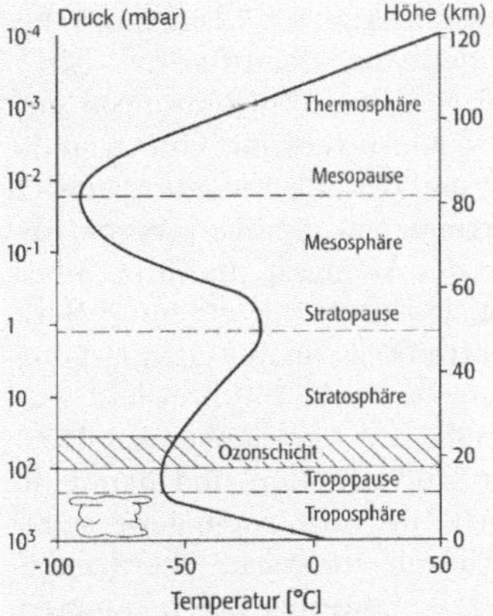

Atmosphäre   Der Stockwerkaufbau der Atmosphäre

len, die *Stratosphäre*, die zwischen 10 und 50 km Höhe liegt, die *Mesosphäre* zwischen 50 und 80 km Höhe, die *Thermosphäre*, die bis 500 km reicht und in der Temperaturen bis 1200 °C erreicht werden, sowie die *Exosphäre* oder *Magnetosphäre* ab 500 km Höhe. In der Stratosphäre liegt die Ozonschicht (↗ Ozon), welche die für die Organismen schädlichen UV-Strahlen (↗ UV-Strahlung) absorbiert. (↗ Treibhauseffekt)

Atmung, zusammenfassende Bez. für alle Prozesse, die die Aufnahme molekularen Sauerstoffs in lebende Organismen, seinen Transport in die Zelle und seine Reduktion zu Wasser über die in den ↗ Mitochondrien lokalisierte ↗ Atmungskette sowie die Produktion und Abgabe von ↗ Kohlenstoffdioxid (CO_2) bewerkstelligen.

1) *Atmung bei Tieren:* Hier wird unterschieden zwischen *äußerer Atmung* (*Respiration, Gaswechsel*) einerseits, d. h. der Aufnahme von Sauerstoff (O_2) und der Abgabe von CO_2 und *innerer Atmung* andererseits, d. h. der Verarbeitung des O_2 in der Zelle (↗ Atmungskette, ↗ Dissimilation) durch biochemische Prozesse. Innere und äußere Atmung sind eng miteinander verknüpft, da die abbauenden Stoffwechselvorgänge, die der Zelle Energie liefern, insgesamt oxidativer Natur sind. Die *Atmungsintensität* eines Tieres ist daher ein Maß für die Stoffwechselintensität, ausgedrückt durch den Verbrauch von ml O_2 pro Gramm Lebendgewicht und pro Zeiteinheit (↗ Respirometrie). Sie ist abhängig von den verschiedensten inneren und äußeren Faktoren wie Lebensraum, Lebensweise, Aktivität, Größe, Temperatur, Entwicklungsstadium.

Physikalische Grundlagen der Atmung: Der Primärprozess der äußeren A. besteht immer in einer Diffusion und ist an ein Gaspartialdruckgefälle (↗ Partialdruck) gebunden. Die Diffusionsgeschwindigkeit hängt von verschiedenen Parametern (Diffusionsfläche, Partialdruckgefälle bzw. Konzentrationsgradienten, Diffusionsstrecke) ab.

Das Fick'sche Diffusionsgesetz ($\nearrow$ Diffusion) beschreibt die Zusammenhänge quantitativ.

Im Tierreich sind vielfältige Einrichtungen entwickelt worden, die dem Antransport von O_2 an die Gasaustauschfläche und dem Abtransport von CO_2 dienen: Atmungsorgane bzw. solche Organe, die den Weitertransport der Atemgase im Körper übernehmen ($\nearrow$ Blutkreislauf), oft mit einem $\nearrow$ Herz, das den Kreislauf antreibt. Je nach Leistungsfähigkeit von Atmungsorganen und Blutkreislauf wird das Partialdruckgefälle an der Austauschfläche mehr oder weniger groß gehalten und damit die Diffusion erleichtert. Die Austauschfläche selbst zeichnet sich häufig durch eine starke Oberflächenvergrößerung aus (z. B. Lungenalveolen, Kiemenblättchen). Die beiden Atemmedien Luft und Wasser sind in unterschiedlicher Weise für den Gaswechsel geeignet und verlangen entsprechende Anpassungen. Die Gaszusammensetzung der Luft ist im Gegensatz zu der des Wassers weitgehend konstant. Die einzelnen Partialdrücke addieren sich dabei zum Gasgesamtdruck, wobei noch der temperaturabhängige Anteil des Wasserdampfes zu berücksichtigen ist. Die Zusammensetzung der Gase im Atemmedium Wasser wird durch ihre Löslichkeit, die Temperatur, vorhandene Salze und die Intensität des Luftaustausches bestimmt. An der Luft-Wasser-Grenzschicht sind die Partialdrücke, nicht aber die Gaskonzentrationen, gleich, was auf der unterschiedlichen Löslichkeit der Gase in Wasser beruht. Wegen der geringen Löslichkeit von O_2 und der hohen von CO_2 in Wasser ist die O_2-Versorgung für Wassertiere, hingegen die CO_2-Abgabe für Landtiere das größere Problem.

Atmung im Wasser: Bei kleinen Wasserbewohnern reichen reine Diffusionsprozesse aus, um den O_2-Bedarf zu decken. Viele Wassertiere, insbesondere sessile, besitzen häufig Strudeleinrichtungen, die dann sowohl dem O_2-Antransport als auch dem Nahrungserwerb dienen. Schwämme ($\nearrow$ Porifera) werden von einem Kanalsystem durchzogen, das Nahrung und O_2 in alle Bereiche des oft sehr großen Tierstocks führt; die eigentliche A. erfolgt ebenfalls durch Diffusion. Große Wasseratmer müssen durch Ventilation ihr Atemwasser erneuern, außerdem wird in Kiemen das Gegenstromprinzip ($\nearrow$ Gegenstromaustausch) genutzt, um eine bessere Sauerstoffausbeute zu erlangen. Einige wasserbewohnende Tiere (Lungenfische, Aale, Krebstiere) sind fakultative bis obligate Luftatmer geworden. Ihre Anpassungen stehen modellhaft für den phylogenetischen Übergang zur Luftatmung. Neben den $\nearrow$ Kiemen und der $\nearrow$ Haut werden bei diesen Tieren die Mundhöhle ($\nearrow$ Mund), die Kiemenhöhle bzw. die Carapaxhöhle bei Krebsen, der $\nearrow$ Darm oder die $\nearrow$ Schwimmblase zum Atmen benutzt, auch echte $\nearrow$ Lungen sind schon ausgebildet. Stark durchblutete Epithelien kleiden die Atemhöhlen aus und dienen der O_2-Aufnahme, das CO_2 wird bei allen diesen Arten weiterhin im wesentlichen über die Haut und die Kiemen abgegeben.

Atmung　Vorkommen respiratorischer Farbstoffe

Pigment	Vorkommen
Hämocyanin (kupferhaltiges Protein)	Weichtiere: Kopffüßer, Vorderkiemer, Lungenschnecken Krebstiere: Taschenkrebse, Hummer Spinnentiere: Schwertschwänze, *Euscorpius sp.* (Gattung der Skorpione)
Hämerythrin (eisenhaltiges Protein)	Sipunculida Polychaeta: *Magelona* Priapulida: *Halicryptus sp.* und *Priapulus sp.* Brachiopoda: *Lingula*
Chlorocruorin (Protein mit eisenhaltigem Porphyrinring)	Polychaeta: nur Vertreter der Familien Sabellidae, Serpulidae, Chlorhaemidae, Ampharetidae Einige Oligochaeta prosthetische Gruppe des Proteins allein auch in Seesternen
Hämoglobin (Protein mit eisenhaltigem Porphyrinring)	Wirbeltiere: fast alle, außer Aallarven und einigen antarktischen Fischen Stachelhäuter: Seegurken Weichtiere: *Planorbis* (Gattung der Tellerschnecken), *Tivela sp.* Insekten: *Chironomus sp.* (Zuckmückenart), *Gasterophilus* Krebstiere: Daphniidae (Wasserflöhe), *Artemia sp.* Ringelwürmer: *Lumbricus sp.*, *Tubifex sp.*, *Arenicola sp.* (Sandwurmarten), *Spirorbis sp.* (Posthörnchenwurm); *Serpula sp.* besitzt Hämoglobin und Chlorocruorin Fadenwürmer: *Ascaris sp.* (Spulwürmer) Plattwürmer: Saugwürmer Einzeller (Protozoen): *Paramecium sp.* (Pantoffeltierchen), *Tetrahymena sp.* Hefen, Pilze *(Neurospora)*, *Azotobacter sp.* (Wurzelbakterien der Leguminosen, z. B.: Luzerne, Klee)

Luftatmende Tiere: Die einfachste Form der Luftatmung besteht ebenfalls in einer reinen Diffusion, so z. B. bei Fadenwürmern (↗ Nematoda) und kleinen Insekten (z. B. ↗ Collembola). Bei größeren Tieren werden die Atmungsorgane (Lunge, ↗ Tracheen) durch Bewegungen der Thorax- bzw. Abdominalmuskulatur ventiliert. Unter den Lungenatmern sind zwei Ventilationstypen zu unterscheiden. Im Unterschied zu Kiemen ist bei beiden Typen der Lungenatmer nicht das Ziel, einen kontinuierlichen Strom des Atemmediums zu erzeugen, sondern der Austausch eines bestimmten Volumens des Atemmediums. Bei der *Druckventilation* (Froschlurche; ↗ Anura) wird Luft durch Gaumen- und Schluckbewegungen in die Lunge gepresst. Diese *Kehlatmung* der Amphibien, die dem Luftschlucken der Lungenfische noch sehr ähnlich ist, wird als die ursprünglichste Form der Atmung angesehen. Bei der *Saugventilation* (Vögel, Säugetiere) wird ein Unterdruck durch Vergrößerung des Brustkorbs während der Einatmung erzeugt. Dieses kann durch *Rippenatmung (Costalatmung, Brustatmung)* mit einer Hebung der Rippenbögen oder durch *Zwerchfellatmung (Bauchatmung)* mit einem Absenken des in den Thoraxraum hineinragenden ↗ Zwerchfells geschehen. Die Lunge der Säugetiere (↗ Mammalia) wird durch beide Atmungstypen gemeinsam ventiliert. Bei Vögeln (↗ Aves) bewirkt ein Absenken des Brustbeins zusammen mit einer Erweiterung der Rippenbögen die Volumenvergrößerung des Brustkorbs. I. d. R. ist bei Säugetieren die *Einatmung (Inspiration)* ein aktiver Vorgang, die *Ausatmung (Expiration)* hingegen weitgehend passiv, andere Tiere (Vögel und Schildkröten) atmen aktiv aus und ein. Die koordinierten Atembewegungen werden zentralnervös reguliert (↗ Atemzentrum). Vögel und Säugetiere atmen normalerweise kontinuierlich, während Reptilien, Amphibien und Insekten intermittierend atmen.

Für die *menschliche Lunge* ist die *Atemkapazität* genau untersucht und durch verschiedene Kenngrößen charakterisiert: Unter Ruhebedingungen erfolgen pro Minute etwa 15 Atemzüge, während derer beim Erwachsenen etwa 0,5 l Luft aufgenommen werden (*Atemminutenvolumen*). Forcierte Einatmung vermehrt die aufgenommene Luft (Atemvolumen + *Einatmungsreservevolumen*), eine entsprechende Luftmenge kann bei maximaler Ausatmung zusätzlich zur normalen Atemluft ausgeatmet werden. (*Ausatmungsreservevolumen*). Auch nach maximaler Expiration bleibt noch Luft in der Lunge zurück (*Residualvolumen*) und dient als Luftpuffer gegenüber zu starken Partialdruckschwankungen der Atemgase. Diese Luftreserve entweicht erst bei einem Lungenkollaps. Aus der Summe von Atemzug-, Einatmungsreserve- und Ausatmungsreservevolumen ergibt sich die maximal bewegbare Lungenluftmenge (*Vitalkapazität*); Residualvolumen und Vitalkapazität zusammen ergeben die *Totalkapazität.*

2) *Atmung bei Pflanzen:* Pflanzen produzieren während der ↗ Fotosynthese nicht nur Kohlenhydrate, sondern nutzen diese, wie heterotrophe Organismen auch, in unterschiedlich hohem Umfang zur Energiegewinnung, wobei beide Prozesse gleichzeitig ablaufen können. Während nichtgrüne Gewebe wie Wurzeln, Speicherorgane oder Früchte (↗ Klimakterium) die für ihren Stoffwechsel erforderliche Energie ausschließlich durch A. bereitstellen müssen, führt die atmungsbedingte Oxidation von reduzierten Kohlenstoffverbindungen dazu, dass zwischen 30 und 60 Prozent des fotosynthetisch fixierten CO_2 wieder verloren gehen. Neben der ↗ Fotorespiration kann die A. die Rate der ↗ Nettophotosynthese in erheblichem Maße beeinflussen. Die A. ist bei grünem Gewebe unterschiedlich hoch. Generell gilt, dass Gewebe mit hoher Stoffwechselaktivität (z. B. junge Blätter, austreibende Knospen) auch hohe Respirationsraten aufweisen, wohingegen ausgereiftes Gewebe sich durch eine niedrige A. auszeichnet. Weitere Faktoren, die die pflanzliche A. beeinflussen, sind Umweltfaktoren wie Temperatur und die externe Sauerstoffkonzentration. Die Tatsache, dass Gemüse und Früchte nach der Ernte am besten bei niedrigen Temperaturen gelagert werden, rührt daher, dass atmungsbedingte Prozesse zu unerwünschten Eigenschaften führen. Werden z. B. Kartoffeln über 10 °C gelagert, sind Atmung und andere physiologische Prozesse hoch genug, um die Keimung auszulösen. Kälte unter 5 °C verlangsamt die Atmung weitgehend, führt jedoch zum Abbau der Stärke in Saccharose, was den Kartoffeln einen unerwünscht süßen Geschmack verleiht.

3) *Atmung bei Mikroorganismen:* Eine Reaktionsfolge im Stoffwechsel, bei der Energie aus dem Abbau organischer Substrate zu CO_2 und Wasser gewonnen wird. Dabei dient Sauerstoff als terminaler Elektronenakzeptor. Die frei werdende Energie wird zur ATP-Bildung genutzt. Bei den einleitenden Reaktionsfolgen des Glucoseabbaus bis zum Pyruvat werden drei Hauptwege begangen: der *Emden-Meyerhof-Parnas-Weg* (Fructose-1,6-bisphosphat-Weg), der *Entner-Doudoroff-Weg* (2-keto-3-desoxy-6-phosphogluconat-Weg) und der ↗ Pentosephosphat-Weg. Die anschließenden Reaktionen gliedern sich in eine oxydative Pyruvatdecarboxylierung, einen Tricarbonsäurezyklus und eine Atmungskette. Bei den meisten eukaryotischen Mikroorganismen wird Glucose über den Emden-Meyerhof-Parnas-Weg (EMP-Weg) zu Pyruvat abgebaut. Viele ↗ Bakterien nutzen ebenfalls diesen Weg, durch den auch zahlreiche Gärungsprozesse eingeleitet

werden. Über den Entner-Doudoroff-Weg wird Glucose bei vielen aeroben gramnegativen Bakterien abgebaut, z. B. bei *Pseudomonas-*, *Xanthomonas-* und *Rhizobium*-Arten.

Zu einer unvollständigen Atmung kommt es, wenn Schlüsselenzyme der Abbauprozesse fehlen. Dieser Fall liegt bei einigen ↗ Essigsäurebakterien vor, die eine unvollständige Oxidation von Glucose oder Ethanol durchführen, wobei Essigsäure angehäuft wird. Eine besondere Form der A. ist auch die ↗ anaerobe Atmung, bei der anstelle von Sauerstoff alternative Elektronenakzeptoren wie z. B. Nitrat oder Sulfat verwendet werden.

Atmungskette, eine aus zahlreichen Einzelschritten aufgebaute Kette von chemischen Redoxreaktionen, die durch ein Multienzymsystem (↗ Multienzymkomplexe) der inneren Mitochondrienmembran, bei prokaryotischen Mikroorganismen der Cytoplasmamembran (↗ Endosymbiontentheorie) katalysiert wird und in deren Verlauf Elektronen von NADH auf Sauerstoff übertragen werden, der mit zwei Protonen (H^+) zu Wasser reduziert wird. Die direkte Oxidation von Wasserstoff (Knallgasreaktion: $2 H_2 + O_2 \rightarrow 2 H_2O$) verläuft explosionsartig und ist daher als zelluläre Energiequelle nicht geeignet. Durch die A. wird die Knallgasreaktion in zahlreiche, unter physiologischen Temperaturen ablaufende Einzelschritte zerlegt, wodurch die frei werdende Energie in kleinen und daher durch die Zelle kontrollierbaren bzw. durch Überführung in ATP (↗ Adenosinphosphate) verwertbaren Portionen anfällt.

Die A. ist das Herzstück der Zellatmung bzw. des Energiestoffwechsels, da die Hauptmenge des ATPs durch die so genannte *Atmungskettenphosphorylierung* gebildet wird. Ausgangssubstrat ist NADH, das bei zahlreichen Reaktionen des Zellstoffwechsels anfällt. In einem ersten Schritt wird an der NADH-Dehydrogenase (Komplex I) NADH oxidiert, wobei zwei Elektronen (zusammen mit zwei Protonen) auf ein Flavinenzym (↗ Flavoproteine) übertragen werden, das dabei in den reduzierten Zustand ($FMNH_2$) übergeht. Von diesem durchlaufen die Elektronen mehrere Redoxreaktionen und werden schließlich auf Coenzym Q, ein Chinon (↗ Ubichinon), übertragen, das dabei unter Aufnahme von zwei Protonen auf der Matrixseite der inneren Membran (innen) in den reduzierten Zustand eines ↗ Hydrochinons übergeht. Die beiden Protonen des $FMNH_2$ werden auf der cytoplasmatischen Seite der inneren Membran (außen) abgegeben. Das Hydrochinon diffundiert innerhalb der Membran zu dem Cytochrom-bc_1-Komplex (Komplex III) und wird an der Außenseite der Membran unter Abgabe von zwei Protonen oxidiert. Über mehrere Redoxkomponenten (Cytochrome und Eisen-Schwefel-Proteine) wird ein Elektron auf Cytochrom c (↗ Cytochrome) übertragen, wobei das zentrale Fe^{3+}-Ion zu Fe^{2+} reduziert wird. Innerhalb des Cytochrom-bc_1-Komplexes findet eine als *Chinon-Zyklus* bezeichnete Reaktion statt, in deren Verlauf zwei weitere Protonen über die Membran transportiert werden. Von reduziertem Cytochrom c werden Elektronen mit Hilfe einer *Cytochromoxidase* (Komplex IV; Cytochrom a_3) auf molekularen Sauerstoff übertragen. Das dabei entstehende, kurzlebige und nicht fassbare O^{2-}-Anion vereinigt sich mit Protonen zu Wasser, dem Endprodukt der Zellatmung. Charakteristisch für diese Kaskade von Redoxreaktionen ist der ständige Wechsel zwischen oxidierter und reduzierter Form der einzelnen Komponenten des Multienzymkomplexes. Die einzelnen Komponenten der A. sind so hintereinander geschaltet, dass sie bezüglich ihrer ↗ Redoxpotenziale stufenweise ein Gefälle von hoher ↗ Elektronegativität (entsprechend einer hohen Reduktionskraft) zu niedriger Elektronegativität (entsprechend dem bereits schwach elektropositiven Cytochrom a_3 mit schwacher Reduktionskraft) durchlaufen.

Das Multienzymsystem ist räumlich so angeordnet, dass der Kaskadenlauf der Reduktionsäquivalente (Elektronen) zugleich ein Zickzackweg innerhalb der Membran ist, in dessen Verlauf sich ein ↗ Protonengradient zwischen der Innen- und Außenseite der inneren Membran ausbildet. Nach der von P. D. ↗ Mitchell aufgestellten *chemiosmotischen Theorie* ist der durch die A. über der inneren Mitochondrienmembran enstehende Protonengradient zur Bildung von ATP aus ADP und Phosphat im Rahmen der Atmungskettenphosphorylierung erforderlich und gewährleistet so letztlich die Umwandlung eines hohen Anteils der durch die Zellatmung frei werdenden Energie in ATP.

Durch spezifische Hemmstoffe kann die A. an betimmten Stellen blockiert werden. Beispielsweise hemmen Rotenon (ein pflanzliches Insektizid), Amytal und einige Barbiturate die Übertragung von Wasserstoff von NADH auf die NADH-Dehydrogenase. Das Antibiotikum Antimycin blockiert die Weitergabe von Elektronen aus Coenzym Q auf den Cytochrom-bc_1-Komplex. Cyanidionen (CN^-, ↗ Cyanid) und ↗ Kohlenstoffmonooxid (CO) inhibieren den Elektronentransport von Cytochrom c auf die Cytochromoxidase.

Als *Entkoppler* der A. werden dagegen Stoffe bezeichnet, die die Reaktionen der Atmungskette selbst zwar nicht beeinflussen, die aber den Aufbau des Protonengradienten verhindern und damit den Elektronentransport von der ATP-Synthese entkoppeln und somit die Atmungskettenphosphorylierung hemmen. Die Zellatmung läuft gleichsam im Leerlauf, also ohne Bildung von für die Zelle verwertbarer Energie. Entkoppler sind u. a. Arsenat,

↗ 2,4-Dinitrophenol, ↗ Thyroxin. Andere Hemmstoffe, wie z. B. die Antibiotika Oligomycin und Rutamycin blockieren die in der Mitochondrienmembran lokalisierte ATP-Synthase, die unmittelbar die ATP-Synthese katalysiert.

Unter physiologischen Bedingungen ist die Kopplung zwischen der A. und der ATP-Synthese wechselseitig, d. h., es hängt nicht nur die ATP-Synthese vom Ablauf der Reaktionen der A. ab, sondern es können auch nur dann Reduktionsäquivalente durch die A. geschleust werden, wenn eine ausreichend hohe Konzentration von ADP vorliegt bzw. wenn die Konzentration des gebildeten ATP in der Mitochondrienmembran durch fortlaufenden Abtransport in andere Zellkompartimente in Grenzen gehalten wird. Diese Rückkopplung der A. an die ATP-Synthese wird als zelluläre Atmungskontrolle bezeichnet. Die durch die A. frei werdende Energie fällt zu etwa 60 % als Wärme an, während maximal 40 % gebunden als ATP und in dieser Form als für den Zellstoffwechsel weiter verwertbare Energie auftreten. Die Ausbeute von ATP wird häufig durch den so genannten *P/Q-Quotienten* charakterisiert, der angibt, wieviel mol ATP pro Grammatom Sauerstoff (1/2 O_2) gebildet werden. Für jedes Sauerstoffatom bzw. für jeweils zwei Reduktionsäquivalente (2 H-Atome), die ausgehend von NADH die ganze A. durchlaufen, können drei mol ATP gebildet werden (P/Q-Quotient = 3). In Gegenwart von Entkopplern nähert sich der P/Q-Qotient dem Nullwert. Winterschlafende Tiere (↗ Winterschlaf) zeigen bei insgesamt stark verminderter Atmung einen

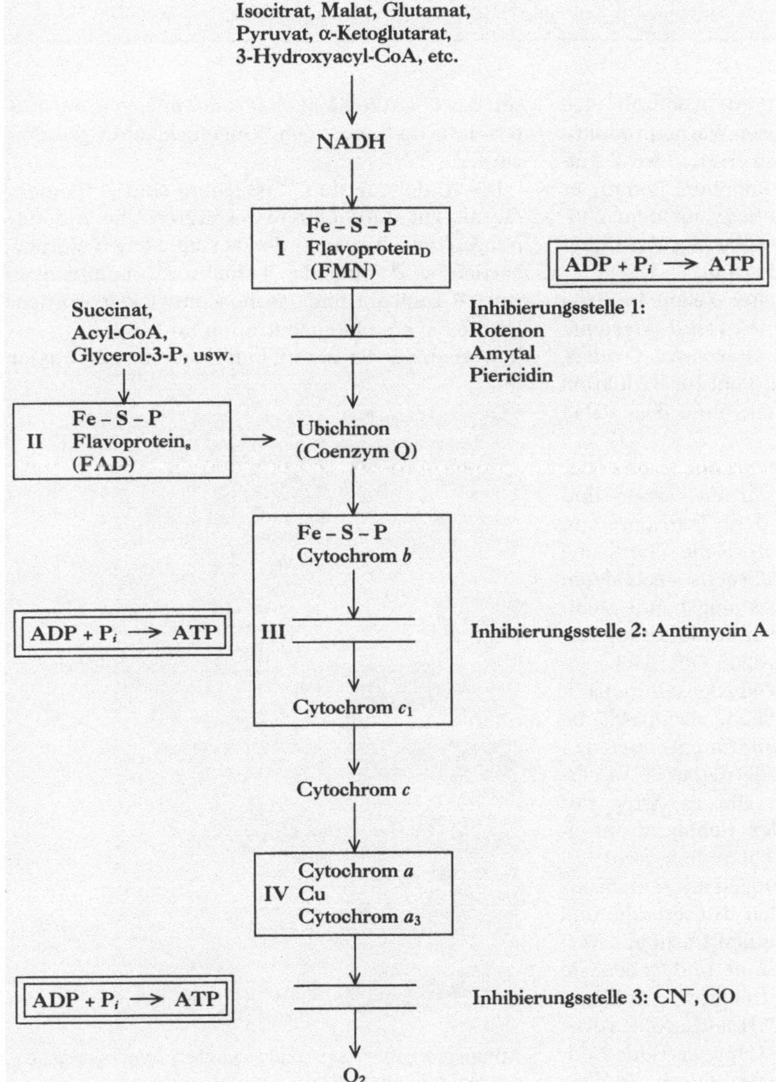

Atmungskette Die Kästen entsprechen der Zusammensetzung der Komplexe I bis IV. Der Elektronenfluss ist durch Pfeile angezeigt. Die Stellen, an denen Hemmstoffe der A. eingreifen, sind mit 1, 2 und 3 markiert und durch horizontale Balken angedeutet. Die Stellen 2 und 3 sind auch mit der ATP-Synthase gekoppelt, d. h. entsprechend der chemiosmotischen Theorie stellt jede dieser Elektronentransferstufen genug Energie zur Verfügung, um einen Protonengradienten für die Synthese eines ATP-Moleküls zu erzeugen

Atmungskette   Komponenten der mitochondrialen Atmungskette

Komplex	Komponente	Funktionelle Gruppe	Aktivität
	Pyridinnucleotidabhängige Dehydrogenasen	NAD^+ oder $NADP^+$	
I	Flavoprotein$_D$	FMN, Nicht-Hämeisen	NADH:Ubichinon-Oxidoreduktase
II	Flavoprotein$_S$	FAD, Nicht-Hämeisen	Succinat-Ubichinon-Oxidoreduktase
–	Ubichinon (Coenzym Q)	Reversibel reduzierbare Chinon-struktur	
III	Eisen-Schwefel-Proteine	Eisen-Schwefel-Zentren	Ubichinon:Cytochrom-c-Oxidoreduktase
	Cytochrom b (b_K und b_T)	Häm (nichtkovalent gebunden)	
	Cytochrom c_1	Häm (kovalent gebunden)	
–	Cytochrom c	Häm (kovalent gebunden)	
IV	Cytochrom a	Häm a	
	Cytochrom a_3	Kupferprotein, Häm a	Cytochrom-Oxidase

relativ niedrigen P/Q-Quotienten, wodurch eine Verschiebung zugunsten höherer Wärmeproduktion auf Kosten der ATP-Synthese erreicht wird. Aufgrund dieser natürlichen Entkopplung kommt es besonders während des Erwachens aus dem Winterschlaf im braunen ↗ Fettgewebe zu einer intensiven chemischen Wärmeproduktion.

Im Gegensatz zur A. tierischer Zellen besitzen *Pflanzenzellen* eine so genannte *cyanid-resistente Atmung*, bei der das Enzym alternative Oxidase Elektronen aus dem Ubichinon-Pool zur Reduktion von Sauerstoff zu Wasser nutzt, ohne dass dabei ATP erzeugt wird.

Atmungsorgane, *Respirationsorgane*, mehr oder weniger spezialisierte Körperpartien wasser- und landbewohnender Tiere, die dem Transport von Sauerstoff (O_2) an eine respiratorische Oberfläche und der Abgabe des im Zellstoffwechsel gebildeten Kohlenstoffdioxids (CO_2) an das umgebende Medium dienen. Vor allem bei Tieren mit einer im Verhältnis zum Körpervolumen großen Oberfläche sowie solchen mit geringer Stoffwechselintensität dient die gesamte Körperoberfläche als Oberfläche für den Gasaustausch (↗ Hautatmung). Bei den ↗ Oligochaeta, den ↗ Echinodermata, ↗ Wasserinsekten und den ↗ Fischen gibt es Arten mit *Darmatmung*. So erzeugt der Schlammröhrenwurm Tubifex insbesondere bei reduziertem O_2-Angebot wellenförmige Bewegungen mit seinem aus dem Schlamm herausragenden Hinterende und nimmt O_2-reiches Wasser in seinen Darm auf. Verschiedene Fische schlucken Luft und geben sie nach dem Gaswechsel im Mitteldarm durch den After wieder ab. Seewalzen (↗ Holothuroidea) besitzen als fein verästelte Ausstülpungen des Enddarms so genannte *Wasserlungen*, durch die Was-

ser, das über die Kloake aufgenommen wurde, mittels Kontraktionen von Ringmuskulatur gepresst wird.

Die A. der meisten Wassertiere sind ↗ Kiemen, die als gut durchblutete respiratorische Ausstülpungen und Anhänge der verschiedenen Körperpartien bei ↗ Annelida, ↗ Mollusca, Amphibienlarven, ↗ Tunicata und Fischen entwickelt wurden. Da die Sauerstoffkonzentration im Wasser wesentlich niedriger ist als in Luft und salziges Wasser

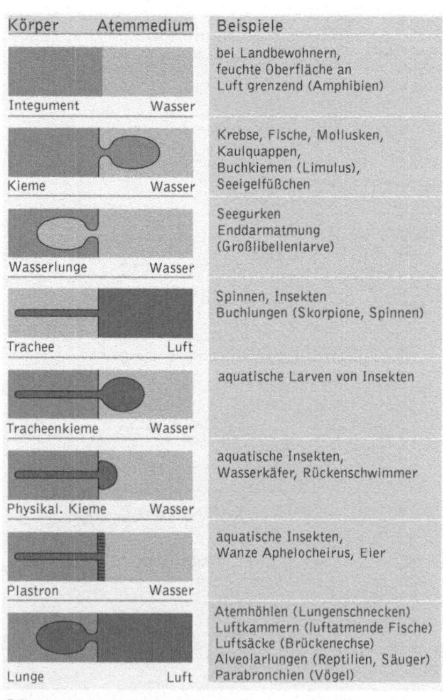

Atmungsorgane   Beziehung zwischen Atmungsorganen, Körper und Atemmedium

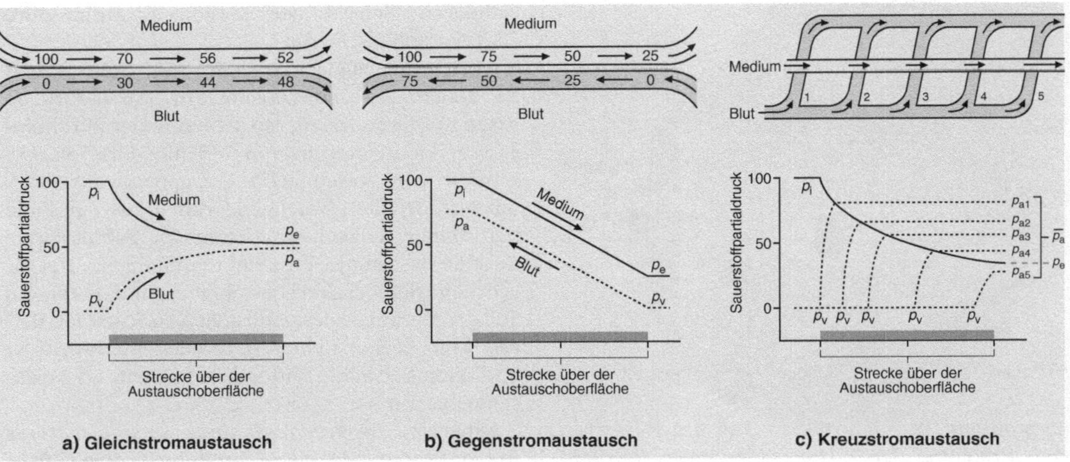

Atmungsorgane *Funktionelle Anordnung von Atmungsorganen.* Ähnlich wie bei Exkretionsorganen lässt sich die Vielfalt der morphologischen Ausbildungen von A. auf wenige Grundtypen zurückführen. Sie unterscheiden sich in der Art des Gasaustausches zwischen Blut und Atemmedium über respiratorische Membranen. Nach ihrer Leistungsfähigkeit – d. h. der Fähigkeit, Blut mit Sauerstoff anzureichern und Kohlenstoffdioxid anzugeben – sind dies: *Offene Systeme* (Hautatmung), *Pool- und Gleichstromsysteme* (Alveolarlungen der Säuger), *Kreuzstromsysteme* (Parabronchiallungen der Vögel und das Gasauschtauschsystem in der Placenta und *Gegenstromsysteme* (Kiemen der Fische). – Hautatmung ist wenig effizient, da Ventilationseinrichtungen fehlen. Beim *Gleichstromaustauscher* (a) trifft sauerstoffarmes Blut (p_x) zunächst auf frisches Atemmedium (p_i). Während Blut und Medium parallel über die Austauschfläche strömen, erreichen die Sauerstoffpartialdrücke ein Gleichgewicht, das zwischen p_i und p_x liegt. Der Sauerstoffpartialdruck des Blutes, das den Austauscher verlässt (p_a) kann in diesem System nicht über dem des ausgeatmeten Mediums (p_e) liegen. – Beim *Gegenstromaustauscher* (b) trifft sauerstoffarmes Blut p_x zunächst auf sauerstoffarmes Medium (p_e). Im Verlauf des Gasaustausches über der respiratorischen Oberfläche gelangt das Blut in Kontakt mit zunehmend sauerstoffreicherem Medium. Auf diese Weise wird ständig eine Sauerstoffpartialdruckdifferenz aufrecht erhalten, die die weitere Aufnahme von Sauerstoff aus dem Medium fördert. Wenn das Blut den Austauscher verlässt (p_a), hat es einen wesentlich höheren Sauerstoffpartialdruck als das ausgeatmete Medium; er kann nahe dem des eingeatmeten Mediums (p_i) liegen. – Im Falle des *Kreuzstromaustauschers* (c) trifft ein Teil des Blutes ausschließlich auf sauerstoffreiches Medium, ein anderer Teil auf sauerstoffärmeres bis sauerstoffarmes Medium. Da die kleinen Gefäße, die den Medienstrom queren, sich wieder zu einem Gefäß vereinigen, verlässt das letztere den Austauscher mit Blut, dessen Sauerstoffpartialdruck zwar deutlich über dem von p_e liegt, der sich aber nicht so stark an p_i annähern kann wie im Fall des Gegenstromaustauschers

weniger gelösten Sauerstoff enthält, müssen Kiemen sehr effizient arbeiten. Dies wird zum einen durch Ventilation und zum anderen durch Gegenstromaustausch erreicht.

Insekten besitzen ↗ Tracheen als A., eine nach innen gefaltete respiratorische Oberfläche, die ein System von Röhren bildet, die den Körper durchziehen und durch feine Verästelungen fast jede Zelle erreichen. Der Gasaustausch erfolgt bei kleinen Tieren durch Ventilation, bei großen Tieren werden durch pumpende Körperbewegungen die Röhren wie Blasebälge zusammengepresst und gedehnt und somit ventiliert. Verschiedene wasserlebende Insekten und die Wasserspinne (↗ Agyroneta) können, obwohl reine Tracheenatmer, längere Zeit unter Wasser bleiben, indem sie eine Luftblase an ihrem Körper mittransportieren. Aus einer solchen *physikalischen Kieme* wird O_2 entnommen und diffundiert aus dem Wasser nach.

Die A. der meisten Landwirbeltiere sind ↗ Lungen. Säuger ventilieren ihre Lungen durch Unterdruckatmung, indem durch Weitung des Brustkorbs und Senkung des Zwerchfells das Lungenvolumen vergrößert wird und die Lunge wie eine Saugpumpe wirkt. Amphibien ventilieren ihre Lungen durch Überdruckatmung, indem sie Luft in die Luftröhre pressen und bei Vögeln fungieren Luftsäcke als Blasebälge, die die Luft beim Ein- und Ausatmen auf einem Rundkurs durch das Lungen-Luftsack-System strömen lassen. (↗ Atmung, ↗ Atemzentrum)

Atmungsregulation, ↗ Atemzentrum.

Atoll, ↗ Korallenriff.

ATP, Abk. für Adenosin-5-triphosphat (↗ Adenosinphosphate).

ATPasen, Abk. für *Adenosintriphosphatasen*, Gruppe von Enzymen, die ATP (↗ Adenosinphosphate) hydrolytisch zu ADP und Phosphat (↗ Phosphorsäure-Anion) spalten. A. sind häufig Bestandteile von ↗ Multienzymkomplexen. Enzymsysteme mit ATPasen kommen besonders in den Membranen erregbarer Zellen (z. B. Neuronen, Muskelzellen) vor und außerdem als ↗ Transport-ATPasen in Zellmembranen insbesondere von Geweben mit hohen Transportleistungen (siehe Abb. auf Seite 122).

atrialer natriuretischer Faktor, Abk. *ANF, Cardionatrin*, ein vor allem in den Herzmuskelzellen des Herzvorhofs (Atrium; ↗ Herz) gebildetes ↗ Peptid-

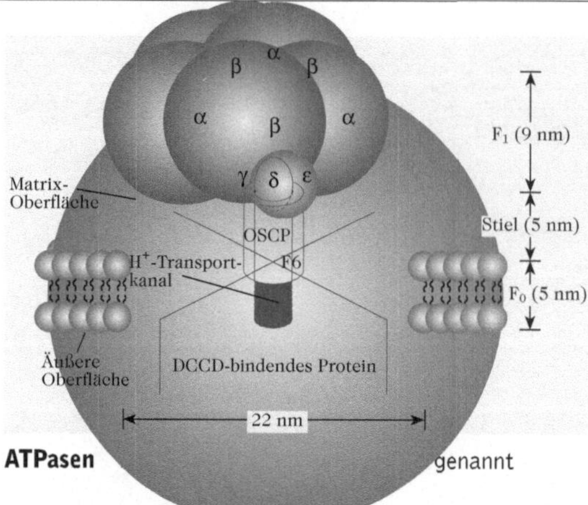

ATPasen genannt

hormon aus 28 Aminosäuren. Der a. n. F. bewirkt eine Erhöhung der ⬀ Diurese und der Natriumausscheidung und er hemmt die Sekretion von ⬀ Renin und ⬀ Aldosteron und ist somit ein Gegenspieler des ⬀ Renin-Angiotensin-Systems. Außerdem spielt er eine wichtige Rolle bei der Regulation des ⬀ Blutdrucks und des Blutvolumens. Die adäquaten Reize für die Ausschüttung von a. n. F. sind eine Dehnung der Herzmuskelzellen bzw. eine Erhöhung des Blutdrucks. ⬀ Niere, Nebennierenrinde (⬀ Nebenniere) und ⬀ Gehirn besitzen spezifische Rezeptoren für a. n. F. und sind daher die Empfängerorgane für die Wirkung des atrialen natriuretischen Faktors.

Atrioventrikularklappen, *Segelklappen*, ⬀ Herz.

Atrioventrikularknoten, *Aschoff-Tawara-Knoten*, Teil des Erregungsleitungssystem des Herzens (⬀ Herz).

Atriplex, Gatt. der ⬀ Chenopodiaceae.

Atrium, die Vorkammer des Herzens (⬀ Herz).

Atropa, Gatt. der ⬀ Solanaceae.

Atropin, *DL-Hyoscyamin*, ein Alkaloid, das in Nachtschattengewächsen (⬀ Solanaceae) wie Tollkirsche (*Atropa belladonna*), Stechapfel (*Datura stramonium*) und Bilsenkraut (*Hyoscyamus niger*) vorkommt. A. hemmt selektiv die muscarinergen Acetylcholinrezeptoren (⬀ Acetylcholin). Es wird in der Medizin u. a. zur Pupillenerweiterung, Hemmung von Schweiß-, Schleim- und Speicheldrüsenabsonderung, Krampflösung bei Magen-Darm-Erkrankungen sowie der Bronchialmuskulatur und bei Asthma verwendet. Außerdem ist es ein Gegenmittel u. a. bei der Vergiftung mit Fingerhut (*Digitalis*) und Morphin. Zeichen einer A.-Vergiftung sind Hautrötung, Trockenheit der Schleimhäute, Durstgefühl, Pupillenerweiterung durch Akkomodationslähmung, Puls- und Atembeschleunigung, Erregung, Verwirrtheit und schließlich Tod durch Atem- oder Herzlähmung.

Attacin, ⬀ Peptid-Antibiotika.

Attenuation, Kontrolle der Transkription eines *Aminosäurebiosynthese-Operons* über den intra-

zellulären Spiegel der jeweiligen Aminosäure (⬀ Tryptophan-Operon).

Attrappenversuch, Versuch mit künstlichen Nachbildungen und Reizmustern, die natürliche Reize imitieren sollen. Sie dienen in der ⬀ Ethologie der Identifizierung von ⬀ Schlüsselreizen. Oft werden stark vereinfachte Attrappen verwendet, um festzustellen, welches Merkmal aus der Fülle natürlicher Reizkombinationen der Schlüsselreiz für eine bestimmte ⬀ Instinkthandlung ist. Der eigentliche Schlüsselreiz besteht meist nur aus einem Teil der Merkmale des natürlichen auslösenden Reizes. Eine Zecke sticht z. B. in alles, was warm ist und nach Schweiß (Buttersäure) riecht. (⬀ Auslösemechanismus)

Aubergine, *Eierfrucht*, *Solanum melongena*, aus Indien stammende, bis zu 1 m hohe krautige Pflanze der ⬀ Solanaceae mit meist dunkelvioletten Früchten.

Auchenorrhyncha, *Zikaden*, Gruppe der Insekten (⬀ Insecta) mit etwa 35000 Arten, davon rund 500 in Mitteleuropa. Pflanzen saugende Insekten, die oft an bestimmte Wirtspflanzen gebunden sind. Manche Zikaden sind schädlich als Überträger von Pflanzenviren. Die Männchen aller Arten, manchmal auch die Weibchen erzeugen charakteristische rhythmische Gesänge mit Hilfe von ⬀ Trommelorganen. Für den Menschen sind nur die Gesänge der *Cicadidae* hörbar, zu denen z. B. die *Siebzehnjahres-Zikade* (*Magicicada septendecim*) gehört, deren Entwicklung 17 Jahre dauert.

Audubon, *John James*, amerikanischer Zoologe und Tiermaler, ✳ 26.4.1785 Les Cayes (Santo Domingo, heute Haiti), † 27.1.1851 New York. Beschrieb die Vogelwelt Nordamerikas und andere Tiere, die er in über 400 hervorragenden farbigen Kupferstichen darstellte. Außerdem machte er Untersuchungen zum Vogelzug, u. a. mit Beringungsexperimenten und setzte sich als einer der Ersten für den Naturschutz in Amerika ein.

Auenwälder, Wälder, die entlang von Flussläufen wachsen und zeitweise unter Wasser stehen. Sie gehören zu den wenigen noch ⬀ naturnahen, vom Menschen kaum veränderten Landschaftsteilen. Häufige Baumarten sind ⬀ Eschen, ⬀ Weiden, ⬀ Ulmen, ⬀ Pappeln und ⬀ Eichen. (⬀ Mitteleuropäische Waldtypen)

Auerbach-Plexus, *auerbachscher Plexus*, *Plexus myentericus*, Nervengeflechte, die einen Teil des ⬀ Darmnervensystems bilden.

Auerhuhn, Art der Raufußhühner (⬀ Tetraoninae).

Aufgusstierchen, *Infusorien*, ältere Bez. für überwiegend einzellige Tiere (⬀ Einzeller), die sich in einem Aufguss, d. h. einer Mischung aus bereits in Zersetzung befindlichem organischem Material (z. B. Stroh, Heu) und Wasser, bilden. Lässt man den Ansatz bei Licht und Wärme etwa 14 Tage stehen, schlüpfen die A. aus Dauerstadien und beginnen bei ausreichender Feuchtigkeit wieder ein aktives Leben.

Auflösungsgrenze, in der ↗ Mikroskopie die Minimaldistanz, ab der Strukturen als voneinander getrennt und damit optisch aufgelöst erscheinen. Vielfach entscheidet nicht die *Gesamtvergrößerung*, sondern die A. darüber, ob Details zu erkennen sind.

Auflösungsvermögen, allgemein ein Maß für den geringsten Abstand zweier Beobachtungswerte bzw. Beobachtungsobjekte, die mit Sicherheit getrennt registriert werden können. Das *Auflösungsvermögen des* ↗ Auges wird unterteilt in räumliches A. und zeitliches A. Das *räumliche A.* oder die *Sehschärfe* eines Auges ist um so besser, je geringer der Abstand von zwei Punkten oder Linien ist, die gerade noch getrennt wahrgenommen („aufgelöst") werden können. Das *zeitliche A.* eines Auges gibt an, wie viele Lichtreize pro Zeiteinheit noch als Einzelreize wahrgenommen werden können. Mit steigender Reizfrequenz wird bald ein Grenzwert erreicht, an dem die Reize als Flimmern und danach als kontinuierliche Beleuchtung wahrgenommen werden (Prinzip des Kinos). Dieser kritische Wert wird als *Flimmerverschmelzungsfrequenz* bezeichnet und ist von der Lichtintensität und der Wellenlänge abhängig.

Aufsiedlung, die ↗ Epökie.

Aufsitzerpflanzen, die ↗ Epiphyten.

Aufwuchs, *Periphyton*, Organismengesellschaften, die auf der Oberfläche von lebendem (Pflanzen, z. T. auch Tiere) und totem Substrat (Steine, Holz) wachsen. Dazu gehören vor allem ↗ Bakterien und ↗ Algen, aber auch ↗ Protozoen, Schwämme (↗ Porifera), Süßwasserpolypen und Moostierchen (↗ Bryozoa). Der A. ist eine typische Besiedlungskomponente des ↗ Litorals.

Auge 1) *Botanik*: Bez. für noch unentwickelte, ruhende Seitenknospen (besonders in der Sprache des Gärtners). Solche A. sind bei der Veredelung von Nutz- und Zierpflanzen von praktischer Bedeutung.

2) *Zoologie*: I. w. S. Bez. für Lichtsinnesorgane von unterschiedlichem Aufbau sowie unterschiedlicher Entwicklung, Abstammung und Leistung bei Tieren, dem Menschen und einigen wenigen Algenarten. Adäquater Reiz für diese Organe sind elektromagnetische Wellen bestimmter Wellenlängenbereiche, wobei kurzwelliges Licht energiereicher ist als langwelliges. Das sichtbare Licht, je nach Art im Bereich von 200 - 800 nm Wellenlänge stellt nur einen kleinen Ausschnitt aus dem Gesamtspektrum der elektromagnetischen Wellen dar. Die Energie der Lichtwellen wird in der Regel zur Lichtwahrnehmung von den Sehfarbstoffen absorbiert. Diese sind in einzelnen Plasmabezirken oder Zellgruppen in unterschiedlicher Konzentration lokalisiert, wobei bis zur Sättigung mit zunehmender Konzentration der Sehfarbstoffe eine steigende Lichtempfindlichkeit erreicht wird (↗ Lichtsinnesorgane, ↗ Facettenauge). – I. e. S. die *Linsenaugen*, die neben den Facettenaugen die am weitesten differenzierten A. sind. Einfache Formen finden sich schon bei Hohltieren, manchen Ringelwürmern und Insektenlarven, Weichtieren (z. B. Kammmuschel; ↗ Pteriomorpha) und Spinnen (z. B. Springspinnen; ↗ Salticidae). Die leistungsfähigsten Linsenaugen sind diejenigen der Kopffüßer (↗ Cephalopoda) und der Wirbeltiere (↗ Vertebrata). Bei beiden Gruppen stimmen die A. in Funktion und Aufbau im Wesentlichen überein, zeigen aber eine unterschiedliche Entwicklung und sind von daher konvergente Bildungen (↗ Konvergenz). Das Wirbeltierauge wird als Ausstülpung des Zwischenhirns gebildet und ist somit ein Teil des Zentralnervensystems, während das A. der Kopffüßer durch eine Einstülpung der Epidermis entsteht. Dadurch ist beim Wirbeltierauge die lichtabsorbierende Pigmentschicht dem Licht abgewandt (*inverse A.*) und beim Cephalopodenauge dem Licht zugewandt (*everse A.*). Zudem ist die Linse der Wirbeltiere als Abfaltung der Epidermis zellig aufgebaut, während diejenige der Kopffüßer ein erhärtetes Sekret ist. Beide Gruppen besitzen Lider zum Schutz der Augen. Wirbeltiere verändern die Brechkraft der Linse durch Veränderung der Linsenform (z. B. der Mensch) oder durch Änderung des Abstandes zur Netzhaut (z. B. Fische) und können dadurch unterschiedlich entfernte Objekte abbilden (↗ Akkomodation). Die Netzhaut enthält Lichtsinneszellen, wobei die meisten Wirbeltiere für das Sehen in der Dämmerung hell-dunkel-empfindliche *Stäbchen* (beim Menschen etwa 110 Mio.) und für das Sehen im Tageslicht farbempfindliche *Zapfen* (beim Menschen rund 6 Mio.) besitzen.

Das *Auge des Menschen* besteht wie alle Wirbeltieraugen aus dem radiärsymmetrischen *Augapfel* (Bulbus oculi) und den Hilfseinrichtungen, die der Bewegung und dem Schutz des Auges dienen. Die Augäpfel liegen geschützt in einer knöchernen *Augenhöhle* (Orbita), die von verschiedenen Schädelknochen gebildet wird. Im Zentrum des Augapfels liegt ein großer, aus durchsichtiger gallertiger Substanz bestehender *Glaskörper* (Corpus vitreum), dem nach anterior die bikonvexe *Linse* (Lens) aufliegt. Die Wand des Augapfels besteht aus drei Schichten: der äußeren, aus kollagenen Bindegewebsfasern bestehenden *Lederhaut* (Sklera), die für die Formerhaltung des A. sorgt und vor der Linse in die durchsichtige *Hornhaut* (Cornea) übergeht; diese ist beidseitig mit Epithelien ausgekleidet, durch die bei Lichteinfall Brechungsdiffe-

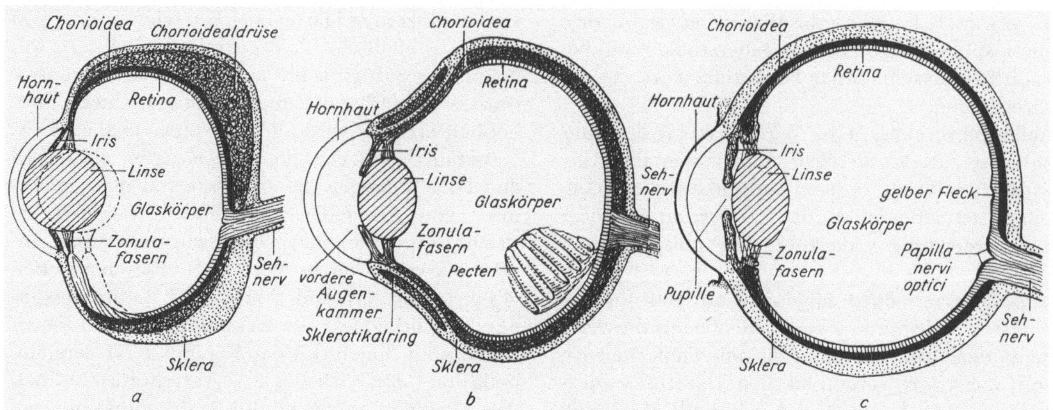

Auge Vertikalschnitte durch verschiedene Wirbeltieraugen: a Fischauge, b Vogelauge, c Auge des Menschen

renzen verhindert werden. Zwischen Cornea und Linse befindet sich ein mit Kammerwasser ausgefüllter Hohlraum, die *vordere Augenkammer*. Die mittlere Schicht teilt sich in drei Abschnitte: eine äußere, pigmentreiche Schicht, die *Aderhaut* (Chorioidea), die verschieblich an der Sklera anliegt, was große Bedeutung für die Akkomodationsfähigkeit hat. Die Aderhaut geht anterior auf Höhe der Linse in den *Ciliarkörper* (Strahlenkörper; Corpus ciliare) über. Dieser enthält den *Ciliarmuskel*, der über feine *Zonulafasern* mit der Linse verbunden ist und durch Spannungsänderungen Krümmungsänderungen der Linse bewirkt und somit im Dienste der Akkomodation steht. Außerdem bildet er das *Kammerwasser*, durch dessen Verhältnis von Produktion und Resorption der Augeninnendruck (normalerweise 13 - 28 mbar; z. B. bei Grünem Star erhöht) bestimmt wird. Die dritte Schicht, die *Regenbogenhaut* (Iris), liegt der Linse vorne auf. Sie ist pigmentreich und lässt über der Linse eine mediane Öffnung frei, die *Pupille* (Sehloch), die wie eine verstellbare Blende funktioniert, also je nach Lichteinfall verengt oder geweitet werden kann. Seitlich der Linse befindet sich zwischen Iris und Glaskörper die ebenfalls mit Kammerwasser gefüllte *hintere Augenkammer*. Die braunen Pigmente in der Regenbogenhaut bestimmen zusammen mit den Pigmenten in der Netzhaut die ↗ Augenfarbe. Die innere Augenhaut schließlich ist die *Netzhaut* (Retina), die sich von außen nach innen aus vier verschiedenen Arten von Nervenzellen (*Bipolarzellen*, *Horizontalzellen*, *Ganglienzellen* und *Amakrinen*), dann den Fotorezeptoren (*Stäbchen* und *Zapfen*) mit den Sehpigmenten und den Pigmentzellen aufbaut. Bei dieser Anordnung müssen die einfallenden Lichtstrahlen erst die Nervenzellschicht passieren (inverses Auge) bevor sie die Fotorezeptoren erreichen. Diese sprechen beim Menschen auf Wellenlängen von 350 - 750 nm an (sichtbares Licht), mit einem Empfindlichkeitsmaximum

von etwa 560 nm. Die Dichte der Fotorezeptoren beträgt beim Menschen etwa 400000 Zellen pro Quadratmillimeter. An der Stelle des *gelben Flecks* (*Macula lutea*) befinden sich nur Zapfen in großer Zahl und so angeordnet, dass die Lichtstrahlen direkt auf sie auftreffen; denn an dieser Stelle trifft die Sehachse direkt auf die Netzhaut auf (*Fovea centralis, Sehgrube*) und außerdem sind die anderen Netzhautschichten seitlich verschoben. Die Stelle, an der der Sehnerv (↗ Nervus opticus; *Papilla nervi optici*) austritt, wird als *blinder Fleck* bezeichnet, da hier kein Sehen möglich ist.

Dem Schutz des Auges dienen einige Hilfsorgane. Die *Tränendrüsen* (Glandulae lacrimales) liegen jeweils oben außen in einer Grube der Augenhöhle. Sie sondern die *Tränenflüssigkeit* ab, die auf der Oberfläche des Augapfels verteilt wird. Durch die *Lider* (Palpebrae) wird der Augapfel nach außen abgeschlossen. Am Lidrand sitzen Haare (*Wimpern*). Die Innenfläche der Lider wird durch eine Schleimhaut ausgekleidet, die *Bindehaut* (Conjunctiva), die die Oberfläche des Augapfels bis zum Hornhautrand überzieht. Über äußere Augenmuskeln kann der Augapfel in alle Richtungen bewegt werden. Die Muskeln beider Augen sind so verschaltet, dass die A. nur gleichsinnig bewegt werden können.

Augenfarbe, die A. wird bestimmt durch in der Regenbogenhaut (Iris) eingelagerte braune Pigmente zusammen mit den Pigmenten der Netzhaut (Retina). Hellblonde Menschen besitzen wenig Pigmente in der Regenbogenhaut. Dadurch reflektiert die Iris kurzwellige (= blaue) Strahlung besser als langwellige und die Iris erscheint dunkelblau. Bei steigender Pigmentkonzentration in der Iris erscheinen die Augen hellblau, grünlichgrau, hellbraun, dunkelbraun, wobei während des Lebens geringfügige Farbveränderungen auftreten können. Die A. Neugeborener ist stets violett bis blaugrün, da die Pigmente der Regenbogenhaut erst nach dem zweiten Lebensjahr voll ausgebildet sind. Im Greisenalter kann sich die A. aufhellen durch Pigmentverlust. Albinos sind vollkommen pigmentlos, so dass die roten Blutgefäße der Iris erkennbar sind (↗ Albinismus).

Augenfleck, *Stigma*, 1) *Botanik*: roter Pigmentfleck, häufig am Rand von Chloroplasten (z. B. *Chlamydomonas*) oder seltener an der Geißelbasis (z. B. *Euglena*) einzelliger Algen, mit dessen Hilfe sich diese positiv und negativ fototaktisch bewegen können (↗ Fototaxis). Der A. besteht aus einer Ansammlung von ↗ Carotinoide enthaltenden Lipidtröpfchen, die den eigentlichen Fotorezeptor beschatten und dadurch ein einfaches Richtungssehen ermöglichen. Der Fotorezeptor selbst besteht aus ↗ Rhodopsin und ist wahrscheinlich in der Plasmamembran lokalisiert. Seine größte Empfindlichkeit liegt im Bereich des grünen Lichtes bei einer Wellenlänge von ca. 495 nm. Die Zoosporen und Gameten der Braunalgen (↗ Phaeophyceae) besitzen in ihren ↗ Chromatophoren ebenfalls einen Augenfleck.

2) in der *Zoologie* augenförmige Farbmarkierungen auf den Flügeln von Schmetterlingen (z. B. Tagpfauenauge), an Raupen oder den Kiemendeckeln von Fischen. Die A. dienen der Abschreckung (↗ Abwehr).

Augentierchen, die Gatt. ↗ Euglena.

Augentrost, *Euphrasia*, Gatt. der ↗ Scrophulariaceae mit ca. 200 Arten. *Euphrasia officinalis* wird wegen ihrer entzündungshemmenden Wirkung als ↗ Heilpflanze verwendet, früher insbesondere bei Augenleiden. Die Pflanze lebt als Halbschmarotzer (↗ Parasitismus) und zapft mit den Saugorganen ihrer Wurzeln benachbarte Pflanzen an.

Aurelia, Gatt. der Fahnenquallen (↗ Semaeostomea).

Auricularia, die Larve der Seewalzen (↗ Holothuroida).

Auriculariales, *Ohrlappenpilze*, Ordnung der Ständerpilze (↗ Basidiomycetes) mit etwa 100 Arten, deren Fruchtkörper pustel- oder ohrmuschelförmig, keulig, gestielt oder gelatinös sein können. Bekannte Vertreter sind das *Judasohr* (*Auricularia auricula-judae*), das auf alten Holunderstämmen wächst und der *Ohrlappenpilz* (*Auricularia mesenterica* Dicks. Ex Fr.), der an vielen Laubhölzern eine starke ↗ Weißfäule hervorruft.

Aurignacien, Kulturstufe des frühen Homo sapiens sapiens (↗ Mensch), mit der in Europa das Jungpaläolithikum beginnt und das vor etwa 35000 Jahren auf das ↗ Moustérien folgt. Typische Werkzeuge des A. sind lange, schmale Klingen, die mit Meißel-Hammer-Technik gefertigt wurden. Darüber hinaus finden sich häufig Geräte aus Knochen, Horn und Elfenbein sowie die ersten Knochenschnitzereien.

Auris, das ↗ Ohr.

Auerochse, ausgestorbenes Wildrind, die Stammform unseres Hausrinds (↗ Rinder).

Aurorafalter, Art der Weißlinge (↗ Pieridae).

Ausbreitung, aktive oder passive Vergrößerung des Verbreitungsgebietes von ↗ Populationen, Arten und Lebensgemeinschaften. Begrenzend für die restlose Nutzung des potenziellen Siedlungsgebietes sind oft geografische oder ökologische Schranken (Wasserläufe, Gebirge, Meere, Wüsten). Eine aktive A. ist bei allen Organismen mit der Fähigkeit zu großräumiger Ortsveränderung möglich. Festgewachsene Pflanzen sind dagegen auf passive A. durch ↗ Sporen, ↗ Brutkörper, ↗ Samen etc. angewiesen. Zur passiven A. trägt auch die unbeabsichtigte ↗ Verschleppung durch den Menschen und die ↗ Einbürgerung fremder Arten bei. Durch Verschleppung gelangten z. B. der Maiszünsler von Europa nach Nordamerika, die Reblaus und der Kartoffelkäfer von Nordamerika nach Europa. Dort konnten sie sich rasch ausbreiten. (↗ Adventivpflanzen)

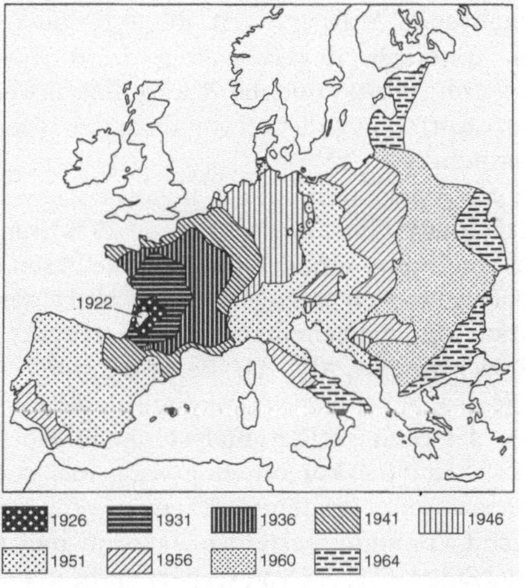

Ausbreitung Ausbreitung des Kartoffelkäfers (*Leptinotarsa decemlineata*) in Europa von 1922 bis 1964

Ausbreitungszentrum, *Expansionszentrum*, durch Überschneidung zahlreicher ↗ Areale gekennzeichnetes Gebiet, von dem aus sich Pflanzen- und/oder Tiersippen ausgebreitet haben. Ein A. kann Ursprungsgebiet (Entwicklungszentrum) sein, meist sind A. der jüngeren Vergangenheit jedoch Erhaltungszentren einer Rückzugsphase, aus denen heraus es unter wieder günstigen Bedingungen zur erneuten Expansion kam.

ausdauernde Pflanzen, die ↗ perennierenden Pflanzen.

Ausdrucksverhalten, Verhalten, das der innerartlichen, manchmal auch der zwischenartlichen ↗ Kommunikation dient. Das A. kann sich in optischen (↗ Mimik, Bewegungen) und akustischen

(Gesang, Lockrufe, Warnrufe) Signalen darstellen. Besonders ausgeprägt ist das A. während der Balzzeit (⌐ Balz). Oft wird das A. durch bestimmte körperliche Merkmale unterstützt, z. B. Federn oder Mähnen. (⌐ Demutsgebärde, ⌐ Imponiergehabe, ⌐ Bienensprache)

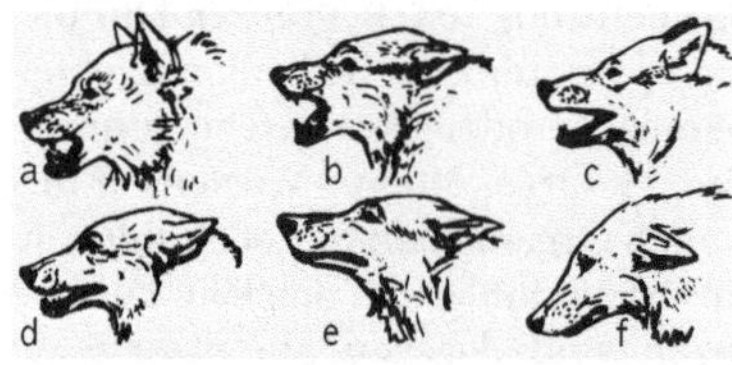

Ausdrucksverhalten Ausdrucksstudien am Wolf: a Drohung, b Drohung mit Unsicherheit, c Drohung sehr schwach, d Drohung schwach – Unsicherheit sehr stark, e Ängstlichkeit – Schmerzschrei-Situation, f Feind gegenüber – Abwehr, Unsicherheit, Unterlegenheit

Ausläufer, *Stolonen*, ober- oder unterirdische horizontal wachsende Seitensprosse mit stark verlängerten ⌐ Internodien oder reduzierten Blättern. Meist bewurzeln sich A. in einiger Entfernung von der Mutterpflanze und bilden neue Pflanzen. Oberirdisch wachsende A. besitzt z. B. die ⌐ Erdbeere (*Fragaria*), unterirdisch wachsende A. die ⌐ Quecke (*Agropyron repens*) und die ⌐ Kartoffel (*Solanum tuberosum*). Die A. dienen vor allem der vegetativen Vermehrung.

Auslese, die ⌐ Selektion.

Auslesezüchtung, die Züchtung neuer ⌐ Sorten und ⌐ Rassen durch Auffinden und Auslese bereits vorhandener, genetisch bedingter Variationen einer ⌐ Population. (⌐ Pflanzenzüchtung, ⌐ Tierzucht)

Auslösemechanismus, Abk. *AM*, Bez. für Filtermechanismen des ⌐ Zentralnervensystems, die die Meldungen der Sinneszellen analysieren und bestimmte Reize und Reizkombinationen als Auslöser für eine spezifische Handlung erkennen. Innere Struktur und Funktionsweise des AM sind meist unbekannt. Einen AM, der von Geburt an besteht, nennt man *angeborenen AM* (*AAM*). Bei einem erlernten AM spricht man dagegen von einem *erworbenen AM* (*EAM*). Einen AM, der eine genetische Basis hat, jedoch durch Erfahrungen weiterentwickelt wurde, nennt man *ergänzter erworbener AM* (*EAAM*). Zur Erforschung des AAM werden häufig ⌐ Attrappenversuche eingesetzt. Rotkehlchen attackieren z. B. eine Attrappe mit roten Federn, die als aggressionsauslösender Schlüsselreiz wirken.

Auslöser, ⌐ Elicitor

Ausrottung, die weitgehend auf menschliche Einwirkung zurückzuführende beabsichtigte oder unbeabsichtigte Eliminierung einer Tier- oder Pflanzenart in einem bestimmten geografischen Gebiet oder in ihrem gesamten Areal. Bei einer globalen A. ist die Folge das ⌐ Aussterben dieser Art.

Aussatz, die ⌐ Lepra.

Ausscheider, *Keimträger*, Menschen, die zeitweilig oder dauernd über die Faeces Krankheitserreger ausscheiden. Bei einer dauernden Ausscheidung spricht man von *Dauerausscheidern*. A. können z. B. ⌐ Cholera, ⌐ Typhus, ⌐ Diphtherie, ⌐ Hepatitis und andere Infektionskrankheiten übertragen.

Ausscheidung, die ⌐ Exkretion.

Ausscheidungsgewebe, i. w. S. pflanzliche Zellen und Zellverbände, die der endgültigen Ausscheidung von Stoffwechselprodukten (⌐ Exkrete und ⌐ Sekrete) dienen. Die Ausscheidung erfolgt dabei kontinuierlich und aktiv durch die Zellwände (⌐ Zellwand) nach außen oder in die ⌐ Interzellularen. Bei einer Abgabe von Abscheidungsprodukten durch Abstoßung von ⌐ Geweben spricht man dagegen von ⌐ Absonderungsgewebe. I. e. S. werden lokale Ausscheidungsapparate auch als Drüsenzellen, Drüsengewebe oder als ⌐ Drüsen bezeichnet. Ihre Abscheidungsprodukte sind die Drüsensekrete. Nach den Abscheidungsprodukten der äußeren oder epidermalen A. kann man Schleimdrüsen, Harzdrüsen, ⌐ Salzdrüsen, Öldrüsen und Verdauungsdrüsen unterscheiden. Auch die Nektarien (⌐ Nektarium) gehören hierzu. Die epidermalen A. sind meist in Form von Schuppenhaaren oder ⌐ Drüsenhaaren ausgebildet. Zu den im ⌐ Parenchym und anderen Geweben eingeschlossenen inneren A. gehören die Harzgänge (⌐ Harzkanal) vieler Nadelhölzer. ⌐ Sekretbehälter sind auch die ⌐ etherische Öle enthaltenden Ölgänge bei vielen Doldengewächsen (⌐ Apiaceae) und die ölhaltigen Höhlungen des ⌐ Johanniskrauts und des ⌐ Eukalyptus. Besondere Drüsen sind die Wasser absondernden ⌐ Hydathoden.

Ausscheidungsorgane, die ⌐ Exkretionsorgane.

Außengruppe, ⌐ Außengruppenvergleich.

Außengruppenvergleich, eine Methode der ⌐ phylogenetischen Systematik zur Unterscheidung zwischen abgeleiteten und ursprünglichen Merkmalen. Der A. beruht auf dem Prinzip der sparsamsten Erklärung: Merkmale, die auf eine vermutlich monophyletische Artengruppe oder eine einzige Art (sie bilden die *Innengruppe*) beschränkt sind, in anderen verglichenen Taxa (der *Außengruppe*) jedoch fehlen, gelten als abgeleitet (⌐ Apomorphie). Treten sie hingegen auch in der Außengruppe auf, so gelten sie als ursprünglich (⌐ Plesiomorphie).

Außenparasit, ⌐ Ektoparasit.

Aussterben, das unwiederbringliche Verschwinden von Arten, Gattungen oder höheren Taxa der Lebewesen im Verlauf der stammesgeschichtlichen Entwicklung oder durch den Menschen bedingt.

1) *Natürlich bedingtes Aussterben.* Beispiele sind das Erlöschen von Taxa ohne Hinterlassen von Nachfahren (z. B. leben von 17 Reptilienordnungen

heute nur noch vier), Artaufspaltung und Artumwandlung (↗ Artbildung). Als Ursachen werden v. a. diskutiert die Entstehung oder Einwanderung neuer, überlegener Formen (so ersetzte der Dingo in Australien den Beutelwolf) sowie erdgeschichtliche Katastrophen oder auch langsame Veränderungen des Klimas bzw. Schwankungen der Temperatur. Im Verlauf der Erdgeschichte wurden mehrere deutliche ↗ Massenaussterben, insbesondere am Ende des ↗ Perm und am Ende der ↗ Kreide beobachtet.

Aussterben   Zahl der weltweit ausgestorbenen und gefährdeten Wildtierarten nach Angaben der Roten Liste (IUCN 1996). Prozentangaben beziehen sich auf die Gesamt-Artenzahl der jeweiligen Klasse (verschiedene Quellen). Die Kategorie „Daten defizitär" enthält Arten, die aufgrund mangelnder Daten nicht eingestuft werden konnten

Klasse	ausge-storben	gefährdet	Daten defizitär	Gesamt-Artenzahl
Säuge-tiere	86 1,86 %	1096 23,68 %	209 4,52 %	4629
Vögel	104 1,1 %	1107 11,4 %	66 0,7 %	9672
Reptilien	20 0,44 %	253 5,62 %	74 1,64 %	4500
Amphibi-en	5 0,08 %	124 1,91 %	42 0,65 %	6500
Fische	81 0,49 %	719 4,36 %	253 1,53 %	16 500

2) *Durch den Menschen bedingtes Aussterben.* Der Mensch führt beabsichtigt oder unbeabsichtigt zum A. vieler Arten. In vorgeschichtlicher Zeit wurde z. B. das Riesengürteltier ausgerottet (↗ Ausrottung). Auf Neuseeland rotteten die Maoris die knapp 20 Arten der ↗ Moas (flugunfähige Riesenvögel) aus. Durch Jagd ausgestorben sind der Auerochse oder Ur (1627), die Steller'sche Seekuh (1768), der Riesenalk (1844) und zahlreiche andere Arten. In der Gegenwart hat das A. von Tier- und Pflanzenarten ein katastrophales Ausmaß angenommen. Forscher haben errechnet, dass etwa alle fünf Jahre eine Tierart durch natürliche Prozesse verschwindet. Nach neuesten Berichten der Deutschen Zoologischen Gesellschaft beträgt der tägliche Artenverlust etwa 100 Arten, ist also um den Faktor 180000 höher als das, was in der Natur verursacht wird.

Meist ist der Artenschwund auf mehrere Ursachen zurückzuführen. Zu den Hauptfaktoren, die zum *Artensterben* beitragen, gehören: Biotopveränderungen (Vernichtung von Biotopen, Entwaldung, Entwässerung, Kultivierung usw.), Übernutzung der Bestände, Jagd (insbesondere die Luxus- und Trophäenjagd, z. B. nach Elfenbein, Schildpatt, Fellen), Einführung fremder Arten (↗ Faunenverfälschung), Bekämpfung von (vermeintlichen) Schädlingen, Einschleppung von Krankheiten sowie Umweltverschmutzung. Das ↗ Washingtoner Artenschutzübereinkommen ist eine der effektivsten internationalen Konventionen, die sich dem Trend zur Ausrottung seit über 25 Jahren entgegenstellt. Oft werden jedoch Handelsbeschränkungen nicht eingehalten. Der Arterhaltung dienen auch Zoos, Samenbanken und ↗ Genbanken. (↗ Rote Liste, ↗ Artenschutz, ↗ Agenda 21)

Literatur: Engelhardt, W.: Das Ende der Artenvielfalt. Aussterben und Ausrottung von Tieren, Darmstadt 1997.

Austauschadsorption, die Verdrängung von Ionen von einem *Adsorbens* (ein Stoff, der Gase oder gelöste Substanzen physikalisch bindet) durch besser an das Material adsorbierende Ionen. Zum Beispiel werden an Bodenkolloide adsorbierte K^+-Ionen u. a. Kationen durch Ca^{2+}-Düngung verdrängt.

Austauschhäufigkeit, ↗ Austauschwert.

Austauschwert, *Austauschhäufigkeit*, relatives Maß dafür, wie weit zwei *gekoppelte Gene* auf einem Chromosom voneinander entfernt sind und diese ↗ Kopplung beim ↗ Crossing over durchbrochen wird. Je weiter die Entfernung der Gene, desto größer ist der Austauschwert.

Austern, sowohl Name der Fam. *Ostreidae*, als auch der zu den Gattungen *Ostrea* und *Crassostrea* gehörenden Muscheln (↗ Bivalvia). Kennzeichen sind ungleich ausgebildete Schalenklappen, von denen die bauchigere auf Hartsubstrat festgekittet wird. Die Schalenoberfläche zeigt konzentrische, oft blättrige Schichten. Das Scharnier ist zahnlos, nur ein Schließmuskel ist erhalten und der Fuß ist zurückgebildet. Die Äste der Fadenkiemen sind zu Scheinblattkiemen verbunden. Mit dem durch Wimpern erzeugten Atemwasserstrom werden auch die Nahrungspartikel (↗ Plankton) eingestrudelt, wobei bis zu 12 l Wasser pro Stunde filtriert werden (Europäische Auster, *Ostrea edulis*). A. sind getrenntgeschlechtlich, Ei- und Samenzellen werden ins Wasser ausgestoßen, wo die Befruchtung erfolgt. Die Fortpflanzungszeit wird durch Temperatur und Mondphase bestimmt. Die Entwicklung erfolgt über planktisch lebende Veligerlarven, die sich als Jungmuscheln auf Hartsubstrat festkitten und dort zeitlebens bleiben. A. dienen seit vorgeschichtlicher Zeit als Nahrung des Menschen und werden heute auf *Austernbänken* (*Aquakultur*) gezüchtet

Austernfischer, *Haematopodidae*, Fam. der Watvögel (↗ Limicolae).

Austernseitling, *Austernpilz, Muschelpilz, Pleurotus ostreatus* Kummer, großer, muschelförmiger, seitlich gestielter, essbarer Pilz aus der Ordnung

↗ Polyporales, mit weißem Sporenpulver und grauem bis blauschwarzem Hut. Die Lamellen sind weißlich, am Stiel herab laufend, wobei sie sich maschig verästeln. A. wachsen dachziegelartig in großen Büscheln an Laubholzstümpfen. Sie können auch geschwächte Bäume befallen und dann eine ↗ Weißfäule verursachen. Die Sporen verursachen gelegentlich ↗ Allergien.

Australis, eine ↗ biogeografische Region 1) *australisches Florenreich*, pflanzengeografische Region, die i. e. S. Australien und Tasmanien umfasst (Abb. biogeografische Regionen), i. w. S. auch Neuseeland und Teile Neuguineas. Von den Blütenpflanzen Australiens sind etwa 85 % ↗ endemisch, wobei allein die Gattung ↗ Eukalyptus (↗ Myrtaceae) etwa 600 Arten aufweist. Typisch für Australien sind auch Vertreter der Gattung ↗ Akazie (↗ Mimosaceae), von denen es ca. 400 endemische Arten gibt. Die an Schachtelhalme erinnernden Bäume der Gattung *Casuarina* (↗ Casuarinaceae) kommen in den trockeneren Gebieten Australiens vor. Mit zahlreichen endemischen Arten sind die auch in Südafrika (↗ Capensis) vorkommenden ↗ Proteaceae (z. B. *Banksia, Hakea*) und ↗ Restionaceae vertreten.

2) tiergeografische Region, zu der neben Australien und Tasmanien auch Neuseeland, Neuguinea mit den westlich angrenzenden Inseln bis einschließlich Celebes und Lombok (d. h. bis zur so genannten Wallace-Linie) sowie auch Teile Polynesiens gehören. Diese Region wird noch untergliedert in eine *australische Region*, eine *neuseeländische Region*, eine *ozeanische Region* und eine *hawaiische Region*. Die australische Region wird oft mit der ↗ Notogäa gleichgesetzt oder auch nur als Teil derselben aufgefasst. Die Mehrzahl der australischen Tiere ist endemisch. Zu den ursprünglich vorhandenden Säugetieren gehörten zwei Arten der ↗ Monotremata (Ameisenigel und Schnabeltier), 119 Beuteltierarten und 108 Arten der Placentatiere (ausschließlich ↗ Muridae und ↗ Chiroptera). Bei den Beuteltieren Australiens wären zu nennen: zahlreiche Arten der ↗ Kängurus, der ↗ Koala, Ameisenbeutler, Beutelmulle (↗ Notoryctidae), Honigbeutler, Flugbeutler, Plumpbeutler und Raubbeutler (↗ Dasyuridae). Erst im Gefolge des Menschen kamen größere Placentatiere nach Australien. Nach dem ↗ Dingo (ein „Wildhund") folgten im 19. Jh. Kaninchen und Dromedar. Endemisch sind die straußähnlichen Emus (↗ Casuariiformes) und die Laubenvögel sowie die Kakadus, Loris und die auch in Neuseeland vorkommenden Plattschweifsittiche.

Die ursprüngliche Fauna Neuseelands umfasste als Säugetiere nur zwei Fledermausarten. Zu den endemischen Vögeln gehörten mit sechs Gattungen und elf Arten die vor etwa 1000 Jahren ausgestorbenen flugunfähigen Moas. Von den ebenfalls endemischen, flugunfähigen Kiwis (↗ Dinornithiformes) existieren nur noch wenige Exemplare.

australische Region, ↗ Australis.

australisches Florenreich, ↗ Australis.

Australopithecinen, Bez. für die zur Gattung ↗ Australopithecus gehörenden fossilen Hominiden (↗ Hominidae).

Australopithecus, Gatt. der Fam. ↗ Hominidae (Menschenartige) mit ausschließlich fossilen Arten, die vor etwa 4 - 1 Mio. Jahren in Afrika lebten. Namengebend ist die 1924 anhand eines kindlichen Schädels aus Taung in Südafrika von R. A. Dart (1893-1988) beschriebene Art *A. africanus*. Wichtigstes *Merkmal*, das die Australopithecinen in die Stammlinie des Menschen (↗ Homo) stellt, ist der mit Umkonstruktionen im Skelett verbundene aufrechte Gang (↗ Bipedie), der durch in Laetoli (Tansania) gefundene Fußspuren in erhärteter Vulkanasche dokumentiert wurde. Weitere Übereinstimmungen mit Homo bestehen im Gebiss, in dem die Backenzähne beider Kieferhälften nicht wie bei rezenten Menschenaffen parallel zueinander stehen, sondern zumindest einen kleinen Bogen bilden (Ausnahme: *A. anamensis*). Auch waren die Eckzähne nicht wie bei heutigen Menschenaffen auffallend groß, sondern ähnlich proportioniert wie Schneidezähne und vordere Backenzähne. In Verbindung damit steht die weitgehende bis vollständige Reduktion der Affenlücke (↗ Diastema) zwischen äußerem Schneidezahn und Eckzahn im Oberkiefer, die bei Menschenaffen zur Aufnahme des vergrößerten unteren Eckzahns dient. Unterschiede zu Homo bestehen hingegen im geringen Gehirnvolumen (i. Allg. unter 500 cm^3; bei Homo meist über 600 cm^3), außerdem waren die Backenzähne relativ zu den Eckzähnen und Schneidezähnen größer.

Systematik: Zu den A. werden unterschiedlich viele Arten gerechnet. Nach morphologischen Gesichtspunkten werden drei Hauptgruppen der Australopithecinen unterschieden, die jeweils auch in unterschiedlichen Gegenden Afrikas gefunden wurden. Die so genannten *„grazilen"* Australopithecinen haben vergleichsweise leicht gebaute Schädel und Unterkiefer, die auf eine gemischte pflanzliche und tierische Ernährungsweise hindeuten. Dieser Gruppe wird i. Allg. nur die Art *A. africanus* (Südafrika) zugeordnet. Die auf der Schädelrückseite liegenden Partien des Schläfenmuskels waren eher waagerecht angeordnet, womit sie Zugkräften widerstehen konnten, wie sie beim Abreißen von Nahrungsteilen auftreten. Die *„robusten"* Australopithecinen erhielten ihren Namen nach dem knöchernen Scheitelkamm auf dem Schädel (als Ansatzfläche der Kaumuskulatur), dem kräftigen Unterkiefer und den verbreiterten Backenzähnen.

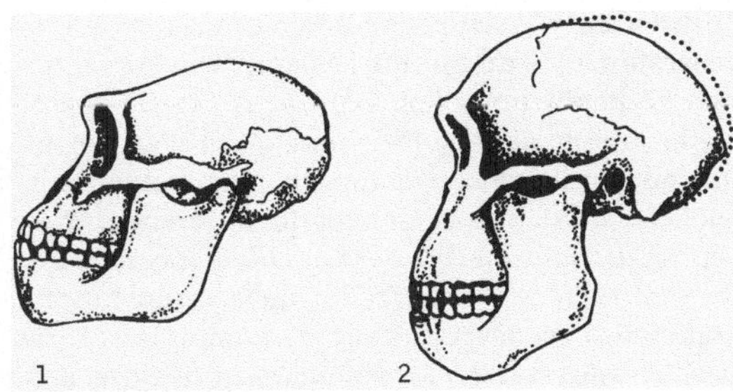

Australopithecinen Schädelrekonstruktion von 1 *Australopithecus afarensis* und 2 von *Australopithecus africanus*. Zum Vergleich ist bei letzterem der punktierte Schädelumriss eines *Homo habilis* eingezeichnet

Der Kauapparat war zum Zermahlen harter und faseriger Pflanzenteile geeignet. In dieser Gruppe finden sich *A. aethiopicus* (Äthiopien, Kenia), *A. boisei*, der ursprünglich in die Gatt. Zinjanthropus gestellt wurde (Ostafrika) und *A. robustus* (Südafrika). Die robusten Australopithecinen werden gelegentlich auch als eigene Gatt. *Paranthropus* zusammengefasst. Zur *Australopithecinen-Stammgruppe*, deren Fossilien im äquatorialen Afrika gefunden wurden, zählen *A. anamensis* (Kenia), *A. bahrelghazali* (Tschad) und *A. afarensis* (Äthiopien, Tansania). Mitunter werden auch nur robuste und grazile Formen unterschieden und *A. afarensis* zur grazilen Gruppe gestellt.

Die Gatt. A. bildet zusammen mit der Gatt. Homo eine monophyletische Gruppe (Hominidae), deren Ursprünge mindestens 4,4 Mio. Jahre zurückreichen. Als Schwestergruppe gelten die Schimpansen.

Austrocknung, ↗ Dehydration.

Auswilderung, *Wiederausbürgerung*, die Aussetzung von Tieren in Gebiete, in denen sie ausgerottet waren.

Autapomorphie, Bez. für ein abgeleitetes Merkmal (↗ Apomorphie), das nur innerhalb einer betrachteten Gruppe zu finden ist. Die ↗ Monophylie einer Gruppe ist nur dann gegeben, wenn zumindest eine A. nachgewiesen werden kann.

auto-, in Zusammensetzungen: selbst-.

Autoantikörper, Bez. für gegen körpereigenes Gewebe gerichtete Antikörper (↗ Autoimmunkrankheiten). Im Unterschied dazu sind *Isoantikörper* gegen ↗ Antigene eines anderen Individuum derselben Art und *Heteroantikörper* gegen Antigene eines Individuums einer anderen Art gerichtet.

Autochorie, Ausbreitung von Samen und Früchten (↗ Samenausbreitung) durch die Mutterpflanze ohne Mitwirkung von Außenkräften. Gegensatz: ↗ Allochorie

autochthon, am ↗ Fundort vorkommend oder entstanden; gilt für Gesteine, ↗ Böden und Lebewesen. Gegensatz: ↗ allochthon

Autogamie, 1) in der Botanik die *Selbstbestäubung*, d.h. die ↗ Bestäubung einer Blüte durch ihren eigenen ↗ Pollen. Auf die Bestäubung folgt die Selbstbefruchtung (↗ Befruchtung). Die A. kommt seltener vor als die Fremdbestäubung (↗ Allogamie) und tritt vor allem bei Pflanzen auf, die in Gebieten mit geringer Bestäuberdichte leben. Bei nicht erfolgter Fremdbestäubung ist als Alternative häufig A. möglich. Gegensatz: Allogamie

2) In der *Zoologie* die Verschmelzung von ↗ Gameten, die vom selben Individuum stammen. Die A. kommt nur bei den ↗ Einzellern vor.

Autoimmunkrankheiten, *Autoimmunopathien*, *Autoaggressionskrankheiten*, durch Autoantikörper oder Autoimmunzellen hervorgerufene Krankheiten. *Autoimmunität* beruht auf einer spezifischen, erworbenen (adaptiven) Immunantwort gegen körpereigene ↗ Antigene. Sie lässt sich als Ergebnis eines Zusammenbruchs der ↗ Immuntoleranz gegenüber körpereigenen Stoffen und/oder eines defekten Kontroll- und Regulationsmechanismus des ↗ Immunsystems auffassen. Die genauen Ursachen für die Entstehung von A. sind bisher noch unbekant. Folgende Theorien werden zurzeit diskutiert: 1) *Sequestrationstheorie:* Körpereigene Antigene, die während der Toleranz-Induktion der Immunzellen von diesen räumlich getrennt (sequestriert) waren und somit vom Immunsystem nicht als körpereigen erkannt werden, gelangen z.B. durch Verletzungen in Kontakt mit den Immunzellen. Findet die Expression körpereigener Antigene in der Individualentwicklung erst nach der Toleranz-Induktion der Immunzellen statt, so können solche zeitlich sequestrierten Antigene unter Umständen ebenfalls eine Immunantwort induzieren. Sequestrierte Antigene sind u.a. Spermieneiweiß, Linseneiweiß des Auges oder auch z.B. das Kollagen des Stützgewebes. 2) *Kreuzreaktionstheorie:* Antikörper gegen körperfremde Antigene kreuzreagieren mit körpereigenen Antigenen. So konnte gezeigt werden, dass beim Rheumatischen Fieber, das nach der Infektion mit einem bestimmten Stamm von ↗ Streptokokken auftritt, Antikörper gebildet werden, die Streptokokken-spezifisch sind und gleichzeitig mit Bestandteilen des Herzgewebes kreuzreagieren können. 3) *Alterationstheorie:* Durch die Änderung der ↗ Konformation körpereigener Antigene, insbesondere der Tertiärstruktur von Proteinen, können neue antigene Determinanten (↗ Epitop) entstehen, die vom Immunsystem als körperfremd erkannt werden. Es wird angenommen, dass virale und bakterielle Infektionen einen solche „Demaskierung" dieser antigenen Epitope induzieren können. 4) *Komplettierungstheorie:* Unter Einwirkung von Medikamenten sowie bakteriellen oder viralen Komponenten auf die Zellmembran können neue Strukturen auf der Zelloberfläche entstehen. Diese können selbst nicht-immunogen sein, jedoch als Helferdeterminanten eine Autoimmunantwort gegen bisher nicht erkannte und auch nicht modifizierte körpereigene Antigene auf derselben Zelloberfläche ermöglichen.

A. lassen sich in gewebe- oder organspezifische sowie systemische A. einteilen. Ein Beispiel für eine *organspezifische A.* beim Menschen ist die chronische Thyreoiditis (Hashimoto-Krankheit), in deren Verlauf es zu einer Vergrößerung der Schilddrüse kommt, die hochgradig mit Autoantikörpern gegen Schilddrüsenproteine durchsetzt ist. Ein Beispiel für eine *systemische A.* ist der systemische Lupus erythematodes. Die Patienten bilden Antikörper gegen native DNA, eine Vielzahl von Nucleoproteinen (↗ Histone) und gegen cytoplasmatische Komponenten. Die Antigene werden vermutlich von normalen Zellen im Laufe ihrer natürlichen Umsetzung freigesetzt. Ebenfalls zu den A. werden u. a. der Typ-I-Diabetes (↗ Diabetes mellitus), perniziöse Anämie (↗ Cobalamin) und atrophische Gastritis sowie die Multiple Sklerose des ZNS gezählt. Die Gewebeschädigungen bei A. werden zum größten Teil durch dieselben Mechanismen herbeigeführt, die auch bei der normalen Immunantwort gegen körperfremde Antigene Anwendung finden.

Autoimmunreaktion, erworbene Immunantwort gegen körpereigene Antigene.

Autokatalyse, *positive Rückkopplung*, Form der chemischen Reaktion in einem ↗ Fließgleichgewicht, bei der ein Produkt der Synthese(kette) seine eigene Produktion fördert, z. B. indem es das Enzym, das seine Synthese katalysiert in einen erhöhten Aktivitätszustand versetzt. Dies bedeutet, je mehr von diesem Produkt entsteht, desto schneller läuft seine Synthese ab, da die Reaktionsgeschwindigkeit exponentiell ansteigt. Im Stoffwechsel sind A. meist mit negativen Rückkopplungen (↗ Endprodukt-Hemmung) gekoppelt, damit sich nicht ein Produkt endlos anhäuft.

Autoklav, Gerät zur ↗ Sterilisation.

autonom, von äußeren Faktoren unabhängig, nicht willkürlich beeinflussbar. Gegensatz: ↗ aitionom

autonomes Nervensystem, das ↗ vegetative Nervensystem.

Autökologie, 1) Teilgebiet der ↗ Ökologie, das sich im Gegensatz zur ↗ Synökologie mit den Beziehungen einzelner Arten zu den verschiedenen ↗ Umweltfaktoren befasst. Im Mittelpunkt der A. stehen Fragen wie: a) Lebensablauf aufgrund der angeborenen Konstitution (↗ Bionomie), b) Einfluss der Außenbedingungen auf Leistungsfähigkeit, Verhalten und Lebensfunktionen (*Ökophysiologie* oder *Physiologische Ökologie*), c) historisch entstandene Anpassungen in Struktur und Lebensweise (↗ Lebensformen), d) historische und rezente Verbreitung von Arten und deren Ursachen (↗ Biogeografie), e) Struktur und Dynamik von Populationen (↗ Populationsökologie). Die A. ist die älteste Fachrichtung der Ökologie und basierte zu Beginn nur auf Freilandbeobachtungen. Zunehmend entwickelte sie sich zu einer experimentierenden Wissenschaftsrichtung, bei der vor allem Versuche unter kontrollierten Laborbedingungen zum Einsatz kommen. Besondere Bedeutung kommt der A. im Bereich angewandter Fragestellungen zu. So ist z. B. die erfolgreiche Bekämpfung von Krankheitserregern ohne detaillierte Kenntnis ihrer Lebensweise und ökologischen Ansprüche nicht möglich.

2) In der modernen, analytischen Ökologie meist synonym mit *Ökophysiologie* oder (im englischen Sprachraum) *Physiologischer Ökologie*. Diese Forschungsrichtung nimmt heute einen zentralen Platz in der biologischen Forschung ein. Sie untersucht insbesondere, unter welchen Bedingungen eine Art lebensfähig ist und wie sie sich an bestimmte Gegebenheiten anpassen kann. Zu den Aufgaben der Ökophysiologie gehört es u. a., die verschiedenen abiotischen (↗ abiotische Umweltfaktoren) und biotischen (↗ biotische Umweltfaktoren) Faktoren zu analysieren und zu beschreiben, die unter natürlichen Bedingungen auf einzelne Arten einwirken. Jeder dieser Faktoren kann optimal, also besonders begünstigend oder fördernd, oder pessimal (↗ Pessimum) und damit begrenzend oder schädigend auf eine Art wirken. Ein wesentliches Arbeitsgebiet der Ökophysiologie ist die Stressforschung (↗ Stress). Dabei wird z. B. die Anpassung von Organismen an Trockenheit (↗ Dürreresistenz, ↗ Trockentoleranz), hohe Temperaturen (↗ Thermoregulation, ↗ Hitzeresistenz), Kälte (↗ Kälteresistenz), Salzstress (↗ Salztoleranz) oder Sauerstoffmangel untersucht. (↗ Überlebensstrategien, ↗ Abwehr)

autokrin, Bez. für einen Sekretionsmechanismus, bei dem der sezernierte Faktor (z. B. Wachstumsfaktor) auf die Zelle, die ihn bildet, einwirkt.

Autolyse, Auflösung von körpereigenen Zellen und Geweben, die der Organismus nicht mehr benötigt oder die bereits abgestorben sind und deren Inhaltsstoffe im Stoffwechsel recycelt werden können. Die A. erfolgt durch *hydrolytische Enzyme*, die aus ↗ Lysosomen freigesetzt werden. (↗ Autophagie)

Automixis, Selbstbefruchtung, die Vereinigung männlicher und weiblicher ↗ Gameten desselben zwittrigen Individuums. I. Allg. wird A. auch bei zwittrigen Organismen durch besondere Mechanismen verhindert, sodass auch bei diesen Fremdbefruchtung vorherrscht.

autonom, selbstständig, von äußeren Faktoren unabhängig, nicht willkürlich beeinflussbar. Gegensatz: ↗ aitionom

Autophagie in eukaryotischen Zellen weitverbreiteter Abbau von nicht mehr funktionsfähigen Zellbestandteilen durch spezielle ⌐ Lysosomen, die so genannten *Autophagosomen*. Dabei können kleinere cytoplasmatische Bestandteile durch Invagination der Lysosomenmembran und anschließender Abschnürung ins Innere der Lysosomen gelangen (*Mikroautophagie*), wohingegen größere Organellen zunächst von Membranen des ⌐ endoplasmatischen Reticulums umschlossen werden. Die dabei entstandenen Vesikel fusionieren anschließend mit Lysosomen (*Makroautophagie*). Geschädigte Organellen werden i. d. R. sofort einer A. zugeführt. (⌐ Autolyse)

Automorphose, ⌐ Morphosen.

Autoploidie, Fall von ⌐ Euploidie, bei dem es zur Vervielfachung des gesamten *arteigenen* Chromosomensatzes kommt. A. ist bei Tieren selten, bei Pflanzen jedoch häufig, z. B. bei der Zuckerrübe und verschiedenen Apfelsorten. (⌐ Allopolyploidie)

Autoradiographie, Standardverfahren zum Nachweis radioaktiver Stoffe bzw. radioaktiv markierter Makromoleküle. Das Ergebnis der A. ist nach der chromatographischen oder elektrophoretischen Auftrennung von Nucleinsäuren (⌐ Nucleinsäurehybridisierungen, ⌐ genetischer Fingerabdruck, ⌐ DNA-Sequenzierung), Proteinen (⌐ Western Blot) und anderen Makromolekülen ein so genanntes *Autoradiogramm*, d. h. ein durch die radioaktive Strahlung geschwärzter Röntgenfilm. A. kann aber auch direkt auf mikroskopischen Schnitten angewendet werden (⌐ in situ-Hybridisierung). Die bei der A. am häufigsten verwendeten Isotope sind ^{3}H, ^{14}C, ^{35}S und ^{32}P, die je nach Anwendung durch *in vitro*- oder *in vivo*-Reaktionen in die Makromoleküle eingebaut werden.

Bei den weichen β-Strahlern ^{3}H und ^{14}C wird die Signalstärke häufig durch *fluoreszierende Verbindungen* in den verwendeten Trenngelen erhöht. Kommen jedoch harte β-Stahler wie ^{32}P zum Einsatz, die so energiereich sind, dass die Strahlen den Röntgenfilm durchdringen, werden *fluoreszierende Verstärkerschirme* eingesetzt, deren Strahlung zur Schwärzung des Röntgenfilms führt.

Um dem generellen Bestreben, im Laboralltag den Einsatz radioaktiver Isotope weitestgehend zu vermeiden, Rechnung zu tragen, kommen bei der A. inzwischen neue Verfahren zum Einsatz bei denen die Markierung nicht radioaktiv, sondern mit fluoreszierenden Verbindungen erfolgt. (⌐ Chromatographie, ⌐ Elektrophorese)

Autoradiogramm, ⌐ Autoradiographie.

autosomaler Erbgang, Vererbung von Genen, die auf den ⌐ Autosomen lokalisiert sind. Beim a. E. verhalten sich beide Geschlechter im ⌐ Phänotyp gleich (⌐ geschlechtsgebundene Vererbung).

Autosomen, die ⌐ Chromosomen eines *Chromosomensatzes*, die nicht ⌐ Geschlechtschromosomen sind und von denen sich A. in Form und Funktion unterscheidet. Bei Diplonten bilden A. homologe Paare. Der Mensch besitzt 22 Autosomenpaare und zwei Geschlechtschromosomen. (⌐ Karyogramm)

Autotomie, die Fähigkeit vieler Tiere, bei Verletzung oder Gefahr Körperteile abzuwerfen und im Anschluss wieder zu regenerieren (⌐ Regeneration). A. erfolgt immer an präformierten Bruchstellen, die mit Schließmuskeln versehen sind, sodass der Blutverlust sehr gering bleibt. Die größte Bedeutung der A. liegt bei Gliederfüßern wahrscheinlich in der Beseitigung verletzter Körperanhänge und der Vermeidung damit verbundener unkontrollierter Blutungen. Beispiele für A. sind das Abwerfen von Beinen bei Krebstieren (⌐ Crustacea) und des Schwanzes bei Eidechsen (⌐ Lacertidae).

Autotrophie, Ernährungsweise, bei der nur anorganische Stoffe zur Synthese der körpereigenen organischen Verbindungen benötigt werden. Je nach der Form der Energiegewinnung unterscheidet man zwischen ⌐ Fototrophie, bei der die benötigte Energie aus dem Licht stammt (⌐ Fotosynthese) und ⌐ Chemotrophie, bei der die Energie aus der Oxidation von anorganischen Substraten (z. B. H_2, NH_4, H_2S, S) gewonnen wird. Autotrophe Organismen sind die grünen ⌐ Pflanzen und viele ⌐ Mikroorganismen. Bei Bakterien bedeutet die Bez. autotroph, dass der Zellkohlenstoff durch CO_2-Fixierung gewonnen wird. Je nach Form der Energiegewinnung unterscheidet man dabei zwischen ⌐ Fotolithotrophie und Chemolithotrophie. Gegensatz: ⌐ Heterotrophie. (⌐ Ernährung)

Autozooide, *Autozoide*, bei den Moostierchen (⌐ Bryozoa) die „normalen" Einzeltiere im Unterschied zu den unterschiedlich spezialisierten Heterozooiden, bei den Staatsquallen (⌐ Siphonophora) die Fresspolypen (Gastrozooide).

Auxiliarzellen, von einigen Rotalgen (⌐ Rhodophyta) gebildete Nähr- und Hilfszellen. Die A. sind plasmareiche Zellen des ⌐ Gametophyten und haben wahrscheinlich ernährungsphysiologische Bedeutung.

Auxine, Gruppe von natürlichen und synthetischen pflanzlichen Verbindungen, die als ⌐ Phytohormone und ⌐ Herbizide das Wachstum von Pflanzen regulieren. A. waren die ersten Phytohormone, die am Ende des 19. Jh. im Zusammenhang mit *Krümmungswachstum*, ⌐ Fototropismus und ⌐ Gravitropismus entdeckt wurden (⌐ Bioassay). Neben diesen klassischen A.-Effekten sind A. auch an einer Vielzahl weiterer pflanzlicher Entwicklungsprozesse beteiligt. Natürlicherweise kommen A. hauptsächlich als ⌐ Indol-3-essigsäure (*IAA*) vor.

Die Biosynthese der A. erfolgt entweder aus ↗ Tryptophan, das in mehreren enzymatischen Schritten in IAA umgewandelt wird, oder aber in Tryptophan-unabhängigen Synthesewegen. Dies ergab die Untersuchung von ↗ Arabidopsis-Mutanten, die kein Tryptophan synthetisieren können. Durch mehrere, voneinander unabhängige Synthesewege wird erreicht, dass A.-Mangel bei Pflanzen so gut wie ausgeschlossen ist.

Innerhalb der Pflanze werden A. vor allem in der Sprossspitze gebildet und polar über die Leitbündel zu den Wurzeln transportiert. Dadurch entsteht ein A.-Gradient, auf den zahlreiche physiologische A.-Effekte wie ↗ Apikaldominanz, ↗ Abscission, ↗ Fruchtreife, ↗ Streckungswachstum, ↗ Seneszenz der Blätter oder aber die Wundheilung zurückgeführt werden. Im Zellinnern wird der Gehalt an biologisch aktiver freier IAA durch eine Reihe von Prozessen gesteuert. Dabei stehen der Biosynthese die Bindung der IAA an hoch- oder niedermolekulare Substanzen und der oxidative Abbau gegenüber. A. kommen im Cytosol fast ausschließlich in Veresterung mit Zuckermolekülen oder als Amid-

Konjugate mit Aspartat vor. Das Fließgleichgewicht von freier cytosolischer IAA wird zudem durch ↗ Kompartimentierung kontrolliert, da IAA neben dem Cytosol auch im Chloroplasten gespeichert wird.

Die A.-induzierte Zellstreckung beruht im wesentlichen darauf, dass die Dehnbarkeit der Zellwand erhöht wird. Dadurch wird das Streckungswachstum pflanzlicher Zellen gefördert. In ähnlicher Weise wird auch die A.-Wirkung bei Fototropismus und Gravitropismus erklärt. Nach der *Cholodny-Went-Hypothese* kommt es in Spross bzw. Wurzel zu Verschiebungen der biologisch aktiven IAA zur Schattenseite bzw. Wurzelunterseite, sodass gerichtetes Wachstum möglich ist.

Neben den zahlreichen physiologischen A.-Effekten ist die Wirkungsweise dieses Phytohormons inzwischen auch auf molekularer Ebene gut untersucht. Dabei wird davon ausgegangen, dass A. an einen intrazellulären Rezeptor binden und über eine Signalkette die Expression bestimmter Gene kontrollieren, deren Promotoren A.-abhängige Elemente enthalten. Hierzu zählen u. a. Gene von

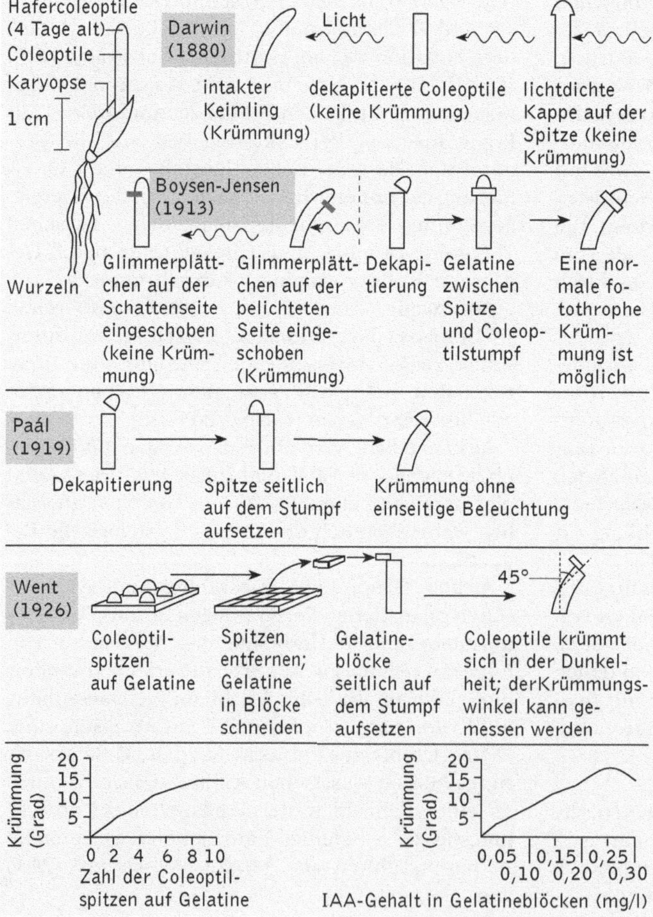

Auxine Klassische Experimente zur Auxinwirkung bei Hafercoleoptilen, aus denen sich die chemische Natur des den Krümmungsbewegungen zu Grunde liegenden Wachstumsstimulus ableiten ließ

↗ Transkriptionsfaktoren sowie Gene, die an der Biosynthese von ↗ Ethylen beteiligt sind. Dabei fungieren offenbar hydrophile Glykoproteine, so genannte *Auxin-bindende Proteine (ABP)* wie das *ABP1* als Auxinrezeptoren. Inwieweit neben diesen, hauptsächlich im ↗ endoplasmatischen Reticulum lokalisierten Proteinen auch ein membranständiger Rezeptor an der Auslösung von A.-induzierten Signalketten beteiligt ist, ist noch unklar.

auxotonische Muskelkontraktion, ↗ Muskel.

Auxotrophie, Form der Ernährung von Mutantenstämmen (↗ Mutante), z. B. von ↗ Bakterien, die zum Wachstum (↗ Bakterienwachstum) neben den üblichen Nährstoffen noch ein oder mehrere Wachstumsfaktoren (↗ Suppline) benötigen. A. ist i. d. R. auf eine Mutation in einem bestimmten Biosyntheseweg zurückzuführen. Auxotrophe Mutanten lassen sich im Labor künstlich induzieren und dienen der Erforschung von Stoffwechselwegen. Beim ↗ Ames-Test wird A. im Rahmen eines Mutagenitätstests genutzt. Auch bei der ↗ Genkartierung sind auxotrophe Mutanten nützliche Marker.

Avena, Gatt. der ↗ Poaceae.

Averrhoa, Gatt. der ↗ Oxalidaceae.

Avery, Oswald Theodore, kanadischer Bakteriologe, * 21.10.1877 Halifax, † 20.2.1955 Nashville (Tennessee); arbeitete seit 1913 am Rockefeller Institute Hospital in New York; A. wies an *Streptococcus pneumoniae* die Übertragung der kapselbildenden Eigenschaften auf kapselfreie Bakterien durch Transformation nach und lieferte somit den Beweis für die Bedeutung der Desoxyribonucleinsäure als genetischem Material. Er begründete damit die moderne Molekulargenetik und gilt auch als Mitbegründer der Immunchemie.

Aves, *Vögel*, Klasse der vierfüßigen Wirbeltiere (↗ Tetrapoda) mit gut 9000 Arten, die in allen Lebensräumen verbreitet sind. Besonders charakteristische Merkmale im *Körperbau* der A. sind das Federkleid (↗ Federn, ↗ Gefieder) sowie die zu Flügeln umgebildeten vorderen ↗ Extremitäten, die die Vögel zum Flug (↗ Vogelflug) befähigen. Der Schwanz ist stark reduziert, der Schnabel zahnlos und sehr variabel in der Form, entsprechend der unterschiedlichen Lebens- und Ernährungsweisen. Die *Epidermis* der Vögel besitzt außer der Bürzeldrüse, mit deren Sekret die Federn gefettet werden, und Drüsen am äußeren Gehörgang keine weiteren Drüsen, ist aber insgesamt sehr lipidreich. Bei einer Reihe von Vögeln fehlt die Bürzeldrüse (z. B. Kormorane, Strauße, Spechte, Tauben). Das *Skelett* der Vögel ist leicht, aber stabil gebaut, mit einem nahezu unbeweglichen Rumpfskelett und mehr oder weniger hohlen Knochen, die in Verbindung mit den Luftsäcken stehen. Im *Zentralnervensystem* sind das Endhirn, Mittelhirndach und Kleinhirn besonders gut entwickelt (↗ Gehirn). Unter den *Sinnesorganen* sind die Augen besonders hoch entwickelt. Sie sind bei den meisten Arten völlig oder fast unbeweglich, was durch eine starke Beweglichkeit der Halswirbelsäule kompensiert wird. Tagaktive Vögel sind zum Farbensehen befähigt. Die ↗ Akkomodation erfolgt durch Formveränderung der Linse, wobei Geschwindigkeit und Ausmaß der Akkomodation größer sind als bei jeder anderen Wirbeltiergruppe. Auch das Gehör ist gut entwickelt; bei Eulen ermöglichen äußere Federohren und asymmetrische Anordnung der Ohren auch bei Dunkelheit eine exakte Lokalisation der Beutetiere. Einige Höhlen bewohnende Vögel orientieren sich mit Echolotsystemen (z. B. die Fettschwalme, ↗ Caprimulgiformes). Der Riechsinn ist sehr unterschiedlich, z. B. bei Kiwis (↗ Dinornithiformes) und bei Sturmvögeln sehr gut entwickelt. Der Geschmackssinn ist dagegen nur schwach ausgeprägt. *Kreislauf- und Atmungssystem* sind bei Vögeln sehr leistungsfähig. Arterieller und venöser Kreislauf sind vollständig getrennt, da nur der rechte Aortenbogen vorhanden ist. Die ↗ Lunge besteht aus einem System von Röhren mit einer sehr großen Oberfläche für den Gasaustausch. Durch die großen, wie Blasebälge wirkenden Luftsäcke wird dieses Röhrensystem sowohl beim Einatmen, als auch beim Ausatmen von hinten nach vorne mit frischer Luft durchströmt. Gut entwickelt ist auch das Lymphgefäßsystem, das bei adulten A. öfter noch Lymphherzen aufweist. Das *Verdauungssystem* ist, je nach Lebensweise, sehr variabel. Alle Vögel besitzen einen zweigeteilten Magen, der aus Muskel- oder Kaumagen und einem Drüsenmagen besteht. Das Größenverhältnis der Teile spiegelt die Ernährungsweise wider, so besitzen z. B. Körnerfresser einen gut ausgebildeten Muskelmagen und z. B. Greifvögel einen hochentwickelten Drüsenmagen. Wesentliches Exkretionsprodukt ist Harnsäure, der Harn ist sehr konzentriert; die Niere ist dreilappig, eine Harnblase fehlt. Wie die Reptilien besitzen Vögel eine Kloake, in die Darm, Harnleiter und Geschlechtsgänge münden. Dort wird der Harn noch weiter konzentriert, indem ihm Wasser entzogen wird. Bei der *Paarung* werden die Kloaken aneinander gepresst und das Sperma übertragen. Einen Penis besitzen nur Straußenvögel, Gänsevögel und Hokkohühner. Alle Vögel legen hartschalige Eier. Die meisten Arten bauen ein Nest und bebrüten die Eier (Ausnahme: Thermometerhuhn), wobei eine Reihe von Arten in Kolonien nistet. Die Mehrheit der Vögel ist monogam. Einige Arten sind Brutparasiten (z. B. Kuckucke und Honiganzeiger; ↗ Brutparasitismus). An der Gabelstelle der Luftröhre befindet sich ein mit eigener Muskulatur versehenes Stimmorgan, die ↗ Syrinx, die nur bei Geiern, Straußen und Störchen fehlt. Laute können auch mit dem Schnabel oder be-

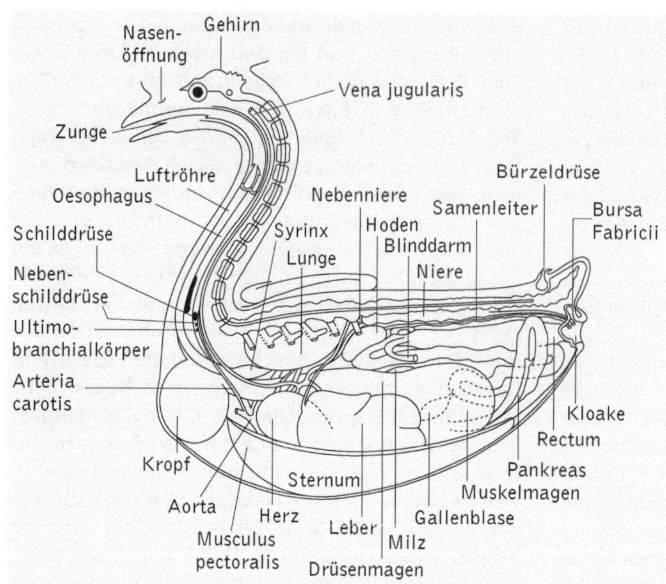

Aves Bauplan der Vögel

stimmten Federn (Schallfedern) erzeugt werden. Insgesamt spielt die stimmliche Kommunikation eine herausragende Rolle, wobei die Funktion einiger Gesangsarten noch nicht geklärt ist. Viele Arten führen regelmäßige Wanderungen durch (↗ Vogelzug).

Die *Systematik* der Vögel ist umstritten. Es gibt nur wenige fossile Funde, die wesentliche Aussagen über die Stammgruppe der Vögel zulassen (↗ Archaeopteryx). Die modernen Vogelordnungen, die als *Neornithes* oder *Ornithurae* zusammengefasst werden, entstanden vermutlich vor mindestens 65 Mio. Jahren (Mitte bis Ende der ↗ Kreide), wobei Verwandte z. B. der Alken, Entenvögel, Möwen, Kraniche und Spechte schon im ↗ Eozän und z. T. bereits im ↗ Paleozän nachgewiesen sind. Im ↗ Miozän fand eine starke Evolution der Singvögel statt, parallel zu derjenigen der Blütenpflanzen. Die meisten modernen Vögel entstanden im ↗ Pleistozän oder später. Rezente Ord. der A. sind u. a.: ↗ Struthioniformes (Strauße), ↗ Gaviiformes (Seetaucher), ↗ Podicipediformes (Lappentaucher), ↗ Procellariiformes (Röhrennasen), ↗ Sphenisciformes (Pinguine), ↗ Pelecaniformes (Ruderfüßer), ↗ Ciconiiformes (Schreitvögel), Accipitriformes (Greifvögel und Altweltgeier, ↗ Accipitridae), ↗ Anseriformes (Entenvögel), ↗ Galliformes (Hühnervögel), ↗ Charadriiformes (Watvögel, Alken und Möwen), ↗ Columbiformes (Taubenvögel), ↗ Psittaciformes (Papageien) ↗ Cuculiformes (Kuckucksvögel), ↗ Strigiformes (Eulen), ↗ Piciformes (Spechtartige), ↗ Passeriformes (Sperlingsvögel).

Avicularien, spezialisierte Einzeltiere (Heterozooide) in Kolonien von Moostierchen (↗ Bryozoa).

Avidin, aus Eiern von Amphibien, Reptilien und Vögeln isoliertes, aus vier identischen Untereinheiten bestehendes, basisches Glykoprotein. A. bildet zusammen mit ↗ Lysozym und Conalbumin das antibakterielle System des Hühnereies. Es besitzt pro Untereinheit 16 Bindungsstellen für ↗ Biotin (Vitamin H), mit dem es eine sehr feste, nichtkovalente Bindung eingeht; dies verhindert die Resorption von Biotin im Darm, sodass der Genuss roher Eier zu Biotinmangelerscheinungen führen kann. A. findet in Verbindung mit Biotin Verwendung bei Nachweisreaktionen der biologisch-medizinischen Forschung.

AV-Knoten, der Atrioventrikularknoten (↗ Herz).

Avocado, die ↗ Avocadobirne.

Avocadobirne, *Avocado*, *Persea americana*, in Mittelamerika heimischer, bis 20 m hoher Baum der ↗ Lauraceae. Die als Obst genutzten birnenförmigen Früchte enthalten bis zu 30 % Öl.

Axelrod, *Julius*, amerikanischer Biochemiker, * 30.5.1912 New York; arbeitete ab 1949 als Forschungschemiker am National Heart Institute in Bethesda (Maryland), seit 1955 Leiter der pharmakologischen Abteilung des National Institute of Mental Health in Bethesda. A. erforschte die chemischen Vorgänge an ↗ Synapsen und untersuchte in diesem Zusammenhang die Bildung, Freisetzung und den Abbau von ↗ Transmittersubstanzen. Er erhielt 1970 zusammen mit U.S. von ↗ Euler-Chelpin und B. ↗ Katz den Nobelpreis für Physiologie oder Medizin.

Axialorgan, *Axialdrüse*, Knäuel von Blutlakunen und sekretorisch tätigen Zellen bei den Stachelhäutern (↗ Echinodermata), das Exkretions-, Sekretions- und Abwehrfunktion hat.

Axis, *Dreher*, der zweite Halswirbel (↗ Wirbelsäule).

Axocoel, *Procoel*, *Protocoel*, vorderer von drei Abschnitten der Leibeshöhle der Stachelhäuter (↗ Echinodermata).

Axolemm, ↗ Neuron.

Axolotl, Art der Querzahnmolche (↗ Ambystomatidae).

Axon, *Neurit*, Fortsatz von Nervenzellen (↗ Neuron), der Nervenimpulse von der Zelle weg leitet.

Axonem, *Axonema*, Skelettstruktur der *Geißeln* und *Cilien* eukaryotischer Zellen. Der Durchmesser des A. beträgt 0,2 μm. Im Querschnitt ist das typische 9 + 2-Muster zu erkennen, das aus 9 *Doppeltubuli* und 2 zentralen *Einzeltubuli* besteht.

Axopodien, für ↗ Heliozoa charakteristische Form der ↗ Pseudopodien.

Aye-Aye, das ↗ Fingertier.

Aythya, Gatt. der ↗ Tauchenten.

Äzidiosporen, die ↗ Aecidiosporen.

Äzidium, das ↗ Aecidium.

Azolla, *Algenfarn*, *Wasserlinsen-Farn*, vorwiegend tropisch verbreitete Gatt. der Schwimmfarne (↗ Salviniales). Es sind zierliche, reich verzweigte Schwimmpflänzchen mit dicht aufeinander folgenden Blättchen in zweizeiliger Anordnung. An der Unterseite des Stengels tragen sie lange Würzelchen. Jedes Blatt ist in zwei Lappen geteilt, von denen der obere schwimmt und assimiliert, der untere ins Wasser taucht und sich an der Wasseraufnahme beteiligt. In Höhlungen des oberen Lappens lebt das Stickstoff fixierende Cyanobakterium (↗ Cyanobakterien) *Anabaena azollae* als ↗ Symbiont. A. wird daher in Reisfeldern zur ↗ Gründüngung genutzt.

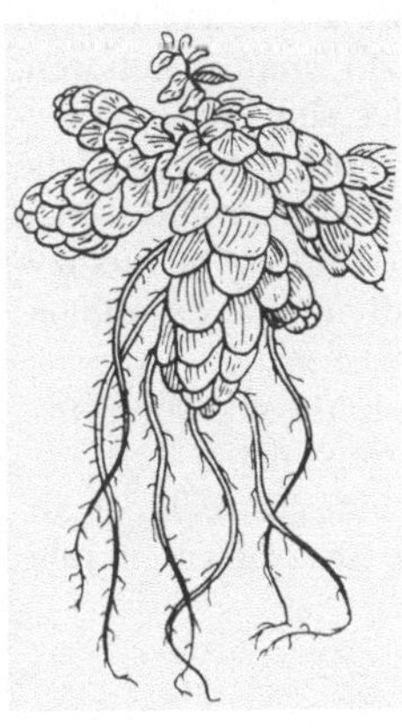

Azolla Der unter seinem Gattungsnamen *Azolla* bekannte Algenfarn lebt in Symbiose mit dem Stickstoff fixierenden Cyanobakterium *Anabaena azollae*

Azomonas, Gatt. der Pseudomonadaceae (↗ Pseudomonaden). Es sind große, gramnegative und obligat aerobe Stäbchen, die zu den frei lebenden ↗ Stickstoff fixierenden Bakterien gehören. Sie leben vorwiegend aquatisch.

azonale Vegetation, Vegetationseinheiten ohne Bindung an eine bestimmte ↗ Vegetationszone, z. B. Röhrichte. Gegensatz: ↗ zonale Vegetation

Azorhizobium, Gatt. der Fam. Hyphomicrobiaceae der ↗ Proteobacteria, deren Arten in Symbiose mit Pflanzen Stickstoff fixieren. (↗ Knöllchenbakterien)

Azoospermie, Bez. für das Fehlen von reifen und beweglichen Spermien (↗ Spermium) im Ejakulat (↗ Samenerguss; ↗ Unfruchtbarkeit).

Azospirillum, nach neuerer Systematik Gatt. der Fam. Rhodospirillaceae der ↗ Proteobacteria. Es sind mikroaerophile Stäbchen mit der Fähigkeit zur nicht symbiontischen Stickstoff-Fixierung (Stickstoff fixierende Bakterien). Sie sind mit Pflanzen assoziiert.

Azotobacter, Gatt. der Pseudomonadaceae (↗ Pseudomonaden). Es sind gramnegative, obligat aerobe Stäbchen mit der Fähigkeit zur nicht symbiontischen Stickstoff-Fixierung (↗ Stickstoff fixierende Bakterien). Sie kommen hauptsächlich in neutralen bis alkalischen Böden vor. A. bildet große ovale oder stäbchenförmige Zellen, die einzeln oder in unregelmäßigen Klumpen auftreten. In stickstofffreiem Medium werden große Schleimkapseln gebildet. Unter ungünstigen Wachstumsbedingungen bilden sich Cysten. Azotobacter chroococcum bildet schwarz oder braun gefärbte Kolonien aus.

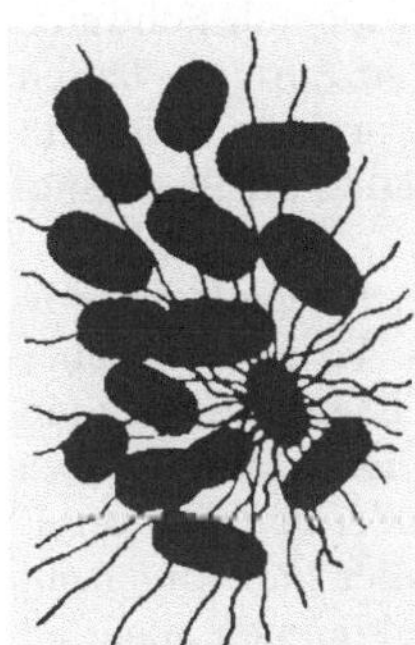

Azotobacter *Azotobacter chroococcoum* (Zellen teilweise mit peritricher Begeißelung)

Azulene, ungesättigte und unbeständige, meist blau gefärbte Kohlenwasserstoffe, für die die Verknüpfung eines fünf- mit einem siebengliedrigen Ringsystem charakteristisch ist. A. sind Inhaltsstoffe einiger Pflanzen (z. B. ↗ Kamille und ↗ Schafgarbe) und finden wegen ihrer entzündungshemmenden Wirkung in Arzneimitteln und Kosmetika Verwendung.

Azulene Bildung der Azulene aus Proazulen am Beispiel des Guaiazulens

B

Babesia, Gatt. der ↗ Piroplasmida.

BAC, Abk. für *bacterial artificial chromosome*, künstliches Bakterienchromosom. Bei der Herstellung einer ↗ genomischen Bibliothek verwendete Vektoren, die sich durch ihre große Kapazität auszeichnen. Sie können DNA-Fragmente von bis zu 300 kb aufnehmen und unterscheiden sich deutlich von ↗ Bakteriophagen und ↗ Cosmiden. Dadurch wird das molekularbiologische Arbeiten (↗ DNA-Klonierung) wesentlich erleichtert. Das menschliche Genom findet in ca. 30000 BACs Platz.

Bach, ↗ Fließgewässer.

Bachflohkrebs, Art der ↗ Amphipoda.

Bachstelze, *Motacilla alba*, zur Fam. ↗ Motacillidae gehörende Art der Singvögel mit konstrastreicher Färbung: Kopfkappe, Brust und Schwanz schwarz, Gesicht weiß, Rücken überwiegend grau. Charakteristisch ist der ständig wippende Schwanz. B. leben in offenen Landschaften Europas, halten sich gerne in Wassernähe auf und sind auch in Kulturland und Ortschaften häufig anzutreffende Standvögel.

Bacillariophyceae, *Diatomeae*, *Kieselalgen*, eine sehr umfangreiche Klasse der ↗ Algen mit über 10000 Arten in 200 Gattungen. Es handelt sich um einzeln oder in ↗ Kolonien lebende, braun gefärbte Einzeller, die z. T. zu Bändern oder Fächern vereinigt sind. Sie leben meist in großer Individuenzahl im Süß- und Salzwasser, einige kommen auch auf feuchten Böden und anderem feuchten Substrat vor. Die ↗ Chromatophoren der Kieselalgen enthalten weitgehend die gleichen Farbstoffe wie die Goldalgen (↗ Chrysophyceae), mit denen sie früher in eine Klasse gestellt wurden. Von diesen unterscheiden sie sich jedoch durch das Vorhandensein eines *Kieselsäurepanzers*, der ihr charakteristisches Merkmal ist. Er liegt in oder auf einer

Pektinmembran und besteht aus zwei *Schalen*, die wie Deckel und Boden einer Schachtel ineinandergreifen. Die Seitenbänder der beiden Schalen werden *Gürtelbänder* genannt. Die Oberfläche des Kieselsäurepanzers ist mit bestimmten Strukturen wie Poren, Leisten oder Knötchen versehen. Diese Strukturen sind nach elektronenmikroskopischen Untersuchungen Systeme von Kammern, die mit dem Zellinhalt in Verbindung stehen. Bei den Arten, die sich aktiv fortbewegen, hat der Kieselsäurepanzer in der Symmetrielinie einen Längsspalt, die *Raphe*. Hier tritt Protoplasma nach außen, strömt den Kanal entlang und bewegt durch die Reibung mit der Unterlage die Zelle vorwärts. Als Assimilationsprodukte treten das Polysaccharid Chrysolaminarin und Öl auf.

Die ungeschlechtliche Vermehrung der B. erfolgt durch Längsteilung der Zelle. Dabei werden die beiden Schalen an den Gürtelbändern auseinander geschoben. Jede Tochterzelle bildet wieder eine neue Schalenhälfte aus, und zwar jeweils die untere, sodass nach und nach die Individuen immer kleiner werden. Wenn eine bestimmte Minimalgröße erreicht ist, setzt die geschlechtliche Fortpflanzung ein. Die nach der Befruchtung entstandene Zygote wächst wieder zur ursprünglichen Größe heran und bildet zwei neue Schalenhälften aus. Die sich vergrößernde Zygote wird *Auxozygote* genannt.

Nach der Art der geschlechtlichen Fortpflanzung und dem Schalenbau unterscheidet man bei den B. zwei Ordnungen: Centrales und Pennales. Zur Ord. *Centrales* gehören Kieselalgen mit radiärer Symmetrie. Sie haben fast immer runde oder dreieckige Schalen, z. T. mit bizarren Fortsätzen, da viele von ihnen zum Meeresplankton (↗ Plankton) gehören. Im Gegensatz zu den Pennales sind sie unbeweglich. Die Form ihrer sexuellen Fortpflanzung ist die ↗ Oogamie, bei der Eizellen und Spermatozoiden mit Flimmergeißel ausgebildet werden. Die Auxozygote bildet dann das neue Individuum, das diploid ist.

Bekannte Gatt. sind *Biddulphia* und *Melosira*, deren Vertreter z. T. lange Ketten bilden.

Zur Ord. *Pennales* gehören lang gestreckte, stab- oder schiffchenförmig gebaute Kieselalgen mit bila-

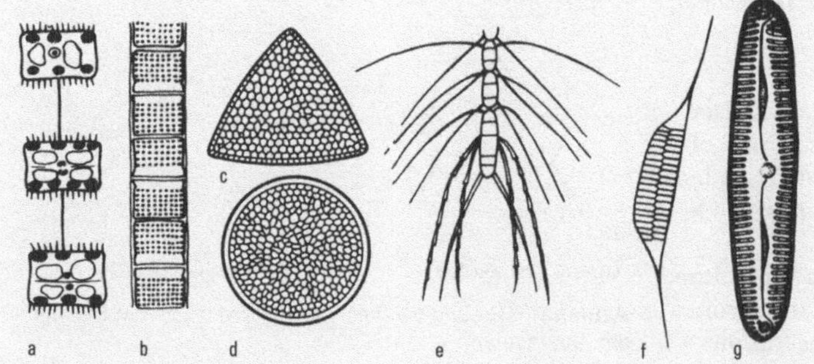

Bacillariophyceae a *Coscinodiscus polychordus* (Schwebekolonie mit Gallertfäden), b *Melosira varians*, c *Triceratium favus*, d *Coscinodiscus* spec. (Schalenansicht), e *Chaetoceros coarctatus* (Habitusbild einer Kette), f *Rhizosolenia eriensis*, g *Pinnularia viridis* (Schalenansicht)

teraler Symmetrie, die zu einer Kriechbewegung befähigt sind. Die Form ihrer geschlechtlichen Fortpflanzung ist ↗ Isogamie durch unbegeißelte Gameten; nach der Befruchtung entsteht ebenfalls eine Auxozygote. Die Pennales leben überwiegend am Grund von Gewässern, z. T. auf Wasserpflanzen oder im Schlamm. Einige Arten legen sich zu langen Ketten zusammen und bilden z. B. sternförmige Kolonien. Die häufigsten Gatt. sind *Navicula, Pinnularia, Pleurosigma, Tabellaria, Asterionella, Synedra*.

Fossile Kieselalgen sind schon aus dem Jura bekannt. Im Diluvium bildeten sie mächtige Lager (*Kieselgur* oder *Diatomeenerde*), die abgebaut und zu technischen Zwecken verwendet wurden. Kieselgur wird heute vor allem als Filtermasse in der Zuckerindustrie, bei der Herstellung von Bier und Wein, in der Mikrobiologie sowie zur Wasserreinigung verwendet.

Bacillus, 1) Gatt. der Endosporen bildenden, ↗ grampositiven Bakterien mit niedrigem ↗ GC-Gehalt. Es sind vorwiegend aerobe und einige fakultativ anaerobe, stäbchenförmige ↗ Bakterien, die lange Ketten bilden können. Charakteristisch ist ihre Fähigkeit, hitzeresistente Endosporen (↗ Bakteriensporen) zu bilden. Sie enthalten Katalase, sind vorwiegend grampositiv, meist beweglich mit ↗ peritrich angeordneten Geißeln. B.-Arten sind in der Natur weit verbreitet, besonders im Boden, im Wasser und in staubiger Luft. Neben mesophilen Arten (↗ mesophile Bakterien) gibt es psychrophile Formen (↗ psychrophile Bakterien), die noch unter 0 °C wachsen können, und thermophile Vertreter (↗ thermophile Bakterien), die bei 65 – 75 °C wachsen. Organische Substrate werden entweder im Atmungsstoffwechsel oder im fakultativen Gärungsstoffwechsel abgebaut. Einige Stämme führen eine anaerobe ↗ Nitratatmung aus, andere besitzen die Fähigkeit N_2 zu fixieren (↗ Stickstoff fixierende Bakterien). Bacilli sind meist harmlose ↗ Saprophyten und spielen eine wichtige Rolle beim Abbau komplexer Kohlenhydrate (z. B. im ↗ Kompost). Thermophile B. sind neben einigen Actinomyceten an der Selbsterhitzung von pflanzlichem Material wie z. B. Heu beteiligt. Die einzige Art, die bei Mensch und Tier zu ernsthaften Erkrankungen führt, ist *B. anthracis*, der Erreger des ↗ Milzbrandes. Einige Arten können aufgrund ihrer Hitzeresistenz in unzureichend erhitzten Nahrungsmitteln zu Vergiftungen (↗ Lebensmittelvergiftung) führen. B. sind wichtige Antibiotikabildner (↗ Antibiotika) und werden neben ↗ Aspergillus am häufigsten zur biotechnischen Produktion von Enzymen genutzt (↗ Biotechnologie). Der *Heubacillus, B. subtilis*, ist in der Natur weit verbreitet und kommt vor allem im Boden vor. Er lässt sich leicht aus einem Heuaufguss isolieren. In der ↗ Gentechnik wird *B. subtilis* als Wirt für fremde Gene zur Herstellung besonderer Stoffe (z. B. Virusantigene) eingesetzt. *B. thuringiensis* ist pathogen für Insekten und wird zur biologischen Schädlingsbekämpfung eingesetzt.

2) Falsche, aber manchmal in der Medizin noch gebräuchliche Benennung einiger Krankheitserreger und anderer Gattungen, z. B. wird *Proteus vulgaris* (↗ Proteus) mit *Bacillus proteus* bezeichnet.

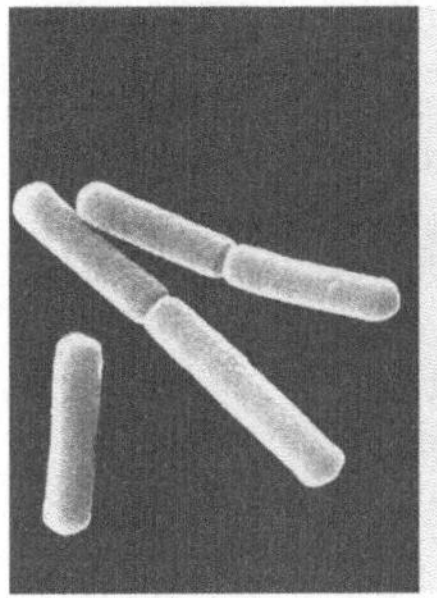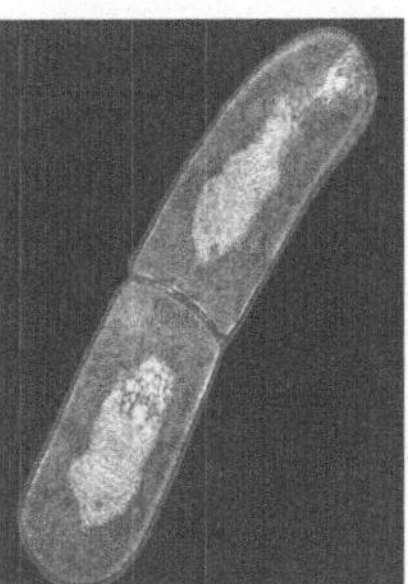

Bacillus   Rasterelektronenmikroskopisches Bild von *Bacillus subtilis*, rechts daneben elektronenmikroskopische Aufnahme einer *Bacillus*-Art mit gerade abgeschlossener Teilung in zwei Tochterzellen

Bacillus thuringiensis, ein Endosporen bildendes (↗ Bakteriensporen), insektenpathogenes Bakterium. Mit Präparaten aus B. können heute in der biologischen ↗ Schädlingsbekämpfung mehr als 75 Schadraupen erfolgreich bekämpft werden. Zu den Schädlingen (Larven), die durch B.-Präparate abgetötet werden, gehören u. a. der Maiszünsler (*Ostrinia nubilalis*), der Kohlweißling (*Pieris brassicae*), der Baumwollkapselwurm (*Heliothis armigera*) und der Reisstengelbohrer (*Chilo plegadel-*

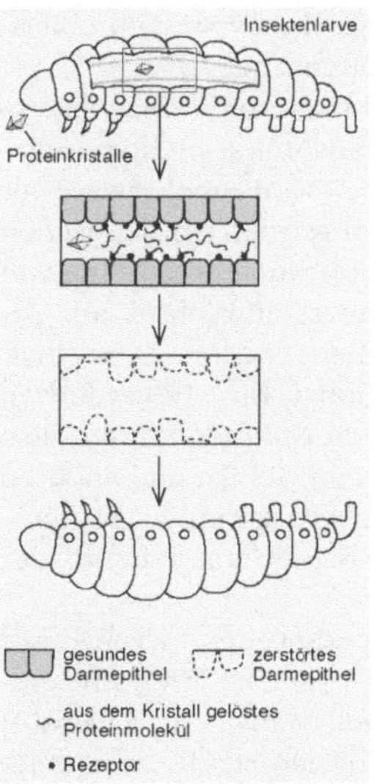

Bacillus thuringiensis   Wirkungsweise des Bacillus-thuringiensis-Toxins auf Insektenlarven

tus). Eine Vorstufe des Insekten schädigenden *Bacillus thuringiensis*-Toxins (↗ Bt-Toxin) wird während der Endosporenbildung im Bakterium synthetisiert. Im Darm der Insektenlarven wird daraus das Toxin freigesetzt. Durch den exzessiven Einsatz von B. t. traten in neuerer Zeit in Südostasien und den USA immer häufiger resistente Insektenstämme auf, die den Wirkungskreis dieses natürlichen ↗ Insektizids zunehmend einschränken.

Bäckerhefe, die ↗ Backhefe.

Backhefe, *Bäckerhefe*, für die Herstellung von Backwaren verwendete Kulturhefe. Es handelt sich um ausgelesene Rassen von *Saccharomyces cerevisiae* (↗ Saccharomyces), die besonders triebkräftig und vermehrungsfähig sind. Die Lockerung des Teiges erfolgt durch die Bildung von Kohlenstoffdioxid bei der Vergärung (↗ Gärung) von Zucker und aufgeschlossener Stärke. B. ist als *Presshefe* und *Trockenhefe* im Handel.

Bacteria, (früher Eubakterien), Gruppe phylogenetisch verwandter ↗ Prokaryoten, die sich von den *Archaea* unterscheiden. Sie sind im universellen phylogenetischen Stammbaum neben den Archaea und den ↗ Eucarya (Eukaryoten) eine der drei großen ↗ Domänen des Lebens. In der neuesten (zweiten) Auflage von „Bergey's Manual of Systematic Bacteriology" wird der Begriff des Reiches anstelle der Domäne verwendet. Dem Reich Bacteria wird das Reich *Archaeota* gegenüber gestellt. (↗ Bakterien)

bacterio-, ↗ Bakterio-.

Bacteriophyta, ↗ Bakterien.

Bacteroides/Flavobacteria, Ast der *Bacteria* (↗ Bakterien) mit den Hauptgattungen ↗ Bacteroides, Flavobacterium und ↗ Cytophaga. Diese enthalten vielfältige physiologische Typen von obligaten Aerobiern bis zu obligaten Anaerobiern.

Bacteroides, Gatt. des ↗ Bacteroides/Flavobacteria-Astes; es sind obligat anaerobe, nichtsporulierende vielgestaltige Arten, die normalerweise als Kommensalen im Verdauungstrakt von Menschen und Tieren vorkommen. Sie bauen eine Reihe von Kohlenhydraten im Gärungsstoffwechsel ab. Als Gärungsprodukte entstehen Acetat, Succinat, Lactat, Formiat oder Propionat. Eine Besonderheit von B. ist die Synthese von *Sphingolipiden*, also Substanzen, die besonders im Gehirn und anderen Nervengeweben von Säugern vorkommen. *Bacteroides*-Arten gehören zu den Hauptkeimen der menschlichen ↗ Darmflora.

Baculoviren, insektenpathogene Viren mit ringförmiger Doppelstrang-DNA. Die Viren sind einzeln oder zu mehreren Nucleocapsiden (↗ Capsid) in einer Proteinkapsel eingelagert, die von einer Kohlenhydrathülle umgeben ist. Ist ein ↗ Virion von einer Kapsel umgeben, bezeichnet man die Viren als *Granulose-Viren* (*GV*), sind zahlreiche Virionen von einer Kapsel eingeschlossen, bezeichnet man die Viren als *Kernpolyeder-Viren* (*KPV*).

B. infizieren verschiedene Insektenarten und sind daher von besonderer Bedeutung für die biologische ↗ Schädlingsbekämpfung. Über die Nahrung werden die Viren von Insektenlarven aufgenommen, infizieren Darmepithel- und Fettkörperzellen und verursachen den Tod der Insekten. B. werden z. B. gegen den Apfelwickler (*Cydia pomonella*), den Schwammspinner (*Lymantria dispar*) und die Kohleule (*Mamestra brassicae*) eingesetzt. Die Viren wirken sehr spezifisch, sodass toxische und Umwelt belastende Nebenwirkungen nicht zu erwarten sind. Die Präparate zur Schädlingsbekämpfung werden mit Hilfe von Raupenzuchten hergestellt.

B. werden in der ↗ Gentechnik als eukaryotische Expressionssysteme (↗ Genexpression) genutzt. Dabei werden fremde Gene mit Hilfe von B. in Insektenzellen eingeführt und dort exprimiert. Mit gentechnischen Verfahren kann man auf diese Weise z. B. α-Interferon, β-Interferon und Interleukin 2 kommerziell herstellen.

Baculum, der ↗ Penisknochen.

Badeschwamm, Bez. für zwei Arten der ↗ Demospongiae: *Spongia officinalis* und *Hippospongia equina*. B. werden vor allem im Mittelmeer und auf den Philippinen „gezüchtet". Sie wurden schon früh aufgrund ihres biegsamen Skeletts und ihres außerordentlichen Wasseraufnahmevermögens (bis zum 25fachen ihres Gewichtes) als Putzmittel oder medizinische Hilfsmittel verwendet.

Badeschwamm *Spongia officinalis*

Baer *Karl Ernst* von, deutscher Zoologe und Naturforscher, * 29.2.1772 auf Gut Piep (Estland), † 28.11.1876 Dorpat; ab 1819 Prof. der Anatomie in Königsberg (Preußen), ab 1822 Prof. für Naturgeschichte und Zoologie, Gründer und Direktor des Zoologischen Museums der Universität, ab 1834 ordentliches Mitglied der Akademie in St. Petersburg, ab 1841 Prof. für vergleichende Anatomie und Physiologie an der Medizinisch-chirurgischen Akademie. Von Baer ist Begründer der modernen Embryologie (Vogelentwicklung). Er enteckte das Säugetier-Ei (1826) und die Chorda dorsalis in der

Entwicklung der Wirbeltiere. Er stand der von C.R. ↗ Darwin und E. ↗ Haeckel vertretenen mechanistischen Selektionstheorie kritisch gegenüber, lehnte die Entwicklungslehre aber nicht ab. Von Baer zeigte Parallelen zwischen der individuellen ↗ Metamorphose und der Metamorphose des Tierreichs auf und wies so auf die später von F. Müller (1822-1897) und E. Haeckel aufgestellte ↗ Biogenetische Grundregel hin.

Bahnung, das Phänomen, dass sich die Wirkungen einzelner räumlich oder zeitlich getrennter synaptischer Aktivitäten gegenseitig verstärken können und damit eine postsynaptische Antwort stärker ist, als die vorhergehende, durch die gleiche präsynaptische Aktivität hervorgerufene Antwort. Eine *räumliche B.* tritt z. B. auf, wenn die Transmitterfreisetzung an einer einzelnen Synapse das postsynaptische Neuron nicht überschwellig erregen kann, sondern wenn dies erst geschieht, wenn mehrere eng beieinander liegende Synapsen gleichzeitig aktiv werden. *Zeitliche B.* kann dann zu Stande kommen, wenn in einer Synapse mehrere Aktionspotenziale in hinreichend kurzem Abstand eintreffen und das folgende Aktionspotenzial schon wirksam zu werden beginnt, wenn die postsynaptische Wirkung des vorausgegangenen noch nicht abgeklungen ist.

Bakterien, *Schizomycetes* (Spaltpilze, von Naegeli, 1857), *Schizomycetae* (von Niel, 1941), *Bacteriophyta*, mikroskopisch kleine, einzellige ↗ Mikroorganismen, die nach der Teilung in einfachen Zellverbänden vereint bleiben können und die keinen echten Zellkern (↗ Kern, Prokaryoten) enthalten. Durch das Fehlen eines echten Kerns lassen sie sich von den übrigen (eukaryotischen) Mikroorganismen leicht abgrenzen. Früher wurden die Bez. B. und Prokaryoten synonym verwendet. Molekulargenetische Untersuchungen ergaben jedoch, dass es zwei Abstammungslinien der Prokaryoten gibt. Sie werden heute in zwei Urreiche (oder ↗ Domänen) aufgeteilt: die *Bacteria* („echte Bakterien", früher: Eubakterien) und die *Archaea* (↗ Archaebakterien). Die dritte Domäne des Lebens sind die ↗ Eucarya (Eukaryoten).

Allgemeine Merkmale. Die durchschnittliche Größe der „normalen" Bakterien liegt zwischen 1 und 10 µm, meist um 1 µm; einige „Riesenbakterien" erreichen Längen von über 50 µm (*Achromatium oxaliferum, Thiospirillum jenense*). Zu den größten Bakterien gehört *Thiomargarita namibiensis* (Durchmesser der kugelrunden Zellen bis 0,75 mm). Zu den kleinsten kultivierbaren Formen gehören die ↗ Mykoplasmen (0,4 – 0,8 µm). B. können sehr unterschiedliche Formen aufweisen (↗ Bakterienformen), die charakteristische Aggregate (Ketten, Filamente, mycelartige Verbände, Fruchtkörper) bilden können. Bei einigen B. lassen

sich Anfänge einer Zelldifferenzierung erkennen, z. B. bei Actinomyceten ein mycelartiges Wachstum mit spezialisierten Ernährungs- und Vermehrungshyphen (bei Streptomyceten). Ein Lebenszyklus mit unterschiedlichen morphologischen Formen findet sich z. B. bei den Actinomyceten und bei den Myxobakterien. Eine echte Sexualität wie bei höheren Organismen tritt bei Bakterien noch nicht auf.

Die Zellen der B. sind meist relativ einfach strukturiert und in der Regel von einer Zellwand umgeben (↗ Bakterienzelle, ↗ Bakterienzellwand). Viele Bakterienarten sind beweglich, meist durch einfache Geißeln (↗ Flagellen). Die Geißeln können außerhalb der Zelle (z. B. bei Bazillen) oder unterhalb einer Zellhülle (z. B. von Spirochäten) angeordnet sein.

Unter ungünstigen Bedingungen können einige B. ↗ Myxosporen, Mikrocysten und ↗ Cysten oder hitzeresistente Endosporen (↗ Bakteriensporen) ausbilden.

Vorkommen. Aufgrund der geringen Größe, den vielfältigen Ernährungsformen und Stoffwechselaktivitäten sind B. fast überall auf der Erde nachweisbar. B. kommen im Boden (↗ Bodenbakterien) vor, im Wasser, in der Luft, in und auf Pflanzen (↗ Knöllchenbakterien), Tieren und Menschen (↗ Darmflora, ↗ Mundflora, ↗ Vaginalflora). B. können auch intrazellulär in Protozoen oder tierischen Zellen leben. Viele Arten besiedeln die unterschiedlichsten ↗ Biotope, einige Spezialisten wachsen dagegen nur unter besonderen Umweltbedingungen, z. B. in heißen Quellen (↗ extremophile Bakterien, ↗ thermophile Bakterien), in extrem sauren Gewässern (*acidophile Mikroorganismen*), in Eis und Schnee (*psychrophile Bakterien*) und kilometertief unter der Erde.

Ernährung. B. können nahezu alle natürlichen organischen Substanzen abbauen (↗ Mineralisation) und spielen eine überragende Rolle im ↗ Kohlenstoffkreislauf, im ↗ Stickstoffkreislauf und im ↗ Schwefelkreislauf. Unter anaeroben Bedingungen gibt es jedoch Limitierungen: Hier ist kein Abbau von Lignin oder Aromaten mit mehr als vier Ringen möglich. Die meisten B. benötigen organische Substrate als *Energiequelle* (↗ Chemoorganotrophie). Einige Bakteriengruppen gewinnen dagegen ihre Stoffwechselenergie durch Oxidation anorganischer Substrate (↗ Chemolithotrophie) oder durch Umwandlung von Lichtenergie (↗ Fototrophie). Im Energiestoffwechsel ist die aerobe Atmung weit verbreitet. Unter anaeroben Bedingungen kann Energie durch ↗ Gärung, anaerobe Atmung oder Fotosynthese gewonnen werden. Als *C-Quelle* benutzen die meisten B. organische Verbindungen (*C-Heterotrophie*), andere B. dagegen CO_2 (*C-Autotrophie*). Im Biosynthesestoffwechsel benötigen viele B. nur eine C-Quelle, um daraus alle Kohlenstoffverbindungen der Zelle aufzubauen. Andere B., z. B. Milchsäurebakterien, wachsen nur bei einem komplexen Nährstoffangebot mit Vitaminen und anderen Wachstumsfaktoren (↗ Suppline).

Wachstum und Abtötung. Das Wachstum der B. ist in der Regel mit einer Vermehrung verbunden (↗ Bakterienwachstum). Typisch ist eine Zweiteilung (daher die frühere Bez. „Spaltpilze"), die auch *binäre Spaltung* genannt wird. Oft erfolgt die Vermehrung auch durch ↗ Knospung, Fragmentation, Fruchtkörperbildung und Vermehrungssporen. Die Teilung kann ca. 15 min, mehrere Stunden oder Tage dauern. Die optimalen Temperaturen für das B.-Wachstum liegen bei den (mesophilen) B. zwischen 20 und 40 °C. Deutlich darüber liegende Temperaturoptima weisen die thermophilen B. (Maximum 113 °C) auf, deutlich darunter liegende Optima die ↗ psychrophilen B (Minimum: − 15 °C). Die meisten B. bevorzugen einen leicht alkalischen oder neutralen pH-Wert. Abweichend davon verhalten sich die acidophilen B. (↗ acidophile Mikroorganismen), die z. T. extrem niedrige pH-Werte zwischen 1 und 4 bevorzugen, und die alkalophilen Bakterien, die bei pH-Werten von 8,5 (teilweise auch pH 10 und 11) gezüchtet werden.

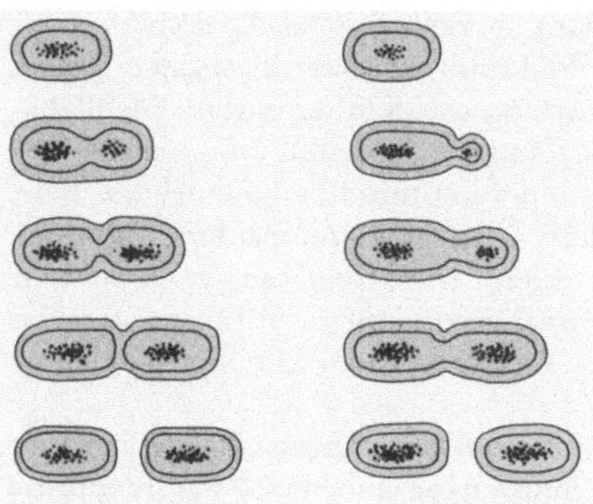

Bakterien Vermehrung von Bakterien: Die meisten B. vermehren sich durch Zweiteilung (*binäre Spaltung*): Die Zelle wächst zur doppelten Größe an; von außen nach innen bilden sich Querwände aus, und zwei gleich große Tochterzellen teilen sich ab (1). Eine Reihe von B. vermehrt sich ähnlich wie Hefezellen durch *Knospung* oder *Sprossung* (2)

B. werden in der Regel durch Sterilisationsverfahren (↗ Sterilisation) abgetötet.

Taxonomische Einordnung. In der konventionellen Taxonomie von B. spielten die phänotypischen Eigenschaften (Morphologie, Gram-Reaktion, Stoffwechseleigenschaften etc.) der jeweiligen Organismen eine tragende Rolle. Die phylogenetischen Beziehungen zwischen Prokaryoten sind dagegen erst durch rDNA-Sequenzanalysen aufgeklärt worden und führten teilweise zu einer völlig anderen Klassifizierung als bisher. Die Taxonomie der Bakterien

befindet sich auch heute ständig im Fluss, da (neue) Erkenntnisse basierend auf Sequenzanalysen von Nucleinsäuren zu neuen Einordnungen führen. Vielfach wird als offizielle Quelle für die Taxonomie *Bergey's Manual of Systematic Bacteriology* verwendet, dessen zweite Auflage ab dem Jahr 2000 in mehreren Bänden erscheint. Unter den kultivierten Organismen gibt es 14 bzw. 15 große Linien (Äste) von *Bacteria* und drei Linien von *Archaea*. (Zur Taxonomie der *Archaea* siehe Archaebakterien). Die Linien Thermotoga, Thermodesulfobacterium und Aquifex werden in der Gruppe ↗ Hyperthermophile zusammengefasst.

Bakterien Die wichtigsten Linien (Äste) der *Bacteria* auf der Grundlage von 16S-rDNA-Vergleichen

Ast I	↗ Proteobacteria
Ast II	↗ Grampositive Bakterien
Ast III	↗ Cyanobakterien
Ast IV	↗ Chlamydia
Ast V	↗ Planctomyces/Pirella
Ast VI	↗ Bacteroides/Flavobacteria
Ast VII	↗ Grüne Schwefelbakterien
Ast VIII	↗ Spirochäten
Ast IX	↗ Deinococcus/Thermus
Ast X	↗ Grüne Nichtschwefelbakterien
Ast XI	Thermotoga (↗ Hyperthermophile)
Ast XII	Thermodesulfobacterium (↗ Hyperthermophile)
Ast XIII	Aquifex (↗ Hyperthermophile)

Wirtschaftliche Bedeutung. B. werden heute als Produzenten zahlreicher Stoffe genutzt, z. B. für die Herstellung von Essigsäure, Milchsäure, Aminosäuren, Antibiotika, Vitaminen und Enzymen (↗ Biotechnologie). Von Bedeutung ist auch ihr Beitrag zur ↗ Konservierung von Nahrungsmitteln und Futter (↗ Sauerkraut, ↗ Silage, ↗ Milchsäurebakterien).

In der Umweltbiotechnologie werden B. genutzt in ↗ Kläranlagen, bei der Abluftreinigung (↗ Biofilter), beim Abbau von Problemstoffen, bei der Kompostierung und bei der Produktion von ↗ Biogas. Ein weiteres Anwendungsgebiet ist die Schädlingsbekämpfung mit ↗ Bacillus thuringiensis.

Zu den wirschaftlich negativen Wirkungen, die B. haben können, gehören der Verderb von Lebensmitteln (↗ Fäulnis), die Zerstörung von Material durch ↗ Biokorrosion, die Bildung außerordentlich giftger Toxine (↗ Botulinustoxin, ↗ Nahrungsmittelvergiftung) und die Auslösung bakterieller Krankheiten.

Literatur: Brock, D.: Mikrobiologie, Heidelberg 2000 (enthält einen Vorabdruck des Inhaltsverzeichnisses der zweiten Auflage von *Bergey's Manual of Systematic Bacteriology*)

Bakterienchromosom, in Analogie zu den morphologisch definierten Chromosomen der ↗ Eucyten gewählte Bez. für das Erbgut der Bakterien. Das B. ist in der Bakterienzelle in einem bestimmten ribosomenfreien Bereich, dem ↗ Nucleoid (*Kernäquivalent*) lokalisiert und nicht von einer Kernmembran umgeben. Das meist ringförmige B. ist dort kompakt gefaltet und lässt sich im Elektronenmikroskop als faserige oder zopfartige Struktur erkennen. Das große ringförmige B. von *Escherichia coli* ist ca. 1,3 mm lang und 2 nm dick. Die Größe des Genoms beträgt in etwa 4 Mio. Basenpaare, die für etwa 4300 Gene codieren. Ein B. kommt in Bakterienzellen stets einmal vor, lediglich unmittelbar vor einer Zellteilung sind dort zwei oder mehrere B. vorhanden.

Bakterienfärbung, Anfärbung von ganzen Bakterienzellen oder spezifische Anfärbung von besonderen Strukturen der Zelle oder Geißeln zur besseren Erkennung im Mikroskop; z. B. ↗ Gram-Färbung, ↗ Carbolfuchsin-Färbung, und ↗ Ziehl-Neelsen-Färbung.

Bakterienformen, Zellformen von ↗ Bakterien. Die hauptsächlich vorkommenden B. sind Kokken, Stäbchenbakterien, Vibrionen, Spirillen, Diplokokken, Sarcinen, Streptokokken (Kokken in Ketten) und Staphylokokken (Kokken in Trauben), doch werden auch sternförmige und flache quadratische Bakterien gefunden. Streptomyceten können ein ↗ Mycel bilden.

Bakteriengeißel, ↗ Flagellen.

Bakteriengifte, ↗ Bakterientoxine.

Bakteriengruppen, ↗ Bakterien.

Bakterienkolonie, Bakterienansammlung auf einem Nähragar (↗ Nährböden), die mit dem Auge sichtbar ist. Größe, Durchmesser, Beschaffenheit der Oberfläche, Form des Kolonienrandes, Farbe der B. und andere Eigenschaften sind taxonomische Merkmale und dienen als ein Merkmal unter anderen zur Unterscheidung von Bakterienarten.

Bakterienkultur, ↗ Kultur.

Bakterienkunde, die ↗ Bakteriologie.

Bakterienmasse, ein Maß für das ↗ Bakterienwachstum ist die Zunahme der Masse pro Zeiteinheit. Die B. wird direkt durch Trocken(gewichts)masse-Bestimmung (mg Trockengewicht/ml) oder indirekt durch Trübungsmessung ermittelt.

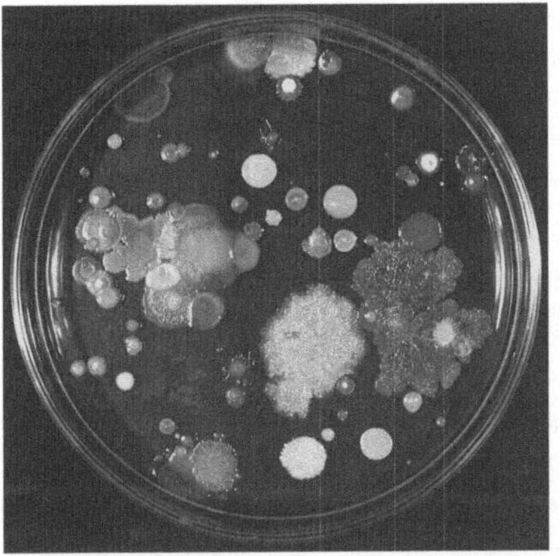

Bakterienkolonie Mikroorganismenkolonien auf einem Agarnährboden. Es handelt sich vorwiegend um Bakterienkolonien

Bakterienrhodopsin, ↗ Bakteriorhodopsin.

Bakterienruhr, *Shigellose*, oft tödlich endende infektiöse Dickdarmerkrankung, die durch verschiedene ↗ Shigella-Arten verursacht wird.

Bakteriensporen, Dauer- und Ausbreitungsformen der ↗ Bakterien. Man unterscheidet Endosporen, Exosporen, Myxosporen und Cysten. Meist wird die Bildung der Dauerformen durch einen Mangel an Nährstoffen oder andere ungünstige Wachstumsbedingungen ausgelöst.

Die *Endosporen* werden von bestimmten Arten grampositiver Bakterien (hauptsächlich *Clostridium*, ↗ Clostridien, und ↗ Bacillus) gebildet und sind durch große Hitzeresistenz ausgezeichnet. Während vegetative Zellen durch 10-minütiges Erhitzen auf 80 °C abgetötet werden, können die Bak-

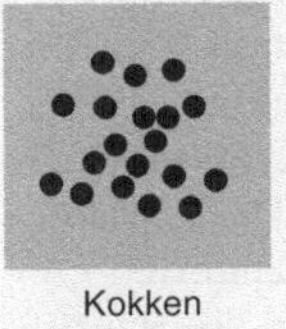

Kokken

Stäbchenbakterien

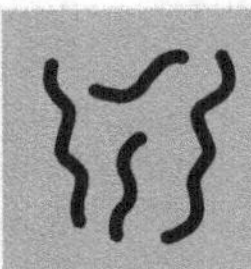

Vibrionen

Spirillen

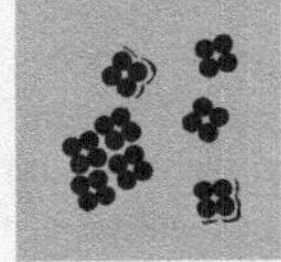

Diplokokken

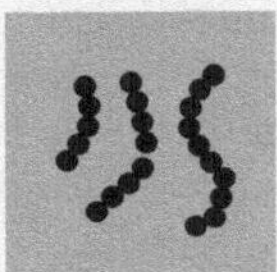

Sarcinen

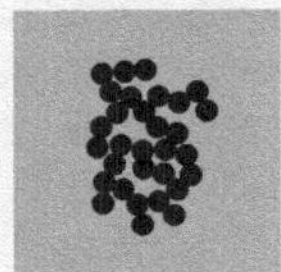

Streptokokken

Staphylokokken

Bakterienformen Formen einzelliger Bakterien

terien-Endosporen ein stundenlanges Kochen ertragen. Die Unempfindlichkeit gegenüber Hitze ist auf den sehr geringen Wassergehalt der Endosporen zurückzuführen. Endosporen weisen eine deutlich komplexere Struktur auf als vegetative Zellen. Unter dem Exosporium befinden sich die äußere und innere Sporenhülle, darunter die aus Peptidoglykan bestehende Rinde (Cortex), die Sporenzellwand (Core), die Cytoplasmamembran und das Cytoplasma mit Nucleoid. Eine charakteristische Substanz der Endosporen ist ↗ Dipicolinsäure, die oft mit Calciumionen verbunden ist. Endosporen können Tausende von Jahren im Ruhezustand verharren.

Exosporen wurden bisher bei den Gatt. *Methylosinus* und *Methylocystis* (↗ Proteobacteria) und bei den Streptomyceten beschrieben. Sie entstehen durch Knospung der Mutterzelle und haben die gleichen Eigenschaften wie *Bacillus*-Endosporen.

Einige Bakterien bilden auch kugelförmige, dickwandige ↗ Cysten. Bei der Cystenbildung wird die ganze Bakterienzelle in eine Cyste umgewandelt und nicht nur ein Teil der Zelle wie bei der Bildung der Endosporen. Die so genannten *Myxosporen* werden innerhalb der Fruchtkörper der ↗ Myxobakterien gebildet. Sie sind im Vergleich zu vegetativen Zellen resistenter gegen Austrocknung, UV-Strahlen und Hitze, jedoch ist der Grad der Hitzeresistenz viel geringer als der von bakteriellen Endosporen.

Bakterientoxine, *Bakteriotoxine, Bakteriengifte,* bakterielle Giftstoffe, die den Wirtsorganismus schädigen und eine wichtige Rolle bei Erkrankungen spielen können. Sie haben normalerweise eine große relative Molekülmasse, sodass sie als ↗ Antigene wirken, und schädigen bereits in sehr geringer Konzentration. Man unterscheidet *Endotoxine,* die in den Bakterienzellen enthalten sind und erst nach deren Absterben frei werden, und *Exotoxine (Ektotoxine),* die von lebenden Bakterien als Stoffwechselprodukte ausgeschieden werden.

Die *Endotoxine* bestehen aus Lipopolysacchariden der äußeren Zellwandbestandteile ↗ gramnegativer Bakterien (↗ Enterobacteriaceae, ↗ Salmonellen, ↗ Escherichia coli). Sie verursachen Fieber, Diarrhoe und Darmruhr.

Exotoxine sind Proteine und zeigen bereits in sehr geringen Konzentrationen eine spezifische, in einigen Fällen extrem toxische Wirkung auf die entsprechende Wirtszelle oder Zellfunktion. *Clostridium botulinum* (↗ Clostridien) bildet das hochgiftige ↗ Botulinustoxin, *Clostridium tetani* die Tetanustoxine (↗ Wundstarrkrampf). Beide Exotoxine wirken auf das Nervensystem. Exotoxine sind im Gegensatz zu den Endotoxinen relativ instabil und temperaturempfindlich.

Bakterienviren, die ↗ Bakteriophagen.

Bakterienwachstum, 1) Wachstum einzelner Bakterienzellen.

2) Wachstum von Bakterienpopulationen. Im Wachstumsverlauf von Bakterienpopulationen (und von Populationen anderer Mikroorganismen, ↗ mikrobielles Wachstum) unterscheidet man bei der Batch-Kultur (↗ statische Kultur) charakteristische Phasen: Die *Anlaufphase* oder *lag-Phase* beginnt nach dem Einbringen der Bakterien in die Nährlösung, die Zellteilungen kommen allmählich in Gang. Die Ursache für das Auftreten der lag-Phase liegt darin, dass die Bakterien zunächst die Vorbedingungen für einen intensiven Stoffwechsel schaffen müssen. Die *exponentielle Phase* ist durch eine konstante, maximale Teilungsrate der Zellen gekennzeichnet. In dieser Phase steigt der Logarithmus der Zellzahl linear mit der Zeit an, d. h., die Teilungsrate der Zellen ist konstant. Mit der Abnahme der Nährstoffe und der Anreicherung schädlicher Stoffwechselprodukte stellt sich die *stationäre Phase* ein, die erreichte Anzahl lebender Zellen ändert sich nicht mehr. In der nachfolgenden *Absterbephase* nimmt die Zellzahl ab.

Bakterienzelle, *Protocyte,* die ↗ Zelle der ↗ Bakterien, die im Gegensatz zu den ↗ Eucyten ohne echten Zellkern und weitgehend ohne Organellen auskommt (↗ Ribosomen). In ihrer Grundstruktur sind B. von einer Cytoplasmamembran und i. d. R. von einer ↗ Bakterienzellwand umgeben (Ausnahme: Mycoplasmen, Thermoplasmen). Die Cytoplasmamembran ähnelt in ihrem Aufbau der Membran höherer Organismen. Allerdings unterscheidet sie sich von dieser in ihren chemischen Eigenschaften. So sind in der Lipiddoppelschicht andere Phospholipide (z. B. Cardiolipin) enthalten, wohingegen Steroide i. d. R. fehlen. Zwischen Eubakterien und Archaebakterien finden sich zudem große Unterschiede in der Lipidzusammensetzung. Abgesehen von wenigen Ausnahmen (z. B. ↗ Cyanobakterien) umschließt die Cytoplasmamembran ein Kompartiment, in dem sich die DNA (↗ Nucleoid) befindet. Vielfach enthalten B. neben dem so genannten ↗ Bakterienchromosom noch kleine ringförmige DNA-Moleküle (↗ Plasmide). Im Innern der B. lassen sich eine Vielzahl von Einschlüssen beobachten. Hierzu zählen u. a. Speicherstoffe (Glykogen), Polyhydroxybuttersäure, Schwefeltropfen, Polyphosphatgranula, Gasvakuolen und Kristallkörper. Fototrophe Bakterien enthalten Membranvesikel, die sie für die Fotosynthese benötigen (↗ Chlorosomen, ↗ Thylakoide). An ihrer Oberfläche befinden sich bei B. häufig Proteinfilamente, die bis zu 12 µm lang und ca 7 nm dick sind. Sie werden als *Pili* oder *Fimbrien* bezeichnet. Mit ihrer Hilfe ist es Bakterien möglich, sich an Konjugationspartner oder an Substrate an-

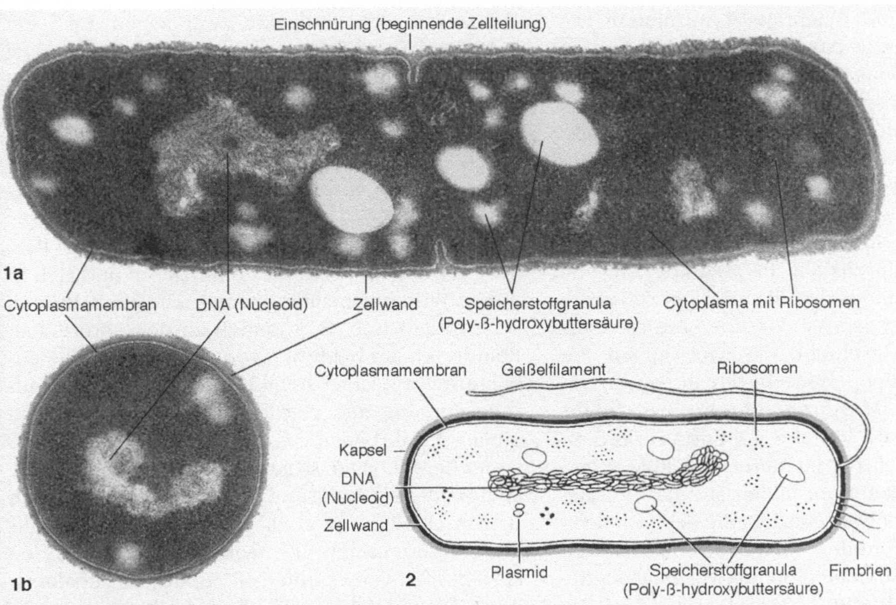

Bakterienzelle Aufbau einer Bakterienzelle (Protocyte). 1 Elektronenmikroskopische Aufnahme des grampositiven Bakteriums *Bacillus subtilis*, a im Längsschnitt, b im Querschnitt (Durchmesser ca. 0,8 μm;). 2 Aufbau (schematisch) einer begeißelten Bakterienzelle (gramnegatives Bakterium)

zuheften. Viele B. besitzen zudem eine oder mehrere ⌐ Flagellen, die der Fortbewegung dienen. B. weisen in ihrem Aussehen eine große Vielfalt auf (⌐ Bakterienformen).

Bakterienzellwand, elastische äußere Hülle der ⌐ Bakterienzelle, die deren Form bestimmt und einen Schutz gegenüber osmotischer Lysis dar-

stellt. Bis auf die Mycoplasmen und Thermoplasmen sind alle Bakterienzellen von ihr umgeben. Die B. ist für niedermolekulare Substanzen durchlässig. Die B. der meisten Eubakterien enthält *Murein* (Peptidoglykan), das aus linearen Ketten von *N-Acetylglucosamin* und *N-Acetylmuraminsäure* in β-1,4-Bindung besteht, die durch kurze Peptide ko-

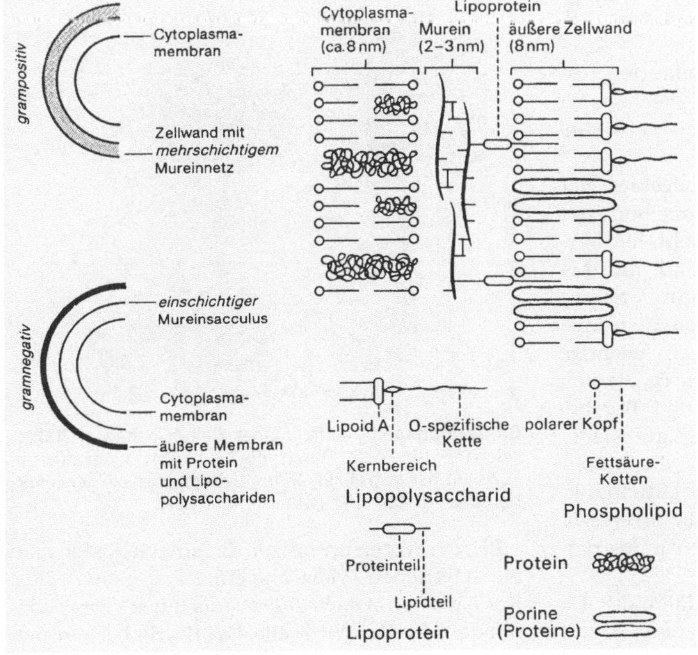

Bakterienzellwand Die obere Abb. zeigt den Aufbau der Zellwand bei grampositiven Bakterien. Darunter ein Modell des Aufbaus der Zellhüllen und der Anordnung der einzelnen Komponenten eines gramnegativen Bakterium (*Salmonella*)

valent vernetzt sind. Wichtige ↗ Antibiotika wie z. B. Penicillin sowie das ↗ Lysozym bekämpfen bakterielle Infektionen durch Inhibition der quervernetzenden Transpeptidasen bzw. durch eine Hydrolyse der glykosidischen Bindungen des Mureins.

Mit Hilfe der ↗ Gram-Färbung lassen sich Bakterien mit zwei verschiedenen B.-Typen unterscheiden. Bei *grampositiven* Bakterien zeichnet sich die B. durch ein vielschichtiges und somit dickes Mureinnetz aus. Es durchzieht die gesamte Zellwand bzw. stellt möglicherweise die einzige Zellwandschicht dar. *Gramnegative* Bakterien besitzen nur eine dünne Mureinschicht, die nach außen hin noch von einer lipopolysaccharidhaltigen so genannten *äußeren Membran* umgeben ist. In ihr sind Poren bildende Proteine (↗ Porine) vorhanden, die den Durchtritt kleinerer Moleküle erlauben. Zahlreiche Bakterien bilden auf der Oberfläche der B. Kapselpolysaccharide, die bei pathologischen Arten Kontakte zu den Wirtszellen vermitteln oder aber einen Schutz vor phagocytierenden Zellen des Immunsystems bieten. Die B. der *Archaebakterien* ist anders aufgebaut und setzt sich aus Pseudomurein, Glyko- oder reinen Proteinen, Glutaminylglykanen sowie Polysacchariden zusammen.

Bakteriochlorophylle, Fotosynthesepigmente (↗ Antennenpigmente) der *fototrophen Bakterien*. Sie sind wie die ↗ Chlorophylle der grünen Pflanzen aus vier Pyrrolringen mit einem zentral gebundenen Magnesiumatom aufgebaut. Die verschiedenen Bakteriochlorophylle unterscheiden sich u. a. durch unterschiedliche Substituenten (Seitenketten) am Porphyringerüst. Im Unterschied zu den Chlorophyllen höherer Pflanzen absorbieren B. auch im langwelligen Bereich.

Bakteriocine, *Bakteriozidine*, von Bakterien ausgeschiedene Stoffe, die Stämme der gleichen Art oder verwandte Arten abtöten. Die meisten B. sind Proteine.

Bakteriologie, *Bakterienkunde*, Teilgebiet der ↗ Mikrobiologie, das sich mit der Erforschung der ↗ Bakterien befasst. Die B. untersucht die Verwandschaftsverhältnisse, Struktur und die Lebenserscheinungen der Bakterien, ihre Stellung und Wirkung in der Natur, ihre für den Menschen nützlichen und schädlichen Leistungen. Wichtige Teilgebiete der B. sind die *medizinische B.*, die sich mit Krankheitserregern bei Mensch und Tier befasst, die *phytopathologische B.*, die sich mit pflanzlichen Krankheitserregern beschäftigt, die *Boden-B.*, bei der die ↗ Bodenbakterien im Mittelpunkt der Untersuchungen stehen, sowie die *Meeres-B.* Die *industrielle B.* ist ein Teilgebiet der industriellen Mikrobiologie (↗ Biotechnologie).

Die B. bildete sich in der zweiten Hälfte des 19. Jh. als selbstständige Wissenschaft heraus. A. van ↗ Leeuwenhoek entdeckte zwar schon 1675 die Bakterien, ihre Bedeutung wurde jedoch erst viel später erkannt. Als Begründer der B. gelten Louis ↗ Pasteur und Robert ↗ Koch.

Bakteriolyse, die Auflösung von Bakterien, z. B. durch ↗ Enzyme oder lysogene ↗ Bakteriophagen, ↗ Bdellovibrio und andere bakteriolytische Bakterien.

Bakteriophagen, *Phagen*, *Bakterienviren*, Bez. für ↗ Viren, die ↗ Bakterien infizieren und sich in diesen Wirtsorganismen vermehren. Die Bakterien sterben dabei ab. B. kommen an den natürlichen Standorten der Bakterien vor. Versetzt man Bodenbakterien mit einer keimfrei filtrierten Bodenaufschwemmung und plattiert diese Suspension auf einem ↗ Nährboden aus, treten im Bakterienrasen in der Regel Löcher, so genannte ↗ Plaques, auf. Sie sind auf die Abtötung und Lyse von Bakterien durch B. zurückzuführen. B. gibt es wahrscheinlich für alle Bakterienarten. Je nach den Wirtsbakterien spricht man von *Coliphagen* (B. des Darmbakteriums ↗ Escherichia coli), *Salmonella-Phagen* (B. von *Salmonella*; ↗ Salmonellen), *Actinophagen* (B. von ↗ Actinomyceten), *Cyanophagen* (B. von ↗ Cyanobakterien). Über 95 % der bisher bekannten B. sind aus einem Kopfteil und einem Schwanzteil aufgebaut. Der Kopf enthält die DNA, der Schwanz dient zum Anheften der B. an das Bakterium. Die anderen B. besitzen eine kubische, filamentöse oder pleomorphe Form. Die B. enthalten DNA oder RNA, die als Doppel- oder Einzelstrang, linear oder ringförmig vorliegen kann; meist ist eine doppelsträngige, lineare DNA vorhanden.

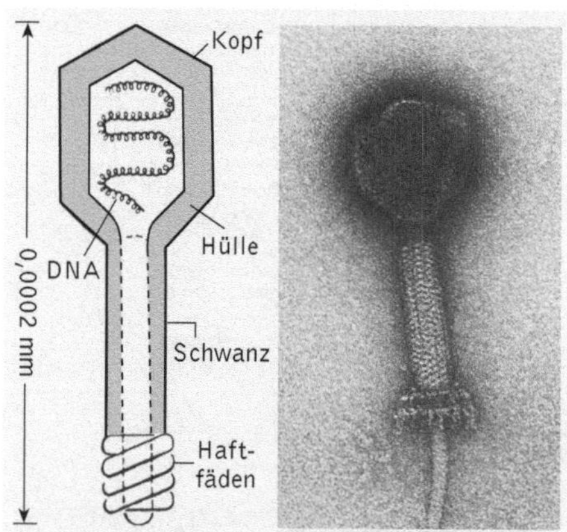

Bakteriophagen Aufbau eines Bakteriophagen (Bakteriophage SP 105). Durch die aus dem kontrahierten Schwanz hervortretende Röhre (rechts) wird bei der Infektion DNA in das Wirtsbakterium injiziert

Bei der Vermehrung von B. unterscheidet man einen lytischen Zyklus und einen lysigenen Zyklus: Der *lytische Vermehrungszyklus* eines Virus endet mit dem Tod der Wirtszelle. Der Begriff bezieht sich auf das letzte Stadium der Infektion, in dem das Bakterium lysiert (platzt). Viren, die sich mit Hilfe des lytischen Zyklus vermehren, werden *virulente Viren* genannt. Die Vermehrung von Phagen auf diesem Weg ist an geradzahligen T-Phagen (T2, T4, T6) *von Escherichia coli* weitgehend aufgeklärt worden. Zunächst kommt es zu einer Anheftung der B. an die Bakterienoberfläche (Adsorption). Nach der Adsorption wird die DNA in die Wirtszelle injiziert (Penetration), die Proteinhülle bleibt außerhalb der Zelle. Die Synthese von Bakterien-DNA wird nach der Infektion sofort eingestellt. Es folgt die Phase der so genannten *frühen Proteine*, dies sind Enzyme, die für die Replikation der B.-DNA notwendig sind und die Expression der übrigen B.-Gene (↗ Genexpression) regulieren. Bald nach Beginn der DNA-Replikation kommt es zur Synthese der *späten Proteine*, der Strukturproteine von Bakteriophagen-Kopf und -Schwanz. Durch *self assembly* bilden sich neue B., die durch Auflösung (Lyse) der Zellwand mit Hilfe von Lysozym freigesetzt werden. Schließlich brechen die Bakterienzellen durch den osmotischen Druck explosionsartig auf, und die neu gebildeten B. werden freigesetzt. Bei manchen B. erfolgt die Freisetzung ohne Lyse der Wirtszelle durch Penetration durch die Zellwand.

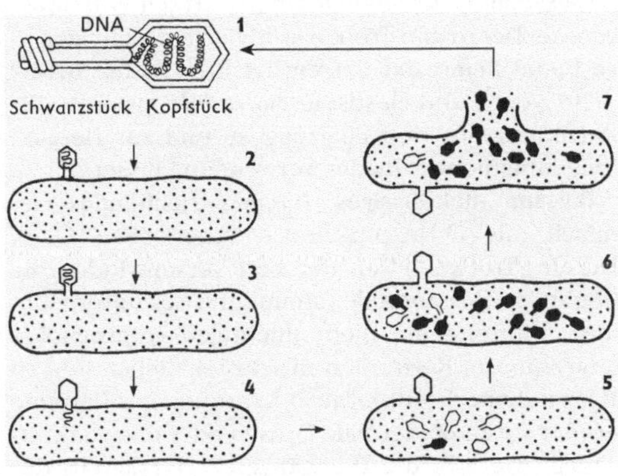

Bakteriophagen Lytischer Infektionszyklus. **1** Einzelner Phage, **2** Befall eines Bakteriums, **3** Auflösung der Zellwand durch ein Phagenenzym, **4** Eindringen der Phagen-DNA, **5** und **6** durch Umsteuerung des bakteriellen Stoffwechsels entstandene Phagenbestandteile und Phagen, **7** Zerfall der Bakterienzelle und Freisetzen der Phagennachkommen

Im *lysogenen Zyklus* entstehen virale Genome ohne Tötung des Wirtes. Viren, die sich sowohl im lytischen Zyklus als auch im lysogenen Zyklus vermehren können, werden als *temperente Viren* bezeichnet. Hierzu gehört z. B. der Phage Lambda. Temperente B. bauen ihre Nucleinsäure in die Wirts-DNA ein. Dabei wird die B.-DNA entweder als *Prophage* in das Genom der Zelle integriert und mit dem Bakterienchromosom repliziert oder autonom als Prophagen-Plasmid vermehrt und jeweils bei der

Zellteilung auf die Tochterzellen weitergegeben. Bakterien, die einen Prophagen tragen, werden als *lysogene Bakterien* bezeichnet. Unter bestimmten Bedingungen (z. B. Temperaturerhöhung, UV-Bestrahlung) wird der Prophage aktiviert, d. h., er beginnt einen lytischen Zyklus. In der Regel hängt es von Umwelteinflüssen ab, ob der Phage den lysogenen oder den lytischen Weg einschlägt.

Bestimmte B., z. B. die Phagen *Lambda* und M13, lassen sich als Klonierungsvektoren für bakterielle Zellen verwenden (↗ DNA-Klonierung). Fragmente von Fremd-DNA können unter Verwendung von ↗ Restriktionsenzymen und ↗ Ligasen in das Phagengenom eingebaut werden. Die rekombinante Phagen-DNA wird dann über den normalen Infektionsprozess in die Bakterienzelle eingeschleust. (↗ Gentechnik)

Bakteriorhodopsin, ein Membranprotein der Halobakterien (↗ Halobacteriales), das bei begrenzter Sauerstoffversorgung gebildet wird und als Licht absorbierende Komponente Retinal enthält. Der purpurfarbene Farbstoff-Protein-Komplex hat eine ähnliche Struktur wie die das ↗ Rhodopsin tierischer Sehzellen. B. ist eine lichtgetriebene ↗ Protonenpumpe. Bei Belichtung mit Grünlicht geht Retinal unter Protonenabgabe in die cis-Form über und gibt dabei ein Proton nach außen in das Periplasma ab, dann nimmt es von innen ein Proton auf und fällt über Zwischenstufen in den Ausgangszustand zurück. B. durchläuft etwa 200mal pro Sekunde einen Fotozyklus, in dessen Verlauf jeweils ein Proton nach außen gepumpt wird. Der Protonengradient kann zur ATP-Synthese genutzt werden. Halobakterien können dadurch auch unter anaeroben Bedingungen Energie gewinnen.

Bakteriose, durch ↗ Bakterien verursachte Krankheit. (↗ Infektionskrankheiten)

Bakteriostatika, Bez. für Stoffe, die das Wachstum von Bakterien (↗ Bakterienwachstum) hemmen, ohne sie abzutöten. Hierzu gehören z. B. bestimmte Desinfektionsmittel (↗ Desinfektion), Konservierungsmittel (↗ Konservierung) und ↗ Antibiotika.

Bakteriotoxine, ↗ Bakterientoxine.

Bakteriozidine, ↗ Bakteriocine.

Bakterizide, Bakterien abtötende Stoffe. (↗ Desinfektion, ↗ Konservierung)

Bakteroid, meist unregelmäßige Wuchsform von Bakterienzellen, die von der Form der normalen (frei lebenden) Bakterienzelle abweicht. Am bekanntesten sind die unregelmäßig angeschwollenen und oft lappig verzweigten B. in den ↗ Wurzelknöllchen der Leguminosen (↗ Fabales). Es sind die Stickstoff fixierenden Stadien der sonst stäbchenförmigen Rhizobien (↗ Rhizobium).

Balaenidae, *Glattwale*, Fam. der Bartenwale (↗ Mysticeti) mit zwei (eventuell drei) stark gefährdeten Arten: Der *Grönlandwal (Balaena mystice-*

tus) wird bis zu 20 m lang, hat eine bis zu 50 cm dicke Speckschicht („Blubber") und bis zu 4 m lange Barten, mit deren Hilfe er Plankton aus dem Wasser filtert. Sein Verbreitungsgebiet erstreckt sich über Behringmeer, kanadisch-grönländische Arktis und Barentssee. Der *Nordkaper (Südkaper, Eubalaena glacialis)* ist deutlich kleiner und kommt sowohl im Nordatlantik als auch in den Meeren zwischen Südafrika, Südamerika sowie Südaustralien und Antarktis vor. Er ernährt sich außer von Plankton auch von Krill und hält sich zur Paarungszeit und zur Jungenaufzucht in wärmeren Gewässern auf.

Balaenopteridae, *Furchenwale*, Fam. der Bartenwale (↗ Mysticeti). Die größte Art ist der blaugraue, hell *getüpfelteBlauwal (Balaenoptera musculus)* mit bis zu 33 m Länge; er ist fast ausgerottet. Nur wenig kleiner ist der noch etwas häufigere *Finnwal (Balaenoptera physalus)* mit spitzer hoher Rückenfinne. Mit fast 50 km/h ist er ein sehr schneller Schwimmer, der nicht nur Krill filtriert, sondern auch Fische jagt. Neben dem Seiwal *(Balaeonoptera borealis)* und dem Zwergwal *(Balaenoptera acutorostrata)* zählt der mit Knubbeln übersäte (Name!) *Buckelwal (Megaptera novaeangliae)* zu den B. Charakteristisches Kennzeichen der Buckelwale ist zum einen ihr Gesang, der vermutlich der Partnerfindung und innerartlichen Verständigung dient und zum anderen die Fähigkeit, aus Luftblasen „Fangnetze" herzustellen. Dazu umschwimmen sie Fisch- oder Krebsschwärme im Kreis und lassen dabei Atemluft hochperlen. Die Beutetiere trauen sich nicht, diesen Vorhang aus Luftperlen zu durchschwimmen und können so von den Walen erbeutet werden.

Balancer-Chromosomen, Hilfsmittel der *Drosophila*-Genetik, mit denen sich Mutationen über Generationen hinweg verfolgen lassen. B. ermöglichen die Unterscheidung von mutagenisierten und nicht mutagenisierten Chromosomen, da ihre Struktur bei Heterozygoten die Rekombination homologer Bereiche verhindert.

Balantidium, Gatt. der Wimpertierchen (↗ Holotricha).

Balanus, Gatt. der Rankenfüßer (↗ Cirripedia).

Baldrian, *Valeriana*, Gatt. der ↗ Valerianaceae. Die wichtigste einheimische Art ist der in Europa und Asien vorkommende Echte B., *Valeriana officinalis* (Abb. ↗ Valerianaceae). Die unterirdischen Teile enthalten ↗ etherische Öle, die aufgrund ihrer beruhigenden Wirkung medizinisch genutzt werden. (↗ Heilpflanzen)

Baldriangewächse, die Fam. ↗ Valerianaceae.

Balg, Bez. für Trockenpräparate des Fells von Säugetieren bzw. des Gefieders von Vögeln.

Balgfrucht, ↗ Frucht.

Balistidae, *Drückerfische*, artenreiche Fam. der ↗ Tetraodontiformes mit 40 Arten hochgebauter, seitlich abgeflachter und oft prächtig gefärbter Fische. Sie leben vor allem in Korallenriffen und Seegrasbeständen. Die Rückenflosse besitzt drei dicke Stacheln, von denen der erste festgestellt werden kann und dem Fisch vermutlich dazu dient, sich zwischen Steinen und Korallenblöcken einzukeilen. Meißelförmige vordere Zähne und plattenartige hintere Zähne sind zum Aufbrechen hartschaliger Beutetiere geeignet. Viele Drückerfische sind beliebte Aquarienfische.

Balken, *Corpus callosum*, das größte Nervenfasersystem des ↗ Gehirns der Säugetiere zur Verbindung des Neopalliums der beiden Großhirnhälften.

Ballaststoffe, für den Menschen größtenteils unverdauliche, meist hochpolymere Nahrungsbestandteile, wie z. B. ↗ Cellulose, ↗ Lignin, ↗ Keratine, ↗ Pektine, Pflanzenschleime. B. können vom Menschen (im Unterschied zu Pflanzen fressenden Tieren) enzymatisch nicht in ihre Bausteine zerlegt werden und besitzen daher keinen Nährwert. Aufgrund ihrer anregenden Wirkung auf die Peristaltik des Darms sind sie jedoch für die Verdauung wichtig.

Balsabaum, *Ochroma lagopus*, Art der ↗ Bombacaceae. Der in den Tropen kultivierte, raschwüchsige Baum liefert das extrem leichte (Dichte 0,12 – 0,30 g/cm^3) und elastische *Balsaholz*, das u. a. für Rettungsboote, den Flugzeugbau und zur Herstellung künstlicher Glieder Verwendung findet.

Balsam, dickflüssiges, intensiv riechendes Gemisch aus ↗ Harzen und ↗ etherischen Ölen. Durch „Trocknen" an der Luft verschwinden die flüchtigen Bestandteile (Mono- und Sesquiterpenoide), während die nicht flüchtigen Diterpenoide (Harzsäuren, Resinosäuren) zurückbleiben und zu Harz polymerisieren. Die ↗ Exkretion der Balsame erfolgt durch epidermale Drüsen oder über Exkretgänge, wie z B. die Harzgänge (↗ Harzkanal) der Nadelhölzer.

Balsambaumgewächse, die Fam. ↗ Burseraceae.

Balsaminaceae, *Springkrautgewächse*, Fam. der ↗ Balsaminales mit ca. 850 Arten, die überwiegend in feuchten Wäldern tropischer Gebiete Afrikas und Asiens beheimatet sind. Es sind krautige Pflanzen mit zwittrigen, zweiseitig symmetrischen, fünfzähligen Blüten, deren kronartiger Kelch gespornt ist. Der fünffächerige Fruchtknoten entwickelt sich zu einer fünfklappigen Kapsel (Abb. a, auf Seite 147), die bei Berührung aufspringt (Abb. b). Die zahlreichen kleinen Samen werden dabei fortgeschleudert. Die bekannteste Gatt. ist das ↗ Springkraut, *Impatiens*.

Balsaminales, Ord. der ↗ Rosopsida mit zygomorphen Blüten (↗ zygomorph), bei denen ein

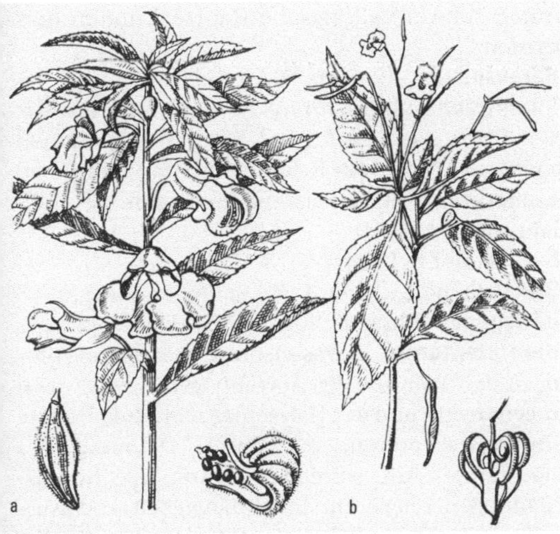

Balsaminaceae a Gartenbalsamine (*Impatiens balsamina*), b Kleinblütiges Springkraut (*Impatiens parviflora*)

➚ Kelchblatt gespornt ist. Hierzu gehört die Fam. ➚ Balsaminaceae.

Baltimore, *David*, amerikan. Mikrobiologe, ✳ 7.3.1938 New York; ab 1972 Prof. am Krebsforschungszentrum des Massachusetts Institute of Technology in Cambridge. B. wies 1970 das Enzym ➚ reverse Transkriptase in RNA-Viren (➚ Retroviren) nach. Diese Entdeckung war der Beweis dafür, dass genetische Information zuweilen auch „rückwärts" von RNA zu DNA fließen kann. B. erhielt 1975 zusammen mit R. ➚ Dulbecco und H.M. ➚ Temin den Nobelpreis für Physiologie oder Medizin.

Balz, arttypisches Verhaltensmuster, das der Paarung vorausgeht. Man spricht besonders bei Tieren, deren Verhalten stark ritualisiert (➚ Ritualisierung) ist oder die auffällige ➚ Auslöser benutzen, von einer B. Dies ist vor allem bei den Vögeln, Reptilien und Fischen der Fall. Bei Säugetieren bezeichnet man die B. als *Brunft* oder ➚ Brunst. Durch das Balzverhalten und die sexuellen Auslöser werden ➚ Schlüsselreize ausgesandt, die bei den Sexualpartnern derselben Art sexuelle Bereitschaft hervorbringen. Häufig tritt bei der B. ➚ ambivalentes Verhalten auf.

Bambus, Bez. für zahlreiche Arten der Bambusgewächse, einer Unterfamilie der Süßgräser (➚ Poaceae), die in den Tropen und Subtropen beheimatet ist. Zu den Gatt. gehören u. a. *Bambus* und *Dendrocalamus*. Einige B.-Arten können bis 30 m hoch werden. Die Pflanzen werden vor allem als Baumaterial oder zu anderen technischen Zwecken verwendet.

Bambusbären, die ➚ Ailuropodidae.

Banane, *Musa*, Gatt. der ➚ Musaceae. Die heute kultivierten B. sind Kreuzungen aus *Musa paradisiaca* x *sapientum* u. a. Je nach Verwendung der Früchte unterscheidet man zwischen Obst- und Mehlbananen. Die Staude wird 5 – 6 m hoch und bildet aus einem knolligen ➚ Rhizom heraus einen hohlen Scheinstamm, der aus den dicht geschlossenen Scheiden der großen Blätter besteht.

Bananengewächse, die Fam. ➚ Musaceae.

Bänderung, bei ➚ Chromosomen ein nach Färbung auftretendes charakteristisches Muster, mit dessen Hilfe sich individuelle Metaphase-Chromosomen voneinander unterscheiden lassen (➚ Karyogramm). Je nach ➚ Bänderungstechnik werden unterschiedliche Bereiche der chromosomalen DNA gefärbt. (➚ pränatale Diagnostik)

Bänderungstechniken, Färbetechniken zur Erzeugung der typischen ➚ Bänderung von Chromosomen. Hierzu werden Ausstrich- oder Quetschpräparate von Zellen untersucht. Durch die Verwendung unterschiedlicher Farbstoffe werden unterschiedliche Bänderungsmuster hervorgerufen(*Giemsa-Lösung*: G-Bänderung, *Quinacrin*: Q-Bänderung, Acridinorange (➚ Acridinfarbstoffe): R-Bänderung). B. dienen auch der Rekonstruktion von Evolutionsprozessen der Humanevolution. So ist das Chromosom 2 des Menschen aus der Fusion von zwei bei den ➚ Pongidae noch separaten Chromosomen entstanden.

Bandikuts, die Nasenbeutler (➚ Peramelidae).

Bandwürmer, die ➚ Cestoda.

Bannwald, Waldschutzgebiet, in dem jegliche Bewirtschaftungsmaßnahme unzulässig ist. (➚ Wald)

Banteng, asiatisches Wildrind (➚ Rinder).

Banting, Sir *Frederick Grant*, kanadischer Arzt und Physiologe, ✳ 14.11.1891 Alliston (Ontario), † 22.2.1941 Musgrave Harbour (Neufundland); ab

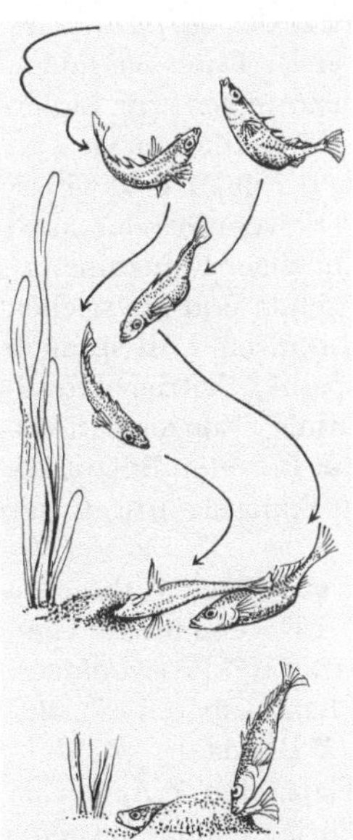

Balz Balzverhalten des Dreistachligen Stichlings, *Gasterosteus aculeatus* (nach Tinbergen 1952)

1923 Prof. für medizinische Grundlagenforschung in Toronto, ab 1930 Direktor des Banting-Institutes in Toronto. B. forschte über die innersekretorischen Funktionen der Langerhans-Inseln der Bauchspeicheldrüse. Er entdeckte 1921 mit seinem Assistenten C.H. Best (1899-1978) das Insulin und erhielt 1923 zusammen mit J.J.R. ↗ Macleod den Nobelpreis für Physiologie oder Medizin.

Banyanbaum, *Würgfeige*, *Ficus bengalensis*, Baumart der ↗ Moraceae mit Verbreitung in Ostasien. Der B. ist eine eigenartige Pflanze, die auf Baumästen keimt und sich dann zu einem ↗ Epiphyten entwickelt, der seine Wurzeln bis zum Boden wachsen lässt. Diese verdicken sich zu säulengleichen Stämmen und erdrosseln als „Baumwürger" ihre Stützpflanzen.

Baobab, der ↗ Affenbrotbaum.

Bárány, *Robert*, ungarisch-österreichischer Pathologe, * 22.4.1876 Wien, † 8.4.1936 Uppsala; ab 1917 Prof. in Uppsala. B. arbeitete insbesondere über die Physiologie des Ohres. Er erhielt 1914 für die Aufklärung der Physiologie des Bogengangsystems beim Menschen den Nobelpreis für Physiologie oder Medizin.

Barbe, Art der Karpfen- oder Weißfische (↗ Cyprinidae).

Barbenregion, die sich an die ↗ Äschenregion in Fließrichtung anschließende Flussregion; sie ist im natürlichen Verlauf stark mäandrierend und weist variierende Strömungs- und Fließverhältnisse auf. Als Leitfisch tritt die Barbe (*Barbus barbus*) auf. (↗ Fischregionen, ↗ Gewässerregionen)

Barber-Falle, ↗ Bodenfalle.

Barbiturate, dosisabhängig sedierend, hypnotisch oder narkotisch wirkende Salze der *Barbitursäure* (*4-Hydroxyuracil*) oder ihrer Derivate. Sie finden Verwendung u. a. bei Schlafstörungen, zur Einleitung von Narkosen oder für Kurznarkosen, als Antagonisten bei Vergiftungen z. B. mit DDT (↗ Chlorkohlenwasserstoffe) oder ↗ Strychnin oder auch als Antiepileptika. Bei regelmäßiger Einnahme besteht die Gefahr der psychischen und physischen Abhängigkeit (↗ Sucht). Chronischer Missbrauch führt zu Symptomen wie Apathie, Antriebsschwäche, erhöhtem Schlafbedürfnis, Konzentrationsschwäche. Beim Absetzen der B. treten Entzugserscheinungen auf, die bis zu Epilepsie-artigen Anfällen führen können.

Bären, in der Alten und Neuen Welt verbreitete Landraubtiere, die heute überwiegend in vier Fam. unterteilt werden: Kleinbären (↗ Procyonidae), Katzenbären (↗ Ailuridae), Bambusbären (↗ Ailuropodidae) und Großbären (↗ Ursidae).

Bärenklau, *Heracleum*, Gatt. der ↗ Apiaceae; krautige, zwei- und mehrjährige Pflanze mit großen Blättern und Doldenblüten. Blätter von *Heracleum mantegazzianum* („Riesenbärenklau")

können schwere allergische Hautreaktionen hervorrufen.

Bärenspinner, die Fam. ↗ Arctiidae.

Bärentraube, *Arctostaphylos uva-ursi*, eine Art der ↗ Ericaceae, deren Blätter wegen ihres hohen Gehalts an Arbutin zur Behandlung von Nieren- und Blasenerkrankungen verwendet werden. (↗ Heilpflanzen)

Baribal, der Schwarzbär (↗ Ursidae).

Bärlappbäume, die Ord. ↗ Lepidodendrales.

Bärlappgewächse, die Klasse ↗ Lycopodiopsida.

Barorezeptoren, *Barosensoren*, *Pressorezeptoren*, in den Wänden des Aortenbogens, der großen Lungenarterie und der Halsschlagadern lokalisierte Dehnungsrezeptoren, die durch Dehnung der Gefäßwände erregt werden und darauf mit Impulsentladungen reagieren. In Abhängigkeit von Ausmaß und Geschwindigkeit des Druckanstiegs in den Gefäßen ändert sich das Impulsmuster der B. und gibt so an die in der Medulla oblongata lokalisierten Kreislauf steuernden Neuronen auch Informationen über die Größe der Druckamplitude, die Steilheit des Druckanstiegs und die Herzfrequenz weiter. Über die Weiterleitung der B.-Impulse zu den präganglionären Neuronen des Nervus vagus tritt als Folge der B.-Impulsaktivität eine Hemmung von sympathischen und eine Aktivierung von parasympathischen Neuronen auf (*Barorezeptorenreflex*), was zur Abnahme des Gefäßwiderstands sowie der Herzfrequenz und der Kontraktionskraft des Herzens und somit zur Senkung des arteriellen Blutdrucks führt. Da diese hemmenden Einflüsse bereits bei normalen Blutdruckwerten wirksam sind, haben die B. die Funktion eines Blutdruckzüglers und sorgen dafür, dass der mittlere arterielle Blutdruck konstant gehalten wird.

Barotrauma, ↗ Tauchen.

Barrakudas, die Fam. ↗ Sphyraenidae.

Barriereriff, ↗ Korallenriff.

Barr-Körperchen, *Geschlechtschromatin*, im Zellkern weiblicher Säugerzellen mit Hilfe des Lichtmikroskops nachweisbares kondensiertes X-Chromomsom. B. entstehen, weil früh in der Embryogenese eines der beiden X-Chromosomen inaktiviert wird (↗ Dosiseffekt). Anhand des B. kann das Geschlecht einer Person bestimmt werden, wie es z. B. bei Sportlerinnen überprüft wird.

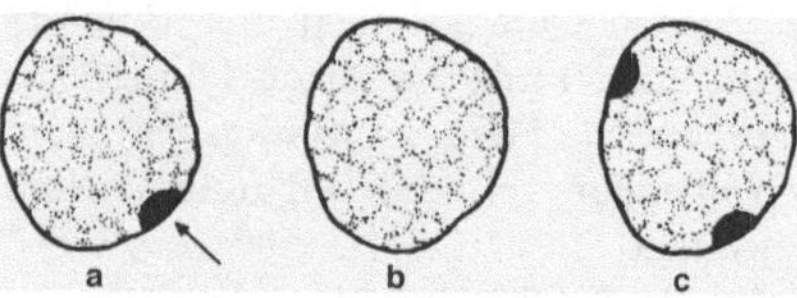

Barr-Körperchen a Zelle einer Frau, b Zelle eines Mannes, c Zelle eines Menschen mit drei X-Chromosomen. Barr-Körperchen sind als dunkle Bereiche (Pfeil) zu erkennen

Barsche, *Percidae*, Fam. der Barschfische (↗ Perciformes).

Barschfische, *Barschartige Fische*, die Ord. ↗ Perciformes.

Bartenwale, die zu den Walen (↗ Cetacea) gehörende Unterord. ↗ Mysticeti.

Bartflechte, *Usnea*, Gatt. der Flechten (↗ Lichenes) mit etwa 500 Arten, die über die ganze Erde verbreitet sind. Ihre Vertreter erzeugen die antibiotisch wirkende Usninsäure.

Bartholin-Drüsen, *bartholinische Drüsen*, *Große Vorhofdrüsen*, innen beiderseits der Scheide liegende Drüsen, die beidseitig neben dem Scheideneingang in den Vorhof münden und bei sexueller Erregung ein farbloses, schleimiges Sekret absondern. Sie entsprechen den ↗ Cowper-Drüsen beim Mann.

Bärtierchen, die ↗ Tardigrada.

Bartrobbe, Art der Seehunde (↗ Phocidae).

Bartwürmer, die ↗ Pogonophora.

Bary, *Heinrich Anton* de, deutscher Arzt und Botaniker, ✳ 26.1.1831 Frankfurt/Main, † 22.1.1888 Straßburg; ab 1855 Prof. für Botanik in Freiburg i.Br., seit 1872 in Straßburg und erster Rektor der neu gegründeten Universität. B. entdeckte 1861 die Flechtensymbiose und prägte 1879 den Begriff Symbiose für jegliches Zusammenleben „artverschiedener Organismen" (einschließlich des Parasitismus). Er wies die Rolle der Pilze als Erreger von Pflanzenkrankheiten nach, beschrieb den Wirtswechsel der Rost- und Brandpilze und arbeitete über die vergleichende Anatomie der Farne und Phanerogamen.

Basalganglien, Gruppe von grauen Kernmassen in der Tiefe der weißen Substanz der beiden Großhirnhemisphären. B. sind an der Steuerung der Gliedmaßen und der Augen sowie an der Verarbeitung und Wertung sensorischer Informationen beteiligt und spielen bei der Anpassung des Verhaltens an den emotionalen Kontext eine Rolle.

Basalkörper, *Blepharoplast*, Nucleationsorte der ↗ Axoneme, mit denen ↗ Cilien und ↗ Flagellen im Cytoplasma verankert sind. Die B. gehen aus ↗ Centriolen hervor und ähneln diesen im Aufbau. B. bestehen aus in einem 9x3-Muster strahlig angeordneten ↗ Mikrotubuli und unterscheiden sich dadurch vom typischen axonemalen 9+2-Muster.

Basallamina, *Basalmembran*, *Grenzmembran*, Bez. für eine extrazelluläre Zellauflagerung an der Basis von Epithelgeweben, die deren äußere Begrenzung darstellt. Die B. besteht aus Proteinen und Mucopolysacchariden und stellt somit keine Membran in eigentlichen Sinne (↗ Biomembran) dar. Zu den Funktionen der B. gehören u. a. die mechanische Stabilisierung von Geweben und die Bildung von Barrieren für den Stoffaustausch. (↗ extrazelluläre Matrix)

Basalmembran, die ↗ Basallamina.

Basaltemperatur, ↗ Empfängnisverhütung.

Base, Kurzbez. für die Nucleinsäurebasen von DNA und RNA (↗ Purinbasen, ↗ Pyrimidinbasen).

Basedow-Krankheit, *Morbus Basedow*, zu den ↗ Autoimmunkrankheiten zählende Überfunktion (Hyperthyreose) der ↗ Schilddrüse.

Basen, Stoffe, die in wässriger Lösung alkalische (basische) Reaktion zeigen, d. h. Hydroxidionen abspalten, Protonen anlagern, roten Lackmus blau und farbloses Phenolphthalein rot färben und mit Säuren Salze bilden (↗ Säure-Base-Reaktion). Basen mit ein, zwei, drei oder vier Hydroxylgruppen sind ein-, zwei-, drei- oder viersäurige Basen. *Organische B.* sind Verbindungen, die neben Kohlenstoff und Wasserstoff noch hauptsächlich Stickstoff enthalten und mit Säuren salzartige Verbindungen bilden. (↗ Purinbasen, ↗ Pyrimidinbasen)

Basenanaloga, Gruppe von chemischen Verbindungen, die in ihrer Struktur den natürlich vorkommenden Nucleinsäurebasen ähneln (↗ Mutagene). B. können in die DNA oder RNA eingebaut werden und dadurch ↗ Punktmutationen auslösen. Ein bekanntes B. ist *5-Bromuracil*, das sich vom Thymin ableitet, wobei die Methylgruppe durch Brom ersetzt ist. Wird 5-Bromuracil in die DNA eingebaut, führt es aufgrund einer gelegentlichen tautomeren Umlagerung zu einer Veränderung der Basensequenz. In seiner *Ketoform* paart es wie Thymin mit Adenin, in seiner *Enolform* jedoch mit Guanin. Dadurch wird das ursprüngliche Basenpaar AT zum mutierten Basenpaar GC.

Basenaustausch, der Austausch einer Nucleinsäurebase durch eine andere, der zu Veränderungen des genetischen Code führen kann (↗ Punktmutationen). Dabei spricht man von einer ↗ Transition, wenn eine Purinbase bzw. Pyrimidinbase gegen eine andere Purinbase bzw. Pyrimidinbase ausgetauscht wird (z. B. CT → GA). Als ↗ Transversion bezeichnet man den Austausch einer Purinbase in eine Pyrimidinbase und umgekehrt (z. B. CA → GC).

Basenaustauschmutation, ↗ Punktmutation.

Basenpaare, 1) in der DNA-↗ Doppelhelix die durch zwei Wasserstoffbrückenbindungen interagierenden Basen Adenin und Thymin und die über drei Wasserstoffbrücken in Wechselwirkung tretenden Basen Cytosin und Guanin (s. Abb. auf S. 151). ↗ komplementäre Basenpaarung

2) Der Begriff B. (Abk. bp) wird zur Beschreibung der Länge bzw. Größe von DNA-Molekülen und Genen verwendet.

Basensequenz, die lineare Aufeinanderfolge der Nucleinsäurenbasen in DNA- und RNA-Molekülen. Die B. ist niemals zufällig, sondern folgt dem ↗ genetischen Code. Bei codierenden Bereichen der DNA und ihren korrespondierenden mRNA-Mole-

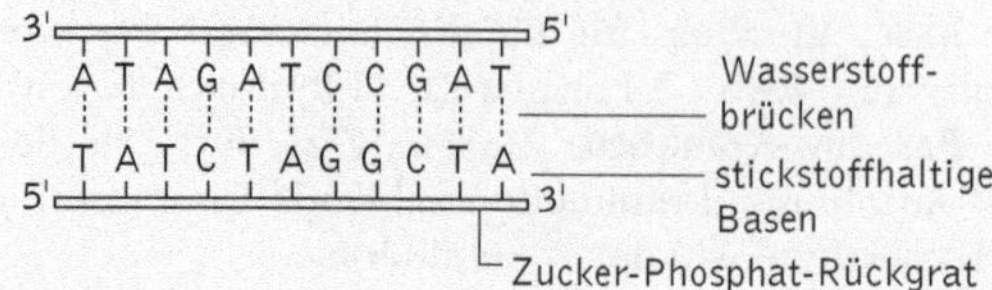

Basenpaare a Schematische Darstellung eines DNA-Moleküls, b Detailansicht der Basenpaare

külen wird dieser durch ⤢ Basentripletts zur Proteinbiosynthese umgesetzt. Dies ist bei repetitiver DNA nicht der Fall. Eine B. kann mit Hilfe der ⤢ DNA-Sequenzierung bestimmt werden.

Basentriplett, bei DNA und RNA die lineare Folge von drei Basen, die die genetische Information für eine bestimmte Aminosäure oder ein Stoppsignal der ⤢ Translation enthält. (⤢ genetischer Code, ⤢ Codon)

Basenzusammensetzung, ⤢ Chargaff-Regeln.

Basidie, *Sporenständer*, typisches Sporangium der Ständerpilze (⤢ Basidiomycetes).

Basidiocarp, das ⤢ Basidioma.

Basidiolichenes, ⤢ Lichenes.

Basidioma, *Basidiocarp*, Fruchtkörper und Fruchtlager der Ständerpilze (⤢ Basidiomycetes). Im Unterschied zum Ascoma der Schlauchpilze (⤢ Ascomycetes) ist das B. aus einem dikaryotischem ⤢ Mycel aufgebaut, das sich selbstständig ernährt und somit eine eigenständige Generation bildet, die immer wieder neue Fruchtkörper ausbilden kann.

Basidiomycetes, *Ständerpilze*, mit etwa 30000 Arten rund 30 % aller Pilze umfassende Klasse der ⤢ Pilze, deren charakteristische Merkmale die *Basidie* (*Sporenständer*), die vier Meiosporen (*Basidiosporen*) nach außen abschnürt, sowie ein dikaryotisches Mycel sind. Die Zellwände des Mycels bestehen aus Chitin. Der Lebenszyklus verläuft (mit Variationen in den einzelnen Taxa) grundsätz-

lich nach folgendem Schema: Die Basidiosporen keimen zu einem Mycel mit einkernigen Zellen aus. Treffen Mycelien mit gegensätzlichem Kreuzungstyp aufeinander, so fusionieren zwei sich berührende, vegetative Zellen miteinander (*Somatogamie*) und die Kerne paaren sich, ohne miteinander zu verschmelzen. Auf diese Weise entsteht das dikaryotische Mycel. Wichtige systematische Kriterien sind die Form der Fruchtkörper und der Basidien. Die Basidie kann durch Längs- oder Querwände in Septen gegliedert (*Phragmobasidie*) oder keulenförmig und einzellig (*Holobasidie*) sein. Der Unterteilung in folgende zwei Unterklassen liegt zudem das unterschiedliche Keimungsverhalten zu Grunde: Die *Heterobasidiomycetidae* keimen mit Konidien oder Sekundärsporen. Hierher gehören u. a. die Brandpilze (⤢ Tilletiales und ⤢ Ustilaginales), die Rostpilze (⤢ Uredinales) und die Ohrlappenpilze (⤢ Auriculariales). Die zweite Unterklasse, die *Homobasidiomycetidae* keimen immer mit Hyphen aus. Hierhin gehören u. a. ⤢ Pfifferling, ⤢ Champignon, ⤢ Knollenblätterpilz, ⤢ Steinpilz, ⤢ Hausschwamm, ⤢ Erdsterne, ⤢ Stinkmorchel, ⤢ Stockschwämmchen, ⤢ Austernseitling.

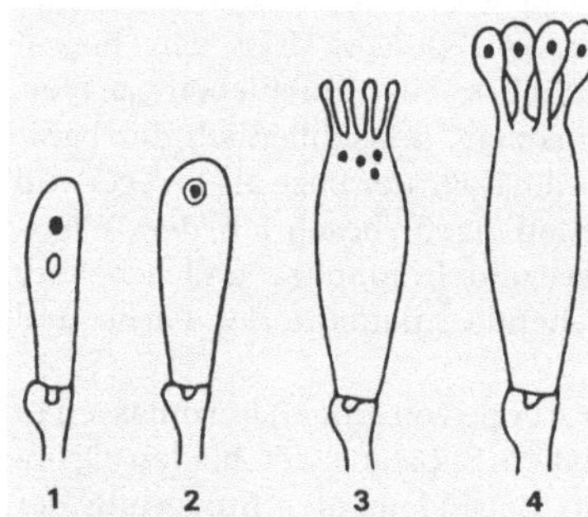

Basidiomycetes Basidien- und Basidiosporenbildung bei Ständerpilzen (*Basidiomycetes*). Nach Verschmelzung der beiden Kerne (**1**) in der Endzelle der Basidien bildenden Hyphe (**2**), die als *Basidie* bezeichnet wird, erfolgt die Meiose (**3**), die zur Bildung von vier haploiden Kernen führt. Aus der Basidie sprossen vier kurze dünne Auswüchse (*Sterigmen*), die an ihrem Ende zu je einem Sporensäckchen anschwellen. In jeden der vier Sporensäcke wandert einer der haploiden Kerne; in den Sporensäckchen wird dann je eine Basidiospore gebildet (**4**). Von diesem Schema gibt es eine Reihe von Abweichungen

Basidiosporen, die Meiosporen der ⤢ Basidiomycetes.

Basilikum, *Ocimum basilicum*, Gatt. der ⤢ Lamiaceae; die aus dem Mittelmeergebiet stammenden Pflanzen werden als Gewürzkräuter verwendet.

Basiliscus, *Basilisken*, Gatt. der Leguane (⤢ Iguanidae).

Basilisken, *Basiliscus*, Gatt. der Leguane (⤢ Iguanidae).

basipetal, wörtlich: der Basis zustrebend, Bez. für eine Reihenfolge oder einen Transport in Richtung auf die Basis; z. B. geht der basipetale Stofftransport in einer Pflanze von der Spitze in Richtung auf die Wurzel. Gegensatz: ⌐ akropetal

Basiphyten, *Alkalipflanzen*, Pflanzen, die alkalische Böden besiedeln bzw. tolerieren. Gegensatz: ⌐ Acidophyten

Basitonie, Förderung des Basisbereichs in einem Verzweigungssystem (z. B. bei Sträuchern) oder eines Organs (z. B. bei einem Fiederblatt). Gegensatz: ⌐ Akrotonie

Basizität, Maß für die Stärke einer Base bzw. der Fähigkeit zur basischen Reaktion eines Stoffes, messbar durch Bestimmung der Hydroxidionen(OH^-)-Konzentration. (⌐ pH-Wert)

Basommatophora, *Wasserlungenschnecken*, Gruppe der Lungenschnecken (⌐ Pulmonata), die im Süß- oder Brackwasser, einige auch am Küstensaum der Meere leben. Sie haben ein turm-, napf- oder tellerförmiges Gehäuse. Die Augen liegen an der Fühlerbasis und in der Lungenhöhle können sich sekundäre Kiemen befinden. In den Gewässern Mitteleuropas lebt die *Kleine Schlammschnecke (Galba truncatula)* mit etwa 1 cm hohem, eiförmigem Gehäuse; sie ist Zwischenwirt des Großen Leberegels (⌐ Fasciola). Holarktisch verbreitet ist die *Spitzhorn-Schlammschnecke (Lymnaea stagnalis)*, deren Gehäuseform mit den ökologischen Bedingungen variiert. Sie ist Zwischenwirt von Trematoden. Die *Große Posthornschnecke (Planorbarius corneus)* hat ein scheibenförmiges linksgewundenes Gehäuse und lebt in ruhigen, pflanzenreichen Gewässern Eurasiens. Ein napfförmiges Gehäuse hat die *Flussmützenschnecke (Ancylus fluviatilis)*, die über die Haut atmet. Sie lebt an Steinen in fließenden Gewässern Europas.

basophil, 1) *Ökologie*: Bez. für Organismen (speziell Pflanzen), die aus physiologischen Gründen basische Medien (Böden, Gewässer) bevorzugen. Gegensatz: ⌐ acidophil,

2) *Zellbiologie*: Bez. für Zellen oder Gewebe, die sich besonders gut mit basischen Farbstoffen, wie z. B. Methylenblau, anfärben lassen.

Bast, 1) in der Botanik die sekundäre Rinde, der gesamte vom ⌐ Kambium nach außen abgegebene Komplex an Geweben. Dieser besteht zum einen aus ⌐ Siebzellen bzw. ⌐ Siebröhren und deren ⌐ Geleitzellen, aus Parenchmyschichten (⌐ Parenchym) in vertikaler und ⌐ Markstrahlen in radialer Anordnung; die Gesamtheit dieser Gewebe wird als *Weichbast* bezeichnet. Zum anderen bilden vertikal angeordnete Gewebestränge aus länglichen, sklerenchymatisierten, aber unverholzten Zellen die Bastfasern, die in ihrer Gesamtheit auch *Hartbast* genannt werden.

2) Beim ⌐ Geweih der Hirsche die stark durchblutete, von Nerven versorgte und samtig behaarte Haut, die das Geweih während seines Auswachsens

überzieht. Der Bast trocknet gegen Juli/August aus und wird an Sträuchern und dünnen Baumstämmen in Fetzen abgereift („Fegen").

Bastardierung, *Bastardisierung*, die Entstehung von Nachkommen mit genetisch verschiedenen Eltern (die unterschiedlichen Rassen, Arten, Gatt. angehören; ⌐ Introgression). B. hängt von der Möglichkeit ab, dass eine Befruchtung z. B. zwischen verschiedenen Arten zustande kommt. (⌐ Isolationsmechanismen)

Bastardschwärme, *Hybridschwärme*, Gruppen von Individuen, die bei unvollständiger Fortpflanzungsisolation (⌐ Isolationsmechanismen) zwischen zwei sympatrischen Arten (⌐ Sympatrie) entstehen und die die Gesamtvariabilität der Elternarten enthalten. B. kommen vor allem im Kontaktbereich nahe verwandter Pflanzenarten vor; sie sind fruchtbar und erweitern aufgrund ihrer Mischeigenschaften die Anpassungsmöglichkeiten an unterschiedliche Standorte. Unter den Pflanzen sind z. B. Eichen, Birken und Weiden für die Ausbildung von B. bekannt.

Bastardsterblichkeit, ⌐ Isolationsmechanismen.

Bastardsterilität, ⌐ Isolationsmechanismen.

Bastardzusammenbruch, *Hybridzusammenbruch*, Form der metagamen ⌐ Isolationsmechanismen.

Bastfasern, *Phloemfasern*, die aus langen, englumigen, dickwandigen, aber unverholzten, beidendig spitz zulaufenden Zellen aufgebauten Gewebestränge im ⌐ Bast vieler Pflanzenarten. Die B. verschiedener ⌐ Faserpflanzen werden wirtschaftlich genutzt.

Batate, *Süßkartoffel*, *Ipomoea batatas*, in den Tropen und Subtropen angebaute ⌐ Kulturpflanze der Fam. Convolvulaceae (Abb. siehe dort). Die stärkereichen Knollen sind verdickte sprossbürtige Wurzeln.

Batch-Kultur, ⌐ statische Kultur.

Bathyal, der lichtlose Bereich des ⌐ Meeres zwischen 200 und 4000 m Tiefe. (⌐ Gewässerregionen)

Bathynellacea, *Brunnenkrebse*, eine Gruppe der zu den ⌐ Malacostraca gehörenden Syncarida.

Bathypelagial, ⌐ Pelagial.

Batidoidimorpha, *Rochen*, Gruppe der ⌐ Elasmobranchii. Der Körper der B. ist abgeflacht, mit schlankem, abgesetztem Schwanz und stark vergrößerten, an den Kopfseiten festgewachsenen Brustflossen. Rochen bewegen sich entweder durch Undulieren der Brustflossen fort oder indem sie sie wie Flügel auf- und abschlagen. Zu den B. gehören u. a. die Familien ⌐ Rhinobatidae, ⌐ Torpedinidae, ⌐ Rajidae, ⌐ Dasyatidae, ⌐ Myliobatidae und ⌐ Mobulidae.

Batrachotoxine, in den Hautsekreten der Pfeilgiftfrösche (⌐ Dendrobatidae) enthaltene Alkaloide mit Steroidstruktur, die zu den stärksten, natürlichen, nicht proteinartigen Giften gehören. Sie haben auf gesunder Haut keine Wirkung, verursachen jedoch bei kleinsten Verletzungen einen lang anhaltenden Schmerz. B. erhöhen selektiv die Permeabilität der äußeren Zellmembran für Na⁺-Ionen, indem sie das Schließen der Natriumkanäle verhindern. Dadurch können Nervenzellen keine Impulse weiterleiten und Muskelzellen sich nicht entspannen. Die Symptome sind u. a. Herzrhythmusstörungen, Kammerflimmern und schließlich Herzversagen. In der biomedizinischen Forschung dienten B. zur Aufklärung der Funktion der Natriumkanäle.

BAT-Wert, Abk. für *biologischer Arbeitsstoff-Toleranzwert*, die höchstzulässige Menge eines über die Lunge und/oder andere Körperoberflächen eindringenden Arbeitstoffes, der bei täglich achtstündiger Arbeitszeit die Gesundheit des Arbeitnehmers nicht beeinträchtigt. (↗ MAK-Wert)

Baubiologie, ökologisch orientierte Architekturrichtung, die das Haus als wesentlichen Bestandteil der menschlichen Umwelt („dritte Haut") auffasst und deren Ziel ein den biologischen Bedürfnissen gerecht werdendes Bauen ist. Dies soll erreicht werden, durch Einbeziehung der natürlichen Umwelt (vor allem Pflanzen) in die Wohnwelt sowie durch Verwendung von natürlichen Baumaterialien, wie Natursteinen, Ton, Lehm, Kalk und Holz.

Bauch, ↗ Abdomen.

Bauchdeckenreflex, ein ↗ Schutzreflex, bei dem die Bauchmuskeln aufgrund einer passiven Dehnung, z. B. ausgelöst durch einen Schlag gegen den Beckenknochen oder den Rippenbogen, reflektorisch kontrahieren. Der B. ist nicht zu verwechseln mit dem diagnostisch bedeutsamen *Bauchhautreflex*, der durch eine schnelle, leichte Berührung entlang der Bauchhaut ausgelöst wird und bei dem ebenfalls eine reflektorische Kontraktion der Bauchmuskeln erfolgt. Fehlen oder Verminderung des B. kann u. a. auf eine Verletzung der ↗ Pyramidenbahn hinweisen.

Bauchfell, das ↗ Peritoneum.

Bauchganglienkette, das ↗ Bauchmark.

Bauchhärlinge, die ↗ Gastrotricha.

Bauchhautreflex, ein Schutzreflex (↗ Bauchdeckenreflex).

Bauchhöhle, *Peritonealhöhle, Cavitas abdominalis*, die durch ein Septum von der Brusthöhle getrennte große Körperhöhle der ↗ Amniota, in der der größte Teil des Verdauungstrakts, sowie Leber, Bauchspeicheldrüse, Milz, Nieren und Gonaden liegen. Die B. wird vom Bauchfell (↗ Peritoneum) ausgekleidet, das auch wichtig für die Lage und Befestigung der inneren Organe ist. Durch die Anordnung des Bauchfells wird die B. unterteilt in die vom Bauchfell ausgekleidete *Cavitas peritonealis* (*Bauchfellhöhle*) und das *Spatium retroperitoneale*, einen mit Bindegewebe ausgefüllten Spalt zwischen dorsalem Peritoneum und der hinteren Bauchwand. In letzterem liegen die ↗ Nieren mit den ↗ Nebennieren, die Harnleiter sowie die großen Gefäßstämme und der ↗ Grenzstrang.

Bauchhöhlenschwangerschaft, ↗ Extrauteringravidität.

Bauchmark, *Bauchganglienkette*, allg. Bez. für das ventral gelegene Strickleiternervensystem von Ringelwürmern (↗ Annelida), Krebsen (↗ Crustacea) und Insekten (↗ Insecta).

Bauchnabel, der ↗ Nabel.

Bauchpilze, die ↗ Lycoperdanae.

Bauchspeicheldrüse, *Pankreas*, eine gemischt exokrin-endokrine, etwa 13 – 18 cm lange ↗ Drüse, die retroperitoneal in der ↗ Bauchhöhle liegt. Sie wird unterteilt in einen *Pankreaskopf* (*Caput pancreatis*), der in der Duodenalschleife liegt, den *Pankreaskörper* (*Corpus pancreatis*), der auf Höhe des ersten und zweiten Lendenwirbels vor der Wirbelsäule nach links zieht sowie den *Pankreasschwanz* (*Cauda pancreatis*), der am Milzhilum endet. Ausführungsgang ist der *Ductus pancreaticus*, der zusammen mit dem Ductus choledochus im absteigenden Teil des Duodenums mündet.

Der *exokrine Anteil* der B. ist eine azinöse Drüse, die den Bauchspeichel sezerniert (täglich etwa 2 Liter), der ↗ Amylase, ↗ Lipasen sowie ↗ Trypsinogen und ↗ Chymotrypsinogen enthält. Der hohe Gehalt an Natriumhydrogencarbonat neutralisiert die Magensäure und macht den Nahrungsbrei neutral bis leicht alkalisch. Der *endokrine Anteil* der B. ist das *Inselorgan*, die Gesamtheit der *Langerhans-Inseln*. Sie liegen gut erkennbar inmitten der Drüsenläppchen und sind in den Schwanzabschnitten der B. am häufigsten. Morphologisch und nach Färbbarkeit können A-, B-, und D-Zellen unterschieden werden. Die das ↗ Insulin bildenden B-Zellen haben unter den Inselzellen einen Anteil von 80 %. Die oft zipfelartig ausgezogenen A-Zellen produzieren ↗ Glukagon und in den D-Zellen wird ↗ Somatostatin gebildet. (↗ Verdauung, ↗ Diabetes mellitus)

Baum, hohe Holzpflanze, die meist über 3 m hoch wächst, in der Regel einen aufrechten ↗ Stamm entwickelt, der sich gar nicht oder erst in gewisser Höhe verzweigt. Man unterscheidet *Schopfbäume*, bei denen der Stamm unverzweigt bleibt und an der (den) Spitze(n) einen dichten Schopf von Blättern trägt, und *Kronenbäume* (*Wipfelbäume*) bei denen der im unteren Bereich astlose Stamm eine von einem mehrfach verzweigten Seitensprosssystem gebildete Krone trägt. Nach der Verzweigungsform unterscheidet man zwischen monopodialen (↗ Monopodium) und sympodialen (↗ Sympodium) Bäumen (siehe Abb. auf Seite 153).

Baumbrüter, auf Bäumen und in Baumstämmen bzw. -höhlen brütende Vögel. (↗ Bodenbrüter, ↗ Höhlenbrüter)

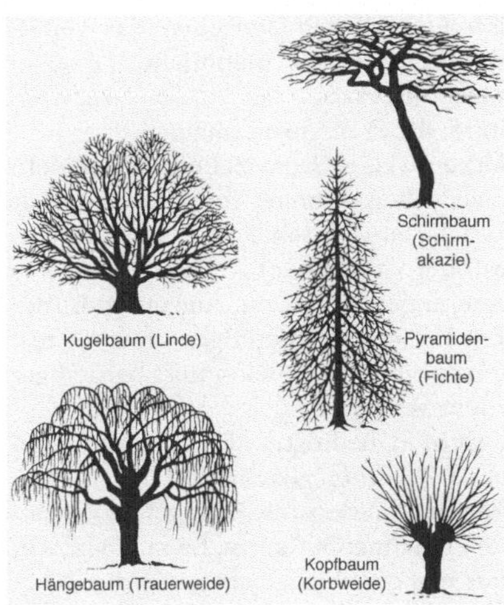

Baum   Baumformen

Baumfarne, Farne mit baumförmigem Wuchs, aber ohne sekundäres Dickenwachstum. Hierher gehören vor allem die permokarbonischen Vertreter der ↗ Marattiales und die zu den ↗ Leptosporangiatae gehörenden Gatt. *Cyathea, Dicksonia, Cibotium*; der armdicke Stamm trägt am Ende eine Rosette schraubig gestellter Wedel.

Baumgrenze, klimabedingte Grenze des Wachstums aufrechter Holzgewächse. Diese liegt jenseits des geschlossenen Waldes (↗ Waldgrenze).

Baumpieper, Art der Fam. ↗ Motacillidae (Pieper und Stelzen).

Baumringchronologie, die ↗ Dendrochronologie.

Baumsteiger, anderer Name der Pfeilgiftfrösche (↗ Dendrobatidae).

Baumsterben, ↗ Waldsterben.

Baumwollstrauch, *Gossypium herbaceum*, als ↗ Faserpflanze genutzte Kulturart der Fam. ↗ Malvaceae. Der B. wird überwiegend in subtropischen Gebieten angebaut. Die Baumwolle wird aus den mehrere Zentimeter langen, einzelligen Samenhaaren gewonnen, außerdem liefern die enthaarten Samen Öl für technische Zwecke und zur Margarineherstellung,

Baumwürgergewächse, die Fam. ↗ Celastraceae.

Bauplan, der Gesamtaufbau eines Organismus bzw. das Grundmuster, durch das eine Gruppe von Organismen gegenüber einer anderen durch Merkmalslücken eindeutig abgrenzbar ist. Der B. bezieht sich auf das Grundmuster der letzten gemeinsamen Stammart einer betrachteten Gruppe und umfasst die Gesamtheit der homologen Merkmale (↗ Homologie) in ihrer jeweils ursprünglichsten Ausprägung. Nicht jedes Grundmuster ist gleichzeitig ein B., sondern nur gut abgrenzbare Grundmuster, die einem für vergleichende Zwecke generalisierten Typus einer Organismengruppe entsprechen. So haben Vögel und Krokodile, obwohl auch sie als Schwestergruppen ein gemeinsames Grundmuster besitzen, verschiedene Baupläne. (↗ Typogenese)

Bazillen, 1) stäbchenförmige, aerobe, sporenbildende Bakterien (↗ Bacillus).

2) umgangssprachlich alle bakteriellen Krankheitserreger.

Bdelloida, Gruppe der Rädertiere (↗ Rotatoria).

Bdellovibrio, Gatt. der δ-Untergruppe der ↗ Proteobacteria; relativ kleine, leicht gebogene, stäbchenförmige Zellen mit einer langen polaren Geißel in einer Scheide. B. ist im Boden und im Wasser (einschließlich Meerwasser) weit verbreitet und lebt als obligater Parasit (↗ Parasitismus) in Bakterien. Dabei scheinen nur gramnegative Bakterien befallen zu werden. Die cytoplasmatischen Bestandteile der Wirte werden als Nährstoffe verwendet. Der Stoffwechsel ist obligat anaerob.

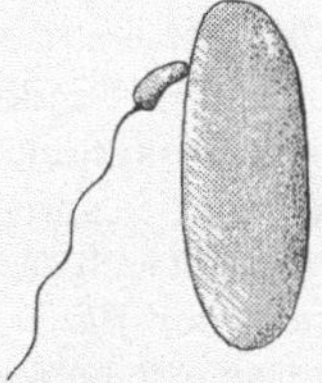

Bdellovibrio   Anheftung von *Bdellovibrio bacteriovorus* an eine *Pseudomonas*-Zelle. Anschließend dringt *Bdellovibrio* in den periplasmatischen Raum des Wirtsbakteriums und lysiert die Zelle

Beadle, *George Wells*, amerikan. Biologe, ✳ 22.10.1903 Wahoo (Nebraska), † 9.6.1989 Pomona (Californien); ab 1936 Prof. für Genetik an der Harvard University in Cambridge (Massachusetts), ab 1937 Prof. an der Stanford University in Palo Alto (Californien), seit 1946 Prof. und Abteilungsleiter für Biologie am California Institute of Technology, 1961 Präsident der Universität Chicago. B. entdeckte zusammen mit Tatum an mutierten Wildformen des Schimmelpilzes *Neurospora crassa*, dass die Funktion der Gene in der Kontrolle der Bildung jeweils eines Enzyms („Ein-Gen-ein-Enzym-Hypothese") besteht. Er erhielt 1958 zusammen mit E.L. ↗ Tatum und J. ↗ Lederberg den Nobelpreis für Physiologie oder Medizin.

Bebrütung, Kultivierung von ↗ Mikroorganismen unter Wärmezufuhr. Hierfür werden z. B. elektrisch beheizbare Brutschränke verwendet.

Becherauge, ↗ Lichtsinnesorgane.

Becherkeim, die ↗ Gastrula.

Becherquallen, ↗ Scyphozoa.

Becken, *Pelvis*, beim Menschen und den höheren Wirbeltieren ein Knochengürtel (*Beckengürtel*), der die bewegliche Wirbelsäule mit den beiden unteren Extremitäten verbindet und beim Menschen, in Anpassung an die ↗ Bipedie, auch das Gewicht des Körpers auf die unteren Extremitäten überträgt. Entsprechend den verschiedenen Bewegungsformen sind in den einzelnen Gruppen der Wirbeltiere zahlreiche, funktionell bedingte Abwandlungen eines Grundmusters zu finden.

Bei *Knochenfischen* wird das B. von zwei Skelettstäben gebildet, die an ihrem distalen Ende die Bauchflossen tragen. Der Beckengürtel aller *Tetrapoda* ist prizipiell gleich aus folgenden paarigen Skelettelementen aufgebaut, wie sie hier für den *Menschen* beschrieben werden: Ventral liegt nach vorne gerichtet das *Schambein (Os pubis; Pubis)*, nach hinten das *Sitzbein (Os ischii; Ischium)*. Nach dorsal schließt sich an Pubis und Ischium das *Darmbein (Os ilii; Ilium)* an. Pubis, Ischium und Ilium sind in einer Y-förmigen Naht zusammengewachsen, deren Kreuzungspunkt in der *Fossa acetabula*, der Gelenkpfanne für den Oberschenkelkopf liegt. Sie werden als Gesamtheit auch als *Os coxae (Hüftknochen)* bezeichnet. Dorsal liegt, in Verlängerung der Wirbelsäule, das *Kreuzbein (Os sacrum; Sacrum)* und das sich anschließende *Steißbein (Os coccyx; Coccyx)*. Sie gehören funktionell zur Wirbelsäule und werden dort besprochen. Zwischen Sacrum und Ilium befindet sich das *Kreuz-Darmbeingelenk (Articulatio sacroiliaca; eine Amphiarthrose)*, das aufgrund seines Baues und durch äußerst kräftige Bänder eine nur geringe Beweglichkeit zeigt. Die Schambeine sind median meist mit straffen Faserzügen *(Symphyse)* verbunden, sodass ein insgesamt geschlossener Beckengürtel entsteht. Die Symphyse ist beim Menschen von besonderer Bedeutung für die Beckenmechanik, insbesondere für das Gehen.

Anpassungen zeigen sich z. B. bei den *Fröschen* an die springende Fortbewegungsweise in einer Verlagerung des Verbindungspunktes zwischen B. und Wirbelsäule nach anterior. Bei den *Vögeln* ist das B. im Zusammenhang mit dem Flug und der Verfestigung des gesamten Skeletts insgesamt sehr versteift und durch Fehlen der Symphyse nach unten offen, was im Zusammenhang mit den großen Eiern zu sehen ist, die einen schmalen Beckenring nicht passieren könnten. Weibliche Säugetiere mit großen Neugeborenen besitzen ein größeres Becken als die artgleichen Männchen, da der Fetus bei der Geburt durch die Beckenöffnung hindurchtreten

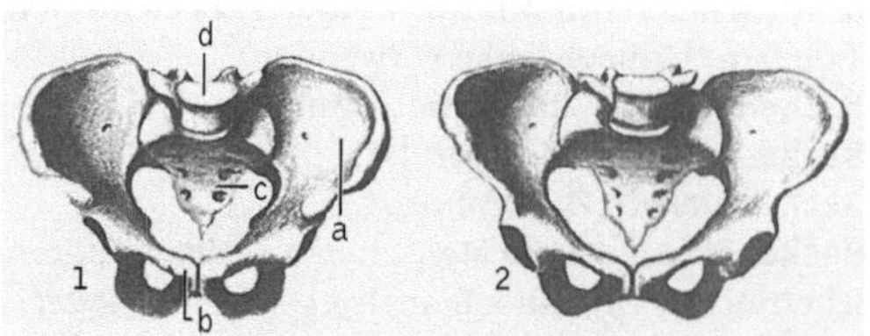

Becken Vorderansicht des menschlichen Beckens. **1** männliches Becken, **2** weibliches Becken; a Darmbeinschaufel, b Schambein, c Kreuzbein, d letzter (fünfter) Lendenwirbel.

muss. Dies gilt auch für den Menschen: das weibliche Becken ist breiter als das männliche.

Beckengürtel, ↗ Becken.

Bedecktsamer, die ↗ Angiospermae.

bedingte Aktion, 1) i. e. S. durch Lernen gebildete Assoziation zwischen einem Verhaltenselement und einem aktivierten Antrieb. Folgen auf ein spontan gezeigtes oder experimentell ausgelöstes Verhaltenselement angenehme Erfahrungen (z. B. Belohnung durch Futter nach Betätigen einer Taste), verknüpft sich der durch die Belohnung befriedigte Antrieb mit dem Verhalten.

2) I. w. S. werden bedingte Aktionen mit dem instrumentellen ↗ Lernen gleichgesetzt.

bedingte Appetenz, erlerntes ↗ Appetenzverhalten gegenüber ↗ bedingten Reizen. Es ist eine Form des ↗ Lernens aus guter Erfahrung, wie die ↗ bedingte Aktion. Wenn ein Fuchs in einem Bereich seines ↗ Reviers schon häufig viele Beutetiere gefangen hat, wird er diese Stelle künftig bevorzugt aufsuchen. (↗ bedingte Reaktion)

bedingte Aversion, erlerntes Aversionsverhalten, bei der ein anfangs bedeutungsneutraler oder positiver Reiz mit abschreckenden Erfahrungen oder Enttäuschungen verknüpft wird. Ein Tier, das aus dem ↗ Revier eines anderen Tieres verjagt wurde, meidet anschließend dieses Gebiet.

bedingte Hemmung, erlernte Unterdrückung angeborener oder erlernter ↗ Endhandlungen. Es ist eine Form des ↗ Lernens, bei der durch negative Erfahrung eine Hemmung des Verhaltens eingetreten ist. Junge Hunde schnappen gelegentlich nach Wespen und werden dabei gestochen. Nach dieser schmerzhaften Erfahrung schnappen die Tiere weiterhin nach anderen Objekten, aber nicht mehr nach Wespen. (↗ bedingte Reaktion)

bedingte Reaktion, alle durch ↗ bedingte Reize ausgelösten komplexen Verhaltensreaktionen, die im Gegensatz zum ↗ bedingten Reflex auch willkürliche, d. h. spontane, motivationale Komponenten enthalten. In den meisten Fällen schließen bedingte Reaktionen ↗ bedingte Appetenzen und ↗ bedingte Aktionen bzw. ↗ bedingte Aversionen und ↗ bedingte Hemmungen mit ein.

bedingter Reflex, ein ↗ Reflex, der durch ↗ Assoziation eines neutralen Reizes mit einem angeborenen Reflex (↗ unbedingter Reflex) zustande kommt. Der b. R. ist ein grundlegender Lernvorgang (↗ Lernen) und wurde erstmals 1921 von dem russischen Physiologen I.P. ↗ Pawlow entdeckt. Bei dem bekannten *Pawlow-Versuch* wurden Hunde mit Fleisch gefüttert, während gleichzeitig ein Klingelzeichen zu hören war. Nach wiederholter gleichzeitiger Darbietung beider Reize reagierten die Hunde auch auf das Klingelzeichen allein mit vermehrter Speichelbildung. Vor dem Lernvorgang reagierten sie nur auf das Fleisch mit Speichelbildung. Das Klingelzeichen bezeichnete Pawlow als *bedingten Reiz*, das Futter als den *unbedingten Reiz*, die Speichelsekretion als Antwort auf die Darbietung von Futter (ohne Klingelzeichen) als *unbedingte Reaktion* oder auch *unbedingten Reflex*, den Speichelfluss als Antwort auf das Klingelzeichen alleine als *bedingte Reaktion* oder auch *bedingten Reflex*. Die Ausbildung bedingter Reflexe und Reaktionen wird auch als klassische *Konditionierung* (*Pawlow-Konditionierung*) bezeichnet.

B. R. gehören zu den elementarsten Lernformen. Sie sind schon bei niederen Wirbellosen nachzuweisen. (↗ Behaviorismus)

bedingter Reiz, ursprünglich indifferenter ↗ Reiz, der mit dem ↗ unbedingten Reiz in einem erkennbaren raumzeitlichen Zusammenhang steht. B. R. sind vor allem solche, die auf eine gewisse Entfernung (Anblick, Geräusche) oder noch nach einiger Zeit (Spuren, Duftmarken) wahrgenommen werden können.

bedrohte Arten, ↗ Artenschutz, ↗ Rote Liste.

Beere, 1) im botanischen Sinne eine Schließfrucht (↗ Frucht).

2) umgangssprachlich auch für Früchte verwendet, die keine Beeren sind. So ist z. B. die Erdbeere keine B., sondern eine Sammelnussfrucht.

Befruchtung, *Fertilisation*, *Fekundation*, die Verschmelzung weiblicher und männlicher Geschlechtszellen (↗ Gameten, ↗ Plasmogamie), zur Bildung der ↗ Zygote, der die Fusion der beiden haploiden Gametenkerne zum diploiden Zygotenkern folgt (↗ Karyogamie). I.e.S. wird häufig nur der letzte Vorgang als B. bezeichnet.

1) *Botanik*: Bei Pflanzen können verschiedene Formen der B. vorkommen. Während bei den *Samenpflanzen* die männlichen Gameten über den Pollenschlauch durch den Griffel zur unbeweglichen Eizelle gelangen (*Pollenschlauchbefruchtung*, *Siphonogamie*), sind sie bei den *Moosen* und *Farnen* noch frei beweglich und müssen zu letzteren hinschwimmen (*Oogamie*). Bei den *Angiospermen* gelangt der Pollen nach der ↗ Bestäubung auf die Narbe des Fruchtknotens. Der Pollenschlauch durchwächst anschließend den Griffel und dringt bis zur Samenanlage und zum Embryosack vor. Eine der beiden übertragenen Spermazellen bzw. ihr Kern verschmilzt dann mit der Eizelle bzw. dem Eikern und bildet somit den ↗ Embryo. Der zweite Kern fusioniert mit den beiden Polkernen des Embryosackes, wobei das triploide sekundäre ↗ Endosperm entsteht (*doppelte Befruchtung*). Im Gegensatz dazu findet bei den *Gymnospermen* mit Ausnahme von *Gingko biloba*, wo noch frei bewegliche Spermatozoide existieren, die B. in analoger Weise statt, nur dass der Pollenschlauch direkt auf der ↗ Mikropyle der Samenanlage auskeimt und lediglich eine der bei-

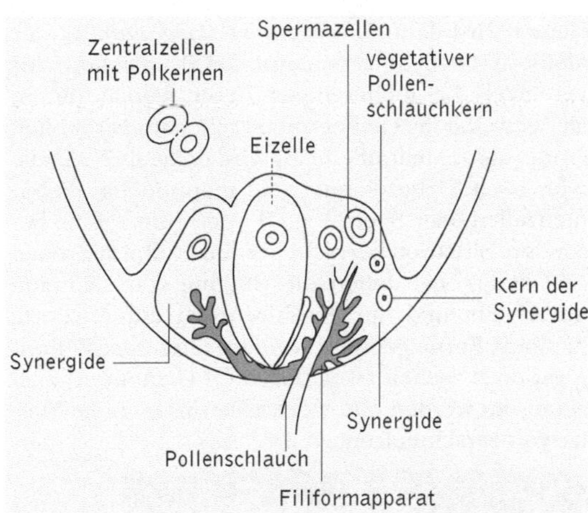

Befruchtung   Befruchtung bei Angiospermen: Eiapparat des Embryosacks während des Befruchtungsvorgangs

den Spermazellen die B. vollzieht, wohingegen die zweite abstirbt.

Die B. der *Pilze* findet, von einigen Niederen Pilzen abgesehen, durch *Gametangiogamie*, also durch das Verschmelzen der die Gameten bildenden Zellen, statt oder aber durch *Somatogamie*, wobei die zu Gameten umgestimmten somatischen (vegetativen) Zellen miteinander verschmelzen. Bei den *Algen* lassen sich schließlich mehrere Formen der B. beobachten. Entweder verschmelzen getrenntgeschlechtliche Gameten gleichen Aussehens (*Isogamie*) oder aber unterschiedlich große Gameten (*Anisogamie*). Auch *Oogamie* ist bei bestimmten Algen möglich.

2) *Zoologie*: Bei den Einzellern können die männlichen und weiblichen Gameten durch Geißeln oder Cilien beweglich und gleich groß sein. In diesem Fall spricht man von *Isogamie*. Der weibliche Gamet kann jedoch auch größer sein als der männliche, es liegt *Anisogamie* vor. Der größere

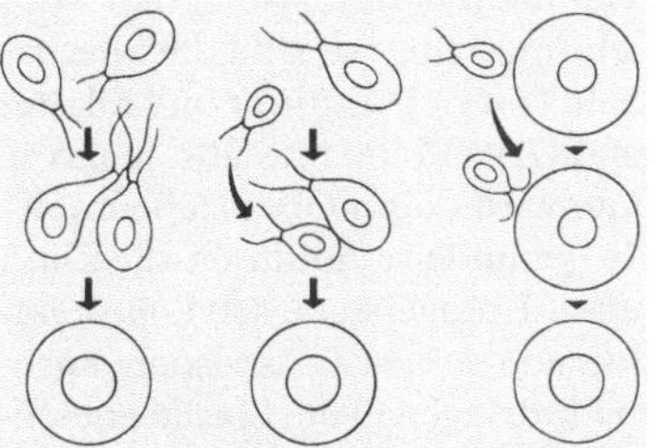

Befruchtung   Befruchtungsformen (von links): Bei der *Isogamie* sind beide miteinander verschmelzenden Gameten beweglich und an Gestalt und Größe gleich; eine männliche und weibliche Zelle können morphologisch nicht unterschieden werden. Bei der *Anisogamie* sind beide Gameten beweglich, aber von ungleicher Größer. Meist gilt der erheblich größere von beiden Gameten als weiblich. Bei der *Oogamie* wird eine große, weibliche Eizelle von einem kleinen, beweglichen, männlichen Gameten befruchtet (typisch für alle höheren Pflanzen und Tiere)

Gamet wird dann *Makrogamet (Megagamet)*, der kleinere *Mikrogamet* genannt. Bei ↗ Einzellern nur vereinzelt, bei mehrzelligen Tieren jedoch immer, ist der weibliche Gamet unbeweglich und erheblich größer als der männliche. Er wird dann als ↗ Eizelle oder auch Ei bezeichnet, die männlichen als Samenzellen oder Spermien (↗ Spermium). Eine besondere Situation herrscht bei den Wimpertierchen (↗ Ciliata), bei denen die Bildung von Gameten unterbleibt und nur geschlechtlich differenzierte haploide Kerne gebildet werden, die in der ↗ Konjugation zwischen zwei Tieren (↗ Gamonten) ausgetauscht werden und wechselseitig zu einem Synkaryon verschmelzen.

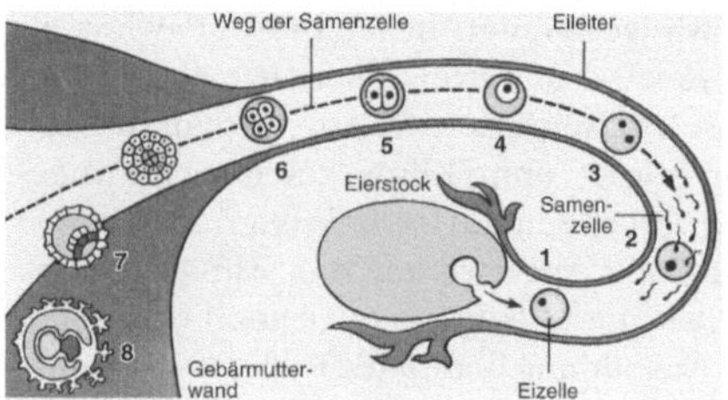

Befruchtung Befruchtung und Entwicklung des Keims beim Menschen: 1 Eisprung, 2 Besamung (Befruchtung), 3 Begegnung der Zellkerne, 4 verschmolzene Zellkerne, 5 Zweizellenstadium, 6 Vierzellenstadium, 7 Bildung der ersten Gewebeschichten, 8 Einnisten des Keims in die Gebärmutter

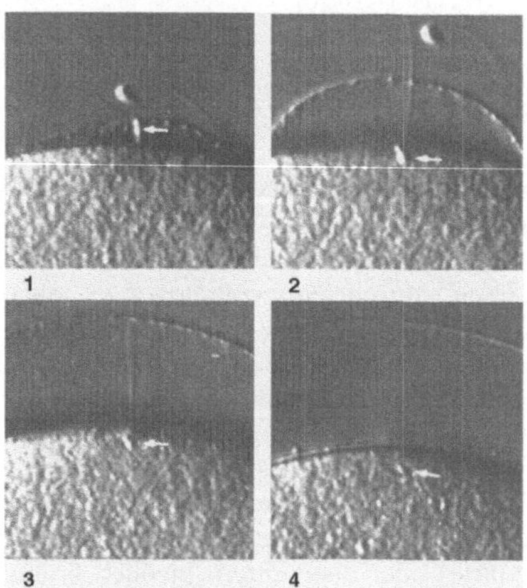

Befruchtung Befruchtung des Seeigeleies. Der helle Pfeil markiert das eingedrungene Spermium. Durch das Abheben der Befruchtungsmembran wird die Annäherung weiterer Spermien verhindert

Beim *Menschen* und den *Säugetieren* findet die Befruchtung im ↗ Eileiter statt, nachdem die Spermien aus der ↗ Gebärmutter, vermutlich chemotaktisch angelockt, dorthin geschwommen sind. Während die Eizelle nach dem Eisprung nur etwa 24 Stunden befruchtungsfähig ist, sind die Spermien, die erst innerhalb von Gebärmutter und Eileiter voll befruchtungsfähig werden, dies für mehrere Tage. Das Spermium wird durch Oberflächenmoleküle an die Eizelle gebunden und durch die *Zona pellucida* (eine das Ei umgebende Glykoproteinschicht) zur Entleerung seines ↗ Akrosoms angeregt, wodurch sein Eindringen in die Eizelle erleichtert wird (*Akrosomreaktion*). Hat das Spermium die Zona pellucida durchdrungen, wölbt ihm die Eizelle durch Abheben der *Befruchtungsmembran* den *Befruchtungshügel (Empfängnishügel)* entgegen und verhindert dadurch, dass weitere Spermien eindringen können. Der Zellkern der Samenzelle wird nach dem Eindringen ins Cytoplasma der Eizelle zum *Vorkern (Pronucleus)*. Bei der Eizelle aller Säugetiere (einschließlich des Menschen) aber

auch vieler anderer Tiere, wird durch die B. die Vollendung der Meiose (↗ Oogenese) ausgelöst, wodurch ihr Kern ebenfalls zum Vorkern wird. Die beiden Vorkerne verschmelzen sodann zum zygotischen Zellkern. Im Anschluss an die Kernverschmelzung beginnt die Zygote mit den ersten Teilungen (↗ Furchung, ↗ Embryonalentwicklung), noch während sie durch den Eileiter wandert. Befruchtung und anschließende Aktivierung der Eizelle sind bei Säugetieren und auch beim Seeigel mit einem plötzlichen, sich wellenförmig über die Eizelle ausbreitenden Anstieg freier Ca^{2+}-Ionen in der Eizelle verbunden. Dieser wird durch das Eindringen des Spermiums ausgelöst und ist entscheidend für die Aktivierung des Eies und damit den Start der Entwicklung. Die Oszillationen der Ca^{2+}-Konzentration können bei manchen Säugetieren bis zu einigen Stunden nach der B. andauern.

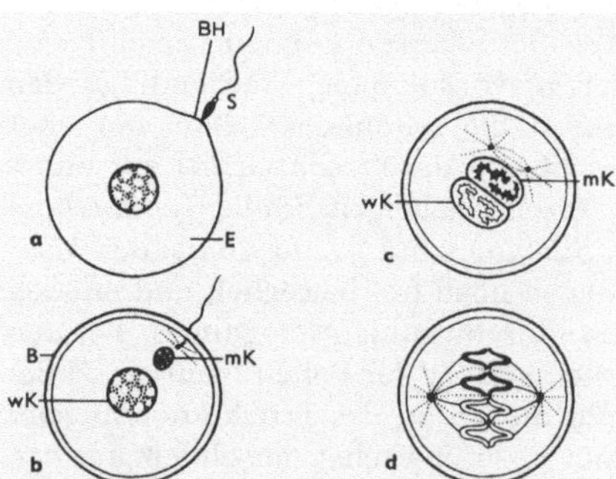

Befruchtung Befruchtung bei vielzelligen Tieren: a die Besamung, also das Eindringen der Samenzelle S in die Eizelle E (BH Befruchtungshügel); b Vordringen des männlichen Kerns mK zum weiblichen Kern wK, Ausbildung der Befruchtungsmembran B zur Abwehr weiterer Samenzellen; c die eigentliche Befruchtung, also die Verschmelzung der beiden Kerne; d Beginn der ersten Kern- und Zellteilung

Befruchtungshügel, ↗ Befruchtung.

Befruchtungsmembran, ↗ Befruchtung.

Begattung, *Paarung*, *Kopulation*, die körperliche Vereinigung zweier Individuen zum Zweck der Übertragung der männlichen Keimzellen (↗ Spermium) in den Körper des weiblichen bzw. zwittrigen Partners. Die B. führt, meist mit gewisser zeitlicher Verzögerung zur inneren Besamung der Eizelle. Häufig enden die Ausführungsgänge der Geschlechtsorgane von Männchen und Weibchen in ↗ Begattungsorganen. Der Begattung geht vielfach eine ↗ Balz voraus. Bei manchen langlebigen Tieren, die nur einmal begattet werden, können die Spermien jahrelang gespeichert werden, so bei den Königinnen der Honigbiene und der Ameisen. (↗ Befruchtung, ↗ Fortpflanzung, ↗ Fortpflanzungsorgane, ↗ Geschlechtsverkehr)

Begattungsorgane, *Kopulationsorgane*, *Paarungsorgane*, Bez. für Organe, die der direkten Übertragung des Spermas bzw. der Spermatophoren vom Männchen zum Weibchen (oder von einem Zwitter zum anderen) dienen. (↗ Fortpflanzungsorgane)

Begattungstasche, *Bursa copulatrix*, in vielen Tiergruppen in Weibchen (bzw. Zwittern) ausgebildete Tasche für die Aufnahme und meist kurzfristige Speicherung des bei der Begattung übertragenen Spermas (oder der Spermatophoren).

Beggiatoa, Gatt. der γ-Untergruppe der ↗ Proteobacteria; es sind gramnegative, gleitende, ↗ Schwefel oxidierende Bakterien. Sie kommen hauptsächlich in Biotopen vor, die reich an H_2S sind, wie Schwefelquellen und Schlammschichten in Seen.

Begoniaceae, *Schiefblattgewächse*, Fam. der ↗ Cucurbitales mit ca. 800 Arten, die außer in Australien in allen tropischen und subtropischen Gebieten vorkommen. Es sind meist krautige Pflanzen mit asymmetrischen Blättern und eingeschlechtigen, einhäusigen Blüten, die zwei- bis fünfzählig sein können. Die Blüten entwickeln sich zu einer Kapsel. Von Bedeutung ist nur die artenreiche Gatt. Begonie oder Schiefblatt, *Begonia*. Viele Arten und Zuchtformen sind als Zierpflanzen verbreitet.

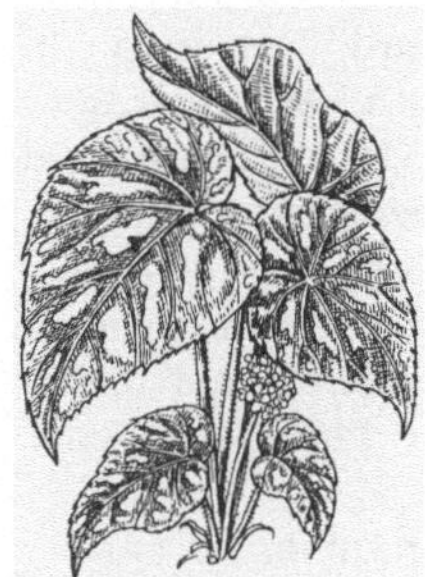

Begoniaceae Königs-Begonie (*Begonia x rexultorum*)

Behaarung, der Bewuchs des tierischen und menschlichen Körpers mit ↗ Haaren, der je nach Rasse und Geschlecht von unterschiedlicher Ausprägung ist; bei Pflanzen entsprechende Ausbildungen der ↗ Epidermis.

Behaviorismus, von J. B. Watson (1878-1958) und E. L. Thorndike (1874-1949) im Jahre 1912 begründete amerikanische Schule der Psychologie, die in ihrer Extremform davon ausgeht, das sich das gesamte Verhaltensinventar von Lebewesen durch erlernte Verknüpfungen zwischen Reizen und Reaktionen (*Reiz-Reaktions-Schema*) erklären lässt. Aus diesen Überlegungen resultierte im *Neobehaviorismus* (ab ca. 1930) eine spezifische *Lerntheorie*, durch die beschrieben wird, wie sich die Verknüpfung von Umweltreizen und Reaktionen durch Erfahrung ändert (↗ Konditionierung). Angeborene Elemente tierischen Verhaltens und ihre stammesgeschichtliche Anpassung werden nicht in die Betrachtungsweise des B. mit einbezogen. Um menschliches Verhalten zu verstehen, werden systematisch Tierexperimente (vor allem mit Ratten, Mäusen und Tauben) eingesetzt. Im krassen Gegensatz zum B. steht die vergleichende Verhaltensforschung (↗ Ethologie).

Behensäure, *n-Docosansäure*, Formel CH_3–$(CH_2)_{20}$–$COOH$, eine ↗ Fettsäure, die in den Glyceriden von Samenölen, in Wollwachs und in ↗ Cerebrosiden vorkommt.

Behring, *Emil Adolph* von, deutscher Bakteriologe, ✶ 15.3.1854 Hansdorf (Westpreußen), † 31.3.1917 Marburg/Lahn; ab 1889 Assistent von R. ↗ Koch, ab 1894 Prof. für Hygiene und Bakteriologie und Leiter des Hygienischen Instituts in Halle/Saale, seit 1895 in Marburg. B. entwickelte zusammen mit E. Wernicke ein Heilserum gegen Diphtherie und mit S. ↗ Kitasato eines gegen Tetanus. Er gilt zusammen mit Kitasato als Begründer der passiven Serumtherapie und Pionier der Schutzimpfung. Nach ihm ist das *Behring-Gesetz* benannt, nach dem das Serum eines gegen eine Infektionskrankheit immunen Individuums bei Übertragung den Empfänger gegen diese Krankheit schützt. B. erhielt 1901 den ersten Nobelpreis für Physiologie oder Medizin.

Beifuß, *Artemisia vulgaris*, Gewürzpflanze der ↗ Asteraceae; das im ↗ etherischen Öl des B. enthaltene giftige *Cineol* erklärt möglicherweise die Wurm treibende Wirkung der Pflanze.

Beijerinckia, Gatt. der α-Untergruppe der ↗ Proteobacteria; frei lebende ↗ Stickstoff fixierende Bakterien, die hauptsächlich in sauren Tropenböden gefunden werden. Es sind bewegliche oder unbewegliche Kokken oder Stäbchen. Typische Formen weisen Einschlüsse von Poly-β-hydroxybuttersäure auf.

Beilbauchfische, die Fam. ↗ Gasteropelecidae.

Beine, Bez. für ↗ Extremitäten, die, als Hebel fungierend, dem Körper zur Fortbewegung auf dem Substrat dienen. B. sind in vielen Tiergruppen und beim Menschen als Lauforgane ausgebildet, können aber durch Funktionswechsel mannigfaltige morphologische Umwandlungen erfahren haben, z. B. als Schwimmbeine, Begattungsorgane oder Atmungsorgane.

Beintastler, die ↗ Protura.

Beinwell, *Symphytum*, Gatt. der ↗ Boraginaceae. Als ↗ Heilpflanze genutzt wird der Echte B., *Symphytum officinale* (Abb. ↗ Boraginaceae), eine bis 1 m hohe Staude, deren ↗ Rhizom u. a. ↗ etherische Öle, ↗ Harze und ↗ Gerbstoffe enthält. Das Rhizom wird zur äußerlichen Behandlung von Wunden verwendet, früher wurde es auch bei Knochenbrüchen (Name!) eingesetzt.

Beisiedlung, die ↗ Parökie.

Beizung, ↗ Saatgutbeizung.

Bekassine, *Gallinago gallinago*, in Mittel-, Nord- und Osteuropa verbreitete, bei uns häufigste Art der Schnepfenvögel (↗ Scolopacidae), mit im Verhältnis zum Körper sehr langem Schnabel. Gefieder vorwiegend braun-weiß mit gestreiftem Kopf. Die B. lebt in Mooren, sumpfigen Wiesen und Heiden. Während des Balzflugs wird von abgespreizten seitlichen Schwanzfedern im Luftstrom ein meckerndes Wummern erzeugt („Himmelsziege").

Békésy, *Georg* von, ungarisch-amerikan. Biophysiker, ✳ 3.6.1899 Budapest, † 13.6.1972 Honolulu; ab 1939 Prof. in Budapest, zwischenzeitlich am Karolinska Institut in Stockholm, 1947-66 an der Harvard University in Cambridge (Massachusets), ab 1966 Prof. an der Universität von Hawaii. B. arbeitete insbesondere über die Reizmechanismen im Ohr und untersuchte die Funktionsweise des Trommelfells und der Gehörknöchelchen. Er entdeckte, dass die sich in der Lymphflüssigkeit der Cochlea fortbewegenden Schallwellen entlang der Basilarmembran frequenzspezifische stehende Wellen erzeugen und stellte aufgrund dessen eine Alternativtheorie zur Resonanztheorie des Hörens von ↗ Helmholtz auf. B. erhielt 1961 den Nobelpreis für Physiologie oder Medizin.

Belebtschlamm, ↗ Kläranlage.

Belegzellen, Salzsäure bildende Zellen im Fundus des ↗ Magens der Wirbeltiere.

Belemniten, die ↗ Belemnitida.

Belemnitida, *Belemniten*, früher *Belemnoidea*, Gruppe ausgestorbener, vermutlich ausschließlich marin lebender Kopffüßer, die acht mit Fanghäkchen besetzte kürzere und zwei längere Arme (*Tentakeln*) mit bis zu 5 cm langen Fanghaken besaßen. Ihr Innenskelett besteht aus einem kurzkegelförmigen *Phragmocon* mit ventralem *Sipho* und 20 – 30 Gaskammern, einer nach unten offenen Endkammer mit dem Weichkörper und einer dünnen, hornigen Rückenplatte (*Gladius* oder *Proostracum*). Charakteristisch ist ein bis etwa 70 cm langes ↗ Rostrum, das überwiegend aus Kalkspat (Calcit) besteht und das bei den einzelnen Arten unterschiedliche Proportionen zeigt. Die

kleinsten B. besaßen wenige Zentimeter Körperlänge, die größten (*Megateuthis*) eine Länge von 1,5 – 2,5 m. Sie lebten räuberisch und besaßen eine Tintendrüse. Bislang sind etwa 1800 fossile Arten beschrieben worden, darunter bedeutende ↗ Leitfossilien. B. lebten vom unteren Jura bis zur oberen Kreide und starben vor rund 65 Mio. Jahren zusammen mit den ↗ Ammonoidea aus. Ihr stammesgeschichtlicher Ursprung ist ungeklärt.

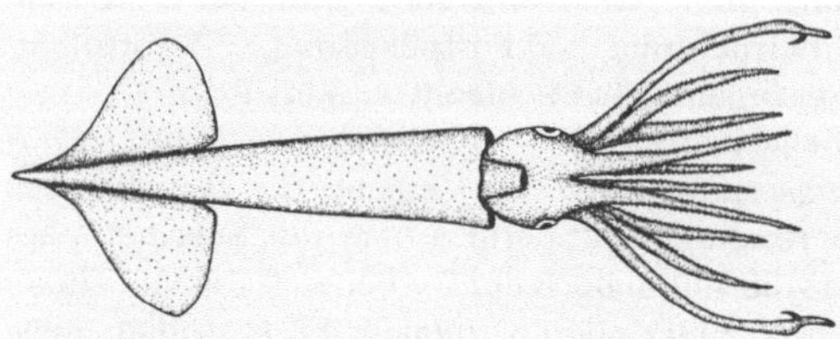

Belemnitida   Rekonstruktion eines Vertreters der Belemnitida (Gatt. *Passaloteuthis*)

Belladonna, die ↗ Tollkirsche.

Belonidae, *Hornhechte*, Fam. der Kleinkärpflinge (↗ Cyprinodontiformes).

Belontiidae, *Guramis*, Fam. der Barschfische (↗ Perciformes), deren Arten in Süßgewässern von Westafrika bis Ostasien leben. Der *Kampffisch (Betta splendens)* wird in manchen Regionen Südostasiens in Kampf- und Wettspielen eingesetzt. Beliebte Aquarienfische sind der Paradiesfisch (*Macropodus opercularis*) und viele Arten der *Fadenfische* (Gatt. *Trichogaster*), die lange, fadenförmige Bauchflossen mit Geschmacksknospen tragen.

Beluga, *Weißwal*, Art der Gründelwale (↗ Monodontidae).

Benacerraf, *Baruj*, venezolanisch-amerikan. Mediziner, ✳ 29.10.1920 Caracas (Venezuela); ab 1956 Prof. in New York, 1968-70 Leiter des Laboratoriums für Immunbiologie in Bethesda (Maryland), seit 1970 an der Harvard Medical School in Boston (Massachusetts), 1980 Direktor des Antikrebszentrums der Harvard University in Cambridge (Massachusetts). B.'s Arbeiten über zelluläre Oberflächenantigene (HLA-System) und das erblich gesteuerte Zusammenwirken verschiedener Zellen in der Immunabwehr waren von großer Bedeutung für die Transplantationsmedizin. Er erhielt zusammen mit G.D. ↗ Snell und J.B.G. ↗ Dausset den Nobelpreis für Physiologie oder Medizin.

benigner Tumor, ein gutartiger Tumor.

Bennettitales, Unterklasse bzw. Ord. der ↗ Benettitopsida.

Bennettitatae, die Klasse ↗ Benettitopsida.

Bennettitopsida, *Bennettitatae*, ausgestorbene Klasse der Fiederblättrigen Nacktsamer (↗ Cycadophytina), die im Mesophytikum reich entfaltet war. Sie unterschieden sich von den Samenfarnen

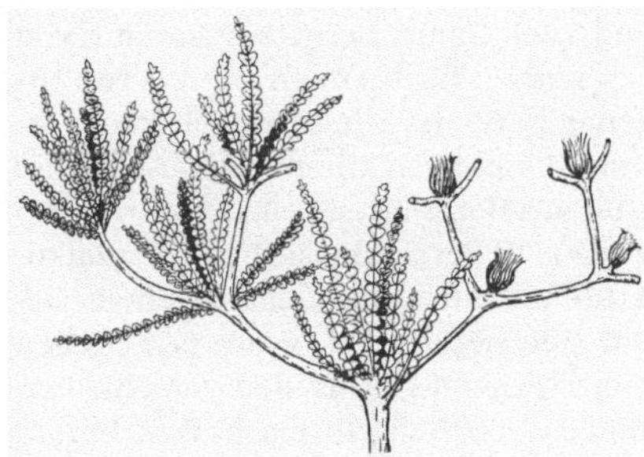

Bennettitopsida *Wielandiella angustifolia*

(↗ Lyginopteridopsida) und den ↗ Cycadopsida vor allem durch die extrem vereinfachten Fruchtblätter (↗ Fruchtblatt). Bedeutend ist vor allem die Unterklasse bzw. Ord. *Bennettitales*, die zum ersten Mal im Pflanzenreich echte ↗ Zwitterblüten mit einer Blütenhülle (↗ Perianth) ausbildeten. Die bekanntesten Gatt. sind *Williamsonia*, *Wielandiella*, *Williamsoniella* und *Cycadeoidea*.

Benthal, die gesamte Bodenregion eines Gewässers. Bei ↗ Seen ist diese Region in das ↗ Litoral (Uferzone) und das unterhalb der ↗ Kompensationslinie liegende ↗ Profundal gegliedert. Das B. des ↗ Meeres besteht aus dem Litoral, dem ↗ Bathyal, dem ↗ Abyssal und dem Ultraabyssal (Hadal). Über dem B. befindet sich das ↗ Pelagial (Freiwasserzone). ↗ Benthos

Benthos, eine Lebensgemeinschaft, die alle tierischen und pflanzlichen Bewohner des Ufers und des Grundes von Gewässern (↗ Benthal) umfasst. Zum B. von Süßgewässern gehören überwiegend frei bewegliche Tiere und ↗ Hydrophyten, zum B. von Salzgewässern häufig festsitzende Tiere, Flechten (↗ Lichenes) und ↗ Algen.

Benzoesäure, die einfachste aromatische Monocarbonsäure (↗ Carbonsäuren). Sie kommt frei oder als Ester u. a. in vielen ↗ Harzen und Balsamen sowie in Preiselbeeren vor. Wegen ihrer fungiziden Eigenschaft (↗ Fungizide) wird sie zur Konservierung von Lebensmitteln verwendet.

Benzylaminopurin, Abk. *BAP*, ein synthetisches ↗ Cytokinin, das bei der pflanzlichen Gewebekultur verwendet wird.

Beobachtungslernen, ↗ Lernen.

Berberidaceae, *Berberitzengewächse*, *Sauerdorngewächse*, Fam. der ↗ Ranunculales mit ca. 660 Arten. Es sind krautige, aber auch holzige Pflanzen, die überwiegend in den gemäßigten Gebieten der nördlichen Erdhalbkugel verbreitet sind. Ihre zwittrigen Blüten stehen einzeln oder zu traubigen Blütenständen vereinigt. Der oberständige ↗ Fruchtknoten entwickelt sich zu einer Beere (↗ Frucht). In Mitteleuropa verbreitet ist die ↗ Berberitze, *Berberis*. Die nordamerikanische ↗ Mahonie, *Mahonia aquifolium*, wird oft als Zierstrauch angepflanzt.

Berberis, Gatt. der ↗ Berberidaceae.

Berberitze, *Sauerdorn*, *Berberis vulgaris*, Art der ↗ Berberidaceae, die in Mitteleuropa heimisch ist. Die B. ist ein bis zu 3 m hoher dorniger Strauch mit gelben, in hängenden Trauben angeordneten Blüten (Abb. ↗ Berberidaceae). Sie ist als Zwischenwirt des Getreideschwarzrostes (↗ Uredinales) vielfach ausgerottet worden. Aus der Wurzel wird das Isochinolin-Alkaloid Berberin gewonnen.

Berberitzengewächse, die Fam. ↗ Berberidaceae.

Berg, *Paul*, amerikan. Biochemiker und Molekularbiologe, ✳ 30.6.1926 New York; ab 1955 Prof. für Mikrobiologie an der Medical School der Washington University in St. Louis (Missouri), seit 1959 Prof. für Biochemie an der Stanford University in Palo Alto (Californien). B. erkannte, dass die mit Restriktionsenzymen gewonnenen DNA-Bruchstücke „sticky ends" („klebrige Enden") aufweisen, die sich bei Aneinanderlagerung verbinden. Ihm gelang die erste kovalente Verknüpfung von DNA-Molekülen verschiedener Organismen, wodurch er wesentlich zur Entwicklung der modernen Gentechnologie beitrug. B. war maßgeblich an der freiwilligen Kontrolle der Genmanipulation durch ein mehrjähriges Moratorium (1973) führender Genetiker beteiligt. Er erhielt 1980 zusammen mit W. ↗ Gilbert und F. ↗ Sanger den Nobelpreis für Chemie.

Bergamotte, *Citrus aurantium* ssp. *bergamia*, Art der Citrusgewächse (↗ Rutaceae), aus deren Schalen das *Bergamottöl* extrahiert wird.

Bergbach, *Rhithral*, oberste Region eines ↗ Fließgewässers.

Bergeidechse, Art der Eidechsen (↗ Lacertidae).

Bergfink, Art der Finken (↗ Fringillidae).

Bergmann, *Carl*, deutscher Anatom und Physiologe, ✳ 18.5.1814 Göttingen, † 30.4.1865 Genf; ab 1843 Prof. in Göttingen, seit 1852 Prof. und Direktor des Anatomischen Instituts der Universität Rostock. B. arbeitete insbesondere über den Wärmehaushalt der Tiere. Er prägte die Begriffe ↗ homoiotherm und ↗ poikilotherm und stellte

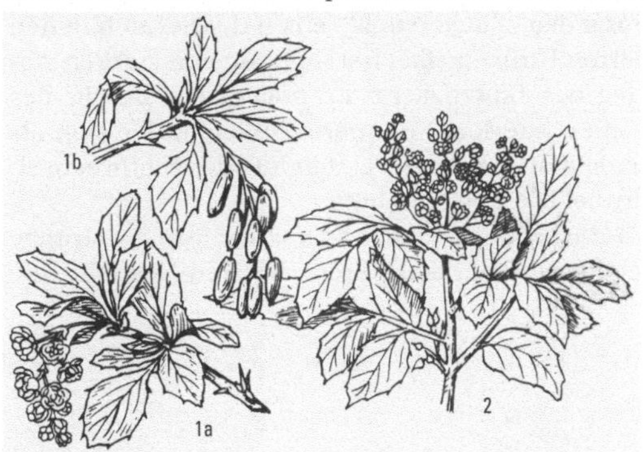

Berberidaceae **1a** und **1b** Berberitze (*Berberis vulgaris*). **2** Mahonie (*Mahonia aquifolium*)

1847 die nach ihm benannte ↗ Bergmann-Regel auf.

Bergmann-Regel, eine ökologische Regel, die besagt, dass innerhalb einer Art Warmblüter in kälteren Klimaten größer sind als in wärmeren Klimaten. Bei gleichem Volumen haben größere Organismen eine relativ kleinere Oberfläche und damit geringere Wärmeverluste als kleinere Organismen. (↗ Klimaregeln)

Beri-Beri, die ↗ Polyneuritis, eine Vitaminmangelkrankheit.

Berlese-Trichter, Gerät zum Austreiben von ↗ Bodenorganismen aus Bodenproben. Das Probematerial wird auf ein Sieb gegeben, das auf einem Trichter befestigt ist. Durch Erwärmung oder Belichtung werden die Tiere in ein Gefäß am Auslass des Trichters getrieben.

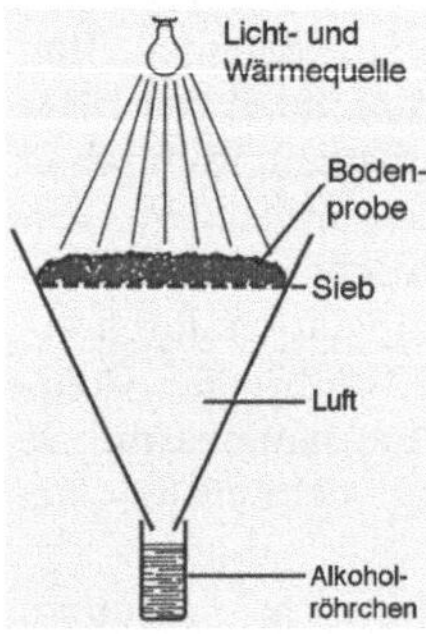

Berlese-Trichter   Apparat zur Auslese kleiner Bodenorganismen (besonders von Arthropoden)

Bernard, *Claude*, franz. Physiologe, ＊ 12.7.1813 Saint-Julien (Rhône), † 10.2.1878 Paris; ab 1855 Prof. am Collège de France in Paris, Mitglied der Académie des sciences und seit 1868 der Académie française. B. wies die Regulation von verdauungs- und Stoffwechselprozessen durch das Nervensystem nach sowie die Glykogenbildung und Glykogenolyse in der Leber (1855). Ferner erkannte er die Bauchspeicheldrüse als Enzymproduzent für die Fettverdauung. Weltberühmt wurde er 1849 durch den „Zuckerstich", einen durch Stich in den vierten Hirnventrikel hervorgerufenen starken Anstieg des Blutzuckers. Er prägte den Begriff des „milieu intérieur" („inneres Milieu"), der sich als fundamental für das Verständnis der Stoffwechselphysiologie erwiesen hat.

Bernstein, Bez. für fossile Harze, die in die Gruppe der Kaustobiolithe gehören, das sind Gesteine, die brennbar sind (der Name Bernstein kommt von niederdeutsch börnen für brennen) und deren Ursprung biogener Natur ist ; hierher gehören z. B. auch Kohle und Ölschiefer. Chemisch gesehen ist B. ein Polyester aus Harzsäuren (v. a. Abietinsäure) u. a. Säuren wie z. B. Bernsteinsäure mit Harzalkoholen. B. verbrennt mit weihrauchähnlichem Geruch und lädt sich negativ auf, wenn er gerieben wird. B. ist überwiegend gelb in den verschiedensten Abstufungen von hellgelb bis hin zu braun, außerdem gibt es auch andere Farbtöne (z. B. grün, blau, schwarz, rot), die durch optische Effekte wie Interferenz, Lichtstreuung, Reflexion und Absorption an mikroskopisch kleinen Lufteinschlüssen entstehen.

Harzlieferanten für B. sind Nadelbäume (Pinien, Araukarien) und Blütenpflanzen (Leguminosae). B. kommen weltweit auf allen Kontinenten vor. Der bislang älteste B. stammt aus dem Karbon. Der mit einem absoluten Alter von ca. 200 Mio. Jahren geologisch älteste, bisher bekannte fossilhaltige B. stammt aus der Trias (Bayern, Schliersee) und enthält mikroskopisch kleine Einschlüsse. Besonders häufig sind B. aus der Kreide, z. B. Libanon-B. (130 Mio. Jahre), Sibirischer B. aus Taymir (105-80 Mio. Jahre), New-Jersey-B. (95-65 Mio. Jahre). Die weitaus größten fossilen Harzlagerstätten stammen jedoch aus dem Tertiär, z. B. Baltischer B. (50-40 Mio. Jahre) und Dominikanischer B. (30-20 Mio. Jahre). Die bekannteste und wirtschaftlich wichtigste B.-Lagerstätte der Erde befindet sich in Ostpreußen auf der Halbinsel Samland in der so genannten Blauen Erde, einer bis 10 m dicken Schicht aus glimmerreichem Feinsand mit hohem Glaukonitanteil. Ein Kubikmeter der Blauen Erde liefert rund 2,5 kg B. Die Jahresförderung des offenen Tagebaus beträgt bis zu 300 Tonnen.

Als Harzlieferant des Baltischen B. (Succinit) wird eine Kiefer (*Pinus succinifera*) vermutet. Der größte Anteil des Baltischen B. entstand durch Anreicherung von Harz zwischen Kernholz und Rinde oder in Rissen und enthält keine Einschlüsse. Die so genannten Schlaubensteine entstehen, wenn Harz aus einer Quelle in mehreren, zeitlich unterbrochenen Schüben an der Baumrinde herabfließt. Sie enthalten v. a. an den Schichtgrenzen eine relativ große Zahl von Einschlüssen (↗ Bernsteininklusen).

Literatur: Ganzelewski, M., Slotta, R.: Bernstein – Tränen der Götter, Bochum 1996.

Bernsteinforschung

Prof. Dr. Wilfried Wichard, Universität zu Köln

Bernstein gehörte in der Antike zu den begehrten Handelsobjekten der Phönizier, Griechen und Römer. Von den Fundorten im Baltikum gelangte das „Gold des Nordens" in die damaligen Zentren der Welt. Doch die Entstehung des Bernsteins blieb lange im Unklaren. Mythen rankten um die Entstehungsgeschichte, von denen der griechische Dramatiker Euripides (480-407 v. Chr.) und der römische Lyriker Ovid (43 v. Chr. bis 17 n. Chr.) in seinen „Metamorphosen" erzählen: Als die Schwestern des Phaethon, dem Sohn des Sonnengottes Helios, seinen Tod beweinten, wurden sie zu Pappeln und ihre Tränen in Bernsteine verwandelt.

Bereits in seinem enzyklopädischen Werk „Naturalis Historia", das um 77 n. Chr. erschien, tritt der römische Gelehrte Plinius der Ältere (23-79 n. Chr.) entschieden den mythischen Auffassungen von der Entstehung und Herkunft des Bernsteins entgegen. Der Bernstein bilde sich aus dem herabfließenden Mark von Bäumen einer Gattung von Fichten, wie das Gummi aus den Kirschbäumen. Zum Beweis seiner Herkunft aus Fichten diene der typische Geruch, der beim Reiben entstehe. Wenige Jahre später bestätigt der römische Geschichtsschreiber Tacitus (55-116 n. Chr.) in seiner Schrift „De origine et situ Germanorum", dass es sich um Baumharz (succinum) handle, weil allerlei auf der Erde kriechende und selbst herumfliegende kleine Tiere hindurchschimmern, welche von der Flüssigkeit umhüllt und in der bald fest werdenden Materie eingeschlossen wurden.

Zur Kennzeichnung des Bernsteins

Das Rätsel war gelöst, doch erst im 19. Jh. setzte die wissenschaftliche Bearbeitung des Baltischen Bernsteins und seiner Einschlüsse ein. Alter, Herkunft und Beschaffenheit des Bernsteins wurden erforscht. Den im Bernstein eingeschlossenen Pflanzen und Tieren wurde besondere Aufmerksamkeit geschenkt. Es entstanden Monographien über „die im Bernstein befindlichen organischen Reste der Vorzeit" und somit über die Fauna und Flora des eozänen Bernsteinwaldes. Diese taxonomisch-systematischen Arbeiten scheinen unerschöpflich zu sein und dauern bis in die heutige Zeit. Nahezu 98 % der im Bernstein eingebetteten Organismen sind Gliedertiere, vor allem Spinnen und Insekten, die eine große verwandtschaftliche Nähe zu den rezenten Arten aufweisen. Etwa die Hälfte aller Gattungen der im Baltischen Bernstein beschriebenen fossilen Arten kommen auch heute, nach 40 – 50 Mio. Jahren noch vor. Bei aller Vorsicht erlaubt deshalb ein aktualistischer Vergleich der rezenten mit den verwandten fossilen Formen die Rekonstruktion ihrer längst vergangenen Lebensformen und Biozönosen.

Die moderne Bernsteinforschung ist in ihren Fragestellungen und mit ihren Methoden komplexer und vielfältiger geworden. Sie befasst sich nicht nur mit dem berühmten Baltischen Bernstein, sondern berücksichtigt alle Bernstein-Lagerstätten, die mit Ausnahme der Pole auf allen Kontinenten vorkommen. Das Alter dieser Bernsteine reicht bis ins Karbon zurück, stammt aber überwiegend aus der Kreide und dem Tertiär. Massenspektrometrie und Infrarotspektroskopie sind bislang wichtige Methoden zur chemisch-physikalischen Identifizierung verschiedener Bernsteinvorkommen. Im IR-Absorptionsspektrum der im Bernstein enthaltenen organischen Verbindungen kennzeichnen typische Bande signifikant die Herkunft von Bernsteinarten (z. B. sind die Bande der „Baltischen Schulter" charakteristisch für den Baltischen Bernstein), aber nur unzureichend die botanische Herkunft des Harzproduzenten. Der Nachweis von Harz produzierenden Geweben in Holzresten von Kiefern im Baltischen Bernstein stützt jedoch die allgemeine Vermutung, dass eine Kiefern-Art, *Pinus succinifera*, das Harz für den Bernstein lieferte, obwohl Kiefernnadeln und Zapfen im Baltischen Bernstein relativ selten vorkommen. Neben Koniferen (Pinien, Araukarien) als Harzproduzenten werden für den Dominikanischen Bernstein Blütenpflanzen aus der Familie der Leguminosae angenommen. Sie liefern auch das Harz für afrikanische Kopale.

Das Artenspektrum des Bernsteins

Die ⌐ Paläobiologie befasst sich mit den organischen Einschlüssen (Inklusen) im Bernstein. Wie Pflanzen und Tiere in den Bernstein gelangten, lässt sich heute nachvollziehen. Werden Tannen, Fichten und Kiefern an ihren Stämmen oder an ihren Ästen verletzt, geben sie Harz ab, um die verwundeten Stellen abzudichten. Intensiver als heute floss damals das überschüssige Harz den Stamm hinunter und bedeckte die am Stamm lebende Rinden-Fauna, zu der Rindenwanzen, Borkenkäfer und Rindenläuse sowie Spinnen, Asseln und Schnecken gehören. Geflügelte Insekten wurden vom Duft und Glanz des Harzes angelockt, während Vogelfedern, aber auch Blüten und Blätter, mit dem Wind an das klebrige Harz gelangten. Von den weit ausladenden Ästen tropfte das Harz ringsum auf den Boden und überraschte auch die Bodenfauna und -flora. Synchron mit der Fossilisation der zunächst dünnflüssigen Harze zu weichen Kopalen und schließlich zu gehärteten Bernsteinen wurden auch ihre Inklusen allmählich fossilisiert.

Das Besondere der Fossilien im Bernstein ist ihr außergewöhnlicher Erhaltungszustand. Im Vergleich zu vielen anderen Fossilien, die im Sediment platt gedrückt und versteinert wurden oder als Abdrücke vorliegen, kann man die im Bernstein eingebetteten Lebewesen ebenso gut wie ihre rezenten Formen dreidimensional von allen Seiten betrachten. Die Vielzahl von brauchbaren morphologischen Merkmalen machen Bernstein-Fossilien zu wichtigen Studienobjekten der phylogenetischen Systematik. Ihr hoher Informationswert basiert auf der präzisen und detailreichen Erhaltung der Merkmale, die einer sorgfältigen Vergleichsanalyse mit den Merkmalen rezenter Taxa standhalten. Fossilien belegen das Alter der Arten und ihrer Merkmale und begründen die zeitliche Abfolge von Transformationsreihen homologer Merkmale, die möglicherweise bei rezenten Formen divergierend strukturiert (apomorph) sind. Während die höheren Taxa (Klassen, Ordnungen) der ↗ Arthropoda bereits seit dem Paläozoikum und die nachgeordneten höheren Taxa spätestens seit dem Mesozoikum bekannt sind, tragen die Bernsteinfossilien aus der Kreide und dem Tertiär zur zeitlichen Determinierung der Phylogenese innerhalb von Familien (Unterfamilien, Gattungen) bei. Diese Methodik der phylogenetischen Analyse hat ihre Bedeutung in der Bernsteinforschung zurückgewonnen, nachdem zeitweilig versucht wurde, mit molekularbiologischen Methoden Abschnitte auf dem DNA-Strang aus Weichteilen der Bernstein-Inklusen durch ↗ Polymerase-Kettenreaktionen (PCR) anzureichern und anschließend zu sequenzieren, um über das Erbgut Informationen über die fossile Fauna zu erhalten. Doch heute weiß man, dass die vermeintliche DNA der untersuchten Rüsselkäfer und Termiten artifiziell war und dass auch im Schutz von Bernsteinen DNA keine Jahrmillionen überdauern kann.

Über Taphozönosen im Bernstein

Paläobiologische Bernsteinforschung erschöpft sich nicht allein in der Beschreibung fossiler Taxa und der Analyse ihrer ↗ phylogenetischen Systematik, sondern konzentriert sich auch auf die ↗ Taphozönosen *(Grabgemeinschaften)* im Bernstein. Viele Inklusensteine sind klein und enthalten oft nur einen einzigen Einschluss. Bernsteine mit Syninklusen sind oft größere Stücke, in denen sich mehrere fossile Organismen zu einer Grabgemeinschaft zusammenfinden. Diese Taphozönosen sind meist heterogen, weil viele Syninklusen zwar zur selben Zeit und am selben Ort in den Bernstein gelangten, aber oft von verschiedenen Lebensräumen stammen. Heterogene Taphozönosen behindern daher klare Rückschlüsse auf ehemalige Biozönosen. Darüber hinaus sind die Bernstein-Taphozönosen stets auch allotop, denn sie befinden sich nicht am Ort ihres Entstehens, sondern nach Transport und Umlagerung der Bernsteine oft auf zweiter, dritter oder gar vierter Lagerstätte (z. B. Baltischer Bernstein). Zweifellos erschweren die heterogenen, allotopen Taphozönosen im Bernstein die Rekonstruktion ehemaliger Biozönosen. Mit den Methoden der aktualistischen Biozönoseforschung lassen sich daher nur Lebensgemeinschaften hoch signifikanter Lebensräume rekonstruieren.

Der methodische Ansatz zielt beispielsweise auf aquatische Biozönosen, deren Lebensräume klar definiert sind. Je größer die Zahlen verschiedener Wasserinsekten in den Taphozönosen des Baltischen Bernsteins sind, desto klarer zeichnen sich Bilder ihrer ehemaligen Biozönosen und Biotope ab. Organismen, die nicht dem aquatischen Lebensraum zuzuordnen sind, geben in den heterogenen Taphozönosen additiv Auskunft über das ökologische und klimatische Umfeld der ehemaligen aquatischen Ökosysteme. Wie in einem großen „paläontologischen Puzzle" scheint sich nach den Taphozönosen des Baltischen Bernsteins immer stärker das Bild eines subtropischen Bergwaldes abzuzeichnen, der in den Höhenlagen von Bergbächen und in den Niederungen von langsamen Fließgewässern durchzogen war und zahlreiche stehende Gewässer aufwies.

Bernsteininklusen, Bez. für im Bernstein eingeschlossene Organismen, insbesondere pflanzliche und tierische Fossilien. B. finden sich überwiegend in den so genannten Schlauben (↗ Bernstein).

Während sich das Harz verfestigt, beginnt gleichzeitig der Abbau der Weichteile, so dass B. prinzipiell nur dünn ausgekleidete Hohlräume sind, die von widerstandsfähigem Chitin umhüllt sind. Schonen-

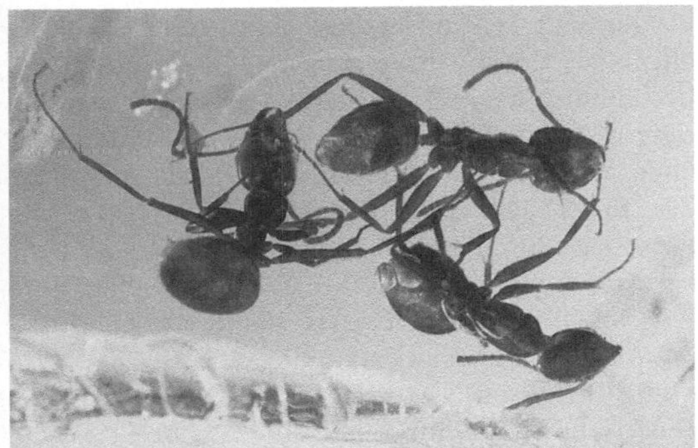

Bernsteininklusen   Drei Ameisen im Bernstein

de Einbettung im Bernstein vermied starke Schrumpfung und begünstigte die dreidimensionale Gestalt sowie die gute Farberhaltung. Feine Oberflächenstrukturen der Inklusen reichen oft an die Auflösungsgrenze des Lichtmikroskops, Bruchstücke erlauben REM-Untersuchungen fossiler Feinstrukturen. Der mit 200 Mio. Jahren älteste fossilienhaltige Trias-Bernstein aus Bayern enthält mikroskopisch kleine Organismen: Bakterien, Pilze, Grünalgen, Flagellaten, Amöben und das älteste, eindeutig erkennbare Pantoffeltierchen (*Paramecium triassicum*). In Bernsteinen aus Kreide und Tertiär sind pflanzliche Inklusen (Farnartige, Moose, Flechten, Nadeln und Zapfen von Nadelbäumen sowie Blätter und Blüten von Blütenpflanzen) im Vergleich zu tierischen Einschlüssen selten. Der Baltische Bernstein ist durch so genannte Sternhaare (Flaumhaare von Eichen) charakterisiert. Zu den seltenen tierischen Inklusen gehören neben Einzellern (Bayrischer Bernstein von Schliersee), Fadenwürmer (↗ Nematoda), Rädertiere (↗ Rotatoria im Dominikanischen Bernstein), Ringelwürmer (↗ Annelida), Bärtierchen (↗ Tardigrada im Kanadischen Bernstein) sowie selten Amphibien (Frösche im Dominikanischen Bernstein) und Reptilien (Eidechsen im Dominikanischen und Baltischen Bernstein), Vogelfedern und Säugetierhaare. Den überwiegenden Anteil stellen die Arthropoden, wobei die Insekten und Spinnentiere mit 98 % dominieren. Von den Insekten sind alle Ordnungen vertreten; im Baltischen Bernstein z. B. gehören 70 % zu den ↗ Diptera, gefolgt von den ↗ Hymenoptera mit ca. 10 % und von Käfern (↗ Coleoptera) und ↗ Homoptera mit je etwa 5 %. Auffallend ist der relativ hohe Anteil an Wasserinsekten, die mit Zuckmücken (↗ Chironomidae) u. a. Diptera, mit Köcherfliegen (↗ Trichoptera), Eintagsfliegen (↗ Ephemeroptera), Steinfliegen (↗ Plecoptera) und seltenen Libellen (↗ Odonata) sowie mit Wasserwanzen und Wasserkäfern nahezu 25 % aller Insekten ausmachen.

B. kommen einzeln oder als Syninklusen im Bernstein vor. Als Syninklusen bilden sie Taphozönosen

Bernsteininklusen   Moos im Bernstein

(Grabgemeinschaften) mit wichtigen Informationen über Paläobiologie und Paläökologie sowie über die Landschaft und das zu jener Zeit herrschende Klima (siehe auch Essay ↗ Bernsteinforschung) .

Literatur: Weitschat, W., Wichard, W.: Atlas der Pflanzen und Tiere im Baltischen Bernstein, München 1998.

Bernsteinsäure, *Succinylsäure*, *Butandisäure*, in Harzen (z. B. Bernstein) und in Früchten vorkommende organische Säure. Sie ist wichtiges Zwischenprodukt des ↗ Citratzyklus. In Zellen und Körperflüssigkeiten (pH-Wert etwa 7) liegt die B. als B.-Anion (*Succinat*) vor, ebenso werden die Salze und Ester der B. als Succinate bezeichnet.

Bernsteinschnecke, eine Art der Landlungenschnecken (↗ Stylommatophora).

Beroë, Gatt. der Rippenquallen (↗ Ctenophora).

Berührungsgift, ↗ Kontaktgift.

Berührungsreiz, *thigmischer Reiz*, ein Reiz, der durch einen mechanischen Kontakt und somit eine Verformung der Zellmembran ausgelöst wird. Bei Pflanzen sind B. vor allem an der *Rankenbildung* beteiligt (↗ Rankenbewegungen). Der B. einer potentiellen Stütze löst dabei die Bildung von Festigungsgewebe aus, um eine Verankerung der Pflanze zu ermöglichen. Ranken reagieren i. d. R. im oberen Drittel gegenüber B. am empfindlichsten. Dabei reicht ein gleichmäßiger Druck nicht einfach aus, der B. muss vielmehr als eine Art Reibungsreiz vorliegen. Dies konnte im Experiment gezeigt werden, wobei Pflanzen auf B. reagieren können, die vom menschlichen Tastsinn nicht wahrgenommen werden. Für die Weiterleitung eines B. ist eine intrazelluläre Signalverstärkung erforderlich, weil die durch die Zellmembran registrierte mechanische Energie äußerst gering ist. Inwieweit dabei Ionenkanäle oder mechanische Kräfte, die auf das Cytoskelett wirken, eine Rolle spielen, ist noch unklar.

Besamung, *Insemination*, das Zusammentreffen bzw. Zusammenführen von Spermien und Eizelle bzw. die Verschmelzung sexuell differenzierter Gameten zur Zygote. Bei der *äußeren B.* erfolgt die Vereinigung der Geschlechtszellen außerhalb des

Organismus im Wasser, so z. B. bei vielen ↗ Polychaeta, Stachelhäutern (↗ Echinodermata) und ↗ Fischen. Bei der *inneren B.* werden die Eizellen im Inneren des weiblichen oder zwittrigen Organismus besamt. Dorthin gelangen sie entweder direkt durch ↗ Begattung oder durch indirekte Aufnahme einer ↗ Spermatophore. Innere B. findet sich bei allen Landtieren, aber auch bei vielen Plattwürmern (↗ Plathelminthes), Fadenwürmern (↗ Nematoda), Weichtieren (↗ Mollusca) und Fischen. Nur nach innerer Besamung kann es zur Geburt lebender Junge (↗ Viviparie) kommen. Durch die Besamung wird die Eizelle aktiviert, d. h. zur Entwicklung angeregt (↗ Befruchtung, ↗ Embryonalentwicklung). ↗ künstliche Besamung, ↗ Reproduktionsmedizin

Besamungshemmer, ↗ Empfängnisverhütung.

Beschädigungskampf, aggressive Auseinandersetzung, die auf Verletzung oder Tötung des Gegners zielt. Ratten beißen dabei z. B. in alle Körperteile des Gegners, die sie erreichen können. Gegensatz: ↗ Kommentkampf.

beschleunigte Diffusion, *erleichterte Diffusion*, Typ des passiven Transportes gelöster Stoffe durch Membranen, bei dem im Unterschied zur *einfachen Diffusion* Kanäle beteiligt sind. (↗ Diffusion, ↗ Translokatoren)

Beschwichtigungsverhalten, Verhalten, das bei einem Interaktionspartner aggressive Tendenzen hemmt oder neutralisiert. Dabei werden Verhaltensweisen gezeigt, die die eigene Friedfertigkeit anzeigen, z. B. das deutliche Wegsehen, die ↗ Demutsgebärde, das Darbieten des Halses oder das Anbieten von Nahrung.

Besenheide, das ↗ Heidekraut.

Besitzverhalten, Verhalten, das mit der Verteidigung eigenen Besitzes oder der Achtung fremden Besitzes zusammenhängt. Bei Tieren besteht der „Besitz" oder die Ressource meist aus Nahrung, aber auch aus Territorien (↗ Territorialverhalten) und Sexualpartnern. Bei Affen und anderen Säugetieren, teilweise auch bei Gliedertieren, wird z. B. der Ressourcenbesitz des zuerst Gekommenen respektiert.

Bestand, 1) Lebensgemeinschaft einer bestimmten Fläche.

2) eine ↗ Population von Tieren und Pflanzen.

Bestandsabfall, gesamte tote organische Substanz, die von einem ↗ Bestand produziert wird, also Laub, Nadeln und Holzstreu, Ernterückstände, abgestorbene Wurzelmasse, Kot, Leichen (Aas), Leichenteile (Haare, Federn, Fett, Knochen). Der B. bildet die Nahrungsgrundlage der saprophagen Organismen (↗ Saprophagen).

Bestäubung, die Übertragung des ↗ Pollens auf die ↗ Narbe der Bedecktsamer (↗ Angiospermae) oder auf die Samenanlage der Nacktsamer (↗ Gym-

nospermae). Grundsätzlich kann eine ↗ Blüte entweder durch ihren eigenen Pollen (Selbstbestäubung oder ↗ Autogamie) bestäubt werden oder durch Pollen einer anderen Pflanze der gleichen Art (Fremdbestäubung oder ↗ Allogamie). In der Regel liegt Fremdbestäubung vor. Eine B. zwischen Blüten derselben Pflanze heißt *Nachbarbestäubung* (*Geitonogamie*), eine B. zwischen Blüten verschiedener Pflanzen nennt man *Kreuzbestäubung* (Fremdbestäubung i. e. S., *Xenogamie*). Die Fremdbestäubung i. e. S. erhöht die genetische Vielfalt innerhalb einer Population. Diese wiederum ermöglicht eine bessere Anpassung an sich ändernde Standortbedingungen. Viele Pflanzenarten, z. B. unsere Obstbäume, sind auf Fremdbestäubung angewiesen. Fremdbestäubung wird häufig durch verschiedene Mechanismen gefördert oder erzwungen. Bei zweigeschlechtigen Blüten von Fremdbestäubern keimen die Pollenkörner häufig nicht auf der Narbe derselben Blüte oder die Pollenschläuche wachsen zu langsam oder verkümmern (↗ Selbststerilität). Bei Pflanzen, die nicht selbststeril sind, wird die Fremdbestäubung bei einigen Arten durch *Heterostylie*, ↗ Dichogamie und ↗ Herkogamie gefördert. Heterostyle Blüten haben z. B. Primeln und Forsythien. Ein Teil der entsprechenden Pflanzen bildet Blüten aus, deren Fruchtblätter lange ↗ Griffel und deren Staubblätter (↗ Staubblatt) kurze ↗ Filamente besitzen. Bei einem etwa gleich großen Teil der Pflanzen ist es umgekehrt. Nur bei Kreuzbestäubung zwischen beiden Blütenformen kommt es zu einem optimalen Fruchtansatz, da die immer gleich tief in die Kronröhre vordringenden Insekten den Blütenstaub hoch sitzender Staubblätter normalerweise auf hoch sitzende Narben übertragen und umgekehrt.

In der Regel sorgen Tiere, meist Insekten (Tierblütigkeit, *Bestäubungssymbiose*), oder der Wind *Anemogamie*) für die Verbreitung der Pollen. Seltener ist eine Verbreitung der Pollen durch Wasser (*Hydrogamie*). Die Blüten sind in vielfältiger Weise an die Überträgermedien des Pollens angepasst, was besonders bei den tierblütigen Pflanzenarten zu

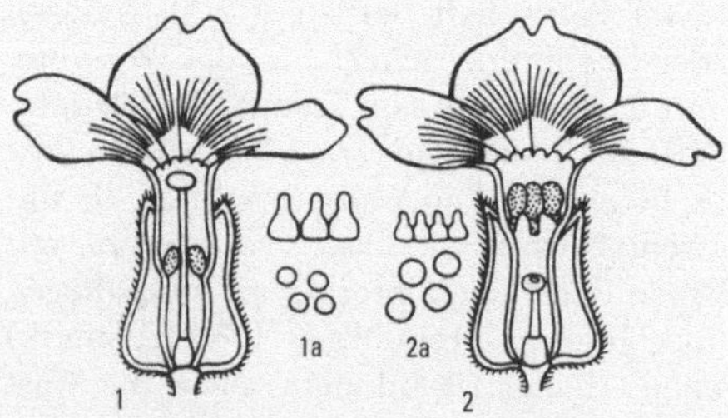

Bestäubung Heterostylie bei der Chinesischen Primel (*Primula sinensis*). **1** langgriffelige Form, **1a** große Narbenpapillen und kleine Pollenkörner. **2** kurzgriffelige Form, **2a** kleine Narbenpapillen und große Pollenkörner

einer großen Formenmannigfaltigkeit geführt hat. Als ursprüngliche Form der B. wird die Windbestäubung angesehen. (↗ Befruchtung)

Bestäubungssymbiose, ↗ Symbiose zwischen Pflanzen und Tieren, bei der Tiere aus ↗ Blüten von Bedecktsamern (↗ Angiospermae) Nahrung aufnehmen und als Gegenleistung die Blüte bestäuben (↗ Bestäubung). Die Bestäubung durch Tiere wird als *Tierblütigkeit* (*Zoophilie, Zoogamie*) bezeichnet. Zur Anlockung der Tiere dienen optische Signale oder Düfte (↗ Duftstoffe). Als „Belohnung" erhalten die Tiere den protein- und kohlenhydratreichen ↗ Pollen, den zuckerreichen ↗ Nektar sowie in seltenen Fällen auch Öl oder Futtergewebe, bzw. etherische Öle zum Markieren von Schwarmbahnen (↗ Duftstraßen) männlicher Goldbienen (*Euglossa*). Zu den Blüten bestäubenden Tieren zählen v. a. Insekten, Vögel, ↗ Fledertiere. Je nach Art der besuchten Blumen unterscheidet man Pollenblumen, Nektarblumen und Ölblumen. Pollenblumen werden insbesondere durch Käfer, in den Tropen auch durch Fledertiere, bestäubt. Bei den Nektarblumen ist der Nektar teilweise in der Tiefe der Blüte verborgen und kann nur durch besonders angepasste Tierarten genutzt werden. Zu diesen Tierarten gehören langrüsselige Hummelarten, Tagschmetterlinge, langschnäbelige Kolibris und Nektarvögel. B. sind von zentraler Bedeutung für die Fortpflanzung wild lebender Pflanzen und für die Bestäubung von ↗ Kulturpflanzen. Völker von Honigbienen werden oft gezielt in Rapsfelder (↗ Raps) und Obstkulturen gebracht, um einen hohen Samen- und Fruchtansatz zu gewährleisten.

Bestockung, Bildung von Seitensprossen an dicht aufeinander folgenden Stängelknoten (*Bestockungsknoten*) in der Nähe der Erdoberfläche, z. B. bei Getreide.

Beta, Gatt. der ↗ Chenopodiaceae.

Beta-Oxidation, wichtiger Stoffwechselweg zum Abbau von ↗ Fettsäuren, der in der Matrix der Mitochondrien sowie bei Pflanzen bei der Mobilisierung von Reservefetten (↗ Reservestoffe) an der Innenseite der Glyoxysomen-Membran (↗ Glyoxysom) abläuft.

Beta-Rezeptoren, *β-Rezeptoren*, ↗ Adrenalin.

Betarüben, ↗ Chenopodiaceae.

Betelnusspalme, *Areca catechu*, ca. 15 m hohe Palmenart (↗ Arecaceae), die nur als Kulturpflanze bekannt ist. Beim Kauen des so genannten *Betelbissens*, der u. a. Samen der B. enthält, entsteht die euphorisierende Substanz *Arecaidin*.

Betelpfeffer, *Piper betel*, Kulturpflanze der ↗ Piperaceae, deren Blätter für die Herstellung der so genannten Betelbissen (↗ Betelnusspalme) verwendet werden.

Betta splendens, der Kampffisch (↗ Belontiidae).

Bettelverhalten, Verhalten, das den Sozialpartner eines Tieres dazu bewegen soll, ein Objekt (meist Nahrung oder Wasser) abzugeben. Das B. kommt meist bei Jungtieren vor, gelegentlich auch bei erwachsenen Tieren.

Bettwanze, Art der ↗ Cimicomorpha.

Betula, die Gatt. ↗ Birke.

Betulaceae, *Birkengewächse*, Fam. der ↗ Fagales mit ca. 170 Arten, die überwiegend in der nördlichen gemäßigten Zone vorkommen. Es sind Bäume und Sträucher mit wechselständigen, meist gesägten Blättern und eingeschlechtigen einhäusigen Blüten, die zu köpfchen- oder kätzchenförmigen Blütenständen vereint sind. Die männlichen Blüten stehen zu mehreren in der Achsel der Tragblätter. Der Pollen wird durch den Wind übertragen, der zweifächerige Fruchtknoten entwickelt sich zu einer einsamigen, geflügelten Nuss. Wichtige Gatt. sind ↗ Birke (*Betula*), ↗ Erle (*Alnus*), ↗ Hainbuche (*Corylus*), ↗ Hasel und Hopfenbuche (*Ostrya*).

Beuger, *Beugemuskeln*, die ↗ Flexoren.

Beugereflex, *Flexorreflex*, angeborener ↗ Reflex, der zur Kontraktion der Beugemuskeln (Flexoren) und damit zur Beugung von Extremitäten führt. Der B. kann als monosynaptischer Reflex über die Muskelspindeln der Beugemuskeln oder als polysynaptischer Reflex z. B. über Schmerzfasern ausgelöst

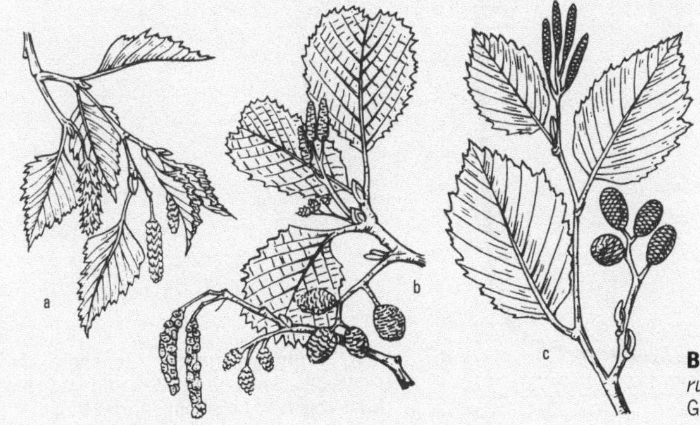

Betulaceae: a Hängebirke (*Betula verrucosa*), b Schwarzerle (*Alnus glutinosa*), c Grauerle (*Alnus incana*)

werden. Der B. gilt als stammesgeschichtlich alter Schutz- und Fluchtreflex. (↗ Streckreflex)

Beulenpest, ↗ Pest.

Beutelbär, der ↗ Koala.

Beutelmulle, die Fam. ↗ Notoryctidae.

Beutelratten, die Fam. ↗ Didelphidae.

Beutelteufel, Art der Fam. ↗ Dasyuridae.

Beuteltiere, die ↗ Marsupialia.

Beutelwolf, *Tasmanischer Tiger, Thylacinus cynocephalus*, größter rezenter austral. Raubbeutler (↗ Dasyuridae) von hundeähnlichem Aussehen und mit einem nach hinten geöffneten Hautwall als Beutel. Der B. wurde in Australien vor etwa 2000 Jahren, vermutlich durch Einführung des Dingos, ausgerottet, der letzte nachgewiesene B. in Tasmanien starb 1936 in Gefangenschaft, sodass der B. als ausgestorben angesehen werden muss.

Beutelwolf Vermutlich führten das gestreifte Fell oder die runden Trittsiegel dazu, dass der Beutelwolf den Namen Tasmanischer Tiger erhielt

Beuteschema, Gesamtheit der ↗ Kennreize einer Beuteart, nach denen das Raubtier seine Beute aufspürt.

Bevölkerungswachstum, die Zunahme der Weltbevölkerung. Für den größten Teil der Menschheitsgeschichte lässt sich das Bevölkerungswachstum nur ungefähr schätzen. Man nimmt an, dass um Christi Geburt 200 bis 400 Mio. Menschen gelebt haben. Vor etwa 250 Jahren begann eine drastische Zunah-

me des B. Zwischen 1750 und 1970 ging die Wachstumszunahme sogar weit über ein normales exponentielles ↗ Populationswachstum hinaus. Nach einer Prognose der UN (1998) wird die Erdbevölkerung von derzeit 5,9 Mio. Menschen bis zum Jahr 2150 auf 10,8 Mio. anwachsen.

Bewässerung, die künstliche Wasserzufuhr zu ↗ Kulturpflanzen. Man unterscheidet heute zwischen den traditionellen Oberflächenbewässerungssystemen und modernen Beregnungsanlagen. Zu den traditionellen Methoden gehören *Überstauung* von mit Dämmen umgebenen Flächen (Reis- und Zuckerrohranbau), die *Berieselung* von Hängen sowie die *Furchenverrieselung* oder *Grabeneinstauung*. Ein Nachteil der traditionellen Systeme ist, dass nur ein relativ geringer Teil des Wassers die Kulturpflanzen erreicht und ein großer Teil im Boden versickert. Ein modernes Bewässerungssystem mit hohem Wirkungsgrad ist die *Tropfbewässerung*, bei der aus einem Rohrleitungssystem mit blinden Enden und Düsen in Pflanzabständen Wasser tropft. Häufig im Zusammenhang mit B. auftretende Probleme sind ↗ Versalzung, Bodenvernässung und Sauerstoffmangel.

Bewegungsapparat, Bez. für die enge funktionelle Kopplung von Skelett und Muskulatur. Der B. der *Wirbeltiere* umfasst als passiven Anteil das knöcherne Skelett, mit den Bändern und Gelenken, und als aktiven Anteil die Muskulatur mit den Sehnen als Verbindung zwischen Muskel und Knochen. Vergleichbares gilt für den B. der Gliederfüßer (↗ Arthropoda). Bei ihnen wird der passive Anteil vom Exoskelett, dem Chitinpanzer und den zugehörigen Strukturen gebildet. Der B. von Tieren ohne Skelett (z.B. ↗ Mollusca, ↗ Annelida, ↗ Plathelminthes) lässt sich mit den Begriffen der Hydraulik beschreiben. Die Leibeshöhlenflüssigkeit bildet zusammen mit einem außen gelegenen Hautmuskelschlauch und diesen verspannenden Bandsystemen ein ↗ Hydroskelett.

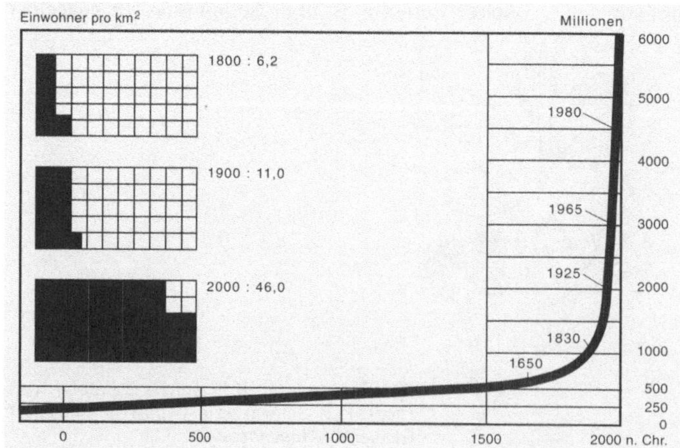

Bevölkerungswachstum Zunahme der Erdbevölkerung und der Besiedlungsdichte (Menschen/km²) bis zum Jahre 2000

Bewegungslosigkeit, ↗ Akinese.

Bewurzelung, ↗ Wurzel.

Bewusstsein, Selbsterkenntnis, die Fähigkeit, über sich, sein Verhalten und seine Umweltbeziehungen nachzudenken und daraus verhaltensbestimmende Einsichten zu gewinnen. Einige Tiere, vor allem Menschenaffen, zeigen kognitive Leistungen, die Menschen nur *bewusst* vollbringen können. Dazu gehören z. B. das Selbsterkennen im Spiegel, Lösen schwieriger Probleme, das Planen längerer Handlungsketten. Sie benutzen bei diesen Leistungen dieselben Hirnstrukturen wie Menschen.

Beziehungen zwischen Lebewesen, ↗ Wechselbeziehungen zwischen Lebewesen.

Bezoarziege, Art der ↗ Wildziegen.

BFI, Abk. für ↗ Blattflächenindex.

B-Form, die häufigste rechtsgängige Form der DNA-↗ Doppelhelix, bei der der Abstand zwischen den Basenpaaren 0,34 nm und der Durchmesser 2,0 nm beträgt. Pro Windung sind 10 Basenpaare vorhanden.

B-Horizont, ein Bodenhorizont (↗ Boden).

Biber, die Fam. ↗ Castoridae.

Bicarbonat, das ↗ Hydrogencarbonat.

Bienen, die ↗ Apoidea.

Bienenfresser, Fam. der Rackenvögel (↗ Coraciiformes).

Bienengift, das von einer Giftdrüse im Hinterleib von Königinnen und Arbeiterinnen der Bienen (↗ Apoidea) produzierte und über den Stachel abgesonderte Wehrsekret. B. besteht aus Enzymen (u. a. ↗ Hyaluronidase, ↗ Phospholipase), biologisch aktiven basischen Peptiden (vor allem *Melittin*), die für die Schwellung rund um die Einstichstelle verantwortlich sind, einem Proteinase-Inhibitor und biogenen Aminen (↗ Histamin; erzeugt Schmerzen und wirkt gefäßerweiternd) sowie Aminosäuren, Zucker, Lipiden und Farbstoffen. B. wird zur Behandlung von Neuralgien, rheumatischen und allergischen Leiden eingesetzt.

Bienensprache, *Bienentanz*, Kommunikationssystem der Honigbiene und anderer nahe verwandter Arten, mit der sie Informationen über die Richtung, die Entfernung und die Art einer ergiebigen Futterquelle an andere Sammlerinnen weitergeben. Befindet sich eine Futterquelle in bis zu 80 m Entfer-

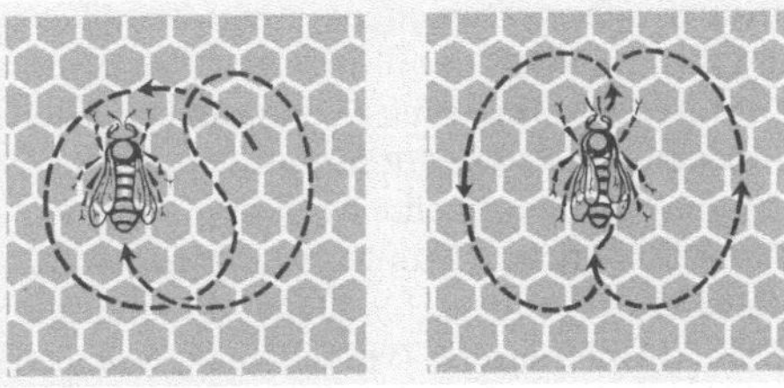

Bienensprache   Bewegungsmuster im Rundtanz (links) und im Schwänzeltanz

nung, führt die Kundschafterin den *Rundtanz* auf, indem sie auf der Wabe kreisförmige Figuren durchläuft. Ist die Futterquelle weiter entfernt, zeigt die Biene dies durch einen *Schwänzeltanz* an. Dabei läuft sie abwechselnd Halbkreise im und gegen den Uhrzeigersinn und führt auf der mittleren Achse der Halbkreise schnelle, schwänzelnde Bewegungen mit ihrem Hinterleib aus. Die Richtung des Schwänzellaufes informiert über die Lage der Trachtquelle. Das Tanztempo, die Anzahl der getanzten Figuren und die zusätzlich abgegebenen Tanztöne geben die Entfernung an. Der Winkel der geraden Tanzstrecke und der Lotrechten, also der Richtung zur Schwerkraft, entspricht dem Winkel zwischen der Richtung zur Futterquelle und der zur Sonne. Bei bedecktem Himmel wird das polarisierte Licht zur Orientierung genutzt (↗ Polarotaxis). Bei beiden Tänzen folgen den Tänzerinnen Sammelbienen, die mit ihren Antennen Kontakt halten.

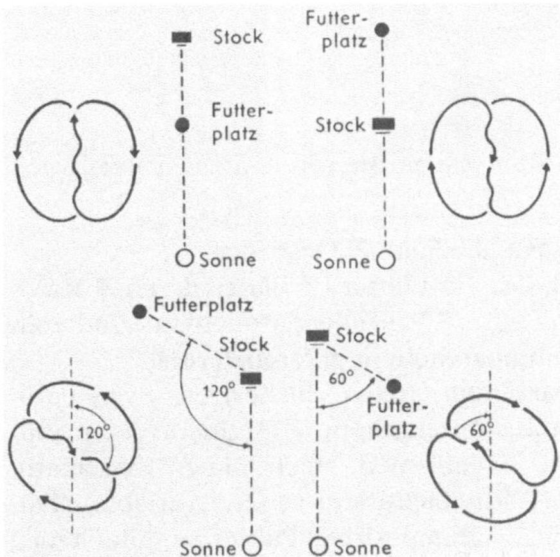

Bienensprache   Richtungsweisung bei unterschiedlichem Stand von Futterplatz und Sonne

Bienenstaat, ↗ Tierstaaten.

Bienentanz, die ↗ Bienensprache.

Bienenwachs, durch Bauchdrüsen der ↗ Honigbiene ausgeschiedenes Sekret, das dem Wabenbau dient.

bienne Pflanzen, *zweijährige Pflanzen*, Bez. für Pflanzen, die im ersten Jahr den Spross aufbauen und erst im zweiten Jahr Blüten und Früchte bilden. Ein Beispiel hierfür ist die ↗ Möhre.

Bier, i. w. S. alle alkoholischen Getränke, die aus stärkehaltigen Rohstoffen entstehen und die nicht anschließend durch eine Destillation im Alkoholgehalt konzentriert werden. I. e. S. nach dem deutschen Reinheitsgebot nur aus Gerstenmalz (↗ Gerste) und ↗ Hopfen, ↗ Hefe und Wasser gebrautes, alkohol- und kohlensäurehaltiges Getränk; für obergärige Biere können auch andere Malzarten (Weizenmalz) verwendet werden. Ein bierähnliches Getränk ist der japanische *Reiswein* Sake. Die im Reis enthaltene Stärke wird durch *Aspergillus oryzae* verzuckert. Die Vergärung erfolgt durch spezielle Sake-Hefen. (↗ Gärung)

Bierhefe, in Brauereien zur Herstellung von ↗ Bier verwendete ↗ Hefen. Man unterscheidet *untergärige* Hefen (*Unterhefen*), die sich am Ende der ↗ Gärung am Bottichboden absetzen, und *obergärige* Hefen (*Oberhefen*), die sich schlecht absetzen. Die Unterhefen sind Rassen von *Saccharomyces carlsbergensis*, zu den Oberhefen gehören Rassen von *Saccharomyces cerevisiae*. Oberhefen werden u. a. zur Herstellung von Weißbier verwendet.

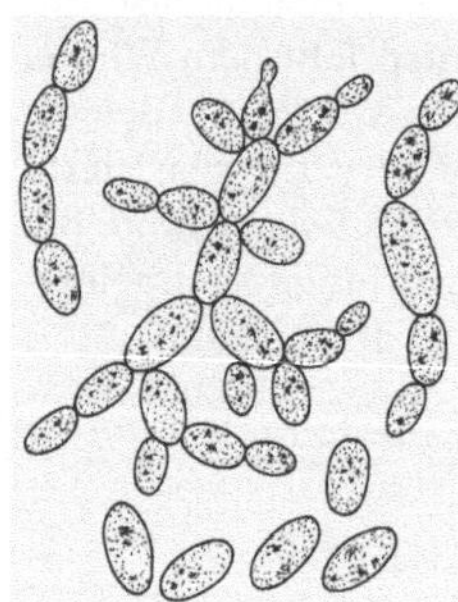

Bierhefe Untergärige Bierhefe (*Saccharomyces carlsbergensis*)

Biesfliegen, die Fam. ↗ Oestridae.

bifazial, Bez. für Blätter (↗ Blatt), deren ↗ Mesophyll in ein ↗ Palisadenparenchym und ein ↗ Schwammparenchym differenziert ist.

Bifidobacterium, nach bisheriger Systematik Gatt. der Bakteriengruppe ↗ Actinomyceten und verwandte Organismen, nach neuer Systematik Gatt. der Actinobakterien; es sind variable, stäbchenförmige, grampositive Bakterien, die häufig coryneforme Zellen aufweisen. Die obligaten ↗ Anaerobier führen eine Form der ↗ Milchsäuregärung durch. *Bifidobacterium*-Arten sind in verschiedenen anaeroben Biotopen zu finden, u. a. im Abwasser, im Pansen von Wiederkäuern und im Darm von Kindern und Erwachsenen (↗ Darmflora).

Bignoniaceae, Fam. der ↗ Scrophulariales mit ca. 800 Arten, die in den Tropen und Subtropen heimisch sind. Es sind meist Bäume, Sträucher oder ↗ Lianen mit auffällig gefärbten Blüten. In wärmeren Regionen Mitteleuropas werden die Trompetenblume, *Campsis radicans*, und die Paulownie (*Paulownia tomentosa*) als Zierpflanzen kultiviert.

Bilateralsymmetrie, ↗ Bilateria.

Bilateria, Bez. für alle Organismen, die zumindest in ihren Larven- bzw. Jugendformen *Bilateralsymmetrie* aufweisen, d. h., nur die linke und rechte Körperhälfte sind spiegelbildlich zueinander (↗ triploblastische Eumetazoa).

Bilche, die Fam. ↗ Gliridae.

Bildungsgewebe, das ↗ Meristem.

Bilharziose, durch den Pärchenegel (↗ Schistosoma) verursachte Tropenkrankheit.

Bilimbi, *Gurkenbaum, Averrhoa bilimbi*, in Südostasien, China und Indien kultivierter Baum der ↗ Oxalidaceae mit gurkenartigen, sehr sauren Früchten.

Bilirubin, orangeroter ↗ Gallenfarbstoff, der hauptsächliche Farbstoff der menschlichen ↗ Galle. B. wird vor allem durch den Abbau des Porphyringerüstes des ↗ Hämoglobins reifer ↗ Erythrocyten gebildet. Das B. des Blutes ist an ↗ Albumin gebunden. Freies B. wirkt als Entkoppler (↗ Atmungskette) und ist daher hochgradig toxisch. Plasma-B. dissoziiert in der Leberzelle vom Albumin ab und wird über UDP-Glucuronsäure zum Bilirubin-Diglucuronid konjugiert (↗ Biotransformation). Die beteiligte Glucuronyl-Transferase ist im glatten endoplasmatischen Reticulum der Leberzelle lokalisiert. Nach Ausscheidung des konjugierten B. in die Galle wird der größte Teil des B. durch Bakterien reduziert und mit dem Kot ausgeschieden. Bei verschiedenen Lebererkrankungen wird vermehrt B. produziert, das dann in die Blutbahn und in die Haut gelangt (*Gelbsucht* oder *Ikterus*).

Biliverdin, blaugrüner ↗ Gallenfarbstoff, der sich durch Dehydrierung von ↗ Bilirubin ableitet.

Bilsenkraut, *Hyoscyamus*, Gatt. der ↗ Solanaceae. Das auf Ruderalstandorten vorkommende Schwarze B., *Hyoscyamus niger*, enthält giftige ↗ Alkaloide. (↗ Giftpflanzen)

binäre Nomenklatur, das Grundprinzip der wissenschaftlichen ↗ Nomenklatur in der ↗ Systematik der Organismen. Jeder Artname ist ein Binomen, d. h. er besteht aus zwei Bestandteilen: dem Gattungsnamen (↗ Gattung), einem Substantiv und dem dahinter stehenden spezifischen Beiwort (*Epitheton*), das meist adjektivisch ist. C.v. ↗ Linné war einer der ersten, der die b. N. konsequent für alle ihm bekannten Pflanzen und Tiere benutzt hat. Gattungs- und Artname werden durch den (abgekürzten) Namen des Erstbeschreibers und das Publikationsjahr ergänzt, sodass z. B. der vollständige wissenschaftliche Name der Weinbergschnecke *Helix pomatia* Linné, 1758 lautet.

binäre Spaltung, Vermehrung durch Zweiteilung bei ↗ Bakterien.

Bindegewebe, morphologischer Sammelbegriff für funktionell sehr verschiedene, nicht homologe, tierische Füll-, Speicher- und Stützgewebe, denen gemeinsam ist, dass ihre meist verzweigten Zellen ein weitmaschiges Gitterwerk mit großen Interzellularen bilden. Der extrazelluläre Raum kann von Interzellularflüssigkeit, Grundsubstanz (auch als *Matrix* bezeichnet) unterschiedlicher Zusammensetzung und Proteinfasern (vor allem ↗ Kollagen und ↗ Elastin) erfüllt sein. B. werden bei allen Vielzellern von den Schwämmen aufwärts gebildet und erreichen bei den Wirbeltieren die größte Typenvielfalt. Bei letzteren sind B. überwiegend mesodermaler Herkunft, können aber grundsätzlich jedem Keimblatt entstammen. Je nach Funktion werden die folgenden B.-Arten unterschieden: embryonales B., gallertiges B., faseriges B., retikuläres B. und Fettgewebe, geformtes B., flüssiges B., Gliagewebe (↗ Gliazellen) sowie die ↗ Mesogloea der Schwämme (↗ Porifera) und Hohltiere (↗ Coelenterata).

Embryonales B. (↗ Mesenchym) ist ein zellreiches B. mit undifferenzierten Zellen und flüssigkeitserfüllten Interzellularräumen. Eine quellungsfähige, kollagenarme Interzellularsubstanz besitzt das *gallertige B.*, das z. B. die ↗ Nabelschnur der Säuger bildet. *Faseriges B.* hat einen hohen Faseranteil, der überwiegend von Kollagen, das hohe Reißfestigkeit, aber geringe Elastizität besitzt, und dem extrem dehnungsfähigen Elastin gebildet wird. Hierbei wird unterschieden zwischen lockerem ungeformtem B. und *geformtem B.* (*Stützgewebe*), das bei den Wirbeltieren ↗ Knochen und ↗ Knorpel sowie die Skelettteile der ↗ Mollusca und Chordata (↗ Chorda dorsalis) bildet. *Lockeres B.* ist ein weit verbreiteter Gewebetyp, der sich unter Epithelien befindet und in Form von Septen in Organe und Muskulatur einstrahlt. Es besteht aus wenigen Zellen und hat eine hohe Elastizität und Reißfestigkeit, die erreicht wird durch Kollagenfasern, die in alle Richtungen verfilzt und von elastischen Fasernetzen umsponnen sind. An Zelltypen kommen im lockeren B. der Wirbeltiere u. a. Fibrocyten (Fibroblasten), Makrophagen, Plasmazellen, Mastzellen und Fettzellen vor. Das lockere B. erleichtert zum einen die Diffusion gelöster Stoffe von den Kapillaren zu den Organen und umgekehrt. Zum anderen spielen sich eine Reihe von Reaktionen der Immunabwehr im lockeren B. ab. Im *straffen B.* verlaufen

die Kollagenfasern (seltener elastische Fasern) in Hauptzugrichtung in straffen Längsbündeln, zwischen denen sich die B.-Zellen befinden. Aus straffem B. bestehen ↗ Sehnen, Bänder (↗ Ligamente), ↗ Faszien und Organkapseln.

Morphologisch dem Mesenchym am nächsten steht das *retikuläre B.*, das aus einem weit verzweigten, schwammartigen Körper aus von Kollagen und Polysaccharidfasern umsponnenen Retikulocyten besteht, in deren großen Lücken Flüssigkeit und freie Zellen ungehindert zirkulieren können. Retikuläres B. kommt z. B. vor in Lymphknoten, Milz und Knochenmark. Die Retikulocyten besitzen die Fähigkeit zur ↗ Phagocytose und sind Teil des ↗ retikuloendothelialen Systems und somit des ↗ Immunsystems. Neben Fibrocyten kommen an freien Zellen im retikulären B. Makrophagen, Plasmazellen, Leukocyten und Mastzellen vor; sie alle stehen im Dienst der Immunabwehr. Wenn sie sich aus dem Zellverband lösen und zu Wanderzellen werden, tragen sie zur Entstehung der *flüssigen B.* (↗ Blut, ↗ Lymphe) bei. – Durch intrazelluläre Speicherung von Fett wird aus retikulärem B. braunes oder weißes ↗ Fettgewebe.

Bindungsenergie, die Energie, die aufgewendet werden muss, um eine chemische Bindung zu spalten bzw. die frei wird, wenn diese Bindung geknüpft wird.

Binnig, *Gerd*, deutscher Physiker, ∗ 20.7.1947 Frankfurt/Main; ab 1978 im IBM-Forschungslabor in Rüschlikon (bei Zürich) tätig, ab1986 Prof. für Physik in München, ab 1996 Wechsel in die Forschungsabteilung eines Privatunternehmens. B. entwickelte zusammen mit dem schweizer. Physiker H. Rohrer (∗ 1933) das die Mikroskopie revolutionierende Raster-Tunnelelektronenmikroskop, wofür beide Forscher zusammen mit E.A.F. ↗ Ruska 1986 den Nobelpreis für Physik erhielten.

Binse, *Juncus*, Gatt. der Binsengewächse (↗ Juncaceae) mit meist stängelähnlichen Blattspreiten. B. wachsen an feuchten Standorten.

Binsengewächse, die Fam. ↗ Juncaceae.

Bioakkumulation, Anreicherung von Schadstoffen in Organismen gegenüber dem sie umgebenden Medium. Dabei sind zwei Akkumulationswege möglich, die auch kombiniert auftreten können: a) durch direkte Aufnahme (*Biokonzentration*), b) durch Nahrungsaufnahme (*Biomagnifikation*). Innerhalb einer ↗ Nahrungskette nimmt die Konzentration der Schadstoffe in den aufeinanderfolgenden Trophiestufen (↗ Trophie) zu. Eine Anreicherung im Organismus ist vor allem bei den chlorierten Kohlenwasserstoffen (↗ DDT, Lindan) sowie bei ↗ Schwermetallen wie Blei, Cadmium und Quecksilber zu beobachten.

Bioakustik, Teildisziplin der Verhaltensbiologie (↗ Ethologie), die sich mit Schallphänomenen bei

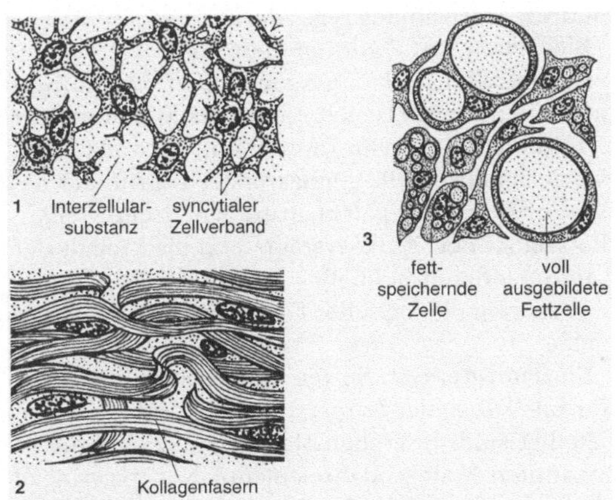

Bindegewebe Beispiele für verschiedene Arten von Bindegewebe: 1 embryonales Bindegewebe, 2 straffes Bindegewebe, 3 Fettgewebe

Organismen sowie ihrer Erzeugung, Übertragung und Wirkung beschäftigt. Die vielfältigen Forschungsrichtungen der B. reichen von vergleichenden Lautanalysen und deren Betrachtung im Kontext von taxonomischen Fragestellungen über hoch entwickelte Kommunikationssysteme bei Insekten und Wirbeltieren bis hin zur Erforschung der ↗ Echoorientierung. Erkenntnisse aus dem Bereich der B. können wichtige Impulse für die Lösung wirtschaftlich relevanter Problemstellungen liefern, so z. B. bei der Verbesserung der Tierhaltung oder bei der Verhaltenssteuerung von Schädlingen.

Bioalkohol, ↗ Biokraftstoffe.

Bioassay, Testverfahren zur Analyse der Wirkung einer bekannten oder unbekannten aktiven Substanz auf lebendes Gewebe. Mit Hilfe von B. kann z.B. die Anwesenheit von ↗ Antibiotika oder ↗ Hormonen in einer Probe nachgewiesen werden. In einigen Fällen ist es auch möglich, die Abhängigkeit einer physiologischen Reaktion von der Konzentration einer Substanz nachzuweisen; dies ist bei Pflanzen z. B. für ↗ Auxine anhand des Krümmungstests von Hafercoleoptilen der Fall. Neben der Erfassung physiologischer Parameter (Streckungswachstum, Krümmungsverhalten) können B. auch unter Anwendung biochemischer Reaktionen durchgeführt werden. Dies ist z. B. der Fall, wenn ↗ Gibberelline mit Hilfe des *α-Amylase-B.* nachgewiesen werden, der auf Induktion und Sekretion dieses Enzyms basiert.

Biochemie, *biologische Chemie, physiologische Chemie*, die Wissenschaft, die sich mit der Erforschung der molekularen Grundlagen des ↗ Lebens befasst. Unter Nutzung chemischer, physikalischer und mathematischer Verfahren untersucht die B. den Aufbau und die Funktion der spezifischen, in der belebten Materie vorkommenden Biomoleküle sowie deren Zusammenwirken für die Aufrechterhaltung des lebenden Zustandes. Heutzutage werden insbesondere die chemischen Prozesse des Zellgeschehens untersucht, so vor allem Baustoffwechsel und ↗ Energiestoffwechsel und deren Zyklen. Die biochemische Forschung erstreckt sich von der Reinigung und Analyse von Biomolekülen bis zur in-vitro-Rekonstitution von funktionierenden Teilsystemen aus gereinigten Komponenten. Besonderes Augenmerk gilt weiterhin der Regulation von Stoffwechselzyklen (Stoffwechselregulation). B. ist eine Grenzwissenschaft zwischen ↗ Biologie, Chemie und Medizin, eine Abgrenzung zu anderen Forschungsrichtungen, wie z. B. ↗ Cytologie, ↗ Pflanzenphysiologie, ↗ Tierphysiologie, ↗ Neurophysiologie, Pharmakologie oder insbesondere der ↗ Molekularbiologie, die sich mit der B. der ↗ Nucleinsäuren, der ↗ Transkription und ↗ Translation und deren Regulation beschäftigt, ist nur schwer möglich.

biochemischer Sauerstoffbedarf, Abk. *BSB*, Maß für die Belastung von ↗ Abwasser durch mikrobiell abbaubare Stoffe. Dabei wird meist der BSB_5 bestimmt, d. h. die Menge des gelösten, freien Sauerstoffs (O_2/l), die unter festgelegten Bedingungen in 5 Tagen (bei 20 °C) durch Mikroorganismen in einer Abwasserprobe (in gas- und lichtdichten Reaktionsgefäßen) gebildet wird.

Biochips, uneinheitlich gebrauchte Bez. für verschiedene Anwendungen, in denen biologisch aktive Komponenten auf engstem Raum immobilisiert vorliegen. Beispiele sind B. als ↗ Biosensoren, die der Erfassung biologisch/medizinsch wichtiger Eigenschaften und Reaktionen dienen. Hierzu sind u. a. Enzyme, Antikörper, Zellen oder Gewebe auf einem Siliciumchip immobilisiert und ihre Signale werden von einem im Chip integrierten Mikroprozessor analysiert. Eine andere Variante sind B. als *Zellkultivierungssystem*, das sind Vorrichtungen zur stationären Zellkultur mit gewebeähnlicher Zelldichte, Zellschichtdicke und Zellanordnung, wobei der Aufbau der Leber als Vorbild dient. Die Zellen befinden sich in Kammern und sind mit einer mikroporösen Membran abgedeckt. Vorteil dieser Methode ist der durch dichte Zellpackung erreichte rasche und effektive Stoffaustausch mit dem durchströmenden Medium. Darüber hinaus können B. für *Gentests (DNA-Chips)* eingesetzt werden. Grundlage sind einzelsträngige DNA-Fragmente von Genen, die mit einem Ende präzise lokalisierbar auf Glasplättchen verankert sind. Aus dem Kern der zu testenden Zellen wird die DNA isoliert, mittels ↗ Polymerasekettenreaktion vervielfacht und mit Fluoreszenzfarbstoffen markiert. Wird der DNA-Chip mit der Test-DNA in Kontakt gebracht, hybridisieren die komplementären Sequenzen. Die ↗ Hybridisierung wird analysiert, indem durch die Rückseite des Chips ein Laserstrahl gelenkt wird und ein Detektor die davon angeregte Fluoreszenzstrahlung registriert.

Biochorion, das ↗ Aktionszentrum.

Biodiversität, 1) *biologische Vielfalt*, im umweltpolitischen Sinne (basierend auf der Konferenz der Vereinten Nationen für Umwelt und Entwicklung in Rio de Janeiro, 1992) umfassender Begriff, der neben der ↗ Artenvielfalt auch die genetische Vielfalt, die Vielfalt der ↗ Ökosysteme und die Vielfalt der Landschaften umschließt.

2) als rein ökologischer Fachbegriff: die ↗ Artenvielfalt.

Bioelemente, Bez. für die chemischen Elemente, die am Aufbau der Körpersubstanz von Lebewesen beteiligt sind. In großen Mengen nötig sind die so genannten ↗ Makronährelemente. Nur in geringen Mengen notwendig, aber dennoch unentbehrlich sind die Mikronährelemente oder ↗ Spurenelemente.

Bioelemente Elementare Zusammensetzung des menschlichen Körpers, bezogen auf Trockenmasse

Element	Prozent	Element	Prozent
Kohlenstoff	50	Kalium	1,0
Sauerstoff	20	Natrium	0,4
Wasserstoff	10	Chlor	0,4
Stickstoff	8,5	Magnesium	0,1
Schwefel	0,8	Eisen	0,01
Phosphor	2,5	Mangan	0,001
Calcium	4,0	Iod	0,00005

Bioenergetik, Teilgebiet der ↗ Biophysik, das sich mit den thermodynamischen Gesetzmäßigkeiten (↗ Thermodynamik) bei Stoffumwandlungen im Hinblick auf Energiegewinnung und -verbrauch innerhalb lebender Systeme beschäftigt.

Bioenergie, Energie aus ↗ Biomasse, die in rezenter Zeit durch lebende Systeme (Pflanzen, Tiere, Mikroorganismen) gebildet wurde. Als Energieträger (Brennstoff) können entweder die Biomasse selbst oder die durch biologische Umwandlungen (↗ Biokonversion) gewonnenen Produkte wie Ethanol, Methan, Wasserstoff und Kohlenwasserstoffe genutzt werden. Im Vordergrund steht dabei die durch ↗ Fotosynthese von grünen Pflanzen und Mikroorganismen gebildete Biomasse. (↗ Biogas, ↗ Biokraftstoffe, ↗ nachwachsende Rohstoffe)

Bioethik, eine Teildispziplin der Ethik, die angemessene Verhaltensweisen im Umgang mit Lebewesen und mit der Natur formuliert. Dabei geht es in erster Linie um die Frage, welche Eingriffe und Experimente die Ehrfurcht vor dem Leben und die Sorge um Mensch und Umwelt verbieten. Konkret befasst sie sich mit ethischen Fragestellungen, die aus den Bereichen ↗ Biotechnologie (Anwendung in Landwirtschaft und Lebensmittelerzeugung), ↗ Gentechnologie (↗ Gentherapie, ↗ Gendiagnostik, ↗ Klonierung), ↗ Embryonenforschung, ↗ Reproduktionsmedizin, ↗ Schwangerschaftsabbruch, ↗ Tierschutz (↗ Tierversuche, ↗ Massentierhaltung) ↗ Naturschutz (↗ Artenschutz), ↗ Sterbehilfe. Im Jahr 1996 wurde eine – nicht unumstrittene – Rahmenkonvention des Europarats mit dem Titel „Übereinkommen zum Schutz der Menschenrechte und der Menschenwürde im Hinblick auf die Anwendung von Biologie und Medizin", kurz „Menschenrechtsübereinkommen zur Biomedizin" (auch bekannt als Bioethik-Konvention) aufgestellt, die 1997 von 21 der 40 Mitglieder des Europarats unterzeichnet wurde.

Biofeedback, die Selbststeuerung biologischer Systeme durch ↗ Rückkopplung.

Biofilter, 1) Filter zur biologischen Reinigung von Abluft aus Landwirtschaft und Industrie. Als Filter-material wird dabei z. B. Kompost, Torf, Baumrinde oder Erde eingesetzt. Das von Geruchsstoffen zu reinigende Gas wird von Mikroorganismen im B. abgebaut.

2) Filter zum Abfangen von Stoffen im natürlichen Ökosystem; z. B. wirkt ein ↗ Korallenriff als B. für organische Stoffe.

Biogas, *Faulgas*, *Sumpfgas*, Gasgemisch, das bei der anaeroben ↗ Zersetzung von ↗ Biomasse durch verschiedene Bakterienarten entsteht. Es besteht zu 55 – 75 % aus Methan, zu 24 – 44 % aus Kohlenstoffdioxid, zu 1 – 10 % aus Wasserstoff, zu 0,5 – 3 % aus Stickstoff sowie sehr geringen Mengen an Kohlenstoffmonooxid, Sauerstoff und Schwefelwasserstoff. Unter natürlichen Bedingungen entsteht B. überall dort, wo sauerstofffreie Bedingungen herrschen und organische Stoffe vorhanden sind, z. B. im Faulschlamm von Gewässern, im ↗ Pansen von Wiederkäuern (↗ Pansensymbiose) oder in Erddeponien (Deponiegas). Zur Herstellung von B. werden überwiegend Abfallprodukte verwendet, z. B. Flüssig- und Festmist aus der Nutztierhaltung, Abfallprodukte aus der Pflanzenproduktion, organische Bestandteile aus dem Müll sowie Belebtschlamm aus kommunalen und industriellen Abwässern. B. kann zum Kochen und Heizen oder zur Elektrizitätserzeugung genutzt werden. Der durchschnittliche Heizwert beträgt etwa 25000 kJ/m^3.

biogene Amine, Bez. für im Stoffwechsel durch Decarboxylierung von ↗ Aminosäuren entstehen-

biogene Amine Decarboxylierungsprodukte von Aminosäuren

Vorläufer-Aminosäure	biogenes Amin	Methylierungsprodukte
Leucin	Isoamylamin	
Serin	Colamin	Cholin
Threonin	Propanolamin	
Cystein	Cysteamin	
Asparaginsäure	β-Alanin	
Glutaminsäure	γ-Aminobuttersäure	
Ornithin	Putrescin	
Lysin	Cadaverin	
Phenylalanin	Phenylethylamin	
Tyrosin	Tyramin	*N*-Methyltyramin, Hordenin, Mescalin
3,4-Dihydroxy-phenylalanin	Dopamin	*N*-Methyltryptamin, *N,N*-Dimethyl-tryptamin
Tryptophan	Tryptamin	*N*-Methyltryptamin, N,N-*Dimethyl-tryptamin*
Histidin	Histamin	

de Monoamine. Sie sind u. a. Bestandteile von Phospholipiden (z. B. ↗ Ethanolamin) oder von Coenzymen und Vitaminen (z. B. Cysteamin). B. A. können auch als Neurotransmitter wirken, wie z. B. die vom Glutamat abgeleitete ↗ γ-Aminobuttersäure oder das ↗ Dopamin, das Vorstufe von ↗ Adrenalin und ↗ Noradrenalin ist. Die Inaktivierung geschieht bei vielen b.A. unter Desaminierung und gleichzeitiger Oxidation durch katalytische Wirkung der ↗ Monoamin-Oxidase (MAO).

Biogenetische Grundregel, von Ernst ↗ Haeckel (1866), basierend auf K.E. von ↗ Baer und C.R. ↗ Darwin, formuliertes Naturgesetz, das besagt, dass die Entwicklung des Einzelwesens (↗ Ontogenese) die kurze Wiederholung seiner Stammesgeschichte (↗ Phylogenese) ist. Grundlage der Regel ist nach heutigem Verständnis, dass die Individualentwicklung auf alten Entwicklungsprogrammen der stammesgeschichtlichen Vorfahren aufbaut.

Biogeografie, Wissenschaft von der geografischen Verbreitung der Organismen. Zu den traditionellen Arbeitsgebieten gehören die ↗ Tiergeografie und die ↗ Pflanzengeografie, neuerdings aber auch die ↗ Phylogeografie (↗ biogeografische Regionen).

biogeografische Regionen, Gebiete der Landlebensräume mit ähnlichem botanischem oder zoologischem Organismenbestand. Dabei werden sechs Regionen unterschieden: die ↗ Holarktis, die ↗ Paläotropis, die ↗ Neotropis, die ↗ Antarktis, die ↗ Australis und die ↗ Capensis. Diese Regionen sind teilweise noch in Unterregionen unterteilt. So gliedert sich die Holarktis in die altweltliche Nearktis und die neuweltliche Paläarktis; die Paläotropis gliedert sich in die ↗ Äthiopis und die ↗ Orientalis.

Biogeozönose, das System sämtlicher miteinander in Wechselbeziehung stehender Faktoren der belebten und unbelebten Umwelt. Im Gegensatz zu einem ↗ Ökosystem stehen hier die geografischen Bedingungen im Vordergrund.

Bioindikatoren, i. w. S. Organismen, die der Erkennung und mengenmäßigen Erfassung von ↗ Umweltfaktoren dienen. I. e. S. wird der Begriff nur für die Indikation anthropogener Umweltfaktoren verwendet. Die B. lassen sich in *Zeigerorganismen*, *Monitororganismen* und *Testorganismen* unterteilen. Zeigerorganismen lassen durch ihr Vorkommen oder Fehlen Rückschlüsse auf die betreffenden Umweltbedingungen zu. Saure oder stickstoffreiche ↗ Standorte werden beispielsweise durch bestimmte Pflanzenarten angezeigt (↗ Zeigerpflanzen).

Monitororganismen werden zur Indikation von Schadstoffen eingesetzt (↗ Biomonitoring). Dabei unterscheidet man zwischen Akkumulationsindikatoren, die ↗ Schwermetalle, ↗ Chlorkohlenwasserstoffe oder andere Stoffe im Körper lagern und teilweise auch anreichern (↗ Bioakkumulation), und Wirkungs- oder Reaktionsindikatoren, die aufgrund ihrer Reaktion zur Indikation der Wirkungen von Schadstoffen dienen. Gute Akkumulationsindikatoren sind Vögel und Muscheln. Vögel reichern v. a. Chlorkohlenwasserstoffe und andere persistente (↗ Persistenz) Stoffe an; Muscheln akkumulieren Schwermetalle und organische Verbindungen. Zu den Wirkungsindikatoren gehören z. B. Aale, Kieselalgen (↗ Bacillariophyceae), Daphnien und bestimmte Grünalgen (↗ Chlorophyceae) der Gattung *Scenedesmus*. Pflanzliche B. zur Erfassung von Luftverunreinigungen sind v. a. Moose (insbesondere Torfmoose, ↗ Sphagnidae) und Flechten (↗ Lichenes). Organische Luftschadstoffe wie polyzyklische aromati-

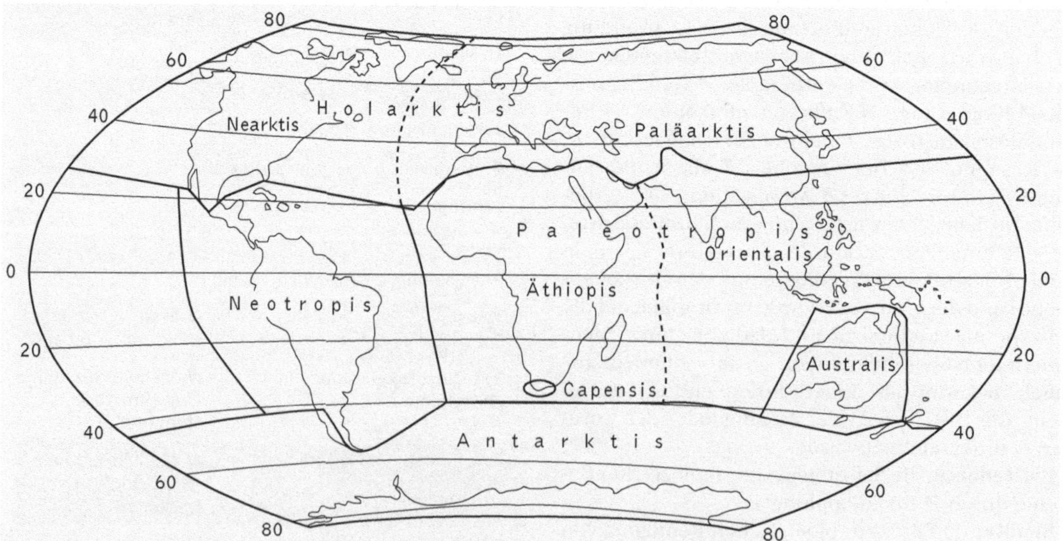

biogeografische Regionen   Die biogeografischen Regionen der Erde (vereinfacht)

sche Kohlenwasserstoffe, ↗ polychlorierte Biphenyle oder ↗ Dioxine werden durch die Exposition von Grünkohl (↗ Brassicaceae) erfasst, dessen wachsreiche Blattfläche die Anreicherung dieser Stoffe begünstigt. Als Indikator für ↗ Ozon bzw. Fotooxidanzien werden meist ausgewählte Tabaksorten (↗ Tabak) verwendet, die sehr empfindlich auf hohe Ozonkonzentrationen reagieren. Bei der standardisierten *Flechtenexposition* (↗ Lichenes) zur Erfassung saurer Luftverunreinigungen werden Flechten der Species *Hypogymnia physodes* auf Brettern ausgebracht. Als Messgröße für die Wirkung von Luftschadstoffen wird die Absterberate innerhalb eines Jahres erfasst. Eine weitere praktische Anwendungsmöglichkeit von Monitororganismen ist die Beurteilung der ↗ Gewässergüte von ↗ Fließgewässern durch das so genannte ↗ Saprobiensystem. Die Testorganismen als dritte Gruppe der B. sind Organismen, die zur Prüfung von Stoffen in toxikologischen Tests verwendet werden.

Bioinformatik, eine relativ junge Disziplin der Biologie mit stark interdisziplinärer Ausrichtung, in der Molekularbiologie und Informatik zusammenarbeiten, um z. B. mit Hilfe von entwickelten Softwaresystemen DNA- und Proteinsequenzen zu untersuchen. Die B. profitiert davon, dass durch immer leistungsfähigere Computer und Großrechenanlagen immense Datenmengen erfasst und bearbeitet werden können. Vor allem der rasante Fortschritt auf dem Gebiet der Sequenzierung ganzer Genome macht eine elektronische Unterstützung bei der Auswertung der Daten erforderlich. So können noch unbekannte Nucleinsäure- oder Aminosäuresequenzen inzwischen über das Internet innerhalb von Sekunden bis Minuten mit den in Datenbanken gespeicherten Sequenzen verglichen werden. Die B. stellt dazu geeignete Analyseprogramme zur Verfügung, mit deren Hilfe z. B. ein so genanntes *Alignment* durchgeführt werden kann, bei dem Sequenzen in bezug auf Übereinstimmungen und Unterschiede untereinander angeordnet werden können.

Ein weiteres Anwendungsgebiet der B. ist die computerunterstützte Vorhersage der dreidimensionalen Strukturen von Biomolekülen. Ein Anwendungsbereich dieses Zweiges der B. ist die Untersuchung von Proteinen und Liganden, wie etwa Medikamenten, deren Wirksamkeit auf diese Weise überprüft werden kann. Der Fortschritt der B. gestattet es auch, anhand von DNA-Sequenzen die phylogenetische Verwandtschaft von Organismen und Organismengruppen zu rekonstruieren, was mit Hilfe geeigneter Software inzwischen möglich ist.

Biokatalysatoren, die ↗ Enzyme.

Biokatalyse, 1) die Beschleunigung biochemischer Reaktionen durch Enzyme.

2) der Einsatz von ↗ Mikroorganismen als biologische Katalysatoren für bestimmte chemische Umwandlungen in der industriellen Mikrobiologie (↗ Biotechnologie).

Bioklimatologie, Teilgebiet der ↗ Biometeorologie, in dem Auswirkungen klimatischer Faktoren (↗ Klima) auf Pflanzen, Tiere und Menschen untersucht werden.

Biokonversion, 1) die ↗ Biotransformation.

2) Umwandlung von Energieformen durch ganze Organismen oder isolierte Enzymsysteme.

Biokorrosion, eine durch Angriff von Bakterien, Hefen, Pilzen, Algen und Flechten an Oberflächen von Metallen, Gesteinen, Beton, Polymeren und anderen Werkstoffen bewirkte Materialzerstörung.

Biokraftstoffe, Alkohole („Bioalkohol") oder pflanzliche Öle, die als Kraftstoffe dienen können. Alkohole werden durch Vergärung (↗ Gärung) des Zuckers aus Pflanzen wie ↗ Zuckerrohr, ↗ Zuckerrübe oder ↗ Topinambur und anschließende Destillation des Gärgemisches gewonnen. Problematisch für die Energiebilanz ist. der hohe Energieeinsatz für die Destillation. Bei pflanzlichen Ölen, z. B. aus ↗ Raps, ↗ Soja und ↗ Sonnenblumen ist die Energiebilanz wesentlich besser. Sie eignen sich als Ersatzstoffe für Diesel, die Motoren müssen jedoch umgerüstet werden.

Biokybernetik, Teilgebiet der Kybernetik, das sich mit der Analyse von Steuerungs- und Regulationsprozessen in biologischen Systemen beschäftigt. Der Begriff B. wurde 1948 von dem amerikan. Mathematiker N. Wiener (1894-1964) eingeführt.

biolistische Transformation, Verfahren zur gentechnischen Veränderung von Zellen. Der Begriff leitet sich vom engl. Ausdruck *biological ballistic method* ab. Auf diese Weise lässt sich Fremd-DNA *transient* oder *stabil* in Zellen oder Organellen einbringen. Kommt es zur Integration der Fremd-DNA in das jeweilige Genom, wird diese an Nachkommen weitergegeben. Mit transienten Verfahren lässt sich ein Gen vorübergehend in den Zellen exprimieren, ohne dass es dort dauerhaft vorhanden ist. Auf diese Weise können bestimmte Fragestellungen (z. B. Promotoranalysen) beantwortet werden, für die eine Erzeugung transgener Pflanzenlinien nicht erforderlich ist.

Bei der b. T. wird die zu übertragende DNA auf kleine Gold- oder Wolframpartikel aufgebracht und unter Verwendung einer so genannten *Partikelkanone (Genkanone, particle gun)* mit hohem Druck auf Gewebe oder Zellkulturen geschossen. Die *Mikroprojektile* durchdringen dabei die Zellmembranen und gelangen ins Innere der Zellen. Um transformierte und untransformierte Zellen voneinander unterscheiden zu können, wird häufig ein ↗ Markergen (z. B. Antibiotikaresistenz) eingesetzt. Die b. T. wird bei der ↗ Pflanzentransforma tion alternativ zu der Transformation mit ↗ Agrobacterium tumefaciens eingesetzt, wenn es sich um Pflanzen handelt, die sich durch diese Methode nur schlecht oder gar nicht gentechnisch verändern lassen. Ein weiterer Vorteil der b. T. ist, dass mit ihr auch Organellen, vor allem Chloroplasten, gentechnisch verändert werden können, ohne dass der „Umweg" über den Zellkern und den damit verbundenen Proteinimport erforderlich ist.

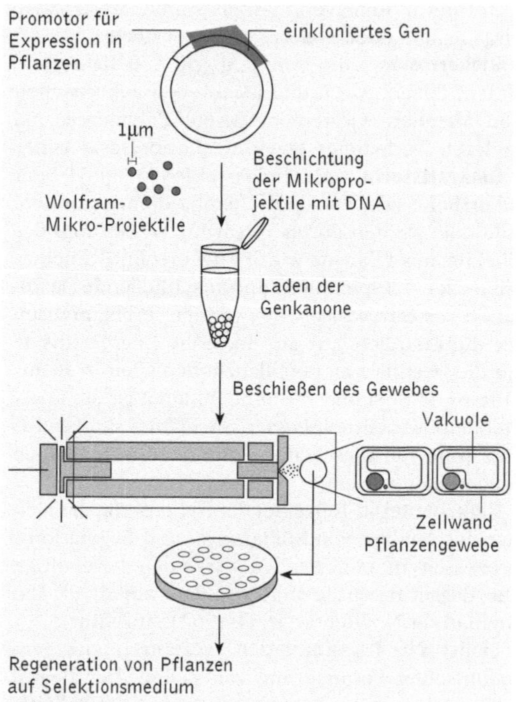

biolistische Transformation Transformation von Pflanzengewebe mit Hilfe der Genkanone. Die zu übertragende DNA wird dabei auf Mikroprojektile aufgebracht und anschließend auf das Gewebe geschossen. Eine erfolgreiche Transformation lässt sich durch Regeneration auf Selektionsmedium überprüfen, auf dem nur diejenigen Pflanzen heranwachsen, die das Transgen besitzen

Biologie, die Wissenschaft von den Lebewesen (von griech. Bios = Leben, logos = Kunde). Sie erforscht die Lebewesen als solche, die Teilsysteme (Subsysteme) aus denen diese bestehen, die Übersysteme (Supersysteme), die von Lebewesen gebildet werden und die biochemischen, biophysikalischen und kybernetischen Grundlagen aller Systeme sowie ihre emergenten Eigenschaften (↗ Emergenz). Auf allen Systemebenen oder Organisationsstufen werden untersucht: Der materielle Aufbau der Systeme, die in ihnen ablaufenden Vorgänge, ihre ontogenetische und ihre phylogenetische Entwicklung, ihre Wechselwirkungen mit der Umwelt, ihre Lebensweisen und Anpassungen sowie die lebensspezifischen Gesetze. Dazu werden einerseits reduktionistische Untersuchungen durchge-

führt, bei denen der Forscher so tut, „als ob" es um die Aufklärung rein chemischer und physikalischer Strukturen und Funktionen ginge. So wird vor allem auf den Organisationsstufen der Moleküle, Organellen, Zellen, Gewebe und Organe gearbeitet. Andererseits werden komplexe, ganzheitliche Zusammenhänge untersucht, die erst auf den Organisationsstufen von Individuen, Populationen, Arten und Ökosystemen bis hin zur Biosphäre auftreten und die nicht nur rein physikalisch-chemisch erklärbar sind. Mit der Physik, der Chemie und den Geowissenschaften gehört die B. zu den Naturwissenschaften. Sie ist eine Erfahrungswissenschaft, d. h. ihre Methoden sind die Beobachtung, die Messung, das Experiment und der Vergleich.

Zwar gelten in der B. uneingeschränkt die Naturgesetze der Physik und Chemie, jedoch sind daraus nicht alle Eigenschaften von Lebewesen und nicht alle Gesetze und Regeln der B. ableitbar. Die B. untersucht also auch, in welcher Form und wieso Lebewesen Eigenschaften haben sowie Regeln unterliegen, die ontologisch völlig neu sind: Beispiele sind die Überwindung thermodynamischer Gesetze; Aufbau, Speicherung, Weitergabe und Umsetzung eines genetischen Programms; Entwicklung komplexerer Organisationsstufen; Individualität und Homöostase; Variabilität, Konkurrenz, natürliche Selektion, Anpassung und Zweckmäßigkeit; Reizbarkeit, Empfindung, Verhalten, Denken, Bewusstsein, Lernen. Dies alles sind spezifisch biologische Qualitäten, die es außerhalb der belebten Welt nicht gibt. Ihre Erforschung erfordert eigene Methoden, eigene Begriffe und eigene Theorien.

Biologie als eigenständige Wissenschaft gab es im Altertum nicht. Die Beschäftigung mit Lebewesen war entweder Teil der Naturgeschichte oder der Naturphilosophie, oder sie fiel der Medizin zu, wobei z. B. umfassende Kenntnisse über Heilpflanzen gewonnen wurden. Der Begriff B. wurde erst sehr spät von mehreren Autoren unabhängig voneinander eingeführt: K.F. Burdach (1800), J.B. de ↗ Lamarck (1802), G.R. Treviranus (1802). Die Unterteilung der heutigen B. in voneinander getrennte Disziplinen mit klar umgrenzten Forschungsgegenständen und deren Benennung ist schwierig. Es gibt keine allgemein anerkannte systematische Einteilung der B. in Unterdisziplinen. Von E. ↗ Haeckel wurde die Unterteilung der B. in die Zweige Allgemeine B. und Spezielle B. vorgeschlagen, die sich bis heute gehalten hat.

Der *Allgemeinen B.* werden heute alle Disziplinen zugerechnet, die sich mit Phänomenen beschäftigen, die für viele oder alle Organismengruppen zutreffen. Allen Lebewesen gemeinsame, grundlegende Charakteristika sind u. a. ein aus Zellen aufgebauter Körper und darin ablaufende biochemische Reaktionen. Dem entspricht die Untergliederung der Allgemeinen B. in die Fächer ↗ Biophysik, ↗ Biochemie und Zellbiologie (↗ Cytologie). Letztere geht in manchen Bereichen, etwa in der Ultrastrukturforschung, in die ↗ Molekularbiologie über, die generell alle in Lebewesen vorkommenden Moleküle untersucht und somit eine Teildisziplin der Biochemie ist. Die ↗ Histologie (Gewebelehre) erforscht die Eigenschaften von Verbänden gleichartig differenzierter Zellen, hat also engen Bezug zur Zellbiologie, aber auch zur ↗ Entwicklungsbiologie, in der die Gewebedifferenzierung in der Keimesentwicklung eine wichtige Rolle spielt, sowie zur Medizin. Die ↗ Genetik (Erbbiologie) erforscht die an Vererbungsvorgängen beteiligten Strukturen und Gesetzmäßigkeiten. Von der Physiologie werden Stoffwechselabläufe und deren biologische Funktionen untersucht; man kann sie in Bereiche unterteilen, die auf Organismengruppen spezialisiert sind (↗ Pflanzenphysiologie, ↗ Tierphysiologie, Humanphysiologie), und in solche, die spezifische Prozesse an und in einzelnen Organen, in Organgruppen oder in Organismen bearbeiten (u. a. ↗ Neurophysiologie, Sinnesphysiologie). Die *Biodynamik* (ursprünglich von E. Haeckel geprägte Bez. für die Physiologie) ist eine Fachrichtung, die sich mit den Wirkungen physikalischer Einflüsse auf Organismen befasst. Sie untersucht z. B. die Auswirkungen von Beschleunigung, Schwerelosigkeit, Stoß und Erschütterung. Die Biophysik erforscht die strukturellen und funktionellen Eigenschaften der Organismen selbst in physikalischer Hinsicht. Das Fachgebiet ↗ Biomechanik analysiert organismische Konstruktionen unter mechanischen Gesichtspunkten, während die ↗ Bionik ein anwendungsorientiertes Fachgebiet ist, dessen Vertreter daran arbeiten, bei Lebewesen vorhandene physikalische Konstruktionen in der Technik anzuwenden. Die Biomechanik ist verknüpft mit der ↗ Morphologie, die die Körperstrukturen der Organismen vergleichend erforscht – untergliedert in die ↗ Anatomie für den inneren und die *Eidonomie* für den äußeren Bau (Gestalt). Das an morphologischen Strukturen begründete Gebiet der Homologieforschung liefert gemeinsam mit der ↗ Paläontologie, die Flora (*Paläobotanik*) und Fauna (*Paläozoologie* und *Paläanthropologie*) vergangener erdgeschichtlicher Epochen untersucht, sowie der ↗ Biogeografie (unterteilt in Pflanzengeografie und Tiergeografie), die die gegenwärtige und die historische Verbreitung von Arten und die Ursachen für deren Artenwechsel erforscht, Daten für die ↗ Evolutionsbiologie, die alle Teilgebiete der B. einbezieht und durchdringt.

Zur *Speziellen B.* gehören alle Disziplinen, die sich auf die Erforschung einer systematischen Gruppe beschränken. Diese Disziplinen sind nach dem Taxon benannt, und untersuchen die morphologischen, biochemischen, physiologischen, genetischen und ökologischen Eingenschaften des jeweiligen Taxons und versuchen, dessen phylogenetische Herkunft und seine Verwandtschaftsverhältnisse zu klären und daraus einen Stammbaum und eine Systematik aufzustellen. Die älteste Unterteilung in taxonspezifische Fächer war diejenige in ↗ Botanik und ↗ Zoologie, später kamen die ↗ Mykologie und ↗ Mikrobiologie hinzu. Ein eigenes, übergreifendes Fachgebiet innerhalb der Zoologie ist die ↗ Ethologie (Verhaltensforschung), die tierisches und menschliches Verhalten und dessen Grundlagen untersucht. Ein anderes, als einziges auf einen Lebensraum bezogenes Fach ist die *Meeresbiologie*. Sie erforscht marine Organismen nach allen Kriterien der Allgemeinen und Speziellen B. Aufgrund der engen sachlichen Verflechtungen vieler Teilgebiete wurden in den letzten Jahren mehrere neue Disziplinen begründet, die innerhalb der Zoologie übergreifende Fragen bearbeiten, so die Ethoökologie, die ↗ Soziobiologie, die ↗ Populationsgenetik und die Funktionsmorphologie. Die Ergebnisse aller Teildisziplinen der Speziellen B. gehen in die Ordnungsgefüge von ↗ Systematik und ↗ Taxonomie ein und werden in der Evolutionsbiologie zu einem Gesamtbild des Ablaufs und der Ursachen der Entwicklung der Lebewesen im Laufe der Erdgeschichte verknüpft.

Einige heute eigenständige wissenschaftliche Disziplinen sind Spezialgebiete der B. oder Synthesen der B. mit anderen Wissenschaften und meist auf eine Nutzanwendung hin vertieft: An erster Stelle ist hier die ↗ Ökologie zu nennen – als umfassendster Versuch, fachübergreifend verschiedenste Teilgebiete der Biologie mit anderen, nichtbiologischen Disziplinen zu verschmelzen. Weitere Wissenschaften, die im Wesentlichen auf der B. aufbauen sind Medizin, Anthropologie, Agrarwissenschaft, Forstwissenschaft, Fischereiwissenschaft, Veterinärmedizin, Limnologie, Hydrologie.

Literatur: Campbell, N. A.: Biologie, Heidelberg 1997. – Jahn, I. (Hg): Geschichte der Biologie, Heidelberg 2000. – Mayr, E.: Das ist Biologie. Die Wissenschaft des Lebens, Heidelberg 1999. – Sitte, P. (Hg): Jahrhundertwissenschaft Biologie. Die großen Themen, München 1999. – Trost, M. u. a.: Studienführer Biologie. Diplom und Lehramt, Biologie, Biochemie, Biotechnologie, Heidelberg ²1999.

biologisch-dynamischer Landbau, eine Methode der ↗ ökologischen Landwirtschaft.

biologische Chemie, die ↗ Biochemie.

biologische Halbwertszeit, 1) Maß für die Geschwindigkeit der laufenden Erneuerung von Baustoffen eines Organismus. Es ist diejenige Zeit, in der die Hälfte des vorhandenen Materials abgebaut und durch neues Material ersetzt ist.

2) Maß für die Ausscheidungsgeschwindigkeit eines im menschlichen Körper resorbierten Radionuklids. (↗ Halbwertszeit)

biologische Information, die in den Zellen in Form von Genen gespeicherte Information, die erforderlich ist, damit ein funktionsfähiger Organismus entsteht.

biologische Landwirtschaft, die ↗ ökologische Landwirtschaft.

biologische Medizin, ↗ Naturheilkunde.

biologische Physik, die ↗ Biophysik.

biologischer Arbeitsstoff-Toleranzwert, ↗ BAT-Wert.

biologische Schädlingsbekämpfung, ↗ Schädlingsbekämpfung.

biologische Selbstreinigung, ↗ Selbstreinigung.

biologisches Gleichgewicht, Zustand innerhalb einer Lebensgemeinschaft, bei dem die mengenmäßige Zusammensetzung der Arten relativ gleich bleibt. Es ist umso stabiler, je größer die Artenzahl ist und je verzweigter das Nahrungsnetz (Food web) in der Lebensgemeinschaft ist.

biologisches Spektrum, *Biospektrum*, prozentuale Zusammensetzung der verschiedenen ↗ Lebensformen innerhalb der Pflanzen- oder Tierwelt eines Gebiets. (↗ Lebensformspektrum)

biologische Stickstoff-Fixierung, ↗ Stickstoff-Fixierung.

biologische Uhr, ↗ Biorhythmik.

biologische Vielfalt, die ↗ Biodiversität.

biologische Wasseranalyse, Verfahren zur Bestimmung der ↗ Gewässergüte. Nach dem Vorkommen bestimmter ↗ Leitorganismen in der vorherrschenden Lebensgemeinschaft kann die Belastung mit organischen Stoffen ermittelt werden. (↗ Saprobiensystem, ↗ Bioindikatoren)

Biolumineszenz, Ausstrahlung von sichtbarem Licht ohne Temperaturänderung (so genanntes „kaltes Leuchten") durch lebende Organismen (↗ Leuchtorganismen). Das Prinzip der Leuchtvorgänge beruht auf einer Oxidation bestimmter Leuchtstoffe, der Luciferine (↗ Luciferin-Luciferase-System), in Anwesenheit des Enzyms Luciferase, das diese Reaktion katalysiert. Die meisten Bakterien, die B. aufweisen (↗ Leuchtbakterien), gehören zur Gatt. ↗ Photobacterium und sind für das Leuchten von frischem Fleisch und Fisch verantwortlich. Zur Induktion der Luciferase bei Leuchtbakterien ist interessanterweise eine bestimmte Populationsdichte erforderlich. Frei lebende Leuchtbakterien leuchten daher nicht. B. bei Protozoen tritt auf bei Peridineen, die das *Meeresleuchten* verursachen. Bei Pilzen ist besonders der ↗ Hallimasch (*Armillaria mellea*) mit seinem leuchtenden ↗ Mycel bekannt. Zu den Landtieren, die B. aufweisen, gehören u. a. Leuchtkäfer („Glühwürmchen", *Lampyris noctiluca*), Tausend-

füßer und Schnecken. Bei marinen Tieren beruht die B. oft auf einer ↗ Symbiose mit leuchtenden Bakterien (sekundäre B.), z. B. bei Tintenschnecken, Feuerwalzen und Tiefseefischen (↗ Tiefsee). Das Leuchten kann in speziellen Leuchtzellen in einzelnen Leuchtgranula, in Leuchtgeweben oder in ↗ Leuchtorganen lokalisiert sein. Die biologische Funktion der B. ist in vielen Fällen unbekannt. Bei einigen Arten dient sie zur Erkennung von Artgenossen, bei anderen zur Anlockung des Sexualpartners (Glühwürmchen) oder zum Aufspüren von Beute.

Biolumineszenz Biolumineszenzsysteme

Reaktions-bedingungen	Organismus	Wellen-länge (nm)
NADH- und FMNH-abhängig	*Photobacterium* (Leuchtbakterien)	470–505
ATP-abhängig	*Photinus* (Leuchtkäfer)	552–582
	Renilla (Federkoralle)	509
Ohne Cofaktoren	*Cypridina* (Muschelkrebs)	460
	Latia (Süßwasserschnecke)	535
Fotoprotein	*Aequorea* (Qualle)	469

Biom, *Bioregion*, nach dem Geobotaniker und Ökologen H. ↗ Walter die „Grundeinheit der großen ökologischen Systeme". Dies entspricht einer großen, überschaubaren Landschaftseinheit mit ihrer charakteristischen ↗ Vegetation und ↗ Fauna. Das B. ist durch einen einheitlichen Klimatyp (*Zonobiom*), Bodentyp (*Pedobiom*) oder durch ein Gebirgsmassiv (*Orobiom*) geprägt. Man unterscheidet innerhalb der neun Zonobiome *äquatorial, tropisch, subtropisch, mediterran, warmtemperiert, nemoral, kontinental, boreal* und *polar* unter anderem folgende (Sub-)Biome: ↗ Tundra, nördliche und feuchttemperierte Koniferenwald-B. (Nadelwaldzone; ↗ Nadelwald), temperierte Laubwald-B. (Laubwaldzone), temperierte Gras-B., immergrüne subtropische Laubwald-B., tropische Savannen-B. (↗ Savanne), Hartlaubgehölz-B. (↗ Hartlaubvegetation), tropische Strauch- und Laubwald-B. und tropische Regenwald-B. (↗ Regenwald).

Bei einem B. handelt es sich nicht um eine funktionelle Einheit, da die einzelnen Ökosystem aufgrund großer Entfernungen nicht in Wechselbeziehungen miteinander treten können (siehe Abb. auf Seite 177).

Biomagnifikation, die ↗ Bioakkumulation von ↗ Schadstoffen nach Aufnahme mit der Nahrung.

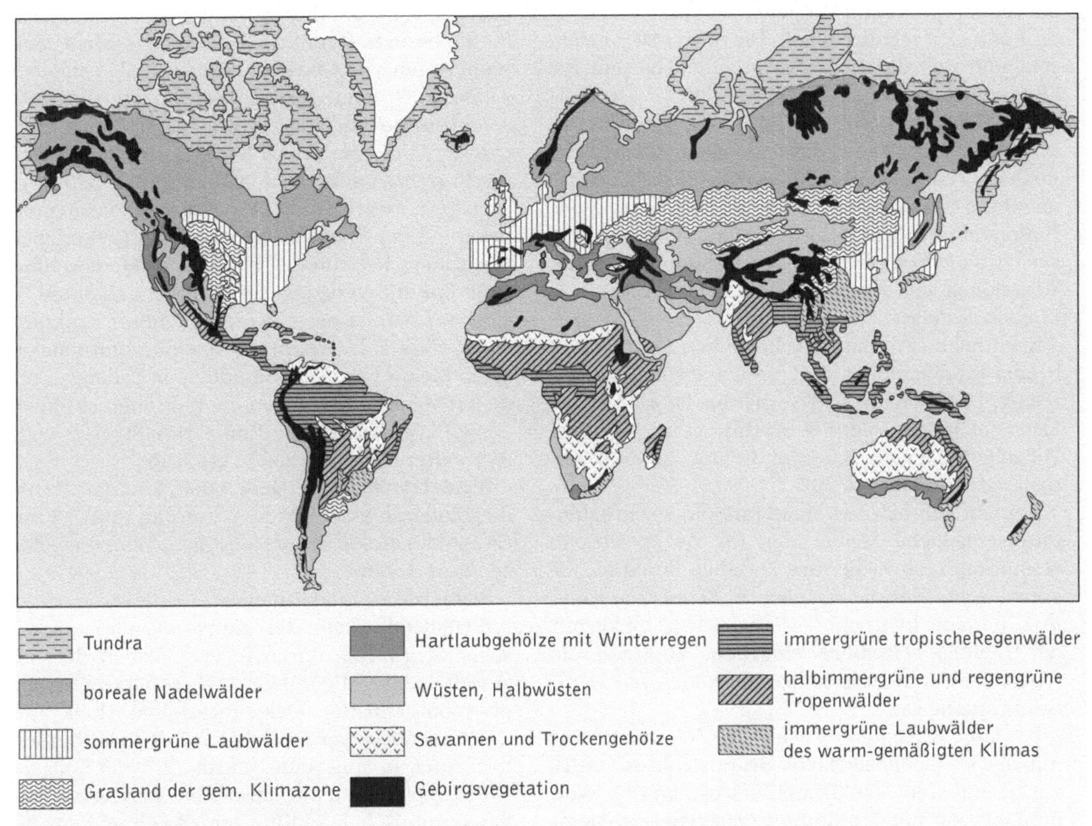

Biom Vegetationstypen der Erde

Biomarker, Bez. für biologische Substanzen, vor allem in Körperflüssigkeiten, anhand derer die zelluläre und chemische Aktivität eines Gewebes erkannt werden kann.

Biomasse, das Gewicht lebenden organischen Materials bezogen auf eine Flächen- oder Volumeneinheit, meist als Frischgewicht oder Trockengewicht (kg/m^2) angegeben. Der Begriff umfasst häufig auch die toten Teile lebender Organismen, etwa die Borke oder das Kernholz von Bäumen.

Biomassenpyramide, ↗ Nahrungspyramide.

Biomathematik Teilgebiet der Mathematik, dessen Aufgabe die Beschreibung und Analyse biologischer Problemstellungen mit Hilfe mathematischer Methoden ist. Zu den Gebieten der B. gehört die *Biostatistik,* die mit Hilfe des Wahrscheinlichkeitskonzepts die Gesetzmäßigkeiten zufallsbedingter Unregelmäßigkeiten analysiert und insbesondere bei der Auswertung von Messergebnissen angewendet wird. Die *Biometrie* erfasst vor allem mittels biostatistischer Methdoen die Variabilitäten lebender Organismen und gestattet es, diese auf einen einheitlichen Wert bzw. eine einheitliche Aussage zu reduzieren. Eine nicht-statistische Methode ist die *biomathematische Modellierung* zur Analyse, Beschreibung und Simulierung von biologischen Systemen und Prozessen, z. B. von Regulationsprozessen, Reaktionskinetiken oder Stofftransportvorgängen sowie von Verhaltensweisen und Entwicklungsvorgängen.

Biomechanik Teildisziplin der ↗ Technischen Biologie und der ↗ Bionik, die versucht, natürliche Konstruktionen mit Methoden der technischen Mechanik zu analysieren und zu beschreiben.

Biomembran, die aus ↗ Membranlipiden und ↗ Membranproteinen bestehende, in sich geschlossene Abgrenzung von Zellen und Zellkompartimenten (↗ Organellen, ↗ Kompartimentierung), die für die Membranen aller Zellen charakteristisch ist. Die amphipathischen Membranlipide bilden im wässrigen Milieu von Zellen aufgrund ihrer lipophilen Fettsäurereste (*Schwänze*) und hydrophilen Phosphorsäureester bzw. Zuckerreste (*Köpfe*) eine *Lipiddoppelschicht* (*lipid bilayer*) aus, die für wasserlösliche Stoffe und Ionen undurchlässig ist. Zugleich bestimmen Art und Zusammensetzung der in einer B. vorhandenen Membranlipide deren Fluidität. Je nach zellulärem Verwendungszweck ist die Zusammensetzung der in B. vorhandenen Lipide unterschiedlich. Die so genannten *Lipidmuster* der Bakterien sind im Vergleich zu denen eukaryotischer Zellen relativ einfach. Die B. von Organellen zeichnen sich durch das Vorkommen besonderer Lipidmoleküle aus. Dies sind z. B. das ↗ Cardiolipin bei den Mitochondrien, die *Sterole* (↗ Cholesterin) in den Membranen des endoplasmatischen Reticulums, der Golgi-Vesikel sowie der ↗ Plasmamembran und die *Galactolipide* in den Hüllmembranen der Chloroplasten. Darüber hinaus wird die Komplexizität der Lipidmuster durch Variationen der Fettsäurereste in den einzelnen Lipiden gesteigert.

B. enthalten Proteine in erheblichen Mengen, wobei der Proteinanteil i. d. R. größer als der Lipidanteil ist. Das Protein-Lipid-Verhältnis ist z. B. in der Plasmamembran der ↗ Erythrocyten 1,3, bei ↗ Escherichia coli 2,5 und in der inneren Mitochondrienmembran 2,9.

Ähnlich wie bei den Membranlipiden enthalten unterschiedliche Membranen für sie spezifische Membranproteine, die ihre jeweilige Funktion widerspiegeln. Neben *peripheren Membranproteinen*, die keine hydrophoben Wechselwirkungen mit der Lipiddoppelschicht eingehen, kommen die durch diese hindurchreichenden *integralen Membranproteine* vor.

Der hohe Proteinanteil war lange Zeit nur schwer mit der Lipiddoppelschicht-Grundstruktur von B. zu vereinbaren. Elektronenmikroskopische Aufnahmen von mit Osmiumtetroxid fixierten Membranen zeigen zwei elektronendichte Linien mit einer Dicke von jeweils 2 nm, zwischen denen sich ein etwa 3 nm dicker hellerer Bereich befindet. Diese typische Struktur wurde in den 1960er Jahren als so genannte *Einheitsmembran* (*unit membrane*) bezeichnet. Inzwischen wird die gängige Vorstellung von B. im so genannten ↗ Flüssig-Mosaik-Modell beschrieben.

Durch ihre Lipiddoppelschicht sind B. eine nichtwässrige Barriere zwischen zwei wässrigen Kompartimenten, sodass der Austausch von wasserlöslichen größeren Molekülen und anorganischen Ionen stark eingeschränkt ist. Für kleine hydrophile Substanzen wie Wasser sind B. jedoch durchlässig. Diese als ↗ Semipermeabilität bezeichnete Eigenschaft von B. ist die Grundlage für sämtliche osmotischen Vorgänge (↗ Osmose). Im Zellstoffwechsel sind jedoch Transportprozesse von Metaboliten und Ionen notwendig. Die B. enthalten deshalb verschiedene Typen von als ↗ Translokatoren bezeichneten Transportproteinen, mit denen diese Substanzen von einem Kompartiment in ein anderes oder aus Zellen heraus transportiert werden können. Aus der ↗ Kompartimentierungsregel lässt sich eine weitere wichtige Eigenschaft ableiten: B. sind strukturell und physiologisch unsymmetrisch, sodass jede B. eine so genannte *P-Seite* (plasmatische Seite) und eine *E-Seite* (extraplasmatische Seite) besitzt. Membranen können deshalb auch nicht de novo im Cytoplasma einer Zelle entstehen, sondern verändern Größe bzw. Umfang durch Abschnürungen und Fusionsprozesse (z. B. ↗ Endocytose, ↗ Exocytose, ↗ Syncytien). Bestandteile der B. werden dabei in den Membranen selbst synthetisiert, wobei dies bei Procyten die Plasmamembran und bei Eucyten die Membran des endoplasmatischen Reticulums ist. Der ↗ Membranfluss sorgt durch Erzeugung von Vesikeln und deren Fusion mit bereits bestehenden Membranstrukturen dafür, dass z. B. bestimmte Membranproteine an ihren Zielort gelangen. Sämtliche in Zellen vorhandenen Membranen zeigen die typischen Merkmale einer B., wobei je nach Kompartiment bzw. Organell weitere Modifikationen erfolgen.

Biometeorologie, Teilgebiet der Meteorologie, das die Einflüsse von Wetter, Witterung und ↗ Klima (↗ Bioklimatologie) auf Menschen, Tiere und Pflanzen untersucht.

Biometrie, ↗ Biomathematik.

Biomineralisation, der Aufbau fester mineralischer Strukturen durch lebende Zellen. Kristalle verschiedener Mineralien, insbesondere Calciumphosphat (Apatit), Calciumcarbonat (Kalk) und Calciumoxalat, werden dabei, i. d. R. in Verbindung mit einer organischen Matrix (z. B. ↗ Kollagen, ↗ Proteoglykane), abgelagert. Im Tierreich entstehen durch B. z. B. ↗ Knochen, ↗ Zähne, Eierschalen, Muschelschalen, Kalknadeln, Korallenriffe, bei Pflanzen entstehen z. B. die harten Zellwände der Gräser durch Ablagerung von Kieselsäure.

Biomoleküle, Bez. für die Moleküle, die als Stoffwechselprodukte in der lebenden Zelle vorkommen.

Biomonitoring, Einsatz von pflanzlichen und tierischen Organismen sowie Tests mit lebensraumeigenen Organismen zur Erfassung des Vorkommens und der Menge von ↗ Schadstoffen in ↗ Boden, ↗ Wasser, ↗ Abwasser und ↗ Luft. Man unterscheidet aktive und passive Verfahren: a) Beim aktiven B. wird biologisch einheitliches Material im Gelände exponiert und nach einer vorgegebenen Zeitdauer untersucht. Dazu werden z. B. ausgewählte Pflanzenarten unter standardisierten Bedingungen in Gefäßen angezogen und für einen begrenzten Zeitraum im Freiland ausgebracht (exponiert).

b) Beim passiven B. wird die Wirkung von Schadstoffen an Organismen erfasst, die bereits vor Ort vorhanden sind. Verbreitete Verfahren dabei sind die standardisierte Flechtenkartierung, das Moosmonitoring, das Fichtenmonitoring sowie das ↗ Saprobiensystem, das der Beurteilung der ↗ Gewässergüte dient. (↗ Bioindikatoren)

Bionik, von dem amerikan. Luftwaffenmajor J. E. Steele auf einem Kongress in Dayton (Ohio) im Jahr

1960 geprägter Begriff, der sinngemäß das Lernen aus der Natur für die Anwendung in der Technik meint. Als wissenschaftliche Disziplin befasst sich die Bionik mit der technischen Umsetzung und der Anwendung von Konstruktions-, Verfahrens- und Entwicklungsprinzipien biologischer Systeme. Dies, indem sie bestimmte, im Rahmen der technischen Biologie entdeckte und erforschte Prinzipien oder Aspekte der Biologie der technischen Umsetzung zuführt. Das kann sich beziehen auf Konstruktionen der Natur (*Konstruktionsbionik*), Vorgehensweisen der Natur (*Verfahrensbionik*) sowie Informationsübertragungs-, Entwicklungs- und Evolutionsprinzipien (*Informationsbionik*).

Konkrete Ansatzmöglichkeiten für die B. sind z. B. biologische Materialien, die sehr unterschiedlich zusammengesetzt sowie immer außerordentlich fein auf die mechanischen Anforderungen abgestimmt sind und dabei eine bisher zumindest kaum erreichte Autoreparabilität und Rezyklierbarkeit besitzen (*Materialbionik*). So wurde die Tatsache, dass die Oberflächen unbenetzbarer, d. h. Wasser abstoßender Pflanzenblätter niemals verschmutzen (*Lotus-Effekt* genannt, nach der Lotusblume, *Nelumbo nucifera*, bei der dies besonders ausgeprägt ist), analysiert und in die Entwicklung Schmutz abweisender, selbstreinigender Lacke, Farben u. a. Oberflächenbeschichtungen umgesetzt. Materialien können ihrerseits die Basis sein für neuartige Werkstoffe (*Werkstoffbionik*), aus denen wiederum Konstruktionen nach dem Vorbild biologischer Strukturelemente hergestellt werden können (*Konstruktionsbionik*). Zukunftsweisend im medizinischen Bereich ist u. a. die Anwendung der B. in der Entwicklung von Prothesen (*bionische Prothetik*), die eine direkte Integration von Mensch und Maschine (bzw. Prothese) durch geeignete Verbindung der Informationsleiter der Biologie (Neuronen) und derjenigen der Technik (Kabel) ermöglichen. Damit in engem Zusammenhang steht die *bionische Robotik*, deren Ziel z. B. die Nachahmung der Muskeltätigkeit ist, durch die die Extremitäten nicht ruckartig wie bislang bei Robotern, sondern durch dauerndes Nachsteuern fein abgestimmt bis zum Erreichen des Kontaktpunktes geführt werden.

Im Bereich Bauen eröffnen sich eine Reihe von Möglichkeiten durch die Anlayse z. B. von Tierbauten (*Baubionik*). Interessante Aspekte sind u. a. die Idealausrichtung zu Sonne und Wind, Dachformen, Einnischungen in die Erde, ideale Unterkellerung und Luftführung vom kühlen Erdreich in sommerwarme Räume, Luftumwälzung mit Gasaustausch unter Verwendung poröser Materialien. So nutzen manche Termiten die Sonnen- und Stoffwechselwärme zur Lüftung ihrer Bauten. Hierbei strömt die Luft, angetrieben durch das Wärmegefälle zwischen der warmen Bauoberseite und den kühlen unterirdischen Bereichen des Baus, in einem geschlossenen Röhrensystem durch den Bau nach oben und direkt unterhalb der Bauoberfläche wieder nach unten. Durch das poröse Material des Termitenbaues kann Kohlenstoffdioxid aus dem Bau herausdiffundieren, während Sauerstoff hineindiffundiert. Durch Übernahme solcher Prinzipien können bis zu 80 % der elektrischen Energie zur sommerlichen Kühlung und 40 – 60 % der Energie zur Winterheizung gespart werden. In diesen Bereich gehören aber auch die Rückbesinnung auf traditionelle Baumaterialen (z. B. Ton) und das Studium biologischer Leichtkonstruktionen (Knochen, pflanzliche Gewebe) auf ihre bau-

Bionik *Lotuseffekt.* Die Abb. 1 zeigt die Lotusblume (*Nelumbo nucifera*), 2 ein Blatt der Lotusblume auf dem das Wasser abperlt und 3 eine rasterelektronenmikroskopische Aufnahme der Oberseite eines Lotusblatts mit dem charakteristischen Noppenmuster. Auf dieser rauen Blattoberfläche haften Schmutzpartikel schlecht, werden daher durch abperlende Flüssigkeitstropfen aufgenommen und von der Blattoberfläche entfernt (4). Vergleichsuntersuchungen mit glatten unbeschichteten sowie nach dem patentierten Verfahren beschichteten Platten zeigen, dass sich die beschichteten Platten (6) durch einfaches Besprühen mit Wasser auch von hartnäckigen Verschmutzungen, wie Ruß, vermischt mit Farbe, reinigen lassen, während die auf Hochglanz polierte Platte (5) auch nach langem Spülen noch verschmutzt ist

technische Anwendbarkeit. – Mit Problemlösungen im Bereich Monitoring von physikalischen und chemischen Reizen sowie Ortung und Orientierung in der Umwelt, befasst sich die *Sensorbionik*, die natürliche Sensoren nach Übertragungsmöglichkeiten für die Technik untersucht. *Bionische Kinematik und Dynamik* wiederum untersucht Funktionsmechanismen von Bewegungsorganen im Tierreich auf ihren technischen Nutzen und ihre Umsetzbarkeit hin. So hat die Fortbewegung auf Beinen den Vorteil gegenüber derjenigen auf Rädern, dass auch unwegsames Gelände und extreme Steigungen problemlos überwunden werden können. Ein Beispiel für die Anwendung ist die Entwicklung laufender Roboter nach dem Vorbild der Stabheuschrecke (*Carausius morosus*). Einsatzmöglichkeiten solcher auf unwegsamem Gelände einsetzbarer Laufroboter sind neben der Land- und Forstwirtschaft vor allem Wartungsarbeiten in gefährlichem Terrain, in Kernkraftwerken, in Katastrophengebieten sowie die Erforschung von fremden Planeten.

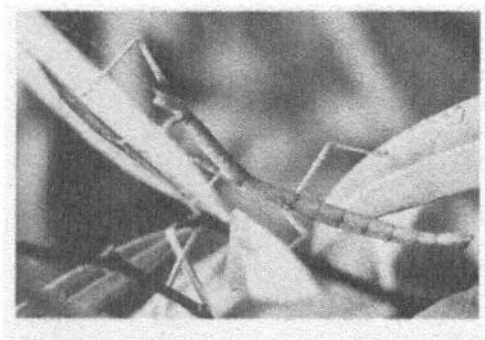

Bionik Die Stabheuschrecke (*Carausius morosus*) a dient als Vorbild für die Entwicklung dezentral gesteuerter Laufmaschinen; b LAURON II, die zweite Generation eines nach dem Vorbild der Stabheuschrecke konstruierten Laufroboters

Weitere Forschungsbereiche sind die *Neurobionik*, insbesondere die Entwicklung neuronaler Netzwerke, die *Evolutionsbionik*, die versucht, die Verfahren der natürlichen Evolution der Technik nutzbar zu machen, z. B. durch den Einsatz der experimentellen Versuchs-Irrtums-Entwicklung, die bereits bei der Entwicklung u. a. von Schiffen, Flugzeugen, Verkehrsleitsystemen und im Maschinenbau angewendet wird.

Die Bedeutung der B. als eine der Leitwissenschaften des 21. Jh. liegt sicherlich darin, dass insbesondere im Rahmen der Vefahrensbionik von der Natur gelernt werden kann, wie z. B. Abfälle durch totales Rezyklieren vermieden werden können, die Sonnenenergie genutzt werden kann oder wie komplexe Systeme erfolgreich und vorausschauend allen Anforderungen gerecht organisiert werden können und dadurch moderne Technik nicht wie bisher häufig durch Ressourcenentnahme und Abfallanhäufung letztendlich zur Selbstzerstörung führt.

Literatur: Gleich, A.v. (Hg): Bionik. Ökologische Technik nach dem Vorbild der Natur?, Stuttgart 1998. – Nachtigall, W., Blüchel, K.G.: Das große Buch der Bionik, Stuttgart 2000. – Nachtigall, W.: Bionik. Grundlagen und Beispiele für Ingenieure und Naturwissenschaftler, Heidelberg 1999. – Nachtigall, W.: Vorbild Natur. Bionik-Design für funktionelles Gestalten, Heidelberg 1997. – Willis, Delta: Der Delphin im Schiffsbug. Wie Natur die Technik inspiriert, Basel 1997.

Biopestizide, biologische Pflanzenschutzmittel, die zum Schutz von ↗ Nutzpflanzen vor Schädlingen und Pflanzenkrankheiten eingesetzt werden. Beispiele für B. sind Pyrethrum-Präparate (↗ Pyrethrine), die aus *Chrysanthemum*-Arten gewonnen werden, nikotinhaltige Mittel aus Tabak, das *Bacillus-thuringienis*-Toxin (↗ Bt-Toxin) sowie Azadirachtin aus den Samen des ↗ Niembaums.

Biophysik, *biologische Physik*, ein relativ junges Wissenschaftsgebiet an der Grenze zwischen Physik, Chemie und ↗ Biologie. Forschungsgegenstand sind physikalische und physikochemische Phänomene in biologischen Systemen. Ziel ist die Aufklärung der Prozesse, die die Grundlage des Lebens bilden, mit physikalischen Methoden und im Rahmen physikalischer Vorstellungen. Konkret beschäftigt sich die B. u. a. mit der Konformationsanalyse von biologischen Makromolekülen, der Mechanik von Biomembranen, der Biomechanik von Knochen-Muskel-Systemen, der Strömungsmechanik (Ultrazentrifugation, Viskosität von Zellplasma, Hämodynamik, Hydrodynamik von Schwimmern, Aerodynamik des Fluges) usw. Beispiele für Anwendungen physikalischer Methoden in der Biologie sind u. a. die Elektronenmikroskopie, bildgebende Verfahren wie Röntgendiagnostik, Ultraschalldiagnostik, computertomographische Verfahren, Proteindesign (↗ Molecular modeling), die Entwicklung von ↗ Biochips.

Bioprotein, ↗ Einzellerprotein.

Bioreaktor, ↗ Fermenter.

Bioregion, das ↗ Biom.

Biorhythmik, das Phänomen, dass alle biologischen Systeme *Oszillationen* (Schwingungen) und damit Rhythmen auf allen Ebenen der Organisation, vom Stoffwechselweg bis zur Population und zum Ökosystem zeigen. Das Frequenzspektrum dieser biologischen Rhythmen reicht vom Millisekundenbereich über Stunden und Tage bis zu Monaten und Jahren. Biologische Rhythmen können rein exogen bedingt sein, wie z. B. die vom Sonnenlicht abhängige ↗ Fotosynthese. Sie können ferner durch äußere Zeitgeber, Außenrhythmen, die eine endogene Periodik synchronisieren, nicht aber ihre Ursache sind, angestoßen werden. Ein solcher Rhythmus läuft nach Anstoß eine feste Zeit, dann muss ein neuer Anstoß erfolgen; Beispiele sind lichtabhängige Ablaichrhythmen bei wasserlebenden Tieren oder auch Rhythmen bei Zellteilungen.

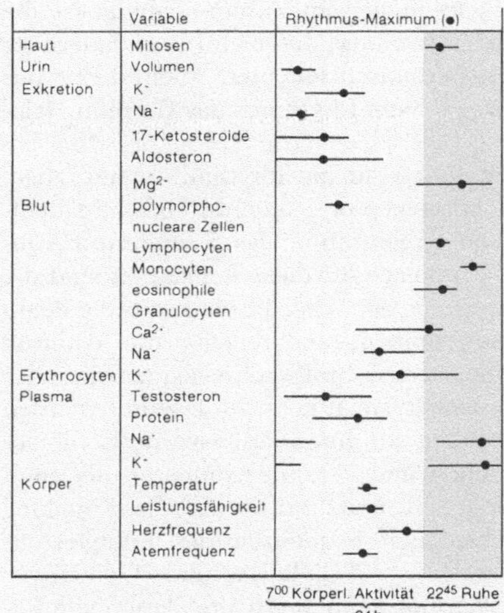

Biorhythmik Diese Phasenkarte des Menschen zeigt chronobiologische Werte circadianer Rhythmen des Menschen. Zeitpunkt des Maximums (•) des Rhythmus ± 0,95 Vertrauensgrenzen (-•-)

Biologische Rhythmen können aber auch durch einen endogenen *Rhythmusgeneratur (Oszillator,↗ Schrittmacher)* erzeugt werden, wie z. B. der Atemrhythmus oder der Herzschlag. Stimmt die Periodenlänge solcher endogener Rhythmen in etwa mit der Tageslänge überein, wird von einer *biologischen Uhr (physiologische Uhr, innere Uhr)* gesprochen.

Für die Existenz einer solchen inneren Uhr spricht, dass sich beim Fehlen eines äußeren Zeitgebers (z. B. Licht-Dunkel-Wechsel) eine freilaufende Rhythmik entwickelt, die etwas von der normalen Tageslänge von 24 h abweicht, d. h., die innere Uhr ist unter konstanten Bedingungen *circadian (von circa = ungefähr oder um etwas herum und dies = Tag).* Außerdem ließen sich in entsprechenden Versuchen auch individuelle Unterschiede feststellen, d. h. die innere Uhr eines jeden Individuums geht etwas anders. Insgesamt sind die Abweichungen jedoch nicht sehr groß. Charakteristisch für biologische Uhren ist demnach, dass sie im Wesentlichen genetisch bestimmt sind; weiterhin sind sie weitgehend unabhängig von Temperaturschwankungen, die Periodendauer ist circadian und ist durch exogene Zeitgeber korrigierbar sowie durch den Einfluss exogener Rhythmen begrenzt verstellbar, sie können also langsamer oder schneller werden. Dieser so genannte *Mitnahmebereich* ist artspezifisch, schwankt aber höchstens zwischen ± 1 und ± 3 Stunden.

Tagesperiodische Oszillationen zeigen sich beim Menschen z. B. in der Bluttemperatur, dem Blutdruck, der Konzentration verschiedener Hormone im Blut, der Zahl der Blutzellen im Blut, sowie bei vielen weiteren physiologischen Parametern und auch in den Organfunktionen, ja mitunter selbst im Organgewicht (z. B. Leber). Aus diesen Befunden konnte auch abgeleitet werden, dass z. B. Medikamente unterschiedlich starke Wirkung zeigen, je nachdem, zu welcher Tages- oder Nachtzeit sie eingenommen werden. Nach größeren Verschiebungen, wie z. B. beim ↗ Jetlag oder bei Schichtarbeit, dauert es unterschiedlich lange, bis die einzelnen Funktionen wieder im Gleichlauf sind. Dies zeigt, dass es unterschiedliche innere Uhren geben muss, aber auch eine übergeordnete Einheit, die die Einzeluhren mehr oder weniger schnell wieder synchronisieren kann.

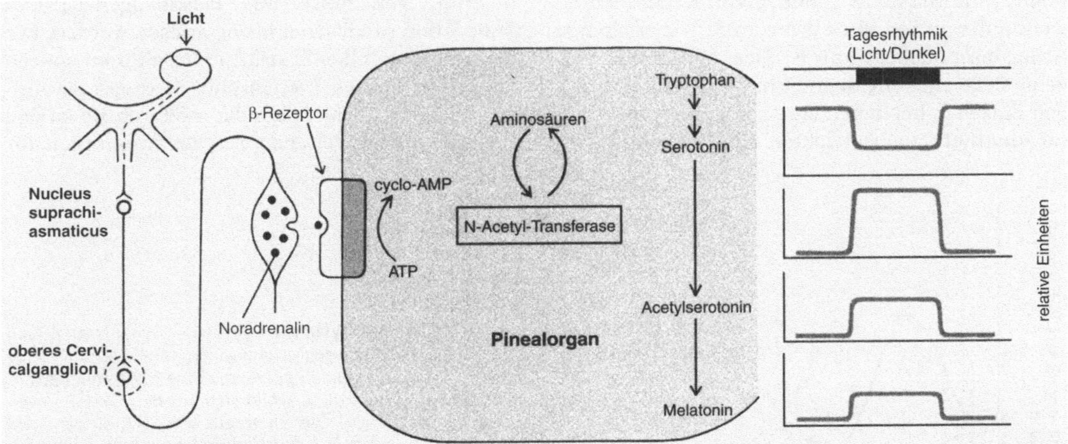

Biorhythmik Neuronale Regulation der Tagesrhythmik der Melatonin-Synthese im Pinealorgan der Ratte. Bei Säugern werden fotoperiodische Signale von den Augen kommend, über den Nucleus suprachiasmaticus (SCN) und Noradrenalin an das Pinealorgan (Epiphyse) weitergeleitet. Die Zellen des SCN besitzen eine autonome circadiane Rhythmik und sind ein übergeordneter Schrittmacher. Das Pinealorgan produziert tagesrhythmisch Melatonin

Bei Wirbeltieren kommt dem Pinealorgan (↗ Epiphyse) in diesem Zusammenhang eine zentrale Bedeutung zu. Bei niederen Wirbeltieren (Fischen, Amphibien, Reptilien) ist das Pinealorgan vorwiegend Fotorezeptor (mit den Zapfen des Auges ähnlichen lichtsensiblen Zellen), dessen elektrische Aktivität in Abhängigkeit von der Belichtung wechselt. Bei Vögeln zeigt das Pinealorgan eine circadiane Rhythmik, ist Fotorezeptor (auch hier mit zapfenähnlichen Sensoren) und kontrolliert höchstwahrscheinlich die Bewegungsaktivität und die Körpertemperatur durch die Sekretion des Hormons ↗ Melatonin. Das Pinealorgan bzw. die Epiphyse der Säugetiere hingegen reagiert nicht auf Lichtreize, wird jedoch über Signale, die von den Augen kommen, gesteuert. Auch sie produziert das Hormon Melatonin, das offensichtlich in der Lage ist, verschiedene circadiane Rhythmen zu synchronisieren. Taktgeber für die Melatoninsynthese ist die tagesperiodisch schwankende Aktivität des Enzyms *N-Acetyl-Transferase*, das einen Schritt der Melatoninsynthese katalysiert und nachts sein Aktivitätsmaximum hat. Diese Rhythmik kann durch Licht beeinflusst werden: Wird in der späten Nacht vorzeitig Licht eingeschaltet, nimmt die Enzymaktivität früher ab, die Melatoninproduktion wird eingestellt. Als übergeordnete Zentraluhr bei den Säugern, die die Synchronisation einer Reihe von circadianen Rhythmen steuert, hat sich der *Nucleus suprachiasmaticus* (SCN) erwiesen, der im ↗ Hypothalamus liegt Er enthält neurosekretorische Zellen, die ihre Hormone jedoch nicht in die Blutbahn abgeben, sondern direkt ins Gehirn. Wird er entfernt, so gehen verschiedene Rhythmen verloren, u. a. der ↗ Schlaf-Wach-Rhythmus, die Rhythmik der Bewegungsaktivität und die circadiane Rhythmik der Ausschüttung verschiedener Hypophysenhormone. Ergebnisse von Experimenten weisen darauf hin, dass das vom SCN ausgehende Signal hormoneller Natur ist. Dass bereits eine einzelne Zelle eine circadiane Uhr besitzen kann, zeigen Einzeller, bei denen eine ausgeprägte circadiane Rhythmik zu beobachten sind. Beliebtes Forschungsobjekt in diesem Zusammenhang ist die Leuchtalge *Gonyaulax*, die auch bei andauernder Dunkelheit periodisch leuchtet. Auch sie produziert in circadianem Rhythmus das Hormon Melatonin.

Basis für die circadiane Rhythmik membrangebundener Fotorezeptoren könnte eine circadianrhythmische Organisation des Energiestoffwechsels sein. Grundlage für diese Regulation sind die Membransysteme der Zelle, die einerseits die Reaktionsräume trennen, andererseits die dadurch kompartimentierten Stoffwechselsequenzen über Transportmechanismen koppeln. Dadurch werden die Membranen zu Informationsvermittlern, sowohl zwischen den ↗ Kompartimenten als auch zwischen der Zelle und ihrer Umwelt. Die Kopplung der verschiedenen Sequenzen des Energiestoffwechsels, z. B. von ↗ Glykolyse und ↗ oxidativer Phosphorylierung, kann durch Modulation von Enzymaktivitäten sowie durch Verfügbarkeit von Ionen und Substraten bewerkstelligt werden. Die experimentellen Daten zeigen, dass bei einer endogen-rhythmischen Organisation der wesentlichen Sequenzen des Energiestoffwechsels eine circadiane Rhythmik der ↗ Energieladung und des Redox-Zustands des Gesamtsystems zu beobachten ist. Aus der Fotomodulation von Rhythmen der Enzymaktivität wird geschlossen, dass Licht die oszillierende Energietransduktion modulieren kann, unter Bedingungen, unter denen der integrierte Energiestoffwechsel circadian rhythmisch pulsiert. Auf dieser Basis kann eine Rhythmik im Energiestoffwechsel das Wachstum und die Differenzierung sowie das Verhalten zeitlich und räumlich koordinieren und kontrollieren. Eine circadiane Rhythmik und Fotoregulation der Proteinsynthese konnte auf dem Niveau der ↗ Transkription (Aktivierung und Inaktivierung von Kern- und Plastidengenen) und Translation in Pflanzen nachgewiesen werden. Für die Interaktion der Transkriptionsfaktoren spielen Phosphorylierungs-/Dephosphorylierungsreaktionen eine entscheidende Rolle, wodurch sie an den Energiestoffwechsel gekoppelt ist. Wesentlich für

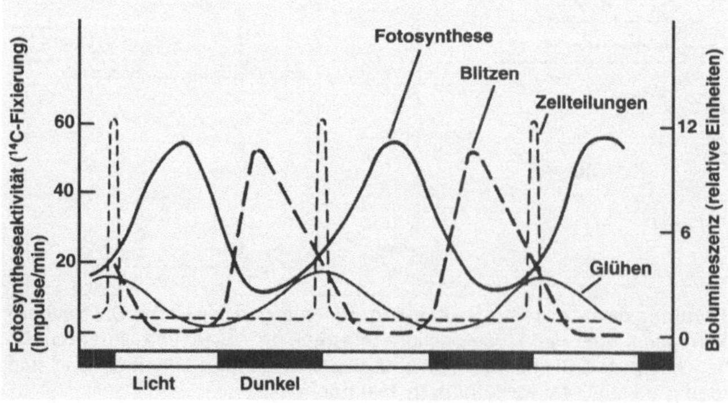

Biorhythmik Zeitliche Organisation von Stoffwechselfunktionen der einzelligen Alge *Gonyaulax polyedra*. Eine Rhythmik der Fotosynthese ergibt sich aus der Fixierung von $^{14}CO_2$. Die Rhythmik von Lichtblitzen wird ausgelöst durch plötzliche mechanische Erregung, während im ungestörten System ein schwaches Glühen rhythmisch auftritt. Zellteilungsaktivität findet immer zum Zeitpunkt des Dunkel-Licht-Übergangs statt

die Regelkreise der rhythmischen Proteinsynthese bei Eukaryoten sind Transportvorgänge zwischen Kern und Cytoplasma, die die circadian-rhythmische Verfügbarkeit der Transkriptionsfaktoren steuern. Bei Pflanzen spielt Phytochrom als Fotorezeptor hierbei eine entscheidende Rolle. Die Feedback-Regulation oszillierender Transkriptionsraten, also die Blockierung der Transkription durch das gebildete Protein bei Überschreiten eines Schwellenwertes, scheint ein universelles Prinzip (circadian-)rhythmischer Proteinsynthese zu sein.

Biosensoren, allg. Bez. für Messelemente, in denen eine biologisch aktive Komponente (Sensor bzw. ⌐ Rezeptor) mit einem Signalwandler sowie einem elektronischen Detektor und Verstärker eine Einheit bilden. Das Messprinzip beruht im Wesentlichen darauf, dass bestimmte Moleküle mit dem gekoppelten biologischen Sensor in Wechselwirkung treten und dadurch ein biochemisches oder optisches Signal hervorrufen, das durch den Transducer in ein elektrisches Signal umgewandelt und schließlich elektronisch verstärkt und angezeigt wird.

Biospektrum, das ⌐ biologische Spektrum.

Biospezies, ⌐ Art.

Biosphäre, der von Organismen bewohnbare Raum der Erde. Die B. umfasst die Wasserlebensräume (*Hydro-Biosphäre*) und die Landlebensräume (*Geo-Biosphäre*). Zur B. im engeren Sinne gehören der bodennahe Luftraum, der von Organismen bewohnte Raum des ⌐ Bodens, die Höhlensysteme in der Erdtiefe sowie die ⌐ Gewässer. Im weiteren Sinne wird auch der Bereich der ⌐ Atmosphäre zur B. gerechnet, der von Tieren als Flugraum genutzt wird.

Biostratigraphie, ⌐ stratigraphische Einheiten.

Biostatistik, ⌐ Biomathematik.

Biostratonomie, von dem deutschen Paläontologen J. Weigelt (1890-1948) begründeter Zweig der Paläontologie, der die Schicksale vorzeitlicher Organismen vom Augenblick ihres Todes bis zu ihrer definitiven Einbettung in das Sediment zum Gegenstand hat. Die B. befasst sich insbesondere mit Fragen nach Todesursache, Todesart, Verfrachtung, Umlagerung und Veränderung der Leichen sowie der jeweiligen Umwelt. (⌐ Taphonomie)

Biosynthese, der Aufbau von organischen Stoffen und Zellbestandteilen im lebenden Organismus unter Wirkung der entsprechenden Zellkomponenten (*in-vivo-Biosynthese*) oder in zellfreien Systemen unter der Wirkung von isolierten Zellkomponenten (*in-vitro-Biosynthese*).

Biota, Sammelbez. für ⌐ Fauna und ⌐ Flora.

Biotechnologie, die Anwendung biologischer Leistungen in der industriellen Produktion und in anderen technischen Prozessen. Nach der Definition der Europäischen Föderation für Biotechnologie ist B. die integrierte Anwendung von Mikrobiologie, Biochemie, Molekulargenetik und Verfahrenstechnologie mit dem Ziel, das Potenzial von Mikroorganismen, Zell- und Gewebekulturen sowie Teile davon (z. B. Enzyme) technisch zu nutzen.

Der Name Biotechnologie wurde Ende der fünfziger Jahre geprägt und bezog sich in erster Linie auf die kommerzielle Nutzung von Mikroorganismen, u. a. Bakterien, Hefen, Pilzen sowie Algen. In der Folgezeit wurden in der B. jedoch auch ⌐ Zellkulturen pflanzlichen und tierischen Ursprungs verwendet (z. B. für Arzneimittel und Impfseren). Heute werden in fast allen Bereichen der B. auch gentechnische Verfahren angewendet. Der Begriff B. wird daher heute häufig synonym mit dem Begriff Gentechnik verwendet.

Geschichte. Viele biotechnologische Verfahren sind Jahrhunderte alt, beispielsweise die Verwendung von Mikroorganismen zur Herstellung von Wein, Essig und Käse. Ein wichtiger Schritt bei der Identifizierung der an diesen biotechnologischen Umsetzungen beteiligten Organismen war die Entdeckung von Bakterien- und Hefezellen mit Hilfe einfacher Mikroskope (A. von Leeuwenhoek, 1683). Im 19. Jh. machte L. ⌐ Pasteur die Entdeckung, dass die ⌐ Gärung auf die Aktivität von Mikroorganismen zurückgeht und dass unterschiedliche Mikroorganismen auch unterschiedliche Gärungsprodukte bilden können. E. Buchner wies die Existenz von Enzymen in Hefen nach. C. Weizmann nutzte 1915/1916 Gärprozesse zur Produktion von Aceton und Butanol (⌐ Buttersäure-Butanol-Aceton-Gärung). Seit 1919 gibt es Produktionsanlagen für die Gewinnung von ⌐ Citronensäure aus Kulturen des Pilzes *Aspergillus*. Im Jahr 1928 wurde das Penicillin entdeckt (A. ⌐ Fleming) und ab 1941 in großem Maßstab hergestellt. In den 1950er-Jahren wurde damit begonnen, eine Reihe von ⌐ Aminosäuren, ⌐ Vitaminen und ⌐ Enzymen mit Hilfe von biotechnologischen Verfahren zu produzieren. 1972 wurden erste Experimente mit rekombinierter DNA (⌐ Rekombination) durchgeführt. Außerdem wurden Methoden zur Fusion ganzer Zellen (⌐ Zellfusion) und somit zur Kombination kompletter ⌐ Genome entwickelt. Mit diesen Möglichkeiten zur gezielten Veränderung des Erbgutes wurde die Phase der molekularen B. eingeleitet (⌐ Gentechnik) – mit all ihren wissenschaftlichen, wirtschaftlichen, aber auch ethischen Konsequenzen (⌐ transgene Pflanzen, ⌐ transgene Tiere). Neben der gezielten Optimierung von Biokatalysatoren ergaben sich damit neue Wege zur Konstruktion neuer Organismen.

Einsatzmöglichkeiten der Biotechnologie. Die meisten Produkte der B. werden im *medizinischen Bereich* und in der *Lebensmittelindustrie* eingesetzt. Im medizinischen Bereich gehören zu diesen

Biotechnologie Geschichte der Biotechnologie

ca. 6000 v. Chr.	Säuerung von Lebensmitteln; alkoholische Gärung von Pflanzensäften
ca. 3000 v. Chr.	Sauerteig, Bierherstellung; Indigo als Färbemittel
ca. 1200 n. Chr.	Destillation von Wein
1684	Mikroskopische Entdeckung von Bakterien und Hefezellen (Leeuwenhoek)
1818	Entdeckung der Gärungseigenschaften von Hefen (Erxleben)
1850	Pasteurisieren von Lebensmitteln zur Abtötung von Mikroorganismen (Pasteur)
1857	Beschreibung der Milchsäuregärung (Pasteur)
1879	Entdeckung der Essigsäurebakterien (Hansen)
1897	Beschreibung von Gärungsenzymen in Hefen (E. Buchner)
Ende 19. Jh./Anfang 20. Jh.	Erste Kläranlagen zur Reinigung kommunaler Abwässer
1915/1916	Herstellung von Aceton und Butanol durch Gärung (Weizmann)
1919	Herstellung von Citronensäure aus *Aspergillus*; Herstellung von Reiswein
1928	Entdeckung des Penicillins (Fleming)
1941	Herstellung von Penicillin
1949	Herstellung von Vitamin B_{12}
1957	Herstellung von Aminosäuren (Glutaminsäure) aus Bakterien
1960	Enzyme in der Waschmittelindustrie
1965	Mikrobielle Produktion des Labfermentes Rennin zur Käseherstellung
1972	Erste Experimente mit rekombinierter DNA
1979	Großtechnische Produktion von Einzellerprotein
1977	Gewinnung von Säugerhormonen aus *Escherichia coli*
1982	Herstellung von Insulin mit Hilfe gentechnisch veränderter Bakterien
1986	Gewinnung eines Impfstoffes gegen Hepatitis B mit Hilfe von Hefezellen; Verbreitete Nutzung des *Bacillus-thuringiensis*-Toxins gegen Schadinsekten
1990	Herstellung von Interferon aus Hamsterzellen
1992	Produktion des Faktors VIII (Blutgerinnungsfaktor)
1994	Erste gentechnisch veränderte Tomate in den USA
1996	Erste komplette Genomsequenz eines Bakteriums (*Haemophilus influenzae*)
1998	Das Genom des ersten Vielzellers, des Fadenwurms *Caenorhabditis elegans*, ist entschlüsselt
1999	Entwicklung eines Genchips mit den Sequenzen von über 6000 Hefegenen
2000	Das Genom der Fruchtfliege (*Drosophila melanogaster*) und das erste Pflanzengenom (↗ Arabidopsis thaliana) sind entschlüsselt. Das menschliche Genom ist zu mehr als 99 % entschlüsselt.

Produkten u. a. Aminosäuren (Glutaminsäure, Asparaginsäure, Phenylalanin, Lysin), Antibiotika, verschiedene Blutproteine wie Antikörper und Blutgerinnungsfaktoren (↗ Bluterkrankheit), Enzyme, Hormone (Insulin), Vitamine (Vitamin B_{12}, Riboflavin), Immunsuppressiva, Impfstoffe, Cytokine und Steroide. In der Lebensmittelindustrie nutzt man die B. zur Herstellung von Aminosäuren, Citronensäure, Enzymen, Lebensmittelzusatzstoffen und zur Herstellung alkoholischer Getränke wie Bier, Wein und Sekt. Zu den biotechnologisch hergestellten *Industriechemikalien* gehören Ethanol, Butanol, Glycerin, Essigsäure und Farbstoffe. In der *Schädlingsbekämpfung* wird die B. eingesetzt bei der Bekämpfung von Stechmücken im Larvenstadium. In der Landwirtschaft ist ein wichtiges, aber

Biotechnologie   Biotechnologisch wichtige Mikroorganismen

Gattung, Stoffwechseltyp	Prozess Produkt
Bakterien:	
Acetobacter	Oxidation von Alkoholen: Ethanol zu Essigsäure, Sorbit zu Sorbose; Antibiotika
Acinetobacter	biologische Phosphateliminierung (Abwasser), Aromatenabbau
Arthrobacter	Aminosäuren, Kohlenwasserstoffabbau, Steroidtransformation, Vitamin B_{12}
Alcaligenes	Polyhydroxyalkanoate, Aromatenabbau, Polysaccharide (Curdlane)
Bacillus	Amylasen, Antibiotika, Aromatenabbau, Kompostierung, Insektentoxine, Nucleoside, Nucleotide, Proteasen, Rekombinantenproteine
Brevibacterium	Aminosäuren, Nucleoside, Nucleotide
Clostridium	Aceton, Butanol, Buttersäure, anaerobe Nahrungskette, Toxine
Corynebacterium	Aminosäuren, Nucleoside, Nucleotide
Cyanobakterien	Einzellerprotein, Stickstoff-Fixierung
Escherichia	Aminosäuren, Enzyme, Säuren, Vitamine, Rekombinantenproteine
Lactobacillus	Milchsäure, Molkereiindustrie
Methanobacterium	Vitamin B_{12}
Methanogene	Methanproduktion, anaerober Endabbau
Methylomonas	Einzellerprotein
Mycobacterium	Steroidtransformation, Carotinoide, Kohlenwasserstoffverwertung, Vitamine
Nitrifizierer	Ammoniumoxidation zu Nitrat (Abwasser)
Propionibacterium	Propionsäure (Käse), Vitamine
Pseudomonas	Aminosäuren, Antibiotika, Vitamine, Einzellerprotein, Abbau von Alkanen und Aromaten, Alginate, Denitrifikation (Abwasser)
Rhizobium	biologische Stickstoff-Fixierung
Streptomyces	Antibiotika, Vitamin B_{12}, Kompostierung
Thiobacillus	Schwefeloxidation, Erzlaugung
Hefen und andere Pilze:	
Agaricus	Champignonzucht
Aspergillus	Citronensäure, Enzyme, Steroidtransformation, Aromatenabbau, Kompostierung
Ashbya	Vitamin B_{12}
Candida	Einzellerprotein
Claviceps	Mutterkornalkaloide
Cephalosporium	Antibiotika
Fusarium	Steroidtransformation, Pestizidabbau, Einzellerprotein
Mucor	Säuren, Kompostierung
Penicillium	Antibiotika, Aromatenabbau, Kompostierung
Saccharomyces	Bäckerhefe, Bierhefe, Sekthefe, Weinhefe; Ethanolproduktion
Weißfäulepilze	Aromatenabbau (Umweltbiotechnologie)

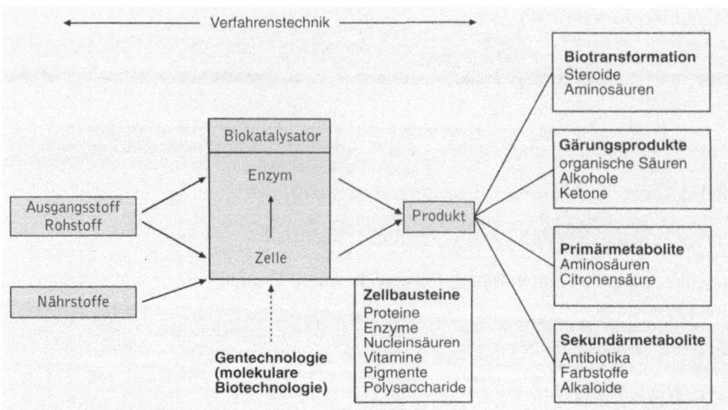

Biotechnologie Prinzipielle Schritte bei der biotechnologischen Produktion

auch umstrittenes Anwendungsgebiet die Schädlingsbekämpfung durch Toxine des Bakteriums *Bacillus thuringiensis* (↗ Bt-Toxin). Mit Hilfe der Gentechnik wurden transgene Pflanzen entwickelt, die das Bt-Toxin im Spross produzieren. Die B. hat aber auch große Bedeutung für den Umweltbereich: An der Abwasserreinigung (↗ Kläranlage) sind im Wesentlichen Mikroorganismen beteiligt, z. B. *Acinetobacter* spec. bei der biologischen Phosphateliminierung und *Pseudomonas* spec. bei der ↗ Denitrifikation. Für die Abluftreinigung (↗ Biofilter) und die Bodensanierung werden ebenfalls spezifische Mikroorganismen eingesetzt.

Biotechnologische Produktionsverfahren. Die Massenproduktion von Mikroorganismen (*industrielle Mikroorganismen*) läuft jeweils nach dem gleichen Grundprinzip ab. Im ersten Schritt werden leistungsfähige Mikroorganismenstämme selektiert, die sich durch eine hohe Ausbeute der jeweiligen Substanz auszeichnen. Durch Mutation und Rekombination werden die Stämme genetisch verändert. In großen (100 m^3 und mehr) Bioreaktoren oder Produktionsfermentern (↗ Fermenter), die ein Nährmedium enthalten, werden die Mikroorganismen vermehrt und anschließend die entstandenen Stoffwechselprodukte aufbereitet. Zellkulturen von Pflanzen und Tieren werden auf geeigneten Nährböden oder in Nährlösungen kultiviert.

Biotin, *Vitamin H*, zyklisches Derivat des ↗ Harnstoffs. Im Zellstoffwechsel fungiert B. als Coenzym der ↗ Carboxylasen, indem es über die Carboxylgruppe seiner Seitenkette mit der ε-Aminogruppe eines Lysin-Restes des Enzyms eine amidartige Bindung eingeht. In dieser Form kann an ein Stickstoffatom des Biotin-Restes Hydrogencarbonat (HCO_3^-) anlagern (*Carboxy-Biotin, aktiviertes Kohlenstoffdioxid*), das dann bei zahlreichen Carboxylierungsreaktionen übertragen werden kann. Ein Beispiel für eine B.-abhängige Reaktion ist die Bildung von Oxalacetat aus Pyruvat (↗ Gluconeogenese). – B. kommt u. a. in Leber, Eigelb, Weizenkleie und Sojabohnen vor. Es wird von einigen

Darmbakterien synthetisiert, sodass ernährungsbedingter Mangel an B. nur bei übermäßigem Genuss roher Eier vorkommt, da das Eiklar-Protein ↗ Avidin B. fest bindet und seine Resorption verhindert. B.-Mangelsymptome sind Dermatitis und Seborrhoe (übermäßige Talgproduktion).

Biotin

biotische Umweltfaktoren, die auf Organismen wirkenden Faktoren der lebenden ↗ Umwelt, z. B. Nahrung, Konkurrenten, Feinde, Parasiten, Krankheitserreger. Gegensatz: ↗ abiotische Umweltfaktoren

biotisches Potenzial, *Vermehrungspotenzial*, Maß für die Wachstumsrate einer ↗ Population (↗ Populationswachstum) ohne limitierende Umweltfaktoren.

Biotop, ein räumlich begrenzter Lebensraum, der eine angepasste Lebensgemeinschaft (↗ Biozönose) beherbergt. Das B. ist geprägt durch eine spezielle Kombination von ↗ abiotischen Umweltfaktoren und hebt sich dadurch von benachbarten Lebensräumen ab. In der ↗ Geobotanik benutzt man statt B. den Begriff ↗ Standort. Ein B. kann z. B. eine ↗ Hecke oder ein ↗ Tümpel sein.

Biotopschutz, Schutz von ↗ Biotopen mit den dazugehörigen Lebensgemeinschaften (↗ Biozönose). Maßnahmen und Instrumente dazu sind z. B. die Ausweisung von ↗ Naturschutzgebieten, ↗ Nationalparks, der Schutz von europäischen Lebensräumen im Rahmen der Flora-Fauna-Habitat-Richtlinie und der Vogelschutzrichtlinie (↗ Natura 2000). Der B. ist als ein wichtiges Instrument des ↗ Artenschutzes anzusehen.

Biotopvernetzung, räumliche oder funktionale Verbindung oder Anbindung von ↗ Biotopen. Dadurch soll vor allem in ↗ Kulturlandschaften dem Aussterben von Arten und Biotoptypen entgegengewirkt werden.

Biotransformation, *Biokonversion*, enzymatische Veränderung von Substanzen.

1) *Biotechnologie*: Zur B. werden ganze lebende Zellen, fixierte Zellen und isolierte freie oder trägergebundene ↗ Enzyme verwendet. Durch B. können Stoffumwandlungen ausgeführt werden, die chemisch sehr schwierig, in vielen Schritten oder überhaupt nicht möglich wären.

2) *Physiologie*: im menschlichen und tierischen Stoffwechsel die Umwandlung von niedermolekularen, körperfremden, vor allem aber lipophilen und damit nur schwer über die Niere auszuscheidenden Stoffen in wasserlösliche, harnfähige Verbindungen. B. findet vor allem in der Leber statt.

In den so genannten *Phase-I-Reaktionen (Umwandlungsreaktionen)* werden entweder funktionelle Gruppen eingeführt oder vorhandene umgewandelt, um ein Molekül polarer und damit hydrophiler zu machen; dies hat i. Allg. eine Verringerung der biologischen Aktivität bzw. der Giftigkeit zur Folge, allerdings werden manche Moleküle durch diese Umwandlungsreaktionen auch erst biologisch aktiv. Wichtige Reaktionen der Phase I sind u. a.:

C-Hydroxylierung

Epoxidierung

Oxidative Dealkylierung

$$X = O, N, S$$

Oxidative Desaminierung

N-Oxidation

S-Oxidation

Biotransformation Beispiele für Phase-I-Reaktionen

Hydrolytische Spaltungen (z. B. ↗ Hydrolyse von Acetylsalicylsäure) von Ester- und Peptidbindungen, ↗ Oxidationen, ↗ Reduktionen, ↗ Methylierung (z. B. Inaktivierung von ↗ Noradrenalin), Desulfurierung. Die Oxidationsreaktionen werden von Cytochrom-P450-Systemen katalysiert.

In den *Phase-II-Reaktionen (Konjugation oder Konjugatbildung)* werden die Substrate, so z. B. Bilirubin oder Steroidhormone, an sehr polare, negativ geladene Moleküle gebunden und damit Konjugate gebildet. Die katalysierenden Enzyme sind ausschließlich Transferasen. Häufigste Form der Konjugatbildung ist die Koppelung mit Glucuronsäure (↗ Uronsäuren). Weitere Phase-II-Reaktionen sind die Konjugation mit Schwefelsäure (z. B. Phenole, Gallensäuren, Steroide), die Amidsynthese, d. h. die Konjugation von Säuren mit Aminen (z. B. die Konjugation von Benzoesäure mit ↗ Glycin) sowie weiterhin die Konjugation mit ↗ Glutathion.

Biozönologie, *Biozönotik*, Wissenschaft, die sich mit den ↗ Biozönosen befasst. Als Teilgebiet der ↗ Synökologie wird die Biozönologie oft mit dieser gleichgesetzt.

Biozönose, *Lebensgemeinschaft*, Gemeinschaft der in einem ↗ Biotop regelmäßig vorkommenden Arten von Pflanzen, Tieren und Mikroorganismen, deren Vertreter untereinander und mit den Angehörigen anderer Arten in Wechselbeziehung stehen. Dieses ökologische Wirkungsgefüge der Arten wird auch als *biozönotischer Konnex* bezeichnet. (siehe Abb. auf Seite 188).

Biozönotik, die ↗ Biozönologie.

biozönotische Grundprinzipien, von A.F. ↗ Thienemann formulierte Regeln zu ↗ Biozönosen: 1) Vielseitige Lebensbedingungen in einem ↗ Biotop ermöglichen eine hohe ↗ Artendichte der dazugehörigen Lebensgemeinschaft bei relativ geringer Individuenzahl der beteiligten Arten. 2) Einseitige Lebensbedingungen, vor allem solche, die durch die extrem starke oder extrem niedrige Entfaltung allgemein wichtiger ↗ Umweltfaktoren ausgezeichnet sind, führen zu artenarmen Biozönosen bei hoher Individuenzahl der beteiligten Arten.

biozönotischer Konnex, ↗ Biozönose.

Bipedie, *Zweibeinigkeit*, funktionell-anatomische Bez. für die Fortbewegungsweise von Wirbeltieren, die nur oder fast ausschließlich mit den Hintergliedmaßen laufen. B. findet sich z. B. bei Laufvögeln wie Strauß und Nandu, bei Kängurus und ist als aufrechter Gang eines der charakteristischen Merkmale der ↗ Hominidae.

Der aufrechte Gang ist mit wesentlichen Anpassungen des Stütz- und Bewegungsapparates verbunden. Ein Merkmal ist ein eher wannenförmiges Becken mit einem kurzen verbreiterten Darmbein, in dem in aufrechtem Zustand die Bauchein-

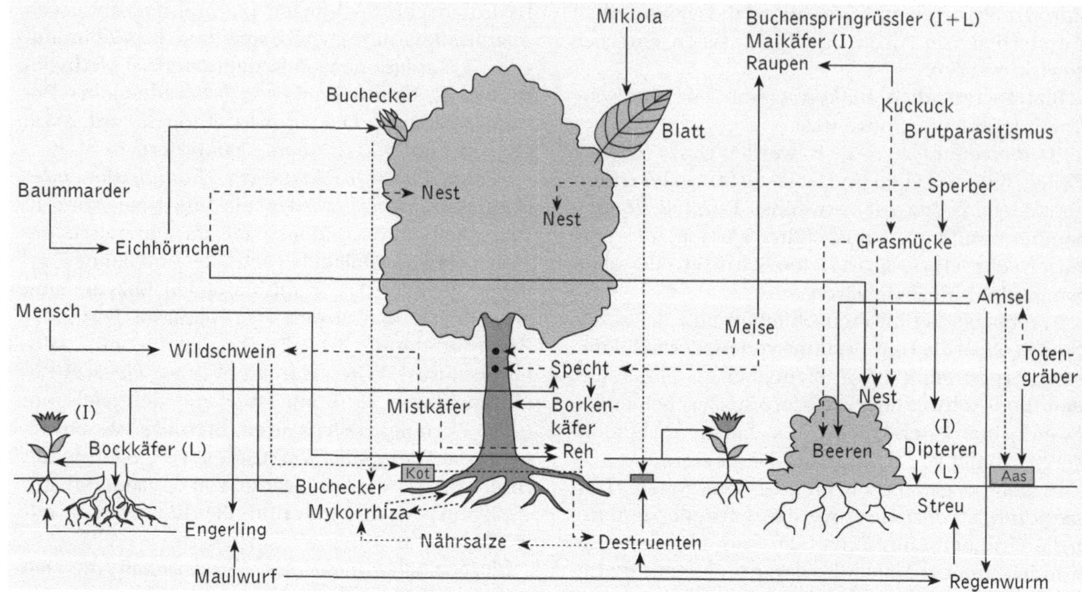

Biozönose Biozönose: Ausschnitt des Beziehungsgefüges (*biozönotischer Konnex*) im Rotbuchenwald. I = Imago; L = Larve; ———➤ Hinweis auf Nahrungsobjekt; - - - - -➤ Bindungen über Nistplatzangebot, Parasitismus, Lieferung von Nahrungsmaterial etc.; ⋯⋯⋯➤ Stoffströme bzw. Transportwege

geweide ruhen. Zudem bildet es große Ansatzflächen für den für das zweibeinige Gehen wichtigen großen Gesäßmuskel (Musculus glutaeus maximus) und für die das Bein abspreizende Muskulatur, die beim Gehen dafür sorgt, dass das Becken auf der Seite des Spielbeins nicht herunterkippt. Charakteristisch ist auch eine schmale Rinne am oberen Ast des Schambeins (Os Pubis), durch die der Hüftlendenmuskel (Musculus iliopsoas), der beim Gehen das Spielbein nach vorne schwingt, geführt und wie auf einer Rolle umgelenkt wird. Eine weitere Anpassung ist der Verlauf der Oberschenkelachse: Die beiden Oberschenkelknochen sind nicht parallel, sondern verlaufen zum Knie hin aufeinander zu. Dadurch rücken die Unterschenkel dicht zusammen und es wird erreicht, dass beim zweibeinigen Laufen das Körpergewicht fast genau auf dem jeweiligen Standbein ruht. Auch der Bau der Füße, die das Abrollen von hinten außen nach vorne innen (über den gerade nach vorne gerichteten großen Zeh) beim Gehen erlauben sowie das weit vorne an der Schädelbasis liegende Hinterhauptsloch (Foramen magnum) sind Anpassungen, die im Zusammenhang mit der B. zu sehen sind.

Sicher nachgewiesen ist die B. des Menschen seit rund 3,6 Mio. Jahren, belegt durch Fußabdrücke dreier Australopithecinen (↗ Australopithecus) im Tuff von Laetoli (Tansania) sowie ein besonders gut erhaltenes Skelett von Australopithecus afarensis (bekannt unter dem Namen „Lucy"). Aufgrund jüngerer Funde wird vermutet, dass der aufrechte Gang sogar mehr als 4 Mio. Jahre alt ist, da sowohl bei Australopithecus anamensis (Alter etwa 3,9 – 4,2 Mio. Jahre) als auch bei dem ältesten bekannten Hominiden ↗ Ardipithecus ramidus (Alter etwa 4,4 Mio. Jahre) Hinweise auf B. zu finden sind.

Bipinnaria, Larve der Seeigel (↗ Asteroida).

Birke, *Betula*, Gatt. der ↗ Betulaceae mit ca. 50 Arten, die auf der Nordhalbkugel verbreitet sind. Es sind anspruchslose Bäume und Sträucher mit kätzchenförmigen Blütenständen (↗ Blütenstand). Die bekannteste Art ist die Hänge- oder Weißbirke, *Betula pendula* (Abb. ↗ Betulaceae).

Birkengewächse, die Fam. ↗ Betulaceae.

Birkenmaus, Art der Hüpfmäuse (↗ Zapodidae).

Birkenzeisig, Art der Finken (↗ Fringillidae).

Birkhuhn, Art der Raufußhühner (↗ Tetraoninae).

Birnbaum, *Pyrus*, Gatt. der ↗ Rosaceae. Die kultivierte Birne, *Pyrus domestica*, ist wahrscheinlich eine Züchtung aus der einheimischen Holzbirne, *P. communis*.

Bisamratte, *Ondatra zibethicus*, ursprünglich in Nordamerika beheimatete Art der Wühlmäuse (↗ Arvicolidae), die sich über weite Teile der Alten Welt ausgebreitet hat, nachdem sie wegen ihres weichen, kastanienbraunen Fells seit Anfang des 20. Jh. eingeführt bzw. ausgesetzt wurde. B. sind am Wasser lebende Nacht- und Dämmerungstiere, die sich von Pflanzenteilen, aber auch von Muscheln und Schnecken ernähren. Sie bauen Erdhöhlen oder Burgen aus Gräsern und Schilf mit Wohn- und Vorratskammern. In manchen Gegenden sind sie

Zwischenwirt für den Fuchsbandwurm (↗ Echinococcus).

Bishop, *Michael J.*, amerikan. Mikrobiologe und Mediziner, * 22.2.1936 York (Pennsylvania); seit 1968 Prof. an der University of California School of Medicine in San Francisco; Seine Arbeiten brachten wichtige Erkenntnisse über die Steuerung des Zellwachstums durch Protoonkogene und Anti-Onkogene sowie deren Entgleisung bei viralen und nicht-viralen Krebsgeschwülsten. B. erhielt 1989 zusammen mit H.E. ↗ Varmus den Nobelpreis für Physiologie oder Medizin.

Bison, *Bison bison*, in Prairien und lichten Wäldern Nordamerikas verbreitetes Wildrind, etwa 3 m körperlang und 1,9 m schulterhoch, mit dichtem braunem, am Vorderkörper schwarzbraunem Fell mit mähnenförmig verlängerten Haaren. Beide Geschlechter haben kurze, seitlich am Kopf stehende Hörner. B. ernähren sich vor allem von Gräsern. Sie wanderten früher in riesigen Herden über die Prairien und waren das wichtigste Jagdwild der dort lebenden Indianer. Durch Massenabschuss im 19. Jh. wurde der B. fast ausgerottet, die Bestände haben sich infolge intensiver Schutzmaßnahmen erholt. Eng verwandt mit dem B. und sehr ähnlich im Aussehen ist der in Wäldern Eurasiens und Nordafrikas verbreitete *Wisent (Bison bonasus)*, der sich von Gräsern, Blättern und Baumrinde ernährt. Auch er war Anfang des 20. Jh. fast ausgerottet, bis heute gibt es nur noch kleine, geschützte Bestände.

Bitis, die Gatt. ↗ Puffottern.

Bitterling, Art der Karpfen- oder Weißfische (↗ Cyprinidae).

Bivalvia, *Muscheln*, wasserlebende und mit Kiemen atmende Schalenweichtiere (↗ Conchifera) mit zweiklappiger Schale, die mit rund 7500 rezenten Arten im Meer, in Süßwasser und in Brackwasser überwiegend im Flachwasserbereich leben. Die aus grabenden Formen entstandenen B. haben den Kopf bis auf die Mundöffnung und deren Anhänge zurückentwickelt, außerdem ist die Radula, in Anpassung an eine Ernährung von Kleinlebewesen, vollständig reduziert. Charakteristisch sind die oft nur bei jungen Muscheln ausgebildeten ↗ Byssusdrüsen, deren Sekret der Anheftung an den Untergrund dient. Der *Mantel* umschließt den gesamten Weichkörper. Er bildet drei Falten, von denen die äußere die Schale erzeugt und auf der mittleren besondere Sinneszellen lokalisiert sind. Am Hinterende befinden sich zwei Öffnungen, eine ventrale *Ingestionsöffnung*, durch die das Wasser in die Mantelhöhle strömt und eine dorsale *Egestionsöffnung*, durch die das Wasser ausströmt. Oft liegen die beiden Öffnungen an der Spitze röhrenförmiger Fortsätze (*Siphonen*). Zudem gibt es noch eine Öffnung für den Durchtritt des Fußes.

Die beiden *Schalenhälften* sind durch ein Ligament (*Scharnierband*) aus ↗ Conchin elastisch miteinander verbunden. Zahn- und leistenartige Vorsprünge, die ineinander greifen, verhindern ein paralleles Versetzen der Schalenklappen. Sie werden als *Scharnier* bezeichnet. Es gibt unterschiedliche Scharniertypen, so u. a. *taxodonte* (mit vielen kleinen Zähnchen), *heterodonte* (unterschiedliche Anzahl unterschiedlicher Zähne), *desmodont* (Klappe und Zähne sind löffelartig verschmolzen), *dysodont* (ohne Zähne), *isodont* (wenige symmetrische Zähne), *hemidapedont* (wenig ausgeprägte Zähne). Die Schalenklappen werden durch große *Schließmuskeln* verbunden, die zwei Anteile enthalten: Sperrmuskeln, die die Schale mit geringem Energieaufwand lange geschlossen halten können und schnell arbeitende Schließmuskeln.

In der *Mantelhöhle* liegen die ↗ Kiemen, die bei ursprünglichen B. *Ctenidien* oder *Protobranchien* sind und bei höheren Muscheln *Fadenkiemen (Filibranchien)* oder *Blattkiemen (Eulamellibranchien)*.

Das Nervensystem besteht aus drei Paar Hauptganglien (*Cerebropleuralganglion, Pedalganglion, Visceralganglion*), die weitgehend autonom sind und unterschiedliche Körperabschnitte innervieren. An Sinnesorganen finden sich ↗ Statocysten am Fuß, *Osphradien* in der Mantelhöhle und bei manchen Arten Augen (z. B. *Pecten maximus*).

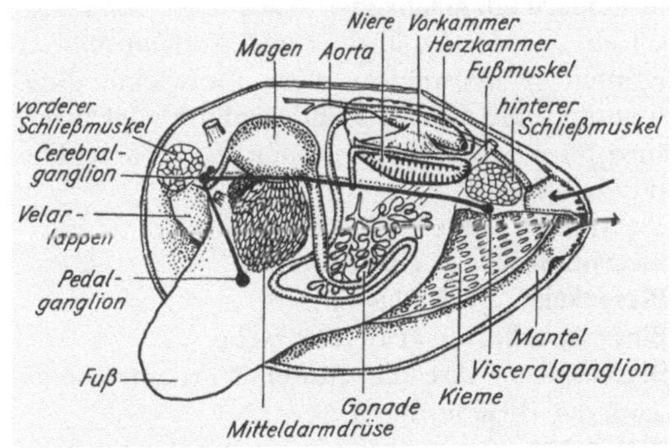

Bivalvia   Bauplan der Bivalvia

Im Verdauungstrakt fehlen Radula und Speicheldrüsen völlig. Der *Magen* ist über Verbindungsgänge mit den *Mitteldarmdivertikeln* verbunden, die als verzweigte Gänge zwischen Bindegewebe, Magen, Muskulatur und Gonaden liegen. Er besitzt einen cuticularen *Magenschild* und einen *Kristallstiel*, die wie Mörser und Pistill zusammarbeiten, um größere Partikel aufzubrechen. Der ↗ Blutkreislauf ist offen, Exkrete werden aus dem Herzen in das Perikard durch Ultrafiltration abgeschieden und gelangen durch Wimperntrichter in die paarigen *Renoperikardialgänge*. In diesen befinden sich *Nephridialsäcke* und *Nephroporen*, die sich in die Mantelhöhle öffnen.

B. sind meist getrenntgeschlechtlich. Relativ häufig ist ein Wechsel des Geschlechts, der entweder einmal im Leben stattfindet (*konsekutiver Hermaphroditismus*) oder mehrfach (*rhythmisch-konsekutiver Hermaphroditismus*). Im Verlauf der Entwicklung entsteht eine *Praeveligerlarve* und aus dieser eine *Veliger*, die bereits eine zweiklappige Schale besitzt. Diese vergrößert sich bei der *Veliconcha*, die sich über den *Pediveliger* zur bodenlebenden Jungmuschel entwickelt.

Bivalvia sind fossil seit dem Kambrium nachgewisen. Die systematische Gliederung richtet sich im Wesentlichen nach dem Bau der Kiemen, des Scharniers und der Schließmuskeln. Folgende Gruppen werden unterschieden: *Fiederkiemer (Protobranchia)*, *Pteriomorpha* u. a. mit den ↗ Austern und den ↗ Perlmuscheln, ↗ Palaeoheterodonta, u. a. mit der Flussperlmuschel und der Teichmuschel, weiterhin die ↗ Heterodonta, zu denen u. a. die Herzmuschel und die Riesenmuschel gehören sowie die marinen *Anomalodesmata*.

Blänke, offene Wasserfläche im ↗ Moor.

Bläschendrüsen, *Glandulae vesiculosae*, paarige, schlauchförmige und stark geschlängelte Drüsen, die bei männlichen Säugern (beim Menschen etwa 10 – 20 cm lang) zwischen Harnblase und Enddarm liegen. Sie münden unmittelbar vor der Vereinigung von ↗ Harnröhre und ↗ Samenleiter in letzteren und sondern ein alkalisches Sekret (*Samenflüssigkeit*) ab, das der Ernährung und Aktivierung der Spermien (↗ Spermium) dient. Entwicklungsgeschichtlich sind die B. die Endabschnitte der Wolff-Gänge. Sie werden fälschlich auch oft als Samenblasen bezeichnet.

Blasenauge, ↗ Lichtsinnesorgane.

Blasenfüße, die ↗ Thysanoptera.

Blasenkeim, die ↗ Blastocyste.

Blasenkirsche, die ↗ Judenkirsche.

Blasensprung, das Platzen der ↗ Fruchtblase zu Beginn der ↗ Geburt.

Blasentang, *Fucus vesiculosus*, Art der Braunalgen (↗ Phaeophyceae), Ord. ↗ Fucales; der ↗ Thallus des B. enthält runde, gasführende Schwimmblasen.

Blässhuhn, *Fulica atra*, Art der Rallen (↗ Rallidae). Einziger ganz schwarzer Wasservogel mit weißem Schnabel und Stirnschild sowie Schwimmfüßen mit gelappten Zehen. Das B. lebt an Gewässern mit reicher Vegetation, aber auch z. B. in Parks auf offenen Seen und Teichen und im Winter auch an der Küste. Es taucht viel und läuft oft Flügel schlagend über das Wasser.

Blastem, Bez. für eine Ansammlung von morphologisch undifferenzierten, multi- oder omnipotenten Zellen (in der Botanik: ↗ Meristem).

Blastocladiales, Ord. der ↗ Chytridiomycetes.

Blastocoel, *Keimbläschen*, flüssigkeitserfüllter Hohlraum im Innern der ↗ Blastocyste, der zur primären ↗ Leibeshöhle wird.

Blastocyste, *Blasenkeim*, *Blastula*, frühes Embryonalstadium der Säugetiere bestehend aus einer Epithelblase (*Trophoblast*), der an einer Stelle innen ein Zellhaufen (*Embryoblast*) angelagert ist. Aus dem Embryoblasten entwickelt sich der eigentliche ↗ Embryo, während der Trophoblast der Ernährung und als Hülle dient (↗ Embryonalentwicklung).

Blastoderm, ↗ Keimscheibe.

Blastogenese, die ↗ Furchung.

Blastomere, die Furchungszellen (↗ Furchung).

Blastomerenanarchie Form der ↗ Furchung bei bestimmten Turbellaria.

Blastomycetales, ↗ Deuteromycetes.

Blastoporus, der ↗ Urmund.

Blastozooide, Generation der Salpen (↗ Thaliacea).

Blastula, die ↗ Blastocyste.

Blatt, Grundorgan der höheren Pflanzen, das seitlich an der ↗ Sprossachse höherer Pflanzen entsteht. Das B. ist in erster Linie ein Organ der ↗ Fotosynthese und ↗ Transpiration. Im Verlauf der Stammesgeschichte haben sich zwei Blatttypen entwickelt: das *Mikrophyll* der Bärlappe (↗ Lycopodiopsida) und Schachtelhalme (↗ Equisetopsida) und das *Megaphyll* oder *Makrophyll* der Farne i. e. S. (↗ Pteridopsida) und der Samenpflanzen (↗ Spermatophyta).

Mikrophyll. Das Mikrophyll besitzt in der Regel nur ein höchstens einmal gabelig geteiltes ↗ Leitbündel und ist auf wenige ursprüngliche Formen der Farnpflanzen (↗ Pteridophyta) beschränkt. Die Blattepidermis mit Spaltöffnungen (↗ Stomata) umgibt bei den meisten Arten ein wenig differenziertes Parenchymgewebe (↗ Parenchym), das das Leitbündel einschließt. Das Mikrophyll ist i. Allg. klein, erreichte aber bei den Schuppenbäumen (↗ Lepidodendrales) des Karbons bis zu 1 m Länge und 10 cm Breite. Seine Organisation blieb aber primitiv.

Megaphyll. Den Grundtyp des Megaphylls stellt das gefiederte Laubblatt dar. Alle anderen Blattformen lassen sich phylogenetisch und zum Teil fossil belegt von ihm ableiten. Äußerlich gliedert es sich in den ↗ Blattgrund, den ↗ Blattstiel und die in diesem Fall in Teilflächen aufgeteilte ↗ Blattspreite. Der Blattgrund kann an seinen Rändern zu basalen Blattanhängen, den ↗ Nebenblättern auswachsen, die besser *Stipeln* genannt werden, da sie nicht immer laubartig, sondern auch als ↗ Schuppen, ↗ Dornen oder ↗ Drüsen ausgebildet werden. Die Stipeln vereinigen sich bei einigen zweikeimblättrigen Pflanzen in der Mediane zu zungen-, kapuzen- und manschettenförmigen Gebilden. Der

Blattgrund kann aber auch als verdicktes ↗ Blattgelenk entwickelt sein und bei ↗ Blattbewegungen mitwirken. Häufiger ist der Blattgrund stark verlängert und bildet eine schützende ↗ Blattscheide.

Die *Blattform* ist sehr variabel. Die B. können ungeteilt oder geteilt sein. Ungeteilte B. können u. a. eiförmig, elliptisch, lanzettlich, lineal, nieren-, pfeil- oder spießförmig sein. Der Blattrand kann dabei ganzrandig, gezähnt, gesägt oder gelappt sein. Die geteilten oder zusammengesetzten B. können gefingert oder gefiedert sein, wobei man unpaarig gefiederte mit einem Endblättchen von paarig gefiederten mit zwei Endblättchen unterscheidet. Bei doppelt gefiederten B. sind die Fiederblättchen nochmals gefiedert. Die Blattspreiten sind meist von heller gefärbten, hervorstehenden ↗ Blattrippen und Blattadern (↗ Blattnerven) durchzogen.

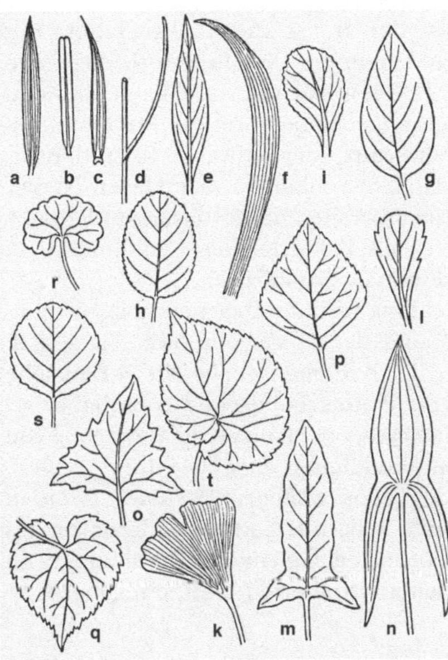

Blatt Formen der Blattspreite bei einfachen Blättern: a linealisch (lineal), b nadelförmig, c pfriemlich, d borstlich, e lanzettlich (länglich), f sichelförmig, g eilanzettlich, h elliptisch (oval), i verkehrt-eiförmig, k keilförmig, l spatelig, m sprossförmig, n pfeilförmig, o dreieckig, p rautenförmig, q herzförmig, r nierenförmig, s kreisrund, t unsymmetrisch

Das Leitbündelsystem ist bei den Farnen i. e. S. und bei den Dikotyledonen i. d. R. netzartig verzweigt und bei den Monokotylen i. Allg. parallel oder streifig angeordnet. Die Nadelblätter der Nadelhölzer sind grundsätzlich dichotom-parallelnervig und besitzen meist zwei Leitbündel.

Aufbau des Blattes. Die Oberseite des B. wird von einer ↗ Epidermis begrenzt, der eine ↗ Cuticula, eine Schutzschicht gegen Wasserverdunstung, aufgelagert ist. Dann folgt ein chloroplastenreiches *Palisadenparenchym*, das aus einer bis mehreren

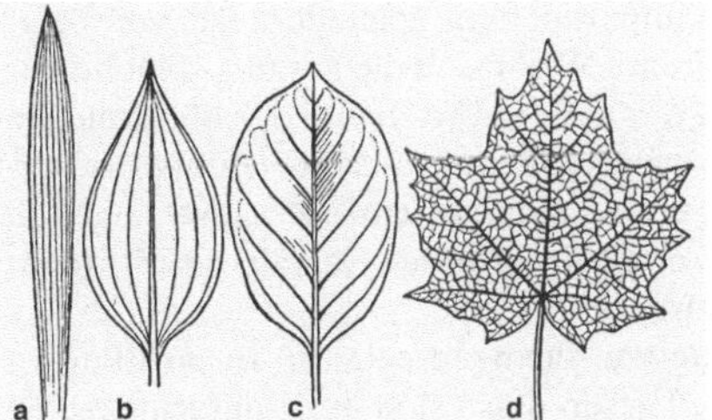

Blatt Formen der Blattnervatur: a parallelnervig, b bogennervig, c fiedernervig, d handnervig

Lagen gestreckter, chloroplastenreicher, senkrecht zur Oberfläche angeordneter Zellen besteht. Es ist das eigentliche Assimilationsgewebe. Daran schließt sich das *Schwammparenchym* an, das aus unregelmäßigen Zellen besteht, zwischen denen sich große ↗ Interzellularen befinden. Die Zellen des Schwammparenchyms besitzen nur wenige ↗ Chloroplasten und können Wasser und Reservestoffe speichern. Leitbündel durchziehen das B. in engen Abständen. Palisaden- und Schwammparenchym bilden zusammen das *Mesophyll*. Die Blattunterseite wird wieder von einer Epidermis begrenzt, in der sich meist sehr zahlreiche Spaltöffnungen befinden. In der Regel enthält nur die untere Epidermis Spaltöffnungen. Zwei chloroplastenhaltige ↗ Schließzellen regulieren die Öffnungsweite der Spaltöffnungen. Über die Spaltöffnungen steht das Mesophyll mit der Außenluft in Verbindung. Durch die Spaltöffnungen werden die Wasserdampfabgabe sowie Aufnahme und Abgabe von Kohlenstoffdioxid und Sauerstoff geregelt. Der Bau der Leitbündel im B. entspricht dem des Stängels. Betrachtet man das B. als eine seitliche Ausstülpung der Sprossachse, so liegt entsprechend dem Innen und Außen bei der Achse der Holzteil (↗ Xylem) oben und der Siebteil (↗ Phloem) unten.

Abweichungen von dem angeführten Aufbau des B. sind oft die Folge von Anpassungen an besondere Standortverhältnisse. So können z. B. Pflanzen trockener Standorte eine mehrschichtige Epidermis haben. Pflanzen intensiv besonnter Standorte besitzen oft auf der Oberseite und Unterseite des B. Palisadengewebe. Untergetauchte B. von Wasserpflanzen haben demgegenüber meist kein Palisadenparenchym ausgebildet, sondern nur Schwammparenchym mit stark entwickelten Interzellularen, die als Luftspeicher fungieren. Auch den Nadelblättern fehlt oft das Palisadenparenchym. Bei solchen B. gleichen sich die beiden Blattseiten in ihrer äußeren Erscheinung wie in ihrer inneren Struktur. Man bezeichnet sie daher als *äquifazial*, während man bei B., deren Mesophyll in dorsal liegendes Palisadenparenchym und ventral liegendes Schwammparenchym gegliedert ist, von *bifazialen* B. spricht. Wenn sich die gesamte Fläche der Blattspreite nur aus der Unterseite der Blattanlagen entwickelt, die um die unterdrückte Unterseite herum wächst, entstehen *unifaziale* B. Diese zeigen in der Regel eine drehrunde Gestalt (z. B. beim Schnittlauch).

Eine Reihe von Pflanzen zeigt an ihren Blättern Auswüchse. Lassen diese sich aus Epidermiszellen ableiten, so sind es Haarbildungen (↗ Pflanzenhaare), die als tote Gebilde dem Transpirationsschutz dienen oder als lebende Strukturen z. B. ↗ Drüsenhaare sind. ↗ Emergenzen gehen aus der Epidermis und darunter liegendem Parenchymgewebe hervor.

Die Anordnung der B. an der Sprossachse variiert je nach Pflanzenart (↗ Blattstellung). Auch die Umbildungen von Blättern in Ranken oder Dornen etc. (↗ Blattmetamorphosen) sind typisch für bestimmte Pflanzenarten.

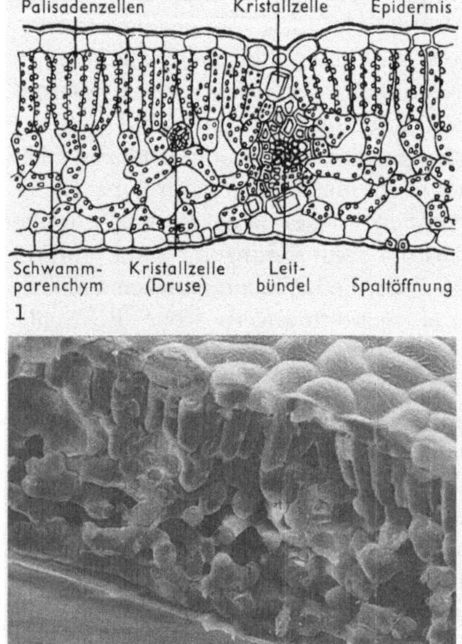

Blatt Blattquerschnitt: 1 Schematische Darstellung. 2 Rasterelektronenmikroskopische Aufnahme

Blattabwurf, ↗ Abscission.

Blattachsel, der Winkel zwischen ↗ Sprossachse und ↗ Blattstiel bzw. ↗ Blatt.

Blattadern, die ↗ Blattnerven.

Blattanlagen, *Blattprimordien*, kleine höcker- oder wulstartige Erhebungen seitlich des Sprossvegetationspunktes. Die Samenpflanzen wachsen mit einem ↗ Vegetationskegel, aus dessen äußeren Zellschichten die B. differenziert werden. (↗ Sprossachse)

Blattariae, *Schaben*, nicht monophyletische Gruppe der ↗ Insecta mit 3500 Arten, von denen etwa 15 in Mitteleuropa vorkommen. Sie sind 5 –

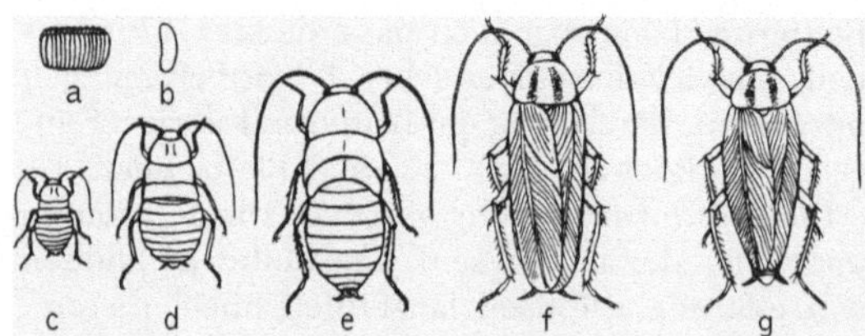
Blattariae Verwandlung der Deutschen Schabe (*Blatella germanica*): a Eikokon, b einzelnes Ei, c bis e zweites, viertes und sechstes Nymphenstadium, f. Männchen, g Weibchen

32 mm, vereinzelt bis 95 mm lang und leben von unterschiedlichen Stoffen pflanzlicher und tierischer Herkunft. Viele Arten sind lichtscheu und neigen zur „Herdenbildung", bei der Aggregationspheromone eine Rolle spielen.

Der Körper der B. ist meist abgeplattet, mit körperlangen Antennen. Die Mundwerkzeuge sind kauend. Die Flügel werden in Ruhe flach über den Körper gelegt, ein scheibenförmiges Pronotum bedeckt den Kopf ganz oder teilweise. Exkretionsorgane sind Malpighi-Schläuche, der Magen ist mit starken Cuticularzähnen ausgestattet. Im Fettkörper befinden sich Bakterien als Symbionten. B. besitzen abdominale Stinkdrüsen.

Die Entwicklung verläuft über neun bis 13 Nymphenstadien und dauert ca. ein Jahr. Zu den B. gehören u. a. die ↗ Küchenschabe, die ↗ Deutsche Schabe und die ↗ Amerikanische Großschabe.

Blattbewegungen, bei Pflanzen die Bewegung von Laubblättern. Sie können entweder durch Außenfaktoren oder aber endogen gesteuert werden (↗ innere Uhr). B. beruhen auf Veränderungen des Turgors in speziellen Gelenken (↗ Pulvinus). Zu den von außen kontrollierten Blattbewegungen ge-

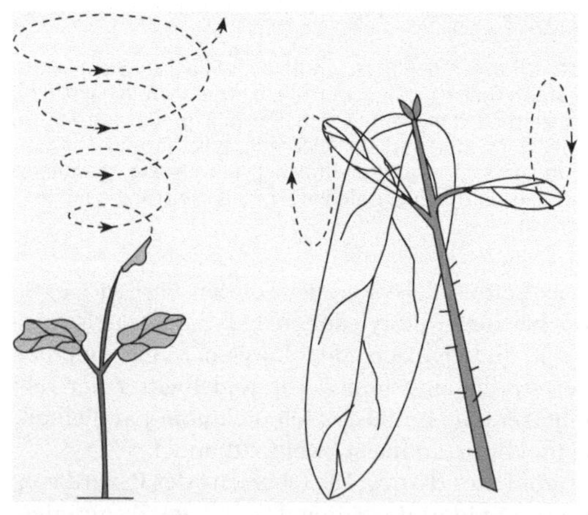
Blattbewegungen Unterschiedliche autonome Blattbewegungen: Links Circumnutation eines Keimlings (*Pharbitis hispida*), daneben Bewegungen der Fiederblättchen der „Telegrafenpflanze" (*Desmodium gyrans*)

hören die sehr schnellen Bewegungen der Fiederblätter der Mimose, die Klappbewegungen einer Reihe ⌐ carnivorer Pflanzen (⌐ Seismonastie) oder aber das Ausrichten der Blattspreite in Richtung der maximalen Lichteinstrahlung (⌐ Fototropismus). Dahingegen sind so genannte ⌐ Schlafbewegungen und ⌐ Circumnutation autonome, durch die innere Uhr gesteuerte Phänomene, die auch unter konstanten Umweltbedingungen weiter ablaufen. Ein bekanntes Beispiel sind die kreisenden Bewegungen der Fiederblätter der so genannten „Telegrafenpflanze" *Desmodium gyrans*.

Blattdornen, zu ⌐ Dornen umgewandelte Blätter oder Blattteile (⌐ Blattmetamorphosen).

Blattdüngung, das direkte Aufbringen von flüssigem ⌐ Dünger auf die Blätter. Die B. nutzt die Tatsache aus, dass bestimmte Mineralstoffe direkt von den Blättern aufgenommen werden. B. kommt bei Bäumen, Getreiden und im Weinbau zum Einsatz (⌐ Mineralstoffwechsel).

Blättermagen, *Psalter*, *Omasus*, Teil des Vormagensystems der ⌐ Wiederkäuer.

Blätterpilze, die ⌐ Agaricales.

Blattfall, ⌐ Abscission.

Blattfarbstoffe, ⌐ Blattpigmente.

Blattflächenindex, Abk. *BFI*, Maßzahl für die Belaubungsdichte eines Pflanzenbestandes (⌐ Bestand). Der B. errechnet sich aus dem Verhältnis der Gesamtsumme der Blattflächen zur Bodenoberfläche. Bei einem BFI von 5 wird 1 m^2 Bodenfläche von 5 m^2 Blattfläche von in verschienenen Ebenen übereinander stehenden Blättern überdeckt. Je höher der BFI ist, desto größer ist die fotosynthetisch aktive Oberfläche und desto höher ist auch die Produktionsleistung der Vegetation.

Blattflechten, ⌐ Lichenes.

Blattflöhe, die ⌐ Psyllina.

Blattfolge, Aufeinanderfolge verschiedenartiger Blätter (⌐ Blatt) in der Entwicklung einer höheren Pflanze (z. B. ⌐ Keimblatt, Laubblatt, ⌐ Hochblatt; ⌐ Kelchblatt, Kronblatt, ⌐ Staubblatt, ⌐ Fruchtblatt).

Blattfußkrebse, die ⌐ Branchiopoda.

Blattgelenk, an ⌐ Blattstielen lokalisierte Zone, die oft wulst- oder polsterförmig verdickt ist. Das B. enthält oft Gewebe, das durch Turgorveränderungen ⌐ Blattbewegungen ermöglicht.

Blattgrün, das ⌐ Chlorophyll.

Blattgrund, der an der ⌐ Sprossachse befestigte basale Teil des ⌐ Blattes. Bildungen des B. sind z. B. ⌐ Nebenblätter, ⌐ Blattöhrchen und ⌐ Blattscheide.

Blatthornkäfer, die Fam. ⌐ Scarabaeidae.

Blattkäfer, die Fam. ⌐ Chrysomelidae.

Blattläuse, die ⌐ Aphidina.

Blattmetamophosen, Umbildungen von Blättern (⌐ Blatt, ⌐ Metamorphosen). Dabei ist das Blatt in

zahlreichen Fällen sowohl in seiner äußeren Gestalt als auch im anatomischen Feinbau stark abgewandelt, sodass es oft nicht mehr als Blatt erkennbar ist. Zu den B. gehören die Umbildungen von Blättern oder auch ⌐ Nebenblättern zu ⌐ Dornen (z. B. bei den Kakteen, ⌐ Cactaceae), die Umwandlung von Blättern oder Blattteilen zu ⌐ Ranken (z. B. bei der Erbse). B. sind auch die ⌐ Zwiebeln, die zu Insektenfallen abgewandelten Blätter vieler ⌐ carnivorer Pflanzen und viele Blütenorgane (⌐ Blüte) wie Kelchblätter (⌐ Kelchblatt) , Blütenkronblätter (⌐ Kronblätter), Staubblätter (⌐ Staubblatt) und Fruchtblätter (⌐ Fruchtblatt).

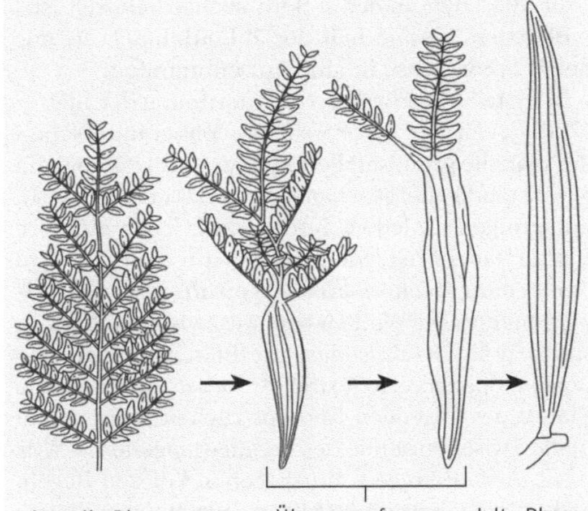

Blattmetamorphosen Blätter von *Acacia heterophylla* mit Übergangsformen zwischen gefiederten Jugendblättern und den Phyllodien der adulten Phase

Blattminierer, ⌐ Minierer.

Blattnerven, *Blattadern*, *Adern*, die Gefäßbündel eines ⌐ Blattes. Die charakteristische Anordnung der B. wird als als *Blattnervatur* bezeichnet.

Blattöhrchen, *Öhrchen*, paarige seitliche Ausgliederungen am Grund der Blattspreite. Bei Gräsern treten sie an der Übergangsstelle von ⌐ Blattspreite zu ⌐ Blattscheide auf.

Blattpigmente, *Blattfarbstoffe*, die im Blatt vorkommenden Pigmente. Die grüne Farbe fotosynthetisch aktiver, gesunder Blätter ist auf das ⌐ Absorptionsspektrum von ⌐ Chlorophyll zurückzuführen, das den Grünanteil des Sonnenlichts reflektiert. Andere B., denen wichtige Funktionen zukommen, sind erst im Herbst zu sehen, wenn der *Chlorophyllabbau* die gelb und orange gefärbten Carotinoide und Xanthophylle sichtbar werden lässt (⌐ Herbstfärbung). Bei den roten B. handelt es sich um ⌐ Anthocyane, wohingegen die Braunfärbung abgestorbener Blätter auf Gerbstoffe und phenolische Verbindungen zurückzuführen ist.

Blattprimordien, die ⌐ Blattanlagen.

Blattranken, zu ↗ Ranken umgewandelte Blätter (↗ Blattmetamorphosen).

Blattrippe, leistenförmig vorspringende dickere Blattader (↗ Blattnerven). Die B. auf den Unterseiten der Laubblätter sind meist deutlich zu erkennen.

Blattrosette, rosettenförmig (↗ Rosette) angeordnete Blätter.

Blattscheide, der bei manchen Pflanzen die ↗ Sprossachse röhrenförmig umschließende Teil des ↗ Blattes.

Blattspreite, *Lamina*, der meist flächig verbreiterte Teil des ↗ Blattes, der mit einem ↗ Blattstiel oder ungestielt an der ↗ Sprossachse befestigt ist.

Blattspur, Gesamtheit der ↗ Leitbündel, die aus der ↗ Sprossachse in ein Blatt einmünden.

Blattstellung, *Phyllotaxis*, Anordnung der Blätter (↗ Blatt) an der ↗ Sprossachse. Dabei unterscheidet man die grundsätzlichen B. wechselständig und gegenständig. Bei *gegenständiger* oder *wirteliger* B. entspringen an jedem Knoten zwei oder mehrere Blätter. Entspringt jedem Knoten nur ein Blatt, wird die Stellung *wechselständig, spiralig* oder *schraubig* genannt. Die Winkelabstände zwischen Blättern sind i. d. R. gleich, sodass die Blätter gleichmäßig um den Spross verteilt sind (*Äquidistanzregel*). Die Blätter des folgenden Knotens rücken meist genau in die Zwischenräume des vorangegangenen ↗ Wirtels (*Alternanzregel*). Entsprechend diesen Regeln stehen sich bei zweizähligen Wirteln die Blätter genau gegenüber und das folgende Blattpaar steht senkrecht zur Richtung des vorangegangenen. Diese B. nennt man *kreuzgegenständig* oder *dekussiert*. Wenn nur ein Blatt an einem Knoten ausgebildet wird, nennt man die B. *dispers* oder *zerstreut*. Die Blätter können dabei an der Sprossachse so verteilt sein, dass das nachfolgene Blatt genau an der gegenüber liegenden Seite entsteht, man nennt

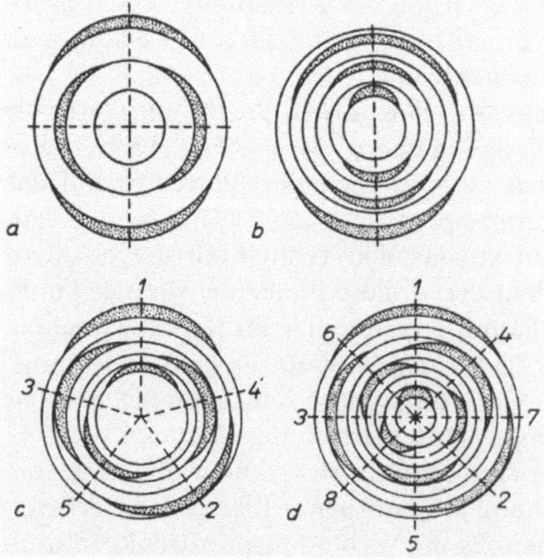

Blattstellung Blattstellungstypen: a kreuzgegenständig, b distich, c 2/5-Stellung, d 3/8-Stellung

dies eine *zweizeilige* oder *distiche* B. Sind die Winkelabstände zwischen zwei aufeinander folgenden Blattanlagen kleiner als 180 °, ergibt sich die *schraubige* oder *spiralige* B. Die (gedachte) Linie, die die aufeinander folgenden Blätter auf dem kürzesten Weg verbindet, wird als *Grundspirale* bezeichnet. Die Blätter sind in gesetzmäßiger Weise auf der Grundachse angeordnet, indem je zwei aufeinander folgende Blätter um einen bestimmten Winkel (Divergenzwinkel) gegeneinander verschoben sind.

Blattstiel, *Petiolus*, der meist runde, stängelartige Teil des ↗ Blattes zwischen ↗ Blattgrund und ↗ Blattspreite; bei sitzenden Blättern fehlend.

Blattstreu, ↗ Streu.

Blattsukkulenten, sukkulente (↗ Sukkulenz) Pflanzen, bei denen das Wasserspeichergewebe in den Blättern liegt. Bei den „Lebenden Steinen", *Lithops* (↗ Aizoaceae), liegen die Wasserspeicherzellen in subepidermalen Zellschichten, bei den ↗ Crassulaceae bilden sich große Vakuolen in den Mesophyllzellen. (↗ Xerophyten)

Blaualgen, veraltet für ↗ Cyanobakterien.

Blaubakterien, veraltet für ↗ Cyanobakterien.

Blaubeere, die ↗ Heidelbeere.

Blau-grüne Algen, veraltet für ↗ Cyanobakterien.

Blaukehlchen, Art der Drosselvögel (↗ Turdidae).

Blaulichteffekte, bei *Pflanzen* eine Vielzahl von physiologischen Phänomenen, die durch die An- und Abwesenheit von Blaulicht (Wellenlänge 400 – 500 nm) kontrolliert werden. Zu den physiologisch und zunehmend auch molekularbiologisch gut untersuchten B. zählen ↗ Fototropismus, Kontrolle der ↗ Spaltöffnungsbewegungen, Kontrolle des ↗ Streckungswachstums des Hypocotyls, Kontrolle der ↗ Blütenbildung, Steuerung der Genexpression sowie Synchronisation der ↗ inneren Uhr an die Umgebung (circadiane Rhythmen, ↗ Biorhythmik). Neben Rotlicht (↗ Phytochrom) kommt Blaulicht somit eine wichtige Bedeutung bei Entwicklungsvorgängen und der Kontrolle des Stoffwechsels von Pflanzen zu. Im Unterschied zu den durch Phytochrome vermittelten Rotlichtreaktionen lassen sich B. bereits nach wenigen Sekunden nachweisen. Anders als die typischen Fotosynthese-Effekte, die nach Einsetzen des Lichtsignals rasch beginnen und ebenso schnell erlöschen, wenn die Beleuchtung nicht mehr vorhanden ist, bleiben B. noch mehrere Minuten mit maximalen Raten bestehen. Ferner zeichnen sich B. durch eine kurze *lag-Phase* aus, nach deren Verstreichen diese in Erscheinung treten.

Auf zellulärer Ebene löst Blaulicht Signaltransduktionsketten aus, nachdem es von ↗ Blaulichtrezeptoren wahrgenommen wurde. Dadurch werden z. B. Anionenkanäle aktiviert oder die Expression bestimmter Gene verändert, die ihrerseits für die

Kontrolle physiologischer Effekte verantwortlich sind.

Bei *Tieren* sind inzwischen ebenfalls B. bekannt, die im Zusammenhang mit dem Cryptochrom stehen. Bei der Maus und bei ↗ Drosophila melanogaster wirken sich Mutationen dieses Blaulichtrezeptors auf die innere Uhr dieser Tiere aus, sodass z. B. die Synchronisation durch Licht verändert ist.

Blaulichtrezeptoren, Fotorezeptoren, die Licht im blauen Spektralbereich zwischen 400 und 500 nm wahrnehmen und eine Vielzahl von Phänomenen (↗ Blaulichteffekte) kontrollieren. Hierzu zählen ↗ Cryptochrome von Pflanzen und Tieren und das pflanzliche ↗ Fototropin. Chemisch gesehen handelt es sich bei B. um Flavoproteine, die eng verwandt mit den ↗ Fotolyasen (↗ DNA-Reparatur) sind.

Bläulinge, die Fam. ↗ Lycaenidae.

Blaumeise, Art der Meisen (↗ Paridae).

Blauwal, Art der Furchenwale (↗ Balaenopteridae).

Bleicherde, der ↗ Podsol.

Blenniidae, *Schleimfische*, Fam. der Barschfische (↗ Perciformes) mit 276 meist marinen Arten, die vorwiegend in Küstenregionen leben. B. haben eine schleimige Haut und besitzen keine Schwimmblase. Sie können den Kopf drehen und die Augen unabhängig voneinander bewegen.

Blepharoplast, ältere Bez. für ↗ Basalkörper.

Blinddarm, *Caecum*, blindsackartiger Anfangsteil des aufsteigenden Dickdarms unterhalb der Einmündungsstelle des Dünndarms (↗ Darm).

blinder Fleck, die Austrittsstelle des Sehnervs im ↗ Auge.

Blindschleiche, *Anguis fragilis*, bis 50 cm lange, fußlose Art der Schleichen (↗ Anguidae), mit blaugrauer bis graubrauner Oberseite und meist mit schwarzer Mittellinie und dunkler Längsstreifung, unterseits schwarz bis blaugrau. Die Augenlider sind beweglich. Der Schwanz kann leicht abbrechen und wächst dann als kurzer Stumpf nach. Die B. ist in Europa, Vorderasien und Nordwestafrika verbreitet. Sie bewohnt mäßig feuchtes, sonniges Gelände und frisst Regenwürmer, Nacktschnecken und kleine Insekten.

Blindwühlen, die ↗ Gymnophiona.

Blobel, *Günter*, deutscher Zell- und Molekularbiologe, ✳ 21.5.1936 Waltersdorf (Schlesien, heute Niegloslawice, Polen); seit 1967 am Howard Hughes Medical Institute der Rockefeller University, New York. Bereits in den 1970er-Jahren hatte B. entdeckt, dass neu synthetisierte Proteine eine eingebaute Signalsequenz tragen, die ihren Bestimmungsort kennzeichnet, ähnlich einem Adressierungssystem. Die Allgemeingültigkeit der seinerzeit postulierten Mechanismen konnte inzwischen für Hefe-, Pflanzen-, Tier- und Bakterienzellen experimentell nachgewiesen werden. Mit den gewonnenen Erkenntnissen lassen sich auch molekulare Mechanismen erklären, die bestimmten Erbkrankheiten zu Grunde liegen, die letztendlich darauf beruhen, dass der Transport von bestimmten Proteinen an ihre jeweiligen Funktionsorte nicht richtig funktioniert. Für seine richtungsweisenden Erkenntnisse erhielt B. im Jahr 1999 den Nobelpreis für Physiologie oder Medizin.

Bloch, *Konrad Emil*, deutsch-amerikan. Biochemiker, ✳ 21.1.1912 Neisse; ab 1946 Prof. an der University of Chicago, ab 1954 an der Harvard University in Cambridge (Massachusetts), seit 1968 Leiter des dortigen chemischen Departments. Bloch wies wichtige Zwischenstufen der Cholesterin-Biosynthese (Squalen, Lanosterin, aktives Isopren) nach und verfasste grundlegende Arbeiten über die Bioynthese der Fettsäuren und den Fettsäurezyklus. Er erhielt 1964 zusammen mit F.F.K. ↗ Lynen den Nobelpreis für Physiologie oder Medizin.

Blühbeginn, Zeitpunkt, zu dem die geschlossenen Blüten durch Öffnen der Knospen und Entfaltung der Kelch- und Kronblätter mit dem ↗ Blühen beginnen. Dem B. geht die ↗ Blütenbildung voraus.

Blühen, der Vorgang der sich an die ↗ Blütenbildung anschließt und den Zeitraum vom Entfalten bis zum Absterben der Blüten umfasst. Viele Pflanzen beginnen unmittelbar nach der Blütenbildung zu blühen, wohingegen bei anderen Pflanzenarten (Bäume, ↗ Geophyten) die Blüten bereits im Herbst angelegt werden, sich aber erst im nächsten Frühling öffnen.

Bei Angiospermen entfalten sich dabei zunächst die Knospen und geben die Blütenorgane frei. Während des B. kommt es i. d. R. auch zu ↗ Bestäubung und ↗ Befruchtung. Der Zeitpunkt des B. kann sowohl im Tages-, als auch im Jahresgang artspezifisch variieren. Die so genannten *Frühblüher* wie z. B. das *Busch-Windröschen* (*Anemone nemorosa*) beginnen bereits im März zu blühen, wohingegen die *Herbstzeitlose* (*Colchicum autumnale*) von August bis Oktober blüht. Im Tagesverlauf öffnen sich die Blüten mancher Arten bereits morgens, wohingegen dies bei anderen Arten erst nachmittags und abends der Fall ist (↗ Blumenuhr). Hinzu kommt, dass sich die Dauer des B. von wenigen Stunden (*Eintagsblüten*) auf mehrere Tage erstrecken kann (*ein- bis mehrtägige Blüten*). ↗ Blütenbewegungen

Blühgene, Gene, die bei Pflanzen die ↗ Blütenbildung steuern. Man unterscheidet dabei drei Gruppen von Genen, die unterschiedliche Funktionen wahrnehmen. Sie wurden durch die Analyse von ↗ Arabidopsis-Mutanten und Mutanten des Löwenmäulchens (*Antirrhinum majus*) identifiziert und teilweise bereits kloniert. Zur ersten Gruppe der B. gehören die so genannten *Meristem-Identitätsgene*, die an der Initiation der ⇗ Blühinduktion beteiligt sind. Sie wirken positiv auf die zweite Gruppe von B., die *Blütenorgan-Identitätsgene*, die dafür sorgen, dass die vier verschiedenen Blütenorgane (Kelch, Krone, Staub- und Fruchtblätter) korrekt gebildet werden. Sie wurden aufgrund von *homöotischen Mutationen* identifiziert und gehören zu den so genannten ⇗ MADS-Box-Genen. Eine dritte Gruppe von B., die *Katastergene*, kontrollieren die Aktivität der Blütenorgan-Identitätsgene dadurch, dass sie deren Expression eingrenzen.

Blühhemmstoffe, ⇗ Florigen.

Blühhormon, ⇗ Florigen.

Blühinduktion, bei höheren Pflanzen das Auslösen der ⇗ Blütenbildung und die damit verbundenen Vorgänge im Sprossapex. Die B. kann *endogen* durch Faktoren wie ⇗ Phytohormone und die ⇗ innere Uhr der Pflanzen oder aber *exogen* durch Umweltsignale wie Temperatur (⇗ Vernalisation) und Tageslänge (⇗ Fotoperiodismus) gesteuert werden. Im Falle der fotoperiodischen Blühinduktion werden die sich im Jahresverlauf verändernden Tageslängen mit Hilfe der inneren Uhr wahrgenommen (circadiane Rhythmik; ⇗ Biorhythmik), wobei die B. von ⇗ Kurztagpflanzen andere Tag-Nacht-Längen erfordert als die von ⇗ Langtagpflanzen. Daneben spielen auch das Alter einer Pflanze bzw. die Größe des Vegetationskörpers bei der B. eine Rolle.

Während des Übergangs von der Blatt- zur Blütenbildung durchläuft der Sprossapex zwei Differenzierungszustände, die als *Kompetenz* und *Determination* bezeichnet werden. Ein Spross ist dann kompetent, wenn die in ihm vorhandenen Zellen auf ein *Differenzierungssignal* reagieren. Danach wird ein Differenzierungsprogramm ausgelöst, das selbst dann noch abläuft, wenn die Sprossspitze aus ihrer natürlichen Umgebung entfernt wird. Experimente an Tabak zeigten, dass determinierte Sprossapices immer blühen, nachdem sie zuvor eine bestimmte Anzahl von Blättern gebildet haben, ganz gleich, ob sie durch ⇗ Pfropfung auf eine andere Unterlage gelangen oder als ⇗ Steckling angezogen werden.

An der Umsetzung der induzierenden Bedingungen sind auch eine Reihe biochemischer bzw. molekularer Signale beteiligt, über deren Existenz z. T. noch Unklarheit herrscht. Fest steht, dass sie aus anderen Teilen der Pflanze, insbesondere den Blättern stammen, und von dort zum apikalen Sprossmeristem gelangen müssen. Neben dem so genannten *Blühhormon* (⇗ Florigen) scheinen noch Kohlenhydrate, ⇗ Gibberelline, ⇗ Cytokinine und *Polyamine* an der B. beteiligt zu sein. (⇗ Blühen, ⇗ Blütezeit)

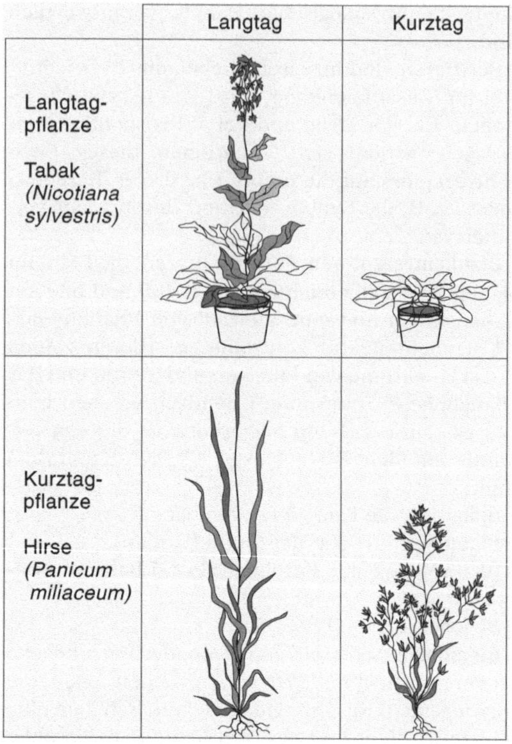

	Langtag	Kurztag
Langtag-pflanze Tabak (*Nicotiana sylvestris*)		
Kurztag-pflanze Hirse (*Panicum miliaceum*)		

Blühinduktion Die Langtagpflanze Tabak und die Kurztagpflanze Hirse reagieren auf die Tageslänge in unterschiedlicher Weise

Blumberg, *Baruch Samuel*, amerikan. Mediziner, ✳ 28.7.1925 New York; ab 1970 Professor am Institut für Krebsforschung in Philadelphia. B. entdeckte 1964 den Erreger der Serumhepatitis (Hepatitis B) und erarbeitete einen Test zur Untersuchung von Spenderblut auf Serumhepatitis. Er erhielt 1976 zusammen mit D.C. ⇗ Gajdusek den Nobelpreis für Physiologie oder Medizin.

Blume, die funktionelle Bestäubungseinheit, die sowohl eine Einzelblüte als auch ein ⇗ Blütenstand sein kann. (⇗ Blüte)

Blumenkohlmosaik-Virus, CaMV von engl. *cauliflower mosaic virus*, zur Blumenkohlmosaik-Virusgruppe gehörendes DNA-haltiges Pflanzenvirus. Die ⇗ Viren führen zu Mosaik- und Scheckungssymptomen bei den infizierten Pflanzen. Das Genom mit einer Länge von ca. 8000 bp besteht aus einer ringförmigen, doppelsträngigen DNA mit charakteristischen, einzelsträngigen Sequenzunterbrechungen an drei Stellen. Die Viruspartikel sind isometrisch und haben keine Lipoproteinhülle. Die ⇗ Transkription erfolgt im Zellkern. Das 35S-Transkript dient als Matrize für die Genomreplikation über ⇗ reverse Transkriptase.

Blumenkohlqualle, Art der Wurzelmundquallen (⇗ Rhizostomea).

Blumentiere, die ↗ Anthozoa.

Blumenuhr, eine erstmals von C. von ↗ Linné vorgenommene Zusammenstellung von Pflanzen mit einem charakteristischen, artlich unterschiedlichen Tagesrhythmus der Blütenöffnungs- und -schließbewegungen, woraus in gewissen Grenzen die Uhrzeit abgelesen werden kann. (↗ Blütenbewegungen)

blunt ends, *glatte Enden*, die Enden eines doppelsträngigen DNA-Moleküls, bei dem nach einer Behandlung mit bestimmten ↗ Restriktionsenzymen beide Stränge an derselben Position enden. Bei der ↗ DNA-Klonierung können b. e. nützlich sein. Gegensatz: ↗ cohesive ends

Blut, latein. *Sanguis*, in Kreislaufsystemen (↗ Blutgefäßsystem, ↗ Blutkreislauf) oder in Hohlräumen der vielzelligen Tiere zirkulierende Körperflüssigkeit. Morphologisch ist Blut ein mesenchymales Organsystem (↗ Mesenchym), dessen Zellen sich in der stark vermehrten extrazellulären Flüssigkeit bewegen. Alle Körperflüssigkeiten stehen miteinander in Verbindung, wobei Membranen selektiv bestimmte Komponenten zurückhalten und andere durchlassen, sodass sich die Körperflüssigkeiten der verschiedenen ↗ Kompartimente in ihrer Zusammensetzung unterscheiden. Von B. spricht man streng genommen nur bei Tieren mit geschlossenem Blutkreislauf. Hier fließen Blut und Lymphe in getrennten Blutgefäßen bzw. Lymphgefäßen (↗ Lymphgefäßsystem). Dieses System ermöglicht die Aufrechterhaltung eines stabil hohen ↗ Blutdrucks und eine intensive Versorgung der peripheren Gewebe auch bei großen Tieren. Bei Tieren mit offenem Blutkreislauf, bei dem sich Blut und extrazelluläre Flüssigkeit vermischen, nennt man die Körperflüssigkeit ↗ Hämolymphe. Allerdings gilt diese Unterscheidung nicht immer streng; z. B. besitzen Insekten zwar einen offenen Blutkreislauf, aber auch eine ↗ Blut-Hirn-Schranke.

Die *Aufgabe des B.* ist die Vermittlung des Stoffaustausches zwischen der Umwelt und den Zellen des Organismus. Dazu gehören: Gastransport, Abgabe des Sauerstoff (O_2) ins Gewebe, Abtransport des Kohlenstoffdioxids (CO_2) zu den Lungen; Transport von Nahrungsstoffen und „Baustoffen" (z. B. Zucker, Aminosäuren, Fette bzw. Fettsäuren, Elektrolyte); Abtransport von Abbauprodukten (z. B. Harnstoff, Kreatinin); Transport von Vitaminen und Hormonen; Abwehr von Fremdkörpern und Krankheitserregern durch Antikörper und Zellen des ↗ Immunsystems; ↗ Temperaturregulation; Verhinderung von Blutverlusten (↗ Blutgerinnung). Die vielfältigen Einzelfunktionen tragen insgesamt zur Regulation der ↗ Homöostase bei. Bei Wirbellosen erfüllt das B. noch einige weitere spezielle Aufgaben. So dient es bei den ↗ Mollusca als ↗ Hydroskelett und ermöglicht durch das Zusammenspiel von Flüssigkeitsdruck und Muskeltätigkeit Körperbewegungen. Bei Gliederfüßern werden Häutung, Schlüpfen (↗ Metamorphose) und Flügelentfaltung durch Blutdruckänderungen reguliert.

Die *Blutmenge* der einzelnen Tierarten ist sehr unterschiedlich. In offenen Blutkreisläufen ist sie i. Allg. bedeutend größer als in geschlossenen, bemerkenswert geringe B.-Mengen findet man bei Fischen und Insekten-Imagines. Der B.-Gehalt eines erwachsenen Menschen beträgt normalerweise 1/12 bis 1/13 seines Körpergewichts, also ca. 5 – 6 Liter, der pH-Wert liegt bei 7,36. Das *Blutplasma*, der wässrige Anteil des B., hat beim Menschen einen Anteil beon 55 Vol%. Es enthält die Blutproteine, Gerinnungsfaktoren, Salze, Hormone, Nahrungsstoffe, Enzyme usw. Der wässrige Anteil des B. ohne die Gerinnungsstoffe wird *Blutserum* genannt. Der osmotische Druck des B. beruht im Wesentlichen auf dem Salzgehalt des Blutplasmas, vor allem auf dem Gehalt an Natriumchlorid sowie dem Gehalt an Blutproteinen (↗ Albumine, ↗ Globuline), wobei letzterer den kolloidosmotischen Druck des B. bestimmt; dieser verhindert die Filtration proteinfreier Blutflüssigkeit in umliegendes Gewebe. Salze in Form von ↗ Hydrogencarbonaten und ↗ Phosphaten gehören zu den Blutpuffern, die den leicht alkalischen pH-Wert des Blutes konstant halten. Rund 45 Vol% des B. nehmen die *Blutkörperchen* (↗ Erythrocyten, ↗ Leukocyten ↗ Thrombocyten) ein.

Blutbild, *Blutstatus*, *Hämogramm*, Kombination verschiedener Blutuntersuchungen, die Aussagen über Anzahl und Verhältnis aller Typen von Blutzellen erlauben. Für ein Gesamtblutbild wird neben der Anzahl der ↗ Erythrocyten, ↗ Leukocyten und ↗ Thrombocyten pro mm^3 Blut noch der Hämoglobingehalt in g/100 ml ↗ Blut ermittelt. Für ein Differenzialblutbild wird der Prozentsatz der verschiedenen Leukocytenarten an der Gesamtleukocytenzahl bestimmt.

Blutbildung, die ↗ Hämatopoese.

Blutdruck, vom Herzen oder herzartigen Pumporganen erzeugter Druck, der zur Überwindung der Reibung in den Blutgefäßen oder Blutlakunen und der Aufrechterhaltung einer konstanten Strömungsgeschwindigkeit des Blutes dient. Der B. ist bei Tieren mit offenem Kreislaufsystem (↗ Blutkreislauf) wegen des Fehlens der Blutkapillaren niedrig und unterliegt Schwankungen durch motorische Aktivität oder den Ausdehnungszustand innerer Organe. So kann bei Gliederfüßern eine Steigerung des B. durch Aufblähung des Darms mit Luft (bei Wasserbewohnern mit Wasser) erfolgen. Dies spielt häufig bei der Häutung, bei der Entfaltung der Flügel oder anderer Körperanhänge nach dem Schlüpfen (↗ Metamorphose) eine Rolle. Bei Tieren

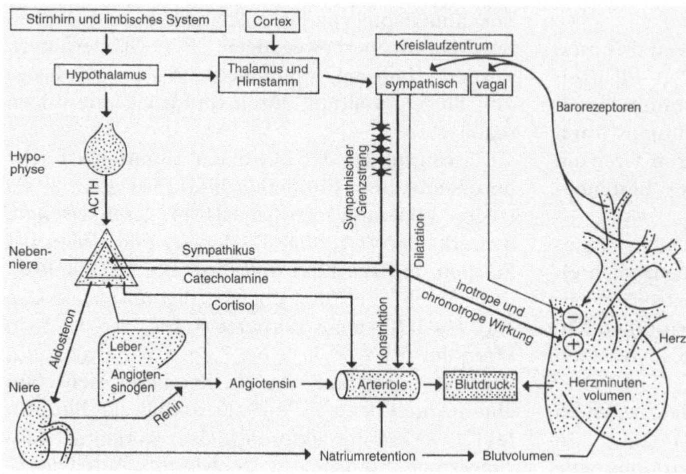

Blutdruck Zusammenspiel der verschiedenen Faktoren bei der Regulation des Blutdrucks

mit geschlossenem Kreislauf schwankt der B. rhythmisch zwischen einem Maximalwert infolge der *Systole* (momentan hoher B. nach der Herzkontraktion) und einem Minimalwert als Folge der *Diastole* (momentan niedriger B. nach der Herzerschlaffung) des Herzens. Ein Absinken auf Null während der Diastole wird durch die ⬈ Windkesselfunktion der großen Arterien verhindert. Die rhythmische Schwankung des Blutdrucks lässt sich an größeren Arterien als *Puls* tasten. In den einzelnen Kreislaufabschnitten ist der Blutdruck sehr unterschiedlich. Er ist in den peripheren Arterien am höchsten, fällt in den Arteriolen steil ab und ist in den Venen nur noch schwach registrierbar. Auch die Schwankungen zwischen systolischem und diastolischem Wert sind unterschiedlich. Sie sind in der linken Herzkammer am stärksten, durch die Windkesselfunktion in den großen Arterien schwächer (durch Erhöhung des diastolischen Werts) und steigen in Richtung der peripheren Arterien wieder an, bevor sie in den Arteriolen und schließlich in den Venen vollkommen aufgehoben sind. Bei Vögeln und Säugetieren nimmt der B. mit dem Alter zu und ist dann bei männlichen Individuen höher als bei weiblichen.

Bei *Hypertonie* ist der B. dauernd erhöht. Eine solche Veränderung kann unter anderem Folge einer abnehmenden Elastizität der Gefäße sein, etwa durch Arteriosklerose und bei zunehmendem Alter, oder einer z. B. durch Stress bedingten Gefäßverengung oder eines erhöhten Herzminutenvolumens. Bei *Hypotonie* ist der B. dauernd erniedrigt; dies tritt als Begleiterscheinung z. B. bei Vergiftungen, Unterernährung, Funktionseinschränkungen der Nebennierenrinde oder beim Kreislaufkollaps auf, kann aber in bestimmtem Rahmen auch einfach konstitutionell bedingt sein.

Die *Kontrolle des B.* erfolgt im Organismus über ⬈ Barorezeptoren, von denen die wichtigsten in der Wandung der Aorta und der großen Lungenarterien sowie an der Gabelung der Arteria carotis communis (Halsschlagader) liegen. Ihre Wirkung ist depressorisch, d. h. sie wirken Blutdruck senkend. Die globale *Regulation des B.* erfolgt durch das ⬈ Herz (über Modulation von Kontraktionskraft und Schlagfrequenz) sowie über die kontraktilen Arterien, wobei die nervöse Steuerung über ⬈ Parasympathikus (vagal) und ⬈ Sympathikus erfolgt. Der Hirnbereich, der den Blutdruck regelt (*Kreislaufzentrum*) liegt in der Medulla oblongata. Die lokale Blutdruckregulation z. B. durch Öffnen und Schließen von Arteriolen geschieht im Wesentlichen durch den Einfluss von Gewebshormonen. Die B.-Regulation steht in engem Zusammenhang mit der Regulation des extrazellulären Flüssigkeitsvolumens und der Regulation der Blutflüsse durch die Organe.

Blüte, ein Kurzspross mit begrenztem Wachstum, der an zumeist gestauchten ⬈ Internodien umgestaltete Blätter trägt, die der geschlechtlichen Fortpflanzung dienen. Meist sind die B. vom vegetativen Teil des Sprosses deutlich abgesetzt. Die B. sind für die Samenpflanzen (⬈ Angiospermae, ⬈ Gymnospermae) so charakteristisch, dass man die Samenpflanzen früher auch als Blütenpflanzen (*Anthophyta*) bezeichnet hat. Jedoch besitzen viele Vertreter der Bärlappe und Schachtelhalme Sporophyllstände, die der Definition der B. durchaus genügen.

Eine voll ausgebildete zwittrige B., wie sie für viele Bedecktsamer (Angiospermae) typisch ist, besteht aus folgenden Teilen: ⬈ Blütenhülle (die äußeren, sterilen Blütenblätter, also Kelchblätter und Kronblätter), *Staubblätter* (⬈ Staubblatt; bestehend aus Anthere und Filament) als männliche Blütenorgane und *Fruchtblätter* (⬈ Fruchtblatt) als weibliche Blütenorgane. Oft sind zwei Kreise (Wirtel) von Hüllblättern, zwei Kreise von Staubblättern und ein

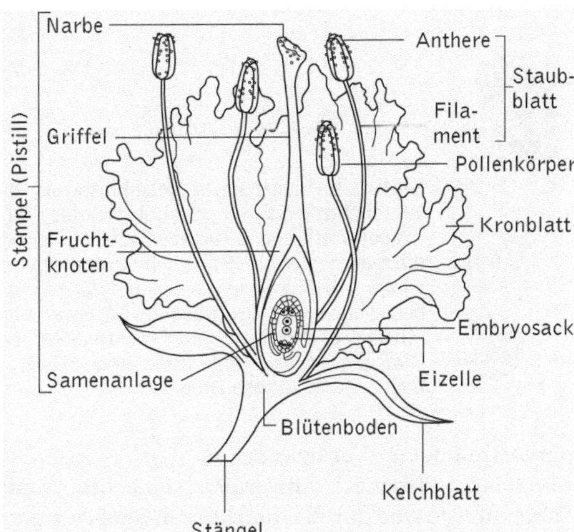

Blüte Schema einer Angiospermenblüte

Kreis von Fruchtblättern vorhanden. Entsprechende B. nennt man *pentazyklisch*. Bei Nacktsamern (Gymnospermae) fehlt die Blütenhülle. Bei einigen Angiospermae ist sie zurückgebildet. B., die sowohl Staub- als auch Fruchtblätter enthalten, werden als *zwittrig*, *hermaphrodit* oder *monoklin* bezeichnet, während in den *eingeschlechtigen* oder *diklinen* B. nur Staub- oder Fruchtblätter vorhanden sind. Tragen die Pflanzen auf einem Individuum männliche und weibliche B., nennt man sie *einhäusig*, *monözisch* oder *gemischtgeschlechtig* (*synözisch*). Sind dagegen männliche und weibliche B. auf verschiedenen Individuen verteilt, bezeichnet man sie als *getrenntgeschlechtig* oder *heterözisch* bzw. als *zweihäusig* oder *diözisch*. Kommen zwittrige und eingeschlechtige B. auf einer Pflanze vor, heißt diese *polygam*. Die B. der rezenten Gymnospermae sind immer eingeschlechtig. Ihre Staub- und Fruchtblätter sitzen meist hintereinander an einer wenig gestauchten Achse zu einer Zapfenblüte vereinigt.

Die *Blütenhülle* schützt die fertilen (männlichen und weiblichen) Blütenteile. Oft dient sie auch zur Anlockung der zur ↗ Bestäubung nötigen Insekten. Windbestäubte B. benötigen deshalb keine auffälli-

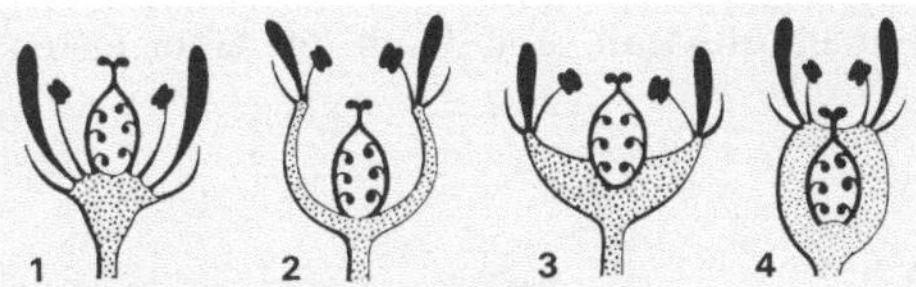

Blüte Stellung des Fruchtknotens
Bezugssystem **1**: Nach fortschreitender Verwachsung mit der Blütenachse ist der Fruchtknoten: **1** und **2** *oberständig* (nicht verwachsen), **3** *mittelständig* (zum Teil verwachsen), **4** *unterständig* (voll verwachsen).
Bezugssystem **2**: Nach der relativen Lage der übrigen Blütenorgane zur Lage des Fruchtknotens ist die Blüte: **1** *hypogyn*, **2** und **3** *perigyn*, **4** *epigyn*

ge Blütenhülle. Bei der Blütenhülle der Angiospermae kann man zwei Ausbildungsformen unterscheiden: a) das *Perigon*, bei dem die einzelnen Blütenhüllblätter alle gleich gestaltet sind, und zwar teils lebhaft gefärbt, teils unscheinbar. Entsprechende B. werden auch als *homochlamydeisch* bezeichnet; b) das *Perianth*, dessen Blütenblätter ungleich ausgebildet sind, und zwar als äußerer, meist grüner *Kelch* (*Calyx*) und als oft auffällig gefärbte *Krone* (*Corolle*). Die Kelchblätter nennt man auch *Sepalen*, die Kronblätter *Petalen*. B. mit Perianth werden auch als *heterochlamydeisch* bezeichnet, solche mit stark reduzierter Blütenhülle als *achlamydeisch*. Die Perigon-, Kelch- und Kronblätter können frei oder untereinander mehr oder weniger verwachsen sein.

Staubblätter. Ihre Zahl ist in den einzelnen B. sehr unterschiedlich. Alle in einer B. vorhandenen Staubblätter werden als männliches Blütenorgan oder *Andrözeum* bezeichnet. Ein Staubblatt (*Stamen*) besteht aus einem Staubfaden (*Filament*) und dem Staubbeutel (*Anthere*), der sich wiederum in zwei *Theken*, die je zwei Pollensäcke enthalten, und das *Konnektiv*, ein steriles, mit dem Staubfaden verbundenes Mittelstück, gliedert. Jeder Pollensack besitzt im Innern ein Pollen bildendes Gewebe, das *Archespor*. Dieses wird von einer vierschichtigen

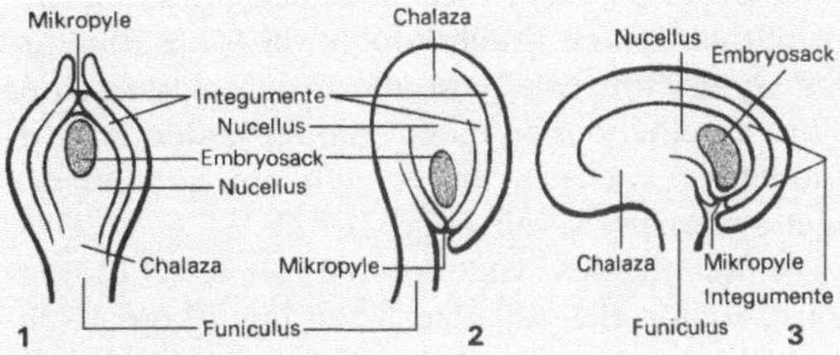

Blüte Art der Samenanlage der Angiospermen: **1** atrop, **2** anatrop, **3** campylotrop

Wandung umgeben. Aus den vom Archespor gebildeten *Pollenmutterzellen* entstehen durch Reduktionsteilung in zwei Teilungsschritten je vier Pollenkörner (↗ Pollen). Sie sind von unterschiedlicher, für die einzelnen Pflanzenarten typischer Gestalt. Der Inhalt der Pollenkörner ist fast immer von zwei Hüllen umgeben, der zarten *Intine*, die zum Pollenschlauch auswächst, und der dickeren, widerstandsfähigen, oft mit Stacheln und Leisten versehenen *Exine*, die für den Austritt des Pollenschlauches bestimmte, dünnere Stellen, die *Keimporen*, aufweist. Die Pollenkörner sind bei windblütigen (↗ Anemogamie) Pflanzen in der Regel „mehlig" und trennen sich leicht voneinander. Bei tierblütigen (↗ Bestäubungssymbiose) Pflanzen kleben sie meist durch ölartige Stoffe, den *Pollenkitt*, fest aneinander, sodass immer mehrere zusammen verbreitet werden können. Als *Staminodien* bezeichnet man rückgebildete oder in ihrer Funktion um-

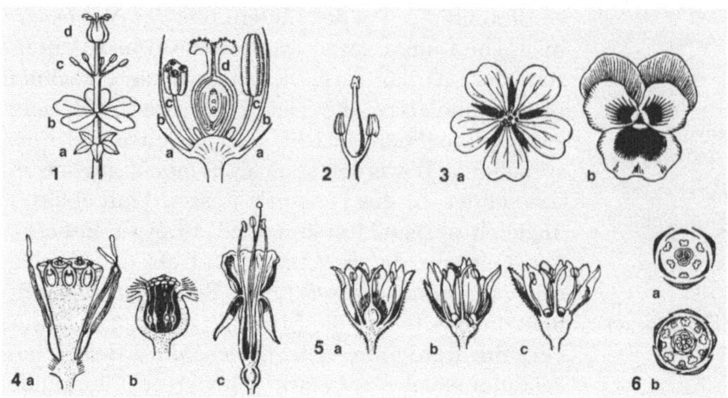

Blüte 1 Hauptteile, a Kelchblattkreis, b Blütenblattkreis, c Staubblattkreis, d Fruchtblattkreis; 2 nackte Blüten; 3a radiärsymmetrische Blüte, b zygomorphe Blüte; 4 Blütenboden, a scheibenförmig, b becherförmig, c krugförmig; 5a unter-, b mittel-, c oberständiger Fruchtknoten; 6 Diagramm a einer einer dreizähligen Blüte, b einer fünfzähligen Blüte

gewandelte Staubblätter, die keine Pollen mehr bilden können. Sie können zu Nektarien (↗ Nektarium) werden und auch kronblattartig gestaltet sein.

Fruchtblättter und *Samenanlagen*: Sie bilden zusammen die weiblichen Blütenteile, das *Gynözeum*. Die Fruchtblätter (*Karpelle*) sind bei den Angiospermae zu einem oder mehreren *Fruchtknoten* verwachsen, der zusammen mit dem Griffel und der Narbe als *Stempel* oder *Pistill* bezeichnet wird. Die *Narbe* dient zur Aufnahme des Pollens, der *Griffel* zur Weiterleitung des Pollenschlauches (↗ Befruchtung). Eine größere Zahl von Fruchtblättern in einer B. gilt als ursprünglich. Bildet jedes einzelne Fruchtblatt einen Fruchtknoten, liegt ein *apokarpes Gynözeum* vor. Sind alle Fruchtblätter einer Blüte miteinander zu einem gemeinsamen Fruchtknoten verwachsen, ergibt sich ein *zönokarpes* oder *synkarpes* Gynözeum.

Die Stellung des Fruchtknotens an der ↗ Blütenachse ist für viele Pflanzenarten charakteristisch: Steht er an einer kegelförmigen Achse als letztes der gebildeten Blütenteile über den anderen, ist seine Stellung *oberständig*, steht er frei in einer becherförmigen Vertiefung des ↗ Blütenbodens, ist er *mittelständig*, umwächst der Blütenboden den Fruchtknoten und die Blütenhülle steht über ihm, ist der Fruchtknoten *unterständig*. Die dazugehörigen Blütenformen sind *hypogyn*, *perigyn* bzw. *epigyn*.

Der Fruchtknoten enthält im Inneren die *Samenanlagen*. Diese sind auf wulstigen, oft leistenförmig hervortretenden Verdickungen, den *Placenten* (Singular: Placenta), inseriert. Placenta und Samenanlage sind durch einen kurzen Stiel verbunden, den *Funiculus*, in dem Leitbündel verlaufen. Der verdickte, obere Teil der Samenanlagen, der den Embryosack umgibt, wird als *Nucellus* bezeichnet. Er ist gewöhnlich von zwei *Integumenten* umhüllt. Bei den Sympetalen ist jedoch in der Regel nur ein Integument vorhanden. Die Integumente entspringen dem Grund der Samenanlage, der *Chalaza*. Am gegenüber liegenden Pol lassen sie eine kleine Öffnung, die *Mikropyle*, frei, die den Zugang zum Nucellus ermöglicht. Liegt der Nucellus in der geraden Fortsetzung des Funiculus, sodass die Mikropyle diesem gegenüber liegt, bezeichnet man die Samenanlage als *atrop* (*gerade, geradläufig, orthotrop*). Samenanlagen, bei denen Funiculus und Chalaza so gekrümmt sind, dass die Mikropyle in unmittelbare Nachbarschaft des Funiculus reicht und der Placenta zugekehrt sind, nennt man *anatrop* (umgewendet, gegenläufig). Wird auch der Nucellus in diese Krümmung einbezogen, ergeben sich *campylotrope* (*amphitrope*, krummläufige, gekrümmte) Samenanlagen. Im Nucellus bildet sich eine *Embryosackmutterzelle*. Durch Reduktionsteilung entstehen aus ihr vier Zellen, von denen meist drei zu grunde gehen, während sich die vierte zum *Embryosack* entwickelt. Dieser vergrößert sich, und sein Kern teilt sich dreimal hintereinander. Je drei der entstandenen acht Kerne umgeben sich an den beiden Enden der Embryosackzelle mit Plasma und schließlich mit einer festen

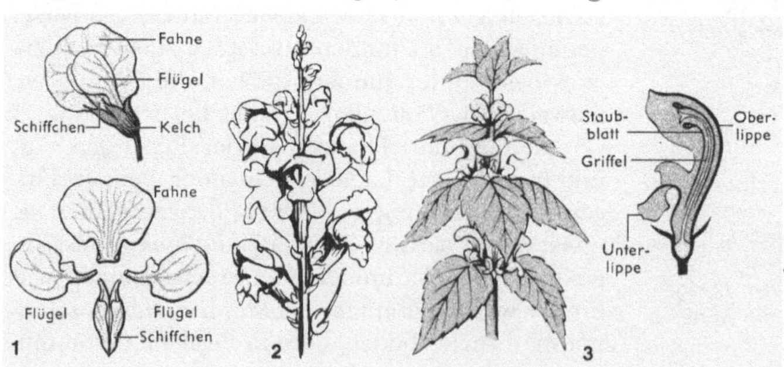

Blüte Zygomorphe Blüten mit zum Teil verwachsenen Blütenabschnitten: 1 Blüte der Erbse (*Pisum*), 2 Garten-Löwenmaul (*Antirrhinum*), 3 Taubnessel (*Lamium*) mit Einzelblüte

Membran. Die so gebildeten drei unteren Zellen nennt man die *Antipoden*, die drei oberen den *Eiapparat*. Die mittlere Zelle des Eiapparates wird zur Eizelle, die beiden anliegenden Zellen bezeichnet man als *Synergiden*. Die beiden übrigen Kerne verschmelzen in der Mitte der Embryosackzelle zu dem *sekundären Embryosackkern*. Damit ist die Ausbildung des weiblichen Gametophyten abgeschlossen.

Symmetrieverhältnisse. Am häufigsten sind die radiären (*aktinomorphen*) und dorsiventralen (*zygomorphen, monosymmetrischen*) B. Wesentlich seltener treten disymmetrische und asymmetrische B. auf. Radiäre B. gelten als ursprünglich, dorsiventrale als abgeleitet. Stellungs- und Symmetrieverhältnisse einer B. lassen sich am besten in einem *Blütendiagramm* darstellen, während der Bau der B. auch kurz in einer *Blütenformel* ausgedrückt werden kann.

Bluten, 1) bei *Pflanzen* die Saftabscheidung nach einer Verletzung von Phloem oder Xylem. Phloem-B. ist vor allem bei Monokotylen zu beobachten. Bei Palmen und Agaven lassen sich durch B. große Mengen zuckerhaltigen *Blutungssaftes* gewinnen, der frisch getrunken oder zur Erzeugung von *Palmwein* und dessen Destillat *Arrak* verwendet wird. Dabei wird die Tatsache ausgenutzt, dass die Nährstoffe über das Phloem in die Blütenstände transportiert werden, die zur Saftgewinnung ab- oder angeschnitten werden. Bei Palmen lassen sich bis zu 19 Liter Saft pro Tag gewinnen. Als Ursache für Phloem-B. wird angenommen, dass aufgrund der semipermeablen Membranen der lebenden Phloemzellen ein osmotischer Druckgradient von den Wurzeln zur Wunde im Sprossbereich herrscht. Nach der Verletzung des Xylems ist bei vielen Bäumen und krautigen Pflanzen ebenfalls B. zu beobachten. Vor allem im Frühjahr scheiden viele Baumarten beträchtliche Mengen an Blutungssaft aus, wenn sie am Stamm verletzt werden. Bei Birken wurden bis zu 5 Liter, bei Weinreben bis zu 1 Liter pro Tag gesammelt. Normalerweise enthält der austretende Xylemsaft überwiegend anorganische Mineralstoffe. Lediglich im Frühjahr, wenn innerhalb der Pflanze die Mobilisierung von Speicherstoffen erfolgt, ist der Zuckergehalt höher. Ein bekanntes Beispiel ist der Blutungssaft des Zucker-Ahorns (*Acer saccharum*), der mit einem durchschnittlichen Zuckeranteil von 2,5 Prozent zu dieser Jahreszeit pro Tag 2-3 kg Zucker liefern kann. Ursache des B. ist hier der ↗ Wurzeldruck.

2) *Tierphysiologie*: der Verlust von Blutflüssigkeit (↗ Blut) aus dem Blutgefäßsystem oder bei Tieren mit offenem Blutkreislauf aus dem Organismus nach einer Verletzung. (↗ Blutgerinnung, ↗ Wundheilung)

Blütenachse, der Abschnitt der ↗ Sprossachse, der die ↗ Blütenblätter trägt.

Blütenbewegungen, Bewegungserscheinungen, die sich für die unterschiedlichen Blütenorgane beobachten lassen.

1) i. e. S. *Öffnungs- und Schliessbewegungen.* Hierzu zählen das Öffnen und Schliessen der Blüten als Antwort auf sich verändernde Lichtverhältnisse (*Fotonastie*) und Temperaturdifferenzen (*Thermonastie*). So lässt sich bei Tulpen und Krokussen das Öffnen der Blütenblätter beobachten, kurz nachdem diese in einen warmen Raum gestellt wurden. Werden die Pflanzen zurück an einen kühlen Ort gebracht, schließen sie sich wieder. Ursache hierfür ist die Tatsache, dass Wärme das Wachstum auf der Blattoberseite fördert, sodass das einsetzende Streckungswachstum zur Verlängerung der Blütenblätter und deren gleichzeitigem Öffnen führt. Fotonastische Bewegungen der Blütenblätter sind sowohl bei Tagblühern, als auch bei Nachtblühern zu beobachten, deren lichtgesteuertes Verhalten sich zueinander umgekehrt verhält. Sie lassen sich auch bei Seerosen, Sauerklee und den Blütenköpfchen vieler Korbblütler beobachten. Dabei öffnen und schließen sich die Blüten vieler Pflanzenarten häufig zu bestimmten Tageszeiten (↗ Blumenuhr).

2) Zu den B. zählen i. w. S. auch Bewegungserscheinungen von *Staubblättern* und *Narben*, die sich bei Berührungsreizen in ihrer Position verändern (*Seismonastie*).

Blütenbildung, bei blütenbildenden Pflanzen der Prozess, während dessen der Übergang von der *vegetativen Phase* in die *reproduktive Phase* erfolgt. Das ↗ Apikalmeristem der Sprossspitze bildet dann nicht mehr Blätter, sondern die aus den Blütenorganen Kelchblättern, Kronblättern, Staub- und Fruchtblättern bestehenden Blüten (↗ Blühen, ↗ Blütezeit).

Die B. findet im Anschluss an die durch endogene und exogene Faktoren beeinflusste ↗ Blühinduktion statt, während der sich das Sprossmeristem in ein Blüten bildendes Meristem (*Blühmeristem*) umwandelt. Die Natur des in diesem Zusammenhang vielfach genannten *Blühhormons* (↗ Florigen) das in den Blättern gebildet und als biochemisches bzw. molekulares Signal zum Sprossapex transportiert wird, ist bis heute noch nicht eindeutig geklärt worden.

Die B. wird durch eine Reihe von so genannten ↗ Blühgenen gesteuert, deren Expression einem bestimmten Programm folgen muss, damit letztlich Blüten entstehen. Bei ↗ Arabidopsis thaliana und *Antirrhinum majus* (Löwenmaul) wurden zahlreiche Mutanten mit veränderten Blüten isoliert, mit deren Hilfe 1991 von E. Meyerowitz und E. Coen das so genannte *ABC-Modell* der Blütenbildung vorgeschlagen wurde. Es verdeutlicht, wie die für ↗ Tran-

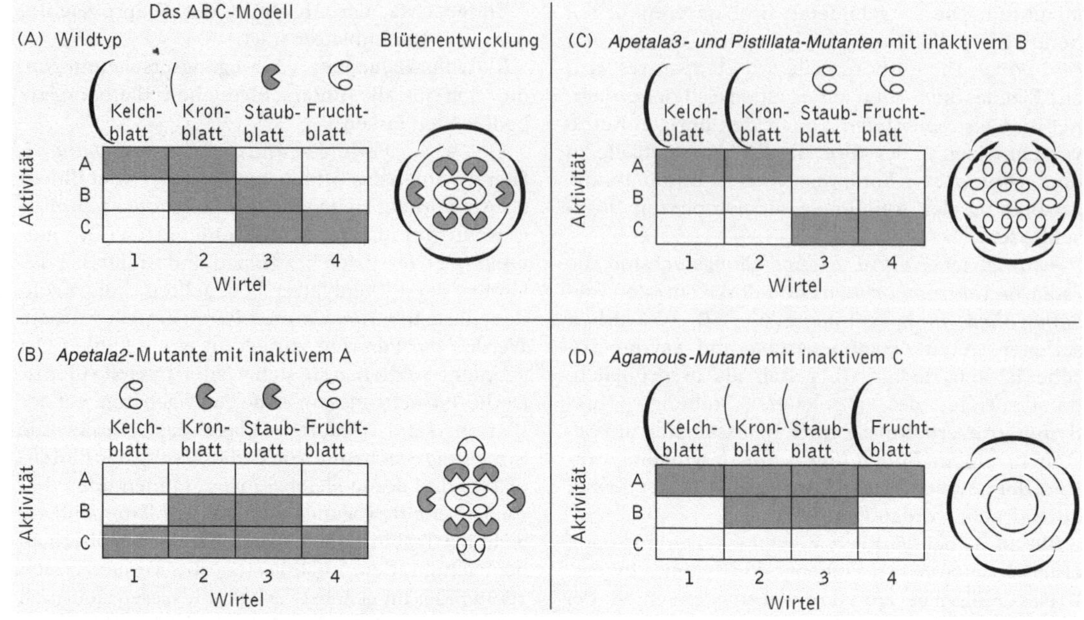

Blütenbildung Das ABC-Modell der Blütenbildung. Vergleich der durch drei unterschiedliche Aktivitäten (A, B, C) der Blütenorgan-Identitätsgene erzeugten Blütenentwicklung. Dem Wildtyp (A) sind drei Arabidopsis-Mutanten (B–D) gegenübergestellt, bei denen jeweils eine dieser Aktivitäten ausfällt. Dadurch kommt es zu veränderten Blattorganen in einem oder mehreren Wirteln

skriptionsfaktoren codierenden *Blütenorgan-Identitätsgene* z. B. bei Arabidopsis thaliana die Identität der Blütenorgane einer Pflanze kontrollieren (↗ Arabidopsis-Mutanten). Dabei wird die Organidentität in jedem der vier Wirtel durch die Aktivität von drei unterschiedlichen, A, B und C genannten Klassen gesteuert. Ist nur Typ A aktiv, entstehen Kelchblätter, bei A und B Kronblätter, bei B und C Staubblätter und bei ausschließlich C kommt es zur Bildung von Fruchtblättern. In Wildtyp-Blüten erstrecken sich diese Aktivitäten auf die in vier Wirteln angeordneten Blütenorgane. Ferner unterdrückt A die Funktion von C in den Wirteln 1 und 2, sowie C umgekehrt die Aktivität von A im 3. und 4. Wirtel. Änderungen in der Kombination von A, B und C führen zu veränderten Blütenphänotypen, wie sie für eine Reihe von Mutanten beobachtet wurden. So fällt bei der *Agamous*-Mutante offenbar die Funktion C in allen Wirteln aus, sodass die Blüten dieser Mutante nur aus Kelch- und Kronblättern bestehen (Abb. ↗ Arabidopsis-Mutanten). Für die Korrektheit des ABC-Modells spricht auch, dass eine *Dreifachmutante*, bei der A, B und C gleichzeitig durch Mutationen ausgeschaltet sind, deutlich veränderte Blüten aufweist, die nur aus Blättern besteht.

Blütenblätter, Bez. für die Kelch- (↗ Kelchblatt), Kron- (↗ Kronblatt), Staub- (↗ Staubblatt) und Fruchtblätter (↗ Fruchtblatt); es sind vorwiegend kreisförmig angeordnete, grüne oder farbige Blätter einer ↗ Blüte.

Blütenboden, oberster Teil der Blütenachse, an dem die ↗ Blütenblätter entspringen.

Blütendiagramm, Blütengrundriss, bei dem die Stellungsverhältnisse der einzelnen Blütenteile auf eine Ebene projiziert dargestellt sind.

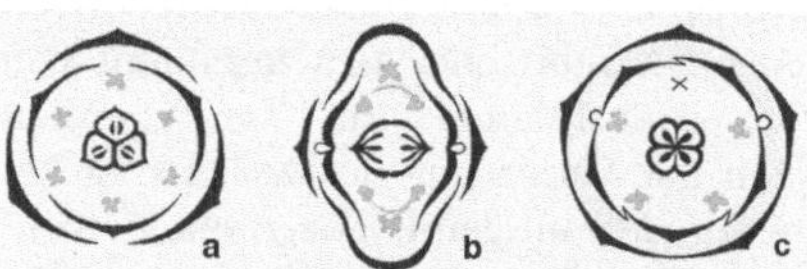

Blütendiagramm a Tulpe, radiär; b Flammendes Herz, bilateral; c Taubnessel, dorsiventral. (a und b empirische Diagramme, c theoretisches Diagramm)

Blütenduft, durch flüchtige Verbindungen hervorgerufener charakteristischer Duft, mit dessen Hilfe Blüten allein oder in Verbindung mit ↗ Blütenpigmenten Bestäuber anlocken. Der B. ist häufig auf ↗ etherische Öle zurückzuführen, die der menschliche Geruchssinn als angenehm empfindet (Parfümherstellung). Die Blüten mancher Arten (z. B. Aronstab) strömen hingegen einen Aasgeruch aus, der Aaskäfer und Fliegen anlocken soll (↗ Aasblumen).

Blütenfarbstoffe, ↗ Blütenpigmente.

Blütenformel, formelhafte Darstellung des Aufbaus einer ↗ Blüte. Dabei werden u. a. folgende Abkürzungen verwendet: P *Perigon* (Gesamtheit der Blütenhüllblätter, wenn keine Differenzierung in Kelch und Krone vorhanden ist), K *Kelch*, C

Corolle (Blütenkrone), A *Andrözeum* (Gesamtheit der Staubblätter) und G *Gynözeum* (Gesamtheit der Fruchtblätter). Die Stellung des ↗ Fruchtknotens gibt man durch einen Strich über oder unter der Zahl der Fruchtblätter an bzw. lässt ihn weg, wenn der Fruchtknoten mittelständig ist. Radiäre Blüten werden mit einem Stern * bezeichnet, dorsiventrale mit einem Pfeil ↓. Für den Mauerpfeffer z. B. ergibt sich die Formel * K5, C5, A5+5, G5, das bedeutet: 5 Kelchblätter, 5 Kronblätter, 10 Staubblätter (je fünf in zwei Kreisen angeordnet), 5 Fruchtblätter, Fruchtknoten mittelständig, Blüte ist radiär.

Blütenhülle, die äußeren sterilen ↗ Blütenblätter, also die Kelch- und Kronblätter, welche die fertilen Blütenblätter umgeben. Die Blütenhüllblätter sind entweder gleich (↗ Perigon) oder verschieden (↗ Perianth) gestaltet.

Blütenkelch, ↗ Kelch.

Blütenköpfchen, ↗ Blütenstand.

Blütenkörbchen, ↗ Blütenstand.

Blütenkronblätter, die ↗ Kronblätter.

Blütenkrone, *Corolla, Corolle, Krone*, der von ↗ Kronblättern (Petalen) gebildete innere Kreis einer doppelten ↗ Blütenhülle.

blütenlose Pflanzen, ↗ Kryptogamen.

Blütenmale, andersfarbige, optisch auffallende Regionen einer ↗ Blüte, die als Punkt-, Flächen- oder Strichmale auftreten. Die B. sind bei vielen Blüten nur durch das UV-empfindliche Auge der Insekten, besonders Bienen und Hummeln, sichtbar.

Blütenmeristem, ↗ Blütenbildung.

Blütennektar, ↗ Nektar.

Blütenorgan-Identitätsgene, ↗ Blühgene.

Blütenpflanzen, *Anthophyta*, früher häufig verwendete Bez. für die Samenpflanzen (↗ Spermatophyta). Da u. a. auch Bärlappe und Schachtelhalme Blüten aufweisen, ist diese Bez. nicht korrekt.

Blütenpigmente, *Blütenfarbstoffe*, die den Blüten ihre charakteristische Farbe verleihen und dazu dienen, Blütenbestäuber anzulocken. Die B. sind im Falle der wasserlöslichen roten bis blauen ↗ Anthocyane und Flavone in den Vakuolen der Zellen gespeichert. Die wasserunlöslichen gelb bis orange gefärbten Carotinoide sind in den ↗ Chromoplasten lokalisiert. Die unglaubliche Farbenvielfalt im Pflanzenreich ist auf Mischungen verschiedener B. und Chelatbildung der Farbstoffe mit Metallionen zurückzuführen. Im Laufe der Altersentwicklung kann sich die Blütenfarbe z. B. durch Änderungen des pH-Wertes verändern. Da B. mit bestimmten Metallionen charakteristische Farbveränderungen zeigen, dienen manche Pflanzenarten als ↗ Indikatorpflanzen, indem von ihrer Blütenfarbe auf den Gehalt bestimmter Metalle (Kupfer, Eisen, Molybdän) im Boden geschlossen werden kann.

Blütenstand, *Infloreszenz*, Blüten tragender Teil des Sprosssystems der Samenpflanzen (↗ Spermatophyta), der vom vegetativen Bereich der Pflanze deutlich abgesetzt ist. Die Tragblätter (*Brakteen*) der Blüten tragenden Seitenachsen sind in ihrer Gestalt meist vereinfacht oder völlig reduziert worden. B., die das Aussehen einer Einzelblüte haben, werden als *Pseudanthien* bezeichnet.

Nach dem Grad der Verzweigung unterscheidet man zwischen *einfachen Infloreszenzen*, bei denen alle Seitentriebe der Hauptachse unverzweigt sind und in einer einzigen Blüte enden, und *komplexen Infloreszenzen*, bei denen an die Stelle von Einzelblüten eine größere oder geringere Zahl wiederholt verzweigter Seitenachsen höherer Verzweigungsordnung, die *Teilblütenstände* oder *Partialinfloreszenzen*, treten. Komplexe Blütenstände, die selbst wieder aus komplexen Infloreszenzen niederen Grades zusammengesetzt sind, werden als *Synfloreszenzen* bezeichnet. Nach dem Verhalten des Scheitels der Hauptachse des B. sowie, bei komplexen B., der Scheitel an den Partialachsen, unterscheidet man zwischen *geschlossenen Infloreszenzen* (*zymösen Blütenständen*), bei denen die Hauptachsen mit *Terminalblüten* (End-, Scheitel- und Gipfelblüten) abschließen, die immer vor den ihnen benachbarten *Lateralblüten* (Seitenblüten) aufblühen, und *offenen Infloreszenzen* (*razemösen Blütenständen*), bei denen die Hauptachsen nicht mit einer Terminalblüte abschließen.

Geschlossene Infloreszenzen. Die ursprüngliche Form ist die geschlossene *Rispe*. Werden die basal ansetzenden Seitenachsen stärker gefördert, entsteht eine *Schirmrispe* (Corymbus). Bei sehr starker basitoner Förderung übergipfeln die Seitenachsen die Terminalblüte der Hauptachse, und es ent-

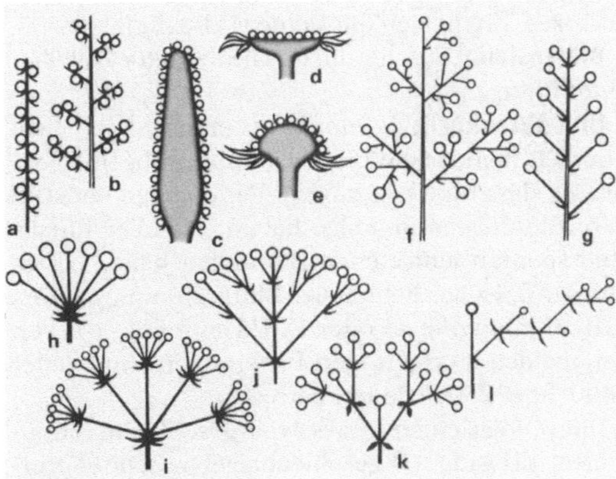

Blütenstand a Ähre (*Spica*), b zusammengesetzte Ähre, c Kolben (*Spadix*), d Körbchen (*Calathidium, Calathium*), e Köpfchen (*Capitulum*), f geschlossene Rispe (*Panicula*), g Traube (*Racemus*), h Dolde (*Umbella*), i zusammengesetzte Dolde (Doppeldolde mit Döldchen, *Umbellula*), j Schirmrispe (*Corymbus*), k Dichasium, l Monochasium als Wickel (*Cicinnus, Cincinnus*)

steht eine *Spirre*. Eine andere Infloreszenzform ist das ↗ Dichasium. Es entsteht bei dekussierter (kreuzgegenständiger) ↗ Blattstellung, wenn die beiden Seitenknospen des die Terminalblüte tragenden obersten Knotens auswachsen. Trägt dagegen nur jeweils eines der dekussiert angeordneten Hochblätter eine Seitenachse, liegt ein ↗ Monochasium vor. Je nach räumlicher Anordnung dieser Seitenachsen lassen sich vier Formen des Monochasiums unterscheiden: der *Fächel* (Rhipidium), die *Sichel* (Drepanium), der *Wickel* (Cicinnus, Cincinnus) und die *Schraubel*. Trägt die Rispe als Teilinfloreszenzen Dichasien oder Monochasien, bezeichnet man sie als *Thyrsus*. Durch Stauchung des Verzweigungssystems dieses Thyrsus entstehen *Scheindolden* oder *Trugdolden*.

Offene Infloreszenzen. Ausgangsform ist die *offene Rispe*, die sich aus der geschlossenen Rispe ableitet. Vereinfachen sich bei der offenen Rispe die Seitenachsen zu einer mehr oder weniger lang gestielten Einzelblüte, so entsteht die *Traube* i. e. S., die keine Endblüte besitzt. Die Traube i. w. S. trägt eine Terminalblüte und wird auch *Botryoid* genannt. Fallen bei der Traube die Blütenstiele weg, so ergibt sich die *Ähre* (Spica). Eine Achse mit ungestielten Blüten, die biegsam ist, lose herabhängt und vom Wind bewegt werden kann, nennt man *Kätzchen*. Blütenstände mit verdickter Hauptachse und ungestielten Blüten sind die *Kolben* (Spadix). Wenn die Achse des Kolbens stark gestaucht wird, erhält man ein *Köpfchen* (Capitulum, Cephalium), das bei den Korbblütlern (↗ Asteraceae) von einem Hüllkelch aus zahlreichen, rosettig angeordneten Hochblättern umgeben ist und in diesem Fall *Körbchen* (Calathidium, Calathium) genannt wird. Wird die Hauptachse der Traube stark gestaucht, sodass alle lang gestielten Einzelblüten auf etwa gleicher Höhe ansetzen, ergibt sich die *Dolde* (Umbella).

Blütenstaub, Bez. für die Gesamtheit der ↗ Pollen einer Blüte.

Bluterkrankheit, *Hämophilie*, menschliche Erbkrankeit, bei der die Blutgerinnung so beeinträchtigt ist, dass bereits geringste Verletzungen unstillbare Blutungen zur Folge haben. Darüber hinaus sind spontan auftretende Blutungen häufig. Ursache der B. ist das Fehlen des Blutgerinnungsfaktors VIII (*Hämophilie A*) oder IX (*Hämophilie B*). Von den beiden Formen der Erbkrankeit sind jeder 5000. bzw. 25000. Mann betroffen.

Die B. folgt einem rezessiven geschlechtsgebundenen Erbgang (↗ geschlechtsgebundene Vererbung), bei dem das so genannte *Bluter-Gen* auf dem X-Chromosom lokalisiert ist. Dadurch tritt die Bluterkrankheit i. d. R. nur bei Männern auf. Frauen, die ein defektes X-Chromosom tragen, erkranken nicht, sind jedoch heterozygote *Überträgerinnen* (*Konduktorinnen*) der Krankheit. Ein berühmtes

Beispiel ist die Vererbung der B. bei europäischen Fürstenhäusern unter den Nachkommen der Königin Victoria von England.

Zur Behandlung der B. standen bis vor kurzer Zeit nur Medikamente zur Verfügung, bei denen die den so genannten *Blutern* fehlenden Faktoren aus dem Blut gesunder Menschen isoliert worden waren. Aufgrund des Risikos einer Aids-Infektion müssen alle Medikamente inzwischen auf die Anwesenheit des HIV-Virus getestet werden. Mittlerweile sind gentechnisch hergestellte Medikamente erhältlich bzw. werden entwickelt.

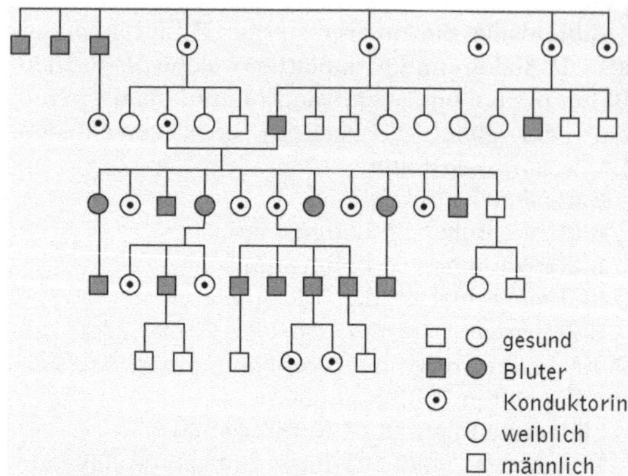

Bluterkrankheit Stammbaum einer Familie mit Bluterkrankheit. Die X-chromosomal gebundene Vererbung der B. macht deutlich, warum weitestgehend Männer von der B. betroffen und Frauen normalerweise gesunde Konduktorinnen sind. Die Kinder von männlichen Blutern sind gesund, die Töchter von Konduktorinnen sowie ihre Söhne mit einer Wahrscheinlichkeit von 50% selbst Überträgerin bzw. an der B. erkrankt. Der seltene Fall weiblicher Bluter ist ebenfalls dargestellt; sie sind Nachkommen eines Bluters und einer Konduktorin

Blütezeit, *Blühzeitpunkt*, Zeitpunkt im Entwicklungszyklus einer Pflanze, zu dem diese zu blühen beginnt. Die B. richtet sich danach, wann die ↗ Blühinduktion erfolgt ist. Wie auch die ↗ Blütenbildung selbst, wird die B. genetisch kontrolliert. Dabei erstreckt sich die Wirkung von so genannten *B.-Genen* auf die die Blütenorgane bestimmenden ↗ Blühgene. Inzwischen sind bei dem pflanzlichen Modellorganismus ↗ Arabidopsis thaliana mehr als 80 Gene bekannt, welche die B. bestimmen. Sie konnten anhand von Mutanten identifiziert werden, die als so genannte *Frühblüher* früher als der Wildtyp blühen oder als *Spätblüher* deutlich später mit der Blütenbildung beginnen. Dabei wird i. d. R. nicht einfach die relativ ungenaue Anzahl an Tagen bestimmt, die nach Aussaat bis zum Öffnen der ersten Blüte verstrichen sind, sondern meistens die präzisere Anzahl der gebildeten Rosetten- und Tragblätter zum Zeitpunkt des Blühbeginns. Diese *B.-Mutanten* (oder *Blühmutanten*) zeigen dabei Veränderungen in ihrer Reaktion auf Umwelteinflüsse wie Tageslänge (↗ Fotoperiodismus) und Kälte (↗ Vernalisation), was z. B. bei der spät blühenden *gigantea*-Mutante zu einer dreifach längeren vegetativen Phase führt. Bei einer Reihe von B.-Mutanten verlangsamen oder beschleunigen so genannte *Repressoren* und *Promotoren* die Blütenbildung, indem sie die Wirkung von Phytohormonen (↗ Gibberelline, ↗ Brassinosteroide) beeinflussen.

Blutfette, ↗ Lipoproteine.

Blutgase, die im Blut gebundenen oder physikalisch gelösten Gase, überwiegend ↗ Sauerstoff (O_2) und ↗ Kohlenstoffdioxid (CO_2) sowie in geringem Maße ↗ Stickstoff (N_2).

Blutgefäße, *Adern*, aus dem embryonalen Mesenchym hervorgegangene, röhren- oder kanalartige Gefäße, in denen das Blut vom Herzen oder funktionsgleichen Organen zu den Geweben und zurück zum Herzen strömt. In ihrer Gesamtheit bilden sie das ↗ Blutgefäßsystem. Alle Gefäße, in denen das ↗ Blut bzw. die ↗ Hämolymphe vom Herzen in den Körper fließt, heißen *Arterien*, alle Gefäße, die Blut oder Hämolymphe zum Herzen bringen, *Venen*. Dies gilt bei allen Wirbeltieren – unabhängig davon, ob die Gefäße sauerstoffreiches oder sauerstoffarmes Blut führen. So fließt in der Lungenarterie der Vögel und Säugetiere venöses, in den Lungenvenen arterielles Blut. Im geschlossenen Blutkreislauf der Wirbeltiere sind zwischen Arterien und Venen feinste Haargefäße (*Blutkapillaren*) ausgebildet. Diese sind zu geschlossenen Netzen verästelt. An ihnen vollzieht sich der Stoffaustausch. Allen Blutgefäßen gemeinsam ist eine innere Schicht meist palettenartiger endothelialer Zellen, die in engem Kontakt zueinander stehen (↗ Endothel). Es folgen Schichten aus einem irregulären Netzwerk elastischer Proteinfasern (↗ Elastin), die eine hohe Dehnbarkeit gewährleisten, sowie solcher aus glatter Ring- und Längsmuskulatur. Die äußerste Schicht besteht aus wenig dehnbarem kollagenem Bindegewebe. Der prozentuale Anteil differiert bei den verschiedenen B. So besitzen Blutkapillaren nur die innere endotheliale Schicht, während bei Arterien die Muskelfasern einen bedeutenden Anteil einnehmen. (↗ Blutkreislauf)

Blutgefäßsystem, wichtigstes Kreislaufsystem, das bei allen Wirbeltieren (↗ Vertebrata), aber auch den meisten Wirbellosen – insbesondere den Gliedertieren (↗ Articulata) und den Weichtieren (↗ Mollusca) ausgebildet ist. Die darin enthaltene Flüssigkeit (↗ Blut oder ↗ Hämolymphe) wird durch Pumporgane (↗ Herz) in eine zirkulierende Bewegung versetzt. Das B. dient dem Transport von Sauerstoff und Nahrungstoffen zum Ort des Verbrauchs sowie dem Abtransport von Kohlenstoffdioxid und Stoffwechselendprodukten. Ebenso ist es Vermittler des ↗ Immunsystems und des Hormonsystems (↗ Hormone).

Blutgerinnung, Mechanismus zur kurzfristigen Blutstillung, der in den Blutgefäßen von ca. 30 Substanzen gesteuert wird, in verschiedenen Phasen abläuft und schließlich zur Bildung eines Fibringerinnsels führt. Nach einer Gewebsverletzung wird die *Blutstillung* zunächst durch die Aggregation von ↗ Thrombocyten (Blutplättchen) und deren Adhäsion an die Wundränder eingeleitet (*primäre Hämostase*). An diesem Prozess sind verschiedene Faktoren (von-Willebrand-Faktor, Plättchen aktivierender Faktor, ↗ Kollagen, ↗ Thrombin, ↗ Adrenalin) beteiligt. Außerdem kommt es zur Verformung der Thrombocyten und zu einer Konformationsänderung bestimmter Rezeptoren auf ihrer Membranoberfläche. Die Rezeptoren binden an ↗ Fibrinogen wodurch immer mehr Thrombocyten verknüpft werden. Gleichzeitig entstehen geringe Mengen Thrombin, das ebenfalls über Reaktionen mit Rezeptoren auf der Thrombocytenmembran bewirkt, dass über eine Reaktionsfolge ↗ Thromboxane und Endoperoxide gebildet werden, die die Aggregation und Verformung der Thrombocyten weiter verstärken. Eine wichtige fördernde Rolle bei allen diesen Prozessen spielen Ca^{2+}-Ionen und ADP (↗ Adenosinphosphate). Die Thrombocyten setzen sodann ihre Inhaltsstoffe frei (u. a. ↗ Serotonin, ↗ Catecholamine, ADP), die eine Gefäß verengende Wirkung haben und die Stabilisierung der Fibrinbrücken bewirken, wodurch die Aggregation irreversibel wird. Damit die Plättchenaggregation nicht über den Verletzungsbereich hinausgeht, wird *Prostacyclin* freigesetzt, das sich an die Thrombocyten bindet und die Aggregation hemmt.

Während dieser Thrombocytenpfropf (*weißer Abscheidungsthrombus*) gebildet wird, ist die sekundäre Hämostase, der Prozess der *Fibringerinnung* eingeleitet worden, um die verletzte Stelle durch die Bildung eines *roten Abscheidungsthrombus*, der u. a. auch ↗ Erythrocyten mit einschließt,

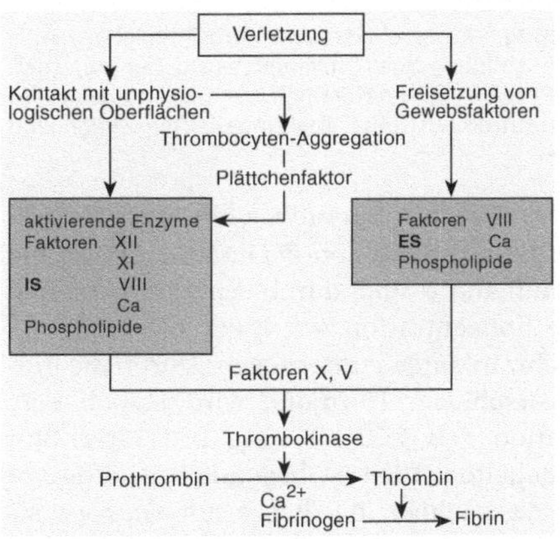

Blutgerinnung Vereinfachtes Schema der Reaktionen bei der Blutgerinnung (IS = intrinsisches System, ES = extrinsisches System)

ganz zu verschließen. Bei den beteiligten Gerinnungsfaktoren handelt es sich im Wesentlichen um proteolytische Enzyme (Serinproteasen), die im Plasma als inaktive Vorstufen vorliegen und sich erst durch Einleitung der Gerinnung in einer kaskadenartigen Reaktionsfolge gegenseitig aktivieren. Dabei wird zwischen einem *extrinsischen* (Freisetzung des so genannten Thrombinaktivators aus der verletzten Stelle) und einem *intrinsischen Mechanismus* (Freisetzung des Thrombinaktivators aus dem Blut durch Kontakt eines Gerinnungsfaktors XII mit Kollagen) unterschieden, die aber bei der B. beide zusammenwirken. Das aus Prothrombin durch den Thrombinaktivator gebildete Thrombin spaltet das dimere Fibrinogen in zwei Untereinheiten, aus denen Gefäß verengend wirkende, so genannte Fibrinopeptide freigesetzt werden. Die verbleibenden Fibrinmonomere polymerisieren nun in Anwesenheit eines Fibrinopeptids, von Ca^{2+}-Ionen und eines Plasmafaktors. Die Bindungen zwischen den Fibrinmolekülen werden durch den Fibrin stabilisierenden Faktor XIII unter Wirkung von Thrombin verfestigt und der rote Abscheidungspfropfen entsteht. Eine überschießende Gerinnselbildung wird durch den ähnlich komplexen Prozess der durch Plasmin bewirkten ↗ Fibrinolyse verhindert, durch die Thromben wieder aufgelöst werden. (↗ Thrombose, ↗ Bluterkrankheit).

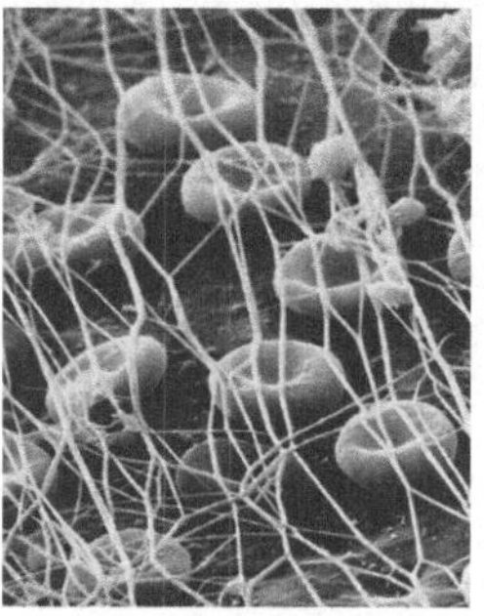

Blutgerinnung Rasterelektronenmikroskopische Aufnahme der Ausbildung eines Fibrinnetzes auf den Endothelzellen, ein Prozess, der letztendlich zur Bildung des roten Abscheidungsthrombus führt. Die eingedellten Zellen sind Erythrocyten

Blutglucosespiegel, *Blutzucker*, die Konzentration der im Blut enthaltenen ↗ Glucose. Durch die Nahrungsaufnahme und durch Energieverbrauch würde die Konzentration des Blutzuckers, der B. starken Schwankungen unterliegen. Durch die Einwirkung verschieder Hormone wird jedoch eine Konzentration von 720 – 900 mg pro Liter Blut konstant gehalten. Dies ist besonders wichtig vor allem für das Gehirn, da dieses auf Glucose als ausschließlicher Energiequelle laufend angewiesen ist, um seine Funktion aufrechtzuerhalten. ↗ Insulin wirkt Glucose senkend, ↗ Adrenalin und ↗ Glu-

cagon erhöhen den B. indem sie den Abbau des Leber-Glykogens aktivieren. Bei Diabetikern ist der B. infolge von Insulinmangel erhöht (↗ Diabetes mellitus).

Blutgruppen, genetisch bedingte antigene Eigenschaften des Blutes (↗ Blut) bzw. von Blutbestandteilen (Blutzellen), die eine Einteilung nach verschiedenen serologisch bestimmbaren Kriterien innerhalb des Blutgruppensystems ermöglichen. Die Kenntnis der B. ist wichtig zur Feststellung der Gewebeverträglichkeit (↗ Histokompatibilität) vor Bluttransfusionen und ↗ Transplantationen von Geweben und Organen oder zur Identifizierung von Individuen, z. B. zum ↗ Vaterschaftsnachweis sowie in der Kriminalistik.

Die B. werden durch die *Blutgruppenantigene* festgelegt. Diese sind meist Polysaccharid-Aminosäure-Komplexe, die auf der Oberfläche der roten Blutkörperchen (↗ Erythrocyten) sitzen. Sie unterscheiden sich durch stereoisomere Eigenschaften des Polysaccharidanteils und können durch Agglutination mit spezifischen Blutgruppenantikörpern identifiziert werden. Aufgrund ihrer agglutinierenden Eigenschaften bezeichnet man diese Antikörper auch als *Hämagglutinine*. Beim Menschen sind Hunderte von Antigenen auf Erythrocyten bekannt, die zusammen viele Milliarden Kombinationsmöglichkeiten ergeben. Allerdings bilden nur wenige Antigenkombinationen Blutgruppensysteme, die aufgrund ihrer starken Agglutinationsreaktion von Bedeutung sind. Neben dem am häufigsten verwendeten AB0-System nach K. Landsteiner können noch weitere B.-Systeme mit circa 60 verschiedenen Antigenen zur B.-Bestimmung herangezogen werden. Die B. bleiben i. d. R. während des ganzen Lebens konstant. Bei Leukämien können sich im Verlauf der Krankheit die Blutgruppeneigenschaften ändern. Bei Transfusion von nicht kompatiblem Blut kommt es zur Agglutination von Erythrocyten und damit zur Verstopfung von Kapillaren sowie zur Hämolyse mit nachfolgender Nierenschädigung. Inkompatibilität der Blutgruppen von Mutter und Fetus kann in der Schwangerschaft zum Fruchttod, zu Fehlgeburten oder zu Anämie und Gelbsucht beim Neugeborenen führen. Neben den B.-Eigenschaften der Erythrocyten gibt es B.-Eigenschaften, die auf Oberflächenstrukturen von weißen Blutkörperchen (↗ Leukocyten) und Blutplättchen (↗ Thrombocyten) beruhen. Das bekannteste ist das HLA-System, das für die Organtransplantation von Bedeutung ist und dessen antigene Strukturen auf der Oberfläche sämtlicher kernhaltiger Zellen des Körpers, also auch der Leukocyten vorkommen. Auch spezifische Eigenschaften des Blutserums, i. d. R. Polymorphismen von Serumproteinen, können als B.-Merkmal dienen und werden vor allem zur Vaterschaftsuntersuchung herangezogen. Dazu gehören u. a. Haptoglobin, ↗ Immunglobuline sowie die Isoformen von Enzymen (↗ Isoenzyme).

Serum der Gruppe ↓ / Blutkörperchen der Gruppe →	0	A	B	AB
0	−	+	+	+
A	−	−	+	+
B	−	+	−	+
AB	−	−	−	−

+ Agglutination
− keine Agglutination

Blutgruppen ABO-System. Agglutinationsschema bei Transfusion zwischen verschiedenen Blutgruppen

B. sind geografisch unterschiedlich verteilt und erlauben dem Anthropologen, Rückschlüsse auf die Herkunft von Bevölkerungsgruppen zu ziehen. Mitteleuropäer besitzen zu jeweils ca. 40 % die Blutgruppe A und 0, etwa 10 % die Gruppe B und ca 6 % die Gruppe AB. Dagegen haben mehr als 90 % der amerikanischen Indianer die Gruppe 0 und Zentralasiaten zu mehr als 20 % die Gruppe B.

B. sind von vielen Tieren, insbesondere den höheren Wirbeltieren, bekannt. Bei Menschenaffen sind die größten Ähnlichkeiten zu B.-Systemen des Menschen anzutreffen; auch sie besitzen ein ABO-System. Der Rhesusfaktor wurde zunächst bei Rhesusaffen entdeckt, bevor er auch für den Menschen beschrieben wurde. Bei Haustieren sind B. für den Elternnachweis und für die Zucht von Interesse.

Blutgruppen Übersicht über die vier menschlichen Blutgruppen

Blutgruppe	Genotyp	Erythrocyten-Antigen	Antikörper im Serum
A	$i^A i^A$ oder $i^A i^0$	A	β
B	$i^B i^B$ oder $i^B i^0$	B	α
AB	$i^A i^B$	A und B	keine
0	$i^0 i^0$	keine	α und β

Bluthänfling, Art der Finken (↗ Fringillidae).

Blut-Hirn-Schranke, Bez. für das Zusammenspiel zweier Mechanismen bei Wirbeltieren und Mensch, die den Übertritt von Substanzen aus dem Blut in das Gehirn kontrollieren. Fettlösliche Substanzen wie ↗ Alkohol, ↗ Nicotin, ↗ Heroin sowie die Blutgase und auch Narkotika können die B. – H.- S. ungehindert passieren. Für den Transport polarer Substanzen und von Ionen hingegen sind spezifische Transportsysteme notwendig. Auf diese Weise kann die chemische Zusammensetzung der Interzellularflüssigkeiten des Gehirns weitgehend konstant gehalten werden, was für eine präzise Signalübertragung zwischen den Nervenzellen notwendig ist. Man unterscheidet eine *Blut-Hirn-Schranke* um die Blutgefäße herum, die durch tight-junctions von Endothelzellen und Astrocyten, die die Kapillarwand bilden zu Stande kommt, wobei auch Austauschvorgänge zwischen den Gliazellen und den Interzellularräumen eine Rolle spielen, von einer *Blut-Liquor-Schranke* an den Ventrikelwänden. – Bei *Wirbellosen* findet sich nur bei Insekten (↗ Insecta) eine Blut-Hirn-Schranke.

Blut-Hoden-Schranke, ↗ Hoden.

Blutkreislauf, Transportsystem des tierischen und menschlichen Körpers, das dem ständigen Umlauf der Körperflüssigkeiten (↗ Blut, ↗ Hämolymphe) dient, um eine Versorgung der Gewebe des Organismus mit Sauerstoff, Nahrungsstoffen und Signalstoffen zu gewährleisten und den Abtransport von Stoffwechselendprodukten zu sichern. Im Dienst der ↗ Homöostase des Organismus, d. h. zur Konstanterhaltung des inneren Milieus, erfüllt der B. folgende Einzelaufgaben: An- und Abtransport von Wasser, Salzen, Säuren und Basen zur Erhaltung eines konstanten Wasser-, Mineral- und pH-Pegels; Wärmeaustausch an der Körperperipherie (↗ Temperaturregulation), Verteilung von ↗ Hormonen sowie Transport der Abwehrstoffe des ↗ Immunsystems. Diese Prozesse werden vom offenen wie vom geschlossenen B. wahrgenommen. In beiden Fällen erfolgt die Bewegung des Blutes im Körper durch die rhythmischen Kontraktionen des Herzens, durch Zusammendrücken von Gefäßen bei der Körperbewegung und/oder durch peristaltische Bewegung glatter Muskulatur um die Blutgefäße.

Im *offenen Blutkreislauf*, bei dem sich Blut und Lymphe zur Hämolymphe vermischen, entleert sich die Körperflüssigkeit aus dem Herzen meist über eine kurze Aorta in ein offenes Spaltraumsystem (*Lakune*), sodass Gewebe und Zellen direkt umspült werden. Durch Bindegewebsmembranen (Diaphragmen) wird eine bestimmte Strömungsrichtung vorgeschrieben, wodurch auch peripher gelegene Organbereiche von der Hämolymphe erreicht werden. Ein derartiges offenes Zirkulationssystem findet sich bei den Gliederfüßern (↗ Arthropoda) und den meisten Weichtieren (↗ Mollusca) mit Ausnahme der Kopffüßer (↗ Cephalopoda). Bei den *Arthropoda* mit lokalisierten Atmungsorganen (z. B. den Krebstieren mit Kiemen oder den Spinnentieren mit Fächerlungen) wird die Hämolymphe von einem dorsalen Herzschlauch über paarig angelegte Seitenarterien und Kapillaren zu größeren Lakunen gepumpt, wo der Stoffaustausch mit dem umgebenden Gewebe stattfindet. Bei den Insekten (mit ihrem stark verzweigten Tra-

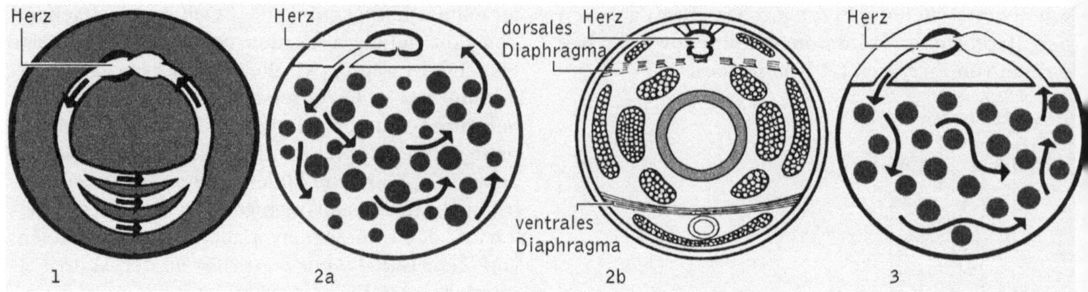

Blutkreislauf *Blutkreislauf-Typen:* Ein *geschlossener Blutkreislauf* (**1**) ermöglicht eine vollständig gerichtete Strömung der Körperflüssigkeiten und eine gerichtete Verbindung einzelner, in funktioneller Folge stehender Organe über den Blutstrom (z. B. Blutabfluss des Darms zur Leber). *Offener Blutkreislauf:* Eine teilweise Trennung des Herzens von der Körperhöhle ermöglicht eine geringfügig gerichtete Strömung der Körperflüssigkeit (**2a**). Bei den Insekten findet sich eine weitere Auftrennung der Druckräume durch ein dorsales und ein ventrales Diaphragma (**2b**). **3** Durch Trennung der Druckkörper mittels des Perikards lässt sich der Herzvorhof bei Muscheln und Schnecken durch die Druckwelle füllen, die bei der Systole der Herzkammer entsteht und sich über die Leibeshöhle zum Herzeingang fortpflanzt

cheensystem) fehlen Seitenarterien, außer bei einigen Arten, z. B. den Schaben. Die Hämolymphe wird vom Herzen durch die Aorta in die Kopfregion geleitet. Für den gerichteten Hämolymphstrom im Körper sorgen ein dorsales und ein unter dem Darm gelegenes ventrales Diaphragma, das einen um das ⌐ Bauchmark gelegenen Perineuralsinus von einem Perivisceralsinus des Darmbereichs abgrenzt. Schließlich fließt die Hämolymphe in einen das ⌐ Herz umgebenden Hauptsinus, den Perikardialsinus (⌐ Perikard) zurück und gelangt durch schlitzartige Ventile (*Ostien*) in der Herzwand zurück ins Herz. Dieses ist an elastischen Bindegewebsbändern (Ligamenten) aufgehängt, die bei Erschlaffung des Herzmuskels über eine Kontraktion der Flügelmuskeln die Herzwände dehnen und einen Sog erzeugen, sodass sich das Herz erneut mit Hämolymphe füllen kann. *Mollusca* pumpen die Hämolymphe aus einem in ein oder zwei Vorhöfe (die die Kiemenvenen aufnehmen) und einen Ventrikel gekammerten, in der Perikardialhöhle liegenden Herzen in ein Kapillar- und Lakunensystem. Das Herz besteht aus einer Kammer (Ventrikel) und, abhängig von der Anzahl der Kiemen, ein bis vier Vorhöfen (Atrien oder Aurikel). Zur Unterstützung des Herzens finden sich bei Insekten und Spinnentieren viele so genannte akzessorische Herzen, die als zusätzliche Pumporgane die Hämolymphzufuhr zu den Extremitäten und dem Nervensystem gewährleisten. Sie liegen in den Beinen als längs verlaufende muskulöse Diaphragmen, als pulsierende Ampullen an der Fühlerbasis oder als Dorsalampullen an der Basis der Flügel. Einen Sonderfall der offenen Blutzirkulation weisen die *Manteltiere* (⌐ Tunicata) auf, bei denen es zu einer periodischen Umkehr des Hämolymphstroms kommt. Dabei wird die Pulsationsrichtung im Herzen durch den Druckanstieg in dem Teil des Gefäßsystems gesteuert, der gerade Hämolymphe vom Herzen erhält. Bei einigen Insekten ist eine periodi-

sche Umkehr der Richtung des Hämolymphstroms beobachtet worden; sie dient dort der Thermoregulation. Offene Blutkreisläufe weisen i. Allg. einen niedrigen Blutdruck mit selten mehr als 5-10 mmHg auf.

Das Hämolymphgefäßsystem der *Stachelhäuter* (⌐ Echinodermata) setzt sich aus endothellosen Kanälen (Lakunen bzw. Sinus) zusammen. Es besteht aus einem den Darm umgebenden oralen Lakunenring mit fünf ausstrahlenden Ästen und Radiärlakunen sowie einem aboralen Ringkanal, der die Genitalorgane versorgt. Beide Lakunenringe sind über ein Kapillarnetz innerhalb der Axialdrüse verbunden. Da den Stachelhäutern herzähnliche Strukturen fehlen, ist es umstritten, in welchem Ausmaß, mit welcher Regelmäßigkeit und in welcher Richtung das Blut strömt.

Im *geschlossenen Blutkreislauf*, wie man ihn i. Allg. bei Wirbeltieren (⌐ Vertebrata), aber auch Schnurwürmern (⌐ Nemertini) und den Tintenschnecken (Cephalopoda) findet, werden Blut und Lymphe getrennt und zirkulieren in eigenen Gefäßbahnen (⌐ Lymphgefäßsystem). In dem in sich geschlossenen System zu- und abführender Blutgefäße ist das Herz als zentrales Pumporgan, das den Blutstrom in eine Richtung treibt, eingeschlossen. Vom Herzen ausgehende Gefäße werden als Arterien bezeichnet. Sie verzweigen sich zunehmend bis zu den in den Organen dem direkten Stoffaustausch dienenden Blutkapillaren. Das aus diesen abfließende Blut sammelt sich in Venen, die es schließlich zum Herzen zurückführen. In den meisten Geweben ist jede Zelle nicht mehr als zwei bis drei Zelldurchmesser von einer Kapillare entfernt, sodass auch bei einem geschlossenen Blutkreislauf ein hoher Stoffaustausch gewährleistet ist. Verbunden damit ist ein hoher Blutdruck im Kapillarsystem, was zu einem Flüssigkeitsübertritt ins Gewebe führt. Dieser Verlust im Kreislaufsystem wird durch das Lymphsystem ausgeglichen. Der

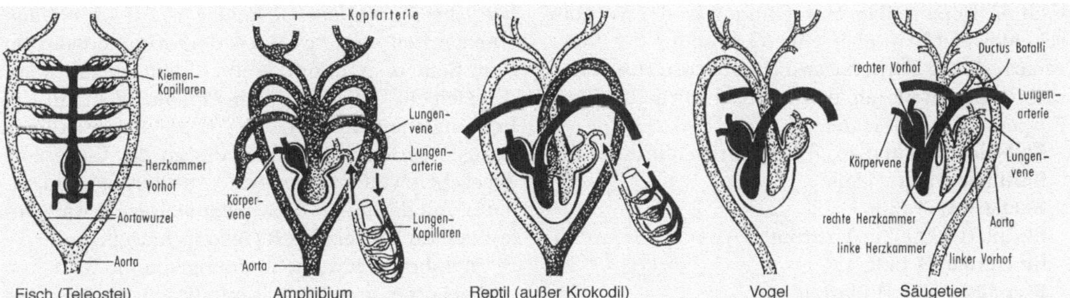

Blutkreislauf   Umbildungen des Blutkreislaufs bei verschiedenen Wirbeltierklassen. Beim lungenlosen *Fisch* gibt es vor allem einen Vorhof (Atrium) und eine Herzkammer (Ventrikel). Das mit Sauerstoff angereicherte arterielle Blut (punktiert) gelangt aus den Kiemen in die beiden Aortenwurzeln und die Aorta direkt in die Organe des Körpers. Die Kiemen sind also dem Körperkreislauf vorgeschaltet (*einfacher Blutkreislauf*). Mit Übergang zum Landleben werden die Kiemen durch Anastomosen umgangen und vom erwachsenen *Amphibium* an das arterielle Blut aus der Lunge zum Herzen zurückgeführt und dann durch den Körper gepumpt (*doppelter Blutkreislauf*). Arterielles und venöses Blut können in Krypten der Herzkammer nur teilweise getrennt gehalten und getrennt weitergepumpt werden, sodass vorwiegend sauerstoffreiches Blut zum Kopf und -armes Blut zu den Lungen fließt, teilweise gemischtes in den Körper. Beim *Reptil* (Ausnahme Krokodil) liegt eine Einschränkung der Blutdurchmischung durch eine unvollständige Herzscheidewand vor. *Vögel* und *Säugetiere* zeigen eine vollständige Trennung der beiden Herzkammern und des großen und kleinen Blutkreislaufs

geschlossene Kreislauf der *Nemertini* und *Ringelwürmer* (↗ Annelida) besteht normalerweise aus einem dorsalen Hauptgefäß mit Querverbindungen zu seitlich verlaufenden Gefäßen und bei Ringelwürmen einem ventralen Gefäß. Das Rückengefäß wirkt als Pumporgan, das in peristaltischen Wellen das Blut nach vorne pumpt; das Bauchgefäß der Annelida leitet das Blut in umgekehrter Richtung von vorn nach hinten. Die Quergefäße sind z. T. ebenfalls von einer muskulären Wand umgeben und wirken als akzessorische Herzen. Die Quergefäße verzweigen sich zu Kapillarsystemen, die Darm, Nephridien, Gonaden und Gehirn versorgen. Vielfach sind die Körperwand wie auch die der Atmung dienenden Körperanhänge (Parapodien) durch flächige Kapillarnetze reich durchblutet. Unter den Mollusca findet man nur bei *Cephalopoda* einen geschlossenen Blutkreislauf. Seine Besonderheit ist das venöse Kiemenherz, das das Blut in die Kiemen treibt. Auch die *Lanzettfischchen* besitzen ein geschlossenes Blutgefäßsystem. Im Gegensatz zu den Wirbeltieren fehlt ihnen jedoch ein Herz; seine Funktion wird, wie bei den Cephalopoda, durch Kiemenherzen übernommen. Bei den Lanzettfischchen zeigt sich jedoch bereits das ursprüngliche Grundschema des Wirbeltierkreislaufs.

Allen *Wirbeltieren* gemeinsam ist ein geschlossener Blutkreislauf mit einem gekammerten Herzen als Antriebsorgan, das als Saugpumpe (z. B. bei Haien) oder als Druckpumpe (bei den meisten Wirbeltieren) arbeitet. Selbst bei den Wirbeltieren ist der B. aber nicht vollständig geschlossen, da bei Niederen Fischen bis zu den Säugern das Blut in bestimmten Organen (Milz, Placenta) in direktem Kontakt zu den Gewebszellen tritt.

Die *Umbildungen des B.* während der Stammesgeschichte der Wirbeltiere hängen hauptsächlich

zusammen mit der Lungenatmung zusätzlich zur Kiemenatmung im Wasser und der ausschließlichen Lungen- und Hautatmung nach dem Übergang zum Landleben. Die Atmung erfolgte nunmehr statt über Kiemen durch Lungen, sodass der B. entsprechend angepasst werden musste. Im Zuge dieser Entwicklung kam es zur Ausbildung eines vom Körperkreislauf abgezweigten Lungenkreislaufs und zur Entstehung eines septierten Herzens. Das ventral hinter der Kiemenbogen-(Arterienbogen-) Region liegende Herz transportiert über eine unpaare Aorta das Blut nach vorne durch die Halsschlagadern in die Kopfregion und seitlich über Aortenbögen in die dorsalen Körperbereiche. Diesen Weg des Blutes findet man in der Stammesgeschichte bis zur Organisationsstufe der Fische. Das an die Aortenbögen angeschlossene Kapillarsystem der ↗ Kiemen bietet offenbar nur einen geringen Strömungswiderstand, sodass ein ausreichender ↗ Blutdruck übrig bleibt, um das nunmehr Sauerstoff beladene Blut durch die verschiedenen Körpergewebe und zurück zum Herzen zu bewegen. Mit der Entstehung der Lungen schon bei den Fischen wurden diese von dem letzten Paar Kiemenarterien versorgt. In der Ahnenlinie der Landwirbeltiere (Fleischflosser) kamen zu den beiden Lungenarterien Venen von den Lungen zum Herzen hinzu. Körper- und Lungen-Kreislauf waren damit parallel gestaltet, unter Verwendung derselben Herzpumpe. Nach einer vollständigen Trennung der Herzkammer in linken und rechten Ventrikel bei Krokodilen, Vögeln und Säugetieren, kam es bei den letzten beiden auch zur vollständigen Trennung der beiden Kreisläufe. Im *fetalen Kreislauf* der viviparen Säuger erfolgt die Sauerstoffversorgung nicht über die Lungen, sondern über die Placenta. Das aus der Placenta kommende Blut wird vom rechten Herzen über eine Öffnung in der Vorhofscheidewand bzw. über eine Verbindung der Lungenarterie zur Körperarterie (Ductus arteriosus botalli) größtenteils an den Lungen vorbei in den Körperkreislauf geschleust.

Blut-Liquor-Schranke, ↗ Blut-Hirn-Schranke.

Blutmauserung, ↗ Milz.

Bluplasma, ↗ Blut.

Blutplättchen, die ↗ Thrombocyten.

Blutserum, ↗ Blut.

Blutstatus, das ↗ Blutbild.

Blutstillung, die Hämostase (↗ Blutgerinnung).

Blutvergiftung, die ↗ Sepsis.

Blutzellen *Blutkörperchen*, *Hämocyten*, die zellulären Bestandteile des Blutes (↗ Blut), die im Blutplasma zirkulieren. Diese sind überwiegend die bei Säugetieren kernlosen, bei anderen Wirbeltieren und verschiedenen Wirbellosen kernhaltigen, hämoglobinhaltigen *roten Blutkörperchen* (↗ Erythrocyten), weiterhin die bei Säugern kernhaltigen *weißen Blutkörperchen* (↗ Leukocyten) sowie die *Blutplättchen* (↗ Thrombocyten), die Teil des Blutgerinnungssystems sind.

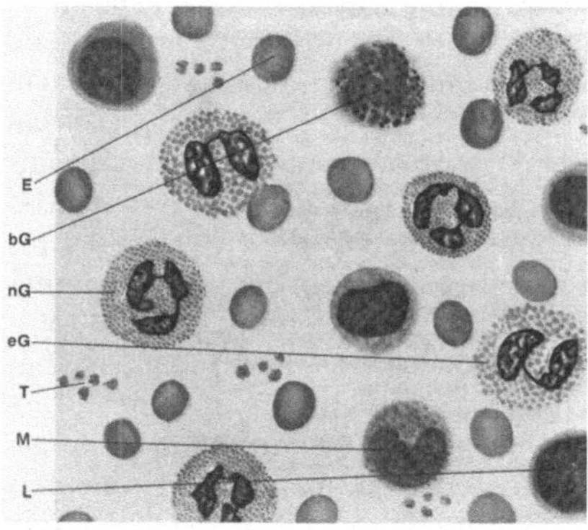

Blutzellen Blutausstrich mit *Erythrocyten* (roten Blutkörperchen, E), *Thrombocyten* (Blutplättchen, T) und verschiedenen Formen von *Leukocyten* (weißen Blutkörperchen): eosinophile Granulocyten (eG), basophile Granulocyten (bG) und neutrophile Granulocyten (nG), Lymphocyten (L) und Monocyten (M)

Blutzucker, umgangssprachlich für den ↗ Blutglucosespiegel.

B-Lymphocyten, *B-Zellen*, zu den Leukocyten zählende Blutzellen, die durch ihre Fähigkeit zur Produktion von Antikörpern (↗ Immunglobuline) Träger der humoralen Abwehr (↗ spezifische Immunantwort) sind. Die Bez. B-Lymphocyten kommt von *bursa-abhängige Lymphocyten* (nach der Bursa Fabricii, einem lymphatischen Organ bei Vögeln), steht aber neuerdings auch für *bone marrow* (engl. für Knochenmark). Dies in der Annahme, dass das Knochenmark, in dem die Lymphocyten in einem Reifungsprozess (*Lymphocytenprägung*) ihre typischen Fähigkeiten erwer-

ben, der Bursa fabricii analog ist. B – L. stellen einen Anteil von etwa 15 % der Lymphocyten im Blut. Beim ersten Kontakt mit einem Antigen wandelt sich ein Teil der B – L. in *Plasmazellen* um, die Immunglobuline bilden, die spezifisch gegen dieses Antigen gerichtet sind und die an die Umgebung abgegeben werden (*humorale Antikörper*). Ein anderer Teil der B – L. entwickelt sich nach Antigenkontakt zu langlebigen *B-Gedächtniszellen*, die ihre membranständigen Immunglobuline behalten und bei erneutem Kontakt mit diesem Antigen eine raschere Immunantwort ermöglichen.

Boa constrictor, ↗ Boidae.

Boaschlangen, ↗ Boidae.

Böcke, die Gattungsgruppe ↗ Caprini.

Bockkäfer, die Fam. ↗ Cerambycidae.

Bockshornklee, *Trigonella foenum-graecum*, Art der ↗ Fabaceae. Die Samen der aus Westasien stammenden Pflanze enthalten Saponine, Trigonellin und Cumarin und werden in der Medizin genutzt.

Boden, *Pedosphäre*, die belebte, oberste Verwitterungsschicht der Erde. Der B. ist ein Produkt aus der klimabedingten Gesteinsverwitterung, der Anreicherung toten organischen Materials, der Umwandlungs- und Durchmischungsaktivität der Bodenorganismen und des Menschen sowie anhaltender Einwirkung des ↗ Klimas.

Bodenentwicklung. Die Bodenentwicklung vollzieht sich sehr langsam, meist in erdgeschichtlichen Zeiträumen. Gesteine liefern die mineralischen Bodenbestandteile. Bei physikalischen Prozessen der *Verwitterung* wird das Gestein zerkleinert, wobei Schluff und Grobton entstehen können. Bei chemischen Vorgängen, insbesondere Lösungsvorgängen, werden einzelne Mineralbestandteile verfrachtet und Minerale neu gebildet. Nach der Entkalkung folgt die Silikatverwitterung. Aus eisen- und manganhaltigen Mineralien werden im Verlauf der Lösungsverwitterung Eisen- und Manganoxide freigesetzt, die dem Boden eine charakteristische Braunfärbung geben. Die *Verbraunung* ist häufig ein gutes Merkmal für den Verwitterungszustand des Bodens. Eng verbunden mit der Lösung und Verlagerung von Mineralbestandteilen sind die Umwandlung und Neubildung von mehrschichtigen Tonmineralen, die für den Wasser- und Ionenhaushalt des Bodens von entscheidender Bedeutung sind. Zunehmende Tonbildung wird als *Verlehmung* bezeichnet. Durch den Abbau organischer Substanzen entstehen Huminstoffe (↗ Humus). Ausgangsstoffe und Standortverhältnisse bestimmen die Humusform des Bodens.

Die *Vegetation* und die ↗ Bodenorganismen sind die empfindlichsten Parameter der Bodenentwicklung, da sie ihrerseits von allen anderen Faktoren und vom Boden selbst abhängen, diese aber auch

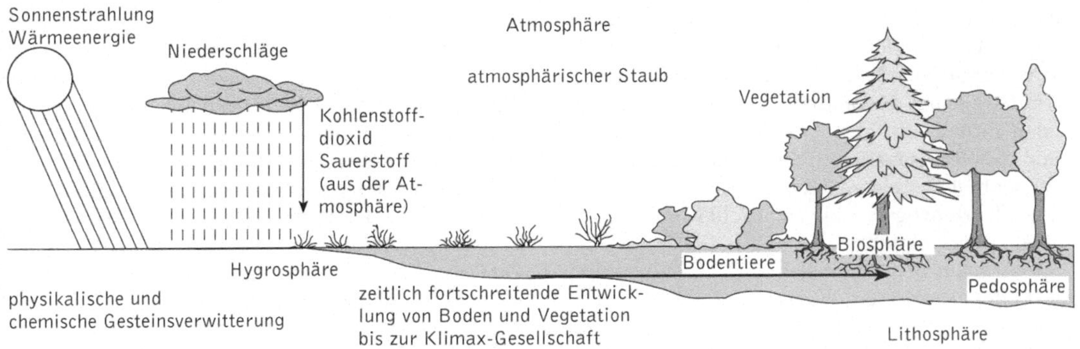

Boden Zeitlicher Verlauf der Bodenentwicklung durch Gesteinsverwitterung, klimatische Faktoren und zunehmende Besiedlung durch Pflanzen und Tiere

entscheidend beeinflussen. Die Vegetation ist nicht selten ein guter Indikator für den Stand der Bodenentwicklung. Die pflanzliche Streu, die von Mikroorganismen und Kleintieren zu Humus abgebaut wird, stellt die Hauptquelle für die Bildung organischer Bodenbestandteile dar. Die Pflanzendecke festigt den Oberboden und schützt gegen ↗ Erosion durch Wind und Wasser. Organische Säuren und Komplexbildner, die von Wurzeln und Mikroorganismen ausgeschieden werden, sind an Verwitterungs- und Verlagerungsvorgängen wesentlich beteiligt. Kleintiere und Mikroorganismen vermischen und verkleben Bodenpartikel zu stabilen Aggregaten. Wühlende Bodentiere wie Regenwürmer und Nagetiere tragen zur Bodenentwicklung bei, indem sie den Boden lockern und mischen (*Bioturbation*). Turbationen entstehen auch durch wiederholtes Schrumpfen und Quellen, durch Eisbildung und Tauen.

Bodentypen. Abhängig vom Ausgangsgestein und von Boden bildenden Prozessen besteht jeder Boden aus charakteristischem Material mit typischen physikalischen und chemischen Eigenschaften. Gleichartige Böden werden zu Bodentypen zusammengefasst. Jeder Bodentyp besitzt eine charakte-

Durchmesser mm μm		Bezeichnung der Kornfraktion		
> 200		Blöcke		Bodenskelett
200 −63 63 −20 20 − 6,3 6,3− 2		abgerund. eckig-kant. Gerölle Grobkies } Steine Mittelkies } Feinkies Grus		
2−0,063	2000−630 630−200 200− 63	Sand	Grobsand Mittelsand Feinsand	Feinboden
0,063− 0,002	63 −20 20 − 6,3 6,3− 2,0	Schluff	Grobschluff Mittelschluff Feinschluff	
< 0,002	2,0−0,63 0,63−0,20 < 0,20	Ton	Grobton Mittelton Feinton	

Boden Einteilung der Kornfraktionen

ristische Abfolge von *Bodenhorizonten*. Der *A-Horizont* oder Oberboden ist die organisch angereicherte Schicht des Bodens. Diese Schicht ist meist dunkel gefärbt. Der darunter liegende Auswaschungshorizont für Humus wird als *E-Horizont* bezeichnet. Der *B-Horizont* oder Unterboden ist gekennzeichnet durch die Akkumulation von Ton und Humus des Auswaschungshorizontes. Er ist durch bestimmte Verwitterungsvorgänge meist braun gefärbt. Außerdem ist er charakterisiert durch Anreicherung und Neubildung von Tonmineralen, Eisen- und Aluminiumoxiden. Der B-Horizont ist nicht bei allen Bodentypen ausgebildet. Der *C-Horizont* ist das Ausgangsmaterial (Ausgangsgestein) der Bodenbildung. Daneben gibt es noch einen *O-Horizont*, der durch eine organische Auflage gekennzeichnet ist.

Bodenart. Die Bodenart oder Körnungsklasse bezeichnet das Korngrößengemisch eines B. nach der vorherrschenden Korngrößenfraktion. Dabei werden folgende Bodenarten unterschieden: *Sandböden, Schluffböden, Lehmböden* und *Tonböden.* Die mineralischen Bodenbestandteile werden nach ihrer Größe in Kornfraktionen eingeteilt. Ein Lössboden enthält z. B. 75 % Schluff, 15 % Ton und 10 % Sand. Schluff- und Lehmböden, deren Tongehalt 50 % nicht übersteigt, haben für ackerbauliche Kulturen die günstigsten physikalischen und chemischen Eigenschaften.

Funktionen des Bodens. Der B. ist Lebenraum der Bodenorganismen, Wurzelraum und Nährstoffreservoir der Pflanzen (↗ Pflanzenernährung) und hat Bedeutung für die Reinigung und Mineralstoffanreicherung des Niederschlagswassers beim Absickern zum Grundwasser.

Bodenanalyse, Analyse verschiedener Bodeneigenschaften anhand von Bodenproben. Dabei werden u. a. die Bodenart (↗ Boden), der ↗ pH-Wert, die Gehalte an Gesamt-Stickstoff, Nitrat, Kalium, Phosphor, Magnesium und Spurennährstoffen bestimmt.

Bodenanzeiger, *Boden anzeigende Pflanzen,* die ↗ Zeigerpflanzen.

Bodenarthropoden, bodenbewohnende Gliederfüßer (Arthropoden), die als Konsumenten eine wichtige Rolle im Nahrungsnetz und für den Stoffumsatz des Bodens inne haben (↗ Bodenorganismen).

Bodenatmung, respiratorischer Gaswechsel von ↗ Wurzeln und ↗ Bodenorganismen. Die B. ist messbar am Verbrauch von Sauerstoff (O_2) und der Freisetzung von Kohlenstoffdioxid (CO_2). ↗ Kohlenstoffkreislauf

Bodenbakterien, vorwiegend im Boden lebende ↗ Bakterien. Die B. leben bevorzugt in kapillaren Poren und sind zum überwiegenden Teil durch Schleime an Oberflächen gebunden. Ein einziges Gramm Erde aus der Rhizosphäre einer Pflanze kann eine Milliarde Bakterienzellen enthalten. Besonders hoch ist die Bakteriendichte in direkter Umgebung der Wurzeln (↗ Rhizosphäre). Die meisten B. leben saprophytisch, d. h., sie gewinnen Energie durch den Abbau toter organischer Substanz (↗ Pseudomonas, ↗ Arthrobacter, ↗ Bacillus, *Micrococcus, Flavobacterium,* ↗ Actinomycetales u. a.). Einige Gatt. sind jedoch Stoffwechselspezialisten. So benötigen manche Bakterien nur anorganische Verbindungen zum Wachstum oder können molekularen Stickstoff assimilieren. Die ↗ nitrifizierenden Bakterien *Nitromonas* und *Nitrobacter* (↗ Proteobacteria) oxidieren Ammonium zu Nitrit und Nitrit zu Nitrat. Eisen und Mangan oxidierende Bakterien gewinnen Energie aus der Oxidation von Fe^{2+} und Mn^{2+}. ↗ Stickstoff fixierende Bakterien leben entweder frei (*Azotobacter, Azomonas, Azospirillum,* ↗ Beijerinckia, *Derxia*) oder in Symbiose mit Leguminosen (↗ Rhizobium) und Nichtleguminosen (↗ Frankia). *Pseudomonas*

denitrificans (↗ Pseudomonas), *Achromobacter* und andere Bakterien stellen ihren Stoffwechsel bei Sauerstoffmangel fakultativ auf die anaeroben Bedingungen um. Sie reduzieren dann Nitrat zu molekularem Stickstoff, der in die Atmosphäre entweicht (anaerobe Nitratatmung). Dies führt zu Stickstoffverlusten aus dem Boden. Krankheitserregende B. sind z. B. der Erreger des ↗ Wundstarrkrampfes (*Clostridium tetani;* ↗ Clostridien), des ↗ Gasbrandes (*Clostridium perfringens*-Arten) und viele pflanzenschädigende Bakterien (z. B. ↗ Agrobacterium).

Bodenbelastung, die Beeinträchtigung der natürlichen Beschaffenheit des Bodens durch Schadstoffe aus der Luft (z. B. Schwermetalle, Stickoxide, ↗ saurer Regen), aus der Landwirtschaft (Mineraldünger, Gülle, Pestizide, Klärschlamm), aus Abwässern, Altlasten und durch ↗ Bodenverdichtung.

Bodenbiologie, *Pedobiologie,* die Lehre von der Lebensweise und den Leistungen der ↗ Bodenorganismen.

Bodenbrüter, Vögel, die ihre Eier in einem ↗ Nest oder einer Nestmulde am Boden ausbrüten.

Bodenentseuchung, *Bodendesinfektion,* vorzugsweise im Gartenbau angewandte Maßnahme bei der Herstellung von Gewächshauserde, die frei von Pilz- und Schädlingsbefall sowie Unkrautsamen sein muss. Die wirksamste Methode ist die Behandlung des Bodens mit heißem Wasserdampf (*Bodendämpfung*). Eine andere Methode ist die Behandlung mit chemischen Mitteln, z. B. mit Formaldehyd oder Schwefelkohlenstoff.

Bodenerosion, ↗ Erosion.

Bodenfalle, Gerät zur Erfassung von auf der Bodenoberfläche lebenden Tieren und ihrer Aktivitätsdichte. Für die Kleintier-Fauna werden häufig *Barber-Fallen* eingesetzt; diese bestehen aus einem eingegrabenen Fanggefäß, das bündig mit der Bodenoberkante abschließt.

Bodenfruchtbarkeit, die Fähigkeit eines ↗ Bodens, dauerhaft Ernteerträge zu ermöglichen. Dazu dienen u. a. Maßnahmen wie ↗ Düngung, Bodenbearbeitung, Wahl einer geeigneten ↗ Fruchtfolge.

Bodenkunde, *Pedologie,* Wissenschaft, die sich mit den Bestandteilen und Eigenschaften des ↗ Bodens, seiner Entstehung und Veränderung sowie der Zuordnung zu ↗ Bodentypen befasst.

Bodenläuse, die ↗ Zoraptera.

Bodenlebewesen, die ↗ Bodenorganismen.

Bodenlösung, Bez. für das ↗ Bodenwasser, das Salze und organische Stoffe enthalten kann.

Bodenmikrobiologie, Teilgebiet der ↗ Mikrobiologie, das sich mit den im Boden lebenden Mikroorganismen (Bakterien, Pilze, Algen, Flechten, Einzeller) befasst. Besonders reich an Mikroorganismen sind der A-Horizont und B-Horizont des ↗ Bodens, wobei der wurzelnahe Boden (↗ Rhizosphäre) ein Vielfaches an Mikroorganismen enthält wie der wurzelferne Boden. Boden-Mikroorganismen sind wesentlich beteiligt am ⌐ Kohlenstoffkreislauf (⌐ Mineralisation, ⌐ Humifizierung), ⌐ Stickstoffkreislauf (⌐ Proteolyse, ⌐ Ammonifikation, ⌐ Denitrifikation, ⌐ Stickstoff-Fixierung) ⌐ Phosphorkreislauf und ⌐ Schwefelkreislauf. (⌐ Bodenbakterien, ⌐ Bodenorganismen)

Bodenmüdigkeit, das Nachlassen des Bodenertrags bei wiederholtem Anbau derselben ⌐ Kulturpflanze. Ursachen sind z B. einseitiger Nährstoffentzug, Anreicherung von Wurzelausscheidungen (⌐ Allelopathie) und die Vermehrung von Schaderregern.

Bodennutzungssysteme, Nutzungsart des Bodens wie z. B. ⌐ Ackerbau, Gartenbau und Obstbau, Weidewirtschaft, Forstwirtschaft.

Bodenorganismen, *Bodenlebewesen*, Organismen, die ständig oder zeitweise in den Hohlräumen des Bodeninneren oder im Spaltensystem der Bodenoberfläche leben. In ihrer Gesamtheit werden sie als *Edaphon* bezeichnet. Die B. besiedeln hauptsächlich den streu- und humusreichen Oberboden (O- und A-Horizont), weniger den Unterboden (B-Horizont).

Bodenflora: Hierzu zählt man allgemein alle nichttierischen B. wie *Bakterien*, *Algen*, *Pilze* und *Flechten* (*Lichenes*). Sie überwiegen sowohl zahlenmäßig als auch in ihrer Gesamtmasse. Mit zahlreichen Gattungen sind die ⌐ Bodenbakterien vertreten. In sauren humosen Böden sind *Pilze* normalerweise stärker vertreten als Bakterien. Sie durchziehen den Boden mit einem weit verzweigten ⌐ Mycel und leben aerob und heterotroph, meist saprophytisch. Durch Pilze zersetzt (⌐ Zersetzung) werden ⌐ Cellulose, ⌐ Pektine und Hemicellulose; einige Ständerpilze (⌐ Basidiomycetes) können auch ⌐ Lignin abbauen. Einige Vertreter der Schimmelpilze (⌐ Penicillium, ⌐ Aspergillus, *Mucor*) erzeugen vermutlich im Boden ⌐ Antibiotika. Eine große Zahl von Pilzen lebt als ⌐ Mykorrhiza in ⌐ Symbiose mit Pflanzenwurzeln. *Algen* (einzellig bis fädig) finden sich wegen ihres Lichtbedarfs nur an der Oberfläche oder im Wasser überschwemmter Böden. Am häufigsten sind Grünalgen (⌐ Chlorophyta), seltener Kieselalgen (⌐ Bacillariophyceae). *Flechten* haben unter gemäßigten Bedingungen nur wenig Anteil am Bodenleben. Wegen ihrer außerordentlichen Widerstandskraft dringen sie aber am weitesten in die Kältewüsten der Hochgebirge und arktischen Klimazonen vor und besiedeln dort Gesteine und Rohböden.

Bodenfauna. Je nach Größe der Organismen unterteilt man die Bodenfauna in eine Mikrofauna, Mesofauna, Makrofauna und Megafauna.

Zur Mikrofauna (0,002 – 0,2 mm) gehören Protozoen (⌐ Einzeller) wie Geißeltierchen (⌐ Flagellata), Wurzelfüßer (⌐ Rhizopoda) und Wimpertier-

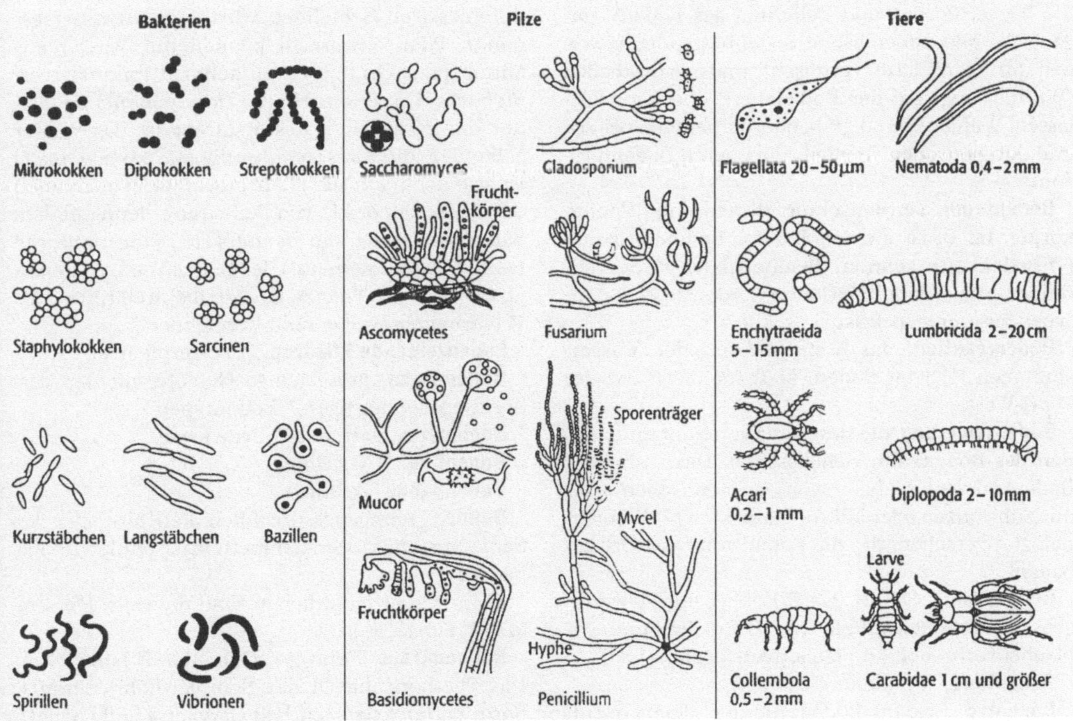

Bodenorganismen   Die wichtigsten Organismengruppen des Bodens

chen (↗ Ciliata) sowie kleinere Fadenwürmer (↗ Nematoda). Lebensraum der genannten Protozoen sind wassergefüllte Bodenporen. Sie ernähren sich saprophag von Tier- und Pflanzenrückständen oder als Bakterienfresser. Nematoden leben saprophytisch oder parasitisch von Pflanzenwurzeln und können bei starker Vermehrung in Monokulturen Schäden anrichten.

Zur *Mesofauna* (0,2 – 2 mm) zählen Rädertiere (↗ Rotatoria), Bärtierchen (↗ Tardigrada), größere Nematoden, Milben (↗ Acari) und Springschwänze (↗ Collembola). Sie leben saprophag oder als Räuber von der Mikrofauna und -flora.

Zur *Makrofauna* (2 – 20 mm) rechnet man die Ringelwürmer (↗ Annelida), Schnecken (↗ Gastropoda), Webspinnen (↗ Araneae), Asseln (↗ Isopoda), Doppelfüßer (↗ Diplopoda), Hundertfüßer (↗ Chilopoda), die Käfer inklusive ihrer Larven (↗ Coleoptera) und die Larven der Zweiflügler (↗ Diptera). Diese B. haben außerordentlich vielfältige Lebensformen und Lebensweisen entwickelt. Ihr Einfluss auf die Bodenentwicklung ist daher vielgestaltig.

Zur *Megafauna* (20 – 200 mm) zählen Regenwürmer (↗ Oligochaeta; ↗ Regenwurm) und Wirbeltiere (↗ Vertebrata), die ganz oder teilweise im Boden leben (Wühlmäuse, Maulwürfe, Kaninchen, Hamster, Ziesel, Spitzmäuse u. a.). Die Regenwürmer machen den größen Teil der Megafauna aus. Sie graben bis über 2,50 m lange Röhren und verbessern damit die Wasserführung und Belüftung des Bodens. Organische und mineralische Bodenbestandteile werden im Wurmdarm vermischt und als Kotballen (Wurmlosung) auf der Bodenoberfläche zurückgelassen. Wühlende und grabende Wirbeltiere lockern und durchmischen ebenfalls die oberen Bodenhorizonte

Bodenprofil, Vertikalschnitt durch einen Bodenkörper. Im B. ist die Abfolge der Bodenhorizonte (↗ Boden) zu erkennen. Gleiche, häufig wiederkehrende Horizontkombinationen werden zu ↗ Bodentypen zusammengefasst.

Bodenreaktion, die Konzentration der Wasserstoffionen (H^+) im Boden. Maß für die B. ist der ↗ pH-Wert.

Bodensanierung, die Beseitung von Kontaminationen des Bodens mit Schadstoffen. Dazu wird der Boden entweder abgetragen, ausgewaschen oder mit Substanzen oder Mikroorganismen (↗ Biotechnologie) versehen, die die Schadstoffe vor Ort abbauen.

Bodenschutz, Schutz des ↗ Bodens vor Belastungen mit ↗ Schadstoffen, vor ↗ Erosion und vor Flächenverbrauch (↗ Flächenversiegelung).

Bodentiere, ↗ Bodenorganismen.

Bodentyp, Bez. für Böden, die den gleichen Entwicklungszustand aufweisen. Man erkennt den B.

an der Abfolge der Bodenhorizonte (↗ Boden). In Mitteleuropa häufige B. sind z. B. ↗ Parabraunerde, ↗ Rendzina und ↗ Ranker.

Bodenverdichtung, Verdichtungen des Bodens, die mit einer Abnahme des Porenvolumens verbunden sind. Zu B. kommt es häufig durch das Befahren mit schweren Landmaschinen. B. erhöht die Erosionsgefahr (↗ Erosion) und behindert den Gasaustausch sowie das Wachstum von Pflanzenwurzeln.

Bodenversalzung, die Anreicherung von Salzen im ↗ Boden. Es handelt sich überwiegend um Chloride, Sulfate, Carbonate sowie Nitrate und Borate. Dieser Prozess ist besonders in ariden Klimaten begünstigt. Bei extremer B. entstehen ↗ Salzböden. (↗ Halophyten)

Bodenversauerung, Abnahme des ↗ pH-Wertes im Boden durch natürliche Prozesse (z. B. durch Bildung von ↗ Fulvosäuren beim Streuabbau) und/oder durch den Eintrag saurer Niederschläge (↗ saurer Regen).

Bodenwasser, Anteil des Wassers im ↗ Boden, der sich durch Trocknung bei 105 °C entfernen lässt. Das B. füllt die Poren des Bodens. Nimmt der Boden kein Wasser mehr auf, bezeichnet man den Boden als wassergesättigt. In der ungesättigten Bodenzone wird das B. als *Porenwasser* bezeichnet, im dauerhaft gesättigten Bereich, wenn das Wasser nicht nach unten ablaufen kann, als ↗ Grundwasser, staut es sich über oberflächennahen, wasserundurchlässigen Schichten, wird es *Stauwasser* genannt. Pflanzenwurzeln können nur Wasser aus Mittel- oder Grobporen aufnehmen (*pflanzenverfügbares Wasser, nutzbare Feldkapazität*). Je kleiner die Poren sind, desto stärker ist das Wasser gebunden, die *Wasserspannung* (*Matrixpotenzial*) ist also hoch. Für die Pflanzenwurzel ist auch noch der Salzgehalt des B. von Bedeutung, denn mit dem Salzgehalt steigt die *osmotische Saugspannung* (*osmotisches Potenzial*) des B. Das Wasserpotenzial, bei dem die Pflanze irreversibel welkt, wird als ↗ permanter Welkepunkt bezeichnet.

bodenzeigende Pflanzen, ↗ Zeigerpflanzen.

Bodenzonen, großflächige Gebiete mit der Verbreitung gleichartiger ↗ Bodentypen.

Boehmeria, Gatt. der ↗ Urticaceae.

Bogenflug, ↗ Vogelflug.

Bogengänge, ↗ Ohr.

Bohne, 1) umgangssprachlich die Hülse oder der Same verschiedener Schmetterlingsblütler (↗ Fabaceae).

2) im wissenschaftlichen Sinn die Gatt. *Phaseolus* (↗ Fabaceae).

Bohnenkraut, *Satureja*, Gatt. der ↗ Lamiaceae. Das ↗ etherische Öl des Sommer-Bohnenkrauts, *Satureja hortensis*, enthält Carvacrol und Cymol.

Bohnenrost, Art der Rostpilze (↗ Uredinales).

Bohr-Effekt, nach dem dänischen Physiologen C. Bohr (1855-1911) benannte Erhöhung der Säurestärke von Hämoglobin durch Beladung mit Sauerstoff. Der B. – E. bewirkt so eine verstärkte Freisetzung von Kohlenstoffdioxid (CO_2) des Blutes in Gegenwart hoher Sauerstoffkonzentrationen (O_2).

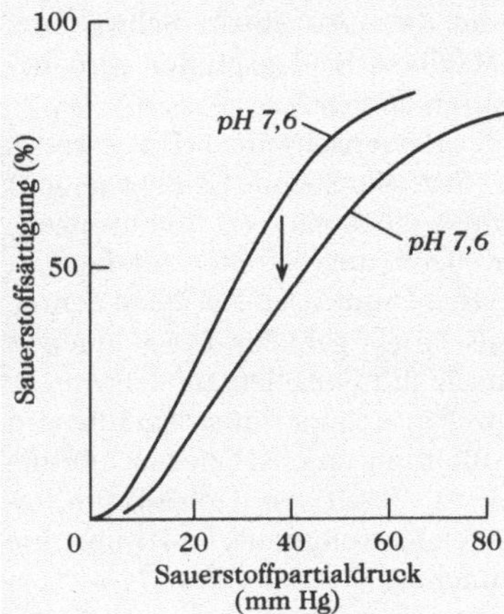

Bohr-Effekt Wirkung des pH-Werts auf die Sauerstoffsättigungskurve des Hämoglobins. Mit Abnahme des pH-Werts von 7,6 auf 7,2 wird die Sauerstofffreisetzung (Pfeil) begünstigt

Umgekehrt führt die Loslösung des Sauerstoffs vom ↗ Hämoglobin in den peripheren Teilen der Blutbahn zur Verminderung der Säurestärke und damit zu Erhöhung des ↗ pH-Wertes, wodurch Lösung und Transport des CO_2 von der Peripherie zur Lunge begünstigt werden. Der B. – E. trägt damit wesentlich zur Optimierung des O_2- und CO_2-Transports durch das Blut bzw. des O_2- und CO_2-Austauschs in Lunge und Gewebe bei.

Bohrschwämme, ↗ Demospongiae.

Boidae, *Riesenschlangen*, Fam. der Schlangen (↗ Serpentes) mit 60 Arten, zu der die längsten Schlangen überhaupt mit um 10 m Länge und bis über 200 kg Gewicht gehören. B. besitzen als ursprüngliche Merkmale noch Reste des Beckens und der Oberschenkel, die als zwei Sporne neben der Kloakenöffnung zu sehen sind und eine Rolle bei der Paarung spielen. B. haben zwei funktionstüchtige Lungen und keine Giftzähne. Die Beute wird durch Umschlingen getötet. Die wichtigsten Unterfamilien sind die *Boaschlangen (Boinae)*, deren größte Art die in Südamerika verbreitete, Wasser bewohnende *Anaconda (Eunectes murinus)* ist. Die vorwiegend Boden bewohnende *Abgott- oder Königsschlange (Boa constrictor)* wird bis 4 m lang und ist von Nordargentinien bis Mexiko verbreitet. Weitere Vertreter sind die Hundskopfboas (Gatt. *Corallus*), die Schlankboas (Gatt. *Epicrates*) und die *Sandboas* (Gatt. *Eryx*) mit 10, in Südosteuropa, Nordafrika und Südwestasien verbreiteten, bis 1 m langen Arten, u. a. der Europäischen *Sandboa (Eryx jaculus)*. Die zweite Unterfamilie sind die *Pythonschlangen (Pythoninae)*, die mit etwa 20 Arten in Afrika, Indien, Südostasien bis Neuguinea und Australien verbreitet sind. Bekannte Arten sind der bis 9 m lange *Netzpython (Python reticulatus)*, der bis 8 m lange *Tigerpython (Python morulus)*, die beide in Südostasien verbreitet sind sowie der bis 7 m lange, in Afrika lebende *Felsenpython (Python sebae)*. – Wegen ihrer schön gezeichneten Haut sind die B. zur Ledergewinnung stark bejagt worden, zudem trug die Zerstörung ihrer Lebensräume (tropische Regen- und Bergwälder) dazu bei, dass sie stark bedroht, einige Arten wie z. B. der Tigerpython fast ausgerottet sind. Die B. sind seit der Kreide nachgewiesen.

Boinae, die Unterfam. Boaschlangen (↗ Boidae).

Boletales, Ord. der Homobasidiomycetidae (↗ Basidiomycetes), in die neben den Röhrlingen, zu denen z. B. der ↗ Steinpilz gehört auch einige Lamellen-, Bauch- und Krustenpilze, so z. B. der ↗ Hausschwamm gehören.

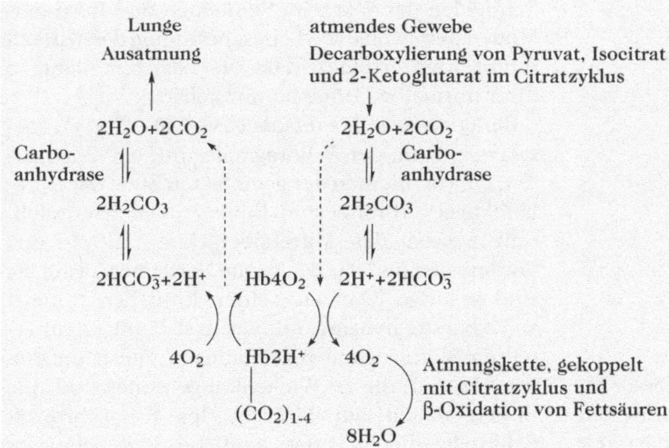

Bohr-Effekt Durch die Bindung von Protonen und CO_2 im atmenden Gewebe wird eine Verschiebung der Sauerstoffbindungskurve des Hämoglobins (Hb) hervorgerufen, wodurch Sauerstoff schnell freigesetzt wird. In den Kapillaren der Lungenalveolen läuft der umgekehrte Prozess ab: Der hohe Sauerstoffdruck fördert die Sauerstoffbindung unter gleichzeitiger Freisetzung von Protonen und CO_2

Boletus, Gatt. der Röhrlinge. (↗ Steinpilz)

Bombacaeae, *Wollbaumgewächse*, Fam. der ↗ Malvales mit ca. 200 Arten, die in den Tropen, insbesondere in Südamerika, beheimatet sind. Es sind Bäume mit einfachen oder gefingerten Blättern

Bombacaceae Affenbrotbaum (*Adansonia digitata*)

und großen, meist lebhaft gefärbten, zwittrigen, 5-zähligen Blüten, deren Staubblätter oft röhrenförmig verwachsen sind. Die ↗ Frucht ist eine trockene oder fleischige Kapsel. Als ↗ Faserpflanzen werden der ↗ Affenbrotbaum oder Baobab, *Adansonia digitata* der ↗ Kapokbaum, *Ceiba pentandra* und der Seidenwollbaum, *Bombax malabarium*, genutzt. Der Durianbaum oder Zibetbaum, *Durio zibethinus*, wird wegen seiner aromatischen Früchte kultiviert. Ein wertvolles Holz liefert der ↗ Balsabaum, *Ochroma lagopus*.

Bombacaceae Kapokbaum (*Ceiba petandra*), Zweig mit Blättern und Früchten

Bombardierkäfer, Art der ↗ Carabidae.

Bombina, die Gatt. ↗ Unken.

Bombycidae, *Seidenspinner*, Fam. der Schmetterlinge mit rund 300 Arten, die vor allem in den Tropen verbreitet sind. Bekannteste Art ist der

Maulbeer-Seidenspinner (Bombyx mori), der im östlichen Asien beheimatet und der wichtigste Erzeuger von Naturseide ist. Bei Zuchtformen ist die Spinnfadenlänge pro Kokon 1000 m, bei Wildformen 150-200 m. Die Weibchen sondern das Pheromon ↗ Bombykol ab, das bereits in überaus geringen Konzentrationen von den Männchen wahrgenommen wird und diese zu einem Schwirrtanz veranlasst. Der Maulbeer-Seidenspinner wird bereits seit 4000 Jahren domestiziert.

Bombycillidae, die Seidenschwänze (↗ Passeres).

Bombykol, ein Sexuallockstoff (↗ Pheromone) des Seidenspinnerweibchens (↗ Bombycidae), chemisch ein zweifach ungesättigter Alkohol. B. wird in ausstülpbaren Duftdrüsen zwischen dem 8. und 9. Abdominalsegment gebildet. Die Männchen nehmen den Duftreiz mit Sensillen auf den Antennen wahr und bewegen sich im Duftstoffgradienten unter ständigem Richtungswechsel zickzackförmig auf das Weibchen zu. Bereits ein Molekül pro Rezeptorzelle löst einen Nervenimpuls und somit eine Reaktion des Männchens aus.

Bombykol

Bombyx, Gatt. der Fam. ↗ Bombycidae.

Bonellia, Gatt. der Igelwürmer (↗ Echiura).

Bonito, Name zweier Arten der Makrelen (↗ Scombridae). Der bis 1 m lange *Echte Bonito (Katsuwonus pelamis)* ist der wirtschaftlich wichtigste Fisch in tropischen Meeren. Er kommt im Sommer vereinzelt auch in der Nordsee vor. Eher lokal als Speisefisch von Bedeutung ist der bis 60 cm lange *Unechte Bonito (Auxis thazard)*, da sein Fleisch wegen seiner Dunkelfärbung weniger begehrt ist.

Bonobo, Art der ↗ Schimpansen.

Bonsai, Bez. für ca. 10 bis 80 cm große Miniaturbäume. Die in Japan gepflegte B.-Kultur hat ihren Ursprung in China. Durch Maßnahmen wie Schneiden der Wurzeln, Schneiden und Herunterbinden der Zweige sowie Beschränkung des Wurzelraums wird erreicht, dass die Pflanzen nicht zu ihrer normalen Größe heranwachsen.

Boraginaceae *Borretschgewächse, Raublattgewächse*, Fam. der ↗ Boraginales mit ca. 2500 Arten, die vor allem in der gemäßigten Zone der Nordhalbkugel verbreitet sind. Einen großen Artenreichtum weisen das Mittelmeergebiet, Mittel- und Vorderasien und das pazifische Nordamerika auf. Es sind krautige Pflanzen, selten Sträucher, zumeist stark borstig behaart, mit wechselständigen, ungeteilten Blättern und regelmäßigen, meist fünfzähligen Blüten, die zu Wickeln angeordnet sind. Die Blüten haben am Eingang der Kronröhre oft Schlundschuppen oder ähnliche Bildungen der

Boraginaceae a Vergissmeinnicht (*Myosotis arvensis*),
b Lungenkraut (*Pulmonaria longifolia*)

Kronblätter und werden von Insekten bestäubt. Der oberständige Fruchtknoten ist vierteilig und entwickelt sich zu einer Steinfrucht, die in vier meist bestachelte Teilfrüchte zerfällt. B. enthalten Pyrrolizidin-Alkaloide. Zu den B. gehören u. a. die Gatt. Vergissmeinnicht, *Myosotis*, ↗ Lungenkraut, *Pulmonaria*, der ↗ Borretsch, *Borago officinalis*, und der ↗ Beinwell, *Symphytum officinale*.

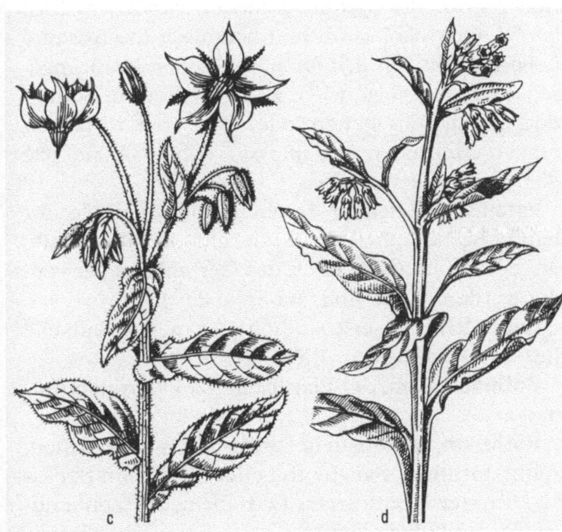

Boraginaceae c Borretsch (*Borago officinalis*), d Gemeiner Beinwell (*Symphytum officinale*)

Boraginales, Ord. der ↗ Rosopsida, deren Vertreter durch kollaterale Leitbündel, Pyrrolizidin-Alkaloide und aufwärts gerichtete Samenanlagen gekennzeichnet sind. Hierzu gehören die Fam. ↗ Boraginaceae und ↗ Hydrophyllaceae.

Borago, Gatt. der ↗ Boraginaceae.

Bordet, *Jules, Jean-Baptiste Vincent*, belgischer Bakteriologe, ✳ 13.6.1879 Soignies (Provinz Hen-

negau), † 6.4.1961 Brüssel; 1903-40 Leiter des Pasteur-Instituts in Brüssel. B. entdeckte 1906 zusammen mit O. Gengou (1875-1957) den Erreger des Keuchhustens (*Bordetella pertussis*) und nach der Entdeckung des Komplementsystems mit P. ↗ Ehrlich die Komplementbindungsreaktion für die Serodiagnostik. Er erhielt dafür 1919 den Nobelpreis für Physiologie oder Medizin.

Bordetella, Gatt. gramnegativer arober Stäbchen-Bakterien und Kokken, die heute den ↗ Proteobacteria zugeordnet werden. B.-Arten sind Parasiten oder Krankheitserreger des Atmungstrakts. *B. pertussis* ist der Erreger des ↗ Keuchhustens.

boreal, 1) Bez. für ein kalt-gemäßigtes ↗ Klima, bei dem die kalte Jahreszeit über sechs Monate lang dauert und Tagesmittel über 10 °C nur über einen Zeitraum auftreten, der unter drei Monaten liegt.

2) pflanzengeografische Bez. für Arten, die überwiegend oder ausschließlich in der borealen Florenzone, d. h. im nördlichen Eurasien und nördlichen Amerika vorkommen.

Boreal, Bez. für die frühe nacheiszeitliche Warmzeit (vor etwa 8000 bis 10000 Jahren).

borealer Nadelwald, *Taiga*, ein Gebiet, das sich als riesiges Band südlich der polaren Waldgrenze durch den Norden Eurasiens und Nordamerikas erstreckt, und in dem ein einheitlicher Klimatyp (↗ Klima) vorherrscht. Es ist gekennzeichnet durch lange, vielfach extrem kalte Winter und kurze Vegetationszeiten mit kühlen, kurzzeitig auch warmen Sommern. Die Niederschläge sind im Sommer am höchsten. Große Gebiete haben Jahresmitteltemperaturen unter 0 °C (↗ Permafrost). Im Sommer liegen die Tageslängen zwischen 16 und 24 Stunden. Der Wald besteht aus wenigen Nadelholz- und Laubholzarten. Die schwer abbaubare Streu der vorherrschenden Nadelbäume und die abbauhemmenden niedrigen Temperaturen führen zur Bildung von Rohhumus (↗ Humus). Als ↗ Bodentypen überwiegen ↗ Podsol und podsolierte Böden, also saure und nährstoffarme Böden.

Zu den Laubholzarten gehören ↗ Erlen (*Alnus*), Ebereschen (*Sorbus*), ↗ Pappeln (*Populus*) und ↗ Weiden (*Salix*). Die Zahl der Arten ist in Nordamerika und Ostasien groß, im eurosibirischen Raum dagegen klein. In Nordamerika sind Arten der Gatt. ↗ Kiefer (*Pinus*), ↗ Fichte (*Picea*), ↗ Tanne (*Abies*), ↗ Lärche (*Larix*), ↗ Lebensbaum (*Thuja*), Lebensbaumzypresse (*Chamaecyparis*) und ↗ Wacholder (*Juniperus*) verbreitet. In Nordeuropa spielen nur die Fichte (*Picea abies*) und die Kiefer (*Pinus silvestris*) eine Rolle.

Zu den Tieren der nordamerikanischen Taiga gehören der Elch (*Alces alces*), der Vielfraß (*Gulo gulo*) und der Kanadische Luchs (*Lynx lynx canadensis*). ↗ Zonobiom

Borke, Komplex aus verschiedenen Geweben, der sich an Stamm und Wurzel bei fortschreitendem sekundären ↗ Dickenwachstum außerhalb des jeweils zuinnerst liegenden Korkkambiums (↗ Kork) befindet. Die B. entsteht durch ein Absterben von Gewebe außerhalb von inaktiv gewordenen Korkkambien. An der B. sind alte Siebteile, Parenchymgewebe, Bastfasern und alte Korkschichten beteiligt.

Borkenkäfer, die Fam. ↗ Scolytidae.

Borlaug, *Norman Ernest*, amerikan. Agrarwissenschaftler, ✳ 25.3.1914 Cresco (Iowa); seit 1944 Arbeiten über die Ertragssteigerungen von Weizen-, Mais- und Bohnenanbau und Züchtung von Hochertragssorten („Grüne Revolution"). B. erhielt 1970 für seine Studien zum Welternährungsproblem den Friedensnobelpreis.

Borneol, ein Alkohol aus der Gruppe der bizyklischen Monoterpene mit campherartigem Geruch. B. ist Bestandteil zahlreicher ↗ etherischer Öle von Harzen. Es wird in der Riechstoffindustrie verwendet und ist Zwischenprodukt der Synthese von ↗ Campher.

Borrelia, Gatt. der ↗ Spirochäten. Diese Bakterien leben parasitisch in verschiedenen Gliederfüßern und verursachen Krankheiten bei Menschen und Wirbeltieren (Blutspirochäten). Es sind gramnegative, flexible, spiralförmige Zellen mit drei bis zehn Windungen. *B. recurrentis* und andere Arten sind Erreger des Rückfallfiebers, das durch Läuse und Zecken übertragen wird. *B. burgdorferi* ist der Erreger der ↗ Lyme-Borreliose.

Borreliosen, ↗ Lyme-Borreliose, ↗ Rückfallfieber.

Borretsch, *Gurkenkraut*, *Borago officinalis*, als Gewürz- und Bienenfutterpflanze genutzte Art der ↗ Boraginaceae mit blauen Blüten und gurkenähnlichem Geschmack der Blätter. (Abb. siehe Boraginaceae).

Borretschgewächse, die Fam. ↗ Boraginaceae.

Borsten, 1) *Chaetae*, bei Ringelwürmern (↗ Annelida), insbesondere bei den ↗ Polychaeta („Vielborster") vorkommende Sekretionsprodukte ektodermaler Zellgruppen, die als Borstenfollikel bezeichnet werden. Die B. bestehen aus Protein und Chitin. Besonders kräftige B. sind die *Aciculae*, die eine Art Innenskelett in den ↗ Parapodien bilden. 2) *Setae*, gelegentliche Bez. für steife, elastische ↗ Haare bei Säugetieren.

Borstenegel, ↗ Hirudinea.

Borstenwürmer, die ↗ Polychaeta.

Bos, die Gatt. Eigentliche ↗ Rinder.

Boswellia, Gatt. der ↗ Burseraceae.

Botanik, *Pflanzenkunde*, ein Teilgebiet der ↗ Biologie, das sich mit der Erforschung der Organisation, der Lebensfunktionen, der Verwandschaftverhältnisse und der ↗ Ökologie der Pflanzen beschäftigt. Die B. ist grundlegend gegliedert in die *Allgemeine Botanik*, welche die gesetzlichen Gemeinsamkeiten des Baues (Morphologie) und der Lebensfunktionen (Physiologie) vieler oder aller Pflanzen betrachtet, und die *Spezielle Botanik*, die Abweichungen vom Allgemeinen untersucht, d. h. die systematischen Gruppen des Pflanzenreiches, ihre baulichen Besonderheiten und ihre Verbreitung. Zu den wichtigsten Gebieten der B. zählen die Morphologie, die ↗ Pflanzenphysiologie, die Systematik und die ↗ Geobotanik.

botanischer Garten, ausgedehnte gärtnerische Anlage, in der fremdländische und einheimische Pflanzenarten nach systematischen, pflanzengeografischen, ökologischen, pflanzensoziologischen oder weltwirtschaftlichen Gesichtspunkten geordnet gezeigt werden. B. G. können staatlich, städtisch, privat oder aber den botanischen Instituten von Universitäten angeschlossen sein. Im letzteren Fall liefern sie u. a. Pflanzenmaterial für Forschung und Lehre. Weltweit existieren fast 1800 b. G., von denen sich 400 in Europa und ca. 90 in Deutschland befinden. Gewächshauskomplexe zur Anzucht und Haltung exotischer Arten sind heute selbstverständlicher Teil aller b. G. – meist ergänzt durch Spezialanlagen, wie Alpinum (Teil, in dem Pflanzen des Hochgebirges kultiviert werden), Arboretum, Gewürz- und Heilpflanzengarten, Warm- und Kaltwasserbecken, Zierpflanzenbeete sowie ein nach taxonomischen Kriterien geordnetes System. Daneben werden in b.G. häufig auch ökologisch und botanisch interessante Lebensräume mit den für sie typischen Pflanzengesellschaften gezeigt, wie z. B. Trockenrasen, Sumpf- und Moorgesellschaften, oder aber vom wirtschaftenden Menschen beeinflusste Lebensräume wie Weinberg oder Mähwiese.

botanische Zeichen, Zeichen und Symbole für häufig wiederkehrende Ausdrücke der ↗ Botanik, die besonders im Bereich des Gartenbaus verwendet werden (siehe Abb. auf Seite 219).

Boten-RNA, die gelegentlich gebrauchte deutsche Bez. für ↗ messenger-RNA.

Bothidae, Fam. der Plattfische (↗ Pleuronectiformes).

Bothrium, Haftorgan in Form einer muskelarmen, schlitzförmigen Saugfurche oder -grube am Scolex bestimmter Bandwürmer (z. B. beim ↗ Fischbandwurm, *Diphyllobothrium*).

Bothrops, Gatt. der Grubenottern (↗ Viperidae).

Botryoidzellen, bei Egeln (↗ Hirudinea) vorkommende, vom Coelomepithel abstammende Zellen, die den ↗ Chloragogzellen der Oligochaeta homolog sind. B. schwimmen frei in der Coelomflüssigkeit und sind an bestimmten Stellen dem Coelomepithel gewebeartig angeheftet (*Botryoidgewebe*). Mit hoher Wahrscheinlichkeit dienen sie dem Aufbau von Glykogen, der Speicherung von Fett sowie der ↗ Exkretion.

Blütenbereich		*Lebensdauer*		*Kultivierungsansprüche*	
♂	staminate Blüte (Blüte nur mit Staubblättern)	☉	einjährige/sommerannuelle Pflanze (keimt im Frühjahr und überwintert als Same)	∞	Freilandpflanze
♀	karpellate Blüte (Blüte nur mit Fruchtblättern)	①	einjährige/winterannuelle Pflanze (keimt im Herbst und überwintert als Keimpflanze)	∞̃	Freilandpflanze mit Winterschutz
☿, ♀	staminokarpellate Blüte (Blüte mit Staubblättern und Fruchtblättern)			⊏⊐	Kalthauspflanze
♂♀	Pflanze einhäusig = monözisch (staminate und karpellate Blüten getrennt, aber auf einer Pflanze)	⊙⊙	zweijährige (bienne) Pflanze (überwintert abwechselnd als Same bzw. Keimling und als Rosettenpflanze)	⊢⊣	Warmhauspflanze
♂/♀	Pflanze zweihäusig = diözisch (staminate und karpellate Blüten getrennt, auf verschiedenen Pflanzen)	∞∞	mehrjährige (plurienne) Pflanze (braucht zur vollständigen Entwicklung mehrere Jahre, blüht aber nur einmal)	⊔	Topfpflanze
✳	Blüte radiärsymmetrisch (aktinomorph)			○	Sonnenpflanze
↳→	Blüte disymmetrisch (bilateralsymmetrisch)			◑	Halbschattenpflanze
↓	Blüte zygomorph (dorsiventral)	*Wuchsformen*		●	Schattenpflanze
∮	Blüte asymmetrisch	♃	Staude (mehrjährige krautige Pflanze mit unterirdischen Überdauerungsorganen)	〰〰	Wasserpflanze
I–XII	Monate der Blütezeit oder Sporenreife			〰	Moor- oder Sumpfpflanze
◐	Frühjahrsblüher	♄	Halbstrauch (nur die unteren Teile der Pflanze sind verholzt)	△,△	Fels- oder Steingartenpflanze
◓	Sommerblüher				
◑	Herbstblüher	♄	Strauch (ausdauerndes, sich dicht über dem Erdboden verzweigendes Holzgewächs)		
◒	Winterblüher				

Sonstige Symbole

×	Kreuzung (Hybrid, Bastard; hinter Gattungsnamen bedeutet dieses Zeichen Arthybrid; davor Gattungshybrid oder Bezeichnung für „gekreuzt mit")
+	Pfropfhybrid, Chimäre
†	giftige Pflanze
(†)	schwach giftige Pflanze
⚕	Heilpflanze
§	Pflanze gesetzlich geschützt

Weitere Wuchsformen:
♄	Baum (ausdauerndes Holzgewächs, das einen Stamm bildet, der eine aus Ästen/Zweigen gebildete Krone trägt)
⸮	Kletterpflanze
⸮	Ampel- oder Hängepflanze
⤳	Kriechpflanze

botanische Zeichen   Häufig verwendete botanische Zeichen (Auswahl)

Botrytis cinerea, Nebenfruchtform von *Sclerotinia fuckeliana* (↗ Sclerotinia), die bei trockener Witterung als so genannte Edelfäule bei reifen Weinbeeren einen besonders hohen Zuckergehalt hervorruft (*Beerenauslese-Weine*).

Botulinustoxin, von mehreren Erregertypen des Bakteriums *Clostridium botulinum* abgegebene Neurotoxine, die zu schwersten, oft tödlichen Vergiftungen (*Botulismus*) bei Mensch und Tier führen. Es handelt sich um mehrere ähnliche Proteine, die die Ca^{2+}-abhängige Freisetzung von Neurotransmittern (↗ Catecholamine, ↗ γ-Aminobuttersäure, ↗ Acetylcholin), Neurohormonen (↗ Oxytocin, ↗ Adiuretin) und ↗ Neuromodulatoren an präsynaptischen Nervenendigungen blockieren. Dies führt zu einer irreversiblen Hemmung der neuronalen Übertragung. Gelangt B. über die Blutbahn z. B. an motorische Endplatten der peripheren Muskulatur, wird dort vor allem die Freisetzung von Acetylcholin gehemmt. Damit fehlen Signale zur Kontraktion, Lähmungserscheinungen sind die Folge. Die Toxine werden hauptsächlich mit ungekochten Nahrungsmitteln aufgenommen, z. B. mangelhaft geräucherte, gekochte oder gesalzene Fleischwaren und ungenügend sterilisierte Konserven, in denen sich die obligat anaeroben Bakterien bei einem pH-Wert über 4,5 vermehren und ihre hitzelabilen Toxine produzieren können. Die Gasbildung der Bakterien führt meist zu einem Auftreiben der Konservendosen. Erste Vergiftungssymptome treten meist nach 12 – 40 Stunden, manchmal erst nach 4 – 8 Tagen nach der Aufnahme auf. Botulismus ist eine meldepflichtige Erkrankung. B. ist hitzelabil und wird durch 15-minütiges Erhitzen auf 100 °C. zerstört. (↗ Bakterientoxine)

Botulismus, ↗ Botulinustoxin.

Bougainvillea, Gatt. der Wunderblumengewächse (↗ Nyctaginaceae); Zierformen der aus Südamerika stammenden Kletterpflanzen haben orange, rot, rosa oder violett gefärbte Hochblätter (↗ Hochblatt).

Boveri, *Theodor*, deutscher Zoologe, Cytogenetiker und Embryologe, * 12.10.1862 Bamberg, † 15.10.1915 Würzburg; ab 1893 Prof. für Zoologie und vergleichende Anatomie in Würzburg. B. verfasste bahnbrechende Arbeiten zur Vererbungs- und Entwicklungslehre. Er erkannte die Chromosomenkonstanz und die besondere Bedeutung der Chromosomen als Träger des Erbguts (Chromosomentheorie der Vererbung).

Bovet, *Daniel*, schweizerisch-ital. Pharmokologe, * 23.3.1907 Neuenburg (Schweiz), † 8.4.1992 Rom; Prof. und Leiter des Institut Pasteur in Paris, ab 1947 Leiter des Chemotherapeutischen Laboratoriums am Staatlichen Gesundheitsamt in Rom, ab 1964 Lehre an den Universitäten in Sassari und Rom. B. entdeckte u. a. synthetische Ganglienblocker und Antihistaminika. Er klärte den Wirkungsmechanismus der Sulfonamide auf und verfasste grundlegende Arbeiten auf dem Gebiet der Curare-Forschung und deren Nutzen für die Anästhesie. Hierfür erhielt er 1957 den Nobelpreis für Physiologie oder Medizin.

Bovidae, *Hornträger*, eine artenreiche, vielgestaltige Familie wiederkäuender Paarhufer. Die H. haben i. d. R. Hörner, die beim Weibchen meist schwächer ausgebildet sind oder ganz fehlen. Den Tieren fehlen im Oberkiefer Schneide- und Eckzähne. Die Hauptnahrung besteht aus Pflanzen. Zu den B. gehören eine Reihe wichtiger Nutztiere. Wichtige Gruppen der B. sind u. a. die Pferdeböcke (↗ Hippotraginae), die Ried- und Wasserböcke (↗ Reduncinae), die Böckchen (↗ Neotraginae), die Waldböcke (↗ Tragelaphinae), die Gazellenartigen (↗ Antilopinae), die Böcke oder Ziegenartigen (↗ Caprinae) und die ↗ Rinder (Bovinae).

Bovine Spongiforme Encephalopathie, Abk. *BSE*, *Rinderwahnsinn*, eine schwammartige Erkrankung vor allem des Gehirns und des Rückenmarks bei Rindern, die erstmals 1984/85 in England beobachtet wurde. Sie gehört zur Gruppe der übertragbaren spongiformen Encephalopathien, zu denen auch die ↗ Scrapie der Schafe sowie die ↗ Creutzfeldt-Jakob-Erkrankung und ↗ Kuru beim Menschen gehören. Gemeinsames Merkmal ist das Absterben von Nervenzellen sowie die schwammartige Durchlöcherung der Hirnrinde. Diese Degenerationen führen zu Bewegungsstörungen, Lähmungen und Blindheit. Auslöser von BSE u. a. spongiformen Encephalopathien sind infektiöse Proteinpartikel, die so genannten ↗ Prionen. Hauptursache für die Übertragung der Krankheit ist die Verfütterung von infiziertem ↗ Tiermehl. Jedoch gibt es auch Hinweise darauf, dass BSE vom Muttertier aufs Kalb übertragen werden kann sowie durch Verabreichung von Präparaten/Medikamenten, die aus infiziertem Material hergestellt wurden; nicht auszuschließen ist darüber hinaus die Möglichkeit der Übertragung durch den Kot der Tiere sowie durch Blut saugende Parasiten. Die Erreger kommen in bestimmten Körperteilen bevorzugt vor, dazu gehören Schädel mit Gehirn und Augen, Mandeln, Rückenmark, Milz und Darm.

Prionen werden durch haushaltsübliche Garverfahren oder Einfrieren nicht abgetötet, sondern erst durch 20minütige Erhitzung auf Temperaturen von mindestens 133 °C bei einem Druck von 3 bar. Spätestens seit BSE bei Rindern auftrat, die mit Tiermehl aus an Scrapie erkrankten Schafen gefüttert wurden, ist bekannt, dass Prionen Artgrenzen überwinden. Man weiß heute, dass BSE und Scrapie u. a. auch auf Mäuse und Katzen übertragbar sind. In einer neuen Variante der Creutzfeldt-Jakob-Erkrankung wird eine auf den Menschen übertragene Form von BSE vermutet.

Nachdem die Gefährdung durch BSE hierzulande lange Zeit ignoriert oder verharmlost wurde, führte der Nachweis des BSE-Erregers auch bei Rindern aus Deutschland im Jahr 2000 dazu, dass mit Wirkung vom 1. Dezember 2000 ein Gesetz über das Verbot der Fütterung von Tiermehl sowie von dessen Ausfuhr erlassen wurde. Die Untersuchung von geschlachteten Rindern auf BSE wird durch eine Verordnung vom 6. Dezember 2000 geregelt. In dieser ist u. a. festgelegt, dass Rinder (einschließlich Wasserbüffel und Bisons) ab einem Alter von über 30 Monaten auf BSE mittels eines Schnelltests getestet werden müssen. Die Wirksamkeit bzw. der Nutzen dieser gesetzlichen Maßnahmen, insbesondere des Tests, sind umstritten.

Boviste, Bez. für einige Arten der Stäublinge (↗ Lycoperdales).

Bowman-Kapsel, Teil der ↗ Niere.

bp, Abk. für ↗ Basenpaare.

Brache, nicht bestelltes Ackerland. Die Brachewirtschaft war typisch für die mittelalterliche ↗ Landwirtschaft in Europa. Bei der *Dreifelderwirtschaft* lag von drei Feldern jeweils ein Feld brach, damit sich der ↗ Boden wieder regenerieren konnte. Durch den ↗ Abbau organischer Substanz wurden Pflanzennährstoffe für das Folgejahr freigesetzt. Im Rahmen des Flächenstilllegungsprogramms der EG – eine Maßnahme gegen die Überproduktion in manchen Bereichen – werden seit 1988 viele Anbauflächen vorübergehend oder längerfristig stillgelegt.

Brachiatoren, *Schwingkletterer*, Bez. für Primaten, die ihren Körper in Bäumen mit voll ausgestreckten Armen Hand über Hand greifend durch das Geäst schwingen (schwinghangeln). Bei B. sind die Arme erheblich länger als der Rumpf und die Beine. Extreme B. sind die ↗ Gibbons und die südamerikanischen Klammeraffen. Die so genannte *Brachiatorenhypothese* versucht, die morphologischen Ähnlichkeiten zwischen heutigen Menschenaffen und Menschen auf eine einst gemeinsame brachiatorische Anpassungsphase zurückzuführen. Sie hat stark an Bedeutung verloren, seit man weiß, das die heutigen Menschenaffen mit Ausname der Gibbons keine B. im eigentlichen Sinn sind. (↗ Präbrachiatorenhypothese)

Brachiolaria, Larve der Seeigel (↗ Asteroida).

Brachiopoda, *Armfüßer*, zu den ↗ Tentaculata (Kranzfühler) gehörende Gruppe mit etwa 280 rezenten Arten, aber rund 30000 fossilen Arten, unter denen zahlreiche ↗ Leitfossilien sind. B. sind im Benthos lebende Filtrierer, die 1 – 5 cm lang oder breit werden. Sie leben ausschließlich in marinen Flachwasserbereichen bis etwa 500 m Tiefe. Meist heften sie sich mit ihrem Stiel an hartes Substrat oder verankern sich im weichen Sediment der Gezeitenzonen. Sie leben oft in Gruppen.

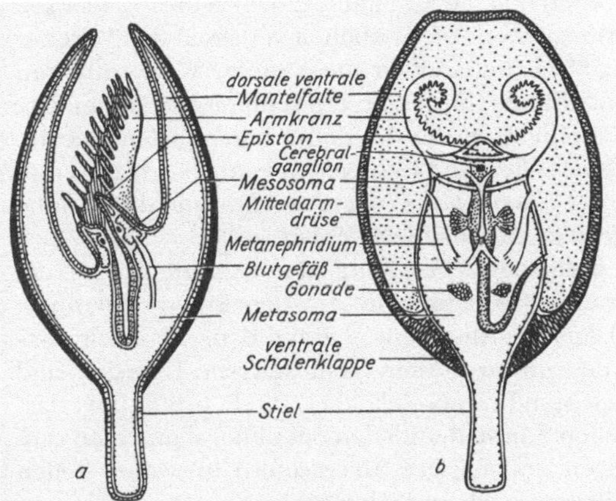

Brachiopoda Bauplan eines Amfüßers (Gatt. *Ecardines*). a Seitenansicht, b Rückenansicht

Im Unterschied zu den äußerlich ähnlichen Muscheln (↗ Bivalvia) ist die Symmetrieebene der B. senkrecht zu den beiden Klappen, die demnach dorsal und ventral liegen. Die Bauchschale ist stärker gewölbt. Am Mund befindet sich ein Paar spiralig aufgerollter, bewimperter Arme, die Schwebstoffe und Plankton als Nahrung herbeistrudeln. Der Blutkreislauf ist geschlossen. Als „lebende Fossilien" gelten die mit 15 Arten im Pazifik und Indischen Ozean lebenden *Zungenmuscheln (Ligula)*, die seit dem ↗ Ordovizium nachgewiesen sind. Sie werden im pazifischen Raum als Speise geschätzt.

Brachsenkraut, *Isoëtes*, Gatt. der Isoëtaceae (↗ Isoëtales); die B. leben als ausdauernde krautige Pflanzen meist untergetaucht in Seen oder auf feuchten Böden. Die knollige (selten dichotom verzweigte) Achse trägt eine Rosette pfriemenförmiger Blätter, die je nach Art wenige Zentimeter bis 1 m Länge erreichen.

Brachsenregion, die sich an die ↗ Barbenregion anschließende Flussregion; sie ist stromartig verbreitert und enthält durch mineralische und orga-

nische Schwebstoffe stark getrübtes Wasser. Als Leitfisch tritt der Brassen (*Abramis brama*) auf, daneben kommen in den europäischen Fließgewässern Barsch, Güster, Rotauge und andere Begleitfische vor (↗ Fischregionen, ↗ Gewässerregionen).

Brachvögel, *Numenius*, Gatt. der Schnepfenvögel (↗ Scolopacidae). Größte und häufigste Art in Europa ist der *Große Brachvogel (Numenius arquata)* mit auffällig langem, abwärts gebogenem Schnabel. Das Gefieder ist graubraun gefleckt, mit weißem Rückenkeil im Flug. Der B. brütet in Sümpfen, feuchten Wiesen und Heiden, auf dem Zug hält er sich in Trupps an flachen Stränden und im Watt auf.

Brachycera, *Fliegen*, weltweit mit rund 45000 Arten verbreitete Gruppe der ↗ Diptera mit gedrungenem Körper und kurzen Fühlern. Die B. sind 1 – 70 mm lang meist dunkel, aber auch bunt oder metallisch gefärbt, z. T. beborstet oder pelzig behaart. Sie ernähren sich von tierischen Körperflüssigkeiten oder von Pflanzensäften. Die Mundgliedmaßen sind dementsprechend stechend-saugend oder leckend-saugend, manchmal aber auch verkümmert. Fliegen haben große Komplexaugen, die sich bei vielen Arten in der Kopfmitte berühren; selten sind die Augen gestielt. Sie sind sehr geschickte Flieger, die Fluggeschwindigkeit der Schmeißfliege (↗ Calliphoridae) erreicht z. B. 11 km/h.

Die Larven der B. sind beinlose *Maden* mit stark zurückgebildeten Mundwerkzeugen. Sie nehmen die Nahrung mit paarigen Mundhaken auf und ernähren sich von verrottenden organischen Substanzen, Exkrementen, leben räuberisch oder sind Schmarotzer bei verschiedenen Tiergruppen, leben als Gäste in Ameisennestern oder minieren in Pflanzen. Die Verpuppung geschieht z. T. in der letzten Larvenhaut. Sie bilden eine Tönnchenpuppe. Bei den Cyclorrhapha verlassen die Imagines die Puppe durch eine kreisförmige Öffnung, bei den übrigen Gruppen durch einen T-förmigen Spalt.

Zu den B. gehören u. a.: Waffenfliegen (↗ Stratiomyidae), Schwebfliegen (↗ Syrphidae), Taufliegen (↗ Drosophilidae), Echte Fliegen (↗ Muscidae), Biesfliegen (↗ Oestridae).

Brachydanio, Gattung der ↗ Cyprinidae. Der *Zebrabärbling (Brachydanio rerio)* ist ein beliebter Aquarienfisch und dient außerdem in der biologischen Forschung als Modellsystem für die Embryonalentwicklung der Wirbeltiere.

Brackwasser, schwach salzhaltiges Wasser, das durch eine Mischung aus ↗ Salzwasser und ↗ Süßwasser entsteht. Es kommt vor in Randgebieten der ↗ Meere, im Mündungsgebiet von Flüssen (↗ Ästuar), in Lagunen und in ↗ Seen in abflusslosen Gebieten. Die ↗ Flora und ↗ Fauna des B. ist meist artenarm, aber individuenreich und setzt sich aus euryhyalinen Organismen (↗ euryhalin) zusammen. Dazu gehören u. a. die Flohkrebse (↗ Amphipoda), die ↗ Miesmuscheln, ↗ Flunder und Kaulbarsch. (↗ Salinität, ↗ Osmoregulation)

Bradykardie, Verminderung der Herzfrequenz als Anpassung an Sauerstoffmangel, durch Reizung des Nervus vagus (z. B. ↗ Erbrechen, Hirndrucksteigerung, ↗ Morphin, ↗ Digitalis-Glykoside), durch Erkrankungen oder durch Medikamente. (↗ Herz, ↗ Tauchen, ↗ Winterschlaf)

Bradykinin, ein zu den ↗ Plasmakininen gehörendes ↗ Gewebshormon, das gefäßerweiternd, blutdrucksenkend und auf die glatte Muskulatur von Bronchien, Darm und Gebärmutter kontrahierend wirkt.

Bradypodidae, *Faultiere*, *Baumfaultiere*, Fam. sehr ursprünglicher Säuger Süd- und Mittelamerikas mit zwei Gattungen und insgesamt fünf Arten. Faultiere sind einzeln lebende, überwiegend nächtlich aktive Baumbewohner, die vermutlich über Töne im Ultraschallbereich kommunizieren. Sie hängen mit dem Rücken nach unten im Geäst und bewegen sich, wenn überhaupt, nur äußerst langsam (Name!) hangelnd fort. In Anpassung an ihre Körperhaltung zeigt das Fell einen umgekehrten Haarstrich (vom Bauch zum Rücken). Im Fell leben Cyanobakterien, die ihm einen grünlichen Schimmer verleihen. Faultiere sind reine Pflanzenfresser mit einem vielkammerigen Magen. Sie sind durch stete Verkleinerung ihres Lebensraumes (tropischer Regenwald) in ihrem Bestand gefährdet.

Braktee, Blatt, aus dessen Achsel eine ↗ Achselknopse oder eine ↗ Blüte bevorgeht. Im Blütenbereich wird die B. als *Deckblatt* bezeichnet, im vegetativen Bereich als *Tragblatt*.

Branchiobdellida, ↗ Oligochaeta.

Branchiopoda, *Blattfußkrebse*, Gruppe der Crustacea mit vorwiegend im Süßwasser lebenden Arten, die vielfach in Extrembiotopen (z. B. hypersaline Gewässer) leben. Die Arten sind sehr unterschiedlich, gemeinsame Merkmale sind ein spezieller Filterapparat, der Bau der Nauplius-Larve sowie derjenige der Spermien. Ihre systematische Einteilung ist dennoch umstritten. Zu ihnen gehören u. a. ↗ Anostraca, Anomopoda und ↗ Notostraca.

Branchiostegit, bei den ↗ Decapoda die Seitenwände des ↗ Carapax, die die ↗ Kiemen überdecken und die ↗ Kiemenhöhle bilden.

Branchiostoma lanceolatum, das Lanzettfischchen (↗ Acrania).

Branchiotremata, die ↗ Hemichordata.

Branchiura, *Karpfenläuse*, Gruppe der ↗ Crustacea, die als temporäre Ektoparasiten an Meeres- und Süßwasserfischen, gelegentlich auch an Amphibien leben. Sie ernähren sich von Blut und Schleim. Der Körper der B. ist dorsoventral abge-

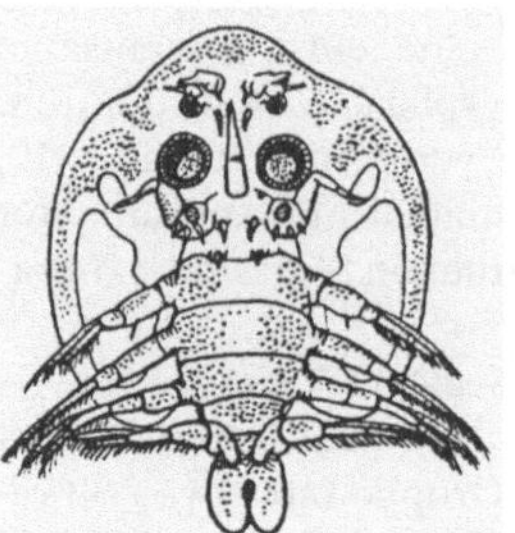

Branchiura Weibchen der *Karpfenlaus (Argulus foliaceus)*

flacht, mit einem seitlich weit abstehenden ↗ Carapax, der den Thorax ganz oder teilweise bedeckt. Die Segmente des Thorax tragen zweiästige Schwimmbeine. Der Darm besitzt stark verästelte Divertikel, die sich in einer Carapaxduplikatur ausbreiten und die Aufnahme großer Nahrungsmengen ermöglichen. Die Weibchen verlassen den Wirt zur Eiablage und heften die Eier an Wasserpflanzen oder Steine. Aus den Eiern schlüpfen abgewandelte Nauplius-Larven oder den Adulten gleichende Jugendstadien. In Fischteichen kann die etwa 10 mm große *Karpfenlaus (Argulus foliaceus)* durch hohe Befallsrate schädlich werden.

Brandgans, *Brandente*, *Tadorna tadorna*, 60 cm große, gänseähnliche Art der Enten (Anatinae; ↗ Anseriformes) mit charakteristischem schwarzweiß und rotbraun gemustertem Gefieder und leuchtend rotem Schnabel. Die B. brütet in verlassenen Kaninchenhöhlen oder Fuchsbauten an sandigen und felsigen Meeresufern in weiten Teilen Europas sowie in Südwestasien.

Brandkrankheiten, Bez. für durch die Brandpilze (↗ Tilletiales und ↗ Ustilaginales) ausgelöste Pflanzenkrankheiten.

Brandmaus, Art der Echten Mäuse (↗ Muridae).

Brandpilze, zusammenfassende Bez. für die Pilze der Ord. ↗ Tilletiales und ↗ Ustilaginales.

Brandrodung, Form der ↗ Rodung.

Brandungszone, von den Wellen beeinflusster Küsten- oder Seeuferbereich. Bei vielen Organismen der B. dienen Haftorgane und andere Einrichtungen dazu, dass sie nicht weggespült werden. Die Braunalge *Laminaria* (↗ Laminariales) hält sich mit krallenartigen Pseudopodien an Felsen fest, die Miesmuschel, *Mytilus edulis*, findet Halt durch starke Haftfäden (↗ Byssusdrüsen).

Branta, die Gatt. ↗ Meergänse.

Brassen, Art der Karpfenfische (↗ Cyprinidae).

Brassicaceae, *Cruciferae*, *Kreuzblütler*, Fam. der ↗ Capparales mit ca. 3000 Arten, die hauptsächlich in den außertropischen Gebieten verbreitet sind und in den Hochgebirgen und der Arktis bis an die Grenzen der Vegetation vordringen. Es sind krautige Pflanzen mit wechselständigen, ganzrandigen, gefiederten, gefingerten, fiederspaltigen oder tief

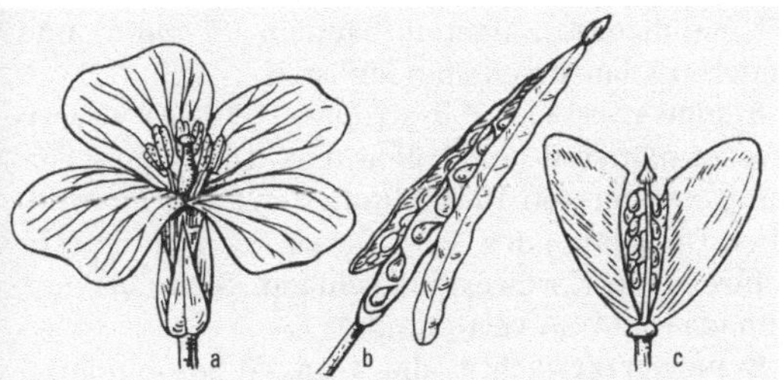

Brassicaceae a Blüten von Wiesenschaumkraut (*Cardamine pratensis*), b Schote von Goldlack (*Cheiranthus cheiri*), c Schötchen von Hirtentäschel (*Capsella bursapastoris*)

eingeschnittenen Blättern ohne Nebenblätter (↗ Nebenblatt). Die Blüten sind meist zu traubigen, deckblattlosen Blütenständen vereint. Sie bestehen in der Regel aus vier Kelch- und vier Blütenblättern, die sich kreuzförmig gegenüberstehen, sechs Staubblättern (davon sind vier innen angeordnet und haben längere Filamente, zwei stehen außen und sind kürzer) und einen oberständigen, aus zwei Fruchtblättern verwachsenen Fruchtknoten. Dieser ist in zwei Fächer geteilt. An der Verwachsungsnaht der Fruchtblätter sitzen die Samenanlagen. Die ↗ Frucht ist eine Schote, die als Schötchen bezeichnet wird, wenn sie nicht dreimal so lang wie breit ist. Selten kommen auch ein- oder mehrsamige Schließfrüchte vor. In den Samen befindet sich ein ölhaltiger Keimling und nur wenig oder kein Nährgewebe. Bei wenigen Gattungen weicht der typische Blütenbau etwas ab: Ungleich große Blütenblätter, mehr oder weniger als sechs Staubblätter und mehr als zwei Fruchtblätter können vorkommen. Morphologische Besonderheiten sind außerdem die Honigdrüsen der Blüten, die an der Basis der Staubblätter meist als wulstige Ringe angeordnet sind. Sie deuten auf Insektenbestäubung

hin, die bei den meisten Arten auch vorliegt. Charakteristisch sind die fast immer vorhandenen Senföl-Glykoside (↗ cyanogene Glykoside).

Zu den B. gehören viele Nutzpflanzen. Als Gewürzpflanzen werden genutzt: der ↗ Meerrettich, *Armoracia rusticana*, der Schwarze Senf, *Brassica nigra*, der Weiße Senf, *Sinapis alba* (↗ Senf). Als Gewürz- oder Salatpflanzen werden ↗ Brunnenkresse, *Nasturtium officinale*, und ↗ Gartenkresse, *Lepidium sativum*, verwendet. Gemüse- oder Futterpflanzen sind die verschiedenen Kulturvarietäten des ↗ Kohls, *Brassica oleraceae*, der ↗ Meerkohl, *Crambe maritima*, sowie ↗ Rettich und ↗ Radieschen, *Raphanus sativus*. Bekannte Ölpflanzen sind der ↗ Raps, *Brassica napus* var. *napus*, und der ↗ Rübsen, *Brassica rapa* var. *silvestris*. Als Färbepflanze wurde früher die ↗ Färberwaid, *Isatis tinctoria*, verwendet. Zahlreiche Arten der B. sind Unkräuter (↗ Unkraut), z. B. der Ackersenf, *Sinapis arvensis*, und der Hederich, *Raphanus raphanistrum*. Als Zierpflanzen sind u. a. das Blaukissen, *Aubrieta*, und der Goldlack, *Cheiranthus cheiri*, bekannt. Eine eigenartige Wüstenpflanze Nordafrikas ist die „Rose von Jericho", *Anastatica hierochuntica*, deren Äste zu hygroskopischen Bewegungen fähig sind. Zu den B. gehört auch die für die ↗ Molekularbiologie bedeutsame Art ↗ Arabidopsis thaliana.

Brassinosteroide, pflanzliche ↗ Steroide, die als ↗ Phytohormone wirken und erstmals in Rapspollen (*Brassica napus*, daher ihr Name) nachgewiesen wurden. Sie kommen jedoch bei vielen Gymnospermen und Angiospermen sowie bei einigen Algen vor. B. wirken sich positiv auf Wachstums- und Differenzierungsvorgänge aus und zeigen Wechselwirkungen mit anderen Phytohormomen wie z. B. ↗ Auxine. Eine weitere Bedeutung kommt B. beim Schutz vor Lichtstress zu, indem sie die

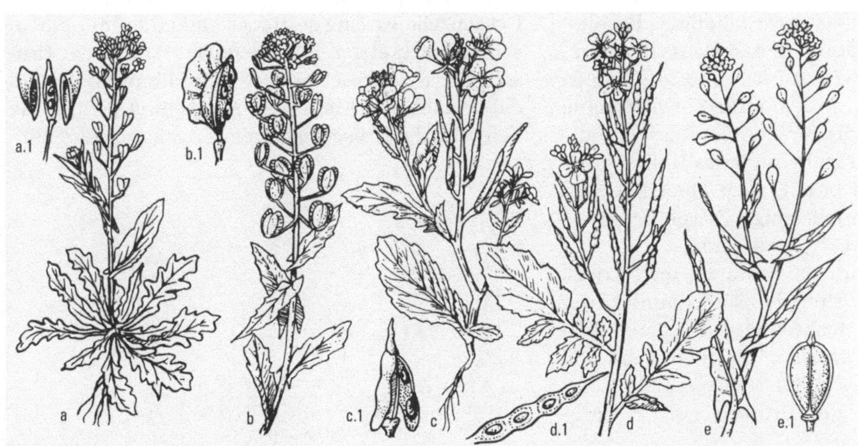

Brassicaceae a Hirtentäschel (*Capsella bursa-pastoris*), b Hellerkraut (*Thlaspi arvense*), c Ackersenf (*Sinapis arvensis*), d Hederich (*Raphanus raphanistrum*), e Leindotter (*Camelina sativa*), a.1 bis e.1 Früchte der abgebildeten Pflanzen

Expression lichtregulierter Gene beeinflussen. Eine Reihe von ↗ Arabidopsis-Mutanten weisen einen Defekt im B.-Stoffwechsel auf.

Brassinosteroide

R	Name
H	28-Norbrassinolid (BR$_{14}$)
CH$_3$ (24S)	Brassinolid (BR$_1$)
CH$_2$CH$_3$ (24S)	Homobrassinolid
=CH$_2$	Dolicholid (BR$_3$)
=CHCH$_3$ (24E)	Homodolicholid (BR$_{10}$)

Braunalgen, die Klasse ↗ Phaeophyceae.

Braunbär, Art der Großbären (↗ Ursidae).

Brauner Bär, Art der Bärenspinner (↗ Arctiidae).

Braunerde, früher auch *brauner Waldboden* genannt, ↗ Bodentyp des gemäßigt-humiden Laubwaldklimas Mittel- und Westeuropas. Sie ist gekennzeichnet durch Verbraunung (bedingt durch Eisenoxide und -hydroxide) und Verlehmung. B. werden forstlich und ackerbaulich genutzt. (↗ Boden)

Braunes Langohr, Art der Glattnasen (↗ Vespertilionidae).

Braunfäule, 1) Bez. für Pflanzenkrankheiten, bei denen braune Verfärbungen auftreten, z. B. Monilia-Fruchtfäule.

2) durch Pilzbefall (fast ausschließlich Basidiomyceten) vor allem durch den ↗ Hausschwamm, aber auch durch den *Kellerschwamm (Coniophora cerebella)* und den Birkenporling verursachte Holzzerstörung. Der Pilz zersetzt vorzugsweise die Cellulose, sodass der Ligninanteil des Holzes übrig bleibt. Das Holz wird braun, zeigt Querrisse und zerfällt schließlich würfelförmig. (↗ Weißfäule)

Braunfische, die Fam. ↗ Phocoenidae.

Braunfrösche, Bez. für die braunen, terrestrisch lebenden Arten der Gattung Rana (↗ Ranidae) der holarktischen Region, insbesondere für die einheimischen Arten Moorfrosch, Springfrosch und ↗ Grasfrosch.

Braunkehlchen, Art der Drosselvögel (↗ Turdidae).

Braunkohle, Kohle, die überwiegend während des Tertiärs (Braunkohlenzeit) aus Sumpfzypressen

(↗ Taxodiaceae), Mammutbäumen (*Sequoia*) und anderen Pflanzen entstanden ist.

Braunwassersee, ↗ dystropher ↗ See, dessen Wasser nährstoff- und kalkarm ist. Die braune Färbung stammt von Humusstoffen aus der moorreichen Umgebung des Sees. Dieser Seentyp ist sehr zahlreich in Nordwestdeutschland, Skandinavien, Kanada und USA vertreten.

Braunwurzgewächse, die Fam. ↗ Scrophulariaceae.

Brechnussbaum, *Strychnos nux-vomica*, ein im tropischen Indien, in Sri Lanka und Malaysia beheimateter, bis 15 m hoher Baum der ↗ Loganaceae, dessen Samen das hochgiftige ↗ Strychnin enthält. (↗ Giftpflanzen)

Brechzentrum Strukturen in der ↗ Medulla oblongata, in denen Afferenzen aus Magen und Schlund sowie vom Nervus vestibularis (↗ Nervus statoacusticus) über polysynaptische Reflexbögen auf motorische Efferenzen umgeschaltet werden und den Brechvorgang (↗ Erbrechen) auslösen. Eine Beeinflussung des B. ist sowohl direkt (*cerebrales Erbrechen*) als auch pharmakologisch durch so genannte *Emetika* möglich.

Brehm, *Alfred Edmund*, deutscher Zoologe, ✳ 2.2.1829 Renthendorf (bei Gera), ✳ 11.11.1884 Renthendorf; seit 1863 Zoo-Direktor in Hamburg, Gründer (1869) und Leiter (bis 1875) des Berliner Aquariums. B. wurde insbesondere bekannt durch sein „Tierleben" (1. Auflage 1864-69), zu dem er Stoff auf umfangreichen Reisen sammelte.

Breitmaulnashorn, Art der Nashörner (↗ Rhinocerotidae).

Breitnasenaffen, die Neuweltaffen (↗ Platyrrhini).

Bremsen, die Fam. ↗ Tabanidae.

Brennhaar 1) bei *Pflanzen*: besonders ausgebildete Drüsenzellen bei Arten der ↗ Brennnessel und Arten der tropischen Gatt. *Loasa* (Loasaceae). Die Drüsenzelle ist lang gestreckt und endet mit einem schräg aufgesetzten Köpfchen. Der Fußteil der Drüsenzelle ist angeschwollen, sehr dünnwandig und daher nachgiebig und prall mit Zellsaft gefüllt. Die Zellwand der Drüsenzelle ist mit Ausnahme des Fuß-

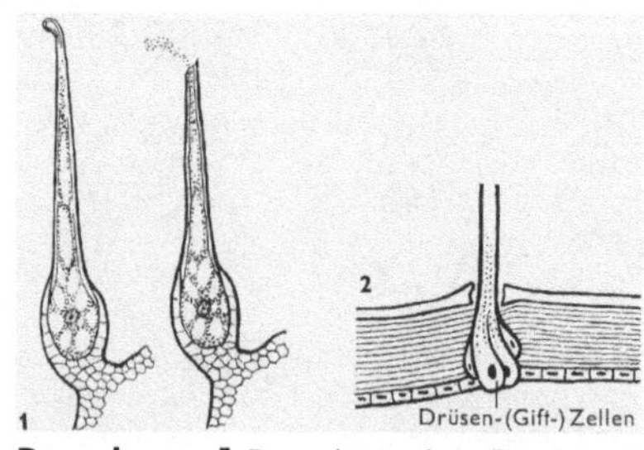

Brennhaar 1 Brennhaar einer Brennnessel; 2 Brennhaar einer Raupe

teils verkalkt, in der Spitze aber verkieselt (↗ Kieselsäure). Bei Berührung bricht die Spitze ab, wodurch eine angespitzte Kanüle entsteht, die in die Haut eindringt. Der unter Druck stehende Zellsaft wird in das Hautgewebe gespritzt und löst ein Brennen aus. Bei Brennnesseln enthält der Zellsaft Natriumformat, ↗ Acetylcholin und ↗ Histamin.

2) bei *Insekten*: *Toxophor*, oft leicht abbrechende Drüsenhaare von Schmetterlingsraupen, die durch Absonderung einer nesselnden Flüssigkeit der ↗ Abwehr dienen.

Brennnessel, *Urtica*, Gatt. der ↗ Urticaceae. Es sind einjährige, meist mit Brennhaaren besetzte Kräuter mit unscheinbaren grünlichen Blüten. Die ↗ Brennhaare sind durch die Einlagerung von Kieselsäure spröde und brechen bei Berührung ab.

Brennnesselgewächse, die Fam. ↗ Urticaceae.

Brenztraubensäure, *2-Oxopropansäure*, *2-Ketopropansäure*, Formel $H_3C–CO–COOH$, die einfachste α-Ketocarbonsäure. Das Salz der B. hat als Zwischenprodukt im Stoffwechsel der Zelle eine zentrale Stellung: Es entsteht z. B. bei der ↗ Glykolyse und beim Fettabbau, unter anaeroben Bedingungen wird es in Lactat (↗ Milchsäure), unter aeroben Bedingungen in ↗ Acetyl-Coenzym A umgewandelt, das in den ↗ Citratzyklus eingeht. Bei der ↗ alkoholischen Gärung wird B. zunächst in Acetaldehyd und schließlich in ↗ Ethanol überführt. Durch ↗ Transaminierung kann B. in ↗ Alanin umgewandelt werden und geht in den Aminosäurestoffwechsel ein.

Brettwurzeln, die obersten Seitenwurzeln (↗ Wurzel) meist tropischer Baumarten, die sich durch eine außergewöhnliche Förderung des sekundären ↗ Dickenwachstums auf ihrer Oberkante brettartig über den Boden erheben. Sie dienen zur Abstützung der Stammsäule.

Brillenkaimane, Gatt. der ↗ Alligatoridae.

Brillenschlange, Art der ↗ Kobras.

Broca-Areal, *Broca-Sprachzentrum*, nach P. Broca (1824-1880) benannte Region der linken Hirnhemisphäre des Menschen. Es wird auch als *motorisches Sprachzentrum* bezeichnet, ist aber nicht nur für die motorischen Sprachfunktionen (Koordination der Bewegungen von Kehlkopf und Mund beim Sprechen), sondern auch für die Perzeption (Wahrnehmung) von Sprache wichtig. Läsionen in diesem Bereich führen dazu, dass keine vollständigen Sätze mehr gesprochen werden und die Patienten sich beim Sprechen extrem anstrengen müssen. Artikulation und Sprachmelodie sind schlecht, das Sprachverständnis hingegen ist kaum eingeschränkt. (↗ Wernicke-Areal)

Brombeere, *Rubus*, Gatt. der ↗ Rosaceae. Die Vitamin-C-reiche Frucht besteht wie diejenige der ↗ Himbeere aus zahlreichen Steinfrüchtchen (Sammelsteinfrucht; ↗ Frucht).

Bromeliaceae, *Bromeliengewächse*, *Ananasgewächse*, Fam. der Bromeliales mit ca. 2100 Arten, die im tropischen und suptropischen Amerika heimisch sind. Es handelt sich überwiegend um epiphytische Rosettenpflanzen (↗ Rosette), deren Wurzeln häufig nur der Befestigung dienen. Die Nahrung nehmen sie mit dem Basalteil aus dem Regenwasser auf, das sich im Inneren der dicht zusammenstehenden Blätter ansammelt. Die Blüten sind meist in ähren-, trauben- oder rispenförmigen Blütenständen (↗ Blütenstand) angeordnet. Sie werden von Vögeln oder Insekten bestäubt. Viele Arten werden als Zierpflanzen verwendet. Die Arten der Gatt. *Tillandsia* wachsen als Epiphyten mit teilweise zurückgebildeten oder als Haftorgane umgebildeten Wurzeln. Wasser und Nährstoffe nehmen diese Pflanzen über saugfähige Schuppen auf den Blättern auf.

Die wichtigste kultivierte Nutzpflanze der B. ist die ↗ Ananas, *Ananas comosus*.

Bromeliaceae Ananas (*Ananas comosus*), Blüten- und Fruchtstand

Bromeliales, Ord. der ↗ Liliopsida mit der einzigen Fam. ↗ Bromeliaceae

Bromeliengewächse, die Fam. ↗ Bromeliaceae.

Bromus, Gatt. der ↗ Poaceae.

Bronchien, die in die beiden Lungenhälften (↗ Lunge) abzweigenden Äste der Luftröhre, die sich dort weiter in *Bronchiolen* (Durchmesser unter 1 mm) und schließlich *Alveolen* (Lungenbläschen) aufspalten. Die Wand der B., besteht aus elastischen Fasern und Muskeln, in die Knorpel eingelagert ist. Innen befindet sich ein mit Flimmerhaaren ausgekleidetes Schleimhautepithel.

Bronzezeit, Bez. für eine vorgeschichtliche Epoche (etwa von der 2. Hälfte des 3. bis zur 1. Hälfte des 1. Jahrtausends v. Chr.) deren Charakteristikum die überwiegende Verwendung von Bronze für die Herstellung von Waffen, Geräten und Schmuck war. Die B. folgt auf die Jungsteinzeit (↗ Neolithikum) oder eine an diese sich anschließende Kupferzeit und geht über in die ↗ Eisenzeit.

Brotfruchtbaum, *Artocarpus communis*, in den Tropen kultivierter, 10 – 20 m hoher Baum der ↗ Moraceae. Das Fruchtfleisch aus den bis zu 2 kg schweren Fruchtständen wird vielfältig genutzt.

Brown, *Michael Stuart*, amerikan. Mediziner, * 13.4.1941 New York; ab 1977 Prof. und Direktor des Zentrums für molekulare Genetik an der Universität in Dallas (Texas). B. verfasste grundlegende Arbeiten über LDL-Rezeptoren (Lipoproteine) im Cholesterin-Stoffwechsel und die resultierenden Prophylaxe- und Behandlungsmöglichkeiten cholesterinabhängiger Krankheiten (z. B. Arteriosklerose, Herzinfarkt). Er erhielt 1985 zusammen mit J.L. ↗ Goldstein den Nobelpreis für Physiologie oder Medizin.

Brown, *Robert*, schottischer Botaniker, * 21.12.1773 Montrose (Schottland), † 10.6.1858 London. B. gliederte als erster die höheren Pflanzen in Angiospermen und Gymnospermen. Außerdem ist er der Entdecker der Brown'schen Molekularbewegung, die er 1827 erstmals in Pflanzenzellen beobachtete, und er erkannte die Bedeutung des Zellkerns (1831), den er „Nucleus" oder „Alveola" nannte.

Brucella, Gatt. der ↗ Proteobacteria; gramnegative aerobe Stäbchen und Kokken, die als intrazelluläre Parasiten in Menschen und Tieren leben. Wichtige Krankheitserreger sind *Brucella melitensis* bei Ziegen, *B. suis* bei Schweinen und *B. abortus* bei Kühen. Alle drei Arten sind Erreger der ↗ Brucellosen.

Brucellosen, *Maltafieber*, *Bang-Krankheit*, durch Bakterien der Gatt. ↗ Brucella hervorgerufene Gruppe von Infektionskrankheiten, die Mensch, Rinder, Ziegen, Schafe und Schweine befallen kann. Hauptsymptome sind in Wellen verlaufendes Fieber, Kopf-, Gelenk- und Muskelschmerzen sowie Entzündungen.

Bruchfrucht, ↗ Frucht.

Bruch-Fusions-Brücken-Zyklus, ein an der Entstehung von ↗ Chromosomenmutationen beteiligter Mechanismus, bei dem im Verlauf von Mitose oder Meiose Chromosomenbrüche eintreten und Tochterzellen entstehen, die entweder *Deletionen* oder *Duplikationen* aufweisen. Bei Chromosomenfragmenten, die noch das ↗ Centromer enthalten und eine endständige Bruchstelle besitzen, verschmelzen nach Verdoppelung die ↗ Chromatiden unter Bildung einer so genannten *dizentrischen Brücke*. Dieses Element bleibt entweder in der Äquatorialebene liegen und geht somit verloren, oder reißt zufällig entzwei, wobei erneut zwei Chromosomenfragmente ohne Telomer enstehen und zwei Frag-

mente mit einer Duplikation. Der B. kann sich aufgrund der offenen Bruchenden wiederholen und führt letztlich zum Absterben der betroffenen Zellen.

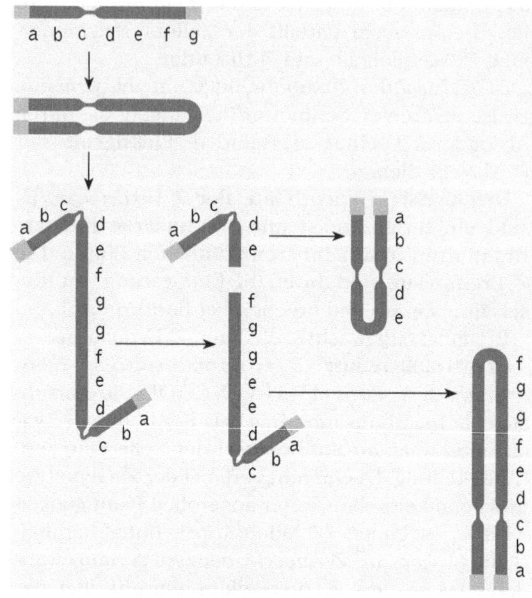

Bruch-Fusions-Brücken-Zyklus Entstehung von Deletionen und Duplikationen nach Verdoppelung und Verschmelzen der Chromatiden eines Chromosomenfragmentes unter Ausbildung einer dizentrischen Brücke. Das so entstandene Chromosomenelement reißt während der Telophase zufällig an einer Stelle

Bruch- und Wiedervereinigungs-Hypothese, Hypothese zur Erklärung von ↗ Chromosomenmutationen, nach der als deren Voraussetzung Brüche an den chromosomalen Längsstrukturen stattfinden, die nicht mehr in ihrer ursprünglichen Anordnung, sondern in Neukombination miteinander verschmelzen (↗ Bruch-Fusions-Brücken-Zyklus).

Brückenechse *Tuatara, Sphenodon punctatus*, einzige rezente Art der Ordnung ↗ Rhynchocephalia. Der Bauplan der B. hat sich in fast 20 Mio. Jahren kaum verändert, weshalb die B. zu den ↗ lebenden Fossilien zählen. So besitzen die B. einen Schädel mit doppelten Jochbögen und entsprechend zwei Schläfenfenstern. Außerdem haben sie neben den gewöhnlichen Rippen Bauchrippen, die nicht mit der Wirbelsäule verbunden sind. Ein rudimentäres Stirnauge (Pinealorgan; ↗ Epiphyse) liegt unter einer mit Bindegewebe bedeckten Schädelöffnung. Die 50 – 80 cm langen, bräunlichen, hellgrau gefleckten B. leben nur noch auf ein paar kleineren Inseln vor Neuseeland. Der Name *Tuatara* (=Stachelträger) bezieht sich auf den Nacken- und Rückenkamm aus kleinen, beweglichen Hornplatten. B. sind heute streng geschützt.

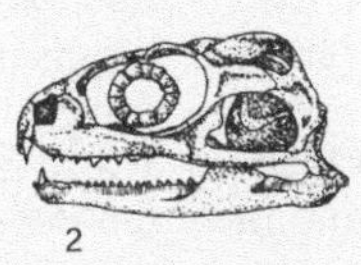

Brückenechse   **1** Habitus und **2** Schädel der Brückenechse (*Sphenodon punctatus*). Wichtigstes Merkmal im Unterschied zu allen anderen rezenten Schuppenkriechtieren (Squamata) ist die doppelte knöcherne „Brücke" zwischen dem oberen und unteren Schläfenfenster, die den Gesichtsteil des Schädels mit der Schläfengegend verbindet

Brüllaffen, *Alouattinae*, Unterfam. der Kapuzineraffen (↗ Cebidae).

Brunft, ↗ Brunst.

Brunnenkrebse, die ↗ Bathynellacea.

Brunnenkresse, *Nasturtium*, Gatt. der ↗ Brassicaceae. Die Echte B., *Nasturtium officinale*, hat einen hohen Gehalt an Vitamin C und Phenylethyl-Senföl.

Brunnerdrüsen, im Zwölffingerdarm (↗ Darm) der Säugetiere lokalisierte Drüsen, die ein hochviskoses, mucin- und hydrogencarbonatreiches Sekret (pH-Wert 8,3 – 9,3) absondern.

Brunst, *Brunft*, periodisch durch Hormone ausgelöster Zustand der Paarungsbereitschaft bei Säugetieren. Bei den meisten Arten sind die Männchen das ganze Jahr über paarungsbereit und zeigen nur selten (z. B. Hirsche) ausgeprägte Brunstzeiten; die Weibchen hingegen haben einen ausgeprägten Sexualzyklus (↗ Östrus).

Brust, *Thorax*, der mittlere Körperabschnitt bei den Gliedertieren (↗ Thorax) und der obere Rumpfabschnitt bei den Wirbeltieren (↗ Brustkorb, ↗ Brusthöhle, ↗ Milchdrüsen). Bei der Frau ist die B. ein sekundäres ↗ Geschlechtsmerkmal.

Brustbein, *Sternum*, Teil des ↗ Brustkorbs.

Brusthöhle, vom knöchernen Brustkorb umschlossener oberer Teil des Rumpfes der Wirbeltiere. Die Innenwand der B. ist vom *Brustfell (Pleura parietalis; Rippenfell)* ausgekleidet, das zugleich die inneren Organe umhüllt. Gegen den Bauchraum (↗ Bauchhöhle) wird die B. bei den Säugern durch das ↗ Zwerchfell, abgetrennt, das gleichzeitig der wichtigste Atemmuskel ist. Eine dem Zwerchfell analoge Bildung gibt es bei Krokodilen. Die ↗ Lungen ragen sackartig in die B. und werden ebenfalls von *Brustfell (Pleura visceralis; Lungenfell)* überzogen (mit Ausnahme des Lungenhilums). Der zwischen Pleura parietalis und Pleura visceralis bestehende Spalt ist die *Pleurahöhle*, die mit Flüssigkeit erfüllt ist. Die Pleurahöhlen sind in sich geschlossene Räume, die keine Verbindung zur Außenwelt haben. In ihnen herrscht ein Unterdruck, der mit Ein- und Ausatmung schwankt und zur Folge hat, dass die Lunge durch den atmosphärischen Druck an die Wand der Pleurahöhle gepresst wird. Dringt Luft in den Pleuraspalt ein (z. B. durch Verletzung), kollabiert die Lunge auf ca 1/3 ihres Volumens (*Pneumothorax*). Außer den Lungen liegen in der B. noch das ↗ Herz, die Speiseröhre (Ösophagus) und der ↗ Thymus.

Brustkorb, *Thorax*, der von Rippen, Brustwirbeln, Brustbein, Knorpel und Bändern gebildete Skelettkorb der Wirbeltiere, der Herz und Lungen einschließt und im Dienst der ↗ Atmung steht. Die *Rippen (Costae)* sind stabartige, bogenförmige, knorpelige oder knöcherne Skelettelemente, die mit den Brustwirbeln (↗ Wirbelsäule) eine gelenkige Verbindung haben. Beim Menschen besitzen die oberen sieben Rippen auch eine eigene gelenkige Verbindung mit dem *Brustbein (Sternum)*. Die folgenden drei Rippen sind mit ihren knorpeligen Enden mit der siebten Rippe verbunden und bilden so den Rippenbogen, die elfte und zwölfte Rippe enden frei. Das Brustbein stützt bei den Vögeln ausgedehnte Teile der vorderen Rumpfwand und besitzt einen Kamm (*Crista sterni*) als vergrößerte Ansatzfläche für die Flugmuskulatur. Bei Fischen, fußlosen Lurchen, Schlangen und Schildkröten fehlt ein Brustbein. Der vom B. umschlossene Raum ist die ↗ Brusthöhle. Er hat eine vordere (obere) und hintere (untere) Öffnung, die *Thoraxapertur*.

Brustlymphgang, ↗ Lymphgefäßsystem.

Brutbeutel, *Bruttasche*, *Marsupium*, bei verschiedenen Tiergruppen, so z. B. den Beuteltieren (↗ Marsupialia), den Seenadeln und Seepferdchen (↗ Syngnathiformes) und den Ranzenkrebsen (↗ Peracarida) vorkommende Einrichtung zur Aufnahme von Eiern, Embryonen oder Jungtieren.

Brutblatt, *Bryophyllum*, Gatt. der ↗ Crassulaceae mit Verbreitung in den Tropen. Viele Arten bilden sich bewurzelnde ↗ Brutknospen am Blattrand, die der vegetativen Vermehrung dienen.

Brutfürsorge, im Gegensatz zur ↗ Brutpflege die angeborenen vorsorglichen Handlungen der Eltern, die mit dem Absetzen der Eier oder Jungen beendet sind. Viele Maßnahmen der B. dienen dem Schutz der Brut, z. B. das Anlegen von Schutzbauten, Nestern (↗ Nest), ↗ Kokons usw., das Absetzen von Eiern in Verstecken (z. B. bei der Weinbergschnecke) oder das Verbleiben der Brut in der Körperhülle des toten Mutterleibes (z. B. bei Cysten bildenden Nematoden und Schildläusen). Zur Sicherung der Ernährung werden die Eier an der Nahrung abgelegt (z. B. beim Kohlweißling) oder die Nahrung vorbereitet oder herbeigeschafft (z. B. bei gallbildenden Insekten; Lähmung der Beute durch Anstich bei Schlupfwespen und Anlage von Vorratsnahrung bei Dungkäfern, Weg- und Grabwespen).

Brutkammer, kleine Kammern, die zur ↗ Brutpflege oder ↗ Brutfürsorge angelegt werden und in denen Nahrungsvorräte vom Muttertier zusammengetragen und mehrere Nachkommen aufgezogen werden. I. d. R. wird eine *Brutzelle* für jeweils einen Nachkommen angelegt.

Brutknospe, *Bulbille*, mit Reservestoffen angereicherte und zur Ausbildung von Seitenwurzeln befähigte ↗ Knospen, die sich von der Mutterpflanze ablösen und der vegetativen Vermehrung dienen. Nach der Art der Reservestoffspeicherung unterscheidet man *zwiebelförmige Bulbillen* oder *Brutzwiebeln*, bei denen die Reservestoffe in den Blättern der Knospe gespeichert werden (z.B. bei bestimmten Lilien und Moosen) und *Sprossknöllchen*, bei denen die Reservestoffe im Achsenkörper (*Achsenbulbille*, z. B. Knöllchenknöterich) oder in der Wurzel der Knospe (*Wurzelbulbille*, z. B. Scharbockskraut) gespeichert wird.

Brutkolonie, Ansammlung von Vögeln, die in enger Nachbarschaft ihre Gelege ausbrüten und die Jungen aufziehen.

Brutkörper, *Gemmen*, meist mehrzellige vegetative Fortpflanzungskörper, die für die Abgliederung von der Mutterpflanze und für die Ausbreitung besonders spezialisiert sind. B. kommen vor bei Algen, Lebermoosen, Laubmoosen, Farnpflanzen und Samenpflanzen. (↗ Brutknospe, ↗ Brutzwiebel)

Brutparasitismus, Sonderform des ↗ Parasitismus, bei der das Ausbrüten von Eiern und/oder die Versorgung der Nachkommen anderen Tieren (ähnliche oder gleiche Tierart) überlassen wird. B. kommt insbesondere bei Vögeln (Kuckucke, ↗ Cuculiformes) und Insekten (z. B. ↗ Schmarotzerhummeln) vor.

Brutpflege, angeborene Verhaltensweisen, die dem Schutz und der Entwicklung der Nachkommenschaft dienen. Im Gegensatz zur ↗ Brutfürsorge beginnt die B. erst mit dem Erscheinen der Eier oder dem Auftreten der Jungtiere. Hoch entwickelt ist die B. bei sozialen Insekten (↗ Tierstaaten) sowie bei Vögeln und Säugetieren.

Sie dient dem *Schutz der Nachkommen* durch Bewachen der Brut (z. B. beim Stichling, vielen Vögeln und Säugetieren) oder Tragen der Nachkommen am Elternkörper (bei einigen Stachelhäutern, Krebsen, Spinnen, Geburtshelferkröten, Affen). Zum Transport der Eier und der Jungen können diese in Körperhöhlen aufgenommen werden, z. B. befinden sich die Eier bei der Auster im Schalenraum, beim Seepferdchen in einer Bauchbruttasche des männlichen Tieres.

Zur *Schaffung günstiger Entwicklungsbedingungen* dienen Maßnahmen der Wärmezuführung

und -regulierung, wie das Verlegen von Puppen bei Ameisen im Nest, die direkte und indirekte Bebrütung mit Regelung der Temperatur bei Vögeln, das Wärmen der Jungtiere bei Vögeln und Säugetieren, die Bereitstellung von Futter für die Nachkommen, z. B. das Füttern der Larven bei Staaten bildenden Insekten, das Herbeischaffen und Verabreichen der Nahrung bei Vögeln und einigen Raubtieren und die Darbietung körpereigener Nahrung der Elterntiere, wie die Kropfmilch der Tauben und die Milch der Säugetiere. Zur Pflege der Jungtiere gehört auch ihre Sauberhaltung.

Auch durch *Führen der Jungen* (z. B. bei Enten) und durch Einweisen in den Nahrungserwerb (z. B. bei Hühnern, vielen Raubtieren) durch die Elterntiere wird die Lebenstüchtigkeit der Nachkommen gefördert.

Bruttasche, der ↗ Brutbeutel.

Bruttoprimärreaktion, die während der ↗ Fotosynthese aus anorganischen Ausgangsverbindungen gebildete organische Biomasse. Sie setzt sich aus der Summe der durch Atmung verbrauchten organischen Kohlenstoffverbindungen und der ↗ Nettoprimärreaktion zusammen.

Brutzwiebel, 1) zwiebelförmige ↗ Brutknospe. mit verdickten Schuppenblättern.

2) *Tochterzwiebel*, *Zehe*, bildet sich in den Achseln der Zwiebelschuppen der absterbenden vorjährigen ↗ Zwiebel.

Bryidae, artenreichste Unterklasse der Laubmoose (↗ Bryopsida), die nach neuerer Systematik neun Ord. enthält, darunter die Ord. ↗ Schistostegales und ↗ Funariales.

Bryonia, Gatt. der ↗ Cucurbitaceae.

Bryophyllum, Gatt. der ↗ Crassulaceae.

Bryophyta, *Moose*, Abt. der Landpflanzen (↗ Embryophyta) mit etwa 24000 vorwiegend in feuchten Gebieten verbreiteten Arten, die sich in die Klassen ↗ Anthocerotopsida, ↗ Marchantiopsida, ↗ Jungermaniopsida und Bryopsida aufgliedern lassen. Es sind mit ↗ Chlorophyll ausgestattete, autotrophe (↗ Autotrophie) Pflanzen ohne echte Wurzeln.

Im Entwicklungsgang der B. zeigt sich ein deutlicher ↗ Generationswechsel, bei dem der grüne, fotoautotrophe (↗ Fototrophie) ↗ Gametophyt gegenüber dem ↗ Sporophyten gefördert wird.

Der haploide Gametophyt ist ein äußerlich wenig gegliederter, gelappter und unterseits mit ↗ Rhizoiden versehener ↗ Thallus (*thallose Moose*) oder ein liegendes bis aufrechts Stämmchen mit Blättchen und Rhizoiden (*foliose Moose*). Charakteristisch ist das Fehlen von Leitbündeln, in den meisten Fällen auch von Leitgeweben. Die zarte ↗ Cuticula trocknet bei Wassermangel leicht aus. In den meisten Fällen fehlen Spaltöffnungen (↗ Stomata).

Die Archegonien (↗ Archegonium) sind flaschenförmig und werden von einer meist einschichtigen Wand umgeben. In ihnen entwickelt sich die Eizelle. Die ↗ Antheridien sind kugelige oder keulige, auf kurzem Stiel stehende Gebilde, in denen sich die *Spermatozoide* entwickeln. Die ↗ Befruchtung der Eizelle durch die Spermatozoide kann nur in Gegenwart von Wasser (Regen, Tau) stattfinden. Die Spermatozoide werden chemotaktisch (↗ Chemotaxis) von den verschleimenden Kanalzellen des Archegoniums angelockt und gelangen durch Wassertropfen zur Eizelle. Aus der befruchteten Eizelle entsteht ein diploider Embryo, der sich zum Sporophyten weiterentwickelt. Der Sporophyt ist stets unverzweigt, blatt- und rhizoidenlos und gipfelt in einem terminalen ↗ Sporangium, der Kapsel. Der Sporophyt ist zeitlebens mit dem Gametophyten verbunden, von dem er auch ernährt wird. In der Kapsel des Sporophyten erfolgt unter Reduktionsteilung die Bildung der Moossporen, die der Ausbreitung dienen. Die Sporen keimen zu einem fädigen oder flächigen thallosen *Protonema* aus, das sich zu einem grünen Moospflänzchen, dem neuen Gametophyten, entwickelt. Häufig tritt auch eine vegetative Vermehrung auf, z. B. durch Brutkörper.

Moose sind auf ein Leben in feuchten ↗ Biotopen oder im Wasser angewiesen, weil sie kein verdunstungshemmendes Abschlussgewebe besitzen. In Trockenperioden verfallen sie in Trockenstarre, bei Feuchtigkeit nehmen sie durch Quellung wieder Wasser auf. Sie gehören damit zu den ↗ poikilohydrischen Organismen. Bei den beblätterten Arten erfolgt die Aufnahme und Abgabe von Wasser über die gesamte Oberfläche. Das Wasser wird im Kapillarsystem zwischen Stängel, Blättchen und Rhizoiden gespeichert, bei manchen Moosgattungen auch durch besondere Blattbildungen („Wassersäcke"), Wasserspeicherzellen und andere Einrichtungen.

Moose sind vor allem in Wäldern und in Mooren verbreitet. Einige Arten leben im Wasser, z. B. in Bächen und Wasserfällen. Die größte Formenmannigfaltigkeit weisen Moose in den Tropen auf, hier insbesondere in den Nebel- und Bergwäldern.

Bryopsida, *Musci, Laubmoose*, Klasse der Moose (↗ Bryophyta) mit den Unterklassen ↗ Sphagnidae (Torfmoose), ↗ Andreaeidae und ↗ Bryidae. Bei den B. hat der ↗ Gametophyt immer einen Stängel mit Blättern, die überwiegend schraubig oder radiär angeordnet sind und eine Mittelrippe haben. Die ↗ Rhizoide sind mehrzellig. Der obere Teil des ↗ Sporogons, die Kapsel, wird meist von einer Haube, der ↗ Calyptra, bedeckt, die ein Teil des gesprengten Archegoniumgewebes und demzufolge haploid ist. Der Kapselstiel wird als *Seta* bezeichnet; er bleibt mit dem Fuß immer mit dem Gametophyten, der eigentlichen Moospflanze, verbun

den. Die *Kapsel* enthält in ihrem Innern eine zentrale ↗ Columella, die als Nährstoffzuleiter und Wasserspeicher für die sich bildenden Sporen dient.

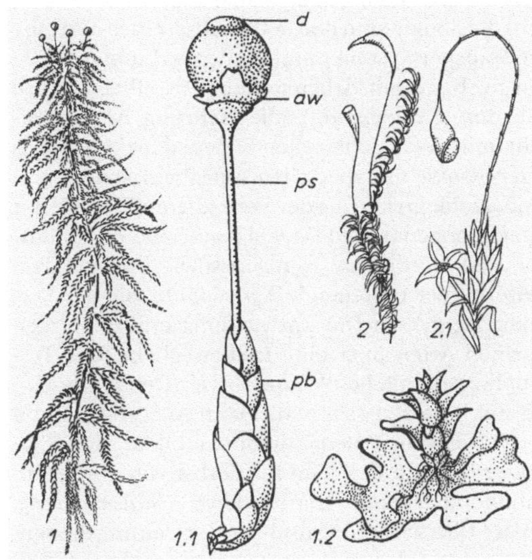

Bryopsida 1 Torfmoos (*Sphagnum*), Habitus; **1.1** reifes Sporogon am Ende eines Zweiges. pb Perichaetialblätter, ps Pseudopodium, aw Embryotheca, d Deckel; **1.2** Protonema mit jungen Pflanzen. 2 *Dicranium*. 2.1 *Funaria*

Bryopsidales, Ord. der Grünalgenklasse ↗ Bryopsidophyceae; die Vertreter besitzen einzellige, schlauchartige, vielkernige Thalli (↗ Thallus) unterschiedlicher Gestalt und werden zum Teil einige Dezimeter groß. Sie kommen bevorzugt in wärmeren Meeren vor.

Bryopsidophyceae, *Siphoneen, Schlauchalgen*; Klasse der Grünalgen (↗ Chlorophyta) mit den Ord. ↗ Bryopsidales und ↗ Halimedales, die in warmen Meeren vorkommen. Der ↗ Thallus der B. ist ein vielkerniges, vielgestaltiges Gebilde ohne Querwände. Der Habitus der im Mittelmeer heimischen Alge *Acetabularia mediterranea* (Abb. ↗ Chlorophyceae), die aus einem fingerlangen Stiel und einem schirmförmigen Hut besteht, erinnert an höhere Pilze.

Bryozoa, *Ectoprocta, Moostierchen*, Gruppe der ↗ Tentaculata mit etwa 4500 rezenten, sessilen und in Kolonien lebenden Arten unter 1 mm Größe. Die meisten Arten sind marin, nur die Phylactolaemata leben im Süß- und Brackwasser. Die Einzelindividuen (*Zooide*) bilden jedes für sich ein Gehäuse aus Chitin (*Zooecium*), z. T. mit Kalk. Die Kolonien, die bis über 1 m groß werden können, bilden einen dichten Überzug auf festen Substraten, die Kolonien mancher Arten wachsen auch korallenähnlich in die Höhe. Der Körper zeigt äußerlich zwei Abschnitte: Einen vorderen Körperteil, der aus dem Gehäuse herausgestreckt werden kann (*Polypid*) und einen hinteren Körperteil (*Cystid*), der der Fortpflanzung dient. Auffallendste Struktur der B. ist der *Lophophor*, eine Tentakelkrone, die dem Einstrudeln von Nahrungspartikeln dient. Die Kolonien besitzen kein gemeinsames Darmsystem, sondern die Zooide sind durch Gewebsstränge und eine Art Transportsystem miteinander verbunden. Viele marine B. zeigen Arbeitsteilung: Es gibt zwittrige Nährtiere (*Autozooide*), die Nahrung herbeistrudeln und Geschlechtszellen bilden; daneben gibt es *Heterozooide* mit speziellen Aufgaben: Zangen tragende *Avicularien*, die der Verteidigung dienen, mit einem borstenartigen Deckel versehene *Vibracularien*, die die Kolonie reinigen sowie nur aus dem Hinterkörper bestehende *Kenozooide*, die der Verankerung dienen Die Entwicklung erfolgt bei den marinen Arten über eine freibewegliche, der Trochophora ähnliche Wimperlarve (*Cyphonautes*), die sich festsetzt (sie heißt dann *Ancestrula*) und durch Knospung neue Kolonien bildet. Im Süßwasser lebende B. bilden im Herbst von einer Chitinhülle umgebene Dauerstadien (*Statoblasten*), die der Überwinterung und der Verbreitung dienen.

B. sind seit dem Unterordovizium nachgewiesen. Bekannt sind rund 15000 fossile Arten, von denen viele Riff bildend waren (*Bryozoenkalk*). Man unterscheidet drei Gruppen: ↗ Phylactolaemata, ↗ Stenolaemata und ↗ Gymnolaemata.

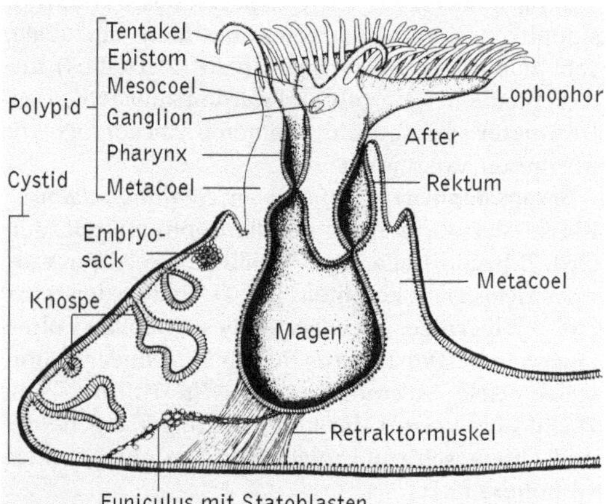

Bryozoa Bauplan der Moostierchen

BSB, ↗ biochemischer Sauerstoffbedarf.

BSE, Abk. für ↗ Bovine Spongiforme Encephalopathie.

Bt-Toxin, als Insektizid wirkendes Protein des Endosporen bildenden Bakteriums ↗ Bacillus thuringiensis, das zur biologischen Schädlingsbekämpfung eingesetzt werden kann. Durch die Eigenschaft des B., an Rezeptoren der Darmwand zu binden und in die Membranen der Epithelzellen einzudringen, kommt es zu deren Zerstörung und somit zum Tod der Insektenlarve. Dabei zeigt das B. nicht bei allen Insektenlarven, sondern vor allem einer Reihe von eng verwandten Schmetterlingslarven seine tödliche Wirkung. Neben der äußeren Anwendung von B. sind inzwischen eine Reihe landwirtschaftlicher Nutzpflanzen (*Bt-Mais*, *Bt-Baumwolle*) gentechnisch so verändert worden, dass sie das B. in Blättern oder Sprossachse produzieren. Dabei stellen jedoch auftretende Resistenzen gegenüber bestimmten B., die Bekämpfungsstrategie in Frage. Zudem ist bislang nicht geklärt, ob und wieweit andere Insektenarten, die zufällig mit Bt-Toxin-haltigem Pollen in Kontakt kommen, geschädigt werden.

Bubonenpest, ↗ Pest.

Buccinum, Gatt. der Neuschnecken (↗ Neogastropoda).

Buchdrucker, Art der Borkenkäfer (↗ Scolytidae).

Buche, *Fagus*, Gatt. der Buchengewächse (↗ Fagaceae). Die einzige heimische Art ist die *Rotbuche*, *Fagus silvatica*, die bis 30 (-40) m hoch werden kann und bis zu 250 Jahre alt. In der nördlichen gemäßigten Zone ist die Rotbuche ein wichtiges waldbildendes Element. Ihr hartes Holz wird vielseitig verwendet, aus den dreikantigen Früchten, den *Bucheckern*, kann Speiseöl gewonnen werden.

Buchengewächse, die Fam. ↗ Fagaceae.

Bücherskorpione, die ↗ Pseudoscorpiones.

Buchfink, *Fringilla coelebs*, Art der Finken (↗ Fringillidae), einer der häufigsten Vögel Europas. Die Männchen sind bunt gefärbt mit graublauem Scheitel und Nacken, kastanienbraunem Rücken, braunrosa Unterseite und grünem Brüzel. Ihr Gesang („Finkenschlag") ist eine schmetternd abfallende Strophe mit einem Endschnörkel. B. leben in Wäldern, Parks und Gärten.

Buchkiemen, Atmungsorgane der wasserlebenden ↗ Xiphosura, die aus bis zu 150 dicht übereinander liegenden Lamellen an den plattenartigen Außenästen der Extremitäten bestehen.

Buchner, *Eduard*, deutscher Chemiker, * 20.5.1860 München, † 13.8.1917 Focșani (Rumänien); ab 1896 Prof. für analytisch-pharmazeutische Chemie in Tübingen, ab 1898 Prof. für allgemeine Chemie an der Landwirtschaftlichen Hochschule in Berlin, ab 1909 Prof. für physiologische Chemie in Breslau, seit 1911 in Würzburg. B. lieferte u. a. grundlegende Arbeiten zur alkoholischen Gärung des Zuckers, die er 1897 als Folge des von Hefezellen abgespaltenen Enzyms „Zymase" erkannte. Er hatte festgestellt, dass die Gärungsreaktion auch im Zellsaft zerriebener Hefezellen stattfindet und damit erstmals gezeigt, dass komplexe biochemische Prozesse auch zellfrei ablaufen können. B. erhielt hierfür 1907 den Nobelpreis für Chemie.

Buchsbaumgewächse, die Fam. ↗ Buxaceae.

Buchweizen, *Heidekorn*, *Fagopyrum*, Gatt. der Knöterichgewächse (↗ Polygonaceae). Kulturformen der ursprünglich aus Zentralasien stammenden Arten werden insbesondere zur Gewinnung von Mehl aus den Samen genutzt.

Buckelwal, Art der Furchenwale (↗ Balaenopteridae).

Bufonidae, *Echte Kröten*, Familie der Froschlurche (↗ Anura) mit über 300 Arten, die in Eurasien, Afrika und Amerika verbreitet sind. Kröten haben einen gedrungenen Körperbau, die Haut besitzt häufig warzige Drüsen, aus denen sie ein giftiges Sekret (*Bufotoxin*) absondern. Ihre Pupille steht horizontal, das Maul ist zahnlos. Die Beine der B. sind relativ kurz. Sie springen kaum, die meisten Arten können jedoch gut graben. Sie sind i. Allg. Bodenbewohner, suchen aber zur Paarung und Eiablage das Wasser auf. Von den insgesamt 25 Gattungen ist die Gatt. *Bufo* (↗ Kröten i. e. S.) die artenreichste und am weitesten verbreitete.

Bulbille, die ↗ Brutknospe.

Bulbourethraldrüsen, die ↗ Cowper-Drüsen.

Bülbüls, Fam. der Sperlingsvögel (↗ Passeres).

Bulbus, die ↗ Zwiebel.

Bulbus olfactorius *Riechkolben*, an der Lamina cribrosa des Siebbeins (↗ Schädel) gelegene Anschwellung am Anfang des Tractus olfactorius (Riechbahn), die den Riechnerven aufnimmt.

Bulimie, 1) allg. ein übermäßiges Essbedürfnis als Symptom organischer oder psychischer Erkrankungen.

2) *Bulimia nervosa*, umgangssprachlich auch als *Ess-Brech-Sucht* bezeichnet, eine Essstörung, die in jüngerer Zeit von der ↗ Magersucht abgegrenzt wird. Kennzeichen sind Essanfälle, bei denen riesige Mengen an Nahrung aufgenommen werden und anschließendes, selbst herbeigeführtes Erbrechen, manchmal auch der Missbrauch von Abführmitteln. Als Ursachen werden, ähnlich wie bei der Magersucht familiäre und genetische Einflüsse sowie Persönlichkeitsfaktoren diskutiert. Die Behandlung erfolgt im Wesentlichen durch Psychotherapie.

Bülte, eine Erhebung im Hochmoor (↗ Moor).

Bundenbach, Ort im Hunsrück mit Schiefervorkommen, deren Fossilmaterial einen wesentlichen Beitrag zur Rekonstruktion der Lebenswelt in den Devonmeeren leistet. Gefunden wurden hier u. a. Stachelhäuter, Gliederfüßer (u. a. Trilobita), Fische, Quallen und Schwämme.

Bund für Umwelt- und Naturschutz Deutschland, Abk. *BUND*, unabhängige private Umweltschutzorganisation (1975 gegründet, Bundesgeschäftsstelle in Bonn) mit ca. 230000 Mitgliedern. Der BUND ist ein nach dem Bundesnaturschutzgesetz anerkannter Naturschutzverband, dessen wesentliche Ziele die Verbesserung des Natur- und Umweltschutzes sind.

Bungarus, die ↗ Kraits.

Buntbarsche, die Fam. ↗ Cichlidae.

Bunte Reihe, Verfahren zur Identifizierung von Bakterien aufgrund ihrer Stoffwechselleistungen. Dazu stellt man eine größere Zahl von unterschiedlichen Kulturmedien zu einer Reihe zusammen. Eine Ansäuerung oder Alkalisierung des Kulturmediums wird durch einen Farbumschlag von pH-Indikatoren angezeigt.

Buntspecht, Art der Spechte (↗ Picidae).

Buprestidae, *Prachtkäfer*, Fam. der ↗ Polyphaga mit rund 16000 vor allem in den Tropen lebenden, 2 – 80 mm langen, oft metallisch glänzenden Arten. B. sind wärmeliebend und leben auf Baumstämmen, Blättern und Blüten. Sie sind schnelle, geschickte Flieger. Die weißen, augen- und beinlosen Larven entwickeln sich meist im Holz oder unter Rinde und können dort schädlich werden.

Burnet, Sir *Frank MacFarlane*, austral. Virologe und Serologe, ✳ 3.9.1899 Traralgon (Victoria), † 31.8.1985 Melbourne; 1944-65 Prof. in Melbourne und Direktor des Walter-und-Eliza-Hall-Instituts. B. fand 1937 den Erreger des Queensland-Fiebers (*Rickettsia burnetii*). 1959 stellt er die Klon-Selektionstheorie (↗ klonale Selektion) zum Mechanismus der Antikörperbildung auf. Er erhielt 1960 zusammen mit P.B. ↗ Medawar den Nobelpreis für Physiologie oder Medizin für die Entdeckung der erworbenen Immunität des Körpers gegen körperfremde Gewebe.

Bursa copulatrix, die ↗ Begattungstasche.

Burseraceae, *Balsambaumgewächse*, Fam. der ↗ Rosopsida mit ca. 500 Arten, die weltweit in den Tropen und Subtropen verbreitet sind. Es sind Holzgewächse mit schraubig angeordneten Blättern. Das Holz und das ↗ Harz vieler Arten werden wirtschaftlich genutzt. Der getrocknete Wundsaft von *Boswellia carteri*, eines in afrikanischen und arabischen Trockenebenen heimischen Baumes, liefert *Weihrauch* in Form von gelben Körnern. *Commiphora abyssinica*, *Commiphora molmol* und andere Arten werden in Arabien und Äthiopien angebaut, um durch Trocknen des Wundsaftes *Myrrhe* zu gewinnen.

Bürstensaum, durch dicht stehende fingerförmige Ausstülpungen der Zelle (*Mikrovilli*) geformte Struktur, die der Vergrößerung der Oberfläche dient. B. finden sich z .B. im ↗ Darm und in den Tubulusepithelzellen der ↗ Niere.

Buschbabys, die Fam. ↗ Galagidae.

Buschböcke, ↗ Tragelaphinae.

Buschmeister, Gatt. der Grubenottern (↗ Viperidae).

Buschschwein, Art der Schweine (↗ Suidae).

Bussarde, Bez. für die Arten der Gatt. *Buteo* und *Pernis*. Der bis 56 cm große, in Europa und großen Teilen Asiens verbreitete *Mäusebussard (Buteo bu-*

teo) ist neben dem Turmfalken der häufigste Greifvogel in Deutschland. Er brütet im Wald und jagt im freien Gelände, wobei er die Beute (Kleinsäuger, Amphibien, Reptilien, Aas und manchmal Vögel und Insekten) von einer Sitzwarte oder im Flug sucht. Der etwa gleichgroße *Raufußbussard (Buteo lagopus)* unterscheidet sich vom Mäusebussard durch den weißen, kaum gebänderten Schwanz mit breiter Endbinde und die bis zu den Zehen befiederten Läufe. Er besiedelt die Tundren und Buschwälder in Nordeurasien und Nordamerika. Seine Hauptnahrung sind Lemminge. Der in Eurasien verbreitete *Wespenbussard (Pernis apivorus)* unterscheidet sich von den B. der Gattung Buteo vor allem durch den kleinen, taubenähnlichen Kopf und den schlanken Hals und drei dunkle Querbänder am Schwanz. Er ernährt sich bevorzugt von Wespenlarven und kleinen Wirbeltieren und ist ein Zugvogel, der in Afrika überwintert.

Butandisäure, die ↗ Bernsteinsäure.

Butanol-Aceton-Gärung, die ↗ Buttersäure-Butanol-Aceton-Gärung.

Butansäure, die ↗ Buttersäure.

Butenandt, *Adolf Friedrich Johann*, deutscher Biochemiker, ✳ 24.3.1903 Bremerhaven-Lehe, † 18.1.1995 München; ab 1933 Prof. in Danzig, ab 1936 in Berlin und Direktor des Kaiser-Wilhelm-Instituts für Biochemie in Berlin-Dahlem, ab 1945 in Tübingen und Direktor des Physiologisch-chemischen Instituts der Universität sowie des nach Tübingen verlegten Kaiser-Wilhelm-(seit 1949 Max-Planck)Instituts für Biochemie. 1960-72 Präsident der Max-Planck-Gesellschaft zur Förderung der Wissenschaften. B. ist einer der bedeutendsten Biochemiker des 20. Jh. Bahnbrechend waren seine Arbeiten über Sexualhormone: Er entdeckte und isolierte das Follikelhormon Estron (1929; unabhängig von E.A. ↗ Doisy), weiterhin das ↗ Androsteron und das ↗ Progesteron (auch Synthese) und synthetisierte 1935 das Hormon ↗ Testosteron. Anfang der 1940er-Jahre trug er zur Aufklärung der Steuerung einer Reihe biochemischer Reaktionen bei Insekten durch Gene bei, identifizierte und isolierte das Häutungshormon ↗ Ecdyson (1954) sowie ↗ Bombykol, das Pheromon der Seidenspinner-Weibchen. Er erhielt 1939 (überreicht 1949) zusammen mit L. ↗ Ružička den Nobelpreis für Chemie.

Buteo, ↗ Bussarde.

Butte, Fam. der Plattfische (↗ Pleuronectiformes).

Buttersäure, *Butansäure*, in zwei Isomeren (B. und Isobuttersäure) vorkommende, übel riechende Carbonsäure, die zu 30 % in Butter vorkommt. In ranziger Butter wird B. durch Hydrolyse freigesetzt, wodurch der unangenehme Geruch entsteht. In freier Form kommt B. in vielen Pflanzen und Pilzen vor, außerdem ist sie Bestandteil zahlreicher etherischer Öle. Die Salze und Ester der B. heißen *Butyrate*.

Buttersäurebakterien, die Buttersäure bildenden ↗ Clostridien.

Buttersäure-Butanol-Aceton-Gärung, *Aceton-Butanol-Gärung*, eine modifizierte Buttersäuregärung von *Clostridium acetobutylicum* (↗ Clostridien), bei der Buttersäure zu Butanol reduziert wird und aus Acetyl-CoA über Acetoacetyl-CoA ↗ Aceton entsteht. Außerdem kann zusätzlich Ethanol anfallen. Die wirtschaftliche Bedeutung dieser Form der Gärung wurde während des Ersten Weltkrieges erkannt. Aceton wurde für die Herstellung von Explosivstoffen verwendet, Butanol für Nitrocellulose-Lacke. Nach dem Zweiten Weltkrieg wurden diese Verfahren jedoch unrentabel, könnten jedoch in Zunkunft bei steigenden Erdölpreisen wieder wirtschaftlich werden.

Buttersäuregärung, ↗ Gärung einiger obligat anaerober Bakterien, besonders ↗ Clostridien, die beim Abbau von Kohlenhydraten und einigen organischen Säuren hauptsächlich ↗ Buttersäure bilden. Die Buttersäure aus dem Stoffwechsel von Clostridien kann Lebensmittel und Futtermittel verderben (ranziger Geruch).

Butyrate, die Salze und Ester der ↗ Buttersäure.

Buxaceae, Fam. der Ord. Buxales der ↗ Rosopsida mit ca. 60 Arten, die in den wärmeren Gebieten der Erde beheimatet sind. Es handelt sich um immergrüne Stauden, Sträucher oder Bäume mit meist ledrigen Blättern und eingeschlechtigen Blättern. Die ↗ Frucht ist eine Kapsel- oder Steinfrucht. Zu den B. gehört der häufig kultivierte mediterrane Buchsbaum, *Buxus sempervirens* .

Buxales, Ord. der ↗ Rosopsida mit der einzigen Fam. ↗ Buxaceae.

Buxus, Gatt. der ↗ Buxaceae.

Byssusdrüsen, im Fuß der Muscheln (↗ Bivalvia) befindliche Drüsen, die aus mehreren Abschnitten zusammengesetzt sind, die unterschiedliche Sekrete produzieren, so u. a. phenolische Proteide mit hohem Glycingehalt, Polyphenoloxidase und Kollagen. Die Sekrete bilden zusammen ein erhärtendes Sekret (*Byssus*), das zu Haftfäden ausgezogen wird, die mit Hilfe der Fußspitze an eine feste Unterlage gepresst werden. Die Byssusfäden dienen der Befestigung an der Unterlage und federn durch ihre Elastizität den Wellenschlag ab. Die Fähigkeit zur Byssusbildung ist oft nur auf junge Muscheln beschränkt.

B-Zellen, die ↗ B-Lymphocyten.

C

C, Ein-Buchstaben-Symbol für die Aminosäure ↗ Cystein (↗ Aminosäuren).

C, chemisches Symbol für ↗ Kohlenstoff.

Ca, chemisches Symbol für ↗ Calcium.

CAAT-Box, stromaufwärts gelegenes Element im ↗ Promotor von Genen eukaryotischer Zellen, dessen ↗ Consensussequenz 5'-CCAAT-3' lautet.

Cactaceae, *Kakteengewächse*, Fam. der ↗ Caryophyllales mit ca. 1500 Arten. Das ursprüngliche Verbreitungsgebiet ist das tropische und subtropische Amerika, wo Kakteen besonders die Wüsten- und Halbwüsten besiedeln. Es sind meist ausgesprochen xeromorphe Pflanzen, mit abgeplatteten, säulen- oder kegelförmigen, fleischigen Sprossen (↗ Stammsukkulente), die entweder glatt, längs gerippt oder warzig gegliedert sein können. Die Oberfläche ist bedeutend verkleinert, da die Blätter zu ↗ Dornen umgewandelt sind. In den Achseln der Dornen befinden sich häufig Haar- oder Stachelbüschel, die neben der oft starken ↗ Cuticula als Verdunstungsschutz (↗ Transpiration) dienen. Nur die Gatt. *Pereskia* besitzt normale Laubblätter. Kleine, schuppen- bis pfriemenförmige Laubblätter kann man auch bei vielen Jungstadien, z. B. bei Opuntien, beobachten. Die auffälligen, großen Blüten sind meist sitzend. Sie haben eine vielzählige, außen kelch- und innen kronenartige, schraubige Blütenhülle und zahlreiche Staub- und Fruchtblätter. Der ↗ Fruchtknoten ist unterständig und entwickelt sich zu einer ↗ Beere.

Viele Kakteen werden als Zierpflanzen kultiviert, z. B. die *Königin der Nacht* (*Selenicus grandiflorus*) und der *Weihnachtskaktus* (*Zygocactus truncatus*). Essbare Früchte liefert der ↗ Feigenkaktus, *Opuntia ficus-indica*. Einige Arten enthalten ↗ Alkaloide wie die mexikanischen *Lophophora*-Arten. Deren getrocknete Sprossabschnitte sind als *Peyotl* oder *Peyote* bekannt und liefern eine Droge, die Halluzinationen verursacht. Der Hauptwirkstoff ist dabei das Protoalkaloid Meskalin. (↗ Xerophyten, ↗ Dürreresistenz, ↗ Sukkulenz)

Cadherine, Glykoproteine tierischer Zellen, die in ihrer Funktion als ↗ Adhäsionsmoleküle an ↗ Zell-Zell-Verbindungen beteiligt und bei Morphogenese und Organbildung von Bedeutung sind.

Caecilia, Gatt. der Blindwühlen (↗ Gymnophiona).

Caecotrophie, ↗ Koprophagie.

Caecum, der ↗ Blinddarm. (↗ Darm)

Caelifera, *Kurzfühlerschrecken*, mit rund 7100 Arten weltweit verbreitete Gruppe der ↗ Insecta, davon in Mitteleuropa 45 Arten. C. sind 7 - 65 mm, bis maximal 120 mm lang mit einer Flügelspannweite von bis zu 230 mm. Die Antennen sind kurz und manchmal am Ende keulenförmig verdickt. Die Flügel können reduziert sein oder völlig fehlen, bei manchen Arten sind die Hinterflügel auffällig rot oder blau gefärbt. Die Hinterbeine sind als Sprungbeine ausgebildet mit verdickten Schenkeln. Sie dienen oft der Stridulation („Zirpen"), indem eine Zapfenreihe an den Hinterschenkeln über eine Ader des Vorderflügels gestrichen wird. Die Eier werden in Paketen meist im Boden abgelegt. Die Entwicklung erfolgt meist über fünf bis sechs Nymphenstadien, wobei die erste Larve noch keine Sprungbeine besitzt. Zu den C. gehören u. a. die bis 25 mm lange *Schönschrecke* (*Calliptamus italicus*), sowie die wärmeliebende, besonders auf Ödland lebende *Schnarrschrecke* (*Psophus stridu*

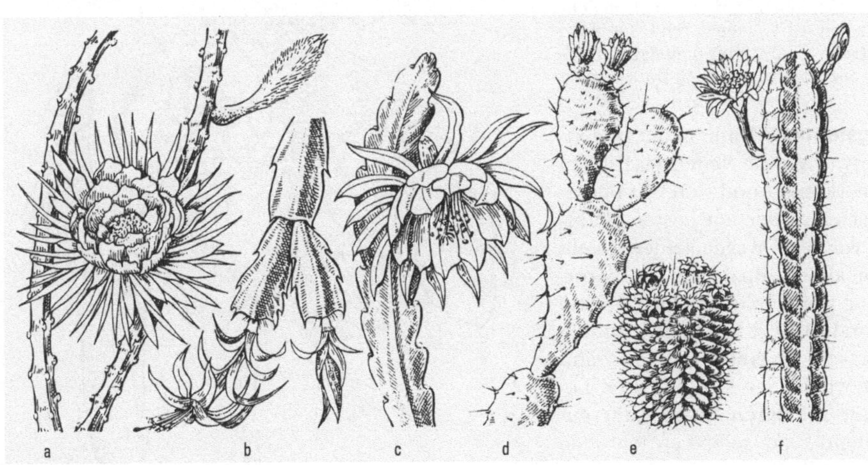

Cactaceae   a König in der Nacht (*Selenicus grandiflorus*), b Weihnachtskaktus (*Zygocactus truncatus*), c Phyllokaktus (*Nopalxochia* Hybr.), d Feigenkaktus (*Opuntia ficus-indica*), e Warzenkaktus (*Mammillaria* spec.), f Säulenkaktus (*Echinocereus* spec.)

lus) mit roten, braun geränderten Hinterflügeln. Die Gattung *Grashüpfer (Chorthippus* spec.) beinhaltet einige sehr nahe verwandte Arten, wobei Bastardbildung durch Unterschiede im Gesang und ökologische Trennung (unterschiedliche Biotopansprüche) weitgehend vermieden wird. Sie finden sich im Spätsommer und Herbst massenhaft auf Wiesen. Ebenfalls zu den C. gehören die ↗ Wanderheuschrecken.

Caenogenese, *Caenogenesis*, *Zänogenese*, Begriff von E. ↗ Haeckel für Bildungen aus dem Ontogenesestadium, die nicht eine frühere Situation erwachsener Stadien rekapitulieren, sondern Spezialanpassungen des Entwicklungs- und Jugendstadiums an seine besondere entwicklungsphysiologische bzw. ökologische Situation sind. Beispiele für C. sind u. a. die Bildung der ↗ Embryonalhüllen bei den ↗ Amniota oder der stark entwickelten Vorderbeine in der frühen Keimesentwicklung beim Känguru. Ein Unterscheidungsproblem besteht zur ↗ Palingenese.

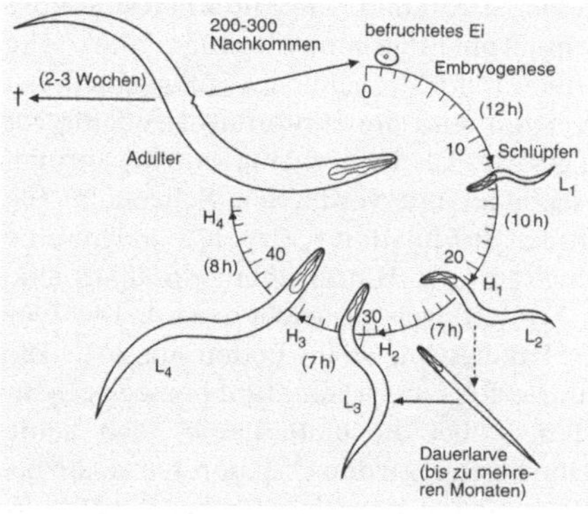

Caenorhabditis elegans Lebenszyklus von *Caenorhabditis elegans*. Innerhalb von zwei Tagen entwickelt sich das befruchtete Eie zum Adulttier. Die Embryogenese dauert zwölf Stunden. Nach dem Schlüpfen verläuft die Entwicklung über vier Jugendstadien (L₁-L₄), die durch Häutungen (H₁-H₄) voneinander getrennt sind. Unter ungünstigen Bedingungen können nach der zweiten Häutung Dauerlarven entstehen

Caenorhabditis elegans, etwa 1 mm lange, bodenlebende Art der Fadenwürmer (↗ Nematoda), die in gemäßigten Breiten vorkommt und sich von Bakterien ernährt. C. e. ist eines der am besten untersuchten Lebewesen, vor allem wegen seiner auf ein Minimum an Komplexität reduzierten Körperorganisation und seiner problemlosen Haltung und Vermehrung im Labor. Die Tiere lassen sich zudem Jahrzehnte lang bei - 80 °C einfrieren und sind nach dem Auftauen wieder lebensfähig. Der Lebenszyklus ist bis zur zellulären Ebene sehr gut bekannt. Vorherrschend sind selbstbefruchtende Hermaphroditen, die wie Weibchen aussehen, aber zunächst während einer kurzen Phase Spermien und dann erst Eier bilden. Männchen sind selten.

Sie können sich mit den Hermaphroditen paaren und deren Eier befruchten; aus etwa 50 % dieser Eier entstehen wieder Männchen. Bis Ende 1998 konnte das Genom von C.e. als erstes Genom einer höherentwickelten Tierart komplett sequenziert werden. Die im Rahmen dieser Arbeit entwickelten Arbeiten und Techniken wurden u. a. beim ↗ Human Genome Project eingesetzt. Inzwischen sind zudem Mutanten in vielen Tausend Genen bekannt und eingefroren in Genbibliotheken zugänglich. Heute ist C. e. neben ↗ Drosophila melanogaster, ↗ Saccharomyces cerevisiae, ↗ Arabidopsis thaliana, dem ↗ Zebrafisch, der ↗ Hausmaus und dem Menschen ein wichtiger Modellorganismus für die Analyse allg. Funktionsmechanismen der Vielzeller, u. a. in Genetik, Zellbiologie, Entwicklungsbiologie, Neurobiologie und Biochemie.

Caesalpiniaceae, *Johannisbrotbaumgewächse*, Gatt. der ↗ Fabales (Leguminosae) mit ca. 2000 Arten, die überwiegend in den Tropen und Subtropen vorkommen. Es sind meist Bäume, seltener Sträucher, mit einfach oder doppelt paarig gefiederten, wechselständigen Blättern und zwittrigen, unregelmäßigen fünfzähligen Blüten, die von Insekten und Vögeln bestäubt (↗ Bestäubung, ↗ Bestäubungssymbiose) werden. Der oberständige Fruchtknoten entwickelt sich zu einer Hülse (↗ Frucht).

Die in Europa als Zierbaum angebaute, aus Nordamerika stammende *Gleditschie*, *Gleditsia triacanthos*, trägt verzweigte, rotbraune Sprossdornen (↗ Dornen). Die einzige in Südeuropa beheimatete Art ist der ↗ Johannisbrotbaum, *Ceratonia siliqua*.

Caesalpiniaceae Johannisbrotbaum (*Ceratonia siliqua*): Zweig mit Blüten und Früchten

Viele Arten der tropischen Gatt. *Cassia* werden als Heilpflanzen genutzt. Sie enthalten abführend wirkende Anthraglykoside.

Caiman, Gatt. der ↗ Alligatoridae.

Cajanus, Gatt. der ↗ Fabaceae.

Calamitaceae, *Calamiten*, Fam. fossiler baumförmiger ↗ Equisetales (Schachtelhalmartige) des Karbons und Unterperms. Die weit verbreitete Gatt. *Calamites* war ein wichtiger Bestandteil der Steinkohlewälder und hatte mit den Schuppenbäumen (↗ Lepidodendrales) einen wesentlichen Anteil an der Kohlebildung (↗ Kohle). Im Gegensatz zu den rezenten Schachtelhalmen, zeigten sie ein ausgedehntes sekundäres ↗ Dickenwachstum und erreichten dadurch Stammdurchmesser bis 1 m und Wuchshöhen von 20 - 30 m. In den Steinkohlewäldern bildeten sie eine Art Röhrichtzone im Verlandungsbereich der Seen und Flussmündungen.

Calamiten, die Fam. ↗ Calamitaceae.

Calamites, Gatt. der ↗ Calamitaceae.

Calcarea, *Kalkschwämme*, Gruppe der Schwämme mit rund 500 Arten, die im Flachwasser warmer und gemäßigter Meere leben. Falls ein Skelett vorhanden ist, besteht es aus ein-, drei- oder vierstrahligen Kalknadeln, die meist isoliert im Gewebe liegen. Die Larven (Coeloblastula oder Amphiblastula) verbleiben im Muttertier. Häufige Art im Mittelmeer ist *Leucosolenia variabilis*. Einen charakteristischen Kragen rings um die Ausströmöffnung (*Osculum*) besitzt die in den Meeren der Nordhalbkugel verbreitete Art *Sycon ciliatum*.

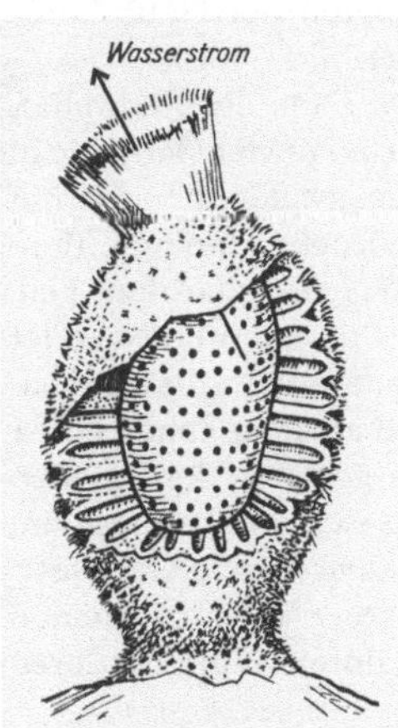

Calcarea Habitus von *Sycon* spec. Die Körperwand ist teilweise entfernt und gibt den Blick in den Zentralraum (*Atrium*) frei. Das Wasser strömt durch zahlreiche Poren der Körperwand ein, wird durch Kragengeißelkammern filtriert und strömt über das Atrium und das Osculum wieder nach außen

Calciferol, ↗ Calcitriol.

Calciol, *Cholecalciferol, Vitamin D₃*, aus 7-Dehydrocholesterol, unter Einwirkung von UV-Strahlen durch eine fotochemische Reaktion in der Haut gebildetes Vitamin. Es wird durch Hydroxylierung in Leber und Niere in das Hormon ↗ Calcitriol umgewandelt, das eine wesentliche Rolle in der Regulation des Calcium-Stoffwechsels spielt. Mangelerscheinungen kommen nur bei Mangel an Sonnenlicht vor und äußern sich in einer Störung der Mineralisation der Knochen, die bei Kindern als *Rachitis* und bei Erwachsenen als *Osteomalazie* bezeichnet wird.

Calcitonin, Abk. *CT*, ein Peptidhormon der ↗ Schilddrüse (bzw. des ↗ Ultimobranchialkörpers), das aus 32 Aminosäuren aufgebaut ist, deren Sequenz deutliche Artunterschiede zeigt. Die Freisetzung von C. bewirkt eine rasche Senkung des Ca^{2+}-Spiegels im Blut, vor allem, indem durch Hemmung der Aktivität von Osteoklasten die Einlagerung von Ca^{2+} in die Knochensubstanz gefördert wird; damit ist es ein Antagonist zum ↗ Parathormon. Zugleich verlangsamt C. den Verdauungsprozess, um eine gleichmäßige Aufnahme von Ca^{2+} zu gewährleisten und die Ausscheidung eines Ca^{2+}-Überschusses durch die Niere zu verhindern. Gastrointestinale Hormone, wie ↗ Glucagon, ↗ Gastrin und ↗ Cholecystokinin, stimulieren die Freisetzung von C. In den Zielorganen (↗ Knochen, ↗ Niere) wird die Wirkung von C. durch cAMP vermittelt. Im Blut zirkulierendes C. passiert die ↗ Blut-Hirn-Schranke und bindet an spezifische zentralnervöse Rezeptoren. Die Verabreichung von C. hat antinozizeptive Wirkung, d. h. es bewirkt eine reduzierte Schmerzwahrnehmung. Erhöhte C.-Werte haben Bedeutung als Tumormarker für das C-Zell-Karzinom der Schilddrüse.

Calcitriol, *Calciferol, 1α,25-Dihydroxycholecalciferol*, in der Niere aus Calcidiol durch Hydroxylierung gebildetes hochwirksames Hormon, das die Aufnahme von ↗ Calcium im Darm und das Gleichgewicht von Freisetzung und Ablagerung von Calcium und Phosphat im Knochen reguliert. Die Aktivität der Hydroxylase, die die Bildung von C. katalysiert, wird durch das in der ↗ Nebenschilddrüse gebildete ↗ Parathormon gesteuert.

Calcium, chemisches Symbol *Ca*, ein Erdalkalimetall, das in der Natur in anorganischen und organischen Verbindungen universell vorkommt.

1) Für die *Pflanze* gehört C. zu den ↗ Makronährelementen. Sein Gehalt in pflanzlichem Material liegt bei 5 g/kg Trockenmasse, wobei das C. in vielen Fällen in unlöslicher Form, z. B. als Calciumoxalat oder Calciumcarbonat in der Vakuole deponiert ist. Zusammen mit dem antagonistisch wirkenden ↗ Kalium beeinflusst C. den kolloidosmotischen Quellungszustand (↗ kolloidosmotischer Druck) des Plasmas: C. vermindert die ↗ Quellung, Kalium fördert sie. Ferner sind Ca^{2+}-Ionen neben K^+-Ionen für die Vernetzung der Polygalacturonsäuremoleküle (↗ Pektine) in der Mit-

tellamelle verantwortlich und ein wichtiger Bestandteil für die Funktionstüchtigkeit der Biomembranen. Ebenso ist Ca^{2+} als Cofaktor bei verschiedenen Enzymen wirksam. Ein das Pflanzenwachstum limitierender C.-Mangel tritt lediglich in tropischen Böden auf oder durch Übersäuerung infolge von Kalkmangel.

2) Bei *Tieren* und dem *Menschen* ist C. ebenfalls vor allem an regulatorischen Aufgaben beteiligt. Die Hauptmenge an C. kommt bei Wirbeltieren in den ↗ Knochen vor, bei Wirbellosen z. B. im Exoskelett und den Kalkschalen der ↗ Mollusca und ↗ Echinodermata. Ca^{2+}-Ionen erhöhen im Zellmilieu die Durchlässigkeit der Membranen für anorganische Anionen (z. B. Chlorid, Cl^-) und verringern diejenige für Kationen (K^+); sie stehen somit im Dienst der ↗ Osmoregulation. Für das Actomyosin-System des ↗ Muskels spielen Ca^{2+}-Ionen eine wichtige Rolle als Vermittler zwischen Erregung und Kontraktion. Auch amöboide Bewegungen sowie ↗ Phagocytose, ↗ Pinocytose und ↗ Exocytose sind calciumabhängige Prozesse. Die zeitliche Koordination der Calciumwirkung, bei der Kontraktion und Entspannung miteinander abwechseln, wird häufig mit dem Modell des biologischen Oszillators beschrieben. Hierbei sind die intrazellulären Konzentrationen von C. und cAMP (↗ Adenosinphosphate) über zwei gegenläufige Regelkreise gekoppelt. cAMP inhibiert die Calcium-Pumpe, die den intrazellulären C.-Spiegel senkt, während C. die ↗ Adenylat-Cyclase aktiviert, die die Bildung von cAMP katalysiert.

C. spielt auch beim Sehvorgang (↗ Sehen) eine wichtige Rolle, indem es die Natrium-Permeabilität der Retinazellen beeinflusst (Hyperpolarisation). An den synaptischen Membranen (↗ Synapse) schließlich werden mittels C. bei Einwirkung von ↗ Acetylcholin Ionenkanäle geöffnet. Außerdem ist C. ein wichtiger Cofaktor für die Aktivierung bzw. Umwandlung einiger Gerinnungsfaktoren (↗ Blutgerinnung). Darüber hinaus fungiert C. als ↗ second messenger für Peptidhormone und Neurotransmitter, wobei die Information über Calcium bindende Proteine weitergegeben wird, zu deren wichtigsten das ↗ Calmodulin zählt. Der molekulare Mechanismus dieser intrazellulären, calciumabhängigen Regulation von Stoffwechselvorgängen ist in pflanzlichen und tierischen Zellen nahezu identisch.

Der Gesamtbestand an C. im menschlichen Körper beträgt 1100 g bei 70 kg Gewicht, die tägliche C.-Aufnahme ca. 0,8 g – eine Menge, die durch die normale Nahrungsaufnahme gewährleistet ist. Die Absorption erfolgt im Zwölffingerdarm und im oberen Jejunum (↗ Darm) durch ein Calcium bindendes Protein der Schleimhaut, dessen Bildung durch ↗ Calcitriol induziert wird; daneben gibt es aber auch eine von Vitamin D unabhängige C.-Absorption. Die Ausscheidung von C. erfolgt über Niere und Darm. Die konstante Plasmakonzentration wird außer durch Vitamin D durch das ↗ Parathormon und durch ↗ Calcitonin reguliert.

Calendula, Gatt. der ↗ Asteraceae.

Calliphoridae, *Fleischfliegen*, *Schmeißfliegen*, Familie der Fliegen (↗ Brachycera) mit weltweit über 1000 Arten, davon etwa 50 Arten in Mitteleuropa. Sie sind bis 18 mm groß und meist goldgrün bis blau metallisch gefärbt und besitzen wie alle Fliegen ein Paar Flügel und ein Paar Halteren. Der auffallende Flugton entsteht durch Schwingungen und Reibung der Flügel im Brustbereich. C. kommen überall dort vor, wo sich proteinhaltige Stoffe zersetzen und sind daher in der Nähe von Häusern sehr häufig. Die Eier werden auf Nahrungsmittel, Kadaver und Exkrementen abgelegt, die die Larven zersetzen und deren Säfte die Imagines mit den leckenden Mundwerkzeugen aufnehmen. Daher sind C. Überträger z. B. von ↗ Tuberkulose und ↗ Brucellosen. Andere Arten legen ihre Eier in Wunden von noch lebenden Tieren (bei uns z. B. *Lucilia caesar*). Da ihre Larven ausschließlich nekrotisches Gewebe fressen, werden sterile Larven bei der Behandlung schwer heilender Wunden eingesetzt. Es gibt jedoch auch Arten, die gesundes Gewebe befallen. Neben Wirbeltieren werden u. a. auch Amphibien, Schnecken und Regenwürmer von Larven verschiedener C.-Arten befallen. Am häufigsten sind die typisch blau- oder grün-metallisch gefärbten Arten der Gatt. *Calliphora (Blaue Fleischfliegen)*.

Callithricidae, *Krallenaffen*, Fam. der Neuweltaffen (↗ Platyrrhini) mit 20 Arten in vier Gatt., die in den südamerikanischen Regenwäldern verbreitet sind. Krallenaffen sind eichhörnchenähnliche Tiere mit seidenweichem, oft auffallend gefärbtem Fell, das bei einigen Arten durch Büschel, Krausen oder mantelartig verlängerte Schulter- bzw. Rückenhaare verziert ist. Die Nägel sind an allen Zehen außer der Großzehe als Krallen ausgebildet, der Daumen ist opponierbar. C. ernähren sich von Baumsäften, Früchten, Nektar, Arthropoden, Vogeleiern, Nestlingen und Baumfröschen. Sie leben in kleinen Gruppen vorwiegend in der unteren und mittleren Baumschicht.

Callitrichaceae, *Wassersterngewächse*, Fam. der ↗ Scrophulariales mit ca. 17 Arten. Dazu gehören ausschließlich Wasserpflanzen bzw. an feuchte Standorte angepasste Pflanzen, die bevorzugt stehende und langsam fließende Gewässer besiedeln. Es sind Kräuter mit ungeteilten, gegenständigen Blättern ohne Blütenhülle. Die häufigste mitteleuropäische Art ist der *Sumpfwasserstern*, *Callitriche palustris*.

Calluna, Gatt. der ↗ Ericaceae.

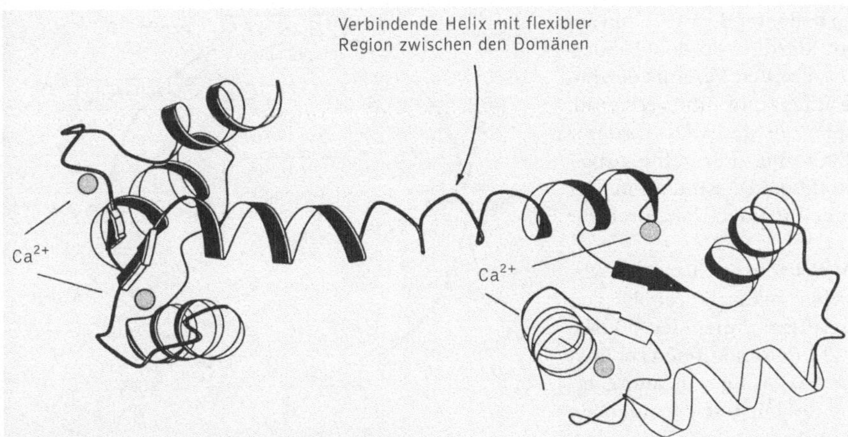

Calmodulin   Strukturformel des Calmodulins

Calmodulin, in tierischen und pflanzlichen Zellen vorkommendes, Ca^{2+}-bindendes Protein, auf dessen Wirkung die Ca^{2+}-abhängige Regulation einer Reihe von Enzymen (insbesondere Proteinkinasen) sowie von Ionenpumpen und Cytoskelett-Komponenten beruht. C. besteht aus 148 Aminosäuren und besitzt vier hochaffine Bindungsstellen für Ca^{2+}, sodass die Bindung von Ca^{2+} an C. hochspezifisch ist.

Calobryales, Ord. der ↗ Jungermaniopsida. Es sind Moose mit aufrechten Stämmchen mit drei Reihen gleichartig gebauter Blättchen.

Calopteryx, die Blauflügel-Prachtlibelle (↗ Zygoptera).

Calorimetrie, *Kalorimetrie*, allg. in der *Chemie* eine Methode, die der Ermittlung sowohl der Wärmekapazität von Stoffen, als auch der bei chemischen oder physikalischen Prozessen frei wer-

denden Wärme dient. In der *Biologie* wird dieses Verfahren ebenfalls angewandt, um die Energieumsetzung eines Lebewesens zu messen, denn der größte Teil der in einem Organismus umgesetzten Energie wird früher oder später als Wärme frei. Bei der klassischen *direkten C.* wird das Versuchstier in ein wärmeisoliertes Behältnis gesetzt und seine Wärmeproduktion gemessen. Das modernere Verfahren, die so genannte *indirekte C.*, erlaubt darüber hinaus die Ermittlung des Sauerstoffverbrauchs und der Kohlenstoffdioxid-Abgabe des Versuchstiers (*Respirationscalorimetrie*).

Calvin, *Melvin*, amerikan. Chemiker, ✳ 8.4.1911 Saint Paul (Minnesota); während des Zweiten Weltkrieges Mitarbeiter am amerikan. Atombombenprojekt, ab 1946 Leiter der Gruppe für bioorganische Chemie des Lawrence Radiation Laboratory, seit 1947 Prof. an der University of California in

Enzyme/Wirkort	Wirkung
Ca^{2+}-Kanäle in ER/SR von Muskelzellen und in Mitochondrien	cytosolisches Ca^{2+} steigt
Ca^{2+}-Pumpe (ATPase)	cytosolisches Ca^{2+} sinkt
cAMP-Phosphodiesterase	cAMP-Spiegel sinkt
Adenylat-Cyclase	cAMP-Spiegel steigt
Phosphorylase-Kinase	Glykogenabbau steigt

CaM-Kinase II; phosphoryliert:
  Glykogen-Synthase
  Phospholipase A_2
  Acetyl-Coenzym-A-Carboxylase
  Synapsin, Glutamatrezeptoren
	
	Glykogenaufbau sinkt
	Prostaglandinsynthese steigt
	Fettsäuresynthese sinkt
	Neurotransmitter-Ausschüttung

Proteinkinase C	Phosphorylierung von Substratproteinen an Serin- und Threoninresten
Inositol-P_3-Kinase	Inositol-P_4 und cytosolisches Ca^{2+} steigen
Myosin-Light-Chain-Kinase	Kontraktion glatter Muskulatur
Tubulin	Mikrotubuli-Assembly gehemmt

Calmodulin   Auswahl einiger von Calmodulin regulierter Enzyme bzw. von Calmodulin beeinflusster Zellprozesse

Berkeley. Neben anderen bedeutenden Arbeiten auf verschiedenen Gebieten, klärte C. in den 1950er-Jahren einen Teil des chemischen Verlaufs der Fotosynthese (↗ Calvin-Zyklus) auf und erkannte ↗ Ribulose-1,5-bisphosphat als den CO_2-Akzeptor der Kohlenstoffdioxid-Fixierung. Für seine Arbeiten über die Kohlenstoffdioxid-Assimilation der Grünen Pflanzen erhielt er 1961 den Nobelpreis für Chemie.

Calvin-Zyklus, *Calvin-Benson-Zyklus, reduktiver Pentosephosphatzyklus*, zyklische Abfolge von enzymatisch katalysierten Reaktionen der ↗ Fotosynthese, die das in den ↗ Lichtreaktionen gebildete ATP und NADPH zur Fixierung von anorganischem CO_2 in organische Kohlenstoffverbindungen durchführen. Der C. ist im Stroma der Chloroplasten lokalisiert und läuft bei allen fotosynthetisch aktiven Eukaryoten in gleicher Weise ab. Er wurde zuerst bei den so genannten ↗ C_3-Pflanzen beschrieben, ist aber auch bei den ↗ C_4-Pflanzen und ↗ CAM-Pflanzen für die CO_2-Fixierung verantwortlich, wobei in beiden Fällen das CO_2 zunächst in Form anderer Kohlenstoffverbindungen gespeichert und in einem Folgeschritt dem C. zugänglich gemacht wird.

Der C. gliedert sich in drei als *Carboxylierung*, *Reduktion* und *Regeneration* bezeichnete Abschnitte. Dabei wird durch das Enzym *Ribulose-1,5-bisphosphat-Carboxylase/Oxygenase („Rubisco")* zunächst ein CO_2-Molekül kovalent an den

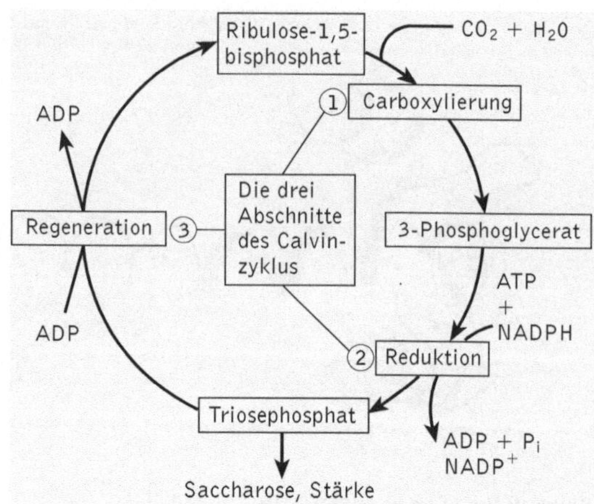

Calvin-Zyklus Die drei Abschnitte des Calvin-Zyklus

CO_2-Akzeptor *Ribulose-1,5-bisphosphat* gebunden, wobei ein Enzym gebundenes Intermediat entsteht, das nach Hydrolyse zwei Moleküle 3-Phosphoglycerat bildet. Das 3-Phosphoglycerat wird anschließend unter Verbrauch von ATP und NADPH zu Glycerinaldehyd-3-phosphat reduziert, das wiederum durch eine Reihe von Enzymen der Biosynthese von Kohlenhydraten (Stärke, Saccharose) sowie der Regeneration von neuem Ribulose-1,5-bisphosphat dient. Der letzte Abschnitt des C., bei dem aus fünf Molekülen Triosephosphat drei Moleküle Pentosephosphat entstehen, ermöglicht erst

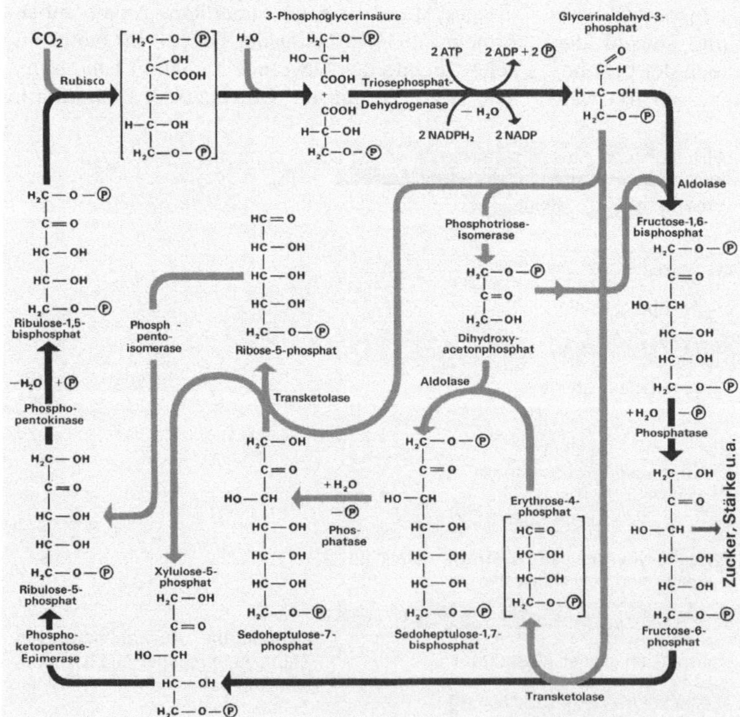

Calvin-Zyklus Die Reaktionsschritte des Calvin-Zyklus

eine kontinuierliche CO_2-Fixierung. Im Gleichgewichtszustand dienen fünf Sechstel der Triosephosphate der Regeneration und ein Fünftel wird in das Cytosol exportiert, wo es zu Saccharose und anderen Metaboliten umgewandelt wird. Die Nettobilanz des C. lautet deshalb, dass für die Synthese eines Hexosemoleküls 6 Moleküle CO_2 unter Verbrauch von 18 ATP und 12 NADPH fixiert werden müssen.

Zur Erforschung des nach M. ↗ Calvin benannten Stoffwechselweges bedienten sich Calvin und seine Mitarbeiter einer Reihe von Experimenten, bei denen sie die einzelligen Grünalgen *Chlorella* und *Scenedesmus* kurzfristig radioaktivem $^{14}CO_2$ aussetzten und anschließend den Verbleib der Radioaktivität im Zellhomogenat mittels zweidimensionaler Papierchromatographie nachwiesen (↗ Chromatographie). Um sämtliche Stoffwechselaktivitäten nach unterschiedlich langen Inkubationszeiten abzustoppen, ließ man die Algenzellen in kochendes Ethanol tropfen, sodass Enzyme sofort inaktiviert wurden. Auf diese Weise konnte 3-Phosphoglycerat als erstes Produkt des C. ermittelt und die weiteren Reaktionsschritte aufgeklärt werden. Für diese Arbeiten wurde Calvin 1961 mit dem Nobelpreis geehrt.

Kontrollmechanismen. Der C. wird durch eine Reihe von Kontrollmechanismen gesteuert, bei denen Licht eine wesentliche Bedeutung zukommt. Die Annahme, dass die Reaktionen im Stroma lichtunabhängig sind, hat auch zu der aus heutiger Sicht falschen und daher zu vermeidenden Bez. *Dunkelreaktionen* geführt, die den C. gegenüber den Lichtreaktionen abgrenzen sollte. Licht reguliert jedoch gleich mehrere Enzyme des C. auf unterschiedliche Weise. Bei Enzymen, die wie die *Fructose-1,6-bisphosphat-Phosphatase* oder *Ribulose-5-phosphat-Kinase* Disulfidbrücken besitzen, erfolgt die Lichtregulation durch das ↗ Thioredoxin, sodass diese Enzyme nach deren Reduktion aktiviert bzw. nach deren Oxidation wieder inaktiviert werden. Im Falle der Rubisco erfolgt neben der Kontrolle der Enzymaktivität durch die ↗ Rubisco-Activase eine lichtabhängige Aktivierung indirekt über Veränderungen der Mg^{2+}-Konzentration und des pH-Wertes im Stroma, die durch einsetzende Beleuchtung entstehen. Eine Reihe weiterer Enzyme des C. werden ebenfalls durch die bei Beleuchtung einsetzende Erhöhung der Mg^{2+}-Konzentration im Stroma der Chloroplasten aktiviert. (↗ Fotorespiration)

Calycophorida, Gruppe der Staatsquallen (↗ Siphonophora).

Calyptra, *Kalyptra*, 1) die *Wurzelhaube* bei den Farnpflanzen und Samenpflanzen. Sie bedeckt und schützt den ↗ Vegetationspunkt der ↗ Wurzel. Die äußeren Zellen der C. verschleimen und erleichtern dadurch das Eindringen der Wurzel in den Boden. Die inneren Zellen enthalten in der Regel Stärke-

körner, die der Wahrnehmung der Schwerkraft dienen und ein positiv geotropes (↗ Geotropismus) Wachstum ermöglichen.

2) haubenartiger Rest des ↗ Archegoniums über den ↗ Sporenkapseln bei den Laubmoosen (↗ Bryopsida).

Calystegia, Gatt. der ↗ Convolvulaceae.

Calyx, der Blütenkelch (↗ Kelch).

Camallanida, Gruppe der zu den Fadenwürmern (↗ Nematoda) gehörenden ↗ Secernentea, deren Arten in Wirbeltieren parasitieren (↗ Medinawurm).

Camarostom, spezielle Ausbildung des Mundvorraums bei Geißelskorpionen (↗ Uropygi) und Milben (↗ Acari); die Coxen der Pedipalpen sind median verwachsen und bilden von unten den Abschluss des Mundvorraums.

Camellia, Gatt. der ↗ Theaceae.

Camelus, die Gatt. ↗ Kamele.

cAMP, ↗ Adenosinphosphate.

Campanulaceae, *Glockenblumengewächse*, Fam. der ↗ Campanulales mit ca. 1100 Arten, die über die ganze Erde verbreitet sind. Es sind meist ↗ Milchsaft führende, krautige bis halbstrauchige Pflanzen mit spiralig gestellten Blättern und strahligen, glockenförmigen Blüten. Die ↗ Frucht ist eine mehrfächerige Kapsel. Umfangreichste Gatt. ist mit ca. 300 Arten die ↗ Glockenblume (*Campanula*). Zu den C. gehört auch die Teufelskralle (*Phyteuma*).

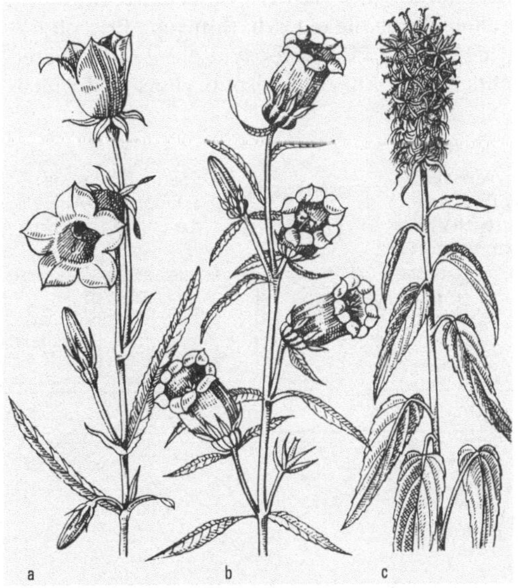

Campanulaceae   a Pfirsichblättrige Glockenblume (*Campanula persicifolia*), b Marienglockenblume (*Campanula medium*), c Ährige Teufelskralle (*Phyteuma spicatum*)

Campanulales, Ord. der ↗ Rosopsida, der meist krautige Pflanzen mit mehrblättrigen Fruchtknoten und Kapselfrüchten angehören. Die Ord. umfasst die ↗ Campanulaceae, ↗ Lobeliaceae und ↗ Menyanthaceae.

CAM-Pflanzen, Pflanzen, die starken Wasserverlust vermeiden, indem sie tagsüber ihre ↗ Stomata geschlossen halten und nur nachts öffnen, damit CO_2 ins Blattinnere gelangen kann und somit für die CO_2-Fixierung zur Verfügung steht. Als Anpassung weist ihr Stoffwechsel einige Besonderheiten auf, wobei CAM für *Crassulaceen-Säurestoffwechsel* (engl. *crassulacean acid metabolism*) steht. Dabei wird CO_2 im *CAM-Weg* nachts durch das Enzym Phosphoenolpyruvat-Carboxylase (PEP-Carboxylase) in Form von HCO_3^- im Cytosol unter Bildung von Oxalacetat fixiert, das wiederum zu Malat reduziert wird. Malat gelangt in die Vakuole und wird dort in Form von freier Äpfelsäure gespeichert (*diurnaler Säurerhythmus*). CAM-Pflanzen zeichnen sich deshalb häufig durch große Vakuolen in ihren Blattzellen aus.

Tagsüber läuft der umgekehrte Prozess ab; das nach einer Decarboxylierung durch das NADP-abhängige Malatenzym oder durch die PEP-Carboxykinase freiwerdende CO_2 kann in die Chloroplasten diffundieren und dort im ↗ Calvin-Zyklus fixiert werden. Die geschlossenen Stomata sorgen dafür, dass das CO_2 nicht aus den Blättern entweicht. Im Unterschied zu den C_4-Pflanzen findet bei CAM-Pflanzen nicht eine räumliche, sondern vor allem eine zeitliche Trennung von primärer CO_2-Fixierung und Calvin-Zyklus statt. Dies wird vor allem durch die tagesrhythmische Phosphorylierung der PEP-Carboxylase gewährleistet. Nachts ist das Enzym phosphoryliert und gegen-

über cytosolischem Malat unempfindlich. Tagsüber ist es dephosphoryliert, wodurch seine Aktivität durch geringste Malatkonzentrationen inhibiert wird. Wie auch bei den C_4-Pflanzen verhindert die hohe CO_2-Konzentration im Blattgewebe die Oxygenase-Aktivität der Ribulose-1,5-bisphosphat Carboxylase/Oxygenase und somit die ↗ Fotorespiration.

Zu den CAM-Pflanzen gehören nicht nur die sukkulenten Dickblattgewächse (↗ Crassulaceae), nach denen dieser Typ der CO_2-Fixierung benannt ist, sondern auch viele Arten aus den Familien ↗ Cactaceae, ↗ Agavaceae und ↗ Euphorbiaceae. Die ↗ Ananas ist ebenfalls eine CAM-Pflanze. Eine Reihe von Pflanzen sind zudem in der Lage, den CAM-Stoffwechsel fakultativ zu betreiben. So wechselt die *Eispflanze, Mesembryanthemum crystallinum* (↗ Aizoaceae), bei Wassermangel vom C_3-Weg (↗ C_3-Pflanzen) zum CAM-Weg.

Campher, *Kampfer*, im Pflanzenreich weit verbreitetes Monoterpen mit bizyklischer Struktur, das als Natur-C. aus dem ↗ Campherbaum (*Cinnamomum camphora*) und technisch aus dem Pinen des Terpentinöls gewonnen wird. C. findet u. a. Anwendung als Weichmacher bei der Celluloidherstellung, als Desinfektionsmittel, zur Mottenbekämpfung, als Konservierungsmittel sowie als Salbengrundlage und als Mittel zur Anregung von Kreislauf und Atmung.

Campherbaum, *Kampferbaum, Cinnamomum camphora*, in Ostasien beheimatete, bis zu 40 m hohe Holzpflanze der ↗ Lauraceae. Aus seinem Holz, den Wurzeln und Blättern wird ↗ Campher gewonnen.

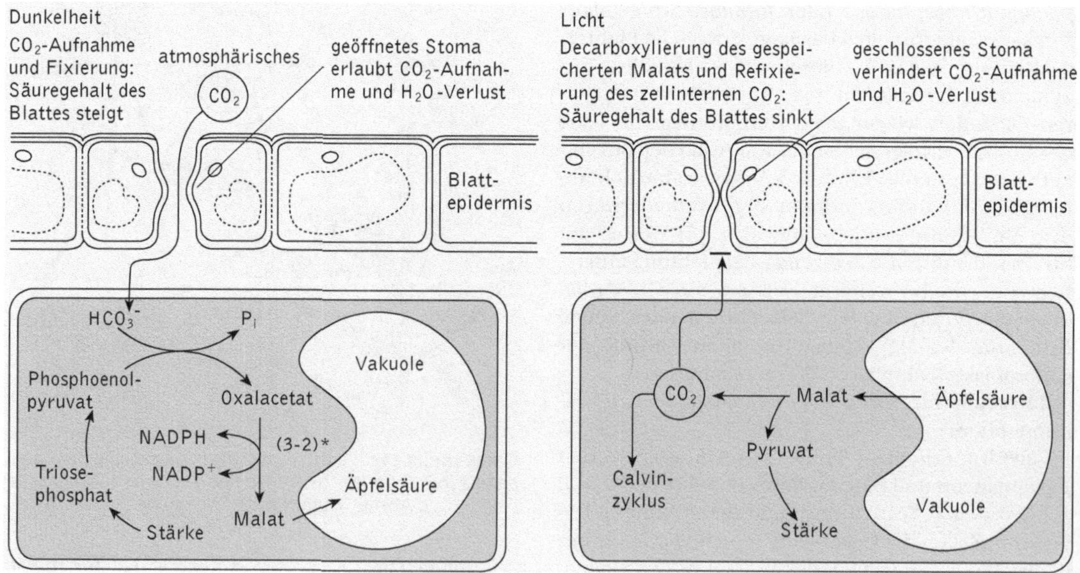

CAM-Pflanzen Ablauf der CO_2-Fixierung bei CAM-Pflanzen

cAMP-PKA-System, wichtiges System zur ↗ Signaltransduktion.

CaMV, Abk. für „*cauliflower mosaic virus*" (↗ Blumenkohlmosaikvirus).

Canavanin, eine nichtproteinogene L-α-Aminosäure, die dem ↗ Arginin ähnlich ist und daher viele Reaktionen des Argininstoffwechsels über kompetitive Hemmung inhibiert. C. kommt in verschiedenen Schmetterlingsblütlern (z. B. der Schwertbohne, *Canavalia ensiformis*; daher der Name) vor und fungiert dort als lösliche Stickstoffreserve. Außerdem hat es aufgrund seines Eingriffs in den Argininstoffwechsel eine insektizide Wirkung: Insekten, die Canavanin-haltige Pflanzen fressen, sterben, da C. statt Arginin in Proteine eingebaut wird und deren Konformation und Funktion beeinträchtigt.

Cancer, Gatt. der ↗ Decapoda, zu der der bis 30 cm *breite Taschenkrebs (Cancer pagurus)* gehört, der von den Lofoten bis nach Marokko entlang der Ostatlantikküste und in der Nordsee bevorzugt an felsigen Küsten vorkommt. Er frisst Muscheln, Fische, Stachelhäuter und Krebse. Die Begattung findet zwölf bis 14 Monate vor der Eiablage statt; ein Weibchen legt bis zu drei Mio. Eier. Der Taschenkrebs hat als Speisekrebs wirtschaftliche Bedeutung.

Cancerogene, die ↗ Carcinogene.

Candida, Synonym *Torulopsis*, Formgatt. der imperfekten Hefen (↗ Deuteromycetes; Formfamilie *Cryptococcaceae*), die aufgrund molekulargenetischer Untersuchungen neuerdings in die Fam. *Candidaceae* (Ord. Saccharomycetales) eingeordnet werden, auch wenn noch keine sexuelle Entwicklung gefunden wurde. Von C. sind fast 200 Arten bekannt. Sie vermehren sich durch *Sprossung* und durch die Bildung von *Blastokonidien* (↗ Konidien, die durch Zellsprossung aus der Mutterzelle entstehen). Viele Arten entwickeln ↗ Chlamydosporen. Typisch sind runde, ovale oder längliche Zellen, die abhängig von der Art und den Wachstumsbedingungen ein Pseudomycel oder ein echtes ↗ Mycel ausbilden können.

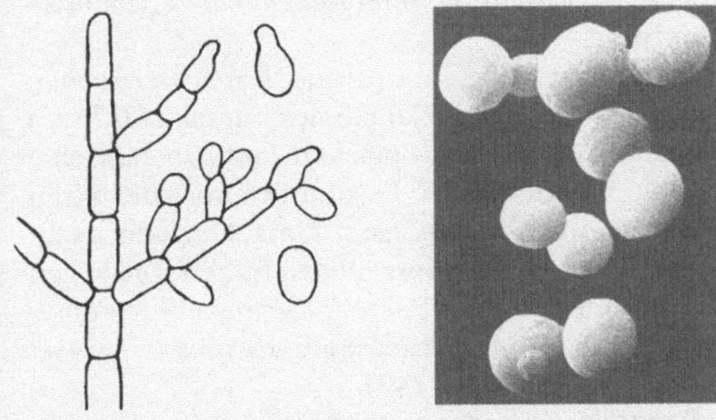

Candida   Mycelbildung und Sprossung bei *Candida*; rechts daneben eine rasterelektronenmiskrokopische Aufnahme von *Candida albicans*

C. verwertet ↗ Glucose u. a. Zucker als Substrat, einige Arten besitzen jedoch keinen Gärungsstoffwechsel. C-Arten leben weltweit als ↗ Saprophyten auf Haut und Schleimhäuten und können auch aus Geweben und Ausscheidungen von Warmblütern isoliert werden. C. albicans kann bei immungeschwächten Menschen und Tieren die *Candidiasis (Candidose, Soor)* verursachen. Von praktischer Bedeutung sind *Candida utilis* als Futterhefe und *Candida lipolytica*, die zur Herstellung von ↗ Einzellerprotein aus Kohlenwasserstoffen (Erdölkomponenten) eingesetzt werden kann. Ebenfalls mit Hilfe von C.-Arten werden u. a. ↗ Citronensäure, Vitamin B$_2$ (↗ Riboflavin), Fett und Fettsäuren gewonnen.

Candolle, *Alphonse Pyrame* de, schweizer. Botaniker, ∗ 27.10.1806 Paris, † 4.4.1893 Genf; ab 1831 Prof. an der Akademie der Wissenschaften in Genf, ab 1835 als Nachfolger seines Vaters Direktor des Botanischen Gartens, seit 1850 als Privatgelehrter tätig. De Candolle ist Mitbegründer der wissenschaftlichen Pflanzengeografie. Darüber hinaus arbeitete er an der Vereinheitlichung der botanischen Nomenklatur. Seine „Gesetze der botanischen Nomenklatur" (*De-Candoll'sche Regeln*; Pariser Kodex) werden seit dem Internationalen Botanikerkongress 1867 in Paris als verbindlich angesehen und haben bis heute – mit einigen Ergänzungen – Gültigkeit.

Canidae, *Hundeartige*, Familie der Raubtiere (↗ Carnivora) mit mindestens 30 Arten und vielen Unterarten in 14 Gattungen sowie drei zu Haustieren gewordenen Formen (Haushunde, Australischer und Neuguinea-↗ Dingo), deren Stammform der Wolf ist.

Alle Hundeartigen sind im Körperbau ziemlich einheitlich, mit langem spitzem Kopf, vollständig behaart und mit behaartem Schwanz, dreieckigen, gut beweglichen Ohren, kleinen Schneidezähnen und großen Eckzähnen. Die Männchen besitzen einen Penisknochen, die Weibchen haben drei bis sieben Zitzenpaare und eine zweihörnige Gebärmutter. Hunde haben einen außerordentlich guten Geruchssinn, ebenso sind Gehör- und Gesichtssinn gut entwickelt. Richtiges Bellen kommt nur bei Haushunden vor, jedoch findet sich bei allen Arten der C. Heulen und Chorheulen. Im Jahr finden zwei Paarungszeiten (*Läufigkeiten*) statt. Die Paarung endet mit dem so genannten Hängen, das bis zu 45 Minuten dauert. C. bringen zwei bis 14 Junge zur Welt, die meist mit ein bis zwei Jahren geschlechtsreif werden.

Die Nahrung besteht je nach Art aus Säugetieren, Vögeln, Reptilien, Amphibien, Insekten, Eiern, Aas, aber auch Früchten u. a. pflanzlicher Kost. Alle C. sind sehr anpassungsfähig. Viele Arten leben sozial in Paaren, lockeren Gruppen oder in Rudeln, bei gesellig lebenden Arten findet sich eine ↗ Rangordnung. Die wichtigsten Gatt. sind *Echte Hunde (Canis)* u. a. mit ↗ Wolf, ↗ Kojote, Goldschakal, Streifenschakal und Schabrackenschakal (↗ Schakale) sowie Echte ↗ Füchse (*Vulpes*).

Canis, *Echte Hunde*, Gatt. der Fam. ↗ Canidae (↗ Wolf, ↗ Kojote, ↗ Schakale).

Cannabaceae, *Hanfgewächse*, Fam. der ↗ Urticales mit nur zwei Gatt. und vier Arten, die in Europa bzw. Asien beheimatet sind. Die ausschließlich krautigen Pflanzen haben gelappte und handförmig geteilte Blätter und eingeschlechtige, zweihäusige, durch den Wind bestäubte (↗ Anemogamie) Blüten. Die männlichen Blüten sind zu einem rispigen ↗ Blütenstand vereint, die weiblichen wachsen als kätzchenförmige Ähren oder gebüschelt. Zu den C. gehören der ↗ Hanf, *Cannabis sativa*, und der ↗ Hopfen, *Humulus lupulus*.

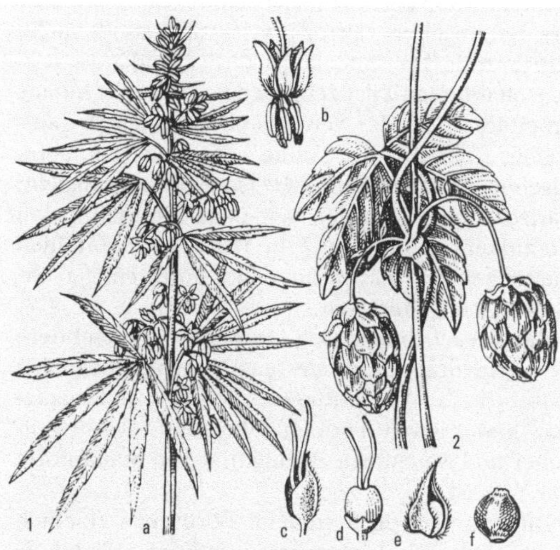

Cannabaceae 1 Hanf (*Cannabis sativa*), a Zweig mit männlichen Blüten, b männliche Blüte, c weibliche Blüte, d Fruchtknoten, e geöffnete Frucht, f Same. 2 Hopfen (*Humulus lupulus*); Sprossabschnitt einer weiblichen Pflanze

Cannabis, Gatt. der ↗ Cannabaceae.

Cannaceae, Fam. der ↗ Zingiberales mit ca. 25 Arten. Es sind tropische und subtropische Rhizomstauden (↗ Rhizom) mit vielsamigen Kapseln. Zu dieser Fam. gehören die als Zierpflanzen kultivierten Arten der neotropischen Gatt. *Blumenrohr, Canna*, sowie die Stärkepflanze *Canna edulis*, die auch als ↗ Arrowroot bezeichnet wird.

Cannon, *Walter Bradford*, amerikan. Physiologe, * 29.10.1871 Prairie du Chien (Wisconsin), † 1.10.1945 Franklin (New Hampshire); 1906-42 Prof. an der Harvard University in Cambridge (Massachusetts). Formulierte aufgrund von Forschungen über traumatische Schock- und Notfallreaktionen im Ersten Weltkrieg die Theorie der *Cannon-*

Reaktion, einer durch den ↗ Sympathikus gesteuerten Notfall-Sofortreaktion des Organismus bei extremen äußeren Reizen. Auf C.'s Arbeiten baut das Stresskonzept von H. ↗ Selye auf. Außerdem prägte er den Begriff der ↗ Homöostase und befasste sich mit psychosomatischen Phänomenen unter besonderer Berücksichtigung der physiologischen und endokrinologischen Funktionen.

Cantharellus, die Gatt. ↗ Pfifferling.

CAP-cAMP-Komplex, bei *Escherischia coli* ein wichtiger Komplex aus dem cAMP bindenden Protein CAP und cAMP (↗ Adenosinphosphate), dem bei der Transkription einer Reihe von Operons wie z. B. dem ↗ Arabinose-Operon und ↗ Lactose-Operon eine wichtige Bedeutung zukommt.

Capensis, *Kapensis, kapländisches Florenreich*, kleinste ↗ biogeografische Region an der Südspitze Afrikas (Abb. ↗ biogeografische Regionen). Diese rein pflanzengeografische Region verfügt über einen besonders großen Artenreichtum mit einem sehr hohen Anteil an endemischen Arten (↗ endemisch). Beispiele dafür sind die ↗ Proteaceae mit etwa 270 endemischen Arten, die ↗ Fabaceae (20 endemische Gattungen), die ↗ Rutaceae (12 Gattungen mit 200 endemischen Arten), die ↗ Asteraceae (ca. 200 endemische Arten), die ↗ Restionaceae (3 endemische Gattungen). Die Familie der ↗ Ericaceae ist mit ca. 600 *Erica*-Arten vertreten.

Capillitium, steriles, aus Plasmaresten gebildetes, fädiges Netzwerk im Fruchtkörper vieler Schleimpilze (↗ Myxomycetes). Das C. fördert das Freisetzen der reifen Sporen. *C.-Fasern* entwickeln sich auch in reifen Fruchtkörpern einiger Bauchpilze (↗ Lycoperdanae).

Capparaceae, die Fam. ↗ Capparidaceae.

Capparales, Ord. der ↗ Rosopsida mit den Fam. ↗ Brassicaceae und ↗ Capparidaceae. Es sind holzige bis krautige Pflanzen mit fünf- bis vierzähligen Blüten. Bei Verletzungen entstehen als Produkt einer Spaltungsreaktion Senföl-Glykoside. Diese Spaltung kommt durch das in schlauchförmigen ↗ Idioblasten enthaltene Enzym Myrosinase zustande (so genanntes *Senföl-Glykosid-Myrosinase-Syndrom*).

Capparidaceae, *Capparaceae, Kapernstrauchgewächse*, Fam. der ↗ Capparales mit ca. 680 Arten, die überwiegend in tropischen und subtropischen Gebieten vorkommen. Es sind Kräuter oder Sträucher mit wechselständigen, einfachen oder gefingerten Blättern und vierzähligen Blüten. Die Früchte sind Kapseln oder Beeren. Der bekannteste Vertreter ist der ↗ Kapernstrauch, *Capparis spinosa* (siehe Abb. auf Seite 243).

Capparis, Gatt. der Fam. ↗ Capparidaceae.

Capra, Gatt. der Hornträger (↗ Bovidae), zu der die ↗ Steinböcke, die ↗ Wildziegen sowie die in

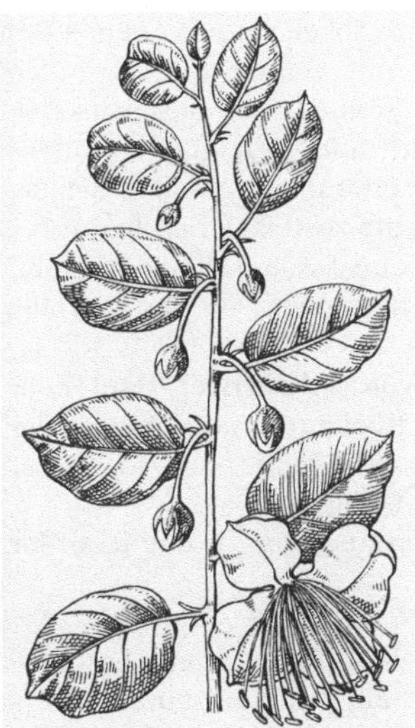

Capparidaceae Kapernstrauch (*Capparis spinosa*); Zweig mit Blüte und Blütenknospen

Südasien in steilen Felshängen lebende *Schraubenziege (Markhor; Capra falconeri)* gehören. Charakteristisch sind die großen, spiralig gewundenen Hörner, denen die Schraubenziege ihren Namen verdankt. Ihre Bestände sind bedroht.

Capreolus, die Gatt. ↗ Rehe.

Caprifikation, das Aufhängen von Zweigen der Bocksfeige oder Geißfeige (*Caprificus*) in Kulturen von Essfeigen (↗ Feigenbaum). Dieses Verfahren dient der ↗ Bestäubung der Essfeigen, die zur Entwicklung von Früchten auf Pollenübertragung von den Bocksfeigen angewiesen sind. Der Pollen wird von Feigenwespen übertragen. Heute gibt es auch Sorten, die ohne Befruchtung Früchte bilden (↗ Parthenokarpie).

Caprifoliaceae, *Geißblattgewächse*, Fam. der ↗ Dipsacales mit der Gatt. *Lonicera* (Geißblatt oder Heckenkirsche). Nach alter Systematik umfasste die Fam. u. a. auch die Gatt. ↗ Holunder (*Sambucus*), Schneeball (*Viburnum*) und Weigelie (*Weigelia*).

Caprimulgidae, *Nachtschwalben*, Fam. der Schwalmvögel (↗ Caprimulgiformes) mit etwa 75 weltweit in gemäßigten und warmen Gebieten verbreiteten Arten. C. sind schlanke und spitzflügelige Vögel, die im Flug Insekten jagen. Der kleine Schnabel kann aufgrund der sehr breiten Mundspalte sehr weit geöffnet werden. Ihr Gefieder ist bräunlichgrau mit rindenartiger Zeichnung. Viele Arten können in Kältestarre verfallen, eine Art hält als einziger Vogel Winterschlaf, die im westlichen Nordamerika lebende Nuttall-Nachtschwalbe (*Phalaenoptilus nuttalli*). Einzige Art in Mitteleuropa ist der ↗ Ziegenmelker.

Caprimulgiformes, *Schwalmvögel*, nahezu weltweit verbreitete Ordnung der Vögel mit 103 Arten. Alle Arten sind Nachtvögel mit großen Augen. Sie haben kurze Beine und eine breite Mundspalte, die von Borstenfedern umgeben ist. Das Gefieder ist tarnfarben. Zu den C. gehören zwei Unterordnungen, zum einen die *Fettschwalme (Steatornithes)* mit der einzigen Art *Fettschwalm (Steatornis caripensis)*, einer in Südamerika verbreiteten Art, die in Höhlen lebt und sich mit Echolotpeilung orientiert. Zum anderen die *Schwalme (Caprimulgi)* mit vier Fam., von denen nur die Nachtschwalben (↗ Caprimulgidae) in Mitteleuropa verbreitet sind.

Caprini, *Böcke*, Gattungsgruppe der Hornträger (↗ Bovidae), in der die Gatt. ↗ Capra u. a. mit ↗ Wildziegen und ↗ Steinböcken, die Gatt. ↗ Schafe (*Ovis*) sowie die Gatt. Mähnenspringer (*Ammotragus*), Tahre (*Hemitragus*) und Blauschafe (*Pseudois*) zusammengefasst sind.

Caprinsäure, ↗ Fettsäuren.

Capronsäure, ↗ Fettsäuren.

Caprylsäure, ↗ Fettsäuren.

Capsanthin, zu den ↗ Carotinoiden gehörender, roter Farbstoff des Paprikas (↗ Solanaceae), der unter der Nummer E 160c zur Färbung von Lebensmitteln und Kosmetika zugelassen ist.

Capsicum, Gatt. der ↗ Solanaceae.

Capsid, bei ↗ Viren die aus Proteinen aufgebaute Strukturkomponente der ↗ Virionen (Viruspartikel). Capsid und ↗ Genom bilden zusammen das *Nucleocapsid*. Die Protein-Untereinheiten des C. werden *Capsomere* genannt.

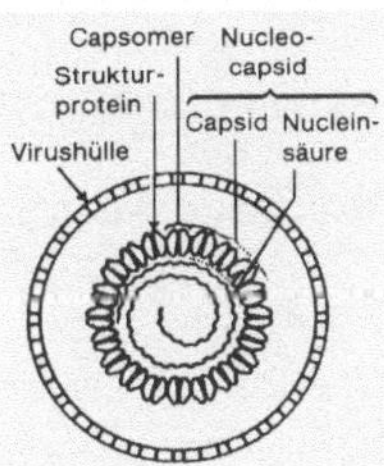

Capsid schematischer Schnitt durch ein Virusteilchen mit Anordnung von Capsid und Capsomeren

CAP-Stelle, bei bakteriellen Genen und ↗ Operons eine ↗ Basensequenz, über die das Katabolit-Aktivatorprotein (CAP) deren Transkription kontrolliert.

Cap-Struktur, bei eukaryotischer mRNA die am 5'-terminalen Ende vorhandene 7-Methylguanosin-Gruppe. Sie dient der Erkennung einer mRNA durch die Ribosomen und ermöglicht dadurch die korrekte ↗ Translation. Eine weitere Rolle spielt die C. - S. für die RNA-Stabilität, indem sie die Moleküle vor ↗ Exonucleasen schützt. Die C. - S. wird in einem *Capping* genannten Prozess durch das so genannte *Capping-Enzym* mit GTP als Substrat katalysiert. (↗ posttranskriptionale Modifikationen)

Caput, der *Kopf*, insbesondere derjenige der ↗ Insecta; aber auch Bez. für den kopfförmigen Teil eines Organs (z.B. *Caput pancreatis*, Kopf der Bauchspeicheldrüse) oder eines Muskels oder Knochens (*Caput humeri*, Oberschenkelkopf).

Carabidae, *Laufkäfer*, Fam. der Käfer (↗ Coleoptera), die mit rund 25000 Arten weltweit verbreitet ist. In Mitteleuropa leben etwa 700 Arten. C. sind 2 - 28 mm lang und meist unscheinbar gefärbt. Sie sind schnelle, nachtaktive Läufer und leben meist räuberisch (daher oft Nützlinge). Sie verdauen ihre Beute oft extraintestinal durch Abgabe von Verdauungssäften, die die Beute auflösen. Nur wenige Arten leben von Pflanzen, so u. a. der *Getreidelaufkäfer (Zabrus tenebrioides)*, der sich von Grassamen ernährt. Ebenfalls zu den C. gehört der einheimische *Bombardierkäfer (Brachynus explodens)*, der unter Steinen an Feldrändern lebt. Bei Gefahr scheidet er aus Drüsen am Hinterleib Hydrochinon und Wasserstoffperoxid aus, die in einer so genannten Explosionskammer unter Einwirkung einer Katalase explosionsartig zu Wasser, Sauerstoff und Chinon reagieren, das in einer bis zu 100 °C heißen Gaswolke ausgestoßen wird.

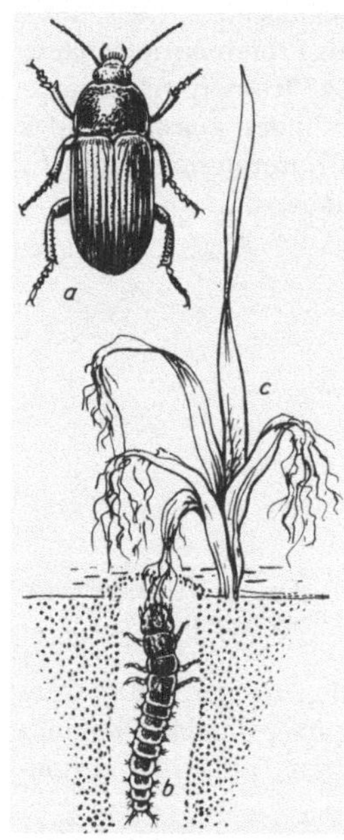

Carabidae Getreidelaufkäfer (*Zabrus tenebrioides*). a Käfer (vergrößert), b Larve in der Erdröhre, c Schadbild am Wintergetreide

Carapax, 1) bei den Krebsen (↗ Crustacea) eine Hautduplikatur, die durch Vergrößerung aus dem ursprünglichen Kopfschild entsteht oder vom Segment der 2. Maxillen ausgehend, an den Körperseiten und nach hinten auswächst und so eine Schale bildet, die einen Teil der Thoraxsegmente oder im Extremfall den ganzen Körper einhüllt. Der C. kann ganz unterschiedlich entwickelt sein: Bei den ↗ Decapoda überdeckt er mit seinen Seitenwänden (*Branchiostegite*) die Kiemen, bei den Muschelkrebsen (↗ Ostracoda) und den Rankenfüßern (↗ Cirripedia) bildet er eine stark verkalkte Schale, in die sich der Krebs ganz zurückziehen kann. Bei einigen Gruppen, z. B. den Asseln (↗ Isopoda) und den Flohkrebsen (↗ Amphipoda) ist der C. völlig reduziert.

2) der knöcherne, von lederartiger Haut oder Hornplatten bedeckte Rückenteil des Panzers der Schildkröten (↗ Chelonia).

Carapaxdrüse, das ↗ Y-Organ.

Carassius, Gatt. ↗ Karauschen, zu der u. a. der ↗ Goldfisch gehört.

Carausius morosus, *Stabheuschrecke*, eine Art der Gespenstheuschrecken (↗ Phasmatodea).

Carbamoylphosphat, Salz des gemischten Anhydrids aus Carbaminsäure und Phosphorsäure, das zentrale Bedeutung als Zwischenprodukt im Stoffwechsel stickstoffhaltiger Verbindungen hat (↗ Harnstoffzyklus, ↗ Pyrimidinbasen). Es wird u. a. in den Leber-Mitochondrien unter der Wirkung der *Carbamoylphosphat-Synthetase* aus Kohlenstoffdioxid (CO_2) und Ammoniak (NH_3) gebildet.

Carbamoylphosphat-Synthetase, ein Enzym, das in zwei Varianten vorliegt, der mitochondrialen C.-S., die freies Ammoniak mit Kohlenstoffdioxid zu ↗ Carbamoylphosphat verknüpft (↗ Harnstoffzyklus) und die cytosolische C.-S., die Carbamoylphosphat für die Synthese der ↗ Pyrimidinbasen liefert.

Carboanhydrase, *Carbonat-Dehydratase*, ein zinkhaltiges Enzym, das die Einstellung des Gleichgewichts $H_2O + CO_2 \rightleftarrows H_2CO_3$ katalysiert. C. ist vor allem für den Abtransport des Kohlenstoffdioxids (CO_2) während der Atmung und für die Säure-Base-Regulation des Organismus von Bedeutung. Hohe Konzentrationen an C. finden sich in den Erythrocyten, in den Belegzellen der Magenschleimhaut, der Niere und in der Augenlinse.

Carbolfuchsin-Färbung, Färbeverfahren zur Bestimmung säurefester Bakterien (↗ Ziehl-Neelsen-Färbung) oder zum Sichtbarmachen von Bakteriengeißeln in einer Beizfärbung.

Carbonatatmung, chemolithotropher (↗ Chemolithotrophie) Energiestoffwechsel obligat anaerober ↗ Bakterien, die Carbonat als Elektronenakzeptor bei der Oxidation von molekularem Wasserstoff nutzen. Bei den ↗ acetogenen Bakterien entsteht dabei Acetat, bei den Methanbakterien Methan.

Carbonat-Dehydratase, die ↗ Carboanhydrase.

Carbonsäuren, organische Verbindungen, die eine oder mehrere ↗ Carboxylgruppen −COOH im Molekül enthalten. Je nach Anzahl der −COOH-Gruppen unterscheidet man Monocarbonsäuren, Dicarbonsäuren, Tricarbonsäuren usw. C. sind in der

Natur weit verbreitet. Wichtige *Monocarbonsäuren* sind u. a. ↗ Essigsäure, ↗ Propionsäure, ↗ Buttersäure und die höheren ↗ Fettsäuren, wichtige *Dicarbonsäuren* sind z. B. Äpfelsäure und ↗ Oxalessigsäure, eine wichtige *Tricarbonsäure* ist die ↗ Citronensäure. Beim physiologischem pH-Wert von 7 - 8 liegen die C. ausschließlich in der anionischen Form (–COO⁻) vor.

Carbonylgruppe, die für ↗ Aldehyde und ↗ Ketone charakteristische funktionelle Gruppe R–COH bzw. R_1–COR_2, wobei R organische Reste sind.

Carboxy-Biotin, ↗ Biotin.

Carboxylasen, Bez. für zu den ↗ Lyasen gehörende ↗ Enzyme, die die Einführung von ↗ Kohlenstoffdioxid in Substrate katalysieren. Viele C. enthalten ↗ Biotin als ↗ prosthetische Gruppe.

Carboxylgruppe, die allen ↗ Carbonsäuren gemeinsame –COOH-Gruppe.

Carboxylierung, die Übertragung von Kohlenstoffdioxid (CO_2), häufig in aktivierter Form, auf andere Moleküle. (↗ Citratzyklus)

Carboxypeptidasen, ↗ Peptidasen.

Carcharhinus, *Braunhaie*, Gatt. der Haie (↗ Selachimorpha), die vorwiegend tropische Meere besiedelt. Zu den etwa 30 Arten gehören u. a. der 3,5 m lange, oft an der Wasseroberfläche schwimmende *Grauhai (C. obscurus)*, sowie der etwa gleichlange, olivbraune und an den Flossenspitzen weiß gefärbte *Weißspitzenhai (C. longimanus)*. In tropischen Riffen im Indopazifik lebt der bis 1,8 m lange *Schwarzspitzenriffhai (C. melanopterus)*. Zwei Arten sind reine Süßwasserformen: *C. nicaraguensis* im Nicaraguasee sowie der *Gangeshai (C. gangeticus)*.

Carcharodon carcharias, der ↗ Weißhai.

Carcinogene, *Karzinogene, Cancerogene*, mutagene Chemikalien oder Umwelteinflüsse, ·die zur Entstehung von ↗ Krebs führen. Ungefähr 90 % der menschlichen Krebserkrankungen sind auf exogene Faktoren zurückzuführen, sodass der Erkennung von C. eine große Bedeutung zukommt (↗ Mutagenitätsforschung). Zu den *chemischen Carcinogenen* zählen elektrophile organische Substanzen wie die ↗ Basenanaloga und ↗ Acridinfarbstoffe oder aber lipophile, an sich inerte Verbindungen wie z. B. das im Zigarettenrauch vorkommende *Benz(a)pyren* und die *Nitrosamine*, die erst im menschlichen Körper (insbesondere in der Leber) in gefährliche C. umgewandelt werden. Sie werden deshalb auch als *Procarcinogene* bezeichnet.

Weitere C. sind ultraviolette und ionisierende Stahlung. Zudem sind bei Säugern eine Reihe von Tumor induzierenden *Tumorviren* bekannt. Die Wirkungsweise von *Asbest* als C. und Verursacher von *Lungenkrebs* ist auf die gewebeschädigende Wirkung der 5 - 100 mm langen Asbestfasern zurückzuführen.

Carcinom, *Karzinom*, ein ↗ Tumor, der im Gegensatz zum ↗ Sarcom aus Zellen des Ekto- oder Entoderms entsteht.

Carcinus maenas, die ↗ Strandkrabbe.

Cardia, der Teil des ↗ Magens, in den die Speiseröhre (↗ Ösophagus) mündet.

Cardiolipin, *Diphosphatidylglycerin*, ein Phosphoglycerid, bei dem die beiden primären Hydroxygruppen des Glycerins mit Phosphatidsäure verestert sind. C. ist in den Bakterienmembranen und der inneren Mitochondrienmembran enthalten, was als Indiz für die ↗ Endosymbiontentheorie gewertet wird.

Cardionatrin, der ↗ atriale natriuretische Faktor.

Cardiotoxine, *Herzmuskelgifte*, Gruppe von Toxinen, vorwiegend aus Schlangengiften, aber z. B. auch bei Würfelquallen (↗ Cubozoa), deren Wirkung auf einer irreversiblen Depolarisation der Zellmembranen speziell von Herzmuskel- und Nervenzellen mit anschließender Störung von Erregungsbildung und Erregungsleitung beruht; dies kann letztlich zum Herzstillstand führen.

Carduus, Gatt. der ↗ Asteraceae.

Caretta, Gatt. der ↗ Cheloniidae.

Carex, Gatt. der ↗ Cyperaceae.

Caricaceae, *Melonenbaumgewächse*, Fam. der Caricales mit ca. 30 Arten, die in den Tropen verbreitet sind. Es sind kleine, ↗ Milchsaft führende Bäume mit lang gestielten, einfachen oder gefingerten Blättern. Der i. d. R. fünffächerige ↗ Fruchtknoten entwickelt sich zu einer großen, fleischigen Beere. Überall in den Tropen wird der ↗ Melonenbaum, *Carica papaya*, kultiviert.

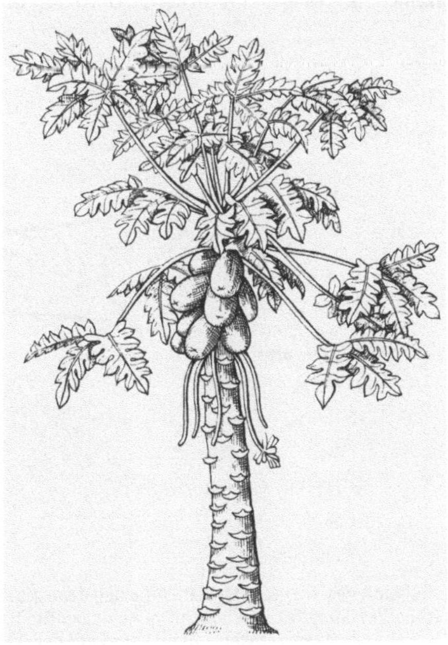

Caricaceae   Melonenbaum (*Carica papaya*)

Caricales, Ord. der ↗ Rosopsida mit der Fam. ↗ Caricaceae. Die in den Tropen verbreiteten Arten haben fünfzählige radiäre Blüten.

Carlsson, *Arvid*, schwed. Naturwissenschaftler, * 25.1.1923 Uppsala; 1959 bis 1989 Prof. für Pharmakologie an der Universität Göteborg. C. entdeckte, dass ↗ Dopamin vor allem in den ↗ Basalganglien in relativ hohen Konzentrationen auftritt, und dass diese bei der Parkinson-Krankheit stark erniedrigt ist. Dies führte zur Entwicklung einer auf L-Dopa basierenden Behandlung dieser Erkrankung. C. erhielt im Jahr 2000 zusammen mit P. ↗ Greengard und E. ↗ Kandel den Nobelpreis für Physiologie oder Medizin.

Carnitin, *β-Hydroxy-γ-trimethylaminobuttersäure*, eine chemische Verbindung, die Teil eines speziellen Transportsystems (*Carnitin-Shuttle*) für ↗ Fettsäuren ist. Die aktivierten Fettsäuren (Acyl-CoA) müssen auf Carnitin übertragen werden, wobei sich *Acylcarnitin* bildet. Dieses wird von einem Carnitin-Transporter im Tausch gegen freies C. in den Matrixraum eingeschleust, wo die Rückübertragung der Fettsäuren von C. auf CoA stattfindet. Dieser Transport leitet den Fettsäureabbau im Innern der Mitochondrien ein, weshalb C. eine Schlüsselstellung im Energiestoffwechsel einnimmt. Ein Mangel an C. kann durch Mangel an ↗ Lysin, dessen Vorstufe oder einen Defekt in einem der Enzyme des Biosynthesewegs von C. verursacht werden und führt zur Beeinträchtigung der Oxidation langkettiger Fettsäuren.

Carnivora, *Fleischfresser*,

1) *Botanik:* ↗ carnivore Pflanzen.

2) *Zoologie: Raubtiere*, Ordnung der Säugetiere (↗ Mammalia) mit insgesamt etwa 270 Arten in zehn bis 13 Familien. Die Arten der C. sind in Bezug auf Größe, Gestalt, Behaarung und Färbung außerordentlich vielgestaltig, werden aber dennoch als natürliche Gruppe angesehen. Sie sind seit dem Paleozän nachgewiesen. C. ernähren sich überwiegend von anderen Tieren, es gibt aber auch reine Pflanzenfresser, und viele Arten sind Allesfresser. Die rezenten C. werden in Landraubtiere (Fissipedia) und Wasserraubtiere oder Robben (Pinnipedia) unterschieden. Zu den *Fissipedia* gehören die Familien ↗ Mustelidae (Marder, Wiesel, Dachse, Otter u. a.), ↗ Procyonidae (Kleinbären), ↗ Ursidae (Großbären), ↗ Ailuridae (Katzenbären), ↗ Ailuropodidae (Bambusbären), ↗ Canidae (Hunde), ↗ Herpestidae (Mangusten, Ichneumons), ↗ Viverridae (Schleichkatzen), ↗ Hyaenidae (Hyänen) und ↗ Felidae (Katzenartige). Zu den *Pinnipedia* gehören die Familien ↗ Otariidae (Ohrenrobben), ↗ Odobenidae (Walrosse) und ↗ Phocidae (Seehunde oder Hundsrobben).

carnivore Pflanzen, *Carnivora, Fleisch fressende Pflanzen, Tier fangende Pflanzen*, Pflanzen, die spezielle Einrichtungen zum Fangen und Festhalten kleiner Tiere besitzen, die verdaut und als zusätzliche Nahrungsquelle genutzt werden. Zu den carnivoren Pflanzen gehören weltweit ca. 450 Arten. Da die Beutetiere meist Insekten sind, nennt man diese Gruppe der carnivoren Pflanzen auch *Insektivoren*.

Die aus den Drüsen der Fangeinrichtungen ausgeschiedenen Exoenzyme (Proteasen, Esterasen, Phosphatasen) bewirken einen Abbau der organischen Substanz der Beutetiere. Die ↗ Enzyme werden entweder nach Reizung durch das Beutetier

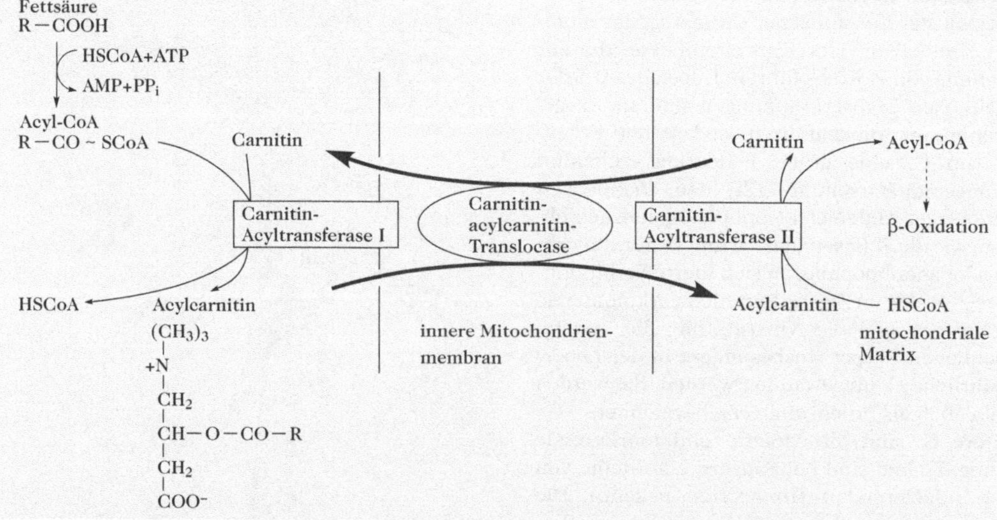

Carnitin Schema des Transportsystems für den Transport von langkettigen Fettsäuren durch die innere Mitochondrienmembran (*Carnitin-Shuttle*). Die Carnitin-Acylcarnitin-Translocase ist ein integrales Membranaustausch-Transportsystem. Die Carnitin-Acyltransferasen I und II sind auf der äußeren und inneren Oberfläche der inneren Mitochondrienmembran lokalisiert

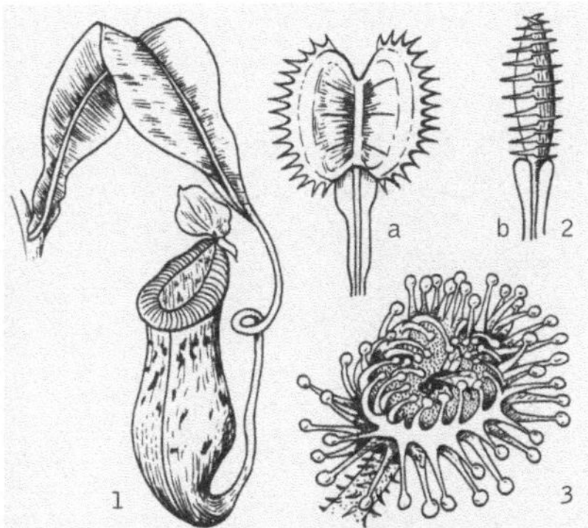

carnivore Pflanzen 1 Kannenfalle der Kannenpflanze (*Nepenthes*). 2 Klappfallenblätter der Venusfliegenfalle (*Dionaea muscipula*): a fangbereit, b nach dem Fang. 3 Klebfalle des Sonnentaus (*Drosera*) mit gefangenem Insekt

oder unabhängig davon abgeschieden. Die Verdauungsprodukte werden von der Pflanze – oft mit Hilfe besonderer Absorptionshaare – resorbiert und dem Stoffwechsel zugeführt. Lediglich Chitin wird nicht abgebaut und bleibt in Form der leeren Außenskelette zurück.

Die Standorte der C. sind stickstoff- und phosphorarm wie z. B. Hochmoore, anmoorige Wiesen und nährstoffarme Sandböden. Weitere Lebensräume sind Feuchtsavannen, Regenwälder und Binnengewässer.

Die Blätter der C. sind für den Fang von Tieren umgestaltet. Bei den heimischen Arten, z. B. den in Mooren vorkommenden *Sonnentau*-Arten, *Drosera* (↗ Droseraceae), und der Gatt. *Fettkraut, Pinguicula* (↗ Lentibulariaceae), sind die Blattspreiten mit ↗ Tentakeln besetzt, die an ihrem köpfchenartigen Ende ein Beutetiere anlockendes ↗ Sekret ausscheiden, an dem kleine Tiere festkleben (*Klebfalle*). Die Tentakel der Klebfallen können sich bei einer Reizung einkrümmen. Die Krümmungsbewegungen werden hauptsächlich durch chemische Reize ausgelöst (↗ Chemonastie), die vom Beutetier ausgehen. Bei der in nordamerikanischen Mooren vorkommenden *Venusfliegenfalle*, *Dionaea muscipula* (Droseraceae), können die beiden Hälften der Blattspreite sekundenschnell zusammenklappen (*Klappenfalle*), wenn ein kleines Tier die Fühlborsten auf der Blattoberseite berührt (*Seismonastie*). Da sich an den Blatträndern ein Kranz von Zähnen befindet, die beim Zuklappen ineinander greifen, kann das Tier nicht entkom-

men. Es wird durch Drüsen auf der Blattoberseite verdaut. Klappenfallen besitzt auch die einheimische Wasserfalle, *Aldrovanda vesiculosa* (Droseraceae), eine seltene, untergetaucht lebende Wasserpflanze.

Bei der aquatisch lebenden Gatt. *Wasserschlauch, Utricularia* (Lentibulariaceae), sind die Blattzipfel oft in kleine Blasen (*Fangblasen*) umgebildet, die eine sich nach innen öffnende Klappe besitzen. Stoßen kleine Wassertiere an Borstenhaare in der Umgebung der Klappe, öffnet sich die Klappe und die Tiere werden mit dem Wasserstrom nach innen gesogen.

Bei der *Kannenpflanze, Nepenthes* (↗ Nepenthaceae), ist die Spitze der Blattspreite in ein kannenförmiges Gebilde umgewandelt, in dessen innerem, unteren Teil Wasser ausgeschieden wird, das die Verdauungsenzyme enthält. Die Insekten werden durch Nektarien (↗ Nektarium) angelockt, die sich am oberen Rand der Kanne befinden. Der innere, obere Teil der Kanne ist mit Wachs überzogen, sodass die Tiere leicht ins Innere abrutschen können (*Gleitfallen*). Über der Kanne befindet sich ein Deckel, der eine zu starke Verdünnung des Verdauungssekretes durch Regenwasser verhindert.

Die carnivoren Pflanzen besitzen stets auch Chlorophyll, sind zur Fotosynthese befähigt und lassen sich bei ausreichendem Nährstoffangebot auch ohne tierische Nahrung kultivieren. Neben carnivoren Pflanzen gibt es auch *carnivore Pilze*, z. B. die Gatt. *Zoophagus*, deren Arten Klebhyphen besitzen.

Carotinoide, *Lipochrome*, gelbe, rote oder purpurfarbene, im Pflanzen- und Tierreich weit verbreitete lipophile Pigmente, die meist aus acht Prenyl-Einheiten aufgebaut sind und daher zur Klasse der *Tetraterpene* (C_{40}-Körper) zählen. Die meisten C. lassen sich formal von dem azyklischen *Lycopin* ($C_{40}H_{56}$) ableiten und entstehen durch Zyklisierung der Endgruppen, Hydrierung oder Dehydrierung oder auch Einführung von Sauerstoff. Die C., die keinen Sauerstoff enthalten, werden als *Carotine* bezeichnet, im Unterschied zu den sauerstoffhaltigen ↗ Xanthophyllen. Die Farbigkeit der C., die wegen ihrer Fettlöslichkeit auch Lipochrome genannt werden, beruht auf dem System mehrerer konjugierter Doppelbindungen, durch die je nach Anzahl und Lage der Doppelbindungen Licht der Wellenlängen bis über 500 nm absorbiert (↗ Absorption) wird, meist mit mehreren Absorptionsmaxima.

Carotinoide Die obere Formel zeigt *Lycopin* ($C_{40}H_{56}$), das die Grundstruktur der C. bildet, die untere zeigt *β-Carotin*, das im Tier- und Pflanzenreich häufigste Carotinoid

Carotinoide Die Biosynthese der Carotinoide

Die Biosynthese der C. höherer Pflanzen findet in den Chloroplasten bzw. Chromoplasten und zunächst gemeinsam mit der Synthese anderer Isoprenoide statt. Ausgehend von 3-Isopentenylpyrophosphat („*aktives Isopren*") wird über mehrere Zwischenstufen schließlich Lycopin gebildet, aus dem erst durch Zyklisierungsreaktionen weitere C. gebildet werden, die wiederum Ausgangssubstanzen für die Vielzahl der C. sind. Da nur unter bestimmten Bedingungen (z. B. Ergrünen von Keimlingen, Fruchtreifung) größere Mengen an C. gebildet werden, muss eine Regulation ihrer Biosynthese erfolgen. Im Mycel des Pilzes *Fusarium aquaeductuum* z. B. wird die Biosynthese der Carotinoide durch Licht (Blaulicht, unter 520 nm Wellenlänge) induziert, gesteuert durch das Phytochrom-System.

Die C. der Höheren Pflanzen kommen in Laubblättern, Früchten, im Spross, den Wurzeln, den Antheren, Pollen und den Samen in Plastiden vor. Die C. der Thylakoidmembran in Chloroplasten grüner Laubblätter sind stets *β-Carotin*, ↗ Lutein, Violaxanthin und Neoxanthin. Ihre Farbe tritt im Herbstlaub hervor (↗ Herbstfärbung), wenn im Verlauf der Seneszenz der Laubblätter das ↗ Chlorophyll verschwindet und die ↗ Chloroplasten in Chromoplasten umgewandelt werden. Ähnliches geschieht bei der ↗ Fruchtreifung, bei der die Umwandlung von Chloroplasten mit einer Synthese und Akkumulation von C. einhergeht. Die C. der Chromoplasten können membrangebunden, in Lipidtropfen oder als Kristalle vorliegen, wobei letzte-

re schließlich als Kristalle ins Cytoplasma ausgestoßen werden (z. B. die Carotin-Kristalle im Speichergewebe der Möhre). Die C. der ↗ Algen, aus deren charakteristischem Muster des Auftretens in den einzelnen Algenklassen sich ein Evolutionsschema aufstellen ließ, sind in Chromatophoren enthalten, die dadurch orange bis leuchtend rot gefärbt sind (z. B. Augenfleck von *Euglena*.) Auch ↗ Cyanobakterien besitzen C., insbesondere β-Carotin und bei Bakterien findet man eine Reihe von C. mit ungewöhnlichen Strukturen.

Tierische Organismen können C. nicht selber synthetisieren, daher stammen deren C. alle aus pflanzlicher Nahrung. Sie können die aufgenommenen C. jedoch umwandeln (z. B. ↗ Zeaxanthin in ↗ Astaxanthin). C. finden sich bei tierischen Organismen z. B. in der Haut, in Schalen und im Panzer, in Schnabel und Gefieder von Vögeln, im Eidotter, in der Milch, im Blutplasma, in den Keimdrüsen (z. B. Gelbkörper) sowie in den Augenpigmenten.

Die Funktion der C. hängt mit ihrer Fähigkeit zur Lichtabsorption im Blau- und UV-Bereich zusammen. Hauptaufgabe der C. in fotosynthetischen Systemen ist neben der Lichtabsorption (Antennenpigmente) der Schutz vor Sauerstoffradikalen, die entstehen, wenn bei der Fotosynthese die Energie des angeregten Chlorophylls nicht schnell genug weitergeleitet wird. Die C. leiten die überschüssige Lichtenergie durch Umwandlung in Wärme ab. Auch in nicht-fotosynthetischen Geweben höherer Pflanzen, in Pilzen und nicht-fotosynthetischen

Bakterien dienen C. als Schirmpigmente. In Blütenblättern und Früchten haben C. als Lockfarben für Tiere Bedeutung. Sehr wichtig ist die biologische Funktion einiger C. als Provitamin (β-Carotin als Provitamin A).

Carpinus, Gatt. der ↗ Betulaceae.

Carpus, die Handwurzel (↗ Extremitäten).

Carrageenane, *Carrageen*, Polysaccharidkomplex in den Zellwänden von Rotalgen (↗ Rhodophyta), dessen Hauptbestandteil *D-Galactose-4-Sulfat-3,6-Anhydro-D-Galactose-Sulfat* ist. Es bildet hochviskose Lösungen, die beim Erkalten Gele bilden und wird zur Stabilisierung von Emulsionen und Suspensionen, in der Biotechnologie zur Immobilisierung von Enzymen und Zellen verwendet. Gewonnen wird C. hauptsächlich aus *Chondrus crispus* („Irisches Moos").

Carrier, 1) in biologischen Membranen lokalisierte Proteine die den ↗ Transport polarer, niedermolekularer Substanzen bewirken (↗ Translokatoren).

2) Bez. für das nicht membrangebundene Acyl-Carrier-Protein (↗ Fettsäure-Synthase).

3) Carrier-DNA, ↗ Nucleinsäurehybridisierung

4) Körpereigene oder synthetische Makromoleküle oder auch Körperzellen, mit denen Wirkstoffe gezielt an den gewünschten Wirkort transportiert werden können. Durch den selektiven Transport zum Zielgewebe wird eine gesteigerte Wirkungsspezifität bei geringeren Nebenwirkungen erreicht. In Entwicklung sind u. a. Systeme, bei denen Cytostatika an Antitumor-Antikörper gebunden werden.

Carthamus, Gatt. der ↗ Asteraceae.

Carum, Gatt. der ↗ Apiaceae.

Carya, Gatt. der ↗ Juglandaceae.

Caryophyllaceae, *Nelkengewächse*, Fam. der ↗ Caryophyllales mit ca. 2200 Arten, die hauptsächlich in der gemäßigten Zone der nördlichen Erdhälfte vorkommen. Es sind Kräuter mit ungeteilten, gegenständigen Blättern und vier- bis fünfzähligen Blüten. Die Frucht ist meist eine vielsamige Kapsel. Zu den C. gehören u. a. die Gatt. ↗ Nelke (*Dianthus*), ↗ Kornrade (*Agrostemma*) und ↗ Seifenkraut (*Saponaria*).

Caryophyllales, *Centrospermae*, Ord. der ↗ Rosopsida mit den Fam. ↗ Aizoaceae, ↗ Amaranthaceae, ↗ Cactaceae, ↗ Caryophyllaceae, ↗ Chenopodiaceae und ↗ Phytolaccaceae. Es sind verholzte bis krautige Pflanzen, die meist fünfzählige Blüten besitzen.

Casein, *Kasein*, die aus den Untergruppen α-, β- und γ-Casein zusammengesetzte Hauptproteinkomponente der ↗ Milch.

Cashew-Nuss, Frucht des ↗ Kaschubaums.

Caspary-Streifen, wasserundurchlässige Fläche in den radialen Zellwänden der Endodermiszellen (↗ Endodermis) der ↗ Wurzeln, die durch Einlagerung von korkähnlichen Substanzen (↗ Suberin) gebildet wird. Im Wurzelquerschnitt erscheint der C. wie eine Wandverdickung. Hier endet der freie Diffusionsraum des ↗ Apoplasten.

Cassava, der ↗ Maniok.

Cassia, Gatt. der ↗ Caesalpiniaceae.

Castanea, Gatt. der ↗ Fagaceae.

Castoridae, Familie der Nagetiere (↗ Rodentia) mit einer Art, dem *Biber (Castor fiber)*. Mit bis zu 90 cm Körperlänge sind Biber die größten rezenten Nagetiere. Biber sind scheue Dämmerungs- und Nachttiere, die in unterholzreichen Auwäldern und an dicht bewachsenen Ufern stehender und fließender Gewässer leben. Sie sind geschickte Schwimmer und Taucher. Anpassungen an ihre Lebensweise sind z. B. die durch Schwimmhäute miteinander verbundenen Zehen der Hinterfüße, die kleinen, als Greiforgane ausgebildeten Vorderfüße sowie der charakteristische, abgeplattete, unbehaarte, bis knapp 40 cm lange, mit Schuppen bedeckte Ruderschwanz, der beim Tauchen als Höhenruder dient. Der Schuppen tragende Schwanz lieferte im Mittelalter die Begründung dafür, dass Biber den Fischen gleichgestellt und von der Kirche als Fastenspeise zugelassen wurden. Mit einem moschusartig rie-

Castoridae Eine Biberburg ist immer so angelegt, dass der Eingang unter Wasser liegt, die Wohnhöhle jedoch über dem Wasserspiegel

chenden Sekret eines Drüsenpaars im Afterbereich fettet der Biber sein Fell ein und macht es dadurch wasserabweisend; außerdem dient dieses Sekret der Reviermarkierung.

Biber ernähren sich von Baumrinde, Kräutern und Wurzeln. Die als Nahrung und Baumaterial dienenden Bäume, vorzugsweise Weiden und Pappeln, fällen sie durch keilförmiges Annagen. Sie leben gesellig in sebstgegrabenen Uferhöhlen mit unter Wasser mündenden Ausgängen und Luftschächten oder in kunstvoll gebauten Wasserburgen (*Biberburg*) aus mit Schlamm abgedichtetem Werk aus Ästen und Zweigen, mit Unterwasserfluchtgang sowie ausgedehnten Dämmen zur Wasserstandsregulierung, damit die Eingänge nicht trocken fallen. Durch das Bäumefällen sowie ihre Bauten und Dämme tragen Biber zur Wasserstandsregulierung und Landschaftsgestaltung bei. – Vor allem wegen ihres sehr weichen und dichten Fells sowie des Drüsensekrets („*Bibergeil*"), dem Heilkräfte und Potenz steigernde Wirkung nachgesagt wurde, ist der Biber – in Deutschland bis zur Ausrottung – stark bejagt worden. Er steht heute unter Naturschutz; in manchen Teilen Deutschlands gibt es erfolgreiche Wiedereinbürgerungen.

Casuarinaceae, einzige Fam. der Casuarinales mit ca. 70 Arten der Gatt. *Casuarina*. Es sind trockentolerante australische (bis indomalaiische) Holzpflanzen mit hängenden, schachtelhalmartigen Zweigen. Die Art *Casuarina equisetifolia* wird als Schattenspender und Windschutz angebaut und liefert außerdem ein wertvolles, hartes Holz. (↗ Dürreresistenz, ↗ Xerophyten)

Casuarinales, *Verticillatae*, Ord. der ↗ Rosopsida, zu der nur die Fam. ↗ Casuarinaceae gehört.

Catarrhini, *Altweltaffen, Schmalnasenaffen*, Teilordnung der Herrentiere (↗ Primates) mit zwei, ausschließlich in der Alten Welt (Afrika und Asien) verbreiteten Überfamilien, den ↗ Cercopithecoidea und den ↗ Hominoidea. Gemeinsames Kennzeichen ist die schmale Nasenscheidewand (Name Schmalnasen). Der Körperbau ist sehr unterschiedlich, ebenso wie die Lebens- und Ernährungsweise.

Catechine, *Katechine, 3-Hydroxy-Flavane*, Derivate der Flavone (↗ Flavonoide), die hauptsächlich in Holzgewebe, aber auch in Blättern vorkommen und die Muttersubstanzen vieler natürlicher Gerbstoffe sind. Beispiele sind *Epicatechin* aus dem Holz von *Acacia catechu*, einer Akazienart und *Catechin* aus den Blättern von *Uncaria gambir*, einer

Catechine Struktur des Grundgerüstes der Catechine

Art der Krappgewächse (↗ Rubiaceae) sowie aus *Camellia sinensis*, einer Art der Teestrauchgewächse (↗ Theaceae). Catechin wird zum Färben, Beizen und Gerben benutzt.

Catecholamine, *Katecholamine*, Sammelbez. für eine Reihe von biogenen Aminen, die eine Dihydroxyphenylgruppe (engl. catechol) besitzen. Sie werden im Gehirn, im Nebennierenmark (↗ Nebenniere), im extraadrenalen chromaffinen Gewebe sowie in den sympathischen Nervenendigungen (catecholaminerge Neuronen) gebildet. Ihre Biosynthese führt, ausgehend von ↗ Tyrosin über ↗ Dopa zu ↗ Dopamin, dem ersten der C. und von da aus weiter zu den C. ↗ Noradrenalin und ↗ Adrenalin. Hauptabbauprodukte sind Vanillinmandelsäure, Metanephrin und Normetanephrin. Alle drei C. sind ↗ Transmittersubstanzen, Adrenalin wirkt auch als ↗ Hormon.

Catenulida, Gruppe der Strudelwürmer (↗ Turbellaria), die weltweit in stehenden Süßgewässern, eine Familie im Meer, verbreitet sind. Sie besitzen eine spärlich bewimperte Epidermis und einen Hautmuskelschlauch aus Ring- und Längsfasern. Häufig ist ungeschlechtliche Vermehrung durch Paratomie (↗ Fortpflanzung), geschlechtliche Fortpflanzung erfolgt meist als ↗ Parthenogenese. Die im Süßwasser Tierketten aus bis zu acht Zooiden bildende Art *Stenostomum leucops* ist eine der häufigsten Süßwasserturbellarien in Nord- und Zentraleuropa.

Catha, Gatt. der ↗ Celastraceae.

Cathartidae, *Neuweltgeier*, Fam. der Storchenvögel (*Ciconiiformes*) mit insgesamt sieben Arten, zu denen u. a. der *Andenkondor* (*Vultur gryphus*) gehört, mit einer Spannweite von bis 3,6 m der größte rezente flugfähige Vogel. Er hat einen nackten fleischfarbenen Kopf und Hals mit weißer Halskrause, das Männchen besitzt einen fleischigen Scheitelkamm. Vom Aussterben bedroht ist der *Kalifornische Kondor* (*Gymnogyps californianus*), mit gelblich-rotem Kopf und schwarzer Halskrause.

Cathepsine, *Kathepsine*, eine Gruppe lysosomaler Enzyme, die in tierischen und menschlichen Zellen besonders häufig in Milz, Leber und Niere vorkommen. Ihre höchste proteolytische Aktivität (↗ Proteolyse) haben sie im sauren Bereich. Sie sind an der Verdauung funktionsunfähiger Zellorganellen beteiligt (↗ Autophagie) sowie nach Austritt aus den ↗ Lysosomen an der Selbstauflösung abgestorbener oder nicht mehr benötigter Zellen (↗ Autolyse). Letztere Eigenschaft ist u. a. für das Zartwerden von Schlachtfleisch verantwortlich.

caudal, *kaudal*, eine Lagebezeichnung für schwanzwärts gelegen, zum hinteren Körperende gehörend; *caudad* hingegen gibt eine Richtung an: nach hinten ausgerichtet.

Caudata, die Schwanzlurche (↗ Urodela).

Caudofoveata, *Schildfüßer*, Gruppe der ↗ Aplacophora.

Cauliflorie, *Kauliflorie, Stammblütigkeit*, Entwicklung von Blüten und Früchten aus Ruheknospen an verholzten Teilen des Stammes von Holzpflanzen. Ein bekanntes Beispiel für C. ist der ↗ Kakaobaum.

Caulobacter, Gatt. der α-Untergruppe der ↗ Proteobacteria. Die stäbchen-, spiral- oder vibrionenförmigen Zellen besitzen einen dünnen Plasmastiel (Prostheka), mit dem sie sich an festen Oberflächen und auf Organismen anheften können. Sie können sich auch zu rosettenförmigen Aggregaten zusammenlagern. C. findet man häufig an der Oberfläche von Gewässern. Das Bakterium hat einen komplexen Zellteilungszyklus und führt einen chemoorganotrophen Atmungsstoffwechsel (↗ Chemoorganotrophie) mit Sauerstoff aus.

C-autotroph, Bez. für Organismen, die ihren gesamten ↗ Kohlenstoff aus dem ↗ Kohlenstoffdioxid (CO$_2$) beziehen (↗ Autotrophie). Gegensatz: ↗ C-heterotroph

Caviidae, *Meerschweinchen*, Fam. der Nagetiere (↗ Rodentia) mit zwei Unterfamilien, den *Eigentlichen Meerschweinchen (Caviinae)* und den *Maras (Dolichotinae)*. Die Caviinae sind mit vier Gattungen in Südamerika weit verbreitet. Sie haben keinen Schwanz und einen sehr großen Kopf, sind nachtaktiv und halten sich tagsüber in Höhlen auf. Stammform des heute weltweit verbreiteten *Hausmeerschweinchens (Cavia aperea* forma *porcellus)* ist das *Wildmeerschweinchen (Cavia aperea)*, das im südamerikan. Savannen- und Buschland und in den Anden bis in 4000 - 5000 m Höhe vorkommt. Wildmeerschweinchen ernähren sich von pflanzlicher Kost, die zweimal verdaut wird. Nach dem ersten Verdauungsgang nehmen die Tiere den weichen Blinddarmkot (↗ Koprophagie) unmittelbar am After auf und scheiden nach dem zweiten Verdauungsgang Kot in Form kleiner harter Kugeln aus. Das Hausmeerschweinchen wurde vor mindestens 3000 Jahren, vielleicht schon vor 6000 Jahren in Peru domestiziert; es war damals ein wichtiger Fleischlieferant. Heute sind sie beliebte Heimtiere und dienen in der wissenschaftlichen Forschung als Versuchstiere. – Die Arten der zweiten Unterfamilie, die *Maras*, leben in den Pampas Zentral- und Südamerikas. Sie sind recht große, langbeinige Tiere, die gut laufen und springen können. Maras sind Grasfresser, die täglich lange Weidegänge zurücklegen.

Cavitas abdominalis, die ↗ Bauchhöhle.

Cavitation, *Embolie*, die Gasblasenbildung im ↗ Xylem der Pflanzen, die den Wassertransport beeinträchtigt. C. sind bei Pflanzen nicht ungewöhnlich, was Untersuchungen mit empfindlichen Schalldetektoren ergaben. Der Wasserstrom wird i. d. R. über benachbarte Gefäßelemente umgeleitet. Durch Änderungen des ↗ Wasserpotenzials und damit verbundene Überdrücke können C. beseitigt werden.

Cavum tympani, die Paukenhöhle (↗ Ohr).

Cayennepfeffer, *Chillie, Capsicum frutescens*, in Süd- und Mittelamerika heimische mehrjährige Pflanze der ↗ Solanaceae. Die sehr scharfen Früchte enthalten hohe Konzentrationen an *Capsaicin*.

CCK, Abk. für ↗ Cholecystokinin.

CDK, Abk. für *cyclin dependent kinase*, ↗ cyclinabhängige Kinasen.

cDNA, *complementary DNA, komplementäre DNA*, ein einzelsträngiges DNA-Molekül, dessen Basensequenz sich zur Sequenz eines RNA-Moleküls komplementär verhält. Die dem *zentralen Dogma der Molekularbiologie* eigentlich widersprechende Notwendigkeit, RNA in DNA umzuwandeln, findet sich bei einer Reihe von eukaryotischen *RNA-Viren (Retroviren)*, deren Infektionszyklus eine so genannte *reverse Transkription* der viralen RNA in zunächst einzelsträngige DNA erforderlich macht, die dann in der Wirtszelle in ihre doppelsträngige Form umgewandelt wird.

Aus der molekularbiologischen Forschung sind cDNAs inzwischen nicht mehr wegzudenken, da mit ihrer Hilfe Gene isoliert und charakterisiert werden können (↗ cDNA-Bibliothek). Die in vitro-Synthese nutzt den poly-A-Schwanz der mRNA aus, um diese mit Hilfe eines so genannten *Oligo-dT-Primers* durch das virale Enzym *Reverse Transkriptase* in cDNA umzuschreiben. Der entstandene cDNA-Einzelstrang kann nach Auflösen des RNA-DNA-Doppelstranges in eine doppelsträngige DNA überführt werden. Eine cDNA enthält nur den transkribierten Bereich eines Gens, nicht jedoch seinen Promotor oder eventuell vorhandene Introns.

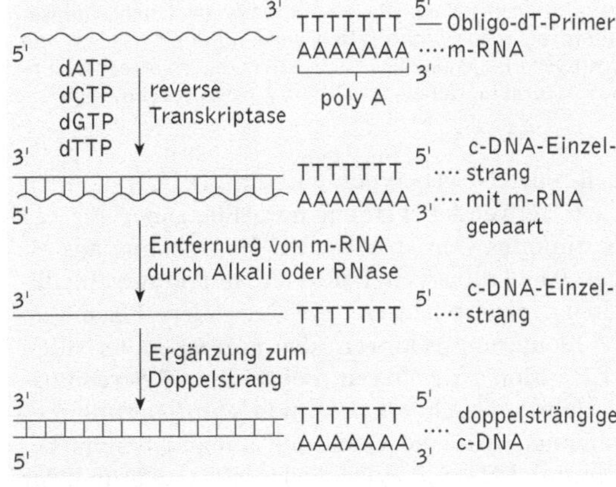

cDNA   Schritte der cDNA-Synthese

cDNA-Bibliothek, Typ der ↗ DNA-Bibliothek, welcher die ↗ cDNA eines oder mehrerer bestimmter

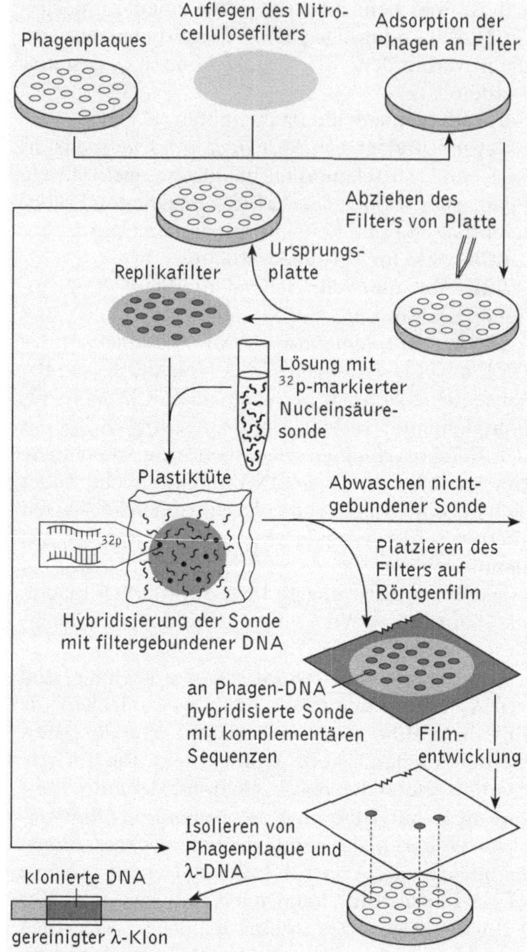

cDNA-Bibliothek Screening einer cDNA-Bibliothek. Durch die Kolonie-Hybridisierung werden Klone, die mit der radioaktiv markierten Gensonde durch komplementäre Basenpaarung wechselwirken, als Signal auf einem Röntgenfilm identifiziert. Die genaue Lage des Nitrocellulosefilters auf den Agarplatten wird markiert, sodass die positiven Phagenplaques auf der Ursprungsplatte mit Hilfe des Autoradiogramms lokalisiert werden können

Zell- oder Gewebetypen enthält. cDNA-B. können dazu verwendet werden, mit Hilfe einer für ein bestimmtes Gen spezifischen ↗ Gensonde aus einer Population von Bakterien mit unterschiedlichen rekombinanten Phagen oder Plasmiden (↗ Klonierungsvektoren) den korrespondierenden cDNA-Klon zu isolieren. Bei diesem ↗ Screening-Verfahren, auch als *Kolonie-Hybridisierung* bezeichnet, wird die Gensonde anhand bereits bekannter DNA-Sequenzen oder aber aufgrund der Proteinsequenz ausgewählt (↗ Autoradiographie, ↗ Nucleinsäurehybridisierungen). cDNA-B. eignen sich auch dazu, unterschiedliche Gewebetypen oder entwicklungsbiologische Stadien miteinander

zu vergleichen, da sie ja nicht alle in einem Organismus vorhandenen Gene (*genomische Bibliothek*) enthalten, sondern nur die tatsächlich exprimierten Gene beinhalten. In Fällen, in denen die Verwendung von Gensonden nicht möglich ist, kann das Screening auch mit Hilfe von Antikörpern durchgeführt werden. Hierzu müssen die cDNAs allerdings in ↗ Expressionsvektoren einkloniert werden, sodass eine so genannte *Expressionsbibliothek* entsteht.

CDP-Cholin, Abk. für ↗ Cytidindiphosphat-Cholin.

Cebidae, *Kapuzinerartige*, Fam. der Neuweltaffen (↗ Platyrrhini) mit sieben in Südamerika verbreiteten Unterfamilien. Die C. sind eine sehr vielgestaltige Gruppe; sie sind durchweg schlanke Tiere mit langem Schwanz, der bei einigen Arten als Greifschwanz ausgebildet ist. Sie sind ausschließlich Baumbewohner, die bis auf den in Südamerika weit verbreiteten *Nachtaffen (Aotus trivirgatus)*, den einzigen nachtaktiven Affen überhaupt, tagaktiv sind. Ihre Nahrung ist vorwiegend pflanzlich, einige Arten fressen außerdem auch Insekten, Vogeleier und kleine Wirbeltiere. Zu den C. gehören folgende Unterfam.: *Nachtaffen (Aotinae)* mit der einzigen Art Nachtaffe, weiterhin die stets in größeren Gruppen lebenden *Totenkopfaffen (Saimiriinae)*, deren Gesichtszeichnung an einen Totenschädel erinnert. In kleinen Familiengruppen leben hingegen die *Springaffen (Callicebinae)* mit drei Arten, die sich nur langsam und vorsichtig fortbewegen. In der Unterfam. *Schweifaffen und Kurzschwanzaffen (Pitheciinae)* sind acht Arten in drei Gattungen zusammengefasst, deren gemeinsame Merkmale die besonders weit auseinander stehenden Nasenlöcher, die nach vorne gerichteten Schneidezähne und die sehr großen Eckzähne sind. Die restlichen drei Unterfam. der C., die *Brüllaffen (Alouattinae)*, die *Kapuzineraffen (Cebinae)* und die *Klammerschwanzaffen (Atelinae)* haben als gemeinsames Merkmal einen sehr muskulösen Schwanz, der die Funktion einer fünften Hand hat und als Sicherheitsanker benutzt wird. Bei Brüllaffen und Klammerschwanzaffen befindet sich an der Schwanzunterseite eine nackte Fläche mit einer Tasthaut.

Cech, *Thomas Robert*, amerikan. Biochemiker, * 8.12.1947 Chicago (Illinois); ab 1983 Prof. an der University of Colorado in Boulder; C. entdeckte 1981 die katalytischen Eigenschaften von ↗ RNA (↗ Ribozyme) und erschloss damit der Biochemie ein neues Arbeitsgebiet, die RNA-Katalyse. Mit seiner Entdeckung widerlegte er den Lehrsatz, dass die Katalyse biologischer Reaktionen ausschließlich durch Proteine (↗ Enzyme) bewerkstelligt wird. C. erhielt 1989 zusammen mit S. ↗ Altman den Nobelpreis für Chemie.

Cecidomyiidae, *Gallmücken*, Fam. der Mücken (Nematocera; ↗ Diptera), mit über 4000 Arten weltweit (etwa 400 in Mitteleuropa). Gallmücken sind 1 - 5 mm groß, zart und kurzlebig. Ihre Larven (Maden) ernähren sich von frischem Pflanzengewebe (und verursachen dann z. T. ↗ Gallen) oder von faulenden Substanzen, können aber auch Räuber, Parasiten (vor allem an Blattläusen) sowie Einmieter in Gallen anderer Arten sein. Viele Arten der C. sind Schädlinge an Kulturpflanzen.

Cecidomyiidae   Die Larven der Kohlschotengallmücke (*Perissia brassica*) zerstören die Samen von Raps, Rübsen und Gemüsekohl

Cedrus, Gatt. der ↗ Pinaceae.

Ceiba, Gatt. der ↗ Bombacaceae.

Celastraceae, *Spindelbaumgewächse*, *Baumwürgergewächse*, Fam. der Celastrales mit ca. 850 hauptsächlich in den Tropen und Subtropen vorkommenden Arten. Es sind Sträucher oder Bäume mit vier- bis fünfzähligen Blüten. Als Früchte (↗ Frucht) werden Kapseln, Steinfrüchte und Beeren ausgebildet. Zur Gatt. *Spindelstrauch, Euonymus*, gehört das einheimische *Pfaffenhütchen, Euonymus europaea*. Die Arten der Gatt. *Celastrum*, des *Baumwürgers*, können ihre Stützpflanzen durch festes Umschlingen zum Absterben bringen. Viele Vertreter der C. enthalten ↗ Alkaloide, z. B. auch der ↗ Kathstrauch, *Catha edulis*.

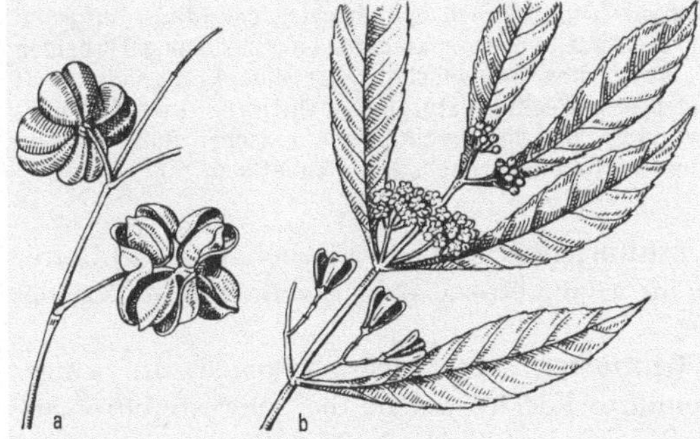

Celastraceae   a Pfaffenhütchen (*Euonymus europaea*), Frucht; b Kathstrauch (*Catha edulis*), Zweig mit Blüte und geöffneten Früchten

Celastrales, Ord. der ↗ Rosopsida mit den Fam. Brexiaceae, ↗ Celastraceae und ↗ Parnassiaceae.

Cellobiose, ein Disaccharid, das aus zwei β-1,4-glykosidisch verbundenen Glucose-Einheiten besteht. C. ist der Baustein von ↗ Cellulose und bildet sich als deren erstes Abbauprodukt. In freier Form kommt C. sonst nicht vor, wird aber als Zuckerkomponente in ↗ Glykosiden gefunden. C. wird weder von ↗ Hefen vergoren, noch von dem Enzym Maltase gespalten.

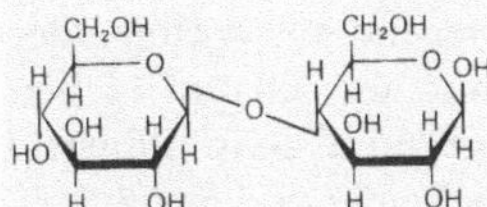

Cellobiose

Cellulasen, ein Gemisch verschiedener ↗ Hydrolasen, die Cellulose und Cellulosederivate zu ↗ Cellobiose und ↗ Glucose abbauen. C. finden sind u. a. in Bakterien, Einzellern, Pflanzen, Pilzen, Schnecken, Fadenwürmern und einigen Insekten (z. B. Termiten). Man unterscheidet *Endocellulasen*, von denen Cellulose innerhalb der Kette gespalten wird, und *Exocellulasen*, die mit der Spaltung am Kettenende beginnen. Bei Pflanzen wird die für Blattfall und Fruchtfall (↗ Abscission) erforderliche Trennschicht durch lokale C.-Aktivität gebildet. Industriell werden C. zum Aufschluss von Cellulose aus Holz (*Holzverzuckerung*) bzw. Altpapier eingesetzt. Außerdem dienen sie u. a. in zunehmendem Maße zur Herstellung von Glucose aus cellulosehaltigen Abfällen.

cellulolytische Mikroorganismen, die ↗ Cellulose abbauenden Mikroorganismen.

Cellulomonas, Gatt. der Fam. Cellulomonadaceae; nach neuer Systematik zur Abteilung Actinobakterien der ↗ grampositiven Bakterien mit hohem ↗ GC-Gehalt gehörend. Es sind aerobe oder fakultativ anaerobe, coryneforme ↗ Bodenbakterien mit einem chemoorganotrophen Stoffwechsel (↗ Chemoorganotrophie). C. ist wesentlich am Celluloseabbau im Boden beteiligt.

Cellulose, *Zellulose*, ein unverzweigtes pflanzliches Polysaccharid mit der Summenformel $(C_6H_{10}O_5)_n$, das aus β-1,4-glykosidisch verbundenen Glucoseeinheiten besteht. C. bildet neben ↗ Hemicellulosen und ↗ Pektinen den Hauptbestandteil der Gerüstsubstanzen pflanzlicher Zellwände und des Mantels der Manteltiere (↗ Tunicata). In der pflanzlichen Zellwand ist die C. in Mikrofibrillen angeordnet, in denen die Celluloseketten parallel verlaufen und durch Wasserstoffbrückenbindungen zwischen den Ketten stabilisiert werden. Die Biosynthese von C. geschieht durch schrittweisen Anbau von Glucoseresten aus UDP-Glucose. Der biologische Abbau wird durch ↗ Cellulasen katalysiert.

Die im Pflanzenreich weit verbreitete C. ist mengenmäßig der bedeutendste Naturstoff. Laubbäume und Nadelbäume bestehen zu etwa 50 % aus C. jährlich werden durch Pflanzen etwa 10 Billionen Tonnen C. synthetisiert. Der in Form von C. gebundene ↗ Kohlenstoff der Pflanzen entspricht etwa 50 % des in der gesamten Erdatmosphäre als ↗ Kohlenstoffdioxid (CO_2) gebundenen Kohlenstoffs. C. hat große technische und wirtschaftliche Bedeutung. ↗ Baumwolle, Jute (*Corchorus*), Flachs (↗ Lein) und ↗ Hanf sind fast reine Cellulose. Technisch wird C. vorwiegend aus ↗ Holz oder Stroh gewonnen und kommt als Zellstoff in den Handel, der von der Papier- und Textilindustrie verbraucht wird. In der Biochemie finden reine C. und chemisch modifizierte C. Verwendung als Adsorbens bei chromatographischen Trennverfahren (Sondertext Methoden: ↗ Trennverfahren).

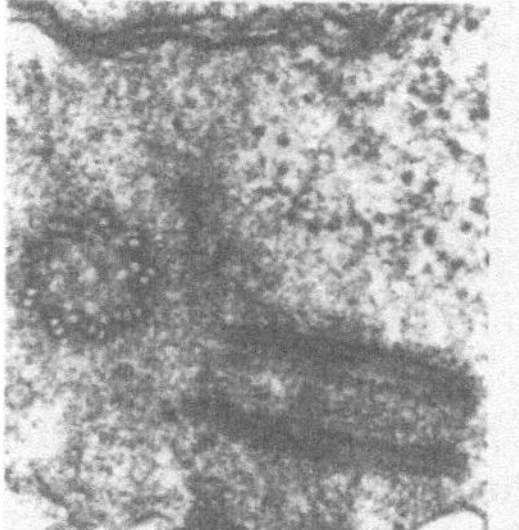

Cellulose

Celluloseabbau, ↗ Cellulose abbauende Mikroorganismen.

Cellulose abbauende Mikroorganismen, *cellulolytische Mikroorganismen*, verschiedene Pilze, Bakterien und Flagellaten, die durch die Aktivität von ↗ Cellulasen ↗ Cellulose abbauen. Zu den Cellulose abbauenden Pilzen gehören Schlauchpilze (↗ Ascomycetes), Fungi imperfecti (↗ Deuteromycetes) und Ständerpilze (↗ Basidiomycetes) wie z. B. die Erreger der ↗ Braunfäule des Holzes. Der Celluloseabbau durch einzellige Pilze ist vor allem in sauren Böden von Bedeutung und bei Verdauungsprozessen im Pansen (↗ Pansensymbiose). An der Pansensymbiose sind insbesondere die Ciliaten und anaerobe Bakterien wie *Butyrivibrio*, *Ruminococcus* u. a. beteiligt. In neutralen und alkalischen Böden überwiegt der Celluloseabbau durch Bakterien. Zu den cellulolytischen Bakterien gehören *Cellulomonas*-Arten (↗ Cellulomonas), Vertreter der Gatt. *Cytophaga* und *Sporocytophaga*, daneben auch Arten der Gatt. *Thermoactinomyces*, *Thermomonospora*, *Streptomyces* und einige Bacillus-Arten (*Bacillus polymyxa*, *Bacillus licheniformis*). Anaerobe Celluloseabbauer sind vor allem ↗ Clostridien, z. B. *Clostridium thermocellum*. Bei vielen Pflanzen fressenden Tieren wird Cellulose von Symbionten im ↗ Blinddarm abgebaut. Als Abbauprodukte des anaeroben Celluloseabbaus treten u. a. CO_2, H_2, Lactat, Acetat, Propionat und Butyrat auf. Diese Abbauprodukte dienen anderen Bakterien als Ernährungsgrundlage. Vom Celluloseabbau im Verdauungssystem profitieren vor allem die Wirtsorganismen (Tier, Mensch). Der Celluloseabbau im Boden spielt eine bedeutende Rolle bei der

↗ Mineralisation und damit im ↗ Kohlenstoffkreislauf der Erde.

Centaurium, Gatt. der ↗ Gentianaceae.

CentiMorgan, Abk. *cM*, das nach T. H. ↗ Morgan benannte Maß für die Austauschhäufigkeit zwischen zwei Loci bzw. genetischen Markern (↗ Genkartierung). Der Wert 1 cM ist als 1 % rekombinanter Meioseprodukte definiert. Im menschlichen Genom entspricht 1 cM in etwa 1 Mio. Basenpaaren.

Centrales, Ord. der Kieselalgen (↗ Bacillariophyceae).

Centriolen, in tierischen Zellen üblicherweise paarig vorhandene zylindrische röhrenförmige Anordnungen von Mikrotubuli, die im Zentrum des ↗ Centrosoms liegen.

C. sind zudem ein bei allen Organismen, die in einem Stadium ihres Lebenszyklus ↗ Flagellen (*Geißeln*) ausbilden, vorkommendes Organell. In Pflanzenzellen fehlen sie i. d. R. und kommen nur bei begeißelten Formen vor. C. lassen sich meist nur elektronenmikroskopisch nachweisen, wobei sie ihre charakteristische Struktur zeigen, die aus neun kreisförmig angeordneten, aus jeweils drei Mikrotubuli bestehenden so genannten peripheren Tripletts bestehen. Wie beim ↗ Basalkörper von Cilien und Flagellen fehlen die beiden zentralen Mikrotubuli. Basalkörper und Centriolen sind ineinander umwandelbar.

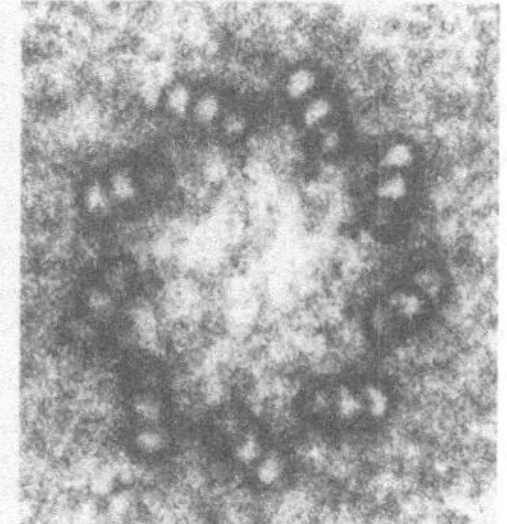

Centriolen EM-Aufnahme von Centriolen. **Links** Centriolenpaar (Diplosom) in Lymphocyten der Maus; aufgrund der stets zueinander senkrechten Lagebeziehung der beiden C. ist das eine im Querschnitt, das andere im Längsschnitt getroffen. **Rechts** Vergrößerte Querschnittansicht eines Centriols, die die Verbindungen zwischen äußerem und innerem Tubulus benachbarter Tripletts erkennbar macht

centrolecithal, Bez. für Eizellen, deren ↗ Dotter nicht asymmetrisch oder exzentrisch angeordnet ist.

Centromer, bei ↗ Chromosomen die eingeschnürte Region, welche die Schwesterchromatiden zusammenhält. In der Meta- und Anaphase der ↗ Mitose dient das C. als Anheftungsstelle der Spindelfasern. Dort bildet sich dann ein Proteinkomplex (↗ Kinetochor), mit dessen Hilfe die duplizierten Chromosomen auseinandergezogen werden. Die Lage des C. bestimmt somit auch das Aussehen der

Chromosomen im ↗ Karyogramm, wobei diese ↗ akrozentrisch (einschenkelig) und ↗ metazentrisch (zweischenkelig) sein können.

Centromerdistanz, die aufgrund der Austauschhäufigkeit (↗ Austauschwert) messbare Distanz eines Gens zum ↗ Centromer.

Centromerinterferenz, die Inhibition von ↗ Crossing-over und Chiasma-Bildung (↗ Chiasma) in der Nachbarschaft eines ↗ Centrosoms.

Centrosom, bei tierischen Zellen mehr oder weniger in der Mitte neben dem Zellkern liegende Cytoplasmaregion, die im Elektronenmikroskop als elektronendichter Bereich erscheint. C. sind der *Nukleationsort* für ↗ Mikrotubuli und bestehen aus meist paarigen ↗ Centriolen und dem sie umgebenden *Centroplasma*. Während der ↗ Mitose teilt sich das C. und bildet die Spindelpole. C. sind so genannte ↗ Mikrotubuli-Organisationszentren, in denen die Microtubuli enden, die für die koordinierte Chromosomenbewegung verantwortlich sind. Das C. von ↗ Flagellen und ↗ Cilien wird als ↗ Basalkörper bezeichnet. Pflanzenzellen besitzen kein Centrosom.

Centrospermae, die Ord. ↗ Caryophyllales.

Cepaea, *Schnirkelschnecken*, Gatt. der Landlungenschnecken (↗ Stylommatophora).

Cephalin, das ↗ Phosphatidyl-Ethanolamin.

Cephalisation, *Kopfbildung*, phylogenetischer Entwicklungsprozess, bei den meisten ↗ Bilateria, in dessen Verlauf sich ein Teil des Tierkörpers morphologisch als Kopf mit einem übergeordneten Abschnitt des Nervensystems (Cerebralganglion, ↗ Gehirn) vom übrigen Körper absetzt. Die C. wird in Zusammenhang gebracht mit der Tatsache, dass die Bilateria überwiegend freibewegliche Tiere sind, die aktiv Nahrung suchen.

Cephalocarida, Gruppe etwa 3 mm großer Krebse (↗ Crustacea), die mit neun Arten überwiegend im Meer in der Übergangszone zwischen freiem Wasser und Schlamm leben, vom Flachwasserbereich bis in die Tiefsee. Sie gelten als die ursprünglichsten rezenten Krebse. Ihr Körper ist langgestreckt und gliedert sich in einen hufeisenförmigen, von einem Kopfschild bedeckten Kopf, einen Thorax mit neun Segmenten, ein Pleon mit zehn Segmenten und ein Telson mit Furka. Sie besitzen ein Strickleiternervensystem, und haben keine Augen. Exkretionsorgane sind Antennen- und Maxillendrüsen. C. sind Zwitter, über ihre Fortpflanzungsbiologie ist bislang nichts bekannt. Die Entwicklung erfolgt über eine Nauplius-Larve.

Cephalochordata, die ↗ Acrania.

Cephalodien, Organe bzw. Bereiche des Lagers von Grünalgenflechten (↗ Lichenes), die neben ↗ Pilzen und Grünalgen (↗ Chlorophyta) als dritte Symbiontenart ↗ Cyanobakterien enthalten. Sie werden auf der Thallusoberseite oder im Thallusin-

neren gebildet. Die C. sind oft warzenförmig oder kugelig gestaltet.

Cephalophinae, *Ducker*, Unterfam. der Hornträger (↗ Bovidae) mit 15 hasen- bis etwa rehgroßen Arten, die in Afrika südlich der Sahara verbreitet sind. Gemeinsames Merkmal sind die *Wangendrüsen (Maxillardrüsen)* auf jeder Backe. Die Weibchen sind meist größer als die Männchen. Die meisten Arten besitzen einen Haarschopf auf der Stirn, in dem die kurzen, spitzen Hörner fast verschwinden. Ihren Namen haben die Ducker von ihrer Verhaltensweise, bei Gefahr nicht zu flüchten, sondern in Deckung zu gehen und sich niederzulegen. Zu den C. gehören zwei Gattungen, zum einen die *Wald- und Schopfducker (Gatt. Cephalophus)* mit 14, in den afrikanischen Regenwäldern lebenden Arten, zum anderen die Gattung *Sylvicapra* mit der einzigen Art *Busch oder Kronenducker (Sylvicapra grimmia)*, der in aufgelockertem Wald, Gehölzen oder Buschgebieten lebt.

Cephalopoda, *Kopffüßer, Tintenschnecken, Tintenfische*, zu den Schalenweichtieren (↗ Conchifera) gehörende Gruppe mit etwa 750 ausschließlich im Meer lebenden Arten. Kopf und Arme bilden einen Komplex, das *Cephalopodium*, das der Fortbewegung und dem Beutefang dient. Um die Mundöffnung befinden sich ein oder zwei Kränze muskulöser Arme, und aus dem Fuß ist außerdem eine rohrförmige Verbindung zwischen Mantelhöhle und Außenmedium, der *Trichter*, hervorgegangen. Er steht im Dienste der nach dem Rückstoßprinzip erfolgenden Fortbewegung und erlaubt durch seine Beweglichkeit vielseitiges Manövrieren. Die *Arme* sind oft stark differenziert mit unterschiedlichen Funktionen. Auf der Mundseite der Arme befinden sich bei den Coleoida Saugnäpfe, bei den Decabrachia sind zwei Arme als Fangarme spezialisiert. Bei den Männchen ist ein Arm (manchmal auch zwei) als Begattungsorgan (Hectocotylus) umgestaltet. Der *Eingeweidesack* ist im Verhältnis zum Körper groß. Ein äußeres Gehäuse kommt nur bei Nautilus vor, bei den Coleoida ist die Schale entweder weitgehend oder ganz reduziert oder ins Körperinnere verlagert. Der *Mantel* ist bei Nautilus ein dünner Hautmantel, bei den guten Schwimmern unter den Coleoida ein kräftiger Muskelmantel. In die Cutis sind pigmenthaltige ↗ Chromatophoren und das Licht reflektierende, weil Guaninkristalle enthaltende, ↗ Iridocyten eingebettet. Ihr Zusammenspiel ermöglicht die außerordentlich vielfältigen und schnellen Farbwechsel der C., die „Stimmungen" des Tieres ausdrücken. Außerdem enthält die Haut vieler C. *Leuchtorgane*, deren Anordnung und Farbe arttypisch ist.

Das Nervensystem der C. ist das leistungsfähigste unter den Mollusca. Ihre Hauptganglien sind zu einem „Gehirn" verschmolzen (bei Octobrachia am höchsten entwickelt) und durch eine knorpelige Kapsel geschützt. Besonders reich nerval versorgt sind die Arme (jeder Saugnapf hat ein eigenes Ganglion) und die Mantelmuskulatur. Decabrachia besitzen ein System aus *Riesenfasern* zur schnellen Erregungsleitung. An Sinnesorganen sind vor allem die Augen, insbesondere die Linsenaugen (↗ Auge) der Coleoida sowie mechanische Sinnesorgane hoch entwickelt; Nautilus hingegen hat Lochkamera-Augen. Mechano- und Chemorezeptoren liegen besonders konzentriert an den Rändern der Saugnäpfe.

Der *Darmtrakt* ist U-förmig und besteht aus Ösophagus, Vormagen, Magen mit anhängenden Mitteldarmdrüsen, Caecum, Intestinum, Rektum und Anus. In der Mundhöhle befinden sich papageischnabelähnliche Kiefer und eine gut entwickelte Radula, die die Beute, die ganz verschlungen wird, in den Ösophagus transportiert. Viele C. können große Beute auch extraintestinal verdauen. Bei den Coleoida mündet der Ausführungsgang der *Tintendrüse* ins Rektum. Ihr Sekret (*Tinte, Sepia*) enthält Melaningrana in einer farblosen Flüssigkeit, die bei Gefahr ausgestoßen wird und den Angreifer ablenkt, bei einigen Arten sogar vorübergehend lähmt.

Der *Kreislauf* ist ebenfalls äußerst leistungsfähig und fast oder ganz geschlossen. Entsprechend der Zahl der Kiemen haben die Nautiloida vier Atrien, die Coleoida zwei. Die Herzkammer enthält Klappen, die ein Zurückströmen des Blutes verhindern. Das arterielle Herz wird durch venöse Kiemenherzen sowie kontraktile Gefäße in Armen und Mantel unterstützt. Respiratorischer Farbstoff ist ↗ Hämocyanin, das in Hämolymphe gelöst ist. Die Exkretspeicherung und -abgabe geschieht durch mehrere Organe, die darüber gleichzeitig die ↗ Osmoregulation bewerkstelligen. Alle C. sind ammonotelisch. Exkretionsorgane sind Nierensäcke, die durch bewimperte Renoperikardialgänge mit dem Herzbeutel verbunden sind. Der Primärharn wird in Anhängen der Kiemenherzen gebildet, aber darüber hinaus sind auch Kiemen, Renoperikardialgänge und weitere Coelomräume an Exkretion und Osmoregulation beteiligt.

C. sind getrenntgeschlechtlich, oft mit deutlichem ↗ Sexualdimorphismus. Bei der Paarung überträgt das Männchen mit dem *Hectocotylus* die Spermatophore in die Mantelhöhle des Weibchens. Die Entwicklung ist bislang nur für die Coleoida bekannt. Aus dotterarmen Eiern entwickelt sich ein planktisches Larvenstadium, aus dotterreichen Eiern entsteht ein benthisches Jugendstadium, das ein Schlüpfkleid und arttypisch angeordnete Chromatophoren besitzt.

Die C. sind fossil seit dem ↗ Kambrium bekannt. Bereits die ältesten C. hatten eine gekammerte Schale. Die weitere Entwicklung erfolgte vermutlich über zwei Hauptlinien: Die *Palcephalopoda* führen zu den Nautiloida und die *Neocephalopoda* unter Abzweigung der ↗ Ammonoidea und ↗ Belemnitida u. a. zu den Coleoida. Rezent werden zwei Gruppen unterschieden: Die *Nautiloida (Tetrabranchiata, Perlbootartige)* besitzen vier Kiemen und eine äußere gekammerte Schale. Einzige Gattung ist ↗ Nautilus. Bei den zweikiemigen *Coleoida (Dibranchiata)* ist die Schale ins Körperinnere verlagert. Zu ihnen gehören die ↗ Decabrachia und die ↗ Octobrachia.

Cephalopodium, der Kopffuß der ↗ Mollusca.

Cephalosporine, ↗ Antibiotika.

Cephalotaxaceae, *Kopfeibengewächse*, Fam. der ↗ Pinales mit der einzigen Gatt. *Kopfeibe, Cephalotaxus*, deren Arten in Ostasien und im Himalaja beheimatet sind. Es sind der ↗ Eibe ähnelnde immergrüne Bäume und Sträucher mit spiralig angeordneten Nadeln.

Cephalothorax, aus der Verschmelzung der Kopfsegmente (*Cephalon*) mit Brustsegmenten (*Thorax*) entstandenes vorderes Körperteil der Spinnentiere (↗ Chelicerata) und der Krebse (↗ Crustacea).

Cerambycidae, *Bockkäfer*, zu den ↗ Polyphaga gehörende Fam. der Käfer (↗ Coleoptera) mit weltweit ca. 27000 Arten, davon in Mitteleuropa nur 250. Meist längliche oder langgestreckte, 2 mm bis 16 cm (*Riesenbock, Titanus giganteus*; Südamerika) große Arten, die vielfach bunt gefärbt sind und deren Fühler häufig körperlang oder sogar noch erheblich länger sind. Die Fühler werden nach vorne wie zwei „Hörner" getragen (Name Bockkäfer). Alle C. sind sowohl als Larven, als auch als Käfer Pflanzenfresser; die Larven fressen vor allem Holz und können bei Befall von Nadelhölzern schädlich werden. Die meisten Arten benötigen ein bis zwei Jahre bis zur Verpuppung, Larven, die im Kernholz leben, oft länger; so wurden beim Hausbock Entwicklungszeiten bis über 12 Jahre beobachtet.– Der größte Bockkäfer in Mitteleuropa ist der bis 6 cm große *Mulmbock (Ergates faber)*, dessen daumendicke Larven in mulmigen Kieferstümpfen leben. Der fast weltweit verbreitete *Hausbock (Hylotrupes bajulus)* kann bei Befall von verbautem Holz gefährliche Schäden anrichten. Bei Befall sind Nagegeräusche zu hören.

Ceramiales, Ord. der Rotalgen (↗ Rhodophyta) mit ca. 1300 Arten. Hierher gehören die höchstentwickelten Rotalgen. Der ↗ Thallus besteht aus reichlich verzweigten, oft berindeten Zellfäden.

Ceramide, amidartige Verbindungen aus Sphingosin und einer Fettsäure. C. sind die Vorläufer der Sphingophospholipide.

Cerastoderma, zu den ↗ Heterodonta gehörende Gatt. der Muscheln (↗ Bivalvia).

Ceratiidae, Fam. der Armflosser (↗ Lophiiformes).

Ceratites, Gatt. der ↗ Ceratitida.

Ceratitida, sehr zahl- und formenreiche Ordnung der ↗ Ammonoidea, die durch eine ceratitische bis extrem ammonitische Lobenlinie gekennzeichnet sind. Hauptvertreter ist die Gatt. *Ceratites* de Haan, 1825 mit planspiral eingerolltem weitschnabeligem Gehäuse, dessen Oberfläche gerippt ist. C. waren vor allem in der mittleren alpinen Trias und im oberen Muschelkalk des Germanischen Beckens verbreitet.

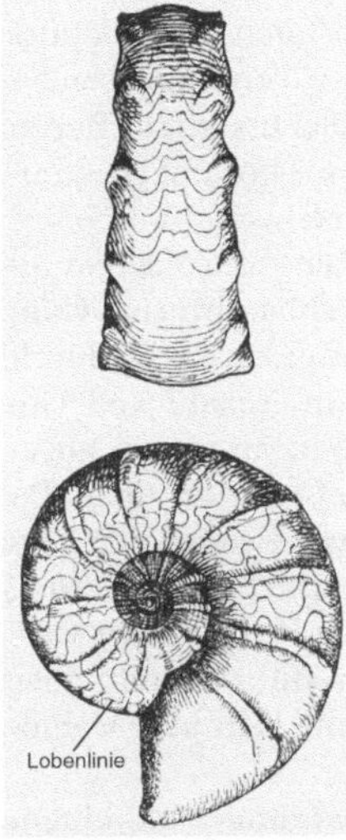

Ceratitida Steinkern (Vorder- und Seitenansicht) von *Ceratites nodosus* mit ceratitischer Lobenlinie

Ceratiomyxa, Gatt. der Echten Schleimpilze (↗ Myxomycetes), deren wenige Arten auf Laub- und Nadelholz wenige Millimeter hohe, weiße, flaumige Überzüge bilden, die nach der Sporenreife wieder zerfallen. Die Sporen entwickeln sich exogen auf der Oberfläche säulenförmiger Cellulosestiele (*Sporophore*). Die verwandtschaftlichen Beziehungen sind noch ungeklärt.

Ceratium, Gatt. der ↗ Dinoflagellata.

Ceratonia, Gatt. der ↗ Caesalpiniaceae.

Ceratopogonidae, *Gnitzen*, *Bartmücken*, Familie der Mücken (Nematocera; ↗ Diptera) mit über 200 von 0,5 mm bis 3 mm großen Arten in Mitteleuropa. Sie sind meist dunkel gefärbt, mit stechend-saugenden Mundwerkzeugen. Die Flügel sind behaart und gefleckt und werden in Ruhestellung übereinander gelegt. Die Männchen saugen Pflanzensäfte, die Weibchen hingegen Blut bei Wirbeltieren, manche Arten auch bei Insekten, so z. B. Ölkäfern. Einige C. sind wichtige Bestäuber von Aronstabgewächsen (↗ Araceae). Der Stich von Arten der Gatt. *Culicoides*, *Lasiohela* und *Leptoconops* ist sehr schmerzhaft und fast immer von starken Hautreaktionen wie Quaddelbildung und Juckreiz begleitet. C. entwickeln sich im Wasser, in feuchtem Boden oder im Mulm alter Bäume.

Cercarie, Larvenform der zu den Saugwürmern (↗ Trematoda) gehörenden ↗ Digenea.

Cerci, *Afterraife*, bei vielen ursprünglichen Insekten vorhandene, paarige, meist fühlerartig gegliederte und viele Tasthaare tragende Anhänge des 11. Abdominalsegments. Sie sind umgewandelte Extremitäten dieses Segments und können verschiedene Spezialisierungen erfahren. So sind einige der Tasthaare bei Schaben (↗ Blattaria) als Hörhaare (*Trichobothrien*) umgewandelt, bei manchen Doppelschwänzen (↗ Diplura) und bei Ohrwürmern (↗ Dermaptera) sind die C. zu Greifzangen umgebildet.

Cercomeromorpha, zusammenfassende Bez. für alle ↗ Neodermata (↗ Plathelminthes), deren Larven am Hinterende einen Abschnitt mit typisch geformten Larvalhäkchen (*Cercomer*) besitzen. Zu den C. gehören die Bandwürmer (↗ Cestoda) und die ↗ Monogenea.

Cercopithecoidea, *Hundsaffen*, *Cynomorpha*, zu den ↗ Catarrhini gehörende Überfam., zu der u. a. die ↗ Makaken, die ↗ Paviane und die ↗ Meerkatzen gehören.

Cercopithecus, die Gatt. ↗ Meerkatzen.

Cerebellum, das Kleinhirn (↗ Gehirn).

Cerebralganglion, *Zerebralganglion*, Bez. für dasjenige Ganglion im Nervensystem der Wirbellosen, das als Koordinationszentrum für die übrigen nervösen Organe angesehen wird; in diesem Sinne wird der Begriff C. gleichbedeutend mit ↗ Gehirn bzw. ↗ Oberschlundganglion verwendet. In der Wirbeltieranatomie wird dieser Terminus nicht angewandt.

Cerebralorgan, der Chemorezeption dienende Sinnesorgane der Schnurwürmer (↗ Nemertini) und der Spritzwürmer (↗ Sipunculida).

Cerebroside, zu den ↗ Glykolipiden zählende Verbindungen, die aus ↗ Sphingosin, einer damit amidartig verknüpften Fettsäure sowie ↗ Glucose oder ↗ Galactose bestehen.

Cerebrospinalflüssigkeit, die Hirn-Rückenmarks-flüssigkeit (↗ Liquor cerebrospinalis).

Ceriantharia, *Zylinderrosen*, Gruppe der zu den ↗ Anthozoa gehörenden ↗ Hexacorallia mit solitär lebenden Polypen, die in einem Wohnzylinder leben, der fast nur aus abgeschossenen Nesselfäden aufgebaut ist. Am Mundfeldrand befinden sich zwei verschiedene Arten von Tentakeln: lange Randtentakel und kleine Labialtentakel. Die C. sind Zwitter, die ihr Geschlecht jährlich wechseln. In der Nordsee lebt die bis 20 cm lange Art *Cerianthus lloydii*, die jeweils rund 60 bis 70 Rand- und Labialtentakel besitzt.

Ceropegia, Gatt. der ↗ Asclepiadaceae.

Cervidae, *Hirsche,* zur Ord. Paarhufer (↗ Artiodactyla) und zur Unterord. Wiederkäuer (↗ Ruminantia) gehörende Fam. mit insgesamt 37 Arten in 17 Gattungen. Die Arten der C. sind hasen- bis pferdegroß von zierlicher bis kräftiger Gestalt. Die Männchen tragen meist ein Geweih, das gewechselt wird, nur bei den Rentieren tragen auch die Weibchen ein Geweih. Bei dem *Wasserreh, Hydropotes inermis,* der einzigen Art der *Wasserhirsche* (Unterfam. *Hydropotinae*) fehlt das Geweih ganz. Sie besitzen aber, wie die *Moschushirsche* (Unterfam. *Moschinae*) auch hauerartige Eckzähne. Insgesamt zeigen die meisten Arten der C. auffällige Geschlechtsunterschiede. Alle C. besitzen stets mehrere Hautdrüsen, so z. B. Voraugen-, Zwischenklauen-, Fußwurzel- und Stirndrüsen. C. leben meist gesellig, außerhalb der Paarungszeit (*Brunft*) nach Geschlechtern getrennt und während der Paarungszeit oft in polygamen Gruppen, in denen es zwischen den Männchen zu heftigen Kämpfen kommen kann. Viele Arten der C. sind, nicht zuletzt wegen ihres Geweihs, in vielen Regionen ein begehrtes Wild, was einerseits zur Gefährdung oder auch zur Ausrottung mancher Arten führte. Andererseits macht die Hege mancher Arten (vor allem des Rothirschs) die Bestandsregulierung durch den Menschen notwendig, da die Bestandsdichten zu hoch sind und die Hirsche große Flur- und Waldschäden anrichten.

Neben den oben erwähnten Unterfam. gehören zu den C. noch die vorwiegend in Südostasien verbreiteten *Muntjakhirsche* (*Muntiacinae*) mit zwei Gatt. und sechs Arten, die *Echthirsche (Cervinae)* mit vier Gatt. und 14 Arten, darunter ↗ Damhirsche und ↗ Edelhirsche sowie die Unterfam. *Trughirsche (Odocoilinae),* u. a. mit den ↗ Rehen, dem ↗ Elch und dem ↗ Rentier. Die systematische Unterteilung der C. wird unterschiedlich gehandhabt, so werden die Moschushirsche mitunter auch in eine eigene Familie gestellt sowie Elche und Rentiere jeweils in eine eigene Unterfamilie.

Cervix, in der Anatomie allg. Bez. für Nacken, Hals bzw. für entsprechende Strukturen von Organen oder Körperteilen, so z. B. *C. dentis,* Zahnhals (↗ Zähne) oder *C. uteri,* Gebärmutterhals (↗ Gebärmutter).

Cervus, die Gatt. ↗ Edelhirsche.

Cesalpino, *Andrea,* ital. Botaniker, * 6.6.1519 Arezzo (Toscana), † 23.2.1603 Rom; ab 1555 Prof. der Medizin und Direktor des Botanischen Gartens in Pisa, ab 1592 Leibarzt des Papstes Clemens VIII. und Prof. an der Sapienza in Rom. C. ist Begründer der wissenschaftlichen Botanik. Er schuf das erste Pflanzensystem, indem er die Pflanzen nach Blüten und Früchten gruppierte und legte eines der ersten Herbarien an. 1571 beschrieb er den Umlauf des Blutes, insbesondere den kleinen oder Lungen-

Kreislauf. Nach ihm sind die ↗ Caesalpiniaceae benannt.

Cestoda, *Bandwürmer,* Gruppe der Plattwürmer (↗ Plathelminthes) mit rund 3500 Arten, die nach neuerer Systematik mit den bislang den ↗ Trematoda zugeordneten ↗ Monogenea als ↗ Cercomeromopha zusammengefasst werden. Bandwürmer leben ausschließlich endoparasitisch und sind im *Körperbau* stark an diese Lebensweise angepasst. Sie besitzen keinen Darm, sondern nehmen ihre Nahrung über die Körperoberfläche auf, die wie bei Trematoda und Monogenea durch eine mit Mikrovilli besetzte *Neodermis* gebildet wird. Diese dient außer der Nahrungsresorption auch dem Schutz vor dem Immunsystem bzw. den Verdauungsenzymen des Wirts. Der bei geschlechtsreifen Tieren stark abgeplattete Körper (Name!) besteht größtenteils (bei den Cestoida) aus Kopfabschnitt (*Scolex*) mit Halteapparat, Hals und einer mehr oder weniger langen (bis 20 m beim Fischbandwurm) Gliederkette (*Strobila*). Der Körper erscheint dadurch gegliedert, dass von der großen Anzahl von Geschlechtsorganen jeweils ein Satz in einem abgesonderten Körperabschnitt, der *Proglottis,* liegt. Da jedoch keine innere Begrenzung zwischen den Proglottiden existiert, liegt keine echte Segmentierung wie bei den ↗ Annelida vor. Die *Proglottiden* werden nach Befruchtung oder Eireifung einzeln oder in Gruppen abgeschnürt und vom Wirt ausgeschieden.

Die Entwicklung der C. ist fast immer mit einem Wirtswechsel verbunden: Als geschlechtsreife Würmer kommen sie überwiegend im Verdauungstrakt von Wirbeltieren, einschließlich des Menschen vor (Endwirte). Ihre Larven bzw. ungeschlechtlichen Vermehrungsstadien entwickeln sich vor allem in

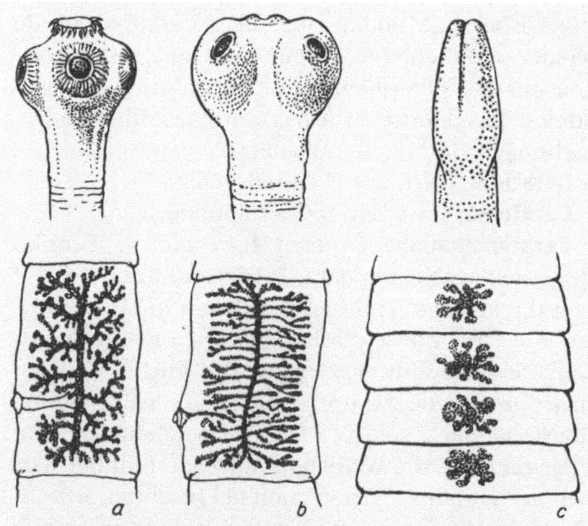

Cestoda   Köpfe und reife Glieder von Bandwürmern. a Schweinebandwurm (*Taenia solium*), b Rinderbandwurm (*Taenia saginata*), c Fischbandwurm (*Diphyllobothrium latum*)

Gliederfüßern (↗ Arthropoda) und Wirbeltieren, aber auch in ↗ Oligochaeta, ↗ Hirudinea und ↗ Gastropoda (Zwischenwirte). Mit Ausnahme einer Gattung sind alle C. Zwitter. Die Entwicklung erfolgt über mehrere Larvenstadien (u. a. *Coracidium*, *Lycophora*, *Oncosphaera*) und postlarvale Stadien (u.a. *Cysticercoid*, *Cysticercus*, *Strobilocercus*).

Die C. werden in mehrere Gruppen unterteilt, von denen die artenreichste die *Cestoida* sind. Zu ihnen gehören u. a. der Hunde- und der Fuchsbandwurm (Gatt. ↗ Echinococcus), der ↗ Fischbandwurm (*Diphyllobothrium latum*), weiterhin Rinder- und Schweinebandwurm (Gatt. ↗ Taenia) sowie der 2 - 4 cm lange *Zwergbandwurm* (*Hymenolepis diminuta*), der ein wichtiges Labortier der Bandwurmforschung ist.

Cetacea, *Wale*, Ord. der Säugetiere mit zwei Unterord., den Bartenwalen (↗ Mysticeti) und den Zahnwalen (↗ Odontoceti) die, je nach Systematik in acht bis elf Familien eingeteilt werden. Insgesamt ist die Einteilung der heute lebenden Wale umstritten. Die etwa 90 Arten sind weltweit verbreitet und leben, bis auf die *Flussdelphine* (Fam. *Pontoporiidae*), im Meer. Wale sind fischähnliche, fast haarlose, torpedoförmige Tiere mit, im Unterschied zu den Fischen, stets waagerecht gestellter Schwanzflosse. Die Vorderextremitäten sind zu Flossen umgewandelt, Hinterextremitäten fehlen oder sind rudimentär im Körperinneren. Unter der Haut befindet sich bei den meisten Arten eine dicke, der Wärmeisolierung dienende Fettschicht, der „Blubber". Wale haben kleine Augen und einen schwachen Gesichtssinn; ein äußeres Ohr fehlt, der Gehörsinn ist ebenso wie der Geruchssinn jedoch gut entwickelt. Ortung und innerartliche Verständigung geschehen durch Laute im Ultraschallbereich.

Wale können ausgezeichnet schwimmen und tief (Pottwal bis etwa 2000 m) sowie lange (manche Arten länger als eine Stunde) tauchen. Pro Atemzug tauschen sie bis zu 90 % der in der Lunge vorhandenen Luft aus (Mensch nur 10 - 15 %) und können der Atemluft rund 10 % ihres Sauerstoffgehalts entziehen (Mensch höchstens 5 - 6 %). Großwale stoßen nach einem Tauchgang die verbrauchte Luft unter hohem Druck aus und erzeugen dabei eine Dampfwolke („Blas"), deren Form arttypisch ist.

Vor allem Bartenwale machen jahresrhythmische Wanderungen, wobei sie insbesondere zur Fortpflanzung wärmere Meere aufsuchen. Sie bringen nach einer Tragzeit von 10 bis 16 Monaten ein Junges zur Welt, das sehr schnell heranwächst und mit fünf bis zehn Jahren geschlechtsreif wird.

Nachdem der Walfang seit Anfang des 20. Jh. intensiviert und modernisiert wurde, nahmen die Bestände der bejagten Arten drastisch ab. Vor allem die Großwale standen kurz vor dem Aussterben, die meisten Arten sind in ihren Beständen bedroht. Die Internationale Walfang Kommission (IWC) verbietet seit 1986 die kommerzielle Jagd auf Wale, und alle Arten, einschließlich der Zwergwale, stehen im Anhang I von CITES und sind damit vom internationalen Handel ausgeschlossen. Zudem sind die Antarktis und der Indische Ozean zu Wal-Schutzgebieten erklärt worden, in denen der Walfang grundsätzlich verboten ist. Trotzdem werden insbesondere Zwergwale und Grauwale weiterhin bejagt. Außer durch die Jagd sind alle Walarten aber auch durch die zunehmende Verschmutzung der Meere mit Chemikalien und biologisch nicht abbaubarem Plastikabfall gefährdet. Zudem stört der Lärm durch den Schiffsverkehr die Kommunikation der Wale und ihre Orientierung durch Ultraschall und nicht zuletzt sterben immer wieder Wale in großen Treibnetzen.

Cetorhinus, die Gattung ↗ Riesenhaie.

Cetraria, Gatt. der Flechten (↗ Lichenes).

cGMP, Abk. für *zyklisches Guanosin-3',5'-monophosphat* (↗ Guanosinphosphate).

Chaenichthyidae, *Eisfische*, Fam. der Barschfische (↗ Perciformes), deren Arten vorwiegend in der Antarktis verbreitet sind, wo sie 80 - 99 % der Fischfauna ausmachen. C. besitzen keine roten Blutkörperchen und kein Hämoglobin.

Chaetae, die ↗ Borsten der Annelida.

Chaetodontidae, *Borstenzähner*, Fam. der Barschfische (↗ Perciformes) mit rund 190 Arten, die in Korallenriffen leben. Die Arten der C. sind sehr farbenprächtige Fische mit einem seitlich abgeplatteten, hochrückigen Körper und borstenartigen Zähnen. Einige Arten sind Aquarienfische, jedoch existiert bei uns ein Importverbot für C., da die Bestände bedroht sind.

Chaetognatha, *Pfeilwürmer*, Tiergruppe, die bislang im Tierreich nicht eindeutig einzuordnen ist und daher eine isolierte Stellung einnimmt. Der ursprünglichen rezenten Gattung *Spadella* nahe stehende Fossilien aus dem Kambrium deuten darauf hin, dass die C. eine sehr alte Tiergruppe zu sein scheint.

Die etwa 120 bekannten, 6 bis etwa 100 mm großen Arten leben ausschließlich im Meer, meist als pelagische Beutejäger. Sie treten häufig in solchen Massen auf (5 - 10 % der Biomasse), dass sie eine bedeutende Rolle in der Nahrungskette des marinen Ökosystems spielen. Der Körper ist in Kopf und Rumpf unterteilt, von pfeilförmiger Gestalt und glasklar durchsichtig, mit zwei Paar Seitenflossen und einer Schwanzflosse, die sämtlich unbeweglich sind. Ihre Epidermis ist überwiegend mehrschichtig, eine Besonderheit für Wirbellose. Der Kopf ist mit muskulösen Greifhaken versehen, die dem Beutefang dienen. Einzigartig im Tierreich ist eine kapuzenartige Hautfalte (*Praeputium*), die in Ruhestellung über den Kopf gezogen wird und vermutlich der Verringerung des Schwimmwiderstands dient. Rund um den Mund befinden sich Drüsen, die ein starkes Nervengift absondern, das die Beutetiere, insbesondere Fischlarven und Krebschen, lähmt. C. besitzen kein Blutgefäßsystem, und auch ein Exkretionssystem konnte bislang nicht eindeutig nachgewiesen werden, wenngleich eine drüsenreiche Wimpernrinne im Nackenbereich (*Corona ciliata*) mitunter als Exkretionsorgan (mitunter aber auch als Sinnesorgan) gedeutet wird. Das Nervensystem ist mit einem großen Cerebralganglion und einigen weiteren Ganglien gut ausgebildet. C. sind proterandrische Zwitter, die erst eine männliche Geschlechtsreife durchlaufen, ehe in den Ovarien die Eier reifen. Manche Gatt. der C. besitzen ein erstaunliches Regenerationsvermögen selbst größerer Rumpfabschnitte.

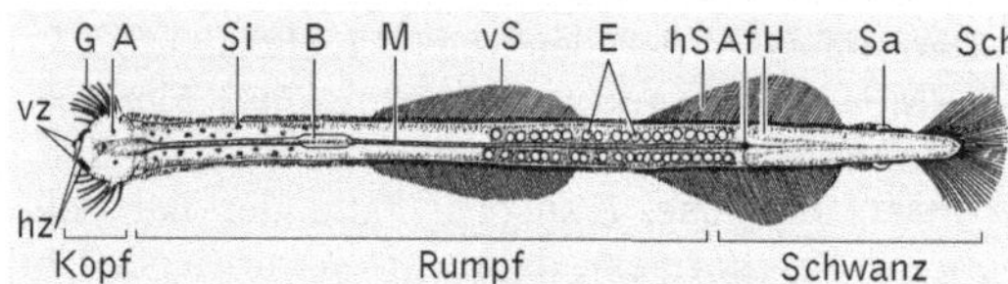

Chaetognatha Schema des Bauplans der Chaetognatha. A Auge, Af After, B Bauchganglion, E Eier im Ovar, G Greifhaken, H Hoden, hS hintere Seitenflosse, hZ hintere Zähne, M Mitteldarm, Sa Samenblase, Si Sinnespapille, Sch Schwanzflosse, vS vordere Seitenflosse, vZ vordere Zähne

Chaetonotida, Gruppe der Bauchhärlinge (↗ Gastrotricha).

Chaetophorales, Ord. der Grünalgen (↗ Chlorophyta) mit drei Fam. Der ↗ Thallus dieser Algen bildet verzweigte Fäden aus einkernigen Zellen, die einen ↗ Chloroplasten enthalten. Der Thallus ist meist heterotrich, d. h., er besteht aus zwei Teilen: einer „Sohle" aus flach kriechenden, verzweigten Zellfäden und aus aufrecht wachsenden Fäden, die die Reproduktionsorgane tragen.

Chain, Sir *Ernst Boris*, russisch-britischer Biochemiker, ✳ 19.6.1906 Berlin, † 12.8.1979 Castlebar (Mayo, Irland); ab 1930 als Chemiker an der Berliner Charité, seit 1933 in Cambridge und Oxford, 1948-61 Prof. und Direktor des Internationalen Forschungszentrums für chemische Mikrobiologie in Rom, ab 1961 Prof. für Biochemie und Direktor des Imperial College of Science and Technology in London. C. arbeitete u. a. über von Mikroorganismen produzierte antibakterielle Substanzen. Für seine zusammen mit Florey durchgeführten Arbeiten, die zur Aufklärung der Struktur und der medizinischen Wirkung des Penicillins sowie der Hemmung durch Penicillase führten, erhielt er 1945 zusammen mit A. ↗ Fleming und H.W.

↗ Florey den Nobelpreis für Physiologie oder Medizin.

Chalaza, basaler Bereich der Samenanlage von Bedecktsamern (↗ Angiospermae), von dem die ↗ Integumente (Schutzhüllen) ausgehen.

Chalazogamie, ↗ Befruchtung.

Chamaeleonidae, *Chamäleons*, den Agamen (↗ Agamidae) nahe stehende Fam. der Echsen (↗ Squamata), die mit ca. 120 Arten in zwei Gatt. vor allem in Afrika und Madagaskar beheimatet ist. C. sind meist baumlebend und haben einen kurzen, seitlich abgeplatteten Körper mit Greifschwanz. Der Kopf ist oft mit Hörnern oder Helmen versehen. Die großen Augen sind von dicken mit Körnerschuppen versehenen Augenlidern bedeckt, die nur die Pupille freilassen; sie können sich unabhängig voneinander bewegen. C. besitzen eine dicke, mitunter körperlange Zunge, die an der Spitze keulenförmig verdickt und klebrig ist. Sie wird beim Beutefang blitzschnell vorgestreckt. Zahlreiche ↗ Chromatophoren ermöglichen im Zusammenspiel mit lichtbrechenden, guaninhaltigen Iridocyten und Zellen mit Fettkügelchen, einen ständigen, sehr variablen ↗ Farbwechsel, der sowohl von äußeren (z. B. Wärme, Licht) als auch von inneren (z .B. Erregung, Hunger) Faktoren beeinflusst wird. Die Lunge besitzt Luftsäcke, die zur Feindabwehr aufgeblasen werden und dadurch die C. plötzlich dicker erscheinen lassen. C. ernähren sich vor allem von Insekten, aber auch anderen Wirbellosen, größere Arten auch von kleinen Wirbeltieren. Die meisten Arten sind ovipar, solche in kühleren Klimaten ovovivipar. – Einzige, auch in Europa (im südlichen Mittelmeerraum) vorkommende Art ist das 25 - 30 cm lange *Gewöhnliche oder Europäische Chamaeleon (Chamaeleo chamaeleon)* mit leicht gezähntem Rückenkamm, stumpf pyramidenförmigem Helm auf dem Kopf und einem vom Kinn zum After verlaufenden Bauchkamm.

Chamaeleonidae Chamäleon (*Chamaeleo* spec.) beim Fang eines Insekts. Chamäleons können die Entfernung zur Beute allein durch Fokussieren eines Auges auf die Beute einschätzen, da sie – einmalig im Tierreich – Linsenaugen mit einer Streulinse besitzen; diese haben einen breiteren Brennpunktbereich und bewirken eine Vergrößerung des Abbildes auf der Netzhaut und somit eine höhere Auflösung

Chamaephyten, ↗ Lebensform bei Pflanzen, bei denen die Überdauerungsknospen in 1 - 50 cm Höhe über dem Boden liegen und damit in der Regel durch die Schneedecke geschützt sind. Die C. können unterteilt werden in Zwergsträucher (↗ Zwergstrauch), Spaliersträucher, strauchige und halbstrauchige bzw. nicht verholzte Polsterpflanzen, Kräuter oder Grasartige mit niederliegend-kriechenden Trieben oder Ausläufern, deren Knospen nahe über dem Boden überdauern, Spreizklimmer (↗ Kletterpflanzen), niedrige Sukkulenten und fortwährend assimilationsfähige, hochwüchsige Gräser und Grasartige in Steppengebieten. Zu den C. i.w. S. zählen auch diejenigen Moose und Algen, die die ungünstige Jahreszeit in der Nähe des Bodens überdauern.

Chamäleons, die Fam. ↗ Chaemaeleonidae.

Chamaerops, Gatt. der ↗ Arecaceae.

Champignons, *Egerlinge*, *Agaricus*, Gatt. der zu den Blätterpilzen (↗ Agaricales) gehörenden Fam. *Agaricaceae* mit etwa 70 Arten in Europa, unter denen sich viele beliebte Speisepilze finden. Im Unterschied zu den sehr giftigen ↗ Knollenblätterpilzen sind die Lamellen der C. nie rein weiß, sondern hellgrau, rosa bis schwarzbraun; das weiße Fleisch rötet sich beim Anschneiden. Der beringte Stiel ist unverdickt oder besitzt eine knollige Basis. Gute Speisepilze sind der *Wiesen-C.* (*Agaricus campestris* Fr.) und der *Wald-C.* (*Agaricus arvensis* Fr.), der durch seinen anis- oder bittermandelartigen Geruch auffällt. Große wirtschaftliche Bedeutung hat der *Kultur-C.* (*Agaricus hortensis* Pilat, *Agaricus bisporus* Imbach), der bereits seit dem 16. Jh. (in Frankreich) zum Verkauf gezüchtet wird. Eine schwach giftige Art der Gatt. ist der *Gift-Egerling* (*Agaricus xanthoderma* Genev.), mit chromgelber Stielknolle und Karbolgeruch.

Chaparral, Vegetationstyp in Kalifornien, der eine der ↗ Macchie ähnliche Vegetation aufweist. Der C. besteht vorwiegend aus immergrünen ↗ Hartlaubgewächsen.

Chaperone, ↗ Proteine, die im Zuge der ↗ Translation an ungefaltete Abschnitte der wachsenden Polypeptidkette binden und dafür sorgen, dass der zur Erreichung der komplizierten Sekundär- und Tertiärstruktur eines Proteins notwendige Faltungsprozess ungestört abläuft.

Characeae, einzige Fam. der Klasse ↗ Charophyceae.

Characidae, *Salmler*, Fam. kleiner karpfenähnlicher Fische, die mit über 1000 Arten in Süßgewässern der tropischen und subtropischen Gebiete Afrikas und Amerikas leben. Salmler besitzen eine Fettflosse und sind meist sehr bunt gefärbt. Sie sind durchweg Schwarmfische. Viele Arten sind bei uns als Aquarienfische beliebt, so z. B. Neonfisch (*Paracheirodon* [*Hyphessobrycon*] *innesi*, Trauer-

mantelsalmler (*Gymnocorymbus ternetzi*), Roter von Rio (*Hyphessobrycon flammeus*), Schmucksalmler (*Hyphessobrycon ornatus*) und der Schrägsalmler oder Schrägsteher (*Thayeria boehlkei*), der mit dem Kopf nach oben schräg im Wasser steht. Die ebenfalls zu den C. gehörenden, in Mittel- und Südamerika beheimateten Beilbauchfische (*Gasteropelecidae*) sind zu echtem Flug befähigt, wobei sie die schwingenähnlichen Brustflossen flügelartig bewegen. Ebenfalls zu den C. gehören die im Amazonas beheimateten Sägesalmler oder ↗ Piranhas (Gatt. *Piraya*).

Charadriidae, *Regenpfeifer*, Fam. der ↗ Charadriiformes mit 22 kleinen bis mittelgroßen, kurzschnäbeligen, am Boden lebenden Arten. Die Geschlechter sind meist gleich gefärbt. Typisch für die C. ist die Art der Nahrungssuche: Sie laufen schnell vorwärts, stoppen dann ruckartig in lauschend aufgerichteter Haltung, picken zu und laufen weiter. Außerhalb der Brutzeit leben die C. gesellig. Zu den C. gehört u. a. die Gatt. *Charadrius* („Kleine Regenpfeifer"), deren Arten meist oberseits sandfarben oder gräulichbraun sind und an Kopf und Hals oft eine typische schwarzweiße Zeichnung haben. Einer der häufigsten nördlichen Strandvögel ist der knapp 20 cm große *Sandregenpfeifer* (*Charadrius hiaticula*) mit charakteristischer schwarzweißer Zeichnung an Kopf und Brust, orangegelben Beinen und gelbem Schnabel mit schwarzer Spitze. Sehr ähnlich in der Färbung, jedoch kleiner und schlanker ist der *Flussregenpfeifer* (*Charadrius dubius*), der, meist einzeln oder paarweise, auch an Binnengewässern vorkommt. Der ebenfalls an den Küsten vorkommende *Seeregenpfeifer* (*Charadrius alexandrinus*) ist insgesamt heller als die beiden vorgenannten Arten und hat dunkle Beine. Zur Gattung *Pluvialis* („Große Regenpfeifer") gehört u. a. der außerhalb der Brutzeit sehr gesellige und oft mit Kiebitzen vergesellschaftete *Goldregenpfeifer* (*Pluvialis apricaria*); er ist 26 - 30 cm groß, oberseits goldgelb mit dunkler Fleckung, Bauch außerhalb der Brutzeit hell, im Prachtkleid tiefschwarz mit leuchtend weißer Begrenzung. Ebenfalls zu den C. gehören die Kiebitze (Unterfam. Vanellinae), u. a. mit dem *Kiebitz* (*Vanellus vanellus*), dem häufigsten und auffälligsten Regenpfeifer in Mitteleuropa. Charakteristisch sind der lange Schopf und die breiten runden, metallisch grün glänzenden Flügel. Typisch sind auch der namengebende Ruf („kie-wit") und der gaukelnde Balzflug. Außerhalb der Brutzeit findet er sich auf Wiesen, Ackerland, in Sumpfland. Im Winter und auf dem Zug an flachen Binnengewässern und Küsten.

Charadriiformes, *Larolimicolae*, *Regenpfeifervögel*, Ord. der Vögel (↗ Aves) mit 335 Arten, zu denen u. a. die Watvögel (↗ Limicolae), die Alken (↗ Alcidae) und die Möwen (↗ Laridae) gehören.

Abgrenzung und Einteilung dieser Ordnung sind jedoch umstritten, vielleicht gehören u. a. auch die traditionell den ↗ Ciconiiformes zugeordneten Flamingos in diese Ordnung.

Charadrius, Gatt. der ↗ Charadriidae.

Charakterarten, *Kennarten* 1) in der *Pflanzensoziologie* Arten, die eine ↗ Pflanzengesellschaft kennzeichnen und in dieser ausschließlich oder vorzugsweise vorkommen.

2) in der *Pflanzen-* und *Tiergeografie* Bez. für Arten, die fast ausschließlich in einem bestimmten Lebensraum vorkommen.

Charales, Ord. der Grünalgen (↗ Chlorophyta), die nach neuerer Systematik als eigene Klasse ↗ Charophyceae geführt wird.

Chargaff, *Erwin*, österr.-amerikan. Biochemiker und Schriftsteller, ✳ 11.8.1905 Tschernowzy; 1930-33 in der bakteriologischen Abteilung der Universität Berlin und anschließend bis 1935 am Institut Pasteur in Paris tätig; seit 1935 am College of Physicians and Surgeons der Columbia University (New York), ab 1952 Prof. für Biochemie, 1970-74 Leiter des Departments Biochemistry der Columbia University. C. untersuchte Ende der 1940er-Jahre chromatographisch die relative Zusammensetzung von Nucleinsäuremolekülen aus Purin- und Pyrimidinbasen und stellte aufgrund der gewonnenen Erkenntnisse die ↗ Chargaff-Regeln auf, die eine der Voraussetzungen zur Entwicklung des Doppelhelix-Modells durch J.D. Watson und F.H.C. Crick waren.

Chargaff-Regeln, Gesetzmäßigkeit über die quantitative Basenzusammensetzung der DNA, die erstmals von E. ↗ Chargaff formuliert wurde. Demnach stimmen in einem DNA-Molekül die Anzahl der Basen ↗ Adenin und ↗ Thymin sowie ↗ Guanin und ↗ Cytosin bzw. der ↗ Purinbasen und ↗ Pyrimidinbasen exakt überein. Des weiteren ist die Basenzusammensetzung eng verwandter Arten ähnlicher als die von phylogenetisch weiter entfernten Taxa.

Charophyceae, *Armleuchteralgen*, Klasse der Grünalgen (↗ Chlorophyta) mit der einzigen heute noch lebenden Fam. *Characeae*. Weltweit sind ca. 300 Arten in Süß- und Brackwasser bekannt, davon ca. 40 in Deutschland. Es sind Algen mit schachtelhalmartigem Thallus, der z. T. bis 1 m hoch wächst. Charakteristisch ist die regelmäßige Untergliederung des Thallus in Knoten (Nodi) und Stängelglieder (Internodien). Aus den Knoten entspringen Quirle von Seitenzweigen, die genauso gegliedert sind wie die Hauptachse. Am Untergrund, meist auf Sand oder Schlamm, haften die Algen mit Hilfe von ↗ Rhizoiden fest. Die Armleuchteralgen bilden in stehenden oder schwach fließenden Gewässern oft fußhohe „Unterwasser-Wiesen" (*Chara-Wiesen*). Süßwasserarten wachsen oft nur in Gewässern mit

hohen pH-Werten (pH 7 und mehr). Die Zellwände sind häufig mit Kalk inkrustiert. Viele Arten gehören zu den wichtigsten Kalktuffbildnern. Die Gatt. *Armleuchter, Chara*, ist über die ganze Erde verbreitet.

Chasmogamie, die ↗ Bestäubung einer Blüte in geöffnetem Zustand. Gegensatz: ↗ Kleistogamie

Châtelperronien, nach dem Fundort Grotte des Fées in Châtelperron (Frankreich) benannte Werkzeugkultur aus dem Übergang vom Mittel- zum ↗ Jungpaläolithikum in Südwestfrankreich und Nordspanien (ungefähr zeitgleich mit dem ↗ Aurignacien). Charakteristisch sind Geweih-, Knochen- und Elfenbeinobjekte, durchbohrte Zähne und Muschelschalen u. a. Anhänger aus Knochen und Stein sowie Messer, Spitzen und Stichel.

Chaulmoograöl, *Chaulmugraöl*, vor allem aus dem Samen des indischen Chaulmoograsamenbaums (*Hydnocarpus kurzii*) gewonnenes Öl bzw. salbenartiges Fett, das insbesondere in Indien seit Jahrhunderten als Heilmittel gegen ↗ Lepra angewendet wird. Die Wirkung beruht vermutlich darauf, dass Lipide der Lepraerreger (↗ Mykobakterien) teilweise gegen die im C. enthaltene Chaulmoograsäure und ihre Derivate ausgetauscht werden, was den zelleigenen Lipidstoffwechsel stört.

Cheirogaleidae, *Katzenmakis*, Fam. der Lemuren (↗ Lemuridae) mit vier auf Madagaskar verbreiteten Gatt. Katzenmakis sind 11 - 25 cm körperlange Nacht- und Dämmerungstiere mit großen Augen und einem ↗ Tapetum lucidum. Sie können trotz ihres dichten, wolligen Fells die Körperwärme nicht vollkommen regeln und verfallen bei kühleren Temperaturen, aber auch während der Trockenzeit in einen Starrezustand, der bis zu einigen Monaten andauern kann. Ihre Nahrung besteht aus pflanzlichen Säften, Insekten, Eidechsen und vermutlich auch Kleinvögeln. Zu den C. gehört der mit 11 cm Körperlänge kleinste lebende Primat überhaupt, der *Mausmaki (Microcebus murinus)*.

Chelicerata, *Spinnentiere*, etwa 60000 rezente Arten umfassende Gruppe der Gliederfüßer (↗ Arthropoda), die auf insgesamt 12 Subtaxa verteilt sind. Die kleinsten rezenten Arten sind kaum 0,1 mm große Milben, die größte Art ist *Limulus polyphemus* (Xiphosura) mit 60 cm Größe. Mit Ausnahme der Milben, unter denen auch Parasiten und Zersetzer zu finden sind, leben alle C. räuberisch.

Der Körper ist gegliedert in Vorderkörper (*Prosoma*) mit sechs Extremitätenpaaren und Hinterkörper (*Opisthosoma*). Das Prosoma trägt viele Sinnesorgane, die Mundwerkzeuge und die Laufbeine. Die miteinander verschmolzenen Segmente des Prosoma sind von einer einheitlichen Platte (*Scutum, Carapax, Peltidium*) bedeckt. Im Opisthosoma befinden sich die Verdauungs-, Kreislauf, Atmungs- und Geschlechtsorgane. Die vordersten Extremitäten des Prosomas sind die *Cheliceren*. Sie waren ursprünglich dreigliedrig und mit Scheren versehen, haben aber insbesondere bei den Arachnida Abwandlungen erfahren. Die übrigen Extremitäten gliedern sich in Coxa, Trochanter, Femur, Patella, Tibia, Tarsus und Praetarsus, oft ist die Zahl der Glieder sekundär erhöht. Sinnesorgane sind Lateral- und Medianaugen sowie zahlreiche Mechano- und Chemorezeptoren. Der Exkretion dienen an den Coxen der Laufbeine liegende, umgewandelte Nephridien, die *Coxaldrüsen*, sowie Nephrocyten, der hintere Mitteldarmabschnitt und bei den Arachnida Malpighi-Schläuche. Der Kreislauf ist offen, Atmungsorgane sind bei Xiphosura Buchkiemen, bei Arachnida Fächerlungen oder Tracheen.

Die C. sind vermutlich die Schwestergruppe der ausgestorbenen ⬈ Trilobita. Sie entfalteten sich zunächst im Meer, wo noch die Xiphosura leben, dann im Brack- und Süßwasser (⬈ Eurypterida). Die Arachnida, als Schwestergruppe der Xiphosura, haben ihre Evolution an Land durchgemacht. ⬈ Arachnida und ⬈ Xiphosura werden als *Euchelicerata* zusammengefasst, die den ⬈ Pantopoda als Schwestergruppe gegenübergestellt werden.

Cheliceren, das vorderste Extremitätenpaar der Spinnentiere (⬈ Chelicerata).

Chelidonium, Gatt. der ⬈ Papaveraceae.

Chelonia, 1) *Testudines*, *Schildkröten*, Ord. der ⬈ Reptilia mit weltweit etwa 200 Arten in tropischen und gemäßigten Regionen. Charakteristisch ist der vorne und hinten offene Panzer, der aus einer Knochen- und einer Hornschicht besteht und den Körper umschließt. Die etwa 60 Knochen des Panzers werden *Platten* genannt. Der dorsale Teil des Panzers, der *Carapax*, besteht aus den medial gelegenen *Neuralia*, die mit den Dornfortsätzen der Wirbel verwachsen sind, den davon lateral gelegenen *Costalia*, die mit den Rippen verwachsen sind und den seitlich gelegenen *Marginalia*. Die Bauchseite des Panzers, das *Plastron*, besteht aus den abgeflachten *Claviculae* (Schlüsselbeine), einer unpaaren *Interclavicula* und drei weiteren Knochenpaaren, die aus Bauchrippen entstanden sind. Bei landlebenden Arten ist der Panzer meist hochgewölbt, bei im Wasser lebenden ist er eher flach. Kopf, Hals, Extremitäten und der kurze Schwanz können meist vollständig in den Panzer zurückgezogen werden. Weitere typische Merkmale der C. sind die zahnlosen Kiefer, die nur mit einem Hornschnabel bedeckt sind, der unter den Rippen liegende Extremitätengürtel und eine schwammartige Lunge mit eigenen Atemmuskeln. Der Schädel besitzt keine Schläfenöffnungen, Nasenbeine fehlen. – Landbewohnende Arten ernähren sich eher von pflanzlicher, wasserbewohnende Arten eher von tierischer Nahrung. C. pflanzen sich durch Eier fort, die immer an Land in selbstgegrabenen Gruben abgelegt und verscharrt werden.

Die heute lebenden S. werden in zwei Unterord. unterteilt: Die *Pleurodira* (*Halswender*) legen beim Einziehen des Kopfes den Hals seitlich unter die Ränder des Panzers. Ihr Becken ist mit dem Bauchpanzer verwachsen. Sie bewohnen die Süßgewässer von Südamerika, Südafrika und Madagaskar sowie Australiens. Zu Ihnen gehören die Fam. *Pelomedusidae* (Pelomedusenschildkröten) mit 14 Arten und die *Chelidae* (Schlangenhalsschildkröten) mit 31 Arten. Die zweite Unterord. sind die *Cryptodira* (*Halsberger*); die den Hals beim Einziehen des Kopfes senkrecht S-förmig krümmen. Das Becken ist nicht mit dem Panzer verwachsen. Zu ihnen gehören u. a. die Familien Schnappschildkröten (⬈ Chelydridae), Sumpfschildkröten (⬈ Emydidae), echte Landschildkröten (⬈ Testudinidae), ⬈ Cheloniidae und ⬈ Dermochelyidae. – Die C. sind eine sehr urtümliche Gruppe. Die ältesten Funde stammen aus der oberen Trias.

2) die Gatt. Suppenschildkröten (⬈ Cheloniidae).

Cheloniidae, *Meeresschildkröten*, zu den Halsbergern (⬈ Cryptodira) gehörende Fam. der Schildkröten (⬈ Chelonia) mit 80 - 140 cm großen, in tropischen und subtropischen Meeren lebenden Arten. Die Extremitäten sind in Anpassung an ihre Lebensweise zu Paddeln umgewandelt. Das Land wird ausschließlich zur Eiablage aufgesucht, wobei die Weibchen immer dieselben Nistplätze aufsuchen. Die Jungtiere suchen unmittelbar nach dem Schlüpfen das Wasser auf. Zu den C. gehören u. a. die Suppenschildkröten (Gatt. *Chelonia*) mit der bis 1,4 m langen *Suppenschildkröte* (*Chelonia mydas*), deren Bestände durch intensive Bejagung stark bedroht sind. Weiterhin gehören zu den C. die *Echte Karettschildkröte* (*Eretmochelys imbricata*), deren Hornschilder als Schildpatt gehandelt werden und die daher durch rücksichtslose Bejagung sehr selten geworden ist, sowie die *Unechte Karettschildkröte* (*Caretta caretta*), die häufigste Schildkröte im Mittelmeer. Auch ihre Hornschilder wurden früher zu Schildpatt verarbeitet.

Chelydridae, *Schnappschildkröten*, Fam. der Schildkröten (⬈ Chelonia) mit zwei langschwänzigen, in Amerika vorkommenden Arten, deren Bauchpanzer reduziert ist. Die *Geierschildkröte* (*Macroclemys temminckii*) lauert mit geöffneten Kiefer auf Beute, wobei die rote, wurmähnliche Zunge als Köder dient.

chemiosmotische Theorie, *Mitchell-Theorie*, eine von P.D. ⬈ Mitchell 1961 aufgestellte Theorie zur Erklärung des Mechanismus der Kopplung von ⬈ Redoxreaktion und Phosphorylierung in der mitochondrialen ⬈ Atmungskette. Parallel zum Elektronentransport in der Atmungskette wird durch die Wirkung der drei Protonenpumpen ein Protonengradient aufgebaut, aus dem ein pH-Gradient zwischen Matrixraum (basisch) und Zwischenmembranraum (sauer) resultiert. Durch die gleichzeitige Ladungsverschiebung entsteht ein Membranpotenzial, bei dem die Innenseite der Membran negativ und die Außenseite positiv geladen ist. Der pH-Gradient und das Membranpotenzial erzeugen die *protonenmotorische Kraft*, in der die freie ↗ Energie der Redoxreaktion gespeichert ist. Durch den kontrollierten Rückfluss der Protonen in die Mitochondrienmembran, der durch die membrangebundene ATP-Synthase, eine ↗ ATPase, gewährleistet wird, kann die in der protonenmotorischen Kraft gespeicherte Energie der Oxidation für die Synthese von ATP (↗ Adenosinphosphate) genutzt werden.

Die bakterielle Elektronentransportphosphorylierung funktioniert ebenfalls nach diesem Prinzip. Die ATP-Synthase kann auch als ATPase fungieren und so mit der Energie aus der Hydroloyse von ATP einen Protonengradienten erzeugen. Auf diese Weise können z. B. strikt gärende Bakterien, die keine Elektronentransportphosphorylierung durchführen können, einen Protonengradienten für die Geißelbewegung oder für Transportprozesse erzeugen. Die Kopplung eines Protonengradienten mit der Synthese/Hydrolyse von ATP spielt u. a. auch bei der ↗ Fotophosphorylierung, bei der Wärmeerzeugung oder auch bei der Erzeugung von NADPH für Biosynthesen eine Rolle.

chemische Evolution, die Entstehung von Biomolekülen auf der Urerde als Voraussetzung für die Entstehung des ↗ Lebens und eine biologische ↗ Evolution (↗ Ursuppe, ↗ Hyperzyklus).

chemische Sinne, bei allen Tieren vom Einzeller bis zu den Wirbeltieren vorhandene Sinneseinrichtungen, die Tiere in die Lage versetzen, chemische Stoffe aus dem umgebenden Milieu mit Hilfe von *Chemorezeptoren (Chemosensoren)* wahrzunehmen. Sie sind das phylogenetisch älteste Sinnessystem. C.S. lassen sich in ↗ Geschmackssinn und ↗ Geruchssinn unterteilen. Diese Differenzierung entstammt der menschlichen Erfahrung, gilt aber aufgrund anatomischer und physiologischer Kriterien prinzipiell für Wirbeltiere (↗ Vertebrata), Insekten (↗ Insecta) und einige andere ↗ Arthropoda. Auch für einfachste Organismen sind chemische Signale als Informationsquelle über ihre Umwelt relevant. Bakterien können sich z. B. aufgrund ihres c. S. zu Nahrungsquellen hinbewegen bzw. toxische Substanzen meiden. Pantoffeltierchen (↗ Paramecium) reagieren auf Säure mit einer Fluchtreaktion. Süßwasserplanarien bemerken ausgelegte Futterstücke aus einer Entfernung von ca. 8 cm. Die hierfür verantwortlichen Chemorezeptoren befinden sich an den Seitenrändern des Kopfes. Werden diese

entfernt, können die Tiere keine Nahrung mehr finden. Viele Muscheln (↗ Bivalvia) besitzen chemische Sinneszellen (*Osphradien*) in der Mantelhöhle in der Nähe der Kiemen, die als Distanz-Chemorezeptoren fungieren, d. h. auf Stoffe reagieren, die mit dem Atemwasser herbeigeführt werden. Einige schwimmfähige Arten der Kamm-Muscheln, so z. B. die Pilgermuschel (*Pecten jacobaeus*), reagieren mit Fluchtbewegungen, wenn man ihrem Atemwasser den Extrakt von Seesternen, ihren natürlichen Feinden, beifügt. Krebstiere (↗ Crustacea) besitzen Chemorezeptoren an den Außengliedern der ersten Antennen, den Mundwerkzeugen und den Thorakalbeinen. Mit diesen Rezeptoren können unterschiedliche Salzkonzentrationen und ↗ pH-Werte des Wassers registriert werden. Bei Spinnentieren (↗ Chelicerata) liegen die Chemorezeptoren an den Mundgliedmaßen und in der Mundhöhle; sie dienen im Wesentlichen der Nahrungsprüfung. Bienen (↗ Apoidea) besitzen Kohlenstoffdioxid-Rezeptoren auf ihren Fühlern. Bei Anstieg des CO_2-Gehalts der Luft im Bienenstock wird die Frischluftzufuhr durch Fächeln mit den Flügeln erhöht.

Eine spezielle Form von Chemorezeptoren sind die Sauerstoff-Rezeptoren des Kreislaufsystems (↗ Blutkreislauf) der Säugetiere. Diese befinden sich im *Glomus caroticum*, einem Paraganglion, das an der Teilungsstelle der Arteria carotis communis in die Arteriae carotis externa und interna liegt. Es wird von einem Ast des ↗ Nervus glossopharyngeus innerviert. Außerdem befinden sich Chemorezeptoren in den ↗ Paraganglien des Aortenbogens und der rechten Arteria subclavia (zusammen als *Glomera aortica* bezeichnet). Diese Rezeptoren reagieren auf eine Änderung des Sauerstoffgehalts (O_2), des Gehalts an Kohlenstoffdioxid (CO_2) sowie des pH-Werts im arteriellen Blut. Ihre Aktivität wird direkt den Atmung und Kreislauf regulierenden Zentren des Zentralnervensystems zugeleitet und löst dort reflexartig ablaufende Kompensationsreaktionen aus. Zentrale Chemorezeptoren befinden sich in der Medulla oblongata; sie registrieren Veränderungen des Liquors und beeinflussen reflektorisch die Atmung. (↗ Atemzentrum)

chemisches Potenzial, Symbol μ, ist definiert als die freie Enthalpie G einer Substanz, bezogen auf ein Mol (μ = G/n; n = Anzahl der Mole der betrachteten Substanz). Die freie Enthalpie ist definiert als die Arbeitsleistung, die ein System verrichten kann, demnach ist das c. P. ein Maß für die Arbeitsleistung, zu der ein Mol einer Substanz befähigt ist. In biologischen Systemen liegen Stoffgemische vor. Hier entspricht die Summe der c.P. der einzelnen Komponenten der gesamten freien Enthalpie des betrachteten Systems, wobei das c. P. von der Temperatur (T) und der Konzentration c (eigentlich Aktivität) der Substanz abhängt:

$$\mu = \mu° + RT \ln c$$

Hierbei ist $\mu°$ das c. P. unter Standardbedingungen und R die allgemeine Gaskonstante ($8{,}314 \ J \ K^{-1} \ mol^{-1}$).

Chemokine, *Intercrine*, eine Klasse von *Chemoattraktantien* (chemischen Lockstoffen für Blutzellen). C. sind Polypeptide mit ähnlichen Aminosäuresequenzen und einer Länge von 70 - 80 Aminosäuren, die als Antwort auf bakterielle und virale Infektionen gebildet werden. Sie wirken recht spezifisch auf bestimmte Unterklassen von ↗ Leukocyten, vorzugsweise auf phagocytierende Zellen (↗ Phagocytose) wie z. B. Monocyten und Neutrophile. C. locken diese Zellen aus dem Blut zum Ort der Infektion, indem sie, gebunden an Endothelzellen und Strukturen der extrazellulären Matrix, einen Konzentrationsgradienten bilden, und vermitteln die Adhäsion der Phagocyten an das Gefäßendothel (*Blutzellenadhäsion*).

Chemokline, Bez. für eine chemische ↗ Sprungschicht, d. h. eine Wasserzone in einem stehenden Gewässer, in der sich im Vertikalprofil die chemische Zusammensetzung (z. B. der Salzgehalt) stark ändert. (↗ See)

Chemolithoautotrophie, Form der ↗ Chemolithotrophie, bei der CO_2 als C-Quelle benutzt wird.

Chemolithotrophie, Form des ↗ Stoffwechsels, bei der anorganische Verbindungen als Energiequelle (Elektronendonor) verwertet werden. Je nach Art der Kohlenstoffquelle unterscheidet man hierbei die *Chemolithoautotrophie*, bei der der Kohlenstoff aus dem CO_2 stammt, und *Mixotrophie*, bei der eine organische Kohlenstoffquelle genutzt wird. Chemolithoautotrophe Bakterien verwenden u. a. elementaren Schwefel (↗ Schwefel oxidierende Bakterien), Eisen(II)-Ionen (↗ Eisen oxidierende Bakterien), Nitrit (↗ Nitrit oxidierende Bakterien), Ammonium und Wasserstoff (↗ Wasserstoff oxidierende Bakterien) als Energiequelle (↗ Ernährung). Gegensatz: ↗ Chemoorganotrophie

Chemomorphosen, gestaltliche Veränderungen, die durch chemische Substanzen ausgelöst werden. Bei bestimmten Wasserfloharten der Gatt. ↗ Daphnia lösen z. B. chemische Substanzen, die von Raubfeinden abgegeben werden, die Bildung eines Helmes oder von Schalenhöckern („Nackenzähne") aus, die als Schutzeinrichtungen gegen diese Feinde wirken können. (↗ Cyclomorphosen)

Chemonastie, bei Pflanzen eine Form der ↗ Nastie, die durch chemische Reize ausgelöst wird und im Gegensatz zum ↗ Chemotropismus ungerichtete Bewegungen pflanzlicher Organe zur Folge hat. Ein klassisches Beispiel für C. ist der Fangmechanismus des Sonnentau (*Drosera rotundifolia*, ↗ carnivore Pflanzen), bei dem vor allem chemische und weniger thigmische Reize (↗ Thigmonastie) von Bedeutung sind. Die Blätter krümmen sich dann nastisch über dem gefangenen Tier ein.

Chemoorganotrophie, Form des ↗ Stoffwechsels, bei dem organische Verbindungen als Energiequelle und Kohlenstoffquelle genutzt werden. Diese Form des Stoffwechsels haben alle Tiere, die meisten ↗ Mikroorganismen und die grünen Pflanzen in der Abwesenheit von Licht (↗ Ernährung). Gegensatz: ↗ Chemolithotrophie

Chemorezeptoren, *Chemosensoren*, Sinneszellen bei Tieren und dem Menschen, die der Wahrnehmung von gelösten oder gasförmigen chemischen Substanzen in der Umwelt dienen (↗ chemische Sinne).

Chemosynthese, i. w. S. die ↗ Chemotrophie.

Chemotaxis, gerichtete Bewegung von freibeweglichen Organismen (Bakterien, Algen, bestimmte Pilze) und Gameten (Moose, Farne, Grün- und Braunalgen) deren Richtung durch chemische Stoffe (↗ Aerotaxis) und den Konzentrationsgradienten im diese umgebenden Medium bestimmt wird. *Positive C.* liegt vor, wenn die Bewegung zur Reizquelle hin, *negative C.* findet statt, wenn sich Organismen von dieser entfernen. Saprophytische und parasitische Bakterien und Pilze nutzen C., um zu ihren Nahrungsquellen bzw. Wirten zu gelangen, wohingegen Geschlechtszellen Lockstoffe abgeben, um Partner zu finden.

Chemotaxonomie, Teilgebiet der ↗ Taxonomie, das anhand des Vorkommens und der Verbreitung chemischer Inhaltsstoffe Aussagen über die taxonomische Einordnung und verwandtschaftlichen Beziehungen besonders bei Pflanzen trifft.

Chemotherapie, 1) *Medizin*: therapeutische Maßnahme, bei der Infektionserreger und Tumorzellen im menschlichen und tierischen Organismus mit Hilfe synthetischer Stoffe (*Chemotherapeutika*) möglichst ohne substanzielle Schädigung des Organismus abgetötet werden. Der Begriff wurde ursprünglich von P. ↗ Ehrlich geprägt und beinhaltet das *Konzept der selektiven Toxizität*. Heute wird C. meist gleichbedeutend mit Cytostatikatherapie (↗ Cytostatika) verwendet. In der Krebstherapie (↗ Krebs) unterscheidet man die *adjuvante C.*, die nach einer Operation oder Strahlentherapie kleinste Tochtergeschwülste und Tumorreste beseitigen soll, von der *neoadjuvanten C.*, die vor einer Operation oder Strahlentherapie den Tumor schädigen bzw. seine Masse reduzieren und eine Bildung von Tochtergeschwülsten (Metastasierung) verhindern soll.

2) In der *Phytopathologie* wird unter C. speziell die Anwendung chemischer Präparate zur Heilung erkrankter Pflanzen verstanden.

Chemotrophie, *Chemosynthese i. w. S.*, Ernährungsweise, bei der die Energie für Wachstum und Erhaltungsstoffwechsel aus chemischen Reaktionen stammt. Der Energiegewinn erfolgt dabei durch *aerobe Atmung, anaerobe Atmung* oder durch *Gärung*. Bei der *Chemoorganotrophie* werden organische Substrate verwertet, bei der *Chemolithotrophie* anorganische Substrate. Gegensatz: ↗ Fototrophie. (↗ Ernährung)

Chemotropismus, gerichtetes Wachstum von Pilzen und Pflanzen, das auf eine inhomogene Verteilung von gelösten oder gasförmigen Verbindungen in der Umgebung zurückzuführen ist. Bei Algen und Pilzen wachsen die Geschlechtszellen chemotropisch aufeinander zu, um dann zu verschmelzen. Auch phytopathogene Pilze nutzen C., um in das Blattinnere ihrer Wirte zu gelangen. Inwieweit das Wachstum des Pollenschlauches bei der ↗ Befruchtung auf C. zurückzuführen ist, ist noch nicht abschließend geklärt; hierfür werden auch ↗ Aerotropismus und *Hydrotropismus* diskutiert.

Chenodesoxycholsäure, eine ↗ Gallensäure, die therapeutisch eingesetzt wird, um Gallensteine, die nur aus ↗ Cholesterin bestehen, aufzulösen.

Chenopodiaceae, *Gänsefußgewächse*, Fam. der ↗ Caryophyllalles mit ca. 1400 Arten, die über die ganze Erde verbreitet sind. Überwiegend wachsen sie jedoch an salz- und stickstoffhaltigen Stellen, an Meeresstränden und als ↗ Ruderalpflanzen. Es sind meist Kräuter mit wechselständigen Blättern, die bei den sukkulenten (↗ Sukkulenz) Formen zurückgebildet sind. Die meist zwittrigen Blüten sind klein und unscheinbar, haben eine grünliche oder rötliche, einfache ↗ Blütenhülle und stehen zu knäueligen, trugdoldigen oder traubigen Blütenständen (↗ Blütenstand) vereint. Chemisch ist die Fam. u. a. durch das reichliche Vorkommen von Betain gekennzeichnet. Viele Ruderalpflanzen und Ackerunkräuter gehören zu den Gatt. *Gänsefuß*, *Chenopodium*, und ↗ Melde, *Atriplex*. Eine sukkulente Art ist der Queller, *Salicornia europaea*, der als ↗ Pionierpflanze an ↗ Standorten mit hohem

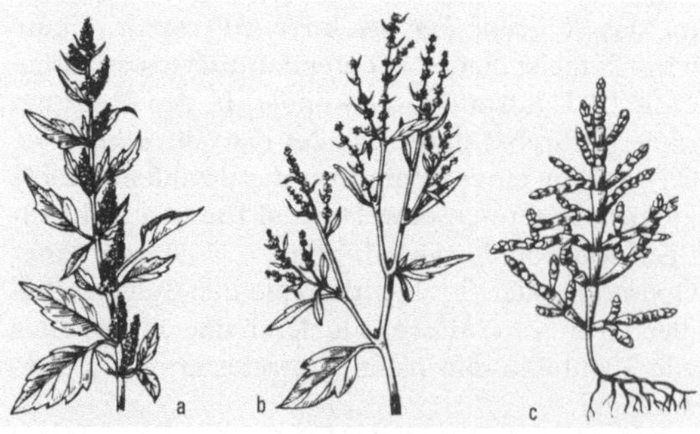

Chenopodiaceae a Weißer Gänsefuß (*Chenopodium album*), b Gemeine Melde (*Atriplex patula*), c Queller (*Salicornia europaea*)

Salzgehalt wie verlandenden Wattenmeeren wächst. Die wichtigste Gemüse- und Futterpflanze ist die zweijährige *Rübe, Beta vulgaris*, deren verschiedene Kulturformen als ↗ Zuckerrübe, ↗ Futterrübe (Runkelrübe), ↗ Rote Rübe (Rote Bete) und ↗ Mangold angebaut werden. Zu den Gemüsepflanzen der C. gehört auch der ↗ Spinat, *Spinacia oleracea*. In den südamerikanischen Anden wird ↗ Quinoa oder Reismelde, *Chenopodium quinoa*, angebaut. Viele Arten der Gatt. *Haloxylon* wachsen als „Bäume der Wüste" in den Wüstengebieten von Nordafrika bis Zentralasien. (↗ Halophyten)

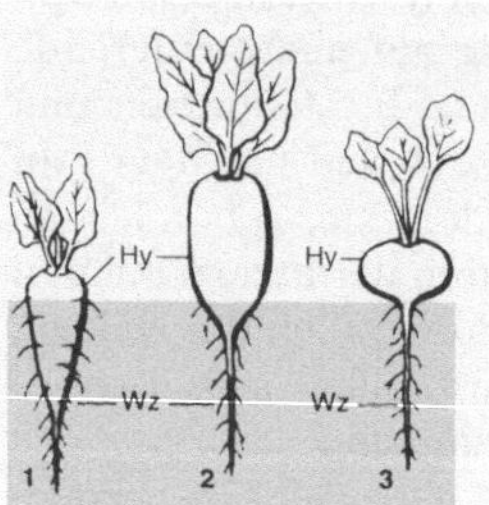

Chenopodiaceae Beta-Rüben: 1 Zuckerrübe, 2 Runkelrübe (Futterrübe), 3 Rote Rübe (Rote Bete); Hy Hypokotyl, Wz Wurzel

C-heterotroph, Bez. für Organismen, die ihren ↗ Kohlenstoff aus organischen Substraten beziehen (↗ Heterotrophie). Gegensatz: ↗ C-autotroph

Chevreul, *Michel Eugène*, franz. Chemiker, * 31.8.1786 Angers, † 8.4.1889 Paris; ab 1830 Prof. und 1864-79 Direktor am Musée d'Histoire Naturelle in Paris, seit 1824 Färbereidirektor der Königlichen Gobelinmanufaktur von Paris. C. ist der Begründer der wissenschaftlichen Fett- und Seifenchemie. Er entdeckte 1811 die Fette, die er in Glycerin und Fettsäuren zerlegte. Neben vielen anderen Substanzen entdeckte er das von ihm so genannte Cholesterin in Gallensteinen und isolierte 1815 Zucker aus dem Harn eines Diabetikers, den er als Glucose identifizierte und somit den ersten Schritt zur Erkennung des Diabetes als einer Regulationsstörung des Zuckerstoffwechsels vollzog.

Cheyne-Stokes-Atmung, Bez. für periodisch aufeinanderfolgende Atemzüge nach längeren Zwischenpausen, wobei zunächst die Atemzüge flach sind, dann zunehmend tiefer werden und wieder abflachen. Die C. - S. - A. ist ein Symptom bei schwerer Schädigung des Atemzentrums, z. B. durch Gifte oder Hirnblutungen.

Chiasma, Plural: *Chiasmata*, in der späten Prophase I der ↗ Meiose als Folge eines ↗ Crossing over auftretende Überkreuzung zweier Nicht-Schwesterchromatiden von gepaarten Chromosomen. Die Ausbildung von Chiasmata ist für die Aufrechterhaltung der Chromosomenpaarung bis zu ihrer endgültigen Trennung in der Anaphase I

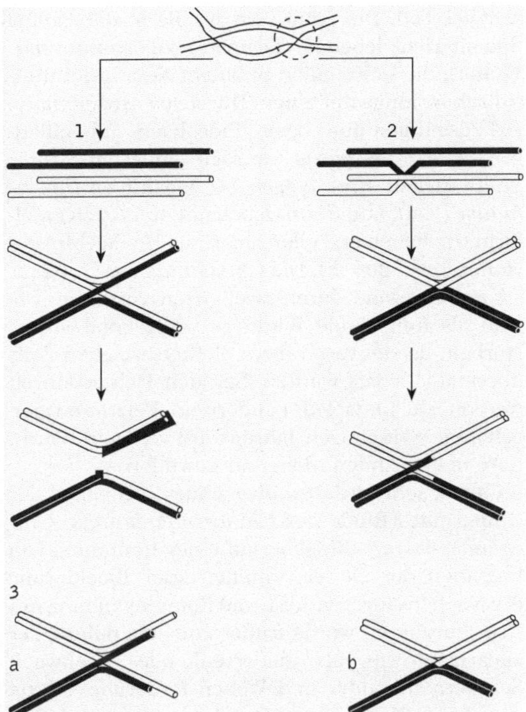

Chiasma Theorien der Chiasmabildung. **1** Chiasma als Ursache, Crossing over als Folge **2** Crossing over als Ursache und Chiasma als Folge **3** Ergebnisse der Analyse von Deletionsheterozygoten: gezeigt ist das hypothetische Ergebnis für Situation **1** und das tatsächlich beobachtete Ergebnis für Situation **2**

der Meiose unbedingt notwendig. Bei einer vorzeitigen Auflösung der C. oder gar deren völligem Fehlen kommt es zu Meiosestörungen.

Die klassische Cytogenetik hat sich lange Zeit damit beschäftigt, welche Kausalbeziehung zwischen Crossing over und C. besteht. Prinzipiell sind zwei Möglichkeiten von Ursache und Folge denkbar, wobei einmal C. die Ursache und Crossing over die Folge wäre oder aber die umgekehrte Sitation richtig ist. Inzwischen besteht kein Zweifel mehr daran, dass C. die Folge des Crossing over sind. Zur Klärung dieser Frage haben so genannte *Deletionsheterozygoten* beigetragen, bei denen einer der chromosomalen Paarungspartner deutlich kürzer ist.

Chiasma opticum, *Sehnervenkreuzung*, die an der Basis des Zwischenhirns (↗ Gehirn) liegende partielle oder vollständige Kreuzung der beiden von den Augen kommenden Sehnerven. Bei niederen Wirbeltieren, so z. B. dem Frosch kreuzen im C. o. alle Nervenfasern des vom linken Auge kommenden Sehnerven in die rechte Hirnhälfte und umgekehrt. Bei den Säugetieren kreuzt dagegen nur noch ein Teil der Nervenfasern und beim Menschen sind es nur noch gut die Hälfte der Axone, die im C. o. kreuzen. Dies steht offensichtlich mit dem binokularen

↗ Sehen in Zusammenhang: In dem Maße, wie sich die Gesichtsfelder der beiden Augen überlappen, bleiben im C. o. die Axone der temporal gelegenen Ganglienzellen der Netzhaut ungekreuzt, während die nasal liegenden Ganglienzellen kreuzen. Dies bedeutet, dass hinter dem C. o. im *Tractus opticus* jeweils die Fasern der gleichseitigen temporalen Netzhauthälfte zusammen mit denjenigen der kontralateralen nasalen Netzhauthälfte vereint sind.

Chiastoneurie, *Streptoneurie*, bei Schnecken (↗ Gastropoda) durch die Torsion des Eingeweidesacks entstandene Überkreuzung zweier Hauptnervenstränge, der Pleurovisceralkonnektive.

Chicorée, *Salatzichorie, Cichorium intybus* var. *foliosum*, als Salat und Gemüse verwendete ↗ Varietät der ↗ Wurzelzichorie.

Chillie, der ↗ Cayennepfeffer.

Chilognatha, Gruppe der Doppelfüßer (↗ Diplopoda).

Chilopoda, *Hundertfüßer*, Gruppe der Arthropoda mit ca. 3000 Arten, die überwiegend 1 - 10 cm, maximal bis etwa 25 cm lang sind. Die Zahl der Beinpaare variiert zwischen 15 (Scutigeromorpha und Lithobiomorpha) und 191 (Geophilomorpha). In Lebensweise, Fortpflanzung und Entwicklung sind die C. sehr vielgestaltig. Alle C. sind Räuber, die sich von Oligochaeten, Insekten, Spinnen, größere Arten auch von kleineren Echsen ernähren. Sie greifen ihre Beute mit den zu mächtigen Giftklauen (*Maxillipeden*) umgewandelten ersten Extremitäten und betäuben oder töten sie durch Gift. Ein weiteres gemeinsames Merkmal ist der Eizahn, den die Embryonen an der zweiten Maxille ausbilden. Außerdem haben die Spermien einen spezifischen, für die C. charakteristischen Bau. Die Fortpflanzung geschieht bei allen C. durch Übertragung von ↗ Spermatophoren; außer *Scutigera* und *Lithobius*, die ihre Eier einzeln ablegen, betreiben alle C. Brutpflege. Die Jungen schlüpfen z. T. mit der vollen Segmentzahl, z. T. wird diese erst im Laufe weiterer Häutungen erreicht.

C. werden einhellig als monophyletische Gruppe angesehen mit fünf gut gegeneinander abgrenzbaren Untergruppen (*Scutigeromorpha, Lithobiomorpha, Craterostigmomorpha, Scolopendromorpha, Geophilomorpha*), deren phylogenetische Beziehungen untereinander jedoch sehr unterschiedlich beurteilt werden.

Im Mittelmeerraum und in Süddeutschland kommt der bis 2,5 cm lange *Spinnenläufer (Scutigera coleoptrata)* vor, der Fliegen aus der Luft fangen kann, wenn sie seine Antennen berühren. Der 3 cm lange *Steinläufer (Lithobius forficatus)* ist eine der größten einheimischen Arten; er lebt unter Rinde und in Mulm, ebenso wie der Erdläufer (*Geophilus longicornis*), der 2 - 4 cm lang wird. Im Mittelmeerraum lebt der bis 15 cm lange *Gürtel-*

skolopender (Scolopendra cingulata), dessen Biss sehr schmerzhaft, für den Menschen aber i. d. R. ungefährlich ist.

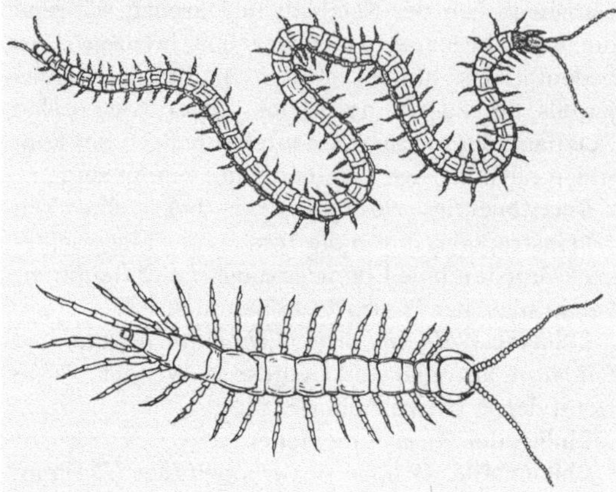

Chilopoda Erdläufer (*Geophilus* spec.), darunter ein Steinläufer (*Lithobius* spec.)

Chimäre, 1) *Botanik:* Bez. für eine Pflanze, die aus in ihrem ↗ Idiotyp unterschiedlichen Zellen oder Geweben besteht. Sie entstehen durch ↗ Pfropfung oder ↗ Mutationen. Bei der Pfropfung wachsen aus dem Kallus der Propfstelle Adventivsprosse hervor, die je nach Gewebeanordnung und -vermischung als *Sektorial-C.* und *Periklinial-C.* oder *Mantel-C.* bezeichnet werden. Ein Beispiel hierfür sind C. aus Mispeln (*Mispula*) und Weißdorn (*Crataegus*). C., die durch Mutationen entstehen, sind vor allem auf *Knospenmutationen* und *Sprossmutationen* zurückzuführen, bei denen i. d. R. zunächst nur eine Zelle im Vegetationskegel der Pflanze betroffen ist. Vor allem bei vegetativ vermehrbaren Kulturpflanzen wie Kartoffel und Obstarten sind neue Sorten auf diese so genannten *Mutationschimären* zurückzuführen.

2) Zoologie: ein künstlich aus zwei Individuen zusammengesetzter Organismus. C. aus zwei Mäusen verschiedenen Genotyps sind lebensfähig und von Bedeutung für die Erzeugung von Knock-out-Mutanten. Artchimären überleben i.d.R. nur bis zu bestimmten Entwicklungsstadien.

Chimären, *Holocephali*, Unterklasse der Knorpelfische (↗ Chondrichthyes).

Chinarindenbaum, *Cinchona*, im tropischen Amerika beheimatete Gatt. der ↗ Rubiaceae. Die Rinde einiger Arten dieser bis zu 30 m hohen Bäume wird als *Chinarinde* medizinisch genutzt, u. a. zur Appetitanregung. Früher wurde aus der Pflanze auch ↗ Chinin gewonnen, das vor allem gegen ↗ Malaria eingesetzt wurde.

Chinchillidae, *Chinchillas*, in Südamerika heimische Fam. der Nagetiere (↗ Rodentia) mit sechs Arten in drei Gatt. Die C. haben große Augen und Ohren, einen buschigen Schwanz und ein feines weiches Fell. Die größte Art ist die in der Pampa Südamerikas lebende *Viscacha (Lagostomus maximus)*, die in Kolonien in einem Netzwerk unterirdischer Gänge mit einem Hügel aus Aushubmaterial zusammen mit Vögeln, Eidechsen und Schlangen lebt. Viscachas werden aufgrund ihrer Wühltätigkeit stark bejagt. Die tagaktiven *Hasenmäuse* (Gatt. *Lagidium*) leben mit drei Arten gesellig in trockenen und pflanzenarmen Hochgebirgsregionen (bis 5000 m). Die *Chinchillas i. e. S.* (Gatt. *Chinchilla*) sind durch zwei Arten vertreten. Sie sind als freilebende Wildtiere weitgehend ausgestorben, da sie wegen ihres dichten weichen Fells übermäßig bejagt wurden. Seit den 1920er-Jahren werden sie in vielen Ländern in Pelztierfarmen gehalten. Seit einigen Jahren wird versucht, Farmtiere in den Anden wieder auszuwildern.

Chinin, sehr bitter schmeckendes ↗ Alkaloid der Chinarinde (Rinde des *Chinarindenbaums*, *Cinchona*), dessen Giftigkeit auf einer Hemmung von Enzymen der Gewebsatmung, einer Blockierung der Nucleinsäuresynthese und Komplexbildung mit DNA beruht. C. wurde früher zur Behandlung der Malaria sowie als fiebersenkendes, schwach Schmerz stillendes und Wehen förderndes Mittel verwendet. Heute ist es überwiegend durch wirksamere Medikamente ersetzt und wird fast nur noch in Grippemitteln verwendet.

Chiralität, *Händigkeit*, Bez. für den Sachverhalt, dass sich Moleküle wie Bild und Spiegelbild (*Enantiomere*) zueinander verhalten und nicht miteinander zur Deckung gebracht werden können. Chirale Verbindungen zeigen optische Aktivität, d. h., sie

$$
\begin{array}{cc}
\text{COOH} & \text{COOH} \\
| & | \\
\text{H—C}^*\text{—OH} & \text{H—C}^*\text{—OH} \\
| & | \\
\text{CH}_3 & \text{HO—C}^*\text{—H} \\
& | \\
& \text{COOH}
\end{array}
$$

D-(–)-Milchsäure   (2R,3R)-Weinsäure
(R)-(–)-Milchsäure

Chiralität Asymmetrische Kohlenstoffatome (durch * gekennzeichnet) als Chiralitätszentren

drehen die Ebene polarisierten Lichts in entgegengesetzte Richtungen. Vereinbarungsgemäß wird die rechtdrehende Form durch ein dem Namen vorangestelltes (+) und die linksdrehende durch ein (-) gekennzeichnet. Die überwiegende Mehrheit aller chiralen Verbindungen enthält ein ↗ asymmetrisches Kohlenstoffatom, d. h. ein Kohlenstoffatom mit vier verschiedenen Substituenten, als Chiralitätszentrum. Beispiele sind Glycerinaldehyd, der als Bezugssystem gilt, Milchsäure, Weinsäure, aber auch Kohlenhydrate, Eiweiße, Steroide, Alkaloide. Daneben können auch andere asymmetrisch substituierte Zentralatome Chiralitätszentren sein. Ein

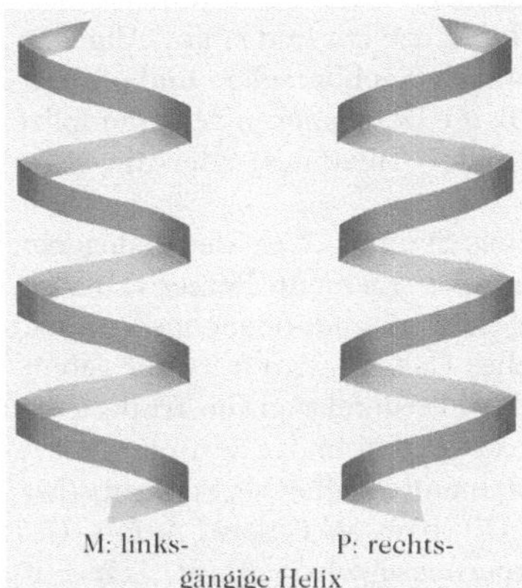

Chiralität Silicium (Si), Stickstoff (N), Schwefel (S) und Metallatome (M) als Chiralitätszentren

Sonderfall der C., bei der die Enantiomerie durch den Schraubensinn einer Achse mit Gang charakterisiert ist, ist die *Helizität* (z. B. bei DNA). Eine rechtsgängige Helix beschreibt längs ihrer Achse eine Rechtsdrehung (Bez. *P* für plus), eine lingsgängige Helix eine Linksdrehung (Bez. *M* für minus).

Chiralität Helizität. Der Drehsinn einer rechtsgängigen (P-) und einer linksgängigen (M-) Helix ist vergleichbar mit einem rechts- und einem linksgängigen Schraubgewinde

Chirodropida, Gruppe der Würfelquallen (➚ Cubozoa).

Chironex, Art der Würfelquallen (➚ Cubozoa).

Chironomidae, *Zuckmücken*, Fam. der Mücken (➚ Nematocera; ➚ Diptera) mit rund 12000 nicht stechenden Arten, davon in Mitteleuropa etwa 1000. Die meisten Arten sind als Larven Wasserbewohner und kommen an den unterschiedlichsten Standorten vor: Süßgewässer, Salzwasser (bis 28,5 % Salzgehalt), Thermen bis 51 °C, aber auch in Gletscherseen; sie sind stets an Substrat gebunden und leben meist in Gespinströhren, die aus dem Sekret der Speicheldrüsen bestehen und mit Kalk inkrustiert sein können. Ihre Nahrung besteht aus Detritus, Algen, höheren Wasserpflanzen (z. T. minierend), Schnecken u. a. Aquatische Larven sind als Nahrung für Fische von großer Bedeutung. An Land lebende Arten finden sich in Moospolstern, Uferwiesen, Dung, humusreichen Böden. – Die Imagines der C. sind meist hell, weichhäutig, mit stark verlängerten Vorderbeinen, die in Ruhestellung nach vorne gestreckt werden und ständig zuckende Bewegungen machen. Die Fühler der Männchen sind buschig behaart. Sie bilden oft riesige Schwär-

me, in die die Weibchen zur Begattung einfliegen. Die Imagines vieler Arten sind kurzlebig und nehmen keine Nahrung zu sich.

Chiroptera, *Fledertiere*, mit etwa 920 Arten nach den Nagetieren (➚ Rodentia) die artenreichste Ord. der Säugetiere (➚ Mammalia). Sie wird unterteilt in die zwei Unterord. Fledermäuse (➚ Microchiroptera) und Flughunde (➚ Megachiroptera), insgesamt ist die systematische Unterteilung gegenwärtig unterschiedlich. Ihr Hauptverbreitungsgebiet sind die Tropen und Subtropen, in Deutschland leben lediglich 22 Fledermausarten.

C. sind die einzigen zu aktivem Fliegen befähigten Säugetiere. An den Körperseiten bilden Oberhaut und Lederhaut die elastische, von Muskelfasern, Nerven und Blutgefäßen durchzogene *Flughaut (Patagium)*. Ihr Stützskelett sind die stark verlängerten Mittelhandknochen, die Fingerglieder (außer Daumen) sowie Ober- und Unterarm. Die Flugmuskulatur setzt wie bei den Vögeln (➚ Aves) an einem Kamm des verknöcherten Brustbeins an. Die schwachen Hintergliedmaßen dienen zusammen mit den bekrallten Daumen als Körperstützen beim Laufen und Klettern. In Ruhestellung hängen die C. kopfabwärts mit zusammengefalteten Flughäuten an den Krallen der Hinterzehen.

Fledertiere sind Nachttiere, die sich von Insekten, kleinen Wirbeltieren, Wirbeltierblut, Früchten, Fruchtsäften, Nektar oder Pollen ernähren. Das Problem der Orientierung bei Nacht „lösten" die Flughunde durch besonders leistungsstarke Augen, mit denen sie auch bei Dämmerlicht noch ausgezeichnet sehen können. Die Fledermäuse hingegen orientieren sich über verschiedene Systeme der Ultraschallortung (➚ Echoorientierung), die selbst bei völliger Dunkelheit noch Orientierung ermöglichen.

C. bringen ein- bis zweimal im Jahr ein Junges zur Welt, das sich, zunächst nackt und blind, im Fell der Mutter festkrallt. Dazu besitzen manche Arten bauchständige Afterzitzen als „Haftzitzen". Die geringe Vermehrungsrate wird durch ein relativ hohes Lebensalter (ca 5 - 15 Jahre) und lange Fortpflanzungsfähigkeit ausgeglichen. Viele Arten der C. bilden zeitweise Massenansammlungen an Tagesruheplätzen oder in Winterquartieren. Sie gehören, insbesondere durch fortschreitende Zerstörung ihrer Lebensräume und der Nahrungsgrundlagen, zu den gefährdetsten Tiergruppen.

Die Fledertiere stammen vermutlich von Baum bewohnenden Urinsektenfressern der oberen Kreide ab, die schrittweise die Flughaut ausgebildet haben, ähnlich, wie dies bei rezenten C. noch während der Embryonalentwicklung abläuft.

Chiropterogamie, *Chiropterophilie*, *Fledermausbestäubung*, *Fledermausblütigkeit*, die ➚ Bestäubung von Blüten durch Fledermäuse. Diese Art der

Bestäubung kommt nur in den Tropen vor, z. B. beim ↗ Affenbrotbaum, bei der ↗ Banane und beim ↗ Kapokbaum. Die von Fledermäusen bestäubten Blüten sind meist groß und stabil, blühen und duften nachts und enthalten reichlich Pollen und Nektar. (↗ Bestäubungssymbiose)

Chiropterophilie, die ↗ Chiropterogamie.

Chirurgenfische, die Fam. ↗ Acanthuridae.

Chitin, stickstoffhaltiges, geradkettiges Polysaccharid, das aus β-1,4-glykosidisch verknüpftem ↗ N-Acetyl-Glucosamin als Grundbaustein besteht. C. ist Hauptbestandteil des Außenskeletts der Gliederfüßer (↗ Arthropoda) und besonders rein in Maikäferflügeln sowie Krabben- und Hummerschalen enthalten. Bei Pilzen bildet es den Hauptbestandteil der Zellwände. Der Aufbau von Chitin erfolgt unter der katalytischen Wirkung des Enzyms *Chitin-Synthetase*, ausgehend von UDP-N-Acetylglucosamin, der Abbau zu N-Acetyl-Glucosamin geschieht unter der katalytischen Wirkung der Enzyme *Chitinase* (Bakterien, Schimmelpilze, Schneckenmagen) und *Chitobiose* (in Bakterien). Hemmer der C.-Biosynthese habe in neuerer Zeit als selektiv wirkende ↗ Insektizide Bedeutung erlangt.

Chitin

Chiton, Gatt. der Käferschnecken (↗ Polyplacophora).

Chlamydia, 1) nach neuer Systematik ein Ast (Linie) der Bacteria (↗ Bakterien).

2) die Gatt. *Chlamydia* (↗ Chlamydien) des gleichnamigen Astes.

Chlamydien, Bakterien der Gatt. ↗ Chlamydia; obligat intrazelluläre, kokkenförmige Parasiten, die sich nur im ↗ Cytoplasma der Wirtszellen mit einem charakteristischen Entwicklungszyklus vermehren. Sie sind intrazellulär von einer Membran umgeben. Die Infektion der Wirtszelle (↗ Wirt) erfolgt durch Anheftung von Elementarkörpern an die Zellwandmembran der Wirtszelle. Durch ↗ Endocytose oder ↗ Phagocytose gelangen die Elementarkörper in das Zellinnere. Dort wandeln sich die Elementarkörper in Initialkörper um, die sich durch Querteilung vermehren. Auf diese Weise entstehen 1000 und mehr Tochterzellen. Anschließend bilden sich aus den Initialkörpern reife Elementarkörper, die nach ↗ Lyse die Zelle verlassen und andere Wirtszellen infizieren. Der gesamte Zyklus dauert ca. 48 Stunden. Zwischen Parasit und Wirt kann sich ein Gleichgewicht einstellen, das häufig zu einer lebenslänglich anhaltenden latenten Infektion führt. *Chlamydia psittaci* ist der Erreger der Papageienkrankheit oder ↗ Psittakose. *C. trachomatis* löst die Krankheit Trachom aus, eine Augenerkrankung, die zur Erblindung führen kann. *C. pneumoniae* ist der Erreger einer Vielzahl von Atemwegssyndromen.

Chlamydomonadaceae, Fam. der ↗ Volvocales. Es sind einzellige begeißelte Grünalgen mit Cellulosewand. Sie leben meist im Süßwasser.

Chlamydospermae, die Klasse ↗ Gnetopsida.

Chlamydosporen, *Mantelsporen*, dickwandige Zellen oder kleine Zellkomplexe, die der Überdauerung ungünstiger Lebensbedingungen dienen. C. werden von vielen Pilzarten gebildet. Sie entstehen durch Verdickung der Zellwände interkalar oder endständig aus Hyphenzellen und sind i. Allg. größer als die vegetativen Nachbarzellen und oft dunkel gefärbt, so z. B. die Brandsporen der Brandpilze (↗ Ustilaginales und ↗ Tilletiales) oder die ↗ Teleutosporen.

Chlor, chemisches Symbol Cl, zu den Halogenen gehörendes chemisches Element. Reines C. ist ein gelbgrünes, giftiges, stechend riechendes und in Wasser gut lösliches Gas. Es wird frei oder gebunden als Chlorkalk zur Desinfektion von Trinkwasser und Badewasser verwendet. In der Natur kommt C. nur gebunden vor, hauptsächlich als Steinsalz (*Natriumchlorid, NaCl*), bzw. als *Chlorid-Anion (Cl⁻)* in Zell- und Körperflüssigkeiten (Harn, Schweiß) sowie als 0,1 N Salzsäure (HCl) im ↗ Magen.

Chloragogzellen, aus dem Coelomepithel hervorgehende Zellen bei den Ringelwürmern (↗ Annelida), die Darm und Blutgefäße umspinnen. Das *Chloragoggewebe*, die Gesamtheit der C. baut Ammoniak (NH_3) in Harnstoff und Harnsäure um, synthetisiert Glykogen und speichert Fett. (↗ Botryoidzellen)

Chloramphenicol, ↗ Antibiotika.

Chloranthales, isoliert stehende Ord. der ↗ Magnoliopsida mit überwiegend in den Tropen beheimateten Arten. Typisch sind unscheinbare Blüten mit einer Samenanlage pro Fruchtblatt.

Chlorarachniophyta, Abt. der ↗ Algen mit nur zwei Gatt. mit jeweils einer Art. Die Vertreter dieser Abt. leben in warmen Meeren als nackte amöboide Zellen, die über dünne Plasmafortsätze netzartige ↗ Plasmodien bilden. Ein bedeutsames Merkmal der Gruppe ist der *Nucleomorph* (↗ komplexe Plastiden) in jedem der von vier Membranen umgebenen ↗ Plastiden. Dieser kann als Rest des Kerns eines fototrophen eukaryotischen Organismus gedeutet werden und damit als Beweis für die ↗ Endosymbiontentheorie. Wahrscheinlich sind die C. durch die Aufnahme von ↗ Plastiden aus fädigen Amöben (↗ Amoebina) hervorgegangen.

Chlorella, Gatt. der ↗ Chlorococcales. Es sind einzellige, im Süßwasser lebende Grünalgen

(↗ Chlorophyta), die sich leicht in Reinkultur kultivieren lassen und häufig als Modellobjekt bei Versuchen verwendet werden.

Chlorenchym, i. e. S. das ↗ Mesophyll, i. w. S. das grüne Assimilationsgewebe.

Chlorid, ↗ Chlor.

Chloridkanäle, ↗ Ionenkanäle.

Chloridzellen, Ionen absorbierende Epithelzellen, die an der ↗ Osmoregulation bei ↗ Fischen und ↗ Wasserinsekten beteiligt sind.

Chlorkohlenwasserstoffe, *chlorierte Kohlenwasserstoffe*, Abk. *CKW*, ↗ Kohlenwasserstoffe, in denen Wasserstoffatome durch Chloratome ersetzt sind, z. B. Tetrachlorkohlenstoff, Chloroform, Dichlorbenzol und ↗ DDT. Die C. sind Ausgangsstoffe für die Produktion von PVC, Siliconen und Treibgasen für Spraydosen. Außerdem werden sie als Lösungsmittel, Extraktions- und Textilreinigungsmittel verwendet und als Wirkstoffe in Schädlingsbekämpfungsmitteln (z. B. DDT, Lindan, Aldrin, Dieldrin, Endosulfan). C. sind ökologisch von Bedeutung, da sie z. T. schwer abbaubar sind und sich deshalb in Nahrungsmitteln und im menschlichen Fettgewebe und vor allem in den lipoidreichen Nervenzellen, anreichern (↗ Bioakkumulation).

Die schädlichen Folgen der Bioakkumulation von C. wurden erst in den 1960er-Jahren im vollen Ausmaß erkannt, als nach weltweiter Anwendung von DDT bei verschiedenen Vogelarten Populationsrückgänge beobachtet wurden, die auf eine gestörte Eischalenbildung zurückgeführt werden konnten. In den westlichen Industrieländern ist die Anwendung und Herstellung vieler C. inzwischen verboten oder eingeschränkt worden. Die Belastung der belebten Natur mit C. ist jedoch auch heute noch ein weltweites Problem und nicht auf die Regionen beschränkt, in denen diese Stoffe produziert oder angewendet werden. Die Belastung der Muttermilch durch C. ist in den letzten Jahren deutlich zurückgegangen. (↗ Persistenz)

chloro-, in Zusammensetzungen: grün, grünlich.

Chlorococcales, *Protococcales*, Ord. der Grünalgen (↗ Chlorophyta) mit zwölf Fam. Es sind unbegeißelte, haploide Einzeller mit meist nur einem ↗ Chloroplasten. Die C. sind im Süßwasserplankton (↗ Plankton) weit verbreitet.

Chlorocruorin, grüner, Sauerstoff transportierender Blutfarbstoff der marinen ↗ Polychaeta. Die Molekülstruktur gleicht der des ↗ Hämoglobins, wobei in der Hämgruppe eine Vinylgruppe durch eine Formylgruppe ersetzt ist. C. liegt im Blut in kolloidaler Lösung vor und bindet pro Häm-Molekül ein Molekül Sauerstoff.

Chlorogensäure, aus Kaffeesäure und Chinasäure gebildete Verbindung, die in einer Reihe höherer Pflanzen (besonders in der Kaffeebohne, ↗ Kaffeestrauch) vorkommt. Das Nachdunkeln geschnittener ↗ Kartoffeln wird durch die Bildung eines Eisen-Chlorogensäure-Komplexes bewirkt.

Chloromonadophyceae, Klasse der ↗ Heterokontophyta (Chrysophyta), zu der ausschließlich Vertreter der ↗ monadalen Organisationsstufe zählen. Zu den C. gehören sechs Gatt. mit insgesamt nur zehn Arten. Es sind bis 100 µm große, hellgrün gefärbte Flagellaten, die im Süßwasser verbreitet sind.

Chlorophyceae, Klasse der Grünalgen (↗ Chlorophyta) mit den Ord. ↗ Volvocales, ↗ Chlorococcales, ↗ Chaetophorales und ↗ Oedogoniales. Hierzu gehören begeißelte (↗ Flagellen) oder unbegeißelte einzellige und Kolonien bildende Arten. Die Zellwand der begeißelten Arten besteht aus ↗ Glykoproteinen, die der unbegeißelten Arten aus ↗ Polysacchariden, u. a. aus ↗ Cellulose. Bei der Zellteilung werden neue Querwände in *Phycoplasten* gebildet. Die Wände sind häufig von ↗ Plasmodesmen unterbrochen. Die Arten leben überwiegend im Süßwasser, in geringer Zahl im Brack- und Meerwasser oder auch als ↗ Luftalgen.

Chlorophyll, *Blattgrün*, ↗ Blattpigmente, die den Blättern grüner Pflanzen und den fotosynthetisch aktiven Algen und Cyanobakterien die charakteristische Grünfärbung verleihen. Sie kommen bei diesen Organismen zusammen mit anderen ↗ Fotosynthesepigmenten in den ↗ Thylakoiden der ↗ Chloroplasten bzw. bei Cyanobakterien in ihren Thylakoiden vor. Deren grüne Farbe ist auf die chemischen Eigenschaften des C. zurückzuführen, die bewirken, dass hellrote und blaue Anteile des Sonnenlichts sehr stark, hingegen grüne und dunkelrote Bereiche des Spektrums wenig bis gar nicht absorbiert werden. Mit Hilfe von C. wird die Lichtenergie des Sonnenlichts absorbiert und in den ↗ Lichtreaktionen in für den Stoffwechsel nutzbarer chemischer Energie (ATP) sowie als Reduktionsäquivalente (NADPH) gespeichert. C. nimmt daher eine Schlüsselstellung bei der Fotosynthese ein.

Beim C. handelt es sich um ein ↗ Tetrapyrrol, bei dem die vier Pyrrolringe über Methinbrücken ringförmig verknüpft sind und das somit die Grundstruktur der ↗ Porphyrine aufweist. Die konjugierten Doppelbindungen des Porphyrinringerüstes bewirken die bereits erwähnte Grünfärbung. C. ist strukturell eng verwandt mit dem *Häm* (↗ Hämoglobin, ↗ Cytochrom), nur dass beim C. Magnesium an die Stelle von Eisen als zentralem Metallatom tritt. Die Verankerung der C.-Moleküle in der Thylakoidmembran erfolgt durch den lipophilen ↗ Phytol-Rest. Insgesamt existieren vier Chlorophylle, die sich durch unterschiedliche Substituenten am Ringgerüst unterscheiden. Das *Chlorophyll a* kommt bei allen fotosynthetisch aktiven Eukaryoten und Cyanobakterien vor und ist als Fotosynthesepigment von zentraler Bedeutung.

Chlorophyll Vorkommen von Chlorophyllen

Chlorophyllart	Vorkommen	R_1	R_2	R_3	R_4
Chlorophyll a	in allen Fotosynthese betreibenden Organismen mit Ausnahme der fototrophen Bakterien	$-CH=CH_2$	$-CH_3$	$-CH_2-CH_3$	$-Phytol$
Chlorophyll b	in allen höheren Pflanzen, mit Ausnahme der Orchideenart *Neottia nidus avis*, in Grünalgen und Armleuchtergewächsen	$-CH=CH_2$	$-CHO$	$-CH_2-CH_3$	$-Phytol$
Chlorophyll c_1	}Diatomeen, *Dinophyta* und Braunalgen, in einigen Rotalgen	$-CH=CH_2$	$-CH_3$	$-CH_2-CH_3$	$-O-CH_3$
Chlorophyll c_2		$-CH=CH_2$	$-CH_3$	$-CH=CH_3$	$-O-CH_3$
Chlorophyll d	Rotalgen	$-CHO$	$-CH_3$	$-CH_2-CH_3$	$-Phytol$

Die anderen drei C. sind bei unterschiedlichen Gruppen verschieden vertreten. *Chlorophyll b* wurde z. B. bei höheren Pflanzen und Grünalgen nachgewiesen und kommt bei Diatomeen nicht vor, die dafür, wie auch die Braunalgen, *Chlorophyll c* besitzen. Das *Chlorophyll d* kommt bei Rotalgen vor. In den Thylakoidmembranen sind jeweils mehrere Hundert C.-Moleküle mit C.-bindenden Proteinen und anderen Pigmenten zu so genannten *Antennenkomplexen* vereinigt, deren Funktion in der Absorption von Lichtenergie und deren Weiterleitung zu den fotosynthetisch aktiven Reaktionszentren besteht (↗ Antennenpigmente). In den Reaktionszentren sind die C. im Unterschied zu den übrigen C.-Molekülen mit jeweils einem Elektronenakzeptor und einem Elektronendonor assoziiert. Diese Komplexe werden als ↗ Fotosysteme bezeichnet.

Die *C.-Synthese* erfolgt in den Chloroplasten und führt zunächst immer zum Chlorophyll a, das erst in der Thylakoidmembran in die weiteren C. umgewandelt wird. Ausgehend vom 5-Aminolaevulinat, das bei Pflanzen aus Glutamat gebildet wird, laufen die C.-Synthese und die Häm-Synthese bis zum *Protoporphyrin IX* gleich ab. Der C.-spezifische Biosyntheseweg beginnt mit der Bildung von *Mg-Protoporphyrin IX* und endet über eine Reihe weiterer enzymatischer Schritte beim *Chlorophyllid a*, das schließlich den Phytol-Rest erhält. An dieser Reaktionsfolge, die auch beim *Ergrünen* von Pflanzen (↗ Fotomorphogenese) abläuft, ist das Enzym *Protochlorophyllid-Oxidoreductase* maßgeblich beteiligt. Es ist in großen Mengen in den *Prolammellarkörpern* der Etioplasten enthalten. Im Unterschied zu den Gymnospermen ist die Reaktion dieses Enzyms bei Angiospermen lichtabhängig. Der *C.-Abbau* beginnt mit der Hydrolyse der Phytolestergruppierung zu Chlorophyllid a und Phytol und wird durch das Enzym *Chlorophyllase* katalysiert (↗ Herbstfärbung).

Chlorophyta, *Grünalgen*, Abt. der ↗ Algen, zu der nach der neueren Systematik folgende elf Klassen mit insgesamt ca. 7000 Arten zählen: ↗ Prasino-

$HC=CH_2$ CH_3 H_3C I II CH_2-CH_3 $HC\ \delta$ Mg $\beta\ CH$ H_3C IV γ III CH_3 H CH_2 $HC-C$ O CH_2 $COO-CH_3$ $C=O$ O $C_{20}H_{39}$ (Phytolkette) isozyklischer Pentanonring

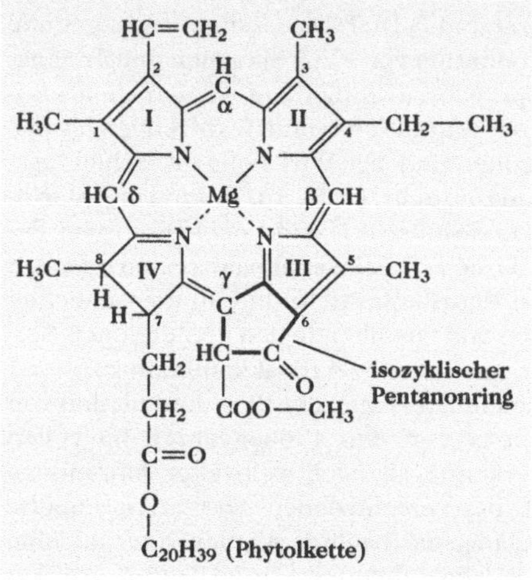

Chlorophyll Struktur von Chlorophyll a

phyceae, ↗ Chlorophyceae, ↗ Ulvophyceae, ↗ Cladophorophyceae, ↗ Bryopsidophyceae (Siphoneen), ↗ Dasycladophyceae, ↗ Trentepohliophyceae, ↗ Pleurastrophyceae, ↗ Klebsormidiophyceae, ↗ Zygnematophyceae (Jochalgen) und ↗ Charophyceae (Armleuchteralgen). Bei den Vertretern dieser Abt. kommen alle Organisationsstufen, vom Einzeller bis zum komplex gestalteten Organismus mit blattartigen Thalli (↗ Thallus) vor. Neben ↗ Chlorophyll a und b enthalten die C. auch Carotine und ↗ Xanthophylle, die jedoch durch die Chlorophylle überdeckt werden, sodass die Chloroplasten rein grün sind (daher der Name Grünalgen). Das wichtigste Reservepolysaccharid ist ↗ Stärke. Die Zellwand besteht aus Polysaccharid-Fibrillen. Bei den C. treten erstmalig ↗ Phycoplasten auf, die bei den Gefäßpflanzen meist regelmäßig anzutreffen sind. Die Zellen sind meist birnenförmig, radialsymmetrisch und besitzen zwei oder vier gleich lange flimmerlose Peitschengeißeln (↗ Flagellen).

Mehr als 90 % der Arten leben im ↗ Plankton oder ↗ Benthos des Süßwassers. Am marinen Plankton haben die C. nur geringen Anteil. Einige Arten leben auf oder in feuchten Böden oder epiphytisch auf Bäumen (siehe Abb. auf Seite 273).

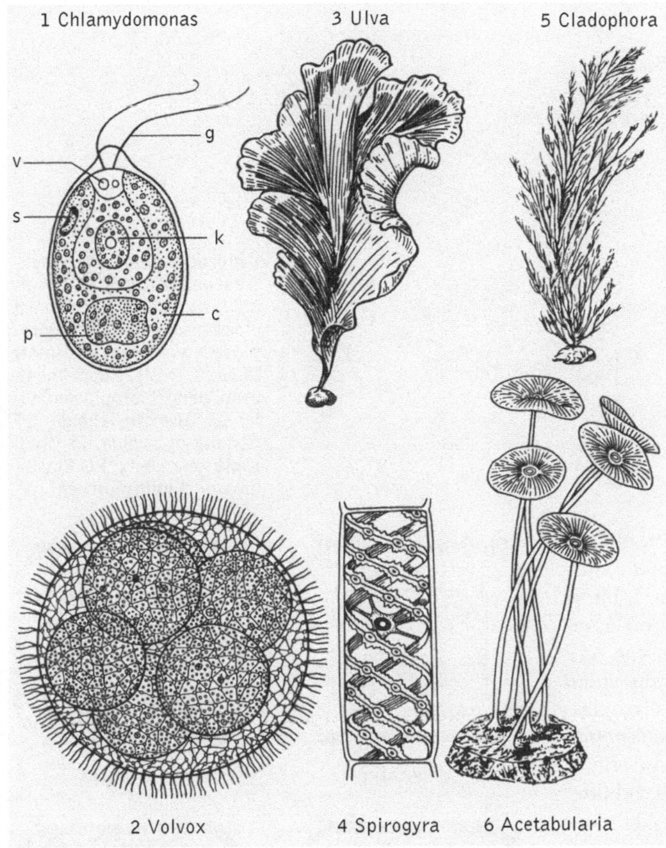

Chlorophyta 1 *Chlamydomonas angulosa* (Chlorophyceae). c Chloroplast, g Geißel, k Zellkern, p Pyrenoid, s Augenfleck, v kontraktile Vakuole. 2 *Volvox* (Chlorophyceae) mit Tochterkugeln. 3 *Ulva lactuca* (Ulvophyceae) auf einem Stein; Randzellen farblos durch Austritt von Zoosporen. 4 Zelle von *Spirogyra jugalis* (Zygnematophyceae). 5 *Cladophora* (Cladophorophyceae). 6 *Acetabularia mediterranea* (Dasycladophyceae)

Chloroplasten, die ↗ Plastiden von Algen und höheren Pflanzen, die der Ort der ↗ Fotosynthese sind. Im Lichtmikroskop (maximale Auflösung ca. 250 nm) sind die C. als grüngefärbte (↗ Chlorophyll), vielfach linsenförmige Partikel mit einem Durchmesser von ca. 5 - 10 µm zu erkennen. Sie sind wie auch die ↗ Mitochondrien so genannte *semiautonome Organellen*, die über ein eigenes Genom verfügen (*Plastom*, ↗ Plastiden-DNA) und sich durch Teilung vermehren. Der überwiegende Teil der für die Fotosynthese benötigten Proteine wird jedoch im Zellkern codiert.

Aufbau. Bei den Rotalgen, Grünalgen und Höheren Pflanzen sind die C. von zwei Hüllmembranen umgeben, die als *Plastidenhülle* bezeichnet werden (*einfache Plastiden*). Bei Braunalgen und Euglenophyta existieren hingegen drei oder vier Membranen (*komplexe Plastiden*). Während die Zellen vieler Algen häufig nur ein bis zwei C. enthalten, sind in den Zellen höherer Pflanzen zahlreiche C. vorhanden. Ihre evolutionäre Entstehung wird mit ein oder mehreren Endocytoseereignissen in Verbindung gebracht (↗ Endosymbiontentheorie). Die Plastidenhülle umgibt die plasmatische Phase, das so genannte *Stroma*, in dem sich ein weiteres Endomembransystem, die ↗ Thylakoide befindet. Da-

bei stellt die innere Hüllmembran die eigentliche Permeationsbarriere zum Cytoplasma dar, an der Metabolite selektiv vom einen in das andere Kompartiment transportiert werden. Die äußere Membran ist durch ↗ Porine für kleinere Moleküle durchlässig. Große Unterschiede bestehen bezüglich der biochemischen Eigenschaften der unterschiedlichen C.-Membranen. Die linsenförmigen C. der höheren Pflanzen sind sehr einheitlich, wobei die Thylakoide einzeln als *Stromathylakoide* oder gestapelt als *Grana* vorkommen. Algen zeigen hinsichtlich der Chloroplasten eine sehr große Formenvielfalt.

Funktion. Die ↗ Lichtreaktionen der Fotosynthese sind in den Thylakoiden lokalisiert, die neben dem ↗ Chlorophyll auch die Enzyme der *Elektronentransportkette* und ↗ Fotophosphorylierung enthalten, wobei der deutliche Unterschied der pH-Werte von Thylakoidlumen (pH 5) und Stroma (pH 8) für die Erzeugung von ATP von Bedeutung ist. Die fotosynthetische CO_2-Fixierung (↗ Calvin-Zyklus) ist hingegen im Stroma lokalisiert. Da Chloroplasten den Pflanzenzellen nicht nur ATP, sondern auch Reduktionsäquivalente in Form von NADPH und Produkte der CO_2-Fixierung bereitstellen, müssen diese zunächst mit Hilfe von ↗ Trans-

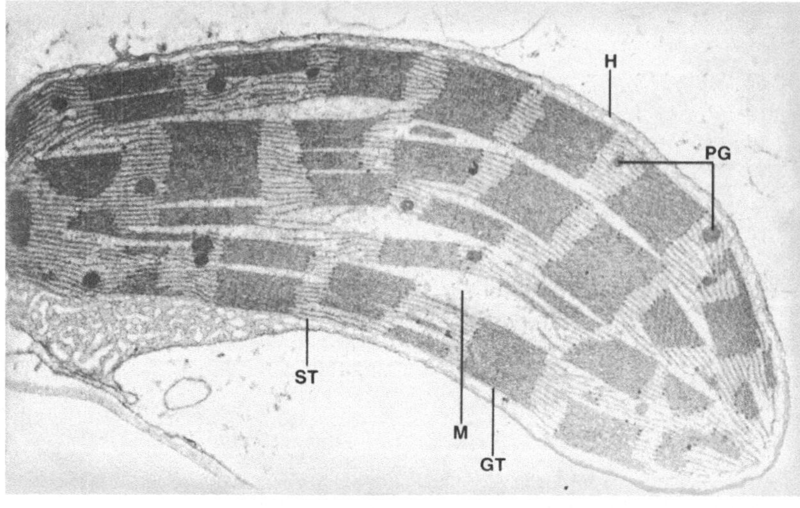

Chloroplasten Die elektronenmikroskopische Aufnahme zeigt im Querschnitt einen granahaltigen Chloroplasten aus einem Maisblatt (43300:1). H Doppelmembran der Chloroplastenhülle, GT Granathylakoide, ST Stromathylakoide, M Chloroplastenmatrix, PG Plastoglobuli (Lipidtröpfchen)

lokatoren aus dem Innern der C. in das Cytoplasma gelangen. Der so genannte *Phosphat-Translokator* ist ein Antiport-System (↗ Antiport) für 3-Phosphoglycerat, Dihydroxyacetonphosphat und anorganisches Phosphat. Das unter Verbrauch von ATP und NADPH gebildete Dihydroxyacetonphosphat gelangt über diesen Translokator in das Cytoplasma, wo unterschiedliche enzymatische Reaktionen die Oxidation zum 3-Phosphoglycerat durchführen, wobei ATP und NADPH bzw. NADH gebildet werden. Weitere Translokatoren die nur ATP oder Reduktionsäquivalente in das Cytosol transportieren sind der auch bei Mitochondrien vorkommende *Adenylat-Translokator* (ATP/ADP-Antiport) und der *Malat/Oxalacetat-Shuttle* über den *Oxalacetat-Translokator*.

Neben der ↗ Fotosynthese und Teilen der ↗ Fotorespiration finden in C. noch eine Reihe weiterer Biosynthesen statt. Die *Stärkesynthese* ermöglicht es Pflanzen, den fixierten Kohlenstoff zunächst in Form von Assimilationsstärke zu speichern und später im Cytosol zur Bildung von Saccharose zu nutzen. Des weiteren kommt den C. eine wichtige Bedeutung bei der ↗ Schwefelassimilation und im pflanzlichen Stickstoffmetabolismus zu, da die Enzyme Nitratreduktase und Nitritreduktase hier loka-

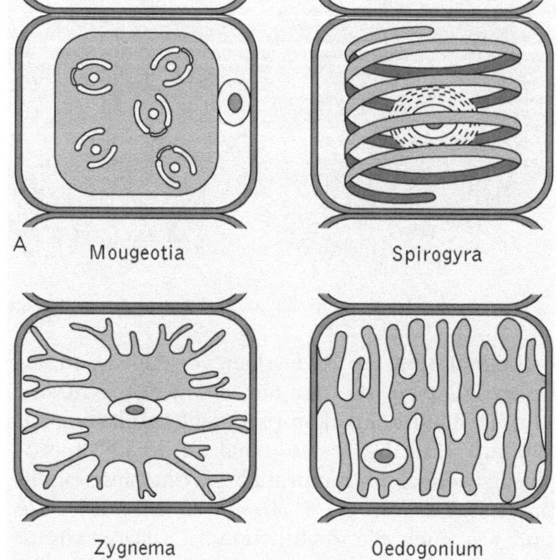

Chloroplasten Chloroplastenformen bei Algen

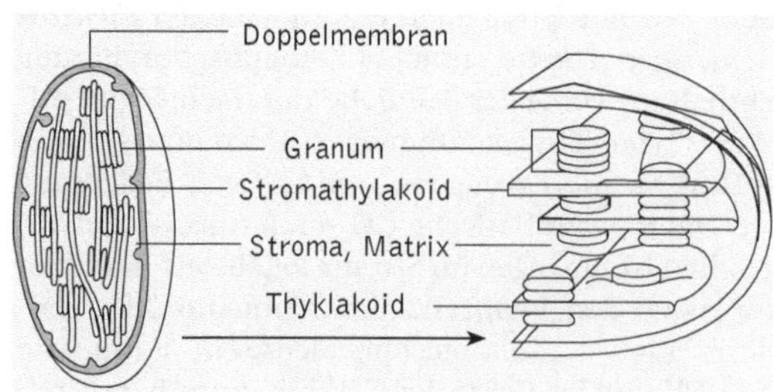

Chloroplasten Schema eines typischen Chloroplasten

lisiert sind (↗ Ammoniumassimilation). Weitere wichtige Syntheseleistungen der C. sind die Produktion von Aminosäuren, Pyrimidinen, Purinen und Pyrrolen, wobei teilweise die Zulieferung entsprechender Ausgangsverbindungen und Vorläuferstufen aus dem Cytoplasma erforderlich ist. Dies gilt auch für die Synthese von Fettsäuren, Galacto- und Phospholipiden sowie Isoprenoiden (↗ Terpene).

Chloroplastenbewegungen, bei ↗ Chloroplasten von Pflanzen zu beobachtende Lage- und Gestaltveränderungen, die auf Licht, chemische Reize und die intrazelluläre Plasmaströmung zurückzuführen sind. *Fototaktische C.* dienen dazu, eine optimale Belichtung der Chloroplasten zu gewährleisten, indem wie z. B. bei der Alge *Mougeotia* die plattenförmigen Chloroplasten bei Schwachlicht ihre Fläche und bei Starklicht ihre Kante in Richtung der Bestrahlungsquelle drehen. Bei anderen Pflanzen befinden sich die Chloroplasten bei geringer Beleuchtung an den direkt bestrahlten Zellwänden (*Schwachlichtstellung*), wohingegen sie in der so genannten *Starklichtstellung* zu den Seitenwänden wandern. An den C. sind Actinfilamente sowie ein oder mehrere Fotorezeptoren beteiligt (↗ Phytochrom, ↗ Blaulichtrezeptoren).

Chlorose, bei Pflanzen eine durch unterschiedliche Ursachen hervorgerufene Chlorophyll-Mangelerscheinung der Blätter, die infolge von nicht mehr oder nur noch in geringen Mengen vorhandenen grünen ↗ Chlorophylls gelblich-grün gefärbt sind. C. entstehen häufig aufgrund von ↗ Mangelernährung, wenn bestimmte Ionen im Boden nicht zur Verfügung stehen. Hierzu zählen Nährstoffe wie *Nitrat* und *Molybdän* (Cofaktor der Nitratreduktase), *Eisen* (Cofaktor der Chlorophyllbiosynthese), *Magnesium* (Zentralatom des Chlorophylls) oder *Mangan* (Bestandteil des Fotosystems II).

Neben Nährstoffmangel führt auch der Befall durch *phytopathogene Pilze* und Bakterien zur Ausbildung von C., die häufig mit der Synthese von ↗ Anthocyanen einhergeht, sodass sich die Blätter rötlich färben. Lichtmangel oder völlige Dunkelheit führen ebenso wie Dürrestress (↗ Dürreresistenz) zu C. Bei einer Reihe von Zierpflanzen sind C. hingegen züchterisch beabsichtigt.

Choanichthyes, paraphyletische Gruppe der Knochenfische (↗ Osteichthyes), in der die Lungenfische (↗ Dipnoi) und die Quastenflosser (↗ Crossopterygii) vereinigt wurden.

Choanocyten, *Kragengeißelzellen*, Zellen mit einem oben offenen Kragen aus ↗ Mikrovilli, in dessen Innenraum eine Geißel schwingt. Sie dienen der Aufnahme von Nahrungspartikeln und kommen insbesondere bei den Schwämmen (↗ Porifera) vor, wo sie das innere Hohlraumsystem auskleiden und in ihrer Gesamtheit das *Choanoderm* bilden. Große Ähnlichkeit in Bau und Funktion des Kragens besteht zwischen den C. der Schwämme und den ↗ Choanoflagellata.

Choanoflagellata, *Kragenflagellaten*, Gruppe der Einzeller mit kleinen, selten mehr als 10 µm messenden Arten, die sowohl sessil als auch in flottierenden Verbänden im Meer- oder Süßwasser leben. Charakteristischstes Merkmal ist der am Vorderpol der Zelle befindliche Kragen aus Mikrovilli, der wie eine Reuse funktioniert. C. besitzen nur eine Geißel, die einen Wasserstrom erzeugt, durch den Nahrungspartikel an die Außenseite des Kragens gebracht werden. Sie werden an der Basis der Mikrovilli phagocytiert.

Choanosomalskelett, das Hauptskelett der Schwämme (↗ Porifera).

Cholecalciferol, das Vitamin D_3 (↗ Calciol).

Cholecystokinin, Abk. *CCK*, *Pankreozymin*, ein Peptidhormon, das dieselben fünf Aminosäuren an seinem C-terminalen Ende besitzt wie ↗ Gastrin. Durch Spaltung eines Vorläuferpeptids, das aus 114 Aminosäuren besteht, entstehen im Organismus verschiedene C.-Varianten, die eine unterschiedliche Anzahl von Aminosäuren besitzen. Eine dieser Varianten, das aus 33 Aminosäuren bestehende *CCK-33* gehört neben Gastrin und ↗ Sekretin zu den klassischen Hormonen des Magen-Darm-Trakts der Säugetiere. Es wird in den I-Zellen der Darmschleimhaut (Zwölffingerdarm und Jejunum) gebildet und regt die ↗ Gallenblase zur rhythmischen Kontraktion an; dadurch kommt es zu einer maximalen Ausschüttung von Galle, außerdem wird die Gallesekretion in der ↗ Leber angeregt. Zudem stimuliert C. die Abgabe des Bauchspeichels durch die ↗ Bauchspeicheldrüse, hemmt die Salzsäure-Produktion des Magens, erhöht die Pepsinogensekretion und führt zu einer Verzögerung der Magenentleerung („Sättigungshormon"). Auslösende Reize für die Ausschüttung von CCK-33 sind die Säure-, Protein-, Glucose- und Fettgehalt des Darminhalts. – Eine andere Variante des C. wirkt als *Neurohormon*. Vermutlich erhöht es die lokale Hirndurchblutung in der Großhirnrinde in Anpassung an den lokalen Energiestoffwechsel.

Cholera, akute Infektionserkrankung des Menschen, die durch Toxine (↗ Bakterientoxine) des gramnegativen Bakteriums *Vibrio cholerae* hervorgerufen wird. Die Krankheit betrifft den gesamten Dünndarm und ist durch wässrigen Durchfall, Erbrechen, Muskelkrämpfe, Kreislauf- und Nierenversagen gekennzeichnet. C. wird hauptsächlich über kontaminiertes Trinkwasser übertragen. Die Krankheit tritt vor allem in Entwicklungsländern auf, in denen es keine oder nur eine unzureichende Aufbereitung der Abwässer gibt.

Cholestan, der Grundkörper der ↗ Sterole.

Cholesterin, *Cholesterol*, $C_{27}H_{46}O$, ein ungesättigtes, farb-, geruch- und geschmackloses Sterol, das in fast allen tierischen Fetten vorkommt. Besonders angereichert ist C. in Gallensteinen, im Gehirn, in der Haut, den Nebennieren, Eidotter und Wollfett. In geringen Mengen wurde es auch in pflanzlichem Material (Kartoffelkraut, Pollen, isolierte Chloroplasten) und in Bakterien gefunden. C. wird überwiegend mit der Nahrung aufgenommen (insbesondere in Eigelb, Butter, Innereien, Muscheln und Krabben).

Bei Wirbeltieren erfolgt die *Biosynthese* von C. aus drei C_2-Einheiten (↗ Acetyl-Coenzym A) über ↗ Squalen, aus dem dann durch Zyklisierung und anschließende oxidative Abspaltung von drei Methylgruppen C. entsteht. Die Syntheseschritte laufen im ↗ endoplasmatischen Reticulum vor allem

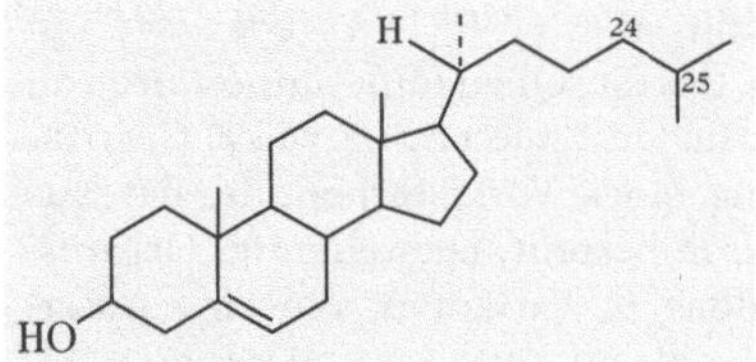

Cholesterin

der Leber- und Darmzellen ab. Ein Erwachsener bildet bei cholesterinarmer Ernährung etwa 800 mg C. pro Tag. Die C.-Synthese wird durch die in der Zelle vorliegende C.-Konzentration über eine Endprodukt-Hemmung reguliert, indem Menge und Aktivität eines Schrittmacherenzyms der Synthese, der *HMG-CoA-Reduktase* (3-Hydroxy-3-Methylglutaryl-Coenzym-A-Reduktase), je nach vorliegender C.-Konzentration verändert werden. Außerdem unterliegt das Enzym der hormonellen Kontrolle durch ↗ Insulin (bewirkt Dephosphorylierung und damit Aktivierung) und ↗ Glucagon (bewirkt Phosphorylierung und damit Inaktivierung).

C. werden im Körper eine Reihe von *Funktionen* zugeschrieben: Es ist häufig Bestandteil tierischer Zellmembranen, insbesondere von Nervenzellen. Als amphipatisches Molekül mit einem durch die Hydroxylgruppe bedingten polaren Ende und dem lipophilen Hauptteil des Moleküls kann sich C. ähnlich wie z. B. Phospholipide in Membrandoppelschichten einlagern. Bei Eukaryoten ist C. Hauptregulator der Membranfluidität. Außerdem wirkt es Kristallisationsprozessen der Kohlenwasserstoffketten entgegen und setzt die Durchlässigkeit der Membran für kleine polare Ionen herab. Darüber hinaus ist C. Ausgangsprodukt für die Bildung zahlreicher anderer Steroide, darunter der ↗ Steroidhormone, der Steroid-Alkaloide, der Calciferole (↗ Calcitriol) sowie der ↗ Gallensäuren. Der Sterolring des C. kann nicht abgebaut werden; daher wird C. zur Leber transportiert und dort teilweise in Gallensäure umgewandelt oder unverändert über die Galle in den Darm ausgeschieden. Gallensäuren und ihre Salze sind relativ hydrophile C.-Derivate, die bei der Fettverdauung mitwirken. Durch Veresterung von C. mit langkettigen Fettsäuren mit Hilfe des Enzyms *Acyl-CoA-Cholesterin-Acyltransferase* entstehen in der Leber die in tierischen Geweben weit verbreiteten *C.-Ester*, die dort gespeichert bzw. von dort in andere Gewebe, die C. benötigen, transportiert werden. Der Transport von C. und C.-Estern im Blut geschieht durch ↗ Lipoproteine. C. wirkt auch bei der Entgiftung mit, indem es mit den hämolytisch wirkenden ↗ Saponinen Additionsverbindungen bildet und sie dadurch entgiftet. Eine weitere wichtige Aufgabe des C. liegt in der Steuerung embryonaler Entwicklungsvorgänge.

Während der Embryonalentwicklung werden bestimmte Proteine durch die Verknüpfung mit einem C.-Molekül zu Informationsträgern zwischen Zellen. C.-Mangel scheint zu Entwicklungsstörungen zu führen, die mit köperlichen Missbildungen einhergehen. – Pathologisch ist die Ablagerung von C. in Gallensteinen sowie in den Gefäßwänden (↗ Arteriosklerose, ↗ Herz-Kreislauf-Erkrankungen), die vor allem eng mit cholesterinreicher Kost zusammenhängt.

Cholesterol, angloamerikan. Schreibweise für ↗ Cholesterin.

Cholinacetyl-Transferase, Enzym, das die Bildung von ↗ Acetylcholin katalysiert.

cholinerg, Bez. für Nervenfasern und für Rezeptoren nach ihrem Neurotransmitter ↗ Acetylcholin.

Cholinesterase, eine im Unterschied zur ↗ Acetylcholinesterase sehr unspezifische Esterase, die zahlreiche Cholinester hydrolysiert. Die C. wurde vor allem im Blutserum, in Leber, Darmmucosa und Bauchspeicheldrüse nachgewiesen. Ihre Funktion ist vermutlich u. a. die Verhinderung einer systemischen Wirkung von ↗ Acetylcholin nach dessen Freisetzung aus der cholinergen ↗ Synapse. Die Aktivität der C. ist bei Leberparenchymschäden und Vergiftungen mit Alkylphosphaten (z. B. E 605) im Serum erhöht.

Cholsäure, eine primäre ↗ Gallensäure.

Chondrichthyes, *Knorpelfische*, Klasse der Wirbeltiere (↗ Vertebrata) mit knorpeligem Innenskelett, das durch Verkalkung oft sehr fest ist. Das Vorderende des Schädels ist zu einem *Rostrum* ausgezogen. Die Haut ist meist mit *Placoidschuppen* bedeckt, die aus einer subepidermalen Basalplatte und einem darauf sitzenden Zahn bestehen, der die Epidermis durchstößt. Bei Haien bedecken die Placoidschuppen den ganzen Körper, bei Rochen und Seedrachen (Chimären) sind sie weitgehend rückgebildet, können aber zu großen Stacheln umgeformt sein. Das Maul ist unterständig, die Kiefer sind mit Zähnen besetzt, die bei Haien und Rochen dauernd von innen her ersetzt werden. Typischerweise sind jederseits fünf (selten 6 - 7) Kiemenspalten vorhanden. Der Darm ist mit einer Spiralklappe oder -falte (*Spiraldarm*) versehen, die der Oberflächenvergrößerung dient. Spezielle Sinnesorgane sind die ↗ Lorenzini-Ampullen am Kopf der Haie und Rochen, die vom Seitenlinienorgan abgeleitet sind und der ↗ Elektrorezeption dienen.

Die Fortpflanzung geschieht durch innere Befruchtung; die Bauchflossen der Männchen sind zu langen Kopulationsorganen umgebildet (*Mixopterygium*, *Pterygopodium*). Die Eier werden von einer Nidamentaldrüse am Eileiter mit einer festen Schale versehen, die vielfach Verlängerungen an den Ecken zur Befestigung am Substrat trägt. Viele

Arten sind *ovovivipar*, d. h. das Junge schlüpft kurz vor der Geburt im Mutterleib aus der Eikapsel. Echte ↗ Viviparie kommt ebenfalls vor.

Die ältesten Formen der C. waren Süßwasserbewohner, während die rezenten Arten fast ausschließlich marin sind. Die beiden rezenten Ord. sind die *Elasmobranchii* mit den Haien (↗ Selachimorpha) und Rochen (↗ Batidoidimorpha) und die Holocephali (Chimären).

Die *Holocephali (Chimären)* sind eine kleine, nur 30 Arten umfassende marine Gruppe. Sie stammen von den seit dem Devon bekannten, fossilen Bradydonti ab, deren Haut im Unterschied zu den rezenten Chimären Placoidschuppen trug. Die häufigste rezente Art in Europa ist die über 1 m lange *Chimaera monstrosa* (Königsfisch, Heringskönig), die in Tiefen zwischen 200 und 1000 m lebt.

Chondroblasten, Knorpelbildungszellen (↗ Knorpel).

Chondrocyten, die Knorpelzellen (↗ Knorpel).

Chondroitinsulfat, aus alternierend 3-β-glykosidisch verknüpften ↗ Glucuronsäure- und ↗ N-Acetyl-Galactosamin-Resten aufgebautes, mit Schwefelsäure verestertes Polysaccharid, das aus 20 - 50 Disaccharid-Einheiten besteht. C. kommt, kovalent an Proteine gebunden (↗ Proteoglykane) in vielen menschlichen und tierischen Geweben und Organen vor und ist vor allem Hauptbestandteil des ↗ Knorpels.

Chondroitinsulfat (R = H, R′ = SO$_3$H)

Chondroklasten, vielkernige Knorpelfresszellen (↗ Knorpel, ↗ Knochen).

Chondrom, Bez. für das Genom der Mitochondrien, die ↗ Mitochondrien-DNA.

Chondrostei, *Knorpelganoiden*, paraphyletische Gruppe der Knochenfische (↗ Osteichthyes), in der nach herkömmlicher Systematik die Störe und Löffelstöre (↗ Acipenseriformes) und die Flösselhechte (↗ Polypteriformes) zuammengefasst werden. In der phylogenetischen Systematik werden mit C. nur die Störverwandten (Störe und Löffelstöre) bezeichnet.

Chorda dorsalis, *Chorda, Rückensaite, Achsenstab*, bei den Chordatieren (↗ Chordata) ein den Körper zwischen Neuralrohr und Darm längs durchziehender elastischer Strang aus spezialisierten Zellen, die von einer Bindegewebshülle, der Chordascheide, umgeben sind. Bei Wirbeltieren (↗ Vertebrata) besitzen die Zellen der C. d. je eine große Vakuole, durch deren Turgor die C. d. ihre

Steifheit erhält. Bei Lanzettfischchen (↗ Acrania) findet man geldrollenartig hintereinander liegende, spezialisierte Muskelzellen, bei manchen Manteltieren (↗ Tunicata) glykogenreiche Zellen mit Dottereinschlüssen.

Die C. d. ist stammesgeschichtlich das ursprüngliche Achsenskelet der Chordatiere und dient als Stützelement und Muskelansatzstelle. Alle Chordatiere legen zumindest embryonal eine C. d. an, die entweder als Abfaltung spezialisierten Gewebes vom Dach des Urdarms oder durch Einwanderung von Zellen in die Primitivrinne (beim Vogel) entsteht. Während die Acrania und manche Fische (z. B. Neunaugen, Störe, *Latimeria*) zeitlebens eine C. d. haben, wird sie in der Phylogenese und Ontogenese der Wirbeltiere immer weiter reduziert und ihre Funktion von der ↗ Wirbelsäule übernommen. Bei niederen Wirbeltieren gibt es unterschiedliche Stadien der Chorda-Reduktion, hingegen ist sie bei den Vögeln und Säugetieren während der Ontogenese vorhanden und wird dann später abgebaut. Nicht entschieden ist, ob sich innerhalb der Wirbelkörper der Vögel ein Chorda-Rest befindet und ob der Nucleus pulposus in den Zwischenwirbelscheiben der Säugetiere (↗ Mammalia) ein Rest der C. d. ist.

Chordata, *Chordatiere*, sehr heterogener Tierstamm mit ca. 52000 Arten, die auf drei Subtaxa, die Manteltiere (↗ Tunicata), die Schädellosen (↗ Acrania) und die Wirbeltiere (↗ Vertebrata) verteilt werden. Die Mehrzahl (rund 30000 Arten) ist wasserlebend; nur innerhalb der Wirbeltiere wurde das Land als Lebensraum erschlossen (↗ Tetrapoda) und führte dort zu fast ebenso vielen Arten.

C. sind bilateralsymmetrische, deutlich segmentierte Organismen mit Coelom (↗ Leibeshöhle), die sich durch folgende Merkmale von allen anderen Tiergruppen unterscheiden: 1) Den Besitz eines inneren, dorsal gelegenen Achsenskeletts. Dies ist bei den Tunicata und Acrania und allen Wirbeltier-Embryonen die als elastischer, ungegliederter und meist zelliger Stab ausgebildete ↗ Chorda dorsalis. Sie ist bei erwachsenen Wirbeltieren durch eine knorpelige oder knöcherne ↗ Wirbelsäule ersetzt. 2) Die Ausbildung eines ↗ Kiemendarms durch starke Erweiterung des Vorderdarms, dessen Seitenwand und auch die umliegende Körperwand mit Spalten durchsetzt sind. Das Wasser wird durch den Mund aufgenommen und fließt durch die Spalten wieder ab. Der Kiemendarm hat eine Doppelfunktion: Zum einen bei Tunicata und Acrania die Filtration des Wasserstroms zur Nahrungsgewinnung; zum anderen dient er, begünstigt durch die große Oberfläche, der Atmung. Die Wände der Kiemenspalten bilden bei Wirbeltieren die ↗ Kiemen. Bei den landlebenden Wirbeltieren werden alle wesentlichen Strukturen des Kiemendarms noch in der ↗ Embryonalentwicklung angelegt und im weiteren Verlauf der Entwicklung entsprechend ihrer späteren Funktion umkonstruiert. 3) Die Ausbildung eines ↗ Zentralnervensystems dorsal von Chorda und Darm. Es entwickelt sich aus einer Einfaltung des ↗ Ektoderms längs der Rückenlinie, die sich abschnürt, zum Rohr schließt und in den Körper einsinkt. Der vorderste Abschnitt ist bei Wirbeltieren als ↗ Gehirn entwickelt. Das Neuralrohr steht primär vorne durch den Neuroporus mit der Außenwelt in Verbindung und hat hinten während der Embryonalentwicklung stets offenen Kontakt mit dem Darm (Canalis neurentericus). Beide Verbindungen werden sekundär verschlossen.

Chordatiere, die ↗ Chordata.

Chordotonalorgane, *Scolopidialorgane*, mechanorezeptorisch tätige Sinnesorgane bei den Gliederfüßern (↗ Arthropoda), die der ↗ Propriozeption und der Wahrnehmung von Boden- und Luftschall dienen. Die Grundeinheit der C. ist das *Scolopidium*, das aus ein oder zwei Sinneszellen, einer Stiftsinneszelle, einer Hüllzelle und assoziierten Gliazellen besteht. C. befinden sich immer an Körpergelenken und stehen über die Hüllzellen der Scolopidien in Verbindung mit der ↗ Cuticula sowie mit Bändern oder ↗ Tracheen. Der adäquate Reiz für die Erregung der C. ist die mechanische Verformung der umgebenden Gewebe. Die C. registrieren Richtung, Geschwindigkeit und Beschleunigung einer Bewegung sowie die Stellung der Körperteile zueinander. Besondere C. sind das ↗ Johnston-Organ im zweiten Fühlerglied der ectognathen Insekten sowie die Gehörorgane der Insekten, die ↗ Tympanalorgane.

Chorea-Huntington, *Veitstanz*, eine motorische Nervenkrankheit des Menschen, die als Erbkrankheit einem autosomal-dominanten Erbgang folgt (↗ Erbkrankheiten). Sie äußert sich durch Muskelzuckungen, die in regelmäßigen Intervallen ablaufen, wobei zu Beginn der Erkrankung nur distale Muskelgruppen, später jedoch die verschiedensten Muskeln betroffen sind, wodurch auch die Mimik der betroffenen Patienten beeinflusst wird. Während des Schlafes verschwinden die so genannten *choreatischen Hyperkinesen*.

C.-H. bricht in der Regel bei Menschen im Alter zwischen 30 und 50 Jahren aus und dauert zwischen 12 bis 25 Jahre. Männer und Frauen sind in gleichem Maße betroffen. Die Krankheit äußert sich zunächst durch psychische Veränderungen wie z. B. Reizbarkeit und Unzuverlässigkeit, der zunehmende affektive Enthemmung, Gewalttätigkeit, Paranoia und schließlich Demenz folgen. Damit einher gehen neurodegenerative Prozesse im Gehirn und Veränderungen des Dopaminspiegels (↗ Parkinson-Krankheit).

C.-H. gehört zu den menschlichen Erbkrankheiten, deren molekulare Ursache bereits bekannt ist. Das krankheitsverursachende, sehr große Gen liegt auf dem kurzen Arm von Chromosom 4 und codiert für ein Protein mit noch ungeklärter Funktion („*Huntingtin*"), das auch außerhalb des Nervensystems exprimiert wird. Das Huntingtin-Gen enthält einen Sequenzabschnitt, der nur aus Wiederholungen der Basen CAG besteht und für die Aminosäure Glutamin codiert. Bei gesunden Personen finden sich 5 bis 34, bei Kranken 38 bis über 100 Wiederholungen, die im Protein zu entsprechend langen Poly-Glutamin-Sequenzen führen. Je höher die Anzahl der Wiederholungen, desto früher setzt in der Regel die Krankheit ein. Man nimmt an, dass Proteine mit längeren Glutaminsequenzen toxisch auf die betroffenen Nervenzellen wirken.

Chorioidea, die Aderhaut (↗ Auge).

Chorion, *Serosa*, *Zottenhaut*, die äußere der beiden ↗ Embryonalhüllen der ↗ Amniota.

Chorionbiopsie, die ↗ Chorionzottenbiopsie.

Choriongonadotropin, Abk. *HCG* von engl. *human chorionic gonadotropin*, in der frühen Schwangerschaft vom Trophoblast gebildetes Hormon, das zusammen mit dem ebenfalls gebildeten *HPL* (von engl. *human placental lactogen*) die Rückbildung des ↗ Gelbkörpers verhindert und den Gelbkörper zur Bildung von ↗ Progesteron anregt, das wiederum die Abstoßung der Gebärmutterschleimhaut verhindert. Die HCG-Bildung unterliegt im Verlauf der ↗ Schwangerschaft charakteristischen Veränderungen. Es lässt sich etwa zwei Wochen nach dem Eisprung im Urin nachweisen und steigt dann steil an bis zu einem Maximum am Ende des zweiten Schwangerschaftsmonats. Danach fällt die HCG-Konzentration im Urin wieder ebenso scharf ab und bleibt für den gesamten Rest der Schwangerschaft auf einem niedrigen Niveau etwa konstant. Zum Zeitpunkt des Abfallens der HCG-Konzentration hat die ↗ Placenta die Produktion von Progesteron und ↗ Estrogenen übernommen, die die Schwangerschaft erhalten. Die frühe Nachweisbarkeit von HCG spielt klinisch eine bedeutende Rolle, da HCG mit Hilfe einer Antigen-Antikörper-Reaktion leicht nachweisbar ist und daher Grundlage der Schwangerschaftstests ist.

Chemisch gesehen ist HCG ein Glykoproteid mit hohem Kohlenhydratanteil, das aus zwei Untereinheiten besteht. Die α-Untereinheit ist identisch mit derjenigen von FSH (↗ Follikel stimulierendes Hormon) und LH (↗ luteinisierendes Hormon).

Chorionzottenbiopsie, *Chorionbiopsie*, eine Methode der pränatalen Diagnostik, die bereits in der 9. bis 12. Schwangerschaftswoche eingesetzt werden kann. Dies ermöglicht eine frühere Untersuchung des fetalen Genoms als bei der ↗ Fruchtwasseruntersuchung. Bei der C. werden einige Chorionzotten (↗ Embryonalhüllen) aus der sich entwickelnden Placenta entnommen. Nach Trennung der mütterlichen Zellen von denjenigen des Fetus können diese mit Hilfe der ↗ Polymerasekettenreaktion auf Krankheiten verursachende Gene untersucht werden. Das Risiko von Blutungen, Infektionen oder einer Fehlgeburt ist bei der C. mit 2 % doppelt so hoch wie bei der Fruchtwasseruntersuchung.

Choriozönose, Bez. für Artengemeinschaften in eng begrenzten, auch als ↗ Aktionszentrum bezeichneten Lebensräumen (↗ Biozönose).

C-Horizont, ein Bodenhorizont (↗ Boden).

Chorologie, die ↗ Arealkunde.

Chrom, chemisches Symbol *Cr*, zu den Schwermetallen gehörendes chemisches Element, das in seinen Verbindungen vor allem zwei-, drei- und sechswertig auftritt. Dreiwertiges Chrom ist für manche Organismen (vermutlich auch den Menschen) als Spurenelement von Bedeutung. Es spielt im Fettstoffwechsel und im Kohlenhydratstoffwechsel eine wichtige Rolle. Cr verstärkt die Aktivität von ↗ Insulin und erhöht dadurch die Speicherung von ↗ Glykogen in der Muskulatur. Sechswertiges Cr wird bei Pflanzen (ebenso wie bei Tieren) schon in relativ geringen Konzentrationen giftig, wobei der ↗ pH-Wert des Bodens eine Rolle spielt. Bei Tieren und Mensch hat sechswertiges Cr eine ätzende Wirkung auf Haut und Schleimhäute.

chromaffine Zellen Bez. für die Catecholamine (↗ Adrenalin, ↗ Noradrenalin) produzierenden Zellen des Nebennierenmarks (↗ Nebenniere), die nach Behandlung mit Kaliumbichromat eine gelbbraune Farbe annehmen.

Chromatiden, die bei Mitose und Meiose lichtmikroskopisch sichtbaren Spalthälften der ↗ Chromosomen, die am ↗ Centromer miteinander verbunden sind. Die identischen C. eines Chromosoms werden als ↗ Schwesterchromatiden bezeichnet. Während der Zellteilung werden sie auf die beiden Tochterzellen verteilt.

Chromatidenaberrationen, Strukturveränderungen an ↗ Chromosomen, bei denen es sich entweder nur um Brüche innerhalb der einzelnen ↗ Chromatiden, oder um einen Austausch von Chromatidenbruchstücken im gleichen Chromosom oder zwischen zwei verschiedenen Chromosomen handeln kann (↗ Chromosomenmutationen).

Chromatideninterferenz, Erscheinung, bei der während der ↗ Meiose die einzelnen ↗ Chromatiden am Chromatidenstückaustausch nicht völlig zufallsgemäß beteiligt sind. Findet das zweite ↗ Crossing over mehr als zufallsgemäß zwischen anderen Chromatiden als beim ersten Crossing over statt, spricht man von positiver C, im entgegengesetzten Fall von negativer C. Die Ursachen der C. sind noch unklar.

Chromatin, ein filamentöser Komplex des Interphase-Kerns aus DNA und einer Vielzahl von Proteinen (↗ Histone), der sich leicht mit basischen Farbstoffen anfärben lässt. Zu Beginn von ↗ Mitose und ↗ Meiose verdichtet sich das stark aufgelockerte C. zu den ↗ Chromosomen. Im funktionellen Sinn ist C., von wenigen Strukturproteinen abgesehen, alles, was sich in den Chromosomen wiederfindet. Je nachdem, ob C. im Interphasenkern dif-

Basenpaare pro Windung	Kompaktierungsgrad
10 bp	1
80 bp (160 bp pro 2 Windungen)	6-7
1200 bp (pro Windung)	40±
60 000 bp (pro Schleife)	680
$1{,}1 \cdot 10^6$ bp (pro miniband)	$1{,}2 \cdot 10^4$
18 Schleifen pro miniband	$1{,}2 \cdot 10^4$

Chromatin Organisationsstufen des Chromatins. Eine kompakte DNA-Verpackung wird durch mehrere Stufen der Chromatinorganisation erreicht: a) Nucleosomen, b) 30 nm-Solenoide, c) „Chromatin-loops", d) „minibands"

fus aufgelockert oder aber kondensiert vorliegt, spricht man von *Euchromatin*, das sich durch eine hohe Transkriptionsaktivität auszeichnet, und dem genetisch inaktiven *Heterochromatin*. Das so genannte *konstitutive Heterochromatin* enthält überwiegend hochrepetitive Sequenzen und ist immer kondensiert, wohingegen das *fakultative Heterochromatin* sich dadurch auszeichnet, dass es reversibel die Eigenschaften von Euchromatin annehmen kann. Ein Beispiel hierfür ist das ↗ Barr-Körperchen.

Grundbausteine des Chromatins sind feine fädige, etwa 10 nm dicke Stränge, die *Nucleofilamente* oder *Chromonemen*, die aus einer Folge von *Nucleosomen* aufgebaut sind (↗ Nucleosom). Die Nucleofilamente sind ihrerseits zu einer Überstruktur, der 30-nm-Chromatinfibrille, aufgeknäuelt, die schraubenförmig als *Solenoid* aufgewunden ist, sodass eine röhrenförmige Struktur entsteht. Weitere Verpackungsstufen des C. stellen die so genannten „*C.-loops*" (Chromatinschleifen) und die „*minibands*" dar. Sie werden durch einen Komplex aus Nicht-Histon-Proteinen, dem *Kerngerüst (nuclear scaffold)* zusammengehalten, deren charakteristischer Hauptbestandteil das Enzym ↗ DNA-Topoisomerase ist. Durch diese Kompaktierung ist es möglich, dass die DNA des Zellkerns einer Säugerzelle, die mit ca. 6×10^9 Basenpaaren einer Länge von ca. 2 m entspricht, in einem Zellkern von 10 µm Platz finden kann. Die DNA ist im Chromatin somit um einen Faktor von ca. 20000 komprimiert.

Chromatindiminution, ↗ Keimbahn.

chromatische Aberration, ↗ Aberration 2).

chromatische Adaptation, die bei ↗ Cyanobakterien und Rotalgen (↗ Rhodophyta) zu beobachtende Anpassung der ↗ Antennenpigmente an die Zusammensetzung des einstrahlenden Lichtes. Das Verhältnis der Fotosynthesepigmente ↗ Phycoerythrin (grün absorbierend) und ↗ Phycocyanin (rot absorbierend) wird so variiert, dass das zur Verfügung stehende Licht maximal absorbiert wird. Die c. A. stellt somit eine Anpassung an wechselnde Lichtverhältnisse dar. Es gibt zwei Regulationstypen: Stämme, bei denen nur die Synthese von Phycoerythrin und Stämme, bei denen die Synthese beider Pigmente vom Licht kontrolliert wird.

Chromatium, Gatt. der ↗ Schwefelpurpurbakterien.

Chromatographie, Bez. für eine Vielzahl von biochemischen Trennverfahren, mit deren Hilfe eine oder mehrere Verbindungen in einem Gemisch identifiziert bzw. aus diesem gereinigt werden können. Chromatographische Methoden werden *präparativ* und *analytisch* verwendet, da sowohl größere Mengen im Bereich von Gramm bzw. Mol als auch Kleinstmengen (Nano- und Pikogramm bzw.

nmol und pmol) mittels C. untersucht werden können.

Das Grundprinzip der C. besteht darin, dass eine so genannte *mobile Phase* durch oder über eine so genannte *stationäre Phase* fließt, wobei es zu einer Verteilung einer Substanz zwischen diesen beiden Phasen kommt, die durch den spezifischen *Verteilungskoeffizienten* dieser Verbindung für das verwendete C.-System charakterisiert wird. Die Beschaffenheit der mobilen und stationären Phasen werden dabei so gewählt, dass die zu trennenden Verbindungen eines Gemisches möglichst unterschiedliche Verteilungskoeffizienten haben. Eine C. wird i. d. R. auf drei verschiedene Weisen durchgeführt: Bei der *Säulenchromatographie* (↗ HPLC, ↗ Gaschromatographie) wird die stationäre Phase in eine dünne Glas- oder Metallröhre gepackt, bei der *Dünnschichtchromatographie* wird sie als 0,25 mm bis wenige Millimeter dicke Schicht auf eine Glasplatte oder Kunststofffolie aufgebracht und bei der *Papierchromatographie* halten die Cellulosefasern die stationäre Phase fest. Je nachdem, ob die mobile Phase flüssig oder gasförmig ist, wird von *Flüssigkeits-* oder *Gaschromatographie* gesprochen. Als stationäre Phase stehen eine Vielzahl von Materialen zur Verfügung (z. B. Agarosen, Cellulosen, Dextrane, Kieselgel). Sie unterscheiden sich in ihren Eigenschaften und bestimmen dadurch die Durchflussgeschwindigkeit und die Trennschärfe, sodass unterschiedliche C.-Verfahren existieren. Sie werden vielfach kombiniert eingesetzt, sodass eine schrittweise Aufreinigung der gewünschten Substanz möglich ist.

Bei der *Verteilungschromatographie* kommt es zu einem Verteilungsgleichgewicht zwischen einer stationären flüssigen Phase, die an der Oberfläche eines festen Stoffes adsorbiert, und der mobilen Phase. Die *Ionenaustauschchromatographie* und die *Affinitätschromatographie* nutzen hingegen gezielt bestimmte chemische Eigenschaften wie positive und negative Ladungen bzw. funktionelle Gruppen oder Liganden von biologischen Makromolekülen aus.

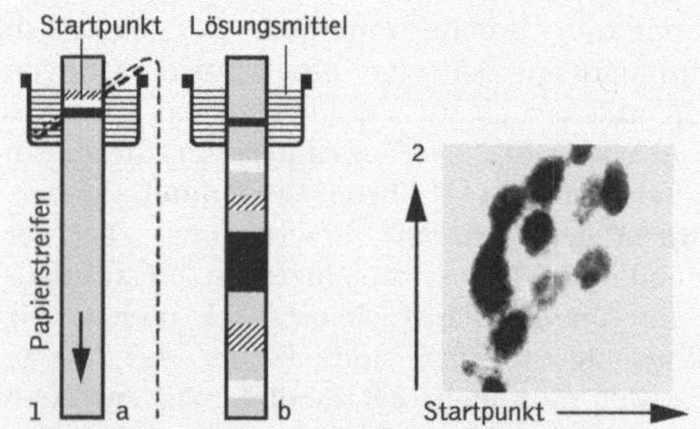

Chromatographie **1** Schematische Darstellung von Durchführung (a) und Ergebnis (b) einer Papierchromatographie. **2** Das Chromatogramm zeigt das Ergebnis einer zweidimensinonalen chromatographischen Auftrennung

Proteine können aufgrund ihrer bei einem bestimmten pH-Wert charakteristischen Nettoladung isoliert und Enzyme z. B. über eine Säule mit einem immobilisierten Substrat oder Cofaktor aufgereinigt werden. Die *Ausschlusschromatographie* oder *Gelfiltration* funktioniert hingegen nach dem so genannten *Molekularsieb*-Prinzip, bei dem sich ein Gleichgewicht zwischen einer flüssigen Phase im Innern und außerhalb einer porös oder gelartig beschaffenen stationären Phase einstellt. Kleine Moleküle wandern dabei wesentlich langsamer durch die Säule als große Moleküle, die nicht durch die Poren in das Innere des Molekularsiebs gelangen können.

Bei einer typischen C. werden die gelösten Substanzgemische zunächst auf die stationäre Phase aufgetragen. Bei der Papier- und Dünnschichtchromatographie erfolgt dies am Rand des Papiers bzw. der Platte, bei der Säulenchromatographie wird das Gemisch an einem Ende der Säule aufgebracht bzw. eingespritzt. Anschließend erfolgt die Auftrennung der Gemische aufgrund des Durchflusses der mobilen Phase. Dabei werden die einzelnen Komponenten, je nach relativer Verweilzeit in der stationären bzw. mobilen Phase, unterschiedlich weit von der mobilen Phase „transportiert", sodass sie schließlich an unterschiedliche Positionen der Schicht bzw. des Papiers zu stehen kommen oder aber in charakteristischer Reihenfolge am unteren Ende der Säule in gelöster Form gesammelt und mit Hilfe von weiteren Analyseverfahren untersucht werden können. Das Ergebnis der C. ist ein *Chromatogramm*, mit dessen Hilfe aufgetrennte Substanzen identifiziert werden können. Zu diesem Zweck werden dem Gemisch häufig so genannte Standards (bekannte Verbindungen in Reinform) zugesetzt oder diese auf der Dünnschichtplatte aufgebracht. (↗ Elektrophorese, ↗ Spektroskopie, Sondertext Methoden: ↗ Trennverfahren)

Chromatophoren, 1) *Botanik*: veraltete Bez. für die in Pflanzenzellen enthaltenen farbigen ↗ Plastiden. (↗ Chloroplasten, ↗ Chromoplasten)
2) *Zoologie*: Pigmenthaltige Zellen bei vielen Wirbeltieren (z. B. Froschlurche, Chamäleons), bei Krebsen (↗ Crustacea), einigen Schnecken (↗ Gastropoda) und bei den Kopffüßern (↗ Cephalopoda). C. liegen meist locker verteilt in der Haut oder im Bindegewebe innerer Organe. Nach Art des Pigments werden unterschieden: gelbrote, Carotinoide enthaltende *Xanthophoren* und *Erythrophoren*, silbrig glänzende, Guanin enthaltende *Guanophoren* oder *Iridophoren* sowie ↗ Melanine enthaltende *Melanocyten*, die von gelb über rötlich-braun bis schwarz gefärbt sind. (↗ Farbwechsel)

Chromatosom, Untereinheit eines ↗ Nucleosoms, die aus dem Histon-Oktamer mit den darum gewickelten 165 bp DNA und dem Histon 1 besteht (↗ Chromatin).

Chromista, nach der ↗ phylogenetischen Systematik vermutlich monophyletische, artenreiche Gruppe der Einzeller, deren Vertreter Geißeln mit komplexen Mastigonemen (haarartige, untergliederte Anhänge) besitzen. Die meisten rezenten Arten sind bunt gefärbt und zur Fotosynthese befähigt. Morphologisch sind die Arten sehr unterschiedlich und die verwandtschaftlichen Verhältnisse zwischen den Untergruppen sind noch in Diskussion.

chromo-, Wortteil für farbig, -gefärbt.

Chromomeren, charakteristische Strukturen der ↗ Chromosomen.

Chromonema Plural *Chromonemen*, bei Chromosomen in der Prophase von ↗ Mitose und ↗ Meiose sichtbarer Doppelfaden aus zwei Chromatiden. C. sind die Grundbausteine des ↗ Chromatin.

Chromoplasten, die durch ↗ Carotinoide gelb, orange und rötlich gefärbten Plastiden in Blütenblättern, Früchten oder Speicherorganen (Karotten) von Pflanzen. C. entstehen entweder direkt aus ↗ Proplastiden oder aber aus Chloroplasten und Leukoplasten, was sich bei heranreifenden Früchten der Tomate (grün, rot), Zitrone (grün, gelb) beobachten lässt. Ein Sonderfall der C. sind die ↗ Gerontoplasten von absterbenden Blättern (↗ Herbstfärbung).

chromosomale Geschlechtsbestimmung, ↗ Chromosomenanalyse.

Chromosomen, in den Zellkernen eukaryotischer Zellen vorhandene, fadenförmige Strukturen, die die Träger der genetischen Information und an deren Vererbung beteiligt sind, indem sie während ↗ Mitose und ↗ Meiose auf die Tochterzellen verteilt werden (↗ Crossing over, ↗ Chromatiden). Die Anzahl der Chromosomen pro Zellkern (↗ Chromosomensatz) ist für jedes Lebewesen charakteristisch, wobei die genetische Information auf alle Chromosomen verteilt ist. Der diploide Chromosomensatz des Menschen beträgt 2n = 46, der von ↗ Drosophila melanogaster 2n = 8 und der von ↗ Arabidopsis thaliana 2n = 10. Vor allem im Pflanzenreich sind in Bezug auf Chromosomenzahlen sehr hohe Werte bekannt. Die C. können in ↗ Autosomen und ↗ Geschlechtschromosomen unterteilt werden (Mensch: 44 Autosomen, 2 Geschlechtschromosomen). Bei den einige Millimeter langen C. handelt es sich um stark verdichtetes Chromatin.

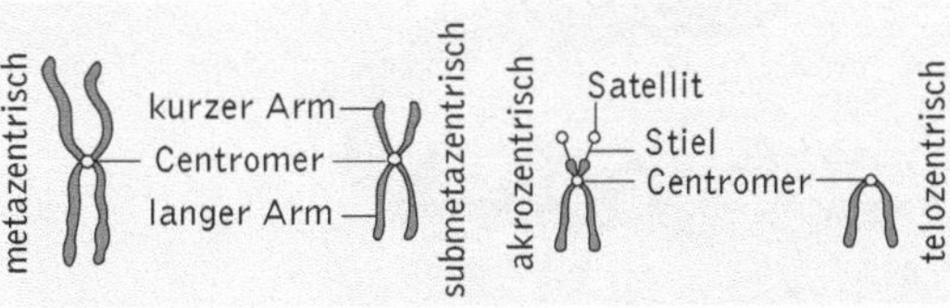

Chromosomen Typen von Metaphasechromosomen. Der Mensch besitzt normalerweise keine telozentrischen Chromosomen

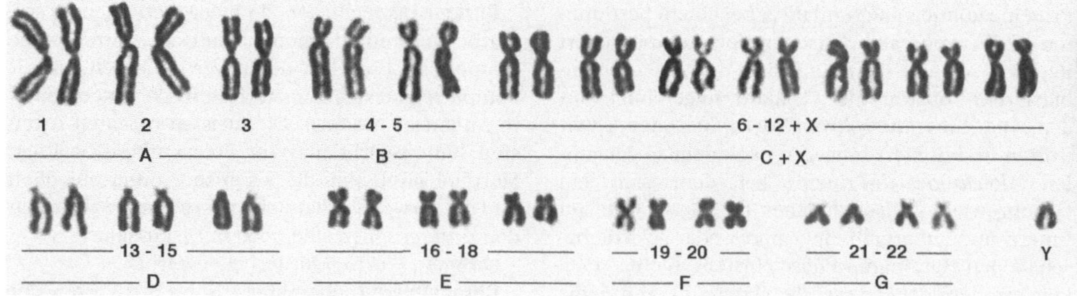

Chromosomen Karyotyp eines Mannes. Die Chromosomen sind in der Metaphase arretiert und ihrer Größe und der Lage des Centromers nach in sieben morphologische Gruppen eingeteilt

Der Begriff C. bezog sich ursprünglich auf das stets vorhandene, mit basischen Farbstoffen leicht anfärbbare Material in Zellkernen, das i. d. R. nur während der mittleren Phase von Mitose bzw. Meiose lichtmikroskopisch gut sichtbar ist (↗ Bänderungstechniken, ↗ Colchicin). Jedes C. wird durch ein ↗ Centromer in zwei Arme gegliedert, sodass sie im Lichtmikroskop nicht nur ihrer Größe nach, sondern auch der Lage des Centromers entsprechend unterschieden werden können (↗ Karyotyp, ↗ Karyogramm). Liegt ihr Centromer relativ in der Mitte, spricht man von *metazentrischen C.* und *submetazentrischen C.* Liegt das Centromer fast am Ende des Chromosoms, sodass dieses zwei sehr unterschiedlich lange Arme hat, spricht man von *akrozentrischen C.* Befinden sich die Centromeren im Bereich der Telomere, so wird von *telozentrischen C.* gesprochen. Bei manchen C. bestehen noch sekundäre Eischnürungen, die als *Satelliten* bezeichnet werden und die Funktion von *Nucleolus-Organisator-Regionen* ausüben. Weitere charakteristische Merkmale, anhand derer Chromosomen individuell erkannt werden können, sind die *Chromomeren* genannten Strukturverdickungen, die häufig auftreten und durch unterschiedlich lange interchromomere Abschnitte voneinander getrennt sind. Sie treten immer wieder an denselben Stellen auf.

C. bestehen zu 10 - 30 % aus DNA, zu 40 - 75 % aus ↗ Histonen und ↗ Nicht-Histon-Proteinen sowie zu 3 - 15 % aus RNA. Die Grundstruktur der Chromosomen ist die DNA-↗ Doppelhelix die zu Beginn der Kernteilung durch Histone und Nicht-

Histon-Proteine in einem komplizierten Organisationssystem aus mindestens vier übereinander gelagerten Verpackungen aufspiralisiert wird (↗ Chromatin). ↗ Bakterienchromosom, ↗ Chromosomenanomalien

Chromosomenaberrationen, ↗ Chromosomenmutationen.

Chromosomenanalyse, Untersuchung der ↗ Chromosomen hinsichtlich vorhandener Chromosomenaberrationen bzw. zur Bestimmung des Geschlechts und der Anzahl der Geschlechtschromosomen (↗ Karyogramm). Anhand der C. kann eine *genetische Beratung* erfolgen.

Chromosomenanomalien, Veränderungen in der Anzahl der Chromosomen pro Zellkern oder der Struktur einzelner Chromosomen. Zu den *numerischen C.* zählen ↗ Genommutationen wie die ↗ Aneuploidie. Unter dem Begriff der *strukturellen C.* werden ↗ Chromosomenmutationen wie ↗ Deletionen und *Duplikationen* zusammengefasst.

Chromosomeneliminierung, ↗ Keimbahn.

Chromosomeninterferenz, Einfluss eines bereits bestehenden ↗ Chiasmas auf weitere ↗ Crossing over, wobei *positive C.* eine geringere Wahrscheinlichkeit und *negative C.* eine erhöhte Wahrscheinlichkeit bezeichnet.

Chromosomenkarte, grafische Darstellung der Lage einzelner Gene auf den Chromosomen. *Genetische C.* geben die relative Lage der Gene ihrer Austauschhäufigkeit entsprechend in CentiMorgan an, und *physikalische C.* die Lage aufgrund von cytologischen Befunden (↗ Bänderung).

Chromosomenmutationen, *Chromosomenaberrationen*, 1) Mutationen, bei denen die Struktur eines Chromosoms verändert ist. Sie entstehen aufgrund von seltenen, jedoch regelmäßig auftretenden Chromosomenbrüchen, bei denen strukturelle Umlagerungen möglich sind. C. sind auf ein so genanntes *illegitimes* ↗ Crossing over zurückzuführen, das zwischen nicht homologen Abschnitten erfolgt. Die Art der C. hängt von der Anzahl der Brüche und davon ab, ob es sich um intrachromosomale oder interchromosomale Ereignisse handelt. Bei nur ei-

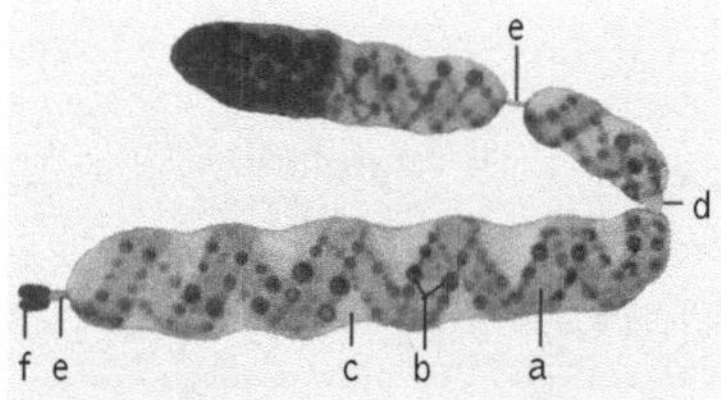

Chromosomen Charakteristische Merkmale von Chromosomen. a Chromonema, b Chromomeren, c Matrix, d Centromer, e sekundäre Einschnürung, f Satellit

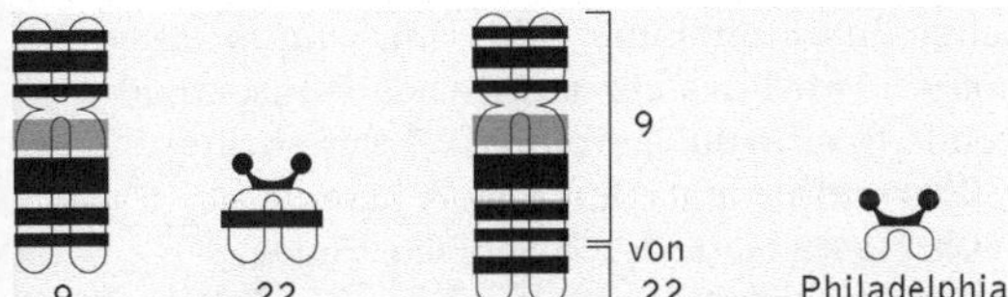

Chromosomenmutationen Gezeigt ist eine Translokation zwischen den menschlichen Chromosomen 9 und 22 (links), die die Ursache für eine Form von Leukämie darstellt. Als Ergebnis ist ein Teil des langen Arms von Chromosom 22 auf Chromosom 9 transloziert. Das Restchromosom 22 wird als *Philadelphia-Chromosom* bezeichnet

nem Chromosomenbruch kommt es zu ↗ Deletionen oder endständigen *Defizienzen* (↗ Bruch-Fusions-Brücken-Zyklus), bei zwei Bruchstellen sind *Inversionen* zu beobachten. Liegen die Chromosomenbrüche hingegen auf zwei Chromosomen, so sind auch *Translokationen* möglich. Mehr als drei Brüche auf einem oder mehreren Chromosomen führen zu *Duplikationen* und zu C., bei denen die beschriebenen Effekte kombiniert auftreten können.

C. haben nicht nur natürliche Ursachen, sondern sind auch auf ↗ Mutagene zurückzuführen. So werden energiereiche ionisierende Strahlen und mutagene Substanzen (z. B. EMS, ↗ Ethylmethansulfonat) auch in der Forschung eingesetzt, um Mutationen zu induzieren und die betroffenen Gene anhand des auftretenden Phänotyps zu charakterisieren.

2) numerische C., ↗ Genommutationen.

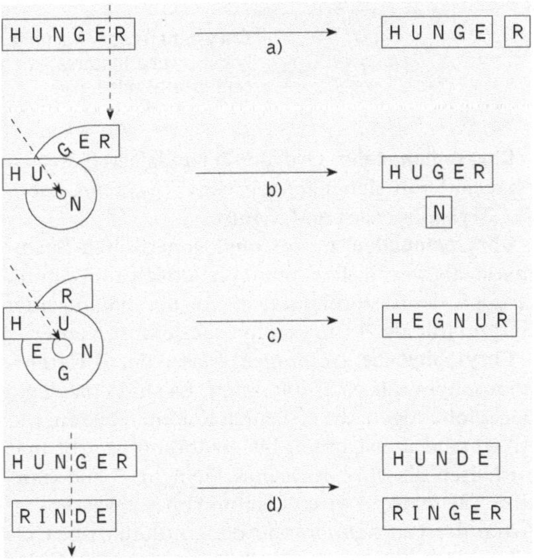

Chromosomenmutationen Typische Formen sind a Defizienz (Verlust eines Endstücks), b Deletion (Verlust eines Zwischenstücks), c Inversion (intrachromosomale Umlagerung) und d Translokation (interchromosomale Umlagerung). Die Auswirkungen auf das Leseraster werden durch die eingezeichneten Worte angedeutet

Chromosomenpaarung, während der ↗ Meiose die präzise Aneinanderlagerung homologer Chromosomen, sodass ↗ Crossing over überhaupt erst möglich ist. Die C. beginnt an bestimmten Punkten und setzt sich nach dem Reißverschlussprinzip fort, bis die Paarung vollständig abgeschlossen ist.

Chromosomensatz, die Gesamtheit aller ↗ Chromosomen eines Zellkerns bzw. einer Zelle. Der haploide, *einfache Chromosomensatz* wird mit *n* bezeichnet, ein diploider Organismus (*2n*) besitzt jedes Chromosom in doppelter Ausführung.

Chromosomentheorie der Vererbung, die von W.S. Sutton und T. ↗ Boveri zu Beginn des 20. Jh. zunächst als Hypothese formulierte Theorie, die die Mendelschen Vererbungsfaktoren mit den ↗ Chromosomen in den Zellkernen verbindet. Bestätigung fand die Theorie durch zahlreiche Ergebnisse der molekularen Genetik, wie z. B. dass Chromosomen überwiegend DNA enthalten und die DNA Träger der genetischen Information ist.

Chromosomenumlagerung, Rearrangement der Gene auf einem Chromosom, sodass ihre Zugehörigkeit zu ↗ Kopplungsgruppen verändert wird. (↗ Chromosomenmutationen)

Chromosome Walking, „*Chromosomenwanderung*", Methode, mit deren Hilfe ein sehr langes genomisches DNA-Segment genetisch und physikalisch charakterisiert werden kann. Dabei werden rekombinante DNA-Klone mit fortlaufender Sequenz entlang der DNA eines Chromosoms hintereinander überlappend angeordnet, sodass allmählich die gesamte Sequenz bekannt ist. C. W. wird i. d. R. mit einer ↗ genomischen Bibliothek durchgeführt. Vom Ausgangsklon wird durch Behandlung mit ↗ Restriktionsenzymen zunächst ein *endterminales* DNA-Fragment isoliert, das als ↗ Gensonde dazu benutzt wird, in der genomischen Bibliothek nach Klonen zu suchen, die dieses Fragment ebenfalls enthalten, deren Sequenz sich jedoch noch weiter erstreckt. Von einem solchen Klon, der mit dem Ausgangsklon Überlappungen der Sequenzen aufweist, wird wiederum ein Endstück isoliert und als Gensonde verwendet. Durch vielfache Wiederholungen ist es somit möglich, Hunderte von Kilobasen zu analysieren und die Sequenzen der einzelnen Fragmente zusammenzufügen. C. W. wird auch dazu verwendet, ein bestimmtes Gen zu klonieren, wenn dessen Lage in der Nähe eines ↗ genetischen Markers ermittelt wurde. Hierzu wird der Ausgangsklon dann so gewählt, dass das C. W. in unmittelbarer Nähe dieses Markers beginnen kann. C. W. ist nur dann als Methode geeignet, wenn der zu analysierende Chromosomenabschnitt wenig ↗ repetitive DNA enthält.

Chronobiologie, Teildisziplin der Biologie, die die Zeitstruktur von Lebewesen, Populationen und Ökosystemen erforscht (↗ Biorhythmik).

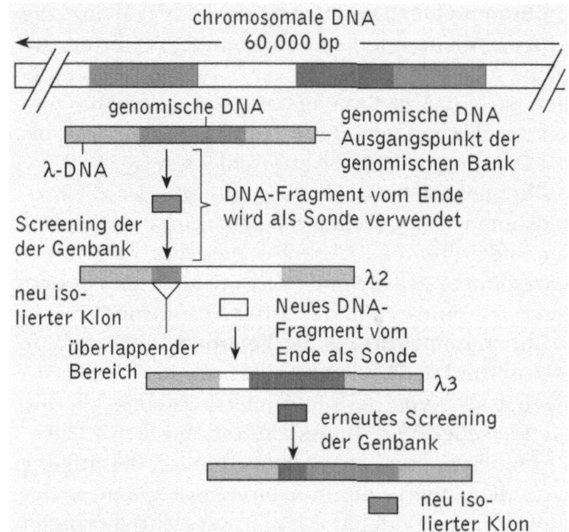

Chromosome Walking Aufgrund von Überlappungen zwischen den einzelnen Klonen einer genomischen DNA-Bibliothek kann die Sequenz eines großen DNA-Abschnitts der Chromosomen bestimmt werden. Gleichzeitig ist es möglich, ein bestimmtes Gen zu isolieren, wenn dessen Lage in der Nähe eines Markers bekannt ist

Chronospezies, *Paläospezies*, Artbegriff in der ↗ Paläontologie. Sehr ähnliche Fossilien verschiedener geologischer Schichten werden zur selben Art gerechnet, wobei eine gewisse Artumwandlung in der Zeit zugelassen wird. Es könnte aber sein, dass dabei eine in Wirklichkeit bestehende Kontinuität in der Generationenfolge aufgrund morphologischer Unterschiede in verschiedene C. untergliedert wird, was einer Artbildung ohne Spaltungsprozess entspräche und merkmalsbezogen willkürlich wäre (z. B. in der Menschenlinie ↗ Homo). Es könnte auch sein, dass in fossilisierbaren Eigenschaften nahezu gleich gebliebene Individuen zur selben C. gerechnet werden, obwohl dazwischen ein Spaltungsprozess (↗ Artbildung) stattfand (so genannte überlebende Stammart, wenn eine solche Artspaltung nachgewiesen werden konnte).

Chroococcales, Ord. der ↗ Cyanobakterien mit kugelförmigen, ellipsoiden, seltener stäbchenförmigen Formen. Sie leben als Einzelzellen oder bilden Kolonien, die durch Kapseln oder Schleime zusammengehalten werden. Die Vermehrung erfolgt durch Zellteilung, seltener durch so genannte Nannocysten (↗ Sprossung). Einige Arten fixieren molekularen Stickstoff (z. B. *Gloeothece*), andere leben in Flechtensymbiose oder in Protozoen.

Chrysalis, die ↗ Puppe der ↗ Holometabola.

Chrysanthemen, Arten der Gatt. *Chrysanthemum* (Wucherblume) der Fam. ↗ Asteraceae. Neben Wildformen gibt es heute unzählige Zuchtformen. Aus den Blüten der Persischen Insektenblume, *Chrysanthemum coccineum*, und der Dalmatini-

schen Insektenblume, *Chrysanthemum cinerariifolium*, wird das als natürliches ↗ Insektizid wirkende Pyrethrum gewonnen (↗ Pyrethrine).

Chrysanthemum, Gatt. der ↗ Asteraceae.

Chrysaora Gatt. der ↗ Semaeostomea.

Chrysomelidae, *Blattkäfer*, Fam. der ↗ Polyphaga mit weltweit ca. 30000 - 40000 Arten, davon in Mitteleuropa ca. 600. Die C. sind damit nach den Rüsselkäfern (↗ Curculionidae) und den Blatthornkäfern (↗ Scarabaeidae) eine der artenreichsten Fam. im Tierreich. Sie sind nah verwandt mit den Bockkäfern (↗ Cerambycidae) und den Rüsselkäfern und besitzen wie diese nur vier sichtbare Tarsalglieder, das vierte ist winzig und fast nicht erkennbar. Die Arten sind klein bis mittelgroß, meist gewölbt-eiförmig und metallisch glänzend oder bunt gefärbt. Die Larven sind walzenförmig und haben oft Warzen und Fortsätze. Viele Arten sind als Pflanzenfresser schädlich, so u. a. der ↗ Kartoffelkäfer (*Leptinotarsa decemlineata*).

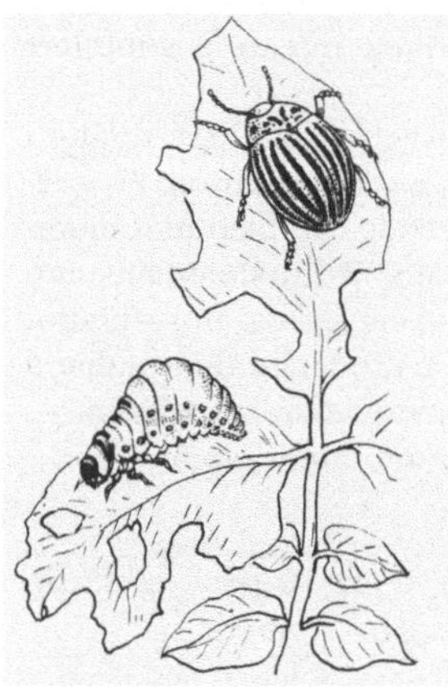

Chrysomelidae Kartoffelkäfer (Leptinotarsa decemlineata) mit Larve

Chrysomonadales, Ord. der ↗ Goldalgen (Chrysophyceae) mit den häufigen Gatt. *Uroglena* (Abb. ↗ Chrysophyceae) und *Synura*.

Chrysomonadea, in der phylogenetischen Systematik als vermutlich monophyletisch eingestufte Gruppe der Heterokonta, die in der botanischen Systematik als ↗ Chrysophyceae geführt werden.

Chrysophyceae, *Goldalgen*, Klasse der ↗ Heterokontophyta mit ca. 2000 Arten. Es sind einzellige, begeißelte Algen, die z. T. auch Kolonien bilden. Die Arten sind meist braun bis goldbraun gefärbt und enthalten als akzessorisches Pigment ↗ Fucoxanthin. Die meisten Arten kommen im Süßwasser vor. Arten der Gatt. *Dinobryon* bilden tütenartige Cellulosegehäuse. Nach der Teilung setzen sich die Tochterzellen am Rand des Muttergehäuses fest und bilden buschig verzweigte Coenobien (↗ Coenobium). Bei den Gatt. *Uroglena* und *Synura* sind zahlreiche Zellen strahlig angeordnet und bilden ein kugelförmiges Coenobium. Die Klasse umfasst die Ord. Chrysomonadales, Dictyochales, Chrysocapsales und Chrysotrichales.

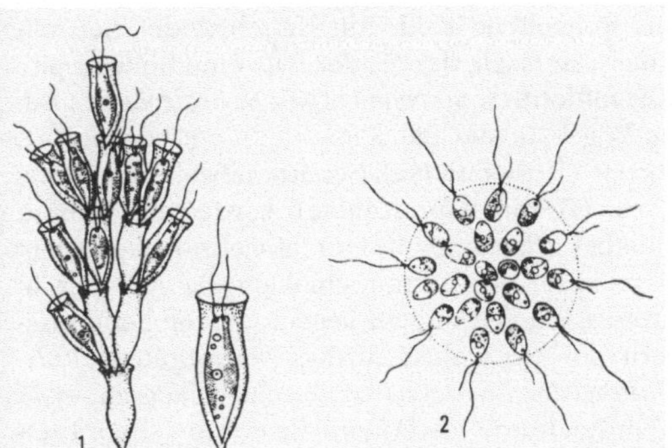

Chrysophyceae **1** *Dinobryon sertularia,* **2** *Uroglena americana*

Chrysophyta, die Abt. ↗ Heterokontophyta.

Chylomikronen, micellenartige ↗ Lipoproteine, die aus ↗ Cholesterin, Triacylglyceriden, speziellen Proteinen und einer Phospholipidhülle bestehen und im glatten endoplasmatischen Reticulum der Epithelzellen des Dünndarms gebildet werden. Sie dienen als wasserlösliche Transportform für die Nahrungsfette. Im Verlauf der Fettverdauung werden die mit der Nahrung aufgenommenen Triacylglyceride durch ↗ Gallensäuren emulgiert und durch ↗ Lipasen in Monoacylglyceride gespalten. Diese wandern in die Epithelzellen der Darmschleimhaut, wo sie wieder zu Triacylglyceriden umgewandelt werden und zusammen mit ebenfalls aus der Nahrung stammendem Cholesterin und speziellen Proteinen zu C. umgewandelt werden. Hierbei liegen die hydrophoben Bestandteile (Triacylglycerine, Cholesterin) im Innern der C. und werden von einer Hülle aus Phospholipiden umgeben, deren polare (hydrophile) Köpfe nach außen ragen, also in die wässrige Phase. C. sind mit 200 - 500 nm Durchmesser die größten Lipoproteine und haben die geringste Dichte, da sie einen hohen Anteil an Triacylglyceriden enthalten. Deren Zusammensetzung entspricht derjenigen der aufgenommenen Nahrungsfette. Vom Darm aus werden die C. über das ↗ Lymphgefäßsystem weiter transportiert und treten über den Ductus thoracicus in das venöse Blut ein, das sie zum Fettgewebe und zur Leber aber auch zu anderen Organen transportiert. Am Zielorgan werden die C. an der Oberfläche der Kapillarendothelzellen durch die Lipoproteinlipase und die (leberspezifische) Trglyceridlipase zu Fettsäuren, Glycerin und C.-Restpartikeln gespalten. Die Fettsäuren werden in die Gewebszellen aufgenommen und wiederum zu Triacylglyceriden verestert. Die cholesterinreichen Chylomikronenreste gelangen zur Leber, wo sie als Vorstufen für die anderen Lipoproteine (↗ VLDL und ↗ HDL) dienen.

C. sind im Blutserum gesunder Personen nur in der Verdauungsphase kurzfristig nachweisbar.

Chylus, die Darmlymphe in den Lymphgefäßen des Magens und Dünndarms, die ein Gemisch resorbierter Nahrungsbestandteile enthält und durch Aufnahme feinverteilter Fetttröpfchen in Form von ↗ Chylomikronen ein milchiges Aussehen erhält.

Chymotrypsin, zu den Endopeptidasen (↗ Proteinasen) gehörende ↗ Hydrolase, die Peptidbindungen nach aromatischen Aminosäurebausteinen und nach ↗ Leucin spaltet. C. ist ein Verdauungsenzym des Dünndarms der Wirbeltiere und wird in Form der inaktiven Vorstufe *Chymotrypsinogen* in der ↗ Bauchspeicheldrüse gebildet. Die Umwandlung von Chymotrypsinogen in C. erfolgt autokatalytisch durch Spuren von C., wobei aus Chymotrypsinogen lediglich zwei Peptide herausgespalten werden. Das Wirkoptimum von C. liegt bei pH-Wert 7 - 8. Da C. Proteine spezifisch spaltet, ist es ein wichtiges Hilfsmittel bei der Sequenzermittlung von Proteinen.

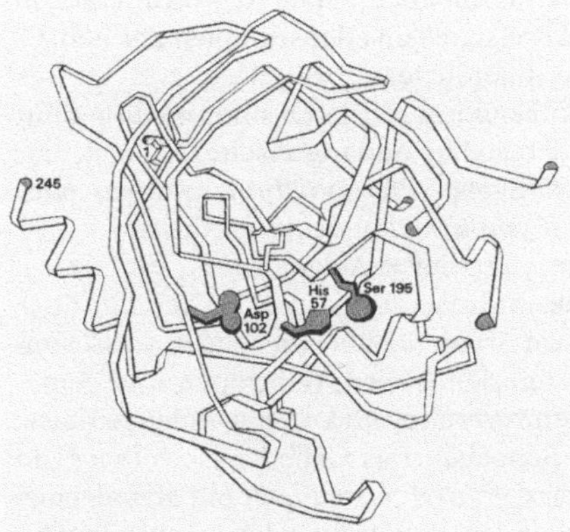

Chymotrypsin Tertiärstruktur (räumliche Anordnung) des Enzyms Chymotrypsin

Chymus, Bez. für den Speisebrei des ↗ Magens.
Chytridiales, Ord. der ↗ Chytridiomycetes.
Chytridiomycetes, Klasse der Echten Pilze (↗ Eumycota), in der Pilze zusammengefasst sind, die in irgendeiner Phase der Entwicklung eingeißelige Fortpflanzungszellen (*Zoosporen, Planogameten*) mit einer terminal ansetzenden Peitschengeißel ausbilden. Die 500 - 600 Arten leben im Wasser, in feuchtem Boden oder parasitisch auf (in) Pflanzen oder niederen Tieren. Sie bilden einkernige (sackartige) Zellen, einen vielkernigen ↗ Thallus ohne Querwände oder auch septierte ↗ Hyphen. Das Zellwandgerüst besteht aus Chitin-Glucan. Die Ord. werden hauptsächlich nach der geschlechtlichen Fortpflanzung und der Feinstruktur der Zoosporen unterschieden. Bei der Ord. *Chytridiales* finden sich Isogamie, Anisogamie oder Gametangiogamie als Fortpflanzungsmodi. Die Zoosporen

enthalten einen auffallend großen Ölkörper. Hierher gehört u. a. die Art *Olpidium brassicae*, der Verursacher der *Umfallkrankheit* bei Kohlkeimlingen. Die Ord. *Blastocladiales* ist durch Zoosporen mit mehreren, nicht besonders großen Ölkörpern gekennzeichnet, die mit zwei Keimschläuchen keimen. Der Lebenszyklus der Blastocladiales verläuft als isomorpher ↗ Generationswechsel, die geschlechtliche Fortpflanzung erfolgt durch Isogamie oder Anisogamie. Bei der Ord. *Monoblepharidales* werden die weiblichen Keimzellen als unbegeißelte Eizellen angelegt, die sich nach der Befruchtung durch begeißelte männliche Gameten (Oogamie) zu *Oosporen* weiterentwickeln.

Cicer, Gatt. der ↗ Fabaceae.

Cichlidae, *Buntbarsche*, mit ca 1300 Arten die weitaus größte Fam. der artenreichen Ord. ↗ Perciformes (Barschfische). Sie sind langgestreckt, hochrückig und seitlich abgeflacht, mit einer durchgehenden Rückenflosse, die wie die Afterflosse vorn Stachelstrahlen besitzt. Sie haben jederseits nur ein Nasenloch. Ihr Maul ist groß mit dicken Lippen und dreispitzigen oder stumpfen Zähnen. C. zeigen eine differenzierte Brutpflege, z. B. gibt es unter ihnen Maulbrüter. Die C. sind prächtig bunt gefärbt und beliebte Aquarienfische, so u. a. der Segelflosser (Skalar, *Pterophyllum scalare*) oder der Diskus (*Symphysodon aequifasciatus*).

Cichorium, Gatt. der ↗ Asteraceae.

Ciconiidae, *Störche*, Fam. der ↗ Ciconiiformes mit 17 großen Arten, die überwiegend in wasserreichen Gebieten der Tropen, Subtropen und gemäßigten Zonen verbreitet sind. C. haben lange Hälse, Beine und Schnäbel. Das Gefieder ist vorwiegend weiß, schwarz, grau oder braun, oft mit Metallglanz. Am Kopf befinden sich mehr oder weniger ausgedehnte nackte Hautpartien. Sie sind sehr gute Segler und fliegen im Unterschied zu Reihern (↗ Ardeidae) mit vorgestrecktem Hals. C. ernähren sich von Fröschen, kleinen Säugetieren, Eidechsen und Insekten. Als akustisches Signal dient das Schnabelklappern.

Zu den C. gehören u. a. der *Weißstorch (Ciconia ciconia)*, mit 1 m Standhöhe und etwa 2 m Spannweite einer der größten Landvögel Mitteleuropas. Er ist weiß mit schwarzen Schwungfedern, Schnabel und Beine sind rot. Der Weißstorch brütet vorwiegend in oder bei Ortschaften, oft auf Hausdächern oder Türmen. Er ist ein Zugvogel, der in Afrika überwintert. Die Bestände sind stark zurückgegangen, in Westdeutschland ist der Weißstorch vom Aussterben bedroht. Der etwas kleinere *Schwarzstorch (Ciconia nigra)* ist bis auf die weiße Unterseite schwarz mit metallischem Glanz, Schnabel und Beine sind rot. Auch er ist ein Zugvogel, der in Afrika und Indien überwintert. Ebenfalls in diese Familie gehört die Gatt. *Marabus (Lepto-*

ptilus), die mit zwei Arten in Südostasien und einer Art in Afrika verbreitet ist. In Anpassung an ihre Lebensweise als Aasfresser sind bei ihnen Kopf und Hals weitgehend kahl. Am Hals befindet sich ein großer Hautsack, der bei der Balz eine Rolle spielt.

Ciconiiformes, *Storchenvögel, Schreitvögel*, Ord. der Vögel, in die die Fam. Reiher (↗ Ardeidae), Störche (↗ Ciconiidae), Schattenvögel (Scopidae), Ibisse (↗ Threskiornithidae) sowie die Schuhschnäbel (Balaenicipitidae) eingeordnet werden. Zu letzterer gehört nur eine einzige Art, der in Papyrussümpfen und an vegetationsreichen Flussufern des tropischen Afrikas verbreitete *Schuhschnabel (Balaeniceps rex)*; er ist blaugrau, etwa 1,2 m hoch und unverkennbar durch seinen breiten, holzschuhförmigen Schnabel. Die Unterteilung der C. ist umstritten, es wird angenommen, dass es sich um eine polyphyletische Gruppe handelt. Höchst wahrscheinlich gehören jedoch die Neuweltgeier (↗ Cathartidae) in diese Gruppe.

Cidaroida, Gruppe der Seeigel (↗ Echinoida).

Ciliarkörper, für die ↗ Akkomodation zuständige Struktur im ↗ Auge der Wirbeltiere.

Ciliata, *Wimpertierchen*, in der phylogenetischen Systematik als *Ciliophora* bezeichnete Gruppe heterotropher Einzeller mit rund 8000 sehr heterogenen Arten. Übereinstimmung zeigen sie im Besitz meist zahlreicher, kurzer *Cilien* (Wimpern), in der spezifischen Struktur der Rindenschicht (*Cortex*), die für die Formkonstanz der C. verantwortlich ist und im Wesentlichen aus der Pellicula und den Wurzelstrukturen der Cilien besteht; letztere wird in ihrer Gesamtheit als *Infraciliatur* bezeichnet und ist ein wichtiges Kriterium für die systematische Einordnung. Weitere Gemeinsamkeit ist der *Kerndualismus*, C. besitzen einen somatischen *Makronucleus* (oder auch mehrere) der die Aufgaben des normalen Zellstoffwechsels übernimmt, sowie einen (oder mehrere) generativen, diploiden *Mikronucleus*, dessen Aufgabe primär die Speicherung und Neukombination der genetischen Information im Rahmen der Fortpflanzung ist. Ebenfalls gemeinsam ist allen C. die ↗ Konjugation als Form der geschlechtlichen Fortpflanzung.

Traditionell wurde die systematische Untergliederung der C. nach der Art der Bewimperung vorgenommen, woraus sich die Großgruppen *Holotricha, Chronotricha, Peritricha, Spirotricha* und *Suctoria* herleiten lassen: Ab etwa 1970 wurde der Ausbildung und Entwicklung der Mundapparate der Vorzug gegeben, woraus drei Klassen resultierten: *Kinetofragminophora, Oligohymenophorea* und *Polyhymenophorea*. Zurzeit wird die Untergliederung nach den Merkmalen der Infraciliatur bevorzugt, wobei auch Entwicklungskreisläufe und molekularbiologische Daten mit berücksichtigt werden. Daraus resultieren zurzeit drei Gruppen: *Postciliodesmatophora*, *Rhabdophora* und *Cyrtophora*.

Cilien, *Wimpern*, in ihrer Struktur mit den ↗ Flagellen übereinstimmende ca. 10 mm lange und 0,2 mm breite härchenartige *Plasmafortsätze*. Sie sind typischerweise in großer Anzahl vorhanden. und dienen entweder der *Fortbewegung* von Einzellern (z. B. ↗ Paramecium, ↗ Ciliata) und Vielzellern (↗ Rotatoria, ↗ Turbellaria) im Wasser oder aber wie im Fall der *Flimmerepithelien* der Erzeugung von Strömungen, die dem Transport von Flüssigkeit, Schleim und Nahrungspartikeln dienen und z. B. bei Muscheln (↗ Bivalvia) für den Einstrom von Atemwasser sorgen.

Cilienschlag, von ↗ Cilien durchgeführte synchrone Ruderbewegungen, bei denen einem raschen Vorschlag in gestreckter Haltung (*Kraftschlag*) ein langsamerer Rückschlag der eingekrümmten Cilien (*Erholungsschlag*) folgt, sodass sich hoher und geringer Strömungswiderstand abwechseln. Die Cilien schlagen dabei häufig *metachron* in Erregungswellen und können in einigen Fällen (z. B. ↗ Paramecium) die Schlagrichtung und somit die Richtung der Fortbewegung schlagartig umkehren (so genannte *Vermeidungsreaktion*). Die Frequenz des C. liegt zwischen 20 und 30 Hz, kann aber je nach Zelltyp variieren.

Ciliophora, die ↗ Ciliata.

Cimicomorpha, Gruppe der Wanzen (↗ Heteroptera), zu der u. a. die Fam. Plattwanzen (*Cimicidae*) und die Fam. Raubwanzen (*Reduviidae*) gehören. Zu den *Plattwanzen* gehören rund 20 Blut saugende Arten, die überwiegend an Vögeln und Säugetieren leben. Bekannteste Art ist die *Bettwanze* (*Cimex lectularius*). Sie lebt tagsüber versteckt in Ritzen oder Spalten und saugt nachts an schlafenden Menschen und anderen Warmblütern Blut. Angelockt werden sie durch die Körperwärme und eine erhöhte Kohlenstoffdioxidkonzentration. Das Sekret der Speicheldrüsen erzeugt juckende Quaddeln. Gelegentlich können Krankheiten (z. B. Rückfallfieber) übertragen werden. – Zur Fam. der *Raubwanzen* gehören über 3000 vor allem tropische Arten, die oft eine rot-schwarze oder schwarz-gelbe Zeichnung haben. Sie leben räuberisch von Insekten, die sie aussaugen, einige Arten auch als Blutsauger (*Triatoma*). Häufig ist die auch in Häusern vorkommende, bis 18 mm lange *Große Raubwanze* (*Staubwanze, Reduvius personatus*).

Cinchona, Gatt. der ↗ Rubiaceae.

Cinclus , ↗ Wasseramsel

Cinnamomum, Gatt. der ↗ Lauraceae.

Ciona, Gatt. der Seescheiden (↗ Ascidiacea).

circannuale Rhythmik, *circaannuale Rhythmik*, biologische Oszillationen mit einer Periodenlänge von einem Jahr ± 2 Monate (↗ Biorhythmik).

circadiane Rhythmik, *Tagesperiodik, Tagesrhythmik*, endogene Oszillation von Stoffwechselprozessen oder des Verhaltens mit einer Periodenlänge von ca. einem Tag unter konstanten Umweltbedingungen (↗ Biorhythmik, ↗ innere Uhr, ↗ Fotoperiodismus).

Circumnutation, Form der ↗ Nutation, bei der Pflanzenorgane autonome kreisende Bewegungen durchführen, die nicht durch äußere Faktoren ausgelöst werden. Ihre Ursache haben C. in Wachstum sowie Veränderungen des Turgors. Beispiele für wachstumsbedingte C. sind die kreisenden Sprosse der Windepflanzen. Auf autonomen Turgoränderungen basierende C. finden sich bei Fiederblättchen der Telegrafenpflanze *Desmodium gyrans* und als so genannte ↗ Schlafbewegungen der Leguminosenblätter (↗ Blattbewegungen).

Circus, die Gatt. ↗ Weihen.

Cirren, Singular *Cirrhus*, längliche, faden-, borsten-, ranken- oder tentakelartige Körperanhänge bei Tieren; C. können als Tast-, Strudel-, Haft- oder Bewegungsorgan fungieren.

Cirripedia, *Rankenfüßer*, Gruppe der Krebse (↗ Crustacea) mit rund 820 marinen Arten, deren Thoraxbeine bei den Adulten (mit Ausnahme der Wurzelkrebse) zu rankenartigen Fangarmen (*Rankenfüße, Cirren*) umgewandelt sind. Einzigartig unter den Arthropoden ist die ausschließlich sessile Lebensweise der adulten C. Sie sind entweder frei lebende Filtrierer oder leben als Parasiten. Der Körperbau ist entsprechend der jeweiligen Lebensweise sehr unterschiedlich, die Zusammengehörigkeit der Untergruppen ist jedoch an den Larven erkennbar. Die Nauplius-Larven haben typische Frontalhörner und auf den ersten Antennen der Cypris-Larven sitzt eine Zementdrüse.

Artenreichste Teilgruppe sind die *Thoracica*, die in zwei Formen auftreten: den gestielten (lepadomorphen) „Entenmuscheln" und den ungestielten (balanomorphen und verrucomorphen) „Seepocken". Die Larven der Thoracica heften sich mit Hilfe der ersten Antennen am Substrat fest, wobei der vor den Mundwerkzeugen gelegene Kopfabschnitt zur Haftscheibe wird. Streckt sich dieser Kopfabschnitt stielartig, dann entsteht die Form der Entenmuscheln, plattet er sich ab, entsteht die Form der Seepocken. Der restliche Körper, der nur aus Hinterkopf und Thorax besteht, hängt mit dem Rücken nach unten zwischen den beiden Klappen des Carapax. Die Rankenfüße dienen ausschließlich dem Beutefang.

Die *Seepocken* finden sich weltweit in bestimmten Zonen des Felslitorals, z. T. in riesigen Individuenzahlen. Verbreitete Gatt. sind z. B. *Balanus*, die im Sublitoral in 10 - 60 m Tiefe vorkommt und *Semibalanus*, eine typische Gatt. der oberen Gezeitenzonen, die lange trocken fallen kann. Die Art

Coronula reginae, die bis 65 mm Durchmesser haben kann, sitzt vorwiegend auf Buckelwalen, aber auch auf Blau- und Finwal. Bekannteste Art der *Entenmuscheln* ist *Lepas anatifera*, die auf Treibholz, Schiffen, Tonnen und Ähnlichem festsitzt. – Reine Endoparasiten mit einem stark abgewandelten Körperbau sind die *Wurzelkrebse (Rhizocephala)*. Sie konnten nur anhand ihrer Larven den C. zugeordnet werden.

Cirrus, ein nur während der Kopulation rutenförmiges Begattungsorgan, z. B. bei Rädertieren (↗ Rotatoria), Saugwürmern (↗ Trematoda) und Bandwürmern (↗ Cestoda).

Cirsium, Gatt. der ↗ Asteraceae.

cis-acting elements, *cis-wirkende Elemente*, regulatorische Sequenzmotive in den Promotoren von Genen, die zu deren Transkription benötigt werden und in unmittelbarer Nachbarschaft zum codierenden Bereich liegen. Sie ergänzen den so genannten *Minimalpromotor*, d. h. die kleinste bzw. kürzeste ↗ stromaufwärts vom Transkriptionsstart gelegene Sequenz, die für die Expression eines Gens erforderlich ist. Neben Sequenzen, die bei allen eukaryotischen Genen vorhanden sind (*TATA-Box, CAAT-Box, GC-Box*) kommen noch funktionsspezifische cis-acting elements hinzu, die z. B. die Genregulation durch bestimmte Faktoren (Hormone, Umwelteinflüsse usw.) steuern. Cis-acting elements interagieren dabei mit so genannten ↗ trans-acting factors (trans-wirkenden Faktoren). ↗ Enhancer

cis-Konfiguration, ↗ cis-trans-Test

Cistaceae, *Cistrosengewächse*, Fam. der Cistales mit ca. 175 Arten. Zu der Gatt. *Zistrose, Cistus*, deren Arten in den mediterranen ↗ Macchien verbreitet sind, gehören zahlreiche Sträucher mit aromatischen ↗ Harzen und großen, bunten, rasch vergänglichen Blütenkronen. Arten der Gatt. *Sonnenröschen, Helianthemum*, kommen auch in mitteleuropäischen Rasengesellschaften vor. Viele Arten der C. sind auch in Nord- und Südamerika beheimatet.

Cistales, Ord. der ↗ Rosopsida mit den Fam. ↗ Cistaceae, Bixaceae und Dipterocarpaceae.

cis-trans-Test, ein genetischer Test, mit dessen Hilfe es möglich ist, herauszufinden, ob zwei Mutationen dasselbe oder verschiedene Gene betreffen. Ferner erlaubt der c. -t.- T. Rückschlüsse auf ↗ Dominanz und ↗ Rezessivität (Abb. siehe S. 289).

Zwei voneinander unabhängig eingetretene Punktmutationen a und a' können entweder an zwei unterschiedlichen Stellen innerhalb *eines* Gens liegen (z. B. A), oder sie liegen in *zwei verschiedenen* Genen (z. B. A und B). Für den Fall, dass durch die beiden Mutationen nur ein Gen betroffen ist, wird in der *cis-Heterozygoten* der normale Phänotyp ausgeprägt, da auf dem nicht betroffenen homologen Chromosom die Funktion A und das durch sie codierte Merkmal unverändert bleibt. Die *trans-Heterozygote* bringt allerdings einen veränderten Phänotyp hervor, da auf beiden homologen Chromosomen die Ausprägung von Funktion A defekt ist.

Sind durch die Mutationen a und a' jedoch zwei verschiedene Gene betroffen, ist sowohl in der cis- wie auch in der trans-Heterozygoten der normale Phänotyp möglich. Auch in der trans-Heterozygoten gibt es für jedes der beiden mutierten Gene auf dem jeweils homologen Chromosom ein nicht defektes Gen, das die Funktion erfüllen kann. Eine derartige Kompensierung zweier Defektmutanten durch ihre jeweils nicht mutierten Gene auf dem homologen Chromosom wird als *intergene Komplementation* bezeichnet. Ein Genomabschnitt, der sich im c. - t. - T. als Funktionseinheit verhält, wird als ↗ Cistron definiert.

Cistron, gelegentliche Bez. für das ↗ Gen.

Cistrosengewächse, die Fam. ↗ Cistaceae.

Cistus, Gatt. der ↗ Cistaceae.

Citellus, die Gatt. ↗ Ziesel.

CITES, Abk. für Convention on *International Trade in Endangered Species of Wild Fauna and Flora* (↗ Washingtoner Artenschutzübereinkommen).

Citrate, die Salze und Ester der ↗ Citronensäure.

Citratzyklus, *Citronensäure-Zyklus, Krebszyklus, Tricarbonsäure-Zyklus, Zitronensäure-Zyklus*, die wichtigste zyklische Reaktionsfolge für den oxidativen Endabbau von Proteinen, Fetten und Kohlenhydraten zu CO_2 und H_2O. Er wurde 1937 etwa gleichzeitig von H.A. ↗ Krebs, G. Martius und F. Knoop (1875-1946) entdeckt. CO_2 entsteht im C. durch oxidative Decarboxylierung von α-Ketosäuren. In Verbindung mit der Atmungskette erfolgt der Energieumsatz zur Synthese des energiereichen Adenosintriphosphats (ATP; ↗ Adenosinphosphate). Außer für den Energiegewinn ist der C. auch wichtig für die Synthese von neuem zelleigenem Material; er ist also ↗ amphibol. Verschiedene wichtige Substanzgruppen stammen von Zwischenprodukten des C. ab und verschiedene Stoffwechselzyklen sind mit dem C. verknüpft. Bei Eukaryoten ist der C. in den ↗ Mitochondrien lokalisiert, wo er strukturell und funktionell mit der ↗ Atmungskette und dem Fettsäureabbau verbunden ist. Bei Prokaryoten befinden sich die Enzyme des C. im Cytoplasma.

Die biologische Bedeutung des C. liegt in der Oxidation und Zerlegung der Acetylgruppe von ↗ Acetyl-Coenzym A in zwei Moleküle CO_2, wobei viermal zwei Wasserstoffatome frei werden, die auf NAD^+ oder FAD übertragen werden. Die Regeneration dieser Coenzyme erfolgt über die Atmungskette, wobei die Wasserstoffatome zu Wasser oxidiert werden. Die Oxidationen im C. erfolgen durch mehrmalige Wasseranlagerung und anschließende Dehydrierung nach der Summenformel CH_3CO -

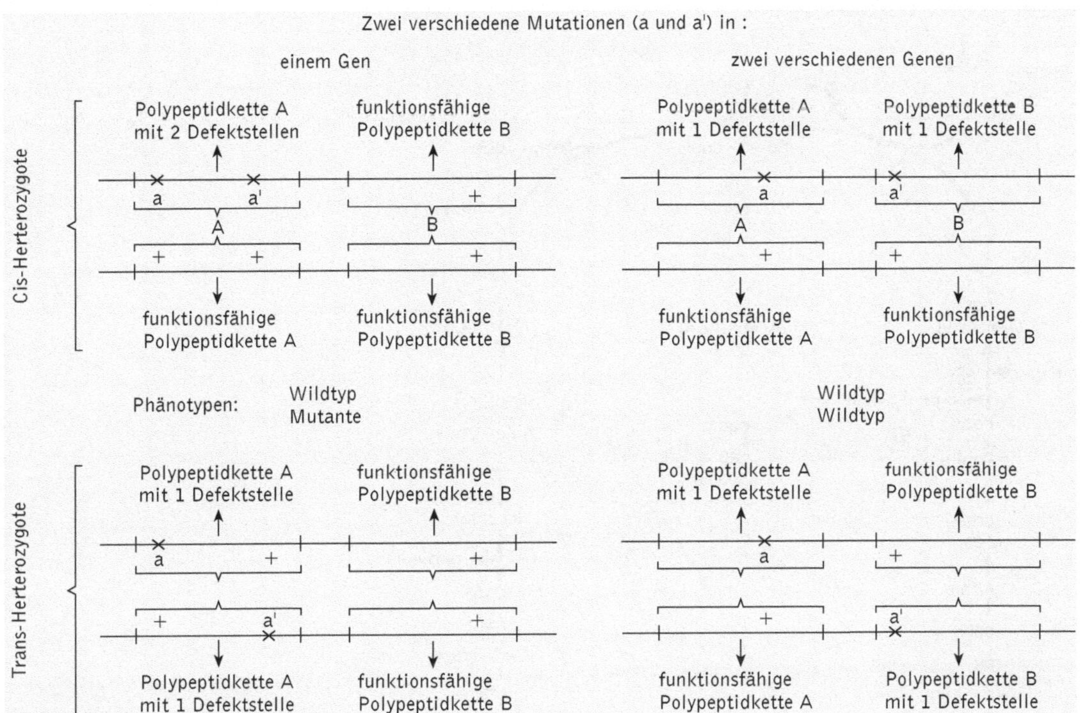

cis-trans-Test Schema des cis-trans-Tests

SCoA + 3 H_2O → 2 CO_2 +8 [H] + HSCoA. Sauerstoff spielt direkt keine Rolle. Initialreaktion des C. ist die Kondensation des Acetyl-CoA mit Oxalacetat, die durch die Citrat-Synthase katalysiert wird. Unter Wasseraufnahme entstehen Citrat und freies Coenzym A. Aus dem Citrat wird über sieben weitere, teilweise komplexe Reaktionsschritte das Oxalacetat regeneriert.

Energiebilanz des C.: Bei der Oxidation von Acetyl-CoA im C. werden insgesamt 901,7 kJ chemische Energie frei, davon 800,29 kJ über die Atmungskette, wobei diese Energie aus zwei NADH und einem $FADH_2$ stammt: NADH + 1/2 O_2 + H^+ → NAD^+ + H_2O ($\Delta G° = -219,4$ kJ; $FADH_2$ + 1/2 O_2 → FAD + H_2O; $\Delta G° = -151,6$ kJ. Ein Teil dieser Energie wird zur Synthese von zwölf Molekülen ATP verwendet, was einer Energieausbeute von etwa 40 % der gesamten freien Energie entspricht: Und zwar entstehen in den Reaktionen 4, 6 und 10 durch NADH-Bildung und dessen anschließende Oxidation in der Atmungskette dreimal drei Moleküle ATP, in der Reaktion 8 ergeben sich durch $FADH_2$-Bildung und Oxidation zwei Moleküle ATP. Dazu kommt das in der Reaktion 7 gebildete GTP, das energetisch äquivalent mit ATP ist.

Der C. steht über Oxalacetat mit der Gluconeogenese in Verbindung. Er ist ferner Ausgangspunkt für die Synthesen mehrerer Aminosäuren, insbesondere von Asparaginsäure und Glutaminsäure und er liefert mit Succinyl-CoA eine Ausgangsverbindung für die Synthese der Porphyrine. Unter Einbeziehung weiterer Zwischenprodukte kann der C. abgewandelt werden. Solche Nebenwege des C. sind der γ-Aminobuttersäureweg (↗ γ-Aminobuttersäure), der Glyoxylatzyklus und der Succinat-Glycin-Zyklus. Die Carboxylierung von Pyruvat ist ein Schritt in der Gluconeogenese aus Pyruvat. Sie ist aber ebenso eine anaplerotische Reaktion des C., d. h., sie hält die Oxalacetat-Konzentration aufrecht, die sich durch Entnahme von Zwischenprodukten des C. für Biosynthesen sonst erschöpfen würde. Bei Tieren ist die Nettosynthese von Kohlenhydraten aus Acetyl-CoA (und damit aus Fettsäuren) nicht möglich. Bei Pflanzen und Tieren erlaubt jedoch der Glyoxylatzyklus die Einführung einer zweiten Acetylgruppe aus Acetyl-CoA, sodass auf diesem Weg eine Nettosynthese von C.-Zwischenprodukten (und damit von Kohlenhydraten) aus C_2-Einheiten möglich ist. Dies ist wichtig in Samen für die Verwertung von Ölspeicherstoffen zur Synthese von Kohlenhydraten während der Keimung sowie für das Wachstum von Bakterien auf Kosten einfacher Kohlenstoffquellen, wie z. B. Acetat.

Regulation des C.: ADP/ATP und NAD^+/ NADH + H^+ wirken als Effektoren des C., wobei besonders die Regulation der Isocitrat-Dehydrogenase, eines allosterischen Enzyms, von Bedeutung ist. Das Enzym benötigt ADP als Aktivator. ATP und NADPH wirken als Hemmstoffe. Weitere Angriffs-

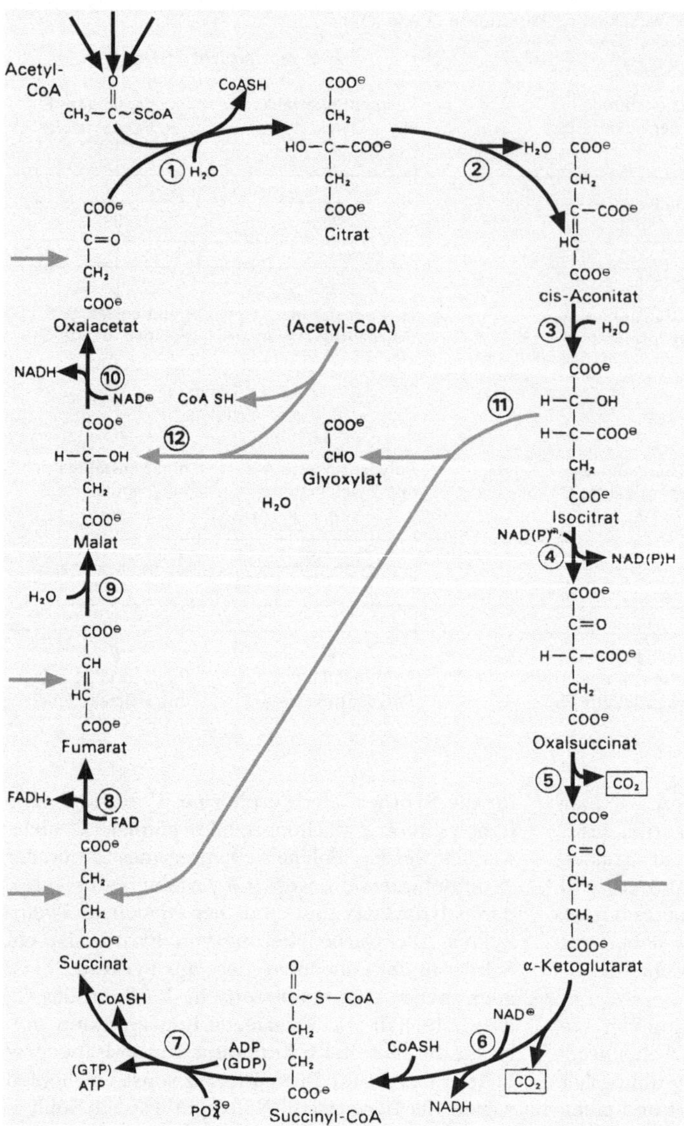

Citratzyklus Im Citratzyklus werden Acetyl-CoA und Oxalacetat durch die Citrat-Synthase (das so genannte condensing enzyme) unter CoA-Abspaltung addiert. Im Verlauf des Zyklus werden 2 CO_2 freigesetzt und die Wasserstoffatome durch vier verschiedene Dehydrogenasen auf insgesamt 3 NAD^+ und 1 FAD übertragen, die ihren Wasserstoff zur ATP-Bildung in der Atmungskette weitergeben. Im C. entsteht noch durch eine Substratkettenphosphorylierung ein energiereiches GTP, das dem ATP entspricht. Die einzelnen Reaktionen werden durch folgende Enzyme katalysiert: (1) Citrat-Synthase, (2) und (3) Aconitase, (4) und (5) Isocitrat-Dehydrogenase, (6) α-Ketoglutarat-Dehydrogenase, (7) Succinat-Thiokinase, (8) Succinat-Dehydrogenase (9) Fumarase, (10) Malat-Dehydrogenase, (11) Isocitrat-Lyase, (12) Malat-Synthase. Die hellen äußeren Pfeile bezeichnen die Stellen, an denen Substrate aus anderen Abbauwegen in den C. eingeschleust werden können. Die hellen Linien in der Mitte zeigen die Beziehung zwischen C. und Glyoxylatzyklus, der funktionsfähig ist, wenn den Zellen Acetat als Substrat vorliegt

punkte einer Regulation sind die Synthese von Oxalacetat und Citrat. Oxalacetat fungiert als Katalysator bei der Oxidation von Acetyl-CoA zu CO_2 und wirkt gleichzeitig als Hemmstoff der Succinat-Dehydrogenase und der Malat-Dehydrogenase. Da der C. nur in Verbindung mit der Atmungskette abläuft, wird seine Intensität auch vom Sauerstoff-angebot reguliert. Unter Anaerobiose kommt es bei Bildung der reduzierten Coenzyme NADH und $FADH_2$ zum Stillstand des Citratzyklus (siehe Tabelle auf Seite 291).

Citronensäure, *Zitronensäure*, eine Tricarbon-säure (↗ Carbonsäuren), die als freie Säure und in Form von Estern und Salzen, den *Citraten*, eine der

Citratzyklus   Die Regulationen im Citratzyklus

Reaktions-nummer	Reaktionsgleichung	Name des Enzyms	Inhibitoren	ΔG^0 [kJ/mol (kcal/mol)]
1	Acetyl-CoA + Oxalacetat + H_2O → Citrat + HSCoA + H^+	Citrat-(*si*)-Synthase, (EC 4.1.3.7)	keine	−38,04 (−9,08)
2a	Citrat $\xrightarrow{Fe^{2+},\,GSH}$ Isocitrat	Aconitat-Hydratase (EC 4.2.1.3)	Fluorcitrat* *trans*-Aconitat*	+6,66 (+1,59)
2b	Citrat $\xrightarrow{Fe^{2+},\,GSH}$ *cis*-Aconitat	Aconitase	*trans*- Aconitat*	+8,45 (+2,04)
2c	*cis*-Aconitat $\xrightarrow{Fe^{2+},\,GSH}$ Isocitrat	Aconitase	*trans*- Aconitat*	−1,89 (−0,45)
3	Isocitrat + NAD^+ $\xrightarrow{Mg^{2+}\,(Mn^{2+}),\,ADP}$ α-Ketoglutarat + NADH + H^+ + CO_2	Isocitrat-Dehydrogenase (EC 1.1.1.41)	ATP	−7,12 (−1,70)
4	α-Ketoglutarat + HSCoA + NAD^+ $\xrightarrow{Mg^{2+},\,TTP,\,LipS_2}$ Succinyl-CoA + CO_2 + NADH + H^+	α-Ketoglutarat-Dehydrogenase-Komplex (EC 1.2.4.2)	Arsenit, Parapyruvat*	−36,95 (−8,82)
5	Succinyl-CoA + GDP + P_i $\xrightarrow{Mg^{2+}}$ Succinat + GTP + HSCoA	Succinyl-CoA-Synthetase (EC 6.2.1.4)	Hydroxylamin	−8,85 (−2,12)
6	Succinat + FAD $\xrightarrow{Fe^{2+}}$ Fumarat + $FADH_2$	Succinat-Dehydrogenase (EC 1.3.99.1)	Malonat* Oxalacetat*	~0,0
7	Fumarat + H_2O → L-Malat	Fumarat-Dehydratase (EC 4.2.1.2)	meso-Tartrat*	−3,68 (−0,88)
8	L-Malat + NAD^+ → Oxalacetat + NADH + H^+	Malat-Dehydrogenase (EC 1.1.1.37)	Oxalacetat* Fluormalat*	+28,02 (+6,69)
1 bis 8: Bilanz des Tricarbonsäure-Zyklus (ohne Atmungskette): Acetyl-CoA + 3 NAD^+ + FAD + GDP + P_i + 2 H_2O → 2 CO_2 + HSCoA + 3 NADH + 3 H^+ + $FADH_2$ + GTP				−60,00 (−14,32)

Abk.: HSCoA = Coenzym A; GSH = Glutathion; AM(D)(T)P = Adenosinmono-(di-)(tri-)phosphat; TPP = Thiaminpyrophosphat; $LipS_2$ = Liponsäureamid; GD(T)P = Guanosindi-(tri-)phosphat; P_i = anorganisches Phosphat; $FAD(H_2)$ = enzymgebundenes oxidiertes (reduziertes) Flavin-adenin-dinucleotid; $NAD^+(H)$ = oxidiertes (reduziertes) Nicotinamid-adenin-dinucleotid. Die mit * bezeichneten Verbindungen wirken als kompetitive Inhibitoren.

verbreitetsten Pflanzensäuren ist. Sie wird im ↗ Citratzyklus aus ↗ Oxalacetat und ↗ Acetyl-Coenzym A gebildet. C. ist ein allosterischer Effektor (↗ allosterische Regulation) der ↗ Phosphofructokinase, eines Schlüsselenzyms der ↗ Glykolyse. Überschüssiges Citrat blockiert daher den weiteren Abbau von Glucose, wodurch eine Balance zwischen der Bereitstellung von Acetyl-CoA durch die Glykolyse und dessen Abbau über den Citratzyklus erreicht wird.

$$\begin{array}{c} COO^\ominus \\ | \\ CH_2 \\ | \\ HO-C-COO \\ | \\ CH_2 \\ | \\ COO^\ominus \end{array}$$

Citronensäure

Citronensäure-Zyklus, der ↗ Citratzyklus.

Citrullin, eine nichtproteinogene ↗ Aminosäure, die im Tier- und Pflanzenreich weit verbreitet ist. Sie ist von besonderer Bedeutung als Zwischenprodukt der Bildung von ↗ Harnstoff im ↗ Harnstoffzyklus.

Citrullus, Gatt. der ↗ Cucurbitaceae.

Citrus, Gatt. der ↗ Rutaceae.

CKW, Abk. für ↗ Chlorkohlenwasserstoffe.

Cl, chemisches Symbol für ↗ Chlor.

Cladistik, die ↗ Kladistik.

Cladogenese, die ↗ Kladogenese.

Cladogramm, das ↗ Kladogramm.

Cladonia, Gatt. der ↗ Lichenes.

Cladophorales, Ord. der Grünalgen (nach der neueren Systematik der ↗ Cladophorophyceae). Die Arten besitzen verzweigte, gelegentlich auch unverzweigte Fadenthalli (↗ Fadenthallus) mit vielkernigen zylindrischen Zellen und netzartigen

Chloroplasten. Die meisten Arten leben im Meer, wenige im Süßwasser. Die Fadenbüschel von Arten der Gatt. *Cladophora* sitzen an der Basis mit einer rhizoidartigen (↗ Rhizoid) Zelle fest (Abb. ↗ Chlorophyta).

Cladophorophyceae, Klasse der Grünalgen (↗ Chlorophyta) mit der einzigen Ord. ↗ Cladophorales.

Cladoxylales, Ord. fossiler Farne (↗ Pteridopsida), deren Arten vom Unterdevon bis zum Unterkarbon verbreitet waren. Charakteristisches Merkmal ist der Bau ihrer ↗ Stele, die im Querschnitt aus V-förmigen Einzelbündeln besteht.

Clathrin, Protein von ca. 650 kDa, das in Form von Trimeren die charakteristische Hülle der ↗ coated vesicles mit ihrer Struktur aus Hexagonen und Pentagonen bildet.

Clathrus, Gatt. der ↗ Phallales.

Claude, *Albert*, belgischer Mediziner und Biochemiker, ✳ 23.8.1899 Longlier (heute zu Neufchâteau, Luxemburg), † 22.5.1983 Brüssel; zunächst am Kaiser-Wilhelm-Institut in Berlin und am Rockefeller Institute in New York, ab 1949 Prof. und Leiter des Jules-Bordet-Instituts für Krebsforschung an der Freien Universität in Brüssel. C. entwickelte eine Reihe von Methoden (u. a. Ultramikrotomie und fraktionierte Zentrifugation) mit denen die Zelle und ihre Bestandteile elektronenmikroskopisch untersucht werden können und entdeckte bei elektronenmikroskopischen Studien an Fibroblastenkulturen und Leberzellen die ↗ Mitochondrien. Er erhielt 1974 zusammen mit C.R. de ↗ Duve und G.E. ↗ Palade den Nobelpreis für Physiologie oder Medizin.

Claviceps purpurea, der ↗ Mutterkornpilz.

Clavicipitales, Ord. der Schlauchpilze (↗ Ascomycetes), zu der u. a. der ↗ Mutterkornpilz (*Claviceps purpurea*) gehört.

Clavicula, *Schlüsselbein*, ein Knochen des ↗ Schultergürtels.

Clearance, eigentlich *renale C.*, ein fiktives Maß für die Elimination eines Stoffes aus dem Blutplasma bei der Nierenpassage. C. bezeichnet den Teil des Blutplasmaflusses in ml/min, der bei seiner

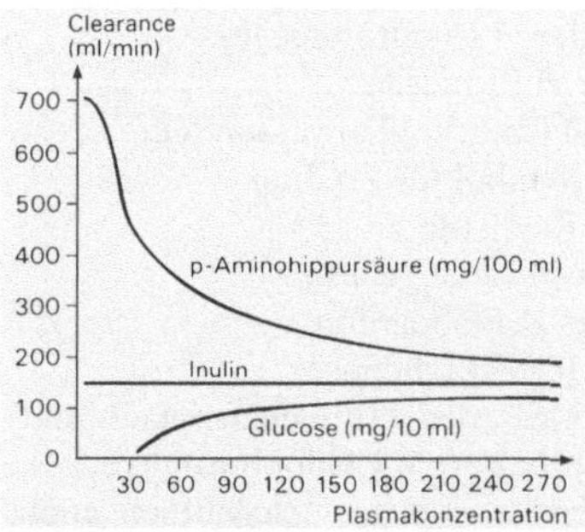

Clearance Inulin-, p-Aminohippursäure- und Glucose-Clearance in Abhängigkeit von der Plasmakonzentration

Passage durch den Nierenkreislauf pro Zeiteinheit von einem bestimmten Stoff gereinigt wird. Zur C.-Messung geeignet ist z. B. Inulin da dieses, wie auch Kreatin, von den Nierentubuli weder rückresorbiert noch sezerniert wird, so dass seine C. gleich der Filtrationsrate der Glomeruli ist. Für Substanzen, die resorbiert werden (z. B. ↗ Glucose) ist sie kleiner, für Substanzen, die wie p - Aminohippursäure in die Tubuli sezerniert werden, ist sie größer. (↗ Niere)

Cleithrum, ein paariger Deckknochen im Schultergürtel, der bei allen Knochenfischen (↗ Osteichthyes) und als Cleithrumrest bei den Froschlurchen (↗ Anura) als einzigen rezenten Tetrapoda vorkommt. Bei allen ↗ Amniota fehlt das C. völlig.

Clematis, Gatt. der ↗ Ranunculaceae.

Cline, *Kline*, das Merkmalsgefälle innerhalb des Areals einer Art. Entlang einer C. ändern sich die Häufigkeit eines Merkmals oder seine Ausprägung mehr oder weniger regelmäßig. C. verlaufen senkrecht zu Linien, an denen die Merkmale gleich häufig oder gleichartig ausgeprägt sind. Diese Linien heißen *Isophäne*.

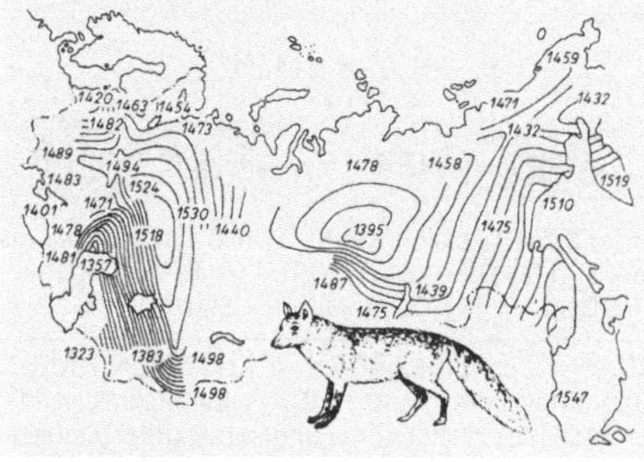

Cline Clinale Variation der Schädellänge des Fuchses (*Vulpes vulpes*): Dargestellt sind die Isophäne. Die Zahlen geben die Schädellänge in Zehntelmillimetern an

Cliona, *Bohrschwämme*, Gatt. der ↗ Demospongiae.

Clitellata, *Gürtelwürmer*, Gruppe der Ringelwürmer (↗ Annelida) mit mehr als 8000 vorwiegend im Süßwasser und an Land lebenden Arten. Namengebende Struktur ist das *Clitellum*, eine den Körper in einigen Segmenten gürtelförmig umgebende, drüsenreiche Struktur, die ohne Ausnahme bei allen C. vorhanden ist. Die Körperform der C. ist recht einheitlich mit deutlicher homonomer Segmentierung. Viele Arten haben kurze Borsten, einzelne Gruppen sind borstenlos, so z. B. die ↗ Euhirudinea. C. sind Simultanzwitter, deren Geschlechtsorgane auf wenige Segmente beschränkt sind. Bei der Fortpflanzung spielt das Clitellum eine wichtige Rolle, so legen sich bei den Oligochaeta zwei Individuen bei der Kopulation so nebeneinander, dass das Clitellum des jeweils einen Tieres den

Spermatheken des anderen gegenüberliegt. Die Spermatheken werden dann wechselseitig mit Fremdsperma gefüllt. Außerdem sezerniert es den Kokon, in den die Eier abgelegt und besamt werden. Bei den Hirudinea hingegen werden die Spermien über Spermatophoren direkt in den Partner injiziert. – Die C. werden unterteilt in die Taxa ↗ Oligochaeta (Wenigborster), zu denen u. a. der ↗ Regenwurm gehört und die ↗ Hirudinea (Egel), u. a. mit dem ↗ Medizinischen Blutegel.

Clitellum, ↗ Clitellata.

Clivia, Gatt. der ↗ Amaryllidaceae.

Clonorchis, Gatt. der ↗ Digenea, zu der u.a. der in China, Korea und Japan verbreitete *Chinesische Leberegel (Clonorchis sinensis)* gehört, der Haus- und Wildtiere, insbesondere Katzen, aber auch den Menschen befällt.

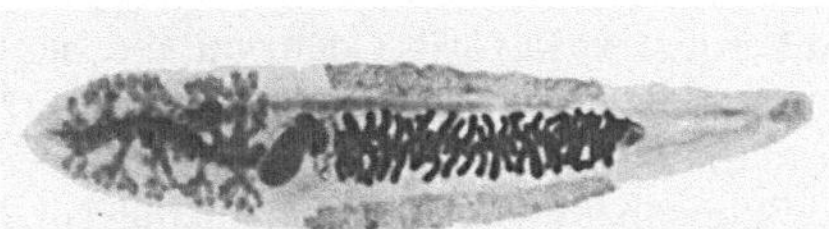

Clonorchis Mikrofotografie des Chinesischen Leberegels (*Clonorchis sinensis*)

Clostridien, Bakterien der Gatt. *Clostridium*; sie gehören zu den Endosporen bildenden ↗ grampositiven Bakterien mit niedrigem ↗ GC-Gehalt. Es sind meist gerade oder leicht gekrümmte bewegliche Stäbchen mit peritricher Begeißelung. Die vegetativen Zellen sind durch die großen Endosporen (↗ Bakteriensporen) oft angeschwollen. Die Endosporen überstehen im ausgereiften Zustand Hitze, Trockenheit und aerobe Bedingungen. Eine Keimung erfolgt aber nur unter anaeroben Bedingungen. Von der Gatt. *Bacillus* unterscheiden sie sich durch strikt anaerobes Wachstum sowie das Fehlen von ↗ Cytochromen und eines Mechanismus für die Elektronentransport-Phosphorylierung. Die C. haben einen ausgeprägten Gärungsstoffwechsel (↗ Gärung), einige sind jedoch auch chemolithotroph (↗ Chemolithotrophie). Die Stämme sind meist (streng) anaerob, nur wenige ↗ aerotolerant. C. kommen hauptsächlich als ↗ Saprophyten im Boden (↗ Bodenbakterien), in Süß- und Meerwassersedimenten und im Darmtrakt (↗ Darmflora) von Mensch und Tieren vor. Es gibt mesophile, thermophile (Optimum 60 - 75 °C) und psychrophile Formen. C. vergären u. a. Cellulose (Celluloseabbau), Stärke, Zucker, Alkohole, Aminosäuren, Purine und Steroide. Zu den vielfältigen Gärungsformen der C. gehören die ↗ Buttersäuregärung, die ↗ Buttersäure-Butanol-Aceton-Gärung, die ↗ Essigsäuregärung, die ↗ Homoacetatgärung, und die ↗ Stickland-Reaktion.

Die chemolithotrophen Arten nutzen H_2 als Elektronendonor und CO_2 als Elektronenakzeptor

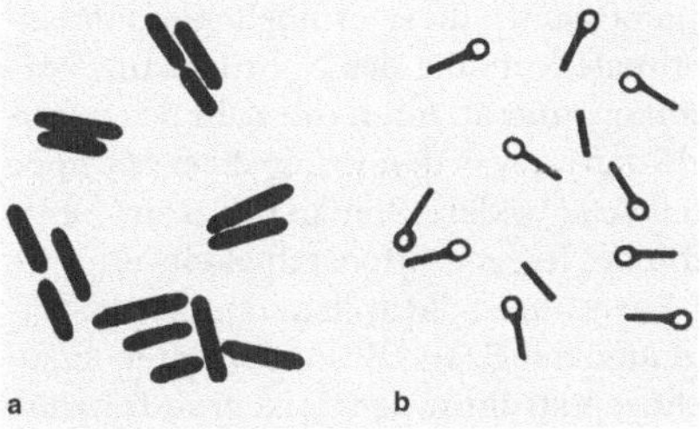

Clostridien a *Clostridium perfringens* erscheint als kurzes, plumpes Stäbchen mit abgerundeten Ecken (schematisch), b *Clostridium tetani* als schlankes, gerades Stäbchen, oft mit runden, endständigen Sporen (so genannte Trommelschlegelform)

(↗ Carbonatatmung, homoacetogene Arten). Einige C. des Aceton-Butanol-Typs fixieren N_2 (↗ Stickstoff fixierende Bakterien).

Wichtige humanpathogene und toxinbildende C. sind *C. botulinum* (↗ Botulinustoxin, ↗ Nahrungsmittelvergiftungen), *C. tetani* (↗ Wundstarrkrampf) und *C. perfringens* (↗ Gasbrand).

Clostridium, ↗ Clostridien.

Clubionidae, *Sackspinnen*, Fam. der Webspinnen (↗ Araneae), zu der u.a. der grünliche *Dornfinger (Cheiracanthium punctorium)* gehört. Er sitzt tagsüber in einem Gespinstsack an der Spitze von Wiesenpflanzen. Sein Biss erzeugt einen mehrere Tage andauernden Schmerz und kann auch zu Übelkeit, Erbrechen und Kreislaufkollaps führen.

Clupea , Gatt. der Heringe (↗ Hering).

Clupeiformes, *Heringsverwandte, Heringsartige, Isospondyli*. Ord. der Knochenfische (↗ Osteichthyes) mit etwa 290 Arten. Sie besitzen gleichartige Wirbel, weichstrahlige Flossen und die Schwimmblase ist mit dem inneren Ohr verbunden. C. leben vorwiegend im Meer, die Nahrung besteht überwiegend aus Plankton. Unter ihnen finden sich zahlreiche wichtige Speisefische, so in der Fam. ↗ Clupeidae (Heringe) der Atlantische ↗ Hering (*Clupea harengus*), die *Sprotte* (Gatt. *Sprattus*) und die *Sardine* (Gatt. *Sardina*), die in gemäßigten und subtropischen Gebieten Hering und Sprotte ersetzt. Die Fam. *Engraulidae* sind kleine Schwarmfische mit großem unterständigem Maul. Zu ihnen gehört u. a. die *Sardelle (Engraulis encrasicholus)*.

Clusiaceae, *Hartheugewächse*, Fam. der ↗ Rosopsida, zu denen krautige Arten des gemäßigten Klimas bis holzig-tropische Arten gehören. Typisch sind schizogene (durch Spaltung enstandene) ↗ Sekretbehälter. Zu den C. gehört das ↗ Johanniskraut, *Hypericum*.

Clypeasteroida, Gruppe der Seeigel (↗ Euechinoida).

CMV, das ↗ Cytomegalievirus.

Cnidaria, *Nesseltiere*, Gruppe der ↗ Coelenterata mit rund 8500 vorwiegend marinen Arten. Charakteristisches Merkmal ist der Besitz von Nesselkapseln (↗ Nematocysten); diese ermöglichen zum einen eine optimale Nutzung des Nahrungsangebots und beschränken zum anderen die Zahl der natürlichen Feinde der C., was den Erfolg dieser Gruppe zumindest teilweise erklärt. Zudem besitzen C. eine außerordentliche Regenerationsfähigkeit und sie sind in der Lage, ihren Fortpflanzungsmodus erstaunlich gut an ökologische Besonderheiten anzupassen. Die Körperstruktur der C. ist grundsätzlich radiärsymmetrisch. Bei Cubozoa, Scyphozoa und Hydrozoa gibt es zwei adulte Stadien, zum einen den sessilen *Polypen*, ein schlauch- oder sackförmiger Organismus mit einer dem Beutefang dienenden Tentakelkrone um die Mund-After-Öffnung, einem ektodermalen Pharynx und einem Gastralraum; zum anderen die freischwimmende *Meduse (Qualle)*, die die Keimzellen trägt. Sie entsteht i. d. R. aus dem Polypen, der durch geschlechtliche Fortpflanzung der Meduse gebildet wird.

Bei der Bildung der Meduse aus dem Polypen wird die Fußscheibe zur Oberseite (*Exumbrella*) und das Mundfeld zur Unterseite (*Subumbrella*), in deren Zentrum der Mund-After auf einem röhrenförmigen *Magenstiel (Manubrium)* liegt, der in den Zentralmagen führt. Von diesem gehen *Radiärkanäle* aus, die am Rand der Glocke durch einen *Ringkanal* verbunden sind. Am Glockenrand befinden sich Fangtentakel und Sinnesorgane.

Atmung und Exkretion erfolgen über die Epithelien. Das Nervensystem besteht aus einzelnen Rezeptorzellen und Nervenzellen, mitunter kommen Nervennetze vor. Die meisten C. sind getrenntgeschlechtlich, es gibt aber auch Zwitter. Vorherrschender Fortpflanzungsmodus ist die zweigeschlechtliche Fortpflanzung, jedoch kommt auch Parthenogenese vor. Ungeschlechtliche Vermehrung durch Knospung ist bei allen C.-Taxa verbreitet. Die Entwicklung erfolgt über eine ↗ Planula.

Zu den C. gehören die Blumentiere (↗ Anthozoa), die Würfelquallen (↗ Cubozoa), die Scheibenquallen (↗ Scyphozoa) und die ↗ Hydrozoa.

Cnide, die ↗ Nematocyste.

Cnidocil, Struktur der ↗ Nematocysten.

Cnidocyte, die Nematocyte (↗ Nematocysten).

C/N-Verhältnis, das ↗ Kohlenstoff-Stickstoff-Verhältnis.

Co, chemisches Symbol für ↗ Cobalt.

CO, das ↗ Kohlenstoffmonooxid.

CO₂, das ↗ Kohlenstoffdioxid.

CO₂-Anreicherung, die bei bestimmten Pflanzen (↗ CAM-Pflanzen, ↗ C4-Pflanzen) vorkommende Akkumulation von CO_2 in der Umgebung des Enzyms ↗ Ribulose-1,5-bisphosphat-Carboxylase/Oxygenase, um ↗ Fotorespiration zu vermeiden. (↗ Calvin-Zyklus, ↗ CO₂-Pumpen)

coated pits, in der Plasmamembran vorhandene Vertiefungen, aus der während der rezeptorvermittelten ↗ Endocytose die ↗ coated vesicles entstehen. Auf der P-Seite der Membran (↗ Biomembran) befindet sich eine Hülle aus ↗ Clathrin.

coated vesicles, bei der rezeptorvermittelten ↗ Endocytose im Bereich der ↗ coated pits entstehende ↗ Endosomen, die nach ihrer Einschnürung ihre ↗ Clathrin -Hülle abwerfen.

Cobalamin, *Vitamin B_{12}*, *Extrinsic factor*, ein wasserlösliches Vitamin mit einem Ringsystem ähnlich dem des ↗ Häm, das als *Corrin-Ringsystem* bezeichnet wird. Zentralatom dieses Ringsystems ist ein zwei- oder dreiwertiges Kobaltatom. C. ist für die Wirksamkeit mehrerer Enzyme verantwortlich. Bei den betreffenden Reaktionen handelt es sich meist um Isomerisierungen (z. B. Glutamat ⇌ β-Methylaspartat und Methylmalonyl-CoA ⇌ Succinyl-CoA); außerdem wirkt C. als Coenzym u. a. bei der durch Thioredoxin katalysierten Reduktion von Ribonucleosiddiphosphaten zu den 2'-Desoxyribonucleosiddiphosphaten, bei der Übertragung von Methyl-(CH_3-)Gruppen von N^5-Tetrahydrofolsäure auf Homocystein zur Regeneration von Methionin, bei der Methylierung von tRNA sowie bei der Bildung von Methan durch Methanbakterien.

C. findet sich bevorzugt in tierischen Geweben, besonders in Leber sowie in Eigelb und Milch. Eine de-novo-Synthese von C. kann nur von bestimmten Mikroorganismen durchgeführt werden. In pflanzlicher Nahrung ist C. nur in äußerst geringer Menge vorhanden. Beim Menschen führt Mangel an C. zu ↗ perniziöser Anämie. (↗ Intrinsic factor)

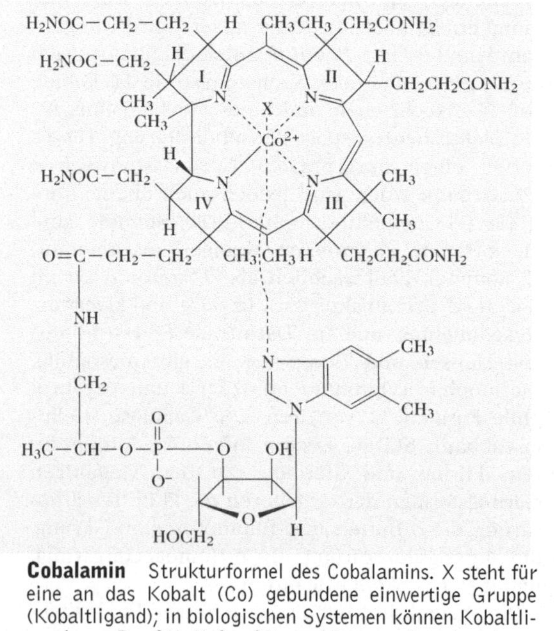

Cobalamin Strukturformel des Cobalamins. X steht für eine an das Kobalt (Co) gebundene einwertige Gruppe (Kobaltligand); in biologischen Systemen können Kobaltliganden z. B. $-OH$, H_2O, $-CH_3$ und Desoxyadenosin sein

Cobitidae, die Fam. Schmerlen (↗ Cypriniformes).

Cocain, *Kokain*, *Methylbenzoyl-Ecgonin*, das Hauptalkaloid aus den Blättern des ↗ Kokastrauchs (*Erythroxylum coca*; ↗ Erythroxylaceae). In reiner Form bildet C. farblose, bitter schmeckende Kristalle. C. ist eine der gefährlichsten und verbreitetsten Drogen. Es wird geschnupft, injiziert oder als „*Crack*" (mit Backpulver und Wasser vermischtes, zu Klümpchen verbackenes C.) geraucht. Die Wirkung ist dosisabhängig: In kleinen Mengen steigert C. innerhalb kurzer Zeit die körperliche und psychische Leistungsfähigkeit und vermindert Müdigkeit, Hunger und Durst. In höherer Dosierung treten eine Steigerung der Pulsfrequenz und des Blutdrucks und Erhöhung der Körpertemperatur sowie durch Erregung des Zentralnervensystems Euphorie, Rededrang, Ideenflucht auf. Chronischer Missbrauch von C. führt zu körperlichem Verfall und vorzeitiger Vergreisung, Schlaflosigkeit, Wahnvorstellungen und Psychosen (*Cocainismus*). Folge fortgesetzten Schnupfens von C. ist die Zerstörung der Nasenschleimhäute und der Verlust des Geruchssinns.

Cocain

C. verhindert die reguläre Inaktivierung der Neurotransmitter ↗ Serotonin, ↗ Noradrenalin und ↗ Dopamin, was anfangs die stimulierende und euphorisierende Wirkung hervorruft, bei langdauerndem Missbrauch jedoch auch zu einer Verknappung dieser Neurotransmitter führt. Die Folge ist, dass die angestrebte Euphorie nicht mehr erreicht wird, sondern C. notwendig wird, um die sonst auftretenden starken Depressionen zu verhindern. Dies widerlegt auch die These, C. mache nur psychisch abhängig und rufe kein Entzugssyndrom hervor. Das Suchtpotenzial von C. wird mittlerweile ebenso hoch eingeschätzt wie dasjenige von Heroin. (↗ Sucht)

Coccidia, nach klassischer Systematik Ord. der ↗ Sporozoa, nach der phylogenetischen Systematik Gruppe (*Coccidea*) der ↗ Apicomplexa. Sie sind, wie alle Sporozoen, ausschließlich parasitische Einzeller und parasitieren bei Gliedertieren (↗ Articulata) sowie mit einigen wichtigen Krankheitserregern bei Wirbeltieren und dem Menschen (u. a. ↗ Malaria).

Coccina *Schildläuse*, Gruppe der ↗ Insecta mit rund 3000 Arten, davon 90 in Mitteleuropa. Die Schildläuse sind 0,8 - 6 mm, maximal 35 mm lang und zeigen einen ausgeprägten ↗ Geschlechtsdimorphismus: Die Männchen sind frei beweglich mit stummelartigen Hinterflügeln, die Weibchen sind flügellos mit gut entwickelten Stechborsten. Die weiblichen Tiere sind oft von einer Schutzhülle (*Schild*; daher der Name) aus Wachs, lackartigen Substanzen oder einem Gemisch aus abgelegten Larvenhäuten bedeckt. Sie saugen ober- oder unterirdisch an Pflanzen, manche Arten sind Schädlinge an Zimmerpflanzen und in Gewächshäusern.

Coccinellidae, *Marienkäfer*, Fam. der ↗ Polyphaga mit insgesamt rund 4000, in Mitteleuropa 90 etwa 1,2 - 13 mm großen Arten. Sie haben einen halbkugelförmigen Körper, oft mit bunter Fleckenzeichnung und kurze Beine. Bei Störung tritt aus Poren in den Gelenkhäuten der Beine eine gelbe Flüssigkeit mit giftigen ↗ Alkaloiden aus. Die weichhäutigen Larven sind schlank und sehr beweglich. Sowohl die Käfer als auch die Larven ernähren sich u. a. von Milben, Blatt- und Schildläusen sowie Fransenflüglern und sind dadurch sehr nützlich; einige Arten werden in der biologischen Schädlingsbekämpfung eingesetzt. Bekannte einheimische Arten sind der *Siebenpunkt* (*Coccinella septempunctata*), auf dessen roten Flügeldecken sieben schwarze Punkte sind, weiterhin der *Zweipunkt* (*Adalia bipunctata*) entweder rot mit zwei schwarzen Punkten oder schwarz mit vier roten Punkten sowie der *Vierzehnpunkt* (*Propylaea quatuordecimpunctata*), der gelbe Flügeldecken mit schwarzen Punkten besitzt.

Coccolithophorales, *Coccolithophorida*, *Kalkflagellaten*, Ord. der ↗ Haptophyta. Hierzu gehören fossile und rezente Algenarten, deren Zellen auf dem ↗ Plasmalemma zwei Schichten feiner Polysaccharidschüppchen tragen. Eine weitere nach außen folgende Schicht besteht aus Plättchen, Stäbchen und Schalen (*Coccolithen*; Abb. ↗ Haptophyta). Auf dieser äußeren Schicht wird Calcit abgelagert. Die Coccolithen, die in rezenten und fossilen Meeressedimenten massenweise vorkommen, sind wichtige ↗ Leitfossilien. Sie sind fossil vom Jura ab bekannt und haben einen wesentlichen Anteil an der Bildung bestimmter Kalksedimente.

Coccyx, das Steißbein (↗ Becken, ↗ Wirbelsäule).

Cochlea, *Schnecke*, Teil des Gehörgangs (↗ Ohr).

Cocos, Gatt. der ↗ Arecaceae.

Codein, *Kodein*, *Methylmorphin*, ein Opiumalkaloid, der 3-Monomethylether des ↗ Morphins. C. ist zu 0,3 - 3 % im Opiumsaft enthalten. Aufgrund seiner das Hustenzentrum dämpfenden Eigenschaften wird C. in Form des Phosphorsäuresalzes vor allem in hustenstillenden Mitteln angewandt. Im Gegensatz zu Morphin ist C. kaum analgetisch (Schmerz stillend) wirksam, vemag aber die Wirksamkeit anderer Analgetika zu steigern. Unerwünschte Nebenwirkungen wie Darmträgheit, dämpfende Wirkung auf das Gehirn, Euphorie und Suchtgefahr sind deutlich geringer als beim Morphin.

codierender Bereich, der Teil eines Gens, der die genetische Information für die DNA-Sequenz des Genproduktes (Protein, ribosomale und transfer-RNA) enthält. (↗ Promotor, ↗ Operator, ↗ genetisches Mosaik)

Codiolales, *Ulotrichales*, Ord. der ↗ Ulvophyceae. Die Arten dieser Grünalgen kommen im Süßwasser und im Meer vor. Eine häufige Art ist *Ulothrix zonata*. Sie bildet unverzweigte Fäden, deren kurze Zellen bandförmige ↗ Chloroplasten enthalten. Die Thalli (↗ Thallus) sind mit einer Rhizoidzelle (↗ Rhizoid) auf dem Substrat festgewachsen. Zu den C. gehört auch die Gatt. *Monostroma*.

Codon, eine aus drei aufeinanderfolgenden Nucleotiden bestehende Sequenz in DNA und mRNA, die die genetische Information für eine bestimmte Aminosäure enthält oder als so genanntes *Stopp-Codon* für Beendigung der ↗ Translation sorgt.

Coelenterata, *Hohltiere*, Gruppe meist radiärsymmetrischer, im Wasser lebender Vielzeller mit rund 10000 Arten, die traditionell in die beiden Untergruppen Nesseltiere (↗ Cnidaria) und Rippenquallen (↗ Ctenophora) eingeteilt werden. Die Ctenophora werden wegen struktureller Gemeinsamkeiten im Bau der Spermien als Schwestergruppe der Bilateria diskutiert, wonach die „Coelenterata" eine paraphyletische Gruppe wären.

Alle Strukturen des Körpers der C. können auf nur zwei Epithelien (↗ Epidermis und Gastrodermis) zurückgeführt werden, die sich von ↗ Ektoderm und ↗ Entoderm ableiten (↗ diploblastische Eumetazoa). Zwischen ihnen liegt eine extrazelluläre Matrix, die ↗ Mesogloea. Eine Kopfbildung (↗ Cephalisation) hat noch nicht stattgefunden. Atmung und Exkretion erfolgen über die Epithelien. Ein Teil der Cnidaria und die Ctenophora haben eine sich allerdings sehr unterschiedlich fortbewegende medusenartige Schwimmform *(Qualle)*. Ihre formgebende Substanz ist die Mesogloea, die von einem röhrenförmigen Verdauungstrakt (↗ Gastrovaskularsystem, *Coelenteron*) durchzogen wird und nur eine Öffnung nach außen hat. Ein *Polyp* kommt nur bei den Cnidaria vor. Die Ctenophora sind zwittrig, die Cnidaria zeigen eine sehr große Vielfalt von Fortpflanzungsmodi.

Coeloblast, der ↗ Coenoblast.

Coeloblastula, besondere Form der ↗ Blastocyste z. B. bei Schwämmen (↗ Porifera), Hohltieren (↗ Coelenterata), Stachelhäutern (↗ Echinodermata) und Lanzettfischchen (↗ Acrania). Sie entsteht als Ergebnis total-äqualer Furchung oligolecithaler Eier und ist durch ein mehr oder weniger umfangreiches Blastocoel gekennzeichnet.

Coelom, die sekundäre ↗ Leibeshöhle.

coelomat, Bez. für Organismen, die ein von einem echten Epithel (*Coelothel*) umgebenes Coelom (↗ Leibeshöhle) besitzen.

Coelomocyten, amöboid bewegliche oder unbewegliche freie Zellen, die im Coelom (↗ Leibeshöhle) von Tieren der verschiedensten systematischen Gruppen zirkulieren und meist vom Coelomepithel abstammen. Sie dienen u. a. der ↗ Abwehr, der ↗ Phagocytose, der ↗ Exkretion, der Nährstoffspeicherung, dem Nahrungstransport oder bei Insekten der ↗ Blutgerinnung.

Coelurosaurier, Gruppe der ↗ Saurischia.

Coenobium, *Zönobium*, lockerer Zellverband, der durch die Zellwände der Mutterzelle vorübergehend zusammengehalten wird. Coenobien kommen bei Bakterien, Cyanobakterien, Algen und Pilzen vor.

Coenoblast, *Zönoblast, Coenocyte, Coeloblast*, eine vielkernige (polyenergide) Zelle. Jeder Kern besitzt dabei seine eigene cytoplasmatische Wirkungssphäre (Energide).

Coenocyte, der ↗ Coenoblast.

coenokarp, *zönokarp*, Bez. für den verwachsenblättrigen ↗ Fruchtknoten.

Coenopteridales, Ord. fossiler Farne (↗ Pteridopsida), die vom Oberdevon bis Unterperm verbreitet waren. Kennzeichnend sind dreidimensional verzweigte Farnwedel („Raumwedel"). Zu den Gatt. gehören *Stauropteris*, *Etapteris* und *Zygopteris*.

Coenzym, *Coferment*, niedermolekularer, nicht proteinartiger Bestandteil eines ↗ Enzyms, der in den Ablauf der von dem Enzym katalysierten Reaktion direkt eingreift und bei der Umsetzung jedes Substratmoleküls selbst eine zyklische Reaktionsfolge durchläuft. C. sind komplexe organische Moleküle, die meist nur locker oder vorübergehend, seltener aber auch kovalent an den Proteinanteil (das *Apoenzym*) gebunden sind und dann häufig *Cofaktoren* genannt werden. ↗ Vitamine sind häufig Vorstufen von C. Als C. werden auch Substanzen wie NAD$^+$, NADP$^+$ oder Coenzym A bezeichnet, die sich bei jeder Umsetzung eines Substratmoleküls immer neu an das jeweilige Enzymprotein anlagern, anschließend umgesetzt werden und dann das Enzym wieder verlassen. Sie verhalten sich also wie Substrate und werden daher häufig – und eigentlich auch korrekter – *Cosubstrate* genannt (siehe Tabelle auf Seite 297).

Coenzym A, zu den Gruppen übertragenden ↗ Coenzymen gehörendes Coenzym, das Acylreste bindet und diese dadurch aktiviert (*Acyl-Coenzym A*). Im Coenzym A ist Pantethein (das aus Pantoinsäure, β-Alanin und Cysteamin besteht) über eine Anhydridbindung mit 3'-Phospho-ADP verknüpft. Bei Reaktionen mit der Thiol-(SH-)Gruppe des Cysteamin entstehen Thioester

Coenzyme   Wichtige Coenzyme

Coenzym	Abkürzung	übertragene Gruppe
Nicotinamidadenindinucleotid	NAD^+	Hydridionen (Elektronen)
Nicotinamidadenindinucleotidphosphat	$NADP^+$	Hydridionen (Elektronen)
Flavinadenindinucleotid	FAD	Wasserstoffatome (Elektronen)
Coenzym Q (Ubichinon)	CoQ	Wasserstoffatome (Elektronen)
Häm in Cytochromen	(Cyt)	Elektronen
Häm im Hämoglobin	(Hb)	Sauerstoff
Coenzym A	CoA	Acylgruppen
Liponsäure, Liponamid	Lip	Acylgruppen
Thiaminpyrophosphat	TPP	Aldehydgruppen
Biotin	–	CO_2
Pyridoxalphosphat	PAL	Aminogruppen
Tetrahydrofolsäure	THF	C_1-Gruppen: Formyl-, Formimino-, Hydroxymethyl-, Methylgruppen
S-Adenosylmethionin	SAM	Methylgruppen
Vitamin B_{12} (Cobalamin)	Vit B_{12}	Alkylgruppen

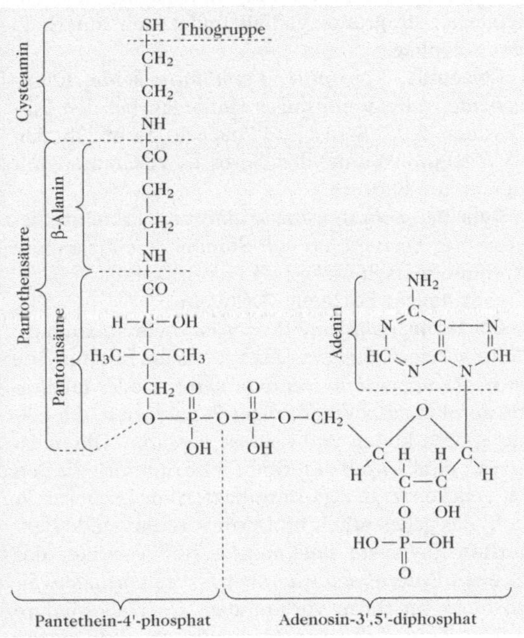

Coenzym A

(z. B. *Acetyl-Coenzym A*), die als aktivierte Form von Carbonsäuren bezeichnet werden, da sich diese nunmehr leicht auf andere Moleküle übertragen lassen.

Coenzym Q, das ↗ Ubichinon.

Cofaktoren, Bez. für niedermolekulare, nicht proteinartige Bestandteile von ↗ Enzymen, wie Metall-ionen und vor allem für (kovalent gebundene) ↗ Coenzyme.

Coferment, das ↗ Coenzym.

Coffea, Gatt. der ↗ Rubiaceae.

Coffein, *Koffein, 1,3,7-Trimethylxanthin*, ein Purin-Alkaloid, das in den Samen (Kaffeebohnen) des Kaffeestrauchs, den Blättern des Teestrauchs (früher als *Thein* bezeichnet) und der Matepflanze, den Früchten des Kakaobaums und den Samen des Guaranastrauchs vorkommt. Reines C. bildet weiße, bitter schmeckende Kristallnadeln. C. wirkt anregend auf das Zentralnervensystem und beseitigt dadurch Müdigkeit und erhöht das Konzentrationsvermögen. Außerdem regt es die Herztätigkeit an, erweitert die Herzkranzgefäße und hat eine schwache diuretische (Harn treibende) Wirkung. Die Wirkungen des C. beruhen hauptsächlich auf der Hemmung der ↗ Phosphodiesterase, die in ↗ Adrenalin produzierenden Zellen cAMP (Adenosinphosphate) zu AMP abbaut, wodurch die Adrenalinwirkung verlängert wird.

Coffein

CO_2-Fixierung, Bez. für den während der ↗ Fotosynthese stattfindenden Einbau des anorganischen CO_2 in Kohlenhydrate. Die C. erfolgt im ↗ Calvin-

Zyklus. Bei Pflanzen, die Mechanismen zur ↗ CO₂-Anreicherung entwickelt haben, wird der eigentlichen C. eine weitere C. vorgeschaltet, die räumlich (↗ C₄-Pflanzen) oder zeitlich (↗ CAM-Pflanzen) von dieser getrennt erfolgt.

Cohen, *Stanley*, amerikan. Biochemiker, * 17.11.1922 New York; ab 1959 Prof. an der Vanderbilt University in Nashville (Tennessee). C. arbeitete vor allem über hormonartige Polypeptid-Wachstumsfaktoren, die eine Signalwirkung auf die Entwicklung bestimmter Zellen und Gewebe ausüben. Für seine Beiträge zum Verständnis der Steuerungsmechanismen von Zell- und Gewebewachstum, vor allem für die Entdeckung des epidermal growth factors (EGF erhielt er zusammen mit R. ↗ Levi-Montalcini den Nobelpreis für Physiologie oder Medizin. Seine Erkenntnisse ermöglichten ein besseres Verständnis normaler Wachstums- und Heilungsvorgänge sowie pathologischer Prozesse (z. B. Tumoren).

cohesive ends, *sticky ends*, „klebrige" Enden eines doppelsträngigen DNA-Moleküls nach Behandlung mit bestimmten ↗ Restriktionsenzymen, bei denen es im Gegensatz zu ↗ blunt ends einen einzelsträngigen Überhang gibt. c. e. werden häufig bei der Klonierung von Genen verwendet, um DNA-Fragmente miteinander zu verbinden.

CO₂-Kompensationspunkt, die minimale CO₂-Konzentration der Außenluft, bei der sich der CO₂-Verbrauch (↗ Calvin-Zyklus) und die CO₂-Produktion (↗ Fotorespiration) einander die Waage halten. Steigt die CO₂-Konzentration über diesen Wert, wird ↗ Fotosynthese durchgeführt. ↗ C₃-Pflanzen und ↗ C₄-Pflanzen unterscheiden sich dahingehend, dass letztere einen um den Faktor 10 niedrigeren C. haben. Durch ↗ CO₂-Anreicherung ist es ihnen möglich, auch bei einer niedrigen CO₂-Konzentration CO₂ fixieren zu können.

Cola, Gatt. der ↗ Sterculiaceae.

Colchicaceae, *Herbstzeitlosengewächse*, Fam. der ↗ Liliopsida mit ca. 170 Arten, die nach früherer Systematik den Liliaceae zugeordnet wurden. Die Vertreter dieser Fam. sind durch ↗ Knollen und sehr giftige ↗ Alkaloide der Colchicin-Gruppe gekennzeichnet. Eine heimische Art ist die ↗ Herbstzeitlose (Gatt. *Colchicum*).

Colchicin, Alkaloid der Herbstzeitlosen (*Colchicum autumnale*), das vor allem als *Mitosegift* wirkt, indem es an ↗ Tubulin bindet und die Bildung des Spindelapparates verhindert. Die Chromosomen werden dadurch in der Metaphase arretiert. C. dient in der Pflanzenzüchtung zur Erzeugung polyploider Sorten. Daneben wird C. auch als *Gichtmittel* eingesetzt.

Coleochaetales, Ord. der ↗ Klebsormidiophyceae. Die Arten dieser Grünalgen sind verzweigt fädig und in Sohle und aufrechte Fäden gegliedert.

Coleoida, *Dibranchiata*, Gruppe der ↗ Cephalopoda mit den ↗ Decabrachia und den ↗ Octobrachia.

Coleoptera, *Käfer*, mit mindestens 350000 Arten (in Mitteleuropa etwa 8000) die artenreichste Gruppe der ↗ Insecta. Sie sind von 0,25 mm bis maximal 160 mm lang mit zu mehr oder weniger stark sklerotisierten Elytren umgewandelten Vorderflügeln, die die häutigen Hinterflügel und das weiche Abdomen schützen. Bei manchen Gruppen sind die Vorder- oder auch die Hinterflügel verkürzt oder reduziert. Die Antennen sind meist elfgliedrig und sehr unterschiedlich gestaltet, die Mundwerkzeuge überwiegend beißend-kauend. Die Beine sind i. d. R. Laufbeine, können aber auch zu Schwimm- oder Grabbeinen umgewandelt sein. Die Verwandlung der C. ist vollkommen (Holometabolie; ↗ Metamorphose), die Entwicklung dauert je nach Art wenige Wochen bis einige Jahre. Die C. haben fast alle Lebensräume besiedelt, dementsprechend sind auch Lebens- und Ernährungsweise sehr vielfältig.

Die systematische Untergliederung wird unterschiedlich gehandhabt, im Wesentlichen werden vier Großgruppen unterschieden: Die *Archostemata*, die ↗ Adephaga, die ↗ Myxophaga und die ↗ Polyphaga. Die größte Vielfalt findet sich innerhalb der Polyphaga.

Coleoptile, *Koleoptile*, *Keimblattscheide*, *Keimscheide*, scheidenförmiges Hüllorgan bei den Embryonen der Süßgräser (↗ Poaceae). Es umgibt den ↗ Vegetationspunkt des Sprosses zusammen mit den ersten Blättern.

Colicine, *colicinogene Faktoren*, Proteine bestimmter *Escherichia coli*-Stämme, die für andere Stämme toxisch wirken (↗ Bakteriocine).

colicinogene Faktoren, ↗ Colicine.

Coliforme, *coliforme Bakterien*, keine taxonomische, sondern allg., wasserhygienische Bez. für eine große Gruppe gramnegativer aerober oder fakultativ aerober stäbchenförmiger ↗ Bakterien, die keine Sporen bilden und Lactose vergären. Die meisten C. sind Darmbakterien (↗ Darmflora). Zu den C. gehören z. B. das Darmbakterium *Escherichia coli*, das gelegentlich im Darm vorkommende Bakterium *Klebsiella pneumoniae* und Vertreter der Spezies *Enterobacter aerogenes*, die normalerweise nicht im Darm vorkommen. C., insbesondere *Escherichia coli*, werden häufig als Indikatoren (↗ Bioindikatoren) für die Qualität von ↗ Trinkwasser benutzt. Sind beim so genannten *Coliformentest* C. (geprüft wird auf die Gegenwart von *Escherichia coli*) in einer Wasserprobe enthalten, kann man davon ausgehen, dass das Wasser fäkal kontaminiert wurde und daher potenziell auch pathogene Bakterien wie *Salmonella* und *Shigella* enthalten kann.

coliforme Bakterien, die ↗ Coliformen.

Coliphagen, ↗ Bakteriophagen von *Escherichia coli*.

Colititer, Maß für die Verunreinigung von Wasser (↗ Trinkwasser) mit Fäkalien. Dazu wird die Anzahl von *Escherichia coli*-Keimen (↗ Escherichia coli) in mindestens 100 ml des zu untersuchenden Wassers bestimmt. Der C. ist die kleinste Wassermenge, in der sich in der selektiven Kultur noch eine positive Reaktion (1 - 9 Keime) auf das Darmbakterium *E. coli* zeigt. *Escherichia coli* darf in 100 ml Trinkwasser nicht nachweisbar sein.

Collembola, *Springschwänze*, zu den ↗ Entognatha gehörende Insekten, die mit 4000 Arten (in Mitteleuropa rund 1000) weltweit verbreitet sind. Sie sind meist 1 - 2 mm lang und leben in den unterschiedlichsten Lebensräumen, am Boden, auf der Wasseroberfläche, an Meeresküsten auf Gletschereis und Schnee oder auch in Nestern von Ameisen und Termiten, wobei immer Bereiche hoher Luftfeuchtigkeit bevorzugt werden. C. ernähren sich von pflanzlichem oder tierischem Abfall, Mikroorganismen, aber auch von lebendem Pflanzengewebe (z. B. zarte Wurzeln). Als Detritusfresser tragen sie zur Humusbildung bei. C. zeigen oft hohe Individuendichten (in 1 m² Boden bis zu einer Tiefe von 30 cm bis zu 400000 Individuen).

Charakteristisch ist die *Sprunggabel (Furca)*, die eine Extremitätenbildung des 4. Abdominalsegments ist. Sie wird in Ruhe ventral nach vorne geklappt und von einer Halterung (*Retinaculum*) am 3. Abdominalsegment festgehalten. Bei Beunruhigung schnellt die Sprunggabel durch plötzliche Muskelkontraktion nach hinten und der Körper vollführt entweder einen Salto nach hinten oder springt nach vorne (bis zu 25 cm weit). – Die C. sind seit dem ↗ Devon nachgewiesen. Man unterscheidet drei Subtaxa, *Arthropleona* mit gestrecktem, deutlich segmentiertem Körper und ohne Tracheensystem, *Neelipleona* mit kugeligem Körper und ohne Augen und *Symphypleona* mit eher kugeligem Körper, teilweise verschmolzener Segmentierung und mit Tracheensystem.

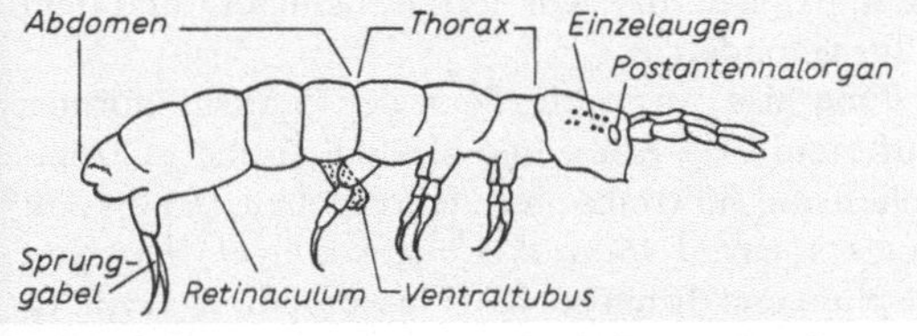

Collembola   Schema eines Collembolen (Arthropleona)

Colliculus seminalis, der „Samenhügel" in der ↗ Prostata.

Colloblasten, Klebzellen an den Tentakeln der Rippenquallen (↗ Ctenophora).

Colocasia, Gatt. der ↗ Araceae.

Colon, der Dickdarm (↗ Darm).

Coloradokäfer, der ↗ Kartoffelkäfer.

Colostrum, die Vormilch (↗ Muttermilch).

Coluber, ↗ Zornnatter.

Colubridae, *Nattern*, mit mindestens 2000 Arten die größte und gleichzeitig vielgestaltigste Fam. der Schlangen (↗ Serpentes), jedoch vermutlich keine monophyletische Gruppe, daher ist auch die systematische Untergliederung vorläufig und dauernden Veränderungen unterworfen. Die C. haben einen meist schlanken Körper mit langem Schwanz und einem deutlich abgesetzten Kopf. Die relativ großen Augen haben senkrecht-ovale oder runde Pupillen. Der Körper ist mit glatten oder gekielten Schuppen bedeckt, ventral mit Schildern. Bei C. mit Giftdrüsen wird das Gift durch kauende Bewegungen in das Beutetier gebracht. Die meisten Arten töten ihre Beutetiere durch Erdrosseln. Viele Arten fressen alle Tiere, die sie überwältigen können, andere sind ausgesprochene Nahrungsspezialisten. Landlebende Formen sind meist ovipar (↗ Oviparie), im Wasser lebende meist ovovivipar (↗ Ovoviviparie) oder vivipar (↗ Viviparie). Man unterscheidet bis zu 14 Unterfamilien. Einheimische Arten sind u. a. die ↗ Ringelnatter und die ↗ Äskulapnatter, eine in Südeuropa vorkommende Art ist die ↗ Zornnatter. Die in Nordamerika heimische ↗ Strumpfbandnatter ist bei uns ein beliebtes Terrarientier.

Columbidae, *Tauben*, Fam. der Taubenvögel (↗ Columbiformes).

Columbiformes, *Taubenvögel*, Ord. der Vögel, zu denen die erst vor gut 300 Jahren ausgerotteten Dronten (↗ Raphidae) und die Tauben (Fam. *Columbidae*) zählen, manche Autoren stellen auch die Fam. Flughühner (Pteroclidae) in diese Ord. Die Tauben sind mit rund 300 Arten nahezu weltweit verbreitet, wobei sie in den Tropen die größte Vielfalt erreichen. Sie sind zwischen 15 und 80 cm groß. Ihr Schnabel besitzt an der Basis eine weiche Wachshaut. Beim Trinken saugen sie das Wasser ein. Sie können gut fliegen und bewegen sich am Boden mit einem trippelnden Laufen fort. Ihre Nahrung ist überwiegend pflanzlich, manche Arten fressen auch Insekten, Schnecken und Regenwürmer. Tauben bauen ihre relativ kleinen Nester auf Bäumen oder brüten in Höhlen. Sie legen zwei Eier, die Jungen werden in den ersten Lebenstagen mit Kropfmilch ernährt. Die europäischen Arten sind meist grau und braun, oft mit violett und grün schimmerndem Nackenfleck. Einheimische Arten sind u. a. die zur Gatt. *Columba* gehörende *Felsentaube (Columba livia)* mit breiten schwarzen Flügelbinden und rotem Auge mit gelbem Ring. Sie ist die Stammform der Haustauben und brütet bevorzugt an Steilküsten. Die *Ringeltaube (Columba palumbus)* ist mit bis 42 cm recht groß und leicht im Flug an den weithin leuchtenden weißen Flügelbinden zu erkennen. Sie hat einen weißen Fleck beiderseits am Hals und eine rötliche Brust. Sie brütet in Bäumen und ist in Europa die häufigste und am weitesten verbreitete Taube. Zur Gatt. Turteltauben (*Streptopelia*) gehört die recht kleine *Türkentaube (Streptopelia decaocto)*, die insgesamt beigebraun ist mit schwarzem Ring am Nacken und dunklen Flügelspitzen. Sie stammt ursprünglich aus Südwestasien, ist aber seit Mitte des 20. Jh. in fast ganz Europa verbreitet und lebt fast nur in Menschennähe in Gärten und Parks. Die *Turteltaube (Streptopelia turtur)* ist mit bis 28 cm Größe noch etwas kleiner als die Türkentaube. Sie ist oberseits rotbraun mit dunkler Fleckung, der Halsseitenfleck ist schwarzweiß gestreift. Charakteristisch im Flug ist der schwarze Schwanz mit weißem Saum. Sie lebt in lichten Wäldern, Heiden und Ackerlandschaften.

Columella, 1) *Botanik*: *Kolumella*, bei den Moosen ein Gewebekomplex der Sporangien (↗ Sporangium), der als Nährstoffleiter und Wasserspeicher fungiert.

2) *Zoologie*: aus dem Knochenstück des oberen Zungenbeinbogens (↗ Hyomandibulare) der Fische hervorgegangenes Gehörknöchelchen im Mittelohr der ↗ Amphibia, ↗ Reptilia und Vögel (↗ Aves), das als Schall übertragendes Teil zwischen dem Trommelfell und dem ovalen Fenster fungiert. Bei den Säugetieren entwickelt sich die C. zum *Steigbügel (Stapes)*. ↗ Ohr

Columniferae, die Ord. ↗ Malvales.

Comatulida, die Haarsterne (↗ Crinoida).

Cometabolismus, der durch die Stoffwechselaktivität von ↗ Mikroorganismen bewirkte Abbau von bestimmten organischen Verbindungen in Anwesenheit einer zweiten organischen Verbindung, die als primäre Energiequelle verwendet wird. Der C. hat besondere Bedeutung für die Beseitung von organischen Fremdstoffen, die durch den Menschen in die Natur eingebracht werden, z. B. ↗ Agrochemikalien und Industrieabfälle.

Commelinales, Ord. der ↗ Liliopsida, zu der u. a. die Fam. Commelinaceae und Eriocaulaceae gehören. Die Ord. umfasst subtropische und tropische krautige Pflanzen mit ↗ Rhizom oder kriechender Grundachse.

Commiphora, Gatt. der ↗ Burseraceae.

complementary DNA, die ↗ cDNA.

Compositae, die Fam. ↗ Asteraceae.

Concatemer, aus einer Abfolge von kleineren DNA-Abschnitten bestehendes DNA-Molekül, das sich bei der Replikation von Viren- und Bakteriophagengenomen bildet.

Conchifera, *Schalenweichtiere*, Gruppe der ↗ Mollusca, die alle Weichtiere mit einer einheitlich angelegten Schale enthält. Diese kann während der Ontogenese zu zwei Klappen geknickt werden (Muscheln) oder sie kann ins Körperinnere verlagert und/oder reduziert werden (z. B. manche

Schnecken und Kopffüßer). Sie dient als Schutz für den Weichkörper, Ansatzstelle für Muskulatur, kann zu einem Bohrwerkzeug werden (Bohrmuscheln) und ist bei vielen Kopffüßern ein hydrostatisches Organ. Die Schale entsteht im Bereich der Schalendrüse bei der Larve aus verdickten Ektodermzellen; diese sezernieren eine Schicht Calcium bindender Glykoproteide (*Conchin*). Zunächst entsteht eine Embryonalschale (*Protoconch I*), dann durch Randzuwachs eine Larvalschale (*Protoconch II*) und zum Schluss die Adultschale (*Teloconch*). Flächen- und Dickenwachstum der Schale gehen vom Mantelrand aus. Dort liegen drüsige Epithelzellen, die Conchin abscheiden, das als Schalenhäutchen (*Periostracum*) die schützende Oberfläche der Schale bildet. Darunter werden Kalksalze abgelagert, meist mit äußerer *Prismenschicht* und innerer Schicht aus ↗ Perlmutter. Der Kopf der C. trägt oft Fühler, Augen oder Mundlappen, im Fuß liegt ein Paar ↗ Statocysten.

Man unterscheidet zwei Großgruppen, die *Cyrtosoma* oder Gekrümmtschaler mit den Urmützenschnecken (↗ Monoplacophora), den Schnecken (↗ Gastropoda) und den Kopffüßern (↗ Cephalopoda) sowie die *Diasoma* oder Gestrecktschaler mit den Muscheln (↗ Bivalvia) und den Kahn- oder Grabfüßern (↗ Scaphopoda). In der phylogenetischen Systematik werden alle C. bis auf die Monoplacophora in der monophyletischen Gruppe der *Ganglioneura* zusammengefasst, innerhalb derer die Gastropoda und Cephalopoda als Schwestergruppen angesehen werden und diesen gegenüber die Bivalvia und Scaphopoda.

Conchin, in der Schalenhaut und der Schale von Weichtieren (↗ Mollusca) vorkommende organische Substanz, die aus glycin-, alanin- und serinreichen Proteiden besteht, die durch Chinon-Gerbung gehärtet und dadurch chemisch weitgehend indifferent ist. Vermutlich bestimmt die Molekülkonfiguration von C. die Lage der Kristallisationszentren bei der Anlage der Schalenschichten. C. wird als so genanntes *Paläoprotein* in fossilen Molluskenhartteilen aus dem Tertiär, dem Jura und dem Silur gefunden.

Congridae, *Meeraale*, Fam. der ↗ Anguilliformes mit rund 100 Arten, die als Raubfische in tropischen und subtropischen Meeren leben. Der bis 3 m lange *Meeraal (Seeaal, Conger conger)* lebt von Fischen und dringt auch in Flussmündungen ein. Er ist ein beliebter Speisefisch.

Coniferae, die Unterklasse ↗ Pinidae.

Coniferophytina, *gabel- und nadelförmige Nacktsamer*, Unterabt. der Nacktsamer (↗ Gymnospermae) mit den Klassen ↗ Ginkgoopsida und ↗ Pinopsida. Kennzeichnend sind u. a. dichotom gebaute Gabel- oder Nadelblätter, sowie ↗ Mikrosporophylle mit nur einer Pollensackgruppe.

Conium, Gatt. der ↗ Apiaceae.

Conjugatae, die Algenklasse ↗ Zygnematophyceae.

Connexine, Transmembranproteine mit relativen Molekülmassen zwischen 26000 und 56000, einer cytoplasmatischen N-terminalen und vier Transmembran-Domänen. Jeweils sechs C. sind zu einer rosettenartigen Struktur, dem *Connexon*, zusammengelagert und umschließen gemeinsam eine Membranpore von etwa 2 cm Durchmesser. Die C. sind in den ↗ gap-junctions aller ↗ Metazoa zu finden.

Conodonten, stratigraphisch (↗ stratigraphische Einheiten) bedeutsame, zahnartige Mikrofossilien umstrittener anatomischer und systematischer Zuordnung, die in Meeresablagerungen vom Kambrium bis zur Trias vorkommen. C. sind von 0,2 - 3 mm, selten bis 6 mm groß und bestehen aus Carbonat-Apatit mit einer Struktur, wie sie von Zähnen und Knochen der Wirbeltiere bekannt ist. Gut erhaltene C. sind bernsteinfarben und durchscheinend, nach Umwandlung erscheinen sie grau bis schwarz und opak. Sie haben einen lamellenförmigen Aufbau um eine Basalgrube herum, was auf Wachstum durch Anlagerung schließen lässt. Anzeichen für Abnutzung durch Gebrauch, etwa wie bei Zähnen, fehlen. Seit 1983 weiß man, dass C. von Tieren stammen, die zwischen den Chaetognatha und den Chordata stehen, über ihre anatomische Zuordnung und Funktion gibt es jedoch nur Mutmaßungen. C. sind wichtige Leitfossilien im Paläozoikum.

Conolophus, Gatt. der Leguane (↗ Iguanidae).

Consensussequenz, die Nucleotidsequenz, die eine Anzahl verwandter, jedoch nicht identischer Sequenzen aufgrund der maximalen Übereinstimmungen beschreibt. Sie geht aus dem Vergleich vieler Einzelsequenzen hervor und stellt somit eine idealisierte Basenabfolge dar. Mit Hilfe von C. können z. B. Promotoren charakterisiert oder spezifische ↗ Primer für die ↗ Polymerasekettenreaktion ausgewählt werden.

Consortium, symbiontische (↗ Symbiose) Aggregation zweier oder mehrerer unterschiedlicher ↗ Mikroorganismen, die sich stoffwechselphysiologisch wie ein Individuum verhalten. (↗ Syntrophismus)

conspezifisch, derselben ↗ Art angehörend.

Containment, gentechnisches Verfahren zur Herstellung ↗ transgener Pflanzen, bei dem ein oder mehrere Transgene nicht in das Genom des Zellkerns transferiert, sondern in das Erbgut der Chloroplasten eingeschleust werden. Da Chloroplasten wie auch Mitochondrien generell einem maternalen Erbgang folgen und somit nicht mit dem Pollen verbreitet werden, wird damit den Befürchtungen Rechnung getragen, dass sich die Transgene unkontrolliert ausbreiten. Gentechnisch veränderte land-wirtschaftliche Nutzpflanzen, die z. B. gegenüber einem Herbizid resistent sind, können die Herbizidresistenz somit nicht an verwandte Unkräuter weitergeben. Zur Transformation wird dabei häufig die ↗ biolistische Transformation verwendet. Ein positiver Nebeneffekt des C. ist die Tatsache, dass aufgrund der großen Kopienzahl der Chloroplasten-DNA die Expression der übertragenen Gene deutlich höher ist und dadurch mehr Genprodukt gebildet wird.

Contig, (von engl. contiguous = aneinander anstoßend), die ununterbrochene Abfolge überlappender DNA-Sequenzen, die einem großen Chromosomenabschnitt entsprechen. (↗ Genkartierung)

Conus, die Gatt. Kegelschnecken (↗ Neogastropoda).

Conus arteriosus, distaler Teil des Wirbeltierherzens (↗ Herz), der zwischen Herzkammer (Ventrikel) und Arterienstamm (Truncus arteriosus) liegt und Sitz der Taschenklappen ist.

Convallariaceae, *Maiglöckchengewächse*, Fam. der ↗ Asparagales mit ca. 110 Arten, die früher z. T. den Liliaceae zugeordnet wurden. Die krautigen Pflanzen haben meist Beeren. Zu den C. gehören u. a. ↗ Maiglöckchen (*Convallaris majalis*), Schattenblume (*Maianthemum*) und Salomonssiegel oder Weißwurz (*Polygonatum*). Viele Arten enthalten Herzglykoside.

Convenience Food, *Convenience Product*, Bez. für Nahrungsmittel, die so aufbereitet sind, dass sie sich „bequem", d. h. einfach und schnell zubereiten lassen, so z. B. Tiefkühlbaguettes oder Mikrowellengerichte. (↗ Ernährung)

Converting enzyme, ↗ Renin-Angiotensin-System.

Convolvulaceae, *Windengewächse*, kosmopolitisch verbreitete Fam. mit ca. 1600 Arten. Es sind meist Schlingpflanzen mit wechselständigen, einfachen oder geteilten Blättern und regelmäßigen fünf-

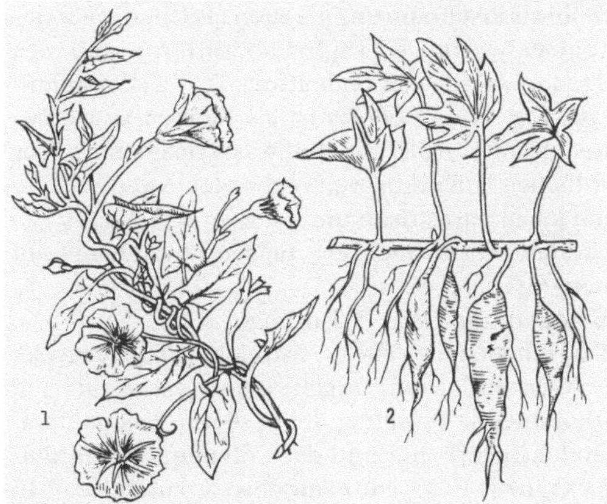

Convolvulaceae 1 Ackerwinde (*Convolvulus arvensis*). 2 Süßkartoffel (*Ipomoea batatas*), beblätterter Spross mit Wurzelknollen

zähligen Blüten. Als Frucht wird eine Kapsel gebildet. Eine wichtige ↗ Kulturpflanze ist die Süßkartoffel oder Batate, *Ipomoea batatas*. Andere *Ipomoea*-Arten sind beliebte Zierpflanzen. Bekannte Wildkräuter (↗ Unkraut) sind die Zaunwinde (*Calystegia sepium*) und die Ackerwinde (*Convolvulus arvensis*).

Copepoda, *Ruderfußkrebse*, mit rund 10000 bekannten Arten in allen aquatischen Lebensräumen (vom Meer über Süßgewässer jeglicher Art bis zu Schmelzwasserpfützen im Hochgebirge) vorkommende Gruppe der Krebse (↗ Crustacea). Die meisten Arten leben im Meer und sind ein wichtiges Glied insbesondere innerhalb der pelagischen Nahrungsketten. Die Individuenzahlen einiger Copepodenarten sind so groß, dass die marinen C. insgesamt die größte Quelle tierischen Eiweißes auf der Erde überhaupt sind. Sie bilden den Hauptteil der Nahrung vieler auch wirtschaftlich genutzter Fische (Hering, Sprotte, Sardine, Makrele), sowie des Riesenhais und der Bartenwale. Der Körper ist meist keulenförmig und bei den frei lebenden Arten in einen Vorderabschnitt, der die Extremitäten trägt, und ein Abdomen mit einer zweispaltigen *Gabel (Furca)* unterteilt. Die 2. - 6. Thoraxsegmente tragen i. d. R. je ein Paar Schwimmbeine. Das Nervensystem besteht aus einem Oberschlundganglion, dicken Schlundkonnektiven und einem Ganglienstrang, der bis zum Ende des Thorax reicht. Der Körperbau parasitisch lebender C. ist z. T. so abgewandelt, dass sie nicht als C. oder überhaupt als Krebse erkannt, sondern nur anhand ihrer Larven zugeordnet werden konnten. Die C. sind getrenntgeschlechtig. Das Weibchen trägt die Eier in Eisäcken am Hinterleib. Die Entwicklung erfolgt über eine Nauplius-Larve und das für die C. charakteristische, mit dem ersten Rumpfbeinpaar rudernde *Copepoditstadium*. Die Gatt. *Cyclops* ist in Süßgewässern aller Art weit verbreitet. Sie ist sowohl als Fischnahrung als auch als Überträger des Fischbandwurms (↗ Diphyllobothrium) und des ↗ Medinawurms von Bedeutung. Die bis 2 mm lange Art *Ergasilus sieboldi* ist als Kiemenparasit bei einer großen Zahl von Süßwasserfischen in der nördlichen Paläarktis weit verbreitet. Nur die Weibchen leben parasitisch und können dabei hohe Befallsraten zeigen (mehrere Tausend Individuen auf einem Fisch).

Coprinus, die Gatt. ↗ Tintlinge.

CO₂-Pumpen, der ↗ CO_2-Anreicherung dienende, bei Wasserpflanzen, Algen und Cyanobakterien vorkommende Proteine, die in deren Plasmamembran lokalisiert sind und dazu dienen, ATP-abhängig CO_2 bzw. HCO_3^- im Zellinnern anzureichern. In Falle von HCO_3^- wird dieses durch die ↗ Carboanhydrase umgesetzt und das dabei freigesetzte CO_2 steht der CO_2-Fixierung im ↗ Calvin-Zyklus zur Verfügung. Durch C. wird die ↗ Fotorespiration weitestgehend unterdrückt. (↗ CAM-Pflanzen, ↗ C_4-Pflanzen)

Cor, das ↗ Herz.

Coracidium, das erste Larvenstadium der Bandwürmer (↗ Cestoda).

Coraciiformes, *Rackenvögel*, Ord. der Vögel mit rund 200 vielgestaltigen Arten mit meist buntem Gefieder. Die drei Vorderzehen sind in unterschiedlichem Ausmaß miteinander verwachsen. Sie sind Höhlenbrüter, bei deren Nestjungen die ersten Federn lange von der Federscheide umhüllt bleiben, sodass sie igelartig aussehen. Die systematische Einteilung der C. ist umstritten. Zu ihnen gehören u. a. die Familien Eisvögel (*Alcedinidae*), Bienenfresser (*Meropidae*), Racken (*Coraciidae*) und Wiedehopfe (*Upupidae*).

Die *Eisvögel* sind weltweit, überwiegend in den Tropen verbreitet. Sie haben einen kräftigen keilförmigen Schnabel, mit dem sie die Beute ergreifen, der sie auf exponierten Stellen sitzend oder rüttelnd auflauern. Einziger heimischer Vertreter ist der unterseits rostrot, oberseits schillernd türkis gefärbte *Eisvogel (Alcedo atthis)*, der an Binnengewässern lebt, in Uferhöhlen brütet und in seiner Lebensweise an Wasser gebunden ist. Die *Bienenfresser* leben meist gesellig in warmen Regionen der Alten Welt, häufig in Trockengebieten. Sie sind gute Flieger, die sich von Insekten ernähren. In Süd-, Ost- und vereinzelt auch in Mitteleuropa kommt der auffallend bunt gefärbte *Bienenfresser (Merops apiaster)* vor. Die Fam. der *Racken* ist in zwei Unterfam. die ausschließlich auf Madagaskar lebenden Erdracken (*Brachypteraciinae*) und die die wärmeren Gebiete der alten Welt bewohnenden Echten Racken (*Coraciinae*), aufgeteilt. Einzige in Europa vorkommende Art ist die leuchtend blau gefärbte, krähenähnlich aussehende *Blauracke (Coracias garrulus)*. Die Fam. *Wiedehopfe* ist mit nur einer Art vertreten, dem *Wiedehopf (Upupa epops)*, der unverwechselbar hellbraun mit auffallend schwarzweiß gebänderter Oberseite ist und eine aufrichtbare Haube mit schwarzweißen Spitzen trägt.

Corchorus, Gatt. der ↗ Tiliaceae.

Cordaiten, die Unterklasse ↗ Cordaitidae.

Cordaitidae, *Cordaiten*, Unterklasse fossiler Nadelhölzer (↗ Pinopsida). Die nur aus dem Karbon und Perm bekannten Gymnospermen (↗ Gymnospermae) waren bis 30 m hohe Bäume. Sie besaßen ein mächtiges Sekundärholz aus araucaroid getüpfelten (bienenwabenartig angeordneten) Tracheiden, ein quer gefächertes Mark und bis 1 m lange und 15 cm breite bandförmige Blätter (siehe Abbildung auf Seite 303).

Coregonidae, die Fam. Renken (↗ Salmoniformes).

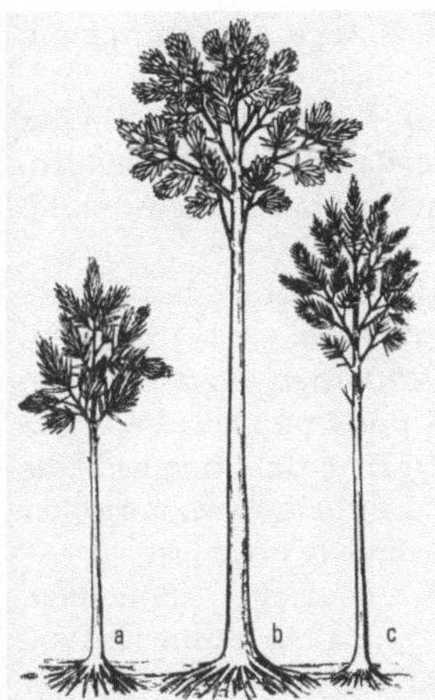

Cordaitidae　Rekonstruktionen einiger Cordaiten: a *Dory-cordaites*, b *Eucordaites*, c *Poacordaites*

Core-Octamer, Grundpartikel eines ↗ Nucleosoms

Corepressor, ein kleines Molekül, das an einen ↗ Repressor bindet. Durch eine allosterische Umwandlung des Repressors kann dieser dann an den ↗ Operator binden. Der C. ist häufig das Endprodukt eines Stoffwechselwegs, das seine eigene Biosynthese reprimiert (↗ Tryptophan-Operon).

Core-Promotor, die Sequenz im Promotor eukaryotischer Gene, an der die RNA-Polymerase II an die DNA bindet. (↗ cis-acting-elements)

Corey, *Elias James*, amerikan. Chemiker, * 12.7.1928 Methuen (Massachusetts); seit 1959 Prof. an der Harvard University in Cambridge (Massachusetts). C. lieferte bedeutende Arbeiten zur Synthese komplexer Naturstoffe. Er erhielt für die Untersuchung und Synthese der im Organismus aus Arachidonsäure entstehenden ↗ Prostaglandine, ↗ Leukotriene und ↗ Thromboxane 1990 den Nobelpreis für Chemie.

Cori *Carl Ferdinand*, deutsch-amerikan. Pharmakologe und Biochemiker, * 5.12.1896 Prag, † 20.10.1984 Cambridge (Massachusetts); seit 1922 am State Institute for the Study of Malignant Diseases in Buffalo tätig, seit 1931 Prof. für Pharmakologie und 1942 für Biochemie an der School of Medicine der Washington University in St. Louis (Missouri); später Prof. für Pharmakologie und Biochemie am General Hospital in Boston. C. arbeitete über den Intermediärstoffwechsel, insbesondere über die Glykogensynthese und die Glykogenolyse in Leber und Muskel. C. erhielt zusammen mit seiner Frau *Gerty Theresa Cori*, geborene *Radnitz* (* 15.8.1896 Prag, † 26.10.1957 St. Louis, seit 1944 Prof. in St. Louis), mit der er die meisten Arbeiten zum Glykogen-Stoffwechsel durchgeführt hatte, sowie mit B.A. ↗ Houssay 1947 den Nobelpreis für Physiologie oder Medizin für die Aufde-

ckung des katalytischen Glykogen-Stoffwechsels. G.T. Cori entdeckte darüber hinaus eine nach ihr benannte Form einer Glykogenspeicherkrankheit (*Cori-Krankheit*, Forbes-Glykogenose).

Cori, Gerti Theresa, ↗ Cori, C.F.

Coriandrum, Gatt. der ↗ Apiaceae.

Coriariales, Ord. der ↗ Rosopsida mit der einzigen Fam. Coriariaceae und der Gatt. *Coriaria*. Hierzu gehören holzige Arten mit weltweit ↗ disjunkter Verbreitung.

Corium, *Dermis*, die bindegewebige Unter- oder Lederhaut der Wirbeltiere (↗ Haut).

Cori-Zyklus, Bez. für den Glucose-Lactat-Kreislauf zwischen Skelettmuskulatur und ↗ Leber. durch den ein Teil der im ↗ Muskel entstehenden Stoffwechselprodukte ↗ Milchsäure (Lactat) und ↗ Alanin, das durch Transaminierung aus Pyruvat (↗ Brenztraubensäure) entsteht, in die Leber transportiert wird und dort wieder in Glucose umgewandelt wird. Die Umwandlung von Lactat in Pyruvat bzw. umgekehrt wird durch die unterschiedlichen katalytischen Eigenschaften der Lactat-Dehydrogenasen in den beiden Geweben möglich. (↗ Glykolyse, ↗ Citratzyklus)

Cormobionta, die ↗ Kormophyten.

Cormus, der ↗ Kormus.

Cornaceae, *Hartriegelgewächse*, Fam. der Cornales mit ca. 45 Arten. Zu den C. gehören der ↗ Hartriegel, *Cornus sanguinea*, und die ↗ Kornelkirsche, *Cornus mas*.

Cornales, Ord. der ↗ Rosopsida mit den Fam. ↗ Hydrangeaceae, ↗ Cornaceae, ↗ Aquifoliaceae.

Cornea, die Hornhaut des Linsenauges (↗ Auge).

Cornus, Gatt. der ↗ Cornaceae.

Corolla, *Corolle*, die ↗ Blütenkrone.

Corona, in der *Anatomie* Bez. für kranz- oder kronenförmige Strukturen, z.B. *Corona dentis*, Zahnkrone (Zähne).

Corona ciliata, drüsenreiche Wimpernrinne bei den ↗ Chaetognatha.

Coronata, die Kranzquallen (↗ Scyphozoa).

Coronaviren, Fam. von RNA-Viren (↗ Viren) mit einem helikalen ↗ Capsid und einer pleomorphen Hülle. C. verursachen vorwiegend Erkältungskrankheiten (↗ Erkältung) im Winter und Frühjahr. Etwa 10 - 30 % aller Erkältungskrankheiten werden C. zugeschrieben (siehe Abb. auf Seite 304).

Coronula, Gatt. der zu den Rankenfüßern (↗ Cirripedia) gehörenden ↗ Thoracica.

Corpora allata, paarige, rundliche, meist transparente Hormondrüsen der Insekten (↗ Insecta), die in der Schlundregion meist ventrolateral hinter den ↗ Corpora cardiaca liegen und mit diesen über je einen Nerv verbunden sind. Die C. a. sezernieren das ↗ Juvenilhormon und beeinflussen die Synthese einer Reihe in der Fortpflanzungsbiologie wich-

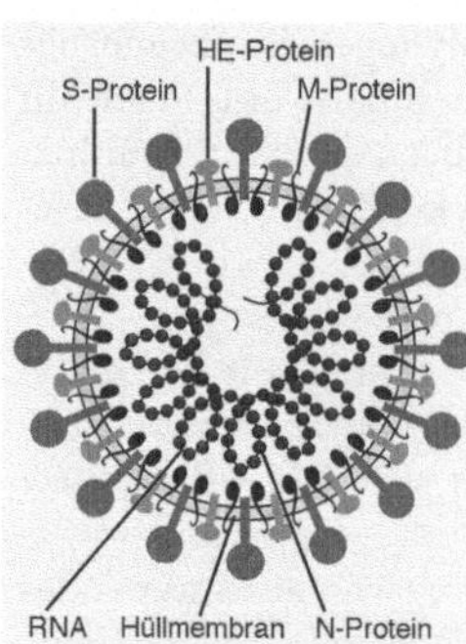

Coronaviren   Aufbau eines Coronavirus-Partikels. Im Innern liegt das mit N-Protein komplexierte RNA-Genom als helikales Nucleocapsid vor. Es ist von einer Membranhülle umgeben, in welche die Glykoproteine S und HE sowie das nicht glykolysierte M-Protein eingelagert sind

tiger Proteine. Hierzu gehören das ↗ Vitellogenin sowie alle Proteine, die in den männlichen akzessorischen Drüsen gebildet werden und der Ausbildung einer ↗ Spermatophore dienen.

Corpora cardiaca, meist paarige Hormondrüsen der Insekten (↗ Insecta), die hinter dem Oberschlundganglion liegen, als ↗ Neurohämalorgan dienen und eigene Hormone produzieren. Die Hormone der C. c. regulieren die Konzentration der Kohlenhydrate in der ↗ Hämolymphe, wobei ein hyperglykämischer Faktor die Bildung von Glucose aus Glykogen im Fettkörper induziert. Die Vermittlung der hormonellen Nachricht an die Fettkörperzelle erfolgt über cAMP (↗ Adenosinphosphate) als ↗ second messenger. Außerdem induzieren sie das zur Häutung und Metamorphose führende Hormon ↗ Ecdyson, steuern den Herzschlag durch Freisetzung von ↗ Serotonin und beeinflussen bei manchen Insekten das Wachstum der Eizellen. Bei höheren Diptera sind die C. c. häufig mit den ↗ Corpora allata und der Häutungsdrüse zu einem „*Weismann'schen Komplex*" fusioniert.

Corpora cavernosa, die ↗ Schwellkörper.

Corpora pedunculata, *Pilzkörper*, Assoziationszentren im Zentralnervensystem der Arthropoda und der Annelida. Die C.p. sind langgestreckte, aus dichtem Neuropil (Nervenfasergeflecht) bestehende Strukturen, denen oben dicht gepackt die kleinen stark färbbaren Nervenzellkörper aufsitzen. Sie sind besonders gut entwickelt bei Spinnentieren, die sich optisch orientieren und bei solchen, die gut beweglich sind.

Corpus, *Körper*, 1) in der *Botanik* Bildungsgewebe, das im Innern des Sprossscheitels liegt. (↗ Apikalmeristem, ↗ Sprossachse)

2) in der *Anatomie* der Hauptteil eines Organs oder Körperteils, allg. auch ein morphologisch oder funktionell abgegrenztes Gebilde; z. B. *Corpus ci-*

liare, der Ciliarkörper im ↗ Auge, *Corpus luteum*, der Gelbkörper im ↗ Eierstock.

Corpus callosum, *Balken*, Nervenfasersystem des ↗ Gehirns der Säugetiere, das die beiden Neuhirnanteile (Neopallium) der Großhirnhälften miteinander verbindet.

Corpus luteum, der ↗ Gelbkörper.

Corpus pineale, die ↗ Epiphyse.

Corpus striatum, *Streifenkörper*, graue Kerngebiete (*Nucleus caudatus* und *Putamen*) im ↗ Gehirn der Säugetiere, deren Hauptfunktion wohl die vorwiegend hemmende Verarbeitung motorischer Signale aus der Großhirnrinde (Cortex) ist.

Correns, *Carl Erich*, deutscher Botaniker, ∗ 19.9.1864 München, † 14.2.1933 Berlin; ab 1902 Prof. in Leipzig, ab 1909 in Münster, seit 1914 erster Direktor des damaligen Kaiser-Wilhelm-Instituts für Biologie in Berlin-Dahlem. C. entdeckte 1900 durch Pflanzenkreuzungen während seiner Zeit als Privatdozent in Tübingen mit E. ↗ Tschermak, H. de ↗ Vries und dem engl. Biologen W. Bateson (aber unabhängig von diesen), die Mendel-Regeln wieder und wurde dadurch zum Mitbegründer der modernen Vererbungslehre.

Cortex, *Rinde*, 1) in der *Botanik* die ↗ Rinde.

2) In der *Zoologie* allg. Begriff für Rindenstrukturen, d. h. die äußere Schicht eines Organs; z. B. Großhirnrinde (*Cortex cerebri*).

Corticosteroide, die ↗ Steroidhormone der Nebennierenrinde, etwa 30 verschiedene, chemisch verwandte, jedoch unterschiedlich wirksame Substanzen. Zu den C. gehören u. a. ↗ Cortisol, ↗ Aldosteron, ↗ Corticosteron sowie ↗ Testosteron und ↗ Estrogen. Gemeinsame Ausgangssubstanz in der Biosynthese aller C. ist das ↗ Cholesterin, wobei der erste Syntheseschritt durch ACTH (↗ adrenocorticotropes Hormon) gesteuert wird.

Corticosteron, ein vom Steroidgerüst (↗ Steroide) abgeleitetes ↗ Hormon der Nebennierenrinde. C. greift in den Glucosestoffwechsel ein, indem es, ähnlich wie die chemisch verwandten und ebenfalls durch die Nebenniere sezernierten Hormone ↗ Cortisol und Cortison, die Bildung von ↗ Glykogen aus ↗ Aminosäuren in der Leber fördert und die periphere Glucoseverwertung hemmt. Aufgrund dieser Wirkungen zählt C. zu den ↗ Glucocorticoiden. (↗ Gluconeogenese)

Corticotropin, das ↗ adrenocorticotrope Hormon.

Corti-Organ, *cortisches Organ*, Teil des Gehörorgans im Innenohr der Vögel und Säugetiere (↗ Ohr).

Cortisol, *Hydrocortison, 11β,17α,21-Trihydro-4-pregnen-3,20-dion*, ein Steroidhormon der Nebennierenrinde und wichtigster Vertreter der ↗ Glucocorticoide. Die Sekretion des C. (die inaktive Form ist *Cortison*) wird durch das ↗ adrenocorticotrope Hormon (ACTH) des Hypophysenvorderlappens stimuliert. Außerdem erfolgt die C.-Freisetzung nach einem circadianen Rhythmus mit einem Maximum morgens zwischen 6 und 9 Uhr und einem Minimum gegen Mitternacht (↗ Biorhythmik). In üblichen physiologischen Konzentrationen fördert C. die ↗ Gluconeogenese aus Aminosäuren durch vermehrten Proteinabbau, erhöht den Blutzucker-Spiegel (durch Hemmung der Glucose-Oxidation) und die Bildung von ↗ Glykogen in der Leber; es verstärkt weiterhin die lipolytischen Effekte der ↗ Catecholamine und beeinflusst die Leistung der Niere (Retention von Natriumionen, vermehrte Sekretion von Kalium- und Calciumionen). Außerdem vermindert es durch negative Rückkopplung die ACTH-Sekretion des Hypophysenvorderlappens. Während der Fetalentwicklung fördert C. die Lungenreifung.

Cortisol a aktive Form (*Cortisol* oder *Hydrocortison*), b inaktive Form (*Cortison*)

Bei vermehrter Sekretion in Belastungssituationen (z. B. Dauerstress, schwere Infektionskrankheiten) sowie bei therapeutischer Anwendung in höherer Dosierung können folgende Effekte eintreten: Unterdrückung der Fibroblasten-Bildung sowie der Kollagensynthese, Blockierung der Bildung von Cytokinen und damit von entzündlichen Prozessen, immunsuppressive Wirkung, Verbesserung der Mikrozirkulation im Schock durch erhöhtes Ansprechen der Gefäße auf Catecholamine, Zunahme der Thrombocytenzahl, Abnahme der Gonadenfunktion, gesteigerte Erregbarkeit des Gehirns.

Cortison, die inaktive Form des ↗ Cortisol.

Corvidae *Rabenvögel*, *Krähenvögel*, Fam. der Sperlingsvögel (↗ Passeriformes) mit 105 drossel- bis bussardgroßen, robusten Arten mit kräftigem Schnabel. Rabenvögel sind außerordentlich anpassungsfähig und intelligent. Das Gefieder ist meist schwarz, bei einigen Arten aber auch recht bunt. Das Nahrungsspektrum der meisten Arten ist sehr breit, viele legen umfangreiche Nahrungsvorräte an. Zu den einheimischen Arten gehört u. a. der überwiegend beigebraune *Eichelhäher (Garrulus glandarius)*, mit charakteristisch schwarz-weiß-blauem Muster auf den Flügeln und weißem Bürzel. Er lebt vor allem in Nadelwäldern und ernährt sich bevorzugt von Coniferensamen und Nüssen. Seine lauten Warnrufe werden auch von anderen Tierarten beachtet. Sehr auffällig sind das unten weiße und oben schwarze, grün und violett schillernde Gefieder und der lange Schwanz der *Elster (Pica*

pica). Sie ist ein Allesfresser und brütet in einem haubenförmig überdachten Reisignest. Im Winter bilden Elstern Schlafgemeinschaften aus bis zu einigen 100 Vögeln. Die *Aaskrähe (Corvus corone)* kommt in zwei deutlich unterschiedenen Unterarten vor, der vollständig schwarzen *Rabenkrähe (Corvus corone corone)* und der überwiegend grau gefärbten (nur Schwanz, Flügel und Kopf sind schwarz) *Nebelkrähe (Corvus corone cornix)*. Wo sich die Verbreitungsgebiete der beiden Arten überschneiden, kommen Bastarde mit unterschiedlichem Schwärzungsgrad vor. Die sehr ähnliche *Saatkrähe (Corvus frugilegus)* unterscheidet sich von der Rabenkrähe durch den Purpurglanz im schwarzen Gefieder und (beim Altvogel) den nackten, hellgrauen Schnabelgrund. Der kleinste schwarze Krähenvogel ist mit 33 cm Größe die *Dohle (Corvus monedula)*, die am grauen Nacken und den hellen Augen erkennbar ist. Fast doppelt so groß ist der größte Rabenvogel, der *Kolkrabe (Corvus corax)* mit auffallend klobigem Schnabel. Er vollführt bei der Balz im Frühjahr akrobatische Flugkunststücke. Einziger ganz schwarzer Vogel in Europa mit rotem Schnabel und roten Beinen ist die *Alpenkrähe (Pyrrhocorax pyrrhocorax)*. Sie lebt an steilen Felsen im Gebirge und an Klippen der Küsten. Das Nest wird in Felsspalten angelegt. Die ebenfalls ganz schwarze und rotbeinige Alpendohle *(Pyrrhocorax graculus)* hat einen kurzen gelben Schnabel. Sie kommt im Hochgebirge bis in über 4000 m Höhe vor.

Corylus, Gatt. der ↗ Betulaceae.

Corynebakterien *coryneforme Bakterien*, nach neuer Systematik Bakterien der Gruppe ↗ grampositive Bakterien mit hohem ↗ GC-Gehalt; es sind aerobe, unbewegliche, stäbchenförmige Mikroorganismen, die unregelmäßige, keulenförmige oder V-förmige Zellanordnungen bilden. V-förmige Zellen entstehen durch eine schnappende Bewegung, die nach der Zellteilung stattfindet („snapping division"). Die wichtigsten Gatt. der C. sind *Corynebacterium* und ↗ Arthrobacter (↗ Bodenbakterien). Die Gatt. *Corynebacterium* ist durch keulenförmig angeschwollene Stäbchen gekennzeichnet. Die Arten sind äußerst vielfältig und schließen tier- und pflanzenpathogene Arten sowie ↗ Saprophyten ein. Einige Arten von *Corynebacterium* werden in der ↗ Biotechnologie zur Herstellung von Aminosäuren verwendet.

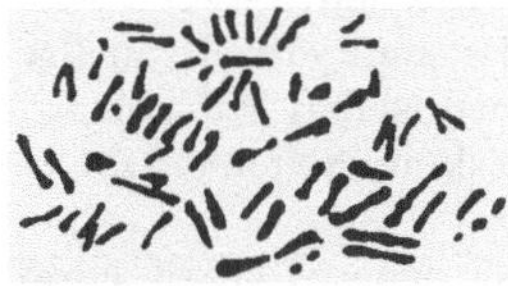

Corynebakterien typische, keulenförmig angeschwollene Zellformen

Corynebacterium, Gatt. der ↗ Corynebakterien.

coryneforme Bakterien, die ↗ Corynebakterien.

Cosmide, Typ von ↗ Klonierungsvektoren, die die Klonierung von bis zu 40 kb großen DNA-Fragmenten erlauben. Deshalb kommen sie vor allem bei der Herstellung von einer ↗ genomischen Bibliothek zum Einsatz, da ihre Insertgröße die Anzahl der zu analysierenden Einzelklone im Vergleich zum Bakteriophagen λl auf die Hälfte reduziert. Bei C. handelt es sich um ↗ Plasmide, die die so genannte *cos-Site* des Bakteriophagen λl enthalten (Name!). Dadurch sind sie als *linearisierte* Phagenform und als für Plasmide typische *Ringform* nutzbar: C. lassen sich wie Phagen-DNA in vitro verpacken und mittels ↗ Transfektion in *Escherichia coli* einschleusen, wo sie sich wie gewöhnliche Plasmide verhalten.

Cosubstrate, andere Bez. für ↗ Coenzyme.

Cotingidae, die Fam. Schmuckvögel (↗ Tyranni).

Cotransformation, ↗ Klonierungsvektoren.

Cotransport, Form des spezifischen Membrantransports, bei dem zwei Moleküle oder Ionen gekoppelt in gleicher (*Symport*) oder entgegengesetzter Richtung (*Antiport*) transportiert werden. C. ist sowohl bei ↗ katalysierter Diffusion, also auch beim aktiven ↗ Transport möglich.

Cottidae, die Groppen (↗ Scorpaeniformes).

Cotyledonen, die ↗ Keimblätter.

Cowper-Drüsen, *cowpersche Drüsen*, *Bulbourethraldrüsen*, meist paarige, kleine Schleimdrüsen, die bei allen Säugetieren unterhalb des Harnröhrenschwellkörpers mit je einem Ausführgang in die Harnröhre münden. Sie sondern ein schwach alkalisches Sekret ab, das bereits vor dem ↗ Samenerguss in die Harnröhre abgegeben wird.

Coxa, 1) die Hüfte (↗ Becken).
2) Teil des Beins der Euarthropoda (↗ Extremitäten).

Coxaldrüsen, Exkretionsorgane im Kopf- oder Vorderkörperbereich vieler Gliederfüßer (↗ Arthropoda). Die C. sind homologe Abkömmlinge von ↗ Metanephridien, die sich in ursprünglicher Ausprägung als Segmentalorgane bei den Ringelwürmern (↗ Annelida) und bei den Stummelfüßern (↗ Onychophora) finden. Sie münden an der Basis (Coxa) der Extremitäten. In vielfach abgewandelter Form zeigen alle Coxaldrüsen den für ↗ Nephridien typischen Bau.

Coxsackieviren, zu den ↗ Picornaviren gehörende Virengruppe, die beim Menschen verschiedene Krankheiten hervorruft. Es sind einzelsträngige RNS-Viren mit einem isokaedrischen ↗ Capsid. C. verursachen u. a. Erkältungskrankheiten (↗ Erkältung, ↗ Sommergrippe).

C₃-Pflanzen, Pflanzen, bei denen CO_2 in Form eines C_3-Körpers (Verbindung mit 3 Kohlenstoffatomen) fixiert wird. Die durch das Enzym ↗ Ribulose-1,5-bisphosphat Carboxylase/Oxygenase („Rubisco") katalysierte *Carboxylierungsreaktion* führt dabei zur Bildung von 3-Phosphoglycerat, das im ↗ Calvin-Zyklus weiter umgesetzt wird. Dies geschieht vor allem in den Mesophyllzellen der Blätter.

Der überwiegende Teil der höheren Pflanzen gehört zu den C., wohingegen einige Pflanzen besondere Formen der CO_2-Fixierung entwickelt haben (↗ CAM-Pflanzen, ↗ C₄-Pflanzen). Bei C. macht sich die Oxygenase-Aktivität der Rubisco als Konkurrenzreaktion der Carboxylierung wesentlich stärker bemerkbar, was mit einem Verlust an fixiertem CO_2 verbunden ist. (↗ Fotorespiration)

C₄-Pflanzen, Pflanzen, die wie die ↗ CAM-Pflanzen über spezielle Mechanismen verfügen, CO_2 in Geweben, in denen die *Ribulose-1,5-bisphosphat-Carboxylase/Oxygenase („Rubisco")* aktiv ist, anzureichern. Der stets hohe CO_2-Partialdruck verhindert dadurch ↗ Fotorespiration. C₄-Pflanzen unterscheiden sich von den ↗ C₃-Pflanzen nicht nur durch physiologische, sondern auch durch anatomische Anpassungen. Neben dem Mesophyll kommt als weiteres fotosynthetisch aktives Gewebe die so genannte *Leitbündelscheide* hinzu. Sie besteht aus Zellen, die kranzartig um die Leitbündel angeordnet sind. An der CO_2-Fixierung sind in C₄-P. sowohl die Mesophyll- als auch die Leitbündelscheidenzellen beteiligt, die sich in unmittelbarer Nachbarschaft zueinander befinden und durch Plasmodesmata miteinander verbunden sind (↗ Plasmodesmen). In den Mesophyllzellen wird das CO_2 zunächst in Form einer C_4-Dicarbonsäure fixiert. Die eigentliche CO_2-Fixierung durch den ↗ Calvin-Zyklus erfolgt dann in den Zellen der Leitbündelscheide. Diese beiden Prozesse laufen somit räumlich getrennt voneinander ab.

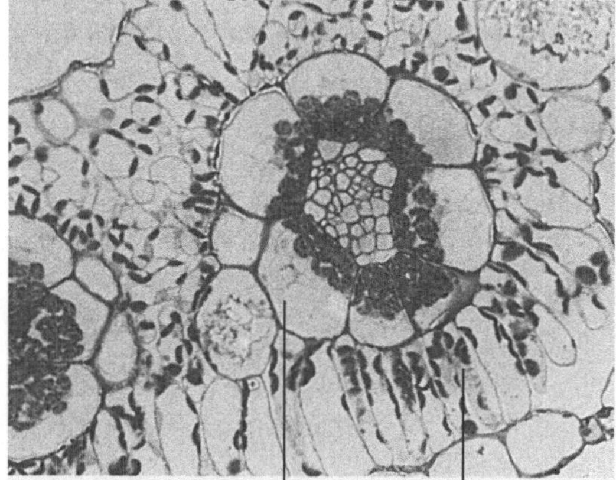

C₄-Pflanzen Querschnitt durch das Blatt einer dikotyledonen C₄-Pflanze. Auffällig ist die Größe der Leitbündelscheidenzellen im Vergleich zu den sie umgebenden Mesophyllzellen

Der so genannte C_4-Zyklus (nach seinen Entdeckern auch *Hatch-Slack-Zyklus* genannt) kann in vier Abschnitte unterteilt werden: 1) CO_2-Fixierung durch Carboxlierung von Phosphoenolpyruvat (PEP) in den Mesophyllzellen, wobei Malat oder Aspartat als Produkt entsteht, 2) Transport der Dicarbonsäure (C_4-Körper) vom Mesophyll in die Leitbündelscheide, 3) Decarboxylierung unter Bildung von CO_2 und einer Monocarbonsäure (C_3-Körper), welche 4) in das Mesophyll zurücktransportiert wird. Hier erfolgt dann die Regeneration von PEP.

Bei C_4 - P. kommen drei unterschiedliche Varianten des C_4-Zyklus vor, die sich dadurch unterscheiden, ob Malat oder Aspartat zur Leitbündelscheide hintransportiert und Alanin oder Pyruvat von dort zurücktransportiert werden. Außerdem bestehen Unterschiede in bezug auf das Enzym, das die Decarboxylierungsreaktion in den Leitbündelscheidezellen katalysiert, sowie dessen Lokalisation. Die drei Varianten sind nach diesen Enzymen benannt: 1) *NADP-abhängiger-Malatenzym-Typ* (Chloroplasten), typische Vertreter: Mais, Fingerhirse, Zuckerrohr; 2) *NAD-abhängiger Malatenzym-Typ* (Mitochondrien): Hirse und Amaranth; 3) *PEP-Car-*

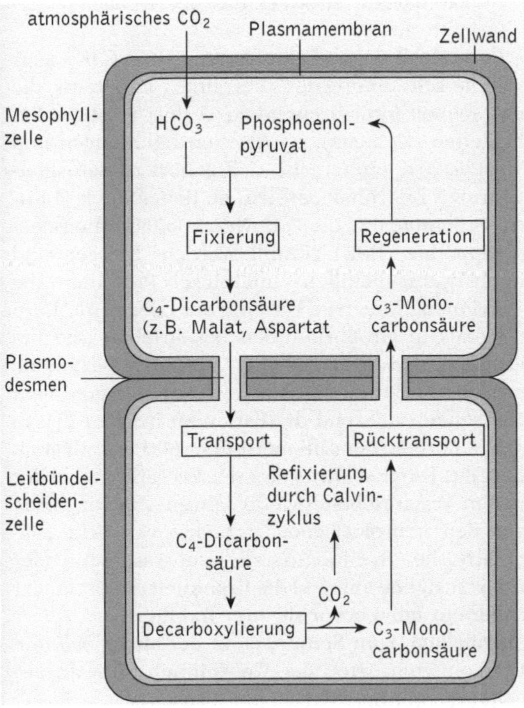

C_4-Pflanzen Schema des C_4-Zyklus. Die Fixierung von CO_2 erfolgt in den Mesophyllzellen räumlich getrennt von den Reaktionen des Calvin-Zyklus, die in den Leitbündelscheidenzellen ablaufen. Der C_4-Zyklus gliedert sich in die vier Abschnitte Fixierung, Transport, Decarboxylierung und Rücktransport. Durch die räumliche Trennung wird ↗ Fotorespiration vermieden

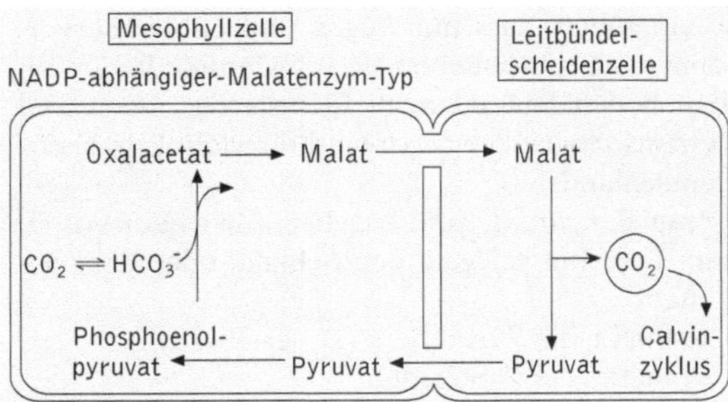
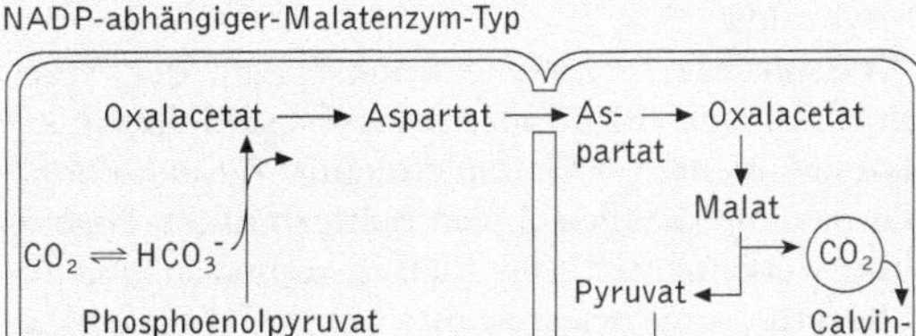
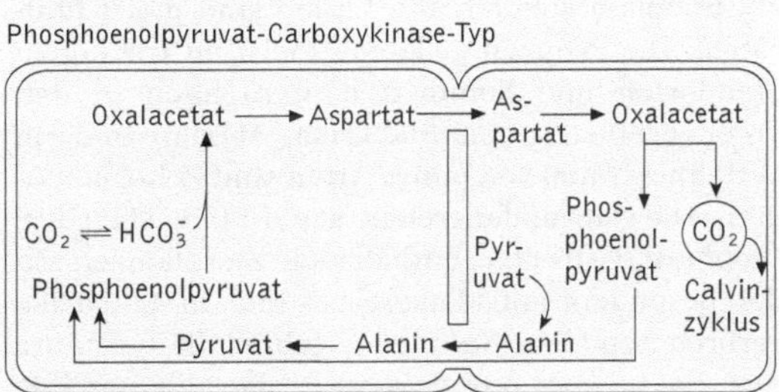

C_4-Pflanzen Die drei Varianten des C_4-Zyklus

boxykinase-Typ (Cytosol): Rispenhirse. C_4 - P. sind inzwischen in 16 monokotylen und dikotylen Pflanzenfamilien nachgewiesen (↗ Poaceae, ↗ Chenopodiaceae, ↗ Cyperaceae). Schätzungen ergaben, dass ungefähr ein Prozent der Pflanzen C_4 - P. sind. Sie kommen vor allem in subtropischen und tropischen Regionen der Erde vor. Der C_4-Zyklus arbeitet auch bei Temperaturen im optimalen Bereich, bei denen durch partielles Schließen der Spaltöffnungen allzu großer Wasserverlust vermieden werden soll. Dies liegt daran, dass die Phosphoenolpyruvat-Carboxylase eine höhere Affinität zu CO_2 hat als die Rubisco, sodass am Ort des Calvin-Zyklus stets für ausreichend hohe CO_2-Konzentrationen gesorgt wird.

Cr, chemisches Symbol für ↗ Chrom.

Crambe, Gatt. der ↗ Brassicaceae.

Crangon Gatt. der ↗ Decapoda (Zehnfußkrebse), die mit rund 40 Arten in Nordatlantik und Nordpazifik verbreitet ist. Die bis 7 cm lange *Nordseegarnele (Sandgarnele, Granat, Crangon crangon)* ist eine sehr ↗ euryhaline Art, die in riesigen Mengen in Nord- und Ostsee lebt. Sie leben auf weichem Sand- oder Schlickboden, in den sie sich tagsüber so eingraben, dass nur Augen und Fühler hervorschauen. Nachts suchen sie schwimmend oder auf dem Boden laufend nach Kleintieren, Algen und Detritus. Sie ist der wirtschaftlich wichtigste Krebs Deutschlands.

cranial, *kranial*, eine Lagebez. für weiter vorne, zum Kopf hin gelegen, den Schädel oder Kopf betreffend.

Craniota, die Wirbeltiere (↗ Vertebrata).

Cranium, der ↗ Schädel.

Craspedacusta, *Süßwassermeduse*, Gatt. der ↗ Hydroida.

Crassulaceae, *Dickblattgewächse*, Fam. der ↗ Saxifragales mit ca. 1500 Arten. Es sind krautige, blattsukkulente (↗ Blattsukkulente, ↗ Sukkulenz) Pflanzen mit dickfleischigen Blättern und Stängeln ohne Nebenblätter. Die Blätter stehen häufig in ↗ Rosetten und besitzen nur wenige, eingesenkte Spaltöffnungen (↗ Stomata). Gegen Wasserverlust sind sie oft auch durch Haare und eine verdickte ↗ Cuticula geschützt. Die Blüten sind meist fünfzählig. Die Pflanzen gedeihen meist an trockenen Standorten und kommen hauptsächlich in den Trockengebieten von Südafrika, Mexiko und im Mittelmeerraum vor, einige Arten sind ↗ Kosmopoliten. Die sehr umfangreiche südafrikanische Gatt. *Dickblatt* (*Crassula*) enthält viele Zierpflanzen. Zu der besonders auf Madagaskar und in Südafrika verbreiteten Gatt. *Kalanchoe* gehört die bekannte Art *Kalanchoe blossfeldiana*, das Flammende Käthchen. Diese Art ist eine typische Kurztagpflanze und wird in der Pflanzenphysiologie häufig als Versuchsobjekt verwendet. Die tropische Gatt. ↗ Brutblatt (*Bryophyllum*) enthält Arten, die ↗ Brutknospen an den Blatträndern entwickeln. Einheimisch sind verschiedene Arten der *Fetthen-*

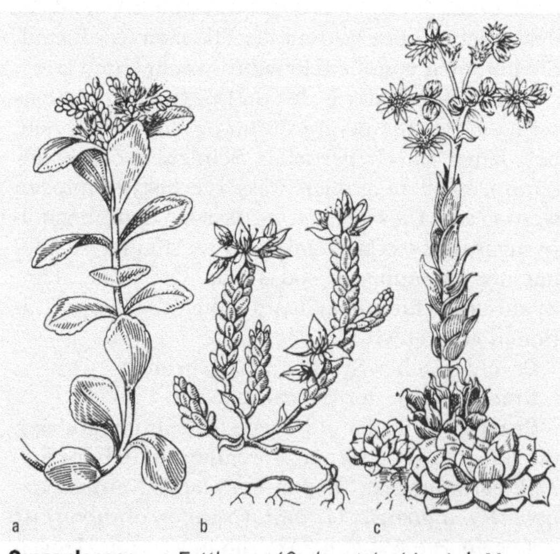

Crassulaceae a Fetthenne (*Sedum telephium*), b Mauerpfeffer (*Sedum acre*), c Hauswurz (*Sempervivum tectorum*)

ne oder des *Mauerpfeffers* (*Sedum*) z. B. die an Mauern, Felsen und in trockenen Wäldern vorkommende *Große Fetthenne* (*Sedum telephium*) und der gelb blühende *Mauerpfeffer* (*Sedum acre*). Die meisten Arten des Rosetten bildenden *Hauswurz* (*Sempervivum*), die vielfach in Steingärten kultiviert werden, stammen aus den Gebirgen Mittel- und Südeuropas.

Nach den C. ist der *Crassulaceen-Säurestoffwechsel* (*crassulacean acid metabolism*, Abk. CAM; ↗ CAM-Pflanzen) benannt. Zu den CAM-Pflanzen gehören neben den C. auch andere Pflanzenfamilien mit Arten, die an trockene Standorte angepasst sind.

crassulacean acid metabolism, ↗ CAM-Pflanzen.

Crassulaceen-Säurestoffwechsel, ↗ CAM-Pflanzen.

Crataegus, Gatt. der ↗ Rosaceae.

Craterostigmomorpha, Gruppe der Hundertfüßer (↗ Chilopoda) in Tasmanien und Neuseeland.

Cremaster, Bereich am Hinterende des Abdomens vieler Schmetterlingspuppen, der z. T. artspezifisch mit Chitindornen, Zähnen und Häkchen versehen ist. Er dient zum Aufhängen und der Verankerung an Gespinsten oder im Kokon. (↗ Lepidoptera)

Crenarchaeota, ein Ast (Linie) der Archaea (↗ Archaebakterien).

Creutzfeldt-Jakob-Erkrankung, Abk. *CJK*, sehr seltene Erkrankung des Zentralnervensystems, die mit schnell fortschreitendem Verlust geistiger Fähigkeiten (Demenz), spastischen Lähmungen und Muskelstarre einhergeht. CJK gehört zu den spongiformen Encephalopathien, zu denen auch ↗ Kuru, ↗ Scrapie und die ↗ Bovine Spongiforme Encephalopathie (BSE) gezählt werden. Erreger sind höchstwahrscheinlich infektiöse Proteine, die ↗ Prionen. Eine neue Variante der CJK wurde 1996 erstmals in Großbritannien beschrieben und begründete den Verdacht einer kausalen Beziehung zwischen Erkrankungen beim Tier (BSE) und dem Menschen. Während die Patienten bei den klassischen Formen der CJK meist über 60 Jahre alt sind, liegt das Durchschnittsalter der Erkrankten bei der neuen Variante bei etwa 30 Jahren. Zudem treten vor den neurologischen zunächst verstärkt psychiatrische Symptome wie Depressionen oder Angstzustände auf, und die Krankheit dauert länger (über ein Jahr) bevor sie zum Tod führt.

Cribellum, zum Spinnapparat der als *Cribellatae* bezeichneten Arten der Webspinnen (↗ Araneae) gehörige Spinnplatte (↗ Spinndrüsen).

Cricetidae, *Wühler*, Fam. der Nagetiere, in der einige Gruppen mäuseartiger Nagetiere von eher gedrungenem Körperbau zusammengefasst werden, deren Backenzähne ein einfacheres Höckermuster als die der Muridae zeigen. C. sind oft kurzschwänzig, viele Arten graben Gänge im

Boden (Name!). Die systematische Untergliederung und auch ihre Abgrenzung zu den Echten Mäusen (Fam. ↗ Muridae) ist umstritten, sodass je nach Autor unterschiedlich viele Unterfamilien unterschieden werden. Zu den C. gehören u. a. die Hamster (Unterfam. ↗ Cricetinae) und die *Rennmäuse* (Unterfam. *Gerbillinae*), die mit etwa 70 Arten in 15 Gatt. im südlichen Trockengürtel Asiens und Afrikas verbreitet sind. Sie sind überwiegend nachtaktiv und ernähren sich von Samen. Mit den langen Hinterbeinen bewegen sich sich auf zwei Beinen hüpfend fort. (↗ Arvicolidae)

Cricetinae, *Hamster*, Unterfam. der Wühler (↗ Cricetidae) mit 16 Arten, die in Eurasien verbreitet sind. Hamster sind 5 - 35 cm lang, der Körper ist gedrungen, mit stummelartigem oder mäßig langem Schwanz. Sie haben meist große Backentaschen, in denen sie Nahrungsvorräte (vor allem Getreidekörner) für den Winterschlaf in ihren Bau tragen. In trockenwarmen Gegenden Mitteleuropas ist der bis über 30 cm lange *Feldhamster (Cricetus cricetus)* heimisch. Er ist braun mit großen hellen Flecken an Maul, Wangen und Schultern. Die Restbestände des Feldhamsters in Deutschland sind hochgradig gefährdet. Beliebte Heimtiere sind der bis etwa 18 cm lange *Goldhamster (Mesocricetus auratus)* und der *Sibirische Streifenhamster* (Gatt. *Phodopus*).

Crick, *Francis Harry Compton*, britischer Biochemiker, ✳ 8.6.1916 Northampton; ab 1949 wissenschaftlicher Mitarbeiter am Medical Research Council Laboratory of Molecular Biology in Cambridge, seit 1977 Prof. am Salk Institute in La Jolla (Californien). C. stellte 1953 zusammen mit J.D. ↗ Watson unter Benutzung der von R. ↗ Franklin und M.H.F. ↗ Wilkins (durch Röntgenstrukturanalyse erhaltenen Daten ein Modell der Doppelhelixstruktur der Desoxyribonucleinsäure auf (*Watson-Crick-Modell*). Er erhielt dafür zusammen mit Watson und Wilkins 1962 den Nobelpreis für Physiologie oder Medizin.

Crinoida, *Seelilien* und *Haarsterne*, mit rezenten 620 Arten die kleinste Gruppe der Stachelhäuter (↗ Echinodermata); hingegen sind rund 6000 fossile Arten aus dem Paläozoikum, ihrer Blütezeit, bekannt. Die rezenten C. sind ↗ stenohaline Suspensionsfresser, die auf gut durchströmte Meeresbereiche angewiesen sind, da sie ihre Nahrung ausschließlich durch Filtration aufnehmen. Als einzige Echinodermen besitzen die C. so genannte *Pinnulae*, fingerförmige Anhänge, die alternierend auf beiden Seiten der Arme stehen und durch eine Reihe muskulös verbundener Skelettelemente im Inneren gestützt werden. Die Pinnulae dienen der Prüfung der Nahrungspartikel, die von hier in die bewimperte Futterrinne und dann zum Mund gelangen. Die proximalen Pinnulae tragen zudem auch die Gonaden. Ebenfalls unterschiedlich zu dem der übrigen Echinodermata ist das Nervensystem der C., insbesondere das stark ausgebildete aborale Nervensystem mit einem Zentrum in der Basis des Kelches (Kalyx) und kräftigen Armnerven, die sich in die Skelettelemente der Pinnulae fortsetzen. C. pflanzen sich nur sexuell fort. Eier und Spermien werden meist ins freie Wasser entlassen, die Weibchen laichen mehrmals im Jahr. Als erste Larve entsteht eine *Doliolaria* mit apikalem Wimperschopf und vier bis fünf Wimpernringen. Nachdem sich eine Anheftungsgrube gebildet hat, setzt sich die Larve damit fest und wird zum *Cystid*; die Epidermis verliert alle Cilien, ein Stiel wächst in die Länge, es entstehen erste Skelettplatten und Tentakel, Mund und After bilden sich. Dieser *Pentacrinus* lebt mehrere Monate festgeheftet bis sich ein junger Haarstern vom Stiel löst.

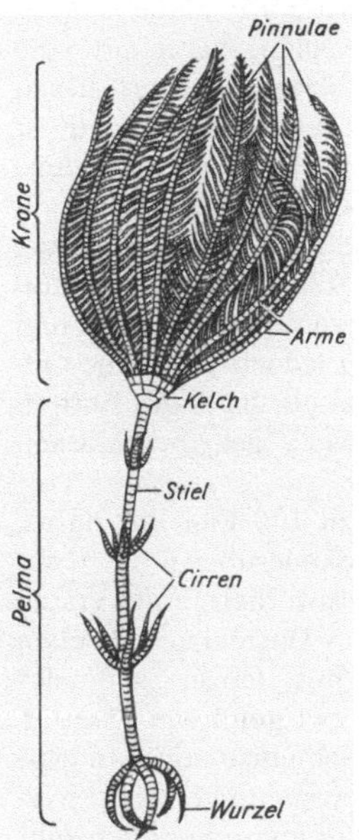

Crinoida　Habitus eines Haarsterns (*Pentacrinus* spec.)

Rund 550 Arten gehören zu den nur als Jungtiere mit einem Stiel festgewachsenen, vielfach prächtig bunt gefärbten Haarsternen (*Comatulida*), die restlichen vier Gruppen (*Isocrinida, Millecrinida, Cyrtocrinida, Bougueticrinida*) mit insgesamt 70 Arten sind alle gestielt und werden als Seelilien bezeichnet. Seelilien kommen vor allem im tropischen Westatlantik und Westpazifik in Tiefen zwischen 200 und 600 m sowie 1500 und 3000 m vor, die Haarsterne besiedeln in großer Arten- und Individuendichte seichte Gewässer des tropischen Indopazifik und die kalten gemäßigten Meere bis in 6000 m Tiefe.

Crista, Bez. für kamm- oder leistenartige Fortsätze, vor allem an Knochen; z .B. *Crista galli* des Siebbeins (↗ Schädel).

Cristae, Einstülpungen (Invaginationen) der inneren Mitochondrienmembran, die der Oberflächenvergrößerung dienen und auf denen die ↗ Atmungskette lokalisiert ist. Sie reichen in die Mitochondrienmatrix hinein und können tubulusförmig, flächig oder unregelmäßig gestaltet sein. Die physiologische Aktivität unterschiedlicher Zelltypen kann die Anzahl der C. pro Zelle beeinflussen.

Crocodylia, *Crocodilia, Krokodile*, Ord. der ↗ Reptilia, die seit der Oberen Trias nachgewiesen ist und zusammen mit den Vögeln die einzigen rezenten Abkömmlinge der Archosauria sind. Rezente Fam. sind die ↗ Crocodylidae, die ↗ Alligatoridae und die ↗ Gavialidae. C. sind mittelgroße bis große Reptilien mit einem großen, massigen Kopf, langer Schnauze, die extrem schmal (Gavialidae) bis breit (Alligatoridae) sein kann. Der Schädel hat zwei Jochbögen und zwei Schläfenfenster. Die Zähne sind in Höhlungen der Kiefer (Alveolen) verankert. Die verschließbaren äußeren Nasenöffnungen liegen leicht erhöht an der Schnauzenspitze. Die Haut ist mit Schuppen und Hornplatten bedeckt, der kräftige Schwanz trägt zwei Schuppenkämme, die sich zum Ende hin vereinigen. Die Beine sind recht kurz, die hinteren Zehen sind durch Schwimmhäute verbunden. Das Herz der C. ist vierkammerig, venöses und arterielles Blut können sich jedoch über eine Öffnung (Foramen panizzae) an der Basis des Aortenbogens mischen. C. haben wie Vögel einen Muskelmagen. Eine Harnblase fehlt.

Die Weibchen legen bis zu 100 Eier mit harter Schale in Nesthügel oder Sandgruben und bewachen die Gelege. Die Jungen werden in der ersten Zeit von der Mutter geführt. – Die meisten C. leben im Süßwasser. Formen mit langer schmaler Schnauze ernähren sich vorwiegend von Fischen, solche mit breiter kurzer Schnauze von Landwirbeltieren, die ins Wasser gezogen und ertränkt werden. C. können an Land über kurze Strecken sehr schnell laufen. Sie wachsen zeitlebens und können bis zu 100 Jahre alt werden. Alle C. sind durch rücksichtslose Bejagung, vor allem wegen ihrer Haut (Krokodilleder) in ihren Beständen stark bedroht.

Crocodylidae, Fam. der ↗ Crocodylia mit 13 Arten in drei Gatt., die weltweit in tropischen und subtropischen Regionen verbreitet sind. Im Unterschied zu den ↗ Alligatoridae greift der vierte Unterkieferzahn in eine seitliche Furche des Oberkiefers und ist daher bei geschlossenem Maul sichtbar. Alle Arten sind sehr ruffreudig. In Afrika verbreitet ist das bis 7 m (ausnahmsweise bis 10 m) lange *Nilkrokodil (Crocodylus niloticus)*. Das bis 8,5 m lange *Leistenkrokodil (Crocodylus porosus)* ist die größte Art der C.; es ist in Süd- und Südostasien bis Nordaustralien verbreitet und wird oft in Farmen gehalten.

Crocodylus, Gatt. der ↗ Crocodylidae.

Crocus, Gatt. der ↗ Iridaceae.

Cro-Magnon-Mensch, einer der frühen anatomisch modernen Menschen in Europa (↗ Homo sapiens).

cro-Protein, das Protein, das beim Bakteriophagen λ1 für einen Repressor codiert, der an der Steuerung von Lyse und Lysogenie beteiligt ist.

Crossing over, 1) während der Meiose erfolgender Koppelungsbruch zwischen homologen Abschnitten von Nicht-Schwesterchromatiden homologer Chromosomen. Dabei kommt es zu einer Neukombination der genetischen Information. C.-Ereignisse können einfach und mehrfach auftreten. Das Ergebnis des C. wird als *Crossover* bezeichnet. Der Begriff und die zu Grunde liegenden Mechanismen des C. wurden von T. H. ↗ Morgan zur Erklärung der Ergebnisse von Kreuzungsexperimenten eingeführt, die er bei der Untersuchung der Vererbung gekoppelter Merkmalspaare beobachtet hatte (↗ Kopplung, ↗ Kopplungsgruppe). Je weiter zwei Gene auf demselben Chromosom voneinander ent-

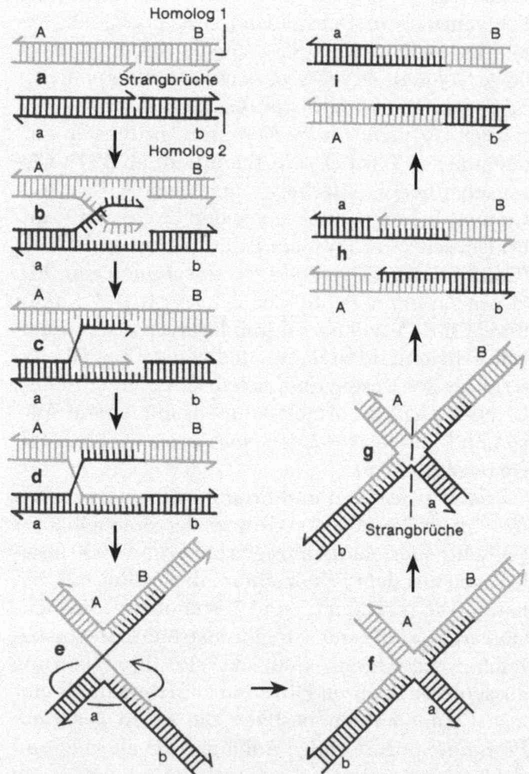

Crossing over Crossing over nach dem Holliday-Modell **a** auftretende Strangbrüche **b, c** Austausch der Stränge und Verbindung mit dem jeweils komplementären Einzelstrang des homologen DNA-Moleküls (Chiasma) **d,e** Holliday-Struktur **f** Auflösung der Überkreuzstruktur durch Vertikaldrehung (Pfeil), **g** erneuter Bruch der unversehrten Stränge **h, i** mögliche Neukombination als Ergebnis

fernt lokalisiert sind, desto größer ist die Wahrscheinlichkeit, dass sie durch C. getrennt und ausgetauscht werden (↗ Austauschwert). Licht- und elektronenmikroskopisch sichtbares Ergebnis des C. sind die Überkreuzungen der Chromatiden (↗ Chiasma). Vor dem eigentlichen Austausch treten zunächst Brüche in den Chromatiden auf, die nach erfolgter Überkreuzung wieder verheilen. Auf molekularer Ebene spielt sich ein C. in kugelförmigen, proteinhaltigen so genannten *Rekombinationsknötchen* ab, die in Abständen dem ↗ synaptonemalen Komplex seitlich anliegen.

Nach einem von R. Holliday entwickelten Modell läuft ein Crossing over wie folgt ab: Aufgrund von Einzelstrangbrüchen entstehen freie Strangenden, die mit dem jeweils komplementären intakten Einzelstrang eine komplementäre Basenpaarung eingehen. Durch die ↗ DNA-Ligase werden beide Chromatiden überkreuz miteinander verbunden und bilden die so genannte *Holliday-Struktur.* Nach einer sich anschließenden Drehung um die Vertikalachse kommt es zur Auflösung der Überkreuzung und nach erneutem Bruch und Reparatur zur Entstehung der neukombinierten Chromatiden. Die Holliday-Struktur ist nicht auf den Ort ihrer Entstehung beschränkt, sondern kann ihre Position verlagern (*branch migration*), sodass das C. an beliebigen Stellen möglich ist. Theoretisch finden C. zwischen beliebigen homologen Chromosomenabschnitten statt, jedoch hat man so genannte *hot spots* identifiziert, bei denen die Häufigkeit eines C. erhöht ist.

2) *illegitimes C.* findet gelegentlich zwischen nicht homologen Chromosomenbereichen statt und führt zu *Deletionen* in einem Chromosom und zur *Duplikation* eines DNA-Abschnittes im anderen homologen Chromosom. (↗ Chromosomenmutationen)

Crossopterygii, *Quastenflosser*, paraphyletische Gruppe der Knochenfische (↗ Osteichthyes), in der zwei unterschiedliche Reihen vereinigt werden: Zum einen die ausgestorbenen ↗ Rhipidistia und zum anderen die *Actinistia*, von denen es nur noch einen rezenten Vertreter gibt. Beiden Reihen gemeinsam ist die Zweiteilung des knöchernen Hirnschädels in einen Vorder- und einen Hinterschädel, die gelenkig miteinander verbunden sind. Von den Actinistia, deren beinartige paarige Flossen von hohlen Knorpelstrahlen gestützt wurden, waren bis 1938 nur ausgestorbene, das Süßwasser, z.T. auch Ästuare und küstennahe Meeresgebiete bewohnende Vertreter bis zur Kreide bekannt; dann wurde vor der südafrikanischen Küste die Art *Latimeria chalumnae (Quastenflosser)* entdeckt, die zu ihren ausgestorbenen Ahnen kaum Abwandlungen zeigt. Latimeria kann eine Länge von knapp 2 m erreichen; sie lebt auf Felsböden vor allem in der Nähe der Komoren in Tiefen von 150 - 300 m. Die Nahrung besteht aus kleinen Fischen und Krebsen. Quastenflosser sind nachtaktiv und spüren ihre Beute mit Hilfe von Elektrorezeptoren auf. Sie schwimmen sehr langsam und bewegen die Brust- und Bauchflossen im „Kreuzgang".

Crotalus, die Gatt. ↗ Klapperschlangen.

Cruciferae, die Fam. ↗ Brassicaceae.

Crustacea, *Krebse, Krebstiere*, etwa 45000 Arten umfassende Gruppe der ↗ Arthropoda, deren Vertreter überwiegend im Meer leben, aber auch im Süßwasser und mit wenigen Gruppen auch landlebend (vor allem Landasseln; ↗ Isopoda) sind. Außerdem gibt es einige C. die parasitisch leben und deren Körper starke Anpassungen an diese Lebensweise zeigt (u. a. Arten der ↗ Copepoda).

Charakteristisch für die C. ist die Spezialisierung der einzelnen Segmente und ihrer Anhänge sowie deren funktionelle Zusammenfassung zu *Tagmata.* Der Kopf (*Cephalon*) trägt zwei Paar Antennen, ein Paar Komplexaugen, die bei höheren Krebsen gestielt sind, sowie ein Medianauge (*Naupliusauge*) und drei Paar Mundwerkzeuge (*Mandibeln* sowie 1. und 2. *Maxillen*). Der Kopf ist oft mit Segmenten des Thorax verschmolzen, sodass als Tagma der *Cephalothorax* entsteht, die übrigen Thoraxelemente bilden ebenfalls ein Tagma, das als *Peraeon* bezeichnet wird. Einige C. besitzen einen Kopf- oder Rückenschild (*Carapax*). Er kann auf den Kopf beschränkt sein, oder aber sich nach hinten ausdehnen, sodass er dachartig mehrere oder alle Thoraxsegmente überdeckt, im Extremfall kann er als zweiklappige Schale den ganzen Körper umhüllen. Er hat Schutzfunktion, dient der Atmung, bietet Raum für Brutpflege und kann Schutzkammer für die Kiemen sein. Der Thorax trägt Extremitäten (*Thoracopoden*), die der Fortbewegung, aber auch der Nahrungsaufnahme (*Maxillipeden* bei C. mit Cephalothorax), der Verteidigung, dem Graben und Putzen sowie der Atmung dienen können. Die Extremitäten des Peraeons werden *Peraeopoden* genannt. Den hinteren Teil des Rumpfes bildet das *Abdomen* (bei Malacostraca *Pleon*); es wird hinten vom *Telson* abgeschlossen. Dieses kann ein Paar ein- bis vielgliedrige Anhänge tragen, die als *Furka* bezeichnet werden.

Die Extremitäten der C. sind primär *Spaltbeine*, d. h., sie bestehen aus einem Stamm, dem *Protopodit*, sowie einem Außenast, dem *Exopodit* und einem Innenast, dem *Endopodit*. Der Protopodit setzt sich i. d. R. zusammen aus Coxa und Basis. Die Äste können Anhänge tragen, die meist der Atmung dienen; die äußeren Anhänge werden *Exite* (wenn sie der Atmung dienen: *Epipodite*) genannt und die inneren *Endite*. Die Spaltbeine können zwei Erscheinungsformen haben: *Stabbein (Stenopodium)* mit rundem Querschnitt oder

Blattbein (Phyllopodium), das blattartig verbreitert ist.

Das Nervensystem der C. beteht ursprünglich aus einem Oberschlundganglion und einem Strickleiternervensystem mit segmentalen Ganglienpaaren. Das Oberschlundganglion besteht aus dem Protocerebrum mit den Sehzentren, dem Deutocerebrum mit den Riechzentren und dem Tritocerebrum. Letztere beiden sind die Ganglien der 1. und 2. Antennen. Das Nervensystem ist ein wichtiger Produzent von Hormonen (*Neurohormone*), die bei Häutung, Farbwechsel, Fortpflanzung, Osmoregulation, Herzschlagstimulierung und Regulierung des Blutzuckerspiegels eine Rolle spielen.

Der Darmtrakt ist ein gerades Rohr das den Körper durchzieht. Auf einen vorderen Abschnitt (*Stomodaeum*) folgt der Mitteldarm mit Mitteldarmdrüsen und mit Divertikeln (*Caeca*) und dann der hintere Abschnitt (*Proctodaeum*). Im *Ösophagus* können Faltenbildungen vorkommen. Malacostraca besitzen einen kompliziert gebauten Kau- und Filtermagen. Exkretionsorgane sind zwei oder meist ein Paar Nephridien, die *Antennendrüsen* an der Basis der zweiten Antennen und/oder die *Maxillardrüsen* an der Basis der zweiten Maxillen; sie dienen auch der Osmo- und Ionenregulation. Der Atmung dienen ↗ Kiemen. Das Herz reicht ursprünglich als muskulöses Rohr durch den ganzen Körper mit je einem Ostienpaar pro Segment; meist ist die Muskulatur aber in bestimmten Abschnitten reduziert. Der ↗ Blutkreislauf ist offen.

C. sind i. d. R. getrenntgeschlechtlich, vereinzelt tritt auch ↗ Hermaphroditismus auf. Die Fortpflanzungsbiologie ist sehr vielgestaltig. Bei einigen Gruppen tritt ausgeprägter ↗ Sexualdimophismus auf. Die Spermien sind meist ohne Geißeln und unbeweglich. Befruchtete Eier werden häufig in Brutkammern oder an Extremitäten herumgetragen, bis die Larven oder Juvenilen schlüpfen. In der Entwicklung tritt bei allen C. eine ↗ Nauplius-Larve auf. Das Wachstum erfordert regelmäßige ↗ Häutungen, die hormonell gesteuert werden (↗ Y-Organ).

Die Systematik der C. ist umstritten. Folgende Großgruppen können unterschieden werden: ↗ Malacostraca, ↗ Maxillopoda, Branchiopoda, ↗ Remipedia und ↗ Cephalocarida.

Crustecdyson, im ↗ Y-Organ der Krebse gebildetes Häutungshormon.

Cryptobranchidae, *Riesensalamander*, Fam. der Schwanzlurche (↗ Urodela) mit drei Arten, die bis 1,5 m lang werden. Riesensalamander leben in klaren Bächen und Flüssen. Die in China und Japan vorkommenden zwei Arten der Gatt. *Andrias (Megalobatrachus)* sind vom Aussterben bedroht. Bei dem in Nordamerika beheimateten *Schlammteufel (Cryptobranchus alleganiensis)* bewachen die Männchen den Laich mehrerer Weibchen.

Cryptocerata, die Wasserwanzen (↗ Nepomorpha).

Cryptochiton, Gatt. der Käferschnecken (↗ Polyplacophora).

Cryptochrom, Bez. ↗ Blaulichtrezeptoren, die als Flavoproteine Ähnlichkeiten zu bakteriellen *Fotolyasen* haben, die bei Bakterien die Blau- und UV-Licht-abhängige *DNA-Reparatur* durchführen. Bei Pflanzen sind zwei C. bekannt, die ebenfalls Blaulicht und UV-Licht absorbieren und eine Reihe von ↗ Blaulichteffekten kontrollieren. ↗ Arabidopsis-Mutanten, bei denen das *Cryptochrom 1* defekt ist, konnten dadurch identifiziert werden, dass sich die Entwicklung der Keimlinge im Blaulicht anders verhält als beim Wildtyp. *cry1*-Pflanzen haben ein langes anstelle eines kurzen ↗ Hypokotyls. Außerdem sind sie in ihrer ↗ Blütezeit verändert. Weitere Untersuchungen ergaben, dass das CRY1-Protein an der Synchronisation der ↗ inneren Uhr beteiligt ist.

Zwei C. kommen auch bei Tieren vor, wo sie an der Erzeugung von circadianen Rhythmen beteiligt sind. Sequenzvergleiche von bakteriellen Fotolyasen und pflanzlichen und tierischen C. legen nahe, dass die C. während der Evolution mehrfach und unabhängig voneinander entstanden sind (↗ Konvergenz). C. konnten im Nucleus nachgewiesen werden, was für ihre evolutionäre Verwandtschaft mit den DNA-bindenden Fotolyasen spricht.

Cryptodira, Unterord. der Schildkröten (↗ Chelonia).

Cryptomonada, nach der ↗ phylogenetischen Systematik Gruppe der ↗ Chromista. Die C. besitzen zwei unterschiedlich gebaute Geißeln und einen Panzer aus Protein haltigen Platten. In der klassischen Systematik werden sie der Algenabteilung ↗ Cryptophyta zugeordnet.

Cryptophyceae, *Schlundgeißler*, einzige Klasse der Abt. ↗ Cryptophyta mit der einzigen Ord. Cryptomonadales.

Cryptophyta, Abt. der ↗ Algen mit der einzigen Klasse *Cryptophyceae (Schlundgeißler)*. Die Vertreter sind fast ausschließlich monadale Algen. Die begeißelten, asymmetrischen Zellen, die für die meisten Arten typisch sind, besitzen keine Zellwand, sondern nur eine Pellicula, die aus rechteckigen oder polygonalen Protein-Platten besteht. Dem Vorderende entspringen zwei unterschiedlich lange Geißeln dicht oberhalb eines Schlundes. Die Chloroplasten enthalten Chlorophyll *a* und *c* und jeweils einen Nucleomorph (↗ komplexe Plastiden). Hauptreservestoff ist Stärke. – Die Gatt. *Cryptomonas* lebt in zahlreichen Arten im Süßwasser. Die Gatt. *Rhodomonas* lebt im Süßwasser und im Meer (siehe Abb. auf Seite 313).

Cryptosporidium, zu den ↗ Coccidia gehörende, weltweit verbreitete Gruppe der ↗ Einzeller, die in

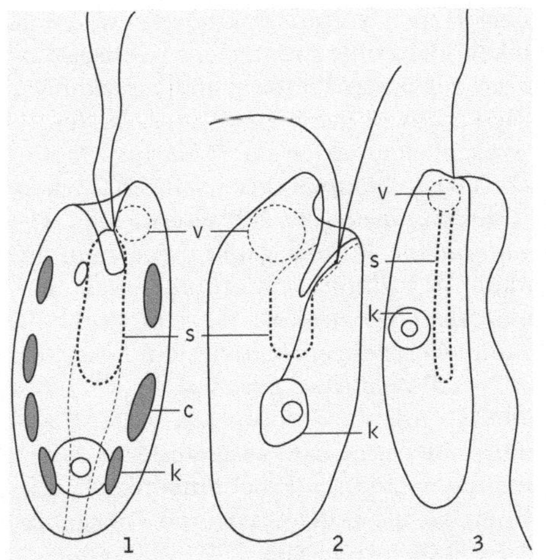

Cryptophyta 1 *Cryptomonas* spec. 2 *Chilomonas paramaecium*. 3 *Katablepharis phoenicoston* mit Zug- und Schleppgeißel. c Chromatophor mit mehreren Pyrenoiden (punktiert), k Kern, s Schlund, v Vakuole

verschiedenen Wirbeltieren (auch Haustieren) parasitieren. *C. parvum* und vermutlich auch andere Arten können auf den Menschen übertragen werden und vor allem bei geschwächtem Immunsystem die *Kryptosporidiose* (Symptome v. a. Durchfälle, Bauchschmerzen, Erbrechen, Fieber) hervorrufen. Sie ist die häufigste opportunistische Infektionskrankheit bei Aids-Kranken (↗ Aids). Die Infektion erfolgt über die orale Aufnahme von Cysten.

Ctenidien, die ↗ Kiemen der Weichtiere (↗ Mollusca).

Ctenophora, *Rippenquallen*, traditionell den ↗ Coelenterata zugeordnete Gruppe mit 80 marinen Arten, die stets skelettlos sind und solitär leben. Die Körpergrundgestalt wird durch zwei senkrecht aufeinander stehende Symmetrieachsen bestimmt, von denen die eine Ebene durch die beiden Tentakel, die andere durch den größten Durchmesser der Mund-After-Öffnung verläuft. C. bewegen

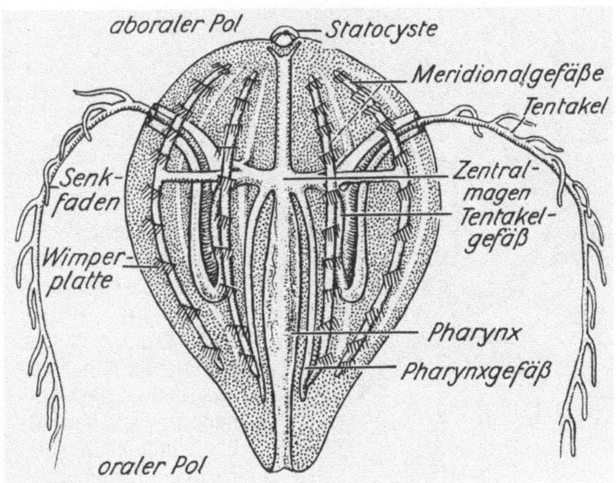

Ctenophora Schema einer Rippenqualle

sich mit Hilfe von acht meridional angeordneten Wimpernreihen („*Rippen*") fort. Die Nahrung (Plankton) wird mit den fädig verzweigten Tentakeln erbeutet, an denen *Klebzellen (Colloblasten)* sitzen. C. besitzen keine Nesselkapseln (*Acnidaria*). An dem der Mundöffnung gegenüber liegenden Körperpol befindet sich eine ↗ Statocyste, die der Wahrnehmung der Schwerkraft und somit der Ausrichtung der Körperachse (Gleichgewichtssinn) dient.

Die C. sind i. d. R. ↗ Zwitter, Selbstbefruchtung ist möglich. Die Entwicklung ist direkt. Man unterscheidet zwei Untergruppen: Die *Tentaculifera* besitzen zwei Tentakeln; zu ihnen gehört u. a. die in der Nordsee im Frühjahr und Sommer massenhaft auftretende *Meerstachelbeere (Pleurobrachia pileus)*. Sie ist 3 cm hoch bei 1 cm Durchmesser und kann ein bis 70 cm langes Tentakelnetz entfalten. An den Meridionalkanälen zeigt sie ↗ Biolumineszenz. Die zweite Untergruppe, die *Atentaculata (Beroida)* besitzt keine Tentakel. Weltweit verbreitet sind die Arten der Gatt. Beroë, wobei die etwa 3,5 cm lange Art *Beroë gracilis* in der Deutschen Bucht endemisch ist.

Ctenopoda, Gruppe der Blattfußkrebse (↗ Branchiopoda).

CTL, Abk. für cytotoxische ↗ T-Lymphocyten.

Cu, chemisches Symbol für ↗ Kupfer.

Cubozoa, *Würfelquallen*, früher als *Cubomedusae* den ↗ Scyphozoa zugeordnete Gruppe der ↗ Cnidaria, die nun als deren Schwestergruppe angesehen wird. Die Polypen und der Lebenszyklus der C. waren bis vor kurzem völlig unbekannt. C. bewohnen mit etwa 20 Arten tropische, inselreiche Meere. Sie ernähren sich vor allem von Krebsen, Fischen und Polychaeten, die mit den Tentakeln gefangen werden. Die C. sind getrenntgeschlechtlich. Adulte Cubopolypen pflanzen sich ungeschlechtlich durch Knospung fort. Die Embryonalentwicklung erfolgt über eine Planula, die sich nach einigen Tagen in einen Polypen umwandelt. Die adulten Polypen wandeln sich vollständig in eine Meduse um (Metamorphose). Es werden zwei Gruppen unterschieden, die *Charybdeida* und die *Chirodropida*. Zu letzteren gehört die Fam. *Seewespen (Chirodropidae)* u. a. mit der Art *Chironex fleckeri*. Die Seewespen gehören zu den gefährlichsten Meerestieren. Ihr Gift, ein Cardiotoxin, verursacht schmerzhafte Hautreaktionen, Krämpfe, Fieber, in schweren Fällen Lähmung des Atemzentrums und Tod durch Herz- und Kreislaufversagen. Das Gift kann durch Einreiben der Haut mit Alkohol (notfalls Parfüm, Rasierwasser) denaturiert und damit unwirksam gemacht werden.

Cuculidae, die Fam. Kuckucke (↗ Cuculiformes).

Cuculiformes, *Kuckucksvögel*, Ord. der Vögel mit rund 150 Arten in zwei Familien: *Turakos (Muso-*

phagidae), langschwänzige, tauben- bis hühnergroße Vögel mit abgerundeten Flügeln, die mit 21 Arten in Afrika verbreitet sind, und *Kuckucke (Cuculidae)*. Die Kuckucke sind weltweit verbreitet, wobei die Mehrzahl der etwa 130 Arten in den Tropen lebt. Es sind schlanke, meist braun, grau, schwarz manchmal auch glänzend grün gefärbte Vögel von Amsel- bis Hühnergröße, mit langem Schwanz und leicht gebogenem Schnabel. Sie ernähren sich von Insekten und Früchten, manche aber auch von Eidechsen und kleinen Schlangen. Etwa 50 Arten der Kuckucke sind in unterschiedlichem Ausmaß Brutparasiten (↗ Brutparasitismus). Manche besetzen nur fremde Nester, andere legen ihre eigenen Eier zu denjenigen anderer Arten, wiederum andere Arten entfernen darüber hinaus die Eier oder Jungen des Wirts. Der einheimische *Kuckuck (Cuculus canorus)* ist ebenfalls ein Brutparasit, der seine Eier in die Nester von Singvögeln legt und sie von diesen ausbrüten lässt. Rund 100 Arten sind mögliche Wirtsarten, vor allem Bachstelze, Teichrohrsänger, Rotkehlchen, Heckenbraunelle, Grasmücken, Gartenrotschwanz, Zaunkönig. Die Eier des Kuckucks sind sehr verschieden und zeigen eine gewisse Anpassung an die Eier der Wirtsart, wobei ein Kuckucksweibchen ein Leben lang denselben Eityp legt. Da die Entwicklung schon vor der Eiablage beginnen kann, schlüpft das Kuckucksjunge vor seinen „Stiefgeschwistern" und wirft sie oder die Eier aus dem Nest. Dieser „Hinauswerf-Reflex" besteht jedoch nur während der ersten drei bis vier Tage nach dem Schlüpfen. Kuckucke sind Einzelgänger und Zugvögel, die Altvögel ziehen Ende Juli, die Jungvögel im August und September. Ihr Überwinterungsgebiet ist Afrika südlich der Sahara.

Cucumis, Gatt. der ↗ Cucurbitaceae.

Cucurbitaceae, *Kürbisgewächse*, Fam. der ↗ Cucurbitales mit ca. 760 Arten, die hauptsächlich in den Tropen verbreitet sind. Es sind mit Sprossranken kletternde Kräuter mit wechselständigen, meist gelappten Blättern und fünfzähligen Blüten. Die Frucht ist meist eine Beere. Zu den C. gehören verschiedene Arten des ↗ Kürbis, *Cucurbita*, die ↗ Gurke, *Cucumis sativus*, die ↗ Zuckermelone, *Cucumis melo*, die ↗ Wassermelone, *Citrullus lanatus*, die ↗ Luffa, *Luffa cylindrica*, die Spritzgurke, *Ecballium elaterium*, und der *Flaschenkürbis, Lagenaria siceria*. Giftig sind die als Heil- und Zierpflanzen kultivierten Arten der einheimischen ↗ Zaunrübe, *Bryonia*.

Cucurbitales, Ord. der ↗ Rosopsida, zu der Kräuter mit eingeschlechtigen, oft zweihäusig verteilten Blüten und unterständigen Fruchtknoten gehören. Die Ord. umfasst die *Datiscaceae*, die ↗ Begoniaceae und die ↗ Cucurbitaceae.

Culex pipiens, Art der Stechmücken (↗ Culicidae).

Culicidae, *Stechmücken*, Fam. der Mücken (↗ Nematocera) mit ca. 3000 Arten, davon in Mitteleuropa 110. C. sind schlanke, langbeinige Tiere, deren Weibchen einen *Stechrüssel* besitzen, der aus Labrum, Mandibeln, Maxillen und Hypopharynx besteht (↗ Mundgliedmaßen). Nur ein Teil der Arten sind Blutsauger, und bei diesen saugen nur die Weibchen Blut, um ihre Eier zur Reife zu bringen. Beim Stechen wird Speichel abgegeben, der die ↗ Blutgerinnung herabsetzt und die Durchlässigkeit der Kapillarwände für das Serum erhöht. Wirtstiere der C. sind überwiegend Vögel und Säugetiere, seltener Lurche, Kriechtiere sowie Raupen u. a. Insektenlarven. Das Saugverhalten der einzelnen Arten ist sehr unterschiedlich, z. B. Tageszeit oder bevorzugte Körperteile betreffend. Sie werden angelockt durch optische Reize, Wärmeabstrahlung, CO_2-Abgabe oder durch Wahrnehmung von Bestandteilen des Schweißes. Die Männchen der C. ernähren sich von Nektar

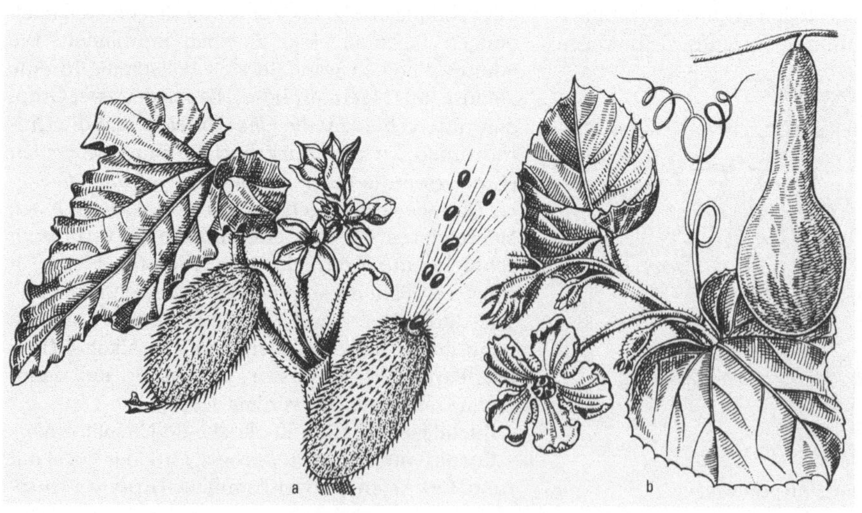

Cucurbitaceae
a Spritzgurke (*Ecballium elaterium*), Zweig mit Blüten und Früchten, aus denen Samen herausgeschleudert werden. b Flaschenkürbis (*Lagenaria siceraria*), blühender Zweig, Frucht

und Wasser. Ein weiterer auffallender ↗ Geschlechtsdimorphismus ist der Bau der Fühler: Diejenigen der Weibchen sind kurz, die der Männchen lang, stark und büschelig behaart. Sie enthalten im zweiten Antennenglied das ↗ Johnston-Organ, ein Hörorgan, mit dem sie den weiblichen Flugton wahrnehmen können. Die Larven entwickeln sich im stehenden Wasser, oft auch in kleinsten Wasseransammlungen. So entwickeln sich die Larven der nachts bevorzugt stechenden *Hausmücke (Culex pipiens)* z. B. in Gartenteichen, Regentonnen, Regenpfützen. Der Gasaustauch geschieht bei den Larven durch ein Atemrohr am Ende des Abdomens. Sie ernähren sich von Detritus und Kleinplankton. Die Verpuppung erfolgt ebenfalls im Wasser. Einige Arten sind als Krankheitsüberträger bedeutsam, so die Malariamücken (Gatt. ↗ Anopheles) und die Gelbfiebermücke (*Aedes aegypti*). (↗ Malaria, ↗ Gelbfieber)

Cumacea, zu den ↗ Peracarida gehörende Gruppe der Krebse (↗ Crustacea).

Cuminum, Gatt. der ↗ Apiaceae.

Cupressaceae, *Zypressengewächse*, Fam. der ↗ Pinales mit ca. 110 Arten, die über die ganze Erde verbreitet sind. Es sind Bäume oder Sträucher mit meist schuppenförmigen Blättern und ledrigen oder holzigen Zapfen. Eine Ausnahme ist der ↗ Wacholder, *Juniperus communis*, der nadelförmige Blätter und fleischige Beerenzapfen besitzt. Holzige Zapfen haben die in Mittelmeerländern beheimatete ↗ Zypresse, *Cupressus sempervirens*, und die Arten der Gatt. ↗ Lebensbaum, *Thuja*.

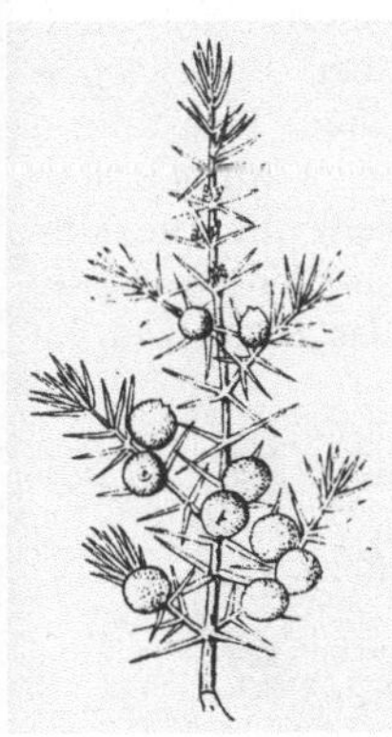

Cupressaceae Wacholder (*Juniperus communis*), Spross mit Beerenzapfen

Cupula, 1) in der *Botanik* becherförmige Gebilde um eine bis mehrere Blüten oder Früchte, z. B. die „Hütchen" der Eicheln oder die stacheligen Schalen der Esskastanien.

2) *Zoologie:* in den ↗ Seitenlinienorganen der Fische und im Wasser lebender Amphibien sowie in den Gleichgewichtsorganen der Wirbeltiere und des Menschen (↗ Ohr) leicht abbiegbare, kuppel-, hauben- oder säulenförmige Gallertkappe.

Curare, i. w. S. Name einer ganzen Gruppe von ↗ Alkaloiden, die von den Indianern Südamerikas als Köder- und Pfeilgifte benutzt werden. Sie werden im Wesentlichen aus den beiden Pflanzengatt. *Chondodendron* (Fam. Menispermaceae) und *Strychnos* (Fam. ↗ Loganiaceae) gewonnen. I. e. S. werden nur noch die muskellähmend wirkenden C.-Alkaloide als C. bezeichnet, dies sind Indolalkaloide mit Strychningerüst und zwei quartären Ammoniumionen. Sie wirken als Antagonisten des ↗ Acetylcholins und blockieren dessen Rezeptorstellen an der postsynaptischen Membran. Die Folge ist eine Depolarisierung der postsynaptischen Membranen und dadurch wiederum eine Blockierung der Kontraktion der quergestreiften Muskulatur. Bei den auftretenden Lähmungen werden nacheinander die Muskeln in den Beinen und Armen, an Kopf, Rumpf und Brustkorb bewegungsunfähig; der Tod tritt durch Atemlähmung ein; der Herzmuskel ist von der Lähmung nicht betroffen. Halbsynthetische oder synthetische Analoge von C. werden in der Medizin u. a. als Muskelrelaxans bei Operationen eingesetzt.

Curculionidae, *Rüsselkäfer*, mit knapp 55000 Arten (in Mitteleuropa ca. 1200) die artenreichste Fam. der Käfer (↗ Coleoptera, ↗ Polyphaga) und die artenreichste Tierfamilie überhaupt. Sie sind 1 - 70 mm lang, mit meist sehr hart gepanzertem Körper, insgesamt aber außerordentlich verschiedenartig gebaut. Charakteristisch ist der rüsselartig verlängerte Kopf, der die Fühler trägt. Die meisten Arten leben als Käfer und Larven an Pflanzen (minieren oder erzeugen Gallen) bzw. deren Wurzeln im Boden, nur wenige Arten sind räuberisch. Viele Arten sind auf bestimmte Pflanzenarten spezialisiert, mehrere Arten sind Pflanzen- und Vorratsschädlinge, so u. a. der Kornkäfer (*Sitophilus granarius*), der Reiskäfer (*Sitophilus oryza*), der Apfelblütenstecher (*Anthonomus pomorum* L.) und die Dickmaulrüssler (Gatt. *Otiorhynchus*).

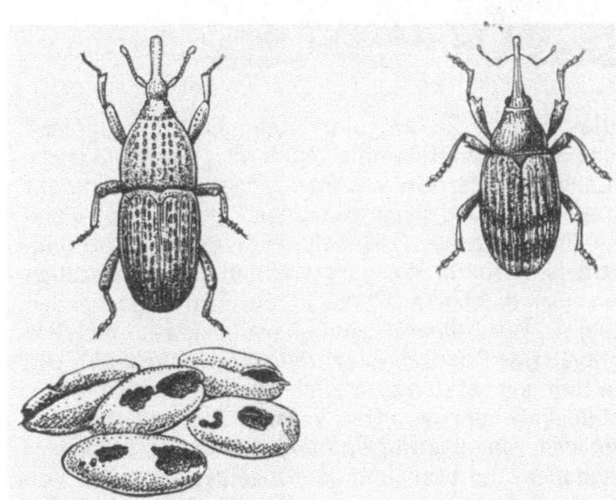

Curculionidae Links Kornkäfer (*Sitophilus granarius*) und angefressene Weizenkörner; rechts der Apfelblütenstecher (*Anthonomus pomorum*)

Curcuma, die ↗ Gelbwurzel.

Cuscutaceae, *Teufelszwirngewächse*, *Seidengewächse*, Fam. der ↗ Solanales mit ca. 140 Arten. Es sind wurzel- und laubblattlose, mehr oder weniger chlorophyllfreie Schmarotzerpflanzen, die mit ihren dünnen Stängeln die Wirtspflanze umwinden und ihnen mit Hilfe von Saugorganen, den ↗ Haustorien, die Nahrung entnehmen. Die verschiedenen Arten der einzigen Gatt. *Seide* oder *Teufelszwirn*, *Cuscuta*, parasitieren auf vielen Kulturpflanzen. Die häufigste Art der heimischen Flora ist die *Hopfenseide*, *Cuscuta europaea*.

Cuticula, *Kutikula*, 1) in der *Botanik* lipophile Schicht, die der äußersten Oberfläche der ↗ Epidermis aufgelagert ist. Sie besteht zum größten Teil aus ↗ Cutin, in das häufig Wachsschichten eingelagert sind. Zusätzlich kann ↗ Wachs auf die C. aufgelagert sein. I. d. R. überzieht die C. die Außenwände der Epidermiszellen als lückenloser Film. Die C. dichtet den ↗ Apoplasten gegen die ↗ Atmo-

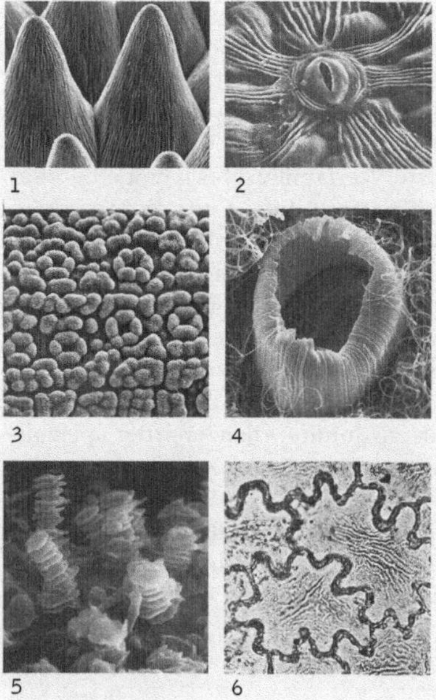

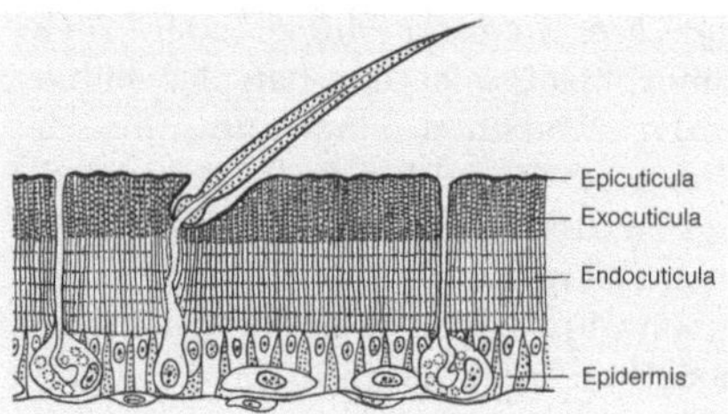

Cuticula Längsschnitt durch die Cuticula der Insekten

sphäre ab und wirkt als Transpirationsschutz. Sie ist für Wasser und Gase weit weniger durchlässig als die Cellulosewände. Bei ↗ Xerophyten ist die C. besonders stark entwickelt. Eine wichtige Funktion der C. ist weiterhin der Schutz vor Pilzen und Bakterien. Auffaltungen der C. und epicuticuläre Wachse bewirken eine Verminderung der Benetzbarkeit durch Wasser. Dadurch können Wassertropfen leicht abperlen und für eine Reinigung der Pflanzenoberfläche sorgen.

2) *Zoologie*: Abscheidungen extrazellulären und i. d. R. zellfreien Materials auf inneren und äußeren Deckepithelien (meist ↗ Epidermis; ↗ Epithel), die ursprünglich wohl aus besonders stark ausgebildeter ↗ Glykokalyx entstanden ist. Cuticulae werden in den meisten Stämmen der Wirbellosen ausgebildet, echte C.-Bildungen fehlen hingegen generell bei Wirbeltieren, die eine vielschichtige, oft verhornende Epidermis besitzen. Die C. besitzt ein breites Spektrum an Funktionen. So verhindern sie z. B. Wasserverluste durch Verdunstung (bei Landtieren) oder umgekehrt unkontrollierte Wasseraufnahme bzw. Wasserabgabe über die Körperoberfläche aufgrund osmotischer Belastungen (Wassertiere). Beispielsweise bei Darmparasiten schützt die C. gegen Verdauungsenzyme. Die langsam erhärtende C. ermöglicht sessilen Wassertieren (z. B. Hydrozoa, Bryozoa) das Festsetzen auf

Cuticula 1 und 2 Cuticularfältelung: 1 „papillöse" Fältelung der oberen Blütenblattepidermis von *Viola tricolor*, 2 Laubblattunterseite von *Parthenocissus tricuspidata* mit Spaltöffnung und striemenartiger Fältelung. 3, 4 und 5 epicuticuläre Wachse: 3 Nadelunterseite von *Taxus baccata* (Übersichtsbild); die vorgewölbten Epidermiszellen besitzen einen dichten, aus „Wachsröhrchen" bestehenden Überzug; 4 „Wachshaare" sind charakteristisch für viele einkeimblättrige Pflanzen (hier *Heliconia collinsiana*). Um die Spaltöffnung hat sich zusätzlich eine „Wachsmanschette" gebildet; 5 quer geriefte „Wachsstäbchen" (hier bei *Williamodendron quadrilocelathum*) finden sich besonders bei Magnolien-, Lorbeer- und Osterluzeigewächsen. 6 Von Cuticula bedeckte Blattepidermis der Nieswurz (*Helleborus*) in Aufsicht. Die wellenförmig miteinander verzahnten Epidermiszellen sind von einem feinen, mäanderartig gefälteten Cuticulahäutchen überzogen

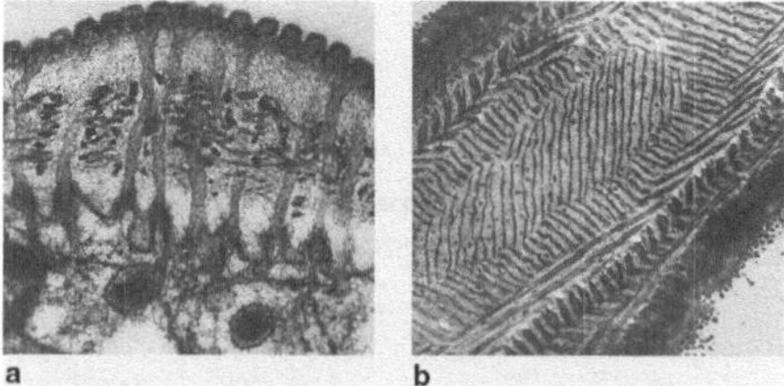

Cuticula Cuticula eines Vertreters der Kamptozoa als typisches Beispiel für den Feinbau vieler flexibler Wirbellosen-Cuticulae. a elektronenmikroskopischer Querschnitt; in der Mittelschicht ist ein oberflächenparalleles, dichtes Geflecht aus Proteinfibrillen, eingebettet in eine Matrix aus Mucopolysacchariden; die Mikrovilli der Epidermiszellen durchziehen die Cuticula und enden auf deren Oberfläche mit kleinen Endknöpfen. b elektronenmikroskopischer Flachschnitt durch das Proteinfibrillengeflecht; die einzelnen in eine Matrix aus Mucopolysacchariden eingebetteten Fibrinlagen überkreuzen sich scherengitterartig

Substrat. Bei fast allen Wirbellosen hat sie vor allem die Funktion einer mechanisch stabilen Körperumhüllung. Entsprechend der Funktionsvielfalt zeigen die C. auch eine Vielfalt an Erscheinungsformen, die durch die freie Kombination von nur wenigen Baubestandteilen erreicht wird: Flächige oder räumliche Geflechte von Proteinfilamenten (↗ Skleroproteine) sind eingebettet in eine mehr oder weniger amorphe Matrix aus vernetzten Polysacchariden (↗ Mucopolysaccharide, ↗ Chitin, bei Manteltieren ↗ Cellulose). Die Proteingeflechte verleihen der C. zähe Zugfestigkeit oder Zugelastizität, die Matrix je nach chemischer Zusammensetzung Biegeelastizität, Druckfestigkeit oder spröde Härte. Zusätzliche Inkrustierung mit Mineralsalzen (Calciumcarbonat und -phosphat) trägt zur Härtung bei.

Cuticularschichten, zwischen ↗ Cuticula und ↗ Zellwand liegende Schichten der ↗ Epidermis, in denen ↗ Pektin und ↗ Cellulose mit ↗ Cutin vermengt sind. C. sind besonders bei den an trockene ↗ Standorte angepassten Pflanzenarten (↗ Xerophyten) ausgebildet.

Cutin, pflanzliches Biopolymer, das zusammen mit eingebetteten ↗ Wachsen ein wesentlicher Bestandteil (50 - 90 %) der Cuticula ist. Es besteht aus untereinander veresterten ungesättigten und gesättigten Hydroxyfettsäuren (↗ Fettsäuren).

Cutinisierung, Aus- und Einlagerung von ↗ Cutin auf oder in Cellulosemembranen oder Zellwänden.

Cutis, 1) in der *Botanik* das ↗ Cutisgewebe.

2) in der *Zoologie* die ↗ Haut der Wirbeltiere.

Cutisgewebe, *Cutis*, bei Pflanzen ein ↗ Abschlussgewebe, das aus schwach mit ↗ Suberin imprägnierten, lebenden Zellen besteht.

Cutleriales, Ord. der Braunalgen (↗ Phaeophyceae) mit nur drei Arten. Die Art *Cutleria multifida* zeichnet sich durch einen extrem heteromorphen ↗ Generationswechsel aus. Der ↗ Sporophyt ist flach und nur wenige Zentimeter groß, der Gametophyt bildet einen fächerförmigen, pseudoparenchymatischen ↗ Thallus.

Cuvier, *Georges* Baron de, franz. Zoologe, Paläontologe und Anatom, ∗ 23.8.1769 Mömpelgard (heute Montbéliard), † 13.5.1832 Paris; ab 1795 Prof. für Naturgeschichte, wenig später für vergleichende Anatomie am Musée d'histoire naturelle und ab 1796 am neugegründeten Institut National in Paris. C. schuf eine der größten anatomischen Sammlungen Europas. Er ist der Begründer der wissenschaftlichen Paläontologie und der vergleichenden Anatomie (er teilte das Tierreich in Wirbeltiere, Weichtiere, Gliedertiere und Strahltiere ein). C. entdeckte das Korrelationsgesetz, nach dem die Merkmale bestimmter Merkmalskomplexe nicht unabhängig voneinander sind. Er rekonstruierte Tiere und benutzte erstmals Muskelansatzstellen zur Rekonstruktion der Muskulatur, außerdem entwickelte er das Linné'sche System weiter. C. vertrat die Unveränderlichkeit der Arten und erklärte die Verschiedenheit fossiler und rezenter Lebewesen durch seine „Katastrophentheorie", wonach in jeder Erdperiode durch Naturereignisse sämtliche Lebewesen ausgestorben und danach neu erschaffen sein sollten.

Cuvier-Schläuche, der Verteidigung dienende Organe bei einigen Gatt. der Seewalzen (↗ Holothuroida).

C-Wert, Bez. für die Genomgröße und somit die Gesamtmenge an DNA des haploiden Chromosomensatzes. Der C-Wert wird in der Regel in Picogramm oder 10^9 Basenpaaren angegeben. (↗ C-Wert-Paradox)

C-Wert-Paradox, Bez. für das beobachtete Phänomen, dass bei den meisten Organismen deutlich mehr DNA im Zellkern vorhanden ist, als dies für die Speicherung der genetischen Information erforderlich ist. Dabei spiegelt die Höhe des ↗ C-Wertes nicht notwendigerweise die systematische Stellung wider. Er beträgt für den Menschen 2×10^9 bp, bei dem Frosch *Rana plathyrrina* 1×10^9 bp und bei der Lilie *Lilium longiflorum* 5×10^9 bp. Zwischen Spezies derselben Gattung (z. B. *Vicia*, ↗ Fabaceae, oder ↗ Drosophila) wurden Abweichungen des C-Wertes um mehr als das Doppelte bestimmt.

Cyanea, Gatt. der Fahnenquallen (↗ Semaeostomea).

Cyanide, die Salze und Ester der *Blausäure*. Die Alkali- und Erdalkalicyanide sind wasserlöslich und sehr giftig, insbesondere *Kaliumcyanid (KCN, Cyankali)*. Die Giftwirkung des C. beruht auf Komplexbildung mit dem Eisen des ↗ Hämoglobins und des Cytochroms a der ↗ Atmungskette, wodurch deren Funktionen blockiert werden.

Cyanobacteriota, veraltet für ↗ Cyanobakterien.

Cyanobakterien, veraltete Bez.: *Cyanobacteriota, Cyanophyta, Blaualgen, Blaugrüne Algen, Spaltalgen*, nach der neuen Systematik einer der großen Äste der Bacteria (↗ Bakterien) mit den Ord. ↗ Chroococcales, ↗ Pleurocapsales, ↗ Oscillatoriales, ↗ Nostocales und ↗ Stigonematales. Sie sind eine morphologisch heterogene Gruppe der ↗ fototrophen Bakterien, die früher aufgrund morphologischer und physiologischer Merkmale den Algen zugeordnet wurden. Molekularbiologische Untersuchungen ergaben jedoch eine eindeutige Zuordnung zu den Bakterien. Von anderen fototrophen Bakterien unterscheiden sie sich dadurch, dass sie *oxygene* Fototrophe sind, d. h. dass bei der Fotosynthese Sauerstoff freigesetzt wird. Es ist wahrscheinlich, dass C. die ersten Sauerstoff erzeugenden fototrophen Organismen auf der Erde waren und für die Umwandlung der ursprünglich anoxischen in eine oxische Erdatmosphäre verantwortlich sind.

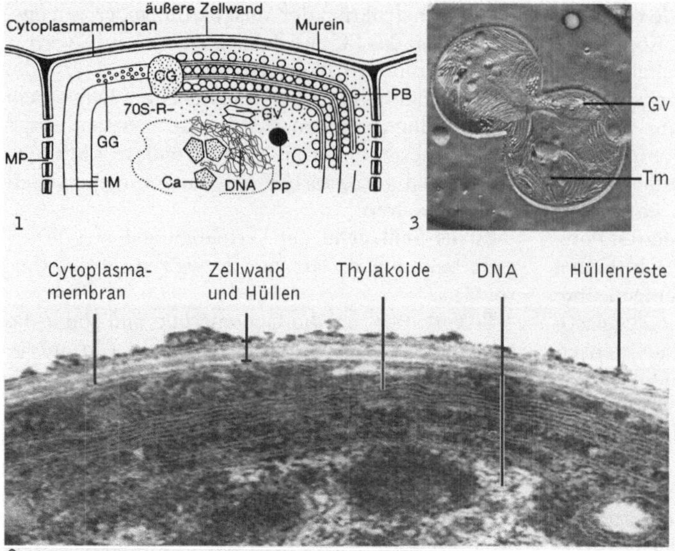

Cyanobakterien 1 Schematischer Aufbau einer vegetativen Cyanobakterien-Zelle: Ca Carboxisom, CG Cyanophycingranulum, GG Glykogengranulum, GV Gasvesikel, IM intracytoplasmatische Membranen (Thylakoide), MP Mikroplasmodesmen, PB Phycobilisomen, PP Polyphosphate, 70S-R = 70S-Ribosomen, 2 und 3 elekronenmikroskopische Aufnahmen von Cyanobakterien: 2 Ausschnitt eines Dünnschnitts von *Synechocystis;* 3 Aufnahme in Gefrierbruchtechnik (*Microcystis aeruginosa*), Gv Gasvesikel, Tm Thylakoidmembranen

Die C. weisen eine beachtliche morphologische Vielfalt auf. Es gibt einzellige Formen, die sich durch binäre Teilung vermehren (z. B. *Gloeobacter, Synechococcus, Synechocystis*), einzellige Formen, die sich durch multiple Teilung vermehren (Arten der Ord. Pleurocapsales), filamentöse Formen mit so genannten *Heterocysten*, die an der Stickstoff-Fixierung beteiligt sind (↗ Nostoc, ↗ Anabaena; ↗ Nostocales), Filament bildende nicht heterocystische Formen (*Oscillatoria*, ↗ Oscillatoriales) und sich verzweigende filamentöse Typen (*Stigonema,* Chlorogloeopsis). Die Größe der C.-Zellen variiert zwischen 0,5 und 1 µm im Durchmesser bis 60 µm (bei der Art *Oscillatoria princeps*). Die Färbung der Zellen ist vom Pigmentgehalt abhängig: Arten, die *Phycocyanine* enthalten, sind blau oder blaugrün gefärbt (daher die frühere Bez. blaugrüne Algen), Arten, die *Phycoerythrin* enthalten, sind rot oder braun gefärbt. Viele C. führen gleitende Bewegungen aus. Bei einigen Arten werden ruhende Dauerstadien oder *Akineten* gebildet, die vor Austrocknen oder niedrigen Temperaturen schützen.

Die Zellwand (↗ Bakterienzellwand) einiger C. ist ähnlich aufgebaut wie diejenige von ↗ gramnegativen Bakterien. Sie enthält eine Mureinschicht und eine äußere, porinhaltige Membran. Neben ↗ Chlorophyll a besitzen alle C. charakteristische Biliproteinpigmente, die *Phycobiline*, die als Hilfspigmente der Fotosynthese dienen. Alle Komponenten des Fotosyntheseapparates sind in und an den Thylakoiden lokalisiert. Zu den besonderen Zelleinschlüssen der C. gehören Reservestoffe (z. B. Polyphosphate, Glykogengranula) und ↗ Gasvesikel. Letztere sind vor allem bei Planktonarten verbreitet und dienen der Auf- und Abbewegung im Wasser.

Die Vermehrung erfolgt meist durch Zweiteilung. Es können auch Vielteilungen in kleine Zellen auftreten (Nannocytenbildung). Erfolgt die Zellteilung innerhalb besonderer Zellen, werden die Teilungszellen *Baeocyten* genannt. Die Vermehrung kann auch durch kurze, bewegliche Fadenstücke (*Hormogonien*) erfolgen. Einige C. vermehren sich durch ↗ Sprossung.

Die meisten untersuchten Arten sind obligat fototroph (↗ Fototrophie). Nur wenige Arten sind in der Lage, einfache organische Verbindungen zu verwerten. Als Stickstoffquelle werden Nitrat, Ammonium, bei einigen Arten auch elementarer Stickstoff verwendet. Viele C. (z. B. die Gatt. *Microcystis*) bilden hochwirksame Neurotoxine und Lebertoxine, die zu Fischvergiftungen und Viehvergiftungen führen können.

Vorkommen. Lebensraum der C. sind überwiegend das Süßwasser und feuchter Boden, aber auch Meereswasser, Baumrinde und Gesteinsoberflächen. Durch Massenentwicklung in Gewässern kommt es zur ↗ Wasserblüte. Auch in Wüsten kommen C. vor; dort bilden sie Krusten auf der Oberfläche, die jedoch nur in der feuchten Jahreszeit wachsen. Einige C. leben in ↗ Symbiose mit Lebermoosen und Farnen, z. B. das Stickstoff fixierende Cyanobakterium *Anabaena azollae* als Endophyt in dem Algenfarn ↗ Azolla. (↗ Endosymbiontentheorie)

cyanogene Glykoside, *cyanogene Glycoside,* Gruppe von im Pflanzenreich häufigen stickstoffhaltigen ↗ sekundären Pflanzenstoffen, die *Blausäure* (↗ Cyanid) freisetzen (z. B. ↗ Amygdalin). c. G. stellen einen Schutz vor möglichen Fressfeinden dar. (↗ Abwehr)

Cyanophyceae, veraltet für ↗ Cyanobakterien.

Cyanophyta, veraltet für ↗ Cyanobakterien.

Cyatheales, Ord. der Farne (↗ Pteridopsida), deren Arten erstmalig im Jura auftraten. Heute leben die Vertreter dieser Ord. vorwiegend als ↗ Baumfarne (bis 20 m hohe Schopfbäume) in Bergwäldern der Tropen und Subtropen. Artenreiche Gatt. sind *Cyathea*, *Dicksonia* und *Cibotium*.

Cyathium, Blütenstand bei Wolfsmilchgewächsen (↗ Euphorbiaceae), der das Aussehen einer Einzelblüte hat. Das C. besteht aus einer lang gestielten und perianthlosen Gipfelblüte, die von fünf Gruppen gestielter und perianthloser Blüten umgeben ist.

Cycadales, *Cycadeen*, *Palmfarne*, Ord. der Klasse ↗ Cycadopsida. Nach artenreicher Entfaltung im Mesophytikum sind davon heute nur zehn artenarme Gatt. erhalten geblieben: die *Cycadaceae* mit *Cycas* von Madagaskar bis Polynesien und Ostasien, die *Stangeriaceae* mit *Stangeria* in Afrika, die *Boweniaceae* mit *Bowenia* in Nordost-Australien und die *Zamiaceae*, deren Gatt. in Australien, Afrika und Amerika verbreitet sind.

Cycadales   *Cycas* spec. rechts *Cycas revoluta*

Die Pflanzen erinnern an Palmen. Sie haben einen kräftigen, meist unverzweigten Stamm, der oben einen Schopf großer, schraubig gestellter, farnwedelartiger Laubblätter trägt. Die diözisch verteilten ↗ Sporophylle sind i. Allg. zu großen, zunächst terminal stehenden Zapfen vereinigt. Die ↗ Mikrosporophylle sind bei allen C. schuppen- oder schildförmig und tragen an der Unterseite zahlreiche Pollensäcke. Die ↗ Megasporophylle haben z. T. größere sterile, oft gefiederte Endabschnitte. Sie tragen am unteren Ende randständig mehrere Samenanlagen. Im Lauf der Entwicklung haben sich bei den C. der sterile Endteil der Me-

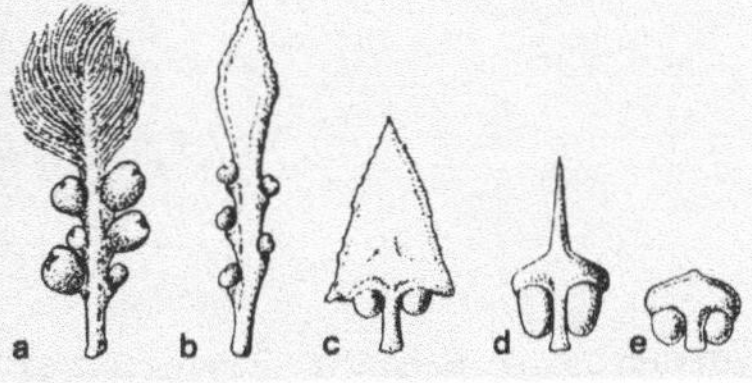

Cycadales Die Megasporophylle der Cycadales lassen eine fortschreitende Reduktion des Blattcharakters erkennen. a *Cycas revoluta*, b *Cycas circinalis*, d *Dioon*, d *Macrozamia*, e *Zamia*

gasporophylle und die Zahl der Samenanlagen immer mehr zurückgebildet, sodass bei einigen Vertretern nur noch zwei Samenanlagen an einem schuppenförmigen Megasporophyll stehen – Aus dem stärkereichen Mark einiger Arten (u. a. *Cycas revoluta*) wird Sago gewonnen.

Cycadeen, die Ord. ↗ Cycadales.

Cycadopsida, Klasse der Cycadophytina, die außer der im Mesozoikum ausgestorbenen Ord. *Nilssoniales* die eigentlichen ↗ Cycadales umfasst.

Cycas, Gatt. der Cycadaceae (↗ Cycadales).

cyclinabhängige Kinasen, *cyclinabhängige Proteinkinasen*, bei allen Eukaryoten vorkommende Gruppe von ↗ Kinasen, die einen Komplex mit ↗ Cyclinen bilden, um dann spezifische Substrate zu phosphorylieren. Sie sind vor allem an der Steuerung des ↗ Zellzyklus beteiligt.

Cycline, bei allen Eukaryoten vorkommende Proteine, die wichtige Funktionen bei der Kontrolle der ↗ Mitose und damit des ↗ Zellzyklus inne haben. Sie bilden zusammen mit dem so genannten cdc2-Protein einen Komplex, der als ↗ Kinase fungiert und bestimmte Schaltvorgänge des Zellzyklus steuert (↗ cyclinabhängige Kinasen). Sie lassen sich in zwei Gruppen mit spezifischer Funktion einteilen: C. der *A-Gruppe (G1-Cycline)* werden gegen Ende der G_1-Phase produziert und rufen den Übergang in die S-Phase hervor, während der die DNA verdoppelt wird. Die C. der *B-Gruppe (mitotische Cycline)* leiten dagegen die eigentliche Mitose ein.

cyclo-AMP, ↗ Adenosinphosphate.

Cyclobutyldimere, *Basendimere*, die unter Einfluss von UV-Strahlung zwischen benachbarten Pyrimidinbasen (insbesondere Thyminen) gebildet werden und dadurch zu strukturellen Veränderungen innerhalb der DNA führen. Die dichter gestapelten Basen führen während der DNA-Replikation dann zu Deletionen (siehe Abb. auf Seite 320). ↗ Mutagene ↗ DNA-Reparatur

Cyclomorphosen, Gestaltsveränderungen zwischen den einzelnen Generationen einer Art, die innerhalb eines Jahreszyklus auftreten und die sich in Abhängigkeit von den jahreszeitlichen Bedingungen periodisch wiederholen. Zum Beispiel wechselt bei Wasserflöhen der Gatt. ↗ Daphnia die Länge der Körperfortsätze und das Auftreten von „gehelmten" und rundköpfigen Typen. C. wurden auch bei der Gatt. *Ceratium* der Dinoflagellaten (↗ Dinophyta) beobachtet. Als Auslöser für die Gestaltveränderungen kommen Temperatur, Turbulenz und Licht in Frage. (↗ Chemomorphosen)

Cyclomyaria, die ↗ Doliolida, eine Gruppe der Salpen (↗ Thaliacea).

Cyclonastie, gelegentliche Bez. für die bei ↗ Rankenbewegungen auftretende kreisende Suchbewegung (↗ Nastien). Deren Entstehung wird durch

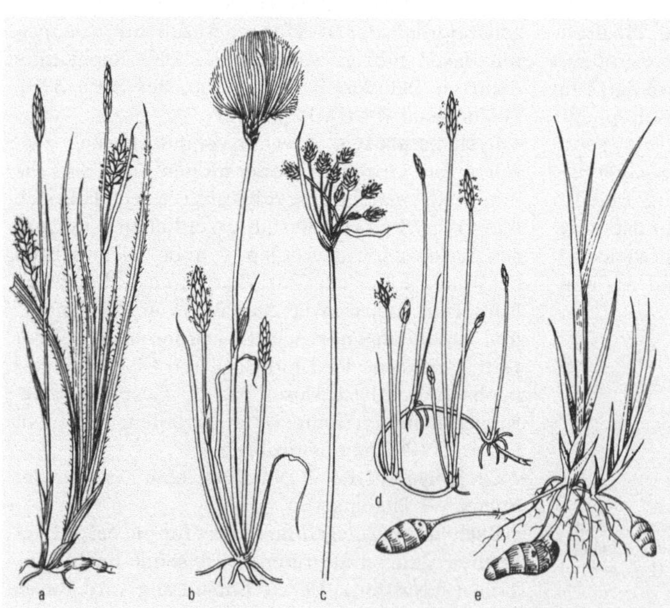

Cyclobutyldimere a Bildung eines Thymindimers durch UV-Strahlung b Thymindimer in der DNA

↗ Circumnutation und ↗ Thigmonastie beschrieben.

Cyclops, Gatt. der ↗ Copepoda.

Cyclopteridae, Fam. der ↗ Scorpaeniformes.

Cyclopterus, ↗ Seehase.

Cyclorhagida, Gruppe der ↗ Kinorhyncha.

Cydonia, Gatt. der ↗ Rosaceae.

Cygnus, die Gatt. ↗ Schwäne.

Cynanchum, Gatt. der ↗ Asclepiadaceae.

Cynara, Gatt. der ↗ Asteraceae.

Cynipidae, *Gallwespen*, Fam. der ↗ Apocrita mit rund 1600 Arten, die meist 1 - 5 mm, selten bis 18 mm lang sind. Über 80 % der C.-Arten legen ihre Eier an Eichen ab und erzeugen Gallen an den Eiablagestellen (Blätter, männliche Blütenstände, Fruchtbecher, Knospen, Triebspitzen, Sprossachsen und Wurzeln). Die restlichen Arten finden sich u. a. auf Ahorn, Himbeere, Rose, Flockenblume und Mohn. Die Larven leben in einer zentralen Kammer der Gallen von Nährgewebe.

Cynomorpha, die Hundsaffen (↗ Cercopithecoidea).

Cynomys, die Gatt. ↗ Prairiehunde.

Cyperaceae, *Riedgräser*, *Sauergräser*, einzige Fam. der zu den ↗ Liliopsida gehörenden Ord. Cyperales mit ca. 3600 Arten, die über die ganze Erde verbreitet sind, hauptsächlich jedoch in den kalten und gemäßigten Zonen vorkommen. C. sind krautige, grasähnliche Pflanzen, deren dreikantige Stängel nicht knotig verdickt und nicht hohl sind. Die Blätter sind schmal linealisch und dreizeilig angeordnet. Die Blüten sind überwiegend zu rispen-, köpfchen- oder ährenähnlichen Blütenständen (↗ Blütenstand) vereint und werden durch den Wind bestäubt (↗ Anemogamie). Als Früchte werden dreikantige oder linsenförmige Nüsschen gebildet. Die umfangreichste Gatt. ist *Cyperus*, deren Arten vor allem in tropischen und subtropischen Gebieten verbreitet sind. Hierzu gehören die ↗ Papyrusstaude (*Cyperus papyrus*) und die aus Ostafrika stammende *Erdmandel* (*Cyperus esculentus*) deren stärke- und ölreiche Ausläuferknöllchen („Erdmandeln") zu Nahrungszwecken und zur Ölgewinnung genutzt werden.

Cyperaceae a Behaarte Segge (*Carex hirta*), b Scheidiges Wollgras (*Eriophorum vaginatum*), c Teichsimse (*Scirpus*), d Gemeines Sumpfried (*Eleocharis palustris*), e Erdmandel (*Cyperus esculentus*)

Vorwiegend in Sümpfen und Mooren wachsen die bei uns heimischen Arten der Gatt. *Wollgras (Eriophorum)*, *Sumpfried (Eleocharis)* und *Simse (Scirpus)*. Die am Titicacasee vorkommende *Tatora-Simse (Scirpus californicus ssp. Tatora)*, bildet die Lebensgrundlage verschiedener Indianerstämme. Eine artenreiche Gatt. ist auch die *Segge (Carex)*, von der zahlreiche Arten auch bei uns heimisch sind. Auf Wiesen, an Wegrändern und an Böschungen wächst die *Behaarte Segge, Carex hirta*.

Cyperaceentorf, ↗ Torf, der sich aus der Ablagerung von Seggen und Wollgräsern (↗ Cyperaceae) bei der ↗ Verlandung von Seen bildet. (↗ Niedermoor)

Cyperus, Gatt. der ↗ Cyperaceae.

Cyphonautes, Larvenform der ↗ Tentaculata.

Cyphopalpatores, Gruppe der Weberknechte (↗ Opiliones).

Cypraea, *Kaurischnecken*, Gatt. der zu den ↗ Mesogastropoda gehörenden Fam. Cypraeidae mit zahlreichen, vor allem in den Korallenriffen des Indischen Ozeans verbreiteten Arten. Sie haben ein eiförmiges Gehäuse, dessen Endwindung die älteren Windungen ganz oder überwiegend umschließt. Kaurischnecken wurden früher als Zahlungsmittel benutzt.

Cyprinidae, *Karpfenfische und Weißfische*, mit etwa 1600 Arten die artenreichste aller Fischfamilien; sie sind, außer in Australien, Südamerika und Madagaskar, weltweit in Süßgewässern verbreitet. Das Maul ist i.Allg. zahnlos und vorstülpbar, an den Schlundknochen sitzen innen zahnartige Gebilde (*Schlundzähne*). Zur Laichzeit sind oft Veränderungen der Haut (*Laichausschlag*) zu beobachten. Viele Arten der C. laichen im Schwarm z. T. mit anderen Arten, wobei es zu ↗ Bastardierungen kommen kann. C. sind Allesfresser, viele Arten sind Nutzfische. Die bekanntesten Arten der C. sind der ↗ Karpfen und der ↗ Goldfisch. Weitere bekannte einheimische Arten sind: Der *Bitterling (Rhodeus sericeus)*, dessen Weibchen eine Legeröhre bildet, mit der die Eier in den Einströmsipho von Muscheln (Fam. Unionidae) gelegt werden. Der *Brassen, Brachsen* oder *Blei (Abramis abramis)*, ein Kleintierfresser, lebt in größeren, langsam fließenden Gewässern und nährstoffreichen Seen, vorzugsweise in schlammigen Bereichen; nach ihm ist die ↗ Brachsenregion benannt. Sein Rogen wurde v. a. im 19. Jh. zu einer Art Kaviar verarbeitet. Auch die *Schleie (Tinca tinca)* lebt insbesondere in verschlammten Teichen, wo sie gründelnd und wühlend nach Nahrung sucht. Das *Rotauge (Plötze, Rutilus rutilus)* ist in Mitteleuropa einer der häufigsten Fische in stehenden und langsam fließenden Gewässern. Es tritt oft in großen Scharen auf und ernährt sich von pflanzlichem Material. Die *Orfe (Aland, Leuciscus idus)* wird in Deutschland für

Toxizitätstests eingesetzt. Ein Grundfisch in schnell fließenden Gewässern ist die *Barbe (Barbus barbus)*, nach der die Barbenregion benannt ist. Eine Reihe von Arten sind beliebte Aquarienfische, so u. a. die Keilfleckbarbe (*Rasbora heteromorpha*), der Zebrabärbling (*Brachydanio rerio*), die Prachtbarbe (*Barbus conchonius*) und der Kardinalfisch (*Tanichthys albonubes*). Der Zebrabärbling ist ein wichtiger Modellorganismus in der Entwicklungsbiologie.

Cyprinidenregion, Zone des Tieflandflusses, die in die ↗ Barbenregion, die ↗ Brachsenregion und die ↗ Kaulbarsch-Flunder-Region gegliedert ist. (↗ Fließgewässer, ↗ Gewässerregionen)

Cypriniformes, *Karpfenfische, Karpfenverwandte*, artenreiche Ord. der Knochenfische mit über 2400 Arten, von denen die meisten in Ost- und Südostasien verbreitet sind. Die Schwimmblase ist über eine Reihe kleiner Knochen (*Weber-Knöchelchen*) mit dem Innenohr verbunden. Zu den C. gehören u. a. die Fam. Karpfen- oder Weißfische (↗ Cyprinidae), weiterhin die *Schmerlen (Cobitidae)*, langgestreckte, im Querschnitt meist rundliche Fische mit sechs bis zwölf Barteln um das Maul. Bei einigen Gattungen findet sich ein oft mehrspitziger, aufrichtbarer Dorn unterhalb und vor dem Auge (z. B. bei dem *Dornauge*, Gatt. *Acanthophthalmus*, einem Aquarienfisch). Bei vielen Arten kommt Darmatmung (↗ Atmung) vor. Bekannte Arten dieser Fam. sind der Schlammpeitzger (*Misgurnus fossilis*), der Steinbeißer (*Cobitis taenia*) und die Bachschmerle (*Barbatula barbatula*). Bei der Fam. *Gyrinocheilidae* ist die äußere Kiemenöffnung in einen oberen (Wassereinstrom) und unteren (Wasserausstrom) Abschnitt geteilt. Sie können sich mit dem Mund festsaugen und sind in Aquarien als Scheibenputzer beliebt.

Cyprinodontidae, die Fam. Eierlegende Zahnkarpfen (↗ Cyprinodontiformes).

Cyprinodontiformes, *Kleinkärpflinge*, artenreiche Ordnung der Knochenfische mit meist kleinen Arten von hecht- oder karpfenähnlicher Gestalt. Sie kommen in Süßgewässern, Meeren, manche auch in Brackwasser der Tropen und Subtropen vor und nehmen oft an der Wasseroberfläche Nahrung auf. C. besitzen kein Seitenlinienorgan. Zu den C. gehören u. a. die Fliegenden Fische (↗ Exocoetidae), die Vieraugen (↗ Anablepidae), weiterhin die im Meer und im Süßwasser vorkommenden *Hornhechte (Belonidae)*, die einen pinzettenartigen Kiefer besitzen; *die Makrelenhechte (Scomberesocidae)*, sind reine Hochseebewohner. Der zur Fam. *Reiskärpflinge (Oryziidae)* gehörende *Japankärpfling* (Gatt. *Oryzias*) ist in Japan ein Untersuchungsobjekt der Genetik. Im Süß- und Brackwasser warmer Gebiete verbreitet sind die *Eierlegenden Zahnkarpfen (Cyprinodontidae)*, zu denen eine Reihe beliebter Warmwasseraquarienfische gehören, u. a. *der Zebrakärpfling (Fundulus heteroclitus)*. Bei den *Lebend gebärenden Zahnkarpfen (Poecilidae)* ist die Afterflosse der Männchen zu einem Begattungsorgan umgebildet (*Gonopodium*). Der zu den Poecilidae gehörende, aus Amerika in alle warmen Länder verschleppte und gezielt ausgesetzte *Moskitofisch (Gambusia affinis)* ist ein wichtiger Fresser von Mückenlarven.

Cyprinus carpio, der ↗ Karpfen.

Cypripedium, Gatt. der ↗ Orchidaceae.

Cypris, Larve der Rankenfüßer (↗ Cirripedia).

Cyrtocrinida, Gruppe der Seelilien (↗ Crinoida).

Cyrtocyten, die Terminalzellen der ↗ Protonephridien.

Cyrtopodocyten, spezielle ↗ Reusengeißelzellen der Lanzettfischchen (↗ Acrania).

Cys, Abk. für ↗ Cystein.

Cystacanthus, Larventyp der ↗ Acanthocephala.

Cysteamin, Decarboxylierungsprodukt von ↗ Cystein, das Bestandteil von ↗ Coenzym A und des ↗ Acyl-Carrier-Proteins ist.

Cystein, Abk. *Cys* oder *C, L-α-Amino-β-mercaptopropionsäure*, eine proteinogene Aminosäure, die Bestandteil fast aller Proteine ist, für die eine Sulfhydryl-(SH-)Gruppe bzw. die davon abgeleiteten S–S-Brücken (Disulfidbrücken) von besonderer Bedeutung für ihre Struktur und Funktion sind. Die R–S–H-Gruppe von freiem bzw. in Proteinen gebundenem C. oxidiert unter Luftsauerstoff leicht unter Ausbildung von Disulfidbrücken zu freiem oder Protein gebundenem *Cystin*, worauf die Inaktivierung einer Vielzahl von Proteinen durch Luftsauerstoff zurückzuführen ist.

Cysten, 1) *Medizin*: ein- oder mehrkammerige Hohlräume mit flüssigem Inhalt.

2) *Biologie*: Dauerformen bestimmter Organismen, die der Überdauerung ungünstiger Bedingungen (Trockenheit, Nährstoffmangel) und auch der Ausbreitung dienen. Bei ↗ Bakterien sind es Zellen mit verdickter Wand, die durch Umwandlung der gesamten vegetativen Zelle entstehen, oder viele Einzelzellen, die durch eine gemeinsame Hülle geschützt werden (z. B. ↗ Myxosporen der ↗ Myxobakterien). C. sind resistent gegen Austrocknung, mechanische Kräfte und Strahlung, aber nicht gegen große Hitze. Bei ↗ Einzellern wird oft eine Hülle abgeschieden, die vor Außenfaktoren schützt. Bei bestimmten, an Pflanzenwurzeln saugenden Nermatoden (z. B. Kartoffel-, Rübenälchen) überdauern die entwickelten Eier in den zu Cysten angeschwollenen Weibchen-Hüllen. (↗ Dauerstadien)

Cysticercoid, postlarvales Stadium der Bandwürmer (↗ Cestoda), die terrestrische Arthropoden als Zwischenwirte haben.

Cysticercus, *Blasenwurm*, *Finne*, postlarvales Stadium bei Bandwürmern (↗ Cestoda), die Wirbeltiere als ersten Zwischenwirt haben (↗ Taenia).

Cystid, der hintere Körperteil der ↗ Bryozoa.

Cystin, dimere Form des ↗ Cysteins.

cystische Fibrose, die ↗ Mukoviszidose.

Cystonectida, Gruppe der Staatsquallen (↗ Siphonophora, ↗ Portugiesische Galeere).

Cyt-, Cyto-, Wortteil mit der Bedeutung von Höhlung, Zelle.

Cytidindiphosphat-Cholin, *CDP-Cholin*, zu den ↗ aktivierten Metaboliten zählende Verbindung, in der *Cholin* für den Einbau in Phospholipide aktiviert wird. In einem ersten Schritt wird Cholin mit ATP zu Cholinphosphat phosphoryliert. Dieses reagiert mit Cytidintriphosphat (CTP) und geht unter Abspaltung von Diphosphat in CDP-Cholin über. Bei der Phospholipidsynthese wird nun Cholinphosphat auf ein Diacylgycerol übertragen, wobei ↗ Phosphatidyl-Cholin (Lecithin) entsteht.

Cytochrom-b6f-Komplex, Komplex aus den ↗ Cytochromen b6 und f, der in den Thylakoidmembranen von ↗ Cyanobakterien und Pflanzen vorkommt. (↗ Lichtreaktionen ↗ Thylakoid)

Cytochrome, Hämoproteine, die als partikelgebundene Redoxkatalysatoren bei der Zellatmung, Energiekonservierung, Fotosynthese und einigen anaeroben bakteriellen Vorgängen fungieren. C. dienen sowohl als Elektronendonatoren wie auch als Elektronenakzeptoren, weil das zentrale Eisenatom des Porphyrinkomplexes einen reversiblen Valenzwechsel ($Fe^{2+} \rightleftarrows Fe^{3+}$) ermöglicht. C. sind lebenswichtiger Bestandteil aller Organismen. Nach ihrer Struktur und ihren Absorptionsspektren unterscheidet man drei Hauptgruppen, die Cytochrome *a, b* und *c* mit insgesamt annähernd 30 Vertretern, die durch Hinzufügen von Indices gekennzeichnet werden, z. B. Cytochrom a_3.

Cytochrom a und *C. a_3* sind die Oxidations-Reduktionseinheiten der *Cytochrom-Oxidase*, eines

Cytochrome Prosthetische Gruppe des Cytochroms *c*

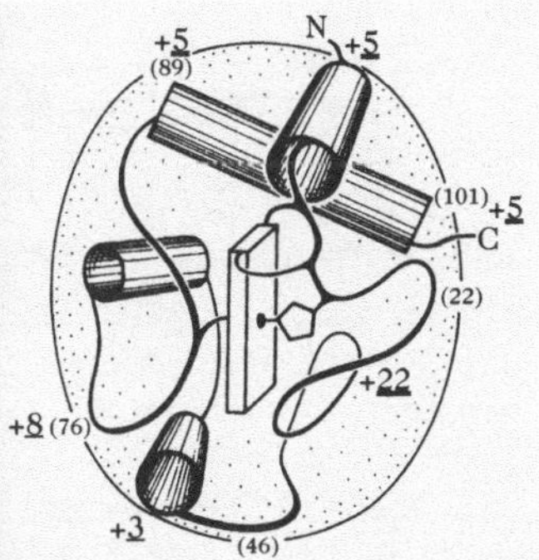

Cytochrome Tertiärstruktur des Wirbeltier-Cytochroms c (104 Reste) und der bakteriellen Cytochrome c_2 (112 Reste) und c_{550} (137 Reste). Die Zylinder repräsentieren die α-Helixabschnitte, die Platte das Häm mit seinen beiden Liganden und die Zahlen in Klammern die Aminosäurereste im Pferde-Cytochrom. c +3, +8, +5 sowie +10 geben die Stellen der Insertionen bei c_2 (einfach unterschrichen) bzw. c_{550} an

Enzyms, das den letzten Schritt des Elektronentransports in der ⊅ Atmungskette und den Elektronentransport von C. c auf molekularen Sauerstoff katalysiert. Ihre ⊅ prosthetische Gruppe ist das Häm A, das eine lipophile C_{12}-Seitenkette sowie eine Aldehyd- und eine Vinylgruppe am Porphyrinring trägt. *Cytochrom b* enthält wie ⊅ Hämoglobin das Eisen(II)-protoporphyrin IX als prosthetische Gruppe. Es besitzt das niedrigste Redoxpotenzial der Atmungskette und liegt zwischen ⊅ Ubichinon und C. c. Ein mikrosomales C. b, das dem Hämoglobin ähnlich ist, ist das der Vogel- und Säugetierleber. Es wird vermutet, dass es Elektronen auf das Fettsäure-Oxygenase-System des ⊅ endoplasmatischen Reticulums überträgt. Weitere *C. b* sind das *C. b_{562}* von ⊅ Escherichia coli, das das höchste Redoxpotenzial aller bekannten C.-b-Typen besitzt, ferner die oligomeren *C. b_6* und *C. b_{559}* aus den Chloroplastengranula der Pflanzen, die beide Bestandteil der fotosynthetischen Elektronentransportkette sind. Gleichfalls zum C.-b-Komplex gehört das *Cytochrom P450*, ein Multiproteinkomplex, der als Endglied der Atmungskette Elektronen direkt vom C. c auf molekularen Sauerstoff überträgt. Prokaryotische *C. P450* sind löslich, während diejenigen der Eukaryoten membrangebunden innerhalb des endoplasmatischen Reticulums oder in der inneren Mitochondrienmembran lokalisiert sind. Die C. P450 in den Mitochondrien der Nebennierenrinde von Säugetieren sind für die Hydroxylierungen im Verlauf der Biosynthese der ⊅ Corticosteroide verantwortlich. In steroiden Geweben wie Nieren, Placenta und Gehirn ist C. P450 für die Spaltung der Cholesterinseitenkette zuständig. In der Säugetierleber befindet sich eine Superfamilie an C. P450 mit überlappenden Substraspezifitäten, die die oxidative Umwandlung von verschiedenen endogenen Metaboliten (z. B. Gallen-

säurebiosynthese) und von Xenobiotika in polare Verbindungen katalysiert (⊅ Biotransformation).

Cytochrom c ist das häufigste und zugleich am besten untersuchte C. Es kommt als zentraler Bestandteil der Atmungskette in den ⊅ Mitochondrien aller Eukaryoten vor. Die Hämgruppe ist an das Apoprotein über zwei Thioetherbindungen zu Cysteinresten im Innern des Moleküls gebunden. Das Eisenatom ist mit zwei weiteren verborgenen Resten verbunden, wodurch erreicht wird, dass das Eisen des nativen C. c weder mit Sauerstoff noch mit Kohlenstoffmonooxid oder vergleichbaren Molekülen reagiert.

Phylogenetisch gehören die C. zu den ältesten Proteinen, deren Aminosäuresequenzen sowie Konformationen sich in den letzten zwei Mrd. Jahren teilweise nur wenig geändert haben. Daher werden besonders die aus knapp über 100 Aminosäuren aufgebauten Proteinketten des C. c zur Analyse des Verwandtschaftsgrades vieler Arten – auch von Bakterien – aufgrund von Übereinstimmung bzw. Abweichung der jeweiligen Aminosäuresequenzen verwendet (⊅ molekulare Uhr).

Cytochrome Unterschiede in den Aminosäuren und die zeitliche Auseinanderentwicklung einiger Organismengruppen, dargestellt am Cytochrom c

Organismengruppen	Zahl der unterschiedlichen Aminosäuren	Zeit der Auseinanderentwicklung (vor Millionen Jahren)
Mensch – Affe	1	50 – 60
Mensch – Pferd	12	70 – 75
Mensch – Hund	10	70 – 75
Schwein – Kuh – Schaf	0	
Pferd – Kuh	3	60 – 65
Säugetiere – Vögel	10 – 15	280
Säugetiere – Thunfisch	17 – 21	400
Wirbeltiere – Hefe	43 – 48	1100

Cytogenetik, Teilgebiet der ⊅ Genetik, das sich mit der Erforschung von Auswirkungen der genetischen Information auf Organismen befasst und dabei i. d. R. die lichtmikroskopisch sichtbaren Chromosomen und deren mögliche Veränderungen untersucht (⊅ Chromosomenanomalien). Die C. wurde durch T. ⊅ Boveri und W. Sutton zu Beginn des 20. Jh. begründet.

Cytokine, *Zytokine*, Bez. für eine Vielzahl von kurzlebigen Polypeptiden in tierischen Organismen, die die Proliferation und Funktion von Zielzellen beeinflussen. I. e. S. gilt die Bez. nur für Faktoren, die von Immunzellen gebildet werden und auf

Immunzellen wirken. Als C. i. w. S. zählen jedoch auch ↗ Wachstumsfaktoren, transformierende Faktoren oder ↗ neurotrope Faktoren. Die von Immunzellen gebildeten C. regulieren die Stärke und Dauer der Immunantwort (↗ Immunsystem), indem sie Einfluss auf die Lebensdauer, die ↗ Proliferation, Reifung, Motilität, Form, Phagocytose-Aktivität und Differenzierung von Blutzellen und deren Vorläuferzellen nehmen sowie auf die Syntheserate biologisch aktiver Moleküle. Ihre Bindung an die Zielzellen erfolgt über spezifische Rezeptoren, die über verschiedene Mechanismen die C.-Signale in die Zelle vermitteln. Duch Einflussnahme auf die DNA-, RNA- und Proteinsynthese wird das Verhalten der Zelle geändert. Viele C. interagieren miteinander oder regulieren die Freisetzung und Synthese anderer C.

Die Einteilung der C. erfolgt nach Bildungsort, Wirkort oder nach ihrer Funktion. So zählen zu den C. im engeren Sinne u. a. die von Lymphocyten produzierten Lymphokine, die von Monocyten produzierten Monokine, die ↗ Interleukine, die ↗ Interferone, die ↗ Kolonie stimulierenden Faktoren sowie das ↗ Erythropoetin.

Cytokinese, *Zelleilung*, i. e. S. die Teilung des Cytoplasmas, die sich an die Teilungsprozesse des Nucleus (*Karyokinese*) anschließt (↗ Mitose). Bei tierischen Zellen wird das Cytoplasma aktiv durch einen aus Aktin und Myosin bestehenden *kontraktilen Ring* durchschnürt (*Teilungsfurche*). Die Teilung einer Pflanzenzelle erfolgt aufgrund der starren ↗ Zellwand nach einem völlig anderen Mechanismus. Im Bereich der ehemaligen Äquatorialebene findet die Bildung einer so genannten *Zellplatte* (*Phragmoplast*) statt. Sie wird zur ↗ Mittellamelle, auf die beiderseits *Primärwände* abgelagert werden. I. w. S. wird unter C. auch die Teilung tierischer Zellen verstanden.

Cytokinine, ↗ Phytohormone, die ursprünglich im Zusammenhang mit der Teilung von Pflanzenzellen (↗ Cytokinese) entdeckt wurden und somit den ↗ Zellzyklus steuern. Dabei stieß man zunächst auf eine *Kinetin* genannte Verbindung, die beim Erhitzen von Heringssperma-DNA entstand und Tabakzellen zusammen mit ↗ Auxinen zur Teilung anregte. C. sind Derivate des Adenins (↗ Purinbasen) und kommen auch natürlicherweise in Pflanzen vor. Das häufigste C. ist das *Zeatin*. Heute ist bekannt, dass C. an einer Vielzahl unterschiedlicher physiologischer und Entwicklungsprozesse beteiligt sind. Hierzu zählen z. B. die ↗ Apikaldominanz, die ↗ Blütenbildung, der Bruch der *Knospenruhe*, die Mobilisierung von ↗ Reservestofen und die ↗ Samenkeimung. Hinzu kommt, dass C. auch die lichtgesteuerten Prozesse (↗ Fotomorphogenese) wie z. B. die *Chloroplastendifferenzierung* kontrollieren.

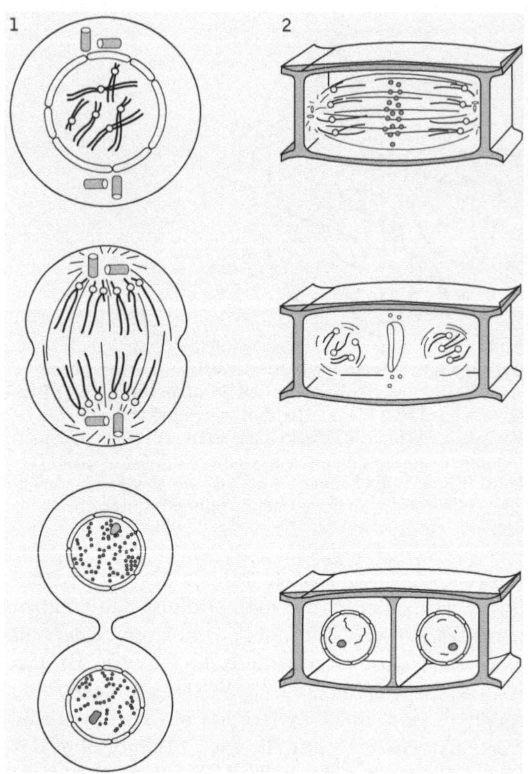

Cytokinese Teilung einer **1** tierischen Zelle und **2** einer Pflanzenzelle während der Mitose. Der Cytokinese geht die Verdoppelung des Erbguts voraus

Vorhandensein und Wirkung von C. können durch einen ↗ Bioassay nachgewiesen werden, jedoch stehen inzwischen auch immunchemische Verfahren zur Verfügung, um C. in Pflanzenextrakten zu bestimmen. Anhand von ↗ transgenen Pflanzen und ↗ Mutanten können zudem die Rolle der C. im Stoffwechsel und die an der Umsetzung der C.-Effekte beteiligten Komponenten überprüft werden. Die *amp1 (altered meristem program 1)*-Mutante von ↗ Arabidopsis thaliana zeichnet sich durch eine C.-Überproduktion aus, die sich phänotypisch in reduzierter Apikaldominanz und dadurch bedingten starker Verzweigung sowie deutlich mehr Blüten bemerkbar macht.

Die Biosynthese der C. erfolgt primär in den Wurzeln, von wo sie über das ↗ Xylem in den Spross transportiert werden, aber auch in wachsenden Blättern und im Sprossapex, wo ihre Bildung jedoch lokal begrenzt ist. C. kommen als so genannte *freie C.* oder aber als *Riboside* und *Ribotide* vor, wobei jedoch die freien C. als biologisch aktive Formen angesehen werden. Wie genau C. in Pflanzen wirken, ist noch nicht völlig geklärt. Bei Arabidopsis wurde ein *CKI1 (CYTOKININ INDEPENDENT 1)* genanntes Gen isoliert, das für ein Transmembranprotein codiert, das große Ähnlichkeiten zur Aminosäuresequenz des ↗ Ethylen-Rezeptors und eine potenzielle *Histidinkinaseaktivität* aufweist. An den Signaltransduktionsketten, die durch die Bindung von C. an diesen Rezeptor ausgelöst werden, scheint *Calcium* als second messenger beteiligt zu sein. Auf molekularer Ebene wird dadurch die Expression einer Reihe von Genen wie z. B. das der Nitratreduktase reguliert. Bei anderen Genen wie denen der kleinen Untereinheit der ↗ Rubisco ließ sich eine C.-bedingte posttranslationale Regulation beobachten, bei der die Stabilität der mRNA erhöht wird.

C. sind auch für die Entstehung des ↗ Wurzelhalsgallenkrebs verantwortlich, der durch ↗ Agrobacterium tumefaciens verursacht wird. (↗ Benzylaminopurin, ↗ Ti-Plasmid)

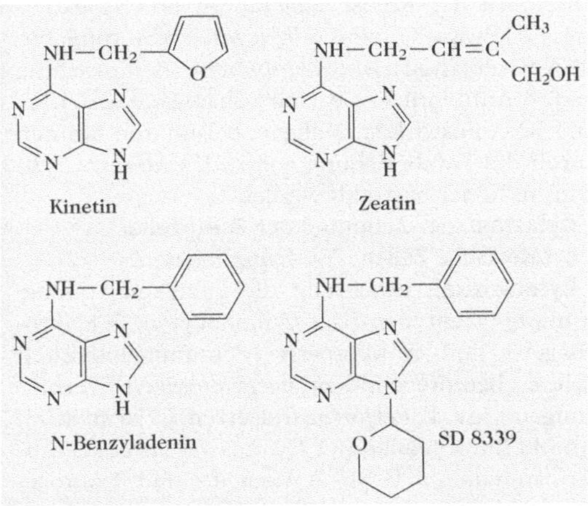

Cytokinine Natürliche und synthetische Cytokinine. Nur das Zeatin kommt natürlicherweise in Pflanzen vor

Cytologie, *Zellenlehre*, Disziplin der Biologie, die sich mit der Erforschung von Bau und Funktion der Zellen befasst. Ausgehend von der Konstruktion erster Mikroskope zu Beginn des 17. Jh. hat sich die C. allmählich von einer primär beobachtenden in eine experimentelle Wissenschaft verwandelt, die mit hochauflösenden optischen Geräten und vielfältigen Analyseverfahren (z. B. *Ultrazentrifugation, Zellkulturtechnik*) einen wesentlichen Beitrag zum Verständnis der modernen Biowissenschaften geleistet hat. Viele andere biologische Disziplinen wie z. B. die ↗ Biochemie, ↗ Immunologie, ↗ Genetik und ↗ Entwicklungsbiologie sind aus der C. als eigenständige Forschungszweige hervorgegangen.

Cytomegalievirus, *CMV*, ein zu den ↗ Herpesviren gehörendes DNA-Virus (↗ Viren) mit ikosaederförmigem ↗ Capsid und einer Lipidhülle. Es ist von einer Hülle umgeben. Das C. ist der Erreger der *Cytomegalie*, einer generalisierten Infektionskrankheit, die bei Neugeborenen und Personen mit geschwächter Immunabwehr auftritt. Sie kann einen sehr schweren bis tödlichen Verlauf nehmen.

Cytoökologie, Teilgebiet der experimentellen ↗ Ökologie, das sich mit den physiologischen Zelleigenschaften von Pflanzen extremer Standorte befasst.

Cytopempsis, ↗ Transcytose.

Cytophaga, nach neuer Systematik Gatt. des Astes ↗ Bacteroides/Flavobacteria; es sind flexible lange Stäbchen oder Filamente, die unverzweigt sind und keine Mikrocysten (↗ Cysten) bilden. Sie sind obligat aerob und treten in verschiedenen ↗ Biotopen auf, die viel organisches Material enthalten: im Boden, auf verwesendem Pflanzenmaterial und im Abwasser. Fast alle Arten von C. verwerten Cellulose (↗ Cellulose abbauende Mikroorganismen) und zum Teil auch andere Polymere. Einige C.-Arten sind Fischpathogene.

Cytopharynx, *Zellschlund*, bei vielen ↗ Einzellern eine meist trichterförmige Einsenkung der Zelloberfläche, die tief in das Zellinnere führt und im Zellmund (Cytostom) endet.

Cytoplasma, Grundsubstanz aller Zellen, die von der ↗ Plasmamembran außen hin abgegrenzt wird. Das C. setzt sich aus dem ↗ Cytosol und allen darin enthaltenen Organellen zusammen. Der Proteinanteil des C. ist mit bis zu 30 % relativ hoch, sodass das C. auch als eine hochkonzentrierte viskose Proteinlösung aufgefasst werden kann. Neben vielen anabolen und katabolen Stoffwechselwegen laufen im C. auch zahlreiche Signaltransduktionswege ab. Im C. herrschen reduzierende Bedingungen vor, die durch eine hohe Glutathion-Konzentration erreicht werden. Im C. befindet sich auch das ↗ Cytoskelett, das u. a. für Zellform und Bewegung von Organellen verantwortlich ist.

Cytoplasmaströmung, ↗ Plasmaströmung.

cytoplasmatische Faktoren, Bez. für Moleküle (z. B. RNA, Proteine) in der Eizelle und in embryonalen Zellen, die bei der Zellteilung asymmetrisch verteilt werden und so die Entwicklungsrichtung der Tochterzelle beeinflussen.

cytoplasmatische Gene, Bez. für Gene, die sich nicht im Zellkern, sondern in den im Cytoplasma lokalisierten Mitochondrien (↗ Chondrom) und Plastiden (↗ Plastom) befinden. Dadurch erfolgt ihre Vererbung nicht nach den ↗ Mendel-Regeln. (maternale Effekte)

cytoplasmatische Grundsubstanz, das ↗ Cytoplasma.

Cytopyge, der Zellafter der ↗ Einzeller.

Cytosin, Abk. *Cyt* oder *C*, *6-Amino-2-hydroxypyrimidin*, eine der ↗ Pyrimidinbasen, die in Form ihrer ↗ Nucleoside *Cytidin* (RNA) oder *Desoxycytidin* (DNA) Bestandteil der ↗ Nucleinsäuren sowie von Nucleosidantibiotika und ↗ Coenzymen ist.

Cytoskelett, bei Eucyten ein Gestalt und innere Strukturen verleihendes Netzwerk verschiedener Proteinfilamente. Das C. dient als Gerüst für die Wanderung der Organellen und anderer Cytoskelettelemente und ist bei wichtigen Prozessen wie ↗ Mitose, ↗ Meiose, Zelldifferenzierung und ↗ Cytokinese maßgeblich beteiligt.

Als dünnste Filamente des C. kommen *Actinfilamente* (↗ Actin) vor, die in linearen Bündeln, zweidimensionalen Netzwerken und dreidimensionalen Gelen organisiert sind. Ihr Durchmesser beträgt ca. 7 nm. Besonders häufig sind sie im *Cortex* vorhanden, der sich unterhalb der Plasmamembran befindet. Zusammen mit Actin bindenden Proteinen verleihen Actinfilamente der Zelloberfläche mechanische Widerstandskraft. Actinfilamente sind für viele Bewegungserscheinungen wichtig, vor allem wenn die Zelloberfläche daran beteiligt ist. Die ↗ Phagocytose ist ebenso auf Actinfilamente angewiesen wie die Cytokinese, bei der ringartig angeordnete Aktinfilamente zur Durchschnürung der beiden Tochterzellen führen. Ferner spielen sie bei der Muskelkontraktion eine Rolle und sind an der Struktur der *Mikrovilli* des Dünndarmepithels beteiligt.

Die dicksten Filamente des C. sind die ↗ Mikrotubuli. Ihr äußerer Durchmesser beträgt ca. 25 nm. Bei tierischen Zellen entspringen sie dem ↗ Centrosom und erstrecken sich nach außen hin. Während der ↗ Interphase lenken sie vor allem den intrazellulären Transport, indem sie als Leitbahnen von Organellen, Vesikeln und anderen Zellbestandteilen fungieren. Während der ↗ Mitose sind Mikrotubuli für die Ausbildung des ↗ Spindelapparates verantwortlich, mit dessen Hilfe die Chromosomen (bzw. Chromatiden) zu gleichen Teilen auf die Tochterzellen verteilt werden.

Die ↗ Intermediärfilamente (Durchmesser ca. 10 nm) durchziehen das Cytoplasma und bilden die *Kernlamina*, die sich unmittelbar unter der Kernmembran befindet. Sie zeichnen sich durch eine große Widerstandsfähigkeit gegenüber mechanischen Belastungen aus. Bei ↗ Zell-Zell-Verbindungen sind sie an deren Ausbildung beteiligt.

Cytosol, lösliche Fraktion des ↗ Cytoplasmas, die durch Zentrifugation nicht in weitere Fraktionen aufgetrennt werden kann. Im C. sind zahlreiche Enzyme lokalisiert.

Cytostatika, Substanzen, die das Zellwachstum hemmen und dadurch eine wichtige Rolle bei der Behandlung von ↗ Krebs spielen (↗ Chemotherapie). Sie können auf unterschiedliche Weise das Tumorwachstum hemmen oder im Extremfall zum Absterben der Krebszellen führen (↗ Cytotoxizität). Wichtige C. sind *Alkylantien* (Störung der DNA-Replikation), *Antimetaboliten*, ↗ Mitosegifte, und ↗ Antibiotika, die sich schädigend auf DNA und RNA auswirken. Maligne ↗ Tumoren können durch die Verabreichung von *radioaktiven C.* direkt im Köper bestrahlt werden.

Cytostom, der Zellmund der ↗ Einzeller.

cytotoxische Zellen, ↗ T-Lymphocyten.

Cytotoxizität, beschreibt die Fähigkeit von bestimmten Zelltypen (↗ T-Lymphocyten, ↗ Makrophagen) und Antikörpern (↗ Immunglobuline), Zellen abzutöten, indem sie *cytotoxische* Verbindungen wie z. B. *Perforine* freisetzen. C. ist auch auf eine Reihe so genannter *Cytotoxine* zurückzuführen, zu denen z. B. die ↗ Atemgifte und ↗ Mitosegifte zählen.

Cytotubuli, die ↗ Mikrotubuli.

C-Zellen, Zelltyp der ↗ Schilddrüse.

C$_4$-Zyklus, ↗ C$_4$-Pflanzen.

D

D, 1) Symbol für die D-Konfiguration am ↗ asymmetrischen Kohlenstoffatom.

2) Ein-Buchstaben-Symbol für ↗ Asparaginsäure (↗ Aminosäuren).

3) Abk. für ↗ Dosis.

Dachse, *Melinae*, Unterfam. der Marder (↗ Mustelidae) mit acht Arten in fünf (bis sechs) rezenten Gatt., die in Eurasien und Nordamerika verbreitet sind. D. sind massige, kurzbeinige Tiere mit großen Füßen, die starke Krallen tragen. Die Schnauze ist langgezogen, Augen und Ohren sind klein. Charakteristisch ist die kontrastreiche Gesichtszeichnung: weißer Mittel- und schwarze Augenstreifen. D. sind Allesfresser. Sie halten eine Winterruhe, deren Dauer in Abhängigkeit von den klimatischen Verhältnissen Tage, Wochen oder mehrere Monate dauern kann. Der *Europäische Dachs (Meles meles)* ist in Europa und weiten Teilen Asiens verbreitet. Er wird 60 - 85 cm körperlang und wiegt je nach Jahreszeit etwa 10 - 20 kg. Die unterirdisch angelegten Dachsbaue haben zahlreiche Gänge und Lüftungsschächte und können bis 30 m Durchmesser haben. Der als Schlafplatz dienende Kessel kann bis 5 m tief im Boden liegen.

Dactylis, Gatt. der ↗ Poaceae.

Dactylogyrus, Gatt. der ↗ Monogenea.

Dactylozooide, umgestaltete Wehrpolypen der Staatsquallen (↗ Siphonophora).

DAG, Abk. für ↗ Diacylglycerol.

Dale, Sir *Henry Hallet*, engl. Pharmakologe und Physiologe, ✳ 5.6.1875 London, † 22.7.1968 Cambridge; Prof. und 1928-42 Direktor des National Institute for Medical Research in London, seit 1942 Leiter des Davy-Faraday Research Laboratory der Royal Institution. Von D. stammen wichtige Arbeiten u. a. zur Hormontherapie und über ↗ Histamin, ferner die Einteilung der Nerven nach der Art ihres Transmitters in adrenerge und cholinerge Fasern. D. erhielt 1936 zusammen mit O. ↗ Loewi den Nobelpreis für Physiologie oder Medizin für die Entdeckung der chemischen Übertragung von Nervenimpulsen durch Neurotransmitter.

Dalton, Kurzzeichen Da oder d, Einheit der relativen Molekülmasse; $1\ d = 1{,}66018 \times 10^{-24}$ g.

Dam, *Henrik Carl Peter*, dän. Biochemiker, ✳ 21.2.1895 Kopenhagen, † 17.4.1976 Kopenhagen; ab 1928 Prof. in Kopenhagen, 1940-46 in Kanada und den USA (University of Rochester und Rockefeller Institute for Medical Research), seit 1956 Leiter der biochemischen Abteilung des dän. Instituts für Fettforschung, Kopenhagen. D. erforschte die Biochemie der Ernährung, insbesondere der Vitamine, Fette, Lipoide und Sterine. Er erhielt 1943 zusammen mit E.A. ↗ Doisy den Nobelpreis für Physiologie oder Medizin für die Entdeckung und Strukturaufklärung des ↗ Phyllochinons oder Vitamin K.

Damhirsche, *Dama*, Gatt. der Hirsche (↗ Cervidae) mit nur einer Art, dem Damhirsch (*Dama dama*); von ihm existieren zwei Unterarten, der *Europäische Damhirsch (Dama dama dama)* und der *Mesopotamische Damhirsch (Dama dama mesopotamica)*, der nur noch in Südwestpersien einen geringen Bestand hat. D. sind im Sommer hellbraun mit weißlichen Fleckenreihen und hellem Bauch, im Winter dunkler mit undeutlicher Fleckung. Der Europäische Damhirsch hat ein schaufelartiges Geweih. D. ernähren sich von Kräutern, Blättern, Knospen und Zweigen. Sie bilden Rudel aus Weibchen und Nachwuchs, während die Hirsche außerhalb der Brunft, die ab Mitte Oktober beginnt, in kleinen Trupps leben. D. haben als Jagd- und Parkwild weite Verbreitung gefunden und werden zur Gewinnung von Wildfleisch gezüchtet.

dämmerungsaktive Tiere, *Dämmerungstiere*, Tiere, die hauptsächlich während der Dämmerung aktiv sind oder in der ↗ Dämmerungszone von Gewässern leben. Viele d. T. sind auch nachtaktiv (↗ Nachttiere). Anpassungsmechanismen an die schlechten Lichtbedingungen sind u. a. große ↗ Augen (z. B. beim Uhu), die viel ↗ Licht sammeln können, und eine große Dichte der Stäbchen auf der Netzhaut (bei Katze, Rotbarsch, Eule, Fledermaus). Bei einigen dämmerungs- und nachtaktiven Tieren (z. B. Raubtiere, Rotwild), aber auch bei Tiefseefischen (↗ Tiefsee) befindet sich hinter der Netzhaut eine reflektierende Schicht. Die darin eingelagerten Guaninkristalle bewirken, dass Licht, welches die Netzhaut passiert hat, reflektiert wird und dadurch nochmals auf eines der Sehstäbchen in der Netzhaut treffen kann. Dadurch kommt das *Augenleuchten* (z. B. bei Katzen) zustande.

Dämmerungssehen, *skotopisches Sehen*, die Anpassung des Auges an herabgesetzte Lichtintensitäten. Bei abnehmender Lichtstärke geht das Zapfensehen allmählich in das Stäbchensehen über. Stäbchen sind Schwachlichtrezeptoren, deren untere Empfindlichkeitsschwelle etwa um das 15000fache niedriger liegt als bei den Zapfen. Die hohe Lichtempfindlichkeit ist auf die konvergente (d. h. viele Stäbchen geben Signale an ein Neuron) Verschaltung auf die Bipolarzellen in der Netzhaut zurückzuführen, wobei die Sehschärfe stark vermindert ist. Auch werden nur noch Grautöne wahrgenommen; das Maximum der spektralen Empfindlichkeit verschiebt sich dabei von 555 nm (Tageslicht) auf 505 nm, sodass in der Dämmerung blaugrüne Objekte heller erscheinen als rote (*Purkinje-Phänomen*). In absoluter Dunkelheit wird nicht totales Schwarz wahrgenommen, sondern die Spontanaktivität der Stäbchen erzeugt nach kurzer Dauer die Wahrnehmung eines dunklen Grau, dessen Helligkeit etwa 20 % des diffusen Lichts am Nachthimmel entspricht. (↗ Auge, ↗ dämmerungsaktive Tiere, ↗ Farbensehen, ↗ Sehen)

Dämmerungstiere, die ↗ dämmerungsaktiven Tiere.

Dämmerungszone, *dysphotische Region*, Zone in den ↗ Meeren und ↗ Süßgewässern, die zwischen der lichtlosen Region (↗ aphotische Region) und der ↗ euphotischen, fotosynthetisierenden Region liegt und in der das ↗ Licht nicht mehr ausreicht, um Pflanzenleben zu ermöglichen. In trüben Gewässern liegt sie in weniger als 1 m Tiefe, in klaren tropischen Ozeanen zwischen 50 und 150 m Tiefe.

Daphne, Gatt. der ↗ Thymelaeaceae.

Daphnia, *Wasserflöhe*, zu den ↗ Branchiopoda gehörende Gatt. der Krebse, die überwiegend in stehenden Süßgewässern als Filtrierer leben. Daphnien haben fünf Beinpaare, wobei das dritte und das vierte Beinpaar große Filterkämme tragen mit einer Maschenweite zwischen 0,2 und 1,0 μm, der Wasserstrom wird durch die Beine erzeugt. Im Sommer kommt es häufig zur Massenvermehrung, sodass D. eine große Rolle als Fischfutter und bei der Gewässerreinigung spielen. Die verschiedenen Generationen innerhalb eines Jahres zeigen deutliche morphologische Unterschiede (↗ Cyclomorphosen), deren Ursache bislang nicht hinreichend geklärt ist. D.-Arten werden als Testorganismen zur Prüfung der Wasserqualität benutzt.

Daphnientest, *Wasserflohtest*, Biotest (↗ Bioindikatoren) zur Beurteilung der Schadstoffbelastung

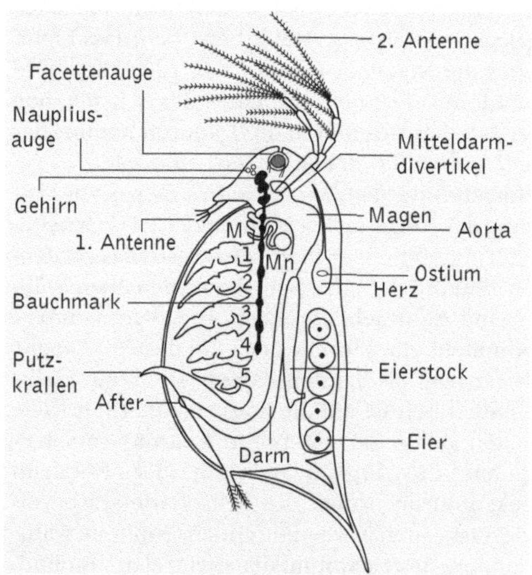

Daphnia Bauplan von *Daphnia* spec.

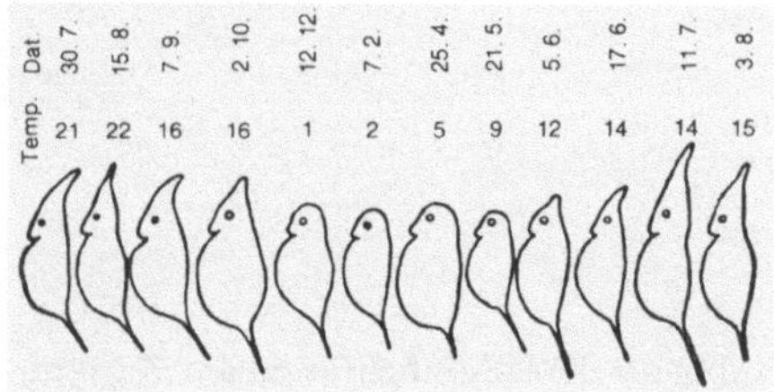

Daphnia Jahresperiodischer Gestaltwechsel (*Cyclomorphose*) des Wasserflohs. *Daphnia cucullata*

von Trinkwasser, Oberflächengewässern und Abwasser, für den Wasserflöhe (Daphnien, ↗ Daphnia) eingesetzt werden. Daphnien reagieren sehr empfindlich auf Schadstoffe im Wasser. Für den Test verwendet man 6 - 24 h alte Tiere der Art *Daphnia magna*, die in einer Verdünnungsreihe dem Probewasser zugegeben werden. Bei Bestimmung der akuten Toxizität führt man den Test 24 - 48 h durch, bei Bestimmung der chronischen Toxizität mehrere Tage. Als Messgröße wird u. a. die LC_{50} bestimmt, das ist die Konzentration, bei der 50 % der Tiere sterben. Weitere Messgrößen sind die Schwimmaktivität, die Wachstumsrate und die Vermehrungsrate. Beim *dynamischen D.* wird die Probelösung mit einer geringen Durchflussrate in eine Messkammer geleitet, in der 10 - 20 Daphnien eingesetzt sind, die ca. eine Woche im Testsystem bleiben. Die Beweglichkeit der Daphnien wird mit Videokamera oder mit Infrarotsensoren erfasst. Der dynamische Daphnientest wird zur kontinuierlichen Überwachung von Gewässern genutzt.

Darm, *Darmkanal, Darmtrakt, Intestinum, Enteron*, sack- oder röhrenförmiges, mehr oder weniger differenziertes Verdauungsorgan aller Metazoa, das bei manchen Gruppen, vor allem Parasiten, sekundär reduziert ist. Die Anlage des Darmrohres ist einer der frühesten Schritte in der Embryonalentwicklung.

Die einfachsten Darmformen mit nur einer Körperöffnung finden sich bei den Sackdärmen der Hohltiere (↗ Coelenterata), wobei der D. der Nesseltiere (↗ Cnidaria), der ↗ Scyphozoa und der Blumentiere (↗ Anthozoa) bereits eine Oberflächenvergrößerung durch Bildung so genannter *Gastraltaschen* zeigt. Zunehmende Verästelung und somit eine große Austauschoberfläche zeigen die Sackdärme der Plattwürmer (↗ Plathelminthes); sie haben nicht nur die Aufgabe der Verdauung, sondern sind zugleich ein sich durch den gesamten Körper ziehendes Verteilungssystem, das als *Gastrovaskularsystem* bezeichnet wird. Es spricht viel dafür, dass zweimal unabhängig ein After entstand: innerhalb der ↗ Spiralia nach Abzweig zu den Plathelminthes und bei der Stammart der ↗ Radialia. Damit entstand ein Einwegdarm, in dem einzelne Abschnitte getrennte Funktionen übernehmen konnten: Nahrungsaufnahme und -zerkleinerung im *Vorderdarm (Stomodaeum)*, Verdauung und Resorption im *Mitteldarm (Mesodaeum, Mesenteron)*, Ausscheidung über den *Enddarm (Proctodaeum, Colon)*. Von dieser großen Einteilung lassen sich viele Spezialisierungen ableiten. An das Darmrohr sind Hilfsorgane der Verdauung (↗ Speicheldrüsen, ↗ Mitteldarmdrüse, Magenblindsäcke, ↗ Leber, ↗ Gallenblase, ↗ Bauchspeicheldrüse) angeschlossen. Oft stehen D. und Atmungsorgane in enger Beziehung zueinander, so kann der Vorderdarm zum Kiemendarm umgewandelt sein (↗ Chordata) oder er bildet in der Ontogenese Luft atmender Wirbeltiere als sackförmige Ausstülpungen die ↗ Lungen. Darüber hinaus kann der Enddarm als Atmungsorgan fungieren (↗ Darmatmung).

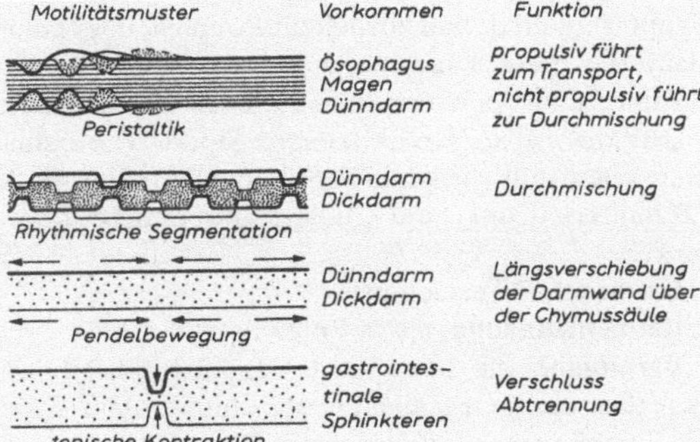

Darm Bewegungsformen im Magen-Darm-Kanal und ihre Funktion

Der Transport des Nahrungsbreis wird entweder durch Cilientransport oder durch Darmperistaltik gewährleistet, wobei reine Darmperistaltik charakteristisch für Gliedertiere (↗ Articulata) und Wirbeltiere (↗ Vertebrata) ist. Bei den Wirbeltieren ist die Darmperistaltik über ↗ Parasympathikus (Verstärkung von Peristaltik und Sekretion) und ↗ Sympathikus (Hemmung der Peristaltik, Herabsetzung der Darmdurchblutung) reguliert, wobei diese lediglich modulierend auf das ↗ Darmnervensystem wirken. – Daneben sorgt eine Vielzahl von Hormonen und Neuropeptiden für die Koordination von Motilität, Sekretion, Resorption, Durchblutung und Mucosawachstum und macht den D. zu einem der hormonreichsten Organsysteme. Dabei wird die Produktion der gastrointestinalen Hormone durch direkten Kontakt von Nahrungsbestandteilen mit Rezeptoren der entsprechenden Sekret produzierenden Zellen reguliert. – Zwischen der Ernährungsweise und dem Bau des D. gibt es zahlreiche funktionelle Zusammenhänge. So ist die Länge des D. häufig an die Art der Nahrung angepasst und kann daher auch bei nahe verwandten Arten sehr unterschiedlich sein. Im Verhältnis zur Körperlänge lange Därme haben Pflan-

zenfresser mit sehr schlackenreicher Nahrung, reine Fleischfresser (↗ Carnivora) besitzen dagegen verhältnismäßig kurze Därme. Ein weiteres Beispiel sind die Gärkammern vieler Pflanzenfresser, die innerhalb der Säugetiere entweder spezielle Differenzierungen des Ösophagus (Speiseröhre) sind, die mit dem eigentlichen ↗ Magen einen digastrischen Magen bilden (z. B. Wiederkäuer, ↗ Ruminantia); oder sie sind als mächtige Blinddärme ausgebildet (z. B. Nagetiere, ↗ Rodentia). In all diesen Gärkammern sind symbiontische ↗ Bakterien und/oder ↗ Ciliata angesiedelt.

Als D. i. e. S. wird bei den Wirbeltieren nur der auf den Magen folgende Abschnitt bezeichnet. Er beginnt bei den Säugern mit dem *Dünndarm (Intestinum tenue)*, bestehend aus den drei Abschnitten *Zwölffingerdarm (Duodenum)*, *Leerdarm (Jejunum)* und *Krummdarm (Ileum)*. Auffälligstes anatomisches Merkmal des Dünndarms ist seine enorme Oberflächenvergrößerung, die sich sowohl makroskopisch als auch mikroskopisch verfolgen lässt. Das Dünndarmepithel selbst ist einschichtig und in *Darmzotten (Villi intestinales)* angeordnet, fingerartig nebeneinander stehenden Auffältelungen der Epithelzellen, die die resorbierende Oberfläche um das 8-10fache vergrößern. Da jede Epithelzelle ihrerseits einen *Mikrovillisaum* besitzt, kommt es zu einer weiteren Oberflächenvergrößerung um den Faktor 20. Die Darmzotten können sich kontrahieren und kommen somit mit verschiedenen Teilen des Darminhalts in Berührung. Die tiefer gelegenen, von Epithel bedeckten Räume zwischen den Zotten werden als *Lieberkühn'sche Krypten* bezeichnet. In jeden Villus ragt ein Geflecht aus Blutkapillaren und Lymphgefäßen hinein und markiert den Ort der Resorption der verdauten Nahrung. In die Mikrovilli der Epithelzellen sind Actinfilamente eingebettet und an der Basis Myosinfilamente, die eine rhythmische Bewegung des Bürstensaums ermöglichen. Der gesamte Mikrovillisaum ist von einer aus ↗ Mucopolysacchariden und ↗ Glykoproteinen betehenden, so genannten *Glykokalix* bedeckt. In dem Netzwerk dieser Schicht werden Verdauungsenzyme und die verschiedenen Moleküle des Nahrungssubstrats zusammen mit Wasser und Schleim festgehalten und befinden sich damit unmittelbar am Ort der Resorption. Eingebettet zwischen die resorbierenden Darmepithelzellen liegen Schleim produzierende, so genannte *Brunner-Drüsen*.

Vom Dünndarm über die den Rückstrom des Nahrungsbreis verhindernde *Bauhin-Klappe (Ileoceocalklappe)* getrennt ist der ihm folgende *Dickdarm (Intestinum crassum)* mit den Abschnitten *Blinddarm (Caecum)*, *Enddarm (Colon)* und *Mastdarm (Rectum)*. Der Blinddarm läuft beim Menschen und den Menschenaffen in einen dünnen Blinddarm-

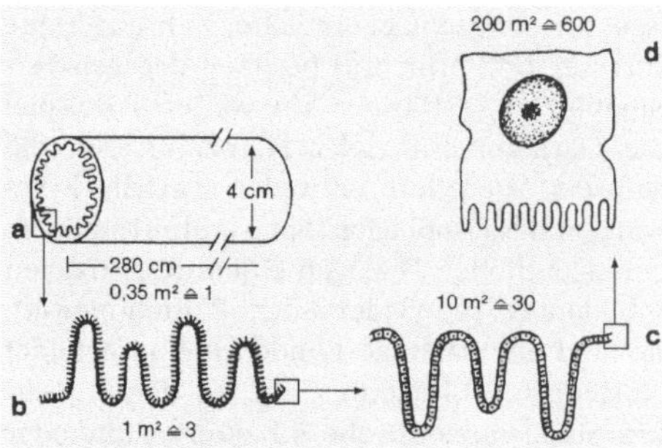

Darm Oberflächenvergrößerung des Dünndarms durch vielfache „Auffältelung". Betrachtet man ein Stück des Dünndarms von 4 cm Durchmesser und 280 cm Länge (a) als Zylinder (Oberfläche ca. 0,35 m² ≙ 1), so ergeben sich durch die Auffaltung in Kerckring-Falten (b), Zotten (c) und Mikrovilli (d) die angegebenen Oberflächenvergrößerungen

fortsatz oder *Wurmfortsatz (Appendix vermiformis)* aus. Bei vielen Pflanzen fressenden Säugetieren mit einfachem Magen und bei Vögeln findet sich ein stark vergrößerter, zum Teil paariger Blinddarm mit einer reichen Flora symbiontischer Cellulose-Zersetzer. Viele Hasenartige und Nager steigern die Wirksamkeit der Celluloseverdauung im Blinddarm durch ↗ Koprophagie des Blinddarmkots und profitieren dadurch vom Stickstoff- und Vitamingehalt der Mikroflora. Der Dickdarm wird im Unterschied zum Dünndarm von einer reichen Bakterienflora (↗ Darmflora) besiedelt. Das Epithel des D. bildet keine Zotten aus, aber dicht nebeneinander stehende Krypten. Nur die an der Oberfläche stehenden Zellen zeigen das Bild einer transportierenden Epithelzelle mit dem typischen Mikrovillisaum. In diesem hinteren Darmabschnitt spielen durch die Darmflora vermittelte Kohlenhydratgärungs- und Eiweißfäulnisprozesse eine wichtige Rolle. Anatomisch fallen in diesem Abschnitt die *Taenien* (oberflächlich gelegene Bündel der Längsmuskulatur) und *Haustren* (hervorquellende Abschnitte, die durch örtliche Kontraktion der Ringmuskeln entstehen) besonders auf. Sie sorgen für eine kräftige Durchknetung des Nahrungsbreies, der dabei durch Wasserentzug eingedickt wird. Zusätzlich werden in wesentlichem Umfang Mineralstoffe und wasserlösliche Vitamine resorbiert. Im letzten Darmabschnitt, dem *Mastdarm (Rectum)* verschwindet die Zonierung der Längsmuskulatur wieder. Aus der Ringmuskulatur wird ein innerer Schließmuskel (Analsphinkter) gebildet. Diesem überlagert und im Gegensatz zum inneren dem Willen unterworfen ist der äußere Analschließmuskel. Auch der Dickdarm ist in die Darmperistaltik mit einbezogen. Der normalen Peristaltik überlagert sind gelegentliche, vom Blinddarmbereich ausgehende, besonders kräftige peristaltische Wellen, die den weitgehend verdauten Nahrungsbrei schubartig in den Mast-

darm transportieren. Man beobachtet diese großen peristaltischen Wellen besonders nach der Nahrungsaufnahme. (↗ Verdauung)

Darmatmung, die Sauerstoffaufnahme über das Schleimhautepithel des Enddarms (↗ Darm). D. kommt u. a. bei einigen Fischen (Schlammpeitzger, Steinpeitzger, Bartgrundel, manche Welse) vor. Hier trägt in Anpassung an die D. der hintere Mitteldarmabschnitt keine Zotten, hat eine gute Blutversorgung und dünne Epithelien. Bei manchen Libellenlarven erfolgt D. über Tracheenkiemen im Enddarm, bei Seewalzen durch Wasserlungen.

Darmbakterien, die ↗ Bakterien der ↗ Darmflora. Die wichtigsten Gatt. beim Menschen sind ↗ Lactobacillus, ↗ Streptococcus, ↗ Eubacterium, ↗ Bifidobacterium und ↗ Bacteroides. Einige Vertreter der ↗ Enterobacteriaceae (z. B. ↗ Escherichia coli) werden auch häufig als D. bezeichnet, was jedoch hauptsächlich darauf zurückzuführen ist, dass man Bakterien dieser Fam. zuerst im Darm entdeckt hat. Sie machen jedoch nur einen geringen Anteil an der Darmflora aus. Krankheitserregende D. beim Menschen sind vor allem ↗ Salmonellen, Shigellen (↗ Bakterienruhr) und Cholerabakterien (↗ Cholera).

Darmegel, ↗ Fasciolopsis.

Darmentzündung, die ↗ Enteritis.

Darmfauna, die Gesamtheit der im Darm lebenden tierischen Organismen; sie können dem Wirt als Symbionten nützlich sein (z. B. die Wimpertierchen des Wiederkäuer-Magens, ↗ Ruminantia) oder auch als ↗ Darmparasiten schädlich (z. B. ↗ Entamoeba histolytica, der Erreger der Amöbenruhr).

Darmflora, die Gesamtheit der im ↗ Darm von Tieren und Menschen lebenden Mikroorganismen. Zur normalen D. gehören überwiegend ↗ Bakterien (↗ Darmbakterien), jedoch zählt man – sprachlich unzutreffend – auch ↗ Hefen und Protozoen (↗ Einzeller) zur D. Je nach Tierart kann die Zusammensetzung der D. sehr unterschiedlich sein.

Beim Menschen finden sich in den unteren Darmabschnitten überwiegend obligat anaerobe Bakterien (ca. 95 %). Die wichtigsten Gruppen sind Arten von ↗ Bacteroides und ↗ Bifidobacterium sowie *Fusobacterium* und ↗ Eubacterium. Zu den fakultativen Anaerobiern, deren Anteil an der bakteriellen Flora ca. 5 % beträgt, gehören vor allem ↗ Enterobacteriaceae (z. B. ↗ Escherichia coli) und Hefen (↗ Candida). Die Flora des menschlichen Dünndarms besteht überwiegend aus Milchsäurebakterien, Lactobacillen (↗ Lactobacillus) und wenigen Enterokokken (↗ Enterococcus).

Die normale D. ist wichtig für den Aufschluss der Nahrung und die Bildung lebenswichtiger Stoffe (z. B. Vitamine). Bei einem geschwächten Immunsystem können *Candida*-Arten (*Candida albi-*

cans) Probleme bereiten. Protozoen spielen für den Menschen keine Rolle.

Bei Pflanzen fressenden Tieren sind zur Verdauung der Pflanzenpolymere (↗ Cellulose, ↗ Hemicellulose, ↗ Pectine) besondere *Gärkammern* ausgebildet, z. B. der im vorderen Teil des Verdauungstraktes gelegene Pansen der ↗ Wiederkäuer oder die mächtigen Blinddärme bei Hasen, Pferden, Nagetieren und einigen Beuteltieren (z. B. Känguru). Die Gärkammer kann sich auch im hinteren Bereich des Verdauungstraktes befinden, wie z. B. das Colon (↗ Dickdarm) des Menschen und der meisten Tiere. In den Gärkammern der Tiere sind symbiontische Bakterien und Protozoen enthalten (↗ Pansensymbiose). Im Darm von Termiten sorgen verschiedene Flagellatenarten der Gruppe ↗ Archaezoa für den Abbau von Cellulose. Bei ↗ Wiederkäuern und Insekten (insbesondere Termiten) sind die Protozoen und Hefen ein wichtiger Bestandteil der Darmflora.

Darmkanal, der ↗ Darm.

Darmnervensystem, *Eingeweidenervensystem*, Teil des vegetativen Nervensystems, das im Grunde als das eigentliche autonome Nervensystem angesehen werden kann, denn es funktioniert auch ohne zentralnervöse Einflüsse von ↗ Sympathikus und ↗ Parasympathikus. Das D. besteht aus Ansammlungen von Nervenzellen, die als *Plexus myentericus (Auerbach-Plexus)* zwischen der glatten Längsmuskulatur und der glatten Ringmuskulatur und als *Plexus submucosus (Meißner-Plexus)* innerhalb der Ringmuskulatur liegen. Es sind sensorische (durch Dehnung der Darmwand erregte) und motorische (die Muskulatur und die Drüsenzellen innervierende) Neurone sowie Interneurone zwischen den afferenten und motorischen Neuronen. Muskeltonus und Kontraktionsrhythmus werden vom Plexus myentericus gesteuert, die Sekretion der Mukosazellen hauptsächlich über den Plexus submucosus. Über Parasympathikus und Sympathikus werden die Funktionen des D. an das Verhalten des Organismus angepasst. Die Zahl der Neurone des D. entspricht mit ca. 10^8 etwa der Zahl der Neurone im gesamten ↗ Rückenmark.

Darmparasiten, Bez. für Organismen, die parasitisch aus dem Darmlumen (z. B. ↗ Spulwurm), an der Darmwand (z. B. ↗ Hakenwurm sowie Bandwürmer, ↗ Cestoda) oder aus den Blutgefäßen der Darmwand (z. B. Pärchenegel, ↗ Schistosoma) des Wirtes Nahrung entnehmen. D. können durch Eier oder Larven im Kot nachgewiesen werden. Die Schäden beim Wirt sind i. d. R. auf Blutarmut, Vitaminmangel und Darmbeschwerden beschränkt. Viele D. sind durch die Fähigkeit zu ↗ anaerober Atmung an ihren Lebensraum angepasst.

Darmtrakt, der ↗ Darm.

Dart, *Raymond Arthur*, südafrikan. Anthropologe und Anatom, * 4.2.1893 Toowong (Brisbane, Australien), † 22.11.1988 Johannesburg; 1923-58 Prof. in Johannesburg, ab 1966 in Philadelphia (Pennsylvania). D. erkannte 1924 die Bedeutung eines bei Taung in Südafrika gefundenen Kinderschädels, dem ersten Fund eines Australopithecinen, der von ihm 1925 *Australopithecus africanus* genannt wurde.

Darwin, *Charles Robert*, engl. Naturforscher und Biologe, * 12.2.1809 The Mount (bei Shrewsbury), † 19.4.1882 Down House (heute zu London-Bromley); Darwin, einer der bedeutendsten Biologen der Geschichte, ist Begründer der modernen Evolutionstheorie. Er begann auf Wunsch seines Vaters 1825 ein Medizinstudium, das er 1827 abbrach, um in Cambridge Theologie zu studieren (Baccalaureat 1831). Schon während des Studiums war er an naturwissenschaftlichen, insbesondere geologischen und biologischen Fragestellungen interessiert. Auf Empfehlung des Botanikprofessors J.S. Henslow (1796-1861) erhielt er einen Platz auf dem Forschungsschiff „Beagle“. Die Reise führte über die Kapverdischen Inseln, Südamerika, die Galápagosinseln und Tahiti nach Neuseeland und über Mauritius und Südafrika nach England zurück. Nach seiner Rückkehr blieb D. zunächst in Cambridge und siedelte 1842 auf den Landsitz Down über, den er bis zu seinem Tod bewohnte.

Die Auswertung des auf der Reise gesammelten Materials führte zunächst zu einer Reihe von Veröffentlichungen über geologische und verschiedene biologische Themen. Seine Überlegungen zur Evolution, zu denen ihn verschiedene Beobachtungen in Südamerika und auf den Galápagosinseln inspirierten, hielt er lange zurück. Ab 1837 hielt er in Notizbüchern seine Theorie fest und stellte 1844 ein zu seinen Lebzeiten unveröffentlichtes Manuskript darüber fertig. Eine erste Fassung seiner Theorie über die Veränderlichkeit und die Entstehung neuer Arten trug er 1858, also 20 Jahre nach ihrer Konzeption vor der Linnean Society vor, und publizierte sie gemeinsam mit A. R. ↗ Wallace, der unabhängig von ihm ähnliche Gedanken entwickelt hatte. Wallace erkannte Darwins Priorität an und prägte 1889 den Begriff ↗ Darwinismus.

Darwins Evolutionstheorie löste eine Umwälzung in Naturwissenschaft und Philosophie aus, indem sie an die Stelle deterministischer und theistischer Vorstellungen nun Erblichkeit, Veränderlichkeit und natürliche Auslese setzte. Heftige Kritik brachte ihm die Theorie der geschlechtlichen Zuchtwahl ein, in der er den Menschen in die Stammesgeschichte der Tiere einreihte. Die Darwin'sche Selektionstheorie ist nach wie vor die Grundlage der modernen Evolutionstheorie.

Darwinfinken, *Galápagosfinken*, *Geospizinae*, zu den Ammern (↗ Emberizidae) gehörende Singvögel, die endemisch mit 13 Arten auf den Galápagosinseln (und eine Art auf der nordöstlich gelegenen Cocosinsel) vorkommen. Sie unterscheiden sich in Größe, Schnabelbau und Lebensweise und gehen stammesgeschichtlich auf eine einzige Stammart zurück; dies wurde schon von C.R. ↗ Darwin vermutet und konnte 1999 durch Ergebnisse biochemischer und molekularbiologischer Untersuchungen (u. a. Cytochrom *b*-Gen) bestätigt werden. Die D. sind ein Musterbeispiel für ↗ adaptive Radiation und ökologische Einnischung und geben nach neueren Populationsstudien gute Belege für die Wirkung der Selektion.

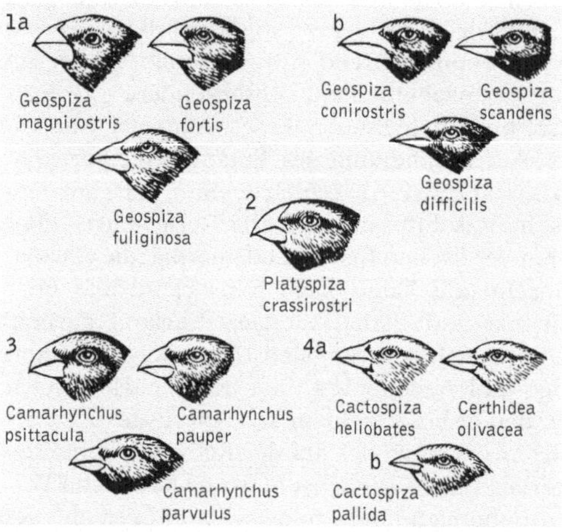

Darwinfinken Schnabelformen als Ausdruck der Ernährungsweise der Darwinfinken. 1 Gemischtköstler (*Geospiza*), die Pflanzen bevorzugen: a Erdfinken, b Kaktusfresser; 2 Pflanzenfresser; 3 Gemischtköstler (*Camarhynchus*), die Insekten bevorzugen; 4 Insektenfresser: a spechtähnlich, b singvogelähnlich

Darwin-Höcker, mitunter am menschlichen Ohr befindlicher kleiner Höcker am Innenrand der Ohrmuschel, der von C.R. ↗ Darwin als ↗ Rudiment der Säugerohrspitze gedeutet wurde. (↗ Atavismus)

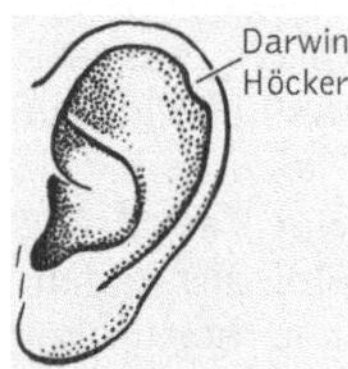

Darwin-Höcker Menschliches Ohr mit Darwin-Höcker

Darwinismus, von A.R. ↗ Wallace eingeführte Bez. für die von C.R. ↗ Darwin (und unabhängig davon auch von Wallace) entwickelte ↗ Evolutionstheorie. Nach dieser stammen alle Arten von Organismen von einer gemeinsamen Ahnenart ab (Abstam-

mungslehre oder Deszendenztheorie), wobei Darwin als die wesentlichen Evolutionsfaktoren Variation, Selektion und Isolation (Separation) erkannte (Selektionstheorie). Darwins Theorie basiert auf folgenden Beobachtungen: 1) Organismen erzeugen mehr Nachkommen als auf Grund der begrenzten Ressourcen und in der Konkurrenz mit anderen Organismen überleben können. 2) Die Individuen einer Art zeigen eine große Variationsbreite, und die Variabilität ist erheblich. Darwin zog aus diesen Beobachtungen die Schlussfolgerungen, dass a) es unter den Lebewesen einen Wettbewerb ums Überleben gibt („*struggle for life*"), dass b) in diesem Wettbeweb diejenigen Individuen überleben, die am besten an die bestehenden Bedingungen angepasst sind („*survival of the fittest*") und dass c) über viele Generationen die Eigenschaften, die zum Überlegen befähigen, erhalten bleiben und die anderen ausselektiert werden (*natürliche Auslese, Selektion*). Durch ↗ Selektion kommt es auf diese Weise zu einer allmählichen Veränderung der Arten (↗ Evolution). Darwin wusste noch nicht, wie Merkmalsvariationen entstehen und wie diese vererbt werden. Die Erkenntnisse der Genetik führten Anfang des 20. Jh. dazu, dass ↗ Mutation und ↗ Rekombination als Ursache der Variabilität erkannt wurden. Immer noch unklar war jedoch, welche Rolle Mutanten und die Auswahl durch Selektion bei der Entstehung neuer Arten spielte. Der Klärung dieser Fragen kam man erst nach Einbeziehung der Forschungsergebnisse der Populationsbiologie in die Evolutionstheorie näher (↗ synthetische Theorie der Evolution).

Dasyatidae, *Stechrochen*, *Stachelrochen*, Fam. der Rochen (↗ Batidoidiomorpha), deren Vertreter einen langen Giftstachel auf dem Schwanz tragen. Die Brustflossen bilden vor dem Kopf einen abgeflachten, dünnen Saum. Der *Europäische Stechrochen (Dasyatis pastinaca)* ist von den Britischen Inseln bis Afrika im Atlantik und auch im Mittelmeer verbreitet.

Dasycladales, nach der neueren Systematik Ord. der ↗ Dasycladophyceae. Diese isoliert stehende Algengruppe ist gekennzeichnet durch die radiäre Symmetrie ihres ↗ Thallus und durch haarförmige Fortsätze. Der Thallus besteht aus einer langen, durch ↗ Rhizoide am Substrat befestigten Stammzelle und den hieraus abzweigenden Seitenästen. Die Zellwände sind mit Kalk inkrustiert. Die Gatt. *Acetabularia* (Schirmalge), die in tropischen und subtropischen Meeren verbreitet ist, besitzt einen schirmartigen Thallus (Abb. ↗ Chlorophyta). Die D. kommen ausschließlich im Meer vor.

Dasycladophyceae, Klasse der Grünalgen (↗ Chlorophyta) mit der einzigen Ord. ↗ Dasycladales.

Dasypodidae, *Gürteltiere*, Fam. der Ord. Nebengelenktiere (↗ Xenarthra) mit 20 Arten in acht Gatt.

in den suptropischen und tropischen Gebieten Nord- und Südamerikas. D. haben einen gedrungenen Körperbau und als einzige Säugetiere Hautverknöcherungen in Gestalt eines Hautknochenpanzers; dieser ist durch mehrere Hautfalten in der Körpermitte unterbrochen. Die wenig gepanzerte Unterseite und eine starke Hautmuskulatur ermöglichen es einigen Arten, sich kugelförmig einzurollen. Eine weitere Besonderheit ist die höchst unterschiedliche Zahl der Zähne, selbst innerhalb einer Art. Gürteltiere sind Bodenbewohner, die sich von Insekten, Spinnen, kleinen Wirbeltieren, Aas und auch von pflanzlicher Kost ernähren.

Dasyproctidae, Fam. der Ord. Nagetiere (↗ Rodentia) mit drei Gatt., den Agutis (*Dasyprocta*), dem Acouchi (Gatt. *Myoprocta*) als einzigem Vertreter seiner Gatt. und den Pakas (*Aguti*). Die Agutis sind in den Waldgebieten Mittel- und Südamerikas weit verbreitet. Sie sind Bodenbewohner, die sich überwiegend von Früchten ernähren. Die kräftigeren und langbeinigeren Pakas haben einen großen Kopf, der bei den Männchen unter den Jochbögen eine nur nach außen offene Hautfalte trägt, deren Funktion unbekannt ist. Sie wird bei Erregung ausgestülpt. Pakas leben in den Regenwäldern Mittel- und Südamerikas und ernähren sich ebenfalls vorzugsweise von Früchten. Sie sind streng nachtaktiv und schlafen tagsüber in selbstgegrabenen, verzweigten Höhlen.

Dasyuridae, Fam. der Beuteltiere (↗ Marsupialia), deren systematische Einteilung umstritten ist; insgesamt gehören zu der Fam. über 50 Arten mit sehr unterschiedlichen, maus- bis schäferhundgroßen Lebensformtypen. Sie sind in der ↗ Australis verbreitet. Die meisten Arten sind Bodenbewohner und überwiegend dämmerungs- oder nachtaktive Tiere, die tagüber in selbst gegrabenen Verstecken ruhen. Es gibt in der Ernährungsweise alle Übergänge vom typischen Insektenfresser über Allesfresser und Aasfresser bis zum Fleisch fressenden ↗ Beutelwolf. Der *Beutelteufel (Sarcophilus harrisii)* nimmt unter den Beuteltieren die Stellung der Hyänen (↗ Hyaenidae) ein: Er ist überwiegend Aasfresser (macht aber auch Jagd auf lebende Beute) und übernimmt so die Vernichtung potenzieller Krankheitsherde.

Dattelpalme, *Phoenix*, Gatt. der Palmen (↗ Arecaceae) mit 13 Arten. Die bis zu 20 m hohen Bäume der *Echten Dattelpalme, Phoenix dactylifera* (Abb. ↗ Arecaceae), liefern die essbaren *Datteln*. Die seit mehr als 8000 Jahren als ↗ Kulturpflanze genutzte D. wird besonders in den Oasen der Sahara bis nach Indien angepflanzt.

Datura, Gatt. der ↗ Solanaceae.

Daubentonia, ↗ Fingertier.

Daucus, Gatt. der ↗ Apiaceae.

Dauerausscheider, ↗ Ausscheider.

Dauerbrüter, Bez, für Tiere, die sich zu fast allen Jahreszeiten fortpflanzen, wobei Temperatur, Luftfeuchtigkeit und Licht offenbar keinen Einfluss auf die Fruchtbarkeit und das Fortpflanzungsverhalten haben. D. sind u. a. zahlreiche Parasiten, Ackerschnecken und der Fichtenkreuzschnabel. (↗ Kaltbrüter, ↗ Warmbrüter)

Dauereier, *Wintereier, Latenzeier,* hartschalige, befruchtete Eier z. B. bei niederen Krebsen, Rädertierchen (↗ Rotatoria), Bauchhärlingen (↗ Gastrotricha) und Strudelwürmern (↗ Turbellaria), die ungünstige Außenbedingungen überdauern können. (↗ Subitaneier)

Dauerformen, ↗ Dauerstadien.

Dauerfrost , ↗ Permafrost.

Dauergewebe, pflanzliches ↗ Gewebe, das sich im Gegensatz zum Bildungsgewebe (↗ Meristem) nicht mehr teilt und in der Pflanze eine bestimmte Funktion übernimmt, z. B. ↗ Festigungsgewebe, ↗ Leitgewebe und ↗ Absorptionsgewebe.

Dauerknospen, *Dauerkeim,* ↗Brutknospe, ↗Gemmulae, ↗ Statoblasten.

Dauerkultur, Anbau von mehrjährigen ↗ Kulturpflanzen, vor allem Baum- und Strauchkulturen.

Dauersporen, *Dauerzellen,* ↗ Sporen, die zur Überdauerung ungünstiger Lebensbedingungen ausgebildet werden. Hierzu gehören die Endosporen der Bakterien (↗ Bakteriensporen), die ↗ Myxosporen der ↗ Mykobakterien, die Mikrocysten einiger Algen und Bakterien und die ↗ Chlamydosporen der Pilze. (↗ Überlebensstrategien)

Dauerstadien, *Dauerformen,* Stadien von Organismen oder besonderen Zellen, die ungünstige Perioden überstehen können, z. B. ↗ Cysten, ↗ Dauereier, ↗ Dauersporen, ↗ Gemmulae, ↗ Samen.

Dauerzellen, die ↗ Dauersporen.

Dausset, *Jean Baptiste Gabriel,* franz. Hämatologe, ✳ 19.10.1916 Toulouse; 1968-84 Professor in Paris. D. erhielt 1980 zusammen mit B. ↗ Benacerraf und G.D. ↗ Snell den Nobelpreis für Physiologie oder Medizin für seine Arbeiten über genetisch determinierte zelluläre Oberflächenstrukturen (HLA-Antigene, Histokompatibilitätsantigene), von denen immunologische Strukturen gesteuert werden.

DDT, Abk. für *Dichlor-Diphenyl-Trichlorethan,* 1939 von P.H. Müller (1899-1965) entwickeltes ↗ Insektizid, das als Fraß- und Berührungsgift wirkt. Dieser ↗ Chlorkohlenwasserstoff war jahrelang das bedeutendste Insektizid und wurde sehr erfolgreich gegen die Bekämpfung der ↗ Malaria übertragenden Anopheles-Mücke eingesetzt. Der gravierende Nachteil von D. ist jedoch seine ↗ Bioakkumulation in der Nahrungskette und seine lange Abbauzeit (↗ Persistenz), die auf 20 Jahre geschätzt wird. Als fettlösliche Verbindung reichert sich DDT im Fettgewebe unterschiedlicher Lebewesen (Fische, Vögel, Säugetiere, Mensch) an. Die akute Toxizität von D. ist zwar gering, jedoch wurde im Tierversuch eine ↗ Krebs erregende Wirkung (↗ Carcinogene) festgestellt. Bei verschiedenen Vogelarten hemmt ein Abbauprodukt des D. ein Enzym, das für die Steuerung der Calciumzufuhr bei der Eierschalenproduktion verantwortlich ist. Dies führte in den 1960er-Jahren zu Populationsrückgängen bei verschiedenen Vogelarten. Die Verwendung von D. ist heute in den meisten Industrieländern verboten. In den Entwicklungsländern ist es nach wie vor weit verbreitet, vor allem zur Bekämpfung der Malaria.

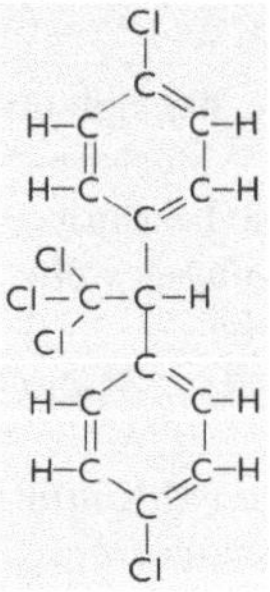

DDT

Decabrachia, *Zehnarmige Kopffüßer*, Gruppe der ↗ Cephalopoda mit fünf Armpaaren, deren viertes zum Beutefang verlängert und einziehbar ist (Fangarme, Tentakel). Die Saugnäpfe auf den Armen sind gestielt und haben einen gezahnten Ring. Das Nervensystem besitzt Riesenfasern. Zu den D. gehört u. a. die *Gemeine Tintenschnecke (Sepia officinalis)*, die in Ostatlantik, Nordsee und Mittelmeer weit verbreitet ist. Ihre Schale ist zum Schulp reduziert. Tintenschnecken besitzen einen Tintenbeutel und können ihre graubraune Oberseite mittels ↗ Chromatophoren je nach Stimmungslage schnell verändern. Im Ostatlantik sowie zeitweise in Nord- und Ostsee verbreitet ist der *Nordische Kalmar (Loligo forbesi)*. Seine Schale ist zum Gladius, einer Lamelle, die als Stützorgan dient, reduziert. Am Körperende befinden sich große dreieckige Flossen. Kalmare jagen in Schwärmen mit koordinierten Bewegungen Fische. Der *Riesenkalmar (Architeuthis princeps)* wird mit Kopf und Armen bis 7 m, mit den Fangarmen bis 18 m lang und ist mit einem Gewicht von bis zu einer Tonne das größte wirbellose Tier. Er lebt im Nordatlantik in größeren Tiefen.

Decapoda, *Zehnfüßige Krebse*, *Zehnfüßer*, mit rund 10000 Arten eine der artenreichsten Gruppen der ↗ Crustacea. D. sind weltweit in allen Meeren verbreitet und leben als Bodenbewohner in allen Bereichen vom Strand bis in die Tiefsee. Die kleinste Art, eine Garnele, misst etwa 1 mm, die größte Art, eine Languste ist 60 cm lang und die japani-

sche Riesenseespinne kommt mit ihren Scherenbeinen auf eine Spannweite von 3 - 4 m. Viele Arten der D. sind als Speisekrebse für den Menschen wirtschaftlich wichtig.

Obwohl es viele Variationen gibt, ist das Grundmuster des *Körperbaus* bei allen D. erkennbar: Der Körper ist in zwei Tagmata gegliedert: *Cephalothorax* mit allen acht Thoracomeren und *Pleon*. Der *Carapax* reicht dorsal über den gesamten Thorax und lateral bis zu den Beinansätzen. Zwischen Carapax und Körperwand ist beiderseits je eine Höhle, in die die Kiemen hineinragen. Den Wasserstrom, der durch diese Kiemenhöhle gepumpt wird, erzeugt der große Exopodit der zweiten Maxillen. Die ersten drei Thoracopodenpaare sind zu Mundwerkzeugen geworden, die der Nahrungsaufnahme dienen. Die fünf folgenden Peraeopodenpaare sind als Laufbeine ausgebildet. Alle Thoracopoden tragen Kiemen. In der *Körperform* können zwei Extreme unterschieden werden: der garnelenartige Typ mit zylindrischem, seitlich leicht zusammengedrücktem Körper und mit einem Carapax, der vorne zwischen den Augen in ein kielförmiges *Rostrum* ausläuft. Die Antennen sind geißelförmig und die ersten 2 -3 Paar Peraeopoden tragen endständige Scheren. Am Pleon befinden sich Schwimmbeine und ein Schwanzfächer. Der zweite Typ ist der Krabbenhabitus mit stark verbreitertem und abgeflachtem Cephalothorax und dreieckiger Kiemenhöhle. Die Antennen sind kurz. An den ersten Peraeopoden sitzen Scheren, die unterschiedlich groß sein können. Das unscheinbare Pleon wird nach vorne unter den Carapax geklappt. Einen etwas abweichenden Habitus haben die Einsiedlerkrebse, deren Pleon asymmetrisch und wurstförmig geschwollen ist, da es im Unterschied zu den restlichen D. innere Organe enthält. Es wird zum Schutz meist in Schneckenhäusern untergebracht, wobei der umgewandelte „Schwanzfächer" zu einer asymmetrischen Halteeinrichtung geworden ist.

Das *Nervensystem* besteht aus Oberschlund- und einem großen Unterschlundganglion sowie je nach Körperform unterschiedlich konzentrierten segmentalen Ganglien. *Sinnesorgane* sind Sinnesborsten, Statocysten und Augen (gestielte Facettenaugen und mitunter Naupliusaugen). *Exkretionsorgane* sind Antennennephridien, die aus einem Sacculus bestehen, einem gewundenen Exkretionskanal und einer nach außen mündenden Harnblase.

D. sind i. d. R. getrenntgeschlechtig, Ovarien und Hoden sehen etwa gleich aus und haben auch die gleiche Lage. Bei den Männchen kann die Geschlechtsöffnung in einen Penisanhang verlängert sein. Außerdem haben sie ein *Petasma*, ein röhrenförmiges Glied, das jeweils aus den beiden vordersten Pleopoden entsteht. Die Entwicklung der D. geht über mehrere Phasen, die durch Häutungen in unterschiedliche Stadien unterteilt sind. Typische Larven sind Nauplius und Zoëa.

In der *Systematik* werden zwei monophyletische Großgruppen unterschieden: die *Dendrobranchiata* (u. a. mit der Gatt. ↗ Penaeus) und die *Pleocyemata*, wobei letztere wiederum in Caridea (u. a. mit den Gatt. ↗ Pandalus, ↗ Palaemon, ↗ Macrobrachium und ↗ Crangon), Stenopodidea und Reptantia unterteilt werden. Die Reptantia schließlich werden traditionell in Palinura (u. a. mit den ↗ Langusten), Astacura (u. a. mit dem ↗ Hummer, dem bis 15 cm langen, heute selten gewordenen ↗ Flusskrebs, *Astacus astacus* sowie dem Amerikanischen Flusskrebs, ↗ Orconectes), Anomura (u. a. mit der Königskrabbe, ↗ Paralithodes und dem Einsiedlerkrebs, ↗ Eupagurus sowie Brachyura (u. a. mit dem Taschenkrebs, ↗ Cancer, *Eriocheir*, der Chinesischen ↗ Wollhandkrabbe und der *Strandkrabbe, Carcinus maenas,* der häufigsten Krabbe der Nordsee) eingeteilt, wobei nur die Brachyura eine monophyletische Gruppe sind.

Decarboxylasen, zu den ↗ Lyasen gehörende ↗ Enzyme, die die Abspaltung einer ↗ Carboxylgruppe bzw. von Kohlenstoffdioxid (CO_2) aus organischen Säuren katalysieren.

Decarboxylierung, die Abspaltung einer ↗ Carboxylgruppe als CO_2 aus einer Ketosäure oder aus einer Aminosäure. Im Zellstoffwechsel erfolgen D. enzymatisch unter der katalytischen Wirkung von ↗ Decarboxylasen. Von besonderer Bedeutung sind die *oxidativen D.* von ↗ Pyruvat zu ↗ Acetyl-Coenzym A und von α-Ketoglutarat zu Succinyl-Coenzym A, da sie „Knotenpunkte" sind, an denen sich viele Stoffwechselwege kreuzen. Die D. von Aminosäuren wird durch Pyridoxalphosphat-Enzyme (↗ Pyridoxalphosphat) katalysiert.

Decidua, *Dezidua, Siebhaut,* Teil der Gebärmutterschleimhaut, der den mütterlichen Anteil der ↗ Placenta bildet.

Deckblatt, ↗ Braktee.

Deckepithel, *Deckgewebe,* ↗ Epithel.

Deckschuppe, in der *Botanik* schuppenförmiges Organ des weiblichen ↗ Zapfens der Nadelhölzer. In den Achseln der D. sind die ↗ Samenschuppen lokalisiert.

Deckspelze, das Tragblatt (↗ Braktee) der Einzelblüten im ↗ Ährchen. Die D. kann eine ↗ Granne tragen.

Deckungsgrad, *Dominanz,* in der *Pflanzensoziologie* der relative Anteil der von einer bestimmten Art in horizontaler Projektion bedeckten Fläche in Bezug auf die untersuchte Gesamtfläche.

Dedifferenzierung, bei morphologisch spezialisierten Zellen der Abbau von Spezialstrukturen, z. B. des kontraktilen Apparats der Muskelzellen. Aus spezialisierten Zellen von Blütenpflanzen z. B. können nach D. alle Zelltypen hervorgehen (↗ omni-

potent). Für höhere Tiere gilt dies vermutlich nicht. Ein Beispiel für D. ist die Umwandlung von Pigmentzellen in Linsenzellen bei der Linsenregeneration des Molches. (↗ Transdifferenzierung)

Defäkation, das Ausscheiden der unverdaulichen Nahrungsreste (↗ Fäzes) über Enddarm und After oder bei afterlosen Tieren (↗ Coelenterata, ↗ Turbellaria) wieder über die Mundöffnung. Bei den *Wirbeltieren* wird die D. willkürlich durch eine Druckerhöhung im Bauchraum durch Anspannen der Bauchmuskulatur und Senkung des Zwerchfells (Kontraktion der Brustmuskulatur in Einatmung bei geschlossener Stimmritze) ausgelöst, nachdem vorher durch Füllung und somit Wanddehnung des Rectums das Gefühl des Stuhldrangs erzeugt worden ist. Über parasympathische Reflexwege kommt es zur Kontraktion von absteigendem Dickdarm, Sigmoid und Rectum und gleichzeitig reflektorisch (sympathisch über Nervus splanchnicus pelvinus) zum Erschlaffen der Schließmuskeln. Beide Mechanismen führen zusammen mit einer Senkung des Beckenbodens zum Ausstoßen der Kotsäule.

defekte Viren, ↗ Viren, die in ihrer Vermehrung defekt sind. Sie benötigen zur ↗ Replikation ein Helfer-Virus, das die fehlenden Funktionen bereitstellt.

Defensine, Bez. für antimikrobielle Peptide von höheren Pflanzen und Tieren mit einem weiten Wirkungsspektrum gegenüber Bakterien, Hefen, Fadenpilzen, Viren und Mykobakterien. In ihrer Struktur zeigen D. Homologien, was auf ein evolutionär konserviertes Prinzip der Pathogenabwehr hinweist. (↗ Abwehr).

1) *Botanik:* Gruppe pflanzlicher Peptide, die an der Abwehr von phytopathogenen Bakterien und Pilzen beteiligt sind. Die Synthese der cysteinreichen Moleküle, deren Molekulargewicht weniger als 7 kDa beträgt, wird durch die Pflanzenhormone ↗ Ethylen und Jasmonsäure induziert; deren intrazelluläre Konzentrationen steigen nach einem Pathogenbefall an und induzieren die Transkription der D.-Gene.

2) Bei *Wirbeltieren* und *Wirbellosen* vorkommende, nicht glykosylierte kationische Peptide, die vor Pilz- und Bakterienbefall schützen. Gut untersucht sind die D. der neutrophilen Granulocyten, die diese in phagocytotische Vakuolen sezernieren. D. kommen beim Menschen auch in Schleimhautzellen der Atemwege, des Dünndarms und der Harnwege vor. Ein D. der Hautzellen, das *Beta-Defensin 2,* wirkt hocheffektiv gegen Bakterien wie *Escherichia coli* und *Pseudomonas aeruginosa* sowie den Pilz *Candida albicans.* Sein Einsatz als wirksames Antibiotikum wird deshalb erprobt.

Defizienz, Verlust eines terminalen Chromosomen- oder Chromatidenstücks (↗ Deletion), der auf das Einwirken energiereicher Strahlung oder bestimmter chemischer Verbindungen zurückzuführen ist (↗ Mutagene). Eine D. lässt sich während der ↗ Meiose bei der Paarung homologer Chromosomen erkennen.

Degeneration, 1) allg. Entartung, Zerfall, Rückbildung.

2) in der *Molekularbiologie* die Eigenschaft des ↗ genetischen Codes, dass die meisten Aminosäuren von mehreren ↗ Codons codiert werden. Dadurch lässt sich erklären, dass für die 20 biogenen Aminosäuren und drei Stopp-Codons 64 Tripletts vorhanden sind. Glycin, die einfachste Aminosäure, wird durch die vier Basentripletts GGU, GGA, GGC und GGG codiert.

degenerierter Code, ↗ Degeneration.

Dehydratasen, Bez. für zu den ↗ Lyasen gehörende Enzyme, die Wasser abspalten, wie z. B. ↗ Aconitase, ↗ Carboanhydrase, Fumarase. Da D. grundsätzlich auch die jeweiligen Rückreaktionen katalysieren, sind die Bez. D. und *Hydratasen* synonym.

Dehydrierung, die Abspaltung von Wasserstoff aus einem Substrat, das auf diese Weise oxidiert wird. Enzymatische D. werden durch ↗ Dehydrogenasen oder ↗ Oxidasen katalysiert. I.Allg. werden zwei H-Atome (und zwei Elektronen) auf einmal abgespalten. Der entgegengesetzte Vorgang wird als *Hydrierung* bezeichnet.

Dehydroepiandrosteron, Abk. *DHEA, Androstenolon*, ein in der Nebennierenrinde gebildetes ↗ Androgen (C_{19}-Steroid); es wird als Sulfatester ins Blut abgegeben und von den ↗ Hoden aufgenommen, wo es nach Abspaltung der Sulfatgruppe als zusätzliche Quelle für die Synthese von ↗ Testosteron dient. Während der Schwangerschaft wird der Sulfatester von D. in der ↗ Placenta auch als Vorstufe der Synthese von ↗ Estrogenen genutzt.

Dehydrogenasen, frühere Bez. *Dehydrasen,* zu den ↗ Oxidoreduktasen gehörende ↗ Enzyme, die die Übertragung von Wasserstoff katalysieren, Es gibt zwei Hauptgruppen von D.: Die eine benötigt ↗ Pyridinnucleotide (NAD^+ oder $NADP^+$) als primären Wasserstoffakzeptor (so z. B. ↗ Alkohol-Dehydrogenase und ↗ Lactat-Dehydrogenase) und die zweite Gruppe benötigt ein Flavinenzym (FAD); Beispiele für diese Gruppe sind die Succinat-Dehydrogenase (↗ Citratzyklus) und der ↗ Pyruvat-Dehydrogenase-Komplex.

Deinococcus/Thermus, Ast der *Bacteria* (↗ Bakterien) mit den Hauptgattungen *Deinococcus* und *Thermus. Deinococcus* enthält grampositive Kokken, die aufgrund ihres Carotinoidgehaltes meist rot oder pink gefärbt sind. Sie wachsen aerob in komplexen Medien. Viele Stämme sind gegen ionisierende Strahlung, UV-Strahlung und Austrocknung sehr resistent. Extrem strahlungsresistent ist *Deinococcus radiodurans*, dessen Zellwand aus mehreren Schichten besteht. Einige Stämme dieser Art überleben eine γ-Bestrahlung von 5000 Gray.

Ein Mensch überlebt höchstens 3 - 5 Gray. Die Arten der Gatt. *Thermus* sind gramnegativ und enthalten eine für gramnegative Bakterien seltene Form von Peptidoglukan (↗ Murein). Es enthält Ornithin anstelle von Diaminopimelinsäure. Bei grampositiven Bakterien kommt Ornithin jedoch häufiger vor. *Thermus*-Arten gehören zu den thermophilen chemoorganotrophen Bakterien. Für die ↗ Gentechnik von Bedeutung ist das in heißen Quellen lebende Bakterium *Thermus aquaticus*, dessen hitzestabiles Enzym Taq-DNA-Polymerase für die PCR-Technik (↗ Polymerasekettenreaktion) verwendet wird.

Deisenhofer, *Johann*, deutscher Biophysiker, * 30.9.1943 Zusamaltheim (Kreis Dillingen); nach Forschungstätigkeit (ab 1971) am Max-Planck-Institut für Biochemie in Planegg-Martinsried bei München seit 1988 Prof. am Howard Hughes Medical Institute der University of Texas in Dallas. D. erhielt zusammen mit R. ↗ Huber und H. ↗ Michel 1988 den Nobelpreis für Chemie für die röntgenstrukturanalytische Aufklärung der dreidimensionalen Struktur des photosynthetischen Reaktionszentraums von Purpurbakterien (*Rhodopseudomonas viridis*).

Dekomposition, die ↗ Zersetzung.

Dekompressionskrankheit, ↗ Tauchen.

Dekontamination, die Entfernung bzw. Beseitigung radioaktiver, biologischer oder chemischer Verunreinigungen.

dekussiert, ↗ Blattstellung.

Delamination, das Entstehen von zwei übereinander liegenden Zellschichten aus einer Zellschicht, entweder durch Teilung der Zellen parallel zur Schichtebene oder durch Auswandern vieler Einzelzellen. (↗ Gastrulation)

Delbrück, *Max Ludwig Henning*, deutsch-amerikan. Physiker und Molekularbiologe, * 4.9.1906 Berlin, † 9.3.1981 Pasadena (Californien); seit 1937 in den USA, ab 1940 an der Vanderbilt University in Nashville (Tennessee), seit 1947 Prof. am California Institute of Technology in Pasadena. D. erkannte 1937 die ↗ Bakteriophagen als geeignete Modelle zur Aufklärung der Struktur der Gene und führte 1943 mit S.E. Luria den Fluktuationstest zum Nachweis der zufälligen und ungerichteten Natur spontaner ↗ Mutationen ein. Er gilt durch seine mit Luria durchgeführten Arbeiten zur Aufklärung des Vermehrungszyklus von Bakteriophagen als Mitbegründer der Bakteriengenetik und Molekularbiologie. D. erhielt 1969 zusammen mit S.E. ↗ Luria und A.D. ↗ Hershey für den Nachweis der genetischen ↗ Rekombination bei Phagen den Nobelpreis für Physiologie oder Medizin.

Deletion, zu den ↗ Chromosomenmutationen zählende Veränderung im Erbgut, bei der mehrere Basenpaare oder aber größere Abschnitte eines

Chromosoms fehlen können. D. können *interkalar* in der Mitte oder *terminal* am Ende eines Chromosoms bzw. Chromatids (↗ Defizienz) vorhanden sein. D. enstehen unter Einwirkung zahlreicher mutagener Substanzen sowie energiereicher Strahlung (↗ Mutagene). Außerdem sind sie auf *Fehlpaarungen* bei der Replikation und Rekombination zurückzuführen. D. größerer Chromosomenabschnitte wirken häufig letal, wenn eine größere Anzahl von Genen verloren gegangen ist. Liegt eine D. von wenigen Basen im codierenden Bereich eines Gens, kann das Leseraster verändert werden, sodass die Translation vorzeitig stoppt oder aber ein verändertes Genprodukt entsteht. Im Unterschied zu Punktmutationen ist bei D. die *Reversion* (Rückmutation) zum ↗ Wildtyp nicht möglich. D. werden bei der ↗ Deletionsanalyse experimentell hervorgerufen.

Deletionsanalyse, Methode zum Nachweis von genspezifischen Regulationselementen, so genannten *Sequenzmotiven*, im Promotor eines Gens. Hierzu wird häufig der zu charakterisierende Promotor mit einem ↗ Reportergen fusioniert, sodass sich die Aktivität des Promotors einfach nachweisen lässt. Anschließend werden Konstrukte mit unterschiedlich langen 5'-stromaufwärts („upstream") gelegenen DNA-Abschnitten erzeugt und in Bezug auf die Expression des Reportergens analysiert. Eine D. ist sowohl in einem transienten Assay in Zell- und Gewebekulturen möglich, als auch in transgenen Organismen, bei denen das zu untersuchende Deletionskonstrukt stabil in das Genom integriert ist. Der Vergleich mehrerer Deletionskonstrukte mit unterschiedlich langen Promotorabschnitten lässt Rückschlüsse zu, wo bestimmte genspezifische Regulationssequenzen vorhanden sind. Die Analyse von z. B. hormon- und lichtgesteuerten Genen förderte bestimmte Sequenzen zutage (so genannte *response elements*), die für diese Gruppe von Genen charakteristisch sind. Werden sie experimentell entfernt oder verändert, geht im Extremfall die spezifische Kontrolle verloren.

Deletionskartierung, die lichtmikroskopische Untersuchung von ↗ Deletionen nach Anfärbung der Chromosomen (↗ Bänderung). Anhand von genetischen und cytologischen Daten ist dadurch eine physikalische Kartierung von Genen möglich. Ein klassisches Beispiel ist die Zuordnung bestimmter Mutationen auf dem X-Chromosom von ↗ Drosophila melanogaster, die sich im Fehlen charakteristischer Banden bemerkbar machte.

Delfine, die Fam. ↗ Delphinidae.

Delphinidae, *Delfine, Delphine*, Fam. der Zahnwale (↗ Odontoceti) mit insgesamt 20 weltweit verbreiteten Arten, die etwa 2 - 3 m lang sind, mit typisch stromlinienförmigem Körper. Dieser zeigt auch sonst Anpassungen an das Wasserleben. So verhält sich die Haut der D. viskoelastisch, was bewirkt, dass die Geschwindigkeit mindernde Turbulenzen an der Grenzfläche Wasser/Körper verringert werden. – D. ernähren sich überwiegend von Krebsen, Weichtieren und Fischen. Sie leben in Gruppen von fünf bis zu mehreren 100 Tieren. Hilfeverhalten innerhalb der Gruppen wurde öfter beobachtet. D. orientieren sich mit Hilfe von Ultraschalllauten (↗ Echoorientierung), wobei die Schwingungen in der Kehlkopftasche erzeugt werden.

Häufigste Art im Mittelmeer ist der weltweit verbreitete *Gewöhnliche Delphin (Delphinus delphinus)*, der bis 2,5 m lang wird. Er begleitet mitunter in kleinen Trupps („Schulen") Schiffe. Ebenfalls weltweit verbreitet, besonders häufig jedoch an der amerikanischen Ostküste, ist der 3-4 m lange *Große Tümmler (Tursiops truncatus)*. Er ist der häufigste Delfin in Delfinarien, ein beliebtes Forschungsobjekt und war der „Hauptdarsteller" der „Flipper"-Filme. – Mitunter werden auch die Schwertwale und Grindwale in die Fam. D. gestellt (↗ Globicephalidae).

Delphinium, Gatt. der ↗ Ranunculaceae.

Demenz, allg. geistiger Verfall infolge einer chronischen organischen Hirnschädigung, die z. B. durch Krankheiten (u. a. Alzheimer-Krankheit) oder durch äußere Einwirkungen (durch Schläge verursachte multiple Infarkte bei Boxern) verursacht sein kann. Organische Entsprechungen der D. ist der Schwund (Atrophie) von Gehirnsubstanz in der Großhirnrinde. Die D. kündigt sich meist mit einer Verschlechterung des Kurzzeitgedächtnisses an. Später kommt es auch zum Verlust des Langzeitgedächtnisses sowie einem Intelligenz- und Persönlichkeitsverfall.

Demissin, ein ↗ Alkaloid, das in den Blättern der Wildkartoffel (*Solanum demissum*) vorkommt und diese vor dem Befall durch Kartoffelkäfer schützt, indem es gegen deren Larven als Fraßgift wirkt.

Demodicidae, *Haarbalgmilben*, Fam. der Milben (↗ Acari), deren winzige Vertreter (bis 0,4 mm lang) in Haarbälgen und Talgdrüsen von Säugetieren, einschließlich des Menschen leben. Bei Hunden verursachen sie die *Demodikose*, eine chronische Hauterkrankung, die mit Haarausfall, Abschuppung oder Eiterungen einhergeht.

Demographie, *Bevölkerungswissenschaft*, Wissenszweig, der die Zusammensetzung von Bevölkerungen und deren Veränderungen mit statistischen Methoden untersucht.

Demökologie, die ↗ Populationsökologie.

Demospongiae, Gruppe der Schwämme (↗ Porifera), zu der etwa 80 - 90 % aller Schwammarten gehören; entsprechend groß ist die Formenvielfalt der D. Sie sind in allen aquatischen Lebensräumen einschließlich Süßwasser und Tiefsee verbreitet. Alle Arten der D. besitzen distinkte Zellen und sind daher mit den ↗ Calcarea zum Taxon *Cellularia* vereinigt. Ihre Unterteilung in Subtaxa ist unsicher. Zu den D. gehören u. a. die Gatt. *Spongia* (↗ Badeschwamm) sowie die *Bohrschwämme* (Gatt. *Cliona*), die Höhlen und Gänge in kalkige Substrate (Molluskenschalen, Korallen, Kalk- und Sandsteinfelsen) bohren. Sie sind in Korallenriffen entscheidend am Riffabbau beteiligt und können ganze Riffzonen gegenüber Brandung und Stürmen durch ihre Bohrtätigkeit schwächen.

Demutsgebärde, *Demutsverhalten*, Verhalten, das bei Rangauseinandersetzungen Unterlegenheit signalisiert. Hierzu gehören z. B. das Abwenden von körpereigenen Waffen (Zähne, Hörner, Geweihe), sowie das Einnehmen einer für den Angriff ungünstigen Körperhaltung und damit oft das Gegenteil einer Drohgebärde. D. kommen vor allem bei wehrhaften Tieren vor.

Demutsverhalten, ↗ Demutsgebärde.

Denaturierung, die auf physikalische und chemische Einflüsse zurückzuführende Veränderung der Sekundär- und Tertiärstruktur biologischer Makromoleküle (z. B. ↗ Proteine, ↗ Nucleinsäuren), die mit einem mehr oder weniger vollständigen Verlust der biologischen Aktivität und anderer individueller Eigenschaften verbunden ist. Im Unterschied zur *irreversiblen* D., ist bei einer *reversiblen* D. eine *Renaturierung* möglich, bei der die native ↗ Konformation zurückgebildet wird.

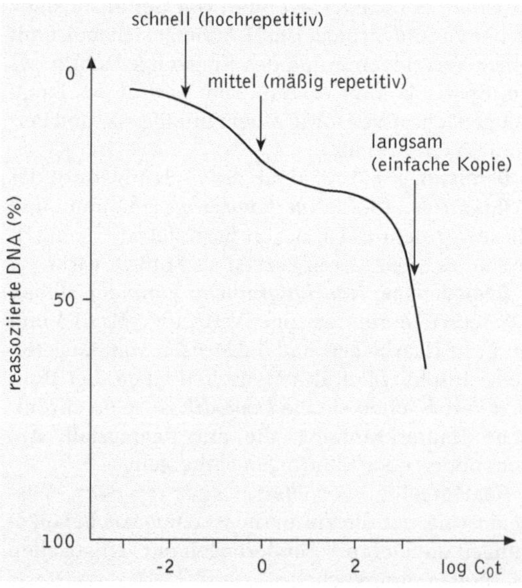

Denaturierung Die sich an die Denaturierung anschließende Renaturierungsgeschwindigkeit von DNA-Fragmenten ermöglicht es, den Anteil an repetitiver und Einzelkopie-DNA zu bestimmen. Der c_0t-Wert setzt sich aus der molaren Ausgangskonzentration der DNA c_0 und der Zeit t der Renaturierung der beiden Einzelstränge zusammen

Bei DNA wird unter D. eine durch Hitze-, Säure- oder Alkalibehandlung verursachte Dissoziation der DNA-Doppelhelix in zwei Einzelstränge (*DNA-Schmelzen*) verstanden. Sie dient der Charakterisierung eines DNA-Moleküls, denn mit ihrer Hilfe kann z. B. die relative Basenzusammensetzung ermittelt werden, da zwischen den Basen Adenin und Thymin zwei, zwischen Guanin und Cytosin hingegen drei Wasserstoffbrücken ausgebildet werden. Die D. und anschließende Renaturierung von DNA-Fragmenten geben ferner Aufschluss über den Anteil an hoch- und mittelrepetitiver DNA sowie Einzelkopiesequenzen. – In ähnlicher Weise führt eine D. bei RNA zum Verlust der typischen Sekundärstrukturen.

Dendriten, aus dem Zellkörper von Nervenzellen (↗ Neuron) entspringende, vorwiegend der Reizaufnahme dienende Protoplasmafortsätze mit vielfachen Verzweigungen.

Dendroaspis, die Gatt. ↗ Mambas.

Dendrobatidae, *Farbfrösche*, *Pfeilgiftfrösche*, Fam. der Froschlurche (↗ Anura) mit 165 Arten in neun Gatt., die in Teilen Mittel- und Südamerikas verbreitet sind. Sie sind kleine (12-50 mm), lebhafte und oft bunt gefärbte, tagaktive Bewohner feuchter Regen- oder Nebelwälder. D. ernähren sich von kleinen Arthropoden. Alle Arten zeigen eine hoch entwickelte Brutpflege. Die Weibchen legen ihre Eier meist auf dem Land ab, wo sie häufig vom Männchen bewacht und regelmäßig befeuchtet werden. Die *Baumsteiger* (Gatt. *Dendrobates*) bringen ihre Kaulquappen in wassergefüllte Baumlöcher oder Blattachseln von Bromelien. Die Hautalkaloide (↗ Batrachotoxine) der D. gehören zu den stärksten tierischen Giften überhaupt. Pfeilgifte werden nur von drei Arten der Gatt. *Phyllobates* gewonnen, wobei *Phyllobates terribili* soviel Gift enthält, dass die Indianer ihre Pfeilspitzen nur über den Rücken des lebenden Frosches streichen. Es gibt Hinweise darauf, dass die D. ihre Gifte nicht selbst produzieren, sondern sie mit dem Verzehr von Ameisen aufnehmen und dann leicht verändern.

Dendrobranchiata, Gruppe der ↗ Decapoda.

Dendrocalamus, Gatt. der ↗ Poaceae.

Dendrochronologie, Methode zur Bestimmung des Alters rezenter und subfossiler Hölzer (↗ Altersbestimmung).

Dendrocoelum, Gatt. der zu den Strudelwürmern gehörenden ↗ Tricladida.

Dendrogramm, 1) die grafische Wiedergabe von Jahresringbreiten (↗ Dendrochronologie)

2) die grafische Darstellung verwandtschaftlicher Beziehungen von Taxa, der ↗ Stammbaum i. e. S. Ein Stammbaum, dessen Aufstellung auf der Verwendung kladistischer Methoden beruht, wird ↗ Kladogramm genannt.

Dendrologie, *Gehölzkunde*, Teilgebiet der ↗ Botanik, das die Untersuchung von Bäumen (↗ Baum) und Sträuchern (↗ Strauch) zum Gegenstand hat.

Dengue-Fieber, durch ↗ Flaviviren hervorgerufene, in den Tropen und Subtropen auftretende akute fieberhafte Erkrankung, die durch *Aedes*-Mücken übertragen wird. Jährlich erkranken ca. 50 Mio. Menschen an dieser Krankheit. Symptome sind hohes Fieber, begleitet von Gelenk-, Kopf- und Rückenschmerzen, Lymphknotenschwellung und einem Exanthem.

Denitrifikanten, die ↗ denitrifizierenden Bakterien.

Denitrifikation, *dissimilatorische Nitratreduktion*, eine Form der anaeroben ↗ Nitratatmung (↗ anaerobe Atmung), bei der Nitrat zu gasförmigen Stickstoffverbindungen reduziert wird, hauptsächlich zu N_2. Der freigesetzte Stickstoff entweicht dabei gasförmig in die Atmosphäre. Die D. führt zu Stickstoffverlusten von Böden und ist damit zumindest für die Land- und Forstwirtschaft ein schädlicher Prozess. Als Nebenprodukt der D. entsteht Distickstoffoxid (N_2O), das zum ↗ Treibhauseffekt beiträgt. Für die Abwasserreinigung ist die D. dagegen hilfreich, da sie zur Stickstoffelimination aus Abwässern genutzt werden kann.

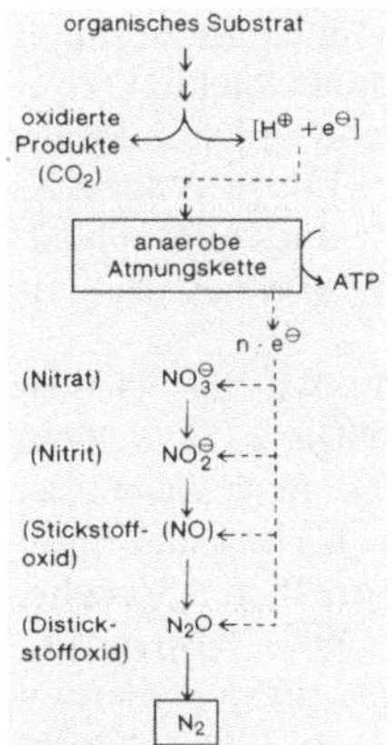

Denitrifikation   Elektronentransport bei der Denitrifikation: Im Verlauf der Denitrifikation werden Glucose und andere organische Substrate i. d. R. vollständig bis zum CO_2 oxidiert und die Elektronen (bzw. Wasserstoff) über die Komponenten einer Atmungskette auf Nitrat und die reduzierten Zwischenprodukte auf Nitrit, Stickstoffoxid und Distickstoffoxid als Endakzeptoren (anstelle von O_2) übertragen

Glucose
+
4,8 NO_3^-
+
4,8 H^+
↓
6 CO_2
+
2,4 N_2
+
8,4 H_2O
+ Energie:
$\Delta G^{o\prime}$ = -2657 kJ/mol Glucose

Denitrifikation   Abbau von Glucose bei der Denitrifikation, z. B. durch *Pseudomonas denitrificans*

An der D. können sehr verschiedene Bakteriengattungen beteiligt sein, die meist zu den ↗ Proteobacteria gehören (↗ denitrifizierende Bakterien). Es sind fakultativ anaerobe Bakterien, deren Nitratreduktase-System durch die Anwesenheit von Nitrat induziert wird. In Anwesenheit von Sauerstoff erfolgt die aerobe Atmung.

Im ersten Schritt der D. wird Nitrat durch die Nitratreduktase zu Nitrit reduziert. Im zweiten Schritt wird Nitrit durch die Nitritreduktase zu Stickstoffmonooxid reduziert. Bei einigen Bakterien, z. B. *Escherichia coli*, verläuft die D. nur bis zum Nitrit. Bei *Paracoccus denitrificans* und *Pseudomonas stutzeri* sind verschiedene Enzyme an der D. beteiligt, u. a. die Nitratreduktase, die Nitritreduktase sowie die NO-Reduktase und die N_2O-Reduktase.

denitrifizierende Bakterien, *Denitrifizierer*, *Denitrifikanten*, eine physiologische Gruppe fakultativ anaerober Bakterien, die unter anaeroben Wachstumsbedingungen ihre Energie durch ↗ Denitrifikation gewinnen können. Zu den d. B. gehören u. a. die Arten *Alcaligenes faecalis*, *Azospirillum brasilense*, *Bacillus licheniformis*, *Paracoccus denitrificans*, *Pseudomonas aeruginosa* und *Thiobacillus denitrificans*. Die meisten Arten gehören zu den ↗ Proteobacteria.

Denitrifizierer, die ↗ denitrifizierenden Bakterien.

Denken, ein Prozess der Informationsverarbeitung, in dessen Verlauf ein Gegenstand, ein Problem, eine Situation oder ein Aspekt erfasst und verarbeitet wird. Dabei werden Wahrnehmungen, Erinnerungen und Vorstellungen miteinander in Beziehung gebracht.

Die höchsten Formen des D. sind das ↗ Bewusstsein und die ↗ Sprache. Die moderne Verhaltensforschung hat gezeigt, dass auch Tiere bestimmte Formen des D. zeigen. *Einsichtiges Handeln* (↗ Lernen) und Werkzeuggebrauch bei Menschenaffen zeugen von einem ausgeprägten *Assoziationsvermögen* (↗ Assoziation). Eine besondere kognitive Leistung ist auch die bei Schimpansen beobachtete Fähigkeit zur *taktischen Täuschung* von Artgenossen. Bei von Menschen aufgezogenen Menschenaffen (vor allem Schimpansen) ist es möglich, ihnen eine Zeichensprache beizubringen, mit der sie kommunizieren können. Nicht nur Menschenaffen, sondern auch andere Säugetiere und Vögel verfügen über die Fähigkeit der *vorsprachlichen Begriffsbildung*, die auch als *unbenanntes*

Denken bezeichnet wird. So können Rhesusaffen z. B. lernen, unter drei vorgelegten Objekten (zwei Kreise, ein Dreieck) das ungleiche Objekt zu wählen. Bietet man ihnen nach dem Erlernen der Aufgabe andere Objekte, von denen eines ungleich ist, wählen sie mit hoher Wahrscheinlichkeit das ungleiche Objekt.

Literatur: Calvin, William H.: Wie das Gehirn denkt. Die Evolution der Intelligenz, Heidelberg 1998. – Gould, J, L./Gould, C. G.: Bewusstsein bei Tieren. Ursprünge von Denken, Lernen und Sprechen. Heidelberg 1997. – Whorf, B. L.: Sprache, Denken, Wirklichkeit, Reinbek 1997. – Posner, M.I., Raichle, M.E.: Bilder des Geistes. Hirnforscher auf den Spuren des Denkens, Heidelberg 1996. – Vester, F.: Denken, lernen, vergessen, München 1998.

Dentes, die ↗ Zähne.

Dentin, das ↗ Zahnbein.

Deplasmolyse, ↗ Plasmolyse.

Depolarisation, die Abnahme eines ↗ Membranpotenzials durch mechanische, chemische oder elektrische Einwirkungen. (↗ Aktionspotenzial)

Deponie, Lagerungsplatz von ↗ Abfällen im Gelände. Nach Art und Gefährdungsgrad der Abfälle unterscheidet man zwischen Hausmüll-, Bauschutt-, Inert- und Sondermülldeponien. Es können ↗ Umweltbelastungen auftreten durch Lärm, Geruch, Staub, Gasentwicklung und Sickerwasser (↗ Grundwasser).

Depression, psychische Erkrankung, bei der im Gegensatz zu einer vorübergehenden Traurigkeit oder Niedergeschlagenheit, die depressiven Symptome über ein „normales" Stimmungstief hinausgehen und über längere Zeit anhalten. Als Symptome treten Antriebslosigkeit, Niedergeschlagenheit, Teilnahmslosigkeit, Kontaktarmut, Angstzustände, Reizbarkeit, Erschöpfung und Schlafstörungen auf. Man unterscheidet psychogene D., endogene D., somatogene D. und die saisonale D. oder Winterdepression.

Psychogene D. entwickeln sich oft als Folge von Verlusten, lang anhaltener Überforderung, in Krisenzeiten oder auch, wenn beeindruckende seelische Erlebnisse in der frühen Kindheit nicht verarbeitet wurden. *Endogene D.* werden dagegen nicht durch einen äußeren Anlass verursacht. Für sie konnten Erbfaktoren als wesentliche Ursache nachgewiesen werden. Bei manisch Depressiven wechseln depressive Phasen mit manischen Phasen, in denen sich der Betroffene in einem Zustand von Euphorie und Selbstüberbschätzung befindet. Bei unipolaren endogenen D. wechseln depressive Phasen und Phasen, in denen sich der Betroffene wieder normal fühlt. Die *larvierte (maskierte)* D. ist vom Erscheinungsbild untypisch, da sie sich hinter körperlichen Krankheitszeichen versteckt, z. B. Magen-Darm-Symptomen, Herz- und Atembe-

schwerden, Kopfschmerzen usw. *Somatogene D.* treten als Begleiterscheinung bei körperlichen Krankheiten auf, bei Schilddrüsenunterfunktion, bei hormonellen Umstellungen (z. B. Wochenbettdepression oder Wochenbettpsychose) und bei hirnorganischen Störungen.

Neurobiologische Befunde belegen, dass im Gehirn biochemische Prozesse „entgleist" und neuronale Schaltkreise gestört sind. Aus der Beobachtung, dass antidepressiv wirkende Mittel den Noradrenalin- und den Serotonin-Spiegel anheben, schloss man, dass ein Mangel an diesen Substanzen eine Ursache für die D. sein könnte. Die therapeutisch eingesetzten *Antidepressiva* hemmen den Abbau von ↗ Serotonin und ↗ Noradrenalin oder unterbinden ihre Wiederaufnahme über die präsynaptische Membran (↗ Synapse) und erhöhen damit ihre Verfügbarkeit an den Rezeptoren der postsynaptischen Membran.

Die Behandlung mit Antidepressiva wird oft durch psychotherapeutische Behandlung ergänzt. Sehr schwere D. müssen stationär behandelt werden. Leichte depressive Verstimmungen und leichte D. lassen sich auch mit pflanzlichen Präparaten (z. B. ↗ Johanniskraut) oder alleiniger Psychotherapie behandeln.

Literatur: Arieti, S., Bemporad, J.: Depression. Krankheitsbild, Entstehung, Dynamik und psychotherapeutische Behandlung, Stuttgart 1998. Nuber, U.: Depression – Die verkannte Krankheit, Stuttgart 2000.

Derivat, *Abkömmling*, 1) in der *Chemie* Bez. für eine chemische Verbindung, die durch Abtrennung, Einführung oder Austausch von Atomen oder Atomgruppen aus einer Stammverbindung entstanden und mit dieser in Aufbau oder Eigenschaften noch verwandt ist.

2) In der *Biologie* Bez. für ein Organ, Organteil oder Gewebe, das aus bestimmten Bereichen eines früheren Entwicklungsstadiums entsteht; z. B. sind bei Wirbeltieren das ↗ Nervensystem und die ↗ Epidermis D. des ↗ Ektoderms.

Dermaptera, *Ohrwürmer*, mit 1300 Arten vorwiegend in den warmen Gebieten der Erde lebende Gruppe der Insekten; in Mitteleuropa leben nur sieben Arten. Ohrwürmer haben stark verkürzte und kräftig sklerotisierte Vorderflügel. Die Mundwerkzeuge sind kauend. Das Abdomen besteht aus zehn Segmenten und trägt eingliedrige, kräftige Cerci, die zangenförmig gebogen sind. Sie dienen der Abwehr und dem Angriff, dem Transport der Beute zum Mund, dem Entfalten der Hinterflügel und spielen eine Rolle bei der Kopulation. Viele Arten zeigen Balzverhalten und Brutfürsorge, die Entwicklung geht über meist fünf Nymphenstadien. Zu den D. gehören u. a. der räuberisch an Küsten und sandigen Ufern lebende *Sandohrwurm (Labi-*

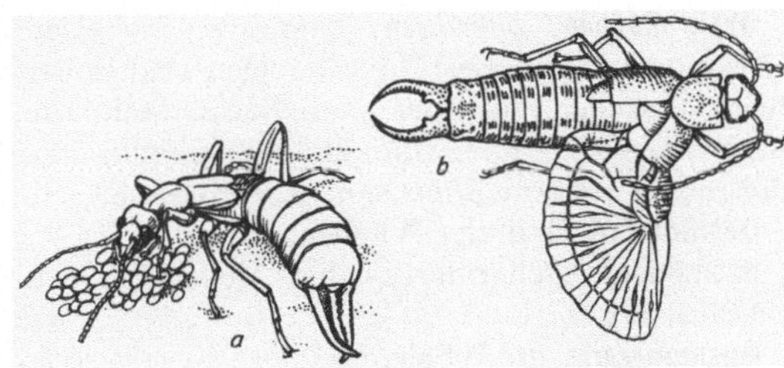

Dermaptera Links Weibchen des Sandohrwurms (*Labidura riparia*) beim Betreuen seiner Eier; daneben Männchen des Gemeinen Ohrwurms (*Forficula auricularia*; rechte Flügelseite ausgebreitet)

dura riparia), der bis 26 mm lang wird sowie als bei uns häufige Art und Kulturfolger der bis 16 mm lange *Gemeine Ohrwurm (Forficula auricularia)*, der sich überwiegend von pflanzlichem Material ernährt.

Dermatom, 1) *Entwicklungsbiologie*: Zellpopulation im Somiten, die den mesodermalen Anteil der Haut, die Unterhaut (Corium) liefert.

2) *Anatomie*: In der Haut von Wirbeltieren der Bereich, der von einem der serial angeordneten Spinalnerven innerviert ist. Entwicklungsgeschichtlich spiegelt diese Zonierung den segmentalen Aufbau des Körpers wieder (↗ Metamerie).

Dermatophyten, eine Gruppe weltweit verbreiteter, miteinander verwandter fädiger Pilze aus der Ordnung Onygenales (Ascomycetes; sexuelle Form) und der Formordnung Moniliales (↗ Deuteromycetes; asexuelle Form). Sie bauen ↗ Keratin und ↗ Cellulose ab und wachsen in den äußeren Schichten von Haut, Haar und Nägeln bei Mensch und Tieren sowie saprophil im Boden. Beim Menschen finden sich vor allem Arten aus dem Gatt. *Trichophyton* (u. a. mit *Trichophyton rubrum*, dem Erreger des Fußpilzes), *Epidermophyton* und *Microsporum*.

Dermestidae, *Speckkäfer*, zu den ↗ Polyphaga gehörende Fam. der Käfer (↗ Coleoptera) mit etwa 900 Arten. Die Speckkäfer sind 2 - 10 mm lang und meist braun oder schwarz; die Larven sind behaart, manche besitzen am Hinterleibsende aufrichtbare Büschel von Pfeilhaaren. Einige Arten sind weltweit verbreitete Schädlinge. So fressen die Larven der Gatt. *Anthrenus* Federn, Haare, Teppiche, Wollsachen, Objekte in zoologischen Sammlungen; die Imagines leben von Nektar und Pollen, ebenso wie die Pelzkäfer (Gatt. *Attagenus*), deren Larven ebenfalls tierische Produkte sowie Getreideprodukte und Sämereien fressen. Die Speckkäfer (Gatt. *Dermestes*) hingegen fressen wie auch ihre Larven vor allem an Fellen, Häuten und Fleischwaren.

Dermis, *Corium*, die bindegewebige Unter- oder Lederhaut der Wirbeltiere (↗ Haut).

Dermochelyidae, *Lederschildkröten*, Fam. der Schildkröten (↗ Chelonia) mit nur einer rezenten Art, der in tropischen und subtropischen Meeren verbreiteten *Lederschildkröte (Dermochelys coriacea)*. Mit bis fast 3 m Länge ist sie die größte lebende Schildkröte. Die zu Schwimmpaddeln umgewandelten Vorderextremitäten erreichen eine Spannweite von bis zu 3 m. Der Panzer aus derber, lederartiger Haut mit mosaikartig eingesetzten Knochenelementen besitzt dorsal sieben und ventral fünf Leisten. Lederschildkröten sind Hochseebewohner, die bis zu 1200 m tief tauchen können und vermutlich ihre Körpertemperatur aktiv höher als die Wassertemperatur halten können.

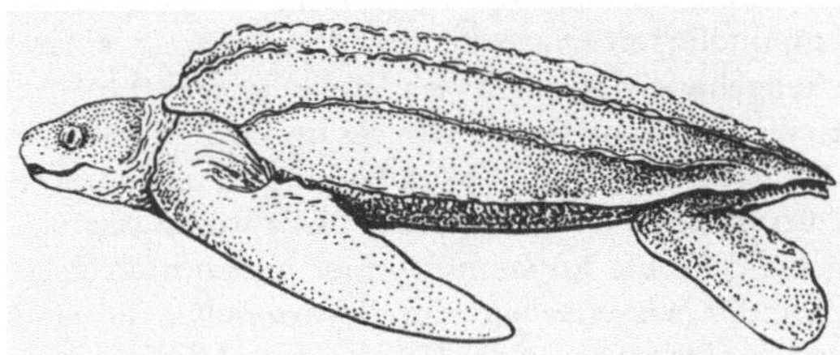

Dermochelyidae Lederschildkröte (*Dermochelys coriacea*)

Dermoptera, *Riesengleiter*, Ord. der Säugetiere mit einer Fam. und nur zwei Arten in einer Gatt. (*Cynocephalus*). D. sind etwa katzengroße, Baum bewohnende Säugetiere, die in den Wäldern Südostasiens leben. Mit Hilfe von Gleithäuten, die zwischen den Extremitäten und dem Schwanz ausgespannt sind, können sie bis zu 50 m weite Gleitflüge ausführen. Gleitflieger ernähren sich vor allem von Blättern bestimmter Baumarten sowie Knospen, Blüten und Früchten.

Deroceras, die Gatt. Ackernetzschnecken (↗ Stylommatophora).

Derxia, nach neuer Systematik Gatt. der ↗ Proteobacteria. Es sind frei lebende, ↗ Stickstoff fixierende Bakterien mit aerobem, chemoorganotrophem (↗ Chemoorganotrophie) Stoffwechsel. Arten dieser Gatt. kommen auch in sauren Böden vor.

Desaminierung, *Deaminierung*, die enzymkatalysierte Abspaltung von Aminogruppen aus organischen Stickstoffverbindungen als ↗ Ammoniak. Im Stoffwechsel sind folgende D. von Bedeutung: 1) Die *dehydrierende D.*, durch die Glutamat und NAD$^+$ unter der katalytischen Wirkung von Glutamat-Dehydrogenase zu α-Ketoglutarat, Ammoniak und NADH + H$^+$ umgesetzt werden. 2) Die *eliminierende D.*, durch die primär die β-Substituenten der Aminosäuren ↗ Serin, ↗ Homoserin, ↗ Threonin und ↗ Cystein unter Ausbildung der entsprechenden α-β-ungesättigten Aminosäuren entstehen; diese lagern sich über Imino-Zwischenprodukte zu α-Ketosäuren um, unter Freisetzung von Ammoniak (↗ Pyridoxalphosphat). 3) Die *oxidative D.*, durch die Aminosäuren, wie z. B. ↗ Glycin und ↗ Lysin, in Gegenwart von Sauerstoff unter der katalytischen Wirkung von Aminosäure-Oxidasen zu den entsprechenden α-Ketosäuren unter Freisetzung von Wasserstoffperoxid (H_2O_2) und Ammoniak reagieren. 4) Die *hydrolytische D.*, die den Abbau von ↗ Adenin und ↗ Guanin einleitet, wobei diese unter Freisetzung von Ammoniak zu ↗ Hypoxanthin bzw. ↗ Xanthin umgewandelt werden, oder auch die Desaminierung von ↗ Cytosin zu ↗ Uracil. (↗ Transaminierung)

Desertifikation, *Wüstenbildung*, Ausbreitung von ↗ Wüsten in Wüstenrandgebieten in ariden, semiariden und trockenen subhumiden Regionen. Sie ist häufig die Folge der zu starken Nutzung dieser empfindlichen Ökosysteme. Etwa 70 % aller Trockengebiete mit einer Gesamtfläche von 3,6 Mrd. Hektar und ein Viertel der gesamten Bodenfläche der Erde sind von Wüstenbildung betroffen. Die Dürrekatastrophe im Sahel 1973/74 war ausschlaggebend für die Entstehung einer neuen interdisziplinären Wissenschaft, der *Desertologie*, die sich mit der Erforschung der Ursachen und Zusammenhänge der Wüstenbildung befasst.

Designer-Drogen, synthetische Drogen, die entwickelt werden, um betäubungsmittelrechtliche Vorschriften zu umgehen. Die wichtigsten Gruppen leiten sich von ↗ Amphetamin (Methamphetamin, ↗ Mescalin und ↗ Ecstasy), Phencyclidin und Fentanyl ab. D. - D. erzielen vergleichbare Wirkungen wie die Ausgangssubstanz, jedoch kann die Wirkung vielfach verstärkt sein oder sie können, z. T. auch durch unsachgemäße Synthese, zu irreversiblen Schädigungen von Nervenzellen führen, die u. a. die Parkinson-Krankheit oder auch den Tod zur Folge haben können.

Design Food, Bez. für Fertignahrungsmittel, deren Zutaten wie aus einem Baukastensystem zu neuen Gerichten oder Nahrungsmitteln zusammengefügt werden; z. B. Reis mit Gemüse und Sauce in einer Tiefkühlpackung. Teilweise hat D.F. dieselbe Bedeutung wie ↗ Convenience Food.

Desinfektion, die gezielte Abtötung bzw. Inaktivierung unerwünschter Mikroorganismen (Krankheitserreger) auf unbelebtem Material oder auf der Haut. Dabei werden jedoch im Gegensatz zur ↗ Sterilisation nicht alle vermehrungsfähigen Mikroorganismen beseitigt, insbesondere bleiben Bakteriensporen erhalten. Eine D. wird erreicht durch den Einsatz chemischer Mittel (↗ Desinfektionsmittel) und bei nicht belebtem Matierial auch durch thermische Desinfektionsverfahren (Auskochen).

Desinfektionsmittel, chemische Mittel zur ↗ Desinfektion. Hierzu gehören u. a. Aldehyde (Formaldehyd, Glutaraldehyd), Alkohole, Phenole, Chlor, Jod, Oxidationsmittel (Peressigsäure) und medizinische Seifen.

Desmidiaceae, *Zieralgen*, Fam. der Jochalgen (↗ Zygnematophyceae). Die Zieralgen sind in der Regel Einzeller mit einer zierlichen Gestalt. Die Arten der Gatt. *Closterium* sind halbmondförmig, diejenigen der Gatt. *Micrasterias* sternförmig.

Desmodium, Gatt. der ↗ Fabaceae.

desmodont, Scharniertyp bei Muschelschalen (↗ Bivalvia).

Desmomyaria, die ↗ Salpida.

Desmosom, eine ↗ Zell-Zell-Verbindung vom Typ der ↗ Adhering Junction, die als Haftstruktur zwischen den Zellen von tierischen Epithelien und Herzmuskelzellen vorkommt, bei denen eine besondere mechanische Beanspruchung vorliegt. D. interagieren mit dem cytoplasmatischen Netzwerk, das u. a. aus Intermediärfilamenten besteht, sodass zwischen einzelnen D. eine Verbindung existiert.

Desoxycholsäure, eine der ↗ Gallensäuren.

Desoxyribonucleasen, *DNasen*, Enzyme, die DNA spezifisch kettenintern (↗ Endonucleasen) oder vom Ende her (↗ Exonucleasen) abbauen. Sie hydrolysieren durch Spaltung der Phosphodiesterbindungen einzel- und doppelsträngige DNA-Moleküle, sodass Mono- bzw. Oligonucleotide entstehen. In diesem Zusammenhang wird auch von „Schneiden", „Spalten" und „Verdauen" der DNA gesprochen. D. können sequenzspezifisch sein (↗ Restriktionsenzyme) oder aber unspezifisch schneiden. Die *DNase I* aus Rinderpankreas schneidet DNA unspezifisch und wird im Labor verwendet, um z. B. DNA aus RNA-Lösungen zu entfernen. (↗ Ribonucleasen)

Desoxyribonucleinsäure, Abk.: *DNA*, *DNS*, ein langes Polymer, das i. d. R. aus den vier ↗ Nucleotiden Adenosinmonophosphat, Cytidinmonophosphat, Guanosinmonophosphat und Thymidinmonophosphat als Grundbausteinen besteht, und, von RNA-Viren und RNA-Bakteriophagen abgesehen, in allen Zellen als Träger der genetischen Information fungiert. Dort kommt die DNA überwiegend in den Chromosomen (↗ Chromatin, ↗ Eucyte) oder chromosomenähnlichen Strukturen der ↗ Protocyte (↗ Bakterienchromosom) vor. Jedes Chromatid eines Chromosoms besteht aus einem DNA-Doppelstrang. Extrachromosomal ist DNA in den ↗ Mitochondrien (*Chondrom*) und ↗ Plastiden (*Plastom*) bzw. als ↗ Plasmide vorhanden. Was die Größe einzelner DNA-Moleküle anbelangt, unterscheiden sich die mehrere Tausend Basenpaare großen Plasmide, Phagen-DNAs und Genome der Organellen von den aus vielen Millionen Basenpaaren bestehenden DNA-Strängen eukaryotischer Organismen. Die DNA liegt fast immer doppelsträngig als ↗ Doppelhelix vor, bei der die beiden DNA-Stränge antiparallel zueinander verlaufen. Lediglich eine Reihe von Bakteriophagen und Viren besteht aus einzelsträngiger DNA.

Desoxyribonucleinsäure Größen von DNA bzw. Größe des haploiden Genoms ausgewählter Organismen (sortiert nach DNA-Gehalt)

DNA bzw. Organismus	DNA-Gehalt (pg)	Länge*	Basenpaare
Plasmid pBR322 aus *Escherichia coli*	0,0000045	1,4 µm	4363
SV40	0,0000055	1,78 µm	5243
Bakteriophage ΦX174	0,0000059	1,83 µm	5386
Bakteriophage M13	0,0000072	2,18 µm	6407
Bakteriophage T7	0,000044	13,6 µm	39 936
Bakteriophage λ	0,000055	16,5 µm	48 502
Bakteriophage T4	0,0002	56 µm	$1,66 \cdot 10^5$
Haemophilus influenzae	0,0020	622 µm	$1,830 \cdot 10^6$
Escherichia coli	0,0052	1,6 mm	$4,72 \cdot 10^6$
Hefe (*Saccharomyces cerevisiae*)	0,0132	4,1 mm	$1,2025 \cdot 10^7$
Fadenwurm (*Caenorhabditis elegans*)	0,0835	24 mm	$9,7 \cdot 10^7$
Taufliege (*Drosophila melanogaster*)	0,18	56 mm	$1,65 \cdot 10^8$
Maus (*Mus musculus*)	2,5	0,75 m	$3,0 \cdot 10^9$
Krallenfrosch (*Xenopus laevis*)	3,1	0,95 m	$3,1 \cdot 10^9$
Mensch (*Homo sapiens*)	3,2	0,99 m	$3,3 \cdot 10^9$
Mais (*Zea mays*)	7,3	2,2 m	$6,6 \cdot 10^9$
Küchenzwiebel (*Allium cepa*)	16,5	5,1 m	$1,5 \cdot 10^{10}$
Mitochondrien-DNA:			
Homo sapiens	0,0000182	5,6 µm	16 569
Saccharomyces cerevisiae	0,000081	25 µm	75 000
Arabidopsis thaliana	0,00041	126 µm	$3,72 \cdot 10^5$
Chloroplasten:			
Zea mays	0,000155	47 µm	$1,40 \cdot 10^5$

1 Pikogramm [pg] = 10^{-12} g. Ein Pikogramm DNA enthält ca. $9,1 \cdot 10^8$ = ca. 910 Mio. Basenpaare und ist entkondensiert ca. 309 mm lang.
* Die meist elektronenmikroskopisch ermittelten DNA-Längen und die Anzahl der Basenpaare entsprechen häufig nur angenähert der Beziehung 340 nm ≙ 1000 Basenpaare. Die Abweichungen sind bei den kürzeren DNA-Ketten durch die Unschärfe der Längenmessungen bedingt, bei den komplexeren DNAs aber auch durch die mit den Kettenlängen zunehmend ungenaueren Bestimmungen der Basenpaarzahlen.

Die DNA ist zur identischen Reduplikation fähig (↗ Replikation) und die in ihr enthaltene Erbinformation wird während der ↗ Transkription in die eng verwandten ↗ Ribonucleinsäuren umgeschrieben, die in der Zelle vielfältige Aufgaben übernehmen (↗ Ribosomen ↗ Translation).

Chemisch gesehen handelt es sich bei der DNA um ein Polynucleotid, in dem die einzelnen Nucleotide über Phosphodiesterbrücken miteinander verbunden sind, wobei die α-Phosphatgruppe am 5'-Kohlenstoff eines Nucleotids mit dem 3'-Kohlenstoff eines anderen Nucleotids verestert ist (↗ DNA-Polymerasen, ↗ Nucleinsäuren). Dadurch erhalten DNA-Moleküle zwei unterschiedliche Enden und somit eine Orientierung, nämlich ein so genanntes *5'-Ende (5'-P-Terminus)*, dessen Triphosphatgruppe nicht an einer Esterbindung beteiligt ist, und am anderen Ende das so genannte *3'-Ende (3'-OH-Terminus)* mit einer freien Hydroxylgruppe. Zahlreiche Enzyme sind in der Lage, die Ausbildung der Phosphodiesterbindung zu katalysieren (z. B. DNA-Poylmerasen, ↗ DNA-Ligase) bzw. hydrolytisch zu spalten (z. B. ↗ Desoxyribonuclease, ↗ DNA-Topoisomerase). Ferner bedienen sich sowohl prokaryotische als auch eukaryotische Zellen einer Reihe unterschiedlicher Mechanismen, um chemische oder biophysikalische Schäden der DNA zu beheben (↗ DNA-Reparatur, ↗ Mutation).

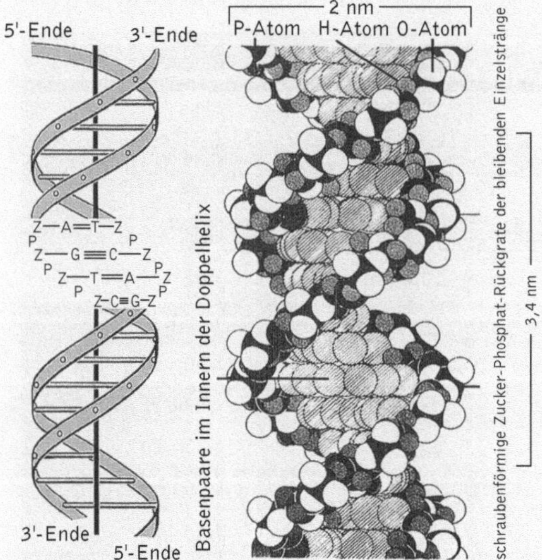

Desoxyribonucleinsäure Modell eines doppelsträngigen DNA-Moleküls. Links ein vereinfachtes Modell, das einen Ausschnitt von 19 Basenpaaren zeigt und dem ursprünglichen Watson-Crick-Modell der Doppelhelix ähnelt. Z = Zucker (2-Desoxyribose), P = Phosphorsäure, A = Adenin, C = Cytosin, G = Guanin, T = Thymin. Rechts ein Kalottenmodell der DNA, das außen das „Zucker-Phosphat-Rückgrat" und innen die Basenpaare sowie die große und kleine Furche der Doppelhelix erkennen lässt

Unter physiologischen Bedingungen ist die DNA nicht als Säure, sondern als so genanntes *Polyanion* vorhanden und interagiert zur Aufrechterhaltung der Elektroneutralität mit Ionen (z. B. K^+, NH_4^+), Aminen und basischen Proteinen (↗ Histone). Neben den bereits genannten Nucleotiden enthalten DNAs einiger Viren andere Basen, wie z. B. 5-Hydroxylmethyluracil anstatt Thymin. Außerdem können sie unterschiedlich stark methyliert sein (↗ DNA-Methylierung).

Die ursprünglich durch J. ↗ Watson und F. ↗ Crick beschriebene *Doppelhelix* wird inzwischen als so genannte ↗ B-Form bezeichnet und unterscheidet sich von weiteren Formen (↗ A-Form, ↗ Z-DNA, P-Form) in der Anzahl der Basenpaare pro Windung, dem helikalen Durchmesser und darin, ob sie rechts- oder linksgedreht sind. Inwieweit diese durch die Wahl der physikalischen Bedingungen wie Wassergehalt, Vorhandensein bestimmter Ionen oder eine hohe Ionenstärke entstehenden Formen in vivo vorkommen, ist unklar. So kommt die linksgängige Z-DNA (benannt nach den im Zickzack verlaufenden Phosphatgruppen) auch innerhalb der B-Form vor; sie könnte an der Genregulation beteiligt sein oder die im Verlauf der Transkription von der RNA-Polymerase erzeugte negative Torsionsspannung stabilisieren. Torsionsspannungen treten in allen DNA-Molekülen auf, die

wie virale, bakterielle und eukaryotische DNA keine freien Enden aufweisen, da sie als ringförmige Moleküle oder aber in Chromosomen organisiert sind. Dadurch kann die DNA nicht mehr frei im Raum drehen, wodurch es zu einer Superspiralisierung (*supercoil*) kommt. Für die Auflösung dieser Strukturen sind die DNA-Topoisomerasen und ↗ DNA-Helicasen verantwortlich.

Dass die in den Chromosomen enthaltene DNA der Träger der Erbinformation ist, war während der ersten Hälfte des 20. Jh. noch nicht akzeptiert, da ein aus lediglich vier Bausteinen bestehendes Molekül nicht geeignet schien, die genetische Vielfalt erklären zu können. So war man der Ansicht, dass Gene aus Proteinen bestehen, die eine große Variabilität bieten. Als in den 1930er- und 1940er-Jahren das so genannte *transformierende Prinzip* genauer untersucht wurde, das bei *Streptococcus pneumoniae* für die Umwandlung von avirulenten in virulente Stämme verantwortlich ist, stellte sich heraus, dass tatsächlich DNA genetische Information erhält. 1944 gelang O.T. ↗ Avery und seinen Mitarbeitern der experimentelle Beweis, dass es sich bei dem transformierenden Prinzip um DNA handelt und 1952 kamen A. ↗ Hershey und Martha Chase mit Hilfe von Radioisotopenmarkierungen am T2-Phagen von *Escherichia coli* zu dem Schluss, dass die genetische Information für die Hüllproteine des Phagen in dessen DNA enthalten ist. Damit war eindeutig bewiesen, dass DNA und nicht Protein als genetisches Material fungieren.

Zur Untersuchung der DNA stehen heute zahlreiche Verfahren zur Verfügung, mit denen z. B. bestimmte DNA-Abschnitte vervielfältigt (↗ DNA-Klonierung, ↗ Polymerasekettenreaktion), der Größe nach aufgetrennt (↗ Elektrophorese) oder aber in ihrer Sequenz analysiert (↗ DNA-Sequenzierung) werden können. Viele Enzyme, die an Replikation und Transkription beteiligt sind, können hierzu auch in vitro eingesetzt werden (↗ Restriktionsenzyme, Desoxyribonucleasen).

Desoxyribose, *2-Desoxy-D-Ribose*, ein Zucker (*Pentose*), bei dem am C-2-Atom eine Hydroxylgruppe fehlt. Die D. ist der Kohlenhydratbestandteil der ↗ Desoxyribonucleinsäure (DNA).

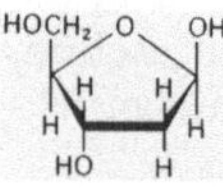

Desoxyribose

Destruenten, *Reduzenten*, ↗ Mikroorganismen, die organische Ausscheidungsprodukte der Organismen und andere tote ↗ Biomasse abbauen und in einfache organische Verbindungen überführen (↗ Mineralisierung). Unter aeroben Bedingungen sind Destruenten fast ausschließlich ↗ Bakterien und ⌁ Pilze, unter Sauerstoffausschluss nur Bakterien. (⌁ Mineralisation, ⌁ Cellulose abbauende Mikroorganismen, ⌁ Ligninabbau)

Destruenten-Saprophagen-Nahrungkette, *Destruenten-Saprophagen-System*, ⌁ Nahrungskette eines ⌁ Ökosystems, an der ⌁ Destruenten (fast ausschließlich Bakterien und Pilze) und ⌁ Saprophagen (Tiere, die sich von toter organischer Substanz ernähren) beteiligt sind. Nahrungsgrundlage in diesem System ist das in der Nahrungskette der Pflanzenfresser (⌁ Phytophagennahrungskette) nicht ausgenutzte organische Material, also absterbendes Pflanzenmaterial, Kot, Leichen usw. Die Energieausnutzung in der D. ist sehr hoch, da im Gegensatz zur Phytophagennahrungskette der eigene Abfall in die Nahrungkette einbezogen wird (*Rezyklierung*). Dies ist auf die besondere physiologische Leistungsfähigkeit von Mikroorganismen zurückzuführen.

Destruenten-Saprophagen-System, die ⌁ Destruenten-Saprophagen-Nahrungskette.

Desulfovibrio, Gatt. der δ-Untergruppe der ⌁ Proteobacteria. Es sind polar begeißelte gekrümmte Stäbchen, die unter anaeroben Bedingungen ⌁ Lactat, Pyruvat, Ethanol oder bestimmte Fettsäuren als Elektronendonatoren verwenden und Sulfat zu Schwefelwasserstoff (H_2S) reduzieren. D. kommt in aquatischen Biotopen und nassen Böden mit hohen Gehalten an Sulfat und organischer Substanz vor.

Desulfurikation, die ⌁ Sulfatatmung.

Deszendenztheorie, *Abstammungslehre*, die wissenschaftliche Lehre, dass die heutigen, z. T. hoch organisierten Lebewesen irgendwann in der Vergangenheit stets eine ihnen gemeinsame Stammart hatten und letztlich alle auf eine einzige Art zurückgehen, also eine monophyletische Abstammung haben. Die D. hat sich als Grundkonzeption aller biologischen Wissenschaften gegenüber der Lehre von der Konstanz der Arten durchgesetzt und ist grundlegend für die ⌁ Systematik. (⌁ Evolution, ⌁ Evolutionstheorien, ⌁ phylogenetische Systematik)

Deszensus, der Hodenabstieg (Descensus testiculorum; ⌁ Hoden).

Determinanten, 1) *Immunologie*: antigene D., das ⌁ Epitop.

2) *Entwicklungsbiologie*: cytoplasmatische Faktoren (z. B. RNA oder Proteine), die bei einer Zellteilung (⌁ Cytokinese) asymmetrisch auf die Tochterzellen verteilt werden und deren weitere Entwicklung bestimmen (*Determination*).

Determination, *primäre Differenzierung*, Bez. für Festlegung embryonaler, undifferenzierter Zellen auf eine bestimmte Entwicklungsrichtung. Die D. erfolgt durch intrazelluläre cytoplasmatische Faktoren wie Proteine und RNA (*Determinanten*) oder durch extrazelluläre chemische und physikalische Signale (*Determinatoren*). An die D. schließt sich die sekundäre ⌁ Differenzierung an.

Determinationszone, der organogenetische Bereich des pflanzlichen ⌁ Vegetationspunktes, in der der künftige Bau des Sprosses festgelegt wird. Hier entstehen auch die Anlagen für die Blätter.

Detoxifikation, die ⌁ Entgiftung.

Detritivoren die ⌁ Detritusfresser.

Detritus, feines, durch die ⌁ Zersetzung von Tier- und Pflanzenresten entstandenes Material, wobei im Wasser noch die organischen Sinkstoffe (*Abiosetos*, *Tripton*) hinzugerechnet werden. In der angloamerikanischen Literatur wird D. synonym mit ⌁ Bestandsabfall verwendet, was im eigentlichen Wortsinn nicht korrekt ist, da D. „Zerreibsel" bedeutet und nur zerkleinerte Substratteile bezeichnet. Der D. dient zahlreichen Organismen der ⌁ Detritusnahrungskette als Nahrung (⌁ Detritusfresser).

Detritusfresser, *Detritivoren*, Tiere, die sich von zerkleinerter organischer Substanz, dem ⌁ Detritus, ernähren. In der angloamerikanischen Literatur wird D. synonym mit ⌁ Saprophage verwendet. Zu den *terrestrischen D.* gehören Protozoen (⌁ Einzeller), Fadenwürmer (⌁ Nematoda), Rädertierchen (⌁ Rotatoria), Bodenmilben (⌁ Acari), Springschwänze (⌁ Collembola), Asseln (⌁ Isopoda), Tausenfüßer (⌁ Myriapoda), ⌁ Regenwürmer, Schnecken (⌁ Gastropoda) und die Larven bestimmter Fliegen (⌁ Brachycera) und Käfer (⌁ Coleoptera). D. leisten einen wesentlichen Beitrag zur Entwicklung der Bodenstruktur (⌁ Boden, ⌁ Bodenorganismen). In 1 m³ Waldboden der gemäßigten Zone können 1000 Tierarten enthalten sein.

Die *aquatischen D.* werden nach der Art des Nahrungserwerbs eingeteilt in Zerkleinerer, Sediment- und Detritusfresser, Filtrierer, Weidegänger und ⌁ Carnivora: *Zerkleinerer* sind D., die Material von über 2 mm Größe fressen und es dadurch zerkleinern. Hierzu gehören Köcherfliegenlarven (⌁ Trichoptera, z. B. *Hydropsyche*), Flohkrebse (Amphipoda, z. B. *Gammarus*) und Asseln (z. B. *Asellus*). Die *Sediment- und Detritusfresser* leben von organischen Partikeln, die in oder auf dem Sediment abgelagert sind. *Filtrierer* entnehmen ihre Nahrung der Wassersäule. *Weidegänger* schaben an Felsen und Steinen die organische Schicht aus Algen, Bakterien, Pilzen und totem Material ab. Die vierte Gruppe sind die *Carnivoren*. Die meisten aquatischen D. sind im Gegensatz zu den terrestrischen D. ⌁ Generalisten.

In manchen Tiergemeinschaften sind die D. und ihre Prädatoren (⌁ Räuber) dominierend, z. B. in Waldböden, beschatteten Bächen, Höhlen sowie auf dem Grund von Ozeanen und Seen. (⌁ Ernährung)

Detritusnahrungskette, 1) die ↗ Nahrungskette der ↗ Detritusfresser.

2) in der angloamerikanischen Literatur Bez. für die ↗ Destruenten- und Saprophagen-Nahrungskette, wobei der Begriff ↗ Detritus hier – anders als im Deutschen – im Sinne von ↗ Bestandsabfall verwendet wird.

Deuteranopie, Form der ↗ Farbenfehlsichtigkeit.

Deuteromycetes, *Fungi imperfecti*, künstliche Gruppe, in der alle ↗ Pilze zusammengefasst sind, von denen die Hauptfruchtform und damit die sexuelle Fortpflanzung (noch) unbekannt sind. Von den D. ist also nur die Art und Weise der vegetativen Vermehrung in der Nebenfruchtform (Anamorphe; ↗ Pleomorphismus) bekannt. Gelegentlich kann es darüber hinaus bei manchen Individuen zu Hyphenfusion und danach zu parasexuellen Vorgängen, wie z. B. Fusion zu diploiden, heterozygoten Kernen, Haploidisierung durch schrittweisen Verlust von Chromosomen oder mitotischem Crossing over kommen. Zunehmende Kenntnis von Hyphen- und Septentypen, Chemie und Struktur der Zellwand sowie Vergleiche von DNA und Nebenfruchtformen sollten es in Zukunft möglich machen, die D. nach und nach in das natürliche System der Pilze einzuordnen.

Die D. werden vorläufig nach den die ↗ Konidien erzeugenden Strukturen untergliedert. Konidien entstehen bei den D. fast immer an Trägern, die frei sind bzw. auf Lagern oder in ↗ Pyknidien stehen. Bei den *Sphaeropsidales* werden die Konidien in Pyknidien oder in kammerähnlichen Höhlungen gebildet. Die Konidien der *Melanconiales* entstehen auf stromatischen, d. h. harten oder sklerotisierten Lagern, mit eingebetteten Perithecien. Hierher gehört z. B. *Gloeosporium fructigenum*, der die Bitterfäule der Äpfel hervorruft. Die *Moniliales* bilden Konidien an oft reich verzweigten Trägern, die einzeln, zu Bündeln (*Koremien*) vereinigt oder mit sterilen Hyphen zu Gallertlagern (*Sporodochien*) verbunden sind. Hierher werden zahlreiche Arten von ↗ Aspergillus und ↗ Penicillium gestellt, wobei von manchen Konidien die Hauptfruchtform bekannt ist, weiterhin Trichophyton (↗ Dermatophyten) sowie *Fusarium oxysporum forma lycopersici*, der Tomatenpflanzen zum Welken bringt. Die *Blastomycetales* wiederum sind hefeartig sprossende Pilze ohne sexuelle Stadien. Hierher gehören die Cryptococcaceae und ↗ Candida (Torulopsis). Als *Mycelia sterilia* schließlich werden jene Mycelien zusammengefasst, von denen keine Fortpflanzungszellen bekannt sind..

Deuterostomia, *Neumünder*, Bez. für ↗ triploblastische Bilateria mit dorsalem Nervensystem und primär einer Dipleurula-Larve, bei denen die primäre Körperöffnung, der Urmund, im Zuge der Entwicklung zum After wird und die Mundöffnung neu entsteht. (↗ Protostomia)

Deutocerebrum, Teil des Oberschlundganglions der Gliederfüßer (↗ Arthropoda), ein Ganglienpaar, das das erste Antennenpaar innerviert. Bei den Chelicerata, denen die ersten Antennen fehlen, ist das D. zurückgebildet.

Deutonymphe, Nymphenstadium der Milben (↗ Acari).

Deutsche Schabe, *Blattella germanica*, bis 13 mm große, braun gefärbte und stets geflügelte Art der Schaben (↗ Blattariae), die bei Massenauftreten ein Hygieneschädling in Großküchen, Gaststätten usw. sein kann. Sie stammt ursprünglich vermutlich aus Afrika und kann überall in menschlichen Behausungen vorkommen.

Devon, System der Erdgeschichte, das zwischen ↗ Silur und ↗ Karbon liegt und ca. 50 Mio. Jahre andauerte (von 395 bis 345 Mio. Jahre vor heute). Während des D. herrschte auf der nördlichen Halbkugel eine Warmzeit, die südliche Halbkugel war kühl, ohne sichere Spuren von Vereisung. Die Lebenswelt war gekennzeichnet durch die Besiedlung des Festlandes durch Pflanzen und Tiere. Bei den Pflanzen kommt es im Verlauf des D. zur Entwicklung der Kormophyten mit Gliederung in Wurzel-, Stengel- und Blattorgane, zur Ausbildung von Spaltöffnungen, Leitbündeln und des sekundären Dickenwachstums. Ur- und Nacktfarne (↗ Psilophytopsida) waren die ersten, an der Wende Silur/Devon auftretenden Landpflanzen. Sie entwickelten eine große Formenmannigfaltigkeit, starben aber mit Beginn des Oberdevons wieder aus. Daneben gab es Bärlappgewächse (↗ Lycopodiopsida), Schachtelhalmgewächse (↗ Equisetopsida) und Farne (↗ Pteridopsida). Bei den Tieren kommt es zu einer bedeutenden Radiation der Fische; Seelilien (↗ Crinoida) und Seesterne (↗ Asteroida) entfalten sich, ↗ Brachiopoda und ↗ Cephalopoda haben ihre erste Blütezeit. In den Gewässern leben Kieferlose (↗ Agnatha), die mit Ende des D. weitgehend aussterben, Panzerfische, Knorpelfische sowie an Knochenfischen Strahlenflosser (↗ Actinopterygii), Quastenflosser (↗ Crossopterygii) und Lungenfische (↗ Dipnoi). Aus den Quastenflossern entwickelten sich im Oberdevon die ersten amphibisch lebenden ↗ Tetrapoda (↗ Ichthyostega). Die Landfauna bestand u. a. aus Landschnecken, Spinnen, Skorpionen und Tausendfüßern sowie ungeflügelten und seit dem Oberdevon auch geflügelten Insekten.

dezimale Reduktionszeit, *D-Wert*, Zeit, die erforderlich ist, um die Keimzahl auf den zehnten Teil zu reduzieren (↗ Sterilisation).

DHEA, Abk. für ↗ Dehydroepiandrosteron.

Diabetes insipidus, *Wasserharnruhr*, die Ausscheidung großer Mengen niedrig konzentrierten Harns. Ursachen sind entweder die verminderte Ausschüttung von ↗ Adiuretin aus der ↗ Hypophyse (*zentraler D. i.*) oder eine Unempfindlichkeit der Nierenepithelien gegen Adiuretin (*renaler D. i.*), infolge derer die Epithelzellen unfähig sind, funktionierende Wasserkanäle (*Aquaporin 2*) in die luminale Zellmembran des distalen Tubulus und des Sammelrohrs einzubauen (↗ Niere).

Diabetes mellitus, *Zuckerkrankheit, Zuckerharnruhr*, Bez. für Stoffwechselveränderungen unterschiedlicher Ursache, die mit dauerhafter Erhöhung des Blutzuckers oder zeitlich inadäquater Verwertung von zugeführter ↗ Glucose (gestörte Glucosetoleranz) einhergehen. Die Ursache ist ein absoluter oder relativer Insulinmangel. Unterschieden werden folgende Typen (nach WHO): 1) Insulinabhängiger oder Typ-I-Diabetes, 2) nicht insulinabhängiger oder Typ-II-Diabetes, 3) Schwangerschaftsdiabetes, 4) ernährungsbedingter Diabetes sowie 5) andere Formen. Beim *Typ-I-Diabetes*, der sich meist vor dem 35. Lebensjahr (überwiegend im Kindes- und Jugendalter) manifestiert, liegt vermutlich eine zellulär vermittelte chronische und irreversible Zerstörung der Insulin produzierenden β-Zellen der ↗ Bauchspeicheldrüse vor. Sie wird bewirkt durch Autoantikörper, die im Rahmen einer Autoimmunreaktion gebildet werden. Oft tritt diese im Anschluss an eine Virusinfektion auf; neueren Erkenntnissen zufolge könnte ein von ↗ Retroviren gebildetes Superantigen diese Autoimmunreaktion auslösen. Der *Typ-II-Diabetes* ist mit über 90 % der Diabetesfälle die häufigste und gleichzeitig heterogenste Form des D. m. Hier besteht eine starke genetische Prädisposition, deren Faktoren bislang jedoch unbekannt sind. Als Ursachen kommen u. a. in Frage: eine Insulinresistenz peripherer Gewebe, die vor allem die Skelettmuskulatur betrifft, ein gestörter Glucosetransport durch die Zellmembran infolge eines Defektes des Glucosetransporters, eine Beeinträchtigung des Glucoseeinbaus in das Muskelglykogen (Glykogen-Synthase-Defekt) sowie eine gestörte Glucoseoxidation (Pyruvat-Dehydrogenase-Defekt). Darüber hinaus kommt es unter Fastenbedingungen zu einer überschießenden Glucoseproduktion der Leber, außerdem sind Störungen der Insulin-Sekretion von Bedeutung. Das Risiko an einem Typ-II-Diabetes mellitus zu erkranken steigt mit dem Lebensalter, dem Körpergewicht und einem Mangel an Bewegung.

Diacylglycerol, *Diacylglycerin*, Abk. *DAG*, ein ↗ second messenger, der eine der wichtigsten Schaltstellen der ↗ Signaltransduktion ist. DAG kann auf zwei verschiedenen Wegen entstehen: Zum einen durch die Spaltung von Phosphatidylinositol-4,5-diphosphat, die durch die Phospholipase C katalysiert wird und damit an den Phosphoinositol-Signalweg gekoppelt ist. Zum anderen durch Aktivierung von Phospholipase D, die durch kleine ↗ G-Proteine gesteuert wird. Damit werden zwei Signalkaskaden über DAG miteinander vernetzt. Zudem kann DAG die Verzweigung zweier Signalketten vermitteln: 1) Es erhöht die Aktivität von Proteinkinase C (↗ Proteinkinasen), indem es die Schwellenkonzentration für ↗ Calcium reduziert. Dieser Weg wirkt parallel und synergistisch zum Phosphoinositol-Signalweg. 2) Durch die Diacylglycerol-Lipase kann DAG zu Monoacylglycerol hydrolysiert werden, das dann in den Arachidonsäure-Stoffwechsel mündet; die dabei entstehende ↗ Arachidonsäure fungiert ebenfalls als Botenstoff.

Diadematoida, Gruppe der Seeigel (↗ Echinoida).

Diagenese, die nachträgliche Veränderung eines Sediments durch Einwirkung von Druck und Temperatur (↗ Fossilisation).

Diagnose, 1) *Medizin:* die Krankheitserkennung, als Voraussetzung jeder Krankheitsbehandlung.

2) In der *Systematik* die kurze Beschreibung eines Taxons anhand seiner wesentlichen (Schlüssel-)Merkmale. Dient sie vor allem der Abgrenzung gegenüber anderen Taxa, spricht man von *Differenzialdiagnose*.

Diakinese, ein Stadium der ↗ Meiose.

Dialyse, ein physikalisches Verfahren zur Abtrennung niedermolekularer Stoffe aus Lösungen von makromolekularen oder kolloidalen Verbindungen. Sie beruht darauf, dass niedermolekulare gelöste Stoffe leicht durch eine halbdurchlässige (semipermeable) Membran diffundieren, im Unterschied zu Makromolekülen oder kolloid gelösten Stoffen. Die D. wird eingesetzt, um bei Patienten mit eingeschränkter oder fehlender Nierenfunktion harnpflichtige Substanzen aus dem Blut zu entfernen.

Dianthus, Gatt. der ↗ Caryophyllaceae.

Diapause, bei wirbellosen Tieren, insbesondere bei Insekten eine Phase ausgeprägter Entwicklungsruhe (↗ Dormanz) mit herabgesetztem Stoffwechsel, die meist einem endogenen Rhythmus unterliegt. Als auslösende Faktoren können abnehmende Tageslänge, Temperatur und ungünstige Ernährungsbedingungen wirken. Die D. steht oft in Beziehung zur Überwinterung der betreffenden Art.

Diaphragma, 1) das ↗ Zwerchfell.

2) horizontales, bindegewebiges Septum in der Leibeshöhle von Gliedertieren (↗ Articulata). Meist sind ein dorsales und ein ventrales Diaphragma vorhanden. Besonders im Abdominalbereich wird dadurch die Leibeshöhle in den Dorsalsinus (*Perikardialsinus*) mit dem Dorsalgefäß (Herz; Rückengefäß) und den Ventralsinus (*Perineuralsinus*) mit dem Bauchmark und dem dazwischen liegenden *Periviszeralsinus* mit Darm und Geschlechtsorganen geteilt.

3) ↗ Empfängnisverhütung.

Diaphyse, die ↗ Durchwachsung.

Diarrhoe, *Diarrhö*, *Durchfall*, zu flüssige und zu häufige Stuhlentleerungen mit infektiöser, parasitärer, medikamentöser oder allergischer Ursache. Eine D. kann auch bei funktionellen oder organischen Darmerkrankungen oder Tumoren auftreten. Auch in leichten Fällen sollte der Verlust von Flüssigkeit und Elektrolyten frühzeitig ersetzt werden.

Diarthrognathus, Gatt. in der Stammlinie der Säugetiere, die neben einem funktionsfähigen primären Kiefergelenk (das bei den heutigen Säugetieren Schall leitende Funktion hat) ein sekundäres Kiefergelenk ausgebildet hat und damit einen allmählichen Übergang zu einem neuen Grundmuster darstellt, im Sinne einer additiven ⬀ Typogenese.

Diasoma, Großgruppe der ⬀ Conchifera.

Diasporen, die Verbreitungseinheiten der Pflanzen, z. B. ⬀ Samen, ⬀ Sporen, ⬀ Brutkörper.

Diastema, *Affenlücke*, natürliche Zahnlücke im Oberkiefer von zahlreichen Affen, die dem jeweiligen dolchartig vergrößerten Eckzahn im Unterkiefer gegenüber liegt und diesen bei Kieferschluss aufnimmt. Das D. fehlt dem Menschen bzw. ist nur als ⬀ Atavismus in der Milchzahnreihe vorhanden.

Diastole, Phase der Erschlaffung der Herzmuskulatur, während der sich das ⬀ Herz erweitert und Blut in die Herzkammern strömt. Die D. geht mit einem Absinken des ⬀ Blutdrucks einher.

Diät, von der üblichen Ernährung durch Zusammensetzung, Menge und Zubereitung abweichende Form, die der Vorbeugung und der Therapie von Krankheiten dient. Die Lehre von der D. ist die *Dätetik*.

Diatomeae, *Kieselalgen*, ⬀ Bacillariophyceae.

Diauxie, zweiphasiges Wachstum von Mikroorganismen bei Vorliegen von zwei Substraten in der Nährlösung, die nicht gleichzeitig genutzt werden können. Das besser verwertbare Substrat induziert zunächst die ⬀ Enzyme zum eigenen Abbau und unterdrückt gleichzeitig das Enzymsystem zur Verwertung des zweiten Substrats.

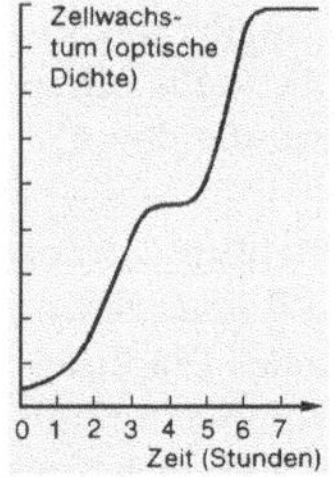

Diauxie Wachstumskurve von *Escherichia coli* in einer Nährlösung mit Glucose und Sorbit. Erst nach Verbrauch der Glucose (3 h) adaptieren die Zellen an den Sorbitabbau (3 - 4 h), ehe das Wachstum mit diesem neuen Substrat beginnen kann (ab 4 h)

diazotrophe Bakterien, ⬀ Stickstoff fixierende Bakterien.

Dibranchiata, ⬀ Cephalopoda.

Dichasium, Verzweigungstypus der ⬀ Sprossachse, bei dem die Hauptachse ihr Wachstum einstellt und jeweils zwei Seitensprosse gleichwertig auswachsen. Gegensatz: ⬀ Monochasium.

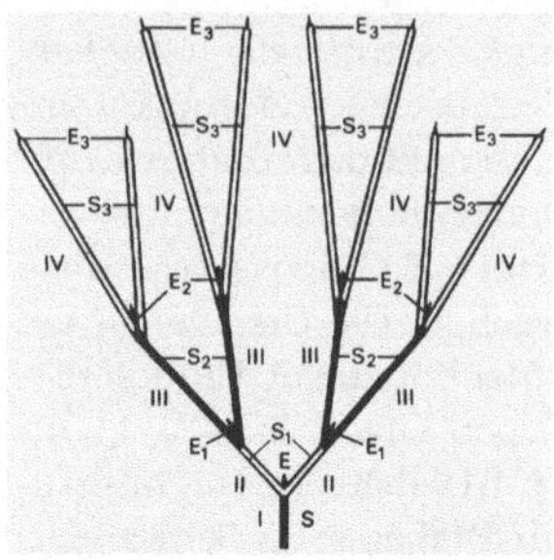

Dichasium Ein sympodiales System mit zwei Achsen (*Dichasium*) ist besonders beim Flieder (*Syringa*) deutlich zu beobachten. Die Endknospen (E1-E3) sterben ab, das System wird durch jeweils zwei Seitenachsen (S1-S3) pro Jahr fortgesetzt. I-IV: Jahrestriebe

Dichlordiethylsulfid, ⬀ Senfgas.

Dichlor-Diphenyl-Trichlorethan, das ⬀ DDT.

Dichogamie, zeitlich unterschiedliches Reifwerden von männlichen und weiblichen Blütenteilen in einer ⬀ Zwitterblüte, wodurch eine ⬀ Selbstbefruchtung verhindert wird.

dichotom, Bez. für eine gabelige Verzweigung, die durch Längsteilung des Vegetationskegels der ⬀ Sprossachse entsteht. Diese Form der Verzweigung kommt u. a. bei Algen, Moosen und Bärlappgewächsen vor.

Dichtegradientenzentrifugation, eine Methode zur Auftrennung von Makromolekülen und Zellbestandteilen. (⬀ Zentrifugation)

Dickblattgewächse, die Fam. ⬀ Crassulaceae.

Dickdarm, Teil des ⬀ Darms.

Dicke Bohne, die ⬀ Ackerbohne.

Dickenwachstum, die Achsenverdickung von Spross und Wurzel bei den ⬀ Kormophyten. Man unterscheidet dabei ein primäres und ein sekundäres D. Das *primäre D.* beruht auf Zellteilungen in unmittelbarer Nähe des ⬀ Scheitelmeristems und ist relativ schnell beendet. Die Achsenverdickung erfolgt dabei ohne Zunahme an Leitungsbahnen. Pflanzen mit ausschließlich primärem Dickenwachstum wie die Palmen (⬀ Arecaceae) bleiben daher schlank. Das *sekundäre D.* setzt erst nach Abschluss des primären D. ein. Es beruht auf der Tätigkeit des ⬀ Kambiums, eines zylinderförmigen Bildungsgewebes (⬀ Meristem) in Spross und Wurzel. Die Voraussetzung für sekundäres D. ist ein geschlossener Kambiumring. Die vom Kambium gebildeten Zellen werden sowohl nach innen als auch nach außen abgegeben. Dabei kommt es vor allem zu einer Vermehrung des ⬀ Leitgewebes. Bereits vorhandenem ⬀ Xylem wird neues Xylem hinzugefügt, wobei sich die Leitbündel immer mehr verbreitern.

Alle vom Kambium nach innen abgegebenen Zellen bilden das ↗ Holz, das histologisch einem sekundären Xylem mit Mark- und Holzstrahlen entspricht. Anhand der Größe der gebildeten Xylemzellen kann man das Alter der Pflanzen erkennen, denn sie bilden die charakteristischen ↗ Jahresringe. Alle nach außen abgegliederten Zellen bilden das sekundäre ↗ Phloem, den ↗ Bast. Der Umfang des Kambiumzylinders wird infolge des sekundären D. immer größer, d. h., es finden auch Teilungen in der radialen Ebene statt. Dieser Prozess wird als *Dilatationswachstum* oder *Erweiterungswachstum* bezeichnet. Das sekundäre D. kommt hauptsächlich bei den Gymnospermen und den dikotylen Angiospermen (↗ Magnoliopsida und ↗ Rosopsida) vor. Bei den monokotylen Angiospermen (↗ Liliopsida) findet sich ein sekundäres D. nur bei einigen baumartigen Liliengewächsen, u. a. beim ↗ Drachenbaum, *Dracaena*, sowie bei bestimmten ↗ Yucca- (↗ Agavaceae) und ↗ Aloe-Arten.

Die Bedeutung des D. liegt vor allem in der Vermehrung der Leitungsbahnen und in der Erhöhung der Stand- und Biegefestigkeit für den größer und blattreicher werdenden Kormus.

Dickhornschaf, Art der ↗ Wildschafe.

Dicondylia, Schwestergruppe der ↗ Archaeognatha, die alle übrigen Gruppen der ↗ Ectognatha umfasst. (↗ Insecta)

Dicotyledonae, *Dikotyledonen, Dikotyle, zweikeimblättrige Pflanzen*, 1) nach früherer Systematik eine Klasse der ↗ Angiospermae, der die Klasse der *Monocotyledonae* gegenübergestellt wurde. 2) nach heutiger Systematik Bez. für die Klassen ↗ Magnoliopsida und ↗ Rosopsida. Die Aufteilung der früheren Klasse D. in zwei gesonderte Klassen basiert auf den Erkenntnissen molekularer Untersuchungen. Danach bestätigte sich die Hypothese, dass die Monocotyledonae als frühe monophyletische Entwicklung aus den basalen D. entstanden sind. Diese basalen D. waren Magnoliopsida-artige Stammsippen. Weiterhin zeigte sich, dass auch die „höheren" D. (*Eudicots*) sich aus anderen kreidezeitlichen Vertretern dieser basalen Magnoliopsida entwickelt haben.

Von den Monocotyledonae unterscheiden sich die D. in der Regel durch Langlebigkeit der Hauptwurzel, durch eine kreisförmige Anordnung der Leitbündel im Stängelquerschnitt, meist sekundäres Dickenwachstum, Vielgestaltigkeit und netzförmige Nervatur der Blätter.

Dicrocoelium, Gatt. der zu den Saugwürmern gehörenden (↗ Digenea). Der *Kleine Leberegel* (*Dicrocoelium dendriticum*) ist weltweit verbreitet. Die Eier der in den Gallengängen des Endwirts (vor allem Schafe) lebenden gechlechtsreifen Le-

beregel werden mit dem Kot ausgeschieden. Die in ihnen bereits entwickelte Larve (*Miracidium*) schlüpft erst, wenn der erste Zwischenwirt, eine Landschnecke, die Eier mit der Nahrung aufnimmt. In der Mitteldarmdrüse der Schnecke geht das Miracidium in das *Sporocysten-* und Cercarienstadium über. Die *Cercarien* gelangen über das Blut in die Atemhöhle der Schnecke und werden, in Schleimballen verpackt, ausgeschieden. Diese werden vom zweiten Zwischenwirt (Ameisen der Gatt. *Formica*) gefressen. Die Cercarien durchbohren den Kropf der Ameise und reifen in der Leibeshöhle zu *Metacercarien* heran. Eine von ihnen wandert ins Unterschlundganglion und beeinflusst das Verhalten der Ameise dahingehend, dass diese sich an den Spitzen von Pflanzen festbeißt. Mit diesen werden sie vom weidenden Endwirt aufgenommen. Im Zwölffingerdarm des Endwirts werden die Metacercarien frei, wandern über den Gallenweg in die Leber ein und beginnen nach 8 - 9 Wochen als adulte Egel mit der Eiablage.

Infektionen beim Menschen sind selten, können aber über Nahrungsaufnahme erfolgen. Symptome beim massivem Befall sind unspezifische Leberbeschwerden, Schmerzen im Oberbauch und Lebervergrößerung.

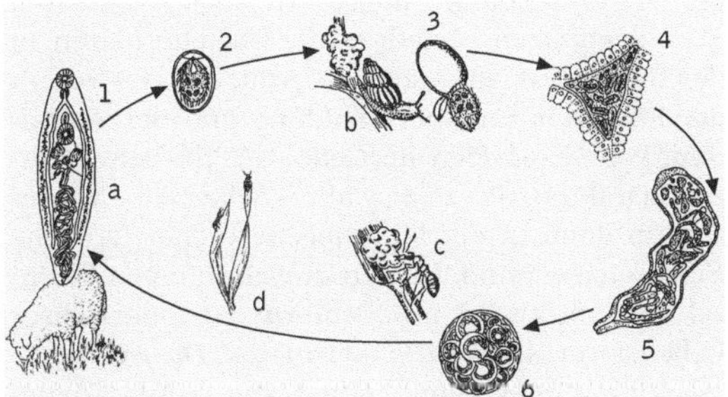

Dicrocoelium Vereinfachter Entwicklungszyklus von *Dicrocoelium lanceolatum*: a Endwirt (Schaf) mit geschlechtsreifem Leberegel in den Gallengängen (1), 2 Ei des Leberegels. Im Innern des ersten Zwischenwirts (Schnecke b, *Zebrina*) schlüpft die Larve (Miracidium, 3) und entwickelt sich zur Sporocyste (4-5). Die Schnecke setzt Schleimklümpchen ab (b), in denen sich zahlreiche Cercarien befinden (6). Ameisen fressen als zweiter Zwischenwirt die Schleimklümpchen (c) und infizieren sich mit den Cercarien, von denen eine das Verbeißen der Ameise an der Spitze eines Grashalms (d) bewirkt. Vom Schaf gefressen, endet der Lebenszyklus mit dem Freiwerden der Metacercarien und ihrem Heranwachsen zu adulten Leberegeln

Dictamnus, Gatt. der ↗ Rutaceae.

Dictyosom, Stapel mehrerer bis vieler flacher Membranvesikel (*Golgi-Zisternen*), die in ihrer Gesamtheit den ↗ Golgi-Apparat eukaryotischer Zellen bilden.

Dictyostela, nach der ↗ phylogenetischen Systematik wahrscheinlich monophyletische Gruppe

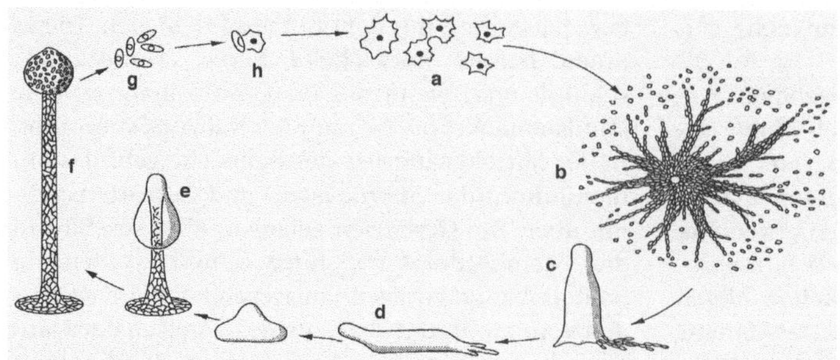

Dictyostelium Entwicklungszyklus und Morphogenese von *Dictyostelium discoideum*. Sobald die Nahrung knapp wird, kriechen die frei lebenden Amöben (**a**) zusammen (*Aggregation*, **b**). Das Aggregat (Pseudoplasmodium) mit bis zu 10^5 Zellen bildet einen etwa 1 mm großen, senkrecht vom Substrat abstehenden Conus (**c**), der Polarität aufweist, und – sobald er umkippt – auf dem Substrat herumkriecht (*Migrationsphase*, **d**). In diesem Stadium findet eine Differenzierung der Zellen in Vorsporenzellen, Vorstielzellen sowie künftige Zellen der Basis statt. Schließlich bildet der Zellverband einen Sporenträger (Sporangiophor) mit Basalscheibe, Stiel und endständiger Sporenmasse (*Kulmination*, **e-f**). Die Sporenzellen fallen schließlich auseinander (**g**) und können vom Wind verdriftet werden. Aus ihnen keimen auf geeignetem Substrat wieder typische Amöben (**h**)

der Einzeller, deren Vertreter nach klassischer Systematik zu den zellulären ⁊ Schleimpilzen zählen. Sie besitzen keine Geißeln und machen einen komplizierten Entwicklungszyklus durch; die Gruppe umfasst ca. 20 Arten, bekannteste Gattung ist ⁊ Dictyostelium.

Dictyostelium, nach der phylogenetischen Systematik zu den ⁊ Dictyostela gehörende Gatt., die in der Pilzsystematik meist zu den zellulären ⁊ Schleimpilzen gestellt wird. Unsicherheiten in der Systematik sind darin begründet, dass D. mit der Fähigkeit zur Sporenbildung und der Ausbildung von Zellwänden aus Cellulose Pilz- bzw. Pflanzencharakteristika zeigt, während die Zellbewegungen im Rahmen der Morphogenese eher tierische Eigenschaften sind. Die Arten weisen einen Wechsel von einzelliger Amöbenform zu mehrzelliger Lebensform (*Aggregationsform*) auf. Die Aggregation erfolgt unter dem Einfluss von cAMP. Ein im Labor gut auf sein Aggregationsverhalten untersuchter Modellorganismus ist *Dictyostelium discoideum*.

Dictyotales, Ord. der Braunalgen (⁊ Phaeophyceae) mit der Fam. *Dictyotaceae*. Kennzeichnend ist der aufrechte, band- oder blattartige ⁊ Thallus, der vielfach gabelig verzweigt ist. Der *Gabeltang*, *Dictyota*, ist mit ca. 20 Arten im Atlantik, Pazifik und Indischen Ozean verbreitet. In wärmeren Meeren kommen Arten der fächerförmigen Gatt. *Padina* vor.

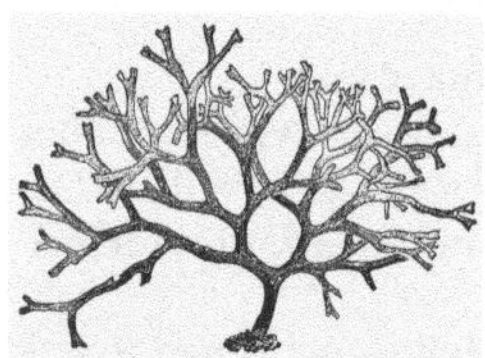

Dictyotales Gabeltang (*Dictyota dichotoma*)

Didelphia, ältere Bez. für die Beuteltiere (⁊ Marsupialia).

Didelphidae *Beutelratten*, in Süd-, Mittel- und Nordamerika verbreitete Fam. der Beuteltiere (⁊ Marsupialia) mit 75 maus- bis katzengroßen Arten. Sie sind nachtaktive Baum- oder Bodenbewohner mit großen Augen und einem langen Schwanz, der oft als Greiforgan eingesetzt wird. Beutelratten sind Fleisch- oder Allesfresser. Sie bringen nach einer sehr kurzen Tragzeit (bei Opossums 13 Tage) winzige Junge zur Welt, die sich entweder im Beutel an einer Zitze festsaugen oder bei Arten ohne Beutel (Zwergbeutelratten, Gatt. *Marmosa*) zwischen den Hinterbeinen getragen werden. Bekannteste Gatt. sind die mit zwei Arten in Nord- und Südamerika verbreiteten *Opossums* (Gatt. *Didelphis*), die einen voll ausgebildeten Beutel besitzen.

Didesoxy-Methode, *Kettenabbruch-Methode*, das von F. ⁊ Sanger entwickelte, heute gängigste Verfahren zur ⁊ DNA-Sequenzierung.

Didesoxynucleotide, bei der ⁊ DNA-Sequenzierung nach F. ⁊ Sanger verwendete spezielle 2,3-Desoxyribonucleotide. Das Fehlen der 3'-OH-Gruppe verhindert die Kettenverlängerung durch ⁊ DNA-Polymerasen, sodass es zum Abbruch der DNA-Synthese kommt. (⁊ Didesoxy-Methode)

Didymis, der ⁊ Hoden.

Diencephalon, das Zwischenhirn (⁊ Gehirn).

Differenzialart, *Trennart*, 1) in der *Pflanzensoziologie* Bez. für eine ⁊ Art, die nur in einer oder mehreren Untereinheiten von ⁊ Pflanzengesellschaften auftritt und durch ihr Vorkommen oder Fehlen diese Untereinheiten voneinander trennt.

2) in der *Tierökologie* Bez. für eine Art, die durch ihr Vorkommen oder Fehlen zur Unterscheidung und Kennzeichnung verschiedener Varianten eines ⁊ Biotops dient.

Differential Display, eine Methode zur Untersuchung der ⁊ differenziellen Genaktivität unterschiedlicher Zelltypen oder Entwicklungsstadien von Zellen. Dabei werden die RNA-Profile miteinander verglichen. Die RNA wird zunächst in cDNA umgeschrieben und anschließend über die ↗ Polymerasekettenreaktion (PCR) vervielfältigt. Mittels verschiedener, spezifischer PCR-↗ Primer werden jeweils bestimmte Anteile der cDNA amplifiziert, die in einem Polyacrylamidgel gelelektrophoretisch (↗ Elektrophorese) aufgetrennt werden. Werden die beiden PCR-Reaktionen von zwei Zelltypen miteinander verglichen, äußern sich Unterschiede in der Expression der Gene im Fehlen oder Vorhandensein der PCR-Produkte. Die Banden können aus dem Gel ausgeschnitten, die DNA isoliert und deren Sequenz bestimmt werden. Außerdem können sie als ↗ Gensonden verwendet werden, um ein differentiell exprimiertes Gen aus einer ↗ Genbank zu isolieren. Im Unterschied zur ↗ Subtraktionshybridisierung ist das D. D. schneller und empfindlicher, allerdings ist der Anteil an so genannten *falsch positiven* Klonen relativ hoch.

differenzielle Genaktivität, *differenzielle Genexpression*, die komplexe und spezifische Kontrolle der Transkription von Genen (*Transkriptionskontrolle*) und des Vorhandenseins ihrer Genprodukte (*Translationskontrolle*) . Durch d. G. werden nicht alle im Erbgut einer Zelle enthaltenen Gene exprimiert, sondern neben den ↗ Haushaltsgenen nur diejenigen, die in einem bestimmten Entwicklungsstadium und zur Ausübung einer bestimmten Funktion benötigt werden. Die d. G. wird als *räumlich* bezeichnet, wenn sie zelltyp-, gewebe- und organspezifisch erfolgt. *Zeitlich* äußert sich d. G. durch die Umsetzung von intra- und extrazellulären Signalen, die z. B. die Entwicklung steuern. An der transkriptionell gesteuerten d. G. sind ↗ Transkriptionsfaktoren maßgeblich beteiligt. Die d. G. kann experimentell u. a. mit Hilfe des ↗ Differential Display untersucht werden.

differenzielle Genexpression, ↗ differenzielle Genaktivität.

Differenzierung, 1) *primäre Differenzierung*, Bez. für die ↗ Determination,
2) *sekundäre Differenzierung*, Bez. für die Vorgänge, die zur ↗ Zelldifferenzierung führen.

Differenzierungszone, der histogenetische Bereich des pflanzlichen ↗ Vegetationspunktes, in dem Bildungsgewebe (↗ Meristem) in ↗ Dauergewebe umgewandelt wird. Die Differenzierung erfolgt durch Streckungswachstum, Verdickung und chemische Veränderung der Zellwände.

Difflugia, Gatt. der Amöben, deren Vertreter von einer Schale umgeben sind. Sie werden in der klassischen Systematik zu den ↗ Testacea gestellt und in der phylogenetischen Systematik zu den Testacealobosea. *Difflugia acuminata* besitzt eine Schale aus Quarzstücken. (↗ Amoebina)

Diffusion, der Stofftransport in Gasen, Flüssigkeiten oder Festkörpern unter dem Einfluss von Konzentrationsdifferenzen. Die D. erfolgt spontan aufgrund der mikroskopischen Teilchenbewegung. Sie strebt den Ausgleich von Konzentrationsunterschieden an. D. ist ein irreversibler Prozess, der mit einer Zunahme der Entropie verbunden ist und nur unter Arbeitsaufwand rückgängig gemacht werden kann. D. ist ein wesentlicher Faktor bei vielen biologischen Prozessen, so z. B. im intra- und interzellulären Stofftransport, im Wasser- und Elektrolythaushalt, beim Gasaustausch (↗ Atmung; ↗ Fotosynthese) oder bei der Nährstoffaufnahme durch Pflanzen.

Diffusionswiderstand, ↗ Transpiration.

Digenea, mit rund 7200 Arten das artenreichste Taxon der parasitischen Plattwürmer (↗ Plathelminthes). Alle Arten sind Endoparasiten mit obligatorischem Wirts- und Generationswechsel, wobei erste Zwischenwirte meist Schnecken sind und gnathostome Wirbeltiere (oft der Mensch und seine Nutztiere) Endwirte sind. In den Schnecken findet eine starke Vermehrung statt. D. sind meist zwittrig, eine Ausnahme sind die Pärchenegel. Im Entwicklungsgang gibt es drei Generationen, deren Angehörige sich zudem im Larval- und Adultstadium unterscheiden. Man unterscheidet frei schwimmende Miracidien, Sporocysten, Redien, meist frei schwimmende Cercarien, Metacercarien und adulte Tiere (*Distomum*). Die adulten Stadien und die Cercarien besitzen häufig je einen Saugnapf an Mund und Bauch. Die größte Art ist 12 cm lang. Das System der D. ist sehr umstritten. Zu den D. gehören u. a. Kleiner Leberegel (↗ Dicrocoelium), Großer Leberegel (↗ Fasciola), Lungenegel (↗ Paragonimus), Darmegel (↗ Fasciolopsis), und Pärchenegel (↗ Schistosoma).

Digitalis, Gatt. der ↗ Scrophulariaceae.

Digitalis-Glykoside, zur Untergruppe der Cardenolide gehörende, herzwirksame Glykoside, die in Blättern von *Digitalis*-Arten, besonders im roten Fingerhut (*Digitalis purpurea*) und im wollhaarigen Fingerhut (*Digitalis lanata*) vorkommen und deren Giftigkeit bedingen. D. entstehen als Sekundärglykoside bei der Aufarbeitung der Digitalis-Blätter aus den dort ursprünglich vorkommenden

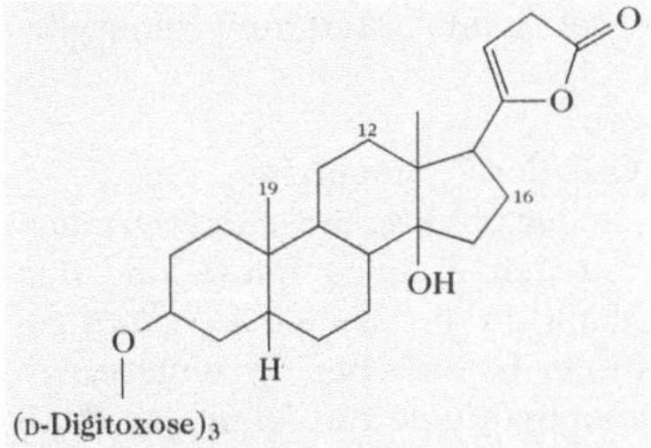

Digitalis-Glykoside *Digitoxin* ist neben Strophantin und Digoxin eines der wichtigsten Herzglykoside

Primärglykosiden. D. werden in der *Medizin* als Herz stärkende Mittel (*Herzglykoside*) eingesetzt, insbesondere zur Dauerbehandlung von chronischer Herzmuskelschwäche und Herzklappenfehlern.

Dihydroxyacetonphosphat, Zwischenprodukt beim Abbau von Glucose (↗ Glykolyse).

1a,25-Dihydroxycholecalciferol, das ↗ Calcitriol.

3,4-Dihydroxyphenylalanin, ↗ Dopa.

diklin, ↗ eingeschlechtig.

dikotyl, *zweikeimblättrig*, Bez. für eine Pflanze mit zwei ↗ Keimblättern.

Dikotyle, ↗ Dicotyledonae.

Dikotyledonen, die ↗ Dicotyledonae.

Dilatationswachstum, tangential gerichtete Zellstreckung und -vermehrung während des sekundären ↗ Dickenwachstums von Spross und Wurzel.

Dilleniales, Ord. der ↗ Rosopsida mit den Fam. ↗ Paeoniaceae, Dilleniaceae und Crossosomataceae.

Dimer, aus zwei gleichen Molekülen aufgebaute chemische Verbindung.

Dimethylketon, das ↗ Aceton.

dimiktisch, Bez. für den Zirkulationstyp eines temperierten ↗ Sees der gemäßigten Zone, bei dem im Herbst und im Frühjahr die gesamte Wassermasse durchmischt wird.

Dimorphismus, ↗ Polymorphismus.

Dingo, *Canis lupus familiaris dingo*, verwilderter Haushund Australiens, der nach heutiger Auffassung von Haushunden abstammt, die vor 5000 - 3000 Jahren von aus Südostasien kommenden Einwanderern mitgebracht wurden. Der D. ist fast schäferhundgroß, mit gelbrötlichem, z. T. auch gescheektem oder schwarzem Fell. D. leben (aufgrund intensiver Bejagung) vor allem in Gegenden, in denen keine Schaftzucht betrieben wird und sind überwiegend zu nachtaktiver Lebensweise übergegangen.

2,4-Dinitrophenol, Abk. *DNP*, chemische Verbindung, die in wässrigen Lösungen als Indikator verwendet wird (farblos: pH 2,6; gelb pH 4,4) sowie zur Herstellung von Pestiziden, Holzschutzmitteln, Azofarbstoffen, Schwefelfarbstoffen und Sprengstoffen. Seine pestizide Wirkung beruht auf der Entkopplung des Elektronenflusses der ↗ Atmungskette von der Atmungskettenphosphorylierung.

Dinkel, ↗ Weizen.

Dinococcales, Ord. der ↗ Dinophyta.

Dinoflagellata, in der phylogenetischen Systematik zusammen mit den ↗ Apicomplexa und den Ciliophora (↗ Ciliata) in die Gruppe *Alveolata* gestelltes Taxon. In der botanischen Systematik bilden sie als ↗ Dinophyta eine Abteilung der ↗ Algen.

Dinophyceae, Fam. der ↗ Dinophyta.

Dinophysiales, Ord. der ↗ Dinophyta.

Dinophyta, *Pyrrhophyceae*, *Dinoflagellata*, *Panzergeißler*, *Feueralgen*, Abt. der ↗ Algen mit der einzigen Klasse *Dinophyceae*, zu der die Ord. *Dinophysiales*, *Peridiniales*, *Dinococcales* und *Dinotrichales* gehören. Die Vertreter dieser sehr heterogenen Gruppe sind meist Einzeller und tragen zwei lange, fein beflimmerte Geißeln. Davon dient eine Geißel als Schubgeißel, die zweite bewirkt eine ständige Rotation der Zelle um die eigene Achse. Durch β-Carotin und Xanthophylle sind die D. gelbbraun bis rötlich gefärbt. Daneben enthalten die meisten Arten Chlorophyll *a*. Die Zellwand ist meist aus Celluloseplatten gebaut, die einen oft bizarr geformten Panzer mit einer Längs- und Querfurche bilden. In den Furchen entspringen die beiden Geißeln. Aus Poren in der Zellwand werden bei Reizung Proteinfäden ausgeschleudert. Oft sind Schwebefortsätze ausgebildet. D. vermehren sich i. d. R. asexuell durch Teilung.

Die meisten der ca. 1000 Arten leben im Meer und bilden zusammen mit den Kieselalgen (↗ Bacillariophyceae) die Hauptmenge des Phytoplanktons (↗ Plankton). Einige Arten, insbesondere *Noctiluca miliaris*, zeichnen sich durch ihre Fähigkeit zur ↗ Biolumineszenz aus und bewirken das ↗ Meeresleuchten. Andere, vor allem ozeanische Arten, können giftige Stoffe enthalten oder absondern, die zu ↗ Fischsterben führen. Bei der so genannten *Roten Tide* („red tide") färbt sich das Wasser durch Carotinoide der D. rot oder orange. Während dieser Phase, die ca. 14 Tage dauert, scheiden die D. toxische Substanzen aus, die auf viele Organismen tödlich wirken.

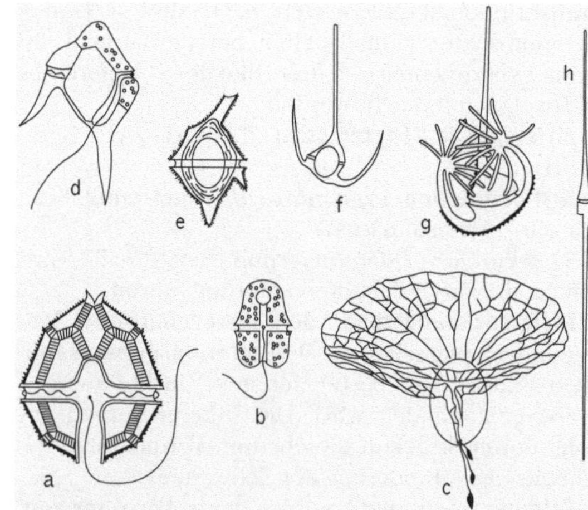

Dinophyta a Peridinium tabulatum (600 x), b Gymnodinium aeruginosum (300 x), c Ornithocercus splendidus (125 x), d Ceratium hirundinella nach der Teilung (350 x), e Ceratium cornutum, Cyste (150 x), f Ceratium tripos (125 x), g Ceratium palmatum (125 x), h Ceratium fusus (50 x)

Neben parasitischen Arten leben viele D. in Symbiose mit Radiolarien, Heliozoen, Quallen, Seeanemonen und Korallen. Die als *Zooxanthellen* bezeichneten ↗ Endosymbionten sind für die Kalkbildung bei Korallen von Bedeutung (↗ Korallenriff). Ohne Zooxanthellen können die Korallen zwar überleben, aber keinen Kalk absondern.

Dinornithiformes, Ord. der Vögel, zu der die Kiwis und die Moas gestellt werden. Die seit dem Miozän nachgewiesenen *Moas* (Fam. *Dinornithidae*) waren bis 3,5 m hohe straußenähnliche Laufvögel, die mit 20 Arten auf Neuseeland lebten und vermutlich Ende des 17. Jahrhunderts ausgerottet wurden. Die *Kiwis* (Fam. *Apterygidae*) leben mit drei flugunfähigen, nachtaktiven Arten in den Wäldern Neuseelands. Sie werden bis 35 cm groß. Das graubraune Gefieder besitzt keine Federstrahlen und wirkt dadurch strähnig. Bemerkenswert ist der ausgezeichnete Geruchssinn der Kiwis. Sie stehen unter Naturschutz. – Nach neuerer Systematik werden die Moas in eine eigene Ord. Dinornithiformes und die Kiwis zu den Straußenvögeln (↗ Struthioniformes) gestellt.

Dinosaurier, künstliches Taxon ohne systematischen Rang, das als allg. Bez. für zwei Reptiliengruppen des Mesozoikums gebraucht wird: die ↗ Ornithischia (Vogelbecken-Saurier) und die ↗ Saurischia (Echsenbecken-Saurier). Beide gehören der Unterklasse Archosauria (↗ Reptilia) an und stammen wahrscheinlich von den in der Trias verbreiteten *Thecodontia* ab. Nächste lebende Verwandte der D. sind die Vögel (↗ Aves). Nach neueren Erkenntnissen sollen viele D. im Gegensatz zu den rezenten Reptilien warmblütig gewesen sein. Die meisten D. bewohnten Niederungsgebiete mit reicher Vegetation im Bereich von Meeresküsten oder Binnengewässern. Sie waren an warmes, subtropisches Klima angepasst, konnten aber auch Kälteperioden überstehen. Fährten geben Hinweise darauf, dass viele D. in Familienverbänden oder Gruppen lebten, die teilweise saisonale Wanderungen unternahmen. Von den Coelurosauriern wird angenommen, dass sie in Rudeln jagten. Bei einigen D. sind durch Funde von Nistkolonien und Nestern Brutpflege, Fütterung und Beschützung von Jungtieren belegt; auch konnte aus den Funden geschlossen werden, dass der Brutvorgang bei den D. ähnlich wie bei Vögeln ablief.

Das endgültige Aussterben der D. am Ende der Kreide vor ca. 65 Mio.Jahren, ist bis heute nicht hinreichend geklärt. Grundsätzlich wird bei den bestehenden Hypothesen zwischen terrestrischen und extraterrestrischen Ursachen unterschieden. Zu ersteren gehören u. a. Vulkanismus, Änderung von Gravitation, Druck und allg. von Umweltbedingungen sowie ökologische und biologische Ursachen wie Überbevölkerung, Ernährungsprobleme,

Degeneration, Konkurrenz mit Säugetieren usw. Dem stehen die extraterrestrischen Hypothesen gegenüber, nach denen ein (tatsächlich am Übergang Kreide/Tertiär stattgefundener) Meteoriteneinschlag oder auch Sonneneruptionen oder die Explosion einer Supernova zu katastrophalen Umweltveränderungen auf der Erde führten und ein Massenaussterben verursachten. Sicher ist jedoch, dass das Aussterben an der Wende Kreide/Tertiär viele Organismen betraf, jedoch nicht alle weltweit gleichzeitig. Zudem vollzog sich das Aussterben der D. stufenweise. Über 90 % aller D.-Gattungen und einige Gruppen waren schon vor Ende der Kreide wieder verschwunden. Insgesamt erstreckte sich das Aussterben der D. über einen Zeitraum von ca. drei Mio. Jahren. Deshalb wird angenommen, dass es hauptsächlich in der Biologie der Organismen begründet war, wobei unter Umständen durch Katastrophen hervorgerufene Umweltveränderungen verstärkend wirkten.

Dinotrichales, Ord. der ↗ Dinophyta.

Diodontidae, die Igelfische (↗ Tetraodontiformes).

Dioecie, ↗ Diözie.

Diomedeidae, die Albatrosse, eine Fam. der Röhrennasen (↗ Procellariiformes).

Dionaea, Gatt. der ↗ Droseraceae.

dioptrischer Apparat, Licht brechendes System im Linsenauge der Wirbeltiere und Kopffüßer sowie in den Komplexaugen (↗ Facettenauge) der Arthropoda. (↗ Akkomodation)

Dioscoreaceae, Fam. der ↗ Dioscoreales mit ca. 630 Arten, die in den Tropen und Subtropen verbreitet sind. Die meisten Arten sind Lianen. Von wirtschaftlicher Bedeutung ist die ↗ Kulturpflanze ↗ Yam oder Yamswurzel, *Dioscorea batatas*.

Dioscoreales, Ord. der ↗ Liliopsida mit der Fam. ↗ Dioscoreaceae. Als Besonderheit weisen die D. ↗ Magnoliopsida-ähnliche Merkmale auf, z. B. fiedernervige Blätter und kreisförmig angeordnete Leitbündel.

Diospyros, Gatt. der ↗ Ebenaceae.

Dioxine, i. w. S. Bez. für alle von einem heterozyklischen Sechsring (mit zwei Sauerstoffatomen) abgeleiteten Verbindungen. I. e. S. die chlorierten Derivate des *Dibenzo-1,4-dioxins*, von denen rund 210 bekannt sind. Besonders toxisch ist das als „Seveso-Gift" bekannt gewordene *2,3,7,8-Tetrachlordibenzo-1,4-dioxin (TCDD)*. Akute Vergiftungen schädigen vor allem die Leber und lösen Chlorakne aus. D. und die verwandten *Dibenzofurane* entstehen als Nebenprodukte in der Chlorchemie, bei der Verbrennung chlorierter Produkte, aber

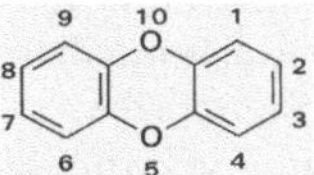

Dioxine Grundformel der Dioxine

auch bei Vulkanausbrüchen und Waldbränden. D. werden im Fettgewebe des Körpers gespeichert.

Dioxygenasen, zu den ↗ Oxidoreduktasen gehörende ↗ Enzyme, die unter Ausbildung von zwei Hydroxygruppen beide Atome von molekularem ↗ Sauerstoff in Substrate einbauen. D. enthalten oft Eisen- oder Kupferatome. Sie katalysieren Reaktionen gemäß der Gleichung: Substrat–$H_2 + O_2 \rightarrow$ Substrat$(OH)_2$.

Diözie, *Dioecie, Getrenntgeschlechtigkeit, Zweihäusigkeit*, 1) in der *Botanik* die Bildung von männlichen und weiblichen Fortpflanzungsorganen auf verschiedenen, ↗ eingeschlechtigen Pflanzen. D. kommt z. B. vor bei Moosen und Farnpflanzen.

2) Bei *Pilzen* Bez. für das Phänomen, dass ein Mycel bei Kopulationen immer die gleiche Funktion ausübt (entweder als Kernspender oder als Kernempfänger).

3) In der *Zoologie* zum einen Bez. für das Phänomen, dass auf einem Tierstock nur weibliche, auf dem anderen nur männliche Individuen vorkommen (z. B. bei Staatsquallen, ↗ Siphonophora); zum anderen Bez. für Arten mit Generations- und Wirtswechsel, wenn Haupt- und Zwischenwirt oder Sommer- und Winterwirt unterschiedlichen Arten angehören (z. B. bei Blattläusen, ↗ Aphidina).

Dipeptidasen, ↗ Peptidasen.

Diphosphatidylglycerin, das ↗ Cardiolipin.

Diphtherie, durch *Corynebacterium diphtheriae* (↗ Corynebakterien) hervorgerufene, ansteckende Infektionskrankheit. Dabei treten häutig-fibrinöse Beläge auf den betroffenen Schleimhäuten auf, vor allem im Rachen und in der Nase. Durch die Läsion im Rachen entsteht eine so genannte *Pseudomembran*, die aus geschädigten Wirtszellen und Zellen des Erregers besteht. Diese kann den Luftstrom im Rachen blockieren. Die Erkrankung kann durch eine ↗ Impfung in der frühen Kindheit verhindert werden.

Diphyllobothrium, ↗ Fischbandwurm.

diphyodont, Bez. für Säugetiere mit zwei Zahngenerationen: Milchgebiss und Dauergebiss (↗ Gebiss).

diphyzerk, ↗ Flossen.

Dipicolinsäure, Abk. *DPA, Pyridin-2,6-dicarbonsäure*, charakteristische Substanz im Core („Kern") aller Endosporen (↗ Bakteriensporen). In vegetativen Zellen ist sie dagegen nicht enthalten.

diploblastische Eumetazoa, zusammenfassende Bez. für diejenigen Tiergruppen mit echtem Epithelgewebe, deren Zelltypen sämtlich auf zwei Keimblätter, ↗ Ektoderm und ↗ Entoderm, zurückzuführen sind. Zu den d. E. zählen die Nesseltiere (↗ Cnidaria) und die Rippenquallen (↗ Ctenophora). ↗ triploblastische Eumetazoa

Diplogastrida, zu den ↗ Secernentea gehörende Gruppe der Fadenwürmer (↗ Nematoda).

Diplohaplont, Bez. für Organismen, die in ihrem Entwicklungszyklus einen diphasischen ↗ Generationswechsel mit haploiden und diploiden Generationen durchlaufen.

diploid, Bez. für den Zustand der ↗ Diploidie.

Diploidie, das Stadium im Lebenszyklus eines Organismus, in dem ein *doppelter Chromosomensatz* vorhanden ist, der sich durch das Vorhandensein der homologen mütterlichen und väterlichen Chromosomen auszeichnet. D. kommt während der ↗ Befruchtung durch das Verschmelzen zweier haploider Gameten zustande, bei der eine diploide Zygote entsteht. (↗ Haploidie, ↗ Polyploidie, ↗ Generationswechsel)

Diplokokken, ↗ Bakterienformen.

Diplomonadea, nach der phylogenetischen Systematik zu den ↗ Tetramastigota gestellte Gruppe der Einzeller. D. sind aerotolerante Anaerobier ohne ↗ Mitochondrien und Dictyosomen (↗ Golgiapparat). Es existieren einfache (*monozoische*) Formen mit vier Geißeln und Doppelformen (*diplozoische* Formen) mit acht Geißeln und zwei Zellkernen. (↗ Diplomonadina)

Diplomonadina, *Diplomonadida*, nach der phylogenetischen Systematik zu den ↗ Diplomonadea gestellte Gruppe der Geißeltierchen (↗ Flagellata) mit rund 100 Arten, die ausschließlich diplozoisch (mit zwei Zellkernen und acht Geißeln) organisiert sind. Sie leben entweder frei in stark verschmutztem Süßwasser, oder als Kommensalen bzw. Parasiten im Darm von Wirbellosen und Wirbeltieren. Sie können die Nährstoffzufuhr des Wirtes blockieren und blutige Durchfälle verursachen, wenn sie – begünstigt durch Immunschwäche – in Massen auftreten. Bekannteste Art ist *Giardia (Lamblia) intestinalis*, neuerdings auch als *Giardia lamblia* bezeichnet, die im Dünndarm des Menschen häufig vorkommt, wo sie sich mit Hilfe einer Sauggrube an der Darmwand festsaugt. Mit dem Kot werden Magensaft resistente Cysten abgegeben, die durch Fliegen weiter verbreitet werden. Aus diesen schlüpfen im Dünndarm dann wieder neue Einzeller.

Diplont, ein Organismus, dessen Zellen mit Ausnahme der haploiden Gameten über einen diploiden Chromosomensatz verfügen (↗ Diploidie). ↗ Haplont, ↗ Generationswechsel

Diplophase, Bez. für den Abschnitt im Entwicklungszyklus eines Organismus bzw. einer Zelle, in dem zwei homologe Chromosomensätze vorliegen. (↗ Haplophase)

Diplopoda, *Doppelfüßer*, zu den ↗ Progoneata gehörende Gruppe der Gliederfüßer (↗ Arthropoda), deren Artenzahl auf mindestens 10000 geschätzt wird. Ihr zylindrischer Körper ist hart gepanzert und besitzt mindestens 13 und maximal etwa 350 Beinpaare. Fast alle D. sind Zersetzer von Laubstreu, verrottendem Holz und Mulm; ihnen kommt daher, vor allem in den Tropen, eine große ökologische Bedeutung zu. Die seit dem Karbon bekannten D. werden in zwei Großgruppen eingeteilt, die *Penicillata* mit Reihen beweglicher Keulenhaare (Trichome) auf den Tergiten und die *Chilognatha*, deren Chitinpanzer Kalkeinlagerungen aufweist.

Diplotän, ein Stadium der ⌐ Meiose.

Diplozoon, Gatt. der ⌐ Monogenea.

Diplura, *Doppelschwänze*, zu den ⌐ Entognatha gehörende Gruppe der ⌐ Insecta mit rund 500 Arten, von denen 15 in Mitteleuropa vorkommen. D. sind überwiegend 2 - 5 mm groß und leben im Erdlückensystem der oberen Bodenschichten, unter Steinen, Laub, Borke und im Moos, manche in Höhlen. Sie sind Feuchtigkeit liebende Dunkeltiere. Ihre Nahrung besteht aus Detritus, Pilzmycelien, kleinen Insekten und Nematoden, die Arten der Fam. *Japygidae* leben räuberisch von Springschwänzen (⌐ Collembola). Der Körper ist homonom segmentiert und weitgehend pigmentlos, Augen fehlen. Die Antennen sind vielgliedrig. Am letzten Abdominalsegment sitzen Cerci, die fadenförmig und vielgliedrig, zangenförmig und eingliedrig oder tasterförmig und kurz sein können.

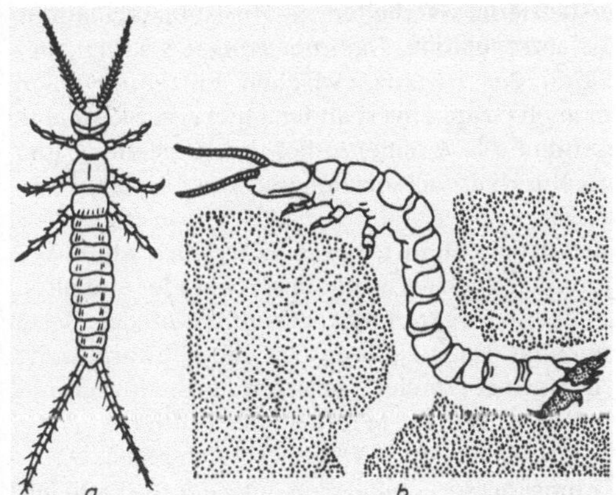

Diplura a *Campodea staphylinus* ist weiß und lebt im Boden unter Steinen, Laub und Holz. b Die räuberische Art *Japyx solifugus* (Fam. Japygidae) beim Fang eines Springschwanzes

Dipnoi, *Lungenfische*, Gruppe der Fische, deren nächste Verwandte Latimeria und die ⌐ Tetrapoda sind. D. atmen in sauerstoffarmem Wasser über Lungen, sonst über Kiemen (Ausnahme: Gatt. *Lepidosiren* atmet nur über Lungen). In der Haut befinden sich Elektrorezeptoren. Die Larven haben äußere Kiemenbüschel und besitzen ein ektodermales Haftorgan an der Kehle. Zu den D. gehören drei rezente Gatt: *Neoceratodus* mit einer Art in Australien, *Protopterus* mit vier Arten in Afrika und *Lepidosiren* mit einer Art in Südamerika.

Dipodidae, *Springmäuse*, zu den Mäuseverwandten gehörende Fam. der Nagetiere (⌐ Ro-

dentia), die mit 27 Arten in Trockengebieten und Wüsten Asiens und Nordafrikas verbreitet sind. Sie sind 4 - 15 cm körperlang, haben stark verlängerte Hinterbeine, auf denen sie sich in großen Sprüngen fortbewegen und einen sehr langen Schwanz mit Endquaste. Alle D. sind nachtaktive, im Boden grabende Tiere.

Dipsacales, Ord. der Überord. *Dipsacanae* der ⌐ Rosopsida mit den Fam. ⌐ Caprifoliaceae, ⌐ Valerianaceae und *Dipsacaceae*.

Dipsacanae, Überord. der ⌐ Rosopsida, zu denen drei isolierte Gatt. bzw. Fam. gehören. Die D. umfassen die Fam. ⌐ Sambucaceae, ⌐ Viburnaceae, *Adoxaceae* und die ⌐ Dipsacales.

Diptam, *Dictamnus alba*, die einzige Art der ⌐ Rutaceae mit Verbreitung in Südwesteuropa bis Ostasien. Die bis 1 m hohe, stark duftende Staude steht unter Naturschutz.

Diptera, *Zweiflügler*, Gruppe der ⌐ Insecta mit rund 118000 Arten, von denen 8000 in Mitteleuropa vorkommen. D. sind 0,8 - 60 mm lang, mit meist gut entwickelten Facettenaugen. Die Mundwerkzeuge sind leckend-saugend oder stechend-saugend. D. leben von Pflanzensäften, Aas oder Kot oder saugen Blut. Die Vorderflügel sind meist gut entwickelt, die Hinterflügel hingegen zu *Halteren* (Schwingkölbchen) reduziert. Die Larven (*Maden*) sind meist beinlos und ernähren sich von organischen Substanzen. Die Untergliederung der D. ist umstritten, zu ihnen gehören die Mücken (⌐ Nematocera) und die Fliegen (⌐ Brachycera), wobei die Nematocera eine paraphyletische und die Brachycera eine monophyletische Gruppe sind.

direct repeats, ⌐ direkte Sequenzwiederholungen.

direkte Lichtreaktion, ⌐ Pupillenreflex.

direkte Sequenzwiederholungen, *direct repeats*, identische Basensequenzen, die innerhalb eines DNA-Moleküls mehrfach hintereinander und in derselben Orientierung vorkommen. (⌐ repetitive DNA)

Disaccharide, aus zwei Monosaccharid-Einheiten aufgebaute Zucker mit reduzierenden Eigenschaften. Die Monosaccharid-Moleküle sind kovalent durch eine O-⌐ glykosidische Bindung miteinander verknüpft. Beispiele für D. sind ⌐ Saccharose, ⌐ Maltose und ⌐ Lactose. (⌐ Kohlenhydrate)

Dischidia, Gatt. der ⌐ Asclepiadaceae.

Discus, ⌐ Diskus.

disjunkte Verbreitung, *diskontinuierliche Verbreitung*, Vorkommen von Pflanzen- oder Tiersippen in zwei oder mehr getrennten Teilarealen (⌐ Areal) zwischen denen keine Populationsverbindung besteht.

diskontinuierliche Kultur, die ⌐ statische Kultur.

diskontinuierliche Verbreitung, die ⌐ disjunkte Verbreitung.

Diskordanz, die in der ↗ Zwillingsforschung untersuchten Verschiedenheiten von Merkmalen, mit deren Hilfe sich eine *Eineiigkeit* oder *Zweieiigkeit* feststellen lässt. Bei eineiigen Zwillingen erlaubt die D. Rückschlüsse auf Umweltfaktoren, die die Ausbildung eines Merkmals beeinflussen.

Diskus 1) *Botanik: Discus* ringförmige Verdickung des ↗ Blütenbodens, aus der meist ↗ Nektar abgesondert wird, z. B. bei den ↗ Aceraceae.

2) *Zoologie:* Art der Buntbarsche (↗ Cichlidae).

Disomie, 1) die ↗ Diploidie.

2) im Fall der uniparentalen D. das seltene Ereignis, bei dem aufgrund einer Fehlfunktion in ↗ Mitose oder ↗ Meiose beide homologe Chromosomen von einem Elternteil abstammen. Trotz eines normalen Karyotyps können Wachstumsanomalien auftreten. (↗ Genommutationen)

Dispersion, räumliches Verteilungsmuster von Individuen einer Art. Die Verteilung kann *zufällig* (unregelmäßig), *regelmäßig* (gleichmäßig) oder *aggregativ* (auch geballt oder geklumpt) sein.

Dissepimente, bei den ↗ Annelida Septen, die von den sich gegenseitig anliegenden Wänden aufeinander folgender Coelomsäcke gebildet werden.

Disse-Raum, *dissescher Raum*, ↗ Leber.

Dissimilation, *Katabolismus*, die Gesamtheit der im Organismus unter Energiefreisetzung ablaufenden Abbauprozesse des Intermediärstoffwechsels. Im Rahmen der D. werden die durch Assimilation gebildeten Biopolymere (Proteine, Kohlenhydrate, Lipide usw.) abgebaut, wobei durch ↗ Substratkettenphosphorylierung und Atmungskettenphosphorylierung (↗ Atmungskette) ATP gebildet wird. Deshalb ist D. in einem gewissen Sinne identisch mit dem ↗ Energiestoffwechsel. Beim Abbau der Biopolymere bzw. der Zellsubstanz spielen hydrolytischer Abbau und Oxidation eine besondere Rolle. Kohlenstoffketten werden im Katabolismus durch Abspaltung von Kohlenstoffdioxid (↗ Decarboxylierung) nach vorhergehender Oxidation verkürzt. Die Oxidation erfolgt im Stoffwechsel i. d. R. durch den Entzug von Wasserstoff aus den Atmungssubstraten bzw. aus den Gärungssubstraten (↗ Dehydrierung). D. führt unter Umständen bis zu ↗ Kohlenstoffdioxid, ↗ Wasser und ↗ Harnstoff als End- und Ausscheidungsprodukte.

dissimilatorische Nitratreduktion, die ↗ Denitrifikation.

dissipative Strukturen, nach I. Prigogine (∗ 1917) Bez. für räumlich und/oder zeitlich geordnete Zustände, die sich in ursprünglich homogenen, nicht strukturierten molekularen Systemen in großer Entfernung vom thermodynamischen Gleichgewicht ausbilden können. D. S. sind stationäre Gleichgewichtszustände, die in offenen Systemen bei ständiger Zufuhr von Stoff und freier Energie entstehen, wobei die Energie im System dissipiert, d. h. verteilt wird. Der Übergang vom ungeordneten zum geordneten Zustand erfolgt sprunghaft. Prinzipiell ist jedes biologische System im thermodynamischen Sinne eine dissipative Struktur.

Dissogonie, bei Rippenquallen (↗ Ctenophora) auftretende zweimalige geschlechtliche Fortpflanzung: eine erste im frühen Jugendstadium und eine zweite im Erwachsenenstadium.

Dissoziation, in der *Chemie* die Aufspaltung eines Moleküls in zwei oder mehrere einfache Moleküle, Atome, Atomgruppen oder Ionen. Das *Dissoziations-Gleichgewicht* wird allg. (für zwei Spaltprodukte) mit AB ⇌ A+B formuliert. In der *Biochemie* außerdem die Spaltung eines Komplexes in zwei oder mehrere Teilstücke bzw. Untereinheiten oder die Auflösung der Bindung regulatorischer Moleküle mit Substraten im Stoffwechsel, so z. B. die D. von Enzym-Substrat-Komplexen, von Ligand und Rezeptor, von Transkriptionsfaktor und DNA, des Sauerstoffs von Hämoglobin oder der Ribosomen in ihre Untereinheiten.

distal, in der *Anatomie* Bez. für weiter von der Körpermitte entfernt liegend als andere Teile. Gegensatz: ↗ proximal.

Distanzierungsverhalten, die ↗ Distanzregulation.

Distanzregulation, *Distanzierungsverhalten*, Regulation der Distanz zwischen Einzelindividuen oder auch Gruppenverbänden einer Art. Sie ist eine wesentliche Komponente bei der Herstellung und Aufrechterhaltung sozialer und nichtsozialer Bindungen.

Distanztier, Tierart, deren Individuen einen bestimmten Mindestabstand untereinander einhalten und damit direkten Körperkontakt in der Regel vermeiden. Dazu gehören fast alle Schwarmfische (z. B. Heringe), viele Vogelarten (z. B. Möwen und Schwalben) und die Mehrzahl der Huftiere.

Distel, 1) die Gatt. *Carduus* (↗ Asteraceae).

2) umgangssprachlich Bez. für andere stachelige Vertreter der Asteraceae, z. B. die Kratzdistel, *Cirsium*. Distelöl wird aus ↗ Saflor, *Carthamus tinctorius*, gewonnen.

Disulfidbindung, *Disulfidbrücke*, chemische Bindung zwischen zwei Schwefelatomen, die bei ↗ Proteinen eine zentrale Rolle bei der Ausbildung von Tertiärstrukturen spielt. Sie entsteht durch kovalente Verknüpfung zweier Cysteinreste (↗ Cystein). D. stabilisieren die gefaltete ↗ Konformation von Proteinen und spielen auch bei ihrer Renaturierung (↗ Denaturierung) eine wichtige Rolle.

Diterpene, aus vier Isopreneinheiten ($C_{20}H_{32}$; ↗ Isoprenoide) aufgebaute chemische Verbindungen. Dem ↗ Phytol, einem aliphatischen D. kommt als Esterkomponente des ↗ Chlorophylls sowie als Bestandteil der Vitamine K und E große Bedeutung zu. Weitere Beispiele für natürlich vorkommende D. sind Vitamin A, ↗ Retinol, bestimmte Alkaloide und Hormone (z. B. ↗ Gibberelline), sowie Bestandteile von Harzen und Balsamen.

Diurese, i. w. S. die Harnausscheidung durch die ↗ Nieren; i. e. S. die gesteigerte Ausscheidung eines hypotonischen (wenig konzentrierten) Harns z. B. bei ↗ Diabetes insipidus oder nach Gabe von Harn treibenden Mitteln (*Diuretika*).

diurnaler Säurerhythmus, bei den ↗ CAM-Pflanzen im Tagesverlauf auftretende Schwankungen des pH-Wertes im Zellsaft der Vakuole. Sie werden dadurch verursacht, dass während der nächtlichen CO_2-Fixierung das entstandene Malat durch eine im Tonoplasten vorhandene H^+-ATPase aktiv in die Vakuole transportiert und dort als Äpfelsäure gespeichert wird. Dadurch kommt es zur Ansäuerung des Vakuoleninhaltes. Tagsüber kann bei geschlossenen Stomata ↗ Fotosynthese betrieben werden, weil die Äpfelsäure als nicht elektrisch geladenes Molekül entlang ihres Konzentrationsgradienten ins leicht alkalische Cytosol diffundieren kann. Das dort entstehende Malat wird enzymatisch decarboxyliert, sodass das freigesetzte CO_2 dann dem ↗ Calvin-Zyklus zugeführt werden kann. Dadurch bedingt steigt der pH-Wert des Zellsaftes wieder an.

Divergenz, 1) in der *Evolutionsbiologie* die zwischen Arten bestehenden Merkmals- und Anpassungsunterschiede. Eine starke Triebkraft der evolutiven D. ist die Konkurrenz. Sie führt zur Bildung neuer ökologischer Nischen und damit zu ↗ Kladogenese und ↗ adaptiver Radiation. Als *kladogenetische D.* wird die Differenzierung der höherrangigen Taxa bezeichnet.

2) In der Sinnesphysiologie Bez. für das Phänomen, dass ein Neuron Signale an verschiedene andere Neuronen leitet. Gegensatz: ↗ Konvergenz

Diversität, ↗ Artendiversität, ↗ Biodiversität.

Diversitätsindex, eine Maßzahl für die ↗ Artendiversität einer Lebensgemeinschaft. Der bekannteste D. ist der *Shannon-Weaver-Index* (Shannon und Weaver 1949), der sich aus der Informationstheorie ableitet. Dieser ist umso höher, je ähnlicher die Individuendichten der Arten sind, und erreicht ein Maximum bei Gleichverteilung der Arten (*Eveness*).

Divertikel, meist sackförmige Ausstülpung von Wandteilen bei Hohlorganen (insbesondere Dickdarm); beim *echten D.* betrifft die Aussackung alle Wandschichten, *falsche D.* sind Ausstülpungen der Schleimhaut durch eine Lücke in der Muskelschicht.

dizentrisch, Bez. für ein Chromosom mit zwei Centromeren.

DNA, Abk. für engl. *desoxyribonucleic acid*, Akronym für die ↗ Desoxyribonucleinsäure, das sich auch im deutschsprachigen Raum gegenüber der Abkürzung *DNS* durchsetzt.

DNA-bindende Proteine, Proteine, die über eine *DNA-Bindungsdomäne* verfügen, mit der eine sequenzspezifische Erkennung von Nucleotidsequenzen einzelsträngiger und doppelsträngiger DNA möglich ist. Sequenzen, an die D.-b. P. binden, las-

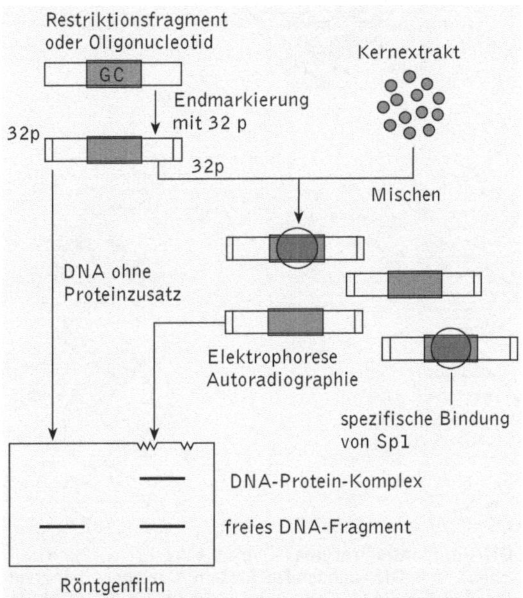

DNA-bindende Proteine Nachweis mittels Bandshift-Assay. Bindet ein Protein an die DNA, werden deren elektrophoretische Eigenschaften verändert. Die DNA-Bande wandert langsamer und verursacht dadurch eine Verschiebung („Bandshift")

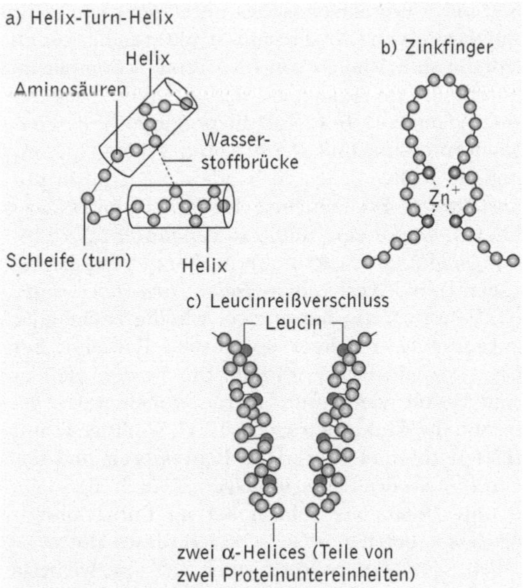

DNA-bindende Proteine Wichtige Motive in DNA-Bindungsdomänen sind a) Helix-Turn-Helix, b) Zinkfinger und c) Leucin-Zipper (Leucinreißverschluss)

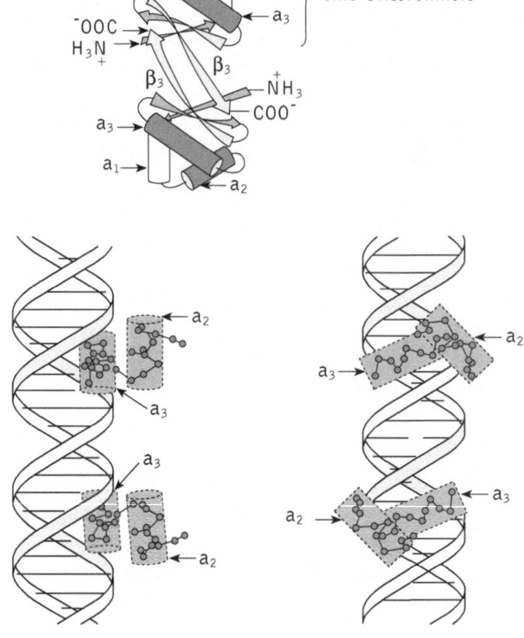

DNA-bindende Proteine Typische Wechselwirkung zwischen einem DNA-bindenden Protein. Der obere Teil zeigt das Cro-Protein des Phagen λ mit zwei HTH-Motiven. Unten ist die Interaktion mit der großen Furche der Doppelhelix aus zwei verschiedenen Blickwinkeln dargestellt

sen sich durch so genannte *Bandshift-Assays* nachweisen, bei denen die Beeinflussung der Wanderung eines DNA-Fragmentes in einem Gel in Anwesenheit eines Proteingemisches untersucht wird. Zur Aufklärung von DNA-Protein-Strukturen hat vor allem die an Kristallen von DNA-Protein-Komplexen durchführbare Röntgenstrukturanalyse beigetragen. Wichtige D.-b- P. sind die prokaryotischen Regulatorproteine und *Repressoren* (↗ lac-Operon) und die in allen Zellen vorhandenen ↗ Transkriptionsfaktoren. Die Fähigkeit der D.-b- P., an DNA zu binden, ist auf eine Reihe so genannter *DNA-Bindungsmotive* zurückzuführen. Hierzu zählt das bei vielen D.-b- P. vorhandene *Helix-Turn-Helix-Motiv* (*HTH-Motiv*), das durch zwei winklig zueinander angeordnete α-Helices spezifische Kontakte zur DNA-Doppelhelix vermittelt. Die beiden Helices sind durch vier Aminosäuren voneinander getrennt, ihr Winkel beträgt ca. 120 °. Wichtige D. mit HTH-Motiv sind bakterielle Repressoren und das *Cro-Protein* des Bakteriophagen λ. Auch die so genannte *Homöobox* zahlreicher an Entwicklungsprozessen beteiligter Gene besitzt dieses Motiv.

Beim *Zink-Finger-Motiv* spielt Zn^{2+} eine wichtige Struktur gebende Rolle zahlreicher DNA-Bindungsdomänen, wobei vier Cysteine oder Histidine als Liganden des Zink-Ions fungieren.

Leucin-Zipper (Leucin-Reißverschluss). Bei einer Reihe von D.-b. P. werden Homo- und Heterodimere gebildet, indem zwei antiparallele α-Helices ineinander winden und eine geordnete Anordnung von Leucinen einen Zusammenhalt beider Proteine ermöglicht. Dadurch werden die basische Aminosäuren enthaltenden, ungepaarten Bereiche der Untereinheiten so positioniert, dass sie mit der DNA interagieren können. Diese dimere DNA-Bindungsdomäne wird auch als bZip-Motiv bezeichnet. –Eine weitere wichtige DNA-Bindungsdomäne ist die ↗ MADS-Box.

DNA-Chip, ↗ Bio-Chips, ↗ Microarray.

DNA-Fingerprint, *DNA-Fingerprinting*, ↗ genetischer Fingerabdruck.

DNaseI-Footprinting, *DNA-Protektionsexperiment*, Methode zur Bestimmung der Basensequenzen, an die ↗ DNA-bindende Proteine anbinden. Sie beruht darauf, dass DNA durch ein DNA-bin-

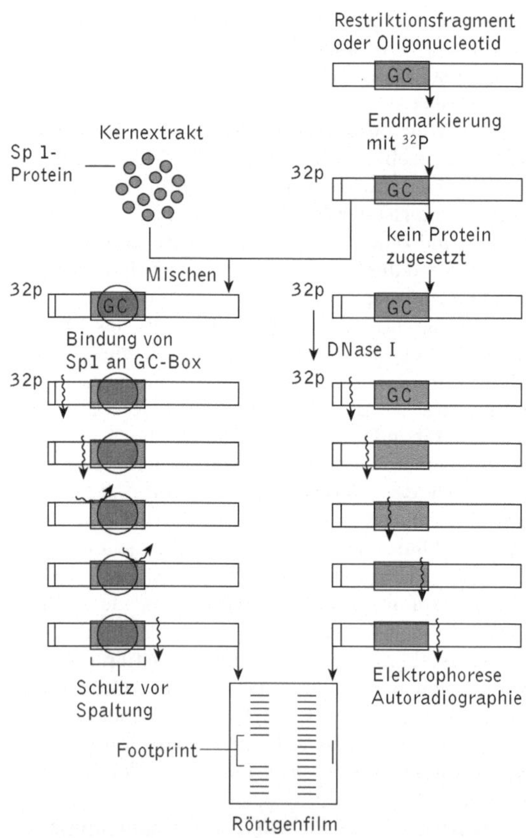

DNaseI-Footprinting Nachweis der Bindung des Proteins Sp1 an einen GC-reichen Bereich eines Restriktionsfragmentes. Die DNaseI-Inkubation erfolgt in Anwesenheit (links) und Abwesenheit (rechts) des Kernextraktes. Bereiche, an die Sp1 bindet, werden vor der DNaseI geschützt und hinterlassen eine Lücke („Footprint") im sonst durchgängigen Bandenmuster

dendes Protein vor dem Abbau durch das Enzym *DNase I* (↗ Desoxyribonucleasen) geschützt wird. Werden die Reaktionsbedingungen so gewählt, dass die DNase I aus radioaktiv markierter DNA (z. B. ein Restriktionsfragment) unterschiedlich große DNA-Fragmente erzeugt, können die Fragmente in einem Sequenzierungsgel (↗ DNA-Sequenzierung) ihrer Größe nach aufgetrennt werden. Erfolgt die DNase I-Behandlung parallel in Anwesenheit eines Gemisches aus Zellkernproteinen (*Kernextrakt*), wird die DNA dort, wo sich Proteine anlagern, vor der DNase geschützt. An dieser Stelle sind später auf dem Röntgenfilm keine Banden vorhanden, das Protein hat seinen „Fußabdruck" (engl. footprint) hinterlassen. Wird zusätzlich noch eine DNA-Sequenzierung nach Maxam und Gilbert durchgeführt, lässt sich die DNA-Sequenz des Footprints direkt ablesen.

DNA-Gyrase, eine TypII-↗ DNA-Topoisomerase.

DNA-Klonierung, Verfahren zur Vermehrung von rekombinanter DNA, d. h. von einem DNA-Fragment, das in ein ↗ Plasmid oder einen anderen ↗ Klonierungsvektor experimentell eingefügt wurde. Die D.-K. erlaubt es, ein beliebiges DNA-Molekül in beliebig großer Anzahl als identische Kopien (↗ Klon) zu isolieren. Mit Hilfe eines Repertoires von unterschiedlichen Enzymen (↗ Restriktionsenzyme, ↗ DNA-Ligase u. a.) können DNA-Fragmente für eine Vielzahl von Anwendungen vorbereitet werden. Im einfachsten Fall werden der Vektor und das DNA-Fragment mit demselben Restriktionsenzym geschnitten und anschließend durch die DNA-Ligase zusammengefügt. Die sich anschließende Transformation in *Escherichia coli* hat eine Vervielfältigung des Plasmids in der wachsenden Bakterienkultur zur Folge, aus der es für weitere Anwendungen isoliert werden kann.

DNA-Ligase, ein Enzym, das Strangbrüche in der DNA repariert. In allen Zellen sind D.-L. an der ↗ Replikation beteiligt und spielen bei der DNA-Reparatur eine wichtige Rolle. D.-L. katalysieren die Bildung einer Phosphodiesterbindung zwischen der 3'-Hydroxylgruppe des einen und der 5'-Phosphatgruppe des anderen DNA-Fragments. Die *T4-Ligase* des Phagen T4 ist ein wichtiges Hilfsmittel der Molekularbiologie (↗ DNA-Klonierung).

DNA-Methylierung, durch *DNA-Methyltransferasen* katalysierte Übertragung von Methylgruppen auf bestimmte Basen der DNA. Die D.-M. ist dabei nicht zufällig, sondern in bestimmten Sequenzmotiven zu finden. Der Grad der D.-M. beeinflusst die Genexpression, wobei transkriptionell aktive DNA-Abschnitte i. d. R. weniger methyliert sind als inaktive Bereiche (↗ Barr-Körperchen). Bei Tieren sind bis zu 2 %, bei Algen bis zu 3,5 % und bei Pflanzen bis zu 10 % 5-Methylcytosin nachgewiesen worden. – Nach der Replikation ist der Tochterstrang

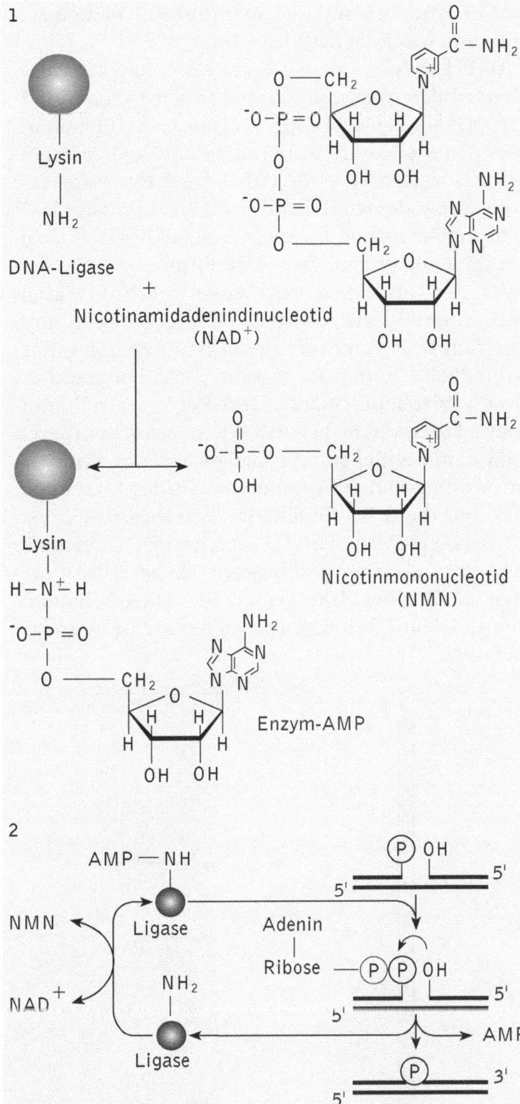

DNA-Ligase Die DNA-Ligase schließt Lücken in und zwischen DNA-Molekülen über ein AMP-Zwischenprodukt. 1) Der Cofaktor NAD⁺ reagiert mit dem Lysinrest der Ligase zum Enzym-AMP. 2) Nach einer Adenylierung der freien 5'-Phosphorylgruppe kommt es durch einen nucleophilen Angriff der 3'-OH-Gruppe zur Bildung der Phosphodiesterbindung

anfänglich nicht methyliert, da die D.-M. *postreplikativ* erfolgt (↗ DNA-Reparatur).

DNA-Polymerasen, Enzyme, die 2'-Desoxyribonucleotid-5-triphosphate zu DNA polymerisieren können und an der DNA-↗ Replikation, ↗ DNA-Reparatur und DNA-↗ Rekombination beteiligt sind. Für die Isolierung der DNA-Polymerase I des Bakteriums ↗ Escherichia coli erhielt A. ↗ Kornberg 1959 den Nobelpreis. Heute sind bei dem Bakterium und bei eukaryotischen Zellen eine Reihe verschiedener Enzyme bekannt, die an unterschiedlichen zellulären Prozessen beteiligt sind.

D.-P. katalysieren als *Desoxyribonucleotidtransferasen* den nucleophilen Angriff der freien 3'-OH-Gruppe auf den α-Phosphatrest des neu hinzukommenden Nucleotids, wobei eine Phosphodiesterbindung ausgebildet wird. Dabei wird Pyrophosphat freigesetzt, dessen Hydrolyse die Reaktion der D.-P. irreversibel macht. D.-P. arbeiten bei der DNA-Synthese somit immer in 5'-3'-Richtung. Die Reihenfolge der Nucleotide wird dabei durch den komplementären Matrizenstrang (*Template*) bestimmt. Die fünf D.-P. von *Escherichia coli* nehmen unterschiedliche Funktionen wahr. DNA-Polymerase I und wahrscheinlich auch DNA-Polymerase II kommen Funktionen bei DNA-Reparatur-Synthesen und dem Schließen von Lücken in DNA-Strängen zu, wohingegen DNA-Polmerase III das Enzym ist, das für die DNA-Replikation verantwortlich ist. DNA-Polymerasen I und II setzen ca. 50 Nucleotide pro Sekunde um, wohingegen es bei DNA-Polymerase III über 1000 sind. Die DNA-Polymerasen II, IV und V sind zudem an der *SOS-Reparatur* beteiligt.

D.-P. besitzen neben der 5'-3'-Polymeraseaktivität noch ein bzw. zwei weitere enzymatische Aktivitäten. Eine 3'-5'-Exonucleaseaktivität sorgt dafür, dass die zuletzt eingebauten Basen korrekt am wachsenden DNA-Molekül verestert werden. Dieser so genannte *Proofreading-Mechanismus* (engl. für Korrekturlesen) sorgt für die hohe Genauigkeit der DNA-Synthese, deren Fehlerquote im Bereich von 10^{-8} bis 10^{-10} liegt.

Die nur bei der DNA-Polymerase I zusätzlich vorhandene 5'-3'-Exonucleaseaktivität kann freie 5'-phosphorylierte Enden abbauen, die sich allerdings innerhalb der Doppelhelix befinden müssen. Diese Funktion kommt bei der Endsynthese des Folgestrangs und bei der DNA-Reparatur zum Einsatz.

Die eukaryotischen D.-P. lassen sich in verschiedene Gruppen unterteilen, wobei Polymerasen α, δ und ε an der Replikation im Zellkern beteiligt sind, wohingegen Polymerase γ in den Mitochondrien und Chloroplasten lokalisiert ist. Die Polymerase β ist neben den Polymerasen δ und/oder ε an der DNA-Reparatur beteiligt. Eine 3'-5'-Exonucleaseaktivität konnte lediglich für die Polymerase δ nachgewiesen werden.

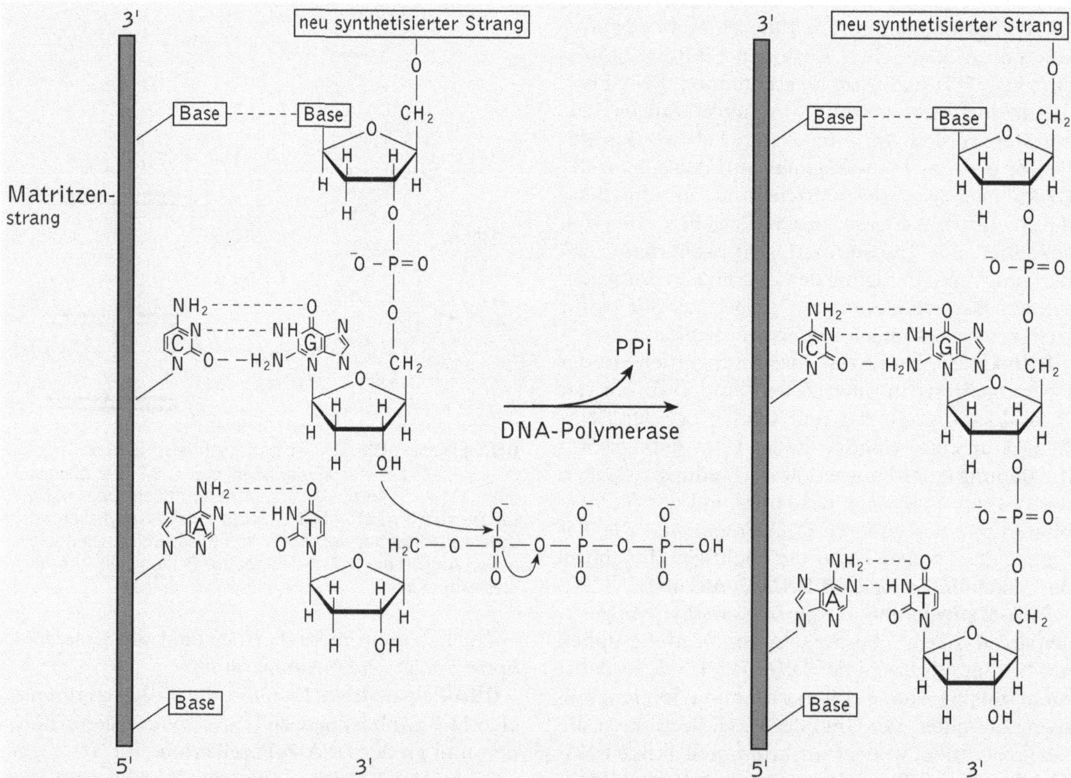

DNA-Polymerasen Dargestellt ist die Verknüpfung eines Adenin an ein Guanin. Dieses lagert sich an den Matrizenstrang entsprechend der komplementären Basenpaarung an, wobei sich zwei Wasserstoffbrücken ausbilden. Ein freies Elektronenpaar der 3'-OH-Gruppe des Guanins bildet eine Phosphodiesterbindung mit der α-Phosphatgruppe des dTTP (Pfeil). Das Abspaltungsprodukt Pyrophosphat (PPi) wird hydrolysiert, sodass die Reaktion irreversibel ist. Die 3'-OH-Gruppe des Thymins kann mit einem weiteren Nucleosidtriphosphat reagieren

DNA-Protektionsexperimente, ↗ DNaseI-Footprinting.

DNA-Rekombinationstechnik, sämtliche Methoden, die zur Konstruktion und Untersuchung von rekombinierter DNA und deren Einsatz erforderlich sind. In ihrem Mittelpunkt steht die ↗ DNA-Klonierung. (↗ Gentechnik)

DNA-Reparatur, *DNA-Reparaturmechanismen*, enzymatisch gesteuerte Prozesse, die Schäden der DNA beseitigen und dadurch den reibungslosen Ablauf der DNA-↗ Replikation und ↗ Transkription gewährleisten. D.-R. sind dafür verantwortlich, dass ↗ Mutationen im Erbgut nicht akkumulieren können.

Die Mechanismen der D.-R. sind vor allem bei ↗ Escherichia coli gut untersucht, wobei davon auszugehen ist, dass sie während der Evolution früh optimiert wurden und deshalb bei allen Organismen ähnlich verlaufen. Ein Defekt in der D.-R. ruft beim Menschen die autosomale rezessive Erbkrankheit *Xeroderma pigmentosum* hervor, bei der offenbar die Exzisionsreparatur gestört ist, sodass betroffene Menschen nach UV-Exposition bzw. starker Sonnenbestrahlung Hautkrebs entwickeln.

Je nach Art der D.-R. bzw. der dadurch behobenen Schäden sind sechs unterschiedliche Reparatur-Mechanismen bekannt:

1) *Korrekturlese-Reparatur* durch *Exzision von Nucleotiden*. Sie erfolgt bei *Escherichia coli* während der Replikation nicht nur durch die 3'-Exonucleaseaktivität der ↗ DNA-Polymerasen I und III, sondern auch durch ein so genanntes *Korrekturlese-Enzym*, das *postreplikativ* eine gelegentlich auftretende Fehlpaarung (Heteroduplex) im neu synthetitisierten Strang erkennt und die unpassende Base herausschneidet. Das Enzym kann zwischen dem neuen und altem Matrizenstrang aufgrund des Methylierungsgrades des Adenin in der palindromen Basensequenz (↗ Palindrom) GATC unterscheiden, da die postreplikative ↗ DNA-Methylierung zeitlich verzögert erfolgt. Die fehlende korrekte Base wird anschließend durch die DNA-Polymerase I ersetzt und mit Hilfe der ↗ DNA-Ligase eingefügt. 2) *Direkte Reparatur modifizierter Basen* durch *Fotoreaktivierung*. Sie beseitigt die

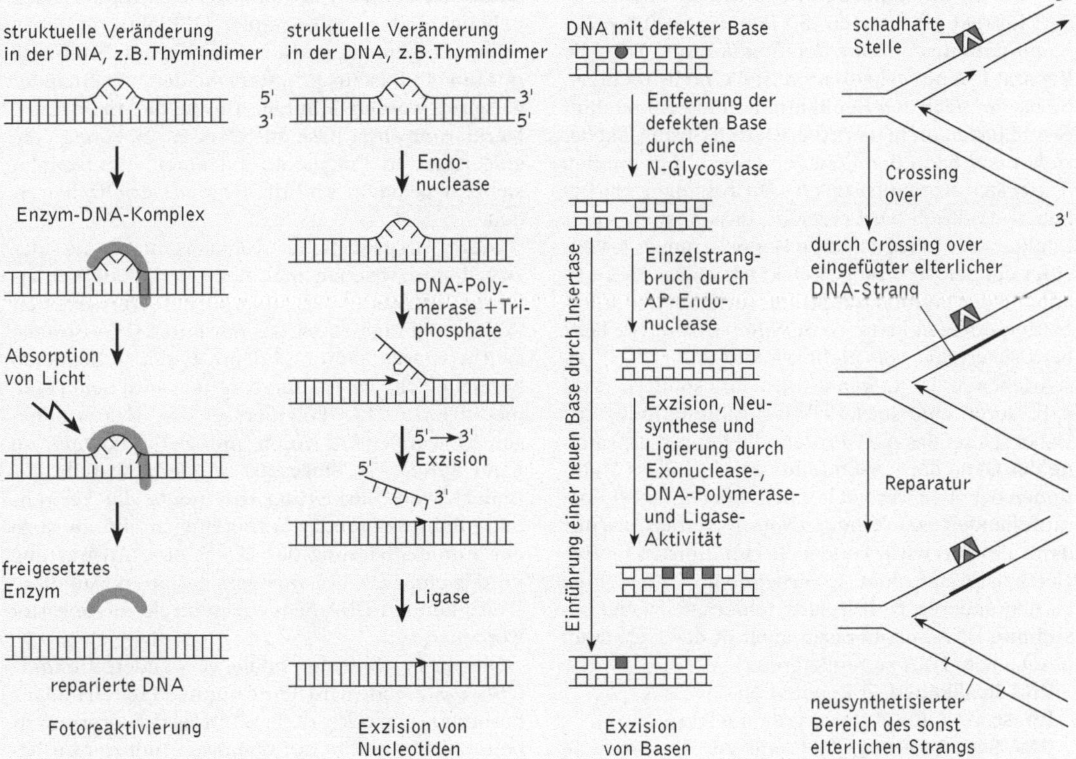

DNA-Reparatur   Die Abb. zeigt von links nach rechts die Mechanismen der Fotoreaktivierung, der Exzision von Nucleotiden, der Exzision von Basen und ganz rechts die Reparatur durch Rekombination im Verlauf der Replikation (die elterlichen Stränge sind durch Verdickung hervorgehoben)

durch UV-Strahlung induzierten Thymin-Dimere, die durch die UV-Absorption der Pyrimidinringe verursacht werden und zum Stopp der Replikation führen. Bei der Fotoreaktivierung bindet das Enzym *Fotolyase* im Dunkeln hochspezifisch an ein Thymin-Dimer und spaltet dieses bei Bestrahlung mit sichtbarem Licht in die Monomere, die wieder zur komplementären Basenpaarung fähig sind (*Lichtreparatur* von UV-Schäden). 3) *Exzisionsreparatur modifizierter Basen*. Sie erfolgt in Fällen, in denen eine direkte Umkehr der chemischen Modifikation nicht möglich ist. Die modifizierten Basen müssen deshalb entfernt und anschließend ersetzt werden. Bei dieser *Dunkelreparatur* von UV-Schäden werden Thymin-Dimere durch eine *uvr-Endonuclease* erkannt und zusammen mit benachbarten Nucleotiden herausgeschnitten, sodass eine 12 Basen lange Lücke entsteht, die durch die DNA-Polymerase I aufgefüllt und von der DNA-Ligase wieder geschlossen wird. Falsche Basen können auch durch für die verschiedenen modifizierten Basen spezifische *Glykosylasen* von der Desoxyribose abgetrennt werden. Das Zucker-Phosphat-Rückgrat wird durch so genannte *AP-Endonucleasen* (*a*purinisch bzw. *a*pyrimidinisch) aufgeschnitten und die entstandene Lücke wie zuvor geschildert korrekt geschlossen. 5.) *Reparatur durch Rekombination während der Replikation*. Tritt die Reparatur einer schadhaften Stelle nicht rechtzeitig bis zur nächsten Replikationsrunde ein, kommt es zu Lücken im neu synthetisierten Strang. *Escherichia coli* kann den Schaden jedoch durch einen *Schwesterstrangaustausch* (↗ Crossing-over) beheben. Dadurch wird erreicht, dass anstelle eines intakten und eines defekten Doppelstranges jeweils einer der beiden Stränge defekt ist, sodass die D.-R. anhand der im intakten Strang vorhandenen Information erfolgen kann. 6) *SOS-Reparatur*. Sie läuft bei *Escherichia coli* nicht wie die unter 1)-5) beschriebenen D.-R. *konstitutiv* ab, sondern wird z. B. durch eine starke UV-Bestrahlung induziert. Dabei spaltet das *recA-Protein* die Repressorproteine der Gene der uvr-Endonucleasen, sodass Mutationen behoben werden können. Bei der SOS-Reparatur handelt es sich um ein *Notfall-System*, das nur dann aktiviert wird, wenn viele Mutationsereignisse gleichzeitig auftreten. Es arbeitet im Unterschied zu den anderen D.-R. relativ fehlerhaft, wobei bestimmte DNA-Polymerasen auch in der Lage sind, beschädigte DNA zu replizieren.

DNA-Replikation, ↗ Replikation der DNA

DNase, Abk. für ↗ Desoxyribonuclease.

DNA-Sequenzierung, Methode zur Bestimmung der Basensequenz eines DNA-Abschnittes, wie z. B. eines in einen ↗ Vektor einklonierten DNA-Fragmentes oder eines PCR-Produktes (↗ Polymerasekettenreaktion). Die heute gängigste Methode ist die von F. ↗ Sanger entwickelte ↗ Didesoxy-Methode (Kettenabbruchmethode), bei der ein radioaktiv oder mit Fluoreszenzfarbstoffen markierter komplementärer DNA-Strang in vitro synthetisiert wird, wobei die Verwendung so genannter ↗ Didesoxynucleotide zu einem zufallsmäßigen Kettenabbruch und somit zu unterschiedlich langen DNA-Strängen führt.

Als Ausgangspunkt der Neusynthese dient ein sequenzspezifischer *Primer*, der an die einzelsträngige Matrize anbindet. Eine DNA-Polymerase synthetisiert in vier parallelen Reaktionen die Synthese eines komplementären Stranges, wobei neben den vier 2-Desoxyribonucleotidtriphosphaten (dATP, dTTP, dCTP und dGTP) jeweils *ein* Didesoxytriphosphat (ddATP, ddTTP, ddCTP und ddGTP) zugefügt wird. Dieses wird wie die anderen eingebaut, allerdings kann die Kettenverlängerung aufgrund der fehlenden 3'-OH-Gruppe nicht erfolgen. Auf diese Weise erhält man ein Gemisch mit unterschiedlich langen DNA-Molekülen, an deren 3'-Ende sich stets eine bestimmte Base befindet. Wurde dem Reaktionsgemisch z. B. ddATP beigemischt, enden alle Moleküle mit einem Adenin. Alle vier Parallelansätze werden anschließend in einem denaturierenden Polyacrylamidgel elektrophoretisch nebeneinander aufgetrennt (↗ Elektrophorese), sodass Fragmente, die sich in bezug auf ihre Länge nur um ein Basenpaar unterscheiden, voneinander getrennt werden können. Durch die radioaktive Markierung einer Base mit ^{32}P oder ^{35}S, können die aufgetrennten Fragmente auf einem Röntgenfilm sichtbar gemacht und die Sequenz ermittelt werden.

Diese ursprüngliche Versuchsanordnung der D.-S. hat inzwischen zahlreiche Modifikationen erfahren. Anstelle des ursprünglich verwendeten ↗ Klenow-Fragmentes, das nur kurze DNA-Stränge synthetisieren kann und dem GC-reiche Sequenzbereiche Schwierigkeiten bereiten, wird heute eine modifizierte DNA-Polymerase des Bakteriophagen T7 verwendet. Auch die ↗ Taq-Polymerase kann zur D. - S. eingesetzt werden. Anstelle der radioaktiven Markierung tritt heute die Verwendung fluoreszierender Verbindungen, die im Zuge der Automatisierung der D. - S. eine Auswertung mittels eines *DNA-Sequenzers* gestatten. Auf diese Weise können DNA-Sequenzen direkt ausgewertet werden.

Die zur D. - S. früher häufig verwendete *Maxam-Gilbert-Methode* wird heute nur noch selten und für besondere Zwecke (z. B. ↗ DNaseI-Footprinting) benutzt. Sie beruht auf chemisch induzierten basenspezifischen Strangbrüchen und anschließender Auftrennung der entstandenen Fragmente, die in analoger Weise zur oben beschriebenen Didesoxy-Methode ausgewertet werden können.

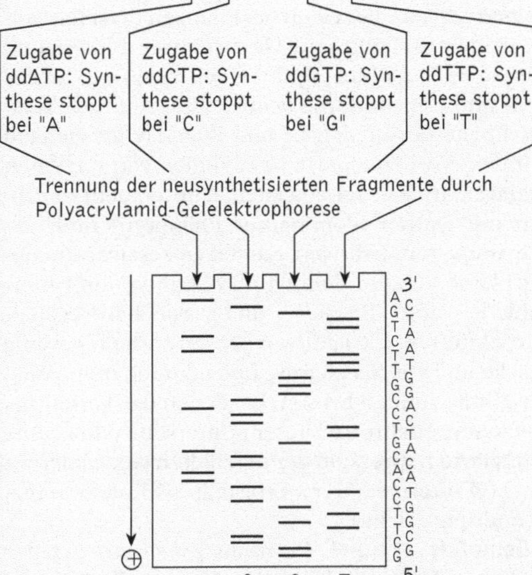

DNA-Sequenzierung   DNA-Sequenzierung nach Sanger

DNA-Sonde, ↗ Gensonde, ↗ Nucleinsäurehybridisierung.

DNA-Topoisomerase, ein Enzym, das Überstrukturen der DNA-↗ Doppelhelix reguliert und somit Torsionsspannungen und Verdrillungen vermeidet, die die ↗ Replikation der DNA negativ beeinflussen. Im Vergleich zu anderen Enzymen entstehen dabei keine neuen kovalenten Bindungen. D.-T. tragen dazu bei, durch Änderung der Anzahl der Windungen die DNA zu verändern. Typ I-DNA-Topoisomerasen durchtrennen hierfür einen Strang der Doppelhelix wohingegen Typ II-DNA-Topoisomerasen wie die *Gyrase* beide Stränge durchtrennen. D.-T. kommen wahrscheinlich in allen Organismen vor.

DNP, Abk. für ↗ 2,4-Dinitrophenol.

DNS, im deutschen Sprachraum verwendete Abk. für die ↗ Desoxyribonucleinsäure, die zunehmend durch die Abk. *DNA* ersetzt wird.

Dobzhansky, *Theodosius*, russisch-amerikan. Zoologe und Genetiker, ✳ 25.1.1900 Nemirow (bei Lemberg), † 18.12.1975 Davis (Californien); 1921-27 Dozent in Kiew und Leningrad, ab 1929 Prof. in Pasadena (Californien), 1940-62 an der Columbia University in New York, 1962-71 an der Rockefeller University in New York. D. arbeitete über experimentelle Genetik (insbesondere von *Drosophila melanogaster*) und Evolutionsforschung. Er verband biogeografische und variationsstatistische Studien an Wildpopulationen mit cytogenetischen Analysen und wies auf die fundamentale Bedeutung der reproduktiven Isolation von Populationen für den Artbildungsprozess sowie auf die Vielfalt von ↗ Isolationsmechanismen hin. D. war mitbeteiligt an der Entwicklung der ↗ synthetischen Theorie der Evolution.

n-Docosansäure, die ↗ Behensäure.

Dodo, Art der ↗ Raphidae.

Dohle, Art der ↗ Corvidae.

Doisy, *Edward Adelbert*, amerikan. Biochemiker, ✳ 13.11.1893 Hume (Illinois), † 23.10.1986 St. Louis (Missouri); ab 1923 Prof. an der School of Medicine der Washington University in St. Louis; entwickelte 1923 mit dem amerikan. Anatomen Edgar Allen (1892-1943) den *Allen-Doisy-Test* zur quantitativen Bestimmung von ↗ Estrogenen und stellte 1929, unabhängig von A.F.J. ↗ Butenandt das Estron kristallin dar. D. erhielt 1943 zusammen mit C.P.H. ↗ Dam den Nobelpreis für Physiologie oder Medizin für die Strukturaufklärung des Vitamins K.

Doktorfische, die Fam. ↗ Acanthuridae.

Dolde, ↗ Blütenstand.

Doldengewächse, die Fam. ↗ Apiaceae.

Dolicholphosphate, membrangebundene, aus 13 - 20 Isopreneinheiten aufgebaute Polyprenolphosphate, die von einem löslichen Donor (Uridin- oder Guanosin-diphosphat-glykoside) Glykosyleinheiten aufnehmen und diese dann an Membranproteine oder -lipide weitergeben. Die D. können deshalb als ↗ Coenzyme der Protein- und Lipidglykosylierung angesehen werden. Die höchsten Konzentrationen an D. kommen in den Membranen des Zellkerns, des ↗ Golgiapparates und des rauen ↗ endoplasmatischen Reticulums vor.

Dioliolaria, Larve der ↗ Crinoida.

Doliolida, *Cyclomyaria*, Gruppe der Salpen (↗ Thaliacea) mit 12 sehr kleinen (1 - 2 mm groß), weltweit im Pelagial der Meere verbreiteten Arten. Der Körper ist tonnenförmig, völlig durchsichtig, vorne und hinten offen und wird von acht bis neun ringförmigen Muskelbändern umgeben. D. durchlaufen einen mehrteiligen Generationswechsel: Aus einer durchsichtigen, lanzettförmigen Schwanzlarve entsteht ein *Oozooid* („Amme"), der sich kurze Zeit selbst ernährt und dann unter Reduktion seines Darms zu einem Schwimmkörper wird. Dieser schnürt Knospen nach außen ab, von denen die ersten zeitlebens als Nährtiere (*Trophozooide*) auf der Amme verbleiben. Die nächsten Knospen lösen sich nach dem Heranwachsen und leben frei (*2. Blastozooidgeneration*, Tragtiere oder *Phorozooide*). Sie tragen auf ihrem Haftstiel wiederum Knospen (*3. Blastozooidgeneration*), die *Gonozooide* genannt werden, da sie nach Ablösung Gonaden entwickeln, aus deren Keimzellen nach Befruchtung wieder Schwanzlarven entstehen.

Dollo'sche Regel, von dem belgischen Paläontologen Louis Dollo (1857-1931) formulierte Regel der Nichtumkehrbarkeit evolutiver Entwicklung. Danach können stammesgeschichtliche Umwandlungen nicht rückgängig gemacht werden, vor allem in der Phylogenie reduzierte Organe können nicht wieder in gleicher Weise zur Ausbildung kommen.

Domagk, *Gerhard Johannes Paul*, deutscher Pathologe und Bakteriologe, ✳ 30.10.1895 Lagow (Mark Brandenburg), † 24.4.1964 Burgberg (heute zu Königsfeld, Schwarzwald); 1927-60 Leiter der pathologischen und bakteriologischen Forschungslaboratorien der Bayer-Werke der IG Farben, Wuppertal-Elberfeld, ab 1928 Prof. an der medizinischen Fakultät der Universität in Münster. D. entwickelte zwischen 1932 und 1956 eine Reihe von Chemotherapeutika gegen Infektionskrankheiten und Krebs. Für die Einführung antibakteriell wirkender Sulfonamide in die Chemotherapie erhielt er 1939 den Nobelpreis für Physiologie oder Medizin.

Domäne, 1) *Biochemie*: eine Kombination von Elementen der Sekundärstruktur (α-Helices, β-Faltblätter) eines ↗ Proteins, die eine komplexe, gefaltete globuläre Einheit darstellt. Eine D. ist aus einem Abschnitt einer Polypeptidkette aufgebaut, die i. d. R. zwischen 50 und 350 Aminosäurereste enthält. Kleine Proteine enthalten oft nur eine D., während größere Proteine mehrere D. enthalten können, die über wenig strukturierte Kettenbereiche verbunden sind. D. werden sehr oft von einzelnen ↗ Exons codiert.

2) *Systematik*: Über der Ebene der Reiche stehende taxonomische Kategorie. Die drei existierenden D. sind *Archaea* (↗ Archaebakterien), *Bacteria* (↗ Bakterien) und ↗ Eucarya.

Domestikation, durch Zuchtauslese erreichte Umwandlung von Wildpflanzen in Kulturpflanzen (↗ Pflanzenzüchtung) und Wildtieren in ↗ Haustiere (*Haustierwerdung*). ↗ Tierzucht

dominant, ↗ Dominanz.

dominant-rezessiver Erbgang, ↗ Dominanz, ↗ Mendel-Regeln, ↗ Rezessivität.

Dominanz, 1) in der *Ethologie* der biosoziale Status, der dem dominierenden Individuum in einer bestimmten Umweltbeziehung ein „Vorrecht" gegenüber anderen sichert. Dagegen lässt ein *subdominanter* Partner Rangrespekt erkennen.

2) in der *Biozönologie* ein hoher prozentualer Anteil der Individuen einer Pflanzen- (↗ Deckungsgrad) oder Tierart an der Gesamtindividuenzahl einer Organismengemeinschaft.

3) in der *Genetik* Bez. für die bei ↗ Heterozygotie zu beobachtende, vorherrschende Wirkung eines ↗ Allels über ein anderes. Das *dominante* Allel bestimmt den Phänotyp, wohingegen das *rezessive* Allel (↗ Rezessivität) nicht zur Merkmalsausbildung beiträgt. Diesem Idealfall der *vollständigen D.* in einem *dominant-rezessiven Erbgang*, wie ihn G. ↗ Mendel beschrieb (*Mendel-Regeln*), stehen eine Reihe weiterer D.-Typen gegenüber, bei denen der Phänotyp durch beide Allele, allerdings in unterschiedlich starkem Maße, beeinflusst wird. Die *unvollständige D.* lässt sich bei Pflanzen beispielsweise in der Färbung und Gestalt ihrer Blüten und Samen und im Blühzeitpunkt, bei Tieren z. B. in der Fell- und Gefiederfarbe beobachten. Auf molekularer Ebene lassen sich D. und Rezessivität vielfach mit dem Vorhandensein bzw. Fehlen von Enzymen erklären. Im Fall der von Mendel untersuchten Erbsen mit glatten (dominanter Phänotyp) und verschrumpelten, kantigen Samen (rezessiver Phänotyp) lässt sich der dominante Phänotyp auf Unterschiede im Stärke- und Saccharosegehalt zurückführen. Die kantigen Erbsen enthalten wenig Stärke und viel Saccharose und deutlich mehr Wasser als die runden Erbsen, bei denen das Verhältnis genau umgekehrt ist. Diesem Unterschied liegt eine reduzierte Expression der beteiligten Gene zugrunde. (↗ intermediärer Erbgang, ↗ Kodominanz, ↗ multiple Allelie)

Dompfaff, *Gimpel*, *Pyrrhula pyrrhula*, Art der Finken (↗ Fringillidae), die in den Laub- und Nadelwäldern Eurasiens verbreitet ist. Das Männchen ist unverkennbar durch seine leuchtend rote Unterseite und die schwarze Kopfkappe. Das Weibchen ist am Bauch rötlich-braungrau. Im Flug sind die breite weiße Flügelbinde und der weiße Bürzel gut erkennbar. D. sind Teilzieher.

Dopa, Abk. für *3,4-Dihydroxyphenylalanin*, eine Vorstufe des Neurotransmitters ↗ Dopamin.

Dopamin, *Hydroxytyramin*, Abk. DA, ein Neurotransmitter, der als biogenes Amin durch Decarboxylierung von 3,4-Dihydroxyphenylalanin in dopaminergen Nervenzellen gebildet wird. D. ist unmittelbare Vorstufe von ↗ Noradrenalin. Gemeinsam mit diesem und mit ↗ Adrenalin bildet es die Gruppe der ↗ Catecholamine. Der Abbau von D. in den dopaminergen Neuronen führt über Desaminierung und anschließende Oxidation zu Dihydroxyphenylessigsäure und Homovanillinsäure, die beide im Urin nachweisbar sind. D. wirkt besonders auf die D.-Rezeptoren D_1 und D_5, die über ein ↗ G-Protein die ↗ Adenylat-Cyclase stimulieren. Hingegen wird über die D.-Rezeptoren D_2, D_3 und D_4 eine Hemmung der Adenylat-Cyclase oder eine Öffnung von Kaliumkanälen vermittelt. D. wird zur Therapie des Schocks eingesetzt, da es eine Verengung der Gefäße im Bereich von Haut und Muskulatur und gleichzeitig eine Erhöhung der lebenswichtigen Nierendurchblutung bewirkt. *Levo-*

dopa, eine Vorstufe des D. ist das wichtigste Medikament bei der Behandlung der ↗ Parkinson-Krankheit, da es im Unterschied zu D. die ↗ Blut-Hirn-Schranke passieren kann.

Dopamin

Doppelhelix, das im Jahr 1953 von J. ↗ Watson und F. ↗ Crick entwickelte Modell eines DNA-Moleküls, das die so genannte ↗ B-Form der DNA beschreibt (↗ Desoxyribonucleinsäure). Die zunächst nur indirekt anhand von experimentellen Befunden postulierte D. wurde inzwischen durch *Röntgenstrukturanalyse* verifiziert. Watson und Crick erhielten für ihre bahnbrechenden Arbeiten 1962 zusammen mit Maurice Wilkins den Nobelpreis.

Die D. besteht aus zwei *komplementären, antiparallel verlaufenden* Polynucleotidmolekülen, die in einer *rechtsgedrehten Schraube* um eine gemeinsame Achse gewunden sind. Die stickstoffhaltigen Basen sind auf der Innenseite der D. lokalisiert und stehen über Wasserstoffbrücken in Wechselwirkung, wohingegen sich außen das so genannte *Zucker-Phosphat-Rückgrat* befindet. Die komplementäre Basenpaarung zwischen Adenin und Thymin wird durch zwei, diejenige von Cytosin und Guanin durch drei H-Brücken vermittelt. Eine vollständige Windung der D. umfasst zehn Basenpaare und ist 3,4 nm hoch. Ein weiteres wichtiges Merkmal der D. ist das Vorhandensein einer *großen* und einer *kleinen Furche*.

Doppelschleichen, die ↗ Amphisbaenia.

Doppelschwänze, die ↗ Diplura.

Dopplereffekt, ↗ Schall.

Dormanz, 1) *Botanik*: Bez. für eine Ruheperiode im Entwicklungszyklus von Pflanzen, die sich auf Knospen und Samen erstrecken kann. D. kann durch Licht (↗ Lichtkeimer) und Temperatur (↗ Frostkeimer) wieder aufgehoben werden. Das so genannte *Brechen* der Dormanz wird bei einer Reihe von Samen (↗ Samenruhe) durch artspezifische Kälteperioden induziert (↗ Stratifikation). In ähnlicher Weise wird auch die ↗ Knospenruhe beendet, wobei in beiden Fällen Konzentrationsänderungen der Phytohormone ↗ Abscisinsäure, ↗ Auxine und ↗ Gibberelline zu beobachten sind. Untersuchungen an ↗ Arabidopsis-Mutanten ergaben, dass u. a. das Verhältnis von Abscisinsäure und Gibberellinen zueinander für die Samenkeimung ausschlaggebend ist. (↗ Vernalisation)

2) *Zoologie*: Bei poikilothermen Tieren die Abweichung von dem für jede Art spezifischen Entwicklungsablauf in Anpassung an ungünstige Umweltbedingungen. Bei einer nachträglichen Reaktion auf eingetretene Veränderungen spricht man von einer *konsekutiven D.* (Quieszenz). Ist der Organismus aufgrund angeborener Mechanismen in der Lage, Informationen über bevorstehende ungünstige Lebensbedingungen rechtzeitig mit einer Umstellung seines Stoffwechsels zu beantworten, liegt *eine prospektive D.* vor.

Dormanz-brechende Umweltfaktoren, Faktoren, welche die Keimruhe von Samen (↗ Dormanz) unterbrechen, so z. B. Kälte (↗ Frostkeimer) oder Licht (↗ Lichtkeimer).

Dörnchenkorallen, die ↗ Antipatharia.

Dornen, in der *Botanik* spitze starre Gebilde, die meist abgewandelten Blattorganen (z. B. bei Kakteen) oder Kurzsprossen (z. B. Schlehe, Feuerdorn) entsprechen. D. sind vor allem bei Pflanzen in Trockengebieten verbreitet und dienen der Verminderung der ↗ Transpiration und dem Schutz vor Tierfraß (↗ Abwehr). Umgangssprachlich werden D. oft als ↗ Stacheln bezeichnet und umgekehrt Stacheln als D. Kakteen besitzen z. B. keine Stacheln, sondern D. Dagegen sind die „Dornen" der Rose für den Botaniker Stacheln. (↗ Metamorphosen)

Dornenkronen-Seestern, Art der Seesterne (↗ Asteroida).

Dornfinger, Art der Sackspinnen (↗ Clubionidae).

Dorngrasmücke, Art der Grasmücken (↗ Sylviidae).

Dornhaie, die Fam. ↗ Squalidae.

Dornschwanzhörnchen, die Fam. ↗ Anomaluridae.

Dornteufel, Art der Fam. ↗ Agamidae.

dorsal, zur Rückenseite gehörend, an oder in der rückenwärtigen Körperpartie gelegen.

Dorsalisierung, in der Embryonalentwicklung die verstärkte Ausbildung von dorsalen Strukturen auf Kosten von ventralen Strukturen. D. kann aufgrund von Mutationen, durch Fehlen ventralisierender Gene oder durch Überexpression von dorsalisierenden Genen stattfinden.

Dorsch, ↗ Kabeljau.

Dorschfische, *Dorschartige Fische*, die ↗ Gadiformes.

dorsiventral, Bez. für eine Form der Symmetrie, bei der Lebewesen oder Teile davon nur eine Symmetrieebene haben, die sie in zwei spiegelgleiche Hälften teilt. D. sind z. B. die Blüten von Orchideen.

Dosenschildkröten, *Terrapene*, Gatt. der Sumpfschildkröten (↗ Emydidae).

Dosis, Abk. *D*, die Menge eines Arzneimittels, die auf einmal verabreicht wird. Bei Tierexperimenten ist die D. durch die Menge gegeben, die auf einen festgelegten Teil der Versuchstiere eine spezifische

Wirkung ausübt. Die Angabe einer D. erfolgt in mg je kg Körpergewicht, möglichst unter Angabe der Art der Applikation (z. B. LD_{50} 20mg/kg Maus, s. c. für subcutane Verabreichung). Über die Gefährlichkeit bzw. Sicherheit eines Pharmakons entscheidet die *therapeutische Breite* (therapeutischer Index) LD_{50}/ED_{50}.

Dosis Dosis-Wirkungs-Beziehungen

Bezeichnung	Abk.	Definition
mittlere Effektiv-dosis; Dosis effectiva	ED_{50}	Dosis, bei der 50 % der Versuchstiere einer Reihe einen Effekt zeigen
effektive, therapeutische Dosis; Dosis curativa	CD_{50}	identisch mit vorstehender Definition, verwendet bei Verbindungen mit therapeutischer Wirkung
kleinste tödliche Dosis	LD_{05}	Dosis, bei der 5 % der Versuchstiere sterben
mittlere tödliche Dosis; Dosis letalis	LD_{50}	Dosis, die für 50 % der Versuchstiere tödlich wirkt
absolute tödliche Dosis	LD_{100}	Dosis, bei der 100 % der Versuchstiere sterben

Dosiseffekt, Einfluss von Genen auf den Phänotyp, wobei die Menge eines bestimmten Genproduktes durch die jeweiligen ↗ Allele im Karyotyp eines Organismus bestimmt wird. Der Einfluss der *Gendosis* kann bei bestimmten Enzymen direkt bestimmt werden, wenn deren Strukturgene mutiert sind und es zum Ausfall ihrer Funktion kommt (↗ Deletion, ↗ Duplikation, ↗ Aneuploidie, ↗ Polyploidie). Gegenüber dem Wildtyp verhalten sich diese so genannten *Funktionsverlustmutationen* i. d. R. rezessiv, da heterozygote Organismen eine reduzierte Menge des Genproduktes ohne großen Schaden tolerieren können.

Dosiskompensation, Mechanismus, der bei männlichen und weiblichen Individuen für die gleich starke Expression der Gene des X-Chromosoms sorgt. Bei Säugern kommt es bereits während der Embryonalentwicklung zur genetischen Inaktivierung eines der beiden X-Chromosomen (↗ Barr-Körperchen, ↗ Chromatin). Denselben Effekt erzielen Insekten wie ↗ Drosophila melanogaster dadurch, dass bei Männchen die Transkription der X-chromosomalen Gene verdoppelt wird. (↗ Lyon-Effekt)

Dot Blot, ein Verfahren zur ↗ Nucleinsäurehybridisierung.

Dotter, 1) umgangssprachliche Bez. für die ↗ Eizelle des Vogeleies (Eigelb oder Eidotter).

2) Die Speicherstoffe der tierischen Eizelle, die während der ↗ Embryonalentwicklung ab- oder umgebaut werden. Sie liefern die Bausteine und die Energie für die Entwicklung, bis ein Stadium erreicht ist, das selbst Nahrung aufnehmen kann. Als Speicherstoffe dienen ↗ Proteine, ↗ Fette und ↗ Kohlenhydrate (↗ Glykogen), wobei die Fette häufig als Schollen oder Tropfen ins Protoplasma eingelagert sind (*Dotterkugeln*). Dotterproteine werden bei Wirbeltieren überwiegend von der ↗ Leber, bei Insekten überwiegend vom ↗ Fettkörper synthetisiert, in den Kreislauf abgegeben und von den heranwachsenden Eizellen selektiv aufgenommen. Die Dottermenge ist mit dem Typ der ↗ Furchung korreliert.

Dottersack, sackförmiger, meist mit Dotter gefüllter Anhang des ↗ Embryos. Ein D. ist typisch für solche Wirbeltiere, die sich aus dotterreichen Eiern mit diskoidaler ↗ Furchung entwickeln, also für Fische, ↗ Reptilia, Vögel (↗ Aves) und Kloakentiere (↗ Monotremata). Auch bilden Säugetiere mit dotterarmen Eiern (auch der Mensch) einen D., da sie von Formen mit dotterreichen Eiern abstammen und der D. Ursprungsort der ↗ Urkeimzellen ist. Bei Wirbellosen ist ein D. nur von den Kopffüßern (↗ Cephalopoda) bekannt.

Dottersackplacenta, bei manchen Haien und den meisten Beuteltieren ein placentaartiges Organ aus Teilen des Dottersacks und des Eileiters bzw. der Uterusschleimhaut.

Dotterstock, *Vitellarium*, Teil des Eierstocks z. B. bei den Neoophora innerhalb der Plattwürmer (↗ Plathelminthes), der in Form von Nährzellen Reservestoffe für die künftigen Eizellen und häufig auch Substanzen für deren Schale liefert.

Douglasfichte, die ↗ Douglasie.

Douglastanne, die ↗ Douglasie.

Douglasie, *Douglasfichte, Douglastanne, Pseudotsuga menziesii*, aus Nordamerika und Ostasien stammende Baumart der ↗ Pinaceae. Die in ihrer Heimat bis max. 90 m hoch werdenden Nadelbäume liefern ein wertvolles Holz.

downstream, in der *Genetik* die Bez. für ↗ stromabwärts gelegene Sequenzmotive bzw. DNA-Abschnitte eines Gens. Gegensatz: ↗ upstream

Down-Syndrom, *Trisomie 21, Mongolismus*, nach dem britischen Arzt John L.H. Down (1828-1896) benannte ↗ Erbkrankheit, bei der durch eine

Down-Syndrom Das Risiko der Geburt eines Kindes mit Down-Syndrom ist abhängig vom Alter der Mutter

Alter der Mutter	Prozentualer Anteil
unter 25 Jahre	ca. 0,04 %
30 bis 34 Jahre	ca. 0,1 bis 0,16 %
35 bis 37 Jahre	ca. 1,2 %
37 bis 40 Jahre	ca. 2,4 %
über 45 Jahre	> 15 %

↗ Chromosomenanomalie das Chromosom 21, eines der kleinsten menschlichen Chromosomen, dreifach vorhanden ist (↗ Aneuploidie, ↗ Genommutation). Ursache des D. sind Segregationsfehler während der ↗ Meiose (↗ Non-Disjunction), sodass Eizellen gebildet werden, die bereits zwei Chromosomen 21 enthalten. Das Risiko der Geburt eines Kindes mit D. steigt mit dem Alter der Mutter an, sodass Frauen über 37 Jahren eine ↗ Fruchtwasseruntersuchung empfohlen wird.

Down-Syndrom Klinische Merkmale

schräge Lidachse
so gen. Mongolenfalte
flaches Gesicht
tiefsitzende Ohren
Sattelnase
große Zunge
kurzer Schädel
kurze Finger mit Stellungsanomalien
vergr. Abstand zw. 1. und 2. Zehe
Fehlbildungen der inneren Organe, vor allem Herzmissbildungen
verminderte zelluläre und humorale Immunität
± schwer gestörte geistige Entwicklung

Das klinische Bild von Patienten mit D. weist eine Reihe von Störungen der geistigen Entwicklung, des Körperbaus sowie der inneren Organe einschließlich des Immunsystems auf. Dank verbesserter und früh einsetzender Entwicklungsförderung sowie einer besseren medizinischen Versorgung, liegt die Lebenserwartung von Menschen mit Down-Syndrom heute im Mittel bei 50 bis 60 Jahren. Die veraltete Bez. *Mongolismus* bezog sich auf die so genannte *Mongolenfalte*. (Weitere Informationen: Arbeitskreis Down-Syndrom e. V., E-Mail: ak@down-syndrom.org)

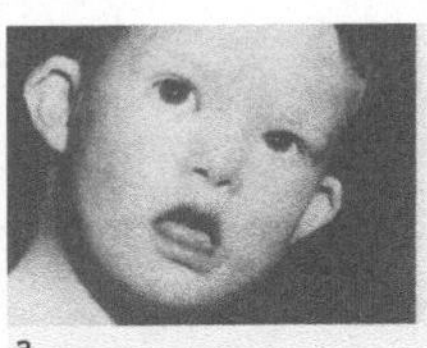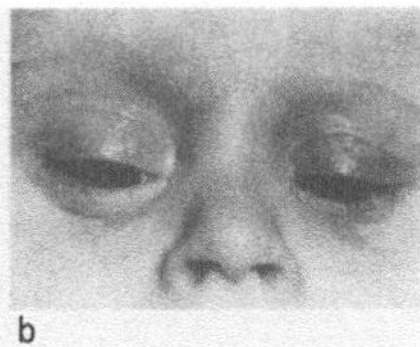

Down-Syndrom a Gesichtsausdruck eines Kindes mit Down-Syndrom; b Augen mit „Mongolenfalte"

DPA, Abk. für ↗ Dipicolinsäure.
Dracaenaceae, Fam. der ↗ Asparagales, die nach früherer Systematik den ↗ Agavaceae zugeordnet wurde. Zu der paläotropischen Fam. gehören Holz-

pflanzen der Gatt. *Cordyline* und *Dracaena* mit anomalem Dickenwachstum. Am bekanntesten ist der Kanarische ↗ Drachenbaum, *Dracaena draco*. Von den krautigen Vertretern der D. ist die Gatt. *Sanseviera* bekannt.
Drachenbaum, *Dracaena draco*, auf den Kanarischen Inseln heimischer, 10 bis maximal 18 m hoher Baum der ↗ Dracaenaceae. Der Stamm erreicht einen Durchmesser von bis zu 1 m. Die Krone besteht aus Rosetten steifer, lanzettlicher Blätter.
Drachenköpfe, *Scorpaenidae*, Fam. der ↗ Scorpaeniformes.
Drachenkopffischverwandte, ↗ Scorpaeniformes.
Draco, *Flugdrachen*, Gatt. der Fam. ↗ Agamidae.
Dracunculus medinensis, der ↗ Medinawurm.
Drehsinn, bei einigen Krebsen und den Wirbeltieren vorhandene Fähigkeit zur Wahrnehmung von Drehbeschleunigungen. Die die Drehbewegungen wahrnehmenden Organe sind bei den Krebsen die Statocysten, bei den Wirbeltieren die im Innenohr liegenden Bogengangsysteme (↗ Ohr). Der adäquate Reiz für beide Organe ist die Winkelbeschleunigung bei Drehung des Kopfes allein oder zusammen mit dem Körper. Die durch Bogengangreizung ausgelösten Reflexe erstrecken sich auf die Augen- (↗ Nystagmus) und Körpermuskulatur und auf das vegetative Nervensystem. Diese lösen kompensatorische Gegenbewegungen des Kopfes bzw. des ganzen Körpers aus. (↗ Gleichgewichtssinn)
Dreifelderwirtschaft, ↗ Brache.
Dreissena polymorpha, *Wandermuschel*, Art der ↗ Heterodonta.
Drescherhaie, die Fam. ↗ Alopiidae.
Dressur, die schrittweise Abrichtung von (Zirkus-)Tieren zu bestimmten Zwecken. Sie erfolgt durch eine Vielzahl vom Menschen gesteuerter Lernvorgänge (↗ Lernen). Dabei werden angeborene Lerndispositionen durch Belohnung (*Postivdressur*) verstärkt.
Driesch, *Hans Adolf Eduard*, deutscher Naturphilosoph und Zoologe, ✳ 28.10.1867 Bad Kreuznach, † 16.4.1941 Leipzig; ab 1891 Forschungsarbeiten an der Zoologischen Station Neapel, seit 1900 Privatgelehrter in Heidelberg, ab 1907 Lehrstuhl für „Natürliche Theologie" in Aberdeen, 1911 Prof. in Heidelberg, 1920 in Köln und 1921 in Leipzig. D. wurde vor allem bekannt durch seine Versuche zur Embryologie des Seeigels, deren Ergebnisse er vitalistisch interpretierte (Begründer des *Neovitalismus*), was zum Bruch mit seinem Lehrer E. ↗ Haeckel führte. Er entdeckte an Seeigeleiern die Fähigkeit zur Regulation (↗ Regulationseier) und prägte u. a. die Begriffe *prospektive Bedeutung* und *prospektive Potenz* (↗ Determination). D. gilt als der eigentliche Initiator der Entwicklungsphysiologie.
Drift, 1) alle im fließenden Wasser (↗ Fließgewässer) mit der Strömung transportierten anorgani-

schen und organischen Partikel. Zur D. gehören Bakterien, Pilze, Algen, ↗ Detritus, aber auch größere Tiere. Nutznießer feiner Bestandteile der Drift sind vor allem ↗ Filtrierer wie Schwämme (↗ Porifera), Larven von Kriebelmücken (↗ Simuliidae) und netzbauenden Köcherfliegen (↗ Trichoptera).

2) oberflächennahe Meeresströmung.

Drigalski-Spatel, der nach dem Bakteriologen W. v. Drigalski (1871-1950) benannte Glasstab, der am unteren Ende zu einem Dreieck gebogen ist. Der D. wird in der Mikrobiologie zum gleichmäßigen Ausstreichen von Bakteriensuspensionen oder von keimhaltigem Material auf Nährböden verwendet.

Drogen. Im ursprünglichen Sinne Bez. für Präparate vor allem pflanzlicher, aber auch tierischer und mineralischer Herkunft, die selbst oder Auszüge aus ihnen als Heilmittel (↗ Heilpflanzen), Stimulanzien oder Gewürze Verwendung finden. Die Wirksamkeit solcher D. ist stark dosisabhängig und kann bei unsachgemäßer Verwendung von einer Heilwirkung zu einer schädlichen Wirkung umschlagen. Da vor allem im medizinischen Bereich in den letzten Jahrzehnten die Präparate natürlichen Ursprungs zunehmend durch halb- oder vollsynthetische Präparate ersetzt werden, fand eine Sinnverschiebung der Bez. D. in Richtung des engl. Wortes „drug" statt, das für Arzneimittel sowie alle auf Körper und Psyche Einfluss nehmenden Substanzen steht. Heute wird der Begriff D. vor allem im Sinne von Rauschdrogen oder Suchtdrogen verwendet und ersetzt den nicht mehr gebräuchlichen Begriff „Rauschgifte". Dies steht im Einklang mit der Definition der Weltgesundheitsorganisation (WHO), nach der D. Stoffe sind, die eine direkte Einwirkung auf das Zentralnervensystem besitzen und bei Zuführung einen als mangelhaft empfundenen Zustand mindern oder zum Verschwinden bringen, oder die einen subjektiv als angenehm empfundenen Zustand herbeiführen. D. in diesem Sinne sind u. a. ↗ Cocain, ↗ Designer-Drogen, ↗ Ecstasy, ↗ Haschisch, ↗ Heroin, ↗ Mescalin. (↗ Sucht)

Drohnen, die männlichen Geschlechtstiere im Bienenstaat (↗ Honigbiene).

Drohverhalten, Verhalten, das einen arteigenen oder artfremden Gegner einschüchtern oder zum Rückzug veranlassen soll. Typische Elemente des D. sind die Darbietung der Breitseite, Aufrichten, Anblicken, Körperzittern, Zähne zeigen, Fauchen, Zischen und Knurren.

Dromedar, Art der ↗ Kamele.

Dronten, die Fam. ↗ Raphidae.

Droseraceae, *Sonnentaugewächse*, Fam. der ↗ Rosopsida mit weltweiter Verbreitung. Es sind krautige, Fleisch fressende Pflanzen, deren Blätter verschiedene Einrichtungen zum Fangen und Verdauen kleinerer Tiere haben. Zu den D. gehören u. a. die ↗ Venusfliegenfalle, *Dionaea muscipula*, die Wasserfalle, *Aldrovanda vesiculosa*, und der ↗ Sonnentau, *Drosera rotundiflora* (↗ carnivore Pflanzen).

Drosophila melanogaster, *Kleine Taufliege, Kleine Essigfliege, Fruchtfliege*, zur Fam. ↗ Drosophilidae gehörende, etwa 2 mm große Art der Fliegen (↗ Brachycera). D. m. ist braun bis gelb gefärbt und findet sich häufig an gärendem und faulendem Obst, in das sie ihre Eier legt. Seit 1907 (T.H. *Morgan*) ist D. m. Versuchstier in der genetischen und entwicklungsbiologischen Forschung. Sie kann leicht in kleinen Gläschen mit einer Futtermischung aus zuckerhaltigen und kleieartigen Stoffen

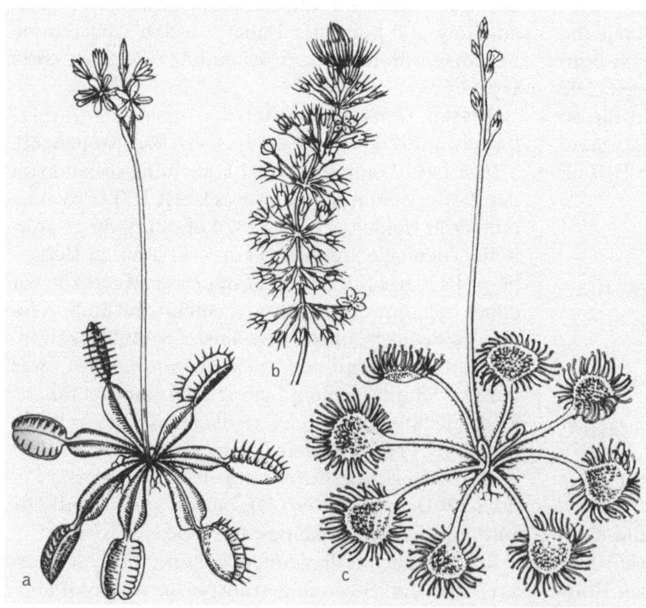

Droseraceae a Venusfliegenfalle (*Dionaea muscipula*), b Wasserfalle (*Aldrovanda vesiculosa*), c Rundblättriger Sonnentau (*Drosera rotundiflora*)

bei Zimmertemperatur gezüchtet werden. Bereits 24 Stunden nach der Begattung legt das Weibchen bis zu 400 Eier, die Larven verpuppen sich nach 3 - 5 Tagen und nach weiteren 3 - 11 Tagen schlüpfen die Imagines. Die Zellen von D. m enthalten nur vier Chromosomenpaare, die in den larvalen Speicheldrüsen besonders groß als ↗ Riesenchromosomen ausgebildet sind. Dadurch werden genetische Forschungen wesentlich vereinfacht. Durch Kreuzungsexperimente konnten Genkarten der ↗ Chromosomen erstellt werden. Viele Mutationen zeigen sich durch deutliche Farb- und Gestaltsänderungen (z. B. Augenfarbe, Flügelgröße, Borstenanordnung) und sind daher leicht zu analysieren. Die detaillierte Untersuchung von Mutationen, welche die frühe Embryonalentwicklung stören sowie die anschließende Isolierung und molekulare Funktionsanalyse der Entwicklungsgene machen D. m. zum molekular am besten untersuchten Organismus überhaupt. Im Jahr 2000 lag das komplette Genom von D. m. sequenziert vor.

Drosophilidae, *Taufliegen*, *Essigfliegen*, Fam. der Fliegen (↗ Brachycera) mit weltweit über 3000 Arten (in Mitteleuropa ca. 50). Sie sind 2 - 4 mm groß und legen ihre Eier in gärendes und faulendes Obst; daneben gibt es auch minierende und räuberische Arten. Einige Arten haben große Bedeutung bei der Übertragung der ↗ Weinhefe, die zur normalen Gärung des Weines notwendig ist. Die bekannteste Art ist ↗ Drosophila melanogaster.

Drosseln, die Fam. ↗ Turdidae.

Drückerfische, die Fam. ↗ Balistidae.

Druckstromtheorie, von Ernst Münch (1876-1946) erstmals vorgeschlagene Funktionsweise für den Assimilatstrom im Phloem der Angiospermen. Die Assimilate werden dabei vom Ort ihrer Produktion (↗ Source-Gewebe) zu den Orten des Verbrauches (↗ Sink-Gewebe) aufgrund einer osmotisch erzeugten Druckdifferenz als ↗ Massenströmung transportiert. Die D. kann im Unterschied zur *Diffusionshypothese* die im Phloem gemessenen Flussraten von durchschnittlich 1 m pro Stunde erklären.

Die im *Sink* stattfindende energieabhängige Beladung des Phloems führt zu einer lokal hohen osmotischen Stoffkonzentration (d. h. niedriges osmotisches Potential) in den Siebelementen, infolgedessen Wasser einströmt und zu einem hohen Turgordruck führt. An den Orten der Phloementladung liegen umgekehrte Verhältnisse vor, sodass es nach Abgabe der transportierten Nährstoffe zu einem Ausströmen von Wasser aus den Siebelementen kommt.

Drüsen, *Glandulae*, 1) *Zoologie*: epitheliale Zellen (z. B. Becherzellen in Magen und Darm) oder Zellkomplexe bzw. Organe, die Substanzen mit z. T. spezifischer Wirkung (*Sekrete*) bilden und abgeben (als *Sekretion* bezeichnet). Prinzipiell wird unter-

schieden zwischen *exokrinen D.*, die ihre Produkte über einen Ausführungsgang an die Außenwelt oder in Körperhöhlen (Darm, Atemtrakt, Geschlechtswege) abgeben, und *endokrinen D.* (*innersekretorische D., Hormondrüsen*), die keinen Ausführungsgang besitzen und ihre Produkte (Inkrete, ↗ Hormone), direkt in die Körperflüssigkeit (Blut, Lymphe) oder im Falle der parakrinen Sekretion in den Interzellularraum abgeben. Nach der *Konsistenz des Sekrets* können *seröse D.* (flüssige Sekrete) und *mucöse D.* (viskos-schleimige Sekrete) unterschieden werden. Nach Art der Sekretion wird zwischen *merokriner Sekretion* (Sekretion durch Exocytose; z. B. Speicheldrüsen, alle endokrinen Drüsen), *apokriner Sekretion*, bei der der apikale Teil der Zelle mit dem Sekret abgestoßen wird und dann wieder regeneriert werden muss (Milchdrüsen, die „Ohrschmalz" absondernden Drüsen im äußeren Gehörgang) und *holokriner Sekretion* unterschieden, bei der die ganze Drüsenzelle zu Grunde geht (z. B. Talgdrüsen der Haut).

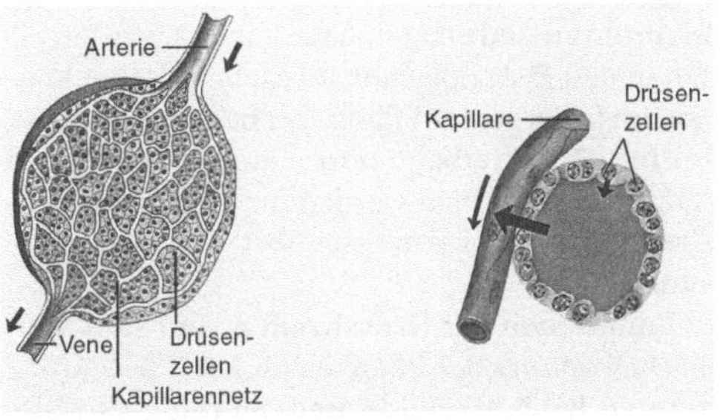

Drüsen *Endokrine Drüsen.* a kompakte endokrine Drüse, b alveoläre endokrine Drüse (Schilddrüsenbläschen) die ihre Hormone in ein Blutgefäß absondert

Insbesondere bei den exokrinen D. gibt es zusätzlich eine Unterscheidung nach Form der sezernierenden Abschnitte und der Ausführungsgänge. Grundsätzlich haben *einfache D.* einen unverzweigten und *zusammengesetzte D.* einen verzweigten Ausführungsgang. Je nach Beschaffenheit des (sezernierenden) Endstücks der D. wird zwischen *tubulösen*, *alveolären* (Drüsenzellen sind flach, das Lumen ist weit), *acinösen* (Drüsenzellen sind hoch, das Lumen ist eng) und *zusammengesetzten D.* unterschieden.

Die Feinstruktur von D.-Zellen ist nicht einheitlich, sondern abhängig von der Art des Sekretes.

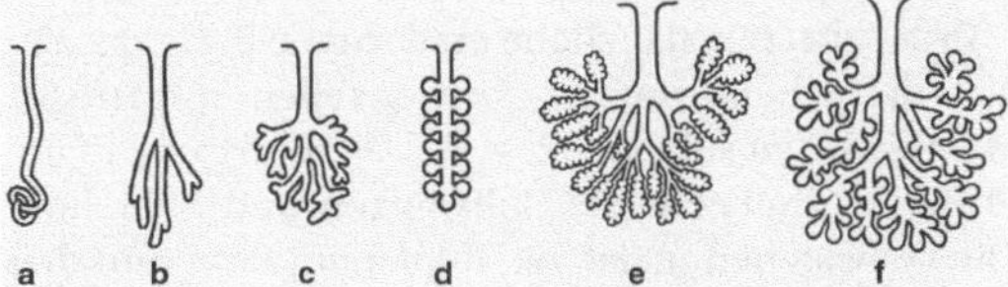

Drüsen *Exokrine Drüsen.* a aufgeknäuelte tubuläre Drüse, b verzweigte, c vielfach verzweigte tubuläre Drüse, d, e verzweigte alveoläre Drüsen, f zusammengesetzte Drüse

Die meisten D.-Zellen sind reich an Mitochondrien; Schleim und Protein sezernierende D. besitzen zusätzlich ein gut ausgebildetes raues endoplasmatisches Reticulum (ER) und einen umfangreichen Golgiapparat. Ionen und Flüssigkeit sezernierende D.-Zellen hingegen besitzen i. d. R. ein stark entwickeltes glattes ER und Oberflächenvergrößerungen in Form von Mikrovilli und basalem Labyrinth.

2) in der *Botanik* Drüsenzellen und -gewebe, die *Sekrete* und *Exkrete* nach außen abgeben (*Ausscheidungsgewebe*). Die *Drüsenzellen* der Pflanzen treten meist einzeln auf und sind im Gegensatz zu den D. der Tiere relativ selten zu Drüsengeweben zusammengeschlossen. Die Sekrete werden im ↗ Cytoplasma der Drüsenzellen gebildet. Besonderheiten der Drüsenzellen sind meist ein besonders massiv entwickeltes ↗ endoplasmatisches Reticulum und/oder ↗ Golgi-Apparat sowie relativ große Kerne. Bei der intrazellulären Sekretion und Exkretion werden die Produkte der Drüsenzellen entweder in ↗ Vakuolen gespeichert (z. B. bei ↗ Milchröhren und Oxalatzellen), meist werden sie jedoch in den ↗ Apoplasten abgegeben. Dabei können sie im Inneren der Pflanze gespeichert werden, z. B. in ↗ Sekretbehältern und Harzgängen (↗ Harzkanal) oder sie werden an die Umwelt abgegeben, z. B. in Form von ↗ Duftstoffen und ↗ Nektar.

Die Funktionen der Drüsenzellen sind sehr vielfältig. Dem *Schutz* der Pflanzen dienen viele giftige Sekrete, z. B. ↗ Alkaloide und Steroidglykoside. Durch Milchsäfte (↗ Milchsaft), Gummen (↗ Gummi) und ↗ Harze werden Wunden rasch verschlossen. Der *Tieranlockung* dienen ↗ etherische Öle, ↗ Duftstoffe und Nektar (↗ Nektarium). Absonderung von klebrigem Schleim aus den Drüsenhaaren von Sonnentaugewächsen (↗ Droseraceae) ermöglicht den Fang kleiner Insekten (↗ carnivore Pflanzen). Durch Exoenzyme aus Verdauungsdrüsen carnivorer Pflanzen wird die organische Substanz der Beutetiere abgebaut. Eine andere wichtige Funktion von D. ist die *Exkretion*: Die ↗ Salzdrüsen von Pflanzen an salzreichen Standorten (↗ Halophyten) können aktiv Salze absondern. Bei anderen Pflanzen wird überschüssiges Calcium aus dem Stoffwechsel entfernt, indem es in Form von Calciumoxalat in den Vakuolen gespeichert wird.

Drüsenhaare, pflanzliche epidermale ↗ Haare, die aus köpfchenförmigen Drüsenzellen (↗ Drüse) ↗ Sekrete abscheiden, z. B. ↗ etherische Öle, ↗ Harze, zuckerreiche Substanzen und Schleime. Die D. bestehen meist aus Köpfchen, Stiel und den in die Epidermis eingesenkten Fußzellen.

Drusenköpfe, Gatt. der Leguane (↗ Iguanidae).

Drüsenzellen, ↗ Drüsen.

Drüsenzotten, *Kolletere*, haarförmige ↗ Drüsen, die auf den ↗ Deckschuppen der Winterknospen vieler Bäume (z. B. Rosskastanie) sitzen und ein Gemenge von ↗ Gummi und ↗ Harz ausscheiden.

Dryopithecus-Muster, ↗ Anthropogenese.

Dryopteris, Gatt. der ↗ Pteridopsida.

DSMZ, Abk. für *Deutsche Sammlung von Mikroorganismen und Zellkulturen*. Die in Braunschweig befindliche Einrichtung ist die umfangreichste Sammlung von Mikroorganismen, Zellkulturen und Pflanzenviren in Europa (↗ Kulturensammlungen). Sie wurde 1969 als „Deutsche Kulturensammlung" (*DSM*) in Göttingen gegründet.

Ducker, die Unterfam. ↗ Cephalophinae.

Ductus arteriosus botalli, ↗ Blutkreislauf.

Ductus choledochus, der Gallengang (↗ Gallenblase, ↗ Leber).

Ductus cuvieri, *Cuvier-Gang*, bei ↗ Acrania und Wirbeltieren (↗ Vertebrata) paariges Blutgefäß, das jeweils vom Zusammentreffen von vorderer und hinterer Kardinalvene ausgehend, deren venöses Blut zum Sinus venosus bzw. zur Vorkammer des Herzens führt. Bei den ↗ Amniota wird der D. c. in die vordere Hohlvene (Vena cava anterior) einer Körperseite übernommen; der Mensch besitzt nur noch die rechte vordere Hohlvene.

Ductus deferens, der ↗ Samenleiter.

Ductus ejaculatorius, *Spritzkanälchen*, gemeinsames Endstück in dem *Samenleiter* und der Ausführungsgang der Bläschendrüsen (*Ductus excretorius*) vereinigt sind; er mündet auf dem Colliculus seminalis (Samenhügel; ↗ Prostata) in die Harnröhre.

Ductus hepaticus, ↗ Leber.

Ductus thoracicus, *Brustlymphgang*, ↗ Lymphgefäßsystem.

Ductus venosus, im fetalen Kreislauf ein kurzes Verbindungsstück zwischen Vena cava inferior und Nabelvene (Vena umbilicalis), durch das das Kapillarnetz der Leber teilweise umgangen wird. Der D. v. wird später zum Ligamentum venosum der Leber.

Duettgesang, *Paargesang*, Vereinigung der Lautmuster von zwei Partnern zu einer zeitlich und klanglich aufeinander abgestimmten Gesamtstruktur. Er wird hauptsächlich von den Sexualpartnern in Monogamie lebender Tiere gezeigt, die sich durch akustische Signale verständigen, z. B. von Singvögeln.

Duftdrüsen, 1) in der ↗ Botanik *Osmophore*, ↗ Drüsen, die etherische Substanzen ausscheiden, z. B. ↗ Alkohole, ↗ Aldehyde oder ↗ etherische Öle. Sie haben hauptsächlich die Funktion, Tiere zur ↗ Bestäubung anzulocken. (↗ Blütenduft)

2) *Zoologie*: spezielle Duftstoffe absondernde Drüsen, die u.a. der Geschlechterkommunikation,

der Reviermarkierung, der individuellen Duftmarkierung von Nestern und Wegstrecken (↗ Duftstraßen) oder der Abwehr (z.B. ↗ Wehrdrüsen, Stinkdrüsen) dienen. D. sind z. B. die Brunstdrüsen der Gemsen, die Kopfdrüsen von Antilopen und Hirschen, die Hufdrüsen vieler Wiederkäuer, die Analdrüsen. Bei Insekten weisen die D. häufig Zusatzstrukturen zur Verbreitung der Sekrete auf, wie Haarpinsel, Borsten, Duftschuppen (bei Schmetterlingen), die der Vergrößerung der Verdunstungsoberfläche dienen.

Duftmarken, Markierungen mit ↗ Duftstoffen, die der Kennzeichnung von Spuren und ↗ Revieren sowie der Anlockung des Sexualpartners dienen. D. werden vor allem von Tieren mit gutem Riechvermögen benutzt: Raubtiere und Nagetiere markieren ihr Revier mit Harn, andere Nager oder Beuteltiere benutzen Speichel, Marder das Sekret eigener Duftdrüsen. Ameisen markieren die Wege zu einer ergiebigen Futterquelle (↗ Duftstraße). Viele Bienenmännchen legen im Gelände Duftmarken an auffälligen Objekten an, die sie in Patrouillenflügen immer wieder aufsuchen und gegebenenfalls erneuern. Dieses Verhalten dient der Partnerfindung.

Duftspur, die ↗ Duftstraße.

Duftstoffe, flüchtige, chemisch meist uneinheitliche Verbindungen in Gas-, Dampf- oder gelöster Form und mit spezifischem Geruch, die oft aus ↗ Duftdrüsen von Pflanzen und Tieren ausgeschieden werden. Die Wahrnehmung der D. erfolgt über die Rezeptoren der Geruchssinnesorgane.

Duftstraßen, von Insekten mit Duftmarken angelegte Pfade. So werden bei einigen Ameisen und Termiten die Laufwege von den Arbeiterinnen mit Duftstoffen markiert, damit alle Individuen den Weg zu Beuteobjekten oder Nahrungsquellen bzw. wieder zurück zum Nest finden. I.d.R. sind die Spurpheromone artspezifisch, bei einigen Ameisenarten sogar individuenspezifisch. Der weiter gefasste Begriff der Ameisenstraße (Termitenstraße) kann zusätzlich zur Duftmarkierung das Markieren der Pfade durch Freischneiden der Vegetation mit einschließen.

Dugesia, Gatt. der ↗ Tricladida.

Dugong, Gatt. der Seekühe (↗ Sirenia).

Dulbecco, *Renato*, italienisch-amerikan. Biologe, ✳ 22.2.1914 Catanzaro; ab 1940 Dozent für Pathologie, Histologie und Embryologie in Turin, seit 1947 in den USA, ab 1954 Prof. für Biologie am California Institute of Technology in Pasadena, seit 1974 Prof. am Imperial Cancer Research Funds Laboratory in London. D. erforschte die Wechselwirkung von DNA-Tumorviren mit lebenden Zellen (Nachweis der Lyse bzw. der genetischen Transformation) und erhielt 1975 zusammen mit D. ↗ Baltimore und H.M. ↗ Temin den Nobelpreis für Physiologie oder Medizin.

Düne, meist an Meeresküsten oder in ↗ Wüsten vorkommende, durch Ablagerung von Flugsand entstandene Hügel, die fast vollständig aus reinem Quarzsand bestehen. Entsprechend nährstoff- und wasserarm sind die Standorte. Als Schutz vor *Erosion* pflanzt man auf Küstendünen oft den verschüttungsfesten Strandhafer (*Ammophila arenaria*) und die etwas salzresistentere, aber weniger verschüttungsfeste Strand-↗ Quecke (*Agropyron junceum*) an.

Dunen, ↗ Federn.

Dünger, *Düngemittel*, Stoffe und Stoffgemische, die Nutzpflanzen zugeführt werden, um ihren Ertrag und ihre Qualität zu steigern (↗ Düngung). Grundsätzlich wird zwischen *organischen Düngern* und *Mineraldüngern* unterschieden. Zu den organischen D. zählen u. a. Stallmist, Gülle, Jauche und Kompost. Sie fallen bei der Tier- und Pflanzenproduktion an und dienen vor allem der Verbesserung der Bodenstruktur und regen gleichzeitig die Tätigkeit von Bodenorganismen an. Ihnen gegenüber stehen die seit dem 20. Jh. mehr und mehr verwendeten natürlich vorkommenden Mineraldünger oder synthetisch erzeugten Kunstdünger zu denen die Stickstoff-D., Phosphat-D. und Kali-D. gehören, die getrennt oder aber als Mischung (z. B. *NPK-Dünger*) verwendet werden. Weitere Dünger sind organisch-mineralische Düngemittel sowie D., die Spurennährstoffe enthalten und vor allem im Wein- und Obstbau verwendet werden.

Düngung, Verhinderung einer Abnahme der Bodenfruchtbarkeit und eines damit verbundenen ↗ Nährstoffmangels durch Anreicherung des Bodens mit pflanzenwichtigen Nährstoffen (↗ Dünger), die i. d. R. mit einer Ertragssteigerung von ↗ Kulturpflanzen einhergehen soll. Durch deren Abernten werden der Nährstoffkreislauf unterbrochen und dem Ökosystem unwiderruflich Nährstoffe entzogen, da sie nicht mehr durch Verrotten als natürlicher Dünger zur Verfügung stehen. Hinzu kommt, dass der Nährstoffbedarf von Kulturpflanzen im Vergleich zu Wildpflanzen deutlich erhöht ist. Ohne D. ist eine Ertragssicherung dann nicht gewährleistet. Die D. richtet sich dabei nach dem Bedarf der angebauten landwirtschaftlichen Nutzpflanzen und den vorhandenen Nährelementen, wobei vielfach eine Bodenanalyse Aufschluss über den pH-Wert des Bodens, sowie den Stickstoff-, Kalium-, und Humusgehalt des Bodens gibt. Eine *Überdüngung* mit Stickstoffdünger oder Gülle in Regionen mit intensiver Landwirtschaft kann zur Nitratauswaschung ins Grundwasser führen, was sich unter Umständen gesundheitsgefährdend auswirken kann, wenn das Trinkwasser zu hohe Nitratkonzentrationen aufweist.

dunkelaktive Tiere, *Dunkeltiere*, 1) die nachtaktiven Tiere (↗ Nachttiere).

2) Tiere, die ständig in Dunkelheit leben, z. B. Tiefseetiere (↗ Tiefsee), Höhlentiere (↗ Höhlenbewohner) und Tiere im Inneren anderer Organismen. Charakteristisch für d. T. ist die Rückbildung der Lichtsinnesorgane bis hin zur völligen Blindheit. (↗ dämmerungsaktive Tiere, ↗ Dämmerungssehen)

Dunkelatmung, Bez. für die Atmung grüner Pflanzengewebe im Dunkeln, die auf die Aktivität der Mitochondrien zurückzuführen und im Licht weitestgehend gehemmt ist. (↗ Fotorespiration)

Dunkelkeimer, Bez. für Pflanzen, deren Samen nur im Dunkeln keimen, wenn Temperatur und Luftfeuchtigkeit dies gestatten (↗ Samenkeimung). Gegensatz: ↗ Lichtkeimer

Dunkelreaktionen, die fälschlicherweise verwendete Bez. für die Reaktionen des ↗ Calvin-Zyklus, die sich auf die ursprüngliche Annahme bezieht, dass das in den ↗ Lichtreaktionen der ↗ Fotosynthese produzierte NADPH und ATP ohne direkte Lichteinwirkung zur CO_2-Fixierung verwendet wird. Inzwischen ist jedoch bekannt, dass dies nicht zutrifft, da z. B. mehrere Enzyme des Calvin-Zyklus lichtreguliert sind.

Dunkeltiere, die ↗ Nachttiere.

Dünndarm, Teil des ↗ Darms.

Dünnsäure, Sammelbegriff für Flüssigabfälle aus der Herstellung von Titandioxid und Farbstoffen. Die D. enthält bis zu 2 3 % Schwefelsäure. Lange Zeit wurde die D. von Schiffen auf hoher See „verklappt" oder über Pipelines ins Meer geleitet. In Deutschland wird die D. jetzt zu 100 % wiederverwertet.

Duodenum, der Zwölffingerdarm (↗ Darm).

Duplikation, Typ der ↗ Chromosomenmutationen, bei dem ein bestimmter DNA-Abschnitt im haploiden Chromosomensatz zweimal auftritt. Treten während der Meiose mehr als zwei Chromosomenbrüche auf, kann das herausgebrochene Chromosomenfragment an anderer Stelle desselben Chromosoms oder aber in einem nicht homologen Chromosom eingesetzt werden. D. kommen hintereinander als nicht-invertierte *Tandemduplikation* oder *invertierte Duplikation* vor. Der Effekt einer D. auf den betroffenen Organismus richtet sich nach dessen Größe und den Eigenschaften der duplizierten Gene. (↗ Defizienz)

Dura mater, die harte Hirnhaut (↗ Hirnhäute).

Durchfall, die ↗ Diarrhoe.

durchlässige Mutation, von engl. „leaky" (durchlässig, löchrig) eine ↗ Mutation, die sich dadurch äußert, dass das mutierte Genprodukt nicht völlig inaktiviert ist, sodass es seine Funktion eingeschränkt erfüllen kann. Diese funktionale Restaktivität ist nicht immer einfach zu erkennen, sodass eine d. M. die Ergebnisse von vermeintlichen Mutanten, bei denen ein Genprodukt vollstän-

dig ausgeschaltet ist, verfälschen kann. Vor allem bei *Punktmutationen* sind d. M. denkbar, wohingegen sie bei großen Deletionen selten sind.

Durchlasszellen, ↗ Endodermis.

Durchlüftungsgewebe, das ↗ Aerenchym.

Durchstrahlungselektronenmikroskop, das ↗ Transmissionselektronenmikroskop.

Durchwachsung, *Diaphyse*, bei ↗ Blüten und Blütenständen das Phänomen, dass sich in der Blüte anstelle der Fruchtblätter der normalerweise nicht streckungsfähige Hauptspross fortsetzt und wieder Laubblätter und/oder Blüten bildet.

Durchzugsgebiet, bei Vögeln das Gebiet zwischen Brutgebiet und Winterquartier, das während des Herbst- und Frühjahrszuges durchquert wird. (↗ Vogelzug)

Durham-Röhrchen, ein nach dem Chirurgen A.E. Durham (1833-1895) benanntes Glasröhrchen zum Nachweis der Gasbildung durch Mikroorganismen. Das am oberen Ende zugeschmolzene D. wird so in die Nährlösung gebracht, dass es bei aufrechter Lage völlig gefüllt ist. In die Nährlösung werden Mikroorganismen eingeimpft, deren Gasbildung bei der ↗ Gärung im D. zu erkennen ist.

Durra, ↗ Sorghumhirse.

Dürreresistenz, Anpassungen von Pflanzen, um ↗ Dürrestress und die damit verbundenen Dürreschäden zu vermeiden. Dabei werden unterschiedliche Strategien verfolgt, die sich nach den klimatischen Gegebenheiten und der Bodenbeschaffenheit richten (↗ Dürretoleranz, ↗ Dürrevermeidung). Bestimmte Pflanzenarten arider Lebensräume wie die ↗ C_4-Pflanzen und ↗ CAM-Pflanzen zeichnen sich zudem durch eine Reihe weiterer spezieller Anpassungen aus. *Hydrostabile (isohydrische)* Pflanzen halten den Wassergehalt des Gewebes bei Wassermangel aufrecht, wohingegen hydrolabile (anisohydrische) Pflanzen in der Lage sind, auch bei einem niedrigen ↗ Wasserpotenzial alle lebenswichtigen Funktionen aufrecht zu erhalten. Je nachdem, ob Dürre langsam und allmählich (↗ Akklimatisierung) oder aber schnell und plötzlich einsetzt, kommt es zur Ausbildung verschiedener D.-Mechanismen. Zu den frühesten dieser Anpassungen zählen biophysikalische Prozesse, wie die durch einen geringeren ↗ Turgor hervorgerufene Verkleinerung der Blattflächen. Neben der Größe einzelner Blätter stellt auch die Anpassung der Blattzahl eine Anpassung an Wassermangel dar. Die Regulierung der Blattfläche lässt sich nicht nur bei Wüstenpflanzen beobachten, die im Extremfall alle Blätter abwerfen (↗ Abscission), sondern auch bei Pflanzen der gemäßigten Breiten, die Dürrestress ausgesetzt sind. D. wird auch durch ein gesteigertes Wurzelwachstum erzielt, wobei das Wurzel-Spross-Verhältnis zu Gunsten der Wurzeln verändert werden muss, was einen höheren Bedarf

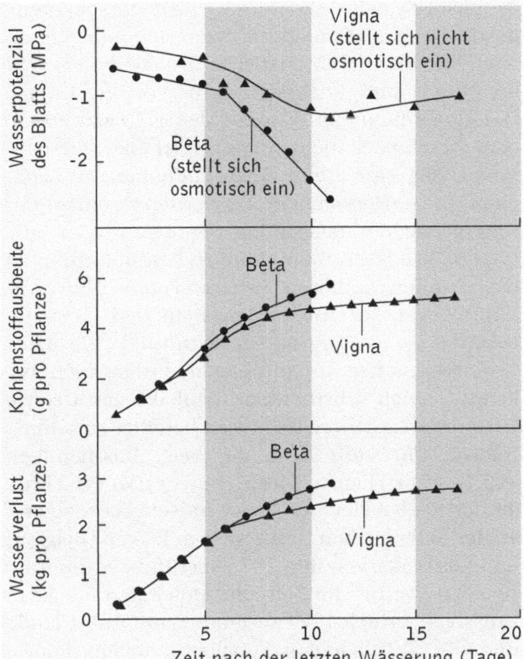

Dürreresistenz Topfexperiment zum Verhalten unterschiedlicher Pflanzenarten bei Dürrestress. *Beta vulgaris* (Zuckerrübe) stellt sich im Unterschied zu *Vigna unguiculata* (Kundebohne, engl. Cowpea) osmotisch ein und hat in ihren Blättern dadurch ein tieferes Wasserpotenzial (oben). Die Kohlenstoffausbeute (Mitte) und der Wasserverlust (unten) sind allerdings nur unwesentlich verschie-

des Wurzelgewebes an Assimilaten erforderlich macht. Dabei dringen die Wurzelspitzen in die feuchten, tieferen Bodenschichten vor.

D. wird bei vielen Pflanzen auch durch die Akkumulation von Ionen, Zuckermolekülen und organischen Säuren sowie weiterer löslicher, so genannter *kompatibler Stoffe* im Zellinnern erreicht. Hierzu zählen die Aminosäure Prolin, der Zuckeralkohol Sorbitol und das quartäre Amid Glycinbetain. Dieser aktive, als *osmotische Einstellung (engl. osmotic adjustment)* bezeichnete Prozess erlaubt es Pflanzenzellen, ihr *Wasserpotenzial* zu senken, ohne dabei den Turgor zu verändern.

Dürrestress, der relativ rasch auftritt, begegnen Pflanzen mit anderen Schutzmechanismen als den bislang beschriebenen. Dabei kommt es entweder zum passiven oder zum aktiven Schließen der Stomata. Der *hydropassive* Spaltenschluss läuft bei niedriger Luftfeuchtigkeit ab und beruht auf einem direkten Wasserverlust der Schließzellen. *Hydroaktiv* werden die Spaltöffnungen geschlossen, wenn es aufgrund von Veränderungen im Schließzellenstoffwechsel zu einem Absinken des Turgors kommt (↗ Spaltöffnungsbewegungen).

Auf molekularer Ebene werden bei Wassermangel eine Reihe von Genen induziert (↗ Dürretoleranz),

wobei das Pflanzenhormon ↗ Abscisinsäure (ABA) als Signal fungiert und intrazelluläre Signalketten aktiviert. Sie enthalten vielfach in ihrem ↗ Promotor ein so genanntes *ABA-responsive element (ABRE)*, an das bestimmte ↗ Transkriptionsfaktoren binden können.

Eine verbesserte D. ist ein Ziel der Pflanzenzüchtung, das mit konventionellen und gentechnischen Verfahren erreicht werden kann.

Dürreschäden, durch ↗ Dürrestress verursachte vorübergehende oder dauerhafte Schäden (z. B. welke Blätter, Blattabwurf, reduzierte Fotosyntheseleistung) denen Pflanzen durch ↗ Dürretoleranz und ↗ Dürrevermeidung entgegenwirken.

Dürrestress, *Wasserstress*, Bez. für die bei Pflanzen durch Wassermangel hervorgerufenen Schädigungen, die sich auf deren Wachstum, Stoffwechselleistungen und somit das Überleben auswirken (*Dürreschäden*). Im Zusammenhang mit landwirtschaftlichen Nutzpflanzen spielt der Einfluss von D. auf den Ertrag eine wichtige Rolle. D. beeinflusst sowohl die Transpiration durch Schließen der Spaltöffnungen (↗ Spaltöffnungsbewegungen), als auch die Fotosyntheserate. Während ihrer reproduktiven Phase sind Pflanzen besonders anfällig gegenüber D., weil Früchte als Sink-Gewebe mit den Wurzeln um Assimilate konkurrieren. Sie werden i. d. R. bevorzugt mit Fotosyntheseprodukten versorgt, sodass Wurzelwachstum in tiefere Bodenschichten und dadurch eine optimale Wasserversorgung verhindert wird. Je nach Art, reagieren Pflanzen unterschiedlich auf D. (↗ Dürretoleranz, ↗ Dürrevermeidung, ↗ Dürreresistenz). In ähnlicher Weise wirken auch Kälte (↗ Kälteschäden) und ↗ Salzstress auf Pflanzen. Zahlreiche Anpassungen gegen D. schützen Pflanzen auch vor diesen schädigenden Umwelteinflüssen.

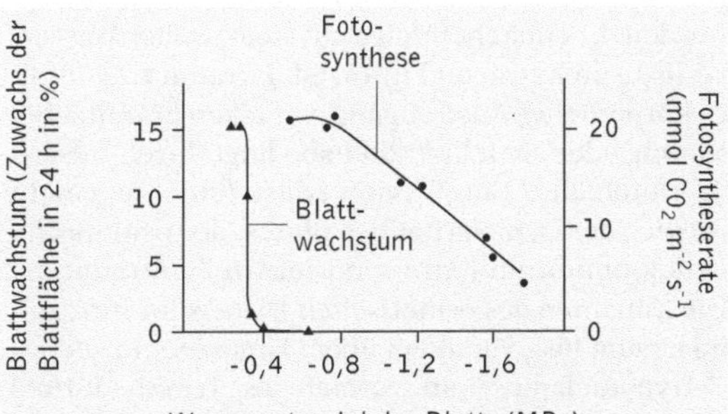

Dürrestress Wirkung von unzureichender Bewässerung auf Blattwachstum (links) und Fotosyntheserate (rechts) bei *Helianthus annuus* (Sonnenblume). Das Blattwachstum reagiert deutlich empfindlicher als die Fotosyntheserate

Dürretoleranz, Anpassungen von Pflanzen zur Vermeidung von durch Wassermangel hervorgerufenem ↗ Dürrestress (↗ Dürreresistenz). Neben ↗ Thallophyten wie Algen, Flechten, Moosen und manchen Pilzen sind auch ↗ Kormophyten in der Lage, Wassermangel bis hin zur völligen Austrocknung unbeschadet zu überstehen. ein Extrembeispiel ist die so genannte „Auferstehungspflanze" *Craterostigma plantagineum*, die in dieser Hinsicht auch auf der Ebene der beteiligten Gene und Proteine gut untersucht wurde. Eine Gruppe von Proteinen, die so genannten *Aquaporine*, erhöhen die Wasserdurchlässigkeit der Plasmamembran und des Tonoplasten und führen nach der Bewässerung dehydrierter Gewebe zu einem schnellen Aufbau des Turgors. Hinzu kommt, dass Pollen, Sporen und Samen längere Zeit völlig trocken sein können, ohne dass ihre Keimfähigkeit beeinträchtigt wird. Bei Samen und auch im vegetativen Gewebe wurden u. a. die ↗ LEA-Proteine als Schutzproteine nachgewiesen. (↗ Abscisinsäure)

Dürrevermeidung, Anpassungen von Pflanzen, die der Vermeidung von ↗ Dürrestress durch die Kontrolle der ↗ Wasserbilanz dienen. Hierzu zählen 1) Verringerung der Transpiration durch vorübergehendes Schließen der Spaltöffnungen (↗ Spaltöffnungsbewegungen) oder Blattabwurf (↗ Abscission), 2) Ausbildung einer starken ↗ Cuticula, 3) Verringerung der transpirierenden Oberflächen (z. B. Kugelform mancher Sukkulenten) sowie Anpassungen der Blattstruktur an geringe Wasserabgabe (↗ Xerophyten), 4) erhöhte Wasseraufnahme aus dem Boden, z. T. verbunden mit Wurzelwachstum in tiefere Bodenschichten sowie 5) die Anlage von Wasserspeichern (*Stamm-* oder *Blattsukkulenz*). Eine wirksame Art der D. ist außerdem, den Entwicklungszyklus vor Einsetzen von regelmäßig auftretenden Dürreperioden zu beenden.

Durst, eine Allgemeinempfindung bei Flüssigkeitsmangel mit dem Verlangen, Flüssigkeit in den Körper aufzunehmen. D. kann, ähnlich wie ↗ Hunger, keinem bestimmten Sinnesorgan zugeordnet werden. Er entsteht infolge physiologischer Wasserverluste im Extra- und Intrazellularraum z. B. infolge körperlicher Anstrengung, vor allem bei Hitzebelastung oder auch krankheitsbedingt durch wässrige Durchfälle. Der Wasserverlust führt zu einem Anstieg der Osmolarität des Blutes, der osmotische Druck nimmt im Extra- und Intrazellularraum zu. Die Zunahme des osmotischen Drucks im Intrazellularraum löst, vor allem über Osmorezeptoren des ↗ Hypothalamus, ein vermehrtes Trinkbedürfnis aus; zudem reagieren sie u. a. mit der Freisetzung von ↗ Adiuretin aus der Neurohypophyse, das die Wasserrückresorption in der ↗ Niere erhöht und dadurch den Körper vor weiteren Wasserverlusten bewahrt. Auf Änderungen des osmotischen Drucks im Extrazellularraum reagieren vor allem Dehnungsrezeptoren in den Herzvenen, die daraufhin ebenfalls eine Erhöhung der Adiuretin-Ausschüttung bewirken und andererseits das ↗ Renin-An-

giotensin-System aktivieren. Begleiterscheinung des D. ist eine verminderte Sekretion von ↗ Speichel, die das charakteristische Trockenheitsgefühl im Mund- und Rachenraum hervorruft. Da die Durstempfindung im Unterschied z. B. zu Geruch oder Geschmack nicht adaptiert, ist eine Durststillung i. Allg. nur durch Wasseraufnahme zu erreichen. Die aufgenommene Wassermenge entspricht sehr genau der tatsächlich benötigten. Um eine übermäßige Wasseraufnahme zu verhindern, muss das Trinken aufhören (*präresorptive Durststillung*) bevor der Wassermangel in den Geweben beseitigt ist (*resorptive Durststillung*). Die dafür verantwortlichen Rezeptoren sind bislang nicht bekannt, jedoch scheinen der Trinkakt selbst sowie Dehnungsrezeptoren im Magen beteiligt zu sein.

Duve, *Christian René* de, belg. Biochemiker, * 2.10.1917 Thames-Ditton (Surrey); ab 1962 Prof. an der Rockefeller University in New York, zuletzt an der Katholischen Universität in Löwen (Belgien) und Leiter des von ihm 1975 gegründeten Internationalen Instituts für Zell- und Molekularbiologie in Brüssel. D. erhielt 1974 zusammen mit A. ↗ Claude und G.E. ↗ Palade den Nobelpreis für Physiologie oder Medizin für die Entdeckung der ↗ Lysosomen und Peroxysomen.

D-Wert, die ↗ dezimale Reduktionszeit.

Dynamin, ein ↗ Motorprotein mit GTPase-Aktivität, das bei der ↗ Endocytose an der Abschnürung von ↗ coated vesicles beteiligt ist. Unter Bindung von GTP (↗ Guanosinphosphate) assoziiert D. mit ↗ Mikrotubuli und bildet an der Einschnürungsstelle der Vesikel eine Ringstruktur aus. Zur vollständigen Abschnürung der Vesikel ist die Hydrolyse von GTP notwendig.

dynamisches Gleichgewicht, das ↗ Fließgleichgewicht.

Dynein, ein Motorprotein, das als Fortsatz (*Dyneinfortsatz*, *Dyneinarm*) an den ↗ Mikrotubuli von Cilien und Geißeln entdeckt wurde. D. besitzt ATPase-Aktivität. Die wechselseitige Verschiebung von Mikrotubuli, die der Bewegung von Cilien und Geißeln zu Grunde liegt, beruht auf dem ATP-abhängigen, durch die Dyneinarme vermittelten Gleitfilament-Mechanismus. Nach diesem Modell ist die Dyneinfunktion analog zur Funktion von Myosin bei der Muskelkontraktion (↗ Muskel). *Cytoplasmatisches D.* ist u. a. für den Transport von Partikeln, Vesikeln und Organellen innerhalb der Zelle verantwortlich, wobei sich D. entlang von Mikrotubuli bewegt. D. und ähnliche Proteine spielen außerdem eine wichtige Rolle bei den Bewegungsvorgängen der ↗ Mitose. Zudem können sie aufgrund ihrer Fähigkeit zum gerichteten Transport bei der ↗ Morphogenese von Bedeutung sein; so bestimmt ein Links-Rechts-Dynein in Säugerzellen die Links-Rechts-Asymmetrie verschiedener Organe.

dysodont, Bez. für einen Scharniertyp bei Muschelschalen (↗ Bivalvia).

dysphotische Region, die ↗ Dämmerungszone.

Dysproteinämie, die qualitative oder quantitative Veränderung der Zusammensetzung der Proteine im Blutserum, z. B. der α-Globuline bei Entzündungen oder der γ-Globuline bei Leberzirrhose.

dystroph, Bez. für nährstoffarme Gewässer, die arm an pflanzlichem, aber oft reich an tierischem ↗ Plankton sind. Typisch sind die geringe Sichttiefe, eine gelbe bis braune Farbe und Kalkarmut. Ein Beipiel für einen d. Seentyp sind die ↗ Braunwasserseen.

E

EBV, Abk. für ↗ Epstein-Barr-Virus.

EC, Abk. für *enzyme commission*, wird der Klassifikationsnummer von ↗ Enzymen vorangestellt.

Ecaudata, die Froschlurche (↗ Anura).

Ecballium, Gatt. der ↗ Cucurbitaceae.

Eccles, Sir *John Carew*, austral. Physiologe, ✳ 27.1.1903 Melbourne, † 2.5.1997 Locarno; ab 1951 Prof. für Physiologie in Canberra (Australien), ab 1966 am Institute for Biomedical Research in Chicago, später in Buffalo (New York). E. lieferte bedeutende Arbeiten über die Funktion und Arbeitsweise von Synapsen und Motoneuronen in Gehirn und Rückenmark. Er entdeckte die erregenden und hemmenden postsynaptischen Membranpotenziale und formulierte das Konzept der funktionalen Spezifität, nach dem es im Nervensystem nur zwei Grundtypen von Nervenzellen (hemmende und erregende) gibt, die jedoch den gleichen Neurotransmitter haben können. E. erhielt 1963 zusammen mit A.L. ↗ Hodgkin und A.F. ↗ Huxley den Nobelpreis für Physiologie oder Medizin.

Ecdysis, die ↗ Häutung.

Ecdyson, *α-Ecdyson*, das Häutungshormon der Insekten, das aber auch zahlreiche weitere hormonelle Wirkungen im Tierreich hat und auch in Pflanzen vorkommt (↗ Ecdysteroide). ↗ Häutung

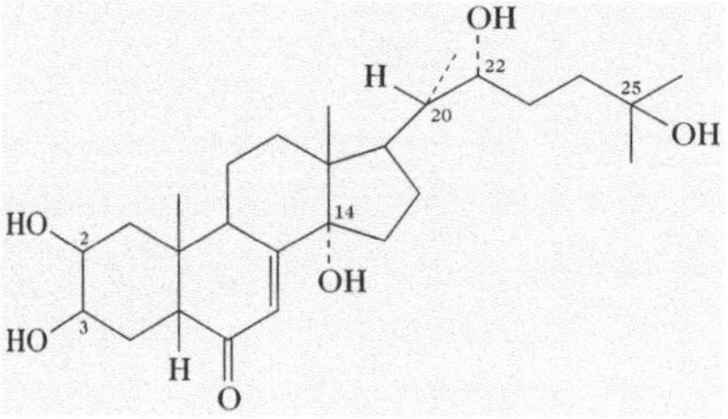

E, Ein-Buchstaben-Symbol für ↗ Glutaminsäure.

EAAM, Abk. für ergänzender angeborener ↗ Auslösemechanismus.

Eadie-Hofstee-Diagramm, ↗ Michaelis-Menten-Gleichung.

EAM, Abk. für erworbener ↗ Auslösemechanismus.

Ebenaceae, *Ebenholzgewächse*, Fam. der Ebenales mit der auf Süd- und Ostasien beschränkten Gatt. *Euclea* und der pantropisch verbreiteten Gatt. *Diospyros*. Die meist relativ kleinen Bäume liefern das außerordentlich harte ↗ Ebenholz. Zu den E. gehört auch die ↗ Kakipflaume, *Diospyros kaki*.

Ebenales, Ord. der ↗ Rosopsida, zu der (sub-)tropische Holzpflanzen der Fam. Styracaceae, ↗ Ebenaceae und ↗ Sapotaceae gehören.

Ebenholz, das Kernholz verschiedener Arten der Gatt. *Diospyros* der ↗ Ebenaceae und von Arten anderer Familien. Das schwarze Echte Ebenholz stammt u. a. von *Diospyros ebenum* und *Diospyros melanoxylon*. Rotes E. liefert *Diospyros rubra*, grünes E. *Diospyros chloroxylon*. Das so genannte Senegal-Ebenholz wird dagegen von *Dalbergia nigra* (↗ Fabales) geliefert.

Ebenholzgewächse, die Fam. ↗ Ebenaceae.

Eberesche, *Vogelbeere*, *Sorbus aucuparia*, in feuchten Laubwäldern und Auwäldern verbreitete Baumart der ↗ Rosaceae mit orange-roten Scheinfrüchten. Die Vitamin-C-reichen Früchte einiger Varietäten sind essbar.

Ebola-Virus, für den Menschen äußerst virulentes filamentöses Virus (970 nm × 80 nm; der Risiko-Gruppe 4), das 1976 bei ↗ Epidemien an hämorrhagischem Fieber in Zaïre entdeckt wurde. Es ist dem *Marburg-Virus* sehr ähnlich und wird mit diesem in der Gruppe der *Filoviren* zusammenfasst. Das helicale Nucleocapsid enthält lineare, einsträngige RNA. Mehrere Varianten des. E.-V. verursachen beim Menschen äußerst schwere, schnell verlaufende Erkrankungen mit einer Letalität von 50 - 80 %. Bei der Erkrankung treten nach wenigen Tagen Schleimhautblutungen (Hämorrhagien), Nierenkomplikationen und Encephalitiden (↗ Encephalitis) auf, bevor der Tod durch schwere Blutungen oder Schockzustände eintritt. Impfstoffe sind noch nicht verfügbar. Die Übertragung des Virus erfolgt durch Körperflüssigkeiten.

Literatur: Klenk, H.D. (ed.): Marburg and Ebola Viruses. Berlin 1998.

Ecdyson

Ecdysteroide, Gruppe von Substanzen, die sich vom ↗ Ecdyson ableiten und im Tierreich als ↗ Hormone sowie im Pflanzenreich als sekundäre Inhaltsstoffe weit verbreitet sind. Bis heute sind mehr als 100 E. bekannt. Grundgerüst ist ein Steroid mit einer charakteristischen 14α-Hydroxygruppe und einer 2-enon-Struktur im Ring B, das sich vom ↗ Cholesterin ableitet. Die Biosynthese der E. ist noch nicht vollständig aufgeklärt. E. liegen häufig als Konjugate, gebunden an Phosphat, Sulfat, Glucose, Gluconsäuren, Acetat, Fettsäuren oder Proteine vor. Diese Konjugate können zum einen als Speicher-, zum anderen als Ausscheidungsprodukte dienen. E. synthetisierende Gewebe sind bei Insekten die Ventraldrüsen im Kopf, die ↗ Prothorakaldrüse, die Ringdrüse, ↗ Oenocyten sowie ↗ Hoden und Follikel des ↗ Eierstocks, bei Krebsen das ↗ Y-Organ und in anderen Arthropoda, z. B. Weberknechten (↗ Opiliones), oenocytenähnliche

Zellkomplexe. Die Synthese der E. wird bei Insekten durch das prothorakotrope Hormon, das ↗ Juvenilhormon, Endprodukthemmung sowie möglicherweise neuronal reguliert. Bei Krebsen erfolgt die Regulation u. a. über das *moult inhibiting hormone (MIH*; Häutung hemmendes Hormon) sowie über Endprodukthemmung

Das *Wirkungsspektrum* der E. ist sehr breit. Bei Insekten werden die Reifung der Eizellen und der Spermien, die Embryonalentwicklung, Larven- und Adulthäutung, die Differenzierung der Gonaden sowie die Synthese von Dotterproteinen durch E. beeinflusst. Bei der ↗ Häutung bestimmt das relative Verhältnis von E. zu Juvenilhormon den Häutungstyp. Ebenso werden Verhaltensänderungen, wie das Beenden der Fressphase und das Eintreten in eine Wanderphase oder das Spinnen des Kokons durch E. induziert. Auch bei Coelenterata, Plathelminthes, Nematoda, Annelida und Mollusca treten E. auf und z. T. ist Hormonwirkung nachgewiesen.

Für die in *Pflanzen* vorkommenden E. konnte bisher weder ein synthetisierendes Gewebe noch eine genaue Funktion festgestellt werden. Es wird vermutet, das E. eine Rolle bei der pflanzlichen ↗ Abwehr nicht angepasster phytophager Schädlinge spielen.

Echeneidae, *Schiffshalter*, Fam. der Barschfische (↗ Perciformes) in Atlantik, Pazifik und Indischem Ozean. Der abgeflachte Kopf trägt auf der Oberseite eine elliptische Saugscheibe, mit der sich die E. an Schiffen, Walen und großen Meeresschildkröten festsaugen.

Echinacea, 1) *Botanik: Igelkopf*, Gatt. der ↗ Asteraceae mit vorwiegender Verbreitung in Prärien und lichten Gehölzen Nordamerikas. Die unverzweigten Sprossachsen der Rhizomstauden können bis zu 2 m hoch werden. Die Strahlenblüten sind meist purpur- bis rosafarben oder weiß. Viele Arten sind wichtige ↗ Heilpflanzen und attraktive Gartenstauden. Aus *E. angustifolia* wird *Echinacin* gewonnen, dem eine Stimulation des *Immunsystems* zugeschrieben wird.

2) *Zoologie:* zu den Euechinoida gehörende Gruppe der Seeigel (↗ Echinoida), zu der die meisten regulären, fünfstrahlig gebauten Seeigel mit typischem Erscheinungsbild gehören. In Nordsee und Atlantik vor allem in Tiefen zwischen 10 und 40 m verbreitet ist der *Essbare Seeigel (Echinus esculentus)*, der sich von Algen, aber auch räuberisch, z. B. von Seepocken ernährt. Er hat bis 18 cm Durchmesser und ist meist fleischfarben bis rot, seltener blassgrün.

Echinococcus, Gattung der Bandwürmer (↗ Cestoda), zu der der Hundebandwurm (*Echinococcus granulosus*) und der Fuchsbandwurm (*Echinococcus multilocularis*) gehören. Die geschlechtsreifen

Tiere des *Hundebandwurms* leben im Darmkanal des Hundes (aber auch anderer Carnivoren) oft in großer Zahl. Zwischenwirte sind verschiedene Huftiere, Nagetiere und Hasenartige sowie als Fehlzwischenwirt auch der Mensch. Aus Proglottiden oder larvenhaltigen Eiern, die in den Darm des Zwischenwirts gelangen, schlüpfen die *Oncosphaera*. Sie durchdringen die Darmwand und gelangen über das Pfortadersystem in die Leber (seltener auch in andere Organe), wo sie sich zur blasigen Finne (*Hydatide*) entwickeln. Diese besitzt einen flüssigkeitserfüllten Hohlraum, der ständig an Volumen zunimmt und bis Handballgröße erreichen kann und in dem die Anlagen der späteren Scolices (*Protoscolices*) entstehen. Frisst ein Endwirt hydatidenhaltiges Fleisch, so entwickeln sich die Protoscolices in seinem Dünndarm zu neuen Bandwürmern. Der *Fuchsbandwurm* kann ebenfalls ein breites Spektrum von Carnivoren (auch Katzen) befallen. Zwischenwirte sind Wühlmäuse. Auch kann sich der Mensch durch Verzehr von mit Fuchskot verunreinigten Waldbeeren infizieren. Aus der Oncosphaera entsteht in der Leber ein krebsartig wachsendes Stadium mit einem Labyrinth aus Lakunen, aus deren Wänden Protoscoli-

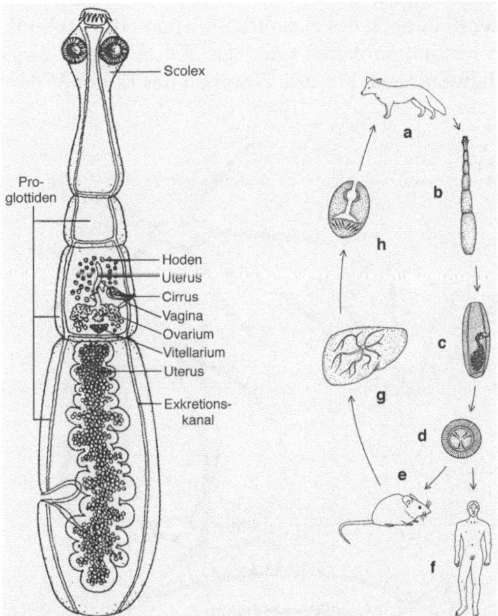

Echinococcus Links: Hundebandwurm (*Echinococcus granulosus*); rechts daneben der Entwicklungszyklus des Fuchsbandwurms (*Echinococcus multilocularis*). a Endwirt: Fuchs (oder Katze), b Adultstadium, c Proglottide (im Kot des Endwirts ausgeschieden), d Ei mit Oncosphaera-Larve (orale Aufnahme durch Zwischenwirt), e Zwischenwirt: Nager (Mäuse, Ratten), f Fehlzwischenwirt: Mensch, g Leber des Zwischenwirts mit multiloculärer Cyste (asexuelle Vermehrung), h Brutkapsel (Bildung von Protoscolices, Tod des Zwischenwirts, Infektion des Endwirts)

ces sprossen. Deshalb ist die Cyste im Unterschied zur Hydatide des Hundebandwurms nicht operabel und auch chemotherapeutisch kaum behandelbar, sodass eine Infektion mit dem Fuchsbandwurm meist tödlich endet.

Echinodermata, *Stachelhäuter*, mit etwa 6300 ausschließlich im Meer lebenden Arten, nach den ↗ Chordata die größte Gruppe der ↗ Deuterostomia. Sie leben im ↗ Benthos der Schelfmeere und stellen dort bis zu 90 % der Biomasse. E. sind meist bunt gefärbt und variieren in der Größe von 5 mm bis zu 1,40 m Durchmesser. Adulte E. sind durch eine fünfstrahlige Symmetrie (Pentamerie) gekennzeichnet. Ihre Hauptachse verläuft durch den Mund auf der Oralseite und den After auf der gegenüberliegenden Aboralfläche. Jedoch zeigt fast die Hälfte aller Seeigel eine sekundäre Bilateralsymmetrie („*Irregularia*"). Einzigartig ist eine Differenzierung im kollagenen Bindegewebe der E. Über nervöse Steuerung kann das Bindegewebe, durch Verlagerung von Calcium- und Natrium-ionen in der Bindegewebsmatrix und an den Glykoproteinmolekülen rasch versteifen oder extrem erschlaffen. Wichtig für diesen Vorgang sind so genannte *juxtaligamentale Zellen* zwischen Kollagenfasern und den steuernden Nerven. Diese besondere Bindegewebsform ermöglicht die Aufrechterhaltung von Filterstellungen des gesamten Körpers, die Stellung von Festhalteorganen oder das Halten gegen Wasserbewegungen. Für alle Gruppen der E. außer den

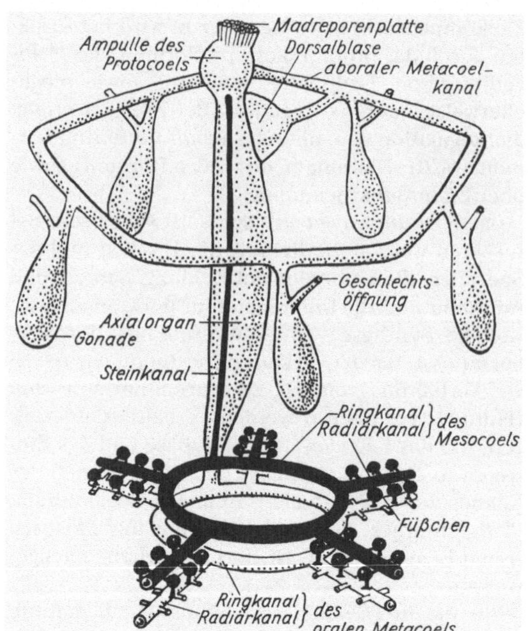

Echinodermata Schema der Coelomräume der Echinodermata (Mesocoel mit Füßchen schwarz)

Seeigeln sind ↗ Autotomie sowie ein ausgesprochen gutes Regenerationsvermögen charakteristisch. Das in drei nicht miteinander verbundene Nervennetze gegliederte Nervensystem ist einfach, ein Gehirn fehlt. An Sinnesorganen kommen einfache Augen, bestehend aus einigen bis mehreren hundert Pigmentbecherocellen, Augenflecken und Statocysten vor.

E. besitzen ein mesodermales Kalkskelett, das aus Platten (*Ambulakralplatten*) besteht und Stacheln als spezielle Skelettelemente besitzt. Die Stacheln sind meist beweglich und von Epidermis überzogen. Bei Seeigeln und Seesternen gibt es zudem charakteristische *Pedicellarien*, kleine Greifzangen, die als modifizierte Stacheln angesehen werden und wie Pinzetten arbeiten. Sie dienen als Abwehrorgane und auch zum Beutefang. Das Coelom besteht aus drei miteinander verbundenen Teilen, die ein kompliziertes Gefäßsystem (*Hydrocoel*, *Ambulakralsystem*) bilden. Es besteht aus einem *Ringkanal* rund um die Mundöffnung mit Sammelblasen (*Poli'sche Blasen*). Aus diesem entspringt ein oft stark verkalkter *Steinkanal*, der meist über eine siebartig durchbrochene *Madreporenplatte* (*Siebplatte*), die an der Körperoberfläche liegt, mit dem Meerwasser in Verbindung steht. Vom Ringkanal zweigen fünf *Radiärkanäle* (*Ambulakren*) ab, die über schlauchförmige Anhänge die Epidermis zu *Ambulakralfüßchen* (*Saugfüßchen*) oder -tentakeln vorwölben, die durch Muskeln beweglich

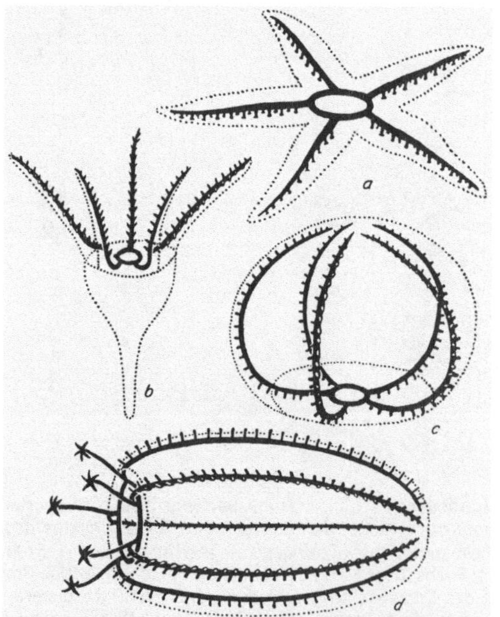

Echinodermata Habitustypen der Echinodermata: a Seestern (*Asteroida*), b Haarstern (*Crinoida*), c Seeigel (*Echinoida*), d Seewalze (*Holothuroida*); die Mesocoelkanäle mit Füßchen und Tentakeln sind schwarz

sind und der Nahrungsaufnahme sowie der Fortbewegung dienen.

Das Blutgefäßsystem besteht aus Lakunen, die entlang des Darms und des Ambulakralsystems liegen. Die Atmung erfolgt überwiegend über die Haut, Exkretionsorgane fehlen. E. sind getrenntgeschlechtlich. Die meist außerhalb des Körpers befruchteten Eier entwickeln sich zunächst zu bilateralsymmetrischen Larven, die sich von der Dipleurulalarve ableiten lassen und erst im Zuge einer tiefgehenden Metamorphose die Pentamerie der Adulten entwickeln.

E. sind seit dem frühen Kambrium nachgewiesen und waren vor allem im späten Paläozoikum viel artenreicher als heute. Etwa 10000 fossile Arten sind bekannt. Die sechs rezenten Taxa sind die Seelilien und Haarsterne (↗ Crinoida), die Seesterne (↗ Asteroida), die Schlangensterne und Medusenhäupter (↗ Ophiuroida), die Seegurken (↗ Holothuroida) und die Seeigel (↗ Echinoida). Ein weiteres Taxon, die Seegänseblümchen (*Concentricycloida*), wurde erst 1986 vor Neuseeland gefunden und gehört vielleicht zu den Seesternen.

Echinoida, *Seeigel*, Gruppe der ↗ Echinodermata mit rund 950 Arten, die in den oberen Bereichen der Schelfmeere leben. Man unterscheidet die fünfstrahligen „Regularia" und die sekundär bilateralsymmetrischen „Irregularia". Bei den „Regularia" bilden die Ambulacralplatten ein kugeliges Skelett (*Corona*), wobei Form und Anordnung der Platten wichtige taxonomische Merkmale sind. Auf den Schalenplatten befinden sich durch Muskeln bewegliche Stacheln, die zum Bohren, Graben, der Fortbewegung sowie der Feindabwehr dienen. Die vor allem um die Mundöffnung befindlichen *Pedicellarien* stehen oft in Verbindung mit Giftdrüsen und dienen außer der Reinigung und der Nahrungsaufnahme auch der Feindabwehr. Der Mund ist zum Untergrund gerichtet und besitzt einen komplizierten Kauapparat, die *Laterne des Aristoteles*, der aus fünf radiär angeordneten Zähnen besteht, die ähnlich wie die Flügelgreifer eines Greifbaggers funktionieren. Er fehlt den meisten „Irregularia", ebenso wie die Stacheln. Bei ihnen ist ein Vorder- und ein Hinterende entstanden, wobei der After an den Hinterrand oder sogar auf die Unterseite verschoben ist.

Die Eier der E. werden zur Befruchtung ins Wasser abgegeben. Die Entwicklung erfolgt über eine bilateralsymmetrische Larve (*Echinopluteus*).

Zu den E. gehören die *Cidaroida* mit einer fast kugeligen Corona und die ↗ Euechinoida. – Seeigel sind seit über 100 Jahren wichtige Versuchstiere der Entwicklungsbiologie (entwicklungsphysiologische Experimente von H. A. E. ↗ Driesch; Befruchtungsexperimente von O. Hertwig, 1887).

Echinothuroida, Gruppe der ↗ Euechinoida.

Echinus, Gatt. der ↗ Echinacea.

Echiura, *Echiurida*, *Igelwürmer*, den ↗ Annelida (teilweise auch bei ihnen eingeordnet) nahestehende Gruppe der Wirbellosen mit 150 marinen, im Benthos lebenden Arten. E. sind weltweit verbreitet und kommen vom Gezeitenbereich bis in 10000 m Tiefe vor. Der Rumpf ist sackförmig und steckt in meist selbstgegrabenen Sand- oder Schlammröhren oder in Felsritzen. Ein vor dem Mund gelegenes *Prostomium (Rüssel)*, das sehr beweglich ist, kann um ein Vielfaches länger sein als der Rumpf. Es dient der Nahrungsaufnahme. E. besitzen ein aus einem Schlundring und einem unpaaren Bauchstrang bestehendes Nervensystem und ein geschlossenes Blutgefäßsystem. Der Exkretion dienen zahlreiche Nephridien, die teilweise auch der Ausleitung der Geschlechtsprodukte dienen. Die E. sind getrenntgeschlechtlich, bei einigen Arten leben Zwergmännchen am Rüssel oder in den Geschlechtsorganen der Weibchen. Die Entwicklung verläuft über eine Spiralfurchung und eine Trochophora-Larve.

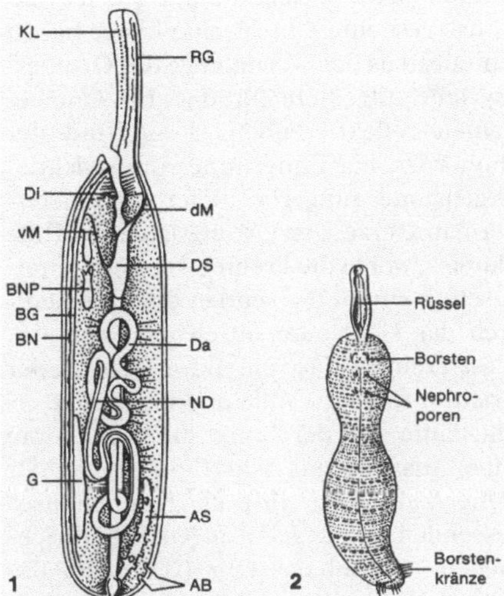

Echiura   Links: Bauplan der Echiura (Längsschnitt von lateral betrachtet); AB Analborsten, AS Analschläuche, BG Bauchgefäß, BN Bauchnerv, BNP Bauchnephridium, Da Darm, Di Diaphragma, dM dorsales Mesenterialgefäß, DS Darmblutsinus, G Gonade, KL Kopflappen (Rüssel), ND Nebendarm, RG Rückengefäß vM ventrales Mesenterialgefäß. Rechts daneben der Habitus der Art *Echiurus echiurus* (von ventral)

Echiurida, die ↗ Echiura.

Echoorientierung, die Fähigkeit zur Orientierung durch Aussenden von Schallimpulsen und Auswerten der Zeitdifferenzen bis zum Eintreffen des Echos. Die E. ist von verschiedenen Tiergruppen unabhängig voneinander entwickelt worden. Hierzu gehören Fledermäuse (↗ Microchiroptera), einige Flughunde (↗ Megachiroptera), Wale (↗ Cetacea), einige Kleinsäuger, so z. B. Spitzmäuse (↗ Soricidae) und einige Höhlen bewohnende Vo-

gelarten, so u. a. die Fettschwalme (↗ Caprimulgiformes). Die Ortungslaute sind je nach Tierart und

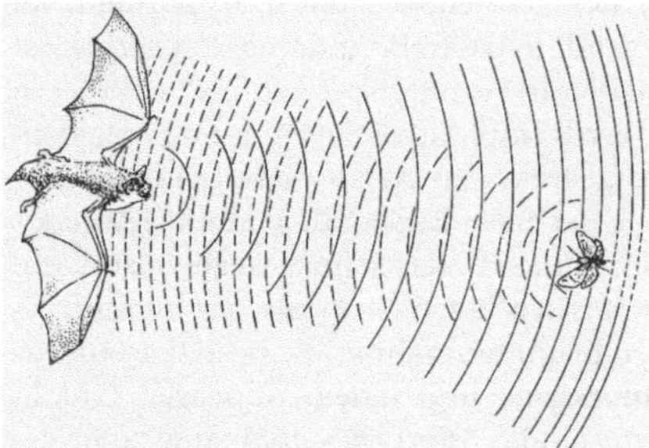

Echoorientierung   Reflexion der Ultraschallwellen durch ein Beutetier. Während des Fluges senden Fledermäuse regelmäßig Ultraschall-Orientierungslaute aus. Sobald ein Insekt oder ein Hindernis in den Schallpegel gerät und Echolaute reflektiert werden, wird die Zahl der Peillaute stark erhöht, um genau orten zu können

Zweck der Anwendung von unterschiedlicher Frequenz und Dauer; so können mit zunehmender Frequenz immer kleinere Gegenstände geortet werden, wobei das gesuchte Objekt eine Länge haben muss, die mindestens der Wellenlänge des Ortungslautes entspricht. Allgemein gilt, dass bei Annäherung an einen reflektierenden Gegenstand der Echolaut höher ist, bei Entfernung vom reflektierenden Gegenstand hingegen tiefer (*Dopplereffekt*). Fledermäuse erzeugen Ortungslaute mit Hilfe ihres Kehlkopfes, wobei die Frequenzen sehr unterschiedlich sein können. Sie senden die Laute entweder durch das Maul oder durch die Nase aus, wobei bei letzteren die Nase einen Aufsatz hat, der als Schalltrichter fungiert. Wale und Flughunde erzeugen „Klicklaute" mit der Zunge; die so genannte Melone, eine Ansammlung von Lipiden vor der Stirn mancher Zahnwale, wird als „Sammellinse" für das Aussenden des kegelförmigen Schalltrichters angesehen. Sowohl das Ohr (vor allem das Corti-Organ) als auch die zugehörigen Strukturen im Gehirn zeigen besondere Anpassungen an die Fähigkeit zur E. Das Gehör der Hufeisennase z. B. ist so fein angepasst, dass sie, unter Ausnutzung des Dopplereffekts, den Flügelschlag eines Schmetterlings, der in ein bis zwei Meter Entfernung an ihr vorbeifliegt, wahrnehmen kann.

Echsen, die ↗ Squamata.

Echte Fliegen, die Fam. ↗ Muscidae.

Echte Gräser, die Fam. ↗ Poaceae.

Echte Hefen, ↗ Hefen.

Echte Hunde, die Gatt. Canis (↗ Canidae).

Echte Karettschildkröte, Art der Meeresschildkröten (↗ Cheloniidae).

Echte Mäuse, die Fam. ↗ Muridae.

Echte Mehltaupilze, die Ord. ↗ Erysiphales.

Echte Motten, die Fam. ↗ Tineidae.

Echte Pilze, die ↗ Eumycota.

Echthirsche, *Cervinae*, Unterfam. der Hirsche (↗ Cervidae).

Eclosionshormon, ein Neurohormon der Insekten, das von neurosekretorischen Zellen des Protocerebrums ausgeschüttet wird und das Ausschlüpfen bei der ↗ Häutung induziert.

Ecstasy, *3,4-Methylendioxy-N-methylamphetamin*, Abk. *MDMA* (auch als „*E*", „*Eve*" oder „*XTC*" bezeichnet), ein Phenylethylaminderivat (↗ Designer-Drogen), das vor allem in der Disco-Szene verbreitet ist. E. vermittelt ein intensiveres Gefühlserleben und stärkt (allerdings nur für die Wirkungsdauer) das Selbstbewusstsein. Es steigert die Sinnlichkeit, gleichzeitig geht aber das Verlangen zurück, sexuell aktiv zu werden. Darüber hinaus schaltet es die körperliche Selbstwahrnehmung weitgehend aus, sodass bei exzessivem Tanzen oft zu wenig Flüssigkeit aufgenommen wird und der Körper regelrecht austrocknet. Seine Wirkungen beruhen darauf, dass E. die Wiederaufnahme von ↗ Serotonin in serotonerge Nervenzellen verhindert. Dies geschieht offenbar durch Zerstörung der für seine Aufnahme wichtigen Strukturen. Die mit dem erhöhten Seroton-Spiegel einhergehende Verengung der Blutgefäße kann zudem die Ernährung der Nervenzellen erschweren und deren Absterben herbeiführen. Häufiger Gebrauch von E. hat schwere psychische Schäden (u. a. ↗ Depressionen, Angst- und Gedächtnisstörungen) zur Folge.

$$H_2C\!\!\begin{array}{c}O\\O\end{array}\!\!\!\!\bigcirc\!\!-CH_2-\underset{NH-CH_3}{CH}-CH_3$$

Ecstasy

Ectocarpales, Ord. der Braunalgen (↗ Phaeophyceae) mit zum größten Teil fädigen Formen, deren ↗ Gametophyt und ↗ Sporophyt gleich sind. Die primitiven Vertreter wachsen noch interkalar und vermehren sich durch Isogamie, z. B. die Arten der Gatt. *Ectocarpus* und *Pylaiella*.

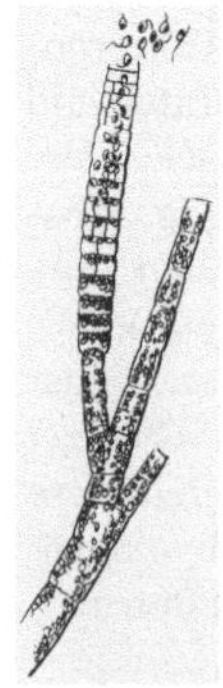

Ectocarpales   Die Braunalge *Ectocarpus* mit ausschwärmenden Zoosporen

Ectognatha, *Ectotropha*, *Freikiefler*, Gruppe der Insekten, die als Schwestergruppe der ↗ Entognatha angesehen wird und durch die frei am Kopf ansetzenden Mundgliedmaßen gekennzeichnet ist. Als monophyletische Gruppe zeichnen sich die E. durch den Besitz von Legebohrer (Ovipositor), unpaarem Schwanzfaden (Terminalfilum) und Geißelantennen aus; diese besitzen nur im ersten Glied (*Scapus*) Muskulatur und im zweiten Glied (*Pedicellus*) sitzt das ↗ Johnston-Organ. Die Geißel ist vermutlich aus dem sekundär aufgeteilten dritten Glied hervorgegangen und enthält keine Muskulatur. Zu den E. zählen die Felsenspringer (↗ Archaeognatha), die Silberfischchen (↗ Zygentoma) und die Fluginsekten (↗ Pterygota).

Ectoprocta, die ↗ Bryozoa.

Ectotropha, die ↗ Ectognatha.

Edaphon, die Gesamtheit der ↗ Bodenorganismen mit epedaphischen (↗ Epedaphon), euedaphischen (↗ Euedaphon) und hemiedaphischen ↗ Lebensformen. Gegensatz: ↗ Atmobios

Edelfalter, die Fam. ↗ Nymphalidae.

Edelfäule, Befall der Weintrauben bei warmer und trockener Herbstwitterung durch Botrytis cinerea (↗ Botrytis), eine Nebenfruchtform von Sclerotinia fuckeliana (↗ Sclerotinia).

Edelhefen, die ↗ Reinzuchthefen.

Edelhirsche, *Cervus*, größte Gattung der Cervidae mit fünf Untergattungen, denen die größten Vertreter der Altwelthirsche angehören. Die männlichen Tiere haben meist ein kräftiges Stangengeweih und eine gut ausgebildete Halsmähne. Das Haarkleid unterliegt einem jahreszeitlichen Wechsel. Zu den E. gehören die Sambarhirsche (*Rusa*), die Sikahirsche (*Sika*), der Weißlippenhirsch (*Przewalskium*), die Zackenhirsche (*Rucervus*) und die ↗ Rothirsche (*Cervus* i.e.S.).

Edelkastanie, *Esskastanie*, *Castanea sativa*, im Mittelmeergebiet heimische Art der ↗ Fagaceae. Die essbaren Nüsse (*Maronen*) sind in einem stacheligen Fruchtbecher enthalten (Abb. ↗ Fagaceae).

Edelkoralle, Art der Hornkorallen (↗ Gorgonaria).

Edelman, *Gerald Maurice*, amerikan. Biochemiker, ✱ 1.7.1929 New York; ab 1966 Prof. für Biochemie, seit 1982 Direktor des Neurowissenschaftlichen Instituts der Rockefeller University in New York. Von E. stammen bedeutende Arbeiten über die Antigen-Antikörper-Reaktion. Er wies 1959 beim Immunglobulin G (IgG) nach, dass dieses Antikörpermolekül aus durch Disulfidbrücken zusammengehaltenen Untereinheiten (von ihm als leichte und schwere Ketten bezeichnet) besteht. Bis 1969 klärte E. die Aminosäuresequenz des IgG auf und zeigte, dass die Unterschiede in der Antigenspezifität verschiedener Immunglobuline auf der Unterschiedlichkeit der Aminosäuresequenzen in den variablen Regionen beruhen. 1972 erhielt E. zusammen mit R.R. ↗ Porter den Nobelpreis für Physiologie oder Medizin.

Ediacara-Fauna, nach dem Fundort in Südaustralien benannte, präkambrische, z. T. recht seltsame marine Flachwasserfauna aus Wirbellosen ohne fossilierbare Hartteile. Die Zuordnung der E.-F. zu den einzelnen Stämmen des Tierreichs ist schwierig und umstritten. Teilweise soll es sich um riesige Einzeller handeln, stabilisiert durch eine Kammerung, ähnlich derjenigen einer Luftmatratze. Vermutlich sind Vorläufer von Weichtieren (↗ Mollusca) und Schwämmen (↗ Porifera) in der E. - F. vertreten. Besonders zahlreich sind Hohltiere (↗ Coelenterata; etwa 67%), aber auch ↗ Annelida (rund 25%) und ↗ Arthropoda. Seit ihrer Entdeckung sind mehr als 20 ähnliche Fundstätten auf allen fünf Kontinenten bekannt geworden. Das radiometrisch ermittelte Alter der E.-F. liegt zwischen 543 und 549 und höchstens bei 670 Mio. Jahren.

EEG, Abk. für ↗ Elektroencephalogramm.

EES, Abk. für ↗ evolutionsstabile Strategie.

Efeu, *Hedera*, Gatt. der ↗ Araliaceae mit elf Arten. Der einzige mitteleuropäische Vertreter der Gatt., *Hedera helix*, ist ein mit Haftwurzeln kletternder Strauch. Alle Teile der Pflanze enthalten giftige ↗ Saponine. Inhaltsstoffe des E. sind häufig in Hustenmitteln enthalten.

Efeugewächse, die Fam. ↗ Araliaceae.

Effektorzellen, 1) Bez. für Muskel- oder Drüsenzellen, welche die Reaktionen des Körpers auf Reize ausführen, indem sie auf Signale aus dem Zentralnervensystem reagieren.

2) Bez. für ↗ Lymphocyten, die sich an der Zerstörung von Krankheitserregern beteiligen können, ohne dass sie eine weitere Differenzierung durchlaufen müssen, im Unterschied z. B. zu Gedächtniszellen.

efferent, Begriff der Neurowissenschaften zur Klassifizierung der Leitungsrichtung von Nervenfasern. *Efferente* Nervenfasern (*Efferenzen*) transportieren Signale vom Nervensystem weg, hin zu den Zielorganen.

Efflux, das Ausströmen von Ionen und Molekülen aus Zellen und Zellkompartimenten. Gegensatz: ↗ Influx

Egerlinge, die Gatt. ↗ Champignons.

egoistische Gene, *selfish genes*, der von Richard Dawkins eingeführte Begriff für Gene, die ausschließlich den Zweck verfolgen, sich unter der Nachkommenschaft ihrer Träger zu verbreiten, auch wenn für diese dadurch ein Nachteil entsteht. E. G. widersprechen somit der gängigen Annahme, dass alle Gene eines Individuums optimal aufeinander abgestimmt sind. E. G. scheinen bei Ausbreitung und Aussterben von Arten eine Rolle zu spielen (↗ Populationsgenetik) und ausschlaggebend für Veränderungen von Merkmalen während der Evolution zu sein. Beispiele für e. G. sind ↗ Transposons („springende Gene") und i. w. S. auch ↗ repetitive DNA, über deren Nutzen für den Organismus noch Unklarheit herrscht.

Literatur: Dawkins, R. Das egoistische Gen, Heidelberg 1994.

Ehringsdorf, Stadtteil von Weimar mit einem Travertinsteinbruch, in dem Reste von Pflanzen (vor allem Blätter und Früchte von Laubbäumen sowie Armleuchteralgen und Laubmoose) und Tieren (Schnecken, Amphibien, Reptilien, Kleinsäugerzähne sowie Teile von Waldnashorn und Waldelefant) gefunden wurden, sowie Rastplätze von Menschen (Präneandertaler) mit Feuerstellen und Steinwerkzeugen.

Ehrlich, *Paul*, deutscher Chemiker, Mediziner und Serologe, ✻ 14.3.1854 Strehlen (Schlesien), † 20.8.1915 Bad Homburg v.d. Höhe; ab 1878 als Arzt an der Berliner Charité tätig, ab 1891 Prof. in Berlin, 1904 in Göttingen, ab 1914 in Frankfurt a. M., dort seit 1899 Direktor des von ihm gegründeten Instituts für experimentelle Therapie (heute Paul-Ehrlich-Institut, Bundesamt für Sera und Impfstoffe). E. entwickelte zahlreiche diagnostische Verfahren für die Färbung von Blut und lebenden Zellen, Gewebe und Nerven. Er prägte die Bez. Komplement für die von H. Buchner (1850-1902) „Alexine" genannten Schutzstoffe des Blutes und erfand das Ehrlich-Reagens zum Nachweis von Urobilinogenen im Harn bei Lebererkrankungen. 1899 erarbeitete E. die Seitenkettentheorie zur Erklärung von Immunisierungsvorgängen. Er entdeckte 1909 das Salvarsan, ein Mittel gegen Syphilis, und wurde damit zum Begründer der wissenschaftlichen Chemotherapie zur Behandlung von Infektionskrankheiten. E. erhielt 1908 zusammen mit I.I. ↗ Metschnikow den Nobelpreis für Physiologie oder Medizin.

Ei, 1) das System aus Eizelle und Eihüllen (↗ Embryonalhüllen), das den ↗ Embryo bildet.

2) umgangssprachlich für die ↗ Eizelle.

Eibe, *Taxus baccata*, heimisches Nadelgehölz der ↗ Taxaceae. Die gesamte Pflanze ist giftig, mit Ausnahme des rot gefärbten, süß schmeckenden ↗ Arillus, der den Samen umgibt.

Eibengewächse, die Fam. ↗ Taxaceae.

Eibisch, *Althaea*, Gatt. der ↗ Malvaceae, zu der u. a. die Schleimstoffe enthaltende, medizinisch bedeutsame Art *Althaea officinalis*, Echter Eibisch, gehört.

Eibläschen, der ↗ Follikel.

Eiche, *Quercus*, Gatt. der ↗ Fagaceae mit ca. 300 Arten. Die in Europa, Nordafrika und Westasien beheimatete *Sommer-* oder *Stieleiche, Quercus robur* (Abb. ↗ Fagaceae), mit gestielten Früchten und

fast sitzenden Blättern wird in Mitteleuropa zur Holznutzung kultiviert. Das Holz ist dicht, schwer, hart, sehr gerbstoffreich und daher sehr dauerhaft. Auch die *Winter-* oder *Traubeneiche, Quercus petraea*, mit sitzenden Früchten und gestielten Blättern, wird forstlich kultiviert. Als Zierbaum wird die aus Nordamerika stammende *Roteiche, Quercus rubra*, angepflanzt. Zu den immergrünen Arten gehören die im Mittelmeerraum verbreitete ↗ Korkeiche, *Quercus suber*, die Kermes-Eiche, *Quercus coccifera*, und die Steineiche, *Quercus ilex*.

Eichel, 1) *Botanik*: die Nussfrucht der ↗ Eiche.

2) *Anatomie*: Bez. für den vorderen Schwellkörper des ↗ Penis und der ↗ Klitoris der Säugetiere.

3) *Zoologie*: Bez. für das Prosoma der Eichelwürmer (↗ Enteropneusta).

Eichelhäher, Art der ↗ Corvidae.

Eichelwürmer, die ↗ Enteropneusta.

Eichenmistel, ↗ Loranthaceae.

Eichenwickler, Art der Wickler (↗ Tortricidae).

Eichhörnchen, *Sciurus*, mit weltweit ca. 190 baumlebenden Arten und Unterarten die formenreichste Gatt. der zu den Nagetieren (↗ Rodentia) gehörenden Hörnchen (Fam. ↗ Sciuridae). In Mitteleuropa lebt als einzige einheimische Art das in den Waldgebieten Eurasiens verbreitete, fuchsrot bis schwarzbraun gefärbte *Eichhörnchen (Sciurus vulgaris)*. E. leben vorwiegend in den Baumkronen und benutzen den Schwanz beim Klettern und Springen zur Haltung der Balance und als Steuerruder. Sie ernähren sich von Knospen, Blüten, Früchten und Samen, aber auch von Vogeleiern und Jungvögeln. Die Nacht und Zeiten ungünstiger Witterung verbringen sie in einem kugelförmigen Nest (*Kobel*) aus Reisig und Moos.

Eichstätt, Stadt auf der Fränkischen Alb, die weltbekannt ist als Fundstätte von Fossilien der Solnhofen-Formation („Solnhofener Plattenkalke"). Bekannte Funde sind das fünfte Exemplar des Urvogels ↗ Archaeopteryx, das 1951 bei E. gefunden wurde und ein über 4 m langes Meereskrokodil.

Eicosanoide, Sammelbez. für Substanzen, die aus der ↗ Arachidonsäure hervorgehen und vielfältige biologische Funktionen wahrnehmen. Zu den E. zählen die ↗ Prostaglandine, die ↗ Thromboxane und die ↗ Leukotriene.

Eidechsen, die Fam. ↗ Lacertidae.

Eiderenten, *Somateria*, Gatt. großer, schwerfällig wirkender Meerestauchenten mit holarktischer Verbreitung. Die Männchen sind auffällig gefärbt, die Weibchen braun mit dunkler Fleckung. Der Schnabel geht (außer beim Männchen der Prachteiderente) ohne Ansatz in die Stirn über, sodass der Kopf eine charakteristische dreieckige Form hat. Häufigste und größte Art ist die *Eiderente (Somateria mollissima)*. Die Männchen sind oben weiß und unten schwarz, mit charakteristischem moosgrünem Fleck an Nacken und Hinterhals sowie rosafarbener Brust. Sie brüten am Meer und finden sich nur im Winter gelegentlich im Binnenland.

Eierfrucht, die ↗ Aubergine.

Eierlegende Zahnkarpfen, Fam. der ↗ Cyprinodontiformes.

Eierstock, *Ovarium, Ovar*, bei weiblichen Tieren eine mehr oder weniger örtlich begrenzte Keimdrüse, in der die Bildung der weiblichen Geschlechtszellen (↗ Eizellen) erfolgt.

Schwämme (↗ Porifera) haben noch keinen E., sondern nur im Dermallager verteilte, zu Eizellen heranreifende Keimzellen. Bei den Hohltieren (↗ Coelenterata) ist der E. eine Anhäufung von weiblichen Keimzellen im äußeren oder inneren Körperblatt. Während die E. bei radiärsymmetrischen Tieren auch radiär angelegt sind (Quallen, Seesterne), sind sie bei den bilateralsymmetrischen Tieren meist paarig. Plattwürmer (↗ Plathelminthes) besitzen parige oder unpaare E., die mit einem kompliziert gebauten, ausführenden Geschlechtsapparat in Verbindung stehen. Bei der Gruppe der Neoophora hat sich ein Bezirk mit entwicklungsunfähigen E., die zur Dotter- und Schalenbildung fähig sind, als ↗ Dotterstock abgesondert. Diese Formen produzieren zusammengesetzte Eier. Die Eierstöcke der Weichtiere (↗ Mollusca) sind paarig oder sekundär unpaarig angelegt. Es sind hohle Gebilde, die mit einem Rest des Coeloms in Verbindung stehen. Bei den zwittrigen Schnecken sind E. und Hoden sekundär zur ↗ Zwitterdrüse vereint.

Die Insekten (↗ Insecta) besitzen paarige E. Jeder E. besteht aus einer größeren Zahl von Eiröhren oder *Eischläuchen (Ovariolen)*, die mit einem Endfaden (*Terminalfilum*) an der Körperwand angeheftet sind. Die Eiröhren beginnen mit einem End- oder Keimfach (*Germarium*), in dem Eizellen gebildet werden. An sie schließt sich der Dotterstock an, in dem die Eizellen heranwachsen und mit der Eischale umgeben werden. Die Dotterstöcke jeder Seite münden mit je einem Eiröhrenstiel in einen linken bzw. rechten gemeinsamen Ausführungsgang, den ↗ Eileiter.

Bei den Lanzettfischchen (↗ Acrania) sind wie bei den Rundmäulern die E. segmental angeordnet. Durch Platzen der Körperwand gelangen die Eizellen in den Peribranchialraum. Bei den gnathostomen (kiefertragenden) ↗ Wirbeltieren ist der E. paarig angelegt, wobei bei Vögeln und dem Schnabeltier der rechte E. jedoch zurückgebildet ist. Auch die Haifische haben meist nur einen funktionsfähigen E.

Säugetiere einschließlich des ↗ Menschen haben paarige E. Sie liegen beim Menschen im kleinen Becken beiderseits neben der Gebärmutter und sind durch ein Band mit dieser verbunden. Bei der geschlechtsreifen Frau haben sie etwa die Größe einer Pflaume. Der E. besteht aus dem Mark und einer 1-2 mm dicken Rinde. In dieser entstehen mit Flüssigkeit erfüllte, etwa 1,5 mm große Bläschen, die Graaf-Follikel. In den Graaf-Follikeln liegt jeweils eine Eizelle, die im reifen Zustand einen Durchmesser von etwa 0,2 mm hat. Alle vier Wochen, in der Mitte des Menstruationszyklus platzt ein solcher Graaf-Follikel und setzt dadurch die Eizelle frei, die nun befruchtet werden kann (↗ Eisprung). Neben dieser generativen, der Fortpflanzung dienenden Funktion, haben die E. auch eine vegetative Funktion, indem sie im Mark die weiblichen, und in geringer Menge auch männliche Geschlechtshormone bilden, die für die psychosexuelle Entwicklung sowie für Schwangerschaft, Geburt und Milchbildung notwendig sind.

EIFT, von engl. *Embryo-Intrafallopian-Transfer*, Abk. für intratubarer Embryotransfer (↗ Reproduktionsmedizin).

Eigen, Manfred, deutscher Physikochemiker, ✳ 9.5.1927 Bochum; Prof. und Direktor (seit 1985) am Max-Planck-Institut für biophysikalische Chemie in Göttingen. E. arbeitete u.a. über dissipative Strukturen, Entropie und Fragen der chemischen Evolution. Er entwickelte ein physikochemisches Modell der Selbstorganisation belebter Systeme (↗ Hyperzyklus). Für bestimmte Replikationsmodelle formulierte er zusammen mit P. Schuster die Theorie der ↗ Quasispezies. Zusammen mit R.G.W. ↗ Norrish und G. ↗ Porter erhielt E. im Jahr 1967 den Nobelpreis für Chemie.

Eigenreflex, Bez. für einen ↗ Reflex, bei dem die Reiz aufnehmende Struktur (Rezeptor) und die auf den Reiz antwortende Struktur (Effektor) im selben Organ liegen (z. B. der ↗ Patellarsehnenreflex).

Eihäute, die ↗ Embryonalhüllen.

Eihüllen, Bez. für Hüllen, die die Eizelle der meisten Tiere umgeben. *Primäre E.* sind i. d. R.dünn („Dotterhaut") und werden überwiegend von der Eizelle selbst gebildet. *Sekundäre E.* sind Produkte der Follikelzellen und können derb sowie mehrschichtig sein (Schutzfunktion). Ein Beispiel ist das Chorion der Insekten (nicht homolog dem Chorion der Wirbeltiere). *Tertiäre E.* werden im Eileiter oder bei der Eiablage aufgelagert, z. B. die Gallerte des Froschlaichs, die Kapseln von Haifischeiern sowie Eiklar, Schalenhäute und Kalkschale beim Vogelei. Eier mit massiven E. werden entweder vor Bildung dieser Hüllen besamt (z. B. Vogelei) oder es gibt Poren zum Durchtritt der Spermien.

Eijkmann, *Christiaan*, niederländ. Tropenhygieniker, ✳ 11.8.1858 Nijkerk (Geldern), † 5.11.1930 Utrecht; 1887-1896 Leiter des Laboratoriums für Pathologie in Weltevreden (Batavia) und der Medizinischen Schule zur Heranbildung einheimischer Ärzte in Indonesien, 1898-1928 Prof. für Hygiene und Gerichtliche Medizin in Utrecht. E. entdeckte 1897 das zunächst Antiberiberifaktor genannte Vitamin B_1 (↗ Thiamin). Die nach ihm benannte *Eijkmann-Trinkwasserprobe* dient zur Bestimmung des Coli-Titers im Wasser. Er erhielt zusammen mit F.G. ↗ Hopkins 1929 den Nobelpreis für Physiologie oder Medizin.

Eileiter, *Ovidukt*, der Ausführungsgang, der die aus dem Eierstock entlassenen Eizellen aufnimmt und nach außen leitet. Bei den ↗ Tetrapoda gelangen die Eizellen nach der Ovulation zunächst in die Leibeshöhle und von hier durch eine trichterförmige, mit Schleimhautfransen besetzte Öffnung (*Fimbrientrichter*) in den E.

Beim Menschen ist der E. (*Tuba uterina*) etwa 10-15 cm lang und 5-10 mm dick. Seine Innenwand ist eine tief zerklüftete Schleimhaut mit Drüsen- und Flimmerzellen, die mit ihren Sekreten die Eizelle bzw. nach einer Befruchtung den sich entwickelnden Keim ernähren. Die Wandung enthält glatte Muskulatur, durch deren Kontraktionen die Eizelle bzw. der Keim langsam in Richtung Gebärmutter transportiert werden. In seltenen Fällen kann sich ein Keim im Stadium der ↗ Blastocyste im E. einnisten und zu einer Eileiterschwangerschaft führen (↗ Extrauteringravidität).

Eileiterschwangerschaft, ↗ Extrauteringravidität.

Eimeria, nach dem Schweizer Zoologen T. Eimer (1843-98) benannte Gatt. der zu den ↗ Apicomplexa gehörenden Coccidea (in der herkömmlichen Systematik der zu den ↗ Sporozoa gehörenden Schizococcidia). Einige Arten spielen eine wichtige Rolle als Krankheitserreger, so z. B. *Eimeria stiedae*, der Erreger der Kaninchenkokzidiose oder *Eimeria zuerni*, der Erreger der Roten Ruhr bei Rindern.

einbetten, eine mikroskopische Präparationstechnik (↗ Mikroskopie).

Einbürgerung, dauerhafte Ansiedlung einer ↗ Art in einem von ihr bislang nicht bewohnten ↗ Areal. Dabei handelt es sich i. e. S. des Begriffs um bewusst eingeführte Arten, i. w. S. auch um eingeschleppte Arten (↗ Einschleppung) oder Arten, die sich ohne Zutun des Menschen (↗ Einwanderung) angesiedelt haben. (↗ Neophyten, ↗ Neozoen)

einfache Diffusion, das direkte Durchqueren kleiner ungeladener und lipophiler Moleküle ihrem Diffusionsgradienten folgend durch die Lipiddoppelschicht von ↗ Biomembranen. (↗ beschleunigte Diffusion)

einfache Plastiden, die ↗ Plastiden mit zwei Hüllmembranen. (↗ komplexe Plastiden)

Ein-Gen-ein-Enzym-Hypothese, eine in den 1940er-Jahren von G. ↗ Beadle und E. ↗ Tatum aufgestellte Hypothese, nach der jedes Enzym von einem Gen codiert wird. Die bei der Untersuchung von Mangelmutanten des roten Brotschimmels *Neurospora crassa* gewonnenen Erkenntnisse wurden später zur ↗ Ein-Gen-ein-Protein-Hypothese bzw. *Ein-Gen-ein-Polypeptid-Hypothese* erweitert, da Enzyme auch aus mehreren verschiedenen Untereinheiten bestehen können.

Ein-Gen-ein-Protein-Hypothese, Erweiterung der ↗ Ein-Gen-ein-Enzym-Hypothese, wobei diejenigen Gene, die nicht in mRNA sondern in tRNA und rRNA transkribiert werden, nicht berücksichtigt werden.

eingeschlechtig, *diklin*, Bez. für ↗ Blüten, in denen sich entweder nur weibliche (Fruchtblätter) oder nur männliche Blütenorgane (Staubblätter) entwickeln oder vorfinden.

Eingeweide, *Viscera*, i. w. S. alle Organe in der ↗ Bauchhöhle und der ↗ Brusthöhle der Wirbeltiere, i. e. S. nur die Organe der Bauchhöhle.

Eingeweidenervensystem, das ↗ Darmnervensystem.

Eingeweidesack, *Pallialkomplex*, der dorsale Körperabschnitt der Weichtiere (↗ Mollusca), in dem Darm, Mitteldarmdrüse, Herz, Niere, Zwitterdrüse, Eiweißdrüse sowie deren Zu- und Ableitungen liegen.

Einheitsmembran, *Unit Membrane*, die um 1960 von J. D. Robertson (✳ 1922) beschriebene einheitliche Grundstruktur der ↗ Biomembran, wie sie sich im Elektronenmikroskop nach Fixierung mit Osmiumtetroxid darstellte: eine helle Linie mit einer Dicke von 3 nm wird durch zwei elektronendichte dunkle Linien flankiert, deren Dicke etwa 2 nm beträgt. Das Konzept der E. wurde 1972 durch das ↗ Flüssig-Mosaik-Modell ersetzt.

Einhäusigkeit, die ↗ Monözie.

einjährige Pflanzen, die ↗ annuellen Pflanzen.

einkeimblättrige Pflanzen, ↗ Monocotyledonae.

Einkorn, ↗ Weizen.

Einmietung, die ↗ Entökie.

Einnischung, die ↗ Annidation.

Einnistung, die ↗ Nidation.

einschenkelig, ↗ akrozentrisch.

Einschleppung, der unbeabsichtigte Transport einer ↗ Art in ein von ihr bislang nicht besiedeltes ↗ Areal. Ein besonders hoher Anteil an eingeschleppten Arten findet sich unter den Parasiten von Mensch und Haustier sowie unter Schädlingen an Kulturpflanzen und Vorräten. Arten aus aquatischen Ökosystemen werden häufig über Schiffe in andere Lebensräume transportiert und können sich am Zielort ansiedeln. Die Organismen „reisen" dabei im Ballastwasser von Frachtschiffen, einige auch als ↗ Aufwuchs an der Schiffswand. (↗ Neozoen, ↗ Neophyten)

Einsichtlernen, ↗ Lernen.

Eintagsfliegen, die ↗ Ephemeroptera.

Einwanderung, Besetzung eines neuen Lebensraumes von einer bis dahin dort nicht vorkommenden Pflanzen- oder Tiersippe ohne Zutun des Menschen. (↗ Einbürgerung, ↗ Einschleppung)

Einzelkopie-DNA, engl. *single copy DNA*, DNA-Sequenzen, die im haploiden Genom nur einmal vorkommen. Die meisten Gene liegen i. d. R. als E. vor. Gegensatz: ↗ repetitive DNA

Einzeller, i. w. S. alle einzelligen Organismen einschließlich der Prokaryoten (Bakterien, Archaebakterien). I. e. S. die einzelligen Eukaryota, die auch (nicht ganz korrekt) als *Protista* bezeichnet werden. E. leben vorwiegend im Wasser (einschließlich kleinster Flüssigkeitsräume des Bodens), viele aber auch parasitisch bzw. endoparasitisch. Ihre Größe variiert von nur wenigen Mikrometern (z. B. Sporozoite der ↗ Apicomplexa) bis zu 13 cm Durchmesser bei der rezenten Foraminifere *Cycloclypeus carpenteri* (fossile *Nummulites*-Arten erreichten sogar 32 cm); eine Reihe von E. übertrifft in ihrer Größe somit viele vielzellige Tiere, die nur wenige Mikrometer groß sein können.

Bau der Einzeller: Bis auf die ursprünglichen E. (Microspora, Archamoeba und Tetramastigota), denen die Mitochondrien fehlen, besitzen alle E. die Kompartimente und Zellorganellen der typischen Eukaryotenzelle, also Zellkern, ↗ Mitochondrien, ↗ endoplasmatisches Reticulum (ER), Dictyosom, ↗ Lysosomen, ↗ Peroxysomen, ↗ coated vesicles, ↗ Ribosomen, Mikrofilamente und ↗ Mikrotubuli. Die Plasmamembran ist von einer *Glykokalyx* umgeben, die noch besondere Strukturen besitzen kann. Darüber hinaus gibt es eine Reihe von nur für die jeweiligen Einzellergruppen spezifischen Organellen (z. B. Extrusomen, kontraktile Vakuolen, Plastiden). Einige E. besitzen mehrere gleichartige Zellkerne, die je nach Taxon diploid oder haploid sein können. Ciliaten und manche Foraminiferen haben zwei Arten von Kernen (*Kerndualismus*), einen diploiden *Mikronucleus* und einen polyploiden *Makronucleus*. Die Mehrzahl der E. hat eine spezifische Form, die sie durch intrazelluläre oder extrazelluläre Skelettelemente erhalten, wobei insbesondere Mikrotubuli eine wichtige Rolle spielen. Ebenfalls der Formerhaltung dienen die Pelliculastreifen der Euglena sowie das *Epiplasma*, eine proteinöse Schicht, die zur ↗ Pellicula gehört. Darüber hinaus gibt es bei einigen E.-Gruppen anorganische Skelettelemente, so bei den ↗ Radiolaria ein Silikatskelett und bei den Acantharea ein Strontiumsulfatskelett, oder extrazelluläre Schuppen oder Hüllen aus anorganischem oder organischem Material, das im ER oder Dictyosom gebildet und über Exocytose nach außen abgegeben wird. Mitochondrien sind in sehr unterschiedlicher Zahl (eins bis mehrere Hundert) vorhanden. Eine Ausnahme bilden viele anaerobe E. ↗ Chloroplasten finden sich nur in E. mit Flagellen. Kommen sie in anderen E. vor, stammen sie aus der Nahrung und

werden nach einer gewissen Zeit, in der sie Photosynthese betreiben, abgebaut. Bei Flagellaten ist die Anordnung der inneren Chloroplastenmembranen (↗ Thylakoide) typisch für bestimmte Taxa.

Spezielle Strukturen der E.: Viele anaerob lebende E. besitzen keine Mitochondrien, sondern stattdessen so genannte *Hydrogenosomen*, die ebenfalls der Energiegewinnung dienen und möglicherweise modifizierte Mitochondrien sind. Bei manchen Flagellatengruppen findet sich in den Chloroplasten ein *Augenfleck* (*Stigma*), der in Zusammenhang mit dem fototaktischen (↗ Fototaxis) Verhalten dieser Gruppen steht.

Die *Nahrungsaufnahme* geschieht durch ↗ Pinocytose (flüssige Substanzen) und ↗ Phagocytose (feste Substanzen). Vor allem bei E. mit einer Pellicula und Cilien gibt es spezielle Areale mit einem direkten Zugang zur Plasmamembran. So finden sich bei Stadien der Apicomplexa stationäre Mikroporen, die als *Cytostom* (*Zellmund*) bezeichnet werden, ebenso wie das komplex gebaute Mundfeld der ↗ Ciliata. Osmoregulatorische Funktion haben die für Einzeller typischen, aber auch bei einigen Metazoa vorkommenden ↗ kontraktilen Vakuolen. Sie sammeln Flüssigkeit, die in bestimmten Zeitabständen nach außen entleert wird. Reusenapparate, die aus Mikrotubuli-Röhren mit Quervernetzungen bestehen, kommen ebenfalls bei Ciliaten vor. Entsprechend dem Zellmund gibt es ein als *Zellafter* (*Cytopyge, Cytoproct*) bezeichnetes Areal, wo der Inhalt von Verdauungs-Vakuolen nach außen abgegeben wird und die Vakuolenmembran mit der Plasmamembran verschmilzt.

Charakteristische E.-Organellen sind weiterhin die *Extrusomen*, deren Struktur und Funktion artspezifisch sind. Sie geben auf mechanische, elektrische und chemische Reize hin ihren Inhalt nach außen ab. Die drei am weitesten verbreiteten Typen sind Spindeltrichocysten, Mucocysten und Toxicysten. Die bei Ciliaten vorkommenden *Spindeltrichocysten* dienen der Feindabwehr, indem sie pfeilförmige Proteinstrukturen in das umgebende Medium schießen. *Mucocysten* kommen bei Flagellaten, Ciliaten und modifiziert bei amöbenartigen E. vor. Sie sind quaderförmig, ebenso wie der von ihnen ausgeschiedene Inhalt, der sich durch eine Art Quellung auf ein Vielfaches seiner ursprünglichen Größe vergrößert. Ihre Funktion ist bisher nicht bekannt; sie stehen eventuell mit dem Bau von Cysten für Dauerstadien in Zusammenhang. *Toxicysten* hingegen dienen einwandfrei der Lähmung oder Tötung von Beutetieren. Sie kommen in großer Zahl pro Zelle vor, und ihre Funktionsweise ist ähnlich derjenigen der ↗ Nematocysten der ↗ Cnidaria: Aus einer Kapsel wird ein Schlauch ausgefahren und in das Beutetier getrieben, vermutlich unter Abgabe einer giftigen Substanz.

Einzeller Altes System nach Grell 1968 (Beispiele für Gattungen in [])

Flagellata (Geißeltierchen)	**Rhizopoda** (Wurzelfüßer)	**Ciliata** (Wimpertierchen)
Chrysomonadina [Synura, Dinobryon, Ochromonas, Chrysochromulina]	*Amoebina* [Pelomyxa, Naegleria, Acrasis, Protostelium, Dictyostelium, Amoeba, Nuclearia, Corallomyxa, Stereomyxa]	*Holotricha* *Gymnostomata* [Loxodes, Tracheloraphis, Prorodon, Coleps, Didinium, Dileptus, Chilodonella]
Crytomonadina [Chilomonas, Cryptomonas]	*Testacea* [Euglypha]	*Trichostomata* [Colpoda]
Phytomonadina [Chlamydomonas, Chlorogonium, Gonium, Pandorina, Eudorina, Volvox]	*Foraminifera* [Allogromia, Rotalia, Textularia, Globigerina]	*Hymenostomata* [Paramecium, Colpidium, Tetrahymena]
Euglenoidina [Phacus, Euglena, Anisonema, Trachelomonas, Peranema]	*Heliozoa* *Actinophryida* [Actinophrys, Actinosphaerium]	*Astomata* *Apostomata* *Thigmotricha*
Dinoflagellata [Ceratium, Noctiluca, Gymnodinium, Gonyaulax]	*Centrohelida* [Acanthocystis]	*Peritricha* *Sessilia* [Vorticella, Carchesium, Zoothamnium, Epistylis]
Protomonadina Choanoflagellata [Salpingoeca]	*Radiolaria* *Peripylea* [Actinosphaera, Hexacontium, Sphaerozoum, Collozoum, Thalassicola]	*Mobilia* [Trichodina]
Kinetoplastida [Bodo, Phytomonas, Leishmania, Trypanosoma]	*Monopylea* *Tripylea* [Aulacantha, Challengeron]	*Spirotricha* *Heterotricha* [Stentor, Spirostomum, Folliculina, Bursaria]
Diplomonadina [Lamblia = Giardia]	*Acantharia*	*Hypotricha* [Stylonychia, Uronychia, Euplotes, Aspidisca]
Polymastigina *Pyrsonymphida* [Pyrsonympha, Oxymonas]	**Sporozoa** (Sporentierchen)	*Odontostomata* *Oligotricha* [Saprodinium, Halteria, Tintinnopsis, Entodinium, Ophryoscolex]
Trichomonadina [Trichomonas]	*Gregarinida* *Eugregarinida* [Monocystis, Gregarina]	*Chonotricha* [Spirochona]
Calonymphida [Calonympha]	*Schizogregarinida* [Mattesia]	*Suctoria* [Acineta, Dendrocometes, Ephelota]
Hypermastigina [Barbulanympha, Joenia]	*Coccidia* *Eucoccidia* *Schizococcidia* [Eimeria, Plasmodium, Karyolysus, Toxoplasma]	
Opalinina [Opalina]		*incertae sedis:* **Cnidosporidia** [Nosema, Myxobolus]

Fortbewegung: Die meisten E. sind zur Fortbewegung befähigt, wobei grundsätzlich zwei Mechanismen bekannt sind, die Protoplasmabewegung und die Bewegung durch ↗ Flagellen oder Cilien. Bekanntestes Beispiel sind die Amöben (↗ Amoebina). Ihre Fortbewegung basiert auf einem aus ↗ Actin und ↗ Myosin bestehenden Kontraktionssystem, das ein dreidimensionales Netzwerk im peripheren Zellbereich bildet. Lokale Kontraktion (die prinzipiell nach dem gleichen Muster erfolgt wie im quer gestreiften Muskel der Säugetiere) führt zu Plasmaströmungen und zur Ausbildung von *Pseudopodien (Scheinfüßchen).* Flagellen und Cilien haben prinzipiell den gleichen Bau und arbeiten nach dem gleichen Funktionsschema, jedoch mit unterschiedlichem Schlagverhalten. Sie werden bei einer Reihe von E. nur in bestimmten Phasen des Lebenszyklus ausgebildet. Im Querschnitt zeigen sie das bekannte 9x2+2-Muster und entspringen einem *Basalkörper (Kinetosom),* der ein typisches ↗ Centriol mit neun kreisförmig angeordneten Mikrotubulitripletts ist. Von den Basalkörpern gehen oft Wurzelstrukturen aus Mikrotubuli oder Mikrofilamenten tief in die Zelle. Sie dienen der Verankerung und sind z. T. für die Form der Zelle mitverantwortlich sowie von taxonomischer Bedeutung. Flagellen und Geißeln einer Zelle zeigen oft Unterschiede in Länge und Bau (*Anisokontie* oder *Heterokontie*), z. T. sind haarartige, untergliederte Anhänge (*Mastigoneme*) vorhanden. Bei Ciliata können im Mundbereich Gruppen von Cilien zu *Cirren* oder flächig ausgedehnten *Membranellen* gebündelt sein, die der Fortbewegung bzw. dem Heranstrudeln von Nahrungsteilchen dienen. Außer diesen beiden generell verbreiteten Fortbewegungsmechanismen gibt es weitere, z. B. die Bewegungen

Einzeller   Neues System nach Hausmann & Hülsmann in Westheide/Rieger 1996; nicht-monophyletische Gruppen in Anführungszeichen / Gattungsnamen kursiv / Typenstärke und Einrückung geben die Hierarchie der Taxa wieder

Microspora
  Rudimicrosporea
  Microsporea (*Nosema*)

Archamoebaea (*Pelomyxa*)

Tetramastigota
  Retortamonada
    Retortamonadea (*Chilomastix*)
    Diplomonadea (*Enteromonas,*
    Giardia)
  Oxymonadea
  Parabasalea
    Trichomonadida (*Trichomonas*)
    Hypermastigida (*Joenia*)
Euglenozoa
  Euglenata (*Euglena, Peranema*)
  Kinetoplasta
    Bodonea (*Bodo, Ichthyobodo*)
    Trypanosomatidea (*Leishmania,*
    Phytomonas, Trypanosoma)
  Pseudociliata (*Stephanopogon*)

Heterolobosa
  Schizopyrenidea (*Naegleria,*
  Vahlkampfia)
  Acrasea

Dictyostela (*Dictyostelium*)

Myxogastra (*Physarum*)

Chromista
  Prymnesiomonada
  (*Chrysochromulina, Phaeocystis*)
  Cryptomonada (*Cryptomonas*)
  Heterokonta
    Diatomeen
    Proteromonadea
    Opalinea (*Opalina*)
    Chrysomonadea (*Chrysamoeba,*
    Dictyocha, Dinobryon, Pedinella)
    Heteromonadea
    (*Reticulosphaera, Vaucheria*)
    Labyrinthulea (*Labyrinthula*)
    Plasmodiophorea
    (*Plasmodiophora*)

Alveolata
  Dinoflagellata (*Ceratium,*
  Noctiluca)
  Apicomplexa
    Gregarinea (*Gregarina,*
    Monocystis)
    Coccidea (*Eimeria, Grellia,*
    Klossia, Sarcocystis,
    Toxoplasma)
    Haematozoea (*Babesia,*
    Plasmodium, Theileria)
  Ciliophora
    Karyorelicta (*Loxodes*)
    Heterotrichia (*Folliculina,*
    Stentor)
    Oligotrichia (*Tintinnidium*)
    Stichotrichia (*Stylonychia*)
    Hypotrichia (*Euplotes*)
    Prostomatea (*Coleps*)
    Haptoria (*Didinium, Dileptus*)
    Trichostomatia (*Balantiduium,*
    Entodinium, Ophryoscolex)
    Phyllopharyngia (*Chilodonella*)
    Chonotrichia (*Spirochona*)
    Suctoria (*Dendrocometes,*
    Ephelota)
    Nassophorea (*Microthorax,*
    Paramecium)
    Hymenostomatia (*Colpidium,*
    Ichthyophthirius, Tetrahymena)
    Peritrichia (*Carchesium,*
    Trichodina, Urceolaria,
    Vorticella, Zoothamnium)
    Colpodea (*Bursaria, Colpoda*)

Chlorophyta
  Phytomonadea (*Chlamydomonas,*
  Eudorina, Volvox)
  Prasinomonadea (*Tetraselmis*)

Choanoflagellata (*Proterospongia,*
Salpingoeca)

**Einzellige Eukaryota unbekannter
systematischer Stellung**

„Amoebozoa"
  „Lebosea"
    „Gymnamoebea" (*Amoeba,*
    Chaos, Entamoeba)
    „Testacealobosea"
    (*Arcella, Difflugia*)
  „Acarpomyxea" (*Leptomyxa*)
  „Filosea" (*Euglypha, Vampyrella*)

„Granuloreticulosea"
  Athalamea (*Reticulomyxa*)
  Monothalamea (*Lieberkuehnia*)
  Foraminiferea (*Globigerina,*
  Heterostegina, Rotaliella,
  Textularia)

„Actinopodea"
  Acantharea (*Acanthocolla*)
  Polycystinea (*Thalassolampe*)
  Phaeodarea (*Aulacantha*)
  „Heliozoea" (*Acanthocystis,*
  Actinophrys, Ciliophrys,
  Clathrulina, Sticholonche)

Ascetospora
  Haplosporea (*Haplosporidium*)
  Paramyxea (*Paramyxa*)

Myxozoa (*Myxobolus*)

---

der *Axostyle* oder durch das äußerlich einer Flagelle ähnliche *Haptonema* bei Prymnesiden, deren Funktionsweise jedoch noch nicht hinreichend geklärt ist.

Vermehrung und Fortpflanzung: E. vermehren sich ungeschlechtlich durch Zweiteilung. Nackte amöboide Zellen teilen sich an beliebiger Stelle, während Flagellaten sich meist entlang ihrer Längsachse teilen. Für die Ciliaten hingegen ist Querteilung typisch. Bei beschalten E. wird während der Zellteilung auch das Gehäuse für das neu entstehende Individuum neu gebildet. Bei sessilen Ciliaten kommt außerdem Knospung vor, d. h. die Bildung kleiner Tochterindividuen, die als bewegliche Organismen einen neuen Lebensraum aufsu-chen, sich dort festsetzen und wieder die Ausgangsform einnehmen. Bei parasitischen E. (z. B. Apicomplexa) schließlich tritt häufig Vielteilung auf. Geschlechtliche Fortpflanzung, als Kopulation zweier haploider Gameten oder Gametenkerne, kommt u. a. bei Phytomonadina, Foraminifera, Apicomplexa und Ciliata vor; hierbei wird zwischen ↗ Gametogamie, ↗ Autogamie und ↗ Gamontogamie unterschieden. Bei den sexuellen Fortpflanzungsprozessen muss nicht unbedingt eine Vermehrung stattfinden, wie die ↗ Konjugation (eine Sonderform der Gamontogamie) der Ciliaten zeigt. Typisch für viele E. (Foraminifera, Apicomplexa) sind ↗ Generationswechsel; diese sind zum einen durch den Zeitpunkt der Chromosomenreduktion

(↗ Meiose) charakterisiert und zum anderen dadurch, ob mit dem Wechsel der Fortpflanzungsart eine Änderung des Chromosomenbestandes einhergeht (heterophasischer Generationswechsel) oder nicht (homophasischer Generationswechsel). Auch hier werden drei Typen unterschieden: Bei *haplo-homophasischem* Generationswechsel ist nur die Zygote diploid, alle anderen Stadien sind haploid (z. B. bei Apicomplexa). Bei *diplo-homophasischem* Generationswechsel sind nur die Gameten(kerne) haploid, alle anderen Stadien sind diploid. Beim *heterophasischen* Generationswechsel von Foraminiferen schließlich gibt es zwei durch Kernphasenwechsel getrennte Generationen.

Systematik: Für die Stammart der Eukaryota wird ein E. angenommen, aus dem alle anderen Protisten und auch Metazoa, Pilze und Pflanzen hervorgegangen sind. Diese Stammart besaß bereits ein hoch differenziertes Membransystem, das neben rauem und glattem ER auch die Kernhülle mit umfasst. Auch ist anzunehmen, dass Chromosomen und ein mitotischer Teilungsapparat aus Mikrotubuli und Mikrofilamentsystemen zur Durchführung von Zellteilungen und Zellbewegungen sowie 70 S-Ribosomen vorhanden waren. Gefehlt haben der Stammart noch Flagellen, eventuell Mitochondrien oder Hydrogenosomen sowie Dictyosomen mit mehr als drei Zisternen. Unter Berücksichtigung der Verwandtschaft ist eine Unterscheidung von Pflanzen und Tieren innerhalb der Einzeller hinfällig, da sich die Entstehung von fototrophen Organismen („Pflanzen") durch den Erwerb von Plastiden (↗ Endosymbiontentheorie) mit großer Wahrscheinlichkeit mehrfach ereignet hat; auch werden die einzelligen Pilze den E. zugeordnet. Zudem führte die herkömmliche Trennung in einzellige Tiere (Protozoa) und einzellige Pflanzen (Protophyta) dazu, dass eine Grenze zwischen Tier- und Pflanzenreich gebildet wird, die mitten durch die Gruppe der Flagellata geht und zur Unterscheidung von Phytoflagellata und Zooflagellata führt. Auch müsste z. B. der Malaria-Erreger (Plasmodium) zu den Pflanzen gezählt werden, weil er auf einen Organismus mit ehemals Plastiden zurückgeht. Von der herkömmlichen Einteilung der „Protozoa" in Geißeltierchen (↗ Flagellata), Wurzelfüßer (↗ Rhizopoda), Sporentierchen (↗ Sporozoa) und Wimpertierchen (↗ Ciliata), bleiben nur die beiden letztgenannten unter den Namen Apicomplexa bzw. Ciliophora in etwa bestehen. Die Begriffe „Flagellaten" und „Amöben" sind nur zur lebensformtypischen Charakterisierung verschiedener, nicht näher verwandter Gruppen weiterhin geeignet.

Seit langem ist klar, dass die E. keine monophyletische Einheit sind und dass das klassische System nicht den Anforderungen eines phylogenetischen Systems entspricht. Eine neue, Befunde aus der Molekularbiologie sowie ultrastrukturelle Daten

berücksichtigende Einteilung ist jedoch nach den Gesichtspunkten der phylogenetischen Systematik noch lange nicht als endgültig anzusehen. Etliche Gruppierungen werden noch kontrovers diskutiert und viele Gruppen sind noch so wenig erforscht, dass ihre Eingliederung bislang aussteht. Ein phylogenetisches System wird sich demnach vom herkömmlichen System deutlich unterscheiden.

Einzellerprotein, Abk. *SCP* (von engl. *single cell protein*), *Bioprotein*, aus Zellen von Mikroorganismen (↗ Bakterien, ↗ Hefen und andere Pilze, Mikroalgen) gewonnenes Gesamtprotein, das als Nahrungsmittel oder Futtermittelzusatz Verwendung findet. Der Begriff SCP wurde 1966 zur Unterscheidung von Nahrungsproteinen von Tieren und Pflanzen eingeführt. Er wird i. e. S. auch nur für die Proteine von Mikroorganismen verwendet. Wirtschaftliche Bedeutung als Produzenten für E. haben zur Zeit nur die Hefen. Der Rohproteingehalt von Hefen beträgt 45 - 60 %. Einige Arten von Mikroorganismen produzieren ausreichende Mengen der für Tiere und Menschen essenziellen ↗ Aminosäuren.

Einzelstrang-Bindeproteine, *single-strand binding proteins*, Abk.: *SSB*, Proteine, die sich bei der Ausbildung der Replikationsgabel an die einzelsträngige DNA heften und somit verhindern, dass sich die durch eine *Helicase* voneinander getrennten DNA-Stränge wieder miteinander verbinden. Dadurch steht der entwundene Bereich als Matrize zur Verfügung. (↗ Replikation)

Eireifung, die ↗ Oogenese.

Eisbär, Art der Großbären (↗ Ursidae).

Eisen, chemisches Symbol *Fe*, zu den Übergangsmetallen gehörendes Element. E. ist das meistverbreitete Schwermetall der Erdkruste. Es liegt in der Erde fast ausschließlich in der oxidierten Form (Fe^{3+}) vor, die dem Boden eine charakteristische rote bis braune Färbung verleiht. Eisen ist als Fe^{2+} und Fe^{3+} Bestandteil wichtiger Proteine (z. B. ↗ Hämoglobin, ↗ Myoglobin, ↗ Cytochrome, ↗ Peroxidasen, ↗ Katalasen, ↗ Ferredoxine) und damit im pflanzlichen und tierischen Stoffwechsel wesentlich am Sauerstofftransport und an Elektronenübertragungsreaktionen beteiligt. Die in Milz und Leber vorkommenden Proteine ↗ Ferritin und Hämosiderin können Eisenionen bis zu 20% bzw. 35% binden und fungieren so als Speicherproteine für Eisen. Im Blut existiert ↗ Transferrin als eigenes Transportprotein für Eisen. E. steht i. d. R. in der Nahrung bzw. für Pflanzen als Bodenmineral in ausreichender Menge zur Verfügung. In Pflanzen vorkommendes E. kann vom Menschen nur zu etwa 3 - 8 %, in tierischer Nahrung vorkommendes E. zu etwa 23 % resorbiert werden. Vor allem chronische Blutverluste (sehr starke Menstruation, Magen-Darm-Blutungen, häufiges Blutspenden) können zu

Mangelsymptomen führen, die sich v. a. in Müdigkeit, Kopfschmerzen, verminderter Leistungsfähigkeit sowie Wachstumsstörungen von Haut, Nägeln und Haaren äußern. Ausgeprägter Eisenmangel führt beim Menschen zu Anämie und zu Störungen des Immunsystems, bei Pflanzen zu ⤺ Chlorosen der Blätter.

Eisenbakterien, *Eisen oxidierende Bakterien*, chemolithotrophe (⤺ Chemolithotrophie) Bakterien, die ihre Energie allein aus der Oxidation von zweiwertigem Eisen (Fe^{2+}) zu dreiwertigem Eisen (Fe^{3+}) gewinnen. E. leben meist bei niedrigen pH-Werten, da bei neutralem pH-Wert Eisen auf nicht biologischem Weg zu dreiwertigem Eisen oxidiert werden kann. Zu den E. gehören unterschiedliche Bakteriengruppen. *Thiobacillus ferrooxidans* (⤺ Thiobacillus) kommt in sauren Wässern von Erzbergwerken und anderen säureverunreinigten Umgebungen vor und kann neben Fe^{2+}-Ionen auch reduzierte Schwefelverbindungen oxidieren. *Sulfolobus* (⤺ Archaebakterien) gehört zu den thermophilen Eisenoxidierern und lebt in heißen, sauren Quellen. Das gestielte Eisenbakterium *Gallionella ferruginea* (⤺ Gallionella) findet man häufig in Sedimenten von Gräben und Dränagerohren. Es lagert oxidiertes Eisen als $Fe(OH)_3$ in den Stielen ab. Auch bestimmte anoxygene fototrophe Bakterien können unter anoxischen Bedingungen zweiwertiges Eisen oxidieren, z. B. Arten der ⤺ Purpurbakterien und der Gatt. *Chlorobium* der ⤺ Grünen Schwefelbakterien. In der ⤺ Biotechnologie nutzt man die Fähigkeit von *Thiobacillus* zur Oxidation von Eisen und Sulfiden bei der Erzlaugung.

Eisenhut, *Aconitum*, Gatt. der ⤺ Ranunculaceae mit ca. 400 Arten in Eurasien und Nordamerika. Die gesamte Pflanze enthält das gegen Neuralgien verwendete Alkaloid *Aconitin*, das bereits in sehr niedrigen Dosen tödlich wirkt. Als ⤺ Heilpflanze bekannt ist der Blaue Eisenhut, *Aconitum napellus*.

Eisenia, Gatt. der Regenwürmer (⤺ Lumbricida), zu der u. a. der *Mistwurm* oder *Dungwurm* (*Eisenia foetida*) gehört. Er ist bis 13 cm lang und besitzt je eine rote und braune Querbinde pro Segment. Der Mistwurm bewohnt Dung- und Komposthaufen sowie Gartenerde. Er wird in der Ökotoxikologie als Testorganismus verwendet.

Eisenkraut, *Verbena officinalis*, Art der ⤺ Verbenaceae, die ursprünglich im Mittelmeerraum heimisch war. Die Pflanze enthält neben ⤺ etherischen Ölen u. a. die Glykoside *Verbenalin* und *Verbenin*. Als ⤺ Heilpflanze wird E. zur Behandlung von Hautkrankheiten eingesetzt.

Eisenkrautgewächse, die Fam. ⤺ Verbenaceae.

Eisen oxidierende Bakterien, ⤺ Eisenbakterien.

Eisenzeit, auf die ⤺ Bronzezeit folgende große vorgeschichtliche Periode, die gekennzeichnet ist durch die Verwendung des Eisens als Werkstoff für Waffen, Schmuck und Geräte. Der früheste Beginn der E. ist für den vorderen Orient nachgewiesen (Hethiter, ab 1400 v. Chr.), in Mitteleuropa setzte sie etwa im 8. Jh. v. Chr. ein.

Eisfische, die Fam. ⤺ Chaenichthyidae.

Eisfuchs, *Polarfuchs*, *Alopex lagopus*, in den Tundren und Schneewüsten des hohen Nordens verbreiteter Fuchs (Schulterhöhe 30 cm), dessen systematische Stellung umstritten ist. Er kommt in zwei Farbvarianten vor, dem *Weißfuchs* mit ganz weißem Winterfell und dem *Blaufuchs* mit graublauem, manchmal bis schwarzem Winterfell. Das Sommerfell beider Varianten ist braun mit weißer Unterseite. E. ernähren sich von Kleinsäugern (Lemminge), Vögeln, Meerestieren und Aas.

Eisprung, *Ovulation*, *Follikelsprung*, das Platzen eines im Verlauf der Eireifung (⤺ Oogenese) gebildeten reifen Graaf-Follikels (Tertiärfollikel) im Eierstock. Der E. findet in der Mitte des Menstruationszyklus statt. Durch Einfluss des ⤺ Follikel stimulierenden Hormons (FSH) und des ⤺ luteinisierenden Hormons (LH) erhöht sich der Innendruck des Graaf-Follikels derart, dass er platzt und die Eizelle mitsamt der umgebenden Zellhülle ausgestoßen und vom Eileitertrichter aufgefangen wird. Ab diesem Zeitpunkt ist für etwa 6-12 (maximal 24) Stunden eine ⤺ Befruchtung und damit das Entstehen einer ⤺ Schwangerschaft möglich. Findet keine Befruchtung statt, stirbt die Eizelle ab und der nächste E. erfolgt etwa vier Wochen später meist im jeweils anderen Eierstock. Hinweise auf den Eisprung geben die Basaltemperatur, die kurz nach dem Eisprung um $0{,}3 - 0{,}8\ °C$ ansteigt, der Gebärmutterschleim, der in der Zeit um den Eisprung Fäden zieht und bei manchen Frauen Schmerzen im Unterleib (Mittelschmerz), die durch eine leichte Reizung des Bauchfells verursacht werden. (⤺ Empfängnisverhütung)

Eisvögel, Fam. der ⤺ Coraciiformes.

Eiszeit, *Glazial*, in der Geologie gebräuchliche, 1837 von K.F. Schimper (1803-1867) geprägte Bez. für Abschnitte der Erdgeschichte mit Vereisungsspuren. Als E. oder besser Kaltzeit werden aber auch Teilabschnitte eines Vereisungszyklus bezeichnet. Absinkende Temperaturen und zunehmende Niederschläge führen zu vermehrter Gletscherbildung und Eisüberdeckung auf großen Teilen der Erdoberfläche. Kennzeichen von E. sind ebenso starke Klimaänderungen, die sich oft als rasch wechselnde Warm- und Kaltzeiten bemerkbar machen. E. verschieben die Klimagürtel auf der Erde in Richtung Äquator und nehmen entscheidenden Einfluss auf Verbreitung, Zusammensetzung und Evolution der Tier- und Pflanzenwelt auf dem Festland und in den Meeren.

Eiszeitrefugien, die ⤺ Glazialrefugien.

Eiszeitrelikte, isolierte, von Hauptarealen der arktisch-alpinen Verbreitung abgetrennte Vorkommen kaltstenothermer Formen der ehemaligen Eiszeitvegetation und ihrer Tierwelt.

Eiter, ↗ Entzündungsreaktion.

Eitererreger, Eiterbildung verursachende Mikroorganismen; v. a. Staphylokokken und Streptokokken, ferner ↗ Neisseria-Arten (z. B. *Neisseria gonorrhoeae*), *Pseudomonas aeruginosa* (grünblaues Eiterbakterium) und ↗ Actinomycetales.

Eiweiße, die ↗ Proteine.

Eizelle, *Ovum*, die weibliche Keimzelle vielzelliger Organismen, die nur einen haploiden Chromosomensatz (1n) hat und aus der sich i. d. R. nach Befruchtung durch eine männliche Keimzelle ein neues Individuum entwickelt. Die E. der Tiere sind i. d. R. rund und unbeweglich, stets ohne Geißel, enthalten oft große Mengen von Speicherstoffen (↗ Dotter) und sind meist von Eihüllen umgeben. Sie differenzieren sich bei den meisten Metazoa in den Eierstöcken (↗ Oogenese) und verlassen das Muttertier über den Eileiter oder entwickeln sich in einer (oft modifizierten) Region des Eileiters. Die Größe der E. ist abhängig von der Dottermenge und variiert bei rezenten Formen von 12-17 μm (Trematoda) bis zu 22 cm (Riesenhaie). Die menschliche Eizelle ist dotterarm und hat einen Durchmesser von 120-150 μm. Dottermenge und Dotterverteilung beeinflussen den Typ der ↗ Furchung. (↗ Embryonalentwicklung)

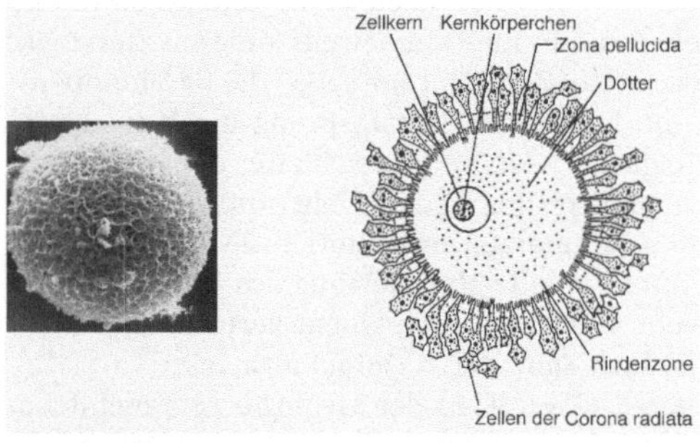

Eizelle Rasterelektronenmikroskopische Aufnahme einer Eizelle des Menschen, rechts daneben Schema einer reifen Eizelle des Menschen

Ejakulation, der ↗ Samenerguss.

EKG, das ↗ Elektrokardiogramm.

Eklektor, ↗ Emergenzfalle.

Ekt-endo-Mykorrhiza, ↗ Mykorrhiza.

ekto-, in Zusammensetzungen: außen, außerhalb.

Ektoderm, *Ektoblast(em)*, die äußere der beiden Zellschichten (↗ Keimblätter), die den zwei- oder dreischichtigen Keim (↗ Gastrula) der vielzelligen Tiere aufbauen. Das E. bildet vor allem Epidermis und Nervengewebe und ist am Aufbau der Hauptsinnesorgane beteiligt. (↗ Entoderm, ↗ Mesoderm)

ektolecithal, Bez. für bei den Neoophora (↗ Plathelminthes) vorkommende Eier mit gesonderten, in der Eihülle mit eingeschlossenen Dotterzellen (*zusammengesetzte Eier*).

Ektomykorrhiza, ↗ Mykorrhiza.

Ektoparasit, *Außenparasit*, Parasit, der auf der Oberfläche seines ↗ Wirtes lebt, z. B. Läuse und Flöhe (↗ Parasitismus). Gegensatz: ↗ Endoparasit

Ektoplasma, das ↗ Cytoplasma.

Ektosporen, die ↗ Exosporen.

Ektosymbiose, Bez. für ↗ Symbiosen, bei denen der eine Partner außerhalb des Körpers des anderen Partners lebt. Dabei versteht man in Europa und besonders im deutschen Sprachraum unter E. nur diejenigen Beziehungen, bei denen beide Partner einen Nutzen davon haben. Ein Beispiel für eine E. zwischen Tieren ist das Zusammenleben von Büffeln, Nashörnern und Flusspferden mit spezialisierten Vogelarten (z. B. Madenhackerstare, Gatt. *Buphagus*), die sie von Parasiten befreien. Gegensatz: ↗ Endosymbiose

ektotherm, ↗ poikilotherm.

Ektotoxine, ↗ Bakteriengifte.

Elaeagnaceae, *Ölweidengewächse*, Fam. der Elaeagnales mit ca. 65 Arten, die in der nördlichen gemäßigten Zone, in Südasien und Australien verbreitet sind. Es handelt sich fast ausschließlich um Sträucher mit vierzähligen Blüten ohne Kronblätter. Durch die Stern- oder Schuppenhaare auf der Blattoberfläche erhalten die Pflanzen oft ein silbriges Aussehen. Charakteristisch für die E. ist die Bildung von ↗ Symbiosen mit Arten der Actinomycetengattung ↗ Frankia. Diese induzieren wie bei Leguminosen (↗ Fabales) die Bildung von Wurzelknöllchen, in denen Stickstoff fixiert wird. Einheimisch ist der in Schotterauen und auf Küstendünen wachsende, unter Naturschutz stehende *Sanddorn, Hippophaë rhamnoides*, dessen rote Früchte reich an Vitamin C sind. Verschiedene Ölweiden (Gatt. *Elaeagnus*) werden häufig als Ziersträucher gepflanzt (Abb. ↗ S. 391).

Elaeagnales, Ord. der ↗ Rosopsida mit der einzigen Fam. ↗ Elaeagnaceae.

Elaeis, Gatt. der ↗ Arecaceae.

Elaioplasten, bei Lebermoosen und einkeimblättrigen Pflanzen vorhandene farblose ↗ Plastiden (↗ Leukoplasten), die Öltröpfchen enthalten und als Lipidspeicher dienen (*Plastoglobuli*).

Elaiosomen, öl-, fett- und eiweißreiche Gewebeanhängsel von Samen und Früchten, die Ameisen als Nahrung dienen.

Elaphe, ↗ Äskulapnatter.

Elapidae, *Giftnattern*, Fam. der Schlangen (↗ Serpentes) mit etwa 290 Arten in 60 Gatt. Sie umfasst die beiden Unterfamilien Landlebende Giftnattern (*Elapinae*) und die Seeschlangen (*Hydrophiinae*). Die E. sind den verwandten Nattern (↗ Colubridae) ähnlich, besitzen jedoch vorn im

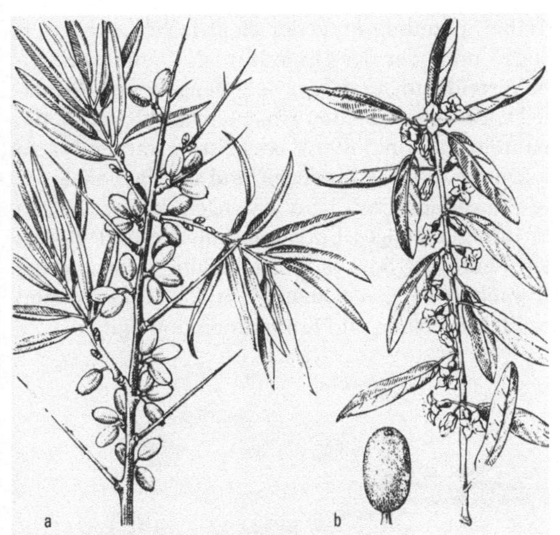

Elaeagnaceae a Sanddorn (*Hippophaë rhamnoides*), Spross mit Früchten, b Ölweide (*Elaeagnus angustifolia*), blühender Zweig und einzelne Frucht

Kiefer sitzende (proteroglyphe), im Unterschied zu den Vipern nicht umklappbare Giftzähne, bei denen eine vorn offene oder mit einer noch sichtbaren Längsnaht geschlossene Furche den Giftkanal bildet. Hinter dem jeweiligen funktionellen Giftzahn, der gewechselt werden kann, stehen mehrere nachwachsende Giftzähne und meist weitere kleine, ungefurchte Zähne. Zu den E. gehören u. a. die ↗ Kobras, die ↗ Korallenschlangen, die ↗ Kraits, die ↗ Mambas und die ↗ Seeschlangen.

Elasis, *Entfernungsorientierung*, *Zielorientierung*, Orientierungsverhalten, das dem Abschätzen der Entfernung dient. Dieses Verhalten ist gewöhnlich mit einer Richtungsänderung kombiniert.

Elasmobranchii, Ord. der ↗ Chondrichthyes mit den Rochen (↗ Batidoidimorpha) und den Haien (↗ Selachimorpha).

Elastase, eine Endopeptidase (↗ Proteinasen) aus der ↗ Bauchspeicheldrüse der Säugetiere, die Elastin bevorzugt an den Positionen der nichtaromatischen hydrophoben Aminosäuren (↗ Alanin, ↗ Glycin) hydrolytisch spaltet. E. ist strukturell mit ↗ Chymotrypsin und ↗ Trypsin verwandt und wird ebenfalls aus einer Vorstufe, der Pro-Elastase, durch Abspaltung eines N-terminalen Peptids von elf Aminosäuren gebildet. Der E. ähnliche Enzyme sind auch in Mikroorganismen (*Myxobacter*, *Pseudomonas aeruginosa*) gefunden worden.

Elastin, mit ↗ Kollagen verwandtes Strukturprotein, das den Hauptbestandteil der elastischen Fasern des ↗ Bindegewebes der Wirbeltiere ausmacht. Die elastischen Eigenschaften von E. sind zum einen insbesondere bedingt durch einen hohen Anteil der Aminosäuren ↗ Alanin, ↗ Glycin, ↗ Prolin, ↗ Valin, ↗ Isoleucin und ↗ Leucin, die

innerhalb des E. häufig in Form sich wiederholender Teilsequenzen (z. B. Gly-Gly-Val-Pro oder Gly-Val-Pro-Gly) vorliegen. Zum anderen spielt die kovalente Quervernetzung von vier Lysinresten zu *Desmosin* eine wichtige Rolle für die Elastizität.

Elateridae, *Schnellkäfer*, Fam. der Käfer mit 9000 Arten, davon in Mitteleuropa 160. E. sind 2-70 mm lang mit spindelförmigem, abgeflachtem Körper, meist hartem Panzer und kurzen Beinen. Sie können sich aus der Rückenlage mit einem hörbaren Klick bis 30 cm hochschnellen. Ihre Larven sind langgestreckt, dünn und kurzbeinig und mit Panzer („Drahtwürmer"). Sie leben meist von Pflanzenwurzeln und bodennahen Pflanzenteilen und können an Kulturpflanzen schädlich werden. Andere Arten ernähren sich räuberisch von Würmern und bodenlebenden Insekten.

Elche, *Elchhirsche*, *Alces*, Gatt. der Hirsche (↗ Cervidae) mit nur einer rezenten Art, dem *Elch* (*Alces alces*), der mit insgesamt sieben Unterarten in den kälteren Regionen der Nordhalbkugel vorkommt. Mit einer Körperlänge von bis 3 m und einer Körperhöhe von bis 2,3 m ist er die größte Art der Hirsche. Typisch ist das große Schaufelgeweih, das erst nach einigen Jahren voll ausgebildet ist. E. leben einzeln oder in kleinen Familientrupps und ernähren sich von pflanzlicher Nahrung. In Nord- und Osteuropa werden sie seit langer Zeit als Reit-, Trag- und Zugtiere eingesetzt.

Elefanten, *Elephantidae*, Fam. der Rüsseltiere (↗ Proboscidea) mit zwei rezenten Arten, dem *Afrikanischen Elefant* (*Loxodonta africana*) mit auffallend großen Ohren und dem *Asiatischen Elefant* (*Elephas maximus*), der einen vergleichsweise kleineren Kopf und kleinere Ohren hat. Bekannteste fossile Art ist das ↗ Mammut. E. sind die größten Landsäugetiere. Ihr Aussehen ist unverwechselbar durch den langen beweglichen Rüssel, einer Verlängerung der Nase samt Oberlippe, sowie durch die ständig nachwachsenden, zu Stoßzähnen umgewandelten Schneidezähne. Der Rüssel dient den E. als Greiforgan, zum Abreißen und Ergreifen der Nahrung und zum Aufsaugen von Wasser, das dann ins Maul gespritzt wird, oder von Sand, mit dem sie ihre Haut besprühen oder bewerfen. Er kann aber auch als Waffe und als Ausdrucksmittel eingesetzt werden. Die säulenförmigen Beine der Elefanten haben marklose, besonders stabile Knochen; zudem wirkt ein dickes, gallertiges Sohlenpolster als Stoßdämpfer. Elefanten laufen im Passgang und sind Zehenspitzengänger. Ihr großer Schädel ist mit zahlreichen luftgefüllten Räumen eher leicht gebaut. Die 2-4 cm dicke Haut der E. ist besonders tastempfindlich und bei erwachsenen Tieren weitgehend haarlos; lediglich die Augenwimpern und die Haare der Schwanzquaste bleiben vom Haarkleid der neugeborenen Elefanten erhalten.

E. sind Herdentiere, die täglich 18-20 Stunden mit Nahrungsaufnahme (Gräser, Holz, Früchte, Wurzeln) zubringen, da sie ihre Nahrung sehr schlecht verwerten; etwa die Hälfte der aufgenommenen Nahrung verlässt den Körper wieder unverdaut.

Wissenschaftler haben kürzlich entdeckt, dass E. neben dem charakteristischen Trompeten, mit tiefen (für uns nicht hörbaren) Infraschalltönen kommunizieren. Einfache Warnsignale an Artgenossen werden durch Trampeln oder Stampfen mit den Füßen erzeugt und breiten sich als seismische Wellen über bis zu 50 km Entfernung aus.

Vor allem wegen der Stoßzähne, die seit alters her als „Elfenbein" begehrt sind, sind beide Elefantenarten in ihren Beständen vom Aussterben bedroht. Zwar gibt es ein offizielles Handelsverbot für Elfenbein, doch werden viele Elefanten durch Wilddiebe erlegt. Zudem werden ihre Lebensräume immer weiter durch menschliche Nutzung eingeschränkt. Dies führt dazu, dass die E.-Populationen weitgehend auf Nationalparks zurückgedrängt werden, wo sie im Verhältnis zum zur Verfügung stehenden Raum so zahlreich sind, dass die Landschaftszerstörung durch sie überhand nimmt und ihre Bestände durch Abschuss reguliert werden müssen. – Afrikanische E. wurden durch die Karthager und die Römer als Last- und Arbeitstiere gezähmt, Asiatische E. werden seit dem 3. Jahrtausend v. Chr. bis heute als Reit- und Arbeitstiere abgerichtet.

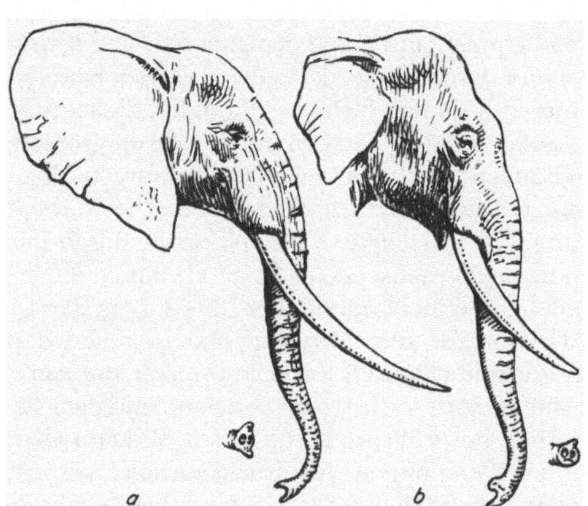

Elefanten a Afrikanischer Elefant (*Loxodonta africana*), b Asiatischer Elefant (*Elephas maximus*); die Abb. zeigt die Unterschiede in der Kopfform, der Größe und Form der Ohren sowie der Rüsselspitze

Elektivkultur, die ↗ Anreicherungskultur.

elektrische Fische, Bez. für Fischarten, die mittels besonderer ↗ elektrischer Organe Stromstärken unterschiedlicher Stärke erzeugen können.

elektrische Organe, bei vielen Knochenfischen und Knorpelfischen vorkommende Organe, die elek-

trische Spannung und/oder elektrischen Strom erzeugen und/oder der Orientierung, Kommnunikation, Verteidigung und dem Beutefang dienen. Prinzipiell wird unterschieden zwischen starken e. O., die Spannungen von 5-800 V oder Stromstärken bis zu mehreren Ampere erzeugen und schwachen e. O., die Spannungen von 1-5 V erzeugen. Erstere zeigen ein unregelmäßiges Entladungsmuster und dienen dem Beutefang oder der Verteidigung, während die schwachen e. O. regelmäßig entladen werden und der Elektroortung und Kommunikation dienen.

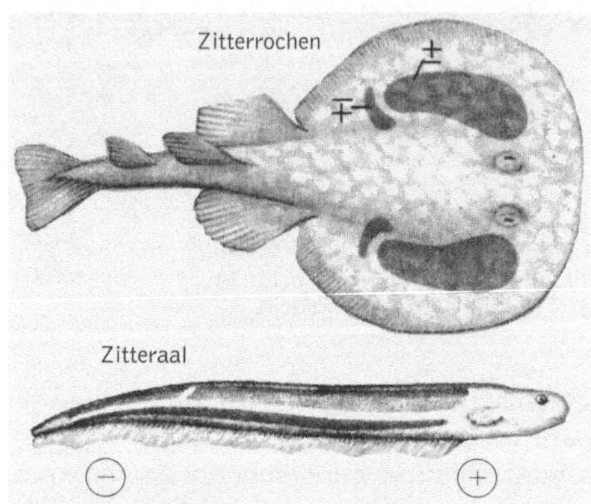

elektrische Organe Die Abb. zeigt die Lage der elektrischen Organe beim Zitterrochen (oben) und beim Zitteraal

Der Bau der e. O. ist bei allen Arten grundsätzlich gleich: Sie bestehen aus parallelen und seriellen Anordnungen von Hundert bis zu mehreren Mio. spezialisierter Zellen, den *Elektrocyten* oder *Elektroplaques*. Diese werden nur auf einer Seite innerviert. Kommt es zu einem Aktionspotenzial, verbleibt die nicht-erregbare Seite der Zelle beim Ruhepotenzial von −60 mV, während die erregbare Seite Werte von bis zu +90 mV annimmt. Durch serielle Anordnung vieler Elektrocyten und dadurch bewirkte Summation der entstehenden Potenzialunterschiede können die hohen Spannungen der starken e. O. erreicht werden. Eine parallele Anordnung der Elektrocyten bewirkt hingegen eine Erhöhung der resultierenden Stromstärke. Die Elektrocyten können muskulären Ursprungs sein oder aus myelinisierten Axonen bestehen. Beide Typen werden je nach Lage im Körper durch Motoneurone des Gehirns oder des Rückenmarks innerviert und über Synapsen zur Entladung gebracht; ↗ Transmittersubstanz ist ↗ Acetylcholin. Die gleichzeitige Entladung der Einzelzellen eines elektrischen Organs wird durch Schrittmacherzentren in der ↗ Medulla oblongata gesteuert.

Die regelmäßigen Entladungsmuster schwach elektrischer Fische sind i. d. R. artspezifisch und können durch Umweltreize moduliert werden. Alle Arten mit e. O. besitzen Elektrorezeptoren zur Rezeption elektrischer Potenziale. Der Zitteraal besitzt als einziger Fisch neben zwei starken e.O. auch ein schwaches e.O., von dem vermutet wird, dass es ihn zur Elektroortung befähigt.

elektrische Rochen, die Fam. ↗ Torpedinidae.

elektrische Welse, die ↗ Siluriformes.

elektrochemischer Gradient, eine Form von potenzieller ↗ Energie, von der abhängt, ob und in welcher Form ein Ion eine Membran passiert. Der e. G. ist sowohl verantwortlich für den Konzentrationsunterschied eines Ions auf beiden Seiten einer Membran, als auch für seine Tendenz, sich relativ zum ↗ Membranpotenzial zu bewegen.

Elektrocyten, ↗ elektrische Organe.

Elektroencephalogramm, Abk. *EEG*, Aufzeichnung der elektrischen Potenzialschwankungen der Pyramidenzellen im Gehirn, die deren erregende postsynaptische Potenziale (EPSP) widerspiegeln. Die entstehenden Spannungen werden mit Oberflächenelektroden an bestimmten Stellen der Schädeldecke abgeleitet. Die gemessenen Hirnstromwellen werden nach ihrer Frequenz eingeteilt. *Alpha-Wellen (α-Wellen)* mit einer Frequenz von 8-12 Hertz (Hz) sind typisch für einen entspannten Erwachsenen mit geschlossenen Augen, *Beta-Wellen (β-Wellen)* mit 15-30 Hz treten beim Öffnen der Augen oder bei anderen Sinnesreizen sowie bei geistiger Tätigkeit auf. Wellen über 30 Hz (*Gamma-Wellen; γ-Wellen*) können bei Lernprozessen und erhöhter Aufmerksamkeit gemessen werden. *Theta-Wellen (ϑ-Wellen)* sind langsame (4-7 Hz) Wellen mit großer Amplitude, ebenso wie die *Delta Wellen (δ-Wellen)* mit 0,1-4 Hz; sie werden beim Erwach-

senen im Schlaf sowie bei pathologischen Zuständen gemessen.

Frequenz und Amplitude des EEG hängen außer vom Aufmerksamkeitsgrad auch noch vom Lebensalter ab. So ist das EEG im Kindes- und Jugendalter deutlich langsamer und unregelmäßiger als beim Erwachsenen. Bei Kindern treten z. B. auch im Wachzustand Theta- und Deltawellen auf. Die Aufzeichnung von EEG's wird in der Medizin vor allem zur Lokalisation und Diagnose von Anfallsleiden (z. B. Epilepsie), zur Feststellung des Hirntodes, zur Abschätzung der Narkosetiefe sowie zur Beurteilung von Durchblutungsstörungen und deren Folgen und zur Wertung von Pharmaka- und Giftwirkungen auf das Gehirn genutzt. In der psychophysiologischen Forschung ist es u. a. ein wichtiges Instrument zur Erforschung der Zusammenhänge zwischen Gehirn und Verhalten sowie in der Schlafforschung (↗ Schlaf).

elektrogene Pumpe, ↗ Ionenpumpen.

Elektrokardiogramm, Abk. *EKG*, die Registrierung der Potenzialdifferenzen zwischen definierten Messpunkten als Summenpotenziale, die die Erregungsvorgänge im Verlauf der Herztätigkeit wiederspiegeln. Das EKG ist Ausdruck der Herzerregung, nicht der Kontraktion. Die Ableitungen erfolgen entweder von den Extremitäten oder von der Brustwand. Das EKG besteht aus Zacken und Strecken: die P-Zacke registriert die Erregung des Vorhofs, an diese schließt sich die isoelektrische PQ-Strecke an, die die vollständige Erregung der Vorhöfe registriert. Der QRS-Komplex entspricht der

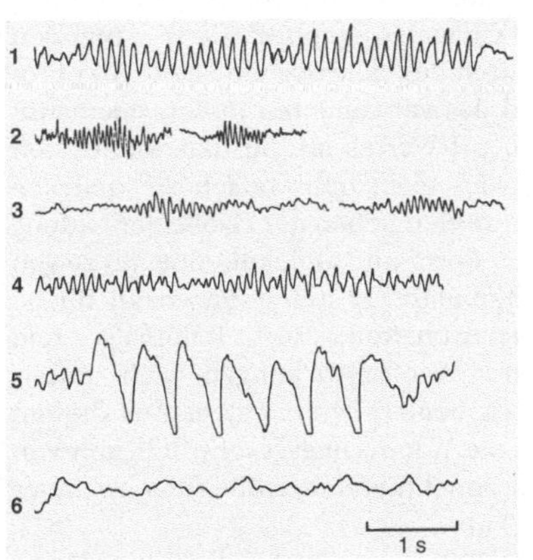

Elektroencephalogramm 1 annähernd sinusförmige *Alpha-Wellen* (8 Hz), wie sie beim entspannten Erwachsenen vorkommen; 2 spindelförmige *Beta-Wellen*, wie sie bei gespannter Wachheit gemessen werden; 3 Schlafspindeln (*Beta-Wellen*) wie sie bei leichtem und mittlerem Schlaf (Stadium II und III vorkommen); 4 Mischaktivität als *Alpha-Wellen* (10 Hz) und *Theta-Wellen* (6 Hz) bei einem müden Probanden; 5 rhythmische *Delta-Wellen*, wie sie im Tiefschlaf auftreten; 6 arhythmische langsame *Delta-Wellen*, die eine allgemeine Hirnfunktionsstörung anzeigen

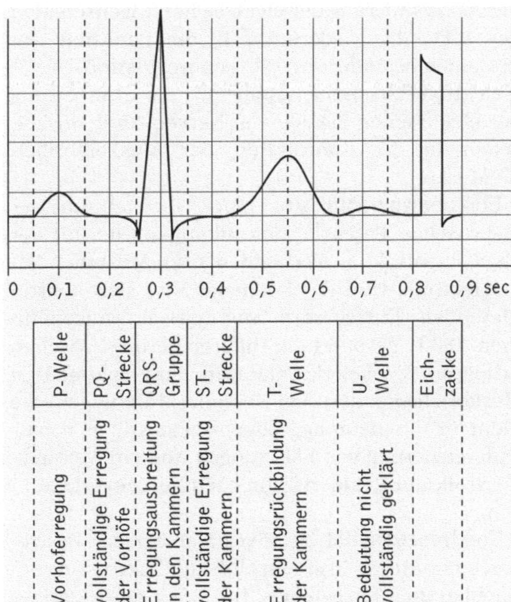

Elektrokardiogramm   Schema eines normalen Elektrokardiogramms

Ausbreitung der Erregung in den Kammern und die ST-Strecke der vollständigen Erregung der Kammern. Daran schließt sich die T-Zacke an, die die Repolarisation (Erregungsrückbildung) der Kammern wiederspiegelt. Aus den Änderungen der Abfolge, der Streckendauer und Form des EKG lassen sich eine Reihe von Informationen gewinnen: Beurteilung der Schlagfrequenz, Ursprung der Erregung, Rhythmusstörungen, Erregungsleitungsstörungen, anatomische Lage des Herzens, Einflüsse vegetativer oder hormoneller Art sowie durch Stoffwechselstörungen, Elektrolytveränderungen, Vergiftungen, Arzneimittel, Durchblutungsstörungen, Entzündungen, Verletzungen, angeborene oder erworbene Herzfehler, Herzinfarkt. Zur weiteren Abklärung kann das EKG unter definierter Belastung, z. B. an einem Fahrradergometer, durchgeführt werden. Ein EKG liefert immer nur Hinweise, die den Charakter von Symptomen haben und deren Bedeutung erst im klinischen Zusammenhang erfasst werden kann.

Elektrolyte, Bez. für chemische Verbindungen, die in festem, flüssigem oder gelöstem Zustand in Ionen dissoziieren (↗ Dissoziation). *Starke E.* sind in wässriger Lösung fast vollständig dissoziiert (z.B. starke Säuren und Basen, Salze), *schwache E.* dissoziieren i. Allg. nur wenig (schwache Säuren und Basen). Als *Elektrolythaushalt* bezeichnet man das eng mit dem ↗ Wasser- und Mineralhaushalt verknüpfte Gleichgewicht der E. im Organismus. Unterschiedliche E.-Konzentrationen beeinflussen das innere Milieu der Zelle z. B. durch Veränderung der Löslichkeit anderer Ionen und Proteine oder durch Veränderung der elektrischen Eigenschaften der Zelle, die wiederum z. B. die Funktion von Proteinen beeinflussen. (↗ Osmoregulation)

elektromechanische Kopplung, die Umsetzung der elektrischen Signale von Nerven- und Muskelzellen in die Kontraktion der Muskelfibrillen (↗ Muskel).

Elektromyogramm, Abk. *EMG*, Aufzeichnung der elektrischen Potenzialschwankungen, die mit der Muskelkontraktion verbunden sind. Mit einer Nadelelektrode wird das Potenzial aller sich kontrahierenden Einzelfasern summarisch aufgenommen. Die E. gestattet die Differenzierung zwischen primären Muskelerkrankungen und sekundären Muskelschädigungen bei Nervenerkrankungen. Sie dient in der neurologischen Diagnostik u. a. zur Differenzierung von Lähmungen und zur Verlaufskontrolle der Reinnervation nach Nervenverletzungen.

Elektronegativität, relatives Maß für das Bestreben eines Atoms, in einem Molekül Elektronen vom Nachbaratom anzuziehen. Die E. ist ein wichtiges Kriterium für die Abschätzung der Polarität einer chemischen Bindung.

Elektronenmikroskop, ↗ Rasterelektronenmikroskop, ↗ Transmissionselektronenmikroskop, ↗ Mikroskopie.

Elektronenspinresonanz-Spektroskopie, Abk. *ESR-Spektroskopie*, spektroskopisches Verfahren zur Messung des Eigendrehimpulses (*Spin*) von Elektronen. Atome, die aufgrund des Aufbaus ihrer Elektronenhülle einen von Null verschiedenen Elektronen-Gesamtdrehimpuls haben, verhalten sich ähnlich wie kleine Magnete. Setzt man solche Atome einem äußeren Magnetfeld aus, dann versuchen diese Elementarmagnete, sich entsprechend dem äußeren Feld auszurichten. Die ESR-Spektroskopie findet breite Anwendung in der Biophysik und Biochemie insbesondere zur Charakterisierung von Reaktions-(Zwischen-)Produkten und damit auch zur Erforschung von Reaktionsmechanismen. In der Cytologie kann u. a. die Beweglichkeit der Phospholipide innerhalb von Membranen bestimmt werden, ebenso wie Wechselwirkungen zwischen Membranlipiden und Membranproteinen oder in der Immunologie die Antigen-Antikörper-Bindung.

Elektronentransportkette, die in mehreren Stufen erfolgende Übertragung von Elektronen als Reduktionsäquivalente innerhalb der ↗ Atmungskette und der Lichtreaktionen der ↗ Fotosynthese.

Elektroortung, die ↗ Elektrorezeption.

Elektrophorese, die Wanderung gelöster Ionen in einem elektrischen Feld, die eines der wichtigsten biochemischen Analyseverfahren darstellt, um u. a. Aminosäuren, Peptide, Proteine, Nucleotide und Nucleinsäuren aufgrund ihrer *Wanderungsgeschwindigkeit* analytisch und präparativ trennen zu können (↗ Chromatographie). Diese hängt von den Eigenschaften des elektrischen Feldes, der Proben selbst und des verwendeten Puffersystems inklusive dessen pH-Wertes ab. Zu den wichtigsten Eigenschaften der elektrophoretisch zu analysierenden Proben zählen neben der Größe der Ladung vor allem deren Form und Molekülgröße. So zeigen fibröse und globuläre Proteine unterschiedliche Wanderungseigenschaften, weil Reibungs- und elektrostatische Wechselwirkungen sich unterschiedlich stark bemerkbar machen. Aus diesem Grund nimmt die Wanderungsgeschwindigkeit von Molekülen mit zunehmender Größe (bzw. relativer Molekülmasse) ab.

Zu den wichtigsten E.-Verfahren zählen die so genannten *Gelelektrophoresen*, bei denen als Träger i. d. R. Agarose oder Polyacrylamid zum Einsatz kommen.

Zur Herstellung von *Agarosegelen* wird Agarose im E.-Puffer aufgekocht, horizontal in eine Elektrophoreseapparatur gegossen, wo sie unterhalb von ca. 35°C zu einem festen Gel erstarrt. Mit Hilfe eines so genannten *Kammes*, der an einem Ende in das noch flüssige Gel eingetaucht wird, entstehen später kleine Taschen, in die die Proben aufgetragen werden. Agarosegele sind von stark geordneter Struktur, wobei die von der Agarosekonzentration abhängige Porengröße die Trennung beeinflusst. Agarosegele werden vor allem zur analytischen und präparativen Auftrennung von Nucleinsäuren verwendet. Als Farbstoff wird dem Gel vielfach ↗ Ethidiumbromid zugesetzt, um die aufgetrennten Nucleinsäuren sichtbar zu machen. DNA und RNA können mit geeigneten Verfahren aus der Agarose eluiert werden und stehen dann für weitere Verfahren zur Verfügung (↗ DNA-Klonierung, ↗ Nucleinsäurehybridisierung).

Polyacrylamidgele mit einer Dicke von nur wenigen Millimetern werden vertikal zwischen zwei Glasplatten gegossen. Ein Kamm sorgt ebenfalls für die Bildung von Geltaschen. Das Monomer Acrylamid wird meist mit N,N'-Methylenbis-acrylamid in Gegenwart eines Katalysators copolymerisiert. Die Porengröße wird dabei durch das Verhältnis dieser beiden Substanzen bestimmt. Proteine werden vielfach in Anwesenheit von Natriumlaurylsulfat (SDS) einer so genannten SDS-Polyacrylamidgel-E. (Abk. SDS-PAGE) unterzogen. Hierbei wird die Tatsache ausgenutzt, dass dieses Detergens die Proteine so bindet, dass die SDS-Protein-Komplexe eine konstante negative Ladung pro Masseneinheit tragen. Dadurch erfolgt die Auftrennung aufgrund der Molekularsieb-Eigenschaften nach der Größe der Moleküle. Die Strecken, die die Proteine in einer gewissen Zeit wandern, sind dem $\log_{10}$ der relativen Molekülmasse (M_r) umgekehrt proportional. Mit Hilfe geeigneter Färbemethoden können aufgetrennte Proteingemische ausgewertet werden.

Von diesen beiden Grundtypen existieren zahlreiche Abweichungen, die an bestimmte experimentelle Fragestellungen angepasst wurden. Bei der *isoelektrischen Fokussierung* werden biologische Makromoleküle nicht nur in einem Spannungs-, sondern auch in einem pH-Gradienten aufgetrennt, sodass geringe Unterschiede im isoelektrischen Punkt von Proteinen zum Tragen kommen. Auf diese Weise lassen sich z. B. Isoenzyme charakterisieren. Dieses Verfahren kann mit einer anschließenden SDS-PAGE zur *zweidimensionalen Gelelektrophorese* erweitert werden: Ein Proteingemisch wird in einem stabförmigen Gel zunächst gemäß der isolelektrischen Punkte und dann der relativen Molekülmasse aufgetrennt.

Die beschriebenen E.-Verfahren sind die Grundlage weiterer biochemischer und molekularbiologischer Verfahren (↗ DNA-Sequenzierung, ↗ Northern Blotting, ↗ Southern Blotting, ↗ Western Blotting)

Elektroplaques, ↗ elektrische Organe.

Elektroporation, Verfahren, mit dem DNA (↗ Plasmide, ↗ Klonierungsvektoren) unter Verwendung kurzer Elektroimpulse in tierische Zellen, ↗ Protoplasten und gramnegative Bakterien transferiert werden können, da die Permeabilität von Plasmembran und Bakterienzellwand dadurch erhöht wird. Die E. ist bei Bakterien wie *Escherichia coli* und *Agrobacterium tumefaciens* für das Einschleusen großer DNA-Moleküle besser geeignet, als herkömmliche Transformationsverfahren.

Elektrorezeption, *Elektroortung*, die räumliche Orientierung von Organismen an elektrischen Feldern mittels Elektrorezeptoren. Prinzipiell wird zwischen passiver und aktiver E. unterschieden. Bei der *passiven E.* orientieren sich die Tiere an äußeren elektrischen Feldern oder an den elektrischen Signalen, die von anderen Tieren ausgesandt werden. Sie kommt z. B. bei Haien, Lungenfischen, Amphibien und dem Schnabeltier vor. Bei der *aktiven E.* bauen die Tiere selbst elektrische Felder mit Hilfe von elektrischen Organen auf. Veränderungen dieser elektrischen Felder durch Objekte in der näheren Umgebung werden über Potenzialänderungen wahrgenommen. Aktive E. findet sich z. B. beim Nilhecht.

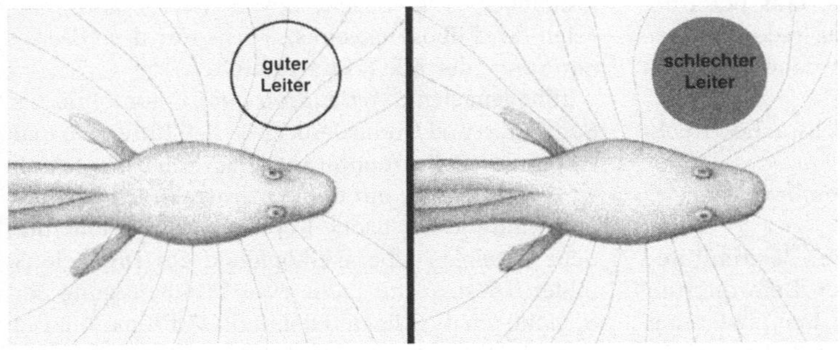

Elektrorezeption Beispiel für *passive Elektrorezeption*. Die Kraftlinien des elektrischen Feldes entsprechen bei homogener Umgebung einem elektrischen Dipolfeld. Befinden sich in der Umgebung des Fisches Objekte, deren elektrische Leitfähigkeit sich von derjenigen der Umgebung unterscheidet, so ändert sich der Verlauf der Feldlinien. Gute elektrische Leiter „verdichten" die Feldlinien, schlechte „drücken sie auseinander". Mit Hilfe der *Elektrorezeptoren* in der Kopfregion kann der Fisch diese Feldänderung registrieren und so auf die Position und Natur des Objekts schließen

Die der E. dienenden *Elektrorezeptoren* sind in der Haut gelegene Organe, die modifizierte Haarsinneszellen als Rezeptorzellen besitzen. Sie reagieren auf Potenzialänderungen, arbeiten also wie Voltmeter. Man unterscheidet ampulläre Organe (z. B. ↗ Lorenzini-Ampullen der Haie und Rochen), die bei allen zur E. fähigen Tieren vorkommen und tuberöse Organe, die nur bei Tieren vorkommen, die zur aktiven E. befähigt sind. *Ampulläre Organe* bestehen aus einer Öffnung in der Körperoberfläche des Tieres über einem mit Gel gefüllten, gut leitenden Kanal, an dessen Grund die Rezeptorzellen liegen. Diese reagieren auf Spannungsänderungen mit Depolarisation, worauf vermutlich Ca^{2+}-Kanäle geöffnet und Neurotransmitter ausgeschüttet werden. *Tuberöse Organe* sind prinzipiell ähnlich gebaut, haben aber keine Öffnung in der Membran, sondern bestehen aus aufgelockertem, stromleitendem Hautgewebe. Sie reagieren besonders stark auf hochfrequente Signale (im Unterschied zu den auf niederfrequente Signale reagierenden ampullären Organen).

Elektrosmog, umgangssprachliche Bez. für die mit zunehmender Technisierung der modernen Gesellschaft ständig anwachsende Einwirkung elektromagnetischer Felder (z. B. ausgehend von Sendern, Hochspannungsleitungen, Mobiltelefone, Mikrowellengeräte) auf Organismen, insbesondere den Menschen. Kontrovers diskutiert wird in diesem Zusammenhang der Einfluss schwacher elektrischer Felder auf Organismen. Es konnte nachgewiesen werden, dass elektrische Felder in einer Größenordnung von weniger als 10^{-6} V/cm einen Einfluss auf Zellen haben können. Als Wirkungsmechanismus kommen hierbei z. B. Resonanzeffekte in Enzymmolekülen und in gebundenem Wasser in Frage. Nachweislich beschleunigen schwache elektromagnetische Felder die Zelldifferenzierung von ↗ Fibroblasten und Osteoblasten (↗ Knochen). Durch eine Steigerung der Stoffwechselaktivität werden vermehrt Substanzen synthetisiert, die den Heilungsverlauf bei Knochenverletzungen begünstigen, was in der Elektrotherapie zu therapeutischen Zwecken genutzt wird.

elektrostatische Anziehung, ↗ schwache Wechselwirkungen.

Elementarmembran, die ↗ Biomembran.

Elenantilope, ↗ Tragelaphinae.

Elephantiasis, extreme Schwellung der Haut und des Unterhautgewebes mit starker Deformierung von Körperteilen als Folge einer Lymphstauung. Ursache kann u. a. die Infektion mit *Wuchereria bancrofti* sein (↗ Wuchereria).

Elephas, Gatt. der ↗ Elefanten.

Elfenbeinpalme, *Phytelephas macrocarpa*, im tropischen Amerika beheimatete Art der ↗ Arecaceae. Sie besitzt ein horniges ↗ Endosperm, das als „vegetabilisches Elfenbein" genutzt wird.

Elicitoren, spezifische Stoffe von phytopathogenen Organismen, die durch Pflanzen erkannt werden können und Abwehrmechanismen (↗ Abwehr) in Gang setzen. Hierzu zählen Proteine, Lipide oder Polysaccharid-Fragmente, die aus der Zellwand oder der äußeren Membran der Pathogene stammen oder von diesen sezerniert werden.

Eliminierung, Reaktionstyp der organischen Chemie, der durch Abspaltung von zwei Gruppen (Atome, Moleküle, Ionen) aus einer Kohlenstoffverbindung unter Ausbildung einer Mehrfachbindung (Doppel- oder Dreifachbindung oder aromatisches Ringsystem) charakterisiert ist.

Elion, *Gertrude Belle*, amerikan. Biochemikerin und Pharmakologin, ✳ 23.1.1918 New York, † 21.2.1999; ab 1966 Leiterin der Abteilung für experimentelle Therapie der Wellcome-Laboratorien in Triangle Park, seit 1973 auch Prof. in Chapel Hill (beides North Carolina). E. erzielte 1988 zusammen mit G.H. ↗ Hitchings und J.W. ↗ Black den Nobelpreis für Physiologie oder Medizin für die Entdeckung der antiprotozoischen und antibakteriellen Wirkung der 2,4-Diaminopyridine und schuf damit die Grundlage für die Entwicklung zahlreicher Arzneistoffe (z. B. ↗ Cytostatika).

ELISA, Abk. für engl. enzyme *linked* immunosorbent *assay*, eine Methode zur Bestimmung der Konzentration von ↗ Antigenen oder Antikörpern (↗ Immunglobuline). Einer der miteinander reagierenden Stoffe ist dabei mit einem Enzym (meist alkalische Phosphatase oder Peroxidase) markiert, das einen kolorimetrischen Nachweis (Farbnachweis) erlaubt. Die zu untersuchende Substanz (z. B. ein Antigen) wird zunächst an einen Träger gebunden, an den vorher ihr spezifischer Reaktionspartner (z. B. ein Antikörper) gekoppelt wurde. Danach wird die markierte Substanz (in diesem Fall ein zweiter Antikörper mit Spezifität für das Antigen) zugegeben, die den Farbnachweis ermöglicht.

Ellbogen, *Ellenbogen*, i. w. S. der gesamte Bereich des Ellbogengelenks, i. e. S. nur das *Olecranon ulnae* der Elle (↗ Extremitäten).

Ellbogengelenk, *Articulatio cubiti*, kombiniertes Scharnier- und Drehgelenk zwischen Unterarm und Oberarm (↗ Extremitäten). Das Scharniergelenk wird von der Elle mit dem Oberarmknochen gebildet, während das flache Köpfchen der Speiche mit dem kugeligen Oberarmköpfchen ein Drehgelenk bildet. Dieses ermöglicht eine Drehbewegung der Speiche um die Elle und damit die ↗ Pronation. Die seitliche Führung des E. erfolgt durch zwei Bänder, die beiderseits vom Oberarmknochen zur Elle ziehen. Die Beugung des E. erfolgt durch den zweiköpfigen Oberarmmuskel (Musculus biceps brachii) und durch den inneren Armbeuger (Musculus brachialis), die Streckung durch den dreiköpfigen Armmuskel (Musculus triceps brachii), der an der Elle ansetzt.

Elle, *Ulna*, Ersatzknochen auf der Kleinfingerseite in der Vorderextremität der ↗ Tetrapoda (↗ Extremitäten).

Elodea, Gatt. der ↗ Hydrocharitaceae.

Elongation, i. e. S. die Bez. für eine der drei Phasen von ↗ Transkription und ↗ Translation (↗ Elongationsfaktoren), bei der sich wiederholende Reaktionen zur Verlängerung der RNA-Moleküle oder Polypeptide bzw. Proteine beitragen. I. w. S. kann der Begriff für die Biosynthese sämtlicher Biomoleküle verwendet werden.

Elongationsfaktoren, Proteine, die an der als ↗ Elongation bezeichneten Phase der ↗ Translation beteiligt sind. Bei dem bei *Escherichia coli* gut untersuchten E. *EF-Tu* handelt es sich um ein GTP-bindendes Protein. Es bildet zusammen mit der Aminoacyl-tRNA einen ternären Komplex und vermittelt die Bindung der beladenen tRNA an die Aminoacyl-Stelle des ↗ Ribosoms. Passen ↗ Codon und ↗ Anticodon zusammen, kommt es durch Hydrolyse des GTP zu GDP zu einer *allosterischen Konformationsänderung*, bei der die tRNA freigesetzt wird, sodass der Fortgang der Proteinsynthese möglich ist.

Elster, Art der Rabenvögel (↗ Corvidae).

Elter, Plural, *Eltern*, bei *Tieren* einschließlich des Menschen die Bez. für Vater und Mutter, von denen Samenzelle und Eizelle stammen, welche die genetische Information für die Nachkommen enthalten. Bei *Pflanzen* wird der Begriff bei Kreuzungen in Zusammenhang mit der ↗ Parentalgeneration verwendet.

Elterngeneration, die ↗ Parentalgeneration.

Elterninvestment, jegliche Investition eines Elters in einen einzelnen Nachkommen, die die Überlebenswahrscheinlichkeit des Nachkommen und infolgedessen den Fortpflanzungserfolg erhöht. Dabei wird nach der heutigen Definition des Begriffs auch die Auswirkung des Elters auf den späteren Paarungserfolg der Nachkommen mit einbezogen.

Elytren, *Deckflügel, Tegmen*, die stark verhärteten (sklerotisierten) Vorderflügel der Käfer (↗ Coleoptera) und Ohrwürmer (↗ Dermaptera), die als Schutz über den dünnhäutigen Hinterflügel nach hinten gelegt werden.

Embden, *Gustav*, deutscher Physiologe und Biochemiker, * 10.11.1874 Hamburg, † 25.7.1933 Nassau; ab 1909 Prof. in Bonn, seit 1914 Prof. für physiologische Chemie in Frankfurt a.M. Er entdeckte die Bildung von Milchsäure aus Glucose und wies die Bedeutung der Milch- und Phosphorsäure bei der Muskelkontraktion sowie die Rolle der Glucuronsäure des Glykogens im Leberstoffwechsel nach. 1928 entdeckte E. das Adenosinmonophos-phat (AMP) und stellte um 1932 ein Schema der ↗ Glykolyse im Muskel auf, das später, durch O.F. ↗ Meyerhof und J.K. ↗ Parnas weiterentwickelt, als *Embden-Meyerhof-Parnas-Abbauweg* bekannt wurde.

Embden-Meyerhof-Parnas-Abbauweg, die ↗ Glykolyse.

Emberizidae, *Ammern*, Fam. der Singvögel, deren Zusammensetzung umstritten ist und die heute meist mit den Tangaren vereinigt werden. In Eurasien kommen rund 40 Arten vor. Sie besitzen einen kräftigen Schnabel und bewohnen hauptsächlich offene Kulturlandschaft mit Gebüsch. Die Männchen sind meist kontrastreicher gefärbt als die Weibchen. Ammern ernähren sich von Sämereien, im Sommer auch von Insekten, mit denen sie auch ihre Jungen füttern. Sie nisten auf dem Boden oder im niedrigen Gebüsch und haben oft zwei Bruten im Jahr. Häufigste Art in Europa ist die *Goldammer (Emberiza citrinella)* mit gelbem Kopf und gelber Unterseite. In Deutschland als stark gefährdet eingestuft ist die *Grauammer (Emberiza calandra)*, mit 18 cm Größe die größte Ammer. Weitere bei uns brütende Arten sind die *Zaunammer (Emberiza cirlus)*, die *Zippammer (Emberiza cia)* und der *Ortolan* (Gartenammer; *Emberiza hortulana)*; sie gelten in Deutschland alle als stark gefährdet. Die *Rohrammer (Emberiza schoeniclus)* brütet in Schilf und Gebüsch in Gewässernähe. Ein Wintergast in Küstennähe ist die schwarzweiße *Schneeammer (Plectrophenax nivalis)*.

Embioptera, *Fersenspinner, Tarsenspinner*, Gruppe der Insekten mit rund 200 fast ausschließlich in wärmeren Regionen vorkommenden Arten und zwei Arten in Südeuropa. E. sind bis 20 mm groß, schlank und braun bis schwarz gefärbt. Die Mundwerkzeuge sind kauend, die Männchen mancher Arten haben Flügel, die Weibchen sind immer flügellos. Die ersten Tarsalglieder der Vorderbeine sind vergrößert und tragen je etwa 100 Spinndrüsen (Name), die einzeln in hohle Haare münden. Die E. legen damit unter Steinen oder Rinde Gespinste an, in denen sie leben. Die Weibchen leben von Pflanzen, die Männchen auch räuberisch.

Embolie, 1) *Botanik*: die ↗ Cavitation.
2) *Medizin*: von R. ↗ Virchow geprägter Überbegriff für Verschlüsse von Blutgefäßen, die durch unlösliches, im Blutkreislauf verschlepptes Material (*Embolus*) hervorgerufen werden. Am häufigsten sind E. als Folge abgelöster venöser Thromben (↗ Thrombose), die zu *Lungenembolien* führen können. *Arterielle E.* entstehen nach Ablösung von Emboli aus dem linken Vorhof oder der linken Herzkammer und seltener aus der Aorta, besonders bei chronischen Herzrhythmusstörungen. Sie können zu Hirn-, Nieren-, Arm-, Bein-, Milz- und Mesenterialarterien-E. führen. Weitere Formen der E. entste-

hen durch Verschleppung von Tumorgewebe, Fett (z. B. nach schweren Knochenbrüchen), Parasiten, Luft (z. B. bei der Dekompressionskrankheit, ↗ Tauchen) oder Fruchtwasser.

3) *Zoologie*: *Invagination*, eine ↗ Gastrulation durch Einstülpung, wobei die Zellen im epithelialen Zusammenhang bleiben. Gegensatz: ↗ Delamination

Embolus, ↗ Embolie.

Embryo, 1) *Botanik*: Bez. für den jungen Organismus, der aus einer befruchteten (↗ Befruchtung) oder unbefruchteten (↗ Parthenogenese) Eizelle entsteht. Bei *Moosen* (↗ Bryophyta) und *Farnen* (↗ Pteridopsida) entsteht der E. im Archegonium, wohingegen er bei den *Samenpflanzen* (↗ Spermatophyta) in der Samenanlage gebildet wird. Deren E. besteht aus Wurzel-, Spross- und Blattanlagen. (↗ Embryonalentwicklung)

2) *Zoologie*: der sich aus der Eizelle entwickelnde Organismus bis zum Zeitpunkt der selbstständigen Nahrungsaufnahme. Verlässt der E. schon lange vor diesem Zeitpunkt die Eihüllen (z. B. bei vielen Fischen und Amphibien), dann bezeichnet man ihn als *Eleutheroembryo*; zeigt er bereits deutliche Merkmale des adulten Tieres, nennt man ihn ↗ Fetus.

3) *Humanmedizin*: Bez. für die menschliche Frucht bis zum Ende des 3. Schwangerschaftsmonats, d. h. während der Zeit der Organentwicklung. (↗ Fetus)

Embryo banking, die Langzeitkonservierung entwicklungsfähiger tierischer Embryonen durch tiefgefrieren (Kryokonservierung). E. b. ist von praktischer Bedeutung für die Erhaltung selten gebrauchter Stämme von Nutztieren bzw. Labortieren und für Transportzwecke. Bei Säugetieren kann E. b. bis zum einem Entwicklungsstadium zwischen ↗ Furchung und ↗ Blastocyste durchgeführt werden. (↗ Embryonenforschung, ↗ Embryonenschutzgesetz, Essay: ↗ Die Forschung an embryonalen Stammzellen, ↗ Reproduktionsmedizin)

Embryobionta, die ↗ Embryophyta.

Embryoblast, ↗ Blastocyste.

Embryogenese, die ↗ Embryonalentwicklung.

Embryologie, ↗ Entwicklungsbiologie.

embryonal, noch nicht zur endgültigen Funktion ausdifferenziert. Der Begriff kann sich auf Zellen (z. B. ↗ embryonale Stammzellen), Gewebe, Organe oder Organismen beziehen.

Embryonalentwicklung, *Embryogenese*, *Keimesentwicklung*, allg. die erste Phase in der Individualentwicklung eines Lebewesens.

1) *Botanik*: der Teil der pflanzlichen Entwicklung, der bei Samenpflanzen im Embryosack der Samenanlage und des unreifen Samens abläuft (↗ Embryo). Während der E. wird der Pflanzenkörper rudimentär angelegt, wobei im Unterschied zu den

meisten Tieren nicht die Gewebe und Organe einer adulten Pflanze ausgebildet werden. Sie entstehen erst später durch die Aktivität der Meristeme. Während der E. der *Samenpflanzen* (↗ Spermatophyta) werden jedoch der für die Organe von Pflanzen typische radiäre Aufbau, die apikal-basale Ausrichtung der Achse und die primären Meristeme angelegt, aus denen der Hauptteil der späteren Pflanze hervorgeht. Nach einer asymmetrischen Teilung der Zygote entwickelt sich bei dikotyledonen Pflanzen die größere *Basalzelle* zum *Suspensor* (Embryoträger), der für die Ernährung des Embryos sorgt, der aus der kleineren apikalen Zeller hervorgeht. Nach weiteren Teilungen entstehen aus bestimmten Zellen die Anlagen der Kotyledonen (↗ Keimblätter), des ↗ Apex, des ↗ Hypokotyls und der Wurzel. Der Suspensor degeneriert während der E. und die Ernährung des Embryos erfolgt durch das triploide ↗ Endosperm.

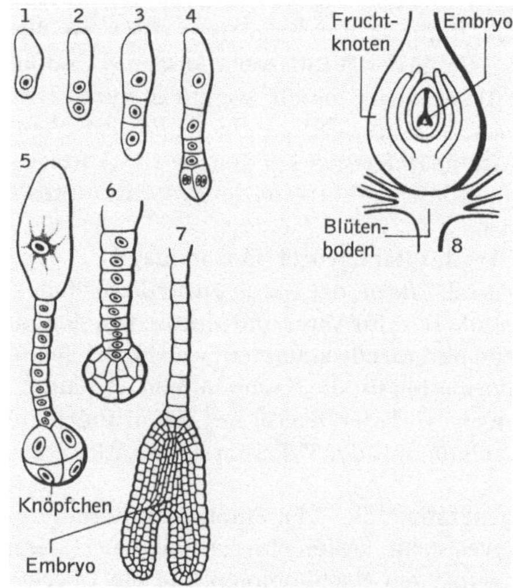

Embryonalentwicklung Embryonalentwicklung bei zweikeimblättrigen Pflanzen: 1, 2, 3 frühe Teilungssatdien; 4, 5, 6 Ausbildung eines Köpfchens und 7 des Embryos; 8 Lage des Embryos im Fruchtknoten

Mit den Veränderungen der E. auf morphologischer Ebene gehen auch zahlreiche biochemische und molekularbiologische Veränderungen einher. Bei ↗ Arabidopsis thaliana wurden zahlreiche Mutanten beschrieben, bei denen für die E. spezifische Gene durch Mutationen betroffen sind. Bei einigen dieser Mutanten kommt es zum Ausfall der Synthese von Speichersubstanzen, zu einer verminderten Austrocknungstoleranz oder zu einer verfrühten Keimung. In einigen Fällen sind Gene betroffen, die frühe E.-Stadien betreffen, sodass die Embryonalentwicklung vorzeitig abgebrochen wird.

Am Ende der Samenentwicklung geht der Embryo durch Dehydratation in einen Ruhezustand

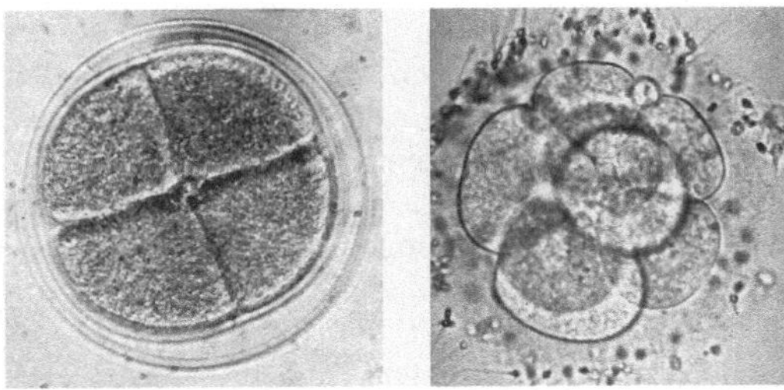

Embryonalentwicklung   Links mikroskopische Aufnahme eines Seeigelembryos im Vierzellenstadium (Furchung), rechts daneben eines menschlichen Embryos im Achtzellenstadium

über (↗ Samenruhe), der erst mit der Zufuhr von Wasser und der Keimung beendet wird.

2) *Zoologie*: i. w. S. die Entwicklung eines vielzelligen Tieres von der aktivierten Eizelle bis zur selbstständigen Nahrungsaufnahme. Bei den Säugetieren ist dieser Zeitraum unterteilt in die Embryonalentwicklung i. e. S., in deren Verlauf alle Organe angelegt werden und die darauf folgende ↗ Fetalentwicklung. Die E. umfasst ein komplexes Wirkgefüge von begrifflich trennbaren Vorgängen, wie Zellteilung (↗ Furchung), ↗ Musterbildung, Gestaltungsbewegungen (↗ Morphogenese) und Zelldifferenzierung. Während der E. entsteht häufig nicht nur der definitive Körper, sondern auch extraembryonale oder Anhangsorgane mit vorübergehender Funktion (↗ Allantois, ↗ Embryonalhüllen, ↗ Placenta). Sie beginnt mit der Furchung, durch die die Eizelle über ein (häufig fehlendes) Morula-Stadium (lockerer Zellhaufen) in einen Blasenkeim, die ↗ Blastocyste, verwandelt wird. Durch Einstülpung der Blastulawand an einer Stelle (Invagination) oder durch ↗ Delamination u. a. Prozesse entsteht der zunächst zweischichtige Becherkeim (↗ Gastrula). Seine Organisation entspricht derjenigen der Hohltiere (↗ Coelenterata). Bei den ↗ Bilateria wird der Keim im Laufe der ↗ Gastrulation

dreischichtig (↗ Keimblätter). Auf dieses Stadium folgt die Organbildung (*Organogenese*), in der sich die einzelnen Organanlagen ausformen (Morphogenese, z. B. ↗ Neurulation). Im Verlauf der histologischen Differenzierung erlangen sie ihre Funktionsfähigkeit und der Embryo kann das Juvenilleben beginnen. Diese Vorgänge verlaufen bei den einzelnen Tiergruppen sehr unterschiedlich.

Bei den meisten Tieren findet die E. außerhalb des Körpers statt, d. h. die Eier werden vor oder nach der Besamung durch Spermien aus dem weiblichen Körper entlassen. Solche Eier entwickeln sich entweder frei (z. B. viele Meerestiere) oder werden an geeigneten Orten abgelegt (z. B. Amphibien), die z. T. zuvor hergerichtet wurden (z. B. viele Insekten, die meisten Reptilien und Vögel). Liegt Brutpflege vor, können die Eier am Körper eines Elterntieres getragen werden (z. B. manche Spinnentiere und Krebse sowie Seepferdchen und Geburtshelferkröte) oder sie werden von einem oder beiden Elterntieren ausgebrütet. Die Eier können aber auch im weiblichen Körper verbleiben, sodass die ganze E. dort stattfindet und der Embryo gleichzeitig mit dem Schlüpfen aus dem Ei geboren wird (↗ Ovoviviparie, z. B. Kreuzotter). Wird der Embryo während des Heranwachsens von der Mutter ernährt (echte ↗ Viviparie), dann bildet er spezielle Organe für den Stoffaustausch aus (z. B. die Placenta der höheren Säugetiere).

Die *Embryonalentwicklung des Menschen* dauert bis etwa zum Ende des dritten Monats. Ab fünf Tage nach der Befruchtung findet die Einnistung (↗ Nidation) des Keims in die Gebärmutterwand statt und nach etwa zehn weiteren Tagen beginnt die Bildung der Keimblätter (Gastrulation). Sie dauert bis zum Ende des ersten Entwicklungsmonats, wird aber bald von der Neurulation, der Anlage von Rückenmark und Gehirn, zeitlich überlagert. Im zweiten Monat werden die Anlagen der Gliedmaßen und der inneren Organe sowie von Augen, Nase,

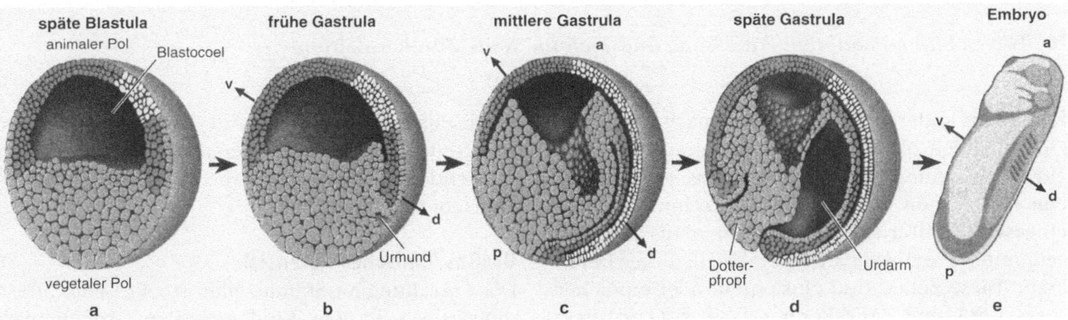

Embryonalentwicklung   Gastrulation und Ausbildung der Körpergrundgestalt (d = dorsal, v = ventral, a = anterior, p = posterior): a Längsschnitt der Blastula mit epidermalem Ektoderm (hellgraue Zellen oben links), neuralem Ektoderm (helle Zellen oben rechts), Mesoderm (dunkle Zellstreifen links und rechts Mitte) und Entoderm (untere Zellmasse). b Die Gastrulation beginnt auf der Dorsalseite des Keims mit der Bildung des Urmunds (Blastoporus). c, d Mesoderm und Entoderm werden bei der Gastrulation ins Innere des Keims verlagert. Dabei streckt sich die Dorsalseite stärker als die Ventralseite. e nach der Neurulation ist im Schwanzknospenstadium die Körpergrundgestalt angelegt

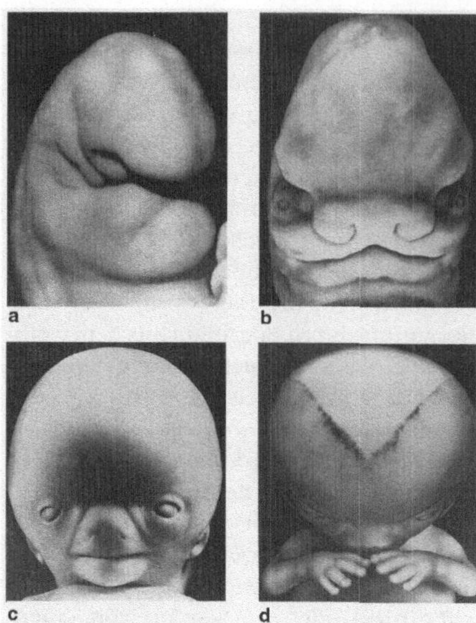

Embryonalentwicklung Embryonalentwicklung des Menschen: Verschiedene Phasen in der Ausbildung des Gesichts beim menschlichen Embryo; **a** etwa 28 Tage alt, **b** etwa 6. Woche, **c** etwa 45 Tage alt, **d** etwa 8. Woche

Mund und Ohren gebildet. Im dritten Monat verschwinden die embryonal noch angelegten zweiten bis vierten Kiementaschen, Kopf und Gesicht entwickeln sich, die ersten Haare sowie Finger- und Zehennägel werden gebildet. Am Ende der E. ist der Embryo rund 7 cm lang und 20 g schwer.

embryonale Stammzellen, Abk. *ES-Zellen*, aus der ⬀ inneren Zellmasse von Säugerembryonen gewonnene pluripotente Stammzellen, aus denen sämtliche differenzierten Zellen, auch die der ⬀ Keimbahn hervorgehen können und die unbegrenzt in Kultur gehalten werden können. Zwei biologisch-medizinische Forschungsrichtungen basieren auf der Nutzung dieser Eigenschaften. Zum einen können ES-Zellen der Maus in Kultur gentechnisch verändert und anschließend in Maus-Blastocysten injiziert und auf diese Weise chimäre Mäuse erzeugt werden. Ist die ES-Zelle an der Bildung der Keimbahn-Zellen der ⬀ Chimäre beteiligt, so lassen sich über Kreuzungen vollständige Mausmutanten herstellen. Durch verschiedene Methoden können einzelne Gene ausgeschaltet, Genfunktionen verändert oder Fremdgene zur Expression (transgene Tiere) gebracht werden. Inzwischen konnten ES-Zellen sowohl aus anderen Tieren (z. B. Rindern), als auch solche des Menschen gewonnen und kultiviert werden. Zum anderen wird versucht, ES-Zellen zur Erzeugung von in vitro gezüchteten Transplantaten zu verwenden. In vitro vermehrte ES-Zellen können Zellhaufen ausbilden, deren Einzelzellen beginnen, sich zu Zelltypen entodermaler, ektodermaler oder mesodermaler Zuordnung zu differenzieren, wobei diese Differenzierung bislang nur begrenzt steuerbar ist. Eine gezielte Differenzierung würde eine breite Palette medizinischer Anwendungen eröffnen (siehe Essay: Die Forschung an embryonalen Stammzellen), zudem sind ES-Zellen als Ausgangsmaterial für ausdifferenzierte Zellkulturen von Interesse, z. B. zum Austesten neuer Arzneimittel.

Die Forschung an embryonalen Stammzellen

Dr. Theres Lüthi, Redaktion Forschung und Technik, Neue Zürcher Zeitung

Kaum ein anderes Forschungsthema wird in der Öffentlichkeit so kontrovers diskutiert wie die ⬀ Embryonenforschung. Warum werden menschliche Embryonen eigentlich als Forschungsobjekte eingesetzt? Unter anderem weil man aus ihnen so genannte ⬀ embryonale Stammzellen gewinnen kann. Diese Zellen sind pluripotent oder einfacher gesagt: Sie sind „Alleskönner". Sie sind in ihrer Entwicklung noch nicht festgelegt, aus ihnen können also Nervenzellen, Knochenzellen, Blutzellen, grundsätzlich jeder der über 200 Zelltypen des menschlichen Körpers, hervorgehen. Embryonale Stammzellen können sich außerdem in Kultur uneingeschränkt vermehren. Auf Grund dieser Eigenschaften möchten Wissenschafter die Zellen dazu verwenden, um Ersatzgewebe für schwer kranke Menschen heranzuzüchten.

Großes klinisches Potenzial

Die Forschung an Stammzellen steckt heute allerdings noch in den Kinderschuhen. Anfang der 1980er-Jahre gelang es Wissenschaftlern erstmals, embryonale Stammzellen aus Mäuseembryonen zu gewinnen und in der Kulturschale zu züchten. In den folgenden Jahren wurden die Zellen auch bei anderen Tierarten entdeckt. Dass diese Zellen auch beim Menschen gefunden würden, war daher nur eine Frage der Zeit. Die Meldung von zwei amerikanischen Forscherteams im Jahre 1998 über die Entdeckung von pluripotenten menschlichen ↗ Stammzellen löste eine regelrechte Forschungslawine aus. Entwicklungsbiologen sahen sich plötzlich in die Lage versetzt, grundlegende Fragen zur Gewebedifferenzierung und Organbildung zu klären. Weit mehr Beachtung fand die Entdeckung jedoch wegen des klinischen Potenzials der Zellen. Mit der Forschung an Stammzellen verbindet sich die Hoffnung, Krankheiten wie Parkinson, Alzheimer, Schlaganfall, Diabetes, schwere Verbrennungen oder gar Krebs zu behandeln. Bei der Parkinson-Krankheit etwa ginge es darum, die Stammzellen zu Dopamin produzierenden Nervenzellen ausdifferenzieren zu lassen. Diese Zellen gehen bei Menschen mit Parkinson aus bislang ungeklärten Gründen zugrunde.

Doch so vielfältig die Einsatzmöglichkeiten von Stammzellen für die Medizin auch sind, so ethisch umstritten ist die Forschung an ihnen. Denn embryonale Stammzellen werden heute vor allem aus zwei Quellen gewonnen: Zum einen aus „überzähligen" Embryonen, die im Rahmen künstlicher Befruchtungen anfallen und nicht mehr benötigt werden, und zum anderen aus abgetriebenen Embryonen und Föten. Der Meinungsbildungsprozess zur Forschung an embryonalen Stammzellen steht heute noch ganz am Anfang – eine Tatsache, die sich in der unterschiedlichen Gesetzgebung der verschiedenen Länder widerspiegelt.

Viel versprechende Ergebnisse aus Tierversuchen

Bis zu einer klinischen Anwendung von Stammzellen dürfte es noch viele Jahre dauern. Denn heute ist erst in Ansätzen bekannt, weshalb aus einer Stammzelle eine Nervenzelle hervorgeht und aus einer anderen eine Blutzelle. Bevor man Stammzellen medizinisch nutzen können wird, müssen Wissenschafter also herausfinden, welche Faktoren genau dafür verantwortlich sind, dass eine Stammzelle einen bestimmten Entwicklungspfad einschlägt. Ebensowenig geklärt ist, ob sich embryonale Stammzellen bzw. die aus ihnen hervorgehenden Gewebe im Körper normal verhalten. Erste Resultate aus Tierversuchen stimmen hier optimistisch. So gelang es Forschern beispielsweise, in der Kulturschale aus embryonalen Stammzellen der Maus Herzmuskelzellen, Blut- und neuronale Vorläuferzellen zu bilden. Diese verpflanzten sie anschließend in Mäuse. Dort entwickelten sich die Zellen dem jeweiligen Organ entsprechend weiter und übten ihre richtigen Funktionen aus. Inzwischen haben Wissenschafter – ebenfalls im Tierversuch – erstmals den Nutzen von embryonalen Stammzellen zur Behandlung einer Krankheit bewiesen. Dazu wurden aus embryonalen Stammzellen zunächst Gliazellen herangezüchtet und anschließend gereinigt. Diese wurden dann in das Gehirn einer kranken Ratte eingepflanzt, deren Nervenzellen keine isolierende Myelinscheide besaßen. Wie sich herausstellte, vermochten die eingepflanzten Gliazellen das fehlende Myelin zu ersetzen.

Eine Hürde auf dem Weg zu einem klinischen Einsatz könnten allerdings die Abstoßungsreaktionen sein: Da die Stammzellen, aus denen die Zelltransplantate erzeugt werden, nicht vom Patienten selber stammen, könnten diese das transplantierte Gewebe abstoßen. Manche Forscher denken deshalb darüber nach, die für die Abstoßungsreaktionen verantwortlichen Gene von vornherein aus dem Erbgut der Stammzellen zu entfernen. Andere wollen das Problem durch Anlegen von „Zellbanken" umgehen: Ähnlich wie bei Blutspenden stünde dann für jeden Patienten immunologisch passendes Gewebe bereit.

Therapeutisches Klonen

Seit kurzem nun zeichnet sich am Horizont ein neues Verfahren ab, mit dem sich das Problem der Abstoßungsreaktion möglicherweise ganz vermeiden lässt. Doch mit dem „therapeutischen Klonen" wird für viele Menschen eine weitere moralische Grenzlinie überschritten. Denn bei diesem Verfahren werden Embryonen eigens dafür hergestellt, um ihnen nach einer kurzen Wachstumsphase embryonale Stammzellen zu entnehmen. Anschließend zerstört man die Embryonen.

Beim „therapeutischen Klonen" kommt dasselbe Verfahren zur Anwendung, dem das Klonschaf Dolly seine Existenz verdankt: der Zellkerntransfer. Dem Patienten wird zunächst eine Körperzelle entnommen und daraus der Zellkern entfernt. Dieser wird anschließend in eine gespendete Eizelle geschleust, deren Zellkern zuvor entfernt wurde. Die neue Umgebung bewirkt, dass der Zellkern des Patienten in den embryonalen Zustand zurückversetzt wird. Die Entwicklung beginnt also von Neuem. Aus dem etwa fünf Tage alten Embryo – er befindet sich dann im so genannten Blastocysten-Stadium – werden die embryonalen Stammzellen geerntet.

Die Gewinnung von Stammzellen durch das therapeutische Klonen hat gegenüber der Verwendung von Stammzellen aus überzähligen oder aus abgetriebenen Embryonen einen gewichtigen Vorteil: Die aus den Zellen hervorgehenden Gewebe sind mit denen des Patienten genetisch identisch und sollten deshalb nach der Transplantation nicht abgestoßen werden. Ob das tatsächlich der Fall ist, weiß allerdings noch niemand. Denn bis heute wurde dieses Verfahren noch nie ausprobiert. In den USA ist das therapeutische Klonen erlaubt, sofern

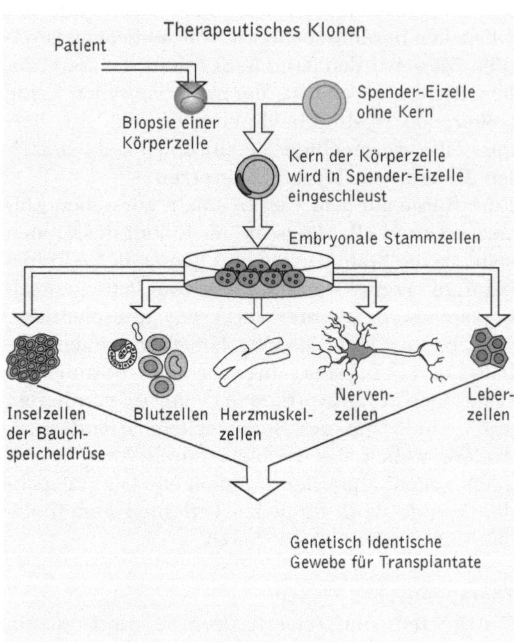

Schema für das therapeutische Klonen beim Menschen

es mit privaten Mitteln finanziert wird. Und im Januar 2001 hat das britische Oberhaus das Klonen menschlicher Embryonen für therapeutische Zwecke freigegeben.

Doch an eine klinische Anwendung des umstrittenen Verfahrens ist heute nicht zu denken. So ist zum Beispiel noch vollkommen unklar, woher die Eizellen bezogen werden sollen. Auch besteht die Gefahr, dass die Transplantate, da sie ursprünglich aus erwachsenen Zellen erzeugt wurden, schneller altern als gewöhnlich. Außerdem gilt es abzuklären, ob die transplantierten Zellen sich in kontrollierter Manier teilen.

Lässt sich auf Embryonen verzichten?

In jüngster Zeit verdichten sich die Hinweise, dass auch die so genannten *adulten Stammzellen* ein großes medizinisches Potenzial aufweisen. Manche Experten plädieren deshalb dafür, die Forschung an embryonalen Stammzellen so lange zu verbieten, bis das Potenzial der adulten Stammzellen für die Medizin besser untersucht ist. Tatsache ist, dass auch der ausgewachsene Körper über Stammzellen verfügt. Einer breiten Öffentlichkeit schon lange bekannt ist beispielsweise die Blut-Stammzelle des Knochenmarks. Diese Zelle, aus der sämtliche Zellen des Blut- und Immunsystems hervorgehen, werden beispielsweise schon seit längerem bei der Behandlung von Leukämiepatienten verwendet. Experten vermuten, dass die meisten Organe des menschlichen Körpers ein kleines Reservoir derar-

tiger Stammzellen besitzen, das ständig neue Zellen nachliefert. Die meisten dieser Stammzellen harren allerdings noch ihrer Entdeckung. Im Unterschied zu den embryonalen oder pluripotenten Stammzellen werden die adulten Stammzellen multipotent genannt. Denn bisher glaubte man, dass sie in ihren Differenzierungsmöglichkeiten relativ eingeschränkt sind. So sollten aus einer Blut-Stammzelle ausschließlich Blut- und Immunzellen hervorgehen, und ähnlich sollte eine Hirn-Stammzelle nur die verschiedenen Zelltypen des Gehirns bilden. Doch diese alte Sichtweise muss auf Grund von jüngsten Forschungsergebnissen revidiert werden. Kürzlich publizierte Untersuchungen zeigen, dass diesen Stammzellen offenbar doch eine größere Flexibilität innewohnt.

Werden adulte Stammzellen nämlich in eine neue Umgebung gebracht, können sie zuweilen ein ungeahntes Potenzial entfalten. In einem Experiment implantierten Wissenschafter Blut-Stammzellen von erwachsenen Mäusen in andere Mäuse, deren Knochenmarkszellen zuvor mit hohen Strahlendosen zerstört worden waren. Einige Monate später zeigte sich, dass einige der Stammzellen sich in Neuron-ähnliche Zellen verwandelt hatten. In einem anderen Experiment wechselten Hirn-Stammzellen zu Blutzellen. Auch beim Menschen scheint es derartige Umpolungen zu geben. So wurde beobachtet, dass Blut-Stammzellen vom Knochenmark in die Leber einwandern und dort Leberzellen bilden können.

Diese Resultate lassen nun die Hoffnung zu, anstatt embryonaler Stammzellen adulte Zellen zur Zucht von Ersatzgewebe verwenden zu können. In der Praxis könnte der Ablauf wie folgt aussehen: Einem Patienten werden adulte Stammzellen – beispielsweise aus dem Knochenmark – entnommen, in Kultur vermehrt, nach Wunsch umgepolt und anschließend wieder injiziert. Mit der Verwendung von adulten Stammzellen ließen sich also sowohl die ethischen Probleme, welche die Nutzung von embryonalen Stammzellen aufwirft, als auch die Abstoßungs-Reaktionen umgehen.

Ob diese Hoffnungen begründet sind, wird sich weisen. Denn auch hier fehlt bislang das grundlegende Wissen, wie sich adulte Stammzellen umprogrammieren lassen. Ebensowenig lässt sich vorhersagen, wie sich die Zellen in der neuen Umgebung verhalten. Und schließlich gilt es, eine weitere klinisch relevante Frage zu beantworten: Lassen sich adulte Stammzellen überhaupt in genügendem Maße vermehren, um eine für die Transplantation ausreichende Zellmenge zu erreichen? Für viele Forscher bleiben daher die Vorzüge der embryonalen Stammzellen vorerst unangetastet: Sie wachsen sehr viel schneller als adulte Stammzellen und lassen sich unbegrenzt in Kultur halten. Sodann können sie sich zu allen Zelltypen ausdifferenzieren. Ferner lassen sich an diesen Zellen gezielte genetische Veränderungen vornehmen. Werden die embryonalen Stammzellen durch Klonen erzeugt, dann können sie außerdem Gewebe bilden, das mit jenem des Patienten genetisch identisch ist.

Embryonalhüllen, *Eihäute, Fruchthüllen, Keimhüllen*, vom tierischen und menschlichen Embryonalgewebe abgeleitete Zellverbände, die den Körper des sich entwickelnden Embryos umhüllen. Sie reißen vor oder beim Schlüpfen bzw. bei der Geburt auf. Bei Viviparie können sie teilweise zunächst im mütterlichen Körper verbleiben, der sie dann abstößt. Embryonalhüllen sind typisch für einige höhere Wirbellose (Insekten, Skorpione) und die höheren Wirbeltiere (↗ Amniota). Die *innere E. (Amnion)* und die *äußere E. (Serosa)* entstehen bei Insekten (↗ Insecta) durch Faltenbildung und anschließendes Verschmelzen der aufeinanderstoßenden Falten, sodass der Embryo mit seiner Oberfläche an die flüssigkeitserfüllte Amnionhöhle grenzt. Die gleichnamigen Strukturen der höheren Wirbeltiere (Serosa wird auch *Chorion* genannt), sind denen der Wirbellosen nicht homolog. Sie ermöglichen den Ablauf der Embryonalentwicklung außerhalb des Wassers, an das die so genannten ↗ Anamnier in diesem Entwicklungsabschnitt gebunden sind, und bei den Säugern tragen sie mit zur Bildung der ↗ Placenta bei. Die E. der Amniota können durch Auffaltungen an der Peripherie von Keimscheibe oder Keimschild entstehen und verschmelzen dann über dem Embryonalkörper. Dieses „Faltamnion" findet sich bei Reptilien und Vögeln sowie einigen Gruppen der Säugetiere (z. B. Kaninchen, Halbaffen). Bei anderen Säugergruppen (Insektenfresser, Nager und höhere Primaten einschließlich Mensch) entsteht bereits vor der Organbildung im Embryoblast ein Hohlraum als Anlage der Amnionhöhle.

Die E. beim *Menschen* ist auf der mütterlichen Seite die *Siebhaut* oder *Decidua*, die aus der Gebärmutterschleimhaut entstanden ist und einen Teil der Placenta bildet. Der Embryo selbst bildet die *Zottenhaut (Chorion)*, den vom Embryo gebildeten Teil der Placenta, mit der er die in der Decidua gelegenen Blutkapillaren der Mutter anzapft und das *Amnion (Schafhaut)*, das den Fruchtwassersack mit der Amnionflüssigkeit bildet. Amnion und Chorion zusammen bilden ab Ende des zweiten Entwicklungsmonats die ↗ Fruchtblase. Die E. werden im Anschluss an die ↗ Geburt als *Nachgeburt* ausgestoßen.

Embryonalorgane, Bez. für Organe, die während der Embryonalentwicklung vom Embryo gebildet und nach vorübergehender Funktion wieder abgebaut oder abgestoßen werden. Beispiele sind die ↗ Placenta und die ↗ Embryonalhüllen bei den Säugetieren.

Embryonenforschung, Bez. für wissenschaftliche Untersuchungen mit und an (vor allem künstlich erzeugten) ↗ Embryonen. Experimente an lebenden Embryonen werden seit Entwicklung der Invitro-Fertilisation in größerem Umfang vorgenommen. So sollen allein bis zur Geburt des ersten künstlich gezeugten Kindes im Jahre 1978 mindestens 200 Versuche an lebenden Embryonen notwendig gewesen sein. Gerade die Techniken der ↗ Reproduktionsmedizin ermöglichen durch die Produktion so genannter überzähliger Embryonen und die Möglichkeit, diese durch tiefgefrieren (↗ Kryokonservierung) gegebenenfalls unbefristet aufzubewahren („Embryo banking"), die Verwendung von Embryonen zu anderen Zwecken als dem der künstlichen Befruchtung, was im Extremfall die Entscheidung über lebenswertes und nicht lebenswertes Leben einschließt. Im Mittelpunkt der Diskussion stehen zurzeit die ↗ Präimplantationsdiagnostik und die Verwendung von Embryonen zur Gewinnung ↗ embryonaler Stammzellen (siehe Essay: Die Forschung an embryonalen Stammzellen). Die Forschung an menschlichen Embryonen unterliegt in den meisten Ländern strengen gesetzlichen Regelungen. Sie wird in Deutschland durch das Gesetz zum Schutz von Embryonen (↗ Embryonenschutzgesetz) geregelt.

Embryonenschutzgesetz, *Gesetz zum Schutz von Embryonen*, am 1.1.1991 in Kraft getretenes Bundesgesetz, das die missbräuchliche Anwendung neuer Fortpflanzungstechniken verhindern und menschliche Embryonen schützen soll. Das Gesetz verbietet insbesondere das Klonen menschlicher Embryonen, die Eizellenspende, die ↗ Leihmutterschaft, die Auswahl der Embryonen nach ihrem Geschlecht, die künstliche Befruchtung nach dem Tod sowie die künstliche Veränderung menschlicher Keimbahnzellen (↗ Keimbahntherapie). Unter Strafe gestellt sind ferner die genetische Untersuchung künstlich erzeugter Embryonen vor der Übertragung (↗ Präimplantationsdiagnostik), jede Veräußerung, jeder Erwerb und jede Verwendung eines menschlichen Embryos zu einem nicht seiner Erhaltung dienenden Zweck sowie die Chimären- und Hybridbildung. Im Gesetz ist abschließend geregelt, dass Behandlungen im Bereich der Reproduktionsmedizin nur von einem Arzt vorgenommen werden dürfen. Mittlerweile schafft die so genannte *Bioethikkonvention* des Europarats von 1996 rechtswirksame Rahmenbedingungen für die ↗ Embryonenforschung, an die sich alle europäischen Staaten halten müssen. Die Konvention wird durch Protokolle zu speziellen Anwendungsgebieten ergänzt, so z. B. durch das Protokoll zum Verbot des Klonens von Menschen von 1997. Das E. soll nach gegenwärtiger Planung (Stand Anfang 2001) noch in dieser Legislaturperiode durch ein neues Fortpflanzungsmedizingesetz ersetzt werden.

Embryopathie, Bez. für Erkrankungen, die während der Organentwicklung in den ersten drei Monaten einer ↗ Schwangerschaft auftreten und eine Entwicklungsstörung oder ein Absterben der Frucht zur Folge haben können. Ursachen für E. können u. a. radioaktive Strahlung, Chemikalien, Medikamente, Stoffwechselerkrankungen, Virusinfektionen, Sauerstoffmangel, Mangelernährung sein.

Embryophyta, *Embryobionta, Grüne Landpflanzen*, Organisationstyp der Pflanzen, der sich in die Abt. Moose (↗ Bryophyta), Farnpflanzen (↗ Pteridophyta) und Samenpflanzen (Spermatophyta) gliedert. Als gemeinsames Merkmal weisen die E. einen ↗ Embryo auf. Die Fortpflanzung vollzieht sich als heterophasischer, heteromorpher ↗ Generationswechsel, bei dem teils der ↗ Gametophyt (Moose), teils der ↗ Sporophyt (Farne, Samenpflanzen) im Vordergrund des Lebenskreislaufs steht.

Embryosack, *Keimsack*, Zellkomplex der Samenanlage bei Samenpflanzen (↗ Blüte).

Embryosackkern, ↗ Blüte.

Embryosackmutterzelle, ↗ Blüte.

Embryotransfer, die Übertragung und Einsetzung eines ↗ Embryos in die ↗ Gebärmutter. Zu diesem Zweck werden zuvor durch einen operativen Eingriff entnommene Eizellen mit männlichen Samenzellen befruchtet und im Stadium der ↗ Blastocyste wieder in die durch Hormongaben vorbereitete Gebärmutter eingesetzt. Anwendung findet der E. vor allem, wenn die Eileiter einer Frau nicht passierbar gemacht werden können. Der E. ermöglicht darüber hinaus auch die vom ethischen Standpunkt her sehr umstrittene und in Deutschland verbotene ↗ Leihmutterschaft. (↗ Reproduktionsmedizin)

Emergenz, 1) das Auftreten qualitativ neuer Eigenschaften, so genannter Systemeigenschaften *(emergenter Eigenschaften)* bei der Bildung eines Systems. Jede biologische Organisationsebene zeigt emergente Eigenschaften, die auf einfacheren Organisationsebenen noch nicht vorhanden waren.

2) *Botanik*: Plural *Emergenzen*, vielzellige Auswüchse von Pflanzen, z. B. ↗ Stacheln, ↗ Drüsenhaare, Schuppen und ähnliche Oberflächenstrukturen, an deren Entstehung subepidermale Gewebe beteiligt sind.

3) *Zoologie.* das Ausschlüpfen adulter Tiere.

Emergenzfalle, *Eklektor*, Falle zum Fang frisch geschlüpfter Insekten. Die noch flugunfähigen Insekten steigen dabei innerhalb eines über ihnen aufgestellten Fangnetzes nach oben und geraten in einen reusenartigen Fangapparat.

Emerskultur, die ↗ Oberflächenkultur.

Emerson-Effekt, *Enhancement-Effekt* („Steigerungs-Effekt"); die nach R. Emerson (1903-1959) benannten Beobachtungen, die den Beweis für die Existenz der beiden ↗ Fotosysteme erbrachten. Emerson und Mitarbeiter hatten in den 1950er-Jahren die Fotosyntheserate für Licht unterschiedlicher Wellenlängen (rot, λ=650 nm und dunkelrot, λ=720 nm) zunächst voneinander unabhängig untersucht, dann aber festgestellt, dass die Werte der beiden getrennten Wellenlängen bei weitem übertroffen wurden, wenn eine gleichzeitige Einstrahlung von rotem und dunkelrotem Licht erfolgte. (↗ Red Drop)

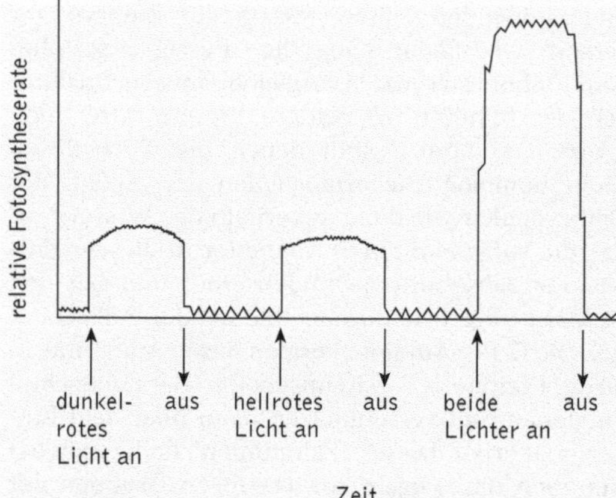

Emerson-Effekt Werden rotes und dunkelrotes Licht gleichzeitig eingestrahlt, ist die Fotosyntheserate höher als die Summe der Fotosyntheseraten der einzelnen Wellenlängen. Dieses Ergebnis erklärt die Existenz der beiden Fotosysteme, die unterschiedliche Absorptionsmaxima besitzen und hintereinander geschaltet arbeiten

EMG, Abk. für ↗ Elektromyogramm.

Emmer, ↗ Weizen.

Emission, die Abgabe von Rauch, Gasen, Staub, Gerüchen, aber z. B. auch von Geräuschen, Erschütterungen, ↗ Licht, Wärme und ↗ Strahlung an die ↗ Umwelt. Die Verursacher heißen *Emitten-ten*. Das Auftreten einer Emission an dem Ort, an dem sie eine Wirkung entfaltet, heißt *Immission*.

Empfängnishügel, ↗ Befruchtung.

Empfängnisverhütung, *Kontrazeption*, in der *Humanmedizin* Überbegriff für alle Maßnahmen zur Verhinderung einer ↗ Schwangerschaft. Prinzipiell können vier Gruppen von Methoden unterschieden werden. Sie werden hinsichtlich ihrer Zuverlässigkeit nach dem so genannten *Pearl-Index* beurteilt, der die Zahl der ungewollten Kinder angibt, für den Fall, dass die jeweils geprüfte Methode von 100 Paaren ein Jahr lang ausschließlich angewandt wird. Ein Pearl-Index von 3 bedeutet z. B. dass unter den gegebenen Bedingungen drei ungewollte Schwangerschaften eintreten würden.

Zu den zuverlässigsten Methoden zählen die *hormonellen Methoden*, umgangssprachlich als *Pille* bezeichnet (Pearl-Index kleiner 1). Anwendung finden hier Kombinationspräparate aus künstlich hergestellten ↗ Estrogenen und ↗ Gestagenen, die bei täglicher Einnahme den Eisprung verhindern und die Struktur der Gebärmutterschleimhaut verändern, sodass sich der Keim nach der ↗ Befruchtung nicht einnisten kann. Zudem bleibt der den Gebärmuttermund verschließende Schleimpfropf durch Einwirkung der Hormone so zäh, dass die Spermien ihn kaum durchdringen können. Nachteilig sind die immer wieder beobachteten Nebenwirkungen (Zwischenblutungen, Kopfschmerzen) der Hormonpräparate. Die besser verträgliche *Minipille* enthält nur Gestagene, die lediglich bewirken, dass sich der Gebärmutterhalsschleim nicht verflüssigt und so keine Spermien eindringen können. Sie ist nur zuverlässig bei absolut pünktlicher Einnahme (Pearl-Index von 1-5).

Ebenfalls relativ sicher, jedoch nicht für ganz junge Frauen geeignet, sind die *Intrauterinpessare* (umgangssprachlich als *Spirale* bezeichnet). Dies sind Kunststoff- oder Kupfergebilde, die nach Einsetzen in die Gebärmutter zu Veränderungen der Schleimhaut führen und dadurch die Einnistung eines befruchteten Eies verhindern. Darüber hinaus können sie durch Abgabe von Kupferionen oder von Hormonen die Beweglichkeit eindringender Spermien vermindern und somit ähnlich wie die Minipille wirken. Ihr Sitz muss regelmäßig vom Arzt kontrolliert werden, da sie (selten) von der Gebärmutter ausgestoßen werden können (Pearl-Index 1-5).

Barrieremethoden verhindern, dass die Spermien in die Gebärmutter eindringen können. Hierzu gehört das *Kondom* (*Präservativ*), eine Gummihülle, die der Mann vor dem Eindringen in die Scheide über den steifen Penis rollt. Kondome haben den Vorteil, dass sie in gewissem Maße auch vor Geschlechtskrankheiten und HIV-Infektion (↗ Aids) schützen. Sie dürfen jedoch nicht mit fetthaltigen Gleitcremes und chemischen Verhütungsmitteln zusammen benutzt werden, da sie porös werden können. Das *Diaphragma* ist eine weiche, kuppelförmige Gummikappe mit einem nach außen federnden Ring. Sie wird vor dem ↗ Geschlechtsverkehr auf den Muttermund gesetzt, wobei das D. vor dem Einsetzen mit einer Creme bestrichen wird, die die Spermien abtötet. Es muss in jedem Fall individuell vom Frauenarzt angepasst werden. Dia-

phragma und Kondom sind bei richtiger Anwendung in der Sicherheit vergleichbar mit der Spirale. *Chemische Empfängnisverhütungsmittel* bilden einige Minuten nach Einführen eine schaumige oder cremige Masse, die die Spermien abtötet oder bewegungsunfähig macht und somit ebenfalls am Eindringen in die Gebärmutter hindert. Sie müssen unmittelbar vor dem Geschlechtsverkehr eingeführt werden. Ihr Pearl-Index liegt bei 5-10.

Natürliche Methoden der E. benutzen keine Hilfsmittel, sondern bedienen sich der Beobachtung zyklischer Körperveränderungen. Die *Basaltemperaturmessung* dient der Bestimmung der fruchtbaren und der empfängnisfreien Tage der Frau. Zu diesem Zweck wird jeden Morgen vor dem Aufstehen zur gleichen Zeit die Körpertemperatur (Basaltemperatur) gemessen und die Messwerte auf einem Blatt eingetragen. Daraus ergibt sich eine Temperaturkurve, die bei normalem Zyklus einen typischen Verlauf zeigt: Etwa ein bis zwei Tage nach dem Eisprung erhöht sich die Temperatur um 0,3-0,8°C, um auf diesem Wert zu bleiben, bis die nächste Menstruation einsetzt, dann fällt sie wieder auf den Ausgangswert ab. In diesem Zeitraum ist auch bei ungeschütztem Geschlechtsverkehr eine Schwangerschaft ziemlich unwahrscheinlich, da der Eisprung stattgefunden hatte und die Eizelle abgestorben ist. Jedoch reagiert die Basaltemperatur sehr empfindlich auf äußere Einflüsse wie Stress, wenig Schlaf usw. Sicherer ist ihre Kombination mit der so genannten *Billings-Methode*, bei der die Beschaffenheit des Gebärmutterschleims, der ebenfalls zyklischen Veränderungen unterliegt, mit einbezogen wird. Zur Zeit des Eisprungs zieht der Gebärmutterschleim lange Fäden. Die Kombination dieser beiden Methoden ist bei regelmäßigem Zyklus relativ sicher (Pearl-Index 1-5) und wird als *symptothermale Methode* bezeichnet. (↗ Pille danach, ↗ Sterilisation)

Empididae, *Tanzfliegen*, Fam. der Fliegen (↗ Brachycera) mit rund 3000 Arten, davon in Mitteleuropa 280. Sie sind 1-15 mm lang und besitzen oft einen stilettartigen Rüssel und lange Beine. E. leben teils räuberisch teils von Blütennektar. Viele Arten bilden vor der Paarung Tanzschwärme, die nur aus Weibchen oder Männchen bestehen und die Partner vermutlich optisch anlocken. Bei manchen Arten überreicht das Männchen dem Weibchen vor der Paarung mit Hilfe von Spinndrüsen im ersten Vordertarsenglied eingesponnene Beutetiere.

EMS, Abk. für ↗ Ethylmethansulfonat

Emu, *Dromarius novaehollandiae*, einzige Art der Fam. Dromaiidae mit Verbreitung in Australien und Tasmanien. Der bis 1,80 m hohe Emu ist ein flugunfähiger Laufvogel, der bis 50 km/h schnell laufen kann und auch gut schwimmt. Die Bebrütung der von mehreren Weibchen in eine Nestmulde gelegten Eier (15-25) und die Aufzucht der Jungen übernimmt ausschließlich das Männchen. Emus werden als Nahrungskonkurrenten zu den Schafen stark verfolgt.

Emydidae, *Sumpfschildkröten*, Fam. der Schildkröten (↗ Chelonia) mit mehr als 80 Arten, die in warmen und gemäßigten Regionen Amerikas, Afrikas, Europas und Asiens verbreitet sind. Bei vielen Arten sind zwischen Zehen und Fingern Schwimmhäute ausgespannt. Die Panzer sind oft flach. Einige Arten zeigen ein kompliziertes Balzspiel. Die meisten Arten leben im oder am Wasser. Landlebend sind z. B. die amerikanischen *Dosenschildkröten* (Gatt. *Terrapene*), die ihren Panzer durch bewegliche Plastronhälften völlig verschließen können. Ebenfalls in Amerika heimisch sind die *Schmuckschildkröten* (Gattungsgruppe *Nectemydina*), zu denen u. a. die Gatt. *Trachemys*, *Graptemys* und *Malaclemys* gehören. Sie haben eine kontrastreiche oder bunte Zeichnung an Kopf und Rückenpanzer. Die Jungtiere kommen in großer Zahl in den Handel, überleben jedoch wegen unsachgemäßer Haltung vielfach nicht; außerdem wird beim Kauf die beträchtliche Endgröße der Tiere (30-40 cm) oft nicht beachtet. Einzige einheimische Schildkröte Mitteleuropas ist die ↗ Europäische Sumpfschildkröte, *Emys orbicularis*.

Emys, Gatt. der Sumpfschildkröten (↗ Emydidae) mit der ↗ Europäischen Sumpfschildkröte.

Enantiomere, Stereoisomere (↗ Isomerie) eines Moleküls, die sich wie Bild und Spiegelbild zueinander verhalten, z. B. die D- und L-Form einer Verbindung mit ↗ asymmetrischem Kohlenstoffatom. (↗ Chiralität, ↗ optische Aktivität)

Enation, flügelartige oder leistenförmige Wucherung auf der Oberfläche von Pflanzenorganen (Stängel, Blatt, Frucht u. a.), meist physiologisch oder durch Virusbefall bedingt.

Encephalisation, im Verlauf der Evolution einer Organismenart der Trend zu einer stärkeren Zunahme der Gehirngröße, als aufgrund der Zunahme der Körpergröße zu erwarten wäre. Als Maß für die E. dient der *Encephalisationsquotient* (Abk. *EQ*), der das Verhältnis der aufgrund der Körpergröße erwarteten zur tatsächlichen relativen Gehirngröße angibt, wobei die relative Gehirngröße das Verhältnis von Gehirngewicht zum Gesamtkörpergewicht ist. Der beim Menschen im Verlauf der Evolution der Hominiden gestiegene EQ wird in Zusammenhang mit der Steigerung der intellektuellen Leistungsfähigkeit sowie dem kulturellen Fortschritt gesehen.

Encephalitis, *Gehirnentzündung*, meist durch Viren (z. B. ↗ Togaviren) oder Bakterien, seltener durch eukaryotische Parasiten, Pilze und immunologische Prozesse hervorgerufene Entzündung des Hirngewebes, oft mit Beteiligung der Hirnhäute

(*Meningoencephalitis*) oder des Rückenmarks (*Encephalomyelitis*). Symptome sind u. a. Kopfschmerzen, Leistungsabfall, Fieber, manchmal Verwirrtheitszustände und Lähmungserscheinungen.

Encephalon, das ↗ Gehirn.

Encephalopathien, *Enzephalopathien*, Bez. für ausgedehnte, nicht entzündliche Gehirnfunktionsstörungen mit klinisch im Wesentlichen übereinstimmender Symptomatik, aber sehr unterschiedlichen Ursachen. E. äußern sich u. a. in Verhaltensänderungen sowie vielfältigen vegetativen, motorischen und neurologischen Symptomen. Sie können z. B. durch Unterversorgung des Gehirns mit Nährstoffen und Sauerstoff sowie organische Schäden oder Toxine hervorgerufen werden und sind oft Folge anderer Primärerkrankungen. Die als spongiforme E. bekannten Erkrankungen wie ↗ Creutzfeldt-Jakob-Erkrankung, ↗ Kuru, ↗ bovine spongiforme Encephalopathie und ↗ Scrapie werden durch ↗ Prionen verursacht.

Enchytraeida, Gruppe der ↗ Oligochaeta.

Encrinus, ausgestorbene Gatt. der Seelilien (↗ Crinoida) mit niedrigem schüsselförmigem Kelch und bis 1,6 m langem rundem Stiel, der sich aus vielen einzelnen Gliedern (*Trochiten*) zusammensetzt. Sie saßen mit einer Haftscheibe auf hartem Untergrund fest. E. waren in der mittleren ↗ Trias verbreitet. *Encrinus liliiformis* ist ein Leitfossil aus dem oberen Muschelkalk. Die calcithaltigen Stielglieder bildeten durch Zusammenschwemmung mächtige Gesteinsbänke, den *Trochitenkalk*.

Enddarm, *Colon*, Abschnitt des ↗ Darms.

endemisch, Bez. für Arten, die nur in natürlicherweise abgegrenzten geografischen Bereichen vorkommen, z. B. in isolierten Seen, auf Inseln usw. Diese Arten nennt man *Endemiten*.

Endemismus, das alleinige Vorkommen von Arten in natürlicherweise abgegrenzten geografischen Bereichen. E. ist z. B. häufig in isolierten Seen, auf Inseln und in Gebirgen (↗ Eiszeitrelikte). Reich an Endemiten aus verschiedensten Organismen-Gruppen sind z. B. die Galápagos-Inseln, Madagaskar, Neuguinea und alte Seen wie Baikal- und Tanganyika-See.

Endemiten, Bez. für ↗ endemisch vorkommende Organismen.

Endhirn, *Telencephalon*, Teil des ↗ Gehirns.

Endhandlung, *Erbkoordination*, die als Abschluss einer Kette von Appetenzverhaltensweisen (↗ Appetenzverhalten) auftritt und antriebshemmend wirkt; z. B. endet Jagdverhalten häufig mit der Endhandlung des Tötungsbisses (Totschütteln).

Endobios, Gesamtheit der Organismen, die im Inneren eines ↗ Substrates leben.

Endobiose, die ↗ Entökie.

Endocardium, das Endokard (↗ Herz).

Endoceras, ausgestorbene Gatt. der ↗ Nautiloidea (↗ Cephalopoda) mit großer, zylindrisch-konischer, bis 9 m langer Schale von rundem bis elliptischem Querschnitt und ungewöhnlich weitem, randlich-ventralem Sipho. E. ist ein Leitfossil des mittleren bis oberen ↗ Ordovizium.

Endocranialausguss, Innenausguss eines Schädels, der in gewissem Rahmen Aussagen über die oberflächlichen Faltungen und Windungen der Großhirnrinde z. B. bei fossilen Schädeln ermöglicht; dies ist möglich, da ausgeprägte Gehirnbereiche während des Wachstums Vertiefungen an den Innenseiten der Knochen des Hirnschädels hinterlassen.

Endocytobiose, *Endocytosymbiose*, Bez. für eine Form der ↗ Endosymbiose, bei der ein immer einzelliger Symbiont innerhalb einer Zelle eines meist mehrzelligen Partners lebt. Ein Beispiel sind die symbiontischen Dinoflagellaten (↗ Dinophyta) in Steinkorallen (↗ Madreporaria). Rezente E. bestehen z. B. zwischen einer Grünalge der Gattung *Chlorella* und *Paramecium bursaria*.

Endocytose, die Aufnahme von festen (↗ Phagocytose) und flüssigen bzw. gelösten (↗ Pinocytose) Substanzen in eukaryotische Zellen, bei der sich die Plasmamembran einstülpt und so genannte *Endocytosevesikel* abgeschnürt werden, die sich im Cytoplasma frei bewegen können. Ursprünglich diente die E. vor allem der unspezifischen Nahrungsaufnahme von Einzellern. Diese *einfache E.* lässt sich heute bei Amöben und Ciliaten beobachten. Die Endocytosevesikel verschmelzen mit primären ↗ Lysosomen zu sekundären Lysosomen, in denen der Abbau der aufgenommenen Nahrung erfolgt. Durch ↗ Exocytose erfolgt die Abgabe der unverdauten Bestandteile (*Residualkörper*). Bei höheren Zellen, die überwiegend die ↗ rezeptorvermittelte Endocytose durchführen, verschmelzen Endocytosevesikel miteinander und mit so genannten *Endosomen*, die als „Sortierstationen" fungieren und später mit Lysosomen fusionieren.

Bei der E. kann der Membranumsatz beträchtlich sein, wenn ständig Vesikel abgeschnürt werden. Makrophagen sind in der Lage, pro Minute über 100 Endocytosevesikel zu produzieren, was bei einem Durchmesser von 200 nm dazu führt, dass alle 30 min die gesamte Plasmamembran umgesetzt wird.

Endodermis, das in der Regel einschichtige pflanzliche ↗ Gewebe, das innere Gewebemassen voneinander trennt. In der ↗ Wurzel trennt die E. das zentrale ↗ Leitbündel von der ↗ Rinde. Gelegentlich ist auch in Sprossorganen eine E. ausgebildet, z. B. in Erdsprossen (↗ Rhizome), in Nebenblättern (↗ Nebenblatt) und z. B. bei den ↗ Lamiaceae. Die Zellen der E. sind meist dickwandig, bis auf einzelne dünnwandige Durchlasszellen. Die *Durchlasszellen* sind charakteristische Zellen der E. älterer Wurzeln von Monokotyledonen (↗ Liliopsida). Sie ermöglichen einen Stofftransport zwischen Zentralzylinder und Rinde. Die E. enthält den ↗ Caspary-Streifen.

Endofauna, *Infauna*, ↗ Fauna, die vorwiegend innerhalb von ↗ Substraten lebt.

Endogamie, die sexuelle ↗ Fortpflanzung zwischen näher verwandten Individuen, z. B. bei ↗ Inzucht.

endogen, im Innern entstehend oder befindlich. Gegensatz: ↗ exogen

endogene Rhythmik, ↗ Biorhythmik.

Endokard, *Endocardium*, die glatte Innenwand, die alle Hohlräume des Herzens auskleidet (↗ Herz).

Endokarp, Innenschicht der Fruchtwand (↗ Frucht) bei den ↗ Angiospermae. (↗ Exokarp, ↗ Mesokarp)

endokrin, Bez. für einen Sekretionsmechanismus, bei dem das Sekretionsprodukt (z. B. ein ↗ Hormon) über das Blut zur Zielzelle transportiert wird. (↗ Drüsen)

endokrine Drüsen, die Hormondrüsen (↗ Drüsen).

Endolymphe, die Flüssigkeit, die sich in dem von Epithel ausgekleideten häutigen Labyrinth des Innenohrs befindet (↗ Ohr).

Endomembransystem, Bez. für alle in einer ↗ Eucyte vorhandenen bzw. diese umgebenden Membranen, die direkt oder indirekt durch Membranvesikel miteinander in Verbindung stehen. Die Membranen der Mitochondrien, Plastiden sowie der Peroxisomen werden nicht zum E. hinzugezählt.

Endometrium, die Gebärmutterschleimhaut (↗ Gebärmutter).

Endomitose, die ↗ Replikation der DNA im intakten Zellkern und ohne Ausbildung einer Teilungsspindel. Nach einer E. enstehen tetraploide Zellen, nach weiteren E. liegt dann Polyploidie vor. Entsprechend der ↗ Kern-Plasma-Relation sind die Zellen deutlich größer. E. kommt z. B. bei Leberzellen vor. Einen Sonderfall stellen die *polytänen Riesenchromosomen* in den Speicheldrüsen der ↗ Diptera dar, bei denen die Chromatiden bis zu 10 μm dicke Chromosomenbündel ausbilden können. (↗ Mitose)

Endomycetidae, Unterklasse der Schlauchpilze (↗ Ascomycetes), in der alle hefeartigen Ascomyceten vereint sind. Sie vermehren sich durch Knospung oder auch durch Hyphenbruchstücke (*Arthrosporen*). Die Asci entstehen direkt aus den Zygoten oder anderen Einzelzellen und nicht in Fruchtkörpern. Nach der Sporenreife zerfallen oder verschleimen die Wände der Asci. Der Thallus ist meist ein Sprossmycel. Die Arten der E. leben oft auf zuckerhaltigen Substraten. Zu den E. gehören

u. a. folgend Gatt.: *Dipodascus*, deren Hyphenzellen einen längerkettigen Verband einkerniger (z. B. *Dipodascus uninucleatus*; lebt auf toten Insekten) oder mehrkerniger Zellen (z. B. *Dipodascus albidus*; lebt im Schleimfluss von Bäumen) bildet. Die Pilze der Gatt. *Endomyces* bilden ein fädiges Mycel; *Endomyces magnusii* lebt im Schleimfluss von Eichen. Die Hefepilze (↗ Hefen; Gatt. ↗ Saccharomyces) finden wegen ihrer Fähigkeit zur ↗ alkoholischen Gärung vielseitige Verwendung.

Endomykorrhiza, ↗ Mykorrhiza.

Endoneurium, Bindegewebe, das jede einzelne ↗ Nervenfaser umgibt.

Endonucleasen, Enzyme, die die Phosphodiesterbindungen von RNA (↗ Ribonucleasen) und DNA (↗ Desoxyribonucleasen) im Innern der Nucleinsäuremoleküle hydrolysieren (Gegensatz: ↗ Exonucleasen). Unspezifische E. führen dazu, dass Nucleinsäuren innerhalb kürzester Zeit in kleine Oligonucleotide abgebaut werden. Spezifische DNA-E., wie die so genannten ↗ Restriktionsenzyme sind wichtige Werkzeuge der Molekularbiologie. E. sind auch an der ↗ DNA-Reparatur beteiligt.

Endoparasit, *Innenparasit*, Parasit, der im Inneren seines ↗ Wirtes lebt, z. B. Bandwürmer und Leberegel (↗ Parasitismus). Gegensatz: ↗ Ektoparasit

Endopeptidasen, die ↗ Proteinasen.

Endoplasma, das ↗ Cytoplasma.

endoplasmatisches Reticulum, Abk. *ER*, das in eukaryotischen Zellen vorhandene System von miteinander verbundenen flachen Membranvesikeln, das je nach Zelltyp unterschiedlich stark ausgebildet ist. Das e. R. kann in zwei unterschiedliche Bereiche unterteilt werden. Sind auf der cytoplasmatischen Seite Ribosomen vorhanden spricht man von *rauem ER*; dort werden Membranproteine, lysosomale Proteine und solche Proteine, die zum Export aus Zellen bestimmt sind, synthetisiert. Von diesen wird das Ribosomen-freie *glatte ER* unterschieden.

Im Innenraum des e. R., dem *ER-Lumen* (*ER-Zisterne*) finden kotranslationale Glykosylierungsreaktionen statt. Wasserlösliche Proteine, die für die Sekretion bestimmt werden, gelangen vollständig in das ER-Lumen, wohingegen Membranproteine in die ER-Membran integriert werden. Damit diese Proteine jedoch in das ER gelangen können, besitzen sie an ihrem N-Terminus ein so genanntes *Signalpeptid*, das im Cytosol von einem Signalerkennungspartikel (SRP) erkannt wird. Nach dessen Bindung verlangsamt sich die Translation, bis das SRP an einen SRP-Rezeptor in der ER-Membran gebunden hat. Während der dann wieder einsetzenden Proteinsynthese gelangen die entstehenden Proteine durch einen speziellen Translokationskanal in das ER-Lumen. Für diese *Signal-Hypothese* erhielt G. ↗ Blobel 1999 den Nobelpreis.

Funktionen des glatten ER sind die Synthese von Membranlipiden wie Phospho- und Glycerolipiden, Sphingolipiden und Sterolen sowie von Speicherlipiden (Triacylglycerole). Diese Synthesen laufen auf der cytoplasmatischen Seite ab, sodass spezielle Enzyme, die *Flippasen* dafür sorgen müssen, dass sie auf beide Schichten der Lipiddoppelschicht gelangen. Die Desaturierung von Fettsäuren erfolgt über ein Cytochrom-System. Weiterhin ist das glatte ER an durch das Cytochrom P450 katalysierten Entgiftungsreaktionen beteiligt.

Die am e. R. synthetisierten Proteine und Lipide gelangen über Vesikel zunächst zum ↗ Golgi-Apparat, von wo sie an ihren endgültigen Bestimmungsort transportiert werden. Eine Sonderform des e. R. ist das ↗ sarkoplasmatische Reticulum der Muskelzellen.

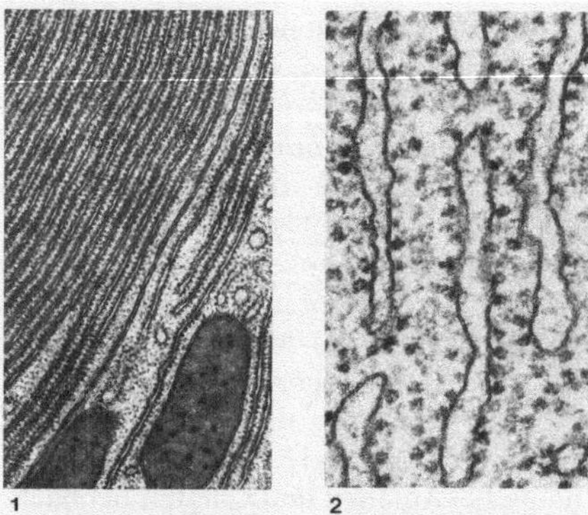

endoplasmatisches Reticulum EM-Aufnahmen des rauen endoplasmatischen Reticulums (rER); 1 Das raue ER aus der Bauchspeicheldrüse einer Fledermaus; 2 Bei stärkerer Vergrößerung sind die Ribosomen an der Außenseite der Membran zu erkennen

Endopodit, der Innenast des Spaltfußes der Krebse (↗ Crustacea).

Endorphine, *Opiatpeptide*, *endogene Opioide*, i.w.S. Gruppe von körpereigenen ↗ Neuropeptiden, die im Zentralnervensystem gebildet werden und an die Rezeptoren für ↗ Morphin (u. a. Opiate) binden. Sie können in drei Gruppen unterschieden werden: die Gruppe der *Endorphine i.e.S.* (α-, β- und γ-E.) mit einer Kettenlänge von 13 bis 31 Aminosäuren, die *Dynorphine* mit 32 Aminosäuren und die Gruppe der kürzerkettigen ↗ Enkephaline. E. vermitteln morphinähnliche Wirkungen (z. B. Schmerzlinderung; daher die Bez. „endogene Morphine"). Möglicherweise ist die Ausschüttung von E. Ursache für die Schmerzunempfindlichkeit (↗ Schmerz) bei Schockzuständen (↗ Schock) und die Schmerzausschaltung durch Akupunktur. Auch werden modulatorische Wirkungen von E. auf das Immunsystem sowie auf Lernprozesse und Gedächtnisleistungen (insbesondere von Dynorphinen) beschrieben. Insgesamt sind ihre physiologischen Funktionen jedoch bislang nur unzureichend bekannt. E. wurden bisher außer im Zentralnervensystem auch in der ↗ Cerebrospinalflüssigkeit, in den Nervengeflechten des Magen-Darm-Trakts, im Blut (gebildet von ↗ Makrophagen, Monocyten und ↗ Lymphocyten), in der ↗ Placenta und in der ↗ Hypophyse nachgewiesen.

Endoskelett, Sammelbez. für Form gebende Stützstrukturen im Innern mehrzelliger Organismen, wie sie in typischer Weise bei Stachelhäutern (↗ Echinodermata) und Chordatieren (↗ Chordata) ausgebildet sind. Meist sind E. das Produkt mesodermaler Gewebe (↗ Mesoderm) und sind entweder spezialisierte geformte Bindegewebe (↗ Knochen, ↗ Knorpel) oder werden von Bindegewebszellen als solide zellfreie Hartsubstanzen (Kalk-Skelettplatten der Echinodermata) abgeschieden.

Endosom, ↗ Endocytose.

Endosperm, das Nährgewebe der Pflanzensamen. Es umgibt den ↗ Keimling bzw. das Nährgewebe im Embryosack (↗ Blüte) der Samenpflanzen. Bei den ↗ Angiospermae entsteht es aus dem befruchteten sekundären Embryosackkern.

Endospor, die innere Schicht einer mehrschichtigen Sporenwand. (↗ Sporen)

Endosporen, 1) allgemein: Ausbreitungs- und/oder Überdauerungszellen (↗ Dauersporen), die innerhalb eines ein- oder mehrzelligen Sporenbehälters (↗ Sporangium) gebildet und aus diesem freigesetzt werden, z. B. die Ascosporen der Schlauchpilze.

2) die E. der Bakterien (↗ Bakteriensporen).

Endostyl, ↗ Acrania.

Endosymbiontentheorie, *Endosymbiontenhypothese*, eine Theorie zur Entstehung der ↗ Organellen der eukaryotischen Zelle. Bereits 1883 waren A.W. F. Schimper und F. Schmitz zur Ansicht gelangt, dass Plastiden an eine intrazelluläre Symbiose (↗ Endosymbiose, ↗ Endocytobiose) zwischen einem *autotrophen Endosymbionten* und einer *heterotrophen Wirtszelle* erinnern. S. Merezkovskij (1855–1921) bezeichnete 1905 die Plastiden als domestizierte Mikroorganismen, die in der Frühzeit stammesgeschichtlicher Entwicklung von Eucyten aufgenommen und eingebaut wurden. Damit ließ sich erklären, warum Plastiden und auch Mitochondrien nur durch Teilung, nicht aber de novo entstehen können.

Heute werden als Vorläufer der Plastiden Cyanobakterien angesehen, wohingegen die Mitochondrien dem Ast der Proteobakterien entstammen. Diese Annahme wird auch durch den Vergleich der Sequenzen ribosomaler RNA-Gene gestützt, der z. B. ergab, dass die plastidären Ribosomen und diejenigen von Cyanobakterien am nächsten miteinander vewandt sind. Als Modell für die Entstehung einer solchen Endosymbiose kann die Riesenamöbe *Pelomyxa palustris* dienen. Sie weist in ihrem Cytoplasma zahlreiche obligat endocytobiontische Bakterien auf, die mitochondrienähnliche Funktionen wahrnehmen. Im Anschluss an die ↗ Phagocytose werden diese nicht als Nahrung verdaut, sondern für den eigenen Stoffwechsel eingesetzt. Für die inzwischen allgemein akzeptierte E. sprechen mehrere Gründe: Endocytobiosen sind heute noch zu beobachten und scheinen relativ leicht zu entstehen, beide Organellen sind mindestens von einer doppelten Membran (↗ einfache Plastiden, ↗ komplexe Plastiden) umgeben, von denen die innere Membran eindeutig prokaryotische Eigenschaften aufweist (↗ Bakterienzelle). Das genetische System zeigt ebenfalls Merkmale, wie sie für Eubakterien typisch sind (ringförmige DNA, ↗ Operon-Strukturen, bakterienähnliche Ribosomen). Interessanterweise sind während der Evolution der Organellen zahlreiche ihrer ursprünglichen Gene in den Zellkern verlagert worden, sodass ihre Genprodukte im Cytoplasma synthetisiert und Proteine mittels ↗ Transitpeptiden an ihren jeweiligen Bestimmungsort gelangen. Die Mitochondrien und Chloroplasten heute existierender Zellen sind deshalb nur *semiautonom*, da sie außerhalb der Zellumgebung nicht überlebensfähig sind.

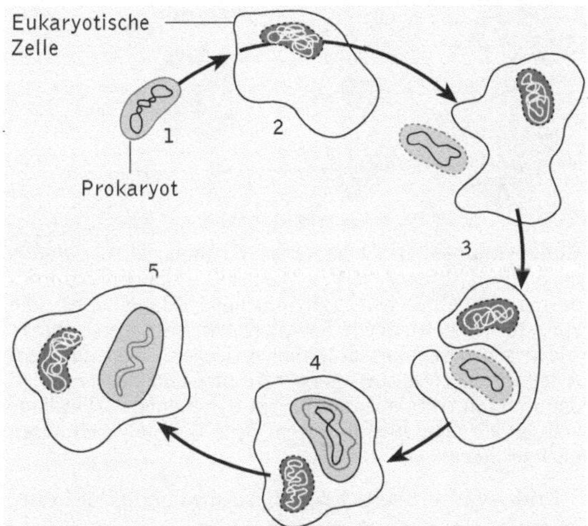

Endosymbiontentheorie Gezeigt wird die Evolution der Mitochondrien. Eine eukaryotische Zelle nimmt durch Phagocytose ein aerobes Bakterium auf (1-3), das jedoch nicht der intrazellulären Verdauung zugeführt wird, sondern sich dauerhaft im Cytoplasma behaupten kann, wo es, von einer zweiten Membran umgeben, als Endosymbiont die Wirtszelle mit ATP versorgt. Im weiteren Verlauf der Evolution des Endosymbionten zur semiautonomen Organelle wird der Großteil der DNA in den Zellkern verlagert

Endosymbiose, Bez. für ↗ Symbiosen, bei denen der eine Partner im Körper des anderen lebt. Die meisten E. sind Ernährungssymbiosen. Bei der Symbiose zwischen Leguminosen (↗ Fabales) und

Rhizobien (↗ Rhizobium) oder zwischen verschiedenen Nicht-Leguminosen und ↗ Frankia profitieren die Bakterien von den Assimilaten der Pflanze und stellen ihnen gewissermaßen als Gegenleistung aus der Luft gebundenen Stickstoff (↗ Stickstoff-Fixierung) zur Verfügung. Für die Nährstoffaufnahme vieler Pflanzen ist die Symbiose mit Endo- oder Ektomykorrhiza (↗ Mykorrhiza) von entscheidender Bedeutung, vor allem für die Aufnahme von Phosphor und Ammonium. Bei der ↗ Pansensymbiose der Wiederkäuer sorgen Bakterien und Ciliaten für den Aufschluss von Cellulose. Auch viele Insekten beherbergen in ihrem Verdauungstrakt symbiontische Mikroorganismen, die ihnen die sonst unverdauliche Nahrung aufschließen. Bei den Holz fressenden Termiten wird das Holz durch Flagellaten (↗ Flagellata, z. B. Arten der Gatt. *Spirotrichonympha*, *Joena* und *Trichomonas*), die in einer Gärkammer des Enddarms der Termiten leben, verdaut.

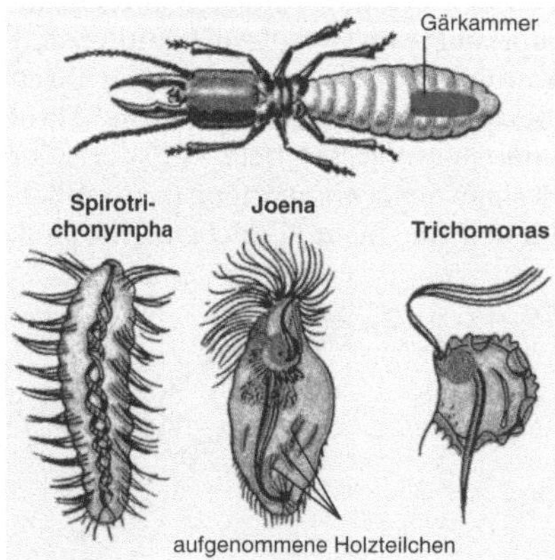

Endosymbiose Holz fressende Termiten, z. B. *Calotermes flavicollis*, beherbergen in einer Gärkammer des Enddarms Geißeltierchen (polymastigine Flagellaten), die Holzstückchen aus dem Termitendarm verdauen können. Die frisch geschlüpften Nymphen lecken einen aus dem After älterer Tiere austretenden Tropfen und infizieren sich dadurch mit dem lebenswichtigen Symbionten. Allerdings wurden kürzlich auch termiteneigene Gene für Cellulasen nachgewiesen

Endosymbiotische Ereignisse sind nach der heute weitgehend akzeptierten ↗ Endosymbiontentheorie am Ursprung der modernen Eukaryoten (↗ Eucarya) beteiligt. Danach stammen die ↗ Mitochondrien und ↗ Chloroplasten der Eukaryoten von ↗ Bakterien ab, die endosymbiontisch innerhalb eukaryotischer Zellen lebten. (↗ Ektosymbiose)

Endothel, Deckepithel aus einer einzigen Schicht meist plattenförmiger Zellen, das die ↗ Blutgefäße auskleidet. Es trennt das ↗ Blut von der Gefäßmuskulatur und steht in den Blutkapillaren über größere Poren im Dienste des Wasser- und Stoffaustauschs mit dem umgebenden Gewebe. Darüber hinaus ist das E. über verschiedene Oberflächenstrukturen und die Freisetzung löslicher Faktoren wesentlich an der Regulation des ↗ Blutdrucks, der ↗ Blutgerinnung, des Blutflusses sowie der Reparatur von Gefäßschäden und an immunologischen Prozessen beteiligt.

endotherm, 1) in der *Chemie* Bez. für chemische Reaktionen, die nur unter Wärmezufuhr ablaufen. Gegensatz: ↗ exotherm

2) in der *Physiologie* Bez. für Tiere, die ihre Körperwärme selbst erzeugen (↗ homoiotherm). Gegensatz: ↗ ektotherm

Endotoxine, ↗ Bakterientoxine.

Endoxidation, der letzte Schritt im Stoffwechsel, bei dem der Wasserstoff des NADH durch Sauerstoff zu Wasser oxidiert wird und die dabei frei werdende Energie in Form von ATP gespeichert wird (↗ Atmungskette).

Endplattenpotenzial, ↗ erregendes postsynaptisches Potenzial.

Endprodukt-Hemmung, *Rückkopplungs-Hemmung*, *negative Rückkopplung*, *Feedback-Hemmung*, die Hemmung eines i. d. R. den Anfangsschritt einer Stoffwechselkette katalysierenden Enzyms durch das Endprodukt einer Stoffwechselkette. (↗ allosterische Regulation). E. ist eine der Basisreaktionen der Stoffwechselregulation.

Endwirt, der am Ende des Entwicklungsgangs von Parasiten mit Wirtswechsel stehende ↗ Wirt. Zum E. gelangt der Parasit über einen oder mehrere Zwischenwirte. Der E. des Großen Leberegels ist z. B. ein Pflanzen fressendes Säugetier oder der Mensch, sein Zwischenwirt eine Wasserschnecke.

energetische Kopplung, bei Stoffwechselreaktionen Bez. für die Kopplung von Energie bereitstellenden (exergonischen) Reaktion wie z. B. der Spaltung von ATP mit Energie verbrauchenden (endergonischen) Reaktionen. Letztere werden dadurch energetisch erst möglich.

Energide, auf J. Sachs zurückgehende Bez. für den Zellkern und den ihn umgebenden Cytoplasmabereich, die eine funktionelle Einheit bilden. Die meisten eukaryotischen Zellen sind demnach *monoenergid*, wohingegen bei manchen Grünalgen, Pilzen und Protozoen auch *polyenergide* Zellen vorkommen.

Energie, die Fähigkeit eines Systems, Arbeit zu leisten. Es werden verschiedene Energieformen unterschieden. Die *Wärme-E.* eines Systems lässt sich auf die mit den statistisch ungeordneten Wärmebewegungen der Teilchen verknüpften Energien (bei Molekülen Rotations-E. und Schwingungs-E. ihrer gegeneinander schwingenden Atome) zurückführen. Für alle in thermodynamischen Systemen (und damit auch in biologischen Systemen) möglichen E.-Umwandlungen gelten die Hauptsätze der ↗ Thermodynamik. Der Teil der Gesamt-E. eines Systems, der sich in beliebiger Form (z. B. als Wärme-E. oder chemische E.) einem System (unter Konstanthaltung der Temperatur) entziehen lässt bzw., der unter diesen Bedingungen Arbeit leisten kann, wird als *freie E. (G)* bezeichnet, der verbleibende Teil als gebundene E. Freie E. besteht aus zwei Komponenten, der inneren Energie U (bei konstantem Druck ⊅ Enthalpie genannt) und der ⊅ Entropie. Lebende Organismen leben von freier E., die sie ihrer Umwelt entziehen. Sie ist die Triebkraft der Stoffwechselreaktionen, bei denen *chemische E.* umgesetzt und in energiereichen Verbindungen wie ATP gespeichert wird. Durch Hydrolyse dieser Verbindungen kann die gespeicherte E. wieder freigesetzt und für Reaktionen genutzt werden, die Energie verbrauchend sind. (⊅ energetische Kopplung, ⊅ Energiefluss, ⊅ Energieladung, ⊅ Energiestoffwechsel)

Energieerhaltungssatz, ⊅ Thermodynamik.

Energiefluss, die an den Stoffstrom in den ⊅ Nahrungsketten bzw. ⊅ Nahrungsnetzen gekoppelte Weitergabe von ⊅ Energie in einem ⊅ Ökosystem. Als offene Systeme sind Ökosysteme grundsätzlich auf eine Energiezufuhr von außen angewiesen. Diese Energie stammt primär von der Sonne (Globalstrahlung) und wird im ersten Schritt des Energieflusses bei der Fotosynthese der Pflanzen und fototropher Bakterien in chemische Energie umgewandelt. Die Bildung organischer Substanz (Biomasse) in der Fotosynthese wird als *Primärproduktion* bezeichnet. Bei der Fotosynthese werden nur maximal 5 % der Sonnenenergie genutzt. Das organische Material der ⊅ Primärproduzenten wird im Netzwerk von Primär-, Sekundär- und Tertiärkonsumenten und ⊅ Destruenten genutzt, bis die gesamte Energie zum Schluss in nicht mehr weiter verwertbare Wärmeenergie überführt wurde. Bei jedem Übergang von einer ⊅ Trophiestufe zur nächsten treten erhebliche Verluste an verwertbarer Energie auf. Als Faustregel gilt: Von Trophieebene zu Trophieebene verringert sich die Energie der Biomasse um eine Zehnerpotenz (*Zehn-Prozent-Regel*); d. h., 90 % der Energie werden nicht an die nächste Trophieebene weitergegeben sondern gehen bei der Respiration (⊅ Atmung) und der Abgabe organischer Stoffe verloren.

In einem *Energieflussdiagramm* lässt sich der E. eines Ökosystems vereinfacht darstellen.

Während E. stets linear verlaufen, ist der Materialfluss ein Kreislauf (⊅ Stoffkreisläufe).

Energieflusshypothese, eine Hypothese, die besagt, dass die geringe Zahl der ⊅ Trophieebenen in den meisten ⊅ Biozönosen auf eine Energielimitierung zurückzuführen ist. Im Ökosystem geht zwischen den Trophieebenen ein großer Teil der Energie verloren (⊅ Energiefluss).

Energieladung, *Energy charge,* ein Begriff, der den momentanen Energiezustand einer Zelle, ausgedrückt über das Konzentrationsverhältnis von ATP, ADP und AMP (⊅ Adenosinphosphate), bezeichnet. Sie ist definiert als:

$$\frac{[(ATP) + 0{,}5\,(ADP)]}{[(ATP) + (ADP) + (AMP)]}$$

Der Wert für die E. schwankt zwischen 0 (nur AMP vorhanden) und 1 (nur ATP vorhanden). Hohe E. hemmen die Stoffwechselwege des Katabolismus über allosterische Regulation von Schlüsselenzymen (z. B. ⊅ Phosphofructokinase) und aktivieren gleichzeitig diejenigen des Anabolismus. In vivo liegt die E. meist bei einem Wert um 0,8 und ist in diesem Bereich empfindlich regelbar.

Energiepyramide, pyramidenförmige Darstellung der Energiegehalte in den ⊅ Trophieebenen (⊅ Nahrungskette) eines abgegrenzten biozönotischen Systems (z. B. ein See, Wald usw.). Der Ausnutzungsgrad der Energie der vorangegangenen Trophieebene wird ⊅ ökologische Effizienz genannt. (⊅ Energiefluss)

energiereiche Verbindungen, Bez. für chemische Verbindungen, die energiereiche Bindungen bzw. ein hohes Gruppenübertragungspotenzial (⊅ Gruppenübertragungsreaktionen) besitzen und daher unter Freisetzung von Energie Elektronen, Atome oder Atomgruppen auf andere Verbindungen übertragen können. Wichtigste e. V. im Stoffwechsel aller Organismen ist ATP (⊅ Adenosinphosphate).

Energiestoffwechsel, Bez. für den katabolen „Betriebsstoffwechsel", der dem Energiegewinn zur Er-

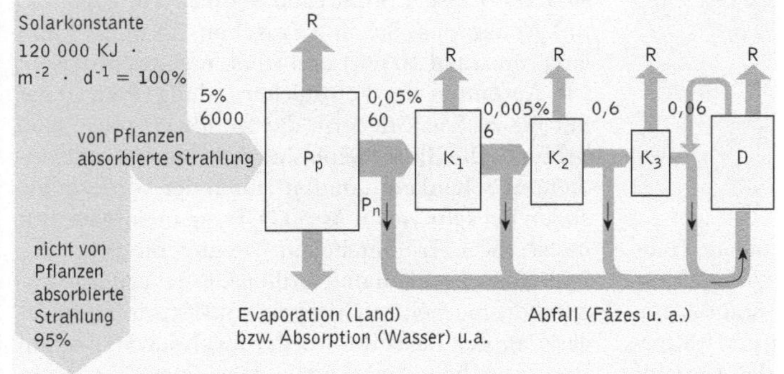

Energiefluss Stark schematisiertes *Energieflussdiagramm* eines autochthonen Ökosystems gemäßigter Breiten. Die Zahlen geben den Energieverbrauch in kJ m⁻² pro Tag an. Die Nettoproduktion (Pn) der Primärproduzenten (Pp) steht einer Kette von Primär-, Sekundär- und Tertiärkonsumenten (K1, K2, K3), Detritivoren und Destruenten (D) zur Verfügung. R = Respiration

haltung sämtlicher Lebensfunktionen dient. Er wird treffender als Energiewechsel bezeichnet und ist als Teil des Energiehaushalts unmittelbar mit dem Energieumsatz verbunden; darunter versteht man die Verwertung der chemischen Energie der Nährstoffe, wobei im katabolen Stoffwechsel die Energie in Arbeit und Wärme verwandelt, während sie im anabolen Stoffwechsel zum Aufbau körpereigener Substanzen genutzt wird.

Energy charge, die ↗ Energieladung.

Engelmann-Versuch, das nach T.W. Engelmann (1843-1909) benannte Experiment zum Nachweis des ↗ Aktionsspektrums der ↗ Fotosynthese. Engelmann nutzte ein Prisma, um das Sonnenlicht in verschiedene Spektralbereiche aufzutrennen und damit die fädige Grünalge *Spirogyra* zu bestrahlen. Bestimmte Zellen wurden so durch blaues, andere durch grünes und wieder andere durch rotes Licht bestrahlt. Der während der Fotosynthese entstehende Sauerstoff diente Engelmann als Maß für die fotosynthetisch wirksamen Wellenlängen des Lichts. Um die Sauerstoffbildung verfolgen zu können, setzte Engelmann aerotaktische Bakterien zu (↗ Aerotaxis), die sich vor allem im blauen und roten Bereich des Spektrums ansammelten, wohingegen sie bei grün bestrahlten Algenzellen kaum vorhanden waren (↗ Grünlücke).

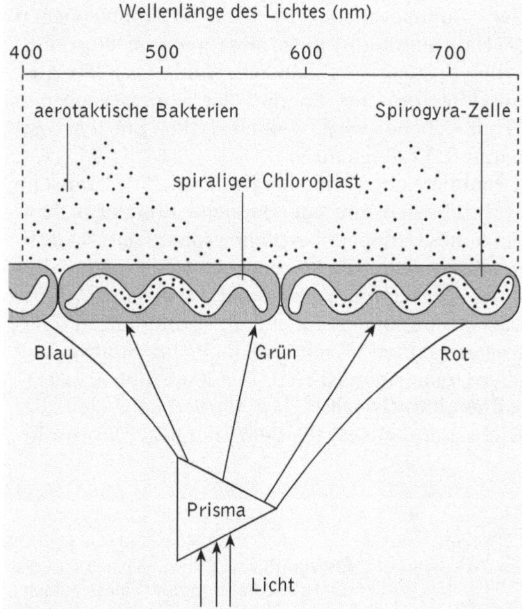

Engelmann-Versuch

Engelwurz, *Angelica*, Gatt. der ↗ Apiaceae. Häufig ist die Wald-E. oder Brustwurz, *Angelica silvestris*, eine bis 2 m hohe, mehrjährige Staude. Sie enthält ↗ etherische Öle, Phellandren und Bitterstoffe, die medizinisch zur Belebung des Nerven-

und Darmsystems verwendet werden. (↗ Heilpflanzen)

Engerling, Larvenform der Blatthornkäfer (↗ Scarabaeidae).

Engler, *Adolf*, deutscher Botaniker, * 25.3.1844 Sagan, † 10.10.1930 Berlin; ab 1878 Prof. und Direktor des Botanischen Gartens in Kiel, 1884 in Breslau und ab 1889 in Berlin, wo er den Botanischen Garten und das Botanische Museum in Dahlem einrichtete. E. leistete hervorragende Arbeiten zur Pflanzengeografie in Verbindung mit der Systematik. Sein zusammen mit K. Prantl (1849-1893) verfasstes Werk „Die natürlichen Pflanzenfamilien" (1887-1915; 23 Halbbände) ist bis heute ein Standardwerk der Botanik, ebenso wie „Syllabus der Pflanzenfamilien" (1887).

Engraulidae, Fam. der ↗ Clupeiformes.

Enhancement-Effekt, der ↗ Emerson-Effekt.

Enhancer, Bez. für ↗ cis-acting elements eukaryotischer und viraler Gene von bis zu mehreren hundert Basenpaaren Länge, die positionsunabhängig die Expression von Genen beeinflussen. Dabei müssen sie auf bisher noch ungeklärte Weise in die Nähe der jeweiligen ↗ Promotoren gelangen. Dadurch wird die Bindung von ↗ Transkriptionsfaktoren und der ↗ RNA-Polymerase erleichtert (↗ Transkription).

Enhancer-Mutanten, ↗ Mutantenanalyse.

Enhydra lutris, der ↗ Meerotter.

Enkephaline, kleine Neuropeptide oder Peptidhormone (aus fünf Aminosäureresten) mit morphinähnlicher Wirkung (↗ Morphin) auf das Zentralnervensystem. E. scheinen im ↗ Zentralnervensystem die Weiterleitung von Schmerzimpulsen (↗ Schmerz) zu hemmen. Eine Vielzahl weiterer physiologischer Funktionen wird bislang nur vermutet, so u. a. Effekte auf Gedächtnisprozesse (↗ Gedächtnis).

Enolase, zu den ↗ Lyasen gehörendes Enzym, das die reversible Dehydratisierung von 2-Phosphoglycerat zu Phosphoenolpyruvat katalysiert (↗ Glykolyse).

Enopla, Gruppe der ↗ Nemertini.

Ensifera, *Langfühlerschrecken*, Gruppe der Insekten (↗ Insecta) mit rund 8500 Arten, davon 35 in Mitteleuropa. Sie sind zwischen 1,5 und 50 mm lang (maximal 10 cm) und leben meist räuberisch. Die Antennen der E. sind körperlang oder länger mit bis zu 550 Gliedern, die Mundwerkzeuge sind beißend. Die Hinterbeine sind Sprungbeine mit verdickten Schenkeln. An den Tibien der Vorderbeine sitzen bei sehr vielen Arten ↗ Tympanalorgane mit meist zwei Trommelfellen (Synapomorphie der Laubheuschrecken und Grillen). Eine weitere Synapomorphie beider Gruppen sind Stridulationsorgane an der Basis der Vorderflügel der Männchen (bei manchen Arten auch derjenigen der Weibchen). Die Männchen locken mit dem Gesang die Weibchen an, bei manchen Arten dient er auch der Revierabgrenzung. E. haben z. T. komplizierte Balzverhalten, bei denen die Lautäußerungen sowie Drüsensekrete eine wichtige Rolle spielen. Bei der Paarung werden Spermatophoren übertragen, die Eier werden im Boden oder in Pflanzenteilen abgelegt. Die Entwicklung geht über 6-9 Nymphenstadien. Zu den E. gehören die Laubheuschrecken (↗ Tettigonioida), die Grillen (↗ Grylloida) und die *Gryllacridoida*, die primär keine Stridulations- und Gehörorgane besitzen.

Entamoeba histolytica, zu den Amöben (↗ Amoebina) gehörender Einzeller, der der Erreger der Amöbenruhr ist. E. h. lebt normalerweise in der harmlosen *Minuta-Form* als Kommensale im Darm vieler Bewohner und auch Besucher tropischer Regionen. Sie kann sich jedoch in die pathogene *Magna-Form* umwandeln, die dann in das Darmgewebe eindringt und dort Geschwüre verursacht. Die Infektion erfolgt über Cysten, die mit fäkal verunreinigter Nahrung aufgenommen wurden. Symptome der Amöbenruhr sind Durchfall, Fieber und extreme Mattigkeit.

Enten, *Anatinae*, Unterfam. der ↗ Anseriformes, zu der u. a. die ↗ Gründelenten, die ↗ Tauchenten, die ↗ Eiderenten, die ↗ Säger, die ↗ Ruderenten und die ↗ Brandgans gehören.

Entenmuscheln, ↗ Cirripedia.

Entenvögel, die ↗ Anseriformes.

Enteritis, *Darmentzündung*, Bez. für Entzündungen des Darms, meist des Dünndarms. Als Symptome treten dabei Bauchschmerzen, Krämpfe, Übelkeit, Erbrechen, Durchfälle (↗ Diarrhoe) und Fieber auf. Die E. kann verursacht sein durch Überbelastung, ↗ Salmonellen, Shigellen (↗ Shigella), ↗ Tuberkulose, Colitis, Crohnsche Krankheit, ↗ Enterobacteriaceae und ↗ Enterotoxine.

Enterobacter, Gatt. der ↗ Enterobacteriaceae. Es sind bewegliche, peritrich begeißelte, zum Teil bekapselte Stäbchen-Bakterien. Sie sind fakultativ anaerob, besitzen einen Atmungs- und Gärungsstoffwechsel und können mit Citrat und Acetat als einziger Kohlenstoffquelle wachsen. Aus Glucose werden Säuren und Gas gebildet. Die Bakterien sind in der Natur weit verbreitet und kommen in Süßwasser, Abwasser, Böden (↗ Bodenbakterien), auf Pflanzen sowie im Darmtrakt (↗ Darmflora) vor. *E. aerogenes* verursacht gelegentlich Harnwegsinfektionen.

Enterobacteriaceae, *Enterobakterien*, Fam. der γ-Untergruppe der ↗ Proteobacteria, deren gemeinsames Merkmal ihre fakultativ anaerobe Ernährungsweise ist, die auf einer Vielzahl von Gärungstypen (z. B. ↗ Ameisensäuregärung, 2,3-Butandiolgärung) beruht. Da man diese Gruppe von Bakterien zuerst im Darm entdeckt hat, hat man sie

auch als *Darmbakterien* (↗ Darmflora) bezeichnet. Viele Arten kommen jedoch auch im Boden, in Gewässern und in Nahrungsmitteln vor. Es sind gramnegative Stäbchen-Bakterien, die unbeweglich oder peritrich begeißelt sind und i. d. R. auf einfachen Nährböden wachsen können. Typisch für die E. sind ein negativer Oxidasetest, das Vorkommen von Katalase und die Reduktion von Nitrat zu Nitrit (außer bei *Erwinia*). Wichtige Gatt. der E. sind ↗ Escherichia (↗ Escherichia coli), ↗ Shigella, *Salmonella* (↗ Salmonellen), ↗ Enterobacter, ↗ Klebsiella, ↗ Erwinia, *Serratia*, *Yersinia*, *Providencia* und ↗ Proteus.

Enterobakterien, die ↗ Enterobacteriaceae.

Enterobius vermicularis, der ↗ Madenwurm.

Enterococcus, Gatt. der ↗ Milchsäurebakterien, grampositive, in Ketten angeordnete Kokken (↗ Bakterien).

Enterogastron, ↗ gastrointestinales Peptid.

Enteroglucagon, ein ↗ gastrointestinales Hormon, das im Dünndarm gebildet wird und die stimulierende Wirkung von Glucose und Aminosäuren auf die Insulinsekretion der ↗ Bauchspeicheldrüse unterstützt. Außerdem wirkt E. hemmend auf die Dünndarmmotilität.

enterohepatischer Kreislauf, ↗ Gallensäuren.

Enterokinase, *Enteropeptidase*, eine im tierischen und menschlichen Darm vorkommende, hochspezifische ↗ Proteinase, die von Trypsinogen das N-terminale Hexapeptid Val–(Asp)$_4$–Lys abspaltet und Trypsinogen dadurch in das proteolytisch aktive ↗ Trypsin umwandelt.

Enterokokken, Arten der Gatt. ↗ Enterococcus.

Enteron, der ↗ Darm.

Enteropeptidase, die ↗ Enterokinase.

Enteropneusta, *Eichelwürmer*, zu den ↗ Hemichordata gehörende Gruppe wurmförmiger, oft in U-förmigen Gängen im Sediment lebender Meerestiere, die wenige Zentimeter bis über 2 m lang sind. Der Körper ist äußerlich in drei Regionen gegliedert: die *Eichel (Prosoma)*, den *Kragen (Mesosoma)*, die beide oft gelblich bis orange gefärbt sind, und den *Rumpf (Metasoma)*, dessen Farbe durch die durchschimmernden Gonaden oder den Darm bestimmt ist. Im vorderem Rumpfbereich hinter dem Kragen gibt es Kiemenspalten, durch die überschüssiges Wasser ausgeschleust wird, und die vermutlich auch der Atmung dienen. Die Körperdecke

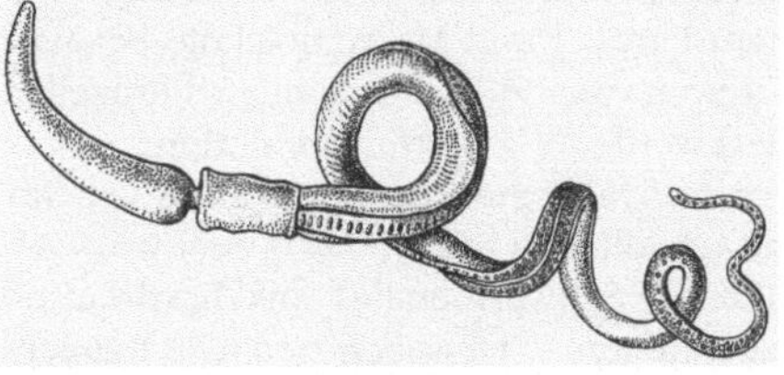

Enteropneusta   Eichelwurm der Gatt. *Saccoglossus*

ist eine dicht bewimperte und sehr drüsenreiche Epidermis. E. ernähren sich von Einzellern und ↗ Detritus, die mit Hilfe der Wimpern eingestrudelt werden. E. sind getrenntgeschlechtlich, Männchen und Weibchen zeigen eine unterschiedliche Färbung der Gonaden. Die Befruchtung findet außerhalb des Körpers statt, die Entwicklung verläuft über eine Tornaria-Larve. Größte Art ist *Balanoglossus gigas* mit bis zu 2,5 m Länge, der vor der Küste Brasiliens lebt.

Enterorezeptoren, *Enterozeptoren*, Bez. für Rezeptoren, die über die visceralen Nerven Informationen aus dem Bereich der inneren Organe liefern.

Enterotoxine, von Enterobakterien (↗ Enterobacteriaceae) gebildete Toxine (↗ Bakterientoxine), die Darmerkrankungen hervorrufen (z. B. ↗ Diarrhoe). Sie können durch vergiftete Nahrung aufgenommen werden (↗ Nahrungsmittelvergiftungen) oder erst im Darm durch Bakterien gebildet werden. E. werden bei fast allen Entzündungen des Dünndarms (↗ Enteritis) nachgewiesen. Unter den E. gibt es auch hitzestabile Toxine, die durch Abkochen von Nahrungsmitteln nicht zerstört werden, z. B. bestimmte Toxine von ↗ Escherichia coli.

Enteroviren, ↗ Viren der Gatt. *Enterovirus* der ↗ Picornaviren. Diese Viren können sich im Magen-Darm-Trakt vermehren. Die Infektionen verlaufen meist asymptomatisch, bei Erkrankungen können u. a. ↗ Meningitis, ↗ Encephalitis, Myokarditis und Myelitis aufteten.

Entfernungsorientierung, die ↗ Elasis.

Entgiftung, *Detoxifikation*, 1) *Tierphysiologie*: Die Ausscheidung schädlicher Stoffe aus dem Organismus, die über die Nahrung, die Schleimhäute, die Haut oder sonstige Körperoberflächen aufgenommen wurden bzw. die endogen entstanden sind. Bei höheren Tieren und dem Menschen wird diese Funktion von der ↗ Leber oder ähnlichen zentralen Stoffwechselorganen, wie dem ↗ Fettkörper oder den Malpighi-Gefäßen übernommen. Der Entgiftung dienende chemische Reaktionen sind überall im Tierreich anzutreffen. Häufig vorkommende Reaktionen sind ↗ Oxidation, ↗ Reduktion, ↗ Konjugation, Hydroxylierung, ↗ Methylierung, ↗ Decarboxylierung, ↗ Desaminierung oder auch Bindung an Transportmoleküle; durch diese Reaktionen werden die toxischen Substanzen unschädlich und, indem sie in hydrophile Verbindungen überführt werden, für die ↗ Exkretionsorgane filtrierbar gemacht. Auch können kleinere Partikel und Makromoleküle bei Wirbeltieren durch die ↗ Kupffer'schen Sternzellen phagocytiert werden. (↗ Biotransformation)

2) *Pflanzenphysiologie*: die Entfernung von für die Pflanze schädlichen Stoffen (z. B. Stoffwechselendprodukte, ↗ Schwermetalle) aus bestimmten Zellkompartimenten, Geweben oder Organen. Hauptspeicherort von Giftstoffen ist die ↗ Vakuole.

Höhere Pflanzen sind teilweise in der Lage, aufgenommene Schwermetalle wie Zink, Blei, Kupfer und Cadmium zu eliminieren. Bei dieser E. spielen vor allem *Phytochelatine* und *Homophytochelatine* eine Rolle. Die SH-Gruppen dieser Verbindungen binden bevorzugt die toxischen Schwermetallionen. Eine weitere Gruppe mit gleicher Funktion sind die *Metallothionine*. Auch hier werden die Schwermetalle durch SH-Gruppen gebunden und in die Vakuole transferiert. Dort werden sie in chelatisierter Form gespeichert. – Für viele Mechanismen der E. sind auch ↗ Drüsen von Bedeutung, z. B. die Salzdrüsen einiger Halophyten.

Enthalpie, *Wärmetönung*, die beim Ablauf einer exothermen (bzw. endothermen) chemischen Reaktion frei werdende (bzw. aufzuwendende) Wärmeenergie. Als Symbol für die E. wird ΔH (bzw. ΔH° unter Standardbedingungen) verwendet. Der Wert von ΔH (negativ bei exothermen Reaktionen, positiv bei endothermen Reaktionen) ist kein direktes Maß für die Spontaneität einer chemischen Reaktion. Diese richtet sich vielmehr nach der so genannten *freien Enthalpie*, d. h. der in Arbeit umwandelbaren Enthalpie (auch *freie Energie* genannt, Symbol ΔG (bzw. ΔG°). Sie steht mit der E. nach dem zweiten Hauptsatz der Thermodynamik in folgender Beziehung: $\Delta G^{\circ} = \Delta H^{\circ} - T \Delta S$.

(T ist dabei die absolute Temperatur in Kelvin; ΔS die Änderung der ↗ Entropie). Nur wenn die Änderung der freien Enthalpie negativ ist ($\Delta G < 0$), kann die betreffende Reaktion spontan ablaufen.

Entjungferung, *Defloration*, das Einreißen des ↗ Jungfernhäutchens eines Mädchens bzw. einer Frau beim ersten ↗ Geschlechtsverkehr.

Entkeimung, ↗ Sterilisation.

Entkoppler, ↗ Atmungskette.

Entner-Doudoroff-Weg, weit verbreiteter Weg des Zuckerabbaus bei ↗ Bakterien, bei dem aus einem Molekül Glucose zwei Moleküle Pyruvat (↗ Brenztraubensäure) entstehen. Dabei wird – anders als bei der normalen ↗ Glykolyse – als charakteristisches Zwischenprodukt 2-Keto-3-desoxy-6-phosphogluconat gebildet. Dieser Stoffwechselweg ist hauptsächlich bei gramnegativen Bakterien (z. B. bei den ↗ Pseudomonaden) verbreitet. Im aeroben Stoffwechsel (z. B. bei *Pseudomonas*) entsteht aus Pyruvat ↗ Acetyl-Coenzym A, das dann durch den ↗ Citratzyklus weiter oxidiert wird. Im Gärungsstoffwechsel von ↗ Zymomonas wird das Pyruvat zu ↗ Acetaldehyd decarboxyliert, aus dem durch Reduktion ↗ Ethanol entsteht.

Entoderm, *Entoblast(em)*, das innere der zwei bzw. drei ↗ Keimblätter der ↗ Gastrula der vielzelligen Tiere. Aus dem E. entsteht der Magen-Darm-Trakt samt den von ihm abgeleiteten Organen (Leber, Lunge, einige endokrine Drüsen). ↗ Ektoderm, ↗ Mesoderm

Entognatha, *Entotropha*, *Sackkiefler*, Gruppe der ↗ Insecta, bei denen die Mandibeln und ersten Maxillen in einer Vorderkopftasche versenkt liegen. Diese ist dadurch entstanden, dass die Seitenwände der Kopfkapsel mit der Unterlippe (Labium) verwachsen sind. Dies ermöglicht eine Kombination von Saugen und Anstechen bzw. Zerkleinern der Nahrung durch die Mandibeln und ersten Maxillen. Die E. besitzen die für Gliederfüßer (↗ Arthropoda) ursprüngliche Gliederantenne. Zu den E. gehören die Doppelschwänze (↗ Diplura), die Springschwänze (↗ Collembola) und die Beintastler (↗ Protura).

Entökie, *Endobiose*, *Einmietung*, eine Form der ↗ Karpose, bei der sich Tiere in Körperhöhlen anderer Tiere ansiedeln, ohne diese zu schädigen, z. B. Würmer und Krebse in den Hohlräumen von Schwämmen. (↗ Wechselbeziehungen zwischen Lebewesen)

Entomogamie, *Entomophilie*, *Insektenblütigkeit*, die ↗ Bestäubung von ↗ Blüten durch Insekten. E. ist neben der Windbestäubung (↗ Anemogamie) der häufigste Bestäubungsmechanismus. Zu den bestäubenden Insekten gehören im Wesentlichen Hautflügler (Hymenoptera), Fliegen und Mücken (↗ Diptera), Käfer (↗ Coleoptera) und Schmetterlinge (↗ Lepidoptera).

Entomologie, *Insektenkunde*, die Lehre und Erforschung der Insekten. Die E. ist ein Teilgebiet der ↗ Zoologie, das aber bereits seit langer Zeit ein selbstständiger Forschungszweig ist. Zur *allg. E.* gehören die Erforschung der Entwicklung und Lebensweise, des Körperbaus und der Organfunktionen, die Evolution und Systematik sowie Verhalten, Ökologie und Verbreitung der Insekten. Die *angewandte E.* befasst sich mit den für Land-, Forst- und Vorratswirtschaft sowie Medizin bzw. Tiermedizin bedeutungsvollen Insekten, mit deren Schaden und Nutzen. Zu ihren Hauptaufgaben gehören die rechtzeitige Erkennung des Auftretens von Schädlingen bzw. ihre Massenvermehrung, die Erarbeitung von Methoden zu ihrer Bekämpfung sowie die Erforschung der Nützlingsfauna und der Insektenkrankheiten. Die angewandte E. ist gleichzeitig ein Teilgebiet der ↗ Phytopathologie.

Entomophilie, die ↗ Entomogamie.

Entomophthorales, Ord. der Jochpilze (↗ Zygomycetes), deren Arten sich in der vegetativen Phase fast ausnahmslos mit Konidien vermehren, die sich von Sporocysten ableiten. Die schlauchförmigen Hyphen besitzen Querwände, die entstehenden Abschnitte sind unregelmäßig vielkernig oder einkernig. E. sind weltweit verbreitete Saprobionten oder häufiger Parasiten von Tieren (häufig Arthropoden) und von Pflanzen. Bekannteste Art ist *Entomophthora muscae*, der *Fliegenschimmel*. Er verursacht insbesondere im Herbst eine epidemische Krankheit bei der Stubenfliege u. a. Insekten. Konidien des Pilzes, die an der Fliege haften, bilden einen Keimschlauch, dringen durch die Atemöffnungen ein und wachsen zum Fettgewebe vor, wo sie ein Mycel ausbilden. Dieses wandelt sich in abgerundete, mehrkernige Zellen (Hyphenkörper) um, die sich durch Sprossung weiter vermehren und über die Blutbahn den Wirt überschwemmen. Die (festsitzenden) Fliegen sterben nach 2-6 Tagen. Es bilden sich Konidienträger, die massenhaft aus der toten Fliege herauswachsen und Konidien entwickeln. Bei der Reife werden die klebrigen, mehrkernigen Konidien durch Turgordruck 1-2 cm weit weggeschleudert und umgeben die Fliege mit einem weißen Hof.

Entoprocta, die Kelchwürmer (↗ Kamptozoa).

Entotropha, die ↗ Entognatha.

Entropie, thermodynamische Größe (Symbol S), die das Maß der Unordnung eines Systems angibt. Je zufälliger die Objekte eines Systems verteilt sind, desto größer ist seine E. Nach dem zweiten Hauptsatz der ↗ Thermodynamik ist jede Energieumwandlung mit einer Zunahme der E. des Universums verbunden. Meist erhöht sich die E. dabei durch Freisetzen von Wärme. Die Bildung hoch geordneter Strukturen von Lebewesen und der zweite Hauptsatz, der eine Zunahme der E. fordert, bilden nur scheinbar einen Widerspruch. Die E. braucht nicht überall zuzunehmen, sondern nur insgesamt.

Gemäß des zweiten Hauptsatzes der Thermodynamik steht die mit einem Prozess einhergehende Änderung der E. (ΔS) mit dem Gesamtenergieumsatz ΔH in Beziehung (↗ Enthalpie). Nach diesem Hauptsatz ist es unmöglich, die bei chemischen Reaktionen umgesetzten Energien vollständig in Arbeit umzuwandeln.

Entwicklung, allg. eine gerichtete Veränderung. In der *Biologie* die Veränderung von morphologisch und physiologisch meist einfachen zu komplexeren Formen. Jeder Organismus ist das Ergebnis von zwei Arten der Entwicklung, der Individualentwicklung (*Ontogenese*; ↗ Embryonalentwicklung, ↗ Fetalentwicklung, ↗ Furchung, ↗ Musterbildung, ↗ Wachstum) und der Stammesentwicklung (*Phylogenese*; ↗ Evolution).

Entwicklungsbiologie, *Embryologie*, biologische Disziplin, die die Faktoren und Prozesse im Verlauf der Individualentwicklung (Ontogenese) eines Organismus von der Zygote bis zum fertigen Organismus erforscht. Sie untersucht die an der Ontogenese beteiligten Gene (*Entwicklungsgenetik*) und ihr Zusammenwirken sowie die morphologischen Veränderungen im Verlauf der Individualentwicklung und analysiert ihre kausalen Zusammenhänge (*Entwicklungsphysiologie*). ↗ Embryonalentwicklung, ↗ Fetalentwicklung, ↗ Furchung, ↗ Musterbildung

Entwicklungsgenetik, Teilgebiet der ↗ Entwicklungsbiologie.

Entwicklungskontroll-Gene, die ↗ Homöobox-Gene.

Entwicklungsphysiologie, Teilgebiet der ↗ Entwicklungsbiologie.

Entyloma, Gatt. der ↗ Tilletiales.

Entzündungsreaktion, *Entzündung*, *Inflammatio*, eine umschriebene Reaktion des tierischen Gewebes auf eine Schädigung. Die klassischen klinischen Zeichen sind: Rötung (*Rubor*), Schwellung (*Tumor*), Schmerz (*Dolor*) und Überwärmung (*Calor*). Ursachen für eine E. können sein: Exotoxine und Endotoxine von ↗ Bakterien, ↗ Viren, Cholesterin- und Harnsäureablagerungen (z. B. bei Gicht); bestimmte Antigen-Antikörper-Reaktionen, ↗ Autoimmunkrankheiten, Gewebs-Nekrosen, mechanische Reize (z.B. Verletzungen) physikalische Faktoren (z. B. ionisierende Strahlung), chemische Substanzen. Unter einer *akuten E.* versteht man frühe und häufig vorübergehende Reaktionen, während man von einer *chronischen E.* spricht, wenn die Infektion andauert oder eine Autoimmunkrankheit vorliegt.

Klinisch beobachtet man viele verschiedene Entzündungsformen, abhängig vom Ort und der Art der Ursache. Unabhängig davon läuft die E. im Wesentlichen immer gleich ab: Im Bereich der Schädigung kommt es zunächst zur so genannten *Gefäßreaktion*, d. h. zu einer Gefäßerweiterung und zum Stillstand der Durchblutung; dann folgt *Exsudation*, d. h. der Austritt von Protein und fibrinhaltigem Plasma, wodurch das toxische Agens verdünnt wird und die entzündliche Schwellung entsteht. Durch den erhöhten Gewebsdruck, durch Peptide und Milchsäure werden die Nervenendigungen gereizt, sodass sich der oft pulssynchrone *Schmerz* im Entzündungsgebiet einstellt. Anschließend kommt es zur zellulären Reaktion, d. h. ↗ Granulocyten, Histiocyten und ↗ Lymphocyten treten aus den Gefäßen aus und gelangen überwiegend durch ↗ Chemotaxis (saures Milieu) an den Ort der Schädigung. Dort phagocytieren (↗ Phagocytose) die Granulocyten die Bakterien und Toxine, die intrazellulär durch ↗ Lysosomen verdaut werden. Bei diesem Vorgang zerfallen die Granulocyten, wobei die Zerfallsprodukte ↗ Fieber erzeugen können (*Pyrogene*). Aus fettig degenerierten Granulocyten entsteht *Eiter*. Die Histiocyten bzw. Monocyten verdauen zusätzlich Lipide, Erythrocyten und Zellzerfallsprodukte. Durch Bildung von Fibrin wird die E. lokal begrenzt. Im weiteren Verlauf wandern nach ca. sechs Tagen ↗ Fibroblasten ein, die Reticulin und kollagene Fasern bilden, welche das zerstörte Gewebe ersetzen und die Narbe bilden.

Enzian, *Gentiana*, Gatt. der ↗ Gentianaceae, von der zahlreiche Arten als Gebirgspflanzen der nördlichen gemäßigten und kalten Gebiete vorkommen. Es sind meist leuchtend blau, aber auch violett, blau, purpur, weiß oder gelb blühende Pflanzen. Alle bei uns heimischen Arten stehen unter Naturschutz. Der *Gelbe Enzian*, *Gentiana lutea* (Abb. ↗ Gentianaceae) wird als ↗ Heilpflanze und zur Herstellung von Enzianschnaps genutzt.

Enziangewächse, die Fam. ↗ Gentianaceae.

Enzyme, *Biokatalysatoren*, veraltete Bez. *Fermente*. Überwiegend Proteine (Ausnahme ist z. B. katalytisch wirksame RNA, ↗ Ribozyme), die in lebenden Organismen als Katalysatoren an fast allen chemischen Umsetzungen beteiligt sind, indem sie die für den Ablauf jeder chemischen Reaktion erforderliche ↗ Aktivierungsenergie herabsetzen. Dadurch bringen sie bereits unter den in lebenden Zellen herrschenden Bedingungen chemische Reaktionen in Gang, die sonst nur unter nicht physiologischen Bedingungen mit merklicher Geschwindigkeit abliefen. Gegenüber der nicht katalysierten kann die katalysierte Reaktion um den Faktor 10^3–10^6 beschleunigt sein. Da sich Stoffwechselvorgänge aus zahlreichen Einzelreaktionen zusammensetzen, von denen jede durch ein bestimmtes, für jede Einzelreaktion spezifisches E. katalysiert wird, sind E. von fundamentaler Bedeutung für den Ablauf des gesamten Zellstoffwechsels.

Biosynthese, Struktur und Kompartimentierung: Die Synthese der Enzymproteine erfolgt wie bei allen Proteinen über Translation. Ständig gebildete E. werden als *konstitutive E.* bezeichnet, hingegen sind *adaptive E.* solche, die nur bei Bedarf gebildet werden. Die Regulation der E.-Synthese erfolgt meist auf der Ebene der ↗ Transkription (↗ Enzyminduktion), doch gibt es auch Beispiele für Regulation auf der Ebene der ↗ Translation (z. B. bei bestimmten RNA-Phagen).

Enzymproteine können monomer sein, d. h. aus einer Polypeptidkette oder oligo- bzw. multimer sein, also aus mehreren Polypeptideinheiten bestehen. *Monomere E.* sind meist E., die von den produzierenden Zellen in den extrazellulären Raum ausgeschieden werden (z. B. Verdauungsenzyme), während *multimere E.* überwiegend zelluläre E. sind. Letztere bestehen entweder aus mehreren gleichen (z. B. Aspartat-Transcarbamylase) oder aber aus verschiedenen Peptiduntereinheiten (↗ Ribulose-1,5-bisphosphat-Carboxylase/Oxygenase). Viele E. besitzen neben dem Proteinanteil, dem *Apoenzym*, auch nicht proteinogene Gruppen (↗ Coenzyme, so z. B. ↗ Vitamine oder ↗ Nucleotide), die an das Apoenzym entweder über schwache Wechselwirkungen bzw. vorübergehend, oder aber kovalent gebunden sind (*prosthetische Gruppe*). Als *Cofaktoren* treten darüber hinaus noch als Spurenelemente bekannte Metalle (u. a. ↗ Eisen, ↗ Kupfer, ↗ Magnesium, ↗ Mangan, ↗ Zink) in Erscheinung, die als Elektronenakzeptoren dienen. Apoenzym und Coenzym ergeben zusammen das *Holoenzym*.

Als *Enzymsysteme* werden Gruppen von E. zusammengefasst, durch die zusammengehörige, mehrstufige Reaktionsfolgen katalysiert werden, so z. B. das Enzymsystem der ⊅ Glykolyse. Sie können aber auch, wie im Fall des Fettsäure-Synthetase-Komplexes, durch Zusammenlagerung mehrerer Enzyme zu einem größeren Verband als ⊅ Multienzymkomplexe vorliegen. Enzymsysteme sind i. d. R. in bestimmten ⊅ Kompartimenten in der Zelle lokalisiert, so z. B. die Enzyme der Glykolyse im Cytoplasma, diejenigen des ⊅ Citratzyklus in den ⊅ Mitochondrien und diejenigen des ⊅ Calvin-Zyklus in den ⊅ Chloroplasten. Innerhalb der Kompartimente kann unterschieden werden zwischen frei im Plasma beweglichen Enzymen und solchen, die in den entsprechenden Membranen verankert sind, wie z. B. die Enzyme der ⊅ Atmungskette in der Mitochondrienmembran. Membrangebundene Enzyme können jedoch innerhalb der Membranschicht, an die sie gebunden sind, diffundieren und mit anderen membrangebundenen Enzymen interagieren.

In verschiedenen Individuen der gleichen Art, in verschiedenen Organen eines Individuums oder sogar in den verschiedenen Kompartimenten einer Zelle kommen E. vor, die zwar die gleiche Reaktion katalysieren, aber (meist geringe) Unterschiede in der Proteinstruktur und/oder den kinetischen Eigenschaften aufweisen; sie werden als *Isoenzyme* bezeichnet.

Wirkungsmechanismus: Als Katalysatoren erhöhen E. immer die Geschwindigkeiten von Hin- und Rückreaktion, so dass unter der Wirkung von Enzymen lediglich die Geschwindigkeit der Gleichgewichtseinstellung erhöht wird, jedoch die Lage des Gleichgewichts keine Änderung erfährt. Die unter der Wirkung des E. umgewandelte chemische Verbindung wird als *Substrat* bezeichnet. Dieses wird vorübergehend während der Umsetzung am *aktiven Zentrum* des E. unter Ausbildung eines *Enzym-Substrat-Komplexes* gebunden. Substrat und aktives Zentrum eines E. sind zueinander komplementär, d. h. sie passen wie Schlüssel und Schloss ineinander, weshalb jedes E. aus der Vielzahl der in der Zelle auftretenden Moleküle das jeweils passende Substrat, und nur dieses, binden und umsetzen kann (*Substratspezifität*). Zwei E. können aber auch dasselbe Substrat umsetzen, katalysieren jedoch verschiedene Reaktionen dieses Substrats, sodass unterschiedliche Endprodukte entstehen (*Wirkungsspezifität*). Während die Substratspezifität vorwiegend auf der Wechselwirkung zwischen Substrat und aktivem Zentrum beruht, ist für die Wirkungsspezifität auch die Wechselwirkung zwischen Substrat und Coenzym von Bedeutung; dies insbesondere, da Coenzyme häufig, einhergehend mit der Umsetzung des Substrats, selbst zyklische Reaktionen durchlaufen. Sie werden deshalb häufig auch als *Cosubstrat* bezeichnet.

Bei Bildung des Enzym-Substrat-Komplexes wird durch Wirkung des Enzyms die Elektronenverteilung im Substrat derart verändert, dass es zu einem Übergangszustand kommt, der als der Zustand mit der höchsten Energie auf dem Weg vom Substrat zum Produkt zu verstehen ist. Je nach Funktion des Enzyms werden dabei bestimmte chemische Bindungen selektiv beeinflusst, was zur Bildung des Produktes führt. Der entstehende *Enzym-Produkt-Komplex* ist wiederum infolge der spezifischen Eigenschaften des Enzyms sehr unbeständig und dissoziiert unmittelbar in Produkt und Enzym, welches dann für einen neuen Reaktionszyklus bereit ist.

Enzymkinetik: Neben den strukturellen Eigenschaften und der Substrat- bzw. Wirkungsspezifität sind die kinetischen Eigenschaften sowie Hemmbarkeit oder Stimulierung durch bestimmte Substanzen charakteristische Kenngrößen von E. Misst man bei vorgegebener konstanter Enzymmenge die Geschwindigkeit (Menge des umgesetzten Substrats pro Zeiteinheit) der betreffenden Reaktion in Abhängigkeit von der Substratkonzentration, so steigt zu Anfang die Reaktionsgeschwindigkeit pro-

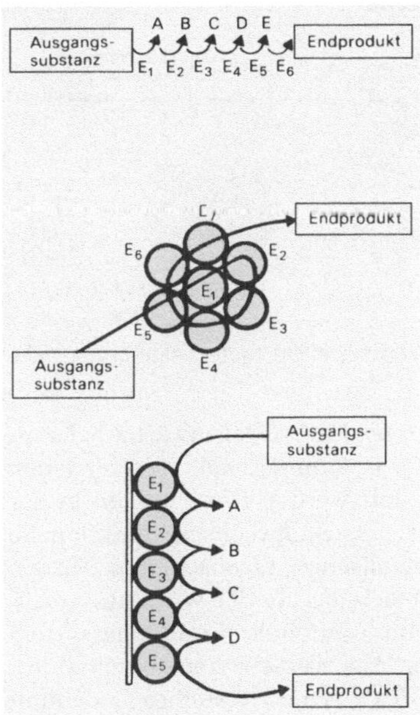

Enzyme Typen räumlicher Anordnung von Enzymen in der Zelle: Abb. oben: *frei im Plasma liegende Enzyme* (z. B. Glykolyse); das Produkt der einen Enzymreaktion ist Substrat für die nächste Reaktion. E–E sind diffundierende Zwischenprodukte. Mitte: *Multienzymkomplex* (z. B. Fettsäuresynthese). Unten: *membrangebundene Enzyme* (z. B. Atmungskette)

portional zur Substratkonzentration und erreicht schließlich eine Maximalgeschwindigkeit, die unabhängig von steigenden Substratkonzentrationen wird (*Sättigungskurve*). Die aus dieser Kurve abzuleitende mathematische Beziehung ist die ↗ Michaelis-Menten-Gleichung. Sie enthält zwei Größen, die nicht von der Substratkonzentration abhängen, sondern Eigenschaften des Enzyms charakterisieren: die Maximalgeschwindigkeit sowie die Michaelis-Konstante, die die Affinität des Enzyms zu seinem Substrat kennzeichnet. Bei allosterischen Enzymen (↗ allosterische Regulation) zeigt die Abhängigkeit der Reaktionsgeschwindigkeit von der Substratkonzentration einen charakteristischen sigmoiden Verlauf. Ein weiterer kinetischer Parameter zur Charakterisierung von Enzymen ist die *Wechselzahl*. Sie gibt die Anzahl von Substratmolekülen an, die von einem Enzymmolekül pro Minute umgesetzt werden kann.

Die *Enzymaktivität* ist innerhalb gewisser Grenzen abhängig von den äußeren Testbedingungen, wie Temperatur, pH-Wert u. a. Parameter. Dies ist einerseits von praktischer Bedeutung für die standardisierte Messung von Enzymaktivitäten, spiegelt aber auch die Bedingungen wider, unter denen die Enzyme in der Zelle aktiv sind. Als international gebräuchliche Einheit für die Enzymaktivität wurde ursprünglich die *Enzymeinheit* (*1 U*) definiert, das ist diejenige Menge Enzym, die unter Standardbedingungen 1 μmol Substrat pro Minute umsetzt. Nach der heute gültigen Empfehlung der ↗ IUPAC ist die Einheit der Enzymaktivität das *Katal* (Symbol *kat*), das ist diejenige Enzymmenge, die 1 Mol Substrat pro Sekunde umsetzen kann. Da diese Einheit jedoch sehr groß ist, werden für gängige Enzymmengen die Einheiten *μkat*, *nkat* oder *pkat* verwendet. Für die Umrechnung zwischen den Einheiten gilt: 1 kat = 6 x 10^7 U bzw. 1 U = 16,67 nkat. Von praktischer Bedeutung sind außerdem die *spezifische Aktivität* von E., definiert als Enzymeinheiten pro mg Protein bzw. als Katal pro kg Protein (kat/kg), die *molare Aktivität* von E., die identisch ist mit der Wechselzahl und die Konzentration von E. als Enzymeinheiten pro ml bzw. als Katal pro Liter.

Enzymhemmung und Enzymaktivierung: E. reagieren auf Änderungen z. B. der Temperatur, des pH-Wertes oder des Redoxpotenzials, der Substrat- und Produktkonzentration sowie auf die Anwesenheit bestimmter Ionen oder Verbindungen sehr empfindlich. Eine *irreversible Hemmung* (*Enzymvergiftung*) kann durch so genannte *Enzymblocker* (*Enzymgifte*) verursacht werden. So werden viele schwermetallhaltige E. (z. B. diejenigen der Atmungskette) durch ↗ Cyanide irreversibel gehemmt. Die *reversible Hemmung* von E.-Aktivitäten durch so genannte *Enzyminhibitoren* kann

nach verschiedenen Mechanismen verlaufen. Nach dem Prinzip der ↗ kompetitiven Hemmung geschieht dies durch Moleküle, die aufgrund struktureller Ähnlichkeit mit dem Substrat zwar im aktiven Zentrum binden, damit aber den Zugang für die Substratmoleküle versperren. Bei der *unkompetitiven Hemmung* bindet der Inhibitor an den Enzym-Substrat-Komplex und verhindert dadurch die weitere Reaktion. Die *nichtkompetitive Hemmung* wiederum funktioniert nach dem Prinzip der allosterischen Hemmung (↗ allosterische Regulation), d. h. ein Effektor verändert die Konformation des Enzyms und dadurch auch die katalytische Aktivität. Als Spezialfall der kompetitiven Hemmung ist die ↗ Endprodukt-Hemmung aufzufassen, bei der das Produkt das Substrat aus dem aktiven Zentrum verdrängt. – Eine unspezifische, meist irreversible Hemmung der E.-Aktivität erfolgt durch ↗ Denaturierung (z. B. bei Temperaturen über 50 °C, extremen pH-Werten, Einwirkung von Detergentien).

Reversible Aktivierung von E. geschieht zum einen durch allosterisch wirkende Effektoren. Zum anderen kann die ↗ posttranslationale Modifizierung eines Enzyms (z. B. die Abspaltung einer Peptidkette) durch andere Enzyme zur Aktivierung oft ganzer Enzymkaskaden dienen (z. B. bei Verdauungsenzymen). Die Aktivität der E. eines Reaktionstyps wird durch die Regulation der ↗ Genexpression unter Kontrolle äußerer Signale (z. B. ↗ Hormone) gesteuert.

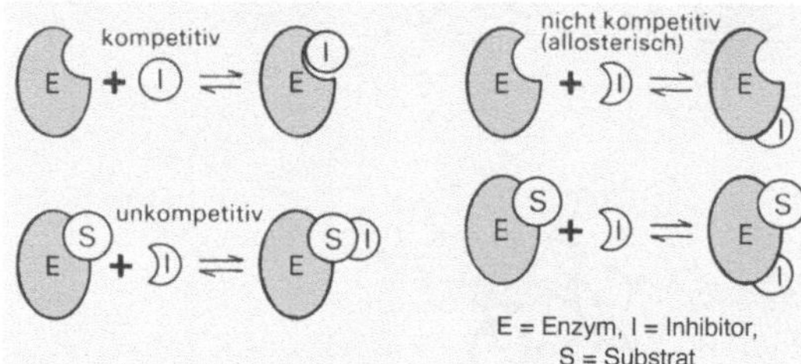

Enzyme Typen der Enzymhemmung (Erläuterung siehe Text)

Klassifizierung der E.: Die gegenwärtig bekannten mehr als 2500 E. können nach verschiedenen Kriterien klassifiziert werden (Vorkommen in der Natur, Funktion im Stoffwechsel, funktionelle Gruppen, physikalische Eigenschaften usw.). Durchgesetzt hat sich das auf der Wirkungsspezifität beruhende internationale Einteilungssystem (EC-Nomenklatur, Abk. von enzyme commission). Danach erhält jedes E. eine vierstellige Codenummer, die die Hauptgruppe oder Klasse (Enzymklasse), die Gruppe, die Untergruppe und die Seriennummer festlegt.

Zur Reindarstellung von E. aus Zellmaterial stehen heute eine Reihe von Standardmethoden (u. a. Chromatographie, differenzielle Zentrifugation,

Enzyme   Die Einteilung der Enzyme nach ihrer Spezifität in Enzymklassen

1	Oxidoreduktasen: katalysieren Redoxreaktionen innerhalb eines Substratpaares	
1.1	wirken auf $>$CHOH	Alkoholdehydrogenase 1.1.1.1
1.2	wirken auf $>$C $=$ O	Formiatdehydrogenase 1.2.1.2
1.3	wirken auf $-CH_2-CH_2-$	Succinatdehydrogenase 1.3.99.3
1.4	wirken auf $>$CH$-$NH_2	L-Aminosäureoxidase 1.4.3.2

2	Transferasen: katalysieren intermolekulare Gruppenübertragungen	
2.1	C_1-Gruppenübertragung	Aspartatcarbamoyl-Transferase 2.1.2.3
2.2	Carbonylgruppen	Transketolase 2.2.1.1
2.3	Acylgruppen	Cholinacetyltransferase 2.3.1.6
2.4	Glycosylgruppen	Glycosyltransferasen 2.4
2.5	Alkyl-, Arylgruppen	
2.6	Aminogruppen	Aminotransferasen 2.6.1
2.7	phosphorhaltige Gruppen	Nucleotidyltransferasen 2.7.7

3	Hydrolasen: katalysieren hydrolytische Spaltung von	
3.1	Esterbindungen	Lipase 3.1.1.3
3.2	Glycosidbindungen	α-Amylase 3.2.1.1
3.3	Etherbindungen	Thioetherhydrolasen 3.3.1
3.4	Peptidbindungen	Leucinaminopeptidase 3.4.11.1
3.5	anderen C-N-Bindungen	Urease 3.5.1.5

4	Lyasen: katalysieren Eliminierungsreaktionen unter Bildung von Doppelbindungen, oder als *Synthasen* bezeichnet, Additionen an Doppelbindungen	
4.1	C-C-Lyasen	Pyruvatdecarboxylase 4.1.1.1
4.2	C-O-Lyasen	Carboanhydrase 4.2.1.1
4.3	C-N-Lyasen	Aspartase 4.3.1.1

5	Isomerasen: katalysieren Isomerisierungsreaktionen	
5.1	Racemasen-Epimerasen	Alaninracemase 5.1.1.1
5.2	*cis-trans*-Isomerasen	Retinalisomerase 5.2.1.3
5.3	intramolekulare Oxidoreduktasen	Triosephosphatisomerase 5.3.1.1
5.4	intramolekulare Transferasen	Phosphotransferasen 5.4.2

6	Ligasen (Synthetasen): katalysieren die Verknüpfung zweier Moleküle unter ATP-Verbrauch	
6.1	C-O-Verknüpfung	Tyrosyl-tRNA-Synthetase 6.1.1.1
6.2	C-S-Verknüpfung	Acetyl-CoA-Synthetase 6.2.1.1
6.3	C-N-Verknüpfung	NAD-Synthetase 6.3.1.5
6.4	C-C-Verknüpfung	Pyruvatcarboxylase 6.4.1.1

fraktionierte Fällung, Ultrafiltration) zur Verfügung. Mit Hilfe gentechnologischer Verfahren (↗ Gentechnologie) können inzwischen auch schwer isolierbare oder nur in geringen Mengen vorkommende E. sowie komplizierte E.-Systeme zugänglich gemacht werden. Im großtechnischen Maßstab eingesetzte E. werden meist mit Hilfe von Mikroorganismen in ↗ Fermentern gewonnen (↗ Biotechnologie). Die Vorzüge der E.-Katalyse, wie besonders schonende Bedingungen, hohe Wirkungsspezifität für komplizierte, chemisch oft sehr aufwendige Reaktionen sowie hohe Ausbeute und Reinheit der Produkte werden in zunehmendem Maße industriell genutzt (*Enzymtechnologie*). Ein bedeutender Fortschritt in der Enzymtechnologie wurde durch die Immobilisierung von E. erreicht; hierbei werden ursprünglich lösliche E. durch Bindung an organische oder anorganische Träger unlöslich gemacht (*immobilisierte E.*). Die Vorteile sind kontinuierliche und wiederholte Verwendung, höhere Stabilität und Wegfall der Diffusionsbarriere. Immobilisierte E. werden z. B. bei der Herstellung preisgünstiger Süßungsmittel aus Glucose verwendet. Eine Alternative zu den immobilisierten E. ist der Einsatz von *Enzym-Membran-Reaktoren* in der Biotechnologie, bei denen das verwendete E. mit Hilfe geeigneter Membranen im Reaktionsraum zurückgehalten wird. In der Medizin sind *Enzymimmunoassays* von Bedeutung, die E. als Marker für immunologische Reaktionen verwenden und eine schnelle Konzentrationsbestimmung von Hormonen, Immunglobulinen, Antigenen, Drogen u. a. ermöglichen.

Enzymeinheiten, ↗ Enzyme.

Enzymhemmung, ↗ Enzyme.

Enzyminduktion, Bez. für die bei bakteriellen ↗ Operons vorhandene Kontrolle der Genexpression (↗ Genregulation), bei der ein Enzym nur dann

Enzyme Beispiele für die technische Verwendung von Enzymen

Enzym (Herkunft)	katalysierte Reaktion	Verwendung
Proteasen (Trypsin, Elastase, Pepsin, Papain, mikrobielle Enzyme u. a.)	Hydrolyse von Proteinen	Waschmittelzusatz (0,01 … 0,025 %), hydrolytischer Abbau eiweißhaltiger Verschmutzungen; Hydrolyse von Sojabohnenprotein (Sojasoßenherstellung), Backhilfsmittel (Partialhydrolyse von Kleber), Proteinhydrolysatherstellung aus Fleischabfällen und Fischproteinen
α-Amylase: (Pankreas, *Bacillus* sp.)	Hydrolyse von Stärke zu Dextrinen und Maltose	Verdauungs- und Backhilfe, Stärkekleisterherstellung, Stärkeentfernung in der Textilindustrie (Entschlichtung)
Glucoamylase (*Aspergillus* sp.)	Exohydrolyse von Stärke	Stärkeabbau zu Glucose in hoher Ausbeute und Reinheit
Glucoseisomerase (*Streptomyces* sp., *Bacillus* sp.)	Isomerisierung von D-Glucose und D-Fructose	Herstellung von Flüssigzucker hoher Süßkraft (»Fructosesirup«)
Glucoseoxidase (*Aspergillus* sp., *Penicillium* sp.)	Oxidation von Glucose zu Gluconolacton	Konservierung von Nahrungsmitteln und Getränken durch O_2-Entfernung
Invertase, (*Saccharomyces* sp. und *Aspergillus* sp.)	Spaltung von Saccharose in Glucose und Fructose	Herstellung von Invertzucker mit hoher Süßkraft
Katalase (Pankreas oder *Rhizopus nigricans*)	Zersetzung von H_2O_2	in Kombination mit Glucoseoxidase zur Konservierung von Nahrungsmitteln
Lipase, (Pankreas, *Aspergillus* sp.)	Fettspaltung	Gewinnung empfindlicher Fettsäuren, Beschleunigung der Käsereifung
Cellulase (*Aspergillus niger* und *Stachybotysatra*)	Hydrolyse von Cellulose zu Cellobiose	Aufschluss von Nahrungsmitteln, Glucosegewinnung aus cellulosehaltigen Rohstoffen
Lactase (*Aspergillus* sp.)	Spaltung von Lactose in Galactose und Glucose	Herstellung von Diätmilch
Pektinesterase	Hydrolyse von Polygalacturonsäure	Beseitigung von Trübungen in Fruchtsäften und Bier, Entfernung von Pektinhüllen von pflanzlichen Fasern
Penicillinamidase (*Bacillus* sp.)	Bildung von δ-Aminopenicillansäure aus Penicillin G	Herstellung halbsynthetischer Penicilline
L-Aminosäureacylasen (Niere, *Aspergillus oryzae*)	enantioselective Hydrolyse von DL-Acylaminosäuren in L-Aminosäuren und D-Acylaminosäuren	Produktion essentieller Aminosäuren für die tierische und menschliche Ernährung
Streptokinase (Streptokokken)	Plasminogen → Plasmin	Beseitigung von Blutgerinseln (Fibrinolyse)

synthetisiert wird, wenn dessen Substrat im Wachstumsmedium vorhanden ist. Beim *lac-Operon* von ↗ Escherichia coli wird u. a. die Produktion des Enzyms β-Galactosidase nur in Anwesenheit von Lactose induziert. Fehlt dieses Disaccharid, sind nur geringe Mengen des Enzyms vorhanden. Dabei dient nicht Lactose selbst, sondern deren Transglykosylierungsprodukt, die 1,6-Allolactose, als *Induktor* für die Expression der Gene des *lac*-Operons, indem es mit dem *lac-Repressor* interagiert und durch eine Konformationsänderung dessen Bindung an den Operator verhindert. Dadurch können die für den Lactosestoffwechsel benötigten Gene transkribiert werden (s. Abb. auf Seite 421).

Enzyminhibitoren, Hemmstoffe der ↗ Enzyme.

Enzymklassen, ein System zur Klassifizierung der ↗ Enzyme, das ihre Wirkungs- und Substratspezifität berücksichtigt.

Enzym-Produkt-Komplex, ↗ Enzyme.

Enzym-Substrat-Komplex, ↗ Enzyme.

Eohippus, ↗ Hyracotherium.

Eozän, erdgeschichtliche Epoche des ↗ Tertiärs.

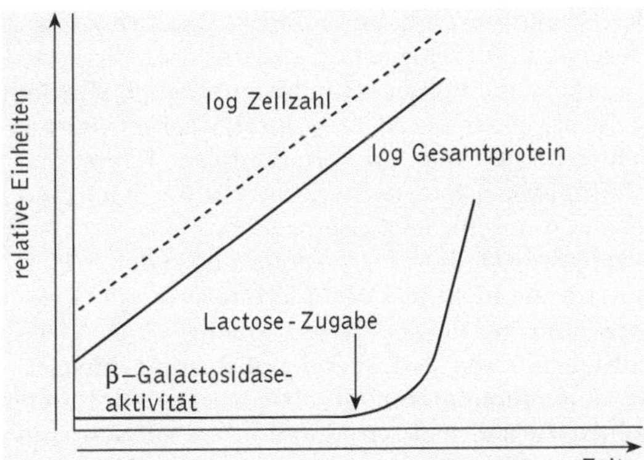

Enzyminduktion Die Konzentration bzw. Aktivität des Enzyms β-Galactosidase nimmt erst nach Zugabe von Lactose in das Anzuchtmedium von *Escherichia coli* stark zu. Die auch im lactosefreien Medium vorhandene, geringe Aktivität reicht aus, um Lactose in den Induktor Allolactose umzuwandeln

Epedaphon, auf dem ↗ Boden in der Falllaubschicht (L-Schicht der organischen Auflage des Bodens) lebende Organismen, z. B. Spinnen, Asseln, Hundertfüßer und Laufkäfer.

Ephedra, *Meerträubel*, einzige Gatt. der *Ephedraceae* innerhalb der Gymnospermenklasse ↗ Gnetopsida. Es sind Rutensträucher mit stark verzweigtem Spross und schuppenförmigen Laubblättern. Sie kommen im Mittelmeergebiet, in Asien und Amerika vor. Zwei in China wachsende Arten liefern das medizinisch verwendete *Ephedrin*, das chemisch mit ↗ Adrenalin verwandt ist und eine ähnliche, aber schwächere Wirkung hat als dieses.

Ephemerophyten, ↗ Adventivpflanzen.

Ephemeroptera, *Eintagsfliegen*, Gruppe der Insekten mit über 2000 Arten, von denen 75 in Mitteleuropa leben. Die Imagines sind gelblichgraue, zarte Tiere von 2-40 mm Körperlänge. Die dicht geäderten Flügel sind in Ruhe über dem Rücken hochgeschlagen. Sie sind dreieckig, wobei die Hinterflügel immer kleiner sind und bei manchen Arten ganz fehlen. Charakteristisch sind die fadenförmigen Körperanhänge am 11. Hinterleibssegment, zwei seitliche Cerci und ein Mittelfaden. Die Facettenaugen sind groß, bei manchen Arten besitzen die Männchen Doppelaugen. Die Mundwerkzeuge sind reduziert und funktionslos, denn es wird keine Nahrung aufgenommen. Der zum Vorder- und Enddarm hin verschlossene Mitteldarm wirkt durch Füllung mit Luft als Turgorskelett. Exkretionsorgane sind Malpighi-Schläuche. Die Lebensdauer der Imagines währt nur Stunden bis Tage, die für Paarung und Eiablage verwendet werden. Sie paaren sich im Flug, wobei die Männchen die Weibchen mit den vergrößerten Vorderbeinen ergreifen. Die Eier werden auf und unter Wasser abgelegt. Die *Larven* leben in stehenden und fließenden Gewässern. Sie haben fadenförmige Antennen und kauende Mundwerkzeuge. Die Larvalzeit dauert ein bis drei Jahre, in denen zehn bis 20 Häutungen stattfinden. Sie ernähren sich von ↗ Detritus und Pflanzenteilen oder als Filtrierer, selten räuberisch. Es gibt vier ↗ Lebensformtypen: grabende, schwimmende, kriechende und strömungsliebende Larven.

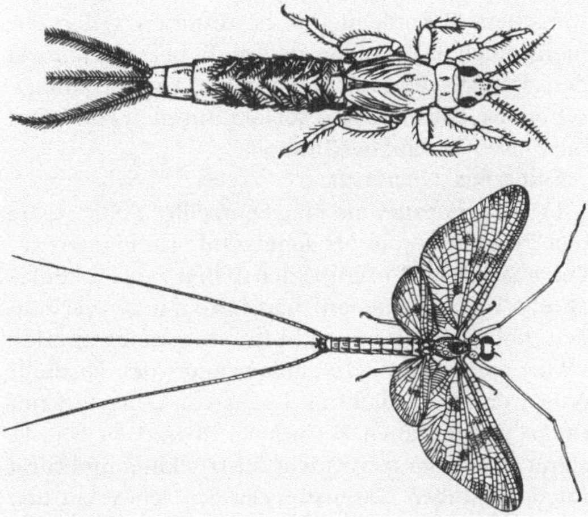

Ephemeroptera Die Gemeine Eintagsfliege (*Ephemera vulgata*; untere Abb.) hat dunkelbraun gefleckte Flügel und fliegt oft in großen Schwärmen. Ihre Larven (obere Abb.) graben U-förmige Röhren im Uferbereich und am Boden besonders von Fließgewässern

Ephrine, membranständige Proteinsignalmoleküle, die als interzelluläre Signalgeber eine Rolle bei der Entwicklung des Wirbeltiernervensystems spielen. Sie binden an eine Gruppe von Rezeptoren mit Tyrosin-Kinase-Aktivität (*Eph-Rezeptoren*).

Ephyra, bei der ↗ Strobilation eines Scyphopolypen abgeschnürte junge Meduse (↗ Scyphozoa).

Epi-, als Wortbestandteil „auf", „darauf", „über".

Epibios, Gesamtheit der Organismen, die auf einem bestimmten ↗ Substrat lebt.

Epiblast, *Ektoblast*, beim Vogel- und Säugerkeim die äußere der beiden Zellschichten der ↗ Keimscheibe bzw. der ↗ Blastocyste, aus der der eigentliche ↗ Embryo hervorgeht.

Epibolie, besondere Form der ↗ Gastrulation, bei der die größeren Zellen des vegetativen Pols dadurch ins Innere gelangen und zum Entoderm werden, dass die kleinen Zellen des animalen Pols sich teilen und sie umwachsen (↗ Ektoderm).

Epibranchialrinne, dorsal über dem Kiemendarm der Lanzettfischchen (↗ Acrania) und der Manteltiere (↗ Tunicata) verlaufende Rinne mit Flimmerepithel, die aus dem eingestrudelten Wasser filtrierte Nahrungspartikel nach hinten in den der Verdauung dienenden Teil des Darms befördert.

Epidemie, räumlich und zeitlich begrenztes gehäuftes Auftreten einer ansteckenden Krankheit. E. verlaufen meist phasenhaft und sind bei Abhängigkeit von einem Überträger (↗ Vektor) von dessen Häufigkeit bestimmt. Bei Kontaktübertragung ist ein langsamer Anstieg, bei Übertragung durch Trinkwasser oder Nahrung oft explosives Auftreten charakteristisch.

Epidemiologie, *Seuchenlehre*, die Lehre vom Verlauf und der Häufigkeit bestimmter Krankheiten (Seuchen, ↗ Epidemie) in bestimmten Teilen der menschlichen Bevölkerung. Die E. befasst sich mit den biologischen, ökologischen, geomorphologischen, psychischen und soziokulturellen Faktoren, die diesen Verlauf bestimmen.

Epidermis, *Oberhaut*,

1) in der *Botanik* die meist einzellige Schicht, die den Pflanzenkörper als schützende Hülle nach außen abschließt. Die einzelnen Zellen sind lückenlos zu einer geschlossenen Haut miteinander verbunden. Bei fast allen in den Luftraum hineinragenden Pflanzenteile sind die Außenwände der E. mehr oder weniger verdickt und stets von einer fest mit ihnen verbundenen ↗ Cuticula überzogen. Die E. schützt die Pflanze vor dem Austrocknen und sorgt für den nötigen Gasaustausch. Sie gehört zu den primären ↗ Abschlussgeweben.

2) *Zoologie*: ein- oder mehrschichtiges Deckepithel (↗ Epithel) der Körperoberfläche von Tieren und Mensch. Die E. der meisten Wirbellosen ist einschichtig, diejenige der Wirbeltiere mehrschichtig und z. T. (bei Reptilien und Säugern) durch Absterben der oberen Schichten verhornt.

Epidermophyton, zu den ↗ Dermatophyten zählende Gatt. der Pilze.

Epididymis, der ↗ Nebenhoden.

Epiduralraum, *Spatium epidurale*, Spaltraum zwischen der äußeren Rückenmarkshaut (Dura mater spinalis) und der periostartigen Auskleidung des Wirbelkanals. Im E. befinden sich Fettgewebe, lockeres Bindegewebe, Venen und Lymphgefäße. Eine Erweiterung des E. im unteren Bereich der Wirbelsäule ist der *Duralsack*, in dem sich die Cauda equina (↗ Rückenmark) erstreckt. In diesem Bereich werden Rückenmarkspunktionen (Lumbalpunktion) durchgeführt.

epigäisch, 1) oberirdisch in Bezug auf die Entfaltung der ↗ Keimblätter der Pflanzen. Gegensatz: ↗ hypogäisch.

2) Bez. für unmittelbar auf der Bodenoberfläche oder in der obersten Erdschicht lebende Arten (↗ Bodenorganismen, ↗ Epedaphon).

Epigamie, ↗ Epitokie.

Epigenese, 1) *Epigenesistheorie*, historische Entwicklungsvorstellung (nach C.F. ↗ Wolff, 1759), nach der die Vielfalt der ontogenetisch entstehen-

den Strukturen nicht im Ei (Eizelle) präformiert ist. Gegensatz: ↗ Präformationstheorie

2) Die Zunahme der (räumlichen) Komplexität im sich entwickelnden Embryo durch Wechselwirkung seiner Teile, die zur ortsrichtigen Expression (↗ Genexpression) der einzelnen entwicklungsrelevanten Anteile des Genoms führt.

epigenetisch, Bez. für Veränderungen des ↗ Phänotyps, die nicht auf Veränderungen des ↗ Genotyps und somit der Basensequenz eines Gens zurückzuführen sind, aber dennoch an nachfolgende Generationen weitergegeben werden. Im Unterschied zu den meisten Mutationsereignissen sind epigenetische Effekte jedoch reversibel. Ursachen epigenetischer Phänomene sind z. B. die durch ↗ DNA-Methylierung hervorgerufenen Veränderungen der Genexpression. Auch die ↗ genomische Prägung und so genannte *Paramutationen*, bei denen sich zwei Allele im heterozygoten Zustand gegenseitig beeinflussen sind e. Effekte.

epigyn, Bez. für eine ↗ Blüte mit unterständigem ↗ Fruchtknoten.

Epikanthus, beim Menschen vorkommende, angeborene sichelförmige Hautfalte im inneren Augenwinkel, die, im Unterschied zur ↗ Mongolenfalte, bei Lidschluss bestehen bleibt. Beim Fetus ist der E. *als Plica marginalis fetalis* immer vorhanden, beim Säugling in etwa ein Drittel der Fälle, nach dem 10. Lebensjahr hingegen nur noch sehr selten.

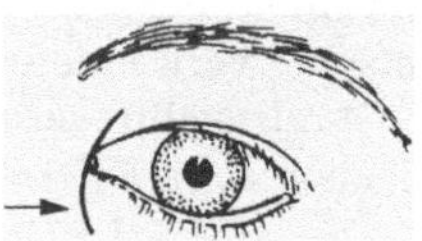

Epikanthus Menschliches Auge mit Epikanthus

Epikotyl, *Epicotyl*, der unmittelbar über den Keimblättern (↗ Kotyledonen) liegende Abschnitt der ↗ Sprossachse. (↗ Hypokotyl)

Epilimnion, obere, lichtdurchstrahlte und damit erwärmte Wasserschicht in einem stehenden Gewässer. (↗ See, ↗ Hypolimnion)

Epilithen, die ↗ Felshafter.

Epilitoral, ↗ Litoral.

Epilobium, Gatt. der ↗ Onagraceae.

Epimerie, Bez. für das bei einer Reihe von Arthropodengruppen (↗ Arthropoda) vorkommende Phänomen, dass die Entwicklung komplett im Ei abläuft und bei dem Tier nach dem Schlüpfen nur noch eine Größenzunahme und die Ausbildung der Geschlechtsorgane stattfinden.

Epimerisierung, die Änderung der Konfiguration an einem ↗ asymmetrischen Kohlenstoffatom einer organischen Verbindung. Sie ist ein Sonderfall der ↗ Isomerie. Die bei der E. entstehenden Isomere werden *Epimere* genannt (z. B. sind ↗ Glucose und ↗ Galactose Epimere). Enzyme, die die Umwandlung von einer epimeren Form in die andere katalysieren, werden als *Epimerasen* (eine Gruppe der ↗ Isomerasen) bezeichnet.

Epimorphose, Bez. für das bei Arthropoden (z. B. ↗ Crustacea, ↗ Chilopoda) auftretende Phänomen, dass die Anzahl der Segmente zum Zeitpunkt des Schlüpfens gleich ist wie beim adulten Tier.

Epinastie, die Krümmung von Blättern nach unten, welche auf ein durch ↗ Ethylen gesteuertes, stärkeres Wachstum an der Blattstieloberseite zurückzuführen ist. E. ist ein gutes Beispiel für einen ↗ Bioassay, mit dem Ethylen nachgewiesen werden kann.

Epinephrin, das ↗ Adrenalin.

Epineurium, Bindegewebshülle der Nervenbündel des peripheren ↗ Nervensystems.

Epineuston, ↗ Neuston.

Epipelagial, ↗ Pelagial.

Epiphyse, 1) *Zirbeldrüse, Pinealorgan, Corpus pineale*, ein reich durchblutetes Organ, das wie ein kleiner Pinienzapfen (Name!) am Dach des Zwischenhirns der Wirbeltiere befestigt ist. Bei vielen poikilothermen Wirbeltieren dient die E. als Lichtsinnesorgan („drittes Auge"). Sie enthält fotorezeptive Zellen, die in Aufbau und Funktion Ähnlichkeit mit den Fotorezeptoren der Netzhaut zeigen. Auch die wichtigen Moleküle in der Kaskade retinaler Fototransduktion (z. B. ↗ Opsin) können in Zellen (*Pinealocyten*) der E. nachgewiesen werden. Viele dieser Moleküle kommen auch bei Säugetieren vor, jedoch fehlt ihnen das Retinal und damit die Fähigkeit zur Fotorezeption durch die E. Bei ihnen kommt die Information über die Helligkeit von den Augen über den Hypothalamus (Nucleus suprachiasmaticus) sowie sympathische präganglionäre Neurone aus dem oberen Halsganglion. Die E. setzt u. a. die Hormone ↗ Melatonin und ↗ Noradrenalin in die Blutbahn frei. Stimuliert wird die Melatonin-Freisetzung durch einen Mangel an Licht; Lichteinfall hemmt die endokrine Aktivität der E. Sie nimmt auf diese Weise Einfluss auf den Tages- und Jahresrhythmus des Verhaltens (↗ Biorhythmik). Die variable Tageslänge im Verlauf der Jahreszeiten beeinflusst über die E. u. a. auch den jährlichen Fortpflanzungsrhythmus vieler Wirbeltiere. Darüber hinaus soll die E. durch Verbindungen mit dem hinteren Hypothalamus die Sympathikus-Aktivität beeinflussen. Zerstörung der E. beim Menschen, z. B. durch Tumoren, geht häufig mit vorzeitiger Geschlechtsreife (*Pubertas praecox*) und anormaler Beschleunigung des Körperwachstums einher.

2) rundlich verdickter Endabschnitt von Röhrenknochen jeweils am oberen und unteren Ende des Knochenschaftes (↗ Knochen).

Epiphyten, *Aerophyten*, *Aufsitzerpflanzen*, Pflanzen, die nicht im Boden wurzeln, sondern auf Stämmen, Ästen und Blättern. E. nutzen andere Pflanzen lediglich als Lebensraum, sie entziehen ihnen im Gegensatz zu Parasiten (↗ Parasitismus) keine Mineralstoffe. Für das Wachstum der E. ist eine ständig hohe Luftfeuchtigkeit Voraussetzung. Sie wachsen deshalb besonders in den feuchten Regenwäldern der Tropen und Subtropen. In den gemäßigten Breiten siedeln meist nur Moose, Flechten und Algen als E., die eine zeitweise Austrocknung vertragen können. Zahlreiche epiphytische Orchideen haben Sprossknollen als Wasserspeicher. Sehr vielfältig sind auch die Einrichtungen zum Auffangen des Wassers und der darin gelösten Nährsalze. Bei den epiphytischen Orchideen und einigen Aronstabgewächsen (↗ Araceae) befindet sich an der Oberfläche von ↗ Luftwurzeln ein Gewebe (*Velamen*), dessen mit großen Poren versehene Zellen abgestorben sind und das Niederschlagswasser wie ein Schwamm aufsaugen können. Andere Formen bilden zahlreiche, sich stark verzweigende, aufwärts wachsende Luftwurzeln aus, die wie ein dichtes Netz Feuchtigkeit und Humusteile aufnehmen. Bei einigen Bromeliengewächsen (↗ Bromeliaceae), z. B. den *Tillandsia*-Arten, wird das Wasser durch tote Schuppenhaare (*Saugschuppen*) aufgenommen, die die Blätter überziehen. Die besondere Stellung und Ausbildung der Blätter kann auch zum Auffangen des Wassers und der Humusteile beitragen. Die epiphytischen Bromeliengewächse sind meist *Zisternenpflanzen*, d. h., sie können durch die dicht nach unten abschließenden Blattbasen und die rosettig gestellten Blätter Wasser im Inneren der Rosette speichern.

Ähnlich ist das Prinzip bei den tropischen Nestfarnen, z. B. *Asplenium nidus*. Manche Farne, besonders die tropischen Geweihfarne, *Platycerium*, bilden neben den Assimilationsblättern besondere *Mantel-* oder *Nischenblätter*, die den Ast umschließen, aber oben eine Öffnung frei lassen, in die Wasser und Nährstoffe eindringen können.

Eine ↗ Symbiose mit Ameisen gehen die *Myrmecodia*-Arten aus der Fam. der Labkrautgewächse (↗ Rubiaceae) und *Dischidia rafflesiana* aus der Fam. der Schwalbenwurzgewächse (↗ Asclepiadaceae) ein. Arten von *Myrmecodia* bilden Hypokotylknollen, die Kammern aufweisen und den Ameisen als Wohnraum dienen. Bei *Dischidia* sind urnenförmige Blätter ausgebildet, in die die Wurzeln der Pflanzen wachsen und in denen ebenfalls Ameisen wohnen und Erde und Humusteile eingetragen haben.

Die Wurzeln der E. sind meist Haftwurzeln, die dicht am Baum anliegend wachsen. In manchen Fällen, wie bei den Bromeliengewächsen, sind sie reine Haftorgane und können kein Wasser und keine Nährstoffe aufnehmen. Bei manchen Arten sind die Wurzeln völlig rückgebildet.

Einige E., z. B. *Ficus*-Arten und viele Aronstabgewächse, bilden nach unten wachsende seilartige Luftwurzeln aus, die schließlich in die Erde eindringen und dann als Nähr- und Stützwurzeln fungieren (*Halb-* oder *Hemiepiphyten*).

Epipodit, äußerer Anhang am Spaltfuß der Krebse (↗ Crustacea).

Episiten, ↗ Räuber.

Epistasie, *Epistasis*, *Epistase*, Adjektiv *epistatisch*, die Wechselwirkung zwischen zwei i. d. R. *nicht homologen* Genen, bei denen die Aktivität des einen die Aktivität des zweiten überdeckt. (↗ Pleiotropie)

Epistom, oberlippenartiger Fortsatz über dem Mund bei vielen ↗ Tentaculata, z. B. bei manchen Moostierchen (↗ Bryozoa).

epistomatisch, Bez. für Blätter, die nur auf der Oberseite ↗ Stomata ausbilden.

Epithel, *Epithelgewebe*, *Deckepithel*, *Deckgewebe*, Plural: *Epithelien*. Sammelbez. für alle Deck- und Abschlussgewebe. E. dienen zum einen dem mechanischen Schutz und der Abdichtung, zum anderen kontrollieren sie den Stoffaustausch zwischen den Binnengeweben mit ihren Interzellularräumen und der Außenwelt. Diesen Aufgaben entsprechend sind die Zellmembranen benachbarter Epithelzellen meist innig miteinander verzahnt, und der Interzellularspalt zwischen ihnen ist sehr eng (10-20 nm) und zudem noch durch spezielle interzelluläre Verbindungen (Kitt- oder Schlussleisten, ↗ Desmosomen, ↗ tight junctions) verschlossen. E.-Zellen sind typischerweise polar gebaut: Sie besitzen eine morphologisch und physiologisch unterscheidbare Außen- und eine dem Binnengewebe zugewandte Basalseite, an der i. d. R. eine Basallamina abgeschieden wird. Epithelien können aus einer oder mehreren Zelllagen bestehen. Mehrschichtige E. dienen meist als äußere Körperbedeckung (↗ Epidermis) dem Schutz vor mechanischen Verletzungen und – besonders bei Landtieren und -pflanzen – der Abdichtung gegen Flüssigkeitsverlust durch Verdunstung.

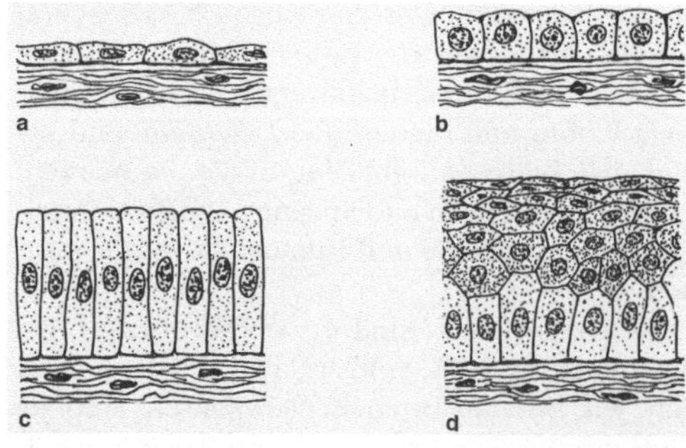

Epithel Grundformen des Epithelgewebes: **a** Plattenepithel, **b** kubisches (isoprismatisches) Epithel, **c** Zylinderepithel, **d** mehrschichtiges Epithel

Im *Tierreich* kommen mehrschichtige Epidermen bei Wirbellosen nur in Ausnahmefällen vor, sind aber die Regel bei Wirbeltieren. Dort können sie (bei einer durchschnittlichen Dicke von 10-20 nm) an mechanisch stark beanspruchten Hautpartien wie Fußsohlen eine Dicke von hundert und mehr Zelllagen erreichen, wobei sich die Zellen zur Oberfläche hin immer mehr abflachen und verhornen. Stetiger Zellverlust durch Absterben und Abschilfern von Zellen an der Außenseite wird durch kontinuierlichen Nachschub aus der teilungsaktiven Basalschicht (*Stratum basale* oder *germinativum*) ausgeglichen. In der Epidermis von Landwirbeltieren sterben die meisten Zelllagen frühzeitig ab und verbacken zu einer derben, undurchlässigen Hornschicht (*verhorntes Plattenepithel*). Die Reißfestigkeit verhornter Epithelien wird noch durch reichliche Desmosomenbildung erhöht. Sie haben keine Gefäßversorgung, ihre Ernährung erfolgt ausschließlich durch Diffusion von unterliegendem Gewebe. Der Verhornung entspricht funktionell die ebenfalls von E.-Zellen geleistete Abscheidung einer ↗ Cuticula bei Wirbellosen.

Feuchte mehrschichtige E. beispielsweise der Schleimhäute in Mundhöhle und Speiseröhre sind gewöhnlich dünner und bestehen bis zur Oberfläche aus lebenden, nicht verhornenden, platten Zellen. In der Epidermis von Wassertieren und im Harnleiter von Säugetieren erreichen solche mehrschichtigen E. nur die Dicke von drei bis fünf Zelllagen.

Bei wirbellosen Tieren und als Auskleidung von Hohlorganen und Körperhöhlen bei Wirbeltieren sind einschichtige E. vorherrschend. Je nach Zellform werden sie als *Plattenepithel*, als kubisches (isoprismatisches) *Pflasterepithel* oder als hochprismatisches *Zylinderepithel* bezeichnet. Zwischen diesen Typen gibt es fließende Übergänge. Dem einschichtigen E. zugerechnet wird auch das *mehrreihige E.*, dessen unterschiedlich hohe, teilweise lang gestielte Zellen zwar durchweg Verbindung zur Basallamina haben, durch die versetzte Anordnung ihrer Kerne aber Mehrschichtigkeit vortäuschen. Solche E. sind sehr dehnungsfähig (*Übergangsepithel*) und kleiden Hohlorgane aus, die starken und raschen Volumenänderungen unterworfen sind, wie z. B. die Harnblase. Ebenfalls ein einschichtiges E. ist das ↗ Endothel der Blutgefäße. E., die sekretorische (Drüsen) und resorptive Funktion haben (*Transportepithelien*, z. B. im Darm), besitzen charakteristische Oberflächenvergrößerungen: einen Besatz mit ↗ Mikrovilli (oder auch mit Geißeln oder Wimpern, *Flimmerepithel*) an der Außenseite und ein System tiefer, häufig verzweigter Plasmalemma-Einfaltungen (*basales Labyrinth*) an der Basalseite.

Die Ausbildung von E. ist im Tierreich grundsätzlich nicht an ein bestimmtes Keimblatt gebunden.

Mehrschichtige E. sind allerdings überwiegend ektodermaler Herkunft, während entodermale und mesodermale E., bei denen meist die Schutzfunktion gegenüber sekretorischen Aufgaben in den Hintergrund tritt, gewöhnlich einschichtig sind.

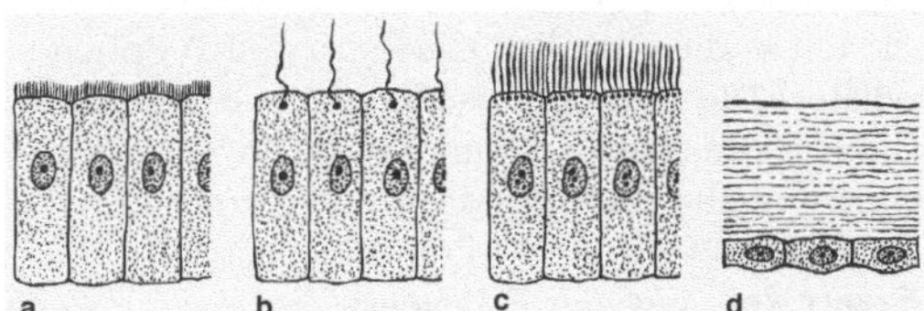

Epithel Epithelien mit besonderen Oberflächenbildungen: **a** Epithel mit Mikrovilli, **b** Geißelepithel, **c** Flimmerepithel, **d** Epithel mit Cuticula

Epithelkörperchen, die ↗ Nebenschilddrüse.

Epitheton, ↗ binäre Nomenklatur.

Epitokie, charakteristische Umwandlungen in der Organisation geschlechtsreifer Vielborster (↗ Polychaeta), die im Zusammenhang mit der ↗ Fortpflanzung stehen. Da die (äußere) Besamung auch bei sonst bodenlebenden Arten an der Meeresoberfläche stattfindet, müssen Umstellungen in der Bewegung (schnelles Dauerschwimmen) sowie Veränderungen des Verhaltens (Reaktionen auf Sexualhormone, Einstellung der Nahrungsaufnahme u. a.) stattfinden. Diese Umwandlungen können Teile oder den ganzen Körper umfassen. Meist geht das epitok gewordene Tier nach der Abgabe der Geschlechtszellen zugrunde. Nimmt es jedoch ganz an der Fortpflanzung teil, so spricht man von *Epigamie*.

Epitop, *antigene Determinante*, der Bereich eines ↗ Antigens, der von einem spezifischen Antikörper (↗ Immunglobuline) erkannt wird und mit diesem interagiert. (↗ spezifische Immunantwort)

Epizoen ↗ Epökie.

Epizoochorie, Ausbreitung von Samen (↗ Samenausbreitung) und Früchten durch Anheftung an Tiere.

EPO, Abk. für ↗ Erythropoetin.

Epökie, *Aufsiedlung*, eine Form der ↗ Karpose, bei der sich tierische Organismen (*Epizoen*) auf einem anderen Organismus ansiedeln und diesen als Substrat benutzen, z. B. Seepocken auf der Oberfläche von Walen und Muscheln. (↗ Wechselbeziehungen zwischen Lebewesen)

EPSP, Abk. für ↗ erregendes postsynaptisches Potenzial.

Epstein-Barr-Virus, Abk. *EBV*, ein ↗ Krebs erzeugendes ↗ Virus aus der Fam. der ↗ Herpesviren. Das ikosaederförmige Capsid enthält eine lineare dsDNA und ist von einer Lipidhülle umgeben. Es verursacht u. a. das *Burkitt-Lymphom*, eine häufige Tumorerkrankung bei Kindern in Zentralafrika und Neuguinea.

Equidae, *Pferde*, Fam. der Unpaarhufer (↗ Perissodactyla) mit einer Gatt., der sechs Arten und zwei Haustierformen angehören. Sie zeigen einen weitgehend übereinstimmenden Körperbau mit einem langen Schädel, hohen schlanken Gliedmaßen als Anpassung an schnelles Laufen und einer stark vergrößerten und von einem Huf umkleideten Zehe (*Einhufer*). Das Haarkleid ist kurzhaarig und glatt, meist braun bis grau (Pferde, Esel) oder auffällig gestreift (Zebras), bei Wildformen mit Stehmähne und oft einem Aalstrich. Die Backenzähne sind als Mahlzähne ausgebildet. E. ernähren sich vorwiegend von Gras sowie in Notzeiten von Kräutern, Rinde und Blättern. In ihrem Darm leben symbiontische Einzeller, die vor allem die Cellulose aus der Nahrung aufschließen. Fohlen fressen in den ersten Lebenstagen Kot der Mutter und nehmen dadurch die lebenswichtigen Symbionten auf. Der hohe Kieselsäuregehalt der Nahrung führt zu starker Abnutzung der Zähne, was aber durch ständiges Nachwachsen ausgeglichen wird. Pferde leben überwiegend in offenen Landschaften (Grasland, Halbwüste und Wüsten, Esel und Bergzebra auch im Gebirge) in dauerhaften Familienverbänden. Sie sind das ganze Jahr über fortpflanzungsfähig. Die Stuten bringen nach etwa einem Jahr Tragzeit ein Junges zur Welt, das mit etwa zwei Jahren geschlechtsreif wird.

Stammform aller Formen des *Hauspferds* ist das ursprünglich in den mittelasiatischen Steppen heimische *Przewalski-Pferd* (*Equus przewalski*), das in freier Wildbahn vermutlich ausgestorben ist. In Menschenobhut leben einige Hundert dieser asiatischen Wildpferde, die von zehn ursprünglich eingeführten Tieren abstammen. Die nordamerikanischen Mustangs und Indianer-Ponys stammen sämtlich von verwilderten Hauspferden ab. Zu den E. gehören weiterhin die ↗ Esel, die ↗ Halbesel und die ↗ Zebras.

Equisetaceae, *Schachtelhalmgewächse*, Fam. der ↗ Equisetales, von der heute nur noch die Gatt. *Schachtelhalm*, *Equisetum*, mit 32 Arten existiert. Diese sind von den Tropen bis in die kalten Zonen verbreitet. Aus einem im Boden kriechenden Erdspross wachsen aufrechte Luftsprosse oder „Halme" von meist nur einjähriger Lebensdauer. Die Halme bleiben entweder einfach oder verzweigen sich in wirtelige Äste. Die Achsen setzen sich aus gestreckten ↗ Internodien zusammen. Die ↗ Sporangien werden von besonders gestalteten ↗ Sporangiophoren erzeugt. Am bekanntesten ist der *Ackerschachtelhalm*, *Equisetum arvense* (Abb. ↗ Equisetopsida), der einen hohen Gehalt an ↗ Kieselsäure aufweist.

Equisetales, *Schachtelhalme*, Ord. der ↗ Equisetopsida, deren Arten bereits aus dem Karbon bekannt sind und die heute nur noch mit der Gatt.

Equisetum (↗ Equisetaceae), vertreten ist. Die Ord. umfasst die *Equisetaceae*, die *Archaeocalamitaceae* und die ↗ Calamitaceae.

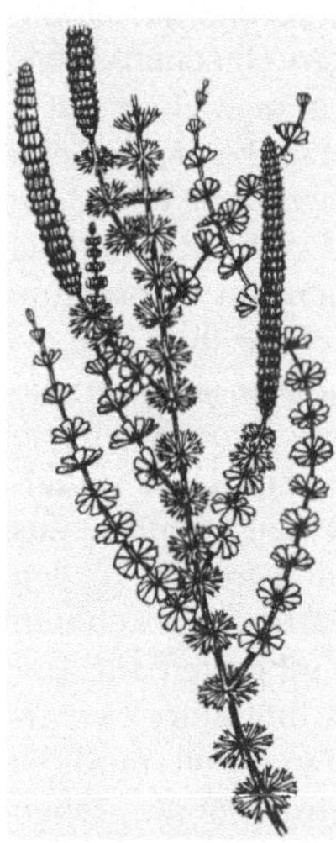

Equisetopsida *Sphenophyllum cuneifolium* mit Sporophyllähren und Heterophyllie (Rekonstruktion)

Equisetopsida, *Schachtelhalmgewächse*, *Sphenopsida*, Klasse der Farnpflanzen (↗ Pteridophyta), deren Vertreter sich von den übrigen Pteridophyten durch eine wirtelige Anordnung (↗ Blattstellung) ihrer Blätter unterscheiden. Hierzu gehören rezente und fossile krautige Arten sowie baumförmige fossile Arten (↗ Calamitaceae). Kennzeichnend für die E. ist der hohle, deutlich in Nodien (↗ Nodium) und Internodien (↗ Internodium) gegliederte Spross, der wirtelförmig verzweigt sein kann. Die kleinen, meist schuppenarti-

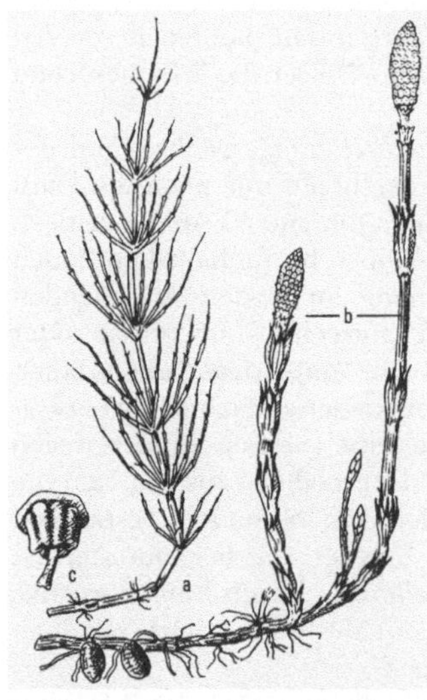

Equisetopsida Ackerschachtelhalm (*Equisetum arvense*): **a** steriler vegetativer Spross, **b** aus einem Rhizom wachsender fertiler Spross, **c** Sporophyll mit Sporangien

gen Blätter stehen in Quirlen. Am Ende des Stängels stehen die zapfenförmigen Sporophyll-Stände. Die ↗ Sporangien sitzen an der Unterseite der Sporophylle. Der ↗ Gametophyt ist ein oberirdisches grünes, gelapptes ↗ Prothallium, das sich immer außerhalb der ↗ Sporen entwickelt. Die Klasse gliedert sich in die Ord. ↗ Equisetales und ↗ Sphenophyllales. Die Hauptentwicklungszeit der Equisetopsida war das Paläozoikum. Bis auf die Gatt. *Equisetum* sind alle Vertreter der E. ausgestorben.

Equisetum, Gatt. der ↗ Equisetaceae.

Eragrostis, Gatt. der ↗ Poaceae.

Erbanalyse, Verfahren zur Ermittlung, auf welche Weise ein Merkmal an die Nachkommen weitergegeben wird (↗ Erbgang).

Erbanlage, das ↗ Gen.

Erbgang, beschreibt, wie genetisch bedingte Merkmale vererbt werden. Ein E. kann den ↗ Mendel-Regeln folgen und wird entweder *dominant-rezessiv* oder aber als *intermediär* bzw. *kodominant* beschrieben. Des weiteren werden z. B. *monohybride* (Vererbung eines Merkmals) und *dihybride* (Vererbung zweier Merkmale) E. voneinander unterschieden. Eine Reihe von Merkmalen folgen anderen E. Dies ist für Gene, die auf den ↗ Geschlechtschromosomen oder im Erbgut der Mitochondrien und Plastiden lokalisiert sind, der Fall. (↗ Erbkrankheiten)

Erbgut, die im Zellkern, in den Mitochondrien (Chondrom) und bei Pflanzen in den Plastiden (Plastom) vorhandenen Gene. (↗ Genotyp)

Erbkoordination, *Instinktbewegung*, aus der älteren Verhaltensphysiologie stammender Begriff, der eine relativ starre Frequenz von Bewegungen (z. B. Putzbewegungen) bezeichnet, die weitgehend genetisch vorgegeben ist. Daher tritt sie bei den Tieren einer Art häufig in gleicher Weise auf.

Erbkrankheiten, durch Mutationen im Erbgut verursachte menschliche Erkrankungen, die entweder auf den ↗ Autosomen oder aber den ↗ Geschlechtschromosomen (Gonosomen) lokalisiert sind. E. sind auf unterschiedliche Mutationsereignisse zurückzuführen, die sich von Veränderungen einzelner (*monogene E.*) und seltener mehrerer (*polygene E.*) Gene über größere Deletionen (*strukturelle Chromosomenaberrationen*) bis hin zu Veränderungen der Anzahl ganzer Chromosomen erstrecken (*numerische Chromosomenaberrationen*). In seltenen Fällen führen Mutationen der mitochondrialen DNA zu E. Sie weisen eine *maternale Vererbung* auf. Die Erforschung von E. ist ein wichtiger Teilbereich der Humangenetik.

Während *autosomal* rezessive E. nur dann auftreten, wenn bei Betroffenen die jeweilige Veränderung des Erbguts homozygot ist, treten *autosomal* dominante E. immer auf, da nur ein Elternteil Träger dieser Erbkrankeit sein muss. Bei autosomalen

Erbkrankheiten   Wichtige Erbkrankheiten (r = rezessiv, d = dominant)

	Krankheitsbild
autosomal	
Albinismus (r)	Störung der Melaninsynthese führt zu Pigmentstörungen der Haut, Haare, Augen; Tyrosinasemangel
Alkaptonurie (r)	schwarz gefärbter Urin aufgrund einer Störung im Phenylalanin- und Tyrosinstoffwechsel; Anreicherung von Homogentisat
Phenylketonurie (r)	Akkumulation von Phenylalanin u.a. Metaboliten; geistige Retardierung, Krampfanfälle
Mukoviszidose (r)	defekter Chlorid-Kanal, Dysfunktion exokriner Drüsen, zähflüssige Sekrete mucöser Drüsen
Sichelzellenanämie (r)	Erythrocyten sichelförmig, weniger lösliche Form des Hämoglobins; Punktmutation
Erbliche Taubstummheit (r)	
Erbliche Epilepsie (r)	
Chorea Huntington (d)	Bewegungsunruhe, Verlust der Kontrolle der Muskulatur, Demenz; Mutation des Huntingtin-Gens
Kurzsichtigkeit (d)	
Kurzfingrigkeit (d)	
Schielen (d)	
gonosomal	
Bluterkrankheit	Störung der Blutgerinnung durch Fehlen eines Gerinnungsfaktors
Rotgrünblindheit	Störung der trichromatischen Farbwahrnehmung, ungleiche Crossing over, die zu Deletion oder Duplikation führen
Muskeldystrophie	fortschreitende Muskelschwäche, Krümmung der Wirbelsäule, langsam fortschreitender Verlauf
numerische Chromosomenaberrationen	
Klinefelter-Syndrom (XXY-Syndrom)	zusätzliches X-Chromosom, phänotypisch männlich, unfruchtbar; sekundäre Geschlechtsmerkmale z. T. fehlend, Barr-Körperchen
Turner-Syndrom (XO-Syndrom)	fehlendes X-Chromosom, phänotypisch weiblich, unfruchtbar, Organdefekte, Minderwuchs
Down-Syndrom (Trisomie 21)	meist zusätzliches freies Chromosom 21; zahlreiche typische Merkmale u.a. Augenstellung schräg, flaches Gesicht, reduzierte Lebenserwartung, Herzfehler, unterschiedlich starke mentale Retardierung

E. sind beide Geschlechter in derselben Weise betroffen. Im Unterschied hierzu kommt es bei *gonosomalen E.* zu Unterschieden, was das Geschlecht der betroffenen Menschen anbelangt, da die mutierten Gene auf dem X-Chromosom lokalisiert sind. Somit sind Frauen, bei denen das zweite X-Chromosom ein nicht mutiertes Allel aufweist, i. d. R. phänotypisch gesund; sie fungieren aber als so genannte *Konduktorinnen*, die die Krankheit an ihre Söhne weitervererben können. Numerische Chromosomenaberrationen sind sowohl für Autosomen als auch für Geschlechtschromosomen bekannt.

Erbrechen, *Vomitus*, *Emesis*, ein komplexer, von einer Vielzahl von Ursachen ausgelöster Schutzreflex, der zum Entleeren des Mageninhalts und unter Umständen durch eine Antiperistaltik im Zwölffingerdarm und/oder Erschlaffung des Pylorus (↗ Magen) von Dünndarminhalt und Galle führt. Gesteuert wird das E. von Neuronenverbänden („*Brechzentrum*"), die in der ↗ Medulla oblongata in der Nähe des ↗ Atemzentrums liegen. Das E. wird von vegetativen Symptomen begleitet, wie Übelkeit, Blässe, Schweiß- und Speichelsekretion. Es beginnt mit einer tiefen Einatmung und nachfolgendem Verschluss der Stimmritze (Glottis) und des Nasopharynx. Anschließend erschlaffen die Muskulatur des Magens sowie die Ösophagussphinkter, und das Zwerchfell sowie die Bauchdeckenmuskulatur kontrahieren ruckartig. Letzteres bewirkt eine Erhöhung des Drucks im Bauchraum, wodurch der Magen (teilweise) entleert wird. – Bei verschiedenen Arthropoden wird E. auch als Mittel der ↗ Abwehr benutzt.

Erbse, *Pisum*, Gatt. der Hülsenfrüchtler (↗ Fabales) mit im Mittelmeergebiet und in Vorderasien beheimateten Arten. E. sind einjährige, krautige, rankende Pflanzen mit berankten Fiederblättern. In den Hülsen befinden sich bis zu acht Samen (*Erbsen*).

Erbsenrost, Art der Rostpilze (↗ Uredinales).

Erdaltertum, das ↗ Paläozoikum. (↗ Erdzeitalter)

Erdbauten, ↗ Tierbauten.

Erdbeerbaum, *Arbutus*, Gatt. der ↗ Ericaceae mit Verbreitung in Nordamerika, im Mittelmeergebiet sowie auf den Kanarischen Inseln. Der *Westliche E.*,

Arbutus unedo, wird bis 10 m hoch und hat kirschgroße, scharlachrote essbare Früchte.

Erdbeere, *Fragaria*, Gatt. der ↗ Rosaceae, deren Arten aus der nördlichen Hemisphäre stammen. Die eigentlichen Früchte der E. sind die kleinen Nüsschen, die auf dem stark vergrößerten saftigen Blütenboden sitzen, der durch Anthocyane rot gefärbt ist. Die E. ist eine Sammelnussfrucht (↗ Frucht).

Erde, 1) Bez. für bestimmte Arten oder Formen des ↗ Bodens, z. B. Braunerde.

2) ein Planet des Sonnensystems und der bisher einzige bekannte Himmelskörper im Kosmos, auf dem sich ↗ Leben entwickelt hat.

Erdferkel, einzige rezente Art der Röhrenzähner (↗ Tubulidentata).

Erdgas, *Naturgas*, in der Erdkruste meist zusammen mit ↗ Erdöl vorkommende, brennbare Gase, die wahrscheinlich auf gleiche Weise wie Erdöl entstehen und sich hauptsächlich aus Methan und anderen ↗ Kohlenwasserstoffen zusammensetzen. E. ist ein sehr gutes Brenngas mit einem hohen Heizwert.

Erdhöhlen, ↗ Tierbauten.

Erdhummel, Art der ↗ Hummeln.

Erdkröte, häufigste einheimische Art der ↗ Kröten.

Erdmandel, Kulturart der ↗ Cyperaceae.

Erdmann, *Rhoda*, deutsche Biologin und Pädagogin, ✱ 5.12.1870 Hersfeld (Hessen), † 18.4.1955 Heidelberg; ab 1912 Prof. in Hannover, 1926-48 in Heidelberg. E. ist Mitbegründerin der experimentellen Zellbiologie in Heidelberg sowie Begründerin und Herausgeberin des „Archivs für experimentelle Zellforschung".

Erdmännchen, *Surikate, Scharrtier, Suricata suricatta*, in den Trockensteppen Südafrikas in sechs Unterarten verbreitete Art der Schleichkatzen (↗ Viverridae). E. sind 25-35 cm körperlang mit 25 cm langem Schwanz und haben ein graubraunes Fell mit dunkelbraunen Querbändern am Rücken und schwarzer Schwanzspitze. Die Schnauze ist schmal, Vorder- und Hinterfüße haben je vier krallenbesetzte Zehen. E. sind gesellige, in ständigem Stimmkontakt lebende tagaktive Tiere, die sich nachts in ihren selbst gegrabenen Erdbauten aufhalten. Ihre Nahrung besteht überwiegend aus Insekten u. a. Wirbellosen sowie kleineren Wirbeltieren. E. sichern bei Gefahr durch Sich-Aufrichten, indem sie sich auf die Hinterbeine oder sogar auf deren Zehen stellen und auf den Schwanz stützen („Männchen machen", daher der Name). Ihre Hauptfeinde sind Greifvögel. Sie sind leicht zähmbar und werden daher in ihrer Heimat oft als Haustiere gehalten.

Erdmittelalter, das ↗ Mesozoikum. (↗ Erdzeitalter)

Erdneuzeit, das ↗ Känozoikum. (↗ Erdzeitalter)

Erdnuss, *Arachis*, Gatt. der Hülsenfrüchtler (↗ Fabales) mit über 20 in Südamerika heimischen Arten. Es sind krautige, einjährige oder mehrjährige Arten mit gefiederten Blättern und meist gelben Schmetterlingsblüten. Als Kulturpflanze von Bedeutung ist *Arachis hypogaea*, eine einjährige, aus Bolivien stammende Pflanze. Die Entwicklung der Frucht ist ein Beispiel für Bodenfrüchtigkeit (*Geokarpie*). Nach der Befruchtung durch Selbstbestäubung wächst ein Teil der Blütenachse (*Gynophor*) in die Erde und schiebt die Frucht vor sich her. Diese bleibt stets geschlossen, ist morphologisch also eine Nuss.

Erdöl, *Rohöl*, flüssiger fossiler Brennstoff, der in der Erdkruste vorkommt. Wahrscheinlich entstand E. bei der ↗ Zersetzung organischer Stoffe (vor allem ↗ Plankton, aber auch Hohltiere und Krebstiere) aus marinem ↗ Faulschlamm unter dem Einfluss von Druck, Hitze, Bakterien und Enzymen. E. besteht aus Alkanen, Cycloalkanen und Aromaten und enthält unterschiedliche Mengen schwefel-, stickstoff- und sauerstoffhaltiger Verbindungen. Bei einer ↗ Ölpest werden häufig ↗ Kohlenwasserstoff oxidierende Bakterien zur biologischen Sanierung eingesetzt.

Erdpflanzen, die ↗ Geophyten.

Erdrauchgewächse, die Fam. ↗ Fumariaceae.

Erdspross, das ↗ Rhizom.

Erdsterne, die ↗ Geastrales.

Erdzeitalter, die Großabschnitte der Erdgeschichte. Das Ordnungsprinzip der Erdgeschichte ist die *Geochronologie*, die geologische ↗ Altersbestimmung. Sie nimmt eine zeitliche Einstufung von Gesteinen vor durch die in ihnen vorhandenen Zeitmarken aller Art (z. B. Fossilien, radioaktive Elemente), die Hinweise auf ihre Entstehungsbedingungen und -umstände, auf ihre Verbreitung und Lagebeziehungen zueinander sowie auf die sie begleitende Lebenswelt geben. Die Gliederung der Erdgeschichte wird nach internationaler Vereinbarung auf zweierlei Weise vorgenommen: 1) *stratigraphisch* (für konkrete Gesteine) und 2) *chronologisch* für abstrakte Zeiteinheiten.

Die chronologische Gliederung der Erdgeschichte beruht vor allem auf der Entwicklung des tierischen Lebens. Im Gegensatz zum ↗ Präkambrium, das man wegen der wenigen erhaltenen Lebensspuren auch *Kryptozoikum*, d. h. Zeit des „verborgenen tierischen Lebens" nannte, wird die übrige Erdgeschichte vom ↗ Kambrium ab bis heute als *Phanerozoikum*, als Zeit des „erschienenen tierischen Lebens" bezeichnet. Die Entwicklung der Pflanzenwelt ist etwas anders gegliedert (s. Abb. auf Seite 429).

Erektion, das Versteifen, Vergrößern und sich Aufrichten von Organen, insbesondere des ↗ Penis und der ↗ Klitoris sowie (beim Menschen) der

Erdzeitalter

Flora	Äon	Ära	Zeit		Beginn vor Mio. Jahren	organische Entwicklung (vor Millionen Jahren)
Känophytikum (Neophytikum)	Phanerozoikum	Känozoikum (Erdneuzeit)	Quartär	Holozän		
				Pleistozän	1,8	*Homo sapiens* (0,8)
			Tertiär	Neogen	24	Erstauftreten der Gattung *Homo* (2,0) *Australopithecus* (4,5) erste Hominiden (4,8) erste Hominoiden (*Proconsul* 20)
				Paläogen	65	erste Nagetiere (48), erste Pferde (53)
Mesophytikum		Mesozoikum (Erdmittelalter)	Kreide		144	Aussterben der Saurier, Rudisten, Globotruncanen, Ammoniten, Belemniten (65) erste Schlangen (85); erste Diatomeen (110) erste Placentalia (Eutheria) (133) erste Bedecktsamer (Angiospermen) (135)
			Jura		206	Blütezeit riesiger Dinosaurier (Sauropoden) Urvögel, Rudisten (145) erste planktontische Foraminiferen (170)
			Trias		248	erste Säugetiere; erste moderne Knochenfische (215), Coccolithophoriden (220) erste Dinosaurier (Ornithischia, Saurischia) (240) erste Ichthyosaurier, Brückenechsen, Schildkröten und Froschlurche
Pteridophytikum		Paläozoikum (Erdaltertum)	Perm		290	Blütezeit säugerähnlicher Reptilien (Therapsida) (270)
			Karbon		354	erste geflügelte Insekten (310) erste säugetierähnliche Reptilien (315) erste Reptilien (325)
			Devon		417	erste Landwirbeltiere (Labyrinthodonten) (345) erste Samenpflanzen (Nacktsamer, Gymnospermen) (355) erste Haie (Cladoselachii) (368) erste Insekten (385) und Ammonoidea i.e.S. (415)
Paläophytikum			Silur		443	erste Lungenfische und Gefäßpflanzen (420) erste Kieferfische (Placodermi) (425)
			Ordovizium		490	erste Landpflanzen (430) und Ammonoidea i.w.S. (465)
			Kambrium		543	erste Kieferlose (498), erste Graptolithen (515) Außenskelette bei Trilobiten, Ostracoden, Mollusken, Echinodermen und Brachiopoden (525–540)
Archäophytikum (Proterophytikum)	Präkambrium (Erdurzeit)	Proterozoikum (Algonkium)	Neoproterozoikum		1000	älteste Foraminiferen (530–500) älteste Kalkalgen (545) Ediacara-Metazoen (550–558) Radiation der Acritarchen (900) häufig Prokaryoten, wenige Eukaryoten (1000)
			Mesoproterzoikum		1500	älteste Lebensspuren i.e.S. (1000–1200) erste makroskopische Algen? (1200)
			Paläoproterozoikum		2400	überwiegend aerobe Hydro- und Atmosphäre (1900) älteste Eukaryoten und älteste Lebensspuren
		Archäikum	Neoarchäikum		2700	
			Mesoarchäikum		3100	erste Mikrofloren (3000)
			Paläoarchäikum		3500	frühe Prokaryoten (Archae-, Cyano- und Eubacteria) (3500) erste ? Stromatolithen (3500)
			Eoarchäikum		3900	fragliche Organismenreste (3800) älteste terrestrische Gesteine (3900)
	Hadeum		Hadeum		4700	Entstehung der Urhydro- und Uratmosphäre (4100) Entstehung des Sonnensystems, der Erde und des Mondes (4500–4700)

Brustwarzen infolge mechanischer oder psychogener Reizung, z. B. bei der ↗ Begattung bzw. beim ↗ Geschlechtsverkehr. Sie wird beim Penis durch erhöhte Blutzufuhr und dadurch bewirkte pralle Füllung der ↗ Schwellkörper (beim Menschen Corpus cavernosum und Corpus spongiosum) bewirkt, wobei die pralle Füllung der Schwellkörper gleichzeitig den Abfluss des Blutes durch die eingeengten Venen verhindert. Die Kontraktion der Muskeln an der Peniswurzel richtet diesen auf. Der E. liegt ein Reflex zugrunde (*Erektionsreflex*), der vom im Sakralmark gelegenen *Erektionszentrum* ausgeht. Bei manchen Säugetieren, z. B. den Walen, tritt der Penis erst bei E. aus dem Penisschlitz hervor. (↗ Genitalpräsentation)

Eretmochelys, Gatt. der Meeresschildkröten (↗ Cheloniidae).

Ergasilus, parasitische Art der ↗ Copepoda.

Ergosterin, das Hauptsteroid aus Hefe, dessen Wirkung als Provitamin D_2 auf einer durch UV-Licht induzierten Ringspaltung zu Präcalciferol mit anschließender Umlagerung in Vitamin D_2 beruht. E. ist auch in zahlreichen anderen Pilzen (z. B. Mutterkornpilz) und Flechten enthalten.

Ergotamin, ↗ Mutterkornalkaloide.

ergotrop, Bez. für Reaktionen, die eine Leistungssteigerung des gesamten Organismus bewirken, hervorgerufen durch die Tätigkeit des ↗ Sympathikus. Gegensatz: ↗ trophotrop

Erhaltungsgebiet, *Refugialgebiet*, *Rückzugsgebiet*, Gebiet, in dem Tier- und Pflanzenarten bei sonst veränderten Lebensbedingungen überleben können. Viele Arten wurden während der Eiszeit in Erhaltungsgebiete (*Eiszeitrefugien*) zurückgedrängt und konnten nur dort überdauern.

Erhaltungsstoffwechsel, Bez. für denjenigen Anteil des ↗ Stoffwechsels, der der Aufrechterhaltung lebenswichtiger intrazellulärer Grundfunktionen, jedoch weder der Zunahme der Biomasse noch einer damit einhergehenden Zellvermehrung dient.

Ericaceae, *Heidekrautgewächse*, Fam. der ↗ Ericales mit über 3300 Arten, die überwiegend auf sauren, rohhumusreichen Böden in nährstoffarmen Biotopen vorkommen wie ↗ Zwergstrauchheiden, ↗ Moore und Nadelwälder. Sie sind über die ganze Erde verbreitet, fehlen jedoch meist in den Tropen. Die Besiedelung extrem mineralstoffarmer Böden wird durch eine besondere Form der endotrophen ↗ Mykorrhiza (*Ericaceen-Mykorrhiza*) ermöglicht.

Die Vertreter der E. sind überwiegend niedrige Sträucher mit meist immergrünen, nadel- oder schuppenförmigen Blättern. Ihre vier- bis fünfzählige Blütenkrone trägt zwei Kreise von Staubblättern. Aus dem oberständigen ↗ Fruchtknoten entwickelt sich eine Kapsel, Steinfrucht oder Beere. Zu den besonderen Inhaltsstoffen der E. gehören verschiedene Polyphenolverbindungen.

Heimische Nutzpflanzen sind die ↗ Heidelbeere, *Vaccinium myrtillus*, und die ↗ Preiselbeere, *Vaccinium vitis-idaea*. Essbare Früchte haben auch einige Arten des ↗ Erdbeerbaumes, *Arbutus*. Als Heilpflanze wird die ↗ Bärentraube, *Arctostaphylos uva-ursi*, genutzt. Viele Arten der Gatt. *Alpenrose*, *Rhododendron*, und ↗ Heidekraut, *Erica*, werden als Zierpflanzen kultiviert. Die meist kleinblättrigen, Laub abwerfenden Rhododendron-Sträucher werden i. Allg. als *Azaleen* bezeichnet. Der giftige *Sumpfporst*, *Ledum palustre*, steht unter Naturschutz.

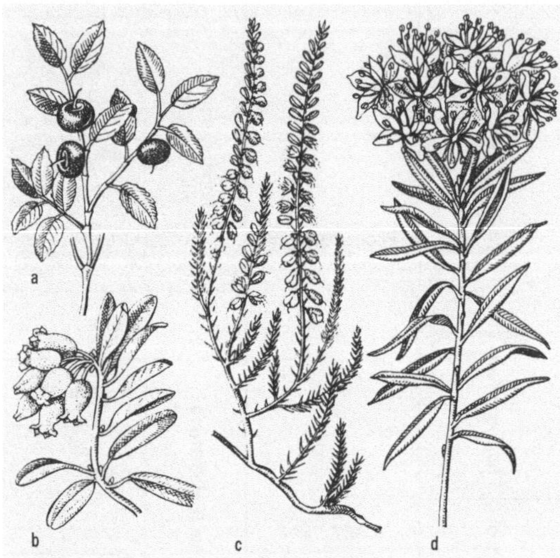

Ericaceae a Heidelbeere (*Vaccinium myrtillus*), fruchtender Zweig; b Bärentraube (*Arctostaphylos uva-ursi*), blühender Zweig; c Heidekraut (*Calluna vulgaris*), blühende Pflanze; d Sumpfporst (*Ledum palustre*), blühende Pflanze

Ericales, Ord. der ↗ Rosopsida, zu der hauptsächlich Sträucher und Stauden mit einfachen und häufig immergrünen Blättern gehören. Die fünf- bis vierzähligen Blüten haben meist freie Staubblätter und Theken, die sich oft mit Poren öffnen. Durch die Poren werden die Pollentetraden ausgestreut. Zu den E. gehören u. a. die artenreiche Fam. ↗ Ericaceae, die *Epacridaceae* der südlichen Hemisphäre und noch einige kleinere Familien.

Erinaceidae, *Igel*, seit dem frühen Tertiär nachgewiesene Fam. der Insektenfresser (↗ Insectivora) mit 16 Arten in zwei Unterfam., die in Eurasien und Afrika verbreitet sind. Sie ernähren sich außer von Wirbellosen auch von kleinen Wirbeltieren und (seltener) von pflanzlicher Nahrung. Nur die *Echten Igel* (*Stacheligel*, Unterfam. *Erinaceinae*) besitzen ein Stachelkleid, das aus rund 8000 Stacheln besteht. Sie haben eine besonders ausgebildete Hautmuskulatur, die zudem gegen die tiefer gelegenen Muskelschichten durch eine Fettschicht beweglich ist. Dies ermöglicht es ihnen, sich bei Gefahr zu einer stacheligen Kugel einzurollen. Dementsprechend haben sie wenige natürliche Feinde, sind aber durch den Menschen, insbesondere durch Pestizide und durch den Straßenverkehr gefährdet. Bekannteste Art in Europa ist der bis 30 cm lange *Europäische Igel (Erinaceus europaeus)*. Er ist ein dämmerungs- und nachtaktiver Einzelgänger und der einzige echte Winterschläfer unter den Insektenfressern. Zum Winterschlaf, der durch sinkende Temperaturen und eine Reihe endogener Faktoren ausgelöst wird, sucht er Schlupfwinkel auf. Das Aufwachen wird wohl nur durch zunehmende Wärme ausgelöst.

Die zweite Unterfam., die mit vier Arten in Südostasien verbreiteten *Haar-* oder *Rattenigel (Echinosoricinae)* haben keine Stacheln und meist einen langen Schwanz.

Eriocheir, ↗ Wollhandkrabbe.

Eriophyidae, *Gallmilben*, Gruppe der Milben, zu der mit 0,08-0,3 mm Größe die kleinsten Arthropoden gehören. Sie leben als Säftesauger auf Pflanzen. Ihren Namen haben sie von den Wucherungen (↗ Gallen), die sie an den Wirtspflanzen verursachen. Ihr Körper ist in Anpassung an ihre Lebensweise wurmförmig gestreckt und sekundär geringelt; nur die ersten beiden Beinpaare sind ausgebildet, die Cheliceren sind stilettartige Saugorgane. Herz, Atmungs- und Exkretionsorgane fehlen. Die Entwicklung dauert unter günstigen Bedingungen nur 10-15 Tage, sodass Massenvermehrungen die Regel sind und Gallmilben lokal beträchtliche Schäden anrichten können.

Erithacus rubecula, das ↗ Rotkehlchen.

Erkältung, Sammelbez. für verschiedene infektöse (meist virale) Erkrankungen vor allem der oberen Luftwege. Zu den vorherrschenden Erregern gehören die ↗ Rhinoviren, daneben können auch ↗ Coronaviren E. auslösen. Der wichtigste Verbreitungsmechanismus ist die Übertragung durch ↗ Aerosole. Die Behandlung von E. besteht meist darin, die Symptome durch Antihistamine und Schleim lösende Medikamente zu abzumildern.

Erlanger, *Joseph*, amerikan. Neurophysiologe, * 5.1.1874 San Francisco (Kalifornien), † 5.12.1965 Saint Louis (Missouri); ab 1906 Prof. an der University of Winsconsin in Madison, 1910-48 Leiter der physiologischen Abteilung an der Washington University in Saint Louis, wo er zusammen mit H.S. ↗ Gasser an der Erforschung von Nervenfasern arbeitete. E. erhielt 1944 zusammen mit Gasser den Nobelpreis für Physiologie oder Medizin für die Entdeckung und Aufklärung der Funktion verschiedener Nervenfasertypen mit Hilfe eines Kathodenstrahloszillographen.

Erle, *Alnus*, Gatt. der ↗ Betulaceae. E. sind feuchtigkeitsliebende Bäume und Sträucher, deren geflügelte Nüsschen in holzigen, zapfenartigen Fruchtständen (↗ Fruchtstand) ausgebildet werden. In Europa und Vorderasien sind die Schwarzerle, *Alnus glutinosa*, und die Grauerle, *Alnus incana* (Abb. ↗ Betulaceae), verbreitet. Beide Arten leben meist in ↗ Symbiose mit Stickstoff fixierenden Actinomyceten der Gatt. *Frankia* (↗ Frankiaceae). Diese Bakterien verursachen die Bildung von ↗ Wurzelknöllchen.

erleichterte Diffusion, die ↗ beschleunigte Diffusion.

Ernährung, *Nutrition*, Aufnahme fester, flüssiger und gasförmiger organischer und anorganischer Substanzen zur Deckung des Energiebedarfs aller Lebensvorgänge. Nach den verwertbaren Energiequellen wird unterschieden zwischen *chemotrophen* Organismen, die ihre Energie aus chemischen Reaktionen gewinnen und *fototrophen* Organismen, die die Energie des Sonnenlichts mithilfe der ↗ Fotosynthese nutzen. Chemotrophe und fototrophe Organismen, die keine organischen Verbindungen zum Wachstum benötigen, werden auch als *autotrophe* Organismen (↗ Autotrophie) den *heterotrophen* gegenübergestellt, die als Energie- und Kohlenstoffquelle organische Verbindungen verwerten (↗ Dissimilation, ↗ Heterotrophie; vgl. Tab. Ernährungstypen). – Für das normale Wachstum der *Pflanzen* sind eine Reihe von chemischen Elementen erforderlich, die nach dem mengenmäßigen Anteil als ↗ Makronährstoffe, das sind in absteigender Reihenfolge: Kohlenstoff (C), Wasserstoff (H), Sauerstoff (O), Stickstoff (N), Schwefel (S), Phosphor (P), Kalium (K), Calcium (Ca), Magnesium (Mg), Eisen (Fe) und ↗ Mikronährstoffe wie Mangan (Mn), Kupfer (Cu), Zink (Zn), Molybdän (Mo), Bor (B), Chlor (Cl) bezeichnet werden. Der Übergang zwischen Makro- und Mikronährstoff ist bei einigen Elementen, so z. B. beim Eisen, fließend. Kohlenstoff, Wasserstoff und Sauerstoff werden bei grünen Pflanzen aus ↗ Kohlenstoffdioxid und ↗ Wasser im Rahmen der Fotosynthese gewonnen, die übrigen Elemente in ionischer Form aus dem Boden aufgenommen (↗ Düngung, ↗ Dünger). Experimentell lassen sich die Bedingungen der Pflanzenernährung durch Kultivierung in ↗ Nährlösungen definierter Zusammensetzung untersuchen. Beim Fehlen essentieller Ionen zeigen Pflanzen Symptome der ↗ Mangelernährung.

Innerhalb des *Tierreichs* bestehen große Unterschiede im Nahrungsbedarf (↗ Nahrungsspezialisten) und in der Fähigkeit, Nährstoffe selbst zu synthetisieren, bzw. der Notwendigkeit, essentielle Nahrungsbestandteile aufnehmen zu müssen. Oftmals ist im Verlauf der tierischen Evolution durch den Ausfall entsprechender ↗ Enzyme die Fähigkeit zur Synthese von Nährstoffen verlorengegangen; diese wurden somit zu ↗ essentiellen Nahrungsbestandteilen. Je nach dem bevorzugten Nahrungstyp werden Pflanzenfresser (Herbivoren),

Ernährung Wichtige Ernährungstypen

Energiequellen	Elektronendonor (bzw. H-Donor) zum Energiegewinn und/oder für Reduktionen	Kohlenstoffquelle	Bezeichnung des Gesamtstoffwechsels
Licht (foto-)	lithotroph anorganische Substrate [H_2, H_2O, H_2S, S, $S_2O_3^{2-}$ und andere]	C-autotroph Kohlenstoffdioxid (CO_2)	fotolithoautotroph (= *fotoautotroph*) [↗ Fotolithotrophie]: grüne Pflanzen, Cyanobakterien, fototrophe Bakterien (teilweise)
	organotroph organische Substrate [Säuren, Alkohole, Zucker und andere]	C-heterotroph organische Substrate [Säuren, Alkohole, Zucker und andere]	fotoorganoheterotroph (= *fotoheterotroph*) [↗ Fotoorganotrophie]: viele fototrophe Bakterien
organische oder anorganische Stoffe (chemo-)	lithotroph anorganische Elektronendonatoren [H_2, NH_4^+, NO_2^-, H_2S, $S_2O_3^{2-}$, Fe^{2+} und andere]	C-autotroph Kohlenstoffdioxid (CO_2) [CO_2 + Kohlenstoffmonooxid (CO)]	chemolithoautotroph (= *chemoautotroph*) [↗ Chemolithotrophie]: einige Bakteriengruppen
	organotroph organische Elektronendonatoren [alle biosynthetisch entstandenen Verbindungen]	C-heterotroph organische Substrate [alle biosynthetisch entstandenen Verbindungen]	chemoorganoheterotroph (= *chemoheterotroph*) [↗ Chemoorganotrophie]: Tiere, die meisten Mikroorganismen (Einzeller, Pilze, Bakterien), grüne Pflanzen im Dunkeln, nichtfotosynthetisierende Pflanzenzellen

Fleischfresser (Carnivoren) und Allesfresser (Omnivoren) unterschieden. ↗ Mundgliedmaßen und ↗ Verdauungsorgane sind den Nahrungstypen mehr oder weniger eng angepasst. Verschiedene Formen der Spezialisierung innerhalb dieser Gruppen auf *eine* Nahrungsart (z. B. eine bestimmte Futterpflanze), wenige ausgewählte oder viele verschiedene Nahrungsarten werden mit den Begriffen ↗ monophag, ↗ oligophag bzw. ↗ polyphag gekennzeichnet. – Die Art des *Nahrungserwerbs* hängt eng mit dem ↗ Lebensformtypus eines Tieres zusammen. So sind im Wasser häufig der oft sessile Typ des ↗ Strudlers sowie derjenige des ↗ Filtrierers anzutreffen. Unter den ↗ Substratfressern gibt es solche, die hauptsächlich Erde mit darin enthaltenen Bestandteilen durch sich hindurchschleusen (z. B. viele Bodenorganismen), und andere, die speziell faulendes Substrat (↗ Saprophagen, ↗ Saprophyten) oder Kot (↗ Koprophagen) bevorzugen. Weitere Formen des Nahrungserwerbs praktizieren die weidenden Tiere sowie die ↗ Sammler, ↗ Jäger und ↗ Fallensteller, die hierzu zum Teil mit hochspezialisierten Mundwerkzeugen und entsprechenden Sinnesorganen ausgestattet sind. Spezielle Anpassungen findet man auch bei ↗ Parasiten. Vor Aufnahme der Nahrung erfolgt meist eine *Nahrungswahl*, die durch die Reizung von ↗ Chemorezeptoren durch eine Reihe von nahrungsspezifischen und unspezifischen Substanzen bzw. deren

genau abgestimmte quantitative Zusammensetzung getroffen wird (siehe auch ↗ chemische Sinne, ↗ Geschmackssinn, ↗ Geruchssinn). – In verschiedenen Tiergruppen sind Formen der *Vorratshaltung* entwickelt worden, die meist mit der Aufzucht der Nachkommen in Zusammenhang stehen. Beispiele sind u. a. die Speicherung von Pollen und zu Honig gewandeltem Nektar in Waben bei der ↗ Honigbiene; ferner die Speicherung von Honig in manchen Wüstenameisen (Hönigtöpfe) oder das Einlagern von Körnern bei Ernteameisen.

Die Ernährung des *Menschen* entspricht derjenigen der tierischen Allesfresser. Dabei kann allerdings die Zusammensetzung der Nahrung, d. h. der Anteil der Grundbestandteile, lokalen wie auch regionalen, nationalen oder kulturellen Schwankungen unterliegen, die auch weltanschaulich begründet sein können. Grundsätzlich sollten die *Grundnährstoffe* ↗ Kohlenhydrate, ↗ Proteine und ↗ Fette sowie ↗ Mineralstoffe, ↗ Vitamine, ↗ Spurenelemente und ↗ Ballaststoffe in ausreichender Menge und in geeignetem Verhältnis aufgenommen werden. Wichtig ist darüber hinaus die sachgerechte Zubereitung der Nahrung, die dadurch für den Organismus gut aufschließbar wird. Bei einer richtig zusammengestellten Kost werden etwa 55 bis 60 % des Energiebedarfs aus hochmolekularen Kohlenhydraten gedeckt, 10 bis 15 % aus Proteinen und maximal 30 % aus Fetten, wobei von letzteren höchstens 10 % in Form gesättigter und mindestens 7 % in Form mehrfach ungesättigter Fettsäuren zugeführt werden sollten. Die Höhe der Energiezufuhr ist grundsätzlich abhängig von Alter, Geschlecht, körperlicher Konstitution und körperlicher Aktivität, und wird beeinflusst durch besondere physiologische Zustände wie Wachstum, Schwangerschaft, Erkrankungen, Stress. Im Jahr 2000 wurden erstmals von Wissenschaftlern aus Deutschland, Österreich und der Schweiz gemeinsame Referenzwerte für die Nährstoffzufuhr festgelegt. *Mangelerscheinungen* sollten bei einer ausgewogenen Mischkost, die in Hunger stillender Menge aufgenommen wird, nicht auftreten. Wichtig ist eine vielseitige Zusammensetzung der Nahrung, die eine ausreichende Zufuhr der essentiellen Nahrungsbestandteile gewährleistet. Dies wird in vielen Entwicklungsländern nicht erreicht, oft aufgrund eines grundsätzlichen Mangels an geeigneten Nahrungsmitteln. Aber auch in den Industrieländern werden in steigendem Maße trotz eines Überangebots an Nahrung Formen der Mangelernährung festgestellt, die vielfach auf ein Fehlen von für den Menschen essentiellen Nahrungsbestandteilen zurückgeführt werden können. Hier liegen die Ursachen mehr in einem Wandel der Ernährungsgewohnheiten (höherer Anteil an Fetten und nieder-

molekularen Zuckern, geringer Ballaststoffanteil) und veränderten Produktionsverfahren, die zu neuartigen, in der Nährstoffzusammensetzung nicht unbedingt ausgewogenen Nahrungsmitteln führen (siehe auch Essay „Der globale Mensch und seine Ernährung") ↗ Convenience food, ↗ Fette und fette Öle, ↗ Functional food, ↗ Hunger, ↗ Hungerstoffwechsel, ↗ Kohlenhydrate, ↗ Kwashiorkor, ↗ Landwirtschaft, ↗ Marasmus, ↗ Mineralstoffe, ↗ Nahrungskette, ↗ Nahrungspyramide, ↗ Nährwert, ↗ Novel food, ↗ Proteine, ↗ Vitamine

Literatur: Amberger, A. Pflanzenernährung. Ökologische und physiologische Grundlagen, Stuttgart ⁴1996. – Biesalski, H.K., Grimm, P.: Taschenatlas der Ernährung, Stuttgart 1999. – Biesalski, H.K. (u. a.): Ernährungsmedizin, Stuttgart 1999. – Birus, T.: Was macht die Tiefkühlpizza knusprig. Die wundersamen Zutaten der modernen Küche, Frankfurt/M. 1999. – Elmadfa, I., Leitzmann, C.: Ernährung des Menschen, Stuttgart ²1990. – Finck, A.: Pflanzenernährung in Stichworten, Stuttgart ⁵1997. – Hauber-Schwenk, G., Schwenk, M.: dtv-Atlas Ernährung, München 2000. – Rehner, G., Daniel, H.: Biochemie der Ernährung, Heidelberg 1999. – Deutsche Gesellschaft für Ernährung: Referenzwerte für die Nährstoffzufuhr, Frankfurt/M 2000.

Der globale Mensch und seine Ernährung

Thomas Birus, Dipl.-Ing. Lebensmitteltechnologie

Bei der Erschaffung der Erde wurde nicht an den modernen Industriemenschen gedacht. „Was werden wir essen, was werden wir trinken?". Diese bange Frage stellte sich bereits Matthäus (Matth. 6,31), ohne freilich nur im Entferntesten zu ahnen, welche Bedeutung sie im ausgehenden 20. Jahrhundert und für die nahe Zukunft annehmen würde.

Der Wohlstand in den entwickelten Ländern hat im Vergleich zu minder begüterten Regionen oder kargeren Zeiten eine deutlich geänderte Sichtweise der Ernährung zur Folge: Man isst nicht mehr notwendigerweise, um zu leben, sondern man kann es sich erlauben, zu leben, um zu essen. Die Ansprüche der heutigen Konsumenten sind hoch: Appetitlich aussehen und lecker schmecken muss es, aber die Zubereitung darf kaum Zeit in Anspruch nehmen. Nach Möglichkeit soll das Ganze außerdem den

Geldbeutel nicht strapazieren. Und gesund sollte es natürlich auch sein.

Diesen Ansprüchen gerecht zu werden, ist *eine* Aufgabe der modernen Ernährungswissenschaft und der Lebensmitteltechnologie. Eine andere, aus der Sicht der Hersteller wichtige Aufgabe besteht darin, diese Ziele auf möglichst kostensparende Weise zu erreichen und die Ware trotzdem in gleichbleibend hoher Qualität konsumgerecht anbieten zu können.

Welche Ausgangsstoffe und Verfahren zur Produktion eines Lebensmittels vorgeschrieben bzw. zulässig sind, wird weltweit von der Codex-Alimentarius-Kommission, einem gemeinsamen Ausschuss der Ernährungs- und Landwirtschaftsorganisation der UNO (FAO) und der Weltgesundheitsorganisation (WHO), und für Europa von der Lebensmittelkommission der Europäischen Gemeinschaft festgelegt. Das deutsche Lebensmittelrecht wird durch das Lebensmittel- und Bedarfsgegenständegesetz von 1975 sowie zahlreiche Nebengesetze, Verordnungen und Ausführungsbestimmungen geregelt. Dort ist u. a. detailliert festgelegt, wie ein Lebensmittel beschaffen sein muss und wie es zu kennzeichnen ist. Besonderes Gewicht wurde dabei auf den Verbraucherschutz gelegt: Der Konsument soll vor Gesundheitsschädigung sowie vor Täuschung und Irreführung geschützt werden. Anspruch und Wirklichkeit klaffen dabei allerdings bisweilen auseinander, da die Legislative der Realität hinsichtlich neu entwickelter Ingredienzien hinterherhinkt.

Magerkost in aller Munde

Die Wirtschaftswunderjahre hatten in Deutschland Übergewicht großer Teile der Bevölkerung zur Folge. Daher bestand seit den 1960er-Jahren ein Trend zu gesunder, insbesondere kalorienarmer Ernährung. Stets auf der Suche nach neuen, vermarktbaren Produkten entwickelten die Nahrungsmittelexperten für die in Verruf geratenen Energieträger Kohlenhydrate und Fett Ersatzstoffe, die in unzähligen diätetischen Nahrungsmitteln und Light-Produkten, auch Low-Calorie-Food genannt, Verwendung finden. Um dem zuckerverwöhnten Konsumenten kalorienreduzierten Genuss zu bieten, werden vielen Getränken und Süßspeisen anstelle von Zucker künstliche Süßstoffe wie Aspartam, Cyclamat, Saccharin und Acesulfam-Kalium zugesetzt. In jüngerer Zeit gesellten sich zum Reigen der Kaloriensparer noch der Fettersatzstoff Z-Trim, der aus den Hülsen von Reis, Getreide und Hülsenfrüchten fabriziert wird, sowie das synthetische, unverdauliche Ölersatzprodukt Olestra hinzu.

Diese »Light-Welle« ist aber inzwischen schon wieder abgeebbt, denn es hat sich herumgesprochen, dass die Austauschstoffe zum Teil synthetisch hergestellt werden und die Chemie »out« ist. Zudem hat sich herausgestellt, dass sich mit Light-Produkten keine dauerhafte Gewichtsreduktion erzielen lässt, was aber dem Diät-Wahn keinen Abbruch getan hat.

Designer Lebensmittel

Die ersten Design-Foods waren Imitate, aus der Not geboren und vergleichsweise schlicht. Malzkaffee mit Zichorienextrakt, heute ein Reformprodukt, diente im Zweiten Weltkrieg und in der Nachkriegszeit als Ersatz für unerschwinglich teuren Kaffee. Erbswurst aus Speck, Zwiebeln, Gewürzen, Salz und Erbsenmehl war ein Ausgangmaterial für Suppe. Einem Preisausschreiben Napoleons III. verdanken wir den Butterersatz Margarine. Ein Beispiel für modernes Design-Food ist ein Fleischersatz aus England namens Quorn, der aus fermentativ ge-

wonnenem Mykoprotein (Pilzeiweiß), pflanzlicher Würze, Geschmacksverstärkern und Aromen hergestellt wird. Aus den USA stammen preisgünstige Nachahmungen teurer Meeresfrüchte. Sie tragen die Bezeichnung Surimi oder Kamaboko, ursprünglich die Namen traditioneller japanischer Fischspeisen.

Heute wünschen Verbraucher – wie seit jeher – frische, gesunde und bekömmliche Lebensmittel voller Aroma. Außen knusprig, innen saftig sollen sie sein, dazu schnell zubereitet, möglichst geeignet für die Mikrowelle, außerdem noch ballaststoffreich, kalorienarm und vor Nährstoffen nur so strotzend. Und das alles zu Preisen, die real unter denen der 1960er-Jahre liegen. Entsprechend den unrealistischen Verbraucherwünschen bemüht sich der Handel nach Kräften, die Waren preiswert zu beschaffen und anzubieten. Dafür feilscht er mit seinen Lieferanten – notfalls um Zehntel Pfennig. Wer nicht scharf kalkuliert und auf alle Forderungen der Abnehmerseite eingeht, riskiert, vom Markt zu verschwinden. Die Übermacht der Krämer, seltsamerweise von keinem Kartellverfahren behelligt, treibt die Nahrungsmittelhersteller zu äußerster Rationalisierung.

Vom Sinn der „Mittel zum Leben" hingegen, vom gemeinsamen Essen als sozialem Treffpunkt, vom Genießen spricht kaum mehr jemand. Zeitdruck und Lohnkosten, Arbeitsplatzangst und Freizeitstress prägen die Menschen und bedingen den Aufschwung von Imbissbuden und Fast-Food-Ketten.

Natürlich: Die Zeiten, in denen Nahrungsmittel zur Verbreitung von Massenerkrankungen und Seuchen beitrugen, sind vorbei. Die Qualität unserer Nahrungsmittel ist – bei allen betrüblichen Ausnahmen – in der Regel gut! Es liegt beim Verbraucher, mit nur ein paar Groschen mehr zu gewährleisten, dass ihm Spitzenqualität geboten wird. Wer dagegen auf der Jagd nach Billig-Food ist und damit die Rationalisierungsspirale in der Industrie und der landwirtschaftlichen Erzeugung in Gang hält, darf sich nicht beklagen, wenn er dann für weniger Geld auch weniger Qualität bekommt.

Gentechnik und Ernährung

Ein besonders heikles Thema in diesem Zusammenhang ist die Gentechnologie. Auf der einen Seite ist es verständlich, dass Wissenschaftler, vom Forscherdrang getrieben, weiter bei der Entschlüsselung des Lebensprogramms voranschreiten wollen. Zu geheimnisvoll ist die Materie, zu groß sind die noch erzielbaren Erkenntnisse und wohl auch der damit verbundene, nicht nur finanzielle Erfolg. Ebenfalls nachvollziehbar ist der Drang der Nahrungsmittelkonzerne nach einfacheren Verfahren und billigeren Rohstoffen. Den Handel dürften die höheren Gewinnmargen und länger lagerbare Produkte interessieren; denn wirtschaftliche Zwänge im Zeichen der Globalisierung gehen auch an der Lebensmittelbranche nicht vorbei. Begreiflich sind aber auch die Sorgen des Verbrauchers: Das Gefühl, mit einer Veränderung der Nahrung konfrontiert zu sein, die nicht fassbar und für den Einzelnen praktisch unkontrollierbar ist und von der noch keineswegs sicher ist, dass alle Auswirkungen absehbar und beherrschbar sind.

Gentechnik ist in der Nahrungsmittelbranche bereits Realität. Wer sich noch in Grundsatzdiskussionen über das „Ob" verstricken wollte, wäre mindestens 15 Jahre zu spät dran und ginge an den Tatsachen schlichtweg vorbei. Nur konsequente Information in der Politik, bei Unternehmen und im Handel wird die Verbraucher langfristig beruhigen. Es helfen wohl nur Denken statt Dogma, Einzelfallentscheidungen statt pauschaler Verurteilungen. Denn: Die Risiken sind oft nicht größer als bei konventionell erzeugter Ware.

Moderne Lebensmittel im Brennpunkt

Die Verwirrung über die in den Medien herumgeisternden Begriffe aus dem Reich der neuen Lebensmittel wird mit der steigenden Zahl neuer Wortschöpfungen immer größer. Diese reicht vom einfach und schnell zuzubereitenden Convenience Food über das einem Baukastensystem vergleichbare Design Food, bei dem die Zutaten zu neuen Nahrungsmitteln zusammengefügt werden, bis zu Gerichten aus anderen Ländern, die unter dem Begriff Ethnic Food zusammengefasst werden. Novel Food, das sind „neuartige Lebensmittel", unterscheiden sich in ihrer Zusammensetzung und/oder Herstellung gänzlich von allem Hergebrachten, auch wenn man es ihnen äußerlich selten anmerkt. Beim besonders umstrittenen Genfood etwa sind durch gentechnische Verfahren Tiere, Mikroorganismen und Pflanzen meist gleichen Aussehens, aber mit veränderter Erbsubstanz und neuen Eigenschaften (wie z. B. Lagerfähigkeit, Pestizidresistenz etc.) entstanden – ein bekanntes Beispiel ist die Anti-Matsch-Tomate.

Foodiceuticals, d. h. Lebensmittel, die mit Ballaststoffen, Vitaminen und Spurenelementen angereichert wurden, sollen eine gesundheitsfördernde Wirkung entfalten – wie z. B. Omega-3-Fettsäuren, die angeblich vorbeugend gegen Herzinfarkt sind. Ähnlich verhält es sich mit dem so genannten Functional Food, also Lebensmitteln mit speziellen Wirkungen auf den menschlichen Stoffwechsel. Unter diese Rubrik fallen zum Beispiel Probiotika wie Joghurt mit speziellen Bakterien, welche die Verdauung positiv beeinflussen und das Immunsystem stimulieren sollen.

Voll im Trend liegen gleichzeitig Bio- und Ökoprodukte, Obst, Gemüse und Fleisch aus »garantiert« ökologisch-biologischem Anbau und Reformartikel, die aus derlei Rohstoffen nach den Angaben der Hersteller ohne Zuhilfenahme von Chemie hergestellt werden. Ein Rest von Zweifel bleibt dabei jedoch, denn eine zuverlässige Kontrolle der proklamierten natürlichen Anbau- und Verarbeitungsweisen ist schwierig zu bewerkstelligen.

Alle die genannten industriellen Prozesse sind ohne Automatisierung nicht denkbar. Die moderne Mess-, Regel- und Steuerungstechnik ermöglicht erst die Verarbeitung der enorm großen Mengen. Und die Entwicklung schreitet voran: Biosensoren beispielsweise werden die traditionelle Messtechnik in vielen Bereichen revolutionieren. Die sterile Abfüll- und Verpackungstechnik ist ein weiterer intelligenter ingenieurwissenschaftlicher Bereich, der sowohl Marketingaspekte als auch Verbraucherwünsche gleichermaßen bedienen muss. Und eine rationelle Logistik sorgt dafür, dass die fertige Packung am Ende zum Verbraucher gelangt. Das fängt bei der vollautomatischen Lagerhaltung an und geht über Verteilzentren bis hin zum Supermarkt. Selbst dort wird getüftelt, wie Waren dem potenziellen Käufer noch einfacher und schneller präsentiert werden können.

Rosige Zeiten?

Bleibt der Blick in die Zukunft. Die größte Herausforderung ist in der Tat die Ernährung der rapide wachsenden Weltbevölkerung. Zudem stellt auch die Gewährleistung der Essen*qualität* hohe Ansprüche an Politik, Wissenschaft und Industrie gleichermaßen. Wir dürfen getrost annehmen, dass beide Herausforderungen gemeistert werden. Wie allerdings der gedeckte Tisch im Einzelnen aussieht, darüber sind sich Fachleute uneinig; dass er für manche dürftig oder gar leer bleibt, ist beschämend. Die Wohlstandsgesellschaft bleibt davon zunächst unberührt. Merken wird sie den nahenden Mangel zuerst am Trinkwasser, das im Moment zu etwa einem Viertel in der Kloschüssel landet. In nicht allzu ferner Zukunft dürfte jedoch der Preis drastisch steigen, was zu sinnvollerem Umgang mit dem kostbaren Nass anregt. Ob jedoch die Qualität des wertvollsten Lebensmittels mit dem Preis Schritt halten wird, bleibt abzuwarten. Schon in der Bibel, und damit schließt sich der Kreis, galt Wasser als Zeichen des Lebens. Das sollten wir alle nicht vergessen.

Ernährungslehre, ↗ Ernährungswissenschaft

Ernährungswissenschaft, *Ernährungslehre, Ökotrophologie*, erarbeitet die wissenschaftlichen Grundlagen für eine optimale ↗ Ernährung gesunder und kranker Menschen und als Zweig der Veterinärmedizin auch von Haus- und Nutztieren. Die Ökotrophologie beschäftigt sich insbesondere mit der Erforschung der Nährstoffbedürfnisse des Menschen und der Wirkung und Wechselwirkung der in der Nahrung enthaltenen Bestandteile im Hinblick auf ihre Bedeutung für alle Lebensvorgänge. Von wissenschaftlichem Interesse sind dabei alle Vorgänge bei Nahrungsaufnahme, ↗ Verdauung, ↗ Resorption, Transport, ↗ Stoffwechsel und Ausscheidung (↗ Exkretion). Als Grundlagenforschung und zugleich angewandte Wissenschaft von interdisziplinärem Charakter schließt die E. daher auch alle mit der Ernährung des Menschen im Zusammenhang stehenden biologischen, physiologischen, chemischen, toxikologischen, hygienischen, psychologischen, soziologischen, kulturellen, technischen und ökonomischen Aspekte ein.

Erntemilbe, Art der Fam. ↗ Trombiculidae.

Erodium, Gatt. der ↗ Geraniaceae.

Erosion, Abtragung des Mutterbodens durch Wind, ↗ Wasser und Eis. Erosionsgefährdet sind vor allem ↗ Böden ohne schützende Vegetationsdecke.

Errante, Bez. für die frei beweglichen lebenden Thalluspflanzen und ↗ Einzeller. (↗ Lebensformen)

erregendes postsynaptisches Potenzial, *exzitatorisches postsynaptisches Potenzial*, Abk. *EPSP*, ein lokales depolarisierendes Potenzial an einer postsynaptischen Membran, das durch Freisetzung eines erregenden Neurotransmitters über einen erregenden postsynaptischen Strom ausgelöst wird. Seine Größe ist von der Menge der freigesetzten ↗ Transmittersubstanz und von der vorherigen Größe des ↗ Membranpotenzials abhängig. Bei Überschreiten eines bestimmten Schwellenwertes entsteht ein ↗ Aktionspotenzial in der postsynaptischen Zelle. Das EPSP an einer ↗ motorischen Endplatte heißt *Endplattenpotenzial*. (↗ Synapse)

Erreger, Mikroorganismus (↗ Mikroorganismen), der eine ↗ Infektion verursachen kann.

Erregung, *Exzitation, Excitation*, 1) in der *Sinnes-* und *Neurophysiologie* ein Zustand erregbarer biologischer Systeme, der durch elektrische Potenzialänderung und die damit gekoppelten chemischen Prozesse gekennzeichnet ist und der Codierung und Weiterleitung von Information dient. Viele Zellen von Organismen, wie Nerven-, Drüsen-, Sinnes- und Muskelzellen, besitzen aufgrund besonderer Eigenschaften und Ionenverhältnisse ein ↗ Membranpotenzial, das durch Reizwirkung verändert werden kann. Diese Zellen zeigen die Eigenschaft der *Erregbarkeit*. Bei Reizeinwirkung erfolgt zunächst eine langsame Depolarisation des Membranpotenzials, d. h. ein Abbau dieses Potenzials bis zu einem bestimmten Schwellenwert. Wird dieser überschritten, ist Instabilität der Membranladung die Folge und es entsteht ein ↗ Aktionspotenzial. Dieser gesamte Vorgang wird als E. bezeichnet. Die für Erregungsvorgänge benötigte Energie entstammt dem Zellstoffwechsel; dem Reiz kommt nur eine auslösende Funktion zu. Die Ausbreitung der E. erfolgt entlang der Zellmembran (↗ Erregungsleitung) und wird übergeordneten Schaltzentren (↗ Ganglion, ↗ Gehirn, ↗ Rückenmark) zugeleitet, dort verarbeitet und ausgewertet.

2) In der *Ethologie* ist E. ein Zustand gesteigerter Aufmerksamkeit, Reaktionsbereitschaft bzw. Ansprechbarkeit. Er wird durch sensorische Impulse ausgelöst und auf eine allg. Aktivierung der Großhirnrinde zurückgeführt, die sich durch eine gesteigerte Wachheit äußert. In der *Emotionspsychologie* wird unter E. ein Zustand verstärkter Gemütsbewegung bzw. affektiver Ansprechbarkeit verstanden.

Erregungsleitung, die Weiterleitung von ↗ Aktionspotenzialen entlang erregbarer Membranen. Auslöser ist die Depolarisation der Zellmembran in der unmittelbaren Nähe eines Aktionspotenzials; sie führt, bei Überschreitung eines kritischen Schwellenwerts, wiederum zur – zeitlich versetzten – Entstehung eines Aktionspotenzials. Ein Zurücklaufen der Erregung wird dadurch vermieden, dass Membranen nach einer Erregung für bestimmte Zeit, die Refraktärzeit, unerregbar bleiben. Bei marklosen Nervenzellen (↗ Neuron) pflanzt sich die Erregung kontinuierlich entlang der Membran fort, wohingegen sie bei myelinisierten Fasern von Schnürring (↗ Ranvier-Schnürringe) zu Schnürring springt (*saltatorische Erregungsleitung*). Der Vorteil dieser Form der E. liegt zum einen in einer größeren Leitungsgeschwindigkeit, zum anderen in einer Energieersparnis, da nicht mehr jede Stelle der Membran erregt wird (für die Repolarisation von Membranen wird Stoffwechselenergie verbraucht). Die Leitungsgeschwindigkeit entlang der Membranen ist in beiden Fällen abhängig vom Durchmesser der Axone. Bei marklosen Fasern ist sie direkt proportional der Quadratwurzel aus dem Durchmesser, bei myelinisierten direkt proportional dem Durchmesser. An den Enden der Axone, den ↗ Synapsen, wird die Erregung auf weiterführende Nervenzellen oder Effektorzellen übertragen. Dabei kann die Erregung unmittelbar, d. h. durch „Überspringen" der elektrischen Impulse von Membran zu Membran oder durch chemische ↗ Transmittersubstanzen erfolgen. Zur Steuerung komplizierter Bewegungsabläufe ist wechselweise eine Aktivierung bzw. Inhibierung antagonistisch wirkender Effektorzellen erforderlich. Dies wird durch eine entsprechende Verschaltung der innervierenden Neurone gewährleistet. Die Synapsen dieser Neurone werden in diesem Fall nach ihrer Funktion als Hemmsynapsen oder Erregungssynapsen bezeichnet.

E. lässt sich auch bei *Pflanzenzellen* beobachten. Dieses Phänomen wurde vor allem an den Blättern der ↗ Mimose untersucht. Die durch Berührung ausgelöste Schließbewegung der Fiederblättchen (↗ Seismonastie) bleibt i. d. R. auf das gereizte Teilblatt beschränkt. Wird das Teilblatt dagegen verletzt, breitet sich die Erregung über das gesamte Blatt, in extremen Fällen sogar über die ganze Pflanze aus. Die E. geschieht auf elektrischem Wege und beruht auf Spannungsunterschieden zwischen benachbarten Zellen, die durch das Aktionspotenzial der gereizten Zelle entstehen, sodass ein Strom fließen kann. Die elektrische E. ist jedoch auf ein Blatt beschränkt. Die weiter reichende E. geschieht auf chemischem Weg und ist langsamer als die elektrische. Für die chemische E. scheint es für jede Gatt. oder sogar Art hochspezifische Botenstoffe zu geben.

Ersatzgesellschaft, Bez. für eine ↗ Pflanzengesellschaft, die durch den Einfluss des Menschen an die Stelle einer natürlichen Pflanzengesellschaft getreten ist. In Mitteleuropa besteht die E. vorwiegend aus ↗ Wald.

Eruca, Gatt. der ↗ Brassicaceae.

Erucasäure, ↗ Fettsäuren.

Erwinia, Gatt. der ↗ Enterobacteriaceae; gramnegative, stäbchenförmige, oft gelb gefärbte Bakterien, die fast alle beweglich sind. Der Stoffwechsel ist chemoorganotroph (↗ Chemoorganotrophie). Bei der Säurebildung aus Kohlenhydraten wird kein Gas gebildet. Fast alle Arten sind Erreger von Pflanzenkrankheiten (z. B. Nass- und Trockenfäulen, Welkekrankheiten, ↗ Feuerbrand).

Erysiphales, *Echte Mehltaupilze*, (Über-)Ord. der Ascomycetes mit parasitisch auf Pflanzen lebenden Arten. Die befallenen Pflanzen sehen durch das weiße Oberflächenmycel der Nebenfruchtform aus, wie mit Mehl bestäubt (daher der Name). Der Pilz entnimmt mit Hilfe von ↗ Haustorien Nährstoffe aus den Epidermiszellen seiner Wirtspflanze. Die Hauptfruchtform der E. sind kleine, braune bis schwarze Kleistothecien, die auf dem weißen Oberflächenmycel erscheinen, wobei die geschlechtliche Fortpflanzung erfolgt. Die entstehenden Asci sind im Kleistothecium rosettenförmig angeordnet. Wenn sie sich öffnen (manchmal mit einem Deckelchen), werden die Ascosporen bis zu 2 cm in die Luft geschleudert.

Uncinula necator befällt Blätter und Beeren des Weinstocks, *Sphaerotheca pannosa* verursacht den Mehltau der Rosen und *Erysiphe graminis* ist Parasit auf Getreide und Wildgräsern. Die E. werden mit Schwefelpräparaten bekämpft.

Erythrocyten, *rote Blutkörperchen, rote Blutzellen*, bei Säugetieren (inklusive Mensch) kernlose, bei anderen Wirbeltieren und verschiedenen Wirbellosen kernhaltige, im Blut zirkulierende Zellen, die im Dienste des Gastransports stehen. Der normale Säuger-Erythrocyt erscheint im Lichtmikroskop als runde Scheibe mit beiderseits zentraler Eindellung. Diese Form führt zu einem günstigen Verhältnis von Oberfläche zu Volumen, was für den Gasaustausch wichtig ist. E. können ihre Form ändern und dadurch selbst durch engste Blutkapillaren strömen. Diese Verformbarkeit beeinflusst auch die Fließeigenschaften des Blutes. Die äußere Hülle der E. wird von einer Membran mit stark ausgebildetem Membranskelett gebildet, das die bikonkave Form bei gleichzeitiger Flexibilität gewährleistet. Innere Membranen existieren im reifen E. nicht mehr. Dieser enthält eine sehr hohe Konzentration von ↗ Hämoglobin (90 % des Trockengewichts) sowie die Enzyme der ↗ Glykolyse (zur ATP-Gewinnung), des ↗ Pentosephosphatzyklus (zur Bereitstellung von NADH + H$^+$) und des Glutathion-Redoxsystems (↗ Glutathion). Auf der Plasmamembran der E. finden sich verschiedene Blutgruppenspezifitäten, so z. B. das ↗ ABO-System und der ↗ Rhesusfaktor, in der Plasmamembran eine Reihe von Transportsystemen, die der Aufrechterhaltung des inneren Milieus dienen.

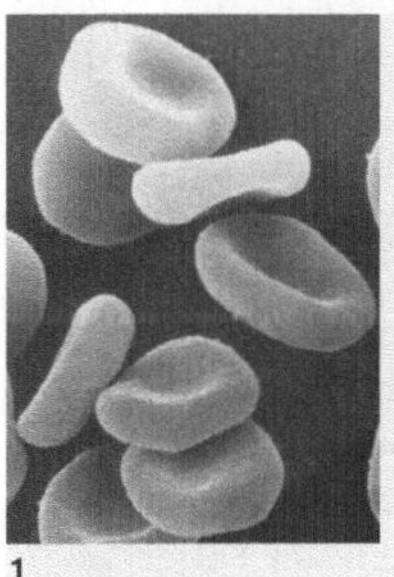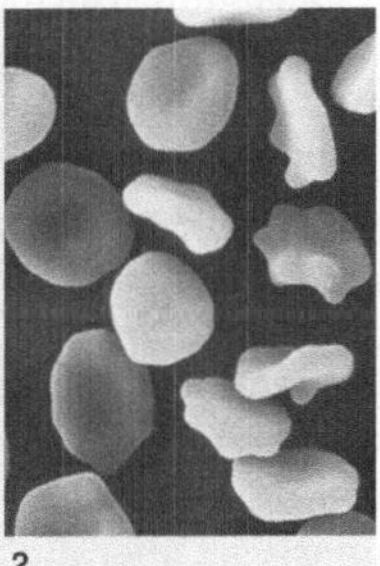

Erythrocyten Links rasterelektronenmikroskopische Aufnahme von Erythrocyten, die deren charakteristische, eingedellte Form zeigt. Daneben durch extremen Vitamin-E-Mangel verformte Erythrocyten; die Erythrocytenmembran weist unregelmäßige Ausbuchtungen auf

Die Lebensdauer der E. beträgt etwa 120 Tage. Da eine Proteinsynthese im kernlosen E. nicht möglich ist, wird die Alterung der E. durch die Inaktivierung der Stoffwechselenzyme bedingt. Limitierendes Enzym ist die ↗ Hexokinase. E. benötigen Energie in Form von ATP (↗ Adenosinphosphate) vor allem für die Aufrechterhaltung der Membranfunktion (Form- und Volumenkonstanz), für den Elektrolytaustausch und die Reduktion des oxidierten Hämoglobins. Geht die ATP-Produktion zurück, verändert sich der E. zunächst in eine stechapfelförmi-

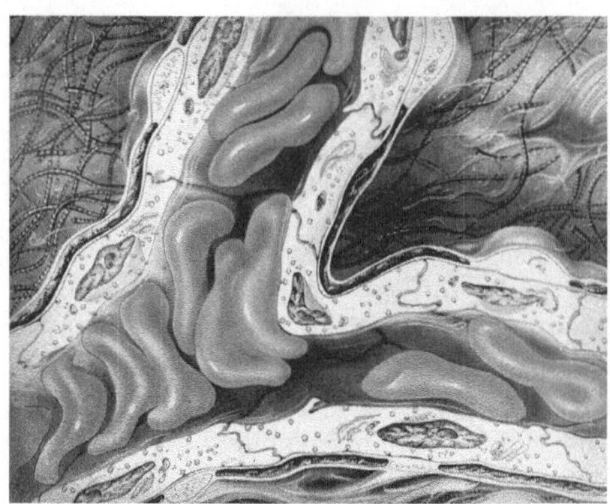

Erythrocyten Schematische Darstellung der Deformierbarkeit von Erythrocyten

ge, dann in eine kugelförmige Zelle mit rigider Membran und wird überwiegend durch Erythrophagen in Leber und Milz abgebaut. Aus Abweichungen von der Form, der Größe, dem Hämoglobingehalt und der Färbbarkeit lassen sich Rückschlüsse auf pathologische Prozesse ziehen.

Erythropoese *Erythrocytogenese, Erythrocytenreifung,* Teil der Blutbildung (↗ Hämatopoese). Bei einer Lebensdauer der ↗ Erythrocyten von ca. 120 Tagen müssen täglich etwa 40000-50000 Zellen/mm³ Blut neu gebildet werden. Aus der pluripotenten ↗ Stammzelle entsteht als unreifste erythrocytäre Vorstufe der Proerythroblast, daraus der Makroblast, der basophile Normoblast, der oxyphile Normoblast, der Reticulocyt, der bereits im Blut zirkuliert, und schließlich der reife Erythrocyt.

Erythropoetin, Abk. *EPO,* vor allem in den ↗ Nieren, in geringen Mengen auch in der Leber gebildetes Hormon, das spezifisch die ↗ Erythropoese steigert. Das E. des Menschen ist ein ↗ Glykoprotein aus 165 Aminosäuren und einem Zuckeranteil von 40 %. E. stimuliert die Differenzierung und die Proliferation der Vorläuferzellen der ↗ Erythrocyten im Knochenmark, ist aber auch an der Differenzierung der ↗ Thrombocyten beteiligt. Außerdem beeinflusst es die Purin- und die Hämsynthese, den Eisenstoffwechsel und den Sauerstoffverbrauch. Bei andauerndem niedrigen Sauerstoffpartialdruck (z. B. Aufenthalt in großen Höhen) wird vermehrt E. gebildet. Da die Nieren Hauptbildungsort des E. sind, ist bei chronischen Nierenerkrankungen die E.-Bildung erniedrigt und es entsteht eine Anämie. Diese kann mit gentechnisch hergestelltem E. behandelt werden.

Erythroxylaceae, *Kokastrauchgewächse,* Fam. der ↗ Linales mit Verbreitung in Südamerika. Wirtschaftlich bedeutend ist der ↗ Kokastrauch, *Erythroxylum coca,* aus dem ↗ Cocain gewonnen wird.

Eryx, Gatt. der Riesenschlangen (↗ Boidae).

Esche, *Fraxinus,* Gatt. der ↗ Oleaceae mit vorwiegender Verbreitung in den gemäßigten Gebieten der nördlichen Halbkugel. Es sind Laub abwerfende Bäume mit gegenständigen, meist unpaarig gefiederten Laubblättern. Die in ganz Mitteleuropa heimische *Esche, Fraxinus excelsior,* ist ein bis 40 m hoher Baum und liefert ein ziemlich hartes, elastisches Holz.

Escherichia, Gatt. der ↗ Enterobacteriaceae; gramnegative, bewegliche oder unbewegliche Stäbchenbakterien. Die wichtigste Art ist ↗ Escherichia coli.

Erythroxylaceae Kokastrauch (*Erythroxylum coca*). a blühender Zweig, b Blüte, c Knospe, d Frucht (Längsschnitt)

Escherischia coli, Kurzbez. *E. coli* oder *Coli,* die wichtigste Art der Gatt. ↗ Escherichia aus der Fam. ↗ Enterobacteriaceae. Es sind gerade Stäbchen, einzeln oder in Paaren zusammenhängend, unbeweglich oder beweglich mit peritricher Begeißelung. Die Zellwand ist bei vielen Stämmen verdickt (Mikrokapsel) oder noch von einer Kapsel aus Polysacchariden umhüllt. Viele Typen enthalten ↗ Fimbrien und/oder (Sex-)↗ Pili.

E. c. ist der molekularbiologisch und -genetisch am besten untersuchte Mikroorganismus. Bis 1997 wurde das ↗ Genom des Bakteriums komplett sequenziert. Es besteht aus etwa 4,6 Mio. Basenpaaren (ca. 4300 Gene). Außerdem kann die Zelle noch eine Reihe von ↗ Plasmiden enthalten.

Der Stoffwechsel ist aerob (Sauerstoffatmung) oder fakultativ anaerob (↗ Nitratatmung, ↗ Fumaratatmung, ↗ Gärung). Glucose und andere Zucker werden in ↗ gemischter Säuregärung abgebaut.

E. c. kommt normalerweise im Darm (↗ Darmflora) von Warmblütern vor. Außerhalb des Darms kann E. c. Eiterungen und Entzündungen (↗ Entzündungsreaktion) bei Mensch und Tieren verursachen. Bestimmte Stämme sind Erreger schwerer

Durchfallerkrankungen (↗ Enteritis, ↗ Diarrhoe). Für die Durchfallsymptome sind ↗ Enterotoxine verantwortlich. E. c. lässt sich auch im Boden und Wasser nachweisen und dient als Indikator für Verunreinigungen mit Fäkalien (↗ Colititer).

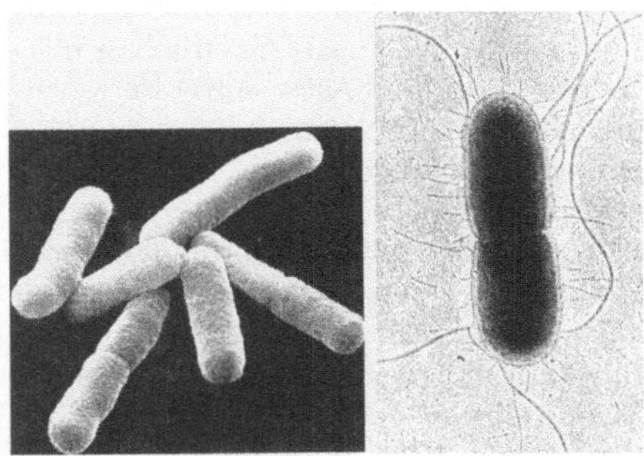

Escherichia coli Rasterelektronenmikroskopische Aufnahme von *Escherichia coli*. Rechts daneben elektronenmikroskopische Aufnahme von *Escherichia coli* kurz vor der Teilung. Zu erkennen ist die über die gesamte Zelloberfläche verteilte (peritriche) Begeißelung. Die kurzen Anhängsel (Pili) dienen dem Zellkontakt bei der Konjugation der Bakterien

Eschrichtidae, *Grauwale*, Fam. der Wale (↗ Cetacea) mit nur einer Art, dem *Grauwal (Eschrichtius robustus)*. Er wird bis 12 m lang und hat keine Rückenfinne. Grauwale pendeln zwischen Arktis und den Gewässern in Äquatornähe, die sie zur Fortpflanzung aufsuchen, wobei die Wale in Küstennähe (nordamerikanische und asiatische Pazifikküste) ziehen. Sie ernähren sich hauptsächlich von Flohkrebsen sowie anderen Kleinkrebsen, Weichtieren und Würmern. Durch intensiven Fang bis Mitte des 20 Jh. wurde der Grauwal fast ausgerottet und gilt trotz Schutzmaßnahmen nach wie vor als gefährdet.

Esel *Asinus*, Untergatt. der Pferde (↗ Equidae) mit nur einer Art, dem *Afrikanischen Wildesel (Equus asinus)*. Von den ursprünglich drei Unterarten sind zwei bereits seit mehreren Jahrzehnten ausgestorben; einzige, nur noch in Restbeständen wild lebende Unterart ist der *Somali-Wildesel (Equus asinus somalicus)* mit rötlich-gelbbraunem Fell und dunklen Querstreifen an den Beinen. Er hält sich tagsüber in bergigen Gegenden auf und weidet nachts auf offenen Grassteppen Somalias und Äthiopiens. Seine Bestände sind durch Überjagung, Lebensraumvernichtung, Krankheiten, die von Hauseseln übertragen werden und auch durch Kreuzung mit Hauseseln bedroht. *Hausesel* wurden aus allen drei Unterarten bereits seit 4000 v.Chr. gezüchtet und wegen ihrer hohen Arbeitsleistung bei bescheidenen Nahrungsansprüchen in Afrika, Südeuropa und Südamerika als Nutztiere eingesetzt. Schon im Altertum kreuzte man E. mit Pferden: *Maulesel* heißen die Nachkommen eines Pfer-

dehengstes und einer Eselstute, *Maultiere* diejenigen einer Pferdestute und eines Eselshengstes. Beide sind fast immer unfruchtbar.

Esocidae, ↗ Hechte, Fam. der ↗ Salmoniformes.

Esox lucius, der ↗ Hecht.

Esparsette, *Onobrychis viciifolia*, aus Südeuropa stammende Futterpflanze der Hülsenfrüchtler (↗ Fabales). Die mehrjährige Pflanze gedeiht auf ärmeren Sandböden. Aus einer Rosette von 10-15 cm langen Fiederblättern treiben bis 50 cm hohe, lockere Trauben mit rosafarbigen Blüten.

Espe, *Zitterpappel*, *Populus tremula*, Baumart der ↗ Salicaceae mit fast kreisrunden, durch den Wind sehr leicht beweglichen Blättern.

ESR-Spektroskopie, die ↗ Elektronenspinresonanz-Spektroskopie.

ESS, Abk. für ↗ evolutionsstabile Strategie.

Essigfliegen, die Fam. ↗ Drosophilidae.

Essigmutter, die sich bei der Essigherstellung (↗ Essigsäuregärung) in flachen Gefäßen auf der Oberfläche des Weines bildende schleimige Schicht, die aus ↗ Essigsäurebakterien und ↗ Cellulose besteht.

Essigsäure, *Ethansäure*, *Äthansäure*, Formel CH_3COOH, in reiner Form eine wasserhelle, stechend riechende, ätzende Flüssigkeit, die bei 17 °C erstarrt (*Eisessig*). *Essig* ist eine 5-10 %ige Lösung von E. in Wasser. Die Salze und Ester der E. sind die *Acetate*. E. wird vielfach bei Gärungen, Fäulnis und biologischen Oxidationsvorgängen gebildet. Im Stoffwechsel hat die *aktivierte E., das* ↗ Acetyl-Coenzym A, zentrale Bedeutung. (↗ Essigsäurebakterien, ↗ Essigsäuregärung)

Essigsäurebakterien, *Acetobacteraceae*, Fam. der α-Untergruppe der ↗ Proteobacteria. Es sind gramnegative, aerobe, bewegliche Stäbchen, die eine unvollständige Oxidation von Alkohol durchführen (↗ Essigsäuregärung). Dabei bildet sich ↗ Essigsäure. Neben den Hauptgatt. *Acetobacter* und *Gluconobacter* (= *Acetomonas*) gehören auch die Gatt. *Acidomonas*, *Gluconacetobacter* zu dieser Fam. Die meisten Stämme sind säuretolerant und wachsen noch bei ↗ pH-Werten unter 5. Die Arten von *Acetobacter* sind peritrich, diejenigen von *Gluconobacter* polar begeißelt. Bei *Acetobacter* wird die Essigsäure weiter zu CO_2 oxidiert. E. kommen auf Pflanzen, in zuckerreichen, gärenden Säften, vergesellschaftet mit Hefen und anderen Mikroorganismen, vor. Kulturen von E. werden zur Produktion von Essig eingesetzt. Neben der Oxidation von Ethanol können E. auch höhere Alkohole und Zucker oxidieren. *Gluconobacter* oxidiert Glucose zu Gluconat (Name!) Bei der biotechnologischen (↗ Biotechnologie) Herstellung von ↗ Ascorbinsäure (Vitamin C) wird das Ausgangsprodukt Sorbose durch die Oxidation von Sorbitol durch E. gebildet. Einige E. sind in der Lage, ↗ Cellulose zu synthetisieren.

Essigsäuregärung, 1) oxidativer Stoffwechselprozess, bei dem durch ↗ Essigsäurebakterien aus ↗ Ethanol unter Anwesenheit von Luftsauerstoff ↗ Essigsäure gebildet wird:

$$C_2H_5OH + O_2 \rightarrow CH_3\text{-}COOH + H_2O.$$

Dieser Vorgang verläuft über Acetaldehyd als Zwischenprodukt. Da die Essigsäurebildung nur mit Sauerstoff erfolgen kann, handelt es sich nicht um eine ↗ Gärung, sondern um eine unvollständige Oxidation. Ein wichtiger Punkt bei der Essigherstellung ist die ausreichende Belüftung des Mediums. Es gibt drei Verfahren: Das ursprüngliche Verfahren ist die *offene Gärung* oder *Orleans-Methode*, bei der Wein in flache Bottiche gefüllt wird und sich die Essigsäurebakterien als schleimige Schicht (*Essigmutter*) auf der Oberfläche bilden. Bei der *Tröpfelmethode* wird die alkoholische Flüssigkeit über Buchenzweige oder Holzspäne getröpfelt, die als Trägermaterial für die Bakterien dienen. Bei den *Submersverfahren* (z. B. Schnellessigverfahren) wird der Essig in geschlossenen Behältern (↗ Fermenter) hergestellt. Die Essigsäurebakterien befinden sich in der ständig gerührten alkoholhaltigen Flüssigkeit; die Sauerstoffversorgung erfolgt durch Einblasen von Luft. Die Hauptmenge des im Handel befindlichen Speiseessigs wird mit dem letztgenannten Verfahren hergestellt.

Die Bereitung von Weinessig war bereits den Babyloniern und Ägyptern bekannt, die ihn als Getränk und Heilmittel verwendeten.

2) die Bildung von Essigsäure bei der Vergärung von organischen Substraten oder aus H_2 und CO_2 im *anaeroben* Stoffwechsel von Bakterien. Dabei wird entweder nur Essigsäure (↗ Homoacetatgärung, ↗ Stickland-Reaktion) oder hauptsächlich Essigsäure (↗ gemischte Gärung, ↗ Buttersäuregärung) gebildet. Zu den beteiligten Bakterienarten gehören u. a. *Acetobacterium woodii* (↗ Acetobacterium), *Clostridium aceticum, Clostridium thermoaceticum* (↗ Clostridien), *Eubacterium limosum* (↗ Eubacterium) und *Ruminococcus albus*.

Esskastanie, die ↗ Edelkastanie.

EST, die Abk. für ↗ expressed sequence tag.

Ester, Klasse von chemischen Verbindungen, die aus Säuren und Alkoholen unter Abspaltung von Wasser entstehen.

Esterasen, zu den ↗ Hydrolasen gehörende Gruppe von Enzymen, die die hydrolytische Spaltung von Esterbindungen katalysieren. Untergruppen der E. sind die *Carbonsäure-Esterasen*, die als Spaltprodukte die entsprechenden Carbonsäuren erzeugen (↗ Lipasen, Acetylcholinesterase), die weit verbreiteten ↗ Phosphatasen, die als Endonucleasen wirksamen ↗ Phosphodiesterasen (↗ Ribonucleasen), die ↗ Phospholipasen, die *Thiolesterasen*, die z. B. in Acetyl-Coenzym A die Thioesterbindung unter Bildung von aktivierter Essigsäure

und Coenzym A spalten, und die ↗ Sulfatasen, die organische Schwefelsäureester des Typs $R–O–SO_3H$ hydrolisieren.

Estradiol, *Östradiol*, das wirksamste der natürlichen ↗ Estrogene.

Estragon, *Artemisia dracunculus*, Gewürzpflanze der ↗ Asteraceae mit lineal-lanzettlichen Blättern, die in Osteuropa und Asien sowie im westlichen Nordamerika heimisch ist.

Estriol, *Östriol*, ↗ Estrogenen.

Estrogene, *Östrogene, Follikelhormone*, eine Gruppe weiblicher ↗ Geschlechtshormone. Die natürlichen E. leiten sich vom *Estran* ab Sie enthalten 18 Kohlenstoffatome und haben einen aromatischen Ring A mit einer phenolischen Hydroxygruppe am C3 und eine Sauerstofffunktion am C17. Hauptvertreter der E. ist *Estradiol (1,3,5(10)-Estratrien-3,17β-diol*. Daneben treten die schwächer wirksamen Metabolite *Estron* und *Estriol* auf. Die E. werden insbesondere in den Graaf-Follikeln des ↗ Eierstocks (Name Follikelhormone) und im ↗ Gelbkörper, während der ↗ Schwangerschaft auch in der ↗ Placenta gebildet. In geringer Menge kommen sie auch in männlichen Keimdrüsen vor. Die Biosynthese verläuft über Testosteron, dessen CH_3-Gruppe am C10 als Formaldehyd eliminiert wird. Anschließend erfolgt die Aromatisierung des Rings A. Die E. sind während der körperlichen Entwicklung für die Ausbildung der sekundären weiblichen ↗ Geschlechtsorgane und die Knochenreifung mitverantwortlich; des weiteren bewirken sie u. a. die Reifung der Eifollikel, das Wachstum der Gebärmutterschleimhaut in der ersten Hälfte des ↗ Menstruationszyklus und beeinflussen die Beschaffenheit des Gebärmutterschleims sowie der Scheidenhaut. E. finden – meist in Kombination mit Gestagenen – therapeutisch Verwendung bei E.-Mangelerscheinungen, bei drohender Fehlgeburt, Menstruationsbeschwerden, Beschwerden im Zusammenhang mit den Wechseljahren sowie vor allem auch als Empfängnisverhütungsmittel (↗ Empfängnisverhütung).

Ethanal, der ↗ Acetaldehyd.

Ethanol, *Äthanol, Ethylalkohol, Äthylalkohol*, gewöhnlich *Alkohol* genannt, Formel C_2H_5OH, eine wasserklare, scharf schmeckende, brennbare Flüssigkeit, die bei 78 °C siedet. Reines bzw. hochkonzentriertes Ethanol ist ein relativ starkes Gift. Es wird durch die Magen- und Darmwand resorbiert und wandert im Körper besonders in die Nerven- und Gehirnzellen (E. passiert ungehindert die Blut-Hirn-Schranke). Etwa 24-60 mg E. sind ständig im Stoffwechsel vorhanden, gebildet durch den Stoffwechsel der Darmbakterien oder als Zwischenprodukt des Pyruvat- und Threonin-Katabolismus. Der Abbau von E. erfolgt hauptsächlich durch Oxidation in der ↗ Leber, die Abbaugeschwindigkeit ist konstant und beträgt ca. 0,1 g pro kg Körpergewicht und Stunde. Die *Alkohol-Dehydrogenase* katalysiert zunächst die Bildung von ↗ Acetaldehyd, der durch die *Aldehyd-Dehydrogenase (ADH)* zu ↗ Essigsäure umgesetzt wird. Da bei diesen Reaktionen NAD⁺ benötigt wird, steht bei erhöhtem Alkoholkonsum nicht mehr genug NAD⁺ für andere NAD⁺-abhängige Reaktionen, vor allem für den Fettabbau, zur Verfügung, was die Bildung einer Fettleber, die Zerstörung von Leberzellen und letztlich Leberzirrhose zur Folge hat. Symptome *akuter E.-Vergiftung* sind zunächst Erregung und Reflexsteigerung, später Lähmung motorischer Zentren, Muskelerschlaffung, verminderte Sprach- und Bewegungsfähigkeit, Tod durch Lähmung des Atemzentrums.

Bei chronischer Alkoholvergiftung (*Alkoholismus*; länger als ein Jahr anhaltende, übermäßige Aufnahme von Alkohol) kommt es neben der Schädigung von Leber und Bauchspeicheldrüse u. a. Organen auch zu einer Reihe von Veränderungen im Gehirnstoffwechsel. E. wirkt sich an den verschiedensten Stellen der Zellregulation aus, da er auf spezifische, in der Signaltransduktion integrierte Membranproteine durch Beeinflussung der cAMP-Synthese wirkt. Daneben hemmt E. spezielle, auf Glutamat ansprechende Rezeptoren im Bereich des in Lern- und Gedächtnisvorgänge integrierten ↗ Hippocampus, was vermutlich für die „Black-outs" nach Alkoholexzessen verantwortlich ist. Da bei E.-Dauerkonsum die Zahl dieser Rezeptoren erhöht wird, führt abrupter Entzug zu einem übererregten Zustand, der bis zum Delirium gehen und sogar tödlich enden kann. Außerdem werden der Transmitter γ-Aminobuttersäure sowie Serotoninrezeptoren durch Alkohol beeinträchtigt; so erhöht E. die Ausschüttung von ↗ Dopamin, was als ein Faktor für die Sucht auslösende Wirkung gesehen wird. Ein weiterer Faktor scheint der durch die Tätigkeit der ADH gebildete Acetaldehyd zu sein, der mit den ↗ Catecholaminen *Tetrahydroisochinolin-Alkaloide* bilden kann. Diese konkurrieren mit den Catecholaminen um die Rezeptoren auf der postsynaptischen Membran, wobei die Wirkung der Catecholamine gehemmt oder verstärkt werden kann, und greifen darüber hinaus in die Biosynthese und den Katabolismus der Catecholamine ein. Eventuell hängt hiermit die symptomatische Ähnlichkeit des Alkoholismus mit der Morphiumabhängigkeit zusammen. (↗ alkoholische Gärung, ↗ Sucht)

Ethanolamin, *Äthanolamin*, Formel H₂N-CH₂-CH₂-OH, ein biogenes Amin, das durch Decarboxylierung von L - Serin entsteht. Es ist ein weit verbreiteter Bestandteil von Phospholipiden. Hierbei ist E. mit einem Acylglycerinphosphatteil verestert und liegt als Phophatidylethanolamin vor.

Ethanolgärung, die ↗ alkoholische Gärung.

Ethansäure, die ↗ Essigsäure.

etherische Öle, flüchtige Mono- und Sesquiterpene (Terpene), die vielen Pflanzen wie Pfefferminze (Menthol), und Zitrone (Limonen) ihren charakteristischen Duft verleihen. (↗ Pyrethrine)

Ethidiumbromid, *3,8-Diamino-5-ethyl-6-phenylphenanthridiniumbromid*, ein im UV-Licht fluoreszierender Farbstoff, der wie die ↗ Acridinfarbstoffe mit Nucleinsäuren interkalieren kann und deshalb als ↗ Mutagen inhibierend auf die DNA-Synthese wirkt. (↗ Elektrophorese)

Ethmoid, *Os ethmoidale*, das Siebbein (↗ Schädel).

Ethogramm, *Aktionskatalog, Verhaltenskatalog*, Beschreibung und Auflistung möglichst aller Verhaltensweisen, die bei einer Tierart (bzw. dem Menschen) unter natürlichen Bedingungen vorkommen. Das E. wird gewöhnlich in ↗ Funktionskreise unterteilt.

Ethologie, *Verhaltensbiologie, vergleichende Verhaltensforschung*, Erforschung tierischen und menschlichen Verhaltens mit den Methoden und den theoretischen Grundlagen der ↗ Biologie bzw. der Biowissenschaften. Im 19. Jh. diente der Begriff der Beschreibung aller Lebensgewohnheiten einer Art, heute etwa vergleichbar mit der allgemeinen Biologie einer Art oder der Ökologie. Der Ökologe O. A. Heinroth (1871–1945) verwendete den Begriff 1911 zum ersten Mal für seine vergleichenden Verhaltensforschungen an Entenvögeln. Heute wird E. als Synonym für die Verhaltensbiologie verwendet. Zweige der E. sind die ↗ Soziobiologie und die ↗ Humanethologie.

Literatur: Eibl-Eibesfeldt, I.: Grundriss der vergleichenden Verhaltensforschung – Ethologie, München ⁷1987. – Franck, D.: Verhaltensbiologie. Einführung in die Ethologie, Stuttgart ³1997.

Ethoökologie, die ↗ Verhaltensökologie.

Ethylen, *Ethen, Äthylen*, Formel H₂C=CH₂, das einfachste Alken (Olefin) mit einem Molekulargewicht von 28. E. ist ein farbloses, entzündliches Gas mit unangenehmem Geruch und leichter als Luft.

E. wird als ↗ Phytohormon seit dem Ende des 19. Jh. erforscht. Erstmals aufmerksam auf die Rolle von E. für bestimmte pflanzliche Entwicklungsprozesse wurde man mit dem Einrichten von Gaslaternen, deren undichte Leitungen bewirkten, dass bei unmittelbar benachbarten Bäumen mehr Blätter als üblich abgeworfen wurden (↗ Abscission). Die klassische Ethylenantwort ist jedoch die so genannte *Triple Response* („dreifache Antwort") von Keimlingen: In Anwesenheit von E. kommt es zu gehemmtem Sprosswachstum, verstärktem Dickenwachstum sowie zu gestörtem ↗ Gravitropismus. Weiterhin kann E. die Samen- und Knospenruhe brechen, die Seneszenz von Blättern und

Blüten fördern und die Bildung von Wurzelhaaren induzieren. Außerdem kontrolliert E. bei Keimlingen dikotyler Pflanzen die Bildung des Hypocotylhakens, indem es das asymmetrische Wachstum an der Sprossspitze reguliert. In ähnlicher Weise steuert E. die ↗ Epinastie. Eine wichtige Rolle kommt E. schließlich bei der Abwehr von Pflanzenpathogenen zu, wo es zusammen mit ↗ Jasmonsäure die Expression bestimmter Abwehrgene induziert. Auch bei Umweltstress wie Dürre (↗ Dürrestress), Überflutung (↗ Anoxie) und Frost (↗ Kälteschäden) wird die Ethylenbiosynthese gesteigert.

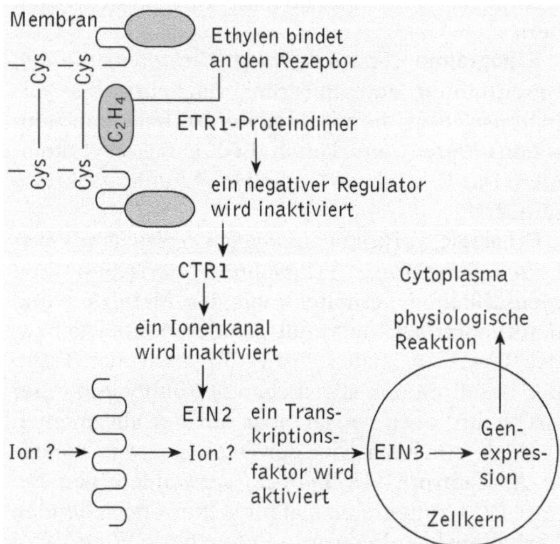

Ethylen Schematische Darstellung der Ethylensignalkette. E. bindet an den in der Plasmamembran lokalisierten und als Dimer vorliegenden Rezeptor ETR 1, wodurch der negative Regulator CTR inaktiviert und wahrscheinlich ein Ionenkanal aktiviert werden. Wie die dargestellten Proteine miteinander interagieren, ist derzeit noch unklar

Von kommerziellem Interesse ist E. vor allem für die kontrollierte Reifung von Früchten, da E. neben dem Blatt- und Fruchtabwurf auch die Reifung bestimmter Früchte fördert. So reifen Bananen schneller in Anwesenheit vollreifer Äpfel, die E. abgeben (↗ Klimakterium). Kühle Lagerungstemperaturen und eine geringe Sauerstoffkonzentration unterdrücken die E.-Biosynthese und zögern die Fruchtreife heraus, wohingegen durch Besprühen mit *Etephon* (2-Chlorethylphosphorsäure) der intrazelluläre E.-Spiegel angehoben werden kann.

Die E.-Biosynthese erfolgt in Pflanzen von der Aminosäure Methionin aus, das über *5-Adenosyl-Methionin* zur unmittelbaren E.-Vorstufe *1-Aminocyclopropan-1-carboxylsäure (ACC)* umgewandelt wird. Sowohl das Enzym ACC-Synthase als auch die ACC-Oxidase, die ACC zu E. umsetzt, sind für gentechnische Anwendungen zur Kontrolle der Fruchtreife von großem Interesse. Versuche mit Tomaten, diese Gene mittels ↗ Antisense-Technik auszuschalten, führten zu Früchten, die deutlich langsamer reifen.

Auf molekularer Ebene wirkt E. vor allem dadurch, dass es die Expression bestimmter Gene verändert, die wie Cellulasen, Chitinasen, Glucanasen an Abwehrprozessen und Fruchtreifung beteiligt sind. In diesem Zusammenhang konnten in den Promotoren dieser Gene so genannte *ethylene response elements (ERE)* identifiziert werden, an die bestimmte *ERE-bindende Proteine* binden. Im Unterschied zu anderen Phytohormonen (↗ Abscisinsäure, ↗ Cytokinine) sind im Falle von E. der als ETR 1 bezeichnete E.-Rezeptor und weitere Komponenten der Signalkette bereits identifiziert worden. Dabei waren ↗ Arabidopsis-Mutanten hilfreich, die trotz hoher E.-Konzentrationen nicht die typische Triple Response zeigten. Andere Mutanten, wie die *ctr*-Mutanten, wiesen auch ohne E.-Gabe das typische Verhalten auf, sodass die mutierten Gene ebenfalls an der E.-Signalkette beteiligt sein müssen.

Ethylmethansulfonat, Abk. *EMS*, chemische Verbindung zur künstlichen Erzeugung von ↗ Punktmutationen. Als alkylierende Substanz verändert es die Basen Guanin und Thymin, sodass der genetische Code unter Umständen verändert wird. Viele ↗ Arabidopsis-Mutanten wurden durch eine *EMS-Mutagenese* erzeugt.

Etiolement, *Etiolierung*, *Vergeilung*, Bez. für die charakteristischen Merkmale von im Dunkeln gekeimten bzw. angezogenen Pflanzen (↗ Skotomorphogenese). Etiolierte Pflanzen unterscheiden sich von im Licht angezogenen Pflanzen, die die so ge-

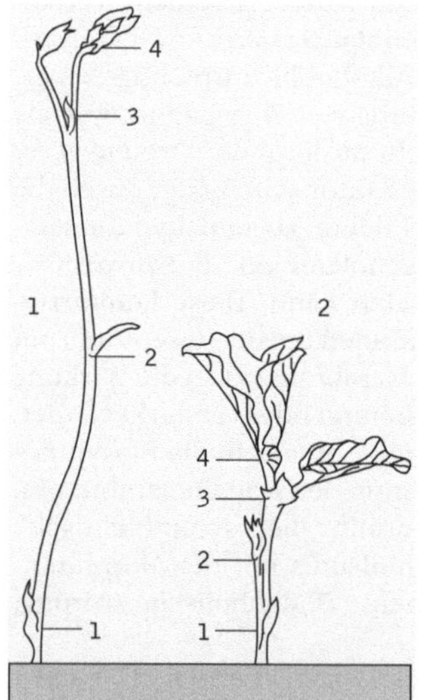

Etiolement Etiolierte (1) und normale (2) Form von Bohnenkeimlingen (*Vicia faba*), die drei Wochen bei völliger Dunkelheit bzw. im Licht angezogen wurden. Die Zahlen kennzeichnen die entsprechenden Knoten als Maß für die Länge der Internodien

nannte ⏶ Fotomorphogenese durchlaufen haben, nicht nur durch das häufige Fehlen der Fotosynthesepigmente, sondern weisen einige morphologische Besonderheiten auf. Bei *Dikotyledonen* sind die ⏶ Internodien und Blattstiele sehr lang, die Blätter rudimentär und Festigungsgewebe sowie Leitbündel kaum ausgebildet. Der für viele Keimlinge typische Hypokotylhaken bleibt zudem häufig geschlossen. Bei manchen *Monokotyledonen* werden nicht die Sprossachsen, sondern die Blätter stark verlängert. (⏶ Phytochrome)

Etioplasten, die Plastiden von im Dunkeln gekeimten bzw. angezogenen Pflanzen (⏶ Etiolement). Anstatt der für Chloroplasten typischen Thylakoide enthalten sie in ihrem Innern einen parakristallinen *Prolamellarkörper*. Er enthält das an der Synthese von Chlorophyll beteiligte Enzym NADPH-Protochlorophyllid-Oxidoreductase. Diese Struktur verschwindet bei Belichtung innerhalb weniger Stunden.

Euarthropoda, die eigentlichen Gliederfüßer; die E. umfassen alle ⏶ Arthropoda mit Ausnahme der Stummelfüßer (⏶ Onychophora).

Eubacterium, Gatt. der Eubacteriaceae der ⏶ grampositiven Bakterien mit niedrigem ⏶ GC-Gehalt. Die mit den ⏶ Clostridien verwandten Bakterien sind unbeweglich oder mit Geißeln beweglich, haben starre Zellwände und einen chemotrophen Stoffwechsel. Sie sind obligat anaerob und kommen im Darm (⏶ Darmflora) und im Boden (⏶ Bodenbakterien) vor. Manche Arten können pathogen sein.

Eubakterien, 1) frühere Bez. für Bakterien des Urreiches oder der ⏶ Domäne *Bacteria* (⏶ Bakterien). Die zweite Domäne der Prokaryoten sind die *Archaea* (⏶ Archaebakterien).
2) die Gatt. ⏶ Eubacterium.

Eucalyptus, Gatt. der ⏶ Myrtaceae.

Eucarida, zu den ⏶ Malacostraca gehörende Gruppe der Krebse, in der die *Amphionidacea*, die Leuchtkrebse (Euphausiacea) und die Zehnfüßer (⏶ Decapoda) zusammengefasst sind, da bei ihnen der Carapax dorsal mit mindestens sieben Thoracomeren verwachsen ist. Die Monophylie dieser Gruppe wird jedoch durch neuere Untersuchungen in Frage gestellt.

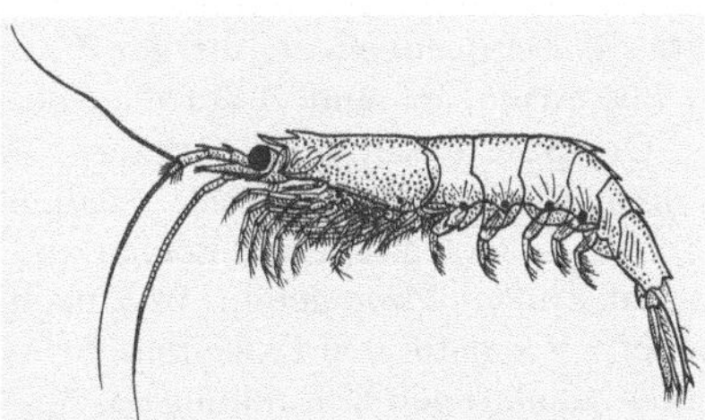

Eucarida Der zu den Euphausiacea gehörende Leuchtkrebs *Thysanopoda tricuspidata*

Die *Euphausiacea* sind marine Planktonorganismen, die in riesigen Schwärmen (10 m dick und bis zu mehrere Kilometer breit, mit bis zu 30000 Individuen) vorkommen und somit einen bedeutenden Anteil der Biomasse in den Weltmeeren stellen. Sie sind Hauptnahrungsquelle für viele marine Tiere, u. a. auch für Bartenwale. Sechs der insgesamt 85 Arten werden *Krill* genannt. Ihren Namen haben die Leuchtkrebse von (meist zehn) Leuchtorganen, die Lichtblitze aussenden.

Eucarya, *Eukarya, Eukaryoten,* eine der drei ⏶ Domänen des Lebens. E. sind Organismen, die durch den Besitz eines echten, membranumgebenen Zellkerns (⏶ Nucleus) und durch eine reiche ⏶ Kompartimentierung der ⏶ Zelle mittels ⏶ Membranen und 80 S-⏶ Ribosomen charakterisiert ist. Man nimmt an, dass alle eukaryotischen Zellen von einer gemeinsamen anaeroben Ahnform abstammen, die durch ⏶ Endocytose aerobe ⏶ Bakterien aufnahm, aus denen sich die ⏶ Mitochondrien entwickelten. Die autotrophen fototrophen E. (⏶ Autotrophie) wären demnach analog durch Aufnahme von ⏶ Cyanobakterien in der Zelle entstanden, aus denen die ⏶ Chloroplasten hervorgingen (⏶ Endosymbiontentheorie). Die beiden anderen Domänen sind die ⏶ Bacteria und die *Archaea* (⏶ Archaebakterien). ⏶ Prokaryoten

Euchromatin, ⏶ Chromatin.

Eucyte, Bez. für den Typus der Zellen von Eukaryoten (⏶ Eucarya), die von einer Cytoplasmamembran umgeben sind und in ihrem Innern mehrere *Endomembransysteme* aufweisen, die für die ⏶ Kompartimentierung der E. verantwortlich sind. Weitere wichtige Eigenschaften der E. sind das Vorhandensein eines Cytoskeletts und eines von einer doppelten Membran umgebenen Nucleus, der mehrere Chromosomen als Träger der genetischen Information enthält.

Zu den Besonderheiten der pflanzlichen E. zählen das Vorhandensein einer festen ⏶ Zellwand und die durch eine Membran abgegrenzte Zellsaft-⏶ Vakuole.

Eudicots, die echten, „höheren" ⏶ Dicotyledonae (⏶ Rosopsida).

Euechinoida, Gruppe der Seeigel (⏶ Echinoida) mit regulär fünfstrahligen Formen, darunter die ⏶ Echinacea und die *Echinothuroida*, zu denen der im Roten Meer lebende, bis 15 cm große *Lederseeigel (Astenosoma varium)* gehört; seine Stacheln besitzen eine Giftblase unter der Spitze, ihr Stich ist sehr schmerzhaft. Außerdem gehören zu den E. noch sekundär bilateralsymmetrische Formen, die in älteren Systemen als „Irregularia" zusammengefasst wurden. Hierzu zählen die *Clypeasteroida*, die flach bis scheibenförmig sind und deshalb auch „Sanddollars" genannt werden. Eine häufige Art in der Deutschen Bucht ist der von der Ostsee bis zum

Mittelmeer vorkommende, 10 mm große *Zwergseeigel (Echinocyamus pusillus)*. Bei den zu den *Spatangoida* gehörenden Arten ist ein vorderes Ambulacrum zur Ernährung oft eingesenkt, sie werden daher auch „Herzigel" genannt. Sie sind mit über 240 Arten die artenreichste Gruppe der Seeigel. Es sind meist dünnwandige Formen, die im Sediment leben und in Nordatlantik, Nordsee und Mittelmeer verbreitet sind.

Euedaphon, in tieferen Bodenschichten lebende ↗ Bodenorganismen.

Eugenik, *Erbgesundheitslehre, Erbhygiene*, von Sir F. ↗ Galton eingeführter Begriff, der ein („pseudo"-)wissenschaftliches Konzept bezeichnet, das sich mit den Einflüssen beschäftigt, die die angeborenen Eigenschaften des Menschen verbessern bzw. sie zu ihrer besten Entfaltung bringen (sinngemäße Übersetzung der ursprünglichen Definition). Der eugenische Gedanke bezog sich zunächst auf die Verhinderung oder Verminderung genetisch bedingter Krankheiten (↗ Erbkrankheiten) und verband sich bald mit dem Gedanken, die Fortpflanzung genetisch „Hochwertiger" zu fördern (*positive E.*) und die der „Minderwertigen" auszuschließen (*negative E.*). In Deutschland verband sich dieser Gedanke mit der Vorstellung von „minderwertigen und hochwertigen Rassen" zur nationalsozialistischen Rassenhygiene. Nach 1945 wurde die E. wesentlich mit dem Konzept der „genetischen Bürde" begründet, nach der ungünstig wirkende ↗ Mutationen sich im ↗ Genpool der Bevölkerung aufgrund von medizinischer Versorgung, Therapien genetisch bedingter Krankheiten und mutationsauslösender Faktoren angesammelt haben und weiter anreichern (H.J. ↗ Muller). Die aus diesem Konzept abgeleiteten eugenischen Maßnahmen (z. B. Verhinderung der Fortpflanzung von genetisch „belasteten" Personen) sind unbrauchbar, weil viele genetisch mitbedingte Krankheiten, wie z. B. Schizophrenie, multifaktoriell verursacht sind. Selbst wenn das Wirkgefüge der beteiligten Gene erforscht wäre, erscheint es sicher, dass diese neben schädlichen auch zahlreiche vorteilhafte Wirkungen haben. Darüber hinaus trägt vermutlich jeder Mensch mindestens zwei bis drei Gene, die im homozygoten Zustand eine schwere rezessiv vererbliche Krankheit verursachen. Die Ursache dafür, dass einige rezessive Krankheiten relativ häufig sind, beteht in dem Schutz gegenüber ↗ Infektionskrankheiten, den diese im homozygoten Fall krankmachenden Gene den heterozygoten Trägern verleihen. Ein solcher Heterozygotenvorteil besteht z. B. beim Gen der Sichelzellenanämie in der Resistenz gegen schwere Malariainfektionen (↗ Malaria), beim Gen für ↗ Mukoviszidose gegenüber Durchfallerkrankungen (↗ Diarrhoe), beim Gen für das ↗ Tay-Sachs-Syndrom gegenüber ↗ Tuberkulose. Die so genannte genetische Bürde ist in diesen Fällen also das Ergebnis der Selektion, mit der die Bevölkerung genetisch an ihre Umwelt angepasst wurde. Bei Wegfall des Heterozygotenvorteils nähmen die entsprechenden Gene langsam ab. Selbst bei vollständiger Therapie der genetisch bedingten Krankheiten bliebe dann die von Eugenikern befürchtete Zunahme der krank machenden Gene aus, da keine Selektionsprozesse mehr stattfinden würden (↗ Hardy-Weinberg-Gesetz). Merkmalsebene (↗ Phänotyp) und Genebene (↗ Genotyp) sind daher grundsätzlich zu unterscheiden. In der E. werden genetisch bedingte Krankheiten von der Merkmalsebene, zu der sie eigentlich gehören, auf die Genebene verlagert, und zwar ohne Rücksicht auf Genkombinationen und Umweltbedingungen.

Literatur: Kaupen-Haas, H., Rothmaler, Ch. (Hg): Naturwissenschaften und Eugenik, Frankfurt 1994. – Kröner, H.P.: Von der Rassenhygiene zur Humangenetik. Das Kaiser-Wilhelm-Institut für Anthropologie, menschliche Erblehre und Eugenik nach dem Kriege, Stuttgart 1998. – Propping, P., Schott, H.: Wissenschaft auf Irrwegen. Biologismus – Rassenhygiene – Eugenik, Bonn 1992. – Walter, W.: Der Geist der Eugenik. Francis Galtons Wissenschaftsreligion in kultursoziologischer Perspektive, Bielefeld 1983. – Weingart, P., Bayertz, K., Kroll, J.: Rasse, Blut und Gene. Geschichte der Eugenik und Rassenhygiene in Deutschland, Frankfurt 1992.

Eugenia, Gatt. der ↗ Myrtaceae.

Euglenata, nach der phylogenetischen Systematik monophyletische Teilgruppe der ↗ Euglenozoa, deren Vertreter nach der klassischen botanischen Systematik den Euglenophyceae (↗ Euglenophyta) zugeordnet werden; darunter werden Organismen zusammengefasst, die zwei Geißeln besitzen, von denen eine meist stark reduziert ist, die andere trägt Mastigoneme und fungiert als Schleppgeißel. Man unterscheidet ca. 1000 Arten, unter denen sowohl fotoautotrophe als auch saprotrophe und heterotrophe Vertreter zu finden sind.

Euglenidea, nach der phylogenetischen Systematik wahrscheinlich monophyletische Teilgruppe der ↗ Euglenata; bei vielen Vertretern der E. liegen unter der Zellmembran Proteinkomplexe und Mikrotubuli, die eine Bewegung der Zelle ermöglichen.

Euglenophyta, *Schönaugengeißler*, Abt. der ↗ Algen mit über 800 Arten. Es sind ↗ Einzeller der ↗ monadalen Organisationsstufe, die unter bestimmten Bedingungen auch in kapsale Stadien übergehen können. In zoologischen Systemen werden die E. als Ord. *Euglenoidina* geführt bzw. nach phylogenetischer Systematik den *Euglenata* zugerechnet. In einer kanalartigen Einsenkung des Apikalpols entspringen ein oder zwei Geißeln, eine längere und eine sehr kurze. Die grün gefärbten

↗ Chloroplasten enthalten ↗ Chlorophyll *a* und *b*, jedoch auch ein sonst im Pflanzenreich unbekanntes ↗ Xanthophyll. Die E. ernähren sich fototroph (↗ Fototrophie), heterotroph (↗ Heterotrophie) und phagotroph. Die Vermehrung erfolgt durch Längsteilung. Die meisten Arten leben im Süßwasser. *Euglena*-Arten kommen hauptsächlich in nährstoffreichen, stehenden Gewässern vor, *Phacus*-Arten in nährstoffarmen Gewässern. *Colacium* ist mit Hilfe eines Gallertstiels an frei schwimmenden Kleinorganismen festgehaftet.

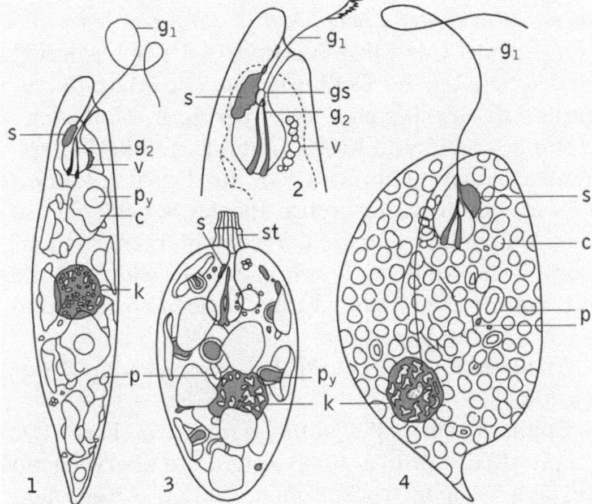

Euglenophyta 1 *Euglena gracilis* (600x), 2 Vorderende von *Euglena gracilis* (1000x), 3 *Colacium mucronatum* (500x), 4 *Phacus triqueter* (600x). c Chloroplast, g1 Bewegungsgeißel, g2 zweite Geißel, gs Geißelanschwellung (Fotorezeptor), k Zellkern, p freies Paramylum, py Pyrenoid mit Paramylumhülle, s Augenfleck, st Gallertstiel, v kontraktile Vakuolen

Die Arten der Gatt. *Euglena* (*Augentierchen*) sind lang gestreckte Einzeller, z. B. *Euglena spirogyra*, und besitzen am Apikal- oder Geißelpol einen Schlund (Ampulle, Geißelsäckchen), aus dem eine lange Schwimmgeißel austritt. Im Inneren liegt noch ein kurzer Geißelast. Ferner befindet sich hier das orangerote *Stigma* (irreführend als ↗ Augenfleck bezeichnet), das dem teilweisen Abdecken einer lichtempfindlichen Struktur (Fotorezeptor) an der Basis der Schwimmgeißel dient. E. ist in der Lage, sich zum einfallenden Licht gezielt hin (*positive Fototaxis*) oder weg zu bewegen (*negative Fototaxis*).

Euglenozoa, nach der phylogenetischen Systematik wahrscheinlich monophyletische Gruppe der ↗ Einzeller, deren Vertreter ↗ Mitochondrien mit Cristae vom diskoidalen Typ besitzen. Unter der Zellmembran befinden sich Mikrotubulisysteme, die Formkonstanz geben. In den Geißeln liegen Paraxialstäbe.

euhaline Zone, Zone des ↗ Brackwassers mit einer Salinität von 3 bis 4 %.

Euhirudinea, *Borstenlose Egel*, Gruppe der Egel (↗ Hirudinea), deren Arten je einen vorderen und hinteren Saugnapf besitzen und borstenlos sind. Ihr Coelom bildet ein durchgehendes Kanalsystem. Zu den E. gehören die *Rüsselegel (Rhynchobdelliformes)*, deren Vorderdarm einen langen, ausstoßbaren muskulösen Rüssel besitzt. Weiterhin die *Kieferegel (Gnathobdelliformes)* mit dem wohl bekanntesten Egel, dem ↗ Medizinischen Blutegel sowie der Art *Xerobdella lecomtei*, dem einzigen Landegel in Mitteleuropa. Die dritte Gruppe der E. sind die *Schlundegel (Pharyngobdelliformes)*, die einen langen, nicht ausstülpbaren muskulösen Pharynx besitzen. Hierher gehört der *Hundeegel (Erpobdella octoculata)*, der häufigste einheimische Egel, der auch in verschmutzten Gewässern vorkommt.

Euhomininae, Unterfam. der ↗ Hominidae (Menschartige), die alle Angehörigen der Gatt. ↗ Homo umfasst.

Eukalyptus, *Eucalyptus*, Gatt. der ↗ Myrtaceae mit ca. 600 Arten, die hauptsächlich in Australien heimisch sind. Es sind immergrüne Sträucher oder Bäume mit oft herabhängendem, überwiegend graugrünem oder blaugrauem Laub. Die Borke der Stämme löst sich meist in Schuppen, Platten oder langen Streifen ab. Die nektarreichen Blüten werden durch Vögel, Fledermäuse und kleine Beuteltiere bestäubt. Die Früchte sind mehrfächerige Kapseln. *Eucalyptus regnans* zählt mit über 120 m Höhe zu den höchsten Bäumen der Erde. Viele E.-Arten liefern ein wertvolles, hartes Holz. Das aus den Blättern von *Eucalyptus globulus* gewonnene Eukalyptusöl wird wegen seiner Schleim lösenden und antiseptischen Eigenschaften bei Atemwegserkrankungen eingesetzt.

Die E.-Arten benötigen Feuer zur Keimung der Samen (*Feueradaptation*; ↗ Feuer). Durch den hohen Gehalt an etherischen Ölen in den Blättern brennen die Pflanzen auch sehr leicht.

Eukaryoten, die ↗ Eucarya.

Eulamellibranchien, die Blattkiemen (↗ Kiemen).

Eulen, Fam. der ↗ Strigiformes.

Eulenfalter, die Fam. ↗ Noctuidae.

Eulenvögel, die Ord. ↗ Strigiformes.

Euler-Chelpin, *Hans Karl August Simon* von, deutsch-schwedischer Chemiker, Vater von U.S. von ↗ Euler-Chelpin; ✳ 15.2.1873 Augsburg, † 6.11.1964 Stockholm, ab 1906 Prof. in Stockholm, seit 1929 Direktor des Instituts für Vitamine und Biochemie der Universität Stockholm. E.-C. arbeitete u. a. über Struktur und Wirkungsweise von Enzymen, Coenzymen, Vitaminen sowie über die Biochemie von Tumoren und über alkoholische Gärung und Gärungsenzyme. Er erhielt 1929 mit A. ↗ Harden für die Erforschung der Gärung von Zuckern und der Gärungsenzyme den Nobelpreis für Chemie.

Euler-Chelpin, *Ulf Svante* von, schwedischer Physiologe, Sohn von H.K.A.S. von ↗ Euler-Chelpin; * 7.2.1905 Stockholm, † 10.3.1983 Stockholm; ab 1939 Prof. (später Direktor) am Karolinska-Institut in Stockholm. E.-C. entdeckte um 1934 (unabhängig von M.W. Goldblatt) in Samenflüssigkeit die Prostaglandine; ferner klärte er die Funktion des Noradrenalins als chemischem Informationsübermittler (Transmitter) auf. Er erhielt 1970 zusammen mit J. ↗ Axelrod und B. ↗ Katz den Nobelpreis für Physiologie und Medizin.

Eulitoral, ↗ Litoral.

Eumycota, *Eumycophyta, Eumycotina, Echte Pilze*, Abteilung der Pilze, in der je nach taxonomischem System verschiedene Pilzgruppen zusammengefasst werden. In einer älteren Einteilung, die z. B. in der Phytomedizin noch oft benutzt wird, sind E. alle Pilze, denen Plasmodien oder Pseudoplasmodien fehlen und die in vegetativen Entwicklungsstadien Mycelien ausbilden (im Unterschied zu den Myxomycota, ↗ Schleimpilze). In neueren systematischen Einteilungen werden oft die Oomycetes als eigene Abteilung ↗ Oomycota (Algenpilze) oder zusätzlich noch die ↗ Chytridiomycetes als Abteilung Chytridiomycota von den E. abgetrennt. Oder es werden nur die höheren Pilze, bei denen bewegliche Stadien fehlen, als E. (oder *Amastigomycota*) bezeichnet. In neueren phylogenetischen Systemen werden neben den höheren Pilzen (↗ Ascomycetes, ↗ Basidiomycetes, ↗ Deuteromycetes) die ↗ Zygomycetes (Jochpilze) und die Chytridiomycetes, die begeißelte Schwärmer besitzen, im Reich der „Echten" Pilze zusammengefasst und als E., zunehmend aber auch als ↗ Fungi bezeichnet.

Eunectes murinus, die Anaconda (↗ Boidae).

Eunice , ↗ Palolowurm.

Eunuch, *Kastrat*, Bez. für einen Mann, der durch Entfernung der Hoden (↗ Kastration) oder auch aller äußeren Geschlechtsorgane zeugungsunfähig ist. *Eunuchismus* bezeichnet den Symptomenkomplex, der bei Knaben bzw. Männern als Folge eines angeborenen oder erworbenen Mangels an männlichen Sexualhormonen auftritt und entweder auf eine (meist angeborene) Schädigung des Keimepithels zurückgeht oder auch auf Kastration. Symptome sind: Hochwuchs, fehlende Sekundärbehaarung, unterentwickelte Geschlechtsorgane, hohe Stimme und erhöhte ↗ gonadotrope Hormone.

Euonymus, Gatt. der ↗ Celastraceae.

Eupagurus, *Pagurus*, zu den ↗ Decapoda gehörende Gatt. der Einsiedlerkrebse (Fam. Paguridae), zu der u. a. der in der Nordsee häufige *Bernhardkrebs (Eupagurus bernhardus; Pagurus bernhardus)* gehört. Als Einsiedlerkrebs lebt er bevorzugt in den Schalen der Wellhornschnecke (Gatt. *Buccinum*). Er ernährt sich von Würmern, Mollusken, Echinodermen und Krebsen und kann mit den ersten Antennen auch filtrieren. Zur Paarung kommt er wie alle Einsiedlerkrebse aus der Schale, ebenso das Weibchen, wenn die Larven schlüpfen. Die Larven (Zoëa) sind noch symmetrisch, während die adulten Tiere weichhäutig, unsegmentiert und rechts gewunden sind.

Euphausiacea, *Leuchtkrebse*, Gruppe der ↗ Eucarida.

Euphorbiaceae, *Wolfsmilchgewächse*, Fam. der Euphorbiales mit ca. 8000 Arten, die überwiegend in den Tropen vorkommen, einige Arten sind ↗ Kosmopoliten. Es sind Kräuter oder Sträucher mit meist wechselständigen, ungeteilten Blättern mit Nebenblättern; daneben gibt es auch verschiedene sukkulente Formen, deren Blätter zurückgebildet sind. Bei den sukkulenten Formen übernimmt die Sprossachse die Fotosynthese. Zu den ↗ Stammsukkulenten gehören viele in den afrikanischen Savannen und Halbwüsten verbreitete Arten. Sie ähneln den Kakteen (↗ Cactaceae) und sind ein klassisches Beispiel für ↗ Konvergenz. Die Blätter dieser Stammsukkulenten sind oft zu stacheligen Bildungen reduziert, weshalb sie häufig für Kakteen gehalten werden. Die Blüten und Blütenstände sind sehr mannigfaltig. Oft fehlt die Blüten-

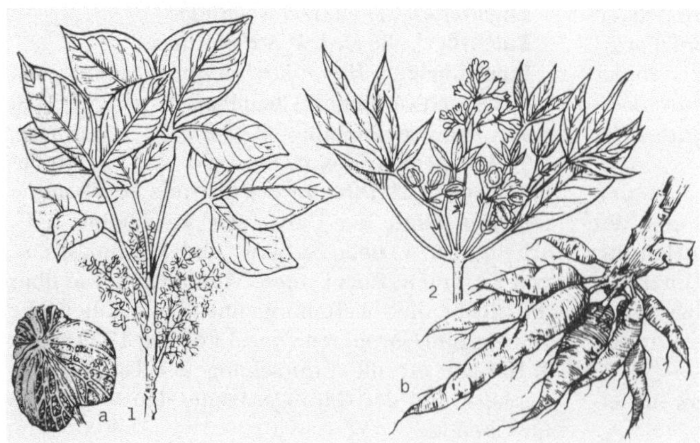

Euphorbiaceae 1 Kautschukbaum (*Hevea brasiliensis*), Blütenzweig, a Frucht. 2 Maniok (*Manihot utilissima*), b Sprossstück mit Wurzelknollen

hülle, und häufig stehen die Blüten in ähren-, rispen- oder knäuelförmigen Blütenständen. Eine Besonderheit sind die als *Cyathien* (↗ Cyathium) bezeichneten Scheinblüten der Gatt. *Wolfsmilch, Euphorbia*. Viele Arten enthalten ↗ Milchsaft, der häufig Kautschuk enthält und bei einigen Arten giftig ist. Wichtige ↗ Kulturpflanzen sind der Kautschukbaum (↗ Kautschuk), *Hevea brasiliensis*, der ↗ Maniok, *Manihot utilissima*, der ↗ Rizinus oder *Wunderbaum, Ricinus communis*, und der ↗ Tungölbaum, *Aleurites fordii*.

euphotische Region, die lichtdurchflutete Region der ↗ Gewässer. Gegensatz: ↗ aphotische Region

Euplectella, Gatt. der ↗ Hexactinellida.

Europäischer Laubfrosch, Art der Laubfrösche (Fam. ↗ Hylidae).

Europäischer Wels, *Waller, Silurus glanis*, Art der Welse (↗ Siluriformes) in den Süßgewässern Eurasiens, mit bis 5 m Länge und bis über 300 kg Gewicht einer der größten Süßwasserfische. Der Wels ist ein Bodenfisch, der auch im flachen Wasser Fische jagt und dabei auch Frösche, Wasservögel und kleine Säugetiere erbeuten kann. Die Eier werden an Laichplätzen, die von einem Wall aus Pflanzenteilen umgeben sind, abgelaicht und vom Männchen bewacht. Welse können ein Alter von 80 Jahren erreichen. Sie sind geschätzte Speisefische und werden gezüchtet und in Gewässer eingesetzt oder in Zuchtbecken aufgezogen.

Europäisches Chamäleon, Art der ↗ Chamaeleonidae.

Eurotiales, Ord. der Schlauchpilze (↗ Ascomycetes) mit geschlossenen, kugelförmigen, einzeln angeordneten Fruchtkörpern (*Kleistothecien*). Die regellos verteilten Asci enthalten vier oder acht oft scheibenförmige Ascosporen. Sie werden nach Zersetzung der Fruchtkörperwand und Verschleimung der Ascuswand frei. Die dikaryotischen Hyphen bilden keine Haken. E. leben weit verbreitet, überall wo organische Masse zersetzt wird, vorwiegend als ↗ Saprobien, einige als Pflanzen- oder Tierparasiten. Pflanzenpathogene Formen sind überwiegend Wundparasiten und erzeugen meist Fäulen an Früchten und gelagertem Erntegut. Insekten begünstigen den Befall und die Ausbreitung. E. haben charakteristische Nebenfruchtformen, so z. B. ↗ Aspergillus und ↗ Penicillium, die zu den häufigsten Schimmelpilzen gehören. Hier erfolgt die Vermehrung vegetativ durch Konidien, die sich an rasenartig dicht stehenden Trägern bilden und oft blaugrün gefärbt sind.

eury-, in Zusammensetzungen: „breit", „weiter Bereich"; bezeichnet ein breites Toleranzspektrum.

Euryarchaeota, Linie der ↗ Archaebakterien.

euryhalin, Bez. für Organismen, die große Schwankungen im Salzgehalt tolerieren. Viele e. Arten leben im ↗ Brackwasser, z. B. der Kaulbarsch. Gegensatz: stenohalin. (↗ Osmoregulation)

euryhydrisch, Bez. für Pflanzen, die große Schwankungen des osmotischen Potenzials (↗ osmotischer Druck) ertragen können. Hierzu zählen viele Nadelbäume und Steppenpflanzen. Gegensatz: ↗ stenohydrisch. (↗ Osmoregulation)

euryhygrisch, Bez. für Arten, die unempfindlich gegenüber unterschiedlichen Feuchtigkeitsverhältnissen sind, z. B. die meisten Wüstentiere. Gegensatz: ↗ stenohygrisch

euryök, *euryözisch*, Bez. für Arten mit breitem Existenzspektrum. Diese Arten sind gegenüber vielen Umweltfaktoren ↗ eurypotent. Extrem e. Arten nennt man *Ubiquisten*. Hierzu gehören z. B. Aale und viele Gräser. Gegensatz: ↗ stenök. (↗ ökologische Potenz, ↗ Kosmopoliten)

euryözisch, ↗ euryök.

euryphot, Bez. für Arten, die unempfindlich gegenüber Veränderungen der Lichtintensität sind. Gegensatz: ↗ stenophot. (↗ Licht)

eurypotent, Bez. für Arten, die Schwankungen von Umweltfaktoren innerhalb weiter Grenzen ertragen. Diese Organismen können z. B. tolerant gegenüber dem Salzgehalt (↗ euryhalin) oder gegenüber der Temperatur sein (↗ eurytherm). Arten, die gegenüber vielen Umweltfaktoren e. sind, nennt man ↗ euryök. Gegensatz: ↗ stenopotent. (↗ ökologische Potenz)

Eurypterida, *Gigantostraca*, *Riesenskorpione*, ausgestorbene Gruppe wenige Zentimeter bis etwa 3 m langer Chelicerata mit skorpionähnlichem Aussehen. Die Gatt. *Pterygotus* aus dem Devon ist mit 3 m Körperlänge der größte bekannte Arthropode überhaupt. Die E. lebten ursprünglich räuberisch im Küstenbereich der Meere, ihre Nachfahren wechselten in Brackwasser oder Süßwasserseen. Sie waren vom ↗ Ordovizium bis zum ↗ Perm verbreitet.

eurytherm, Bez. für Arten, die große Temperaturschwankungen ertragen können. Hierzu zählen z. B. viele Alpenpflanzen. Gegensatz: ↗ stenotherm

Euscorpius, Gatt. der Skorpione (↗ Scorpiones).

Eustachi, *Bartolomeo*, ital. Arzt, ✳ März 1520 San Severino Marche (Ancona), † 27.8.1574 Fossombrone; ab 1562 Prof. für Medizin am Collegio della Sapienza in Rom und päpstlicher Leibarzt. E. entdeckte bei vergleichend-anatomischen Untersuchungen den (schon 2000 Jahre früher von Alkmaion gefundenen) Gang zwischen Nasen-Rachen-Raum und Mittelohr (↗ Eustachi-Röhre) und die Klappe (*Eustachi-Klappe*) im rechten Herzvorhof. Er untersuchte das sympathische Nervensystem und beschrieb als erster die Nebenniere, außerdem verfasste er eines der ersten Werke über Zahnheilkunde sowie bedeutende anatomische Studien.

Eustachi-Röhre, *Ohrtrompete*, *Tuba eustachii*, *Tuba auditiva*, paariger Verbindungsgang zwischen der Paukenhöhle des Ohrs und dem Rachenraum, der von einer stark gefalteten Schleimhaut ausgekleidet ist. Das Lumen der E. - R. ist normalerweise geschlossen, indem die Wände aneinander liegen. Beim Schlucken werden sie durch Gaumenmuskeln auseinandergezogen, wobei ein Druckausgleich zwischen Paukenhöhle und Rachen erfolgen kann. Die Mündung der E. - R. liegt oberhalb des weichen Gaumens und ist von lymphatischem Gewebe umgeben, der Tubenmandel. Bei Infektionskrankheiten (z. B. Schnupfen) können Erreger über die E. - R. in die Paukenhöhle gelangen und eine Mittelohrentzündung hervorrufen.

Eustele, ↗ Stele.

Eutardigrada, Gruppe der ↗ Tardigrada (Bärtierchen).

Eutelie, die Zell- oder Kernkonstanz (↗ Zellkonstanz).

Eutheria, *Placentalia*, *Höhere Säugetiere*, Unterklasse der Säugetiere (↗ Mammalia), die mehr als 90 % der Arten dieser Klasse umfasst. Die rezenten etwa 3800 Arten sind auf 120 Fam. und 18 Ordnungen verteilt. Gemeinsames Hauptmerkmal der E. ist die echte ↗ Placenta, die eine geschützte Entwicklung des Keims in der Gebärmutter sicherstellt. Die Jungen werden über paarige ↗ Milchdrüsen, die stets in Zitzen ausmünden, ernährt. Alle E. sind warmblütig und haben hochentwickelte Fähigkeiten zur Aufrechterhaltung einer gleich bleibenden Körpertemperatur. Sie besiedeln alle Biotope und zeigen sowohl einen großen Formenreichtum als auch eine große Vielfalt in der Lebensweise. Die Ordnungen der E. sind: Insektenfresser (↗ Insectivora), Rüsselspringer (↗ Macroscelidea), Fledertiere (↗ Chiroptera), Riesengleiter (↗ Dermoptera), Spitzhörnchen (↗ Scandentia), Primaten (↗ Primates), Nebengelenktiere (↗ Xenarthra), Schuppentiere (↗ Pholidota), Nagetiere (↗ Rodentia), Raubtiere (↗ Carnivora), Hasentiere (↗ Lagomorpha), Waltiere (↗ Cetacea), Röhrchenzähner (↗ Tubulidentata), Rüsseltiere (↗ Proboscidea), Seekühe (↗ Sirenia), Schliefer (↗ Hyracoidea), Unpaarhufer (↗ Perissodactyla), Paarhufer (↗ Artiodactyla).

Euthyneurie, die sekundäre Geradnervigkeit bei den Lungenschnecken (↗ Pulmonata) und den Hinterkiemern (↗ Opisthobranchia). Die E. entstand bei beiden Gruppen aus der ↗ Chiastoneurie, bei ersteren durch Verkürzung der Seitenstränge und Konzentraton der Ganglien im Schlundringbereich, bei letzteren durch Rückdrehung des Eingeweidesacks.

eutroph, auf Gewässer bezogen: nährstoffreich. In Mitteleuropa fallen nahezu alle stehenden Gewässer in diese Kategorie. Gegensatz: ↗ oligotroph

Eutrophierung, Anreicherung von ↗ Nährstoffen in stehenden (↗ See) oder langsam fließenden Gewässern (↗ Fließgewässer) durch natürliche und künstliche Prozesse. Zu den am stärksten belastenden Nährstoffen gehören ↗ Phosphate, ↗ Nitrate und andere anorganische Substanzen sowie organische Materialien (ungeklärte Abwässer usw.). Die Phosphate stammen zum größten Teil aus häuslichen Abwässern (Waschmittel) und Oberflächenabschwemmungen von landwirtschaftlich genutzten Flächen. Nitrate gelangen überwiegend durch Auswaschung und aus Oberflächenabschwemmungen von Böden in die Gewässer. Bei starker E. eines Gewässers kommt es zu einer Massenvermehrung von Algen (vor allem Grünalgen) und Cyanobakterien. Die Schichten nahe der Gewässeroberfläche werden infolge der Fotosynthese des Phytoplanktons zunächst mit Sauerstoff angereichert. Nach dem Absterben der Algen werden diese durch Bakterien abgebaut. Bei diesem Prozess wird viel Sauerstoff benötigt, sodass die Sauerstoffkonzentration des Sees rasch absinkt. Bei Fäulnisprozessen werden die verbliebenen Sauerstoffreste verbraucht, eine Faulschlammschicht entsteht. Als Stoffwechselprodukte entstehen toxische Kohlenwasserstoffe, z. B. Methan. Fische, Krebse und Schnecken sterben an Sauerstoffmangel. Meist stellt sich in diesem Fall ein biologisches Gleichgewicht auf niedriger trophischer Ebene ein. Der Extremfall ist das so genannte „Umkippen" des Sees, das Endstadium der E., in dem der See biologisch tot ist. Meist tritt dieser Fall jedoch nicht ein, sondern es stellt sich ein biologisches Gleichgewicht ein. Den Grad der E. kann man u. a. an der Häufigkeit bestimmter Fischarten erkennen.

Während sich die natürliche E. von Seen in Zeiträumen von Tausenden Jahren vollzieht, läuft die E. durch anthropogene Einflüsse in nur wenigen Jahrzehnten ab. Längerfristig lässt sich die E. nur durch eine starke Beschränkung der Nährstoffzufuhr, z. B. durch eine Nährstoffentfernung aus Abwässern, vermindern. (↗ Saprobiologie)

Literatur: Klapper, H.: Eutrophierung und Gewässerschutz. Wassergütebewirtschaftung, Schutz und Sanierung von Binnengewässern, Jena 1992.

Evaporation, Verdunstung von Wasser von einer freien Wasseroberfläche, von der vegetationsfreien Erdoberfläche und von Körpern, die keine Regulationsmechanismen für den Wasserhaushalt besitzen. Dagegen nennt man die von biologischen Faktoren abhängige Verdunstung von Blattoberflächen ↗ Transpiration. (↗ Wasserkreislauf)

evers, Bez. für ↗ Augen, bei denen die Licht absorbierende Schicht dem Licht zugewandt ist. Gegensatz: ↗ invers

Evolution, allg. die Entwicklung, Umwandlung, Weiterentwicklung. In der *Biologie* bezieht sich E.

auf alle Vorgänge, die das Leben auf der Erde von seinen frühesten Formen bis zu der heute vorzufindenden großen Vielfalt umgeformt haben. Der Prozess der E. ist weder direkt beobachtbar, noch experimentell nachweisbar, doch lassen sich viele Ergebnisse aus den verschiedensten biologischen Richtungen mit einer Theorie der E. erklären und stützen diese. Typische Beispiele für solche Befunde sind u. a. ↗ Homologien, die auf eine Verwandtschaft zweier oder mehrerer Gruppen schließen lassen; d. h. ein Merkmal ist dann homolog, wenn es auf das Merkmal einer gemeinsamen Stammart zurückgeführt werden kann. Der Homologiebegriff wird in diesem Sinne auch auf nicht morphologische Merkmale (physiologische, molekulare, ethologische) angewendet. Auch das Auftreten von ↗ Rudimenten und von Atavismen (↗ Atavismus) stützen die Theorie einer E. der Lebewesen. An paläontologischen Befunden sind in diesem Zusammenhang u. a. ↗ Fossilien beispielsweise als Stammgruppenvertreter oder als Zwischenformen (wie z. B. ↗ Archaeopteryx oder Ichtyostega) zu nennen. Es gibt biogeografische Verbreitungsphänomene, die sich gut durch Theorien der allopatrischen ↗ Artbildung (↗ Allopatrie) und ↗ adaptiven Radiation und somit durch Evolution erklären lassen. Ebenso dienen Übereinstimmungen während der Embryonalentwicklung als Belege für stammesgeschichtliche Zusammenhänge, ein Sachverhalt, der bereits von E. ↗ Haeckel in seiner ↗ biogenetischen Grundregel formuliert wurde.

Evolutionsfaktoren sind gleichsam der Motor der E.; darunter werden alle Faktoren verstanden, die die Genhäufigkeiten in einer Population verändern. Die wichtigsten Evolutionsfaktoren sind ↗ Mutation und ↗ Rekombination der ↗ DNA im Verlauf der Meiose. Daneben tragen die ↗ Gendrift, also die Veränderung der Genhäufigkeiten durch zufällige Auswahl von Genotypen, der ↗ Genfluss durch Zu- und Abwanderung von Individuen und der *Meiotic drive*, die Häufung bestimmter Genotypen durch ungleiche Gametenproduktion, zur genetischen Variabilität bei. Während die vorgenannten Faktoren die genetische Variabilität erhöhen, führt die ↗ Selektion zur Auswahl aus dem vorhandenen Material; die Übertragungsrate von Genen, d. h. der Beitrag, den ein Individuum zum Genbestand der Folgegeneration leistet und damit die Wahrscheinlichkeit, mit der es langfristig Gene in der Nachkommenschaft hinterlässt, wird als (Darwin'sche und im Fall von Unterstützung der Fortpflanzung Verwandter als Hamilton'sche) Fitness bezeichnet. Selektion lenkt die Evolutionsprozesse in die Richtung der jeweils optimalen Anpassung.

Die Entstehung des Lebens. Untersuchungen von Planetologen haben ergeben, dass die Erde frühestens vor vier Mrd. Jahren bewohnbar war. Andererseits haben Paläontologen bereits in 3,9 Mrd. Jahre altem Gestein Lebensspuren entdeckt, sodass dem irdischen Leben nur rund 100 Mio. Jahre Zeit zur Entstehung blieb. Die Frage nach der Entstehung des Lebens ist die Frage nach der Entstehung der Prokaryoten. Von den meisten biologischen Forschern wird die These favorisiert, dass sich das Leben aus unbelebter Materie entwickelt hat, die zunächst molekulare Aggregate bildete, die eventuell zu Replikation und Stoffwechsel in der Lage waren. Dieser Vorgang wird als *chemische E.* bezeichnet und in vier hypothetische Stadien eingeteilt: 1) Abiotische Synthese und Anhäufung kleiner organischer Moleküle, darunter Aminosäuren und Nucleotide. 2) Deren Verknüpfung zu polymeren Makromolekülen (u. a. Proteine und Nucleinsäuren). 3) Die Aggregation abiotisch entstandener Verbindungen zu sphärischen Gebilden (*Protobionten*) mit spezifischen chemischen Eigenschaften. 4) Die Entwicklung eines Vererbungsmechanismus.

In Laborexperimenten werden die prinzipiellen Möglichkeiten der chemischen E. immer wieder getestet. Der bekannteste Versuch ist wohl der *Urey-Miller-Versuch*, in dem eine Uratmosphäre aus Wasserdampf, Wasserstoff, Methan und Ammoniak elektrischen Entladungen ausgesetzt wurde und die entstehenden Reaktionsprodukte in einer wässrigen Lösung aufgefangen wurden. Hierbei wurden u. a. alle 20 proteinogenen Aminosäuren sowie verschiedene Zucker, Lipide, Purin- und Pyrimidinbasen sowie (bei Anwesenheit von Phosphat) auch ATP gebildet, die sich auf der Urerde in den Ozeanen in einer Art „Ursuppe" angesammelt haben könnten. Die Polymerisationsreaktionen könnten durch Bindung der Substrate an Tonmineralien begünstigt worden sein, wobei Metallatome wie Eisen und Zink als Katalysatoren gewirkt haben könnten. Eine ähnliche Rolle wie die Tonmineralien könnte auch Pyrit, eine Verbindung aus Eisen und Schwefel, wie sie z. B. in der Umgebung von so genannten „Schwarzen Rauchern" am Tiefseeboden entsteht, gehabt haben. Bei entsprechenden Versuchen konnte die Entstehung von Aminosäuren und deren Polymerisation zu Polypeptiden simuliert werden, was u. a. zu der Hypothese geführt hat, das Leben könnte auch am Meeresboden unter vergleichbaren Bedingungen entstanden sein. Diese Theorie wurde seinerzeit gestützt durch die Entdeckung der ersten ↗ Archaebakterien durch C. Woese in der Umgebung von „Schwarzen Rauchern".

Eine weitere Voraussetzung für die Entstehung lebender Organismen ist die Existenz von Konzentrationsgradienten. Diese werden durch die Bildung von Reaktionsräumen gewährleistet, wie sie z. B. durch die Entstehung von Mikrosphären durch Proteinoide oder von Micellen durch Fettsäuren zustande kommen. Da kosmische Staubteilchen Nitrile enthalten, die mit Wasser zu Fettsäuren reagieren, bieten sie eine gute Voraussetzung für die Entstehung solcher Reaktionsräume. Für diese Hypothese, die postuliert, dass kosmischer Staub zumindest eine wichtige Rolle bei der Entstehung des Lebens auf der Erde spielte, spricht auch die Tatsache, dass für die zur Entstehung lebender Organismen notwendige Selbstorganisation, die ja nur in ganz bestimmten räumlichen Strukturen und in bestimmter zeitlicher Abfolge stattfinden kann, in solchen Staubteilchen sehr gute Bedingungen herrschten. Zudem ließ sich nachweisen, dass in ihnen nach Kontakt mit Wasser neben Lipiden auch Proteine und Nucleinsäuren entstehen können. Als reaktionsfördernde Substrate dienten silikatische und sulfidische Mineralkörner, Metalle wie Eisen, Nickel und Zink konnten, wie auch bei der vorher erwähnten Hypothese, die Rolle der Katalysatoren übernehmen; letzteres könnte jedoch auch durch die entstehenden Nucleinsäuren (für RNA wird angenommen, dass sie als erstes entstand) übernommen worden sein (↗ Ribozyme). Es gibt jedoch auch die Hypothese, dass zumindest die einfache Selbstreplikation der RNA im Zusammenwirken mit Polypeptiden, die eventuell enzymatische Aktivität entfalteten, zur Entwicklung der ersten Schritte von ↗ Replikation und ↗ Translation genetischer Information geführt haben könnten, ohne dass eine umhüllende Membran vorhanden war.

Wäre auf einem der beschriebenen Wege (oder durch Kombination derselben) ein Protobiont als hypothetischer Vorläufer der Zelle entstanden, der zur Selbstreplikation und zur Teilung (wachsende Systeme werden nach I. ↗ Prigogine ab einer bestimmten Größe instabil und zerfallen spontan in zwei ähnliche kleinere) fähig wäre, so würden seine Nachkommen variieren, da es immer zu Mutationen in Form von „Kopierfehlern" kommen würde. M. ↗ Eigen hat mit dem Modell des ↗ Hyperzyklus beschrieben, wie durch zyklische Reaktionsfolgen zwischen präbiotischen Nucleinsäuren und Proteinen replikative Systeme entstehen können. An diesem Punkt geht die chemische E. in eine *biologische E.* über, die im darwinschen Sinn durch unterschiedliche Fortpflanzungserfolge von sich unterscheidenden Individuen einer Population erfolgt.

Ein Vergleich der ribosomalen RNA hat ergeben, dass sich aus einem Pool von Vorläuferzellen drei Stammpopulationen entwickelten, aus denen die drei Domänen Bacteria (↗ Bakterien), Archaea (↗ Archaebakterien) und ↗ Eucarya entstanden. Die ↗ Domäne der Bacteria kann (nach bisherigem Kenntnisstand) in 14 phylogenetische Hauptlinien aufgespalten werden, aus denen alle Gruppen der Bakterien hervorgegangen sind. Zu den phylogenetisch ältesten Linien gehören Bakterien, die bei extrem hohen Temperaturen leben können, wie sie

vermutlich zurzeit der ersten Lebensformen auf der Erde herrschten. Die Domäne der Archaea umfasst drei Hauptlinien (Crenarchaeota, Euryarchaeota, Korarchaeota), von denen die hyperthermophilen Archaebakterien der Crenarchaeota (z. B. *Thermoproteus, Pyrolobus, Pyrodictium*) vermutlich älter sind als jede andere Organismengruppe. Ihr Stoffwechsel ist an eine Atmosphäre angepasst, wie sie auf der Erde herrschte, als die Lufthülle noch keinen Sauerstoff enthielt. An der Basis der Eucarya stehen einzellige Organismen, die schon seit zwei Mrd. Jahren belegt sind. Aus ihnen haben sich mehrfach vielzellige Organismen entwickelt und aus diesen entstanden mehrfach vielzellige ↗ Pflanzen, ↗ Pilze und einmal vielzellige ↗ Tiere (↗ Metazoa), wobei in einem Zweig der letzteren vor rund vier Mio. Jahren die Evolution des ↗ Menschen begann. (↗ Aktualismus, ↗ Anthropogenese, ↗ Darwinismus, ↗ Endosymbiontentheorie, ↗ Erdzeitalter, ↗ Evolutionstheorien, ↗ Evolutionspsychologie, ↗ Fossilisation, ↗ Katastrophentheorie, ↗ Synthetische Theorie der Evolution)

Literatur: Lewin, R.: Die molekulare Uhr der Evolution, Heidelberg 1998. – Young, D.: Die Entdeckung der Evolution, Basel 1994.

Evolutionsbiologie, übergeordnetes Teilgebiet der Biologie, das zahlreiche biologische Disziplinen (Ethologie, Evolutionsökologie, Ökophysiologie, Funktionsmorphologie, Paläobiologie, Phylogenetik) miteinander verknüpft. E. sucht nach Indizien für die historische Entwicklung der Arten und fragt nach der Genese und Adaptation von Strukturen und Funktionsweisen, die im Laufe der Erdgeschichte und unter wandelnden Selektionsdrucken entstanden. Sie fügt Einzelbefunde zu einem Gesamtbild der Biologie vor dem Hintergrund der Evolution.

Evolutionsmedizin, relativ junge Forschungsrichtung der Medizin, die Gesundheit und Krankheit systematisch unter evolutionsbiologischen Gesichtspunkten betrachtet, indem sie mit Hilfe geeigneter Methoden versucht, ihre evolutive Rolle zu verstehen.

Literatur: Nesse, R. M., Williams, G. C.: Warum wir krank werden: die Antworten der Evolutionsmedizin, München 1997.

Evolutionspsychologie, eine Synthese von Psychologie und Evolutionsbiologie, die sich speziell mit dem menschlichen Gehirn und seinem Verstand aus evolutionärer Perspektive heraus befasst. Grundfragen der E. sind u. a.: 1) Warum ist der Verstand so und nicht anders, welche kausalen Prozesse haben ihn kreiert und geformt? 2) Wie ist der menschliche Verstand beschaffen, welches sind seine Mechanismen oder Komponenten und wie sind diese organisiert? Welches sind seine Funktionen? Wofür wurde er geschaffen? 4) Wie ist die

Wechselwirkung zwischen der aktuellen, speziell der sozialen Umgebung mit dem Verstand, um zu beobachtbarem Verhalten zu führen? Ziel ist die Erforschung der evolvierten geistigen Mechanismen, die dem Verhalten des Menschen zugrunde liegen und die nach Meinung der E. Anpassungen an frühere, nicht an heutige Bedingungen widerspiegeln.

Literatur: Allmann, W. F.: Mammutjäger in der Metro, Heidelberg 1996

Evolutionsrate, *Evolutionsgeschwindigkeit*, das Tempo evolutionärer Änderungen. E. beziehen sich auf unterschiedliche Vorgänge, so z. B. das Entstehen neuer Arten (↗ Artbildung) oder Gatt. innerhalb von Entwicklungslinien (*taxonomische E.*), die Änderung von Form und Größe einzelner Merkmale oder Merkmalskomplexe (*phylogenetische E.*) oder die Änderungen von Aminosäuresequenzen und Nucleotidsequenzen (↗ Molekulare Uhr). Die genaueste Messung der E. erfolgt durch die Bestimmung der Gesamtheit der genetischen Veränderungen innerhalb einer Entwicklungslinie in einer bestimmten Zeit. Die E. ist eng mit der Populationsgröße korreliert. In sehr großen, panmiktischen (↗ Panmixie) Populationen geht der evolutive Wandel sehr langsam vonstatten. Kleinere, in geringerem Umfang panmiktische Populationen ermöglichen eine höhere E., da z. B. bei Veränderung der ↗ ökologischen Nische der Selektionsdruck (↗ Selektion) stärker ist und auch die ↗ Gendrift in kleinen Populationen mit eingeschränkter Zahl möglicher Paarungspartner einen stärkeren Einfluss haben kann.

evolutionsstabile Strategie, *evolutionär stabile Strategie*, Abk. *ESS*, Bez. für diejenige Strategie (Mischstrategie), die, wenn sie von allen Mitgliedern einer Population verfolgt wird, durch keine neu auftretende Strategie (unter dem Einfluss der natürlichen ↗ Selektion) ersetzt werden kann. Ändern sich die Umweltbedingungen (z. B. Zahl der Brutplätze, Häufigkeit von Geschlechtspartnern), können andere Strategien evolutionär stabil sein. Evolutionär stabil kann auch eine bestimmte Häufigkeitsverteilung von Individuen mit verschiedenen reinen Strategien sein. Da der Fortpflanzungserfolg eines Individuums nicht nur von seiner eigenen Strategie abhängt, sondern auch von der aller anderen Artgenossen der Population, reguliert die ↗ frequenzabhängige Selektion das Verhältnis der beteiligten Strategien so, dass die unterschiedlichen Strategien einen durchschnittlich gleichen Erfolg erzielen.

Evolutionstheorien, Theorien über die Entwicklung der Vielfalt der Lebewesen, über ihre (gemeinsame) Abstammung und die Ursachen des evolutiven Wandels der belebten Welt. Zweifel an der Konstanz der Arten äußerte bereits C.v. ↗ Lin-né in der letzten Auflage seiner „Systema naturae". Jedoch war J.B.de ↗ Lamarck der Erste, der (seit 1800) eine Theorie der Abstammung der Organismen von einfacheren Formen in seinen Vorlesungen vertrat. Triebfeder sollte eine Art Vervollkommnungstrieb sein, der den Organismen innewohnt, und Organe sollten sich durch Gebrauch bzw. Nichtgebrauch ändern. (↗ Lamarckismus). Einen Gegenpol zur Lamarck'schen Abstammungstheorie bildete die ↗ Katastrophentheorie des Zoologen G. Baron de ↗ Cuvier. Er vertrat weiterhin die Konstanz der durch Schöpfung entstandenen Arten und hielt Fossilien für die Opfer von Katastrophen, die einige Tausend Jahre zurücklägen. C. ↗ Darwin war es, der mit seinem Buch „On the Origin of Species", das etwa zeitgleich mit den unabhängig entstandenen, ähnlichen Erkenntnissen von A.R. Wallace veröffentlicht wurde, dem Evolutionsgedanken zum Durchbruch verhalf (↗ Darwinismus). Er war es auch, der später den Menschen konsequent in seine Evolutionstheorie mit einbezog und die Abstammung des Menschen und der Menschenaffen von gemeinsamen Vorfahren postulierte, ein Gedanke, der zu jener Zeit eine Welle der Empörung auslöste. Die Wiederentdeckung der ↗ Mendel-Regeln um 1900 verhalf zu einem besseren Verständnis der Variation in einer Population: ↗ Mutation und ↗ Rekombination wurden als Ursache der Variabilität erkannt. Doch erst die in den 1940er-Jahren entwickelte ↗ Synthetische Theorie der Evolution, die populationsgenetische Evolutionsfaktoren wie Gendrift, Genfluss, Meiotic drive mit in die E. einbezog, ließ die Rolle der ↗ Selektion im Evolutionsprozess klarer werden. Die *Systemtheorie der Evolution* geht noch einen Schritt weiter, indem sie die gegenseitige Beeinflussung von Strukturen und Funktionen in einem Organismus mitberücksichtigt. Sie betrachtet Evolution als das Resultat von inneren und äußeren Mechanismen der Selektion, wobei unter innerer Selektion die Gesamtheit der Selbstregulationsvorgänge in einem Organismus verstanden wird. Nach einem Konzept der vernetzten Kausalität sollen nicht nur die Gene Merkmale bedingen, sondern diese auch auf die Gene zurückwirken.

Die Theorie des *Punktualismus* (*punctuated eqilibrium, unterbrochenes Gleichgewicht*) geht von einer stoßweisen Evolution aus: Auf lange Perioden, in denen eine Art unverändert blieb, folgten solche, in denen abrupte Änderungen erfolgten. Hauptargument sind Sprünge oder Lücken in den Fossilfunden. Gradualisten (*Gradualismus*) hingegen führen Sprünge im Fossilbefund auf fehlendes fossiles Material zurück und gehen von einem graduellen Wandel der Arten aus (additive ↗ Typogenese).

In der jüdisch-christlichen Kultur begründet liegt die Theorie des heute vor allem in den USA noch (oder wieder) verbreiteten *Kreationismus*, der am Schöpfungsgedanken festhält und jede Evolution im Sinne Darwins ablehnt. (↗ Evolution)

Exine, äußere, derbe Schicht der ↗ Sporen der ↗ Archegoniaten und der Pollen der Samenpflanzen.

Exklave, isoliertes, vom Hauptvorkommen abgetrenntes Teil-↗ Areal einer Organismenart.

Exkremente, die ↗ Fäzes.

Exkrete, gasförmige, flüssige oder feste Ausscheidungs- oder Ablagerungsstoffe, die das Stoffwechselgleichgewicht (↗ Homöostase) des pflanzlichen oder tierischen Organismus stören. (↗ Absonderungsgewebe, ↗ Ausscheidungsgewebe, ↗ Exkretion, ↗ Exkretionsorgane, ↗ Sekrete)

Exkretion, allg. die Ausscheidung von Substanzen, die das Stoffwechselgleichgewicht stören.

1) bei *Pflanzen* die Ausscheidung von Salzen und Calciumoxalat, die über bestimmte Exkretionszellen und -gewebe erfolgt.

2) Bei *Tieren* vor allem die Ausscheidung von festen, flüssigen oder gasförmigen stickstoffhaltigen Stoffwechselendprodukten (*Exkrete*). Die Exkrete stammen vor allem aus dem Aminosäure- und Nucleinsäurestoffwechsel, deren primäres Abfallprodukt ↗ Ammoniak (NH_3) ist. Zwar ist seine direkte E. energetisch sehr sparsam, dennoch wandeln viele Tiere den Ammoniak zunächst in Harnstoff, Harnsäure oder andere Stickstoffverbindungen um, weil Ammoniak so giftig ist. Welches Ausscheidungsprodukt gebildet wird, hängt in erster Linie vom Lebensraum und vom Wasserhaushalt der betreffenden Organismenart ab. Nach dem jeweils ausgeschiedenen Produkt können drei Hauptausscheidungsformen unterschieden werden, nach denen die Tiere als *ammoniotelisch* oder *ammonotelisch* (Ammoniakausscheider), als *ureotelisch* (Harnstoffausscheider) und als *uricotelisch* (Harnsäureausscheider, z. T. auch *purinotelisch* genannt) bezeichnet werden.

Im Wasser lebende Organismen scheiden den in Wasser sehr gut löslichen *Ammoniak* direkt aus. Ammoniak kann Membranen leicht passieren und diffundiert über die gesamte Körperoberfläche, bei Fischen über die Kiemenepithelien, in das umgebende Medium (meist als NH_4^+). Landlebende Tiere in trockenen Lebensräumen und Tiere, deren Embryonen in wasserundurchlässigen Eiern heranwachsen, scheiden *Harnsäure* aus. Diese ist in Wasser schwer löslich und kann daher als (meist kristalliner) Niederschlag abgesondert und als eine Art Paste mit dem Kot abgegeben werden. Uricotelische Tiere sind z. B. Eidechsen, Schlangen, Landschildkröten, Landschnecken, Insekten, Vögel. Manche Tiere können von der Harnstoffausscheidung zur Harnsäureausscheidung wechseln, wenn sich die Umweltbedingungen ändern (Wasserknappheit). *Harnstoff* ist das wichtigste Ausscheidungsprodukt vieler Wirbeltiere (Haie und Rochen, Amphibien, Säugetiere). Da Harnstoff gut wasserlöslich ist, entsteht bei seiner Anreicherung ein hoher osmotischer Druck. Größere Harnstoffmengen können daher nur bei ausreichendem Wasserangebot und der Fähigkeit zur Harnkonzentrierung ausgeschieden werden. Harnstoff entsteht bei Landwirbeltieren in der ↗ Leber im ↗ Harnstoffzyklus aus Ammoniak und Kohlenstoffdioxid (CO_2). Von der Leber wird er zur ↗ Niere transportiert und mit dem Harn ausgeschieden. Insbesondere bei Haien wird ein Teil des Harnstoffs nicht ausgeschieden, sondern trägt zur ↗ Osmoregulation bei, weil er das Blut der Haie isotonisch zum Meerwasser macht. Amphibien sind i. d. R. als Kaulquappen ammonotelisch und werden im Verlauf der Metamorphose zu ureotelischen Tieren, wobei es auch hier Ausnahmen gibt: Der Krallenfrosch z. B. scheidet auch nach der Metamorphose Ammoniak aus und schaltet erst auf Harnstoffausscheidung um, wenn er mehrere Wochen außerhalb des Wassers leben muss.

Weitere Exkrete des Stickstoff-Stoffwechsels sind z. B. ↗ Aminosäuren (Stachelhäuter, Weichtiere, Krebse), ↗ Guanin (vor allem bei Spinnentieren), Trimethylaminoxid bei marinen Teleostei (sein bakterielles Zersetzungsprodukt ↗ Trimethylamin bedingt den charakteristischen Geruch toter Meeresfische) sowie ↗ Kreatinin, das im Harn der Wirbeltiere in geringer Menge vorkommt. (↗ Exkretionsorgane, ↗ Exkretspeicherung)

Exkretionsgewebe, das ↗ Ausscheidungsgewebe.

Exkretionsorgane, *Ausscheidungsorgane*, Filtrations-, Sekretions- und Transporteinrichtungen der mehrzelligen Tiere, die der Ausscheidung körpereigener Exkrete (↗ Exkretion) oder körperfremder Schadstoffe (*Entgiftung*) dienen. Meist sind E. zusätzlich noch an der Konstanthaltung des inneren Milieus (↗ Osmoregulation) beteiligt. Grundsätzlich stehen E. in enger Verbindung zum Blutstrom, sind meist schlauchförmig und münden an der Körperoberfläche. I. Allg. besteht zwischen E. und Blut eine so genannte *Blut-Harn-Schranke*, durch die hindurch ein primäres Filtrat (*Ultrafiltrat*) gebildet wird (*Primärharn*). Dieser wird vom E. aufgenommen und weiteren Resorptions- und Konzentrierungsprozessen unterworfen. Die letztlich ausgeschiedene Flüssigkeit wird als *Sekundärharn* oder Urin (↗ Harn) bezeichnet.

Weichtiere (↗ Mollusca), Ringelwürmer (↗ Annelida), Gliederfüßer (↗ Arthropoda), Stachelhäuter (↗ Echinodermata), Chordata und noch einige weitere Gruppen besitzen so genannte *Podocyten*, spezielle Zellen in der Coelomwand die als Filtrationsbarriere fungieren. Podocyten haben zahlreiche, miteinander verzahnte Füßchen (daher der Name), deren Spalträume von einer Glykoproteinschicht überzogen sind, und eine Basallamina. Durch die Tätigkeit der Podocyten entsteht ein Ultrafiltrat, in dem alle Stoffe aus dem Blut enthalten sind, außer Zellen und größeren Proteinen. Aus diesem werden dann die für den Körper wichtigen Substanzen rückresorbiert und nur belastende Stoffe ausgeschieden.

Tausenfüßer (↗ Myriapoda), ↗ Insecta und Spinnentiere (↗ Arachnida) besitzen an der Grenze zwischen End- und Mitteldarm schlauchförmige, der Exkretion dienende Anhänge, die *Malpighi-Gefäße*. Sie geben ihren Inhalt (Harnsäure, Harnstoff, Allantoin) in den Enddarm (Rectum) ab, in dem z. B. wichtige Elektrolyte und Wasser rückresorbiert werden. Die Blut-Harn-Schranke wird bei den Malpighi-Gefäßen durch ihr Epithel gebildet. Die E.-Vorgänge werden durch Hormone reguliert. So sind bei Insekten diuretische (die Harnbildung fördernde) und antidiuretische Hormone beschrieben.

Tiergruppen ohne Coelom (↗ Plathelminthes, ↗ Nemertini), aber auch Larven von Mollusca und Annelida besitzen *Protonephridien* als E. Dies sind blind endende Kanäle mit einer Terminalzelle, die entweder Wimpern oder nur eine Geißel trägt und dann als *Solenocyt* bezeichnet wird (bei manchen ↗ Polychaeta). P. entstehen aus röhrenförmigen Einstülpungen der Epidermis. Die Filtration findet über spezielle Reusensysteme der Terminalzelle (↗ Reusengeißelzellen, Cyrtocyten) statt.

Gliedertiere (↗ Articulata), Mollusca, ↗ Tentaculata besitzen *Metanephridien (Nephridien)*. Dies sind Kanäle, die zum Coelom offen sind und z. T. auf röhrenförmige Einstülpungen der Epidermis zurückgehen. Sie bestehen aus einem Wimpertrichter und einem Tubulus (Ausführungsgang), der hoch differenziert und stark geknäult sein kann. Primär wird ihnen eine Doppelfunktion zugeschrieben: die Exkretion sowie die Ausleitung der Geschlechtszellen. In der Nähe der Öffnung zum Coelom befindet sich im Coelomepithel eine Schicht mit Podocyten, die die Ultrafiltration übernehmen. Auch Wirbeltiere (↗ Vertebrata) besitzen Nephridien, doch sind diese meist abgewandelt (↗ Niere). Darüber hinaus können bei ihnen auch verschiedene andere Organe, z. B. die Kiemen, Exkretionsfunktion übernehmen; i. d. R. sind sie dann auch an der Osmoregulation sowie der Regulation des Ionen- und Säuren-/Basenhaushaltes beteiligt. Bei marinen Tieren transportieren *Chloridzellen* Chlorid und Natrium in das umgebende Medium, eine ähnliche Funktion haben die *Rectaldrüsen* der Elasmobranchier oder die ↗ Salzdrüsen vor allem mariner Vögel. Auch der ↗ Darm kann bei Wirbeltieren im Dienst der Exkretion stehen.

Exkretophoren, zur Speicherung schwer löslicher ↗ Exkrete spezialisierte Zellen. (↗ Exkretion, ↗ Exkretionsorgane)

Exkretspeicherung, die Speicherung von schwer löslichen Exkreten in spezialisierten Zellen (*Exkretophoren*) oder Geweben. Exkretophoren sind entweder stationär und können dann die Exkrete an die Körperflüssigkeit abgeben, oder sie transportieren sie als Exkretwanderzellen (z. B. bei Krebsen, Spinnen und Insekten) zu Exkretionsorganen, oder aber es sind frei im Coelom schwimmende *Coelomocyten*, die die Exkrete phagocytieren (↗ Phagocytose) und über die Körperoberfläche nach außen abgeben (z. B. bei Stachelhäutern, ↗ Echinodermata, die i. d. R. keine Exkretionsorgane besitzen). Schaben speichern Purine in akzessorischen Geschlechtsdrüsen, die jeweils während der Begattung geleert werden. I. Allg. dient bei Insekten der ↗ Fettkörper auch als Exkretspeicherorgan. Bei älteren Tieren können die gespeicherten Exkrete die metabolischen Funktionen des Fettkörpers empfindlich stören, wenn sie nicht durch Symbionten abgebaut werden (z. B. bei der Hausschabe, *Periplaneta*). Andere Orte der E. bei Insekten u. a. ↗ Arthropoda sind z. B. die Flügel (vor allem bei Schmetterlingen, ↗ Lepidoptera) oder z. B. bei der Kreuzspinne (↗ Araneidae) das Kreuz auf der Dorsalseite des Abdomens (*Guanin*). Fische speichern Guanin in den Fischschuppen, wo es den Silberglanz bewirkt. Gespeicherte Exkrete können auch in den ↗ Chloragogzellen der ↗ Annelida und in den ↗ Botryoidzellen der Egel (↗ Hirudinea) nachgewiesen werden.

Exocoetidae, *Fliegende Fische*, Fam. der Fische mit etwa 52 Arten, die in tropischen und gemäßigten Meeren leben. Sie können bei Bedrohung bis 50 m weit durch die Luft gleiten, indem sie sich durch kurze, rasche Schläge mit der im unteren Teil verlängerten Schwanzflosse aus dem Wasser schnellen, dann noch etwa 10 m mit dem Unterteil der Schwanzflosse das Wasser peitschen und dann mit Hilfe der flügelartig gespreizten Brustflosse meist in 1 m Höhe über das Wasser segeln. Die Fluggeschwindigkeit kann bis zu 55 km/h betragen. Viele Arten können beim Aufsetzen aufs Wasser erneut mit der Schwanzflosse Antrieb nehmen und dadurch insgesamt Strecken von bis zu 200 m im Gleitflug zurücklegen.

Exocytose, der Transport von in so genannten *Exocytosevesikeln* enthaltenen Substanzen wie Hormonen, Enzymen, Sekreten und Stoffwechselendprodukten aus Zellen heraus. Bei der E. werden die für den Export vorgesehenen Stoffe an der *trans*-Seite der ↗ Dictyosomen (↗ Golgi-Apparat) abgegeben und gelangen über Cytoskelettbahnen zur Plasmamembran, mit der sie fusionieren, wodurch ihr Inhalt nach außen abgegeben wird. Neben der *kontinuierlichen E.*, bei der Sekretproteine und Bausteine der Plasmamembran ständig nach außen transportiert werden, existiert als zweiter E.-Typus die *regulierte E.* So ist die Erhöhung des Blutzuckerspiegels das Signal für die β-Zellen des endokrinen Pankreas (Bauchspeicheldrüse), Insulin durch E. zu sezernieren (↗ endoplasmatisches Reticulum, ↗ Sekretion).

Exodermis, das sekundäre ↗ Abschlussgewebe, das aus einer oder mehreren subepidermalen Rindenschichten der ↗ Wurzel gebildet wird. Es tritt an die Stelle der mit den ↗ Wurzelhaaren absterbenden ↗ Rhizodermis. Dabei lagern die Zellen Korkschichten (↗ Kork) auf ihre Cellulosewände, wobei einzelne Zellen (Durchlasszellen) unverkorkt bleiben. (↗ Endodermis)

exogen, *allogen*, von außen kommend, durch äußere Ursachen bedingt, an der Oberfläche entstanden. Gegensatz: ↗ endogen

exokrine Drüsen, ↗ Drüsen, die Sekrete in die Außenwelt oder in Körperhöhlen abgeben.

Exon, der Teil eines ↗ Mosaikgens, der genetische Information enthält und bei Proteine codierenden Genen in mRNA bzw. in ribosomale RNA und transfer-RNA umgeschrieben wird. Benachbarte E. werden durch ↗ Introns voneinander getrennt. Während des ↗ Spleißens werden diese aus dem Primärtranskript entfernt, sodass z. B. die reife mRNA nur aus aufeinanderfolgenden Exons besteht.

Exon shuffling, Hypothese, nach der verschiedene ↗ Exons anders als ursprünglich miteinander kombiniert werden und dadurch neue Proteinfunktionen entstehen. Auf diese Weise sind evolutionäre Veränderungen möglich, die schneller wirksam werden als Mutationen, weil eine Neukombination i. d. R. zu korrekt gespleißten (↗ Spleißen) und somit translatierbaren mRNAs führt.

Exopeptidasen, ↗ Peptidasen.

Exopodit, der Außenast des Spaltfußes der Krebse (↗ Crustacea).

Exoskelett, *Ektoskelett*, *Außenskelett*, Sammelbez. für die äußeren, Form gebenden Stützstrukturen von ein- und mehrzelligen Organismen, die den Körper als Stützkorsett umgeben. Solche Strukturen werden bei ↗ Einzellern von der Zelloberfläche, bei Mehrzellern vom Epithel der Körperoberfläche abgegeben (z. B. die ↗ Cuticula).

Exospor, äußere Hüllschicht einiger ↗ Sporen.

Exosporen, Ausbreitungszellen (↗ Sporen, ↗ Konidien), die durch Abschnürung von Pilz-↗ Hyphen oder von Zellfäden bei Bakterien (↗ Bakteriensporen) entstehen. E. sind z. B. die Vermehrungssporen bei Streptomyceten.

exotherm, Bez. für chemische Reaktionen, bei denen Wärme frei wird. Gegensatz: ↗ endotherm

Exotoxine, ↗ Bakterientoxine.

Expansionszentrum, das ↗ Ausbreitungszentrum.

Explosionsmechanismen, die bei Pilzen und Pflanzen zu beobachtenden Schleuder- und Spritzmechanismen, die der Verbreitung von Sporen bzw. Pollen und Samen dienen und auf ein Zusammenspiel von hohem Turgor und Sollbruchstellen in den Asci bzw. Sporangienträgern und Staubgefässen bzw. Früchten zurückzuführen sind. Bei Arten der Gattung *Impatiens* (Springkraut) sind *Turgorschleudermechanismen* weit verbreitet. Hier setzt das so genannte *Widerstandsgewebe* der Fruchwand dem *Schwellgewebe* so lange Widerstand entgegen, bis es durch Berühren zu einem Spannungsausgleich kommt, bei dem sich die Fruchtblätter nach innen einrollen und die noch an ihnen klebenden Samen weggeschleudert werden.

Turgorspritzmechanismen dienen dem Ausschleudern von Pilzsporen und bei der Spritzgurke (*Ecballium elaterium*) der Samenverbreitung. Dabei lösen sich die ganzen Früchte „sektkorkenartig" vom Stil, wobei die Samen zusammen mit dem flüssigen Inhalt der Frucht ausgeschleudert werden und bis zu 12 m weit fliegen können.

expressed sequence tag, *exprimierte Sequenzteilstücke*, Abk. *EST*, die bei der Sequenzierung von ganzen Genomen anfallenden Sequenzen von ↗ cDNAs und somit den in einem Zelltyp exprimierten Genen. Es werden häufig nur wenige hundert Basenpaare ansequenziert, um durch einen Vergleich mit vorhandenen DNA- und Aminosäuresequenzen auf die Funktion eines exprimierten Gens zu schließen. ESTs können jedoch als ↗ Gensonden dienen, um die kompletten Gene aus einer ↗ Genbank zu isolieren.

Expressionsbibliothek, ↗ Genbank.

Expressionsvektoren, Typ von ↗ Klonierungsvektoren, mit deren Hilfe ein einkloniertes DNA-Fragment nicht nur in beliebig großer Anzahl vervielfältigt werden kann, sondern der auch die Expression einer Protein kodierenden DNA in prokaryotischen (z. B. *Escherichia coli*) und eukaryotischen (Hefe, Insektenzellen) Zellen ermöglicht. Hierzu enthalten E. meist einen regulierbaren starken Promotor mit Transkriptionsstart und ein Startcodon für die Translation. Häufig werden dabei Fusionsproteine exprimiert, die anschließend mit spezifischen Verfahren in möglichst reiner Form isoliert und durch Entfernen des Fusionspartners in ihre gewünschte Form überführt werden können. Als E. für eukaryotische Zellen haben sich von *Baculoviren* abgeleitete E. als Standardverfahren etablieren können, mit deren Hilfe infizierte Insektenzellen das gewünschte Protein in bis zu 75 % ihrer Gesamtproteinmenge exprimieren.

Expressivität, das Maß dafür, wie sich eine gewisse Allelkombination auf die quantitative Ausprägung eines Merkmals auswirkt (↗ Phänotyp).

Exspiration, die Ausatmung (↗ Atmung).

Exsudation, 1) Botanik, a) Bez. für die Abscheidung von Xylemflüssigkeit an den Schnittflächen von Sprossen und Zweigen, die durch den ↗ Wurzeldruck verursacht wird (↗ Guttation), b) Bez. für die Abgabe von organischen Verbindungen (Aminosäuren, Monosaccharide) durch die Wurzeln, für die Diffusionsprozesse verantwortlich sind.

2) *Zoologie*: a) *Reflexbluten*, bei Berührung oder Störung erfolgender Sekretaustritt aus Hautöffnungen, z. B. bei Marienkäfern (↗ Coccinellidae). b) *Ausschwitzung*, bei ↗ Entzündungsreaktionen erfolgende Absonderung von Flüssigkeit (*Exsudat*) aus Blut- und Lymphgefäßen.

Extensoren, *Strecker*, Muskeln, die eine Streckbewegung (*Extension*) im Gelenk ausführen. Gegensatz: ↗ Flexoren

Exterorezeptoren, *Exterozeptoren*, Sammelbez. für ↗ Rezeptoren, die auf Reize aus der äußeren Umgebung des Organismus reagieren und auch im Dienst der Orientierung im Raum stehen. (↗ Interorezeptoren, ↗ Propriorezeptoren)

Extinktion, 1) allg. die Auslöschung.

2) die frequenz- bzw. stoffabhängige Schwächung der Intensität einer Strahlung durch ↗ Absorption, Streuung und Reflexion in bzw. an Materie.

3) das ↗ Aussterben von Arten oder Gruppen.

extrachromosomale DNA, ↗ extrachromosomale Gene, ↗ Plasmide, ↗ Chondrom, ↗ Plastom.

extrachromosomale Gene, 1) Bei *Prokaryoten* Gene, die nicht auf dem ↗ Bakterienchromosom, sondern auf ↗ Plasmiden lokalisiert sind.

2) Bei *Eukaryoten* Gene, die im ↗ Chondrom oder ↗ Plastom (bei Hefen auch in Plasmiden) und nicht im Nucleus enthalten sind.

extraembryonale Membranen, zusammenfassende Bez. für vier membranöse Strukturen , ↗ Allantois, ↗ Dottersack sowie Amnion und Chorion (↗ Embryonalhüllen), die den sich entwickelnden Embryo der Reptilien, Vögel und Säugetiere schützen und versorgen.

extraembryonales Gewebe, vom ↗ Embryo gebildetes Gewebe, das aber nicht zur Bildung des Embryos selbst beiträgt, sondern Hilfsfunktionen bei dessen Entwicklung übernimmt. Beispiele sind der ↗ Trophoblast bei Säugetieren sowie bei Reptilien, Vögeln und Säugern Amnion und Chorion, welche bei Säugern auch zur Bildung der ↗ Placenta beitragen. (↗ Embryonalentwicklung, ↗ Embryonalhüllen)

extrakorporale Befruchtung, Bez. für Verfahren, außerhalb des Körpers (in vitro) eine Eizelle zu befruchten. (↗ Reproduktionsmedizin, ↗ künstliche Besamung)

Extrauteringravidität, *Extrauterinschwangerschaft*, Bez. für eine Schwangerschaft, bei der sich das Ei außerhalb der Gebärmutterhöhle (*extrauterin*) einnistet. So kann sich das Ei bei mangelnder oder fehlender Durchgängigkeit oder Peristaltik der Eileiter in der Eileiterwand festsetzen (*Eileiterschwangerschaft, Tubargravidität*); dies ist die häufigste Form der E. Seltener kann sich das Ei auch im Eierstock (*Eierstockschwangerschaft, Ovarialgravidität*) einnisten oder auf dem Bauchfell der Bauchhöhle (*Bauchhöhlenschwangerschaft, Abdominalgravidität*). Mit Ausnahme der Bauchhöhlenschwangerschaft können E. nicht ausgetragen werden. Bei Eileiter- und Eierstockschwangerschaft kommt es, wenn sie nicht vorher abgebrochen werden, meist im Verlauf des zweiten Schwangerschaftsmonats zu mitunter lebensgefährlichen Blutungen in die Bauchhöhle durch Zerstörung von Blutgefäßen durch den Keim, bzw. im Falle einer Eileiterschwangerschaft zum Durchbrechen der Eileiterwand, ebenfalls mit unter Umständen lebensbedrohlichen Blutungen. In jedem Fall kommt es zu einem Absterben des Embryos. Eine Bauchhöhlenschwangerschaft kann unter günstigen Umständen ausgetragen werden, jedoch ist die Geburt nur unter einer komplizierten Bauchoperation möglich.

extrazelluläre Matrix, aus Glykoproteinen, Proteinen und Polysacchariden bestehende gelartige Struktur, die bei tierischen Geweben die Räume zwischen den Zellen ausfüllt. Dies ist vor allem bei Bindegewebe der Fall, wo die Zellen in die e. M. eingebettet sind. Bei Knochen und Zähnen sind Calciumeinlagerungen in der e. M. für deren Festigkeit verantwortlich. Die e. M. trägt auch zur Elastizität der Haut, der Lunge und der Blutgefässe bei. Die ↗ Adhäsionsmoleküle in den Plasmamembranen tierischer Zellen vermitteln den Zell-Matrix-Kontakt und beeinflussen dadurch die Gestalt und die Bewegung von Zellen.

Wichtige Bestandteile der e. M. sind neben einem aus *Mucopolysacchariden* (Glykosaminoglykanen) bestehenden gelartigen Grundgerüst strukturgebende Proteine wie die *Kollagene*, das *Elastin*, die *Integrine* und weitere adhäsive Proteine. Die ↗ Basallamina ist ein spezialisierter Teil der e. M.

Bei *Pflanzen* wird der Begriff e. M. neuerdings für die *Primärwand* verwendet, die ebenfalls eine netzwerkartige Struktur aufweist und für Entwicklungs- und Differenzierungsprozesse verantwortlich ist.

extrazonale Vegetation, an Sonderstandorten außerhalb ihres Hauptareals auftretende ↗ Pflanzengesellschaften. (↗ azonale Vegetation, ↗ zonale Vegetation)

Extremitäten *Gliedmaßen*, Körperanhänge von Tieren und Mensch, die primär der Fortbewegung dienen und meist lateral bis ventral am Rumpf angebracht sind.

Bei *Wirbellosen* kommen E. vor allem bei den Gliedertieren (↗ Articulata) vor und befinden sich primär an allen Segmenten: So bei den Ringelwürmern (↗ Annelida) als ↗ Parapodien, bei den Stummelfüßern (↗ Onychophora) als ↗ Oncopodien, bei den eigentlichen Gliederfüßern (Euarthropoda) als *Arthropodien* mit echten Gelenken zwischen den gegeneinander beweglichen Teilen. Ihre Gliederung ist für die einzelnen Gliederfüßergruppen spezifisch, lässt sich aber weitgehend auf einen gemeinsamen Grundbauplan zurückführen. Es wird angenommen, dass diese E. primär ein Spaltfuß war, der aus einem an der Körperwand gelenkig ansetzenden *Protopoditen* bestand, mit einem an seiner Spitze außen anhängenden *Exopoditen* und innen anhängenden *Endopoditen*. Der Protopodit kann außerdem (insbesondere bei Crustacea) äußere Anhänge (als Kiemen) tragen (*Epipodite*) sowie innere Anhänge (*Endite*). Der Endopodit zeigt eine typische Gliederung, deren Einzelteile bei den Gliederfüßergruppen unterschiedlich benannt wurden. Der Protopodit ist nur bei höheren Krebsen dreigeteilt in *Praecoxa*, *Coxa* (Hüftglied) und *Basis* (Basipodit). Alle landlebenden Formen haben den Schwimmast (Exopodit) abgebaut und laufen auf dem Endopoditen.

Die E. der *Arthropoda* sind in Anpassung an sehr unterschiedliche Funktionen in vielfältiger Weise abgewandelt. Im Kopfbereich sind sie bei allen Gruppen zu Fühlern bzw. ↗ Antennen (Ausnahme ↗ Arachnida) und ↗ Mundgliedmaßen umgebildet. Ursprünglich waren die dem Kopf folgenden E. des Rumpfes alle gleich gebaut. Sie bildeten eine ventrale Nahrungsrinne zwischen ihren Protopoditen. In der Evolution der Arthropoda erfolgte mit der Bildung der Tagmata eine entsprechende Anpassung der beteiligten E. Es entstanden Thorakalbeine (Crustacea, Insecta), Prosoma- und Opisthosoma-E. (Chelicerata), Abdominalbeine (Crustacea, Myriapoda). Bei Insekten sind letztere nur als Rudimente oder abgewandelte E. erhalten, wie auch die Opisthosoma-E. bei den Chelicerata (z. B. als Fächerlungen oder als Spinnwarzen). Bei vielen Krebsen werden die ersten, bei Ausbildung eines

Cephalothorax oder eines Carapax auch die zweiten Thorakalbeine (Thorakopoden) als *Maxillipeden* (Kieferfüße) den Mundgliedmaßen des Kopfes angegliedert.

Die E. der *Insecta* unterliegen einer mannigfaltigen Abwandlung. Im ursprünglichen Fall zeigen die Thorakalbeine eine typische Gliederung: Coxa, Trochanter, Femur, Tibia, Tarsus und Praetarsus. Häufig wird der Tarsus in eine Reihe *Tarsalia* unterteilt. Bei Imagines finden sich zwei bis fünf solcher Tarsusglieder. Sie haben nicht selten an ihrer Unterseite membranöse, dicht mit Drüsenhärchen besetzte Sohlenläppchen oder -bläschen, die der besseren Haftung auf glatten Flächen dienen. Gelegentlich können Drüsenhärchen zu Saugnapfborsten umgebildet sein, sodass ein Haftbein entsteht. Speziell der *Praetarsus (Klaue)* mit seiner meist paarigen Kralle weist bei den verschiedenen Insektengruppen weitere Hilfsstrukturen auf. Einige Insekten (↗ Collembola, Larven der Schmetterlinge oder der ↗ Polyphaga) haben eine unpaare Klaue. Diese ist meist mit einer unvollständigen Beingliederung korreliert; so besitzen diese Gruppen nicht getrennte Tibia und Tarsus (*Tibiotarsus*). Die unpaare Klaue der übrigen Insekten gilt als reduziert und durch die paarigen Krallen ersetzt. Die *Tibia (Schiene)* trägt meist an ihrer Spitze ein bis zwei Endsporne, die beim Aufsetzen auf dem Untergrund dem Abstoßen während des Laufens dienen. Der *Femur (Schenkel)* ist meist kräftig und besonders bei Sprungbeinen mit einer starken Muskulatur versehen. Die Thorakalbeine unterliegen mannigfaltigen Anpassungen an die Lebensweise. So findet man Laufbeine, Haftbeine, Klammerbeine, Sprungbeine, Schwimmbeine, Ruderbeine, Fangbeine, Grabbeine u. a. Am Abdomen haben die Insekten nur noch modifizierte Reste der E. So sind z. B. bei Springschwänzen (Collembola) die abdominalen E. in die Sprunggabelanteile umgewandelt. Bei geflügelten Insekten sind vor allem die E. des achten und neunten Abdominalsegments als Eilegeapparat aus-

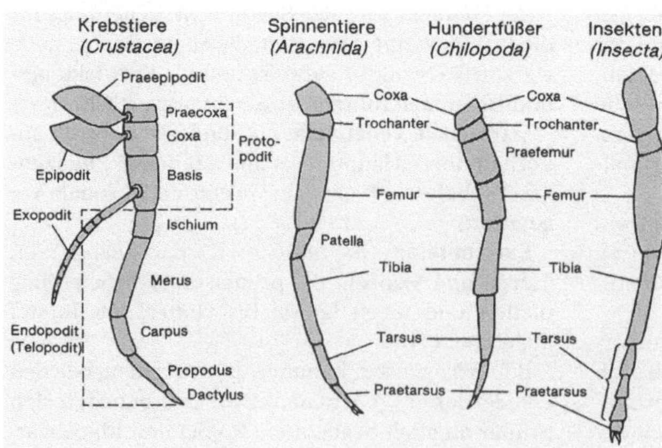

Extremitäten Gliederung des Endopoditen und Benennung der Einzelteile bei den Gruppen der Gliederfüßer (Arthropoda)

gebildet. Die ↗ Cerci sind die abgewandelten E. des 11. Segments; sie können auch zu Greifzangen umgewandelt sein (z. B. Ohrwürmer, ↗ Dermaptera). Ebenfalls abgewandelte abdominale E. sind die Tracheenkiemen der Larven u. a. der Eintagsfliegen (↗ Ephemeroptera). Auch die Bauchfüße z. B. der Schmetterlingsraupen sind abdominale E.

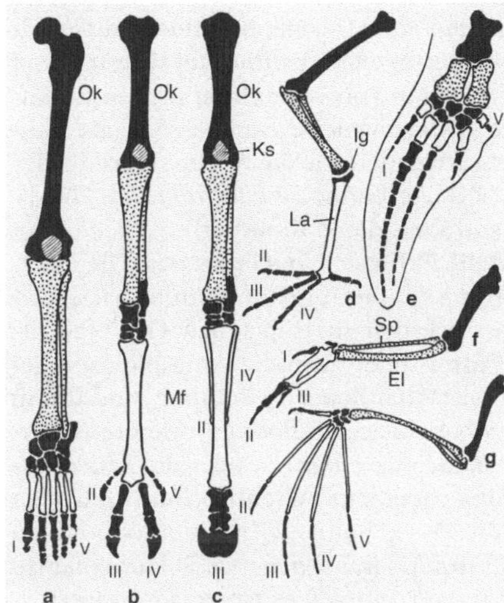

Extremitäten Extremitätenformen bei verschiedenen Wirbeltieren. Linke Hinterextremitäten: a Mensch, b Hirsch, c Pferd, d Vogel: Linke Vorderextremitäten: e Wal, f Vogel, g Fledermaus. E Elle (Ulna), Ig Intertarsalgelenk, Ks Kniescheibe (Patella), La Lauf (Tarsus), Mf Mittelfuß (Metapodium), Ok Oberschenkelknochen (Femur), Sp Speiche (Radius)

In allen Klassen der *Tetrapoda* zeigen die Vorder- wie Hinterextremitäten einen einheitlichen Bauplan. Sie bestehen aus drei gegeneinander beweglichen Hebeln, deren körpernaher (proximaler) Teil mit dem jeweiligen Extremitätengürtel (Schultergürtel, Beckengürtel) gelenkig verbunden ist. Der proximale Hebel, das *Stylopodium* (*Oberarm, Oberschenkel*), enthält jeweils nur ein Skelettelement, in der Vorderextremität den *Humerus* (Oberarmknochen), in der Hinterextremität das *Femur* (Oberschenkelknochen). Der mediale Hebel, das *Zeugopodium* (*Unterarm, Unterschenkel*), enthält jeweils zwei Skelettelemente: in der Vorderextremität *Ulna* und *Radius* (Elle und Speiche), in der Hinterextremität *Fibula* und *Tibia* (Wadenbein und Schienbein). Der distale Hebel, das *Autopodium* (*Hand* bzw. *Vorderfuß* und *Hinterfuß*), enthält je-

weils eine taxonspezifische Anzahl von Knochen. Das Autopodium wird nochmals in drei Abschnitte unterteilt: Das *Basipodium* ist die Handwurzel (*Carpus*) als Gesamtheit der Handwurzelknochen (*Carpalia*) bzw. die Fußwurzel (*Tarsus*) als Gesamtheit der Fußwurzelknochen (*Tarsalia*). Bei ursprünglichen Tetrapoden bestand das Basipodium aus zwölf Skelettelementen; deren Zahl wurde im Laufe der Evolution in den verschiedenen Tetrapodengruppen reduziert und ihre Form und Anordnung verändert. Das *Metapodium* bildet die Mittelhand (*Metacarpus*) aus den Mittelhandknochen (*Metacarpalia*) bzw. den Mittelfuß (*Metatarsus*) aus den Mittelfußknochen (*Metatarsalia*). Das *Akropodium* ist der distale Abschnitt des Autopodiums und besteht aus der Gesamtheit der Finger bzw. Zehen, deren Knochenelemente gleichermaßen als *Phalangen* bezeichnet werden. Die E. der Kronengruppe der Tetrapoda sind ursprünglich fünfstrahlig (pentadactyl). In Anpassung an verschiedene Lebensweisen wurden sie mannigfaltig variiert. Je nach den Funktionen (Laufen, Graben, Klettern, Greifen, Beute schlagen, Schwimmen, Fliegen) ist ihr Bauplan abgeleitet. Dabei sind die morphologischen Veränderungen des Autopodiums i. d. R. am auffälligsten. Die E. sind als Flossen (Fische, Wale, Pinguine), Arm, Bein oder Flügel (Vögel, Fledertiere) ausgebildet oder weitgehend bis ganz reduziert (z. B. Schlangen, Schleichen).

extremophile Bakterien, ↗ Bakterien, die an extremen Standorten leben können oder für die extreme Umweltbedingungen für ein Wachstum unbedingt notwendig sind. Zu diesen Bedingungen gehören sehr niedrige (↗ psychrophile Bakterien) oder sehr hohe (↗ thermophile Bakterien) Temperaturen, niedriger ↗ pH-Wert (↗ acidophile Bakterien), hoher Salzgehalt (↗ halophile Bakterien), hoher Druck und hohe Strahlenbelastung. (↗ Archaebakterien)

Extrinsic factor, das ↗ Cobalamin.

Exuvialdrüsen, die ↗ Häutungsdrüsen.

Exuvie, die bei der ↗ Häutung von Tieren (vor allem Gliederfüßer i. w. S., Arthropoda) abgestreifte ↗ Cuticula.

Exzisionsreparatur, ein Mechanismus zur ↗ DNA-Reparatur.

exzitatorisch, in der *Sinnesphysiologie* gleichbedeutend mit erregend.

exzitatorisches postsynaptisches Potenzial, ↗ erregendes postsynaptisches Potenzial.

F, 1) die Abk. für ↗ Filialgeneration.

2) chemisches Symbol für ↗ Fluor.

3) Ein-Buchstaben-Symbol für ↗ Phenylalanin.

Fabaceae, *Schmetterlingsblütler*, *Papilionaceae*, Fam. der ↗ Fabales mit über 11000 Arten, zu der krautige Arten, Bäume und Sträucher gehören. Während die Bäume und Sträucher ihr Hauptverbreitungsgebiet in den Tropen haben, überwiegen die krautigen Arten in den klimatisch gemäßigten Zonen. F. haben wechselständige, gefiederte oder dreizählige Blätter mit Nebenblättern und unregelmäßige „Schmetterlingsblüten". Diese Blüten bestehen aus einem fünfblättrigen, meist verwachsenen Kelch und fünf verschieden gestalteten Kronblättern, von denen das größte als *Fahne*, die beiden seitlichen als *Flügel* und die beiden vorderen als *Schiffchen* bezeichnet werden. Die Staubgefäße sind fast immer zu einer Röhre verwachsen, die den Fruchtknoten umgibt. Die Blüten werden durch Insekten oder Vögel bestäubt. Die Frucht ist in der Regel eine vielsamige Hülse, deren Samen eine harte, schwer quellbare Schale haben. Die Keimblätter der Embryos sind reich an Fetten, Stärke und Eiweiß.

Alle Arten der F. leben in ↗ Symbiose mit ↗ Stickstoff fixierenden Bakterien (*Rhizobium*, ↗ Stickstoff-Fixierung).

Die meisten F. bevorzugen trockene, stickstoffarme und kalkreiche Böden. Besonders viele Arten konnten sich in den eurasiatischen Steppen und Halbwüsten entfalten. Mit ca. 2000 Arten ist hier z. B. die Gatt. ↗ Tragant, *Astragalus*, vertreten.

Zahlreiche F. sind von wirtschaftlicher Bedeutung. Als Futterpflanzen, die auch auf stickstoffarmen Böden gut gedeihen, werden verschiedene ↗ Klee-Arten (*Trifolium*), die ↗ Luzerne (*Medicago sativa*), ↗ Wicken (*Vicia*), die ↗ Esparsette (*Onobrychis viciifolia*) sowie, besonders auf Sandböden, die ↗ Serradella (*Ornithopus sativus*) und verschiedene Arten von ↗ Lupinen (*Lupinus*) angebaut. Die Samen vieler Arten werden als Nahrungsmittel verwendet, wie die Acker-, Pferde- oder Saubohne (↗ Ackerbohne), *Vicia faba*, die ↗ Erbse, *Pisum sativum*, die ↗ Kichererbse, *Cicer arietinum*, und die ↗ Linse, *Lens culinaris*. Die *Platterbse*, *Lathyrus sativus*, und die *Straucherbse*, *Cajanus cajan*, werden in tropischen Gebieten als Gemüse-, Futter- oder Gründüngungspflanzen genutzt. Von wirtschaftlicher Bedeutung sind die in Südamerika beheimateten *Bohnen*, wie die ↗ Gartenbohne, *Phaseolus vulgaris*, oder die *Feuerbohne*, *Phaseolus coccineus*. Wichtige Kulturpflanzen sind auch die ↗ Sojabohne, *Glycine max*, und die ↗ Erdnuss, *Arachis hypogaea*. Als ↗ Färbepflanze wird der ↗ Indigo, *Indigofera tinctoria*, genutzt.

Unter den Gehölzen ist die ↗ Robinie, *Robinia pseudoacacia*, für die Aufforstung von Trockengebieten und Ödland von Bedeutung. Bekannte Ziersträucher sind der *Goldregen*, *Laburnum anagryoides*, und die *Glyzine* oder der *Blauregen*, *Wistaria sinensis*. Viele Arten werden als ↗ Heilpflanzen genutzt, z. B. das ↗ Süßholz, *Glycyrrhiza glabra*, und der ↗ Bockshornklee, *Trigonella foenum-graecum*.

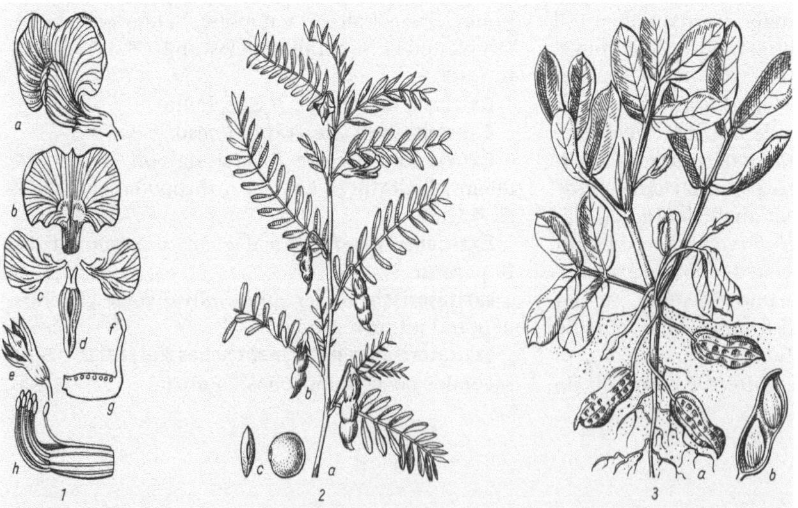

Fabaceae **1** Gartenerbse (*Pisum sativum*): **a** Blüte, **b** Fahne, **c** Flügel, **d** Schiffchen, **e** Kelch, **f** Narbe, **g** Fruchtknoten, **h** Staubblätter. **2** Linse (*Lens culinaris*): **a** blühende und fruchtende Pflanzen, **b** Hülse, **c** Samen. **3** Erdnuss (*Arachis hypogaea*): **a** Pflanze mit Blüten und Früchten in verschiedenen Entwicklungsstadien, **b** Hülse im Längsschnitt

Fabales, *Leguminosae, Hülsenfrüchtler*, Ord. der ↗ Rosopsida, zu der Holz- und Krautpflanzen mit wechselständigen, fiedrig zusammengesetzten Blättern gehören. Die Infloreszenzen sind traubig; das ↗ Gynözeum besitzt nur ein Fruchtblatt, das sich meist zu einer ↗ Hülse entwickelt. Charakteristisch ist auch die ↗ Symbiose mit Stickstoff bindenden Rhizobien (↗ Rhizobium, ↗ Stickstoff-Fixierung, ↗ Wurzelknöllchen). Zu den F. gehören die ↗ Mimosaceae, ↗ Caesalpiniaceae und ↗ Fabaceae.

Facettenauge, *Komplexauge*, aus vielen Einzelelementen zusammengesetztes Lichtsinnesorgan der Gliederfüßer i. e. S. (Euarthropoda). Das einzelne Element des F. wird *Ommatidium (Sehkeil, Augenkeil)* genannt. Jedes Ommatidium hat eine eigene, als *Retinula* bezeichnete Sehzellengruppe. Die langgestreckten Sehzellen haben an ihrer nach dem Inneren des Ommatidiums gerichteten Seite einen Stäbchensaum. Die Gesamtheit der Stäbchen eines Ommatidiums bildet das *Rhabdom*, einen stark lichtbrechenden axialen Stab. Als lichtbrechender Apparat wirkt eine aus Chitin gebildete *Cornealinse*, die in der Aufsicht meist sechseckig ist und die in ihrer Gesamtheit der Augenoberfläche ein facettiertes Aussehen geben (Name). Unter der Linse liegt ein aus vier Anteilen gebildeter *Kristallkegel*, der von besonderen Zellen abgeschieden wird. Er wirkt wie ein Linsenzylinder, weil sein Brechungsindex von außen nach der Achse hin zunimmt. Die einzelnen Ommatidien können durch einen oft vielzelligen Pigmentmantel voneinander isoliert sein. Diesen Typ des F. nennt man *Appositionsauge*. Die Anordnung des Pigments bewirkt im Zusammenhang mit der kugelförmigen Krümmung der Augenoberfläche, dass nur Licht aus einem eng umgrenzten Teil des Gesichtsfelds in ein Ommatidium fallen kann. Deshalb setzt sich das Bild des wahrgenommenen Objektes mosaikartig aus zahlreichen Punkten zusammen. Viele Dämmerungstiere unter den Insekten haben mit dem *Superpositionsauge* ein abgewandeltes F. erworben, welches das Bildsehen auch unter ungünstigen Tageslichtbedinungen ermöglicht. Hier wird bei geringer Lichtintensität die Isolierung der einzelnen Ommatidien durch Pigmentwanderung aufgeho-

ben. Es fallen nun mehrere, von verschiedenen Kristallkegeln entworfene Bilder eines bestimmten Objektpunktes auf ein und dasselbe Rhabdom. Dadurch wird die Lichtausnutzung wesentlich gesteigert, die Bildschärfe aber verringert. Das Komplexauge ist unter den Lichtsinnesorganen der Wirbellosen eines der leistungsfähigsten. Bei bestimmten Insekten und Krebsen ist auch die Fähigkeit der Farbwahrnehmung nachgewiesen, das Sehvermögen der Bienen z. B. erstreckt sich bis in den Bereich des ultravioletten Lichts. Jedoch gibt es Hinweise darauf, dass ein ruhendes Insekt in einer ruhenden Umgebung nichts sieht, sondern dass nur bewegte Objekte gesehen werden und die Form des Objektes aus der Bewegung von Konturen rekonstruiert wird. – Neben den F. besitzen Insekten ursprünglich noch Punktaugen (Ozellen), die z. B. bei Ameisen u. a. Hautflüglern in Dreizahl zwischen den F. stehen. (↗ Auge, ↗ Farbensehen, ↗ Lichtsinnesorgane, ↗ Sehen)

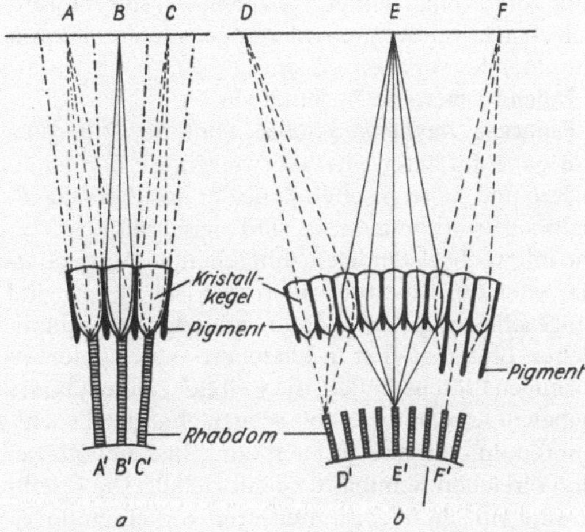

Facettenauge   Schema des Strahlengangs a im Appositionsauge und b im Superpositionsauge

Fächel, ↗ Blütenstand.

Fächerflügler, die ↗ Strepsiptera.

Fächerlungen, Atmungsorgane der landlebenden Spinnentiere (↗ Arachnida). Die F. befinden sich in verschiedener Anzahl meist paarig auf der Ventralseite des Opisthosomas. Luft gelangt durch einen Schlitz (Stigma) in den Atemvorhof und von dort in parallel verlaufende Lamellen (Atemtaschen). Dazwischen liegen Hämolymphräume. F. sind den Kiemenbeinen der ↗ Xiphosura homolog. Sie sind innerhalb der Arachnida mehrfach reduziert und durch Röhrentracheen ersetzt worden.

Fächerpalmen, ↗ Arecaceae.

Facialis, Kurzbez. für den ↗ Nervus facialis.

FAD, Abk. für ↗ Flavin-Adenin-Dinucleotid.

Fadenflechten, ↗ Lichenes.

Fadenpapillen, ↗ Zunge.

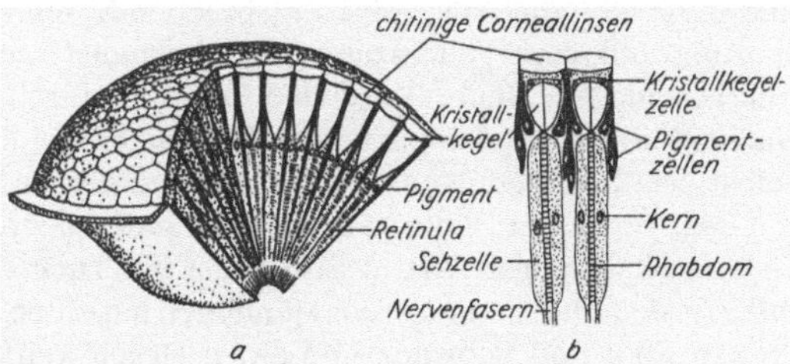

Facettenauge   a Bau des Facettenauges, b einzelne Ommatidien

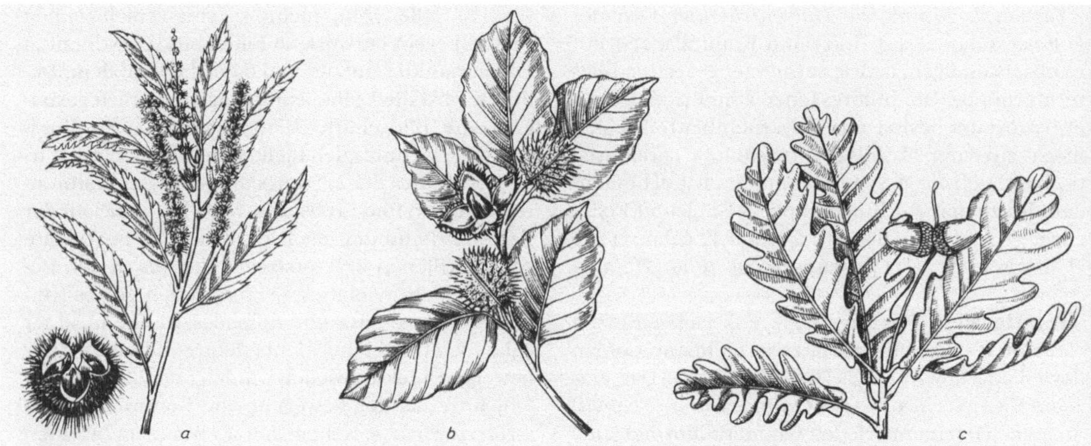

Fagaceae a Edelkastanie (*Castanea sativa*), b Rotbuche (*Fagus silvatica*), c Stieleiche (*Quercus robur*)

Fadenthallus, *Haplonema*, Bez. für die Organisation echter pflanzlicher Vielzeller, bei der die Einzelzellen in verzweigten oder unverzweigten Ketten miteinander verwachsen sind.

Fadenwürmer, die ↗ Nematoda.

Fagaceae, *Buchengewächse*, Fam. der ↗ Fagales mit ca. 1000 Arten, die überwiegend in der gemäßigten und subtropischen Zone der nördlichen Erdhalbkugel vorkommen. Es sind ausschließlich Bäume mit wechselständigen, einfachen, meist gezähnten oder tief gekerbten Blättern. Die Blüten sind eingeschlechtig, nur selten zwittrig. Die männlichen Blüten stehen in kätzchen- oder köpfchenförmigen Blütenständen, die weiblichen einzeln; sie haben meist einen drei- bis sechsfächerigen Fruchtknoten, in dem sich je Fach eine Nuss mit stärke- und ölreichen Keimblättern entwickelt. Die Früchte sind einzeln oder zu mehreren von einem ledrigen oder verholzten, napf- oder kapselförmigen Fruchtbecher (Cupula) umgeben, der schuppig oder stachelig sein kann. Zu den F. gehören u. a. die ↗ Buchen (Gatt. *Fagus*), die ↗ Eichen (Gatt. *Quercus*) und die ↗ Edelkastanie, *Castanea sativa*.

Fagales, Ord. der ↗ Rosopsida mit ↗ eingeschlechtigen, einhäusigen (↗ Monözie) Blüten, einfacher, bis fehlender Blütenhülle (↗ Perianth) und unterständigem, verwachsenblättrigem ↗ Fruchtknoten. Hierher gehören die ↗ Fagaceae und die ↗ Betulaceae.

Fagopyrum, Gatt. der ↗ Polygonaceae.

Fagus, Gatt. der ↗ Fagaceae.

Fahne, in der Botanik Bestandteil der Schmetterlingsblüte (Abb. ↗ Fabaceae).

Fahnenquallen, die ↗ Semaeostomea.

Fährte, waidmännische Bez. für den Abdruck der Sohle bzw. der Hufe von Tieren, insbesondere der Huftiere (Hirsche, Rehwild, Elch, Wildschwein); die F. von Niederwild heißt *Spur*, diejenige von Feder-

wild *Geläuf*. Aus der F. können Art, Geschlecht, Stärke, Gangart und -richtung sowie Aufenthalt des Wilds abgelesen werden.

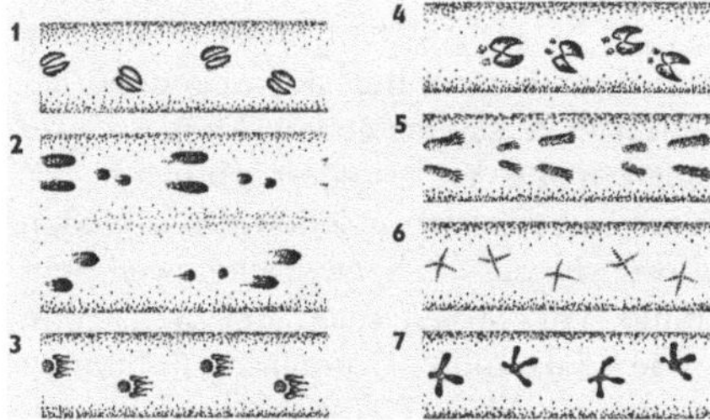

Fährte 1 Reh, 2 Hase (hoppelt – läuft), 3 Fuchs, 4 Wildschwein, 5 Eichhörnchen, 6 Rebhuhn, 7 Fasan

fakultativ anaerob, Bez. für ↗ Bakterien, die optimal in Gegenwart von Sauerstoff wachsen, aber auch in Abwesenheit von Sauerstoff leben können und ihren Stoffwechsel auf ↗ Gärung oder ↗ anaerobe Atmung umschalten (z. B. ↗ Escherichia coli).

Falconidae, *Falken*, Greifvogelfam. mit rund 60 Arten, die lange, spitz zulaufende Flügel und einen langen schmalen Schwanz haben. Der Oberschnabel besitzt kurz hinter dem gebogenen Reißhaken einen zahnartigen Vorsprung, den „*Falkenzahn*", der Unterschnabel zeigt eine entsprechende Aussparung. Mit dem Falkenzahn wird die meist im Flug geschlagene Beute (Vögel und Insekten) durch Nackenbiss getötet. Falken bauen ihre Nester nicht selbst, sondern benutzen Zweignester anderer Arten oder brüten in Höhlungen an Felswänden oder Gebäuden. Häufigste Art in Europa ist der *Turmfalke (Falco tinnunculus)*; das Männchen hat einen grauen Kopf und Schwanz und einen ziegelroten, dunkel gepunkteten Rücken. Weibchen und Junge sind insgesamt rotbraun mit längs gebänderter Unterseite und quer gebänderter Oberseite. Fast weltweit verbreitet ist der *Wanderfalke (Falco peregrinus)*, der größer und kompakter ist als der Turmfalke. Die Unterseite ist weißlich mit dunkler Querwellung, die Oberseite stahl- bis schiefergrau, die Jungvögel sind unterseits hellbraun gefleckt und oberseits dunkler braun. Er brütet mancherorts auch in Städten und fängt Stadttauben.

Falconiformes, *Greifvögel*, Ord. der Vögel mit etwa 280 nahezu weltweit verbreiteten Arten, die 14-115 cm groß sind und einen kurzen, hakig gekrümmten Oberschnabel sowie meist kräftige, gekrümmte Krallen besitzen. An der Schnabelbasis befindet sich eine federfreie Wachshaut oberhalb der Nasenlöcher. Das Gefieder ist vorwiegend braun, grau und schwarz, die Iris ist meist gelb, braun oder rot, z. T. verschieden bei Alt- und Jungvögeln. Die für das räumliche Sehen bei der Jagd wichtige Überschneidung der Gesichtsfelder beider Augen umfasst 35-50°. Durch eine hohe Sehzellendichte auf der Netzhaut beträgt die Sehschärfe das Zwei- bis Vierfache, an den beiden Sehgruben das Achtfache des Auflösungsvermögens des menschlichen Auges. Die Flügel sind bei segelnden und kreisenden Arten wie ↗ Bussarden, ↗ Adlern und ↗ Geiern lang und breit gefächert, bei Kurzstreckenjägern in baumbestandenen Landschaften wie den ↗ Habichten sind sie breit und kurz und bei Falken, die ihre Beute auf offener Fläche mit großer Geschwindigkeit im Sturzflug jagen, sind die Flügel lang und spitz. Manche Arten, so z. B. der Turmfalke können „rütteln", d. h. durch schnelle Flügelschläge mit steil gestellten Flügeln auf der Stelle fliegen.

Die systematische Einteilung der F. ist sehr umstritten. Unstrittig ist wohl, dass die früher auch zu ihnen gestellten Neuweltgeier (↗ Cathartidae) zu den Storchenvögeln (↗ Ciconiiformes) gehören, doch auch die Zusammengehörigkeit der anderen Fam. Falken (↗ Falconidae), Habichtartige (↗ Ac-

cipitridae), Sekretäre (↗ Sagittariidae) ist nicht eindeutig geklärt. – Viele Arten der F. sind in ihrem Bestand gefährdet, alle Arten sind geschützt.

Falken, die Fam. ↗ Falconidae.

Fallensteller, Organismen, die körpereigene oder fremde Hilfsmittel zum Fang der Beute benutzen. Als Hilfsmittel verwenden die Webspinnen und Köcherfliegenlarven z. B. Fangnetze, der Ameisenlöwe Trichter und die ↗ carnivoren Pflanzen aus umgestalteten Blättern gebildete Fallen.

Fallout, Niederschlag von in der ↗ Atmosphäre verteilten Radionukliden. Diese stammen überwiegend von Kernwaffentests und Reaktorunfällen. (↗ Radioaktivität)

Falsche Mehltaupilze, Bez. für Arten der Ord. ↗ Peronosporales.

Faltblattstruktur, *β-Konformation*, *β-Faltblatt*, in Proteinen (z. B. in β-Keratin) häufig vorkommende molekulare Struktur, die in der parallelen Anordnung zweier oder mehrerer durch Wasserstoffbrücken miteinander verbundener Peptidketten besteht.

Familie, 1) *Familia*, eine systematische Kategorie (↗ Systematik), die meist mehrere ↗ Gattungen umfasst. Insbesondere Fam. mit vielen Gatt. werden in *Unterfamilien* und diese gegebenenfalls in *Tribus* unterteilt. Die nächsthöheren Kategorien sind Überfam., Infraord., Unterord. und ↗ Ordnung. In der wissenschaftlichen ↗ Nomenklatur enden die Familiennamen in der Botanik auf *-aceae* und in der Zoologie auf *-idae*.

2) In der *Ethologie* Bez. für das soziale Zusammenleben eines oder beider Elternteile mit ihren Jungen.

Fangbeine, zum Beutefang umgebildete Thorakalbeine bei verschiedenen Insekten (↗ Insecta) und Krebsen (↗ Crustacea). Meist wird am Vorderbein die Coxa stark verlängert und die Tibia taschenmesserartig gegen das Femur geklappt, wie es z. B. bei den Fangschrecken (↗ Mantodea) der Fall ist.

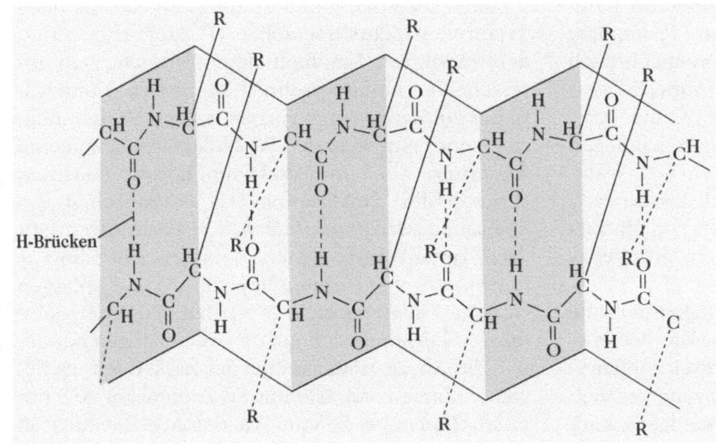

Faltblattstruktur Die Abb. zeigt die Anordnung der Peptidketten und ihre faltblattartige Anordnung im Raum

Fangfäden, 1) lange, kontraktile und fadenförmige Strukturen bei Nesseltieren (↗ Cnidaria), so z.B. bei den Staatsquallen (↗ Siphonophora) und bei den Scyphomedusen (↗ Scyphozoa). Die F. sind mit vielen Nesselkapseln versehen und dienen dem Lähmen und Festhalten der Beute.

2) Die dem Beutefang dienenden Spinnfäden der Webspinnen (↗ Araneae).

Fangheuschrecken, die ↗ Mantodea.

Fangmaske, die stark verlängerte, beim Beutefang vorschnellende, in der Ruhe unter dem Kopf zurückgeklappte Unterlippe (Labium) der Libellenlarven. Sie wird mit Hilfe von Muskeln vorgeklappt und die Beute mit Greifzangen der Labiumspitze gepackt.

Fangschreckenkrebse, die ↗ Stomatopoda.

Farbanpassung, die als Tarnung vor Fressfeinden dienende Anpassung der Körperfärbung an die Farbe der Umgebung, z. B. beim zur Farbanpassung befähigten Chamäleon (↗ Abwehr).

Farbenfehlsichtigkeit, Störungen des Farbensehens beim Menschen (umgangssprachlich, aber weitgehend falsch auch als Farbenblindheit bezeichnet); F. kann genetisch determiniert oder erworben sein. Lediglich ein Bruchteil der Betroffenen ist wirklich farbenblind, die meisten erkennen durchaus Farben, verwechseln je nach Ausprägung jedoch bestimmte Farben. Man unterscheidet Dichromasien, Trichromasien und Achromatopsie.

Von *Dichromasien* betroffene Menschen haben nur zwei funktionstüchtige Zapfentypen. Dadurch haben sie einen eingeschränkten Empfindlichkeitsbereich und besitzen einen neutralen Punkt, in dessen Wellenlängenbereich Grau gesehen wird. Bei der *Protanopie* fehlt das für langwelliges (rotes) Licht empfindliche Zapfenpigment, d. h. die Betroffenen (ca. 1 % der männlichen Bevölkerung in Europa) können in diesem Spektralbereich Farben schlecht unterscheiden. Bei der *Deuteranopie* fällt der Zapfentyp mit maximaler Empfindlichkeit im Grünbereich aus, die Betroffenen (ca. 2 % der männlichen Bevölkerung) können Rot und Grün schlecht voneinander unterscheiden. Protanopie und Deuteranopie werden im allg. Sprachgebrauch oftmals als *Rot-Grün-Blindheit* zusammengefasst. Die neutralen Punkte liegen bei 492 nm bzw. 498 nm Wellenlänge. Bei kürzeren Wellenlängen nehmen beide ein Blau, bei längeren ein Gelb wahr. Die äußerst seltene *Tritanopie* (Ausfall des kurzwelligen Zapfentyps) wird dominant vererbt. Hierbei wird unterhalb des Neutralpunkts ein grünliches Blau, darüber ein Rot wahrgenommen.

Weitaus milder in ihren Auswirkungen sind die *Trichromasien* oder *Farbanomalien*. Die Betroffenen sind zwar trichromatisch (alle drei Zapfentypen sind funktionsfähig), aber ihr Farbunterscheidungsvermögen ist mehr oder weniger stark eingeschränkt. Auch hier werden drei Formen unterschieden (*Protanomalie*, *Deuteranomalie* und *Tritanomalie*), je nachdem, welcher Zapfentyp in seiner Empfindlichkeit verändert ist. Die häufigste Form ist die Deuteranomalie mit einer Veränderung der Empfindlichkeit im Grünbereich. Sowohl die Protanomalie als auch die Deuteranomalie werden X-chromosomal rezessiv vererbt, sodass Männer wesentlich häufiger betroffen sind und Frauen nur, wenn eine Homozygotie vorliegt.

Die äußerst selten vorkommende totale *Farbenblindheit* (*Achromatopsie*, *Achromasie*) tritt in zwei Formen auf: Beim so genannten *Zapfen-Monochromaten* findet man nur einen funktionierenden Zapfentyp. Bis auf das Fehlen des Farbensinns sind die Sehleistungen normal, d. h. sie sehen die Welt wie in einem Schwarzweißfilm. Die so genannten *Stäbchen-Monochromaten* hingegen besitzen überhaupt keine funktionstüchtigen Zapfen mehr, sie sehen also nur mit den Stäbchen (↗ Dämmerungssehen). Sie besitzen daher ein zentrales Skotom, d. h. keine Lichtempfindung in der Sehgrube (der Stelle schärfsten Sehens) und werden vom Tageslicht geblendet. Außerdem haben sie nur 10 % der Sehschärfe eines Normalsichtigen und weisen einen Pendel-↗ Nystagmus auf. (↗ Auge, ↗ Erbkrankheiten, ↗ Farbensehen, ↗ Sehen)

Farbensehen, die Fähigkeit von Tieren und Mensch, mittels eines ↗ Lichtsinnesorgans und verschiedener Typen von Fotorezeptoren Licht von unterschiedlicher spektraler Zusammensetzung auch bei gleicher Intensität als verschieden wahrzunehmen. Der Mensch kann psychophysisch etwa 200 Farbtöne unterscheiden und etwa 20 Sättigungsstufen („Verdünnung" durch Beimischung von Graustufen); außerdem können rund 500 Helligkeitsstufen unterschieden werden: Da beim Farbensehen diese drei Qualitäten (*Farbton*, *Sättigung*, *Helligkeit*) multiplikativ genutzt werden, gibt es mehrere Millionen Unterscheidungsmöglichkeiten (*Farbvalenzen*).

Zum F. werden mindestens zwei verschiedene Typen von Lichtsinneszellen (↗ Zapfen) benötigt, deren spektrale Empfindlichkeitsbereiche sich unterscheiden und überschneiden müssen. Denn wäre nur ein Rezeptortyp vorhanden, würde die Änderung einer eintreffenden Wellenlänge lediglich eine Änderung der Intensitätsempfindung bewirken (Prinzip der Univarianz). Das Farbensehen des Menschen ist *trichromatisch*, d. h. das Auge enthält drei Zapfentypen, die als S-Zapfen (für short = kurz), M-Zapfen (für middle = mittel) und L-Zapfen (für long - lang) bezeichnet werden; die Unterscheidungen beziehen sich auf die Wellenlängen bei denen die Absorptionsmaxima der Zapfen jeweils liegen: S-Zapfen bei 420 nm, M-Zapfen bei 535 nm und L-Zapfen bei 565 nm Wellenlänge. Sehfarbstoff der Wirbeltiere ist das ⌐ Rhodopsin, das aus dem transmembranen Protein ⌐ Opsin und dem Chromophor ⌐ Retinal besteht. Durch Licht verschiedener spektraler Zusammensetzung werden die drei Zapfentypen jeweils unterschiedlich erregt, sodass sich aus der Fülle physikalisch verschiedener Lichtreize nur diejenigen unterscheiden lassen, die ein verschiedenes Erregungsmuster hervorrufen. Daraus ist zu schließen, dass es mehr Farbreize als Farbempfindungen gibt, denn physikalisch unterschiedlich zusammengesetzte Lichter können die drei Zapfentypen gleich stark erregen; z. B. lässt sich Licht von 570 nm (Gelb) nicht von einer Mischung aus Grün von 500 nm mit Rot von 650 nm unterscheiden (*metamere Farben*). Bereits im 19. Jh. wies H. von ⌐ Helmholtz nach, dass drei verschiedene Lichtquellen genügen, um alle übrigen Farbreize durch Mischung zu erzeugen (*trichromatische Theorie des Farbensehens*). Er schloss aus dieser Verteilung der Metamerien auf drei Rezeptoren (Zapfentypen). Diese sind vor allem in der näheren Umgebung der Sehgrube (Fovea centralis) konzentriert, in der ausschließlich Zapfen vorhanden sind.

Die eigentliche Farbwahrnehmung erfolgt jedoch erst durch die neuronale Verarbeitung. Die Signale der verschiedenen Zapfentypen werden zunächst in antagonistisch organisierten rezeptiven Feldern von Ganglienzellen in der Netzhaut über den Sehnerv (Nervus opticus) zum Corpus geniculatum laterale geleitet. Wenn Licht unterschiedlicher Wellenlängen nun auf einen Ort der Netzhaut fällt, erfolgt im Sehsystem eine additive Farbmischung, d. h. der wahrgenommene Farbton geht nicht auf reines Licht dieser Farbe (Wellenlänge) zurück, sondern auf eine Mischung verschiedener Wellenlängen. Von E. Mach (1838-1916) und K.E. ⌐ Hering wurden für die Entstehung der Farbvalenzen vier Urfarben angenommen (Rot, Grün, Blau, Gelb) für die Hering zwei (bzw. drei) antagonistische physiologische Prozesse forderte: *Rot-Grün-Prozess, Gelb-Blau-Prozess* (und Schwarz-Weiß-Prozess), mit denen alle Farbwahrnehmungen erklärt werden sollten (*Gegenfarbentheorie des Farbensehens*). Tatsächlich enthalten die Horizontalzellen der Netzhaut *Gegenfarbenneuronen* für Rot und Grün sowie für Gelb und Blau. Jedoch erst in der Sehrinde finden sich wirklich farbspezifische *Doppelgegenfarbenneurone*, sodass hier der eigentliche Prozess der Farbwahrnehmung angesiedelt werden kann. In der *Zonentheorie* von J.A. Kries (1853-1928) werden die beiden Theorien insofern vereinigt, als die trichromatische Theorie für das F. auf der Ebene der Fotorezeptoren, die Gegenfarbentheorie hingegen für die Farbwahrnehmung durch die weitere neuronale Verarbeitung gelten soll.

Färberdistel, der ⌐ Saflor.

Färberpflanzen, Pflanzen, die zur Farbstoffgewinnung angepflanzt werden. Hierzu gehören u. a. die ⌐ Färberröte, der ⌐ Indigo, die ⌐ Färberwaid, der ⌐ Henna-Strauch und die Färberdistel (⌐ Saflor). Seit Ende des 19. Jh. wurden die meisten natürlichen Farbstoffe durch synthetische ersetzt.

Färberröte, *Krapp, Rubia tinctorum*, aus Vorderasien stammende ⌐ Färberpflanze der ⌐ Rubiaceae, aus deren Wurzeln man noch bis Anfang des vorigen Jahrhunderts den roten Farbstoff Alizarin („Türkisch Rot") gewann.

Färberwaid, *Isatis tinctoria*, ⌐ Färberpflanze der ⌐ Brassicaceae, deren Blätter wie der ⌐ Indigo-Strauch den blauen Farbstoff *Indigo* liefern. Die Pflanze war bis ins 18. Jh. von großer Bedeutung, wurde jedoch vom Indigostrauch verdrängt.

Farbfrösche, die Fam. ⌐ Dendrobatidae.

Farbtracht, Farbzeichnung bei Tieren, die der Abschreckung oder Tarnung dient (⌐ Abwehr).

Farbwechsel, die Fähigkeit einiger Tiere, ihre Körperfärbung ganz oder teilweise zu ändern. Nach ihrer Entstehungsweise werden zwei Formen des F. unterschieden, der morphologische F. und der physiologische F.

Der *morphologische F.* beruht auf einer lang anhaltenden, Tage bis Wochen dauernden Vermehrung oder Verminderung der Zahl Farbstoffe führender Zellen (⌐ Chromatophoren) oder des Gehalts an Farbstoffen. Er kann irreversibel sein, wie z. B. bei der Jugend- bzw. Adultfärbung oder reversibel, wie z. B. im Fall des ⌐ Saisondimorphismus. Morphologischer F. dient der optischen Tarnung durch Anpassung an die sich farblich ändernde Umgebung (z. B. Sommer-/Winterkleid bei verschiedenen Tieren) oder der Signalwirkung (z. B. Balzkleid mancher Vogelarten).

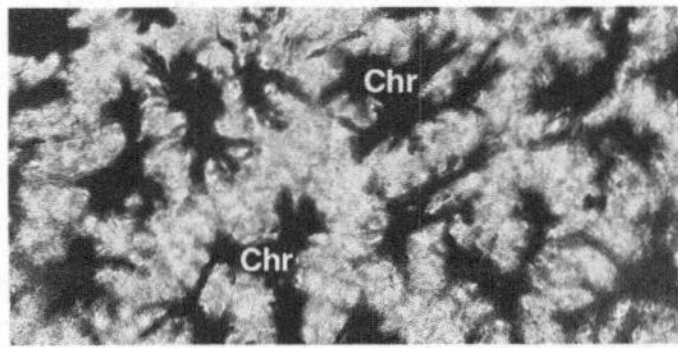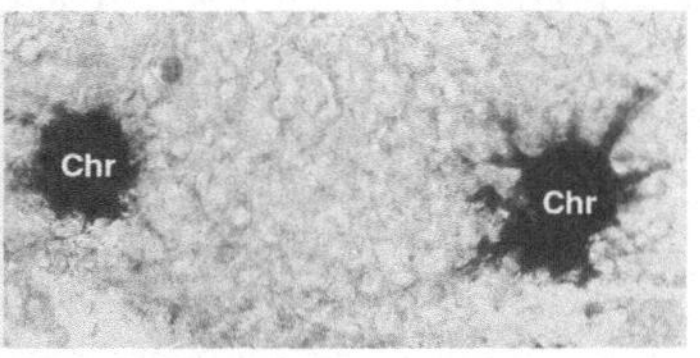

Farbwechsel Lichtmikroskopische Aufnahmen der Pigmentverteilung in den Chromatophoren eines Krebses (Fischassel); links Pigment ausgebreitet – ergibt „dunkel", rechts Pigment in der Mitte der Chromatophoren konzentriert – ergibt „hell"

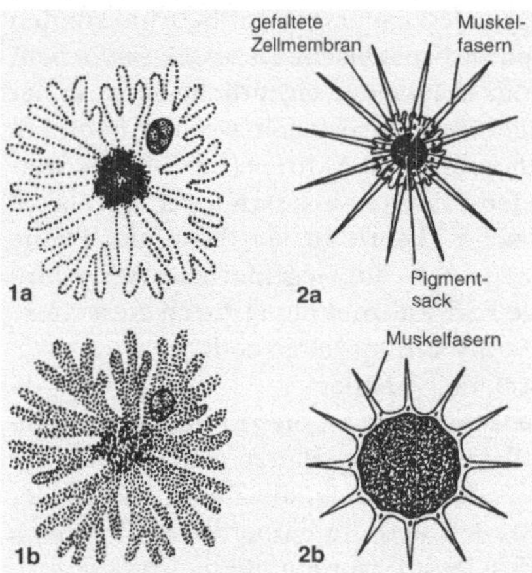

Farbwechsel 1 Chromatophor eines Knochenfisches, a Pigment geballt (hell), b Pigment ausgebreitet (dunkel). 2 Chromatophor eines Kopffüßers, a Pigment geballt (hell), b Pigment mit Pigmentsack durch Muskelkontraktion ausgebreitet (dunkel)

Der *physiologische F.* geschieht durch Änderung der Verteilung eines bereits vorhandenen Farbstoffs innerhalb der Chromatophoren. Er kann in Sekunden ablaufen (z. B. bei den Kopffüßern, ↗ Cephalopoda), aber auch Minuten oder Stunden benötigen (z. B. bei Krebsen oder Fischen) und auf neue Reize hin ebenso rasch wieder umschlagen. Die Haut des Tieres erscheint hell, wenn das Pigment in der Mitte der Chromatophoren konzentriert ist, und sie zeigt die Farbe des Pigments, wenn dieses gleichmäßig innerhalb der Zelle verteilt ist. Für diese Vorgänge sind im Tierreich zwei verschiedene Mechanismen verwirklicht. Bei den meisten Tierarten mit physiologischem F. (u. a. ↗ Articulata, ↗ Fische, ↗ Amphibia, ↗ Reptilia) breiten sich die Pigmentgranula aktiv in den verästelten Chromatophoren aus bzw. häufen sich im Zentrum der Zelle an. Noch ungeklärt ist hierbei die Rolle von Actomyosin-Filamenten (Amphibien) oder von Mikrotubuli (Fische). Im Unterschied zur aktiven Pigmentverlagerung innerhalb der Zelle, können die Chromatophoren der Kopffüßer ihre Gestalt verändern. Hier setzen an der Zelloberfläche der Chromatophoren radiäre glatte Muskelfasern an. Bei Kontraktion der Fasern wird der Chromatophor unter Entfaltung der Zellmembran zusammen mit dem die Pigmentgranula umhüllenden „Pigmentsack" zu einer flachen Scheibe gedehnt; das Ergebnis ist Farbvertiefung. Bei Gliedertieren und bei Kopffüßern wirken oft mehrere Pigmente in einer Farbzelle zusammen (polychrome Chromatophoren). Wirbeltiere können entweder durch Zusammenarbeit verschiedener monochromer Chromatophorentypen, die unterschiedliche Pigmente enthalten, oder durch Filterwirkung darüber liegender Zellagen Mischfarben

erzeugen, die dann durch Melaninverschiebung in den Melanocyten variiert werden (z. B. Laubfrösche). Ausgelöst wird der physiologische F. zentralnervös durch Lichteinwirkung entweder unmittelbar auf das Pigmentsystem oder über Sinnesorgane (Augen, Parietalorgan), manchmal auch über den Tastsinn. Die Steuerung erfolgt nerval (z. B. Kopffüßer, Chamäleon) und/oder hormonal (einige Fische). Der physiologische F. dient der Tarnung durch farbliche Anpassung oder der Signalwirkung für den Artgenossen, Konkurrenten oder Fressfeind. Vögeln und Säugetieren fehlt die Fähigkeit zum physiologischen Farbwechsel.

Farne, *Filicopsida*, die Klasse ↗ Pteridopsida.

Farnesol, licht-, luft- und wärmeempfindlicher, nach Maiglöckchen riechender, azyklischer Sesquiterpenalkohol, der in zahlreichen etherischen Ölen enthalten ist (z. B. in Moschuskörnern, in Lindenblüten- und Rosenöl). In gebundener Form ist F. Bestandteil der Bakteriochlorophylle *c*, *d* und *e*. Bei manchen Insekten wirkt es als Pheromon. Es findet vor allem Verwendung in der Parfüm- und Seifenindustrie.

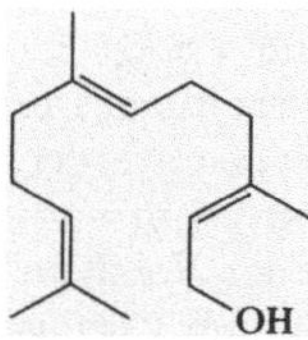

Farnesol

Farnpflanzen, die Abt. ↗ Pteridophyta.

Fasanen, die Fam. ↗ Phasianidae.

Fasciola, Gatt. der zu den Saugwürmern gehörenden ↗ Digenea. Bekannteste Art ist der bis 51 mm lange *Große Leberegel (Fasciola hepatica)*, der als adultes Tier in den Gallengängen der Leber verschiedener Wiederkäuer und (seltener) bei anderen Säugetieren einschließlich des Menschen lebt. Die Entwicklung läuft über einen dreifachen Generationswechsel und einfachen Wirtswechsel ab. Der Egel legt täglich 5000-20000 Eier ab, die mit der Gallenflüssigkeit in den Darm und von dort mit den Fäzes ins Freie gelangen. In den Eiern entwickeln sich im Wasser (z.B. bei Überschwemmung der Weiden) Miracidien, die schwimmend aktiv nach ihren Zwischenwirten suchen, Wasserschnecken der Gatt. *Galba* oder *Fossaria*, in die sie sich einbohren. Sie verlieren dabei ihre Epidermis, und das Miracidium

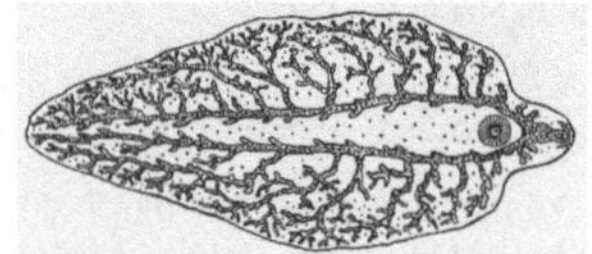

Fasciola Der Große Leberegel (*Fasciola hepatica*)

wird zur Sporocyste. In dieser entwickeln sich zahlreiche Redien, die weitere Rediengenerationen hervorbringen können. In der letzten entstehen dann Cercarien, die den Schneckenkörper entlang eines Sauerstoffgradienten bis zur Atemhöhle durchwandern und dort die Schnecke verlassen. Sie schwimmen im Wasser und suchen Pflanzen auf, an denen sie zur Spitze kriechen, wo sie sich encystieren und zu Metacercarien werden. Dort werden sie vom Endwirt aufgenommen. Die Metacercarie löst ihre Cyste auf, durchbohrt die Darmwand und wandert durch das Leberparenchym in die Gallengänge. Der Mensch kann sich durch Aufnahme ungekochter Wasserpflanzen infizieren.

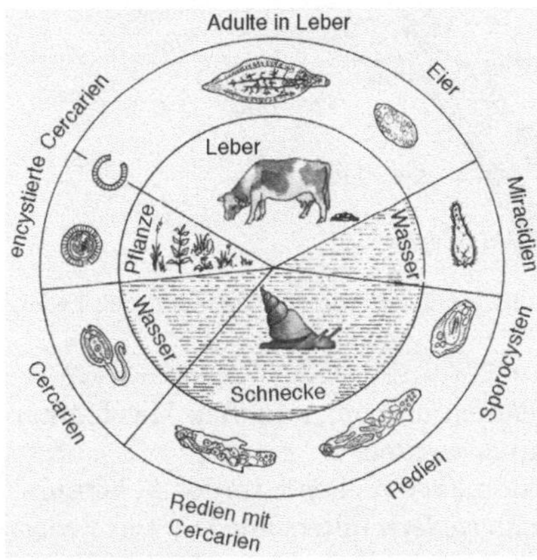

Fasciola Der Entwicklungszyklus des Großen Leberegels (*Fasciola hepatica*). Der innere Kreis zeigt die Wirte, der äußere die jeweiligen Parasitenstadien

Fasciolopsis, Gatt. der zu den Saugwürmern gehörenden ↗ Digenea. Ein häufiger Parasit beim Menschen ist der in Südostasien vorkommende, bis 7 cm lange *Darmegel (Fasciolopsis buski)*. Die Miracidien befallen Schnecken u. a. der Gatt. *Planorbis* und *Tyraulus*. Die Entwicklung geht über Sporocysten, zwei Rediengenerationen und Cercarien, die sich an Wasserpflanzen encystieren.

Fast Food, aus dem engl. stammende Bez. für den schnellen Imbiss zwischendurch (z. B. Hamburger oder Pommes frites), z. T. abfällig auch als *Junk Food* bezeichnet.

Faszien, *Fasciae*, derbe, gefäßarme Scheide aus straffem, kollagenfaserigem Bindegewebe, die die Muskeln umhüllt. Die Faszienfasern gehen zum Muskelinnern hin in kontinuierlich in die lockerer gebauten und gefäßreichen Bindegewebshüllen einzelner Muskelfaserbündel und Muskelfasern über.

faszikulär, Bez. für das im ↗ Leitbündel liegende Kambium.

Faulbaum, *Frangula alnus*, Strauch oder niedriger Baum (1-3 m) der ↗ Rhamnaceae, der ein weiches, leicht spaltbares Holz liefert. Aus der Rinde wird ein Abführmittel gewonnen. (↗ Heilpflanzen)

Faulgas, das ↗ Biogas.

Fäulnis, ↗ Zersetzung stickstoffreicher Substanzen durch ↗ Mikroorganismen, insbesondere ↗ Fäulnisbakterien, unter gehemmtem Sauerstoffzutritt. Dabei entstehen übel riechende Gase, z. B. ↗ Ammoniak, ↗ Schwefelwasserstoff (aus S-haltigen ↗ Aminosäuren), biogene ↗ Amine, die zum Teil giftig wirken (Cadaverin, Putrescin) oder allergische Reaktionen auslösen (Fäulnisgifte, Leichengifte). Im allgemeinen Sprachgebrauch wird die „echte" Fäulnis nicht eindeutig von der ↗ Verwesung unterschieden und so meist alle Zersetzungsvorgänge, bei denen unangenehm riechende Stoffe auftreten, als Fäulnis bezeichnet.

Fäulnisbakterien, anaerobe oder ↗ fakultativ anaerobe ↗ Bakterien, die Proteine oder andere stickstoffreiche Verbindungen (Nucleinsäuren) unter Bildung übel riechender Stoffe abbauen (↗ Fäulnis). Hierzu gehören typischerweise ↗ Clostridien sowie ↗ Proteus- und ↗ Bacillus-Arten. In verdorbenen Fleischkonserven sind meist Arten von *Clostridium (Clostridium botulinum)* oder *Bacillus* enthalten (↗ Nahrungsmittelvergiftung).

Fäulnisbewohner, die ↗ Saprobionten.

Fäulnispflanzen, die ↗ Saprophyten.

Faulschlamm, 1) *Sapropel*, der unter Sauerstoffausschluss in Gewässern entstehende Faulschlamm.

2) Anaerober Klärschlamm aus Faultürmen von ↗ Kläranlagen.

Faultiere, die Fam. ↗ Bradypodidae.

Fauna, 1) Gesamtheit der in einem bestimmten Gebiet vorkommenden Tierarten.

2) Systematische Zusammenstellung der Tierarten eines Gebietes.

Faunenanalogie, in geografisch weit voneinander entfernt liegenden Gebieten können sich unter ähnlichen Lebensbedingungen nicht verwandte Arten konvergent zum gleichen Lebensformtypus (↗ Lebensformtypen) hin entwickeln. Betrifft diese konvergente Entwicklung (↗ Konvergenz) ganze Tiergruppen, so spricht man von F.; z. B. ist es bei den Beuteltieren Australiens und den Placentatieren in anderen Teilen der Welt zu Konvergenzen gekommen, indem unabhängig voneinander Lebensformtypen wie „Springmaus", „Flughörnchen" oder „Maulwurf" entstanden sind.

Faunenelement, 1) Komponenten einer (Lokal-) Fauna, die eine gewisse Übereinstimmung in ihren rezenten ↗ Arealen aufweisen.

2) Arten mit z. T. sehr unterschiedlich umgrenzten Arealen, die dem gleichen Ausbreitungszentrum zuzuordnen sind.

Faunenschnitt, scheinbares oder tatsächliches gleichzeitiges Aufblühen oder Aussterben vieler Taxa des Tierreichs, insbesondere von Großgruppen, zu einem bestimmten Zeitpunkt in der Erdgeschichte. F. werden jedoch dann vorgetäuscht, wenn ein geologischer Zeitraum weltweit überwiegend als Schichtlücke ausgebildet ist und somit die paläontologische Überlieferung fehlt oder das allmähliche Aussterben von Taxa durch zu großmaßstäbliche Betrachtung als plötzlich erscheint. Tatsächliche F. ereigneten sich z. B. an der Grenze Perm/Trias und Kreide/Tertiär. Betrifft ein solches Aufblühen oder Aussterben Pflanzen, so spricht man von *Florenschnitt*.

Faunenverfäschung, Veränderung des Artenbestandes in einem bestimmten Gebiet durch Einführung oder ↗ Einbürgerung einer oder mehrerer fremder Tierarten. Dadurch kann es zu einer Veränderung des ↗ ökologischen Gleichgewichts kommen. (↗ Neozoen)

Fäzes, *Faeces, Fäkalien, Exkremente, Kot*, die den tierischen bzw. menschlichen Körper wieder verlassenden, für die Ernährung nicht benötigten oder unbrauchbaren Nahrungsbestandteile (↗ Verdauung). Bei vielen Säugern besteht ein erheblicher Anteil der F. aus den im Darm lebenden Bakterien (↗ Darmbakterien).

Fazies, in der *Botanik* die kleinste unterscheidbare Einheit einer Pflanzengesellschaft. Sie ist durch das vorherrschende Auftreten einer oder mehrerer bestimmter Arten gekennzeichnet.

FCKW, Abk. für ↗ Fluorchlorkohlenwasserstoffe.

Fe, chemisches Symbol für ↗ Eisen.

Federlinge, Gruppe der Tierläuse (↗ Phthiraptera).

Federn, charakteristische Bildungen der Außenhaut der Vögel, die sich von Reptilienschuppen ableiten. Nach taschenförmiger Einsenkung einer warzenförmigen Hautvorwölbung entsteht der von der Oberhaut ausgekleidete *Federbalg*. An die Basis dieser Federanlage treten Gefäße und Nerven heran. Sie formen zusammen mit dem umgebenden Unterhautbindegewebe eine *Papille*, die für die Ernährung der heranwachsenden F. sorgt. Im Inneren des Federbalgs entwickelt sich die F. Nach ihrer Ausbildung wird die absterbende Unterhautpapille zur blasigen *Federseele*. Die Entfaltung der F. erfolgt nach Durchbruch der äußeren Hornschicht, der *Federscheide*. Zuerst erscheinen die *Flaumfedern (Daunen, Dunen)*, die das Nestkleid der Jungvögel darstellen, bei Laufvögeln aber auch zeitlebens erhalten bleiben können. Auch die fertigen *Kontur-* oder *Deckfedern* entwickeln sich aus derselben Papille. Der im Federbalg verbleibende Abschnitt des *Federkiels*, der die Federseele enthält, wird als *Spule* bezeichnet, der freie Teil als *Schaft*. Er trägt die *Fahne*, die sich ihrerseits aus Ästen zusammensetzt; diese zweigen sich in Nebenäste (*Strahlen*) und *Häkchen* auf, sodass eine geschlossene Fahnenfläche entsteht. Die F. sind in ganz bestimmten *Federfluren* angeordnet, die zwischen sich die *Fe-*

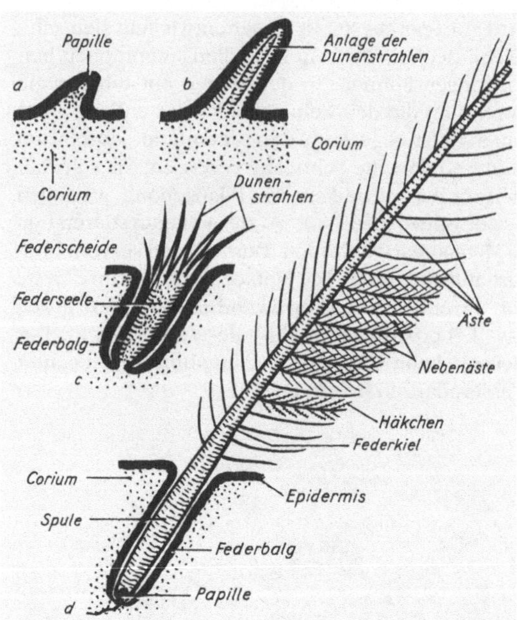

Feder Die Abb. a-c zeigen die Entwicklung der Feder, Abb. d ihren Bau

derraine freilassen und am gerupften Vogelkörper deutlich sichtbar werden.

Ihrer Funktion entsprechend werden *Schwung-, Deck-* und *Steuerfedern* unterschieden. Das Federkleid wird mindestens einmal im Jahr gewechselt (↗ Mauser). Die Gesamtheit der F. eines Vogels wird *Gefieder* genannt. Es schützt den warmblütigen Vogelkörper vor Abkühlung, seine Flügel- und Schwanzfedern dienen der Fortbewegung. Gleichzeitig tarnen oder schmücken die F. durch Zeichnung und Farbe ihren Träger. Die Färbung des Gefieders, die in Paarungs- oder Brutzeiten wechseln kann, beruht einerseits auf der Einlagerung von Pigmenten (z. B. rot, gelb, schwarz), andererseits auf Interferenzerscheinungen, die durch die Struktur der F. hervorgerufen werden (Schillerfarben).

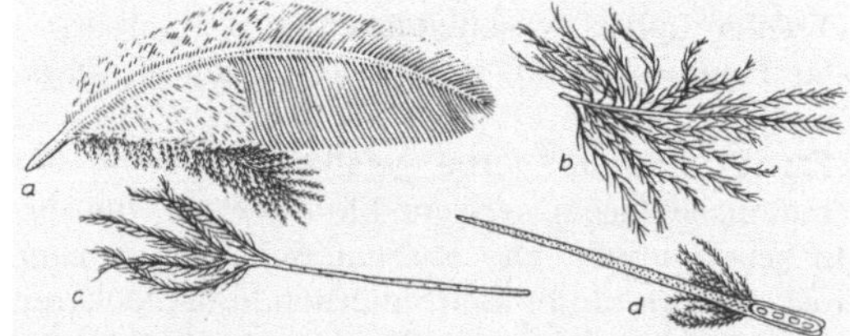

Feder Federtypen: a Konturfeder mit doppelter Fahne, b Daunenfeder, c Fadenfeder, d Borstenfeder

Federwechsel, die ↗ Mauser.

Feedback-Hemmung, die ↗ Endprodukt-Hemmung.

Fehlgeburt, ↗ Abortus.

Fehlpaarungsreparatur, *mismatch repair*, Bez. für einen Typ der ↗ DNA-Reparatur (*Korrekturlese-Reparatur*), bei der Fehler, die durch ↗ DNA-Polymerasen während der DNA-↗ Replikation entstehen, korrigiert werden.

Feigenbaum, *Ficus carica*, aus Westasien stammende ↗ Kulturpflanze, deren fleischige, süße Fruchtstände, die Essfeigen, im Mittelmeerraum ein wichtiges Nahrungsmittel sind. Eine botanische Besonderheit des F. ist der Bestäubungsvorgang (↗ Caprifikation).

Feigenkaktus, *Opuntia ficus-indica*, aus Mexiko stammende Kakteenart (↗ Cactaceae) mit abgeflachten Sprossgliedern (*Platykladien*), Blattdornen und bedornten, essbaren Früchten.

Feind-Beute-Beziehung, Beziehung zwischen einem ↗ Räuber („Fressfeind") und seiner Beute (*Räuber-Beute-Verhältnis*) oder zwischen einem Parasiten (↗ Parasitismus) und seinem ↗ Wirt (*Parasit-Wirt-Beziehung*).

Feinde, Bez. für Organismen, die andere Organismen oder Teile von ihnen konsumieren und dadurch schädigen oder sie töten.

Feindschema, angeborenes oder durch Erfahrung erworbenes Muster der ↗ Kennreize eines Feindes, das beim Signalempfänger Aggression und Angst auslöst. (↗ Beuteschema)

Fekundation, die ↗ Befruchtung.

Feldgrille, Art der Grillen (↗ Grylloida).

Feldhase, Art der Fam. ↗ Leporidae.

Feldkapazität, der Wassergehalt eines natürlich gelagerten ↗ Bodens, der sich zwei bis drei Tage nach voller Wassersättigung einstellt. Sie ist u. a. abhängig von Körnung, Bodengefüge und Humusgehalt.

Feldlerche, Art der Fam. ↗ Alaudidae.

Feldmäuse, *Microtus*, Gatt. der Wühlmäuse (↗ Arvicolidae) mit weltweit annähernd 50 Arten. Häufigstes Säugetier in Mittel- und Nordeuropa ist die *Feldmaus (Microtus arvalis)*; sie ist 9-12 cm körperlang mit bis 4,5 cm langem Schwanz und einem kurzhaarigen, glatten, hell- bis mittelbraunen Fell. Sie lebt bevorzugt in offenen Landschaften und ist im Gebirge bis in 2300 m Höhe anzutreffen. Sie ist überwiegend abends aktiv. F. leben in Kolonien in dicht unter der Erdoberfläche angelegten Gangsystemen mit Nest- und Vorratskammern. Sie sind bereits mit fünf Wochen geschlechtsreif und können im Sommer alle drei Wochen vier bis sieben Junge werfen. Massenvermehrungen kommen in Abständen von etwa vier Jahren vor; F. können dann große Schäden in der Landwirtschaft anrichten.

Feldsalat, *Valerianella locusta*, von Europa bis Indien heimische Art der ↗ Valerianaceae. Die Blätter der frostresistenten Pflanzen enthalten ein ↗ etherisches Öl.

Feldschwirl, Art der Grasmücken und Verwandten (↗ Sylviidae).

Feldsperling, Art der Sperlinge (↗ Passeridae).

Felidae, *Katzen*, Fam. der Ord. Raubtiere (↗ Carnivora) mit 41 Arten in 14 Gatt. und zwei Unterfam., wobei die Einteilung in Gatt. sehr unterschiedlich gehandhabt wird. Katzen sind Raubtiere mit einem geschmeidigen, muskulösen Körper; das unterschiedlich gemusterte Fell besteht aus Deckhaaren und Unterwolle, bei vielen Arten kommen Schwärzlinge (*Melanismus*) vor. Das Gebiss hat lange Eckzähne und aus dem letzten oberen Vorbackenzahn und ersten unteren Backenzahn gebildete Reißzähne. Die Zehen tragen Krallen, die in Ruhestellung eingezogen sind (außer beim Gepard). Die Sinnesorgane sind sehr leistungsfähig, am besten ausgebildet ist der Sehsinn. Die Augen sind nach vorne gerichtet (räumliches Sehen), groß und haben eine sehr leistungsfähige Netzhaut, sodass sie auch in der Dämmerung noch gut sehen können. Die Pupille ist bei voller Erweiterung rund und bei Verengung bei den kleinen Katzen spaltförmig, bei den Pantherkatzen punktförmig. Die meisten Arten leben außerhalb der Fortpflanzungszeit einzeln oder in Mutterfamilien. Sie kommen in allen Landschaftszonen vor und sind fast weltweit verbreitet, außer nördlich des 70. Breitengrades, in Australien, Grönland und der Antarktis. Alle Katzenarten sind vor allem durch Zerstörung ihrer Lebensräume in ihrem Bestand gefährdet.

Zur Unterfam. Geparde (*Acinonychinae*) gehört als einzige Art der ↗ Gepard. Die restlichen Gatt. werden der Unterfam. Echte Katzen (*Felinae*) zugeordnet. Hierhin gehören u. a. die ↗ Luchse (*Lynx*), die ↗ Pardelkatzen (*Leopardus*), die Pantherkatzen (*Panthera*) mit ↗ Löwe, ↗ Jaguar, ↗ Leopard und ↗ Tiger, die Goldkatzen (*Profelis*) mit dem ↗ Puma und die ↗ Wildkatzen (*Felis*).

Felis, die Gatt. ↗ Wildkatzen.

Felsbodengesellschaften, die auf der Substratoberfläche lebende Epiflora und -fauna des natürlichen Felsgrundes der Meere oder von künstlichen Hartsubstraten (z. B. Deiche). Hierzu gehören festsitzende Formen wie Algen, Schwämme, Nesseltiere, sessile Polychäten, Seepocken, Muscheln, Moostiere und Seescheiden. Kriechende Formen der F. sind die frei beweglichen Polychäten, Schnecken, Seeigel und Seesterne. Die Felsbodenbesiedler weisen eine charakteristische Zonierung von der Land-Wasser-Grenze bis zum ständig untergetauchten Bereich auf. Zu den F. gehören auch die ↗ Korallenriffe.

Felsenheide, ↗ Macchie.

Felsenpython, Art der ↗ Boidae.

Felsenspringer, die ↗ Archaeognatha.

Felsentaube, Art der Taubenvögel (↗ Columbiformes), Stammform der Haus- und Stadttaube.

Felshafter, *Epilithen*, auf der Gesteinsoberfläche wachsende Pflanzen. Hierzu gehören vor allem

Flechten (↗ Lichenes) sowie ↗ Algen und Moose (↗ Bryophyta).

Femur, bei tetrapoden Wirbeltieren (↗ Vertebrata) der Oberschenkelknochen, bei Gliederfüßern (↗ Arthropoda) das dritte Beinglied. (↗ Extremitäten)

Fenchel, *Foeniculum*, Gatt. der ↗ Apiaceae mit mehreren Varietäten, die von Südeuropa bis Westasien heimisch sind. Alle Varietäten enthalten das etherische Öl *Anethol*, das beruhigend, entblähend und Schleim lösend wirkt.

Fennek, *Wüstenfuchs*, *Fennecus zerda*, in den Wüsten und Halbwüsten Nordafrikas, des Sinai und Arabiens lebender kleiner Wildhund (Körperlänge 35-40 cm; Schulterhöhe 20 cm). Der F. hat ein dichtes, oberseits cremefarbenes, unterseits weißes Fell mit buschigem Schwanz. F. leben in kleinen Gruppen in unterirdischen Bauen. Sie sind nachtaktiv; ihre Nahrung besteht aus Insekten, kleinen Wirbeltieren und Pflanzenteilen. Die auffällig großen Ohren haben eine wichtige Funktion bei der Regulation der Körpertemperatur (↗ Allen-Regel). In Teilen ihres Verbreitungsgebiets sind sie durch Abschuss selten geworden.

Fermentation, 1) in der ↗ Biotechnologie aerobe und anaerobe Stoffwechselreaktionen von ↗ Mikroorganismen zur Gewinnung von Produkten, Biomasse oder zur ↗ Biotransformation.

2) in der *Lebensmitteltechnologie* die gezielte mikrobielle Behandlung meist pflanzlicher Rohstoffe zur Verbesserung von Geschmack, Aroma, Haltbarkeit und Qualität sowie zum Abbau unerwünschter Substanzen. Dabei kommen Bakterien, Pilze (überwiegend Hefen) sowie pflanzeneigene ↗ Enzyme zum Einsatz. F. spielen z. B. eine Rolle bei der Aufbereitung von Kaffee, Kakao, Tee und Tabak.

3) Bez. für die ↗ Gärung (anaerober Abbau von organischem Material).

Fermenter, *Bioreaktor*, tankartiger Behälter, in dem ↗ Fermentationen durchgeführt werden. Je nach Fermentationsprozess verwendet man kleine, 5-10 l (Labormaßstab) fassende und bis zu 500 000 l (großtechnischer Maßstab) fassende Behälter. Man unterscheidet F. für die *aerobe* und die *anaerobe* Kultur. Die Fermenter für die aerobe Kultur sind mit einem Zu- und Ablauf, einem Rührwerk, Systemen zur Regelung von Temperatur und ↗ pH-Wert und mit einem effektiven Belüftungssystem ausgerüstet. Bei der Überwachung und Steuerung mikrobieller Prozesse in industriellen F. spielen Computer eine wichtige Rolle. Dabei erfolgt die Erfassung der Parameter durch Sensoren (z. B. pH-Elektroden, Sauerstoffelektroden).

Neben der diskontinuierlichen Kultur (↗ statische Kultur) werden heute zunehmend Verfahren der ↗ kontinuierlichen Kultur eingesetzt.

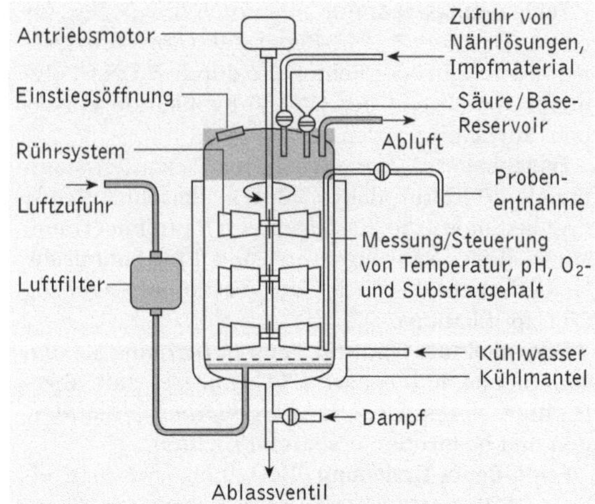

Fermenter Schema eines Fermenters

Fernerkundung, Messung physikalischer Parameter bzw. Felder mit Hilfe von Flugzeugen, Raketen, Satelliten oder Raumsonden. Die wichtigsten Verfahren sind die Fotografie und das Scanning-Prinzip, mit dem die Erdoberfläche in den von der ↗ Atmosphäre ungestörten Spektralbereichen von Ultraviolett bis Infrarot abgetastet wird.

Ferntransport, Bez. für den Transport von Fotosyntheseprodukten (↗ Assimilate) innerhalb der Siebröhren vom Ort ihrer Produktion (↗ Source-Gewebe) zu Orten des Verbrauchs (↗ Sink-Gewebe). Dem F. geht die ↗ Phloembeladung voraus, am Zielort kommt es zur ↗ Phloementladung. (↗ Druckstromtheorie)

Ferredoxine, *Eisen-Schwefel-Proteine* ohne Häm-Gruppe, die Bestandteile von Elektronentransportketten sind (mitochondriale ↗ Atmungskette, ↗ Fotosynthese, ↗ Stickstoff-Fixierung). Auch bei Bakterien sind bestimmte F. bekannt. Aufgrund ihrer Redoxeigenschaften fungieren F. als Elektronenüberträger. So wird z. B. in der fotosynthetischen Elektronentransportkette NADP⁺ durch das Enzym *Ferredoxin-NADP⁺-Reduktase* zu NADPH reduziert. Bei der Lichtregulation bestimmter Enzyme (↗ Calvin-Zyklus) spielt die Ferredoxin-Thioredoxin-Reduktase eine wichtige Rolle. (↗ Thioredoxin)

Ferritin, ein Eisenspeicherprotein, das aus 20-24 z. T. glykosylierten Proteinuntereinheiten besteht, die eine Hohlkugel bilden. Im Innern dieses Hohlraums mit ca. 8 nm Durchmesser können bis zu 5000 Eisenatome vor allem in Form von Eisenoxyhydroxidphosphat gespeichert werden. Im eisenfreien Zustand wird das F. als *Apoferritin* bezeichnet. F. und ↗ Hämosiderin sind die wichtigsten intrazellulären Eisenspeicherproteine; zusammen speichern sie bis zu 30 % des nicht unmittelbar benötigten Eisens. F. kommt in fast allen Geweben vor, besonders hohe Konzentrationen findet man in ↗ Leber, ↗ Milz und ↗ Knochenmark. Außer der Speicherfunktion hat F. auch eine Schutzfunktion, indem es die Zelle vor den toxischen Effekten des ionisierten Eisens schützt. Bindung und Ablösung des Eisens gehen mit Redox-Prozessen einher: Bei Bindung an F. wird Fe^{2+} zu Fe^{3+} oxidiert, bei der Abgabe wieder reduziert. Die Konzentration von F. im Serum gibt Auskunft über das Gesamtkörper-Eisen: Sie ist erniedrigt bei allen Formen von Eisenmangel, hingegen bei einer Reihe von Erkrankungen u. a. der Leber, bei akuten Leukämien oder auch bestimmten Tumoren erhöht.

Ferrochelatase, ein in den Mitochondrien lokalisiertes Enzym, das ↗ Eisen in Protoporphyrin-Moleküle (↗ Porphyrine) einbaut.

Fertilisation, die ↗ Befruchtung.

Fertilität, die ↗ Fruchtbarkeit.

Ferulasäure, *4-Hydroxy-3-methoxy-Zimtsäure*, ein zu den *Phenylpropanonen* gehörendes Zwischenprodukt bei der Biosynthese von ↗ Lignin. (↗ Allelopathie)

Festigungsgewebe, *Stützgewebe*, Gewebe, die pflanzlichen Organen die erforderliche mechanische Stabilität verleihen. Die Zellwände dieser Zellen werden entweder teilweise (Platten- und Kanten-↗ Kollenchym) oder gleichmäßig verdickt (↗ Sklerenchym-Fasern, ↗ Steinzellen).

Festuca, Gatt. der ↗ Poaceae.

Fetalentwicklung, *Fetalperiode, Fetogenese, Fötalentwicklung*, die sich an das Embryonalstadium (↗ Embryonalentwicklung) anschließende Entwicklungsperiode nach Abschluss der Organentwicklung. Die Fetalperiode ist die Zeit des Wachstums und der Vervollkommnung der einzelnen Organe sowie die Zeit der zunehmenden Aktivität des heranreifenden Individuums. Beim *Menschen* spricht man ab dem Ende des dritten Schwangerschaftsmonats von F., die Leibesfrucht wird ab diesem Zeitpunkt *Fetus* genannt. Der Körper wächst jetzt im Verhältnis schneller als der Kopf, die Augen werden nach vorne ins Gesicht verlagert, die Ohren wandern zu den Seiten und die Geschlechtsorgane entwickeln sich. Während in den ersten zwei Monaten der F. das Längenwachstum im Vordergrund steht, ist es in den letzten zwei Monaten bis zur Geburt die Gewichtszunahme.

Fetalisation, *Fötalisation, Paedomorphose*, das Phänomen, dass larvale oder jugendliche Merkmale beim erwachsenen Tier beibehalten werden und ursprüngliche Adultmerkmale ersetzen. Im Extremfall sind sehr viele Merkmale fetalisiert, sodass die Geschlechtsreife im larvalen Zustand eintritt (↗ Neotenie, *Paedogenese*). Beispiele für F. sind u. a. das zeitlebens aktive Schmelzorgan bei den Nagetieren (↗ Rodentia), bei Pflanzen das Beibehalten der rötlichen Farbe junger Blätter (Juvenil-

rot) durch Hemmung der Chlorophyllsynthese in Hochblättern sowie beim Menschen (nur bei Europäern) die auch beim Erwachsenen persistierende Fähigkeit, Milchzucker zu verdauen.

Fetogenese, die ↗ Fetalentwicklung.

Fette und fette Öle, *Glyceride*, die Mono-, Di- und Triester des dreiwertigen Alkohols ↗ Glycerin. Die natürlichen F.u.f.Ö. bestehen zu etwa 98 % aus gemischten *Triglyceriden*. Monoglyceride sind lediglich in Spuren (1 %), Diglyceride nur in geringen Mengen (3 %) enthalten. Die wichtigsten der am Aufbau der F.u.f.Ö. beteiligten Fettsäuren sind *Palmitinsäure*, $C_{15}H_{31}COOH$, und *Stearinsäure*, $C_{17}H_{35}COOH$ in den festen Fetten sowie *Ölsäure* $C_{17}H_{33}COOH$, *Linolsäure* $C_{17}H_{31}COOH$ und *Linolensäure*, $C_{17}H_{29}COOH$ in den Ölen. Tierische F. enthalten noch Phosphatide, Vitamine und geringe Mengen an Cholesterin. Milchfett z. B. enthält über 60 verschiedene Fettsäuren und Butterfett enthält außer den Fettsäuren noch die Vitamine A, D, E sowie Carotin, ↗ Cholesterin und ↗ Phospholipide. In den pflanzlichen F. ist kein Cholesterin enthalten, dagegen bis 65 % Linolsäure und hohe Vitamin-E-Konzentrationen.

Fette sind feste oder halbfeste, Öle dagegen flüssige Stoffe mit Erstarrungspunkten zwischen etwa –20 °C und +40 °C. Die F.u.f.Ö. sind aufgrund ihrer Dichte von etwa 0,9 g/cm³ leichter als Wasser und in diesem unlöslich. In feiner Verteilung mit Wasser bilden sie Emulsionen, die durch grenzflächenaktive Verbindungen stabilisiert werden können. In organischen Lösungsmitteln (außer in Alkoholen) sind F.u.f.Ö. leicht löslich. Beim Kochen tritt Verseifung ein. Die Gelbfärbung der natürlichen F. beruht auf ihrem Gehalt an ↗ Carotinoiden, ihr Geruch und Geschmack auf der Anwesenheit von Aromastoffen. Beim *Ranzigwerden* der F.u.f.Ö. kommt es unter Einwirkung von Luftsauerstoff und durch enzymatisch-mikrobielle Prozesse zu Autoxidationen, Hydrolysen und Decarboxylierungen.

F.u.f.Ö. sind in jeder Zelle mikrobiellen, pflanzlichen und tierischen Ursprungs enthalten. Im tierischen Organismus findet sich Fettgewebe besonders unter der Haut sowie als Reservefett in der Bauchhöhle und in der Nähe von Organen. Die pflanzlichen Fette finden sich vor allem im Fruchtfleisch und in den Samen. Öl wird hauptsächlich aus Oliven, Kokosnuss, Hanf- und Leinsaat, Erdnüssen, Maiskeimen, Baumwollsamen, Sojabohnen, Palm- und Sonnenblumenkernen gewonnen.

Fettgewebe, zur Fettspeicherung befähigtes Bindegewebe mit zahlreichen *Fettzellen (Adipocyten)*, das sich vom reticulären Bindegewebe ableitet. Man unterscheidet weißes und braunes F. Im Inneren des *weißen F.* fließen kleine Fetttröpfchen zu großen Fettkugeln zusammen, die das Cytoplasma und den Kern an den Rand der Zelle drängen. Weißes F.

dient als *Speicherfett (Depotfett)*, schützt als Unterhautfettgewebe den Körper vor Wärmeverlusten und umhüllt auch Organe (z. B. Nieren) um sie zu schützen und zu stützen. Außerdem bildet es in Gelenken, am Gesäß und an den Füßen druckelastische Polster. Dieses so genannte *Baufett* bleibt auch bei starker Abmagerung erhalten. Das *braune F.* erhält seine Farbe durch die Cytochrome, die in den zahlreichen Mitochondrien enthalten sind. Es hat einen intensiven Stoffwechsel, wird gut durchblutet und von Fasern des Sympathikus innerviert. Es spielt eine wichtige Rolle bei der Wärmeproduktion der Säugetiere, insbesondere bei solchen die ↗ Winterschlaf halten und bei Jungtieren (auch beim menschlichen Säugling).

Fetthenne, Gatt. der ↗ Crassulaceae.

Fettkörper, *Corpus adiposum*, ein Speicherorgan, aber auch ein sehr stoffwechselaktives Organ in der Leibeshöhle vieler Gliederfüßer (↗ Arthropoda). Der F. dient z. B. als larvaler F. bei holometabolen Insekten als Energiereserve für die ↗ Metamorphose und wird bei der Verpuppung aufgebraucht. Für die Imago wird ein neuer gebildet, der vor allem der Ausbildung der Gonaden dient. Auch zur Überwinterung werden Energiereserven vor allem im F. angelegt. Gelegentlich dient er auch als Exkretdepot für ↗ Harnsäure und ihre Salze (Urate). Bei den Leuchtkäfern (↗ Lampyridae) sind große Teile des Fettkörpers an der Bildung des Leuchtorgans beteiligt.

Fettsäuren, gesättigte und ungesättigte aliphatische Monocarbonsäuren. Die Bez. F. ist auf das Vorkommen zahlreicher F. in den Fetten zurückzuführen. Diese F. sind meist geradzahlige, gesättigte oder ungesättigte, überwiegend unverzweigte Monocarbonsäuren. In der Natur vorkommende ungesättigte F. liegen in der Z-Konfiguration vor. In mehrfach ungesättigten F. sind die Ethengruppierungen durch CH_2-Gruppen getrennt, d. h. sie sind nicht konjugiert. Kurzkettige F. von C_4 bis C_{10} sind hauptsächlich in den Milchfetten der Säugetiere enthalten. *Palmitin-* und *Stearinsäure* (16 bzw. 18 C-Atome) kommen in nahezu allen tierischen und pflanzlichen Fetten vor. Langkettige F. sind in den Hirnlipiden und in Wachsen zu finden. Die am häufigsten vorkommende ungesättigte F. ist die *Ölsäure*. In verschiedenen pflanzlichen fetten Ölen und Fischlebenölen sind auch mehrfach ungesättigte F., wie z. B. Linol- und Linolensäure enthalten, besonders im Leinöl. Diese mehrfach ungesättigten Säuren gehören zu den essenziellen F., die für den Menschen und für höhere Tiere zur Aufrechterhaltung der normalen Körperfunktionen lebensnotwendig sind und vom Organismus nicht synthetisiert werden können, sondern mit der Nahrung aufgenommen werden müssen. Sie haben Vitamincharakter und werden als Vitamin F bezeichnet.

Fettsäurebiosynthese: Bei dieser durch die Fettsäure-Synthase katalysierten Reaktionsfolge wird schrittweise aus C_2-Einheiten (die von Malonylgruppen stammen, mit anschließender Decarboxylierung) die Fettsäure-Kohlenstoffkette aufgebaut. Die Zwischenprodukte der Fettsäurebiosynthese sind Thioester des *Acyl-Carrier-Proteins (ACP)* und des Coenzyms A wie beim Fettsäureabbau. *Malonyl-CoA* wird durch eine biotinabhängige Carboxylierung (↗ Biotin) von Acetyl-CoA synthetisiert. Die Malonylgruppe wird sodann von Malonyl-CoA auf das ACP übertragen, wo sie eine Thioesterbindung mit der SH-Gruppe des kovalent gebundenen 4-Phosphopantetheins eingeht. Dieser Phosphopantetheinarm dient als Träger für Substrate und Zwischenprodukte, die anschließend durch die anderen Aktivitäten der Fettsäure-Synthase auf ihn übertragen werden. Jede neu gebildete Acylgruppe wird vom Phosphopantetheinarm auf die SH-Gruppe eines Cysteinylrests der *β-Ketoacyl-Synthetase* übertragen. Anschließend wird die nächste Malonylgruppe an das frei gewordene zentrale Thiol gebunden und ein neuer Reaktionszyklus (Kondensation, Reduktion, Dehydratisierung, Reduktion) erweitert die Acylgruppe um zwei weitere Kohlenstoffatome. Diese Zyklen werden wiederholt, bis ein Palmitoylrest (C_{16}) entstanden ist, der dann entweder als freie Säure oder als Fettsäureacyl-CoA freigesetzt wird, abhängig da-

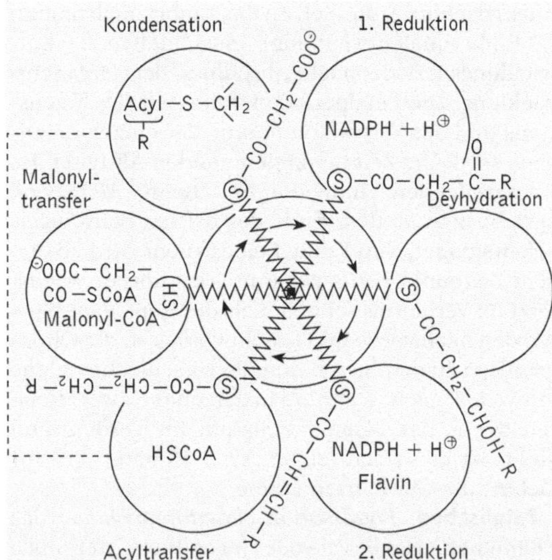

Fettsäuren Fettsäurebiosynthese. Die Abb. zeigt die kooperative Aktivität der Proteine der Fettsäure-Synthase, die als Multienzymkomplex oder als einzelnes multifunktionelles Protein vorliegen kann. Die Zickzacklinie stellt den beweglichen Pantetheinarm des Acyl-Carrier-Proteins dar. Der mittlere Kreis repräsentiert das Acyl-Carrier-Protein und die äußeren Kreise die anderen Enzyme. Die rein schematische Darstellung gibt nicht unbedingt die wirkliche Anordnung der Proteine wieder

von, ob das System eine Thioesterase oder eine CoA-Transacylase besitzt.

Bei den meisten Bakterien und in den Chloroplasten sind das ACP und die Enzyme der Fettsäurebiosynthese diskrete Proteine, die in einem Multienzymkomplex nichtkovalent assoziiert sind (Fettsäure-Synthase Typ II). Dagegen besteht die Fettsäure-Synthase bei Tieren (Typ I) aus einem Dimer eines einzelnen multifunktionellen Proteins. Die Fettsäure-Synthase der Hefe ist ein Zwischentyp.

Bei Tieren läuft die Fettsäurebiosynthese im Cytoplasma ab. Acetyl-CoA als Startsubstanz wird in den Mitochondrien mit Hilfe der Pyruvat-Dehydrogenase (Multienzymkomplex) produziert. Für jedes Acetyl-CoA, das von den Mitochondrien in das Cytosol transportiert wird, wird ein NADPH erzeugt. Bei der Umwandlung von acht Molekülen Acetyl-CoA in Palmitat werden acht der benötigten 14 NADPH-Moleküle durch die Malat-Dehydrogenase zur Verfügung gestellt. Die restlichen sechs NADPH liefert der ↗ Pentosephosphatzyklus. Der geschwindigkeitsbestimmende Schritt in der Synthese von Fettsäuren aus Acetyl-CoA ist die Synthese von Malonyl-CoA, die durch die Acetyl-CoA-Carboxylase katalysiert wird. Citrat und Isocitrat aktivieren das Enzym; Palmitoyl-CoA ist Antagonist des Citrateffekts, indem es den Carrier inhibiert, der Citrat durch die Mitochondrienmembran schleust.

Die Spezifität der β-Ketoacyl-ACP-Synthase bewirkt, dass das Enzym normalerweise Fettsäuregruppen bis zu einer Kettenlänge von C_{14} bindet, d. h. Palmitat bzw. Palmitoyl-CoA wird als Endprodukt der Fettsäuresynthese freigesetzt. Die Kettenlänge kann mit Hilfe von so genannten Elongationsreaktionen verlängert werden, die sich bei tierischen Organismen in den Mitochondrien und im endoplasmatischen Reticulum abspielen. Bei Bak-

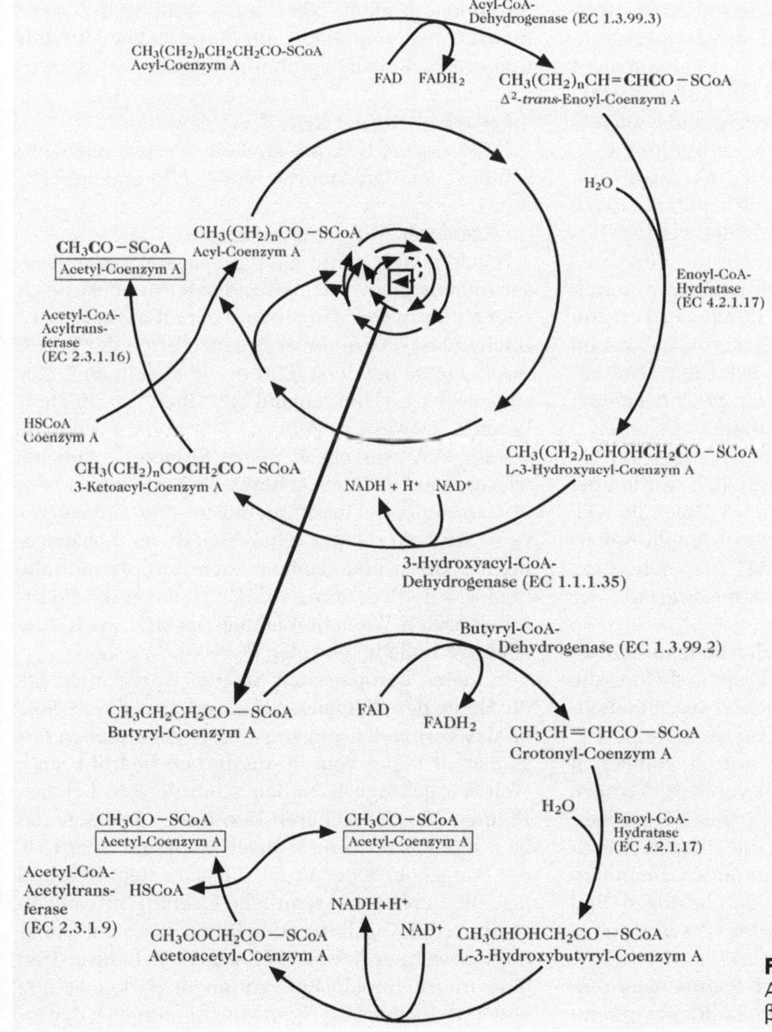

Fettsäuren Fettsäureabbau. Die Abb. zeigt die Fettsäurespirale der β-Oxidation

terien und Pflanzen läuft die Elongation durch Fortführung der Reaktionen der Fettsäurebiosynthese über C_{16} hinaus, wobei Synthasen unterschiedlicher Spezifität zum Einsatz kommen. Die Bildung ungesättigter F. geschieht durch Desaturierungsreaktionen im endoplasmatischen Reticulum. Bei Säugern fehlen bestimmte Enzymsysteme für diese Reaktionen, sodass *Linolsäure*, *Linolensäure* und *Arachidonsäure* zu den *essenziellen F.* gehören, da sie nicht synthetisiert werden können. Ungeradzahlige F. können ebenfalls am Fettsäure-Synthase-Komplex gebildet werden, wobei jedoch zur Startreaktion statt Acetyl-CoA Propionyl-CoA (C_3-Einheit) übertragen wird. Für die Synthese verzweigter Fettsäuren ist die Einführung verzweigter Startermoleküle oder entsprechender Substrate bei der Elongation notwendig.

Der *Fettsäureabbau* erfolgt hauptsächlich durch *β-Oxidation* (Beta-Oxidation). Dies ist ein zyklischer (spiralförmiger) Prozess, durch den die F. schrittweise vom Carboxylende her abgebaut werden. In jeder Runde des Zyklus werden zwei Kohlenstoffatome in Form von Acetyl-CoA abgespalten und das β-Kohlenstoffatom wird oxidiert. Das Acyl-CoA wird durch *Acyl-CoA-Dehydrogenase* zu 2,3-Dehydroacyl-CoA oxidiert. Diese Verbindung wird hydratisiert und dann oxidiert zu 3-Ketoacyl-CoA. Dieses wird gespalten (thiolytisch), wobei Acetyl-CoA und ein neues Acyl-CoA gebildet werden. Das neue Acyl-CoA ist zwei Kohlenstoffatome kürzer als das ursprüngliche und wird sofort einer weiteren Oxidation unterzogen. In jeder Runde der Fettsäurespirale entsteht ein Molekül Acetyl-CoA, das im ↗ Citratzyklus weiter oxidiert wird. Die vollständige Oxidation eines Moleküls Steroyl-CoA erzeugt 148 Moleküle ATP: Aus 18 C-Atomen entstehen 9 Moleküle Acetyl-CoA; 1 Acetyl-CoA ergibt im Citratzyklus 12 Moleküle ATP; zusätzlich werden bei jedem der 8 β-Oxidationsschritte 5 Moleküle ATP gebildet. Die Energie, die am Ende in den Phosphatbindungen von 148 Molekülen ATP gespeichert ist, entspricht 50 % der Verbrennungswärme der Fettsäure.

Bei ungeradzahligen F. führt der Fettsäureabbau zu einer C3-Verbindung, z.B. Propionyl-CoA, die auf einem alternativen Stoffwechselweg metabolisiert werden muss. Zum Abbau verzweigtkettiger F. werden verschiedene Wege beschritten, von denen einige aus dem Stoffwechsel der verzweigtkettigen Aminosäuren stammen. F. mit kurzen Ketten werden in den Mitochondrien in ihr Fettsäureacyl-Derivat überführt; langkettige F. können die innere Mitochondrienmembran nicht durchdringen und müssen in Form des Acyl-Carnitins (↗ Carnitin) in die Mitochondrien transportiert werden.

Fettsäure-Synthase, *Fettsäure-Synthetase-Komplex*, *Fettsäure-Synthetase*, ein Multienzymkomplex, durch den alle zyklischen Schritte der Fettsäure-Synthese (↗ Fettsäuren) katalysiert werden.

Fettsteiß, *Steatopygie*, durch allg. Fettsucht oder erblich bedingte Fettansammlung in der Steißbeinregion; ein F. ist besonders stark ausgebildet bei den Frauen der Hottentotten und der Buschmänner.

Fettsucht, *Adipositas*, abnorme Fettablagerung, wodurch das Körpergewicht um mehr als 20 % über dem Normalgewicht liegt. F. entsteht in 95 % aller Fälle durch Überernährung, d. h. die Energiezufuhr übersteigt den Energiebedarf, und zusätzlich mangelnde körperliche Aktivität. Sie führt zu erhöhter Anfälligkeit für bestimmte Erkrankungen (u. a. Nieren- und Gallensteine, Gicht, Thrombosen, Venenleiden, Überbelastung des Bewegungsapparates) und zu erhöhter Sterblichkeit bei bestehenden Krankheiten, Operationen und Unfällen. Die Therapie der F. erfolgt meist durch Diät bzw. sinnvollerweise eine Nahrungsumstellung in Hinsicht auf Kalorienverbrauch, aber auch Nährstoff-Zusammensetzung, kombiniert mit körperlicher Aktivität und gegebenenfalls psychotherapeutischer Betreuung.

Fettzellen, *Adipocyten*, ↗ Fettgewebe.

Fetus, *Fötus*, Bez. für die Leibesfrucht nach Abschluss der Organentwicklung (↗ Fetalentwicklung).

Fetzenfisch, ↗ Syngnathiformes.

Feuchtgebiete, Landschaftsgebiete, in denen Wasser in stehender oder fließender Form oberirdisch oder als bis in den Wurzelraum der Pflanzen hineinreichendes ↗ Grundwasser ganzjährig oder periodisch angesammelt ist. Eine große Vielfalt an F. gibt es sowohl im Binnenland als auch im Küstenbereich. Gewässer (↗ Seen, ↗ Weiher, ↗ Fließgewässer, ↗ Altwasser), ↗ Moore, Sümpfe, ↗ Feuchtwiesen und Flussauen gehören ebenso dazu wie das ↗ Wattenmeer, Flussmündungen und ↗ Mangroven. Sie beherbergen eine Vielfalt an Lebensgemeinschaften und zeichnen sich durch eine hohe ökologische Bedeutung aus. F. spielen aufgrund ihrer enormen Wasseraufnahmekapazität auch eine wichtige Rolle im globalen ↗ Wasserkreislauf.

In vielen europäischen Staaten wurde mehr als die Hälfte der ehemaligen F. zerstört, wodurch viele an das Vorhandensein von Wasser gebundenen Organismen heute vom ↗ Aussterben bedroht sind. Weltweit gehören F. zu den gefährdetsten Lebensräumen. Von den höheren Tierarten in Deutschland ist fast jede zweite auf F. angewiesen und zwar 13 % der Säuger, 46 % der Vögel, 23 % der Reptilien und fast alle Lurche und sämtliche Fischarten. Von den gefährdeten Vogelarten der Roten Liste sind über 80 % Bewohner der F. 1971 wurde in Ramsar/Iran eine internationale Konvention über den Schutz von F. abgeschlossen (*Ramsar-Abkommen*), der gegenwärtig 48 Staaten beigetreten sind. (↗ Feuchtlufttiere, ↗Wasserinsekten, ↗Hygrophyten, ↗Helophyten)

Feuchtigkeit, Bez. für den Gehalt an chemisch nicht gebundenem Wasser oder Wasserdampf in einem bestimmten Volumen eines Stoffes. Die *absolute F.* oder Wasserdampfdichte gibt die absolute Menge an Wasserdampf pro Volumeneinheit an (g/m^3). Die *relative F.* ist das Verhältnis von tatsächlich vorhandener Wasserdampfmenge zu maximaler F. und wird meist in Prozent angegeben. Für bestimmte Pflanzen (↗ Hygrophyten) und Tiere (↗ Feuchtlufttiere) ist die F. ein zentraler abiotischer Faktor.

Feuchtlufttiere, Tiere, die nur bei hoher Luftfeuchtigkeit existieren können. Hierzu gehören die Amphibien (↗ Amphibia), die Schnecken und viele Bodenorganismen. Da sie keinen Verdunstungsschutz besitzen (↗ Transpiration), sind sie auf eine hohe Feuchte der umgebenden Luft angewiesen. In Abhängigkeit von der Umgebungsfeuchte nehmen sie Wasser oft auch über die Körperoberfläche auf. Gegensatz: ↗ Trockenlufttiere

Feuchtpflanzen, die ↗ Hygrophyten.

Feuchtwiesen, ↗ Wiesen, die durch jahreszeitlich oder jahrweise schwankende Grundwasserstände gekennzeichnet sind. Man unterscheidet *Streuwiesen*, die üblicherweise einmal jährlich im Herbst gemäht werden, und *Futtergraswiesen*, die zweimal jährlich gemäht werden. Zu den an dieses ↗ Biotop angepassten Arten gehören die Sumpfdotterblume, Binsen, Seggen, viele Orchideen, der Große Brachvogel, das Braunkehlchen, Frösche und zahlreiche Insekten.

Feuer, die Licht- und Wärmentwicklung bei einer rasch verlaufenden chemischen Reaktion. Als ↗ Umweltfaktor ist F. in vielen Landlebensräumen von Bedeutung. Vegetationsbrände ereignen sich unter den heutigen klimatischen Verhältnissen in allen großräumig vorkommenden Pflanzenformationen mit Ausnahme der Trocken- und Polarwüsten. Sie üben eine wichtige Funktion in der Entwicklungsdynamik terrestrischer Ökosysteme aus: Lebensgemeinschaften werden gestört oder verändert, neue Arten wandern ein, alte Arten regenerieren sich oder verschwinden. Langfristig und großräumig betrachtet befinden sich die durch Feuer beeinflussten Ökosysteme (*Feuerklimax-Gesellschaften*) in einem dynamischen Gleichgewicht. Die Menge an verbrannter Pflanzenmasse wird durch Regenerationsprozesse der ↗ Biosphäre wieder ausgeglichen. Im Gegensatz hierzu weisen Brandrodungsgebiete (↗ Brandrodung) keinen ausgeglichenen Kohlenstoffhaushalt auf.

Viele Tiere und Pflanzen (*Pyrophyten*) sind an wiederkehrende F. angepasst (*Feueradaptation*). Der heimische Schwarze Kiefernprachtkäfer, *Melanophila acuminata*, dessen Larven sich ausschließlich in angekohlten Bäumen entwickeln, vermag mit seinen in den Fühlern befindlichen Sinneszellen bestimmte, durch brennendes Holz freigesetzte Phenolverbindungen zu erkennen. Viele ↗ Kiefern benötigen zur Keimung ihrer Samen ein durch F. freigelegtes Keimbett, in dem die keimungshemmende Streu in nährstoffreiche Asche umgewandelt wurde.

Feueradaptation, ↗ Feuer.

Feueralgen, die Abt. ↗ Dinophyta.

Feuerbrand, meldepflichtige, durch *Erwinia amylovora* (↗ Erwinia) verursachte Bakterienkrankheit an Kernobstarten, besonders an Birnbaum, Apfelbaum und Quitte, aber auch an Zier- und Wildpflanzen der ↗ Rosaceae. Dabei vertrocknen erkrankte Blüten und Blätter, werden jedoch nicht abgeworfen. Das hervorstechendste Merkmal ist eine Dürre der Triebspitzen.

Feuerkorallen, *Millepora*, stark nesselnde Gatt. der ↗ Hydrozoa, die den Steinkorallen (↗ Madreporaria) sehr ähnlich sind und auch im selben Lebensraum wie diese vorkommen. F. bilden eine von Stolonen durchzogene dicke Kalkkruste. Sie sind maßgeblich am Aufbau der tropischen ↗ Korallenriffe beteiligt.

Feuerökologie, Wissenschaft von der Funktion und den Auswirkungen des ↗ Feuers in der Umwelt. Im Mittelpunkt dieses jungen, multidisziplinären Fachgebiets stehen die Wechselwirkungen zwischen *natürlichen* bzw. *anthropogenen Vegetationsbränden* und der ↗ Vegetation.

Feuerquallen, Bez. für stark nesselnde Arten der Fahnenquallen (↗ Semaeostomea).

Feuersalamander, *Salamandra salamandra*, mit durchschnittlich 19 cm Größe der größte europäische Salamander (Fam. ↗ Salamandridae). F. sind schwarz mit gelben (selten roten) Flecken oder Streifen, sie haben einen kurzen drehrunden Schwanz, Querfurchen an den Rumpfseiten und deutlich hervortretende Ohrdrüsen. F. sondern sehr giftige Hautalkaloide ab. Ihr Lebensraum sind feuchte Laub- oder Mischwälder; sie sind nachtaktiv und jagen Würmer, Schnecken und Insekten. Die Paarung findet im Sommer an Land statt, das Weibchen setzt im darauf folgenden Frühjahr 30-70 Larven in sauberen Bächen ab. In Terrarien können F. bis 50 Jahre alt werden.

Feuerwalzen, die ↗ Pyrosomida.

Feuerwanze, *Pyrrhocoris apterus*, Art der zu den Wanzen (↗ Heteroptera) gehörenden *Pentatomorpha* mit auffallend rot-schwarzer Zeichnung. Sie finden sich oft in Massen am Fuß von Linden und saugen sowohl an Samen und Früchten als auch an toten Insekten.

FFH-Richtlinie, Abk. für *Flora-Fauna-Habitat-Richtlinie* (↗ Natura 2000).

F-Generation, die ↗ Filialgeneration.

FGF, Abk. für engl. *fibroblast growth factor* (↗ Fibroblastenwachstumsfaktor).

Fibrin, ein globuläres Plasmaprotein, das durch seine Fähigkeit zur vernetzenden Polymerisation die ↗ Blutgerinnung bewirkt. Die nicht vernetzende Vorstufe des F. ist das in der Leber gebildete *Fibrinogen*, ein großes Glykoprotein, das sich aus drei Paaren von nicht identischen Polypeptidketten (Aα-, Bβ- und γ-Kette) zusammensetzt und einen geringen Kohlenhydratanteil (4 %) besitzt. Die sechs Polypeptidketten bilden drei globuläre Einheiten, die durch stabförmige Elemente miteinander verbunden sind. Bei der Umwandlung von Fibrinogen zu F. durch ↗ Thrombin werden von der Aα-Kette und der Bβ-Kette Peptide von 18 bzw. 20 Aminosäuren abgespalten. Erst danach kann eine Vernetzung der Fibrinmoleküle stattfinden.

Fibrinogen, Vorstufe des ↗ Fibrin.

Fibrinolyse, der Abbau von ↗ Fibrin zu löslichen Spaltpeptiden unter der proteolytischen Wirkung des ↗ Plasmins. F. und Fibrinbildung laufen im strömenden Blut dauernd nebeneinander ab und stehen normalerweise im Gleichgewicht. Die während der ↗ Blutgerinnung verstärkt ablaufende Fibrinbildung wird in der Schlussphase durch verstärkte F. gedrosselt. Die dazu erforderliche Aktivierung des Plasminogens zu Plasmin wird z. T. von denselben Faktoren ausgelöst wie die Fibrinbildung.

Fibroblasten, aus dem ↗ Mesoderm stammende teilungsaktive, nicht voll differenzierte Zellen bei vielen Wirbellosen, vor allem aber bei Wirbeltieren, die sich zu den verschiedensten Bindegewebszellen (z. B. Adipocyten, Chondrocyten, Osteocyten oder Fibrocyten) differenzieren können. Von F. gehen die Regeneration und der Umbau von ↗ Bindegeweben aus. Sie können als undifferenzierte Zellgruppe zeitlebens erhalten bleiben, aber auch auf Außenreize hin (Verletzungen) durch Entdifferenzierung aus differenzierten Bindegewebszellen entstehen. Da F. nicht in Geweben, sondern solitär wachsen und zudem kaum differenziert sind, ist ihre Kultur relativ leicht. (↗ Altern, ↗ Entzündungsreaktion, ↗ Fibroblastenwachstumsfaktor)

Fibroblastenwachstumsfaktor, Abk. *FGF* für engl. *fibroblast growth factor*, Bez. für eine Gruppe ↗ Heparin bindender Wachstumsfaktoren, der sieben nah verwandte monomere Proteine mit sehr ähnlicher Genstruktur angehören. Sie wirken mitogen (Zellteilung anregend) auf viele mesodermale und neuroektodermale Zellen und fördern die Differenzierung einiger dieser Zellen, außerdem sind sie maßgeblich an der Blutgefäßbildung (Angiogenese) beteiligt. Die bekanntesten Vertreter sind der *basische FGF* und der *saure FGF*, die vor allem bei ↗ Entzündungsreaktionen, Verletzungen und tumorösen Prozessen freigesetzt werden.

Fibroin, *Seidenfibroin*, ein Skleroprotein, das die mechanische Festigkeit z. B. von Spinnweben und von Seide ausmacht. F., dessen Kette in Faltblattstruktur vorliegen, enthält etwa 26 % ↗ Alanin, 44 % ↗ Glycin und 13 % ↗ Serin, wobei die Aminosäuresequenz Ser-Gly-Ala-Gly-Ala-Gly besonders häufig vertreten ist.

Fibronectin, ein bei allen Wirbeltieren vorkommendes ↗ Glykoprotein, das als extrazelluläres Adhäsionsprotein zur Zell-Matrix-Verbindung beiträgt. F. ist ein Dimer aus zwei sehr großen Untereinheiten, die in der Nähe des C-Terminus durch Disulfidbrücken verbunden sind. Die beiden Polypeptidketten sind zwar sehr ähnlich, jedoch nicht identisch. Sie stammen von demselben Gen ab (ebenso wie die verschiedenen Isoformen des F.), wobei die Unterschiede in der Sequenz auf ein unterschiedliches ↗ Spleißen zurückzuführen sind. Vom F. existieren mehrere Formen (*Isoformen*). Das lösliche *Plasma-F.* zirkuliert im Blut und anderen Körperflüssigkeiten und übt wahrscheinlich Funktionen bei der Wundheilung, Blutgerinnung und Phagocytose aus. Andere F.-Formen finden sich in der extrazellulären Matrix als unlösliche *F.-Filamente*, in denen die Dimere untereinander durch weitere Disulfidbrücken verknüpft sind. Für die Bildung der Filamente sind offenbar weitere Proteine notwendig. Neben der Anheftung von Zellen an die Matrix dirigiert F. im Wirbeltierembryo auch die Wanderung der Zellen, indem es abwechselnd an Integrin (↗ Adhäsionsmoleküle) bindet und von diesem dissoziiert.

Fichte, *Picea*, Gatt. der ↗ Pinaceae mit ca. 50 Arten. Die meist ausgeprägt monopodial wachsenden Bäume besitzen schraubig angeordnete Nadeln. Die *Gemeine Fichte* oder *Rotfichte*, *Picea abies*, ist in Nord- und Mitteleuropa der mit am weitesten verbreitete Nadelbaum. Sie liefert ein mittelhartes Holz. Die *Sitkafichte*, *Picea sitchensis*, wird in den USA und verschiedenen europäischen Ländern forstlich angebaut.

Fichtenkreuzschnabel, Art der Finken (↗ Fringillidae).

Fick, *Adolf*, deutscher Mediziner ✳ 3.11.1829 Kassel, † 21.8.1901 Blankenberge (Belgien); ab 1862 Prof. in Zürich, 1868-99 in Würzburg: F. verfasste zahlreiche Arbeiten auf den Gebieten der Muskelphysiologie, der physiologischen Optik und der Kreislaufphysiologie (1872 erste exakte Beschreibung des Herzminutenvolumens); er lieferte ferner eine quantitative Beschreibung der Bedingungen bei der ↗ Diffusion (*Fick'sche Diffusionsgesetze*, 1855).

Ficus, Gatt. der ↗ Moraceae.

Fieber, meist infektbedingte Erhöhung der Körperkerntemperatur (↗ Körpertemperatur) über den Normalwert (37-38 °C rektal). Neben Infektio-

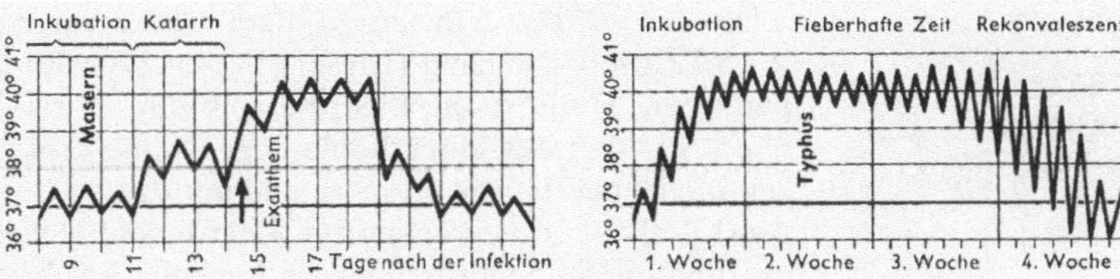

Fieber   Die typischen Fieberkurven bei Masern (links) und Typhus (rechts)

nen können auch nicht infektiöse Erkrankungen und andere Faktoren (*Durstfieber* bei Säuglingen, Lampenfieber) F. auslösen. F. ist der Ausdruck einer Sollwert-Verstellung im Temperatur-Regelzentrum (↗ Temperaturregulation) des ↗ Hypothalamus. Ursachen für die Temperaturerhöhung sind bestimmte Proteine, so genannte *Pyrogene* (*Fieberstoffe*). Die exogenen Pyrogene von Infektionserregern stimulieren die Bildung endogener Pyrogene, z. B. das Interleukin 1β der Makrophagen.

Man unterscheidet drei charakteristische Fiebermuster: Beim *kontinuierlichen Fieber* bleibt die Körpertemperatur über 24 Stunden hinweg erhöht (z. B. bei ↗ Typhus und ↗ Fleckfieber). Bei *remittierendem Fieber* ist die Körpertemperatur über 24 Stunden unnormal, wobei Schwankungen um mehr als 1 °C auftreten (z. B. bei ↗ Sepsis und ↗ Tuberkulose). Bei *Wechselfieber* wechseln Zeiträume mit normaler Körpertemperatur und erneuten Fieberschüben (z. B. bei nicht ausgeheilten Infektionen, Nierenbeckenentzündung, ↗ Malaria).

F. ist abends i. Allg. höher als morgens. Bei hohen Temperaturen und nach starkem Flüssigkeitsverlust kann es, besonders bei schnellem Fieberanstieg bei Säuglingen und Kleinkindern, zu *Fieberkrämpfen* kommen. Besonders bei Kindern können auch Fieberdilirien auftreten.

F. ist im Rahmen von ↗ Entzündungsreaktionen ein sinnvoller Prozess, der die Abwehr- und Heilungsprozesse beschleunigt. Bei hohem F. kann eine Fiebersenkung durch physikalische Maßnahmen (z. B. Wadenwickel) oder durch die Gabe Fieber senkender Mittel erreicht werden.

Fiebermücken, die Gatt. ↗ Anopheles.

Fiederblatt, ein aus mehreren getrennten Blättchen bestehendes ↗ Blatt.

Fiederblättrige Nacktsamer, die Unterabt. ↗ Cycadophytina.

Fiederkiemer, Gruppe der Muscheln (↗ Bivalvia).

Fiederpalmen, ↗ Arecaceae.

Filament, 1) der ↗ Staubfaden einer ↗ Blüte.

2) der fädige Abschnitt einer Bakteriengeißel (↗ Flagellen).

3) bei den ↗ Cyanobakterien die Gesamtheit aus Zellfaden und Gallertscheide.

4) in der Cytologie Sammelbez. für eine Reihe submikroskopischer (Durchmesser 1-50 nm) fadenförmiger, nach Funktion und Zusammensetzung aber heterogener Strukturelemente von Zellen.

Filament bildende Bakterien,   Bakteriengruppen, deren kettenförmig angeordnete Zellen lange Fäden bilden, die noch von Scheiden oder Gallerte umhüllt sein können, z. B. ↗ Scheidenbakterien, verschiedene gleitende Bakterien und ↗ Actinomyceten sowie viele ↗ Cyanobakterien.

Filariose, *Filariasis*, Sammelbez. für den Befall von Wirbeltieren und Mensch mit parasitischen Fadenwürmern (↗ Nematoda). F. sind überwiegend tropisch verbreitet und gekennzeichnet durch a) das Vorhandensein ovovivipar und vivipar entstandener *Mikrofilarien* im Blut oder Gewebe des Endwirts und b) die Übertragung durch Arthropoden (Insekten, Milben, Zecken). Die Inkubationszeit ist sehr unterschiedlich, beträgt aber meist mehrere Monate. Die Mikrofilarien wandern oft tagesperiodisch und synchron mit der tageszeitlichen Stechaktivität des Überträgers ins periphere Blut. Die erwachsenen *Filarien* kommen in der Haut, in Lymphgefäßen oder im Körper vor und verursachen entzündliche Schwellungen (Loiasis), Stauungen (z. B. Elephantiasis) und Knoten.

Filialgeneration, Abk. *F, Tochtergeneration, F-Generation*, Bez. für die Nachkommen, die aus einer Kreuzung hervorgehen und sich stets auf das Elternpaar der ↗ Parentalgeneration beziehen. Werden die Nachkommen über mehrere Generationen hinweg verfolgt, werden die einzelnen F. als F_1, F_2, usw. bezeichnet.

Filibranchia, *Fadenkiemen*, Form der ↗ Kiemen.

Filicopsida, *Farne*, die Klasse ↗ Pteridopsida.

Filospermoida,   Gruppe   der   Kiefermäulchen (↗ Gnathostomulida).

Filoviren, Fam. von ↗ RNA-Viren mit einer negativen ssRNS, einem helikalen Nucleocapsid und einer Lipoproteinhülle. Zu dieser Fam. gehören die Gatt. „Marburg-like viruses" und „Ebola-like viruses" (↗ Ebola-Virus). Die ↗ Viren verursachen hämorrhagisches Fieber mit oft tödlichem Ausgang. Zu den Symptomen gehören Schüttelfrost, Blutungen, Muskelschmerzen, Exantheme, Erbrechen und Apathie (s. Abb. auf Seite 476).

Filtrierer, Organismen, die mit Hilfe spezieller Einrichtungen Nahrung aus dem Wasser filtrieren. Als Hilfsmittel dienen Filter-, Reusen- und Seiheinrichtungen, z. B. die Kiemenfilter der Blaufelchen,

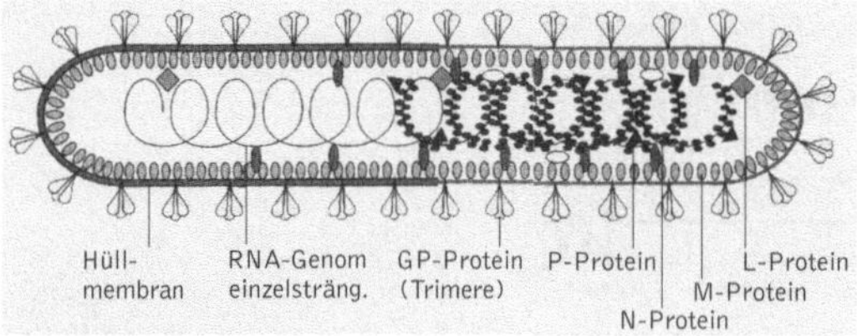

Filoviren Aufbau eines Viruspartikels (Ebola-Virus). Die einzelsträngige RNA interagiert mit den N-, P- und L-Proteinen zu einem helikalen Nucleocapsid. Letzteres ist von einer Hüllmembran umgeben, in welche die GP-Proteine eingelagert sind. Das M-Protein ist mit der Innenseite der Membran assoziiert

die Barten der Bartenwale und die Seihschnäbel der Enten und Flamingos.

Filzlaus, *Schamlaus*, *Phthirus pubis*, Art der Läuse (⌐ Anoplura), die als Blut saugender Ektoparasit des Menschen weltweit verbreitet ist. Die F. findet sich bevorzugt in den Schamhaaren, aber auch in den Achselhaaren sowie im Bart und in den Augenbrauen. Sie ist etwa 1,5 mm groß, mit kräftigen Krallen an den Beinen. Sekrete, die beim Blutsaugen aus Speicheldrüsen in die Wunde injiziert werden, um die Blutgerinnung herabzusetzen, verursachen einen starken Juckreiz sowie eine graublaue Verfärbung der Haut. Die Übertragung der F. ist praktisch nur durch direkten Körperkontakt möglich, da sie vom Körper entfernt maximal 10-12 Stunden überleben können. (⌐ Parasitismus)

Fimbrien, ⌐ Pili.

Fingerabdruck, ⌐ Hautleistenmuster; ⌐ genetischer Fingerabdruck.

Fingerhut, *Digitalis*, Gatt. der ⌐ Scrophulariaceae mit Verbreitung in Eurasien und im Mittelmeergebiet. In Mitteleuropa heimisch ist der bis 120 cm hohe *Rote Fingerhut*, *Digitalis purpurea*. Alle *Digitalis*-Arten sind wegen ihres Gehaltes an ⌐ Digitalis-Glykosiden sehr giftig. (⌐ Heilpflanzen)

Fingerkraut, Gatt. der ⌐ Rosaceae.

Fingertier, *Daubentonia madagascariensis*, *Aye-Aye*, einzige rezente Art der gleichnamigen, zu den Lemuren (⌐ Lemuridae) Madagaskars gehörenden Fam. Sie sind 35-45 cm körperlang mit etwa 50 cm langem buschigem Schwanz und dunkelbraunem bis schwarzem Fell. F. haben kräftige, nagetierähnliche Schneidezähne, die ständig nachwachsen und einen besonders langen dünnen Mittelfinger mit Kralle (Name), mit dem sie an ihre Nahrung (Holz bewohnende Käferlarven, Fruchtmark, Bambusmark) gelangen. Die nachtaktiven Tiere sind vom Aussterben bedroht.

Finken, die Fam. ⌐ Fringillidae.

Finne, 1) bei Walen (⌐ Cetacea) Bez. für die paarigen Vorderextremitäten (Brustfinnen) und die unpaare Hinterextremität (Rückenfinne).

2) andere Bez. für das zweite Larvenstadium (Cysticercus) bei Bandwürmern (⌐ Cestoda).

Finsen, *Niels Ryberg*, dän. Mediziner, * 15.12.1860 Tórshavn (Färöer), † 24.9.1904 Kopenhagen. F. führte die Lichttherapie mit UV-reichen Strahlen aus einer Kohle-Bogenlampe (*Finsen-Licht*) bei Hauttuberkulose und mit (langwelligem) Rotlicht gegen Pocken ein. Er gründete 1896 ein Institut für Lichttherapie in Kopenhagen. Im Jahr 1903 erhielt er den Nobelpreis für Physiologie oder Medizin.

Finsterspinne, Art der Fam. ⌐ Amaurobiidae.

Fischadler, *Pandion haliaetus*, Art der Greifvögel (⌐ Falconiformes), gut erkennbar am weißen Kopf und der weißen Unterseite sowie den gewinkelten Flügeln. Sein Flug ist möwenartig, mit langsamen, flachen Flügelschlägen. Dabei rüttelt er häufig und stürzt dann mit vorgestreckten Füßen auf die Beute (Fische). F. leben in Waldlandschaften an Gewässern. Ansehnliche Bestände gibt es in Deutschland nur in wenigen Regionen, so z. B. im Müritz-Gebiet.

Fischbandwurm, *Diphyllobotrium latum*, mit bis zu 20 m Länge und 3000-4000 Proglottiden der längste Bandwurm (⌐ Cestoda) überhaupt. Die

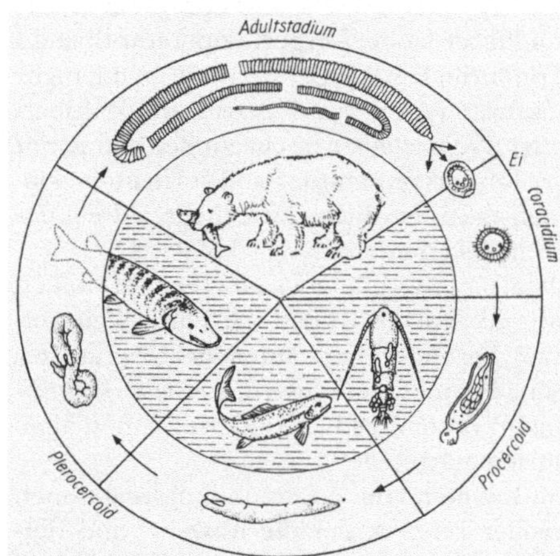

Fischbandwurm Entwicklungszyklus des Fischbandwurms (Diphyllobothrium latum). Der innere Kreis zeigt die Wirte, der äußere die jeweiligen Entwicklungsstadien

adulten Tiere leben im Darm Fisch fressender Säugetiere und des Menschen, wo der F. sich mit den zwei Sauggruben an der Darmwand festheftet. Die Eier gelangen über den Kot des Wirts ins Freie; wenn sie in Süß- oder Brackwasser gelangen, beginnt die Entwicklung zur Larve. Nach einigen Tagen schlüpft ein mittels Cilien schwimmfähiges *Coracidium*, das als typische Hakenlarve der Bandwürmer eine *Oncosphaera* enthält. Das Coracidium wird von einem Kleinkrebs (erster Zwischenwirt) aufgenommen, in dessen Darm die Oncosphaera frei wird. Sie bohrt sich durch die Darmwand und entwickelt sich in der Leibeshöhle zum *Procercoid*. Nachdem der Krebs von einem Fisch (Barsch, zweiter Zwischenwirt) gefressen wurde, wächst das Procercoid in dessen Leber oder in der Muskulatur zum *Plerocercoid* heran, das die beiden Sauggruben und das Nervensystem ausbildet. Wird der Fisch von einem Säugetier (Endwirt) gefressen, heftet sich der Scolex an die Darmwand und beginnt, Proglottiden zu erzeugen. Wird der Fisch hingegen von einem Raubfisch (Hecht) gefressen, so reichern sich in diesem als drittem Zwischenwirt die Plerocercoide an.

Fische, *Pisces*, Sammelbez. für alle primär im Wasser lebenden Wirbeltiere, die – bis auf wenige Sonderformen – zeitlebens über Kiemen atmen, sich durch Flossen fortbewegen und bei denen durchweg Kopf-, Rumpf- und Schwanzteil einen einheitlichen, meist stromlinienförmigen Körper bilden. F. stehen als Basisgruppe den durch Lungen atmenden und bis auf wenige Ausnahmen vierfüßigen Landwirbeltieren (↗ Tetrapoda) gegenüber. Fische sind eine nicht monophyletische Gruppe, die folgende, der Reihe nach abzweigende Linien umfasst: die Inger (↗ Myxinoidea), die Neunaugen (↗ Petromyzonta), die Knorpelfische (↗ Chondrichthyes) und die ebenfalls paraphyletischen Knochenfische, aus denen nach Abzweig der Strahlenflosser (↗ Actinopterygii), Lungenfische (↗ Dipnoi) und Quastenflosser (*Latimeria*) die Tetrapoda hervorgingen. Weitere fossile Gruppen sind die mittlerweile weiter aufgeteilten Schalenhäuter (*Ostracodermata*) sowie die Plattenhäuter (↗ Placodermi) und die Stachelhaie (↗ Acanthodii).

Fischegel, *Piscicola geometra*, Art der Borstenlosen Egel (↗ Euhirudinea), von drehrunder Gestalt mit deutlich abgesetzten Saugnäpfen. Der F. lebt temporär auf Süßwasserfischen und kann relativ große Blutmengen aufnehmen. Starker Befall führt den Tod der Fische herbei. Der F. zeigt einen physiologischen Farbwechsel durch vier Typen von Chromatophoren, die weiße, gelbliche, braune und schwarze Pigmente enthalten.

Fischer, *Edmond Henri*, amerikan. Biochemiker, ∗ 6.4.1920 Shanghai; ab 1961 Prof. für Biochemie an der University of Washington in Seattle. F. verfasste bedeutende Arbeiten zur Regulation von Stoffwechselvorgängen durch Phosphatasen und Kinasen. Für die Entdeckung der reversiblen Phosphorylierung von Proteinen erhielt er 1992 zusammen mit E.G. ↗ Krebs den Nobelpreis für Physiologie oder Medizin.

Fischer, *Emil Hermann*, deutscher Chemiker, ∗ 9.10.1852 Euskirchen, † 15.7.1919 Berlin; ab 1879 Prof. in München, 1881 in Erlangen, 1885 in Würzburg, seit 1892 in Berlin. F. ist Mitbegründer der Biochemie und lieferte bedeutende Arbeiten zur Chemie der Kohlenhydrate, Aminosäuren, Polypeptide, Proteine, Enzyme, Depside, Purine, Hydrazine und Gerbstoffe. 1891 führte er den Glyce-

rinaldehyd als Bezugssubstanz zur Festlegung der Konfiguration bei Kohlenhydraten ein und entwickelte im gleichen Jahr die *Fischer-Projektionsformel* zur Wiedergabe der Konfiguration ↗ asymmetrischer Kohlenstoffatome. 1894 formulierte er das Schlüssel-Schloss-Prinzip der Enzym-Substrat-Reaktion (Stereospezifität). Er entdeckte zusammen mit J. von Mering (1849-1908) die narkotisierende Wirkung von Barbituraten und synthetisierte 1904 das Schlafmittel Veronal. Im Jahr 1902 erhielt er für seine bahnbrechenden Arbeiten über Kohlenhydrate und Purine den Nobelpreis für Chemie.

Fischerei, das Fangen von Fischen sowie das Zutagefördern von anderen nutzbaren Wassertieren (Wale, Krebstiere, Muscheln, Austern, Schwämme, Korallen), Pflanzen und Pflanzenresten. (↗ Meer, ↗ See, ↗ Fließgewässer, ↗ Fischregionen, ↗ Aquakultur)

Fischer-Projektion, von E.H. ↗ Fischer 1891 entwickelte Projektionsformel, welche die Konfiguration ↗ asymmetrischer Kohlenstoffatome wiedergibt. Hierbei wird ein asymmetrisches C-Atom in die Papierebene gemalt und so ausgerichtet, dass die nach hinten gerichteten Bindungen oben bzw. unten durch vertikale Striche angedeutet werden, während die nach vorne stehenden Bindungen durch horizontale Striche gekennzeichnet werden.

Fischregionen, Abschnitte von ↗ Fließgewässern mit kennzeichnenden Fischarten (*Leitfischarten*). Die mitteleuropäischen Fließgewässer werden horizontal in Regionen eingeteilt, die nochmals untergliedert sind: Die *Salmonidenregion*, die dem Oberlauf eines Fließgewässers (*Rhithral* oder Bergbach) entspricht, wird unterteilt in eine obere und untere ↗ Forellenregion sowie eine ↗ Äschenregion. Die *Cyprinidenregion* des Unterlaufs (*Potamal* oder Tieflandfluss) setzt sich aus der ↗ Barbenregion und der ↗ Brachsenregion zusammen. Im Mündungsgebiet befindet sich die *Brackwasserregion* oder *Kaulbarsch-Flunder-Region* (↗ Brackwasser).

Fischsaurier, die ↗ Ichthyosauria.

Fischsterben, Massensterben von ↗ Fischen, das meist auf Wasserverschmutzungen zurückzuführen ist, jedoch auch natürlich bedingt sein kann. Die Einleitung organischer Stoffe (↗ Eutrophierung) in Gewässer führt häufig zu Sauerstoffmangel, der mit einem F. einhergeht. Weitere Faktoren sind Giftstoffe aus Abwässern von Fabriken und Erzbergwerken sowie Übersäuerung (↗ pH-Wert, ↗ saurer Regen). Natürliche F. werden u. a. verursacht durch Giftstoffe der „Killeralge", *Chrysochromulina polylepis* (↗ Prymnesiales), und ozeanische Arten der Dinoflagellaten (↗ Dinophyta).

FISH, Abk. für Fluoreszenz-in-situ-Hybridisierung (↗ In-situ-Hybridisierung).

Fissiparie, Form der vegetativen Vermehrung (↗ Fortpflanzung) durch Teilung des ganzen Tieres;

F. kommt z. B. bei einigen Stachelhäutern (↗ Echinodermata) vor.

Fissipedia, die Landraubtiere (↗ Carnivora).

Fitis, Art der ↗ Laubsänger.

Fitness, im Sinne ↗ Darwins der Beitrag, den ein Individuum durch eigene Fortpflanzung oder Unterstützung Verwandter zum Genbestand der Folgegenerationen leistet (↗ Evolution).

Fixierung, die Konservierung biologischer Proben für histologische oder cytologische Untersuchungen (*Dauerpräparate*, ↗ Mikroskopie). Dabei werden Proteine und Lipide durch physikalische (Hitze, Kälte) und chemische Prozesse (Behandlung mit Aldehyden, Säuren, Schwermetallen) so denaturiert, dass ihre Strukturen weitestgehend erhalten bleiben. Gleichzeitig werden Zellen und Gewebe auch für Farbstoffe durchlässig. Als F.-Mittel haben sich neben Ethanol oder Formalin auch Gemische verschiedener Substanzen bewährt (z. B. *Carnoysches Gemisch*: Alkohol-Chloroform-Eisessig im Verhältnis 6:3:1).

Flächenstilllegung, ↗ Brache.

Flächenversiegelung, Bedeckung der Erdoberfläche durch verschiedene Materialien, sodass weder Gasaustausch möglich ist, noch Regenwasser versickern kann. Hauptursachen sind Wohnungs- und Straßenbau sowie Industrieansiedlungen. F. beeinträchtigt insbesondere die Funktion des ↗ Bodens als Filter und Speicher von Niederschlagswasser.

Flachmoor, *Niedermoor*, ↗ Moor.

Flachs, der ↗ Lein.

Flachwurzler, Pflanzen, deren Wurzelsystem (↗ Wurzel) flach unter der Bodenoberfläche ausgebreitet ist, wie z. B. bei der ↗ Fichte und vielen ↗ Sukkulenten der Halbwüsten.

Flagellata, *Geißeltierchen*, *Mastigophora*, formenreiche, nicht monophyletische Gruppe der Einzeller, zu der ca. 6000 Arten gehören, die als Fortbewegungsorganell eine oder mehrere Geißeln tragen. Diese kann bei vielen, vor allem autotrophen Arten bei vorübergehender Trockenheit eingeschmolzen werden (*Palmellastadium*), wobei Stoffwechsel- und Teilungsaktivität der Organismen bestehen bleiben.

Die Fortpflanzung ist meist eine Längsteilung, selten multiple Teilung; geschlechtliche Fortpflanzung ist nur von wenigen Gruppen bekannt. Da es sowohl fotoautotrophe als auch heterotrophe F. gibt, verläuft die Grenze zwischen Tier- und Pflanzenreich durch diese (künstliche) Gruppe. Zoologische und botanische Systematik stimmen in der Klassifizierung der F. nicht überein. In der phylogenetischen Systematik existiert die Gruppe der F. überhaupt nicht mehr.

Flagellen, Einzahl *Flagellum*, *Geißeln*,

1) *Bakteriengeißel* Bez. für die Fortbewegungsorganellen der meisten frei schwimmenden Bakteri-

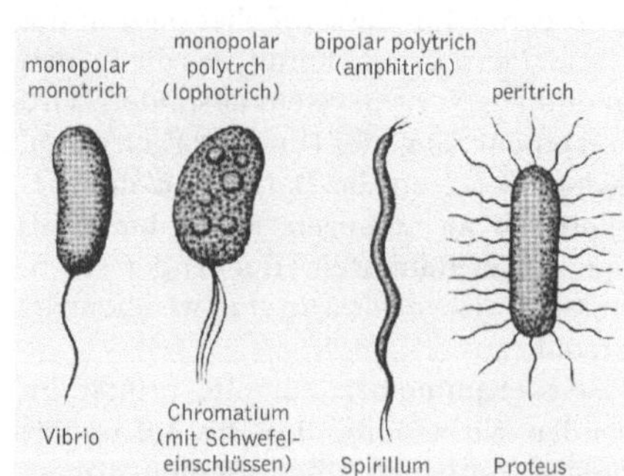

Flagellen   Anordnung von Bakteriengeißeln

en. F. sind extrazelluläre Anhängsel, die in der Plasmamembran und Zellwand verankert und somit nicht wie eukaryotische F. von der Plasmamembran umgeben sind. Bakterienflagellen sind in drei morphologische und funktionelle Abschnitte gegliedert, die als *Geißelfilament*, *Geißelhaken* und *basaler Verankerungskomplex* bezeichnet werden. Das Geißelfilament, mit ca. 20 µm Länge um ein Vielfaches länger als die Bakterienzelle selbst, besteht aus einem einzigen Protein (Flagellin), dessen globuläre Monomere zu einer röhrenförmigen Quartärstruktur von nur ca. 20 nm Durchmesser zusammengelagert sind. Ein Komplex aus bei gramnegativen vier und bei grampositiven Bakterien zwei Ringen globulärer Proteine sorgt für die Verankerung des extrazellulären F. in der Bakterienzellwand und -membran. Der äußere Komplex aus ein oder zwei Ringen ist frei drehbar in eine entsprechende Öffnung der mehrschichtigen Zellwand eingefügt. Der mittlere Ring (*Stator- oder S-Ring*) besteht aus einem Kranz integraler Proteine der Bakterienmembran und bildet in dieser einen Kanal für den Durchtritt der Flagellenachse, während der endständige Ring (*Rotor- oder R-Ring*) das Ende der Flagellenachse bildet. Dieser basale Verankerungskomplex ist zugleich der Motor für die rotierende Bewegung der F., die an eine drehende Schiffsschraube erinnert. Die Rotation kommt durch einen einwärts gerichteten *Protonenfluss* zustande, wobei der erforderliche Protonengradient durch Protonenpumpen erzeugt wird. Bakterien wie *Escherichia coli* und *Salmonella typhimurium* besitzen linksgängige F., wohingegen bei *Rhizobium meliloti* die F. rechtsgängig sind. Bei *Salmonella typhimurium* rotieren die F. bis 20000-mal pro Minute entgegen dem Uhrzeigersinn und können Geschwindigkeiten bis zu 30 µm pro Sekunde erreichen (*Schubgeißel*). Bei Escherichia coli machen die F. 3600 Umdrehungen pro Minute. Rotieren die Geißeln hingegen im Uhrzeigersinn, kommt es zu einer Art Taumelbewegung auf der Stelle. Auf diese Weise ist ein Richtungswechsel möglich (↗ Chemotaxis).

2) Bez. für die Organellen, die für die Fortbewegung von eukaryotischen Zellen (Protozoen, Algen) und Spermien verantwortlich sind. Sie sind im Unterschied zu ↗ Cilien i. d. R. deutlich länger als die Zellen und kommen in geringerer Anzahl vor. Die F. eukaryotischer Zellen sind von der Plasmamembran umgeben und weisen im Querschnitt ein typisches 9+2-Muster von neun peripheren Doppeltubuli und zwei zentralen Einzeltubuli auf (↗ Axonem). Die Bewegung von F. wird durch aneinander vorbeigleitende Mikrotubuli und der damit verbundenen Biegung im Innern hervorgerufen. An diesem Prozess sind eine Reihe Hilfsproteine (z. B. *Dyneine*) beteiligt, die für die Quervernetzung der Mikrotubuli und für die Krafterzeugung der Biegung sorgen (↗ Geißelschlag).

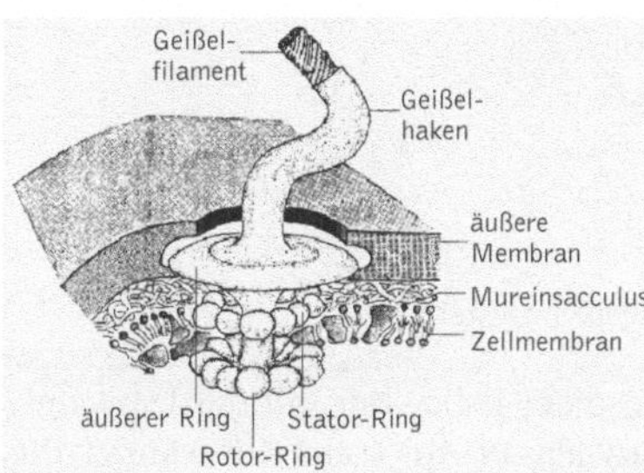

Flagellen   Modell des Flagellenmotors eines gramnegativen Bakteriums

Flagellin, ↗ Protein, aus dem der Faden (↗ Filament) der Bakteriengeißel (↗ Flagellen) aufgebaut ist. Es ist in mehreren Reihen so angeordnet, dass ein Hohlzylinder ausgebildet wird.

Flamingos, die Fam. ↗ Phoenicopteridae.

Flaschenbovist, Art der Stäublinge (↗ Lycoperdales).

Flaschenhalseffekt, engl. *bottleneck effect*, die ↗ Gendrift, die sich aus der Reduzierung einer ↗ Population ergibt, im typischen Fall durch eine Naturkatastrophe, in deren Folge die überlebende Population nicht mehr genetisch repräsentativ für die Ausgangspopulation ist. Ist eine Population über einen längeren Zeitraum von einem F. betroffen, so verliert sie einen Großteil ihrer genetischen Variation. Durch die Gendrift gehen Gene aus dem ↗ Genpool der Ursprungspopulation verloren, und der Genpool der resultierenden Population kann sich, je nach der genetischen Variation der Ursprungspopulation, erheblich vom früheren Genpool unterscheiden. Populationsgenetisch können solche Populationen durch ihren hohen Grad an ↗ Homozygotie erkannt werden. (↗ Gründereffekt)

Flavin, eine Verbindung, die das 7,8-Dimethylisoalloxazinringsystem enthält und Grundsubstanz biochemisch wichtiger (meist gelber) lichtempfindlicher Naturstoffe ist: ↗ Riboflavin, ↗ Flavin-Adenin-Dinucleotid, ↗ Flavin-Mononucleotid, ↗ Flavoproteine.

Flavin   Flavinringsystem

Flavin-Adenin-Dinucleotid, Abk. *FAD* (oxidierte Form) bzw. *FADH₂* (reduzierte Form), *Riboflavinadenosindiphosphat*, ein Flavinnucleotid, das als prosthetische Gruppe (↗ Coenzyme) zahlreicher Flavinenzyme (↗ Flavoproteine) fungiert, bei denen meist zwei Reduktionsäquivalente ausgetauscht werden, in manchen Fällen aber auch nur ein Reduktionsäquivalent. Als reversibles Redoxsystem der Flavinnucleotide wirkt das Isoalloxazinsystem, das Grundgerüst des Riboflavins. Wasserstoff wird an den N-Atomen 1 und 10 unter Bildung der farblosen Dihydroverbindung angelagert, während oxidiertes FAD gelb ist.

Bei der *Flavinkatalyse* kommen drei Oxidationsstufen vor, die jeweils die kationische, neutrale und anionische Form umfassen, wodurch neun Spezies möglich sind. Flavosemichinon ist die intermediäre Radikalform der Flavinoxidation. Diese Form steht im Gleichgewicht mit Flavochinon und Flavohydrochinon: Flavochinon ⇄ Flavosemichinon (halbreduzierte Form) ⇄ Flavohydrochinon (reduziert). An einigen Katalysemechanismen ist nur ein Elektron beteiligt, d. h. Flavochinon wird in Semichinon bzw. Semichinon in Hydrochinon überführt. Bei einem 2-Elektronen-Mechanismus pendelt das Flavin zwischen Chinon- und Hydrochinonzustand hin und her. Biosynthetisch wird FAD aus Flavinmononucleotid durch die FAD-Pyrophosphorylase gebildet, nach der Gleichung: FMN + ATP ⇄ FAD + PP$_i$ (PP$_i$ ist Pyrophosphat).

Flavinenzyme, ↗ Flavoproteine.

Flavin-Mononucleotid, Abk. *FMN* (oxidierte Form) bzw. *FMNH₂* (reduzierte Form), *Riboflavin-5'-phosphat*, ein Flavinnucleotid, das die prosthetische Gruppe (↗ Coenzyme) verschiedener Flavinenzyme (↗ Flavoproteine) ist, u. a. der NAD-Dehydrogenase. FMN besteht aus 6,7-Dimethylisoalloxazin (Flavin) und einem mit N9 verknüpften Ribitolrest. Analog zum ↗ Flavin-Adenin-Dinucleotid werden meist zwei Reduktionsäquivalente auf FMN – manchmal aber auch nur eines – über eine halbreduzierte Semichinon-Form übertragen (s. Abb. auf Seite 480).

Flavinnucleotide, die prosthetischen Gruppen der Flavinenzyme (↗ Flavoproteine); F. sind ↗ Flavin-Adenin-Dinucleotid und ↗ Flavin-Mononucleotid.

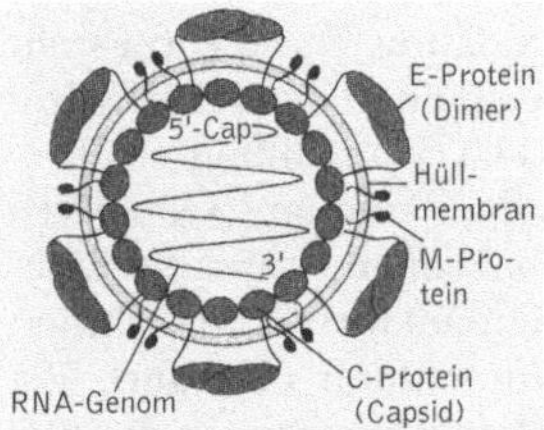

Flavin-Mononucleotid

Flaviviren, artenreiche Fam. der ↗ RNA-Viren, deren sphärisch umhüllte Virionen eine einzelsträngige Plusstrang-RNA enthalten. Die Fam. umfasst die Gatt. *Flavivirus*, *Pestivirus* und *Hepacivirus*. Wichtige Krankheitserreger der Gatt. *Flavivirus* sind das ↗ Gelbfieber-Virus, das Dengue-Virus (↗ Dengue-Fieber) und das FSME-Virus (↗ Frühsommer-Meningoencephalitis). Zur Gatt. *Hepaticivirus* gehören das Hepatitis-Virus C und das Hepatitis-Virus G (↗ Hepatitis). Zur Gatt. *Pestivirus* gehören bedeutende Erreger von Tierseuchen, z. B. das Hog-cholera-Virus (↗ Schweinepest). Viele ↗ Viren der Gatt. *Flavivirus* werden durch Arthropoden (Stechmücken oder Zecken) übertragen.

Flaviviren Aufbau eines Viruspartikels (FSME-Virus). Die C-Proteine bilden das ikosaedrische Capsid, das von einer Hüllmembran umgeben ist, in welche die als Homodimere vorliegenden E-Proteine und die M-Proteine eingelagert sind. Das RNA-Genom ist mit der Capsidinnenseite assoziiert

Flavobacterium, *Flavobakterien*, Gatt. des Astes ↗ Bacteroides/Flavobacteria der *Bacteria* (↗ Bakterien). F. sind aerobe, unbewegliche Bakterien mit fast kokkenförmigen bis schlank-stäbchenförmigen, unbeweglichen Zellen. Häufig sind sie gelb bis orange pigmentiert. Als Kohlenstoff- und Energiequelle verwenden sie Glucose und wenige andere Kohlenstoffverbindungen. F.-Arten kommen weit verbreitet im Boden (↗ Bodenbakterien), Süß- und Salzwasser, im Belebtschlamm von ↗ Kläranlagen und in Nahrungsmitteln vor. Die Arten sind selten pathogen, bis auf die Art *F. meningosepticum*, die möglicherweise Kleinkinder-↗ Meningitis verursachen kann.

Flavodoxin, ein ↗ Flavoprotein.

Flavone, ↗ Flavonoide.

Flavonoide, eine wichtige Gruppe sekundärer Pflanzenstoffe (↗ pflanzliche Phenole), die neben den ↗ Carotinoiden vor allem als Blütenpigmente und als UV-Schutz fungieren sowie bei der Abwehr von phytopathogenen Pilzen von Bedeutung sind (↗ Phytoalexine). Sie leiten sich vom *Flavan* ($C_6C_3C_6$-Grundkörper) ab und kommen in den meisten Pflanzen i. d. R. als Glykoside vor. Wichtige F. sind neben den Isoflavonoiden, zu denen die Phytoalexine zählen, die Anthocyanidine (↗ Anthocyane), die Blüten und anderen Pflanzenorganen ihre charakteristische rote und blaue Farbe verleihen. Gelbe Farben werden bei einer Reihe von Pflanzenarten durch *Flavone* hervorgerufen (↗ Catechine).

Flavonoide Flavonringsystem

Die Biosynthese der F. beginnt mit der Umwandlung von Phenylalanin in trans-Zimtsäure, die durch das licht- und stressregulierte Enzym *Phenylalanin-Ammoniak-Lyase (PAL)* katalysiert wird. PAL zählt zu den am besten untersuchten Enzymen des pflanzlichen Sekundärstoffwechsels. An der Lichtregulation sind ↗ Phytochrome beteiligt. Sie erfolgt über einen Anstieg des PAL-Transkriptes. Eine weitere Schlüsselstellung kommt dem Enzym *Chalkon-Synthase* (CHS) zu, das ähnlich wie PAL transkriptionell reguliert wird.

Flavoproteine, *Flavinenzyme*, *gelbe Enzyme*, eine Gruppe von über 70 in Tieren, Pflanzen und Mikroorganismen vorkommenden ↗ Oxidoreduktasen, die als Wirkgruppe meist ↗ Flavin-Adenin-Dinucleotid (FAD), seltener ↗ Flavin-Mononucleotid (FMN) in fester Bindung enthalten. Diese ↗ Coenzyme werden reversibel reduziert, entweder durch den Wasserstofftransfer von einem Substrat (z. B. bei Succinat-Dehydrogenase) oder von NAD(P)H. Die gelbe Farbe des oxidierten Riboflavinanteils gab dieser Enzymgruppe den Namen „gelbe Enzyme". Da sowohl die Eigenschaften des FAD und FMN bei der Proteinbindung sehr verändert werden können und auch erhebliche Unterschiede in struktureller und funktioneller Hinsicht zwischen den verschiedenen F. bestehen, existiert kein Grundtyp wie z. B. bei den ↗ Hämoglobinen. Einige F., die *Metalloflavinenzyme (Metalloflavoproteine)*, enthalten zusätzlich Metalle, wie ↗ Eisen, ↗ Magnesium, ↗ Kupfer und ↗ Molybdän, die an der Fixierung der F. am ↗ Mitochondrium beteiligt sind.

F. können entsprechend ihrer Hauptreaktion eingeteilt werden in: 1) *Oxidasen*, die mit Sauerstoff als Wasserstoffakzeptor reagieren und zwei oder vier Elektronen übertragen können. Zwei-Elektronen-übertragende Oxidasen oxidieren Substrate unter Bildung von Wasserstoffperoxid (H_2O_2). Hierzu gehören u. a. die eisen- und molybdänhaltigen Xanthin-Oxidasen und die L- und D-Aminosäure-Oxidasen (FAD- bzw. FMN-haltig). Vier-Elektronen-übertragende Oxidasen sind kupferhaltig; sie oxidieren Substrate unter Bildung von Wasser. Zu ihnen gehören u. a. die Laccase und die Ascorbinsäure-Oxidase. 2) *Reduktasen* reagieren bevorzugt mit Cytochromen, z. B. Cytochrom-c-Reduktase und Glutathion-Reduktase (FAD-haltig) und die molybdänhaltige Nitrat-Reduktase. 3) *Dehydrogenasen*, so z. B. die Succinat-Dehydrogenase oder die NADH- und NADPH-Dehydrogenase oder die Acyl-CoA-Dehydrogenase. Bei einigen von ihnen ist der natürliche Wasserstoffakzeptor unbekannt.

Flechten, ↗ Lichenes.

Flechtenexposition, ↗ Bioindikatoren.

Flechtenstoffe, sekundäre Stoffwechselprodukte, die in der Regel nur in Flechten (↗ Lichenes) gebildet werden. Diese werden als Kristalle an der Außenseite der ↗ Hyphen ausgeschieden. Viele F. werden der Shikimisäuregruppe und der Acetat-Polymalonat-Gruppe zugeordnet.

Flechtenwüste, Bereich in Zentren von Städten und Ballungsräumen, in dem aufgrund von Luftverunreinigungen keine bzw. kaum noch Flechten (↗ Lichenes) wachsen. Besonders empfindlich sind Rinden bewohnende Flechten. (↗ Bioindikatoren)

Fleckfieber, *Flecktyphus*, durch ↗ Rickettsien hervorgerufene ↗ Infektionskrankheit bei Mensch und Säugetieren. Man unterscheidet drei Arten von F.: Das *klassische Fleckfieber* (epidemisches F., EF) wird von *Rickettsia prowazekii* verursacht und über die Kopflaus übertragen. Typisches Symptom des klassischen F. ist ein fleckiger Hautausschlag, der sich meist auf den ganzen Körper (mit Ausnahme von Gesicht, Handflächen und Fußsohlen) ausbreitet. Einer F.-↗ Epidemie während des Ersten Weltkrieges fielen fast drei Mio. Menschen zum Opfer. Das *murine Fleckfieber* (endemisches F.) wird von *Rickettsia typhi* verursacht und durch Flöhe übertragen. Es tritt hauptsächlich bei Nagern und Raubtieren auf und kann auf den Menschen übertragen werden. Dabei treten masernartige Hautausschläge auf. Das *Rocky-Mountain-Fleckfieber* (Amerikanisches Zeckenbissfieber) wird von *Rickettsia rickettsii* verursacht und durch Zecken auf Menschen übertragen. Charakteristisch ist ein Ausschlag, der sich auch auf die Handflächen und Fußsohlen ausbreitet.

Flecktyphus, das ↗ Fleckfieber.

Fledermausbestäubung, *Fledermausblütigkeit*, die ↗ Chiropterogamie.

Fledermäuse, die Unterord. ↗ Microchiroptera.

Fledertiere, die Ord. ↗ Chiroptera.

Flehmen, Verhalten bei zahlreichen Säugetierarten (vor allem Huf- und Raubtiere), das der Wahrnehmung chemischer Signale dient. Beim F. werden die Oberlippe hochgezogen, das Maul geöffnet und die Nasenöffnungen verschlossen. Dabei nehmen die in der Mundhöhle liegenden ↗ Jacobson-Organe die eingesaugten ↗ Duftstoffe auf.

Fleischfliegen, die Fam. ↗ Calliphoridae.

Fleisch fressende Pflanzen, die ↗carnivoren Pflanzen.

Fleischfresser, die ↗ Carnivora.

Fleming, Sir *Alexander*, brit. Bakteriologe, ✳ 6.8.1881 Lochfield (Ayr), † 11.3.1955 London; 1919 und 1924 Hunterian-Prof. am Royal College of Surgeons, 1928-48 Prof. für Bakteriologie in London, ab 1944 Mitglied des Royal College of Physicians und bis 1954 Vorsitzender des Wright-Fleming-Instituts für Mikrobiologie. F. entdeckte 1922 im Nasenschleim das ↗ Lysozym und 1928 ↗ Penicillin, wodurch das Zeitalter der Antibiotika-Forschung und -Therapie eingeleitet wurde. Er erhielt 1945 zusammen mit E.B. ↗ Chain und H.W. ↗ Florey den Nobelpreis für Physiologie oder Medizin.

Flexibacter, Gatt. der Flexibacteraceae des Astes ↗ Bacteroides/Flavobacteria. Es sind gleitende Boden- und Süßwasserbakterien mit gelbroter Färbung. In jungen Kulturen bilden sie typische lange Fäden aus dünnen, sehr flexiblen (Name!) Zellen. Die meisten Arten sind aerob. Sie bauen viele Substrate ab, aber keine Cellulose.

Flexner, *Simon*, amerikan. Bakteriologe und Pathologe, ✳ 25.3.1863 Louisville (Kentucky), † 2.5.1946 New York; ab 1896 Prof. in Baltimore (Maryland) und Philadelphia (Pennsylvania), 1903-35 Direktor des Rockefeller-Instituts in New York, Mitbegründer der Rockefeller-Foundation. F. arbeitete über Lepra, Pest, Typhus, Ruhr (*Flexner-Dysenterie*), Kinderlähmung. Er entdeckte und isolierte den Ruhr-Bacillus (Flexner-Bakterium, *Shigella flexneri*).

Flexoren, *Beugemuskeln*, Muskeln, die Extremitäten an den Körper anwinkeln und Antagonisten der Streckmuskeln (↗ Extensoren) sind, die die gleiche Extremität abwinkeln.

Flexorreflex, der ↗ Beugereflex.

Fliegen, die ↗ Brachycera.

Fliegende Fische, die Fam. ↗ Exocoetidae.

Fliegenpilz, *Amanita muscaria, Roter Fliegenpilz*, Art der Blätterpilze (↗ Agaricales) mit lebhaft rot (auch orange oder orange-gelb) gefärbtem Hut, der zumindest bei jungen F. weiße Flecken hat. Der Hutdurchmesser kann bis 20 cm betragen. Blätter, Fleisch und Stiel sind weiß. Letzterer hat eine große Manschette (Ring) und eine abgesetzte Knolle mit

Warzen. Der F. ist von August bis November im Wald zu sehen.

F. enthalten als Giftstoffe *Muscarin*, die mengenmäßig vorherrschende *Ibotensäure* und das sehr giftige *Muscimol*, das vermutlich erst beim Kochen aus Ibotensäure entsteht. Da die Gifte insektizid wirken, wurden früher mit Milch übergossene F. als Fliegenköder benutzt (Name!). Die Vergiftungserscheinungen treten eine halbe bis etwa drei Stunden nach Genuss des F. auf und bestehen in gesteigerter Erregung, Muskelkrämpfen, Rauschzuständen mit Halluzinationen, Tobsucht; bei schweren Vergiftungen tritt Bewusstlosigkeit und schließlich der Tod ein. F. bzw. seine Gifte sind vermutlich eines der ältesten vom Menschen benutzten ↗ Halluzinogene.

Fliegenschnäpper, die Fam. ↗ Muscicapidae.

Fließgewässer, ↗ Gewässer mit unterschiedlich starker Strömung. Abweichend von allen anderen Lebensräumen zeichnen sich F. durch eine extrem lang gestreckte Form aus. Sie können mehrere tausend Kilometer Länge erreichen. Im Verlauf des Flusses verändern sich die abiotischen Gegebenheiten wie Strömung, Wasserfracht, Breite des Gewässers, Bodenbeschaffenheit, Temperatur und Nährstoffgehalt kontinuierlich und beeinflussen den Organismenbestand. Von der Quelle bis zur Mündung unterscheidet man die Hauptregionen *Krenal*, *Rhithral* und *Potamal*.

Das *Krenal* oder die *Quellregion* umfasst den eigentlichen Quellbereich, der als sprudelnde Sturzquelle, moorige Sickerquelle oder Tümpelquelle ausgebildet ist, und den anschließenden Quellbach. Zur charakteristischen Organismengemeinschaft dieser Region (*Krenon*) gehören in Mitteleuropa neben seltenen grundwasserbewohnenden Krebsen u. a. Strudelwürmer (*Crenobia alpina*), Larven des Sumpfkäfers (*Helodes* spec.), krenophile Köcherfliegenlarven (*Crunoecia irrorata*) sowie die Larven des ↗ Feuersalamanders.

Der als *Rhithral* (Bergbach, Gebirgsbach) bezeichnete *Oberlauf* entspricht der Salmonidenregion (aus oberer und unterer ↗ Forellenregion und der ↗ Äschenregion bestehend). Die meist turbulente Strömung des Bergbachs sowie Fels, grobes Geröll oder Kies (teilweise mit Sand und Schlamm am Gewässergrund durchsetzt) sorgen für einen hohen Sauerstoffgehalt bei Temperaturen, die im Jahresverlauf in relativ engen Grenzen schwanken und selten 20 °C erreichen. Zu den wichtigsten ↗ Primärproduzenten des Rhithrals gehören Aufwuchsalgen (↗ Aufwuchs) auf Steinen und anderen Substraten und Moose. Die Tiere des Rhithrals sind meist ↗ stenotherm und stark sauerstoffbedürftig; viele Arten besitzen besondere Anpassungen an die starke Strömung. Die Larven der Lidmücken (Blephariceridae, z. B. *Liponeura*) können sich mit Hilfe von Bauchsaugnäpfen am Substrat festhalten, die Flussmützenschnecke, *Ancylus fluviatilis*, hat eine saugnapfartige Körpergestalt. Eintagsfliegenlarven der Gatt. *Rhithrogena*, *Ecdyonurus* und *Epeorus* (↗ Ephemeroptera, Heptageniidae) können sich aufgrund ihrer stark abgeplatteten Körperform eng an Steine anschmiegen (↗ Lebensformtyp). Viele Insektenlarven besiedeln die Areale des strömungsarmen Totwassers zwischen Geröll oder in Moospolstern. Ihre Nahrung erwerben die Wasserinsekten je nach Anpassung als Filtrierer, Strudler, Weidegänger oder als Räuber. Zum Fischbestand des Rhithrals gehören ↗ Forelle, Groppe, Bachsaibling und Äsche.

Der *Unterlauf*, das *Potamal* (*Tieflandfluss*), entspricht nach der Definition der ↗ Fischregionen der Cyprinidenregion und reicht über die ↗ Barbenregion und ↗ Brachsenregion bis zur Mündung im Meer. Die Wassertemperaturen unterliegen im Jahresverlauf starken Schwankungen und erreichen Werte über 20 °C. Die langsamere Strömung (mit Sand und Schlamm am Gewässergrund), die erhöhte Temperatur und der gestiegene Stoffumsatz bewirken einen zeitweise unter dem Sättigungswert liegenden Sauerstoffgehalt. Der Pflanzenwuchs des Potamals ist artenreicher als im nährstoffarmen Rhithral. Wasserpflanzen bilden ein wichtiges Besiedelungs- und Nahrungssubstrat für wirbellose Tiere. Auch ein ↗ Plankton (*Potamoplankton*) kann sich hier ausbilden. Unter den Tieren dominieren ↗ eurytherme Arten. Zu den typischen Fischarten des Potamals gehören in Mitteleuropa Döbel, Barbe, Brachse, Gründling und Groppe. (↗ Wasserkreislauf, ↗ Drift, ↗ Wasserinsekten)

Literatur: Brehm, J. und Meijering P.P.D.: Fließgewässerkunde. Einführung in die Limnologie der Quellen, Bäche und Flüsse, Heidelberg 1996. – Fey, M.: Biologie am Bach, Heidelberg 1966. – Schönborn, W.: Fließgewässerbiologie, Jena 1992.

Fließgleichgewicht, *dynamisches Gleichgewicht*, *steady state*, Gleichgewichtszustand in offenen Systemen, wobei ein ständiger Strom von ausgetauschter Masse und Energie stattfindet. Das ↗ Ökosystem ist z. B. ein offenes System, in dem der ↗ Energiefluss von der Sonne die verschiedenen Stoffkreisläufe in Gang hält.

Flimmerepithel, das ↗ Wimperepithel.

Flip-Flop, ↗ transversale Beweglichkeit.

Flöhe, die ↗ Siphonaptera.

Flohkrebse, die ↗ Amphipoda.

Flora, 1) Gesamtheit der in einem bestimmten Gebiet vorkommenden Pflanzenarten.

2) Systematische Zusammenstellung der Pflanzenarten eines Gebietes.

Flora-Fauna-Habitat-Richtlinie, *FFH-Richtlinie*, ↗ Natura 2000.

Florenelement, nach bestimmten Gesichtspunkten zusammengefasste Artengruppen einer ↗ Flora, meist bezogen auf *Geoelemente* (*geografische Florenelemente*), d. h. Pflanzen gleichen Arealtyps. Durch sie werden die einzelnen Florengebiete festgelegt und charakterisiert. Gelegentlich wird der Begriff auch für Artengruppen gleichen Ursprungsgebiets (*Genoelemente*), gleicher Entstehungszeit (*Chronoelemente*), gleicher Einwanderungsrichtung (*Migroelemente*) oder bestimmter pflanzensoziologischer Bindung (*Coenoelemente*) verwendet.

Florengebiet, allg. Bez. für ein durch ↗ Florenelemente charakterisiertes Gebiet. (↗ Florenreich)

Florenreich, floristisch, ökologisch und vegetationskundlich gekennzeichnetes Gebiet, das durch das Fehlen oder Auftreten bestimmter Pflanzengruppen (vor allem Familien) charakterisiert ist. Man unterscheidet sechs F.: ↗ Antarktis, ↗ Australis, ↗ Capensis, ↗ Holarktis, ↗ Neotropis und ↗ Paläotropis.

Florenverfälschung, Veränderung des Artenbestandes in einem bestimmten Gebiet durch ↗ Einbürgerung oder ↗ Einschleppung einer oder mehrerer fremder Pflanzenarten. (↗ Neophyten)

Florenzone, die Untereinheit eines ↗ Florenreiches. Das Florenreich der ↗ Holarktis gliedert sich z. B. in die F. arktisch, boreal, temperat, submeridional und meridional. Die Untereinheiten der F. sind die *Florenregionen*.

Florey, Sir *Howard Walter*, brit. Pathologe, * 24.9.1898 Adelaide, † 21.2.1968 Oxford; ab 1931 Prof. für Pathologie in Sheffield, seit 1936 in Oxford; F. erforschte die Verwendbarkeit des ↗ Penicillins für Therapiezwecke und stellte 1940 zusammen mit E.B. Chain erstmals Penicillin synthetisch und in größeren Mengen her. Er erhielt 1945 zusammen mit E.B. ↗ Chain und A. ↗ Fleming den Nobelpreis für Physiologie oder Medizin.

Florfliegen, *Chrysopidae*, Fam. der Netzflügler (↗ Planipennia).

Florigen, *Blühhormon*, Bez. für das in seiner chemischen Natur noch unbekannte Signal, das von den Blättern, die den *fotoperiodischen Stimulus* wahrnehmen (↗ Fotoperiodismus), hin zum Apex transportiert werden muss, damit es zur ↗ Blühinduktion kommen kann. Dafür, dass es sich bei F. um ein chemisches Signal handelt, das über das Phloem transportiert wird, sprechen *Pfropfungsexperimente*, bei denen induzierte Blätter auf nicht induzierte Rezeptorpflanzen übertragen wurden, welche dann bei Tageslängen Blüten bilden, in denen sie normalerweise niemals blühen. Inwieweit es sich bei F. überhaupt um *eine* Verbindung oder Klasse von Verbindungen handelt, wird ebenfalls diskutiert, da eine Reihe von ↗ Phytohormonen (z. B. ↗ Gibberelline, Cytokinine) und Metaboliten (z. B. Saccharose) auf Pflanzen blühinduzierend wirken können.

Flösselhechte, ↗ Polypteriformes.

Flossen, *Pinnae*, Gliedmaßen der Fische u. a. im Wasser lebender Wirbeltiere, die im Wesentlichen der Fortbewegung dienen. Bei den Fischen unterscheidet man: 1) *Unpaare F.*, zu denen ein bis drei *Rückenflossen* (*Pinnae dorsales*) sowie eine hinter dem After ansetzende *Analflosse* gehören; beide dienen als Stabilisierungsorgan. Lachse (↗ Salmoniformes) haben hinter der Rückenflosse noch eine *Fettflosse*. Zur Fortbewegung und als Steuerorgan dient in erster Linie die in drei Typen auftretende *Schwanzflosse*. Bei den ursprünglichen, *heterozerken* F. z. B. der Haie (↗ Selachimorpha) und der Störe (↗ Acipenseriformes) setzt sich die Wirbelsäule unter Abknickung bis in die Flossenspitze fort. Die symmetrische, *diphyzerke* F. kommt bei den Lungenfischen (↗ Dipnoi) vor; die Wirbelsäule endet in der Flossenmitte. Den *homozerken* Typ zeigen die meisten Knochenfische (↗ Osteichthyes). Äußerlich ist er symmetrisch, im Innern jedoch ist die Wirbelsäule nach aufwärts gebogen. Zur Festigkeit der F. tragen bei der diphyzerken und der homozerken Form die Flossenstrahlen, bei der heterozerken F. die Hornstrahlen bei. Unter den Säugern haben z. B. die Wale und die Seekühe eine horizontal ausgebreitete Schwanzflosse (↗ Extremitäten). 2) *Paarige F.* entsprechen den Extremitäten der Landwirbeltiere. Während die meist größeren Brustflossen (*Pinnae thoracicae* oder *pectorales*) eine annähernd konstante Lage einnehmen, können die *Bauchflossen* (*Pinnae abdominales* oder *ventrales*) eine Lageveränderung erfahren und bis an die Schulterregion vorgerückt sein. Die Bauchflossen der Knochenfische sind häufig reduziert. Bei Knorpelfischen tragen die Bauchflossen der Männchen das Begattungsorgan.

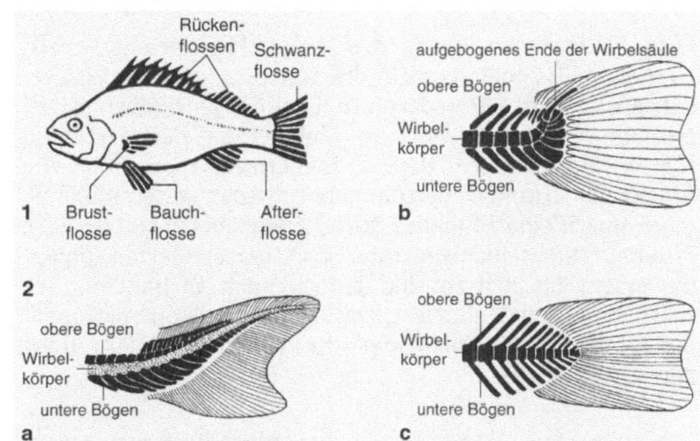

Flossen 1 Anordnung der Flossen bei einem Knochenfisch (Flussbarsch); 2 verschiedene Typen der Schwanzflosse: a heterozerker Typ (Stör), b homozerker Typ (Lachs), c diphyzerker Typ (Dorsch)

Fluchtdistanz, Entfernung, bei deren Unterschreitung durch eine bestimmte Gefahrenquelle die Flucht ausgelöst wird.

Fluchtverhalten, verdeckter oder offener Rückzug von einer Gefahrenquelle. Es wird vor allem gegenüber dominanten Rivalen und Raubfeinden sowie bei abiotischen Gefahren eingesetzt.

Flug, 1) *aktiver Flug*, die Fähigkeit, sich mit Hilfe von Muskelkraft frei im Luftraum fortzubewegen. Sie wurde nur von Insekten (Insecta), Vögeln (Aves), Säugetieren (Mammalia) und den ausgestorbenen Flugsauriern (↗ Pterosauria) erworben. Die ältesten bekannten Fluginsekten sind die *Palaeodictyoptera*, deren fossile Reste in ca. 300 Mio. Jahre alten Gesteinsschichten (Oberkarbon) gefunden wurden. Seither entwickelte sich eine ungeheure Formenfülle fliegender Insekten, die heute den zahlenmäßig größten Anteil fliegender Tiere ausmachen. Während der ↗ Trias bis zur ↗ Kreide (vor ca. 230-135 Mio. Jahren) eroberten die ↗ Reptilia mit den Flugsauriern oder Pterosauria den Luftraum. Mit ↗ Archaeopteryx sind die ersten Vögel aus dem jüngeren Jura bekannt. Heute beherrschen Vögel als tagaktive Flieger den Luftraum. Die Fledertiere sind die einzigen aktiv fliegenden Säugetiere seit dem Eozän. Flugorgan ist die zwischen Rumpf, Arm und den einzelnen Fingern ausgespannte Flughaut. Im Unterschied zur analogen Konstruktion der Flugsaurier sind alle Finger stark verlängert. (↗ Insektenflug, ↗ Vogelflug). Ebenfalls zum aktiven F. befähigt sind die Beilbauchfische (↗ Gasteropelecidae).

Flug Wirbeltiere haben drei Möglichkeiten entwickelt, zu fliegen: **1** Vögel wandeln die Schuppen auf den Vorderextremitäten zu Flugfedern um. Drei Finger bleiben erhalten, von denen der zweite am längsten ist, der vierte und fünfte sind verschwunden. **2** Fledermäuse behalten alle Finger der „Hand" und spannen mit den zweiten bis fünften Fingern eine Flughaut auf. **3** Flugsaurier stützen ihre Flughaut allein mit dem stark verlängerten vierten Finger, die ersten bis dritten sind jedoch noch vorhanden. Der fünfte Finger ist reduziert. Dafür gibt es einen vorstehenden „Pteroid"-Knochen, der eine weitere, vordere Haut zum Hals hin spannt

2) *Passiver Gleitflug* und *Fallschirmflug* lässt sich in allen Wirbeltierklassen beobachten. Bei einigen südamerikanischen und malaiischen Fröschen (z. B. *Racophorus*, Ruderfrösche) fungieren die Schwimmhäute zwischen Fingern und Zehen als Fallschirme, die den Luftwiderstand beim Sprung erhöhen und einen flacheren Sprungwinkel bewirken. Funktionell vergleichbare Gleitsegel findet man auch bei Reptilien, z. B. dem Faltengecko (*Ptychozoon*), der breite Hautlappen an den Rumpfseiten trägt, die beim Sprung aufklappen. Der Flugdrachen (*Draco fimbriatus*) besitzt ebenfalls große seitliche Gleitsegel, die zusätzlich durch Rippenfortsätze gestützt werden. Selbst Schlangen (*Chrysopelea*, Schmuckbaumnattern) können durch Einwölben der Bauchschuppenhaut eine Oberflächenvergrößerung und somit eine Reduktion der Fallgeschwindigkeit sowie durch Schlängelbewegung sogar einen in der Richtung sich ändernden „Fallflug" durchführen. Fliegende Fische nutzen ebenso das Prinzip des Gleitflugs (↗ Exocoetidae). In vier Gruppen der Säugetiere wurde das Gleitfliegen unabhängig voneinander erworben (Gleitbeutler, Riesengleiter, Gleithörnchen und Dornschwanzhörnchen). In allen Fällen erstreckt sich eine weite Flughaut zwischen Rumpf und Extremitäten.

Flugbrand, Name mehrerer Arten der Brandpilze (↗ Ustilaginales).

Flugdrachen, *Draco*, Gatt. der ↗ Agamidae.

Flügel, 1) in der *Botanik* Bez. für einen Bestandteil der Schmetterlingsblüte (Abb. ↗ Fabaceae) oder für Anhänge an Früchten oder Samen, die der ↗ Samenausbreitung dienen.

2) in der *Zoologie* die Flugorgane der Tiere. Bei Insekten (↗ Insecta) sind F. Ausstülpungen der Cuticula, bei Flugsauriern (↗ Pterosauria), Vögeln (↗ Aves) und Fledertieren (↗ Chiroptera) Umbildungen der Vorderextremitäten. (↗ Extremitäten, ↗ Flughaut)

Flügelkiemer, die ↗ Pterobranchia.

Flughaut, *Patagium*, als Tragfläche dienende Haut, die in allen Wirbeltiergruppen außer bei Vögeln vorkommt. F. können mit oder ohne Stützstruktur sein. Zu echtem *aktivem Flug* dienen sie nur bei den Fledertieren (↗ Chiroptera). Bei allen anderen Arten mit F. ermöglicht sie einen *passiven Gleitflug* oder *Fallschirmflug*. Die Strukturen, aus denen F. gebildet wurden und deren Lage am Körper sind je nach Art sehr verschieden. Bei Säugern unterscheidet man vier Körperbereiche, in denen eine F. ausgebildet sein kann. Das *Propatagium* erstreckt sich zwischen Hals und Vorderextremität (z. B. Flughörnchen). Das *Plagiopatagium* zieht entlang der Körperseite, zwischen Vorder- und Hinterextremität (z. B. Flugbeutler). Das *Uropatagium* reicht vom Schwanz zur Hinterextremität (z. B. Flughörnchen und Flugbeutler). Das *Chiropatagium* der Fledermäuse spannt sich zwischen den verlängerten Fingerstrahlen aus.

Flughunde, die ↗ Megachiroptera.

Fluginsekten, die ↗ Pterygota.

Flugsaurier, die ↗ Pterosauria.

Fluidität, 1) „Fließvermögen", Kenngröße einer Flüssigkeitseigenschaft; Kehrwert der dynamischen Viskosität oder Zähigkeit.

2) bei ⫮ Biomembranen gibt der Grad der F. an, mit welcher Leichtigkeit sich Membranproteine in der Ebene der Doppelschicht bewegen können (⫮ Flüssig-Mosaik-Modell). Bei einer konstanten Temperatur richtet sich die so genannte *Membranfluidität* nach dem Sättigungsgrad und der Länge der in den Membranlipiden enthaltenen Fettsäuren, wobei Membranen mit einem höheren Anteil ungesättigter Fettsäuren eine größere F. aufweisen. Zellen von Bakterien und Hefen, die Temperaturschwankungen begegnen, erzielen eine konstante F. ihrer Membranen, indem sie die Eigenschaften der Membranlipide kontinuierlich an die Umweltbedingungen anpassen. (⫮ Cholesterin)

Fluktuation, 1) allgemeine Bez. für Schwanken, kontinuierliches Wechseln.

2) der ⫮ Massenwechsel.

Fluktuationstest, von S. ⫮ Luria und M. ⫮ Delbrück bereits 1943 entwickelter Test zum Nachweis der zufälligen und ungerichteten Natur spontaner ⫮ Mutationen unabhängig von der Gegenwart eines selektierenden Mittels. Der F. beruht auf der Vorstellung, dass sich in jeder einzelnen Zelle einer logarithmisch wachsenden Bakterienzellkultur mit einer geringen Wahrscheinlichkeit eine spontane Mutation ereignen kann, die z. B. zur Entstehung einer Antibiotika-Resistenz führt. Wird zu einem Zeitpunkt nach der Mutation das Antibiotikum als selektierendes Mittel zugesetzt, werden sich nur diejenigen Zellen weiter teilen, die in der Zeit zwischen dem Mutationsereignis und der beginnenden Selektion aus der ursprünglich mutierten Zelle hervorgegangen sind. Dies werden viele Zellen sein, wenn sich innerhalb des Wachstums einer Bakterienkultur die betrachtete Mutation früh ereignet; es werden weniger Zellen sein, wenn sie sich spät ereignet hat. Werden nun innerhalb des F. sehr viele identische Bakterienkulturen angelegt und nach einigen Stunden Wachstum hieraus Proben mit gleichen Zellzahlen auf Agarplatten mit selektierendem Antibiotikum aufgebracht, so werden sich auf den meisten Platten keine Kolonien bilden, da in der Kultur keine Resistenzbildung durch Mutation eingetreten ist. Proben aus einigen Kulturen werden jedoch zu wenigen resistenten Kolonien führen, da sich durch späte Mutation Resistenz tragende und Kolonie bildende Tochterzellen entwickeln konnten. Bei ganz wenigen Proben werden sich viele resistente Kolonien bilden, die aus den vielen Tochterzellen einer früh mutierten Zelle hervorgegangen sind. Die große *Fluktuation* der Zahlen in diesem Test (viele Kulturen ohne Mutation, sehr wenige mit frühen Mutationen und daher vielen mutationstragenden Tochterzellen) entspricht den Erwartungswerten der mathematischen Betrachtung des Problems spontaner, ungerichteter Mutationen.

Flunder, *Platichthys flesus*, meist etwa 30 cm lange Art der Plattfische (⫮ Pleuronectiformes) mit Verbreitung in Nordsee, Atlantik, Mittelmeer und Schwarzem Meer. F. steigen zum Laichen (im Frühjahr) oft in die Flüsse auf und wandern nach 3-4 Jahren wieder ins Meer zurück. Gut zwei Drittel der F. sind rechtsäugig, der Rest linksäugig. Die Flunder ist als beliebter Speisefisch wirtschaftlich von Bedeutung, ebenso wie die bis 60 cm lange *Winterflunder (Pseudopleuronectes americanus)*, die im westlichen Nordatlantik lebt und sich im Winter in flachen Küstengewässern aufhält.

Fluor, chemisches Symbol F, ein zu den Halogenen gehörendes chemisches Element. F. ist in elementarer Form ein grünlich-gelbes, stechend riechendes und stark ätzendes, giftiges Gas, das organische Substanz rasch unter Bildung von Fluorwasserstoff und Kohlenstofffluorid zersetzt. Aufgrund seiner hohen Reaktionsfähigkeit kommt F. in der Natur nur in gebundener Form vor, z. B. in Calciumfluorid (CaF_2), Kryolith (Na_3AlF_6) und Apatit [$Ca_5(PO_4)_3F$], sowie als wichtiges Spurenelement in pflanzlichen und tierischen Organismen. – F. kann auch schädlicher Bestandteil industrieller Emissionen sein. (⫮ Fluorchlorkohlenwasserstoffe)

Fluorchlorkohlenwasserstoffe, Abk. *FCKW*, durch Substitution eines oder mehrerer H-Atome durch ⫮ Fluor und ⫮ Chlor aus meist einfachen Alkanen synthetisierte Verbindungen. Sie wurden lange Zeit als ideale Treibmittel für Sprühdosen (⫮ Aerosol) und zum Aufschäumen von Polyurethan- und Polystyrolschäumen, als Kühlmittel in Kühl- und Klimaanlagen und Lösungsmittel zur Textilreinigung angesehen. Es hat sich jedoch herausgestellt, dass die in die Troposphäre (⫮ Atmosphäre) und von dort sehr langsam in die Stratosphäre wandernden F. durch UV-Licht zu sehr reaktionsfähigen ClO-Radikalen abgebaut werden, die den Zerfall von ⫮ Ozon beschleunigen („*Ozonloch*"). Schädigend sind hier vor allem die langlebigen F.

Seit dem *Montrealer Protokoll* von 1987 wurden Produktion und Verbrauch von F. eingeschränkt. (⫮ Chlorkohlenwasserstoffe)

Fluoreszenz, Typ der ⫮ Lumineszenz, bei der durch Absorption von Licht angeregte Atome rasch unter Lichtemission in den *Grundzustand* zurückkehren. Das ausgestrahlte Licht hat dabei dieselbe oder eine größere Wellenlänge als das absorbierte. F. spielt bei der ⫮ Fotosynthese eine wichtige Rolle, indem Licht, das durch die *Antennenpigmente* absorbiert wurde, zu den Reaktionszentren gelangt. Dies wird durch das Überlappen der *Emissionsspektren* der übertragenden mit den *Absorptionsspektren* der aufnehmenden Pigmente erreicht.

Zahlreiche biochemische und molekularbiologische Analysemethoden basieren inzwischen auf F.

(↗ Nucleinsäurehybridisierung, ↗ DNA-Sequenzierung, ↗ Biochips, ↗ Spektroskopie)

Flurbereinigung, Zusammenlegung von zersplitterten Ackerflächen nach betriebswirtschaftlichen Gesichtspunkten. Die F. erfolgt bevorzugt in Gebieten, deren Grundbesitz durch Realteilung unwirtschaftlich strukturiert ist. Häufig wird im Zuge der F. auch das Wege- und Gewässernetz neu geordnet. Maßnahmen wie Bodenentwässerung, Begradigung von Fließgewässern, Nutzbarmachung von Brachland und Feldrainen zerstören die Lebensräume vieler Arten. (↗ Artenschutz, ↗ Biotopschutz)

Fluss, ↗ Fließgewässer.

Flussaal, *Europäischer Flussaal, Anguilla anguilla*, Art der Fam. *Anguillidae* (Echte Aale). Als jugendliches und erwachsenes Tier kommt er an allen europäischen, nordafrikan. und kleinasiatischen Küsten sowie den damit verbundenen Flusssystemen vor. Die Entwicklung des F. beginnt im Frühjahr in der Sargassosee als durchsichtige, weidenblattähnliche Larve, die sich von Plankton ernährt. Diese gelangen mit dem Golfstrom nach drei Jahren im Frühjahr an die europäischen Küsten und wandeln sich innerhalb von 24 Stunden in 6,5 cm lange *Glasaale* um, die nach einiger Zeit jeweils mit der Flut in die Flussmündungen wandern. Viele der Aale steigen weiter die Flüsse aufwärts (*Steigaale*) und wachsen zu oberseits olivbraunen, seitlich und unterseits gelb gefärbten Gelbaalen heran. Aufsteigende Aale können sogar kurze Landwege passieren und Hindernisse überwinden. Als Folge unterschiedlicher Ernährung bilden sich zwei Formen: der *Spitzkopfaal*, der Insekten, Würmer u. a. Kleintiere sowie Pflanzenteile frisst und der rein räuberisch von Fischen lebende *Breitkopfaal*. Nach etwa acht bis 15 Jahren Aufenthalt im Süßwasser (bei Männchen schon nach vier Jahren) werden die Aale bis auf den tiefschwarzen Rücken silbrig (*Silberaal, Blankaal*), bilden größere Augen sowie einen spitzen Kopf, und der Darm verkümmert. Vorwiegend bei abnehmendem Halbmond wandern sie dann ohne Nahrungsaufnahme flussabwärts und verschwinden im Meer. Man nimmt an, dass sie zur Sargassosee ziehen, um dort im Frühjahr abzuleichen und dann zu sterben. – Der F. ist ein hochwertiger Speisefisch, insbesondere der Blankaal, und als solcher wirtschaftlich von

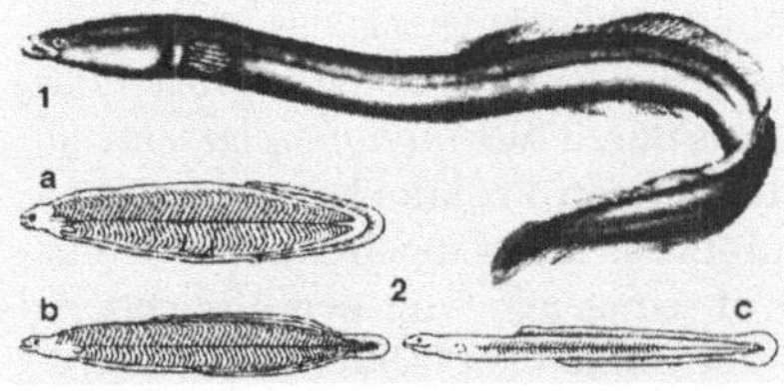

Flussaal 1 Flussaal; 2 seine Larvalentwicklung: a Larve, b Metamorphose-Stadium, c Glasaal

Bedeutung. Gefangen wird er mit Netzen und Reusen. Vorsicht ist beim Fang geboten, da das frische Blut giftig ist. F. sind in vielen Gebieten in ihrem Bestand stark gefährdet.

Flussauen, ↗ Auenwälder, ↗ Feuchtgebiete.

Flussbarsch, *Perca fluviatilis*, in Süßgewässern Eurasiens verbreitete, 25-50 cm lange Art der Barsche (↗ Perciformes); er ist grünlich mit dunklen Querstreifen und rötlichen Bauchflossen und Afterflosse sowie schwarzem Fleck am Ende der ersten Rückenflosse. F. sind beliebte Speise- und Angelfische.

Flussdelfine, die Fam. ↗ Platanistidae.

flüssigkristalline Phase, ↗ Biomembran, ↗ Flüssig-Mosaik-Modell.

Flüssig-Mosaik-Modell, (engl. *fluid mosaic model*), das 1972 von S. J. Singer und G. L. Nicholson vorgeschlagene und heute gängigste Modell zur Beschreibung von ↗ Biomembranen. Danach bestehen Biomembranen aus einer flüssig-kristallinen Lipiddoppelschicht, in der die Membranproteine mosaikartig vorhanden und lateral frei beweglich sind. Das F.-M.-M. beschreibt Biomembranen somit nicht als starre, sondern als dynamische Strukturen. Die polaren (hydrophilen) „Köpfe" der Membranlipide weisen dabei nach außen und die unpolaren (hydrophoben) „Fettsäureschwänze" ins Innere der Doppelschicht (s. Abb. auf seite 487).

Flusskrebs, *Edelkrebs, Astacus astacus*, bis 25 cm lange Art der zu den ↗ Decapoda gehörenden Flusskrebse, mit bräunlich-olivfarbenem Körper und kräftig entwickelten Scheren. F. sind nachtaktiv und halten sich tagsüber sowie nach den Häutungen (ein- bis zweimal im Jahr) in teilweise selbst gegrabenen Höhlungen auf. Da die ↗ Cuticula ein paar Tage braucht, bis sie erhärtet ist, wird der frisch gehäutete „weiche" F. auch als „*Butterkrebs*" bezeichnet. Bereits vor der Häutung wird ein Teil des Kalks der alten Cuticula herausgelöst und in zwei linsenförmigen „*Krebssteinen*" (*Gastrolithen*) an der Magenwand gespeichert. Die alte Cuticula wird nach der Häutung gefressen. F. können bis 20 Jahre alt werden. Sie sind wie auch die anderen Arten der Gatt. *Astacus* als Speisekrebse von wirtschaftlicher Bedeutung. Vor allem durch Verschmutzung der Gewässer und die durch den Wasserschimmelpilz *Aphanomyces astaci* hervorgerufene *Krebspest* ist der auf sauberes Wasser angewiesene F. in weiten Teilen seines Verbreitungsgebietes (Flüsse und Seen Eurasiens) ausgestorben.

Flussmuscheln, *Unionidae*, Fam. der ↗ Palaeoheterodonta.

Flussmützenschnecke, Art der Wasserlungenschnecken (↗ Basommatophora).

Flussneunauge, Art der Neunaugen (↗ Petromyzonta).

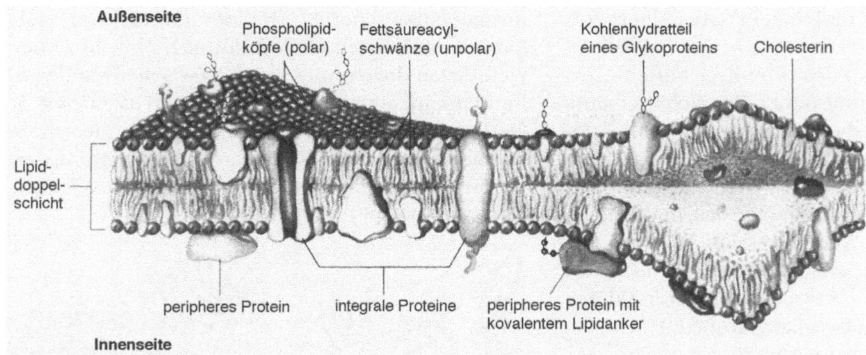

Flüssig-Mosaik-Modell   Die integralen und peripheren Membranproteine sind in der flüssig-kristallinen Lipiddoppel-schicht von Biomembranen lateral frei beweglich

Flussperlmuschel, zu den ↗ Palaeoheterodonta gehörende Art der Muscheln.

Flusspferde, die Fam. ↗ Hippopotamidae.

Flussregenpfeifer, Art der ↗ Charadriidae.

Fluss-Seeschwalbe, Art der ↗ Seeschwalben.

FMN, Abk. für ↗ Flavin-Mononucleotid.

Foeniculum, Gatt. der ↗ Apiaceae.

Fokusbildung, ↗ Tumorzellen.

Folgemeristem, das sekundäre ↗ Meristem.

Folgestrang, *lagging strand*, der Strang der DNA-↗ Doppelhelix, der während der ↗ Replikation von DNA im Unterschied zum ↗ Leitstrang nur diskontinuierlich synthetisiert werden kann, weil die beteiligten ↗ DNA-Polymerasen DNA-Moleküle nur in 5'-3'-Richtung synthetisieren können. Die Doppelhelix gibt dabei immer nur bestimmte Abschnitte des F. frei (↗ Replikationsgabel), sodass zunächst nur kurze DNA-Fragmente (*Okazaki-Fragmente*) vorhanden sind, die dann durch die ↗ DNA-Ligase miteinander zusammengefügt werden müssen.

Follikelreifungshormon, das ↗ Follikel stimulierende Hormon.

Follikel stimulierendes Hormon, Abk. *FSH, Follikelreifungshormon, Follitropin*, ein vom Hypophysenvorderlappen sezerniertes ↗ gonadotropes Hormon, chemisch ein aus α- und β-Untereinheiten bestehendes Glykoproteid. Die Ausschüttung wird durch das ↗ Gonadotropin-Releasing-Hormon des ↗ Hypothalamus stimuliert. FSH ist bei Mann und Frau für die Entwicklung der Gonaden und die Reifung der Eizellen (↗ Oogenese) und Spermien (↗ Spermiogenese) unerlässlich. Darüber hinaus regt es bei der Frau die Estrogenbildung an.

Follikelzellen, im ↗ Eierstock vorhandene Zellen, die die Oogonien und später die heranwachsende ↗ Eizelle (Oocyte) epithelial umschließen.

Follitropin, das ↗ Follikel stimulierende Hormon.

Folsäure, *Pteroylglutaminsäure*, ein in der Natur weit verbreitetes Vitamin des B₂-Komplexes, das aus 6-Formylpterin, p-Aminobenzoesäure (4-Aminobenzoesäure) und L-Glutaminsäure aufgebaut ist. Die Salze heißen *Folate*. F. findet sich vor allem in Leber, Hefe und Blattgemüse. Die biochemisch aktive Form der F. ist die *Tetrahydrofolsäure* (FH₄), die als ↗ Coenzym von Enzymen Einkohlenstoffkörper überträgt, wobei die an FH₄ gebundenen Kohlenstoffeinheiten entweder oxidiert oder reduziert werden können. *Folsäuremangel* tritt weniger als Folge ungenügender Aufnahme, sondern meist als Folge einer gestörten Verwertung auf. Sie verursacht bei Säugern Wachstumsschwäche und verschiedene Formen der Blutarmut (Anämie). F. beugt in der Embryonalentwicklung Hemmungsmissbildungen (wie z. B. Spina bifida) vor. *Folsäureantagonisten*, die spezifisch die Folsäuresynthese hemmen, werden therapeutisch in der Krebstherapie als ↗ Cytostatika sowie als bakterizide Chemotherapeutika genutzt.

Folsäure   Biosynthese der Folsäure aus 6-Formylpterin und N-(4-Aminobenzoyl)-L-glutaminsäure

Fontanellen, Öffnungen im Schädeldach neugeborener Wirbeltiere und des Menschen. An Stellen des ↗ Schädels, an denen mehr als zwei Knochen aneinander grenzen, ist zum Zeitpunkt der Geburt anstelle einer schmalen Schädelnaht (*Sutur*) noch eine größere, von Bindegewebe erfüllte Lücke vorhanden, die F. Beim Menschen liegt die *große F. (Stirn-F., Fonticulus anterior)* mitten auf dem Kopf, dort wo rechtes und linkes Stirnbein (Os frontale) mit rechtem und linkem Scheitelbein (Os parietale) zusammentreffen. Die *kleine F. (Hinterhaupts-F., Fonticulus posterior)* liegt hinten oben am Kopf, im Berührungspunkt der Scheitelbeine mit dem Hinterhauptsbein (Os occipitale). Bei der Geburt können die Schädelknochen im Bereich der F. übereinander geschoben werden, wodurch der Kopf schmaler wird, während er das mütterliche Becken passiert. Der Verschluss der F. durch Zusammenwachsen der Schädelknochen erfolgt beim Menschen im Alter von etwa zwei Monaten (kleine F.) bzw. im zweiten Lebensjahr (große F.).

Food Web, das ↗ Nahrungsnetz.

Foramen, allg. Bez. für Öffnungen oder Lücken am oder im Körper; F. sind oft Durchtrittsstellen von z. B. Körperflüssigkeiten, Nerven. Beispiele sind:

1) *Foramen magnum*, das *Hinterhauptsloch* ist die an der Schädelbasis gelegene Öffnung, durch die sich das Zentralnervensystem in die Wirbelsäule als ↗ Rückenmark fortsetzt.

2) *Foramen ovale* ist zum einen ein Loch in der Herzscheidewand embryonaler Säuger, zum anderen die Durchtrittsstelle eines Teils des ↗ Nervus trigeminus an der Schädelbasis.

Foraminifera, *Foraminiferida, Kammerlinge*, Gruppe von rund 4000 Arten, die nach der herkömmlichen Systematik den Wurzelfüßern (↗ Rhizopoda) zugeordnet werden; nach der phylogenetischen Systematik werden F. zu den ↗ Granuloreticulosea gestellt. F. haben stets ein einfaches oder gekammertes, oftmals recht kompliziert gebautes, mit Poren durchsetztes Gehäuse. Es besteht aus einer organischen Matrix, in die Kalk oder Fremdmaterial (Sand, Schwammnadeln, selten Kieselsäure) eingelagert werden. Die Schalen können, insbesondere bei fossilen F. (z. B. *Nummulites*) bis 20 cm groß sein. F. leben überwiegend im Meer, aber auch in Salzgewässern des Binnenlands, in allen Wassertiefen. Die meisten Arten leben benthisch. Die Schalen zeigen eine ungeheure Formenvielfalt; Der Zellkörper erfüllt die ganze Schale und entsendet meist Pseudopodien, die oft anastomosieren (*Reticulopodien*), durch spezielle Poren und/oder die Gehäuseöffnung nach außen. Sie dienen der Fortbewegung und der Nahrungsaufnahme. Bei vielen F. liegt ein Generationswechsel zwischen einer sich generativ fortpflanzenden Gamontengeneration (mikrosphärisch) und einer sich vegetativ fortpflanzenden Agamontengeneration (makrosphärisch) vor. Dies ist der einzige Fall eines *heterophasischen Generationswechsels* im Tierreich. Neben ungeschlechtlicher Vermehrung kommen alle drei Formen der sexuellen ↗ Fortpflanzung (Gametogamie, Gamontogamie, Autogamie) vor.

Die *Systematik* der F. gründet sich zurzeit allein auf den Bau der Schalen, was sicher nicht dem natürlichen System entspricht. Man unterscheidet

formal einkammerige (*Monothalamia*) von vielkammerigen Arten (*Polythalamia*), obwohl sicher viele Arten durch Auflösen der Zwischenwände sekundär einkammerig geworden sind. Von den F. sind rund 30000 fossile Arten bekannt, die zuverlässige Indikatoren in der Biostratigraphie, insbesondere bei der Erdölsuche, sind. F. sind seit dem Unterkambrium bekannt.

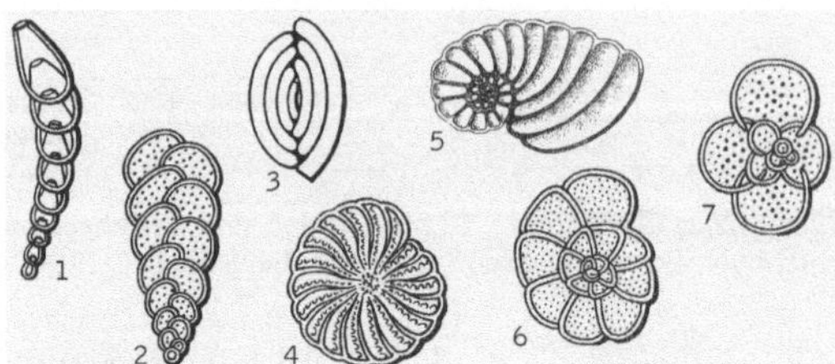

Foraminifera   Einige Gatt. der Foraminifera: **1** Dentalina, **2** Textularia, **3** Miliola, **4** Polystomella, **5** Peneroplis, **6** Rotalia, 7 Globigerina

Forelle, *Europäische Forelle*, *Salmo trutta*, ein gefleckter, in Größe, Färbung und Lebensraum sehr variabler Lachsfisch, der in europäischen Binnen- und Küstengewässern vorkommt. Aufgrund der Lebensweise werden drei Unterarten unterschieden: Meerforelle (*Salmo trutta trutta*), Seeforelle (*Salmo trutta lacustris*) und Bachforelle (*Salmo trutta fario*). Alle F. leben räuberisch von Kleintieren und fressen selbst kleine Artgenossen. Fluginsekten werden sogar oberhalb der Wasseroberfläche gejagt. Insbesondere die Bachforelle wird als Speise- und Angelfisch in großen Mengen aus künstlich befruchtetem Laich gezüchtet und als Jungfisch ausgesetzt. Die verschiedenen Unterarten erfahren in letzter Zeit eine starke Durchmischung, da vielfach aus Kostengründen gewässerfremde Jungforellen aus billigen Satzfischzuchten eingesetzt werden. Die nah verwandte nordamerikanische *Regenbogenforelle* (*Oncorhynchus mykiss*, früher auch *Salmo gairdneri*) hat ein prächtig schillerndes, mehrfarbiges Längsband an den Körperseiten. Sie kommt in zwei Unterarten vor, von denen die Subspezies *irideus* mehrfach nach Europa eingeführt wurde. Sie spielt wegen ihrer Schnellwüchsigkeit und der geringen Ansprüche an den Sauerstoffgehalt, die Temperatur und die Sauberkeit des Wassers eine wichtige Rolle in der europäischen Teichwirtschaft.

Forellenregion, ↗ Fischregion des Oberlaufs (Rhithral) eines ↗ Fließgewässers mit der Leitart Bachforelle und den Begleitarten Groppe, Schmerle und Elritze.

Formaldehyd, *Methanal*, Formel $H_2C{=}O$, der einfachste ↗ Aldehyd. F. ist in reiner Form ein stechend riechendes, in Wasser leichtlösliches Gas. Im Zellstoffwechsel fungiert *Methylen-Tetrahydrofolsäure* als *aktiver Formaldehyd*, das als Einkohlenstoffkörper von bestimmten Enzymen übertragen wird (↗ Folsäure). F. ist giftig. Er schädigt beim Einatmen konzentrierter Dämpfe Haut und Schleimhäute und kann Lungenödem, Erbrechen und Nierenschäden verursachen. Eine Krebs auslösende Wirkung wurde im Tierversuch nachgewiesen und wird beim Menschen vermutet. Eine Reihe von Zimmerpflanzen (z. B. Grünlilie, Birkenfeige, Strahlenaralie) ist in der Lage, über die Spaltöffnungen aufgenommenes F. mit Hilfe des Enzyms *Formaldehyd-Dehydrogenase* abzubauen; die Effektivität dieser Prozesse beim Einsatz in Innenräumen wird derzeit untersucht.

Formart, ↗ Formgattung.

Formation, 1) in der *Geologie* eine Gesteinsfolge, die zu einer Einheit zusammengefasst und nach einem geografischen Bezugspunkt benannt wird.

2) in der älteren Literatur über historische Geologie eine Untereinheit der Erdzeitalter (z. B. Quartär, Tertiär, Trias).

3) in der ↗ Pflanzengeografie eine Vegetationseinheit, in der physiognomisch-ökologisch einheitliche Bestände zusammengefasst sind. In diesen Beständen dominieren bestimmte ↗ Lebensformen der Pflanzen, wobei die Artenzusammensetzung sehr unterschiedlich sein kann. F. sind z. B. die tropischen ↗ Regenwälder, ↗ Mangroven und ↗ Wiesen. Bei Berücksichtigung der gesamten Lebenswelt spricht man von *Bioformationen*.

Formatio reticularis, der phylogenetisch betrachtet alter Teil des ↗ Gehirns der Wirbeltiere (tritt erstmals bei den ↗ Amniota auf), der aus einer Masse weißer und grauer Hirnsubstanz besteht, die sich durch den Hirnstamm vom Rückenmark bis an die Grenze zum Zwischenhirn erstreckt. Die Funktionen der Neuronen der F. r. können vier Gruppen zugeordnet werden: 1) Sie dienen der Regulation der Eingeweidefunktionen und des inneren Milieus und steuern u. a. den Atemrhythmus. 2) Sie tragen zur Aufrechterhaltung der Lages des Körpers im Raum bei. 3) sie fungieren als Sensoren für die aktuelle Gesamtaktivität des Gehirns. 4) Sie vermitteln nahezu allen Gebieten des Vorderhirns ein zeitlich strukturiertes Aktivitätsmuster, das es erlaubt Schlaf- von Wachphasen zu unterscheiden und das beim Menschen Einfluss auf seinen Bewusstseinszustand nimmt.

Formenkreis, *Collectio formarum*, von O. Kleinschmidt 1926 geprägter erweiterter Artbegriff. Die früher als eigene Arten beschriebenen Tiere verschiedener geografischer Gebiete sind danach oft keine echten Arten, sondern nur *Semispezies* einer *Superspezies*, also fruchtbar sich kreuzende Arten. F. sind nach Kleinschmidt den Linné'schen Arten übergeordnete Kategorien, da sie durch Kombinationen vieler Lokalarten gebildet werden. B. ↗ Rensch führte 1929 den entsprechenden Begriff

Rassenkreis ein. Heute spricht man von polytypischen Arten. *Polytypische Arten* sind für sehr viele Tiergruppen nachgewiesen worden. Beispiele für einen F. sind Wapiti und ↗ Rothirsch sowie ↗ Bison und Wisent, die jeweils zu einer Superspezies zusammengefasst werden.

Formgattung, vor allem in der Paläobotanik verwendetes, mehr oder weniger künstliches Taxon zur hierarchischen Erfassung von ↗ Fossilien, denen aufgrund der Fragmentierung oder Erhaltung systematische aussagekräftige Merkmale fehlen, sodass sie nicht in ein natürliches System eingeordnet werden können (das Gleiche gilt für die *Formart*). Durch den Internationalen Code der Botanischen ↗ Nomenklatur wurde die Verwendung des Begriffs F. eingegrenzt auf fossile Gatt., die keiner Familie zuzuordnen sind. (↗ Organgattung)

Formicariidae, *Ameisenvögel*, zu den ↗ Tyranni zählende Vogelfamilie.

Formicidae, *Ameisen, Emsen*, Fam. der zu den Hautflüglern (↗ Hymenoptera) gehörenden ↗ Apocrita (Stechimmen) mit weltweit etwa 9600 (bekannten) Arten, von denen in Mitteleuropa 161 vorkommen. Alle Arten sind Staaten bildende Insekten (↗ Tierstaaten), die in z. T. riesigen Verbänden mit bis über 20 Mio. Individuen leben. Zusammen mit den Termiten (↗ Isoptera) stellen sie weltweit über 25 % der tierischen Biomasse. Sie sind, je nach Art und Kaste, zwischen 0,2 und 6 cm groß.

Ihr Körper setzt sich aus dem *Kopf*, dem *Mesosoma* (Thorax plus erstes Hinterleibssegment) und dem *Gaster* (restlicher Hinterleib) zusammen. Zwischen Gaster und Mesosoma gibt es ein oder zwei als Gelenke fungierende Einschnürungen, dann folgt der aufgetriebene Teil des Hinterleibs, der Kropf, Magen und Gonaden enthält. Die Fühler haben einen langen Schaft mit abgewinkelter Geißel, deren Spitzen dadurch sehr gut zur Mundöffnung geführt werden können. Sie sind dicht mit Duft-Sinnesorganen besetzt, die im Dienst der Orientierung und der Kommunikation stehen. Die Facettenaugen sind meist klein, jedoch können manche A.-Arten die Schwingungsrichtung linear polarisierten Lichts wahrnehmen und dadurch auf den Sonnenstand schließen, auch wenn diese nicht sichtbar ist. Die Mandibeln, die der Nahrungsaufnahme und als Waffe dienen, sind sehr vielgestaltig. Ein Stechapparat ist nur bei den Knotenameisen und den Stechameisen vorhanden, wobei dieser als Gift niemals Ameisensäure enthält. Hingegen besitzen die Schuppenameisen, zu denen u. a. die ↗ Rote Waldameise (*Formica polyctena*) gehört, eine große Giftdrüse, aus der 60%ige Ameisensäure gespritzt werden kann. Alle F. besitzen eine Metathorakaldrüse, die vor allem fungizide und bakterizide Sekrete produziert. Bei den Pilzgärten anlegenden Blattschneiderameisen (Attini) enthält sie ver-

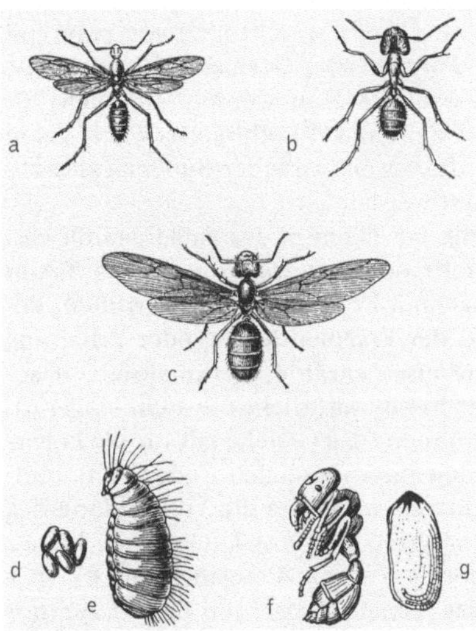

Formicidae a-c *Kasten der Ameisen*: **a** Männchen, **b** Arbeiterin, **c** Weibchen (wird nach Abwerfen der Flügel zur Königin). **d-g** *Entwicklung der Ameisen*: **d** Eier, **e** Larve, **f** nackte, **g** versponnene Puppe (Kokon)

schiedene, das Wachstum unerwünschter Pilze hemmende Säuren sowie das Wachstum des gewünschten Pilzes fördernde Substanzen.

Als soziale Insekten treten Ameisen in Form verschiedener *Kasten* auf: als Geschlechtstiere (fortpflanzungsfähige Königinnen und Männchen) und als Arbeiterinnen. Die *Geschlechtstiere* sind meist zunächst geflügelt, die Königinnen werfen jedoch nach der Begattung an einer Vorbruchstelle die Flügel ab. *Arbeiterinnen* haben nur schwach entwickelte Gonaden und sind immer flügellos. Lediglich bei Verlust der Königin können sie zur Eiablage kommen. Sie sind entweder alle gleich oder es gibt zwei bis drei Subkasten mit speziellen Aufgaben. Eine Extremform der Spezialisierung sind die *Honigtöpfe*, Arbeiterinnen der nordamerikan. Gatt. *Myrmecocystus*, die als Nahrungsspeicher dienen, indem ihr mit Honig angefüllter Kropf den gesamten Gaster ausfüllt.

Die *Fortpflanzung* erfolgt durch die geflügelten Geschlechtstiere, die sich oft in Schwärmen sammeln. Die Geschlechter finden sich durch Sexuallockstoffe, die von beiden Geschlechtern abgegeben werden. Die Begattung erfolgt entweder während des Flugs oder am Boden. Das Männchen stirbt nach der Begattung, die Königin beginnt nach Abwerfen der Flügel mit der Nestgründung.

Die *Ernährung* der F. ist sehr vielfältig. Die Imagines ernähren sich vor allem von süßen Säften (Pflanzensäfte, Nektar, Ausscheidungen von Blattläusen, Zikaden, Bläulingsraupen u. a.). Zur Ernährung der Brut sind sie entweder räuberisch und erbeuten Insekten u. a. Kleintiere (z. T. auch in Gruppenjagd, wie die tropischen Treiberameisen)

oder sie sammeln Pflanzensamen, legen Pilzgärten an oder betätigen sich als Diebsameisen, indem sie andere, kleinere Ameisen überfallen und ihnen ihre Beute wegnehmen oder Brut aus anderen Ameisennestern stehlen.

Ameisen besiedeln fast alle Biotope der Erde. Sie sind für den Menschen von erheblicher Bedeutung. Dies zum einen als Vertilger von Schadinsekten (z. B. Rote Waldameise), zur Gewinnung von Heilmitteln (aus den Giftdrüsen) oder auch zur Ernährung (die Honigtöpfe mancher Arten werden gegessen). Zum anderen durch ihre Wirkung als Schädlinge. So können Blattschneiderameisen in wenigen Stunden eine gesamte Plantage entlauben, Ernteameisen große Schäden an Getreide anrichten und ein Strom von Hunderttausenden von Treiberameisen alles Lebendige, was nicht rechtzeitig fliehen kann, auffressen.

Literatur: Gößwald, K.: Die Waldameise, 2 Bde., Wiesbaden 1989 und 1990. – Hölldobler, B., Wilson, E. O.: Ameisen, Basel 1995.

Forst, abgegrenzter, nach forstwirtschaftlichen Grundsätzen zur Erzeugung von Rohstoffen bewirtschafteter ↗ Wald.

Forst-Ökosysteme, forstliche Nutz-↗ Ökosysteme, die vom Menschen geschaffen wurden. Neben nahezu natürlichen F. (manche Laub- und Mischwälder sowie Gebirgsnadelwälder) gibt es auch stark anthropogen geprägte F. wie z. B. die plantagenartigen Nadelholzforste. (↗ Wald)

Fortbewegung, *Lokomotion*, die Fähigkeit tierischer Organismen zur aktiven Ortsveränderung. Sie ist fast allen nicht festsitzenden tierischen Lebewesen eigen (sowie einigen niederen Pflanzen, Pilzen, Einzellern und manchen Keimzellen). Bei der F. wird chemische Energie in mechanische umgesetzt. Entsprechend der Vielfalt der Lebewesen und ihrer Lebensräume sind die Variationen der F. sehr mannigfaltig.

Tiere ohne Extremitäten bewegen sich häufig durch *Schlängeln* fort. Dabei erzeugt die wechselseitige Kontraktion von Längsmuskeln eine Beugung des Körpers nach einer Seite oder nach oben bzw. nach unten, die wellenförmig von vorne nach hinten läuft. Durch die Beugung wird jeweils eine seitwärts und eine nach hinten gerichtete Kraft erzeugt, wobei sich die seitwärts gerichteten Kräfte gegenseitig aufheben und die nach hinten gerichtete Kraft summiert wird. Typische Beispiele sind Schlangen, Schleichen, Aale sowie die Bewegung der Seitenflossen der Rochen und auch manche im Wasser lebenden Säugetiere wie Otter, Robben, Delphine. Bei der *peristaltischen Bewegung* des Regenwurms wird die Kraft durch die den Körper mantelartig umgebende Ring- und Längsmuskulatur erzeugt. Die Kontraktion der Ringmuskulatur erzeugt einen Druck auf die Leibeshöhlenflüssigkeit, die nicht komprimiert werden kann; die Folge ist eine Längsstreckung des Tieres entsprechend der nicht kontrahierten Längsmuskulatur, die gleichzeitig gedehnt wird. Umgekehrt bewirkt die Kontraktion der Längsmuskulatur über eine Verkürzung und Verbreiterung des Tieres eine Dehnung der Ringmuskulatur. Von hinten nach vorne verlaufen nun abwechselnd Kontraktionswellen der Ring- und Längsmuskulatur, wobei der Vortrieb durch die Kontraktion der Ringmuskulatur erzeugt wird. Auch der Fortbewegung der Schnecken liegt ein hydraulischer Mechanismus zugrunde. Äußerlich sichtbares Merkmal sind von hinten nach vorne verlaufende *Fußwellen*, die durch aufeinander folgende Kontraktions- und Erschlaffungsphasen der dorsoventralen Fußmuskulatur bewerkstelligt werden. Ihre Kontraktion bewirkt Abheben vom Boden und Dehnung der Sohle. In der folgenden Erschlaffungsphase wird durch den Flüssigkeitsdruck im benachbarten Gewebe die Muskulatur wieder gedehnt, die elastische Sohle senkt sich und bildet, ein kleines Stück nach vorne versetzt, einen neuen Verankerungspunkt mit dem Boden.

Tiere mit einem Hartteilskelett besitzen Hebel (die ↗ Extremitäten) als Fortbewegungsorgane. Diese werden durch Hebemuskeln angehoben und nach vorne geführt; dabei werden gegensinnig angreifende Beugemuskeln gedehnt. Durch Aufsetzen der Extremität wird ein fester Verankerungspunkt mit dem Boden geschaffen. Die Aktivität der Beuger zieht den Rumpf des Tieres nach vorne. Große Bedeutung kommt der Stellung der Gliedmaßen und der Gangart zu. Seitlich am Körper ansetzende Extremitäten (z. B. bei Amphibien) erfordern einen Teil der Muskelkraft, um den Körper vom Boden abzustemmen. Das Vorsetzen des gehobenen Beins muss bogenförmig um das ruhende erfolgen. Schneller Lauf ist ausgeschlossen. Bei Säugetieren hingegen setzen die Beine unter dem Rumpf an. Der Körper wird fast ohne Energieaufwand getragen. Gleichzeitig ist ein pendelartiges Ausschwingen der Extremitäten möglich, was auch einen schnellen Lauf gestattet. Mit dem Wechsel der Gangarten ändert sich vor allem die rhythmische und energetische Seite der F. Es gibt zahlreiche Spezialisierungen der F. mit Hilfe von Hebeln (*Hüpfen, Springen, Klettern, Graben*).

Der Fortbewegung im Substrat, dem *Graben* z. B. von Muscheln im Meeresboden, liegen, ähnlich wie beim Regenwurm, Kontraktionswellen der Muskulatur zugrunde, die in der Leibeshöhle einen Druck erzeugen, der nicht kontrahierte Abschnitte fest gegen das Substrat presst. Zugleich erfahren diese eine Verlängerung. Bei Muscheln wirkt die durch Ligamentzug automatisch aufklappende Schale als Befestigungspunkt, während der Fuß durch Flüssigkeitsdruck in das Sediment getrieben wird. Das Bohren in festem Substrat kann entweder durch Auflösen desselben erfolgen (z. B. bei Kalkfels) oder wie z. B. bei Teredo (Schiffsbohrwurm) durch Abraspeln des Holzes. (↗ Bipedie, ↗ Gangarten, ↗ Gehen, ↗ Insektenflug, ↗ Schwimmen, ↗ Vogelflug)

Fortpflanzung, *Reproduktion, Tokogonie*, die Erzeugung neuer, eigenständiger Individuen (*Nachkommen*) durch einen Elter oder (bei zweigeschlechtlicher F.) durch zwei Elternindividuen. F. ist eine Grundeigenschaft aller Lebewesen, die ↗ Ausbreitung und in der Generationenfolge biologische ↗ Evolution ermöglicht. I. d. R. erzeugt ein Individuum oder ein Elternpaar daher mehrere Fortpflanzungsprodukte, was potenziell zu einer Vermehrung der Individuenzahl führt. Jedoch ist F. nicht immer zwingend mit Vermehrung verbunden, da bei manchen Einzellern ein Individuum nach ↗ Meiose nur zwei Geschlechtszellen bildet, die wieder zu nur einer ↗ Zygote verschmelzen. F. erfolgt immer über Zellteilung (↗ Cytogenese) und damit verbundene Kernteilung, wodurch die Weitergabe der genetischen Information (↗ Vererbung) in der Generationenfolge gewährleistet wird. Wenn sich vom elterlichen Organismus abgelöste Teile unmittelbar zu einem neuen Organismus entwickeln, spricht man von ungeschlechtlicher F. Verschmelzen vor der Entwicklung eines Organismus Keimzellen miteinander, liegt geschlechtliche F. vor. In vielen Fällen kann sich das gleiche Individuum sowohl ungeschlechtlich als auch geschlechtlich fortpflanzen. Dabei bestimmen jeweils Umweltbedingungen, ob ungeschlechtliche oder geschlechtliche Fortpflanzung überwiegt. In anderen Fällen wechseln in Individuenfolgen geschlechtliche und ungeschlechtliche F. ab (↗ Generationswechsel).

Die *ungeschlechtliche F. (asexuelle F., vegetative F.)* ist vor allem im Pflanzenreich oft anzutreffen. Da an der Entstehung des Tochterindividuums nur ein elterlicher Organismus beteiligt ist, entspricht der Nachkomme in seinen erblichen Anlagen völlig dem Mutterorganismus.

Die einfachste Form der ungeschlechtlichen F. ist die *Zweiteilung*. Sie findet sich u. a. bei ↗ Einzellern und Prokaryoten (↗ Bakterien, ↗ Archaebakterien). Bei der Vielfachteilung (*Schizogonie*; bei Algen und Pilzen) zerfällt die Zelle in Einzelindividuen oder auch Sporen, nachdem sich vorher der Zellkern entsprechend oft geteilt hat. Bei der *Sprossung* (z.B. bei ↗ Hefen) schnürt sich von der Mutterzelle eine Tochterzelle ab, die zu einem neuen Individuum heranwächst. Vielzellige Algen und Pilze bilden ↗ Sporen. Bei Cyanobakterien und bei höher organisierten Meeresalgen sowie Flechten kann sich der Mutterorganismus durch Zerfall in kleinere Abschnitte (*Fragmentation*) vermehren.

Bei vielen Samenpflanzen vollzieht sich die Vermehrung durch Abtrennen von Pflanzenteilen infolge Verwesens einzelner Teile des Pflanzenkörpers (z. B. Wasserpest, Maiglöckchen). Moose (↗ Bryophyta) bilden ↗ Brutkörper zur vegetativen F. Bei Bedecktsamern (↗ Angiospermae) kommt vegetative Vermehrung auf verschiedene Weise vor, so können ↗ Ausläufer, ↗ Knollen, ↗ Zwiebeln oder ↗ Brutknospen gebildet werden. Bei Tieren findet sich die ungeschlechtliche F. sowohl bei Einzellern in Form der *Agamogonie* (einfache Teilung des Mutterindividuums) als auch bei vielzelligen Tieren. Auch hier kann einfache Teilung eines Muttertieres vorkommen, das sich durch eine Furche (meist Querteilung) in zwei Tochterindividuen teilt; diese Form der F. findet sich z. B. bei einigen ↗ Turbellaria, ↗ Oligochaeta, ↗ Polychaeta. ↗ Nemertini können in viele Teilstücke zerfallen, manche Seesterne (↗ Echinoida) in ihre Arme, die Polypen der ↗ Scyphozoa können Tochterpolypen abschnüren (*Strobilation*). Knospung findet sich auch wiederum bei Einzellern sowie z. B. bei ↗ Hydrozoa. Salpen (↗ Salpida) z. B. vermehren sich durch Stolonenbildung. Dauerknospen (↗ Gemmulae, Hibernacula, Statoblasten) werden von sessilen Tieren zur Überdauerung ungünstiger Zeiten gebildet, so z. B. von Schwämmen (↗ Porifera) oder Moostierchen (↗ Bryozoa). Bei manchen Tieren kommt vegetative Vermehrung nur in embryonalen Stadien vor, wobei durch Zerteilung des Embryos eineiige Mehrlinge entstehen (*Polyembryonie*); Beispiele sind manche marinen Moostierchen und Gürteltiere z. B. der Gatt. *Dasypus*. Bei vielen Säugern kommen eineiige Zwillinge gelegentlich vor (auch beim Menschen).

Geschlechtliche F. (sexuelle F., generative F.) erfolgt nahezu stets über haploide Einzelzellen, die Geschlechtszellen oder ↗ Gameten, die zu einer Zygote mit einem diploiden Kern (*Synkarion*) verschmelzen. Dieser Prozess (*Gametogamie, Syngamie*) besteht aus zwei Teilprozessen: der Vereinigung der Zellen (*Plasmogamie, Cytogamie*) und der Kernverschmelzung (*Karyogamie*). Treten bei der geschlechtlichen F. zwei verschiedene Gameten (männlich und weiblich) auf, so spricht man von zweigeschlechtlicher F. Können sich die weiblichen Gameten auch ohne Befruchtung entwickeln, liegt eingeschlechtliche F. oder ↗ Parthenogenese (Jungfernzeugung) vor. Im einfachsten Fall der *zweigeschlechtlichen F., der Hologamie,* besteht kein Unterschied zwischen den Gameten und den „normalen" einzelligen Organismen (z. B. bei *Chlamydomonas*). Meist kommt jedoch Merogamie vor, d. h. es werden Gameten gebildet, die sich in Größe und Form von den Normalindividuen unterscheiden; i. d. R. sind sie kleiner als diese. Gameten entstehen durch eine besondere Teilungsfolge (insgesamt als *Gamogonie* oder *Gametogonie* bezeichnet) aus Gametenmutterzellen, die als *Gamonten* bezeichnet werden. Je nach Größe der kopulierenden Gameten wird zwischen *Isogamie (Isogametie, isogame Merogamie)* mit gleich großen Gameten und *Anisogamie (Anisogametie, anisogame Merogamie)* mit ungleich großen Gameten unterschieden, wobei im letzteren Fall der kleinere Gamet *Mikrogamet* und der größere *Makrogamet* genannt wird. Im Extremfall der Anisogamie sind ein großer, unbegeißelter und unbeweglicher weiblicher und ein kleiner, begeißelter, beweglicher männlicher Gamet ausgebildet; in diesem Fall liegt *Oogamie* vor. Die Gameten können von verschiedenen Gamonten gebildet werden (*Getrenntgeschlechtlichkeit*) oder aber von ein und demselben (*Zwittrigkeit*). Anisogamie kommt bei allen vielzelligen Tieren und höheren Pflanzen vor. Die Gamonten sind hier die Urkeimzellen, die Gamogonie ist bei Tieren die Reifung der Gameten (z. B. ↗ Oogenese bzw. ↗ Spermiogenese).

Bei Einzellern ist die Variabilität der sexuellen F. größer als im restlichen Tierreich. So kann bei manchen Gruppen (z. B. viele ↗ Flagellata und ↗ Sporozoa) die Meiose nach der Befruchtung stattfinden, sodass nur die Zygote diploid ist. Die Kopulation kann statt zwischen den Gameten auch zwischen den Gamonten stattfinden (*Gamontogamie*); eine Sonderform der Gamontogamie ist die ↗ Konjugation der ↗ Ciliata. Weitere Formen der sexuellen F. bei Einzellern sind die *Pädogamie*, die Kopulation genetisch identischer Geschwisterzellen, die vom selben haploiden Gamonten abstammen (z. B. manche ↗ Foraminifera), oder die bei manchen Ciliaten auftretende *Autogamie*, bei der zwei haploide Kerne innerhalb einer Zelle (in dem Fall der Gamont) verschmelzen. (↗ Befruchtung, ↗ Embryonalentwicklung, ↗Fortpflanzungsorgane, ↗Furchung, ↗ Gastrulation, ↗ Geschlechtsorgane, ↗ Reproduktionsmedizin, ↗ Sexualität)

Fortpflanzungsbarrieren, ↗ Isolationsmechanismen.

Fortpflanzungsmedizin, die ↗ Reproduktionsmedizin.

Fortpflanzungsorgane, *Reproduktionsorgane*, 1) bei *Pflanzen* die Organe, die der ungeschlechtlichen oder geschlechtlichen ↗ Fortpflanzung dienen und sich durch ihren spezifischen Bau meist von den vegetativen Organen deutlich unterscheiden. (↗ Blüte)

2) bei mehrzelligen *Tieren* mit geschlechtlicher ↗ Fortpflanzung die *Geschlechtsorgane*. Zu den inneren F. zählen die ↗ Gonaden (↗ Eierstock und ↗ Hoden), die ableitenden Geschlechtswege (↗ Eileiter, ↗ Samenleiter), bei manchen Tieren der ↗ Dotterstock, die ↗ Gebärmutter und die Scheide (↗ Vagina). Zu den äußeren F. zählen vor

allem die ⊿ Begattungsorgane (z. B. ⊿ Penis, ⊿ Cirrus).

Fortpflanzungsstrategien, *Reproduktionsstrategien*, die Gesamtheit der morphologischen und physiologischen Eigenarten eines Organismus, deren Zusammenspiel eine erfolgreiche Fortpflanzung garantiert. F. beinhalten z. B. „Entscheidungen" über den Zeitpunkt der Reproduktion und synchroner Anpassungen im Wechsel der Jahreszeiten über ⊿ Diapausen, die Anzahl der Nachkommen und die Intensität der Fürsorge für den einzelnen Nachkommen (⊿ Elterninvestment). Die Summe aller „Entscheidungen" wird *Lebensgeschichte* (*life history*) genannt. Die „Entscheidungen" sind genetisch verankert, können jedoch in Anpassung an veränderte Lebensbedingungen variieren.

Kleine, kurzlebige Arten, die wenig Biomasse bilden und wenig Energie speichern können, erzeugen meist einen großen Überschuss an Nachkommen. Zu diesen *Vermehrungsstrategen* oder *r-Strategen* (⊿ r-Strategie) gehören die meisten ⊿ Mikroorganismen sowie kleine Formen der höher entwickelten Organismen (Kleinkrebse, Blattläuse, Mäuse). ⊿ Populationswachstum, ⊿ Überlebensstrategien

fos-Onkogen, ⊿ Onkogene.

Fossildiagenese, ⊿ Fossilisation.

fossile Rohstoffe, aus organischen Substanzen bestehende, durch eine vor allem seit dem Mesozoikum andauernde Umwandlung von ⊿ Biomasse entstandene gasförmige, flüssige und feste Brennstoffe. Sie bestehen überwiegend aus ⊿ Kohlenstoff und ⊿ Wasserstoff, enthalten jedoch auch ⊿ Sauerstoff, ⊿ Stickstoff und ⊿ Schwefel sowie mineralische Beimengungen. Die wichtigsten f. R. sind ⊿ Kohle, ⊿ Erdöl und ⊿ Erdgas. Sie sind weltweit die wichtigsten Primärenergieträger.

Fossilien, *Versteinerungen*, im Gestein erhaltene Reste fossiler Organismen und deren Lebensspuren (*Spurenfossilien*), wie Kotsteine, Fußabdrücke, Fress- und Kriechspuren, in abgestufter Vollständigkeit und Erhaltung. Ein *Körperfossil* weist noch Weichteile (selten) oder körpereigene Hartteile auf. Nach deren Auflösung kann ein Abdruck, Steinkern oder Skultursteinkern (⊿ Fossilisation) entstehen. *Chemofossilien* sind Reste organischer Substanzen (nachgewiesenes Alter bis 3,2 Mrd. Jahre). Weiterhin unterscheidet man *allochthone F.*, also F. von Tieren, deren Lebensräume oft weit entfernt vom Fundort des Fossils lagen, und aus denen sie durch Wasserströmungen oder Erosion verfrachtet wurden (z. B. Bernstein), sowie *autochthone F.*, bei denen Fundort und Einbettungsort übereinstimmen. Bestimmte Arten, die für eine bestimmte Zeit eine besonders weite räumliche Verbreitung hatten, werden als *Leitfossilien* für die Charakterisierung der geologischen Schicht ihres Fundortes genutzt. Nach der Größe unterscheidet man zwischen

Makrofossilien, die mit bloßem Auge sichtbar sind, *Mesofossilien*, die in Mikroproben beim Schlämmen zwischen 0,3 und 3 mm anfallen, bzw. eine Kleinfauna im Größenbereich von 1-10 mm, weiterhin *Mikrofossilien* (Größe zwischen 0,05 und 2 mm), die man nur durch Schlämmen mit entsprechenden Sieben erhält und schließlich *Nanofossilien*, die kleiner als 0,05 mm und i. d. R. nur bei entsprechender Vergrößerung unter dem Mikroskop erkennbar sind. Durch Verwitterung und Diagenese können schließlich auch den F. ähnliche Gebilde entstehen, die dann als *Pseudo-F.* oder *Schein-F.* bezeichnet werden

Fossilisation, ein Prozess, der die Veränderungen der Organismen vom Zeitpunkt ihres Todes über die Einbettung ins Sediment und die Fossildiagenese bis zur Bergung aus dem Gestein umfasst. Damit überhaupt ⊿ Fossilien entstehen können, muss der Prozess der Zersetzung verhindert bzw. eingeschränkt werden. Nur etwa 3 % aller Lebewesen werden schnell genug in tonige, sandige oder andere Ablagerungen oder in Harz (⊿ Bernstein) eingebettet, sodass sie nicht gefressen oder zerstört werden. Körperfossilien kommen recht selten vor. I. Allg. werden die Organismenreste im Verlauf der *Fossildiagenese*, also der physikalisch-chemischen Veränderungen und Umwandlungen, denen sie unterliegen, durch zirkulierendes Wasser aufgelöst und durch ausgefällte Mineralien ersetzt. Die Mineralien sind meist Quarz (*Einkieselung*), Calcit (*Einkalkung*), Pyrit oder Markasit (*Einkiesung*) und Limonit (*Einlimonitisierung*). Kalk, der in Hartteilen als Aragonit vorlag, wird in Calcit umgewandelt. Im marinen Bereich sind i. Allg. die F.-Bedingungen günstiger als im terrestrischen. Je nach der Art, wie Fossilien zusammen eingebettet werden, wird eine Biozönose (Lebensgemeinschaft), eine Thanatozönose (Totengemeinschaft) oder eine Taphozönose (Grabgemeinschaft) überliefert.

Fossilisation 1 Turmschnecke (*Turritella striata*; Oberer Lias, Deisterwald, Hannover), ein Beispiel für Erhaltung eines Steinkerns; 2 „Belemnitenschlachtfeld" (Schnaitach, Fränkischer Jura), Beispiel für Zusammenschwemmung und Einregelung (Ausrichtung) von Fossilien

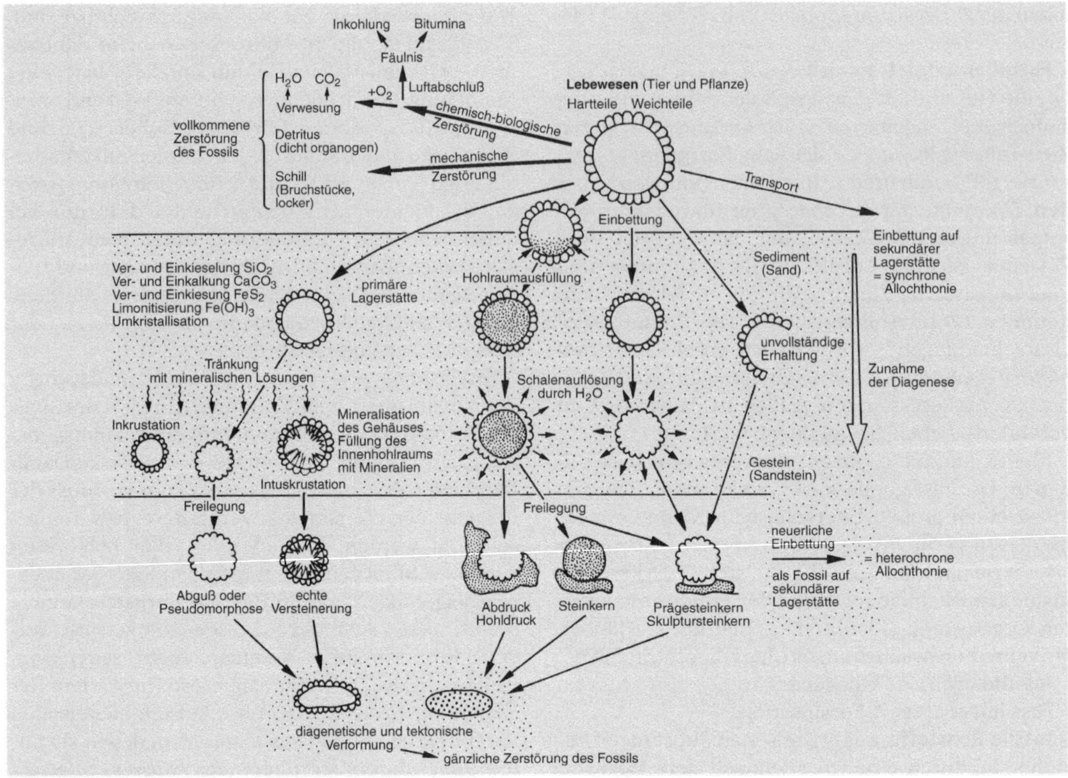

Fossilisation Schema der Entstehung von Fossilien

Je nach Ablauf der Fossildiagenese können verschiedene Arten von Fossilien entstehen: Ein *Abdruck* entsteht, wenn ein Organismus ganz aufgelöst wird und im entstandenen Hohlraum der Abdruck seiner Körperoberfläche als Negativ erhalten bleibt; Abdrücke sind auch z. B. die Nervatur von Blättern oder die Kriechspuren von Tieren in Sedimenten. Ein *Steinkern* entsteht, wenn nach Auflösung des Tieres seine Körperhülle noch eine Zeitlang erhalten bleibt, mit sich versteinerndem Schlamm ausgefüllt wird und dann im Laufe der Zeit verschwindet, sodass eine steinerne Innenskulptur der Körperhülle übrig bleibt. Ein *Skulptursteinkern* entsteht, wenn die Körperhülle vor Verfestigung des in ihr befindlichen Materials aufgelöst wird; in diesem Fall kann die Körperaußenskulptur, die von der sich verfestigenden Einbettungsmasse des Außenmediums übernommen wurde, dem werdenden Steinkern aufgeprägt werden; dieser zeigt dann die Außenskulptur des Lebewesens.

Fossile Pflanzenreste sind meist durch *Inkohlung* entstanden, d. h. durch diagenetische Umbildung zu Torf oder Kohle unter Anreicherung von Kohlenstoff. Inkohlung ist bedingt durch Tätigkeit von Mikroorganismen, Vertorfung sowie geochemische Vorgänge durch Wärme- und Druckeinwirkung.

Fötalentwicklung, die ↗ Fetalentwicklung.

Fötalisation, die ↗ Fetalisation.

Fotobiont, der ↗ Fotosynthese betreibende Partner in einer Flechte (↗ Lichenes). Der F. kann eine Grünalge (*Phycobiont*) oder ein Cyanobakterium (*Cyanobiont*) sein.

Fotochemie, i. w. S. Bez. für ein Teilgebiet der Chemie, das sich mit Reaktionen befasst, die Licht als Energie verwenden, wobei das von Atomen bzw. Molekülen absorbierte Licht eine physikalische oder chemische Wirkung auslöst. I. e. S. wird der Begriff in der Biologie verwendet, um die in den ↗ Lichtreaktionen der ↗ Fotosynthese ablaufenden Prozesse zu beschreiben.

Fotoinhibition, Inhibition der ↗ Fotosynthese durch zu hohe Lichteinstrahlung (↗ Lichtschäden), bei der nicht alle Lichtenergie genutzt werden kann, sodass die Quantenausbeute abnimmt. Dadurch können Chloroplasten vor Schäden durch übermäßige Bestrahlung geschützt werden. Bei *dynamischer F.*, wie sie vorübergehend zur Mittagszeit auftreten kann, wenn Pflanzen der Sonne voll ausgesetzt sind, wird die Fotosyntheserate aufrechterhalten und lediglich die Quantenausbeute gesenkt. Bei dauerhafter Bestrahlung mit hoher Lichtintensität kommt es zur *chronischen F.,* die sich in einer verminderten Fotosyntheserate bemerkbar macht. F. wirkt sich auf molekularer Ebene vor allem auf das Fotosystem II aus, bei dem ein zentraler Bestandteil des Reaktionszentrums, das D 1-Protein, schnell durch Lichtüberschuss geschädigt wird.

Fotolithoautotrophie, Form des Stoffwechsels, bei dem die Energie aus dem Licht stammt (↗ Fotosynthese), der Elektronendonor eine anorganische Verbindung ist (z. B. Sulfid) und der Zellkohlenstoff durch Kohlenstoffdioxid-Fixierung gewonnen wird (↗ Autotrophie). Fotolithotroph sind die grünen Pflanzen, die ↗ Cyanobakterien und andere ↗ fototrophe Bakterien.

Fotolyse, die während der ↗ Lichtreaktionen erfolgende *fotochemische Wasserspaltung*, bei der Wasser am *Fotosystem II* nach der folgenden Reaktion oxidiert wird, wobei der genaue Mechanismus noch unklar ist: $2\,H_2O \rightarrow O_2 + 4\,H^+ + 4\,e^-$. Die F. von H_2O ist Quelle fast allen Sauerstoffs auf der Erde.

Fotomorphogenese, Bez. für die Entstehung von ↗ Fotomorphosen, d. h. durch Licht induzierte Formveränderungen von Pflanzen bzw. Pflanzenorganen. An der F. sind demnach *Fotorezeptoren* beteiligt, die Licht bestimmter Wellenlänge wahrnehmen und zur Ausbildung bestimmter Merkmale führen (↗ Blaulichtrezeptoren, ↗ Phytochrom). Ein typisches Beispiel für die F. ist die Entwicklung vom Keimling zur ausgewachsenen Pflanze, bei der im Unterschied zu Keimlingen, die unter Laborbedingungen in völliger Dunkelheit heranwachsen (↗ Etiolement), das Internodienwachstum reduziert ist, und durch Licht die Synthese von Farbstoffen (↗ Chlorophyll), das Wachstum der Blattspreiten etc. induziert wird. Gegensatz: ↗ Skotomorphogenese

Fotomorphose, Typ der ↗ Morphose, bei der bei Pflanzen durch den Umweltfaktor Licht bestimmte Entwicklungsprozesse ablaufen (↗ Fotomorphogenese), die zur Ausbildung typischer Merkmale führen. Hierzu zählen sowohl die lichtinduzierte Synthese von ↗ Blattpigmenten, als auch Anpassungen an die Lichtintensität wie die Ausbildung von Licht- und Schattenblättern.

Je nachdem ob eine F. reversibel oder irreversibel ist, wird zwischen *Fotomodulationen* und *Fotodifferenzierungen* unterschieden. Hierzu zählen die in einen Ausgangszustand zurückkehrenden Phänomene wie durch Licht gesteuerte Blatt- und Chloroplastenbewegungen und Membraneffekte einerseits und die i. d. R. durch veränderte Genexpression verursachten irreversiblen Prozesse wie z. B. das Öffnen des Hypokotylhakens.